U0218091

天津大学
社会科学文库

建筑环境学
对话辞典

JIANZHU HUANJINGXUE DUIHUA CIDIAN

荆其敏　荆宇辰　张丽安　编著

天津大学出版社
TIANJIN UNIVERSITY PRESS

图书在版编目(CIP)数据

建筑环境学对话辞典 / 荆其敏, 荆宇辰, 张丽安编
著. -- 天津 : 天津大学出版社, 2021.4
　（天津大学社会科学文库）
　ISBN 978-7-5618-6899-7

　Ⅰ.①建… Ⅱ.①荆… ②荆… ③张… Ⅲ.①建筑学
－环境理论－词典 Ⅳ.①TU-023

中国版本图书馆CIP数据核字(2021)第064305号

出版发行	天津大学出版社
地　　址	天津市卫津路92号天津大学内（邮编:300072）
电　　话	发行部:022-27403647
网　　址	www.tjupress.com.cn
印　　刷	北京盛通印刷股份有限公司
经　　销	全国各地新华书店
开　　本	185mm×260mm
印　　张	52.75
字　　数	1161千
版　　次	2021年4月第1版
印　　次	2021年4月第1次
定　　价	159.00元

目　录

A

D

E

F

G

I

M

N

O

P

S

V

W

X

Y

Z

Aachen, Germany 德国亚琛

亚琛位于德国北莱茵－威斯特法伦州，西与比利时、荷兰接壤，人口约24万；原为古罗马的矿泉疗养地，因查理曼大帝常驻此地，8世纪时成为罗马帝国第二大城市，是当时西方的学术文化中心；1688年以后数次作为和平会议的会址，1801年被法国吞并，1814—1815年维也纳会议后归属普鲁士。当地名胜有罗马风格的哥特式大教堂，教堂宝库中藏有中世纪精美的手工艺品和教会的圣物；有市政厅，为壮观的王宫；有埃尔蒙特艺术博物馆和亚琛国际出版博物馆；有1870年建立的莱茵－威斯特法伦工业大学。该城市以硫黄温泉闻名，水温达76℃。亚琛是建筑大师密斯·凡德罗的家乡。

Alvar Aalto 阿尔瓦·阿尔托

阿尔瓦·阿尔托是芬兰人，他的作品具有艺术大师的形式特征。他有高超的规划才能，同时以现实实惠的建筑细部大样得到雇主们的好评。纵观阿尔托的所有成就，从工具使用、证件、活动灯具设计，到大地区的规划，一眼就能看出他那独特的个人风格，其作品有诗一样的气质，他的风格是从现代运动中分离出来的，可谓各个时代的永恒经典。

阿尔瓦的设计灵活地运用曲线的墙体，精心设计手工式的细部，巧妙地运用天然的光线，使作品显得亲切生动。有一次他对麻省理工学院建筑系的学生说："当你设计窗户时，要好像你的女友就坐在窗下。"他以此劝导学生要有设计感情。在阿尔托的作品中人们发现，有一种高尚、忠实和朴素的人文主义精神，寓于现代建筑之中，使建筑设计水平达到新的高度。

Abacus 柱头顶盘

西洋古典柱式的梁柱结构中的四方形柱头顶盘，是一块方形的顶板，介于柱头和额板之间，在希腊式建筑中最常见。以希腊陶立克柱式为例，柱头顶盘与柱帽及柱环合称"柱头"。

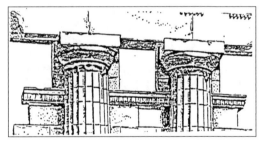

柱头顶盘

Abbey 大教堂

歌特式建筑（Gothic Architecture）于13—16世纪在欧洲十分盛行，其中以教堂建筑最能代表其特色。在欧洲大陆，大教堂被称为"Cathedral"，但除了"Cathedral"之外也有修道院的大教堂，被称为"Abbey"。如英国著名的威斯敏斯特教堂（Westminster Abbey）。"Abbey"也有修道院之意，是供

修士、修女等生活和修道的各种建筑设施的总称。

Abha Stone House and Sana Round House 阿卜哈石板房和萨那圆屋

沙特阿拉伯的阿卜哈地区有用石板筑造的民居，以石头及泥土为材料。为使墙体耐雨，在夯实的泥土墙上，每隔半米就平铺一层挑出的石板。悬挑的石板向下倾斜，这样就不会因雨水流进墙中而使泥土软化。

沙特阿拉伯阿西尔地区的萨那圆形房屋像是高高的多层瞭望塔。当地的建筑大多向上发展，很少有水平向的形式，用石头、夯土和泥土砖砌造，只有一个入口可供人们进入，底层作马房或贮藏室，上层作居室和厨房，最顶层是可以远眺的会客室。

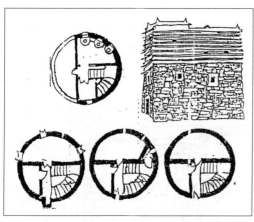

阿卜哈石板房和萨那圆屋

A Blemish in an Otherwise Perfect Thing 美中不足之美

断臂的维纳斯是古典美的经典，许多人曾试图补上她那双断臂，求得一个更美的完整的维纳斯，但没人能够成功。因为断臂的维纳斯给观赏者留下了最完美的想象余地，这就是美中不足之美。杭州西湖风景区原有保俶塔和雷峰塔，双塔并立，雷峰塔倒塌之后，这便成了公认的西湖风景的美中不足，但人们想象中的雷峰塔可能比过去真实存在的雷峰塔更美。因此在古迹复原工作中要留有余地，美中不足之美往往给观赏者留下想象的空间。人们鉴赏残缺古迹文物时，正是欣赏这种充满想象的美中不足之美。

美中不足之美

Above Datum 天顶

建筑中的天顶画或顶光是室内环境艺术处理的重点和高潮。每当通过许多序列空间之后，到达主体的拱顶空间，或有图案画的天顶之下，人们往往掩饰不住激动的心情。许多伟大的历史性建筑的天顶都给人以壮观的感受。天顶的空间艺术效果好似乐曲的高潮，因此天顶的美如同无声的音乐，有的华丽、有的雄伟、有的和谐而幽静。天顶设计大多统一于简单的几何图形之中，如立方体、球体、三棱柱体、圆柱体，各有其特定的控制力。

Academicism 学院派

学院派是在西欧各国官办美术学院基础上形成的美术流派，始于 17 世纪，它严格维护古典传统，由于追求死板的艺术格式和烦琐、浮华的细节，渐趋保守与陈腐。题材多取自《圣经》、神话和历史故事。代表人物有法国画家勒·布朗（Le Brun）、席罗姆（Lérome）、布格柔（Bouguereau）和俄国画家布鲁尼（Bruni）等。学院派也指艺术上"墨守成规"的传统。

学院派

Access 可及性

任何规划设计都要考虑可及性，即使用者能够接触其他人、服务设施、资源、资料或到达其他地方的程度。以交通系统为例，其规划设计的本质即可及性，但却容易忽略其他方面的可及性，如不同社会人群（老年人、青年人、残障者或其他）的接触方法。规划设计中的私密性、社会接触，工作地点、购物点、学校之间的距离，不同活动区之联系，人、车的各种规范性需求等都是可及性研究的内容。在规划设计中应鼓励或阻止社会交流沟通，而非有意增强各种可及性。要想建立各种合适的沟通渠道，必须了解哪一种可及性是最需要的，更要了解使用者的需求。

Access Systems 线路系统

线路是规划设计中首先要考虑的因素。城市是一个联通网络（Communication Net），其道路系统有多种流通形式，如行人或车辆通道、能量或通信线路、排放地面水之排水管、压力供应水管、瓦斯热力管线等。其中以车行道最复杂、占地最多。道路系统有整体性的或个体性的，整体性的占大多数，洪水排放系统则为个体性的。有些系统中有各种限制，有些系统之起点与终点是复合的，有些系统的构件不能互换。人类的行为流通则是所有线路系统中最复杂的。在诸多系统中又有终点站和交换点相配合，各种道路呈网状，分散地将人传送至各个地区。

Acoustic Design of Auditorium 厅堂音质设计

厅堂音质设计是根据建筑声学理论对厅堂建筑采取的设计措施，以求达到预期的声学效果。观众对听音的响度、清晰度、丰满度有较高要求，且音质缺陷和噪声干扰也应避免。厅堂音质设计的步骤包括总平面布置，各项声学确定的指标，厅堂的体量设计，混响时间的计算和吸声材料的合理布置，隔声、隔振和通风消声的计算，声压级的计算，施工质量的检查等。音质设计应与建筑设计同时进行，并且贯穿于建筑设计和施工的全过程。最后经过必要的测试和主观听音评价，对音质设计进行适当的调整修改，以求达到预期的声学效果。

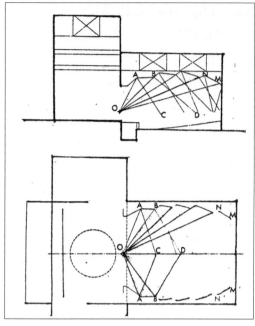

厅堂音质设计图

Acoustic Shield for Stage of Multi-Use Auditorium　多功能厅堂舞台音乐罩

多功能厅堂内设置舞台音乐罩，是为了给音乐演奏(唱)创造自然声演出条件。1.罩子接近闭合的空间可以减少巨大的舞台对演奏或演唱声能的吸收和声能逸散。2.罩子的形式应有利于声扩散，使罩内不同部位的声能输出平衡。3.罩子的顶部，舞台上部的反射板斜度设置应考虑加强观众厅前座区域50毫秒以内的反射声，以增加声音的亲切感和丰满度。4.罩子的板材和骨架要刚度大、质量轻，为便于拆卸安装，可采用装配式构造。5.罩子所占的面积根据演出规模而定。6.罩子顶部留有足够的灯光口，以保证光线充足，演奏者能看清乐谱。音乐罩的设置要进行声学测定，包括：混响时间的测定；早期反射声的测定；满场演出时观众厅后排声级的测定；主观评价，包括演奏者的反映和观众的评价。

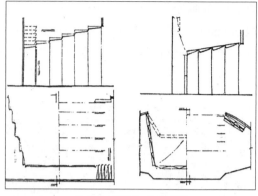

多功能厅堂舞台音乐罩

Acoustical Engineering　声学工程

声学工程是研究声和环境噪声控制，为身处建筑物内的人们提供良好听觉条件的工程学科。1900年前后发展成为一门科学。声学工程不仅解决厅堂的音响问题，还对其他建筑物如办公楼、机场建筑、医院大楼甚至住宅楼的音响问题也有研究。此外，声学工程还涉及对外部环境的噪声控制。令人满意的声学环境条件是多方面的，与空间利用及周围装饰都有关系，不同场所有不同的要求。良好的听觉条件包括：少或没有噪声，有适当的响度，声的分布要均匀，声音要清晰。其中最重要的条件是没有干扰噪声(无论是来自户外还是室内)，适当的响度和声的均匀度取决于房屋的形状和表面装饰。利用天花板的反射作用可改善声的分布状况，响度和清晰度也能得到改善。声还可以连续多次反射，形成多重回声交织的混响。声的放大装置必须结合房屋的设计以及观众座位排列情况设置。

Acoustics　声学

声学是以声音的发生、传达和效果为研究对象的科学，亦称声音响学。声学是物理学的一个分支，研究声波的产生、传播、接收和作用等问题。根据研究的方法、对象和频率范围的不同,它可分为几何声学、物理声学、水声学、电声学、大气声学、分子声学、声能学、噪声控制学、次声学、微观声学、振动和波动声学、音乐声学、生物声学等部分。

Acropolis, Greece 希腊卫城

卫城是古希腊城邦兼有防卫性质的中心地区,内有市政与宗教建筑,是为地方守护神建造的住所,是希腊城市设计的基本因素。卫城建于高山之巅,有军事及宗教双重作用,军事上居高临下利于防卫,宗教上因有洞窟流泉,丛林幽谷,给人以神仙洞府之感。雅典卫城建于公元前5世纪中叶,建筑有卫城山门、帕特农神庙、伊瑞克提翁神庙、雅典娜胜利神庙。卫城是多利斯人和爱奥尼亚人创造的建筑艺术精品。

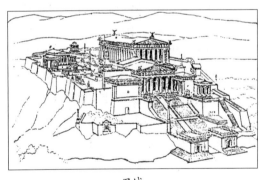

卫城

Acroterion 山花顶饰

希腊神庙建筑中山花尖端安放的雕像或其他物品的底座,也包括其上部的雕像或饰物,称为山花顶饰。起初在山花顶和两端檐口上用花瓣形作装饰,如忍冬饰,后来发展为放置雕刻群像。最初用陶土制作,后用石材制作。阿波罗神庙的山花顶饰就是用大理石雕刻的。这种装饰有时也用在家具设计上,例如书柜顶上的装饰雕刻。

Acroterium 脊头饰物

在古希腊建筑中,在额盘山花墙收尾处和屋顶相交处雕刻的花状装饰物称为脊头饰物。有时雕塑为人物立像,这种做法常见于西方建筑之中。中国传统建筑中的脊端常放置仙人雕饰进行装饰,与西方古典建筑脊头饰物的寓意相同。

脊头饰物

Active Urban Architecture 积极的城市建筑

普通的城市建筑指城市中的绝大部分建筑,它们构成了城市的主体。积极的城市建筑指少量的、目的是满足全体市民物质和精神需要的建筑,人们会因这些建筑的存在而对城市感到亲切。古希腊城市中的广场(Agora)、神庙和卫城,罗马时代的广场、凯旋门、神庙、露天剧场等都成为巩固罗马政权的因素。21世纪以来积极的城市建筑有日益减少的趋势,"现代"的城市以高架道路为标志,不再有传统的街景和广场。近二三十年来,为改变这种状况,成片拆除、成片新建的做法取代了保存、修缮、整顿。在现代化的进程中,旧的城镇形态必须根据现代生活的需要而加以改造。北京原是街头布满历史建筑的世界名城,但目前这些建筑所

余不多,有的是仅留其名,而无实物。如骑河楼当年必定是一处很可观的、为北京人所喜爱的积极的城市建筑,又如西长安街上的庆寿双塔寺,如能保存下来将会给现代化的北京增加不少风韵。

Activity Pockets and Market　口袋式的场地和集市

居民住宅区中应保留社会公共活动的地段。农村集市应成为村镇的心脏。一种方案是把集市布置在街道的尽端,街道像走廊一样把人们引到集市,这种布置使人们只在有特定目的时才去那里,以免走往返路。第二种方案是将其布置在道路中间,过路人从中间穿过,但这又不能形成一个完整的空间。第三种方案较好,是把集市布置在人们日常频繁经过的道路的一侧,与道路相切,对于过路的人是敞开的,人流可以连续不断地经过这个场地,由于集市只在道路的一侧,不愿停留者可照常通过,愿意停留者则可步入场地,在口袋形的集市之中逗留。

Acute Angle Space and Blunt Angle Space　锐角空间与钝角空间

"大方无隅"指的是当直角空间无限扩大时,空间的角落便随之消失。在建筑设计中,建筑的室内常尽量避免出现锐角空间,这是因为锐角空间在使用上有诸多不便。常见的锐角为30°、45°、60°以及15°、75°,还有其他小于90°的非典型锐角。贝聿铭设计的美国国家艺术馆东馆,是以锐角空间为主题的三角形的组合,其室内空间较大,在使用上有奇异的效果。一间8平方米的宿舍显然不能作成三角形的,面积仅为2平方米的单人床更不能是三角形的。在实际施工和建筑创作中,当建筑造型需要锐角

空间时,当环境地形造就锐角空间时,锐角空间可以被处理改造为钝角空间,这种设计手法可称为"锐角空间的钝化"。

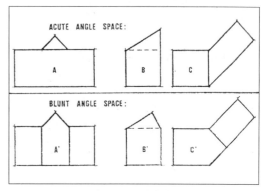

锐角空间与钝角空间

Adobe　土坯房

日光晒制的黏土坯其主要成分为钙质砂黏土,这种黏土有很好的塑性,干后形成坚硬均匀的砖坯。世界上的干旱和半干旱地区均使用这种黏土坯建造房屋,如北非以及近东地区,还有西班牙、美国西南部、秘鲁的广大地区、中国的黄土高原。土坯的使用可追溯到几千年以前。制作土坯的常用方法是把适量的土加水后放置几天,使它被水浸透并变软,再加少量稻草或其他纤维,用农具拌和、用脚踩踏至混合物达到一定稠度时,放入简单的模子中成形。由光面木材或金属板制成的模子,只有四面,没有顶和底,由于用途不同,各地土坯的尺寸差别很大,但一般为厚8~13厘米,宽25~30厘米,长36~51厘米。土坯墙用同样成分的泥浆砌成,然后在外层再涂一层泥,如建造和保养得当,这类土坯房可用几百年之久。其主要优点是可就地取材,造价低而且有显著的隔热性能。

中国制作土坯的方法,有干制和湿制两种。干制是对有一定含水量的黄土在模型内进行干打;湿制是将水、料拌好掺入麦草闷沤二至三天,装泥入模压实。这种做法干

燥速度较慢,抗弯力较好。民间砌筑建筑中的单片墙,使用平砌、卧砌、立砌、斗砌等方法,用稠泥浆砌筑。还有用土坯和砖混合砌筑的。生土材料有广阔的发展前景,也有许多亟待研究解决的课题,如其在民居建筑中的应用有待提出科学根据。

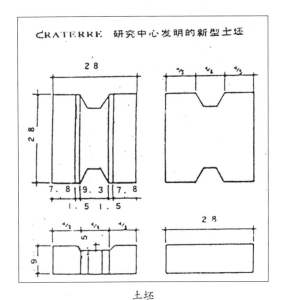

土坯

Advantage 优美

优美又称为优势,优美是在环境中创造一种优势来表现美的形态。优美的形式一般有柔和、淡雅、细腻、光洁、圆润、精致、舒展、绚丽、微妙、有层次变化等。综合的美的特征才能形成美的优势。人对优美现象的感受是在主体和客体对象融合无间的和谐之中得到的,应把和谐视为获取优美的本质要素。表现优势也要借助一些具体可感的形象或符号,传达表现概括的思想感情、意境或抽象的概念、哲理。优美可通过象征性与寓意性的联系而产生。

AEG—Turbinenfabrik 通用电气公司透平机工厂

1908—1909 年,德国最有威望的建筑师贝伦斯(Peter Behrens, 1868—1940)为 AEG 公司设计的透平机工厂为工业建筑开创了新的思路。建筑由主体车间和一个附属建筑组成。车间由钢三铰拱结构支撑,铰点与地基连接,钢架上布满玻璃窗。山墙反映了钢架结构的形式,强调钢和玻璃的表现力。露明建筑结构能够突出其功能,是其设计特色。贝伦斯以其对工业建筑的理性思考、对工业文明的理想,兼具纪念性和古典主义的个人建筑手法,创造了一件在现代建筑史上具有里程碑意义的杰作。后来的摩登主义建筑师们进一步发展了贝伦斯的设计思想。

通用电气公司透平机工厂

Aegean Architecture 爱琴文化建筑

爱琴文化出现于公元前 40 至公元前 30 世纪,流行范围包括爱琴海各岛屿、希腊半岛和小亚细亚海岸地区,以克里特岛和希腊半岛上的迈锡尼为中心,又称克里特 - 迈锡尼文化,公元前 12 世纪后湮没。19 世纪末对爱琴文化的考古发掘发现了城市、宫殿、住宅、陵墓和城堡等遗存。其建筑布局、石砌技术、柱式、壁画、金属构件等都有很高的水平。爱琴文化的建筑对古希腊建筑颇有影响。公元前 15 世纪,克里特岛上的代表性建筑是米诺斯王宫,依山修建,内部空间高低错落,在希腊神话中被称为"迷宫"。迈锡尼文化继克里特文化而起,成为爱琴文化的中心,在其影响下迈锡尼城、泰伦卫城等建成。阿脱雷斯宝库建成于公元前14世纪,是传说中的迈锡尼国王阿伽门农之墓。

Aéroports Charles de Gaulle　戴高乐机场

戴高乐机场是世界大型机场之一,在巴黎东北郊,距离市中心24千米,以法国前总统戴高乐的名字命名,建于1967—1974年。该机场由总建筑师 P. 安德鲁设计。机场占地约30平方千米,设计的高峰容量为每小时起降班机150架次,客运量每年5 000万人次。机场有两座候机楼,分别供国际、国内旅客使用。1号候机楼布局高度集中,圆形平面和双层环形车道便于大量旅客进出,圆形平面周围设置7个独立的卫星登机厅和约40座可伸缩的登机桥,解决了大量旅客只从一座候机楼乘降的问题。缺点是旅客在楼内行动路线复杂,离进港和转运层之间的自动步道交叉跨越圆形平面的中心天井。2号候机楼供国内航线使用,分散的单元式布局,缩短了旅客的行走距离。

Aesthetic and Function　美和功能

建筑艺术性的完美本身就是艺术和实用功能的统一。建筑中的功能就是美,艺术品的功能与美观永远是结合在一起的,达不到美观的功能,这件作品就不能被称为艺术品,在抽象艺术中构图的需要就是美。一幅抽象构图绘画可达到和谐、平衡、匀称、比例完美无缺的效果。不可能有任何的增减和修改,牵一发而动全局,抽象图形中的一点一线都成为艺术作品本身美的功能需要。因此美的功能需要即产生美感,如建筑形体的布局,中国园林中的叠石布置在空间构图需要的位置上,即可生成可供观赏的艺术品,因为它的布置符合美的功能需要,法国的蓬皮杜艺术中心完全暴露它的结构与设备,充分表现了它的功能需要的美。

Aesthetics　美学

对美的研究,也包括对丑的研究。美学包括对艺术以及和艺术有关的经验形式的一般的或理论的研究,例如对艺术哲学、艺术批评、艺术心理学和艺术社会学等经验形式的研究。美学不应同艺术混淆,尽管美学可以用唯理的、逻辑的方法来研究艺术。美学的内容有现代美学及起源,美学一词首先出现于1735年鲍姆加登的《关于诗的沉思》。用自然主义或科学方法研究美学的典型代表是门罗,1928年他写有《美学中的科学方法》一书。以非科学方法研究美学的以康德为代表。晚期兴起的实用主义、操作主义也受到康德的影响。美学中的机体说、形式主义亦称模仿论,推动了对艺术风格的研究,当代的语言学运动也渗入美学。美学的定义也是美学研究的内容。

美学

Aesthetics and Architecture 美学与建筑

美学与建筑文化的横向交流,使建筑文化展现出多彩的形态,促使环境艺术新观念的诞生。环境艺术使美术家与建筑师找到了共同的话题,也在他们与大众之间架起了桥梁。环境艺术是复杂的综合体,是现代文化的产物。它的特性是物质性与人文性的有机结合,它的意义在于使艺术走向生活,使生活成为艺术。环境艺术的最主要构成因素是建筑,建筑师要在环境设计中起到应有的作用,因此美学与建筑的结合产生了环境艺术。

Aesthetics of Architectural Environment 建筑环境美学

环境美学在美学辞典中被解释为从属于"生活美学",研究人类对生存环境的审美要求和审美规律,它研究什么样的环境能激起人们的美感,影响人的身心健康、生产效率和心理情绪等。环境美学研究城乡规划、园林绿化、建筑布局、室内设计等各种建筑学的环境要素如何符合人们的审美要求。环境美学的建筑学观点是强调人们的物质环境首先要满足人们的物质实用要求,同时满足审美鉴赏要求,两者密切联系,应达到适用、经济和美观的统一。

人类生存与行为的环境或称为"场",可以划分为自然环境、人为环境、半自然半人为的环境,或划分为自然环境、室外环境与室内环境。自然环境包括风景区、自然山水与建筑。室外环境包括建筑用地范围的绿化和总体布局、城乡环境、自然生态系统,室内环境的布局、装饰、色彩、挂贴、家具等对人们的心理和情绪也有巨大的影响。所有的城市与建筑中的审美原则和规律都是环境美学要研究的对象。

Aestheticism 唯美主义运动

19世纪后期在欧洲兴起的唯美主义运动,其学说是"艺术只为本身之美而存在"。这个运动是为了反对当时的功利主义社会哲学以及工业时代的市侩作风而产生的。唯美主义的哲学基础是康德于18世纪奠定的,主张审美的标准应不受道德、功利主义和快乐观念的影响。1818年,"为艺术而艺术"的口号提出。在英国,先拉斐尔派的艺术家们于1848年撒下了唯美主义的种子。唯美主义注重的是艺术的形式美。唯美主义运动与法国的象征主义运动关系密切,促进了工艺美术运动的开展,并对20世纪艺术有决定性的影响,在其倡导下产生了新艺术派。

Afghanistan Wooden House 阿富汗努利斯坦木屋

阿富汗的努利斯坦木屋分布于喀布尔以北,多数村庄惊险地耸立在深谷的南坡上,一般多为木构架的双层房屋。上层居住,下层贮物,底下一层住户的屋顶即为上面一层住户的平台庭院。搭架在平台上的狭窄的室外木楼梯,可以被提拉到室内,以防不速之客进入。房间的屋顶由内部的四柱支撑,起居室中央的火炉上方设置有灯笼式的出烟孔,室内布满传统的木装饰。楼上有户外走廊,可遮阳。努利斯坦木屋的外观结构是木柱支架的退台式的平台、外挑伸出的户外走廊、可提拉的室外木楼梯。

Africa Sheltered Characteristics 非洲土屋的风格特征

非洲是生土民居集中的地区,这里的人们自古住在土屋之中。南非古雅人的石砌小屋建在莱索托等地的山顶上,古雅人至今仍住在这样的石屋中。其入口低矮,房间为圆形,庭院为半圆形。马里的特勒姆人墓穴建筑是石器时代土石砌筑的早期遗产。非洲纽巴山区的麦沙金民居和谷仓,外表常涂以红、白等鲜艳的色彩。苏丹南部民居中儿童卧室的下层是猪圈。坦桑尼亚的地下和半地下民居的背面全埋在土中。尼日利亚民宅上的土雕花饰丰富多彩。这些都表现了非洲土屋的风格特征。

African Dwellings Ornament　非洲民居的装饰纹样

由于土体材料的可塑性和便于涂色的特点,非洲民居中布满色彩鲜艳的图案装饰。环境装饰的目的在于把许多分开的部分用装饰图形组织在一起,装饰要用在有所表达的地方,构造上需要的地方,有隐喻意义的地方,或把过于分开的部分用构图的方法联系在一起。非洲民居的装饰图案和纹样表达了许多含义,如非洲居民的生活爱好、思想情趣和崇拜信仰,图案以几何化的植物花卉为主,也有鳄鱼等热带动物的绘画。

African Traditional Earth Buildings　非洲的传统生土建筑

非洲马里的伊斯兰建筑很有特色,在尼日尔上区土造的寺庙和住宅很相似,四边形的土筑附壁围绕在高墙的四周,在土筑方塔的墙上向外伸出的木棍是支撑着塔内的螺旋形楼梯的木结构。寺庙大多以庭院围合,独具风格。马里的杰内(Djenne)清真寺曾毁于1830年,20世纪又按原样重建,恢复了原来的面貌。在埃及和尼日利亚也有许多继承传统的现代生土建筑。

非洲的传统生土建筑

Aga Khan Award for Architecture　阿卡·汗建筑奖

阿卡·汗基金会是1967年由伊斯兰教什叶派伊斯玛仪勒(Ismaili)支派领袖阿卡·汗殿下创立的,其宗旨是通过在发展中国家开展的慈善活动促进社会福利和社会发展。阿卡·汗建筑奖每3年评选颁发一次,获奖项目为5个或5个以上。获奖作品重点考虑创造性地应用当地资源和技术,能与当地文化和环境相协调并使功能和艺术均适于使用者的需要的,已建3年以上的工程。此外还设置一项"主席奖",以奖励建筑奖所不包括的、特殊的成就。首次获此奖的是埃及的老建筑师、艺术家兼诗人哈桑·法塞(Hassan Fathy)。建筑奖指导委员会还十分重视开展有关的学术活动和出版、展览等工作。其中最重要的是在伊斯兰国家或发展中国家的不同城市召开一系列建筑学术讨论会。

Agora　广场

广场是古希腊城市中市民活动、聚会的露天场所。位于城市中央或临近港口,周围有公共建筑和神庙,四周有独立柱廊和商店,广场上没有塑像、祭坛、树木、喷泉等,一般与城市的其他部分隔开。公元前

6 世纪到公元前 4 世纪时有两种广场,一为古式,一为爱奥尼亚式。后者如小亚细亚的米利都、普林尼、马格内西亚等城市的广场是早期的例子,将柱廊组成长方形的三边式或正方形。在希腊和罗马时代进一步发展。广场的用途因时代而异,在高度完善的广场如雅典广场,每个行业各有其区域,许多城市有专门管理广场的官员。在雅典,尊贵的妇女很少出现在广场中,自由民不仅到广场处理事务,进行陪审,而且也去闲谈游逛。

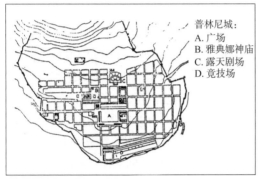

普林尼城:
A. 广场
B. 雅典娜神庙
C. 露天剧场
D. 竞技场

广场

AIA（American Institute of Architects）美国建筑师学会

美国建筑师学会创建于 1857 年,注册的会员均为建筑师。初始以纽约为中心,1889 年与西部建筑学会合并。今日则为囊括半数以上的美国全国性建筑师的民间组织的代表性团体,总部设在华盛顿。下设许多专业委员会,如教育评估委员会、学生委员会等,有学会的刊物和出版机构。

美国建筑师学会

Air Brush Rendering 喷雾器渲染

采用喷雾器渲染的天空,美丽悦目。它可分别喷染多种纯净的颜色,每次喷染时须待前次所喷之色干透,再喷染。不需喷染之处须用纸遮盖严密,并用一种特制的胶粘好,以防纸张移动。至于细窄而长的面积,如旗杆、台口线的凸出部分等,可用胶先行涂好,代替纸张遮盖,然后再喷,喷染完成后将胶层去掉,用不透明的颜料勾边,以求整齐。喷染法准确而机械化,与现代建筑的性格十分调和。用喷雾器喷染时,如未达到所需要的明度,应再加喷,以迄满意为止。

喷雾器渲染的作品

航空站

Airport　航空站

　　航空站有陆上及水上两种。可分为基本航空站、中间航空站、混合式航空站。航空站的组成部分有飞行地带或飞行场地、降临地带、服务地带。机场用地的选择、规模由飞行跑道的长度（约 800 米至 2 500 米，或 2 500 米以上）决定。飞行场地地形须平坦，可有 0.5~1% 的坡度，最大允许坡度为 2%，降临地带坡度不超过 3%。降临地带宽度应有 200 米，大机场为 300~400 米。圆形机场上的跑道可以朝向任何一个方向。飞行场地的直径有 600 米、1 000 米、1 500 米及 1 500 米以上。除降临地带外，应有建筑限制地区，宽度为 2.5~4 千米。飞行场地与建筑高度限制地区之间的距离可按公式计算。

　　$L=(H-h+10)\times 25$

　　H——建筑高度；

　　h——飞行场地与建筑物的地面标高差；

　　L——飞行场地与建筑物之间的必要距离。

　　水上机场的停泊水面直径为 1 500~2 300 米。

Albedo　反射率

　　热经由辐射、传导及对流而转换，反射率是一种表面特性，它指一定波长的全部辐射能量入射到物体表面所反射回来而不被吸收的比率。如果反射率为 1.0 则是完全的镜面，其本身不接受任何热或光线。反射率为 0 则是黑色表面，能将所有射入能量全部吸收。反射率可视为物质表面的相对透过性质，高反射率的物质拒绝能量进入，低反射率的物质接纳能量进入。自然界物质表面的反射率随可见光的能量的变化而变动。因此在航空照片上，雪景呈白色，森林及海面呈黑色，在可见光中，潮湿及暗色表面的反射率较干燥或亮色表面的反射率更低。初雪的反射率为 0.9，干砂的反射率为 0.4 或 0.5，干黏土的反射率为 0.2 或 0.3，草地原野的反射率为 0.1 或 0.2，森林、黑色耕种土壤的反射率为 0.1，黑柏油路或静水面的反射率为 0.05。物质表面的反射率亦随时间、光线、波长的不同而异。

Alcove　壁龛

　　壁龛为建筑中凹入墙面的空间，多为半圆形的空间，用以陈列雕像。常用于古罗马和文艺复兴时期的建筑中。

Algeria Stone House 阿尔及利亚沙维亚人石头平房

北非阿尔及利亚沙维亚人石头平房通常以石头和灰泥建成,屋内有木柱支撑屋顶,由于屋面缺乏檩条,支柱间距离通常只有 2 米。火炉摆在室内地上的三块石头之间,与屋顶的烟口并不对正,以免雨水及污物落在火炉上的食物中。室内一般有简陋的床、存放东西的木架、编织的用具,也许还有一个摇篮,加上草席、装饰物等,这就是室内的全部东西。具有多种用途的起居室以及马房、贮藏室等都围绕着长方形的庭院布设。沙维亚人属游牧民族,大部分住在阿尔及利亚南部沙漠与中部高原地区的帐篷和石头平房中。

阿尔及利亚沙维亚人石头平房

Algeria Tent 阿尔及利亚帐篷

随季节迁移的沙维亚人帐篷,属柏柏尔型。帐篷在交叉的中柱上覆盖有条纹的毛织物,毛织物由各种毛编织成的灰色及黄色的条状布帐缝在一起。缝口用色彩分明的拉带加强, 帐篷由妇女制作和架设。人们会在帐篷内举行典礼、宴会及婚礼。在阿尔及利亚,由于炎热的天气与房屋内的跳蚤,人们不得不到帐篷中去睡。帐篷不用时,挂在集体的谷仓内。

阿尔及利亚帐篷

Alhambra Palace 阿尔汗布拉宫

阿尔汗布拉宫又称红宫,位于西班牙格拉纳达的山上,是一座保存较好的伊斯兰宫堡,建于 1338—1340 年,为来自北非的柏柏尔人所建。宫堡四周以红石砌成围墙,全长达 3 500 米,沿墙筑有方塔。宫堡由两座院子——(玉泉院和狮子院)组成,前者为 36 米 × 23 米,约 1 000 平方米,后者为 28 米 × 16 米,约 500 平方米。玉泉院为国王接受朝拜之处。狮子院是后妃们居住的院落。玉泉院券廊内院有清真寺及浴室,高宽均为 18 米的正殿,墙面上的各种图案着以蓝色,掺杂一些红、黄、金色,显得富丽堂皇。院内有一方水池映出正殿及券廊的倒影。狮子院的周围为马蹄形的回廊,墙上饰以精美的石膏雕饰。院内有 124 根白色大理石柱子,光影变化丰富,引山上泉水穿过后妃们的居室至庭院水池中,池周雕有 12 头雄狮,口中喷水。柱子、券廊、钟乳拱、柱头及墙面图案等均凸显了西班牙伊斯兰建筑的特色。

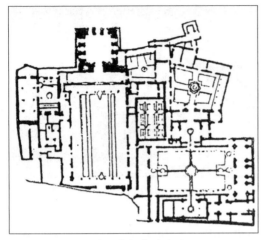

阿尔汗布拉宫的平面

小巷

Alley　小巷

　　旧城市中的巷空间是街与宅之间的过渡,作为中介的空间,它街道容量小,交通流量也小,有的是尽端式的死胡同。因此相对街道空间而言,里巷是居民区的内部空间,相对住宅而言,里巷又是外部空间。小巷本身就是一种介于公共与私有空间之间的复合空间。许多人已将家中私有的摆设置于小巷之中,家务活动已渗入小巷之中进行。小巷的空间造型最富于变化,出于围护与安全的考虑,建筑外墙采用砖石、土坯等材料,而民居的木结构檐口及门楼构架使虚与实、亮与暗的材料及铺地材料构成丰富多彩的造型。室外地坪高低错落,蜿蜒曲折的走向,使小巷空间极富变化。

Altar　祭台

　　祭台是宗教名词,指献祭的坛或礼拜活动中心。在原始宗教中一块或一堆石头,或一座土丘就可以当作祭台。随着庙宇祭献制度的发展,出现了用石或砖砌成的祭台。在祭台上可屠宰牲口,让血从祭台上流下,也烧肉。有时在平地上挖沟或坑作祭台,在古希腊庙宇中,也有一些用供桌代替祭台的形式,又称祭坛。

Alternatives　替选方案

　　大规模复杂的建设方案,因牵涉问题较多,可以发展出两三个计划方案。建设方持平面图、计划书、经费表与业主沟通。当业主多且各有其利益考虑时,建设方就必须考虑利益相互冲突时的权衡。这些业主通常需要完善且有充足理由的结论,从多个方案中挑选较喜欢的方案。有时设计师提供一两个自认为满意的方案,另外几个不太满意的陪衬方案也需要完善到可应用的程度,这要花费不少的时间。另一个供业主选择的方案提供了一种设计师根据最满意的方案一次性发展一个合理方案的可能性,设计师须把可能性完善到可供业主作决定的程度。若被否定则只有重新设计方案,重要的结论不应在选方案时得出,要在设计阶段进行修正后再决定。业主这时扮演决定者之角色,而非过程最后的否决者,无论如何,业主应该了解进行之中的设计内容。

Ambiguity Space 不定性空间

空间的不定性也称空间的模糊性,就是空间具有亦内亦外、亦虚亦实、亦静亦动、亦此亦彼的特征。这种空间也叫"中介空间",它存在于有无之间、围透之间、自然与人工之间、室内与室外之间,存在于各种几何形体的交错叠盖和变幻之间、有限的尺度与无限的意境之间。对群体建筑空间形态的模糊性思考,有助于空间单体的存在、毗连、包容和扩展,有助于把握和创造满足多层次生活要求的新空间。路易康创立了服务空间和被服务空间理论,查理斯·摩尔以公共领域的哲学理论强调空间的不定性和深远的意境,黑川纪章用"灰"的理论表达并追求一处不定的、边缘的、意义丰富的空间,"灰"的理论概括了各种矛盾因素对立、冲突并得以和平共处和延续。

Amiens Cathedral 亚眠主教堂

亚眠主教堂位于法国巴黎北部亚眠市,建于公元 1220—1288 年。亚眠主教堂的中厅设计人是罗伯特·皮·鲁柴契斯(Robert de Luzarches),歌坛设计人是建筑师托马斯·德·科蒙特(Thomas de Cormont)之子雷诺特(Reynault)。中厅宽 15 米,高 43 米,比巴黎圣母院的中厅高 10 米。歌坛及中厅两侧有侧廊及小神龛。亚眠主教堂后面的环形殿带有 7 个放射形小神龛。教堂内部是三层的拱廊,厢座及巨大花格形侧高窗。四分拱顶由一系列飞扶壁支撑,双塔及火焰式玫瑰窗是 1410 年建成的。

Analogical Design 类比设计法

在设计中有时采用视觉上的类同物作启示,或取用自然界中的某种形式加以抽象,或从抽象的风格派绘画中吸取某种形式。通过这些类比的设计方法,产生造型上的联想,再加入建筑的制约要素,而创作出一项完美的建筑造型设计。例如柯布西耶的名作朗香教堂上的卷曲的屋面,很难想象他是怎样构想出来的。他曾说过是绘图板上放置的蟹壳给他的启发,然后当人们看到教堂屋顶的形象时可能产生许多联想而不一定是蟹壳。因此在运用建筑语言表达某种类比时,类比产生的内容联想是因人而异的。建筑师运用类比的方法传达他的创作思想和心境是建筑设计的重要方法之一。

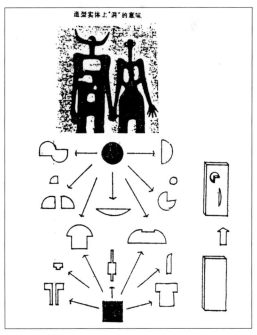

类比设计法

Analogy 类比

类比即类推、比喻,是对某一事物或现象从类似的情况中作推理的探讨,用比喻的方法谋求理解。其思考方法即找出两个不同事物间的共通性,用熟知的等物之构造来观察二者间之不同,可引发意念创造的契机。建筑师不时地将设计对象与其他已知领域的艺术、科学、工程等已知事实加以比较。在诸多的类比中,生物学为建筑师提供了最丰富的源泉,大自然可以解答各种需要思考的问题。在已建成的各式各样的建筑形态中,有许多与自然造型相似的例子,如海螺、车轮及鸟的形象。有的是借鉴自然的外形,有的是对自然的神态作深刻的注视而创造新的形态。

Anamorphosis 错觉表现法

错觉表现法是视觉艺术中一种独特的透视法,从通常的角度观看,画中物象呈现畸形,若从特定角度观看,或用凹凸镜观察,画中物象重归正常。错觉表现法这一术语出自希腊文,即"改变形象"之意。在达·芬奇的画稿簿中可以见到错觉表现法最早的画例。许多画的前面装有特制的窥视孔,观众可以用它来矫正畸形物象。另一种新式设备叫"艾米思室"(Ames Room),即人和物的形象随变动室中视者等高线而变形。20世纪一些心理学家对错觉表现法十分关注。

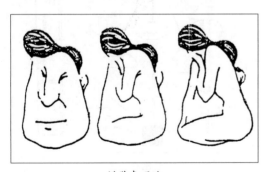

错觉表现法

Anasazi Culture 阿纳萨齐文化

阿纳萨齐文化是北美洲的文明,约始于公元100年,集中于亚利桑那、新墨西哥、科罗拉多及犹他等州的交界地区。"阿纳萨齐"系纳瓦霍语,意为"古人"。起源不明的印第安人定居于此,他们选择穴居形式,住在木柱土坯屋内,从事农业生产及狩猎活动。阿纳萨齐岩壁村庄为新月状,由半地下的房屋组成,地下为礼堂,地上为居室,村落聚集于岩棚之下,也有二至四层的较大型的独立式建筑,社区拥有20~1 000间房间,居民使用的陶器形式美观多样。普埃布洛时期通常从1700年算起,经过一个世纪的动乱,普埃布洛村落已由70~80个减少到25~30个,至今留存不多,但其文化及手工艺术流传至今。

Anatolia Dwellings, Turkey 土耳其安那托利亚高原民居

土耳其安那托利亚高原上的多核心村落很有特色,由于气候干热,喷水池是村落的社会中心。许多房屋的整个结构都没有屋顶,在炎热之夏,荫凉的庭院是家务活动的理想场所。寒冬时,人们的起居活动移到马房之中,人们靠动物的体温取暖。房子相联搭建在一起,门都朝向中央露天的空间,不能从外部街道直接通达室内。建筑材料以石头和泥砖为主,只用少量的木材,通常都得用石头做0.5~1米厚的地基,梁的跨度如果超过了3.5米,则都加上中柱支撑。

Ancient Architecture 古建筑

古建筑是古代人们赖以生存的重要物质条件,也是人类文明进步的标志。据统计,中国现有各类古建筑和历史纪念建筑近10万处。在众多的古建筑中,有的是供统治者使用的宫殿、陵寝、苑囿、庙坛、王府、衙署。如北京的故宫、颐和园,承德的避暑山

庄和外八庙,都是古建筑中的精华。有的是民间建筑,如民居、私家园林、祠堂、会馆、书院、戏台等。其中不乏具有历史、科学、艺术价值的杰作。有的是生产和科技建筑,如都江堰、灵渠、大运河、赵州桥、洛阳桥、卢沟桥以及古观象台等。有的是宗教建筑,数量最多的是佛寺、佛塔,也有道观、基督教堂以及伊斯兰教的清真寺。还有一类是历史纪念建筑,都具有一定历史价值。

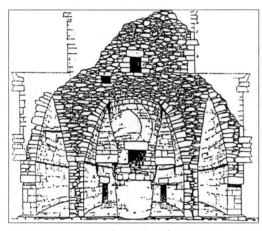

墨西哥钦伊查古建筑

Ancient Cultural Remains 文化古迹

中国地域辽阔,历史久长,民族昌盛,文化发达。在中国大地上,名山大川星罗棋布,文化古迹数不胜数。文化古迹,一般不能或不宜整体移动,故称为不可移动的文化。它大致可分为古文化遗址、古墓葬、古建筑、石窟寺、石刻等。这些文物古迹,是各个时代的人们运用当时所能得到的材料及所能掌握的技术创造出来的,从不同的侧面反映了当时社会生活的风貌,包括经济、政治、军事、文化、宗教、习俗等。因此,这些文物古迹含有丰富的文化信息,具有重要的历史、科学、艺术价值,是各民族珍贵的文化遗产。

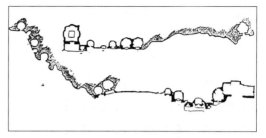

山西太原天龙山石窟

Ancient Mausoleum 古墓葬

古墓葬是指古代人类采取一定方式埋葬死者后所存留的旧址、遗迹。史前时代墓葬和商周、春秋战国时代墓葬都有重要的考古价值,极具证史、补史作用。秦汉及其以后的帝王陵,除元代因统治者的民族习惯不留坟冢而无遗迹可查外,其余各朝各代大都地望明确。秦始皇陵和西汉十一陵均在西安、咸阳一带。关中草原有唐代十八陵。东汉及魏晋帝陵在汉魏洛阳故城附近。河南巩县有宋陵。北京有明十三陵,河北有清东陵、清西陵。历史上许多名人墓也得到了很好的保护,如黄帝陵、孔林、岳坟、中山陵等。

Ancient Monuments Act 历史纪念物保护条例

1882 年,英国颁布第一个有关古迹保护的法令,称为《历史纪念物保护条例》(Ancient Monuments Act),条例规定,任何建筑一经被划为"历史纪念物",产权人就不得擅自对其更改或拆毁。同时,政府有责任对有历史、文化价值的纪念物进行评定和保护。1913 年,英国国会通过的新的"加强古迹管理法令"是第一个有实用价值的古建筑保护条例。该条例授权政府公布国家级文物保护单位的名单,当时的建筑保护仅限于那些最为重要的而且"不再使用"的纪念性建筑。直到 1932 年,更多的"仍在使用"着的有价值的建筑也被列为法律保护项目。

Ancient Ruins 古遗址

古遗址是指古代人类活动所留下的遗迹。古遗址包括人类在历史的各个时期利用自然环境和加工手段而留下的洞穴、采石场、沟渠、仓窖、矿坑等遗址；也包括人类根据不同需要而建造的民居、宫殿、官署、寺庙、作坊以及村寨、城池、烽燧等各种残迹，如云南元谋人遗址、陕西蓝田猿人遗址、北京周口店遗址等。新石器时代聚落遗址约有1万余处，如西安半坡遗址、辽宁牛河梁遗址等。夏商周时期都邑遗址多在黄河流域，如河南尸乡沟商城遗址、郑州商代遗址、陕西周原遗址和丰镐遗址、河北赵邯郸故城、北京燕下都遗址等，规模都很大。秦汉及其以后的城市遗址就更多了，著名的有秦咸阳宫遗址、汉长安城遗址及隋唐洛阳城遗址、高昌故城遗址、北宋东京城遗址、辽上京遗址、元大都遗址等。历史上各个时期手工业制陶、制铜、制铁、铸钱、制瓷等都很发达，也留下了许多遗址可供人们考察。

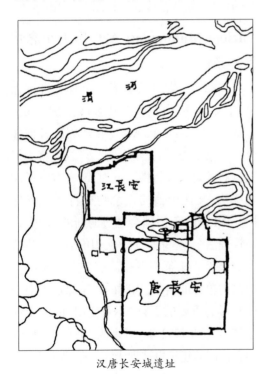

汉唐长安城遗址

Ancient Underground Buildings 古代的地下建筑

古埃及有三种坟墓，玛斯塔巴斯（Mastabas，是长方形平顶墓）、帝王的金字塔和石窟墓，大约都在公元前2130年到前1580年中王国之前建造的，有的石窟庙宇则伴随着陵墓存在。埃及法老巨大的金字塔中有国王和王后的墓室、地下墓室和通气孔洞。在阿布希姆伯尔（Abu-Simble），大庙建在山石之中，埃及的巴哈里庙（Der El Bahari）是山崖边的石窟寺庙。地中海的马耳他岛上的哈加坤姆利克村（Hagar Qim Neolithic）的地下庙宇和居民区遗址，马耳他的哈波吉姆（Hypogeum）的哈尔沙福里尼（Hal Saflieni）墓群有许多联结着的地下墓室。其中一个曾发现了7000具尸骨，建于公元前3000年，由坡道和楼梯连接着三层，地下深达40尺（约为13.3米）。在希腊有开向天空的方形墓室，平面20英尺×12英尺（1英尺≈30.48厘米，下同），以蜂窝形层层跌落的石拱砌筑。公元前1325年的阿特鲁斯的阿加梅农墓（Agamemnon），意大利的伊特鲁斯石窟（Etruscan），突尼斯史前罗马人的村庄遗址，中亚细亚土耳其卡派多西亚山谷（Cappadocia，Groreme）分布的锥形遗迹"Tuffa"，是单层或多层的民居遗址。在约旦的派特拉（Petra）有大约750所石崖墓。公元120年建造的卡森墓（El Khassne）立面有650英尺高，下层为六边形，上层为壶形圆顶。印度的石窟庙宇约1 200处，各类寺院是印度建筑的主流，哈拉沙庙（Khailasa）开凿于伊鲁瑞（Elluria）山岩之中。法国吉朗底（Gironde）的圣伊米伦教堂（St. Emilion）是从岩洞中开凿出来的，132英尺长，66英尺和53英尺高。在克鲁索方卢（Cluseau de Fauroux）的罗马人村庄为夏季避暑的洞穴式村庄。特劳尼洞穴用作酒窖和民居，有几何形的踏步，美观的门窗。西班牙的古地克斯（Gruadix）村一万人口的居民住宅建在地下，只露出入口、门窗和烟囱，西班牙安达鲁西亚（Andalusia）的阿尔敏朱拉（Almemzora）以及加尔达和加那瑞（Galdar，Crand Canary）等地均有这种地下民居。

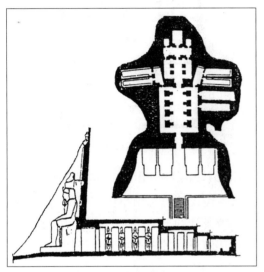

古埃及河布·辛贝勒阿蒙神大石窟庙

Ando Tado 安藤忠雄

安藤忠雄是日本建筑师，1941年出生于大阪，1969年28岁时开设自己的事务所，以设计小住宅为主。出色的工程有1975年设计的"住吉的长屋"，1978年设计的石原邸，1981年设计的小筱邸，1986年设计的域户崎邸等。安藤是自学成才的名家，作品成熟于20世纪70年代。安藤执着于现代主义抽象原则，以简洁的形式和材料，创造出底蕴丰富的建筑空间，取得了世人的认可。安藤以现代主义的手法表达日本地方特色与历史文化背景，其作品有后现代主义建筑缺乏的深刻性，同时也规避了国际式建筑单调乏味的弊病。安藤

设计的建筑规模较小，但他认真对待每个创作机会，不断发展完善自己的创作理念。他的作品以石板、水泥、木头、钢材、玻璃为原材料，最终妙不可言地变成雾、雨、风和阳光的存在。从安藤的建筑中可以体会到传统农舍的整体性和日本数寄屋的美学意识。

Andrea Palladio 安德烈亚·帕拉第奥

帕拉第奥（1508—1580年）是意大利文艺复兴时期的建筑理论家、建筑师，生于帕多瓦，在维琴察当过泥瓦匠。曾到罗马研究古代建筑，他的建筑活动大部分在威尼斯和维琴察，在复兴罗马建筑对称布局与和谐比例方面作出了贡献。他的作品严谨而富有节奏感，表现了手法主义的特征。1570年他出版了《建筑四论》，有代表性的作品如改建的意大利维琴察巴西利卡，是在原有的大厅四面增加了券柱式外廊的建筑。因处理手法巧妙，被称为帕拉第奥券柱式母题，对后来的大型建筑设计产生很大影响，维琴察郊外的圆厅别墅也成为后来许多同类建筑的范本。

Angkor，Cambodia 柬埔寨吴哥

吴哥是9至15世纪东南亚高棉王国的都城，在今柬埔寨西北部，现代城镇逻粒北侧。9世纪末至13世纪初吴哥王朝统治印度支那半岛南端和中国云南、越南和孟加拉湾之间大片土地。1431年该城被泰军攻占，遭废弃。吴哥建设历时300年，其建筑中有反映印度教崇信的湿婆、毗湿奴诸神以及大乘佛教中的观世音菩萨文化的庙宇。吴哥初称通王城，按印度传统表现宇宙的模式布局，以寺庙山为中心，以苏耶跋摩二世（1113—1150）建造的吴哥窟最大、最有名。吴哥古迹显示了高棉国王的财富和权势、精

湛的技术和艺术才能。

柬埔寨古都吴哥始建于公元802年,位于距金边240千米处,有石砌古建筑70余处。吴哥窟兼有佛教和婆罗门教的庙宇,也是国王的陵墓。其平面为矩形,长1480米,宽1280米,外环有宽190米、深8米、周长5千米的人工河。堤道入口长200米,入口朝西,大殿金刚宝座塔位于纵横轴线的交点上。金刚宝座塔台基底211米×184米,周边有围廊,中央神堂为田字形平面,塔高约25米,加平台共65米。金刚宝座塔造型高耸而稳重,有主有次,每层有以神话传说和当时的生活情景为内容雕刻的精美浮雕。

吴哥寺寺院建在一、二、三层台基上,各层均以方形回廊构成内院边界,主殿为金刚宝座式,矗立于三层台基之上,由中央升起一座高塔。二、三层回廊四隅设一座塔,它们与中央主塔形成一个可悟而不可视的圆形空间,并以整个天宇为穹顶,这种潜在的曼陀罗布局可见于许多印度古寺庙。

Anhui Dwellings, China 中国安徽民居

安徽民居以封闭的高墙围合着宅院,外部为粉墙小窗,内部庭院的面积很小,其主要的目的是收集雨水,以供给庭院中的小水池。从南面的主要入口进入庭院,穿过庭院中央有两个铺面的小水池,两侧是檐廊,正中的堂屋和天井庭院室内外结合在一起。安徽民居从入口大门、门钹、门道到马头墙、柱础、梁架、梁托、木栏杆等建筑装修与细部均有丰富的花饰纹样。墙体以外抹灰粉包住木柱,结构仍然是木构架的构造体系。

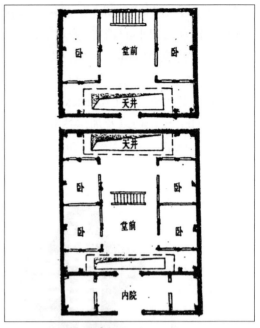

徽州民居典型平面

Animal and Dwellings 动物与家居

当代设计思想由单体空间的概念进入了环境设计的概念。人、自然界生物、房屋构成环境设计的三个要素。民居的宅旁生活庭院、屋后的菜地、饲养家禽家畜的棚圈,都围绕着民居布置得体,构成一幅优美的农家生活图景。中国西北地区民居的房前、屋后、宅旁的布置正是这种环境设计理念的体现。动物在民居中如同花草树木一样重要,特别是动物对儿童智力发展有启发作用。当儿童不能和生人建立接触之前最容易和动物建立接触。人们离不开花卉草木而必须设置各种公园和花园。人类同样需要牛、马、羊、兔、鹿、鸽、猫、狗、鱼、青蛙、蝴蝶、蜜蜂、鸟类等动物。环境设计的完美设想是在村镇中保护动物的生态平衡,乡镇和家园中要建立饲养动物的笼舍。中国传统民居中的厕所、鸡窝、猪圈、羊圈、牛栏等都布置在庭院旁或后院,牲畜和家禽是乡间村舍中必不可少的景象。保护动

物对人类有益。

Animal Cage Design 动物笼舍设计

1. 动物方面。①要有足够的活动场所，保证动物在一年四季有足够的活动场地，无论寒、热、风、雨都有栖身之处，在特殊气候条件下也要有和自然接近的可能。②保证每个动物有足够的休息进食处。③动物的繁殖和隔离。④笼舍要干燥、清洁、通风及阳光充足。⑤有些笼舍要求安装特殊的气候设备。2. 饲养管理方面。①保证饲养管理人员工作时的安全。②操作方便。3. 保证观众的安全。4. 笼舍设计要满足一般建筑的要求及日照通风等。动物笼舍设计要注意的问题有：①要考虑到动物种类的增多和发展；②设置隔离带，如墙、栏栅、钉板、玻璃、铅丝网等；③降温和加温设备；④笼舍的门要适合动物的大小，但要考虑管理员出入方便。门上常作观察孔或窥视洞。小笼舍的门可开小通风洞。小型鸟类笼舍的门应设纱窗，以防蚊蝇伤害动物。

Animal Cage Form 动物笼舍的形式

1. 封闭式，如馆、箱、笼等，动物活动的空间由不同形式的上下左右栅栏围住。2. 自然式，一般是面积较大的笼舍，舍内有自然式的布置或利用原有自然景观很好的园地，将动物避风雨的笼舍建在这块场地内。动物和观众的隔离要较隐蔽，如利用湖、林、山等。当前很多大型动物园笼舍都采取自然式的布置形式，对于动物的健康及观众观看动物的要求都较适合。大的活动场所可以看到动物的自然生态，观众既能看到动物在自然环境中的生活情况，又能细致地看到动物的面貌，所以有些动物园的笼舍既有大的室外活动场，也有小的室内运动场。

Animal Kingdom of Ecological Architecture 家畜家禽与生态建筑

有机的生态民居建筑艺术把动物也组合在包含水、土和植物的生态环境之中，生态建筑学是研究动物、植物生态发生发展进程和建筑的关系的学科。现代生态建筑学主张建筑与动植物生态的平衡发展关系。建筑应顺应大自然的生态学原理。现代城市中的砖面、混凝土、柏油沥青、钢铁和铝板、玻璃等工业化的材料剥夺了动物赖以生存的环境。在乡村住宅中饲养家畜和家禽是农村生活中重要的要素，村镇中如果没有家庭饲养的牛、羊、鸡、犬等动物就失去了乡村的特色。一般的乡村民居布局中人们都结合当地的气候特点把饲养的动物组织在屋后、宅旁或房屋之下。例如在吐鲁番民居中家禽和家畜常饲养于葡萄架民居的宅前。人、动物、水和土、葡萄架等生态之间形成和谐的美。建筑艺术从属于生物之间天然的美，保持水、土、生物之间舒适的关系。这也是没有建筑师的生态建筑艺术。

家畜家禽与生态建筑

Animism 生灵

自古以来，自然界中的各种生物之间均

有着密切的联系。原始时代，人类的用具多模仿自然界的花卉植物、鸟兽鱼虫、图腾和像生，都表现了人类与生灵之间的密切联系。自古以来，人们就把生灵形象作为构成环境景观的重要元素，那时的生灵形象是人类生活中的崇拜物、信奉物，沿袭至今，生灵形象成为城市环境中表现雕塑艺术的装饰物。因此在城市环境中，布置生灵形象以美化环境，是人类的审美使然。

生灵（此玄武岩狮子雕像，年代可溯至公元前1000年）

Anisotropy and Ambivalence　异向性与双重形象

婴孩在摇篮中面对垂直方向的空间，这种对于空间非同一性质的感觉谓之异向性（Anisotropy）。绘画中的透视多以深度为主，现代绘画中的不少佳作就是以异向性的透视作画的，所谓反透视法的绘画，即远处的物象较近处更大。中国的风景画常采取鸟瞰式视野作画，作者对于远近距离的感觉较上下方向的感觉更为强些。绘画如果仅以二元空间表现，往往深度不够，因此提出三元的空间。不少画家亦根据"知

觉心理"，对平面图形的立体视觉反复研究，在同一画面中同时表现爱与恨、悲与欢、生与死或者憧憬与现实，这在心理学上叫两向性（Ambivalence），心理的描写，或称双重想象（Double Image）。绘画应用双重表现法，极富刺激效果，且由于主观上的不同，它对于知觉的表现可能变成相反的含义。

Anjiqiao, Zhaoxian Hebei　安济桥，河北赵县

安济桥位于河北省赵县城南2.5千米的洨河之上，又称赵州桥，俗称大石桥。安济桥为隋匠李春建造，在唐代已是"天下之雄迹"，至今已1 300余年。桥长50.82米，单拱石桥跨度37.37米，是世界上最古老、跨度最大的石桥。其结构新奇，造型美观，为华北四宝之一，在世界桥梁史上占有重要地位。安济桥为敞肩拱桥，坡度平缓，桥身中段薄两端厚，桥宽9.6米，桥两端有两个券洞，既减轻了桥身自重又增加了排洪功能。这种设计方法在桥梁史上是独创的，后来的钢筋混凝土结构桥梁中也都采用此种设计。安济桥的栏板和望柱上的雕刻也十分精美，刀法简练有力，造型生动美观，是雕刻艺术中的精品。

Anthropology　人类学

从语源学上讲，人类学是研究人的科学，人类学起源于地理大发现时代欧美学者对现代西方技术文明所处的社会的研究，现代人类学的研究领域已扩大到现代社会内部，概括人类行为的普遍性问题。人类学的两个主要领域是体质人类学和文化人类学，它们都与其他学科有密切的关系，如考古学、语言学、社会学、政治学、经济学、心理学和历史学。自20世纪以来文化人类学和体

质人类学开始分离,产生了许多转向"文化多元论"的观点,并出现许多流派。1. 文化历史学派。2."社会学"学派。3. 广涵播化论者。4. 功能主义和结构主义。5. 文化心理学。体质人类学的研究目的是确定人类在自然界中的位置和解释种族之间的自然差异,主要研究领域是:人类生态学、人类进化学说、灵长目学和遗传学。此外还有人体测量等应用研究。

Anthropomorphic Engineering 人体工程学

以往人体工程学主要应用于生产或军事领域中,这门过去只被认为与制造工业中的工具、设备设计和汽车、航空、宇航及武器设计等有关的学科,被列入了工业造型设计专业的教学计划之中,但在建筑学中的应用仍不广泛。实质上在生活领域中同样存在着效率、疲劳和舒适等问题。生活领域中的人体工程学研究极为广泛,在居住空间方面,由于人体尺寸的差异,人们对空间的要求不同。因此,为了满足人们对空间的要求,必须在设计中制定标准。一般可根据使用要求、心理要求和安全要求得出不同人体的要求,以人体工程学解决实际生活中的空间问题,但需要有完善的方法和手段。

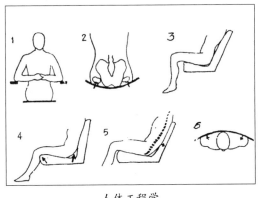

人体工程学

Anthroposphere 人类圈

生物圈中有人类居住,受到人类的控制,并因人类活动而发生实质改变。由于人类开采矿物,生产合成化合物和自然中不存在的纯态金属,在工业生产中排出废物,不断地进行建设而侵占自然环境,因而破坏了自然的地球化学循环。一些理论生物学家认为,人类圈正在取代生物圈。

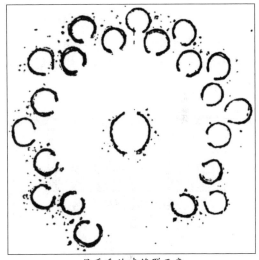

母系氏族建筑群示意

Aobao, Inner Mongolia 内蒙古敖包

内蒙古草原上的"敖包"是蒙古族人民的一种用于传统习俗的纪念建筑,早在元代就出现了。"敖包"以乱石堆砌,两边排列有指引方向的石堆。最初祭"敖包"只有一个含义,就是纪念在这个山头上作战有功和战死在这个山头上的英雄人物。后来以祭"敖包"的形式来祝贺年内风调雨顺,国泰民安。

Apartment 集合住宅

集合住宅也称公寓式住宅,是 Apartment House 之简称。公寓式住宅是多户家庭共同居住于一栋建筑物的建筑形式。通常其楼梯、入口、走廊等为公共空间。公寓之意为居住所必要的各类空间一应俱全。公寓式住宅有走廊式集合住宅（Apartment-house of Corridor Access）和无廊式集合住宅（Apartment-house of Direct Access）。走廊式住宅每层之住户皆将走廊作为连接通道，走廊式住宅依设计之不同尚可分为单侧走廊式及中央走廊式等。走廊式住宅不设公共走廊，而以楼梯直达各户走廊式住宅。此外尚有公寓式旅社（Apartment Hotel），长期滞留租住的旅社，一般在客房内设简单的厨房设备。集合住宅区（Apartment Area）是专供建筑集合住宅之地区。

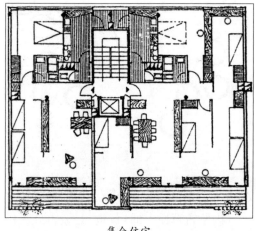

集合住宅

Apartment for Old People 老年公寓

　　西欧的老年公寓一般分三类。1. 豪华型。除有大花园、健身房和游泳池外，还设有诊所、按摩室、图书室、餐馆、舞厅、音乐厅、咖啡屋甚至小教堂，老人一天 24 小时都能受到安全保护。2. 普通型。在楼内安排一些专门照顾老人的服务员，并设有用餐、娱乐活动室等场所。3. 经济型。居住的多是收入较低的单身老人，其租金往往不足豪华型的十分之一。普通型、经济型老年公寓，为一居室或二居室，面积

小，房屋设施简单，但都设有可供老人们互相交谈、串门的空间，以减少老人们的孤独感。

Apartment for Single 单身公寓设计

　　1990 年中国人口普查，全国有 1 700 万户为每户一个人，其中 26.5% 是 20~39 岁的青年。单身青年的公寓有一卧室型，面积为 12~18 平方米，一般居住 2~4 人，无厨卫设备。带厨卫的一卧室型公寓面积为 27 平方米，公用厨房、浴厕。多户型公寓，是一套两室大厅住宅，大厅用隔板隔成两户用，面积为每户 9~12 平方米，公用厨房、浴厕。独立型单身公寓，每套面积约 23 平方米，设壁柜及可放洗衣机的浴厕，厨房附设小阳台。对今后单身公寓的设想一是"迷你化"，拥有能满足一个人居住所需基本功能的最小面积，并适合与他人交往。二是将公寓与家庭户型结合起来设计，日后如有需要，可把隔墙打通，使单身公寓变成家庭户型，具有较强的灵活性。

Apartment Houses at 860 Lake Shore Drive, Chicago 芝加哥湖滨路 860 号公寓

　　860 号公寓是密斯·凡德罗的代表作品之一，1951 年建于芝加哥湖滨路 860 号，是密斯以黑色的钢框架完成的一组垂直的四边形的公寓楼。20.32 厘米深的垂直的工字钢轨，从第二层的楼板以上以重复的线条围合的空间，一直到屋顶线共 76.2 米高。在立面上有一种向上滑动的视觉效果，用钢来表现的垂直装饰性，以金属的导轨划分窗户，是竖直框架延伸形成的具有音律感的优美图案。在透视中墙的立面全是玻璃，像一面巨大的镜子反映着天

空和云彩,但从另一个角度看则是钢的竖线的实体,线是光透与不透明体的视觉游戏。

Approach 通达

人们对某一地点能否产生愉悦感取决于人们如何到达此地,例如开放空间设计须将森林步径、游览车路线、水路和马径考虑为娱乐经验,在紧密林区路径可相互遮掩,每个人配合自己的旅游方式而得到可记忆的视觉层次。路边所看到的则是当地的地理情况及生活方式。道路的级次可从沥青路到步行小径,行径的经验是主要的,速度是次要的。服务道路应比公众道路更深入营区以提供服务,必须对车辆的穿越有最大的限制。自行车道1.5~2.5米宽,且有平缓的地面,人行道1~1.5米宽,有排水设施。在陡坡处有木柱支桥,难行处设置踏石,使用者步行出入的通道及公共设施的位置遵循一种逐步通达的原则。

Arcades,Covered Walkway 拱廊、骑楼

拱廊和骑楼都是在建筑边沿上设置的有顶盖的步行道。它既是公共部分,又是建筑内部空间向外部的延伸,如同步行街一样,是公共性的场所,同时又是路边建筑自身向外开放的一部分。拱廊或骑楼不宜太高,以保持一种通过式走廊的感觉,还应有一定的宽度。如果拱廊或骑楼与建筑的过街楼相通,则更加生动有趣。广东街道两侧的骑楼把沿街建筑连接起来,成为沿街商店的前室,人们可在骑楼下步行。也有把回廊,檐廊围绕中心庭院组成家庭中室内外的连接部分。贵州民居中,喜庆酒宴也常在周围廊中举行,这种回廊较宽。

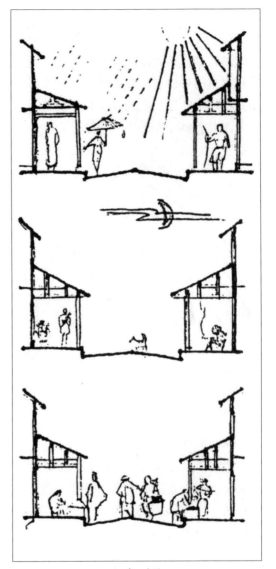

拱廊、骑楼

Arch 拱

拱在西洋建筑史发展过程中系由小型石块或砖用楔木挤压原理砌叠而成的。用以承载上部荷载的开口部分,种类甚多,如马蹄形拱、半圆拱、圆弧拱、二心拱、三心拱、四心拱等。依结构原理可分为两铰拱、杆式两铰拱、三铰拱等。砌拱用之楔形砖称拱砖。我国的拱券到西汉前形成,用筒拱式拱壳穹隆建墓室,用券建墓门。无梁殿出现于

14世纪末,到16世纪较为盛行,平面多为长方形,采用筒拱、单拱或大拱两侧附有小拱的形式和纵连砌法。明代初期无梁殿建筑用厚重的外墙抗衡筒拱所产生的水平推力。明代中叶以后改为厚壁柱。明清时期在山西中部盛行砖砌筒拱住宅。

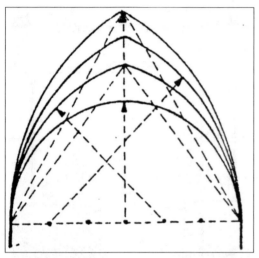

哥特教堂尖券肋架拱源于两个圆心点

Archaeology　考古学

考古学一词来自希腊语 archaic(古物)和 logos(理论或科学),意指研究人类实物遗存的一门科学,这些遗存包括从大约200万年前的石器到当代被埋藏或扔掉的人工制品。考古学家首先是一位描述专家,必须对所研究的器物进行描写、分类和分析。把遗存的实物放进历史背景中进行研究,以补充从文字史料中可能了解到的史实。考古学家还应是历史学家,研究人类有文字以前的考古学称为史前考古学。

Architect　建筑师

建筑师是建筑规划与设计方面的高级工程技术人才。毕业后被分配在建筑设计院、建筑科学研究院或高等学校的建筑学专业、城市规划专业,从事建筑设计、建筑群体规划方面的研究、生产设计或教学工作,此外还可以被分配到城市规划设计院或园林设计部门工作。建筑师是受过专业训练,领有执照或获得职称,以建筑设计为主要职业的人。

古希腊罗马时代就有"建筑师"(Architectan)的名称,中世纪由"匠师"(Master builder)主管建筑设计和施工。文艺复兴时代,建筑设计从匠师手中分化出来,转到接受过文化教育的人的手里,他们被重新称为建筑师,依附于帝王和诸侯。产业革命以后,建筑师成为一种自由职业,就有了现代意义上的建筑师。中国古代的"都料匠"就相当于欧洲中世纪的匠师,负责建筑设计和施工的指挥。20世纪20年代,中国有了现代意义上的建筑师。

建筑师主要从事创造性的建筑设计工作,建筑师要精通建筑技术和建筑艺术的各个有关方面,负责制定建筑设计方案和施工图纸作为施工的依据,并监督工程的实施。现代建筑中的结构、供暖、空气调节、给排水、机电设备和防火消防等工作,则由各专业工程师共同协作来完成。建筑师通常是这种协作的协调者和组织者。

作为自由职业,建筑师在各国都有社会公认的法定地位,他依据所签订的契约成为委托人的工程代理人,要确保业主的利益,使投资得到最好的效益。因此建筑师有责任监督施工承包人保证工程质量,完成任务。同时建筑师还在业主和承包人之间担当工程仲裁者的角色,当双方利害关系发生冲突时,建筑师一方面要维护业主的利益,另一方面又不能损害承包人的合法报酬,要公平合理地解决纠纷。此外建筑师还应该是政府所制定的建筑法规、规范的执行者,各国政府对建筑师都规定有职业道德规范。

建筑师兼具工程师及艺术家的才能,所

设计的建筑要求美观、庄严、活泼、实用、经济。建筑师为了功能和法律责任来准备施工规范所要求的建筑图，帮助业主使方案能获准实施，并辅导和监督工程顺利进行。成功的建筑师必须有技术和工程知识、组织管理能力、社会和政治感知性、市场及行销的警觉性以及经济财务常识等。

建筑师

Architects Basic traning 建筑师的基本训练

建筑师的职业训练可以说是一种用图形表达思维能力的训练，专业知识与美学规律综合运用能力的训练，建筑师的职业技巧必须以建筑图的水平表达出来。图形的基本训练包括建筑画、透视学、阴影学、制图法原理、古典建筑构图的训练。平面构图美的规律、剖立面图形的比例和韵律、建筑造型的比例和细部、渲染技巧，称之为传统的建筑初步训练。现代建筑灵活多变的空间构图需求，要求对空间层次、环境、光感、第四度空间的感染力的表现，难以从平面构图中表现，因此当代建筑师的职业训练侧重于对空间构成、体量、环境构成的训练和对想象力的培养，重视建筑构思中的陈述性图解的运用等。

建筑师的基本训练

Architectural Civilization and Art 建筑文明与艺术

建筑在作为社会物质产品的同时，表现出一定的文化艺术属性，这是建筑学区别于其他工程技术学科的一个重要特征。其表现是多方面的。1. 建筑的物质功能合理性、舒适感可以给人以功能的美感。2. 建筑有形体和空间艺术的艺术特点。造型、空间、色彩和质感直接给人以形象感受。3. 建筑是一种环境艺术，由房屋、庭院、街道、广场、园林、城镇等构成多种层次的环境，具有对人的时空包容性。建筑环境对人有持久的精神作用。4. 建筑是多种艺术的综合体，建筑的体量与空间可以容纳、附加、展示、承载其他艺术作品,如雕塑、绘画、诗词、园艺、家具陈设等和建筑融为一体,综合表现出时代的文化艺术风貌,使它成为时代和社会的一面镜子。

Architectural Composition　建筑构成

建筑设计的构成原理需要有统一性、平衡性、组织性,需要通过各部体量和明暗的对比,达到良好的设计目的。建筑设计乃具有创造性的艺术,构成原理的运用是综合性的,包括对比、权衡、比例、平衡、韵律、统一性、性格。

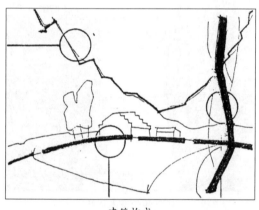

建筑构成

Architectural Composition with Acute Angles　锐角的建筑构图

锐角的建筑构图具有以下特点。1. 能给人以强烈的透视感,创造更丰富的空间效果。2. 外观上产生更强烈的明暗变化。3. 在总体布局上对环境的适应性更强,例如美国华盛顿国家美术馆东馆,坐落于梯形地段,平面的基本组成是一个等腰三角形和一个直角三角形。另一个实例是美国波士顿汉考克(Hancock)高层办公楼,标准层平面为一个长的平行四边形,底层在平行四边形的两侧附加上一个直角三角形,地段接近正方形。4. 在进行单体设计时,当一个特定的部位需要强调时,这种处理方式会产生方形或矩形空间所达不到的效果。

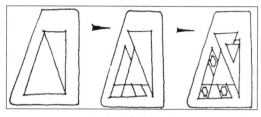

锐角的建筑构图

Architectural Conservation in Europe 欧洲的建筑保护

奥地利于 1923 年颁布联邦保护文物建筑法令,实施对古建筑的确定和管理。1967年颁布了专门保护城市的法令。在德国巴伐利亚州从 1826 年起编制财产目录成为法定要求。1973 年德国巴伐利亚州成立历史文物建筑保护基金,包括对建筑群、花园、公园等的保护。比利时于 1931 年颁布建筑文物和地区保护法令。丹麦于 1907 年成立古建筑保护协会,1969 年颁布清除贫民窟条例。芬兰于 1883 年制定保护考古遗址的第一个条例,还设保护区。1966 年制定城乡住宅法令为文物清单上的古住宅的现代化提供补贴。法国于 1830 年任命第一个历史文物建筑总检察长。1975 年准备采取新措施保护大约 100 个城镇的有历史意义的中心。英国 1877 年创办保护古建筑协会,1974 年为欧洲建筑遗产年设置特别补助。1892 年意大利一些古老的州制定各种法令,保护建筑物和艺术品的出口;1971 年颁布法令促进改善历史中心建造低价住宅的计划。1975 年荷兰文化部和住宅部展开协作,对约 40 个保护区展开保护。挪威 1844年成立古建筑保护协会。西班牙于 1860 年第一次登记国家文物建筑。瑞典皇家于 1630 年宣告设立国家古迹监护人职位。

1911 年瑞士大部分州均有保护古建筑的法令。

Architectural Conservation in Swiss 瑞士的建筑保护

瑞士各州有专门法令保护古建筑,全国受保护的古建筑均被录入名册,其中绘有古建筑的分布地图,民间有专家委员会做咨询机构。在有价值的古代村庄、城市、街区,划定范围建立保护区,形象地表现历史生活面貌。东北部的阿彭策尔区农村,古代盛行家庭作坊式的织染业,地方传统特色的民宅为4~5层的木构架双坡大屋顶。目前居民已转做他业,但村落被完整地保留下来了。首都伯尔尼旧城于 14 世纪形成,保护区保留了历史最早的三条大街。受保护的历史建筑都得到充分利用,如 9 世纪始建的巴塞尔的明斯特教堂、10 世纪的城门,伯尔尼的教堂、钟楼、市政厅等。西昂城的古堡群被改为博物馆。日内瓦城将古菜市场作为古代兵器的陈列处,将古老的宅邸作为夏日音乐会场。

Architectural Contrast 建筑对比

在建筑设计中,可以运用对比的手法强调建筑的性格。建筑形式对比包括形的对比、线的对比、大小的对比、明暗的对比、混合的对比。混合的对比指把某些样式的对比手法混合应用。建筑造型对比包括体量的对比、方位的对比、性格的对比、处理手法的对比。对比由"差异"造成,将不同的体量、面积或各部分的明暗,妥善地联合在一起,形成有对比的建筑物。对比和"类似"相反,类似达到极端就变得单调。对比则是类似的反意,有争先支配之势,对比的手法可称为"强势"的手法,施用"强势"手法要适当。通常建筑对比手法如下。1. 形体对

比。对称式建筑常常两边低中间高,以强调中轴线上的主体,不对称的建筑,形体对比的手法则丰富得多。此外,还可以运用虚体与实体、虚面与实面的对比。2. 空间的对比。室内外空间的对比与渗透是中国建筑传统手法之一,强调建筑室内与室外空间感受的差异。建筑物内部的厅、房、走廊等空间,可用对比的手法突显其功能,增强艺术效果。3. 建筑线条的对比。利用线条的横竖、曲直的对比是建筑立面处理的重要手段,成组线条的韵律感能产生动人的魅力。4. 材料及色彩对比。

建筑对比手法的运用必须围绕一个统一意图,要抓住中心,突出重点。在城市建设中,除个体建筑创作之外,广场、街道、群体建筑空间更应注重对比与统一的关系。对比手法的运用不是孤立的,要综合运用建筑构成的其他规律,如比例、尺度、均衡、韵律、重点、比拟、联想等方面的规律。

Architectural Creation 建筑创作

建筑创作是为了满足人的生活需求,早期现代主义建筑以"功能主义"面目出现。现代创作市场的繁荣,创作思想的活跃,使建筑师具备了按建筑文化发展的内在规律和建筑环境优化的依据进行创作的能力,新思想给建筑创作带来了巨大活力和空前繁荣的局面。创造性思维是建筑创作的原动力,而良好的专业素质与技巧是创作成功的保证,在特定文脉限定下的建筑创作,首先要求建筑师敏锐地洞察文脉环境的构成特点,并从中撷取灵感,使无限的创造力由此转化为具体的、有针对性的设计创意构想与对策,而达到有目标的创新。这就需要建筑师对建筑的本质和建筑历史发展脉络有深入的研究和深刻的理解,并在现实的创作当

中树立历史的发展观。

Architectural Culture 建筑文化

新建筑文化、建筑文明,就是说建筑有艺术性的一面,而艺术作品的个性就是其灵魂。因此现代主义大师们的作品由于具有个性亦具有文化性,建筑师本人的建筑文化素质和技巧是决定性的。建筑文化的观念不是传统文化,文化是一个大的范围,建筑和环境的配合与协调也是一种文化观念,不顾环境、破坏协调,建筑就缺乏文化性,即不文明的表现。有文化观念,文明的建筑必然是尊重其建筑环境的,这正是人类社会文明的表现。所以一座好的建筑是具有艺术美学原理的"唯一性"的,因而对环境作详尽分析的创作手法也是建筑文化观念之一,同时传统文化的精华完全可以在不同的时空和现代找到新的结合点,也应注重当地自然、地理、气候、民情风俗及建筑材料等特点对创作的影响。

文化现象可视为人类心灵活动和生活环境相互影响而所得到的成果,其到达某个特定的高潮而表现为某种特征,必是当时人类心灵活动和生活环境在相当和谐地互动之下而产生的。在不同的时空剖析各层面的文化现象的过程中,应在心物两极间取得相关的特定位置以认识文化之手段,以此心物相互关系的尺度去透视各文化现象,而客观地了解人类生活事物中的具体表现及哲理内涵。大量、多变、复杂为现代文明不可否认的现实特征。工业革命为人类初期对此现象应变的反映,但是,人文被科技奴役了。人文应被尊重,面对现今的大量、多变与复杂,透过系统观念、思维与执行,人文可以被科技服务进而达到被尊重的目的。从上述文化构成模型来检视传统与现代,应是适应、蜕变与和谐,在合理状况下应没有冲突的存在。

Architectural Design Method 建筑设计方法

建筑设计是科学和艺术、逻辑思维和形象思维通过人脑及其辅助手段相结合的多学科的创造性劳动产品。一般设计方法有计标型和诱导型两大类。建筑可划分为掩避体、产品、文化三个功能层次,分别提出了相应的设计目标,同时也需要有相应的设计方法,从而形成建筑设计方法的架构。满足"掩避体"功能的规划设计法要求建筑结构坚固、防火、使用安全、建筑有一定的密闭性。建筑作为"产品",功能的优化设计要求适用、经济、美观,力求合理地利用资源,使建筑产品有经济、社会及环境效益。在作为"文化"要求的诱导设计法下,建筑是时代的缩影、文化的镜子,要体现时代性、民族性和地方性,建筑文化的创作方法更多地运用形象思维,主要是诱导型的。三个层次的交叉综合法,至少可以列出八个目标,很难同时又同等地追求全面优化。

Architectural Drawings 建筑画

建筑画是建筑师的语言,建筑大师的绘画作品代表他们的创作风格特征。建筑大师格罗夫斯说过:"我不认为完成了建筑表现图是我的设计或构思的终结,我运用铅笔、塑料笔、颜料……是我的职业享受……"从柯布西耶画的透视图中可以理解他1922年对未来城市的设想,阿瓦尔·阿尔托的草图表现了他的原始构思,赖特在1929年设计的王子塔公寓的草图中,用一座由奇妙三角形空间组成的公寓楼展示了其技巧特征。现代建筑师彼德森说:"完成了建筑画,是建筑设计程序中的一个段落的结束,另一个段落的起始。"马克·西蒙所画的大多数建筑画都不是为展览所作的,而是作者研究探索的草图,他说:"虽然我喜欢绘画,建筑画是我最大兴趣所在,因为从建筑画草图中可以探索形体美的组合规律。"

建筑画

Architectural Education 建筑教育

建筑教育必须有严格的教学计划、五年制的综合培养计划,重视学生的全面发展。除教学计划规定的课堂教学外,还应培养学生的组织工作能力以及活跃的学术思想,丰富其业余生活。应重视对建筑师职业知识技能的培养,使学生有坚实的基本功,较宽的知识面和较高的理论修养,较强的独立工作能力,较高的审美素养和创作意识。主干课程除建筑设计以外,还有工程技术类、建筑历史与理论类、建筑设计原理类及艺术类等。现代化的设计手段,计算机辅助设计,建筑设计课教学贯穿整个学习过程。强调正确的建筑观的建立和建筑设计方法的掌握,包括建筑图的表现技巧,使学生通过严格的基本训练,获得较强的方案设计能力。

建筑教育应重视教学、科研、生产三结合,采用多种实践性教学环节培养学生分析问题和解决问题的能力,从而使建筑师获得多方面的职业性基本训练。

建筑教育重视因材施教,采用学分制,以适应社会对学生多方面的需要。重视外语能力的培养,重视竞争意识的培养,鼓励学生参加社会上的各种建筑设计竞赛,促进人才成长。

1966 年国际建筑师协会发表了《建筑教育宪章》。1. 建筑教育的理念、改进方法,总是与同时代的科学技术、文艺思潮、建筑与哲学思想的发展相联系。1360 年布拉格查理士四世的宫廷建筑师组织了建筑艺徒学校。1671 年巴黎成立了皇家教育学院(The Ecole des Beaux-Arts)。19 世纪美国麻省理工学院等院校相继成立建筑系。1931—1933 年格罗皮乌斯在德国创立包豪斯学校,1937 年他又在哈佛大学主持建筑系。2. 未来的建筑教育存在着一般规律。学生需要有宽广扎实的基本功训练,又要具有思维的开拓性以及面对未来的适应性。3. 建筑教育有其特殊的规律,要整体地观察研究建筑,做到理工科与人文结合,科学与艺术结合,东西方文化交融,理论联系实际,建筑学是由多学科组成的,要突出科学与艺术的创造精神。4. 建筑教育要面向社会,向广大社会宣传优秀的建筑文化,建筑学的发展有赖于全社会的关注、参与和创造。

Architectural Environment 建筑环境学

在建筑领域,研究自然的和人工的环境的发展规律,应从城市规划和建筑设计的角度来研究和预测其发展前景并予以调节、控制以达到利用、改造环境的目的。建筑环境学研究如何保护生态环境、改善生活环境、防治污染与其他公害,如何把城市建筑与自然生态平衡、环境保护结合起来,建立建筑生态学。气候与建筑的关系密切,建筑设计要反映地区气候特点,掌握其变化规律,为城市规划、工业布局、环境保护等方面服务。把建筑设计看作环境的设计,设计构思应从物质环境、生态环境、社会环境和视觉环境这几个方面来综合考虑设计创作问题,在构思中应把建筑的科学性和艺术性有机地结合起来。

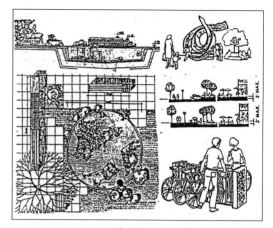

建筑小品

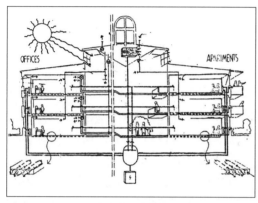

建筑环境学

Architectural Essay　建筑小品

在城市空间中建筑小品至关重要,虽然其体量较小,但可起到统领、传承、围合及分割室内外空间的重要作用。它们是小环境的主角,如马路两旁的候车亭,广场一角的露天小吃部,绿化中的雕塑及休息椅等。在高楼大厦中间的建筑小品起到了调节城市尺度的作用,使人们在心理上、行为上得到休憩。现代城市环境中的建筑大多体量庞大,尺度夸张,令人产生无以适从之感,通过建筑小品的设置可以调节这种感受,建筑小品也成为以人为尺度的环境的主宰。在建筑的室内庭院中,建筑小品的作用更不可忽视,对其进行设置时可随心所欲,使其亲切自然。在人与环境的关系中,人是客体,在美化改善环境的同时应更为重视建筑小品的处理。

Architectural Modern Style　建筑的摩登风格

"摩登式"只是暂时的风格,埃菲尔铁塔是 1889 年的"摩登",我们常用"摩登式"来描述 20 世纪第一、第二代建筑大师的作品。虽然"摩登式"标榜自己比任何时期都摩登,但"摩登式"缺少传统历史风格的核心。其实摩登建筑的真正水准都是以特定历史作为参考的。柯布西耶的拉图雷特修道院是他基于对中世纪修道院的研究而设计的。沙里宁研究了中世纪的城镇平面,设计了耶鲁学生宿舍。这些实践都达到了创作的真正深度,但都接受了过去的影响。建筑师强调只使用了历史性建筑的原则而不是特定的形式和细部,我们很难给建筑师划出一条界线,什么是高直式建筑的原则,什么是其形式细部,建筑设计必然是要跨越这条界线的。

Architectural Perspective Rendering in America　美国的建筑透视图绘制

20 世纪 30 年代以前,建筑画以适合表现古典建筑的水墨、铅笔和小钢笔画为主。当时的一些杂志如《铅笔画》(Pencil Points) 常发表建筑师的这类作品。伯奇·伯德特·朗(Birch Burdette Long)和奥托·艾格斯

（Otto Eggers）以擅长画英国都铎式、法国哥特式和美国乔治亚式建筑而名噪一时。休·费里斯（Hugh Ferriss）则发展了铅笔画渲染的技巧。工业化的发展推动了建筑革新，出现了专门的建筑透视画家，这些人多数是擅长绘画的建筑师。著名的有1925年来美国的匈牙利画家西奥多·考茨基（Theodore Kautzky）和美国的扎尔特·霍普斯（Etizabeth Hoopes）。后者风格独特，介于建筑画与装饰水彩画之间。20世纪50年代推广水粉和胶水颜料（Tempera）绘制建筑画。1952年来美就读的德国人赫尔穆特·雅各布（Helmut Jacoby）用小钢笔和铅笔精确地表现建筑总体和细部。目前美国最流行的画法首推针管笔画，另一种流行的是铅笔渲染；第三种为水粉或胶水颜料画。其他表现方法还有水彩、喷笔画、喷彩法、马克笔、彩色铅笔、彩色钢笔、炭笔、油画棒及粉笔等。

Architectural Proportion 建筑权衡

权衡是建筑物各部分形象的关系与各部分之间的相互关系。在良好的设计中必可发现建筑物的各种体量与细部之间，各体量本身之间，存在相和谐之关系。建筑物正面的设计，如能有良好正确的权衡，各体量之间以及细部与体量之间，必可表现出在几何上或算术上的比率关系。

Architectural Psychology 建筑心理学

建筑心理学是研究人对环境认识的程序及行为与环境的关系等的学科。在从简单的知觉到综合的知觉达到完善的感受的过程中所产生的心理影响，与建筑关系最密切的是视觉、知觉和反应。视觉与图形所反映的美学与知觉的关系在古代传统建筑许多细部设计中处理得十分精确，如多圆心的拱形曲线，柱式的收分规律，黄金分割，三角形、方形、圆形等图形的属性，三维空间物体的比例、有节奏的形式，等等。正如有的建筑师以为纯尺度是高调音符发展而来的，音乐的美不是由音阶的简单关系形成的。心理学还包括了对经验的因素和意念的因素的研究。此外色彩心理学中光视觉的研究对摩登建筑十分重要。在西方国家尤其重视使用者、顾主的心理，例如小沙里宁设计的地尔公司办公楼（John Deers offices），把红褐色的钢结构的水平栏板和外露的水平挑台全部露明，表现了一座农业拖拉机销售公司的办公楼的深刻的心理意念。同是他设计的TWA航空港像是一个要起飞的鸟，内部以椭圆及曲线组成，用他的话说要表现旅客的流动之感的心理意念，这不能不是运用建筑心理学的成功之作。由巴尼斯（Edward Larralee Banes）设计的明尼阿波里斯的瓦尔克艺术中心和赖特设计的纽约古根海姆美术馆都表现观览者由下向上的明确的流线。后摩登主义建筑师文丘里的符号新方言派等则更明确地把售卖钢琴的房子的外表作成一架钢琴，在银行外面画上古典的柱式，这些都是为了迎合和取悦顾主、使用者。

视觉心理《老妇和少女》

Architectural Rendering 建筑渲染图

渲染是绘画艺术和建筑设计的一种表现技法，以在建造之前表现房屋建成后的形象。现代渲染图可分两类。1. 设计方案图，是建筑师在设计过程中为了记录和发展其初步构想而作的速写透视图。2."表现图"，是为了展览和出版而仔细绘制的最后方案图。公元前 1 世纪古罗马的建筑师维特鲁威论及渲染图，但无实物遗存。现存有中世纪的某些建筑透视图，如 13 世纪法国石工匠师昂诺科速写簿。但现代常用的渲染图直到文艺复兴时期才有，如伯鲁诺列斯基、阿尔伯提、培卢齐、布拉曼泰、桑加罗、达·芬奇和米开朗琪罗等建筑师都曾绘制过建筑图。19 世纪巴黎美术学院在平立面图上加以单色或彩色的渲染以加强表现力，形成完善的学院式渲染图。现代渲染图指以水墨和水彩为主的渲染图。

建筑渲染图

Architectural Sculpture 建筑环境雕塑

建筑环境雕塑的创作，应使作品成为永久生长在建筑环境之内的，而不是暂时搁置的，这就需要建筑师与雕塑家的良好合作，雕塑的取材广泛，除人物、动物之外，植物也可以作为选择的题材。选择历史题材，需要历史掌故的关联性。如果雕塑的主题思想较具体明确，就应该同建筑环境取得主题思想的一致性。构思应巧妙，构思应是含蓄的、余韵不尽的，也往往是出其不意的，好的构思也是鲜明精练的。环境的特定性，考虑的是观赏条件的特殊性，建筑环境雕塑的体量大小应根据特定的环境条件推敲，周围建筑的色彩和质感、山石的纹理与凹凸，水面、天空、树木、光线等诸多因素都应在雕塑的创作中得到恰当考虑。建筑环境雕塑还要研究环境的建筑艺术特点，以便使雕塑同环境紧密结合，相得益彰。

Architectural Space 建筑空间

文丘里从现象学角度令人信服地说明了建筑空间的性质由墙—界面—内外变化的焦点所决定。地面、墙面、屋顶之类实体界面经围合而形成建筑的内部空间，界面内侧的形状就是室内空间形式，界面的特征就是空间的特征，界面建立之处就是空间终止之处。空间与实体的界面形影不离，互为图底，在围合内部空间的同时，还塑造出外部的形体。外部形体是随之而来的，因此要从内部和外部、实体和空间两方面来考虑建筑问题，把建筑视作既塑造形体又塑造空间的统一体。把一般的空间概念讨论引申到建筑空间里，这种认识可以帮助我们认清建筑空间的性质。

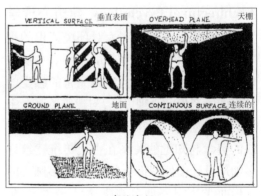

建筑空间

Architectural Structure 建筑构造

房屋中主要构件如下。1. 基础,楼柱的地下部分,承受全部荷重。2. 墙和柱,有荷重墙和不荷重墙,外墙和内墙,外墙本身有墙身、檐部、勒脚,柱子皆为荷重结构,有内柱和外柱。3. 楼板,分为房间楼板层、阁楼楼板层、底层楼板层、地下室楼板层。4. 屋顶,由承重部分及屋面部分组成。5. 门。6. 窗。7. 隔墙。8. 楼梯。一般民用房屋构造形式有框架结构及墙柱承重结构。建筑物构造方案的决定与建筑设计、气候地质土壤、城市规划、工程技术、施工条件等许多因素有关,通常 8~9 层以下采用墙柱承重结构。

Architectural Style 建筑风格

风格就像生物学和动物学的分类归纳方法,引导建筑师探索世界范围的建筑图形现象,发现建筑的规律,表述过去发展经历和走向,学者们把艺术与建筑组合在一起合乎逻辑地创造出风格来。建筑师无不试图建立作品的某种风格,"罗曼式""高直式""摩登式"等。自从文丘里在他的吉尔传统住宅作品中反映了传统概念的美,这所住宅便成了世界公寓领域的代表性旗帜。房子本身并不特别吸引人,主要装饰是房顶上的电视天线,正像文丘里说的,天线是住在公寓中老人生活中最有意义的部分。要创造人民大众喜闻乐见的作品还是追求烦琐的理论和构图形式?建筑应反映出生活与大自然的复杂性,他点燃了考察古典建筑的热情,唤醒人们怀念历史性、有特定意义的场所。文丘里启示我们要考虑和重视建筑风格的历史文脉。

建筑风格

Architectural Taste 建筑鉴别力

对建筑设计是平凡的或是杰出的,要有鉴别的修养和能力,在建筑评价上这种能力叫鉴别力。鉴别力是训练得来的,须要多看、多作、多想。鉴别力强对于好坏的选择能达到正确而符合文化或艺术的标准。鉴别力需要两种知识作根据,一种是关于日常生活的准则,另一种是有关建筑技术上的设计构成的基本原理。正确的鉴别力加上创造力,才能做好设计。

Architectural Theories 建筑理论

建筑理论是判断建筑或建筑方案优劣的依据,而这种判断是建筑创作过程中必不可少的部分。建筑设计只能由设计者在思想上不懈地探索创造,并通过想象与理智之间的辩证法来实现。关于建筑理论有两种相互排斥的见解,一种认为建筑的基本原理是艺术的一般基本原理在某种特殊艺术上的应用;另一种认为建筑的基本理论是一种单独体系,虽然和其他艺术的理论有许多共同特点,但在属性上是有区别的,后者在 16 世纪中叶以后流传很广。

20 世纪德国造型艺术学院包豪斯的创

办人——建筑师格罗皮乌斯曾说:"对于任何一种设计,无论是椅子、建筑、整个城市或区域规划,其设计途径应该是基本相同的。"一般认为完整的建筑理论不外乎古代威特鲁威提出的三个拉丁词:适用、坚固、美观。即空间布置恰当,结构坚固,外形美观。一般认为只有当建筑的结构形式和外观与其结构体系相符时,才具有真实的美。阿尔培提曾对建筑美作了较细致的分析,将威特鲁威所谓"美观"分为"美"与"装饰",前者指和谐的比例,而后者仅为"辅助的华彩"。但20世纪以来,装饰不再被认为是无足轻重的华彩,而是建筑整体中遍及各处的艺术组成部分。

建筑理论研究的范围广泛,研究课题呈现多元发展的趋势。建筑理论研究包容整个建筑界,甚至外国的建筑界,同时其他领域的艺术创作与学术研究也有相通和类似的课题。清明健康社会的到来有待我们真诚用心地面对现实社会的真实内容,这种态度应该成为各种研究与实践的出发点与试金石。

建筑理论

Architecture　建筑学

建筑是人类最早的生产活动之一,建筑学是一门既古老又不断发展的开放型学科。建筑学的发展大体可由纵向的拓展和横向的关联来概括。纵向拓展主要表现于建筑功能类型的增加和衍生。横向的关联表现为各相对独立的分支与其他学科的交叉联系以及由此出现的新领域,如光、声、热、生态、人体工程、能源、心理行为等。建筑学的发展变化反映了人们对建筑学在认识上的深化,从人与环境的高度认识建筑学,是近年来的一大进步,人类社会的存在是一个庞大的聚居系统,又构成各种不同的层次、范围的环境的基本内容。建筑学与其他科学的关联和交叉,也是围绕着人与环境这一基本内容进行的,建筑学与各种自然学科和人文学科的广泛关联,使建筑学成为一个具有高度综合性的学科,为人类聚居系统提供多层次的人为环境是建筑学的根本任务。

Architecture and Building　建筑学与建筑

建筑学是关于建筑的艺术和技术,满足人类的实用和表现的需要,建筑与构筑物的区别是适用、坚固、美观。建筑的类型有居住、宗教、政府、文娱、福利及教育、工商业建筑等。建筑设计的内容包括:环境设计、使用功能设计、经济核算。建筑技术包括建筑材料、建筑方法,如墙、梁柱、拱、拱顶、穹顶、桁架、框架结构等。建筑表现为内容、形式与装饰三个方面,表现的内容为功能的象征,技术的表现。表现的形式为空间与体量、构图、尺度、光线、质地、色彩、环境。装饰的范围包括模仿性装饰、附加装饰、有机装饰。建筑理论研究是判断建筑或建筑方案优劣的依据,有两种互相排斥的见解,一为建筑原理为一般艺术原理在建筑上的应用,另一种认为建筑的基本原理为单独体系,后者在 16 世纪中叶以后流传很广。

Architectrue and Building Professional Work 建筑学和建筑业务

建筑学和建筑业务有着密切的关系,建筑学是"房屋的艺术",含如何使建筑物达到适用、坚固、经济和美观的本质在内。建筑学含有物质和精神两方面。以往的建筑师只认为他是一个造房子的工程师,或者仅是一个打样师而已。今日由于适应文化的高潮,建筑师已成为艺术家、营造师和兼办建筑业务的人。

Architecture and Culture 建筑与文化

建筑作为人类文化的里程碑,影响着社会总体文化的发展。建筑除了技术性和艺术性外,还具有独特的社会性、文化性和环境生态性。建筑的文化性突出表现在要理解建筑作为一种社会产品和社会现象有怎样的内在发展规律和成因,进而必须要发展更深层次的文化内涵,如历史哲理、行为方式等,它们比物质条件更深刻地影响着建筑的演变和发展。中国传统建筑文化有三大特色。一是丰富深厚的文化哲理。二是重情知礼的人本精神。三是"天人合一"的环境主义。建筑环境自然化,自然环境人为化,是中国传统建筑创造的永恒主题。

科学技术的本身就是文化,建筑不仅是科学也是艺术,而城市更是"最大的艺术品",城市是文化的最高表现。1. 在全球化经济趋于一体化的情况下,文化发展多元化,文化贵在交流。2. 在商品经济大潮下,世界建筑与文化呈现趋同现象,使城市文化环境格调低下。3. 世界文化与地区文化相辅相成,相得益彰,大方向应该是"世界建筑地区化,乡土建筑现代化"。4. 世界文化有很漫长的时期以欧洲为中心,二战后亚洲各国经济文化空前发展,新的融贯文化的建筑(Trans-Cultural Architecture)将不断呈现。

门阙图(甘肃敦煌莫高窟北朝壁画)

Architecture and Environment 建筑与环境

从历史上看,人们对环境的认识不断变化,不断加深。1. 古代朴素的建筑环境观。古希腊、文艺复兴时期建筑选址布局讲究人与自然的和谐渗透,中国古代有"天人合一"思想。2. 从单体建筑观点走向"体形环境"观,关心的热点扩至城市。20 世纪 40 年代中期建筑的概念逐步走向"体形环境"(Physical Environment)。3. "环境科学"的诞生。20 世纪 50 至 60 年代世界十大公害环境问题向人类敲起警钟,环境科学(Environmental Science)得到发展。4. 从环境科学走向"人居环境科学"(The Sciences of Human Settlements),对建筑环境(Built Environment)并包括社会、人文环境结合起来作为一个整体研究。这样对建筑环境的理解从卓越的房子到聚居,从一栋住宅到村镇、城市、大城市、特大城市,从服务一般的人、部分的人到人类,概括了理工与人文交叉、多学科参与的学科群。

Architecture and Society 建筑与社会

建筑的根本目的是为人类社会的生活和生产提供必不可少的物质环境。不同的历史时期和社会生产力水平,决定着社会生活方式和人们对建筑环境的要求。近代建筑师们曾经以丰富的建筑类型、科学的规划,满足了时代需求,促进了学科发展。但伴随着大工业和高技术而来的弊端日趋尖锐,人口、交通、生态等问题已成为时代的困扰。人口的高速增长带来住房、交通和环境恶化,老龄化问题,为残疾人提供良好的生活环境问题,等等。建筑的根本任务是为人服务,研究和了解人在各种建筑环境中的活动规律是进行规划和设计工作的基础,"公众参与设计"的原则也日益受到建筑工作者、建筑教育界的重视。

Architecture and Urbanism 建筑与城市

现代城市化进程日益加剧,世界城市化水平1900年14%,1925年21%,1950年28.7%,1980年39%,1990年26.23%,1995年28.85%。1.人们不仅是在建造房屋,而且是在建造城市。1904年加尼埃(Tony Garnier)在巴黎举行工业城市展览,1933年柯布西耶发展阳光城市(The Radiant City),1966年阿尔多·罗西(Aldo Rossi)提出城市中的建筑(The Architecture of the city),1996年巴塞罗那AIA第19次会议提出"今天与明天城市中的建筑"。2.随人口稠密,争取生态空间(Ecological Open Space),大地园林化系统(Earth scape)景观建筑学的概念在扩展。3.建筑、城市、园林三位一体,作为人民环境科学的核心学科,其中城市设计承上启下,发挥关键的作用。4.建筑已从单纯的建筑空间追求扩向融于城乡的流动空间的创造。从建筑设计走向群体设计,发展城市景观生态学,达到可持续发展,要从城市的观点出发看待建筑。

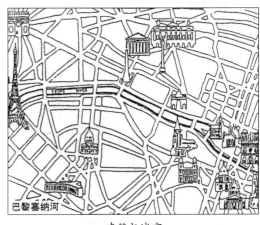

建筑与城市

Architecture Arts 建筑艺术

建筑学也有建筑艺术之含义,起源于古希腊文,英、德、法、俄文分别为Architecture、Arckitktur、L' architetura、Apxutektypa,其他西文也均为此字音,"Architecture is the Art and Science of designing and erecting buildings",即设计与营建建筑的艺术与科学是组合建筑群及建筑的体形,平面布置,立面形式,结构,内外空间、装饰、色彩学等的一种综合性艺术。建筑的艺术形象具有特殊的反映社会生活精神面貌和社会经济基础的功能,自古以来建筑就具有艺术性。在我国特别要强调它和土木工程的区别,建筑学即建筑艺术的通称,在西文中是一个含义。

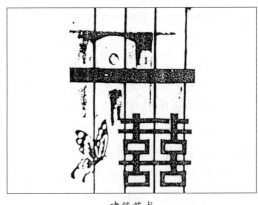

建筑艺术

Architecture in the 21st Century 21世纪建筑学

1999 年国际建协 UIA 第 20 次大会主议题是"21 世纪的建筑学"。1. 要从历史和现实展望未来，老子"反者道之动"，孔子"不知古，焉知今"，鲁迅讲"未来是今天的未来"，"没有今天就没有明天"。要总结历史，研究现在，展望未来。2. 大千世界千变万化，应高瞻远瞩，注重理性的思维，把握一些关系前进方向的重大问题，以期达成某些共识。3. 以几件大事作里程碑，1898 年霍华德提出"明日的田园城市"，1933 年国际现代建筑协会 CIAM Ⅲ 著名的《雅典宪章》，1977 年在利马签订的《马丘比丘宪章》，以及 1999 年对即将过去的世纪进行反思，分析当前的主要矛盾与趋向作跨世纪的思考，以期未来的工作更为自觉。我们对共同的未来提出了可持续发展战略，探索建筑与城市发展的可持续性（Sustainablity），标志着一个新的里程碑。

Architecture in Present in Culture 建筑是文化的存在

建筑是文化的存在有两层含义，建筑师是建筑文化的创造者，同时由建筑所产生所塑造，建筑文化对建筑师的影响集中体现在一定历史条件下，建筑文化对建筑师的作用。建筑创作除了包含主观创造精神，还从祖先那里接受了客观精神的礼物。建筑与文化注定要纵横交错，纠缠在一起，建筑既是一个文化的存在，也是一个建筑个体的存在，作为文化的产物，它是社会的，而建筑师作为某种文化的创造者则是个人的，在建筑创作中建筑师的个性和社会性是不矛盾的，建筑本身不仅是一个文化领域，而且也是文化的保存者和传递者，它保存了上一代人的文化成果，同时保存了这代人的文化创造，并把它传递到下一个社会中去。

建筑是文化的存在

Architecture in Present in History 建筑是历史的存在

在人类历史发展过程中，人创造的不是抽象的建筑文化，而是多种多样的建筑文化，正是在历史进程中出现了无限多的建筑形式，因此建筑文化本身就有历史性。建筑是历史的存在有双重含义，它高于历史又依赖于历史，它决定建筑历史又为历史所限制。建筑师具有创造文化的能力，虽然建筑文化可能受到建筑师个人气质的感染，甚至受到地理气候的影响，但建筑文化不是内在因素对外在条件消极被动的反映，相反建筑文化是自由的创造，它是高于历史的力量。此外人类文明反映在建筑上具有时代感，不同历史时期的建筑应反映时代的特征，发掘本土历史文脉与接受外来建筑文化的影响，也全都说明建筑是历史的存在。

Architecture in Present in Traditional 建筑是传统的存在

传统是指被保存在某一范畴之中并为后代所运用的文化形式，传统是通过社会、历史所沟通的文化渠道来延续的。建筑是文化与历史的存在，也必然是传统的存在，它也有双重含义，建筑师受传统制约并超越传统。建筑师生活在强大的传统环境之中，并为传统所制约，通过学习和接受建筑教育保持其已有的传统使其内在的能力得以发展。例如语言，人具有说话的能力，通过学习和培养，人获得外在说话的本领。如果生活在另一个传统中，必须使用另一种语言。因此只注意建筑的内在性、自由创造，而忽视建筑的外在性、传统性，将不是完美的作品。传统本身也是不断地被创造的，从而也容易为新的创造丰富和修饰，这就是建筑师超越传统的力量。

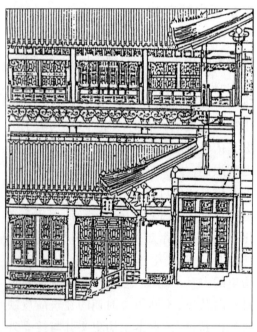

北京故宫

Architecture with Arts 建筑的艺术性

人类经过七千多年的文化历史，留下了金字塔和万里长城等辉煌的建筑艺术遗产。建筑学被认为是人类的一种自我表现的学科，当我们想到古埃及、古希腊和古代中国的建筑艺术时，在如此广大的范围内都是这样。古今人们选择地形来建造他们的家室，精心塑造他们的建筑，建筑艺术逐渐成为把人们集合起来为了生存与发展的共处方式，各民族不同的生存方式产生不同的建筑艺术。

建筑之所以成为艺术，不需要艺术以外的语言来解释，因为建筑本身就是一种艺术的语言，如同诗有诗的语言，绘画有绘画的语言，音乐有音乐的语言，建筑有她自身的语言和美学规律存在。

建筑是人为的，建筑因为人的存在而存在，作为艺术的建筑当然有她的新与旧的潮流，有她自身的艺术表达特性和美学的规律性。

Architecture without Architects 没有建筑师的建筑

人类历史上的民间建筑经过历史的淘洗，积累了丰富的经验，世界各地优秀的传统民居发挥了民间艺术家的智慧和才能，因地制宜、就地取材、巧妙地利用天然能源，创造了人类历史上"没有建筑师的建筑"优秀作品，这些民间的建筑成就最能反映民族文化的地方性传统特征。现存的各类民居都具有适应当地地理气候的特点，选择和运用当地材料，满足住户的功能和审美要求，平面空间处理、构造方法和艺术风格都表现出丰富多样的面貌。民间经营的建筑也以最经济有效的办法完善地解决各种功能问题和审美要求，以其生动、活泼、灵活、多样的姿态，表现出强大的生命力。

窑洞民居

Architrave 额枋

额枋是西洋古典建筑中檐部的最下部分,紧接柱头。也称希腊横梁,本为希腊建筑中的额盘中的上层横梁。

Archives Design 档案馆设计

平面布局一般包括三大部分。1. 库房。2. 办公和工作室。3. 利用者使用房间。档案馆平面类型有:1. 库房在中间,其他房间在四周;2. 库房在后部,其他房间在前部;3. 库房在上部,其他房间在下部;4. 库房在地下,其他房间在地面;5. 单元组合式;6. 中间档案馆,实际上是一个过渡性的档案库。档案库房设计要重视防火措施和温度控制。库房面积通常在 150~300 平方米,超过此数就用防火墙和防火门隔开。普遍安装防火预警系统,一旦报警,消防车在 5 分钟之内到达。温度要求 15~22 ℃,湿度 50%~60%。阅览室小型馆阅读室 16~20 座,大型馆阅览室 30~40 座,旁附单独的阅览小间。西欧普遍设有演讲厅和展览厅。国外实例:奥地利的萨斯堡档案馆, 5 200 平方米;法国巴黎圣·丹尼斯档案馆 1983 年建, 10 250 平方米;德国新建国家档案馆,44 000 平方米;瑞士苏黎世州档案馆,6 400 平方米。

Arch over Gateway 门楼

门楼在中国乡村住宅中是具有很高艺术性的小建筑形式,门楼的造型、装修和细部装饰往往是中国民居建筑特征综合表现之处,不论贫富家家都重点装修自家的门面。例如北京四合院中的垂花门也是门楼中的一种形式,它集中表现宅院中最丰富鲜丽的色彩和装饰。四合院外部入口大门道是深深的过道式门楼,在暗影中的珠红色大门、金黄色的门簪和宅院外部青灰色粉墙灰瓦形成强烈的对比而突出主要入口。陕北陇东一带像道士帽式外形的一坡顶小门楼就像西北地区生土民居造型的一个缩影。皖南民居浮雕在高墙上的大门以丰富精美的砖雕技艺和黑色包铁皮的大门强调住家入口。门楼与住宅之间的过渡地段以铺面的小路相通,这是由公共街道进入家室之间行为举止的过渡、空间的过渡、光感的过渡、声音的过渡、方向转变的过渡、地面铺面质感与地坪标高的过渡、开与合视野变化的过渡等,这些行为建筑学与建筑心理学的设计效果都可以通过门楼与住宅之间的地段来达到。

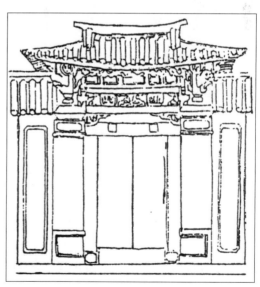

门楼

Arch Structure 拱结构

拱是一种轴线为曲线形的推力结构,外

形拱与曲梁无异,区别在于拱与曲梁的支座反力方向不同。拱有无铰拱和有铰拱,有铰拱又分为三铰、单铰和双铰拱。按轴线分为有抛物线拱、圆拱和椭圆拱等。在建筑中多用三铰拱和无铰拱。抛物线拱的内力不走弯路,采用较多。跨度不变拱的矢高越小,支座处的水平推力越大。为了平衡拱的推力可采取以下措施:1.拱脚落地,推力直接由基础承担;2.拱的上部或下部设置水平拉杆;3.利用拱两侧辅助建筑的结构构件承受水平推力;4.利用现代预应力技术,使拱推力得以平衡;5.在上述诸措施中,均可以辅之加大拱结构矢高的办法。

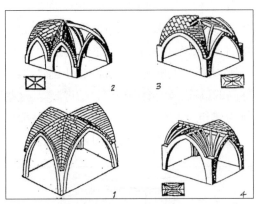

哥特建筑广泛采用的拱顶

Arcologies 生态建筑学

以保护自然为宗旨的生态建筑学是20世纪80年代随着城市环境污染问题日益严重而发展起来的一门新兴学科。近百年来,城市的无限扩张带来了土地问题、生态问题、人口问题、环境问题、能源问题、住房问题和粮食问题等,对人类的未来发展发起了挑战。生态(Ecology)一词来自希腊文"Oikos",包含家庭或居住之意,它将生物、自然界、居民的行为与环境综合为人与生物圈。生态学和建筑学相结合称为生态建筑学(Arcologies)。生态建筑学是一个新的词汇。许多发达国家为了解决上述环境生态问题发展出了现代的覆土建筑,以便在建筑学领域中研究生态保护、能源节约、城市的生态系统、能量流与物质流的平衡等问题。

Are de Triomphe, Paris 巴黎凯旋门

1806年由拿破仑亲自批准建一座凯旋门,以表彰法军的巨大胜利。1814年他失败时,凯旋门只建造了一部分,最后建成于1836年。凯旋门建于土丘上,像是香榭丽舍大街的门户。总高48.8米,宽44.5米,厚22.2米。中央券门高36.6米,宽14.6米。门下燃烧着一盏煤气灯火,纪念第二次世界大战无名战士。凯旋门的构图及轮廓十分简洁,东西两面装饰着四组巨型群雕。其中最著名的一组题名《马赛曲》,出自名雕塑家吕德(F.Rude)之手,画面中展翅飞翔的自由女神,高举手臂,呼唤着一群武装公民。凯旋门的内壁上还刻有拿破仑用以宣扬其战功的96个胜利战役的浮雕,以及跟随他转战南北的386个将领的名字。凯旋门的设计建筑师是沙格林(Chalgrin)。

巴黎凯旋门

Art Deco 装饰艺术派

装饰艺术派亦称"现代风格",起源于20世纪20年代,并发展成为20世纪30年代的主导风格的装饰艺术和建筑艺术运动。得名于1925年在巴黎举行的装饰艺术和现代工业国际博览会,在这次博览会上第一次展出了这种风格的艺术。装饰艺术派的设计标志着现代主义开始流行,其特点是轮廓简单明朗,外表呈流线型;图案几何形式由具象形式演化而成;所用材料多样。装饰艺术派作品虽很少大量生产,但注重机器的现代化程度,注重机器制造品的固有特性。最早对装饰艺术派艺术产生影响的是新艺术派、包豪斯派、立体主义等。装饰构思除来自大自然外,还受美洲印第安人、埃及人和早期古典渊源的影响。典型主题有裸女、动物、簇叶和太阳光等。第二次世界大战时期已不流行,但20世纪60年代后期开始复兴。

装饰艺术派

Art Nouveau Movement 新艺术运动

在19世纪末现代建筑启蒙时期,在欧洲大陆兴起的一派新艺术理论称新艺术,当时的建筑思潮受其很大影响,主要的表现是将铸铁、玻璃等新材料技术以流畅的曲线表现,创造出一种轻快明朗而流动的空间感受。代表建筑师为荷塔(Victor Horta)、高地(Antoni Gandi)等。主要的代表作品为荷塔1892年在布鲁塞尔设计的塔塞尔旅馆。新艺术是以装饰为重点的个人浪漫主义艺术,兼与手工艺运动同受高直派影响,在当时起到承前启后作用,又称"二十人团风格派"。"二十人团"首脑莫斯(Octave Maus)是新艺术活动的中坚分子,活动时期始自1887年,持续到19世纪末,再延至第一次世界大战前夕。

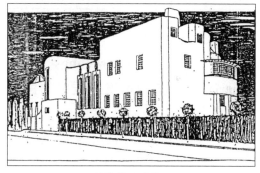

新艺术运动作品

Art Patterns 图案

图案乃装饰艺术中之一种,它不作为独立的艺术形式出现,而从属于某种主体艺术而存在。如建筑装饰的图案、绘画图案、纺织品图案、门窗或壁纸的图案等。图案与其他美术一样必须具备多样统一、对比和谐、平衡对称、条理反复等构图特点。图案特别强调形式美,对形式感特别突出和夸张,才能具有图案性的装饰效果。图案在表现手法上是多样的,可以通过多种多样的方式取得装饰性效果,并可以配合不同材料的工艺手段,形成创新的造型风格。

图案

Artcrafts in Indian Dwellings North American　北美印第安民居中的民间工艺品

　　北美印第安人的生活用具、编织物、灯具、木制和铁制的装饰品具有很高的艺术观赏性,印第安人的民间工艺品布置在生土民居内创造出具有民族风格的艺术气氛,表现出传统工艺艺术的美融汇在传统生土民居建筑之中,创造了综合的传统民居环境艺术。

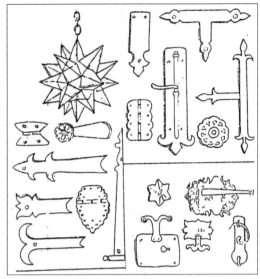

北美印第安民居中的民间工艺品

Artificial Light and Interior Design　人工光与室内设计

　　灯的历史与室内风格的变化。人类穴居时人造光源火堆,持续了几十万年,第一盏油脂灯在新石器时代才开始出现。西方古典建筑中独特的灯具与建筑室内装饰交相辉映,构成那个时代室内风格特色,中国的灯笼形成世界驰名的宫灯,体现了中国建筑室内特有的风韵。19世纪初开辟了电气照明的新纪元,1938年荧光灯问世,从分散的点光源向综合照明发展。室内设计中的艺术照明之效用表现在可丰富空间内容、强调趣味中心、限定空间领域、增加空间层次、明确空间导向。

　　装饰空间艺术。人工光的装饰效用除与其光源的造型有关,也与室内空间的形与色合为一体。为烘托空间的气氛,加滤色片可制造出各种光色,是取得特定情调的手段。人工光在室内运用应注意,不均匀照度会导致视觉疲劳,应服从室内设计总的意图,必须对线路、开关、灯具采取完全可靠的措施。

Artificial Rocks 叠石

叠石常用的石品有湖石类和黄石类、卵石类、剑石类、吸水石类、上水石类、其他木化石、松皮石、宣石等。相石又称读石或品石，反复观察，构思成熟才能因材使用。用自然山石堆叠成假山的工艺过程包括选石、采运、相石、立基、拉底、堆叠、中层、结顶等程序。建筑师贝聿铭设计的北京香山饭店园林中的巨石，是从云南采石运至北京，精心堆叠的，在宾馆的庭园内创造了独特的情趣。

Artificer's Record(*Kao Gong Ji*)《考工记》

《考工记》是中国最早的科学技术专著，一般认为是春秋末期齐国记录手工业技术规范的官书。约成于公元前 5 世纪。分木工、金工、皮革工、设色工、刮磨工、陶工 6 个部分，包括 30 个工种。对各专业所用材料，制成品规格尺寸和技术要求及加工过程，均有详细记述。其中记述用不同比例铜、锡金制造不同用途的青铜器，是世界最早的合金成分配量记录。书中还涉及力学方面的滚动摩擦、斜面运动、惯性现象、弓箭运行轨道、水的浮力、材料强度以及声学方面的乐器发音、频率、音色、音响等问题。

Artisan 匠人

中国古代供官府役使的工匠分为三类：第一类是在"籍"的"匠户"，主要是技术工人，按时赴役或常驻官府供役；第二类是按役法（庸法）摊派的丁役，主要充当力工；第三类是刑徒、刑卒或奴隶。在需要更多劳力时（如修筑长城），还要调用军役，如汉的军匠、宋的厢军、明的班军，唐代开始有一部分匠师可以自由受雇或承包官府工程，宋至明代逐渐增多。清代官府营造业逐渐由私人经营的木厂（即营造厂）所代替。《考工记》中"匠人"主管测量、都城规划、礼制建筑设计，以及仓库、道路、井田沟渠等工程。秦朝设将作少府管理土木建筑，汉朝设将作大匠掌修建宗庙、路段、宫室、陵园等。隋朝开始设工部，唐朝设将作监，明朝工部设营缮所、营造司、工程处。官府对设计施工的严格规定使得中国古代建筑工艺精巧细致，风格和谐统一。

Artistic Charm 艺术魅力

艺术魅力是一个模糊的概念，它是艺术的迷惑力、诱导力、感染力、感动力等征服人心的艺术力量的总称。一个建筑作品很有魅力，实际就是这个作品具有诱导观赏者进入艺术境界、产生美感效应的美学力量。因此建筑作品只是艺术魅力的一种诱因，艺术魅力并非建筑作品的客观属性。具有艺术魅力的建筑作品应有诱导效应、震惊效应、证同效应、启迪效应、感染效应、象征效应、净化效应、谐谑效应，其本质为美感效应。

艺术魅力

Artistic Conception and Form　艺术的意与形

　　建筑设计的意图和思想性,意与形的关系、艺术家进行创作先要"立意",意就是构思,就是进行创作的感情、意图和愿望,形是意的表现形式,形是表达意图时造型技巧的运用。有意境的绘画能赋予人们深刻的感受和联想。中国画家们运用最简练的形与色的构图来表现丰富多趣的意境,中国的传统山水画从来都是主张写意的。因此,成功的艺术创作不等于自然主义的模仿和单纯的对客观世界的反映。

　　建筑师和雕刻家运用形体和材料表达设计的意图和思想性可以赋予人们感受和联想,因此成功的建筑创作不应该是抄袭和重复前人的手法,以"形"表达"意"的本领则要看他们的艺术构思技巧和能力。例如著名建筑师密斯·凡德罗以"少即是多"的设计意图创造了建筑艺术上最简练的空间。在中国古代《园冶》中造园的开篇讲述"相地",即"造园先要立意"的构思方法。要创造具有思想性的建筑设计即要取得意与形的统一。

Artistic Exaggeration　艺术夸张

　　夸张是设计中常用的手法,可将传统的构件在尺度上或形状上进行夸张变形。如把原有位置的某处建筑部件的材料色彩进行夸张后置于新建筑的部位,使这个夸张的建筑部件变成新建筑的构图中心,其效果非常显眼,在建筑处理上能达到事半功倍的作用。把老式建筑部件加以夸张而后运用到新建筑上作为装饰或主题,是当前后期摩登主义非常流行手法,给人以深刻的印象。夸张的手法在建筑设计中能够突出该建筑物的性质,形成建筑的标志,被广泛运用。

夸张

Artistic of Chinese Mountain Water Painting　中国山水画中的意境

　　中国山水画的精神是一个充分显露自然之道的意境,正是东方精神和诗意得以洋溢并体现的特殊空间领域,理解中国山水画要深入到意境之中。"意境"一词原为诗评用语,指诗句中的情与景,主客交融所达到的意象。意境在山水画艺术中是作品努力自设的一种特殊的空间境地,是创作主体和鉴赏主体在对艺术的观照中形成的,表现为意识的对象化和现象的观念化的结果。中国山水画艺术的真实本性就是"明道",就是通向"道"的诗意,即是人的最高精神感性地自我外露。

中国山水画中的意境

Arts and Crafts Movement　手工艺运动

　　19 世纪末，英国之莫里斯（William Morris）、罗斯金（John Ruskin）等人眼见工业革命后，大量使用机械所带来的艺术堕落，遂大力提倡复兴传统手工艺之运动。对后期的新艺术运动有极大的影响。手工艺运动以类似的名称开办学塾，举办展览，主持人往往是建筑家，颇能进一步发扬甚至修改莫里斯的观点。也有主张不反对机制工业品而争取与机制品风格协调，同时也拒绝抄袭古旧样式产品而力求创新，这就为 1926 年出现的工业美术设计（Industrial Design）打下基础。手工艺运动信徒们在英国接连举办展览直到 1888 年，同时也在布鲁塞尔展出。英国手工艺运动经由比利时为欧洲大陆创作思想开路，然后扩展到法国与德国。

Ashihara Yoshinobu　芦原义信

　　芦原义信是日本人，1918 年出生于东京，1942 年毕业于东京大学，1953 年获美国哈佛大学硕士学位，1962 年获东京大学博士学位。1953—1959 年曾在美国纽约布鲁尔事务所工作，后在东京执业并在多所大学任教。作品有 1964 年东京奥林匹克体育馆和控制塔、日本索尼建筑，1967 年蒙特利尔世博会日本展览馆，1970 年大阪世博会澳大利亚展厅、大阪 IBM 公司楼，等等。芦原义信 1980 年设计的日本历史博物馆的总体布局中，把内部空间面向中庭开放，面积约 9 000 平方米。全面参观路线与重点参观路线合理结合，各陈列室围绕中庭而设。回廊巧妙的安排，使参观者可直接到达要去的展室。芦原义信设计的东京第一劝业银行总部地下 4 层，地上 32 层，地上部分将营业厅设在靠街一侧，与高层部分用整体的内部通道形成一体，使建筑的外观独具特色。芦原义信的作品精练而严谨，是日本摩登建筑的典型代表。其最著名的著作是《外部空间设计》。

Assembly Hall　会堂

　　会堂是供集会或举行文化、经济、学术会议的专用建筑。会堂的类型有国际会堂、国会会堂和其他会堂。会堂的组成包括大会堂、会议室、会务室、图书馆四个部分。有的国会会堂应有正副议长室、议员室、各委员会室、记者招待厅，国际会堂有大会主席室、主办国办公室、各国代表团办公室、记者招待厅、新闻发布室等。大会堂的选址多在一国的通都大邑、城市中的重要地段，环境优美、交通便利、市政设施齐备。这些建筑一般规模宏大、标准很高、建筑形式和风格有标志性特色。现代会议特别重视功能和现代技术的装置设备，如音响、照明、通风、空调、广播、电视、录音等设备。

Assortment of Eaves Tile　瓦当

瓦当是中国古代建筑上的一种构件,用于椽头,起遮挡风雨和装饰房檐的作用。瓦当文化始于周而造极于秦汉,大体经过由半瓦到圆瓦、由素面到纹饰、由阴刻到浮雕、由具象到抽象、由图案到铭文的发展变化。它是文字、文学、美学、书法、雕刻、装潢、建筑等多门类综合共蕴的艺术。内容涉及自然、生态、神话、图腾、历史、宫廷、官署、陵寝、地名、古语、民俗、姓氏等。可谓从已知到未知、从理想到现实无所不包,反映了丰富的自然景观、人文美学和政治经济内容。

Astrodome　天穹体育场

天穹体育场是 1965 年建于美国休斯敦的现代穹隆结构体育场,过去的有顶体育场面积有限,座位不超过 2 万人。天穹体育场利用穹隆原理,能覆盖整个棒球场和足球场,6 层看台可容纳 66 000 名观众,用塑料板覆盖在钢结构上的穹隆跨度达 196 米。所有内部照明设备和保持恒温 23 ℃的空调设备均由自备发电系统供电。

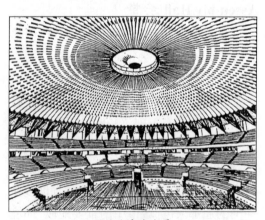

罗马体育宫内景

AT & T Headquarter, New York　纽约电话电报总部大楼

纽约电话电报总部大楼于 1984 年建成, 36 层,总建筑面积 79 500 平方米,高197 米,钢结构。由菲利普·约翰逊(Philip Johnson)设计,基座有开敞的柱廊,底层高达 18 米,中央拱门高约 24 米,进厅中间一个高高的花岗石台座上设置了一个"通信之灵"雕像,非常具有纪念性。电话电报公司总部大楼采用了大量的石块材料,花岗石都单独固定在钢架上,石工精致,区别于纽约大量的玻璃和钢材的高层大楼。这座建筑是后现代主义建筑的代表作品,摩天楼的风格是新古典主义形式,顶部突起约 9 米高的山墙,中部挖去一个圆形缺口,与古典的钟顶或高脚柜相像,加上意大利式的基座柱廊,成为对现代主义纯粹性的宣战。

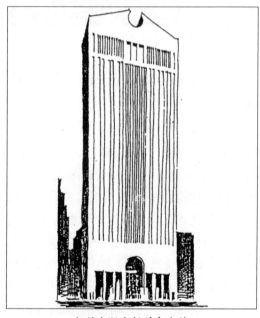

纽约电话电报总部大楼

Athena　雅典娜

在希腊传说里,雅典娜是城市的保护女神,是战争、工艺和智慧的女神,雅典娜可能是希腊时期以前的女神,后来被希腊人接受过来。在《荷马史诗》的《伊利亚特》和《奥德赛》里,都有关于她的描写,在迈锡尼时期以后,她的住所不是王宫而是城市,特别

是卫城,她受到广泛的崇拜。现代人主要把她和雅典联系起来,雅典应源自她的名字,她同猫头鹰和蛇都有联系,猫头鹰是雅典城的象征。在帕提农神庙的山墙上就有描绘她的故事。古雕刻家菲迪亚斯有以她为题材的三个雕刻杰作,展现了她从战士到城市保护神的发展过程。

雅典卫城透视,远处左侧为依瑞克先神庙,右侧为帕提农神庙

Athens Charter《雅典宪章》

1928年在瑞士成立的国际现代建筑协会(CIAM)在1933年的雅典会议上,研究了现代城市规划与建设问题,分析了33个城市的调查研究报告,指出现代城市应解决好居住、工作、游息、交通四大功能,应科学地制定总体规划,会议提出的城市规划大纲即《雅典宪章》。大纲指出城市的种种矛盾由工业生产及土地私有化引起,城市应按居住、工作、游息功能分区并建立联系三者的交通。大纲指出居住为城市的主要功能,工作与居住地要缩短距离。增加城市绿地,降低旧城区人口密度,市郊保留良好的风景地带,考虑全新的交通发展系统。大纲还提出保留名胜古迹及古建筑,要以法律形式保证规划的实现。大纲敢于向陈旧的传统观念挑战,一些基本论点至今仍有重要的影响力。

Athens, Greece 希腊雅典

雅典是希腊共和国首都,为西方文明的摇篮,地处山间盆地,西南距爱琴海法利龙湾8千米,阿克罗波里斯山为早期的雅典中心,公元前3000年就有人在此居住。最早的建筑始于青铜器时代晚期,公元前1200年阿克罗波里斯山要塞顶部有围墙,墙镇建在山上。公元前580年阿克罗波里斯山上的雅典娜神庙及其他宗教建筑形成圣地。公元5世纪雅典人重建了举世闻名的帕提农神庙,长方形周柱式建筑,殿堂内有巨大的黄金和象牙雕制的雅典娜女神像。公元前338—332年山下修建了会堂、大柱廊、竞技场,扩建了迪奥尼苏斯剧场。

第二次世界大战中雅典曾被德军占领,战后城市向海边发展,与比雷埃夫斯市连成一片,目前希腊人口的1/4,城市人口的1/2住在雅典市区,人口约88.5万人,市区人口约302.7万人。雅典有现代化的排水系统和防洪设施,城市街道保持旧有风貌,聚居着古董商、匠人、五金商和杂货铺主人,土耳其人修建的浴池仍在使用。雅典以其在哲学、建筑、文学和政治学说方面的成就为世界留下了丰富的精神财富。

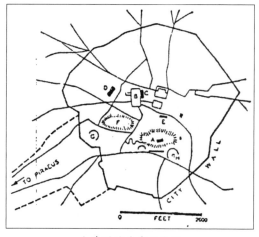

古希腊雅典城平面图
(Athens,约公元前800年)

Atrium　中庭空间

由美国建筑师约翰·波特曼定义的"中庭空间"反映了现代民众的心理意念，并在全世界广为流行。中庭属室内空间，却具有室外空间的特点，其空间形式有独特的内涵：1. 强调垂直向上的方向，透明的屋盖给建筑以四维的时间色彩；2. 为公众提供了各种表现的场所；3. 社交的乐园，充满轻松感和愉悦感；4. 封闭的空间内引入绿植、空气、阳光和水，四时充满生机；5. 内部空间穿插流动，有丰富的层次性；6. 中庭的开放性使公众产生归属感，是城市生活中需要的重要社会心理因素；7. 高技术的应用，时代的象征；8. 大众化城市文化艺术的展示场所；9. 宏伟的尺度感为城市与建筑之间建立对话关系；10. 提供社会及经济效应。

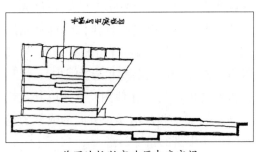

美国达拉斯市政厅中庭空间

Atrium Design　中庭设计

中庭是指建筑物被占用部分之间的空间，其围护结构，主要是透明或半透明的。竖直玻璃侧壁框架有两种主要类型。第一种，中庭墙壁构件采用轻型幕墙结构，中庭的围护材料以轻质透光为主。比较流行的材料有三种：玻璃、塑料薄膜及复合材料。织物结构也是中庭屋顶常用的一种形式。织物结构便宜，能作成特殊形状，既轻又能快速安装。缺点是透光率低，绝缘性能不太好，寿命较短。水平玻璃屋顶

能用斜玻璃结构装成。水晶宫用过的"脊—沟"玻璃顶原理仍常用在最新型的中庭中。

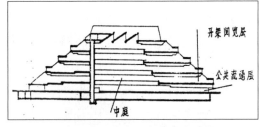

加拿大多伦多市图书馆中庭设计

Attached Housing　双并住宅

每个单元各有分开的户外入口和户外空间，单元之间是边连边或上下相叠的。一般的形式为双并式、半并式、连栋式、走廊式、堆积式。

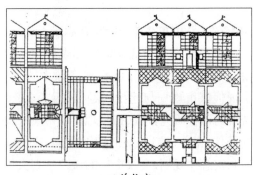

双并住宅

Attic　阁楼

阁楼坡顶内可利用的空间，一般作居住和贮物之用。住人的阁楼应有足够的高度，并开窗。阁楼的形式取决于使用要求。常见的阁楼形式有三角式、盂夏式和升起式。阁楼的采光和通风有多种形式，如：在屋顶结构上架立垂直于玻璃面的"老虎窗"，突起于屋面之上；以玻璃面代替一部分屋面，作成固定式或开启式的斜面窗；屋面突出一段，建造屋顶阳台，并在阁楼垂直

墙面上开设门窗;利用在屋面高低错落处设窗等方式。有采暖设备的建筑中的阁楼,如作居室用,应在屋面面层下加设保温层;如不作居室用,可在阁楼楼板中加设保温层。

Attic and Dormer 阁楼与老虎窗

在民用建筑中常利用屋顶斜面与最高层平顶之间的空间,构成阁楼层,高度随屋面坡度和房屋宽度而定,按防火标准,最高部分净高应不小于1.9米。为阁楼之采光及通风可在两坡面上设置老虎窗,老虎窗的屋面有单落水、两落水等形式。阁楼层除玻璃老虎窗采光外,窗的两侧还加做百叶以利通风,尤其铁板屋面更为需要。老虎窗的尺寸一般为75~100厘米宽,75~90厘米高,老虎窗与屋面四周相接处,多用锌铁皮作泛水,泛水所用铁皮接缝和搭头,均需锡焊严密,以防渗水。老虎窗的屋面材料应与正屋面相同,窗两侧的墙壁可用铁皮、板条抹灰或平板石棉水泥瓦作成。老虎窗应在防火梯的下风位。

Attic and Mezzanine 阁楼和吊楼

阁楼是中国江南民居中利用木结构的特点,充分利用内部空间的建筑结构。吊楼是四川、湖南等地民居利用山地地形和木结构的特点把上层挑出以争取空间和扩大楼层面积的做法。阁楼和吊楼都是中国民居木结构体系所特有的利用空间和争取面积的建筑处理手法。

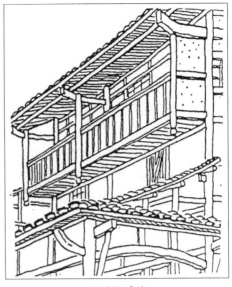

阁楼和吊楼

Auschwitz Monument 奥斯威辛纪念碑

柏林雕塑家沃尔富(Helmut Wolff)为第二次世界大战中深受苦难的波兰城市奥斯威辛所作的纪念碑设计可列为建筑式雕塑。作品用沉重的混凝土块构成,部分混凝土块悬出,体块之间设"入口","入口"内收并接近人的尺度,似乎要穿入建筑之中。体块之间有一种力的均衡,从用材到造型都包含着强烈的建筑趣味。试图用错乱的体块组合来体现一种大难临头的危机感,用幽暗的"入口"和光影对比暗示那曾给千万人带来苦难的纳粹集中营,用高度抽象的形式语言反映实实在在的内容。

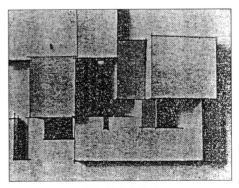

奥斯威辛纪念碑

Australian Underground Dwellings 澳大利亚地下矿石民居

澳大利亚的宝石矿山的地下民居已经被医学证明有益于人体健康，这些地下民居分布在澳大利亚南部的库柏派迪（Coober Pedy）以及新南威尔士的盐矿上。大约有60~100年的历史，经调查这种地下民居的物理环境对居民的心理有非常好的影响，地下民居中的空气对居民身体有特殊的效益，目前国际医学界对这种民居已予以重视。

1973年澳大利亚的建筑师科学家对地下盐矿传统民居进行了研究，测试了居民的身体和心理健康状态。意外发现久住这种民居的居民情绪稳定，没有急躁的脾气。人们认为这与盐矿产生的离子有关，这种小窗地下环境对噪声、热和光的处理有益于人的心理健康。这种民居在通风降温、消尘和清洁空气等方面均有特色。

Austrian Travel Agency 奥地利旅行社

这是奥地利首都维也纳的一个旧建筑改造项目，由汉斯·霍莱恩（Hans Hollein）设计，1978年完成。建筑在多层办公楼的底层有一个20米×40米的内院，扩展为有覆盖的空间。设计以内院为中心，以旅游为主题，用异国情调的虚假装饰构成了层次重叠的隐喻、明喻，精致典雅中不乏诙谐。覆盖的内院双层玻璃顶，厅内一头有座印度风格的亭子，另一头是意大利古建筑形象的景片。还有一棵黄铜做的棕榈树，希腊式残柱的半截上是镜面不锈钢，金字塔依墙角隐入墙垣。苍鹰和喷气客机高悬，救生圈与客轮扶栏等，表明了各种交通手段组织的旅行业务。靠近入口处风趣地立上了两片罗尔斯·罗伊斯汽车的水箱风冷格栅。霍莱恩的这

个作品追求的是含有多层次要素的建筑艺术，相当大众化，但又有许多隐含的内容。

Avoid Urban Noise 防止城市噪声

干道敷设比地面低，能降低运输噪声，用汽车和无轨电车代替有轨电车能使噪声降低5~10分贝。利用主导风向，能使城市中按声响划分的地区和个别项目的布置改变其位置。消除声源，声响的反射和绕射以及吸收和散射，都能阻止城市噪声的传播。在居住区结构中，考虑建筑物和绿化的隔声性能，沿街建筑的居室应面向街坊内部布置，利用辅助房间作隔声结构，当沿街建筑连续布置时，由于声响的反射会形成"声廊"，街坊内部的噪声起源点要用稠密的绿篱环绕起来。靠近声源设置10~12米的绿化带，乔木6~8米，灌木3~4米，可降低噪声12~15分贝。人行道与车行道应隔离，并在人行道与建筑之间布置草坪。路面沥青层是最好的吸声结构，房屋的装修材料也能起到吸声的作用。

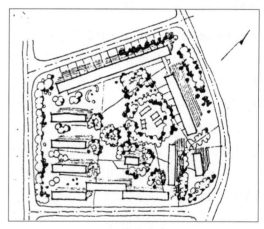

防止城市噪声

Avoid Urban Traffic Noise 防止城市运输噪声

1. 从行政管理上，在城市内禁止使用有

声信号,限制有噪声的交通工具通行。2. 进行城市规划或改建时,合理布置市内运输系统和建筑。3. 对车辆降低噪声起源。目前城市街道上的运输噪声为 70~90 分贝,最有效的隔音方式是将隔音结构布置在直接靠近运行车辆发声的起源处,应该能阻止声波的传递,防止较低的交通声波的高度为 6~7 米。建筑物的隔音应该使声波不能传递。运用在城市规划和建筑方面做隔音结构的有绿化、服务性建筑、商店和停车场。

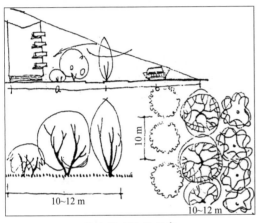

防止城市运输噪声

Axis 轴线

在建筑中组织空间和形式的最重要的要素莫过于轴线,轴线贯穿于整个空间,围绕着轴线布置的空间和形式可能是规则的或不规则的。虽然轴线看不见,但却强烈地存在于人们的感觉之中。轴线有深度感和方向感,轴线的终端指引着方向,轴线的深度及其平面与立面的边角轮廓决定了轴线的空间领域。轴线是构成对称的要素,轴线也可以转折,产生次要的辅助轴线。运用轴线组织与安排城市与建筑的景观构图,可以达到环境设计的完整统一。

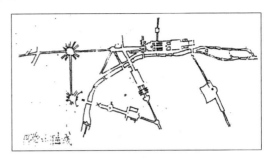

轴线

Aztek Architecture 阿兹台克建筑

阿兹台克人居住在中美洲,他们继承了多尔台克人的建筑,甚至用多尔台克的工匠。他们的纪念性建筑主要集中在特诺奇蒂特兰城(Tenochtitlan),城建在盐湖中央,用输水管从陆地上送去淡水。城市方方正正,中央广场为 275 米 × 320 米,四周分布着三所宫殿和一座金字塔。塔高 30 米,基底面积 100 米 × 100 米,宫殿和住宅一般都是四合院式的,用毛石、卵石砌成,垫缝的灰浆很细,缝子宽,灰浆抹平,发银光。平屋顶四周有雉堞。该城址就是现今的墨西哥城。阿兹台克人也喜欢用蛇头或怪兽头作装饰母题。

B

Babylonian Architecture 巴比伦建筑

　　巴比伦的古代建筑创造了用土坯和砖砌筑的拱券技术,并使用彩色琉璃砖作为建筑装饰。这些成就流传到小亚细亚以及欧洲和非洲,对后来的拜占庭建筑和伊斯兰建筑很有影响。公元前6世纪前半叶建造起来的巴比伦城,主要的建筑物大量使用琉璃砖贴面,形成了整套的做法,水平很高。琉璃饰面上有浮雕,题材大多是程式化的动物、植物或其他装饰物,装饰性很强。如伊斯达门为半圆券洞,墙面全部贴琉璃砖,上有动物形象,在边缘和转角处有装饰华丽的琉璃花边。

Backside Cave House, North Shaanxi 陕北高原的背山窑洞

　　中国陕北窑洞建在黄土高原的沿山与地下区域,由天然黄土中的穴居演变而来,冬暖夏凉,不破坏生态,不占用良田,是一种很经济的建筑方式。陕北平顶窑洞呈阶梯形沿山布置,这一层的山崖平台就是下面一层窑洞的屋顶,屋顶也是农民晾晒谷物的场地。这种退台式的沿山民居平台有充足的阳光。沐浴在阳光中的场院是最富生气和活力的场所。坐北朝南是中国传统民居的布局习惯,陕北退台式朝阳窑洞突出了这个特色。不同纬度的气候地区有不同的日照条件,黄土高原阳光充足,人们愿意处在阳光与阴影平衡的环境中,坐北朝南必定是一条乡土民居的布局原则。

陕北高原的背山窑洞

Bai Minority Dwellings, Yunnan 云南白族民居

　　中国云南洱海之滨的白族民居以木结构穿梢构造为特征,构架设地脚枋,以挂榫及穿梢连接木结构的节点。结构有大出厦、小出厦、吊楼、倒座等作法。在统一的木结构做法限定之内,门窗装修、格子门雕花、大门入口的立面檐饰,一滴水照壁等处均做丰富多彩的雕花镂刻花纹,特别是格子门,只在节日喜庆时安装。木雕的隔扇镂空精美,雕出的层次可达2~4层,平时收藏起来,是便于更换的家庭陈设艺术品,以炫耀主人的富有。

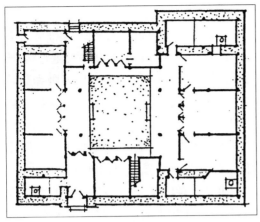

中国云南白族民居

Baizeklik Thousand Buddha Caves, Turpan, Xinjiang, China 新疆吐鲁番柏孜克里克千佛洞

新疆的吐鲁番地区保存有许多处佛教寺院和石窟。柏孜克里克千佛洞位于吐鲁番城东北约 50 千米的火焰山木头沟河西岸，是土山边坡上的崖洞群，有 57 个窟穴。柏孜克里克千佛洞采用的是土砌的筒型拱窟室和穹隆顶窟室结构，窟内壁画描绘的故事是研究高昌文化的珍贵资料，已遭严重破坏。

Balance 平衡

平衡给人以稳定的感觉，人的眼睛习惯于均衡的视觉感受。均衡而稳定的建筑不仅是安全的，在视觉感受上也是舒适的。平衡分对称平衡和不对称平衡，对称本身就是平衡的，中轴线的两侧必须保持互相制约的关系，对称平衡是古典主义建筑达到整体统一的重要手法。不对称的平衡则没有严格的约束，适应性强，造型显得生动活泼。现代建筑理论则探索一种动态的平衡，使建筑构图在平衡中具有运动感。无论是对称的平衡还是不对称的平衡，均受某些条件，如地形、建筑用途以及建筑材料等的限制与影响。对称或不对称在设计时不应故意造作，各部分的布局要以构成原理全面考虑。平衡也有"对等"或"均等"的意思，是调整建筑各部分之间轻重、明暗、浓淡等的基础。建筑造型应达到适当的平衡。

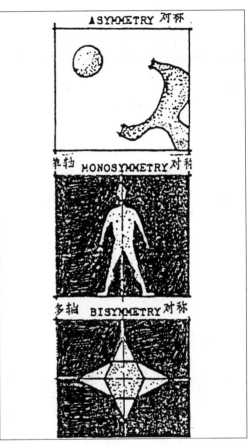

平衡

Balcony 栏杆

栏杆一般指建筑平台或阳台上的维护构件，由栏杆及栏板构成，具有装饰美化的作用，可以由牛腿、悬挑或柱子支撑。栏杆是建筑室内外表现装饰符号的重要部位，构成建筑立面或室内空间的视觉焦点。中国传统建筑栏杆有石栏杆和木栏杆，图样均仿石栏杆，有文字、宝瓶、动植物纹样。西班牙式的挑出的龛箱式阳台、欧洲的市政厅式阳

台、伊斯兰风格的阳台饰件等,都独具装饰特色。建筑栏杆的多种纹样构图多采取对称形式,或以重复单调的姿态构成连续的图案。

Bali, Indonesia 印度尼西亚巴厘

巴厘是印度尼西亚小巽他的岛屿和省份,位于爪哇岛以东 1.6 千米处,面积 5 623 平方千米,大部分是山地,最高点巴厘峰海拔 3 142 米,附近有巴都尔火山,其 1963 年喷发时造成 1 600 人死亡。岛上有两座较大的城镇——新加拉惹和登巴萨。巴厘岛风景优美,是贵族、修士和知识分子的避难所,现在是全印度尼西亚诸岛中唯一的居住着印度教信徒的岛屿。巴厘人爱好音乐、舞蹈,擅长美术工艺,旅游业和手工艺品制作在本岛经济中占重要地位。巴厘传统民居独具特色。许多世界风景名画都是在巴厘写生的。

印度尼西亚巴厘的村庄

Balustrade in Chinese Dwellings 中国民居中的栏杆

栏杆是中国民居特有的装饰品,以木栏杆为多,在二层楼窗口下,面临天井庭院,是庭院中仰视的装饰焦点。木栏杆模仿中国石栏杆外形,弧形栏杆向外弯曲,称飞来椅或美人靠。

栏杆纹样与门窗隔扇相似,上面雕有文字,如寿字、万字等;动物如蝙蝠、夔龙、狮子等;植物如梅、竹、兰、菊、牡丹、蔓藤和葫芦等。简单整齐的几何图形与植物、动物纹样并用。

中国木栏杆一般采用对称形式,特殊纹样组成对称中心或以空白面作构图中心。采用重复连续图案,以平淡整齐体现装饰性活力,有时在背景上点缀纹样,布置疏落,不拘形式。

Bamboo House, Xishuangbanna Yunnan 云南西双版纳竹楼

中国云南的傣族民居属热带雨林竹楼形式,分布在德宏、景颇、西双版纳一带。竹楼即“干阑”式建筑,在元江一带与彝族相同的民居称“土掌屋”,有上千年的历史。村落以佛寺为中心,房屋的屋脊朝向一致。木柱承重,无墙,廊前有展(展即宽大的平台)。整个房子是架空的,离开地面以利通风隔潮。民居没有窗户,靠竹墙缝隙采光。廊外的展大约 4 米见方,全部用竹材制作。木构架歇山顶,坡度很大,屋面铺小平瓦或排草。由于屋面大而陡,屋面呈两折,出檐深远,并有重檐可防雨遮日。竹笆的外墙略向外倾斜以利出檐的稳定。民居被环抱在热带雨林之中,朴素自然。温热带的太阳眩光很大,所以竹笆外墙可以通风,透光柔和,透风又排除了眩光。宅旁种落叶树,冬天叶子掉了,阳光可以射入,夏季枝叶茂密,可遮挡烈日。树木的散热、蒸发、遮阳、反射作用,使民居附近环境凉爽。深深的出檐是气候影响建筑形式的体现,屋下的大片阴影地区能够吸引人群。茅草屋顶的几何外形立在强烈的阳光之中而无强光反射,巨大的屋顶把人和动物都护盖起来。西双版纳竹楼

民居表现了最大的遮阳作用和最小的含热量,通风是散热的基本要求,房屋离开地面,空气可以由地板下面流通入室,架空的房子好像吊床。

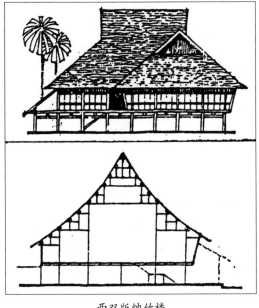

西双版纳竹楼

Bamboo Wooden Home and Abounding in Reeds Home 竹木苇草的家

竹木结构在炎热地区以木梁柱支撑较大的挑檐、重檐和飞檐起翘。以竹木混合使用,支撑阁楼、吊楼和高低错落交叉的屋面,表现出高超的竹木结构的捆绑技艺。在热带雨林地区,木结构的支撑体系发展为以竹代木的民居形式,以草叶作顶棚的苇草式民居。环境的差异使热带雨林中的民居广泛使用竹、木、苇、草等热带植物材料,如用棕榈叶作屋面,用竹子编成墙壁,透风又排除了眩光。屋面大而陡,深深的出檐是受当地气候影响而形成的。把房屋由地面架起,空气可以从地板下面流通进来,其含热量是微不足道的。

在河湖附近苇草丛生的地区,如干旱的

伊朗和伊拉克,难以获取基本建筑材料,当地人用苇草束捆代替木材作架,苇席和棕榈树叶作屋面和墙壁,既通风又轻便。

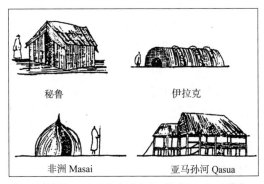

秘鲁   伊拉克

非洲 Masai   亚马孙河 Qasua

同样材料不同形式住房(上:芦苇。下:稻草)

Bangkok Dwellings, Thailand 泰国曼谷民居

泰式传统民居是早期沿河流及水道形成的,那时人们在船上进行交易和公共交往。泰国民居建在架空的柱子上面,以保证在漫长的雨季和发洪水时房屋的安全。房屋的下部空间提供旱季时的工作场地和做物品贮存之用,包括自家的船只。由于雨量丰足,泰式民居呈下阶式屋面,覆盖有檐廊,大而陡的屋顶有利于排水。由于当地空气湿度大,为了通风散热,建筑都面对西南方。如果是沿河的民居,则面向水面。传统泰式民居的平面布局为连续空间的两个部分,由一个有顶的室外区域或开阔的室内庭院空间连接相对的两个部分。房屋内部无隔墙与吊顶,可以最大限度地利用顶部通风,四周深远的出檐可避免强烈的日晒雨淋。泰式民居还利用地板的标高差来限定空间范围。在梁柱之间作外墙开门窗,有时以轻结构墙跨过庭院,形成一些阴影。建筑北部带有户外厨房,布置在室外考虑到风向和防火。直至泰国国王拉玛五世引进工业化材料之前,典型的泰式民居

都是用木、竹、棕榈叶、稻秆等天然材料建造的。

泰国传统文化以多种信仰为基础，民居布局反映了传统习俗，如楼梯要设在外廊部分，踏步必须是奇数。早期的手工艺工匠仿效阿地华（Ayudhya）传统作装饰，屋顶坡度很大，平面为简单方形，以一个单元或两个单元组合在一起，这根据家庭的规模而定。

Bank of China, Hong Kong　香港中国银行

贝聿铭设计的香港中国银行高 70 层，是以 4 个用玻璃和金属构成的三棱体组合而成的塔楼，楼高 315 米。建筑面积约 107 100 平方米，围护结构以铝板和银色热反射玻璃组成。大厅中部有高达 15 层楼的天井，有自然光，绿化的天井将银行的内部连在一起。新厦像竹子那样节节上升，象征欣欣向荣。"巨型结构"（Mega-Structure）为钢筋混凝土包裹的钢结构。楼板跨度均不超过 17.8 米，采用钢梁混合浇制钢筋混凝土楼板。基础四周的连续挡土墙和直径为 12 米的沉箱均由地面直达基岩。外露结构网架的"节间"杆件长达 40 米，将楼层结构构架隐于玻璃和铝板组成的幕墙之后。

Bank of Water　岸边

在明代计成所著的《园冶·江湖地》中论述道：在江边、湖边、深柳、疏芦的地方，粗疏地做成规模不大的园舍，也足以表现洋洋大观。因为在这种环境之中，有闲静而渺邈的湖水；有动荡而安逸的云山；有水上浮动的渔舟；有岸边闲适的鸥鸟。园内建置，山阁为层阴暗隐，台高迎华月光临，按拍高歌，直教响彻云流，传杯醑饮，意欲攀留韶

景。……这样取得安闲，便为福分，能知享受，就是神仙。如此描写乃岸边之美景。现代城市的岸边景观规划设计已构成城市景观设计的专项内容，创造了许多优秀的实例。

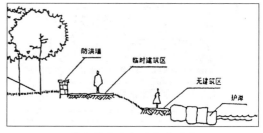

芝加哥市滨水区台地设计

Banpo Remain　半坡遗址

半坡遗址是 1954 年在中国西安发掘的大约 6 000 年前的半坡村原始部落遗址。半坡遗址包括居住区、陶窑区和公共墓葬区三个部分。当时的房屋建筑有方形和圆形两种，都是伞架式尖顶的独间小屋。以密排的小柱构成墙体的骨架，屋面和墙壁均敷以厚厚的草泥，屋中间有一个火塘供熟食、取暖和照明。当时人们使用的工具是石器和骨器，而陶器则是生活用具，也是原始社会的工艺品。这种仰韶半坡彩陶的特点是陶器上普遍装饰以鱼纹或人面鱼的花纹。这些花纹和图形也许是当时代表部落氏族的图腾符号。

半坡遗址东西最宽处近 200 米，南北最长为 300 多米，总面积约 5 万平方米，北面 1/5 的面积已经发掘，较为完整的建筑基址有 40 余座，半坡建筑发展至今，已成为中国常见的住房的形式。

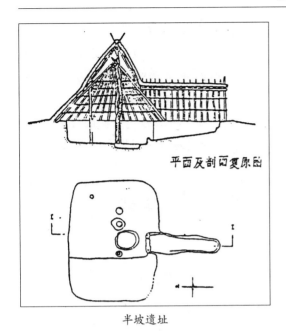

平面及剖面复原图

半坡遗址

巴塞罗那椅

Barcelona Chair 巴塞罗那椅

巴塞罗那椅是 1929 年由钢结构建筑大师密斯·凡德罗设计的,在西班牙巴塞罗那世界博览会德国展览厅展出的高雅的展品。它用两组 X 形的平片铬板做十字形钢腿,连接处的结点巧妙而简单,椅子上面绷以网状皮条,再放上皮面的枕垫,做成椅子的表面。其 X 形腿脚的精确曲线,完美无瑕的平板钢件和皮革椅面,每一个部件都非常细致精确。所有这些简洁的要素构成了巴塞罗那椅的"永恒性"。它不是一时时髦的椅子,而像密斯设计的纽约西格拉姆大楼(Seagram Building)那样精确而高贵,不论其坚固性和形式,都是永恒性的代表。巴塞罗那椅至今流行于全世界。

Barogue 巴洛克

巴洛克艺术风格是 17 世纪流行于欧洲的一种过分强调雕琢和装饰奇异的艺术和建筑风格。巴洛克风格一反文艺复兴时期的严肃、含蓄、平衡而倾向于豪华、浮夸,并将建筑、绘画、雕塑结合成一个整体,追求动态的起伏。巴洛克一词源于葡萄牙文 Barroco 和西班牙文 Barrucco,意为形状不规则的珍珠。巴洛克一词可指巴洛克式的艺术或建筑;可指巴洛克艺术的兴盛时期(约 1550—1750 年);可指巴洛克艺术或建筑之后期;可指形状奇异不规则的各种装饰物;可以形容过分雕琢的、怪诞的、俗丽的装饰品。

Baroque Architecture 巴洛克建筑

17 世纪意大利的建筑现象十分复杂,突破了欧洲古典主义的常规,所以被称为巴洛克式建筑。巴洛克原意是畸形的珍珠,衍义为拙劣、虚伪、矫揉造作或风格卑下、文理不通等。18 世纪中叶,古典主义理论家带着轻蔑的意思称呼 17 世纪的意大利建筑为巴洛克。天主教堂是巴洛克风格的代表性建筑物,其大量使用壁画和雕刻,璀璨缤纷,富丽堂皇。城市广场、府邸和别墅都有新的手法。巴洛克建筑发端于罗马城,迅速传遍意大利、西班牙,越过大西洋,到美洲殖民地,直到 19、20 世纪,欧洲建筑中多少都有巴洛克式手法,可见其影响之大。巴洛克建筑往往形体破碎,过于堆砌,反映着时代的复杂与矛盾、封建主义的没落,几百年来人们对它的评价或好或坏,差别极大。

Barrier-Free Design　无障碍设计

为残疾人、老年人提供行动便利的设计称为"无障碍设计"。国际康复协会批准的建筑物最低标准如下:1.入口设坡道取代台阶;2.门宽 80 厘米以上,旋转门场所需另设残疾人入口;3.走廊宽 130 厘米以上;4.厕所内设有扶手座式便器,隔断门外开或为推拉式;5.电梯入口宽 80 厘米以上。建筑物内不同标高处应以坡道代替踏步。走道地面铺设色彩鲜明、纹理特殊的材料,为弱视或失明者导向,警示材料提醒视力障碍者注意。采用矩形踏板、短跑段的楼梯。电梯轿厢要有足够的空间,三面安装扶手,正面设大镜面,不用转身即可看到电梯的层数指示灯。厕所中配有定型生产的活动扶手。观众席留有不排座位的空地,作为轮椅观众席(每 400 个座位设一轮椅席)。公用电话台板下部应留出空间。各类柜台能使轮椅靠近,必要处设盲文铭牌。室外庭院、外部通道、停车场均要考虑轮椅的使用与安置。

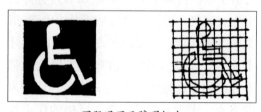

国际通用无障碍标志

Basilica　罗马法院

罗马时代用作裁判、交易的宽敞长方形三开间平面建筑称为巴西利卡(罗马法院)。因其具有长远的纪念性空间特性,是基督教成为罗马国教之过渡时期的形式。依照这种形式发展为早期基督教教堂称为 Basilica Church。罗马最宏大的图拉真广场上(Forum of Trajan,109—113 年)横向布置着乌尔比亚的巴西利卡(Basilica of Ulpia),面积 120 米 ×60 米,是古罗马最大的巴西利卡之一。有 4 列柱子分为 5 跨,中央一跨达 25 米,是古罗马最大的木桁架,两端有半圆形的龛,屋顶上覆盖着镀金的铜瓦。

Basilica, Vicenza　罗马法院,维琴察

罗马法院是维琴察的市政厅,由建筑师帕拉第奥(Andrea Palladio,1508—1580 年)设计。原为 1444 年建的哥特式大厅,1617 年完工。改造以后围绕哥特式建筑形成了两层开敞柱廊的新式市政厅。这座建筑运用的"帕拉第奥母题"(Palladian Motif)是由两根小柱子支撑的拱形洞口,两侧有两个更狭窄的分隔空间,这个母题又被支撑柱楣的两棵大柱子夹着。在巴西利卡的上、下两层都使用了这种母题。除了角柱架间外,每层的拱肩上都开有无线脚装饰的圆形孔,每个间架向外侧的柱子都是成双的,屋顶就像是留在巴西利卡上面的帐篷。这幢建筑被誉为自古以来最典雅、最美丽的建筑之一。

Basis for Urban Growth　城市发展依据

在编制城市总体规划时,首先要论证该城市发展的依据,论证的内容包括:1.规划期内工业的发展;2.规划期内城市其他基本要素的发展,如工矿企业,对外交通运输设施,国家物资储备仓库等设施,非本市的行

政机关、经济机关和社会团体,科学研究机构,高等学校,建设安装企业,农牧业的种植园和养殖场等,疗养和旅游设施,特殊情况下还包括军事设施等,以及规划期末城市人口数量的预测。

论证城市发展依据要调查城市的历史与现状;分析城市的经济地位与作用;根据国民经济和社会发展计划,提出城市近远期发展的最优方案。

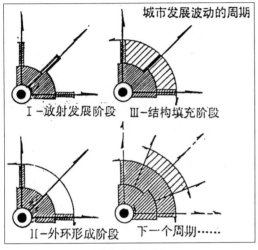

城市发展依据

Bath Room in Apartment House 住宅中的卫生间

浴室、厕所、盥洗室统称卫生间,在一两个居室的住宅中多合并以节约辅助面积,在无人工通风设备的低层或多层住宅中,应有天然通风及采光。应注意管道的布置与厨房等上下水道的连接,尤其是热水供应要方便,隔音程度要达到 45 分贝。卫生间不宜布置在居室的上层。应按卫生设备的规格、间距,有效地排列卫生设备。卫生间采用防水及排水材料敷置地面、墙面,在面盆上部可安置隐藏在镜子后面的杂物橱和管道接口。在标准设计中,可采用装配式构件,装配于特种墙壁上的给排水设备部件在施工

工地上拼装而成,尽量减少零件的数量和种类。采用装有管线、固定用具支架的装配式隔墙,隔墙连带成套的用具设施。采用特别支架的卫生设备构件,构件内装有必要的管线材料。

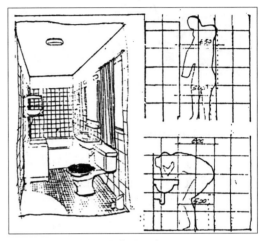

住宅中的卫生间

Bauhaus 包豪斯

格罗皮乌斯于 1919 年成立包豪斯工艺学校,任第一任校长,聘请欧洲各个流派的艺术家来校任教,有学生 250 人。包豪斯工艺学校开设两个并行科目:一是认识材料;二是造型与设计。三年后学生在校内进修建筑设计和工厂劳动。1921 年后抽象艺术家教师们多持表现主义观点,由于内讧,学校于 1924 年关闭。后包豪斯迁校到德绍(Dessau),由格罗皮乌斯设计新校舍,1926年完成,包括设计院、实习工厂和学生宿舍。这座建筑被称为当时的三杰作之一,其他两座是阿尔瓦·阿尔托的芬兰帕米欧疗养院(1929—1933 年),和柯布西耶的日内瓦国际联盟总部方案(1927 年)。此后包豪斯将建筑学划为独立专业,后由密斯·凡德罗继任校长,最终于 1933 年停办。

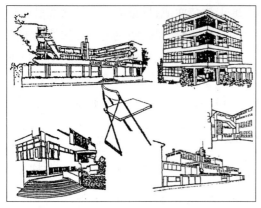

包豪斯

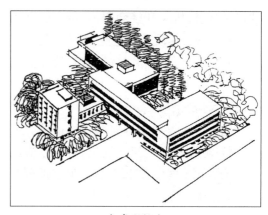

包豪斯校舍

Bauhaus Building　包豪斯校舍

　　包豪斯学校从魏玛迁到德绍后重建的校舍于 1926 年落成，由当时包豪斯设计学院院长格罗皮乌斯设计完成。它是现代主义早期的代表作品之一，20 世纪 70 年代作为建筑文物被保护起来。校舍为一座综合性建筑，由几个功能不同的部分组成，占地面积约 2 630 平方米，建筑面积近 1 万平方米。教室楼、实验工厂均为 4 层，两部分之间是行政办公区及图书馆。学生宿舍是一座 6 层楼，通过一个 2 层的食堂兼礼堂与实验工厂相连。整座建筑为平屋顶，无任何外加装饰，运用墙面的虚实、体量的大小、高低及色彩的对比手法，加上空间构图的均衡及比例尺度的恰当，取得了简洁明快的效果。也体现了包豪斯学派的设计特点：重视空间设计，强调功能与结构效能，把建筑美学同建筑的目的性、材料性能、经济与建造的精美直接联系起来。

Bay　开间

　　建筑物立面上竖向两柱之间或平面上两排柱子或柱墩之间的整个空间，例如教堂里两列柱墩之间包括拱顶或天花板在内的整个空间称为一个开间。

Bazaar　市场

　　商场是许多种商业建筑集中的商业活动中心，然而市场与商场不同。市场可以说是商业贸易的原始形式，只是随着时代的发展和人民需要的提高而被赋予了新的内容。世界各地的贸易市场各有各的文化地区性特色。城市居民都渴望着选购那带着晨露上市的鲜美蔬菜、水果及新鲜的鱼虾等，渴望在繁忙的购置活动中顺带有游憩、娱乐活动，能够闲逛和散步，渴望那种吸引人的传统形式的市场环境。Bazaar 有时特指旧货市场。

市场

Be Fickle in Affection 喜新厌旧

流行就是喜新厌旧。人有好奇的天性，同样的东西看久了，用久了，就厌倦了。有点新鲜的，不一样的，大家都喜欢看。把室外的材料搬到室内去，把室内的材料搬到室外去，这就带来了一种新鲜的味道。人性中的许多性情是经久不变的，会变与善变的就是喜新厌旧。喜新厌旧的变化是捉摸不定的。建筑环境中在各种不同的场合对空间形式的追求，标新立异，创造新风格、新形式，即为人性中之喜新厌旧所使然，对于建筑师来说盲目抄袭和千篇一律是不能容忍的。

Bearing Wall and Prop 承重墙与支柱

在现代建筑中，承重墙与支柱仍是不可少的竖向支承结构形式，承托梁、拱架、楼板、屋面板等，也可以直接传递来自折板、薄壳、网架、悬索等空间结构的荷载。墙、柱轴向受压时是最理想的受力状态，偏心受压时有弯矩产生。墙、柱的稳定性十分重要，支柱的绕曲影响随回转半径的增大而减少，由此出现了"工"字形、"口"字形薄壁钢支柱、混凝土支柱的多种断面形式。承重墙的稳定性也与其几何体形及尺寸有关。由于受力性能的改进，现代高层薄砖结构可以做得很薄，在高达 21 层的楼房中，采用厚 15 厘米、砌体强度为 200 千克/厘米^{2}的砖墙是完全可能的。在现代技术条件下，支柱的形式也有很大的演进和发展。V 形支撑的运用极为灵活，一类与有足够强度的水平构件刚性联结，起刚架作用；另一类则起独立支柱作用，可演变成 Y 形、X 形或 T 形柱等。

Beautiful and Function 美和功能

艺术的完美，本身就是艺术和功能的统一，艺术品的功能与美观永远是结合在一起的，达不到美观的功能就不能成为艺术品。在抽象派艺术中不需要表达任何内容的构图需要就是美。一幅抽象构图画可以达到谐调、对比、平衡、均衡、比例完美无缺的地步，不能有任何的增减和修改，"牵一发以动全局"。这个抽象图形中的一点一线都是这幅艺术作品本身的功能需要。同时，功能的需要也能给人以美感，例如在摩登建筑中布置的抽象雕塑形体、中国园林中的叠石。这些同属抽象的形体，把他们布置在空间构图需要的位置上，即成为供人欣赏的建筑群体空间构图的雕塑艺术品了，它的功能布置赋予了它艺术性。同理单一功能的椅子可以有多种多样的设计形式，因此也可以说功能和需要就是美。法国的蓬皮杜艺术中心完全暴露其功能与结构于外部，对它的美学评价就是基于这个观点出发的。

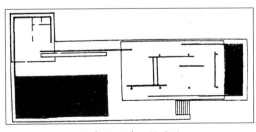

巴塞罗那德国馆平面

Beaux-Art, Ecole des Paris 巴黎国立美术学院

巴黎国立高等美术学院，1671 年在巴黎成立（当时为皇家建筑学会），创建人是路易十四的大臣让·巴蒂斯特·柯尔贝尔，1793 年与皇家绘画雕塑学院（成立于 1648 年）合并。开设素描、油画、雕塑、建筑、版画课程。

Beehive Units in Housing 住宅蜂窝组合体

每个房间的平面均为正六角形的蜂窝元件，而整个平面则为许多相同尺寸的正六角形房间组合而成为蜂窝式建筑体系。其功能特点如下。1. 隔声因素：它与邻室隔墙之间在噪声降低的措施上比一般的住宅房间节省。2. 采光因素：蜂窝体系的房间具有多面采光的条件，故其采光效果比一般体系优越。3. 换"气"因素：由于蜂窝元件的房间墙角都是 120° 的钝角，室内气流可以比较通畅无阻。4. 朝向因素：由于蜂窝元件的房间有多面墙，如果是朝西的房间，它可以在北偏西和南偏西的斜向墙上开窗，而不在正西的墙面上开窗，这样就可以避开正西的日晒。5. 太阳能的利用：本体系可利用太阳能作空气调节和生活用的热水供应之用。

本体系的经济性。1. 一般等面积的蜂窝元件房间墙面比矩形房间的墙面约节省 7.7% 的费用。2. 节约用地。蜂窝元件设计有其统一性和平面布置的灵活性。①统一的房间尺寸。②统一的辅助设施。③统一的构配件。灵活性体现在多样化、系列化和可变性上。

本体系的结构采用以下几个特点。1. 空间刚性大。2. 可以采用大三角形柱网的轻壁框架结构。本体系在小区规划中有以下特点。1. 以绿化包围建筑物，而于建筑物之间亦采用布置绿化的手法，降低外来噪声。2. 为了争取使每个建筑物都获得有利的采光、通风、日照等条件，采用高、中、低层三结合的布局手法。3. 小区的道路采取曲直相间的形式，与干道的交通关系通而不穿。4. 整个布局的方式和效果是建筑群前后错落，疏密相间，层次分明，高低有序。5. 道路立体交叉。6. 考虑小区人的防火、疏散与安全。

Bedouin Black Tent 贝都因黑帐篷

草原游牧民族的黑帐篷在中东地区分布很广，从北非到阿富汗。黑帐篷种类繁多，其共同特点是由毛编织成篷顶和墙，由木柱和拉索受力。用黑帐篷最多的地方是沙漠地带的贝都因，穿过阿拉伯与西奈半岛，一直到以色列、约旦、伊拉克和叙利亚等国。帐篷背向风源设立，边墙有上有下，组成风的通道，帐篷可以调整，应对炎热、大风、多风等气候。贝都因人把帐篷扎得很矮，在潮湿地带及山区，人们把帐篷扎得很斜，好让雨水流到地上。贝都因人为族长制，族内婚姻制度为一夫多妻，帐篷内有一块帷帐，把内部分成两部分，划分在左边的为妇女及她们做家务的部分，右边是男人社交之处。黑帐篷的架立不能独立站立，帐顶由拉索产生拉力而拉起，帐顶及帐壁都由条形编织物缝制而成。

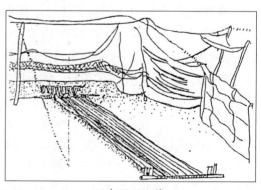

贝都因黑帐篷

Behavior Circuits 行为圈

　　行为圈与行为场所都是基本的行为观念,行为圈是指一个人在某时间周期内活动的痕迹,例如一天中之活动,人由一地点移至其他地并扮演各种角色。巴克研究小组就是观察一个小孩一整天的活动路线,最后将这一过程写出。如果观察前未与被观察者讲好,不但不易观察,而且也不道德,但如果事先有商量,被观察人的行为往往不真实。可以观察一些在场所中可见的活动,像开门、上台阶、坐椅子等,或观察一些环境可能存在的缺失,如拌跤、相撞、迟疑、退回的脚步等。也可观察一些不易弄清楚的行为,如找寻遮风雨之处,以及不常见的气愤、恐惧等情景发生的原因,规划设计就可以根据人的行为圈作出假设。

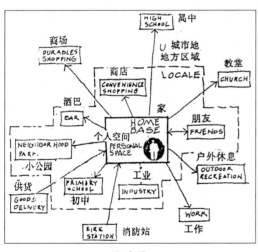

行为圈

Behavior Dominance 行为领域

　　行为领域与场所概念不同,它是一种极为个性化的空间类型,由少数几种社会行为范围互相作用的区域构成。在此,城市生活中表现于公共活动个人的行为形式之中,此行为形式建立于守旧与礼仪的状态中。并为公认的某些象征所规范和制约。人们的

行为被一种传统固定的规范所束缚,排外与半排外的特征非常明显,人的行为领域在现实及精神上的分离达到极点。城市生活中的行为领域构成场所的风貌与特色。

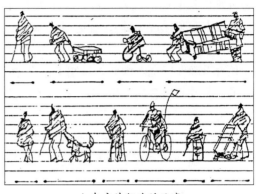

人在户外行为的尺度

Behavior Setting 行为场所

　　行为场所之分析是就某些固定的行为模式在同一间隔时间下重复出现在特定地点进行研究,像角落的书报摊,夜晚的足球比赛,周末的门廊等。这些都是使用者和地点合成一体的场所。任何大的环境都可以将之区分为一系列暂时性的空间单元,而且能由一般的行为程序确定区分,因为使用者之行为有明显之目的,可在这些地段上形成规律。它易于被记录,它的独特性也易于被了解。一个场所的品质及形式的记录,它的空间及时间的界限,它们的物理特征,它们的行为演出者,以及相关的各种活动,都是一般环境的基本描述。对行为场所的观察,活生生的现场活动是无可取代的设计依据,好的设计师非常重视这种行为场所的观察记录。

Behavior Space 行为空间

　　人们在对动物的试验观察中发现了动物的行为活动与空间关系的复杂现象。动物有对空间限定领域感的本能。心理学家

对动物行为的研究表明,任何动物出于对空间领域限定的本能,都存在着占有并区分各个空间领域的本性,动物用区分空间领域来表明它们识别地点的场所感。它们之间的场所感也是明确的。人类自古以来就有要求满足占有和保持一部分空间领域的欲望,需要公共场所进行交往,并各视自己的领地为私有以确保安全。因此领域感的存在,导致了行为空间概念的产生,即存在于人的意识中的一种不可见的空间范畴。当人类离开森林建立家室以后,创建场所领域就更为重要了。随之建筑作为场所领域的物质形式出现了。

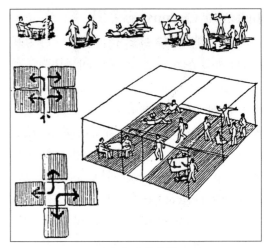

没有房子的建筑

行为空间

Behavioral Evaluation　行为评估

　　人以各种行为参与社会活动,建筑环境必须满足人的行为的需要。人的行为与人的性格关系密切,发于"内"而见于"外",即人的性格表现在他的行为举止上。人的言行是"言为心声""言行一致",构成人的行为美。广义的行为包括日常生活、社会活动等许多方面,都具有社会意义。环境设计方面所关心的行为评估,指有普遍意义的,研究人的思想、爱好、态度、作风、举止等影响规划布局与建筑设计的行为要素,称为行为建筑学。

Beijing Courtyard　北京四合院

　　位于北京鼓楼脚下一片稠密民居之中的可园,原为清朝光绪年间一位大学士的私家宅园,全园不足 3 000 平方米,亭、台、榭、阁、廊、桥俱全。建筑小巧多变,是北京城里难得的一处景园。后圆恩寺胡同 13 号,是著名作家茅盾晚年的居所,后建为"茅盾故居",两进四合小院只有 20 余间阴阳合瓦的鞍子脊平房。曾于清朝道光、咸丰、同治年间承袭过郡王和亲王王位的僧格林沁,他当年的府第僧王府占据了炒豆胡同和板厂胡同的大半条街巷,经年累月建筑而成,现存两处院落是原僧王府西部的后半部分。原府正门的大影壁、上马石、院内腰厅、垂花门均有抄手游廊相通,室内冬季取暖均设地炕,并有地下通道相连。光绪年间为僧格林沁立专祠,名显忠祠,位于地安门东大街,是一所二进四合院建筑。现上述四合院均位于北京的四合院保护区内。北京四合院反映了中国传统封建礼教支配下的家庭格局,按南北纵轴对称布置房屋和院落。并形成一套成熟的结构法式和造型,是中国北方民居格局的典型代表。

Beijing Courtyard and Hebei Dwellings 北京四合院与河北民居

河北民居和北京四合院相似。北京四合院是中国民居的典型代表,它反映了中国人居家的哲学与社会传统概念。四合院以墙和小尺度的三开间房屋划分院落,有明确对称的轴线和层次,垂花门是四合院的第三道重点装饰的门。北京四合院的砖工很精细,有时是光洁的磨砖,但北面的封檐墙和山墙往往是很原始的土墙,只是外表饰以砖面,因此土墙仍然是北京民居的主体。河北省的民居也是如此,它与北京民居相似,土筑的特征更为明显,平屋顶较多,屋面上敷以厚厚的泥土。土炕是河北民居中用土作的采暖设施,土和砖筑的火炕是家庭生活中的活动中心,烟火通过炕洞通出烟囱,外屋厨房中的炉灶既取暖又烧饭。

Beijing Public Buildings 北京的公共民用建筑

关于建筑群体,应综合考虑不同性质、多种功能建筑空间,要有远见,看到未来的发展趋势,建筑群体布局要充分考虑空间的利用,最大限度节约土地,并有效地解决使用上的多种要求;建筑群体布局要注意创造良好的室外环境,并充分注意与自然环境的联系和统一。单体建筑的主要问题是不讲究创作多样性,造成一边高、一边齐、一个色、一个样。建筑空间布局应更重视功能、经济以及艺术上的和谐统一,以人为本,方便使用,反对盲目追求高大、矫揉造作、虚张声势的处理手法;建筑体形应力求简洁。立面要新颖大方;现代建筑要注意新技术的发展趋势,在创作中讲究能源意识和环境设计的观念。

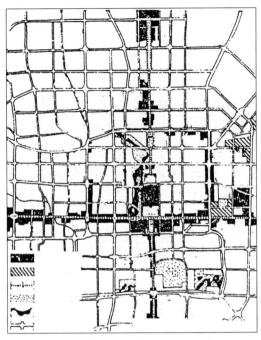

北京城市中轴线的向北延伸

Beijing Rood System 北京的道路网

北京原有的道路系统是明清时代形成的,旧城区内以故宫为中心,形成棋盘式的道路系统。新规划的道路系统在原棋盘状道路和郊区放射状道路的基础上布置了6条贯穿东西和3条贯穿南北的干线。城区以外布置了9条放射状道路和6个环路,构成了棋盘加环状放射相结合的道路系统。道路分类:主干线分轴线、环线、直通线、放射线4种;次干线为区内主要道路;支路位于小区之间,供地方性车辆行驶。规划道路系统间距一般600米,小的300~400米,大的1 000米左右。中心区道路网密度2~3千米/平方千米。道路宽度东西长安街100~120米,主干线60~80米,一般机动车道6~8条车行线。慢车道各5~8米,次干线40~50米,4条机动车行线,支路30米,2条机动车行线。横断面尽可能快慢分行,一般隔离带宽1.5~3米。三环线以内交叉路口共 128 个,立体交叉一种是快慢分行的三层式立交,如建国门立交,另一种是两层式环形立交,如朝阳门立交。

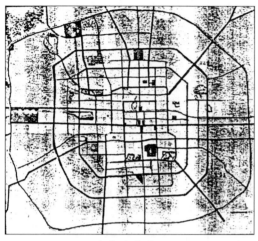

北京的道路网

Beijing Steles Forest　京城碑林

北京五塔寺,原真觉寺,建于明代永乐年间,毁于清代末年。寺内仅存有金刚宝座塔一座。现在旧址内辟为石刻艺术博物馆,分 8 个陈列区,展出历代石刻文物 500 余种,加上库藏历代石刻,计千余种。博物馆内有北京地区最早的石刻及石阙,北魏造像,唐以来的墓志,金、元代的石雕,清代石享堂、名家书法刻石,堪称京都碑林。

Beijing Urban Structure　北京的城市布局

北京地区的城市布局大体划分为三个圈。第一圈整个地区 16.8 万平方千米,第二圈市区 440 平方千米,建成区为 340 平方千米,第三圈是二环以内城区 62 平方千米。北京市区仅占北京地区面积的 2%,却集中了全市 8% 的工业,已是人满为患。北京市区向外发展的放射线,第一条向东由通州至唐山、迁安直到秦皇岛,引进石油、煤、铁矿。第二条向东南至天津、塘沽

海港,连接着外贸。第三条南出丰台、大兴至保定,是蔬菜、粮食、轻工业原料的来源线。北京的能源、燃料、水源、排水的上下流关系,须从经济区域全面考虑。北京已形成了中心区与四周 10 个组团的"分散集团式"规划布局,集团由放射带串连起来,成为"放射串连式"。北京是历史古都,有 800 多年的城市历史,旧城宏伟壮观,有高水平的古代建筑群,著名的皇家园林、长城、十三陵、古庙等文物古迹,如果处理不当会铸成历史错误。

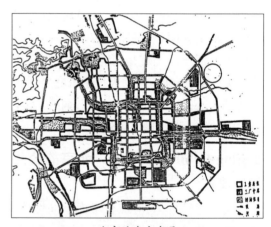

北京的城市布局

Bell Tower and Drum Tower　钟塔和钟鼓楼

钟塔是以报时、警报及其他目的构筑之塔,其顶部因悬吊有钟而得名,中世纪教会的钟塔尤为著称。欧洲有许多著名的钟塔,如伦敦大钟、比利时布鲁日市政厅等。中国古代用于报时的建筑为钟楼和鼓楼的合称。一种建于宫廷内,另一种建于城市的中心地带,多为两层的建筑。宫廷中的钟鼓楼除报时外也作节日礼仪之用,唐代寺庙之内也设钟和鼓。元、明时期发展为钟楼、鼓楼,对峙而立,供佛寺用。西安现存的钟楼和鼓楼是现存最古的实例之一。建于明洪武十七年(1384 年),1582 年万历时重修,当时是城

市最高大的公共建筑,为下部 35.5 米见方、高 8.6 米的方形城墩,外形和构造特点都和城楼相似。

Belt and String Course 束带层或线脚层

建筑物的正立面,常利用"束带"或"线脚"横分为数段。束带或线脚层普便有标志楼地板或窗槛等高度的作用,设计多层楼房时,宜将其中的数层容纳在一个横段之中,而将全楼划分为两段或三段。利用线脚层处理建筑立面的做法有三种:1. 正面简单,可认为是一个单体,不再横分段落;2. 正面横分为两段或三段,各段高度大致相同;3. 正面含多层,可横分为三段,各段的高度不同,可仿照西方古典柱式的柱座、柱身、盖盘的高度比例分配之。

Benjamin Franklin Memorial 富兰克林纪念庭园

富兰克林纪念庭园位于美国费城市场大街,建成于 1976 年,庭园经由一条车行道从市场大街进入,园内设有凉亭、小径、篱墙、凳椅及小品。几个大型的不锈钢房屋构架以其自身戏剧般的造型暗示着广场的特性。庭园曾经是富兰克林的私人宅邸,起初建筑师文丘里的设计委托是在原址重建这幢宅邸,作为纪念宅主的博物馆,但其原来面目已无据可查。文丘里设想了一个地下博物馆,地面辟为小型城市公园,在原宅的位置上竖起了一个不锈钢的开敞框架,暗示了宅邸古老的轮廓。园内的布置和设计都极力创造一种 18 世纪的花园气氛,又避免了历史的复制。纪念庭园以独特的方式把过去与现在联系在一起。合乎城市的文脉与市民的需求,兼顾多层次人群的鉴赏。

富兰克林纪念庭园

Berlin, Germany 德国柏林

德国首都柏林位于中欧平原,是德国最大的城市。13 世纪以前柏林是施普雷河边的一个集镇,1244 年始入史册,15 世纪为勃兰登堡侯国首府。腓特烈二世时修建了菩提树下大街这一欧洲最著名的林荫道和宏伟的勃兰登堡门。1809 年创洪堡大学,黑格尔、马克思曾在此工作。1871 年俾斯麦首相统一德国,称第二帝国。柏林北距波罗的海 180 千米,南距捷克 190 千米,处于东西方交通要冲。斯普里河横贯市区,城市平均海拔 35 米,最高海拔 66 米。公园、森林、湖泊、河流占城市总面积的 1/4,有欧洲最完善的地铁系统。古典建筑和现代建筑群相互映衬。1957 年的柏林会议厅、1963 年的交响音乐厅、国家现代美术馆、欧洲中心大厦以及 365 米高的电视塔,均为优秀建筑作品。现代柏林市的规划与建设进入了新的高潮,有议会大厦改建、新使馆区、索尼中心、犹太人博物馆等著名工程。

Bernard Tschumi 伯纳德·屈米

瑞士人,1944 年生于瑞士的洛桑,在纽约工作,1983 年参加巴黎的维莱特公园设计国际竞赛获一等奖,以其解构主义的构思和立意而取胜。公园位于巴黎东北部市区和郊区的交界处,这是一座与传统概念公园全然不同的园区,不追求幽静悠闲,不以绿化小山屏障城市喧嚣,是一座城中之园,又是园中之城,里面布满科技、文化和娱乐设施。设计由三个互不关联的独立的系统合成,即点、线、面。"点"是 120 米 ×120 米的方格网,每个交点上建造一个"疯狂"构筑物,均漆成鲜红颜色,形成笼罩全园的点。"线"是相互垂直的长廊及一条弯曲盘旋带状的曲径。"面"是小块空地空间,分别作嬉戏、野餐、休息之用,各有主题,各行其是。屈米说这将是 21 世纪的公园,改变公园的传统观念,一切应在运动和变化之中,屈米所追求的是未来。屈米说:"今天的文化环境提示我们,有必要放弃已经确定的意义及文脉的规则"。

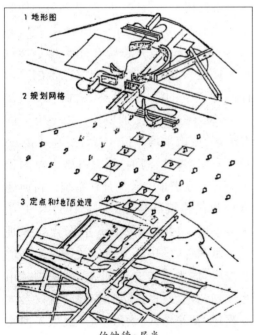

伯纳德·屈米

Best Products Headquarters Show Room 最佳产品总部展销厅

美国比斯特产品总部于 1979 年在弗吉尼亚州里奇蒙得建成,随后又在当地及加州的萨克拉门托、宾州的牛津谷和马里兰州的

陶逊建造了展销厅。总部由纽约建筑师哈迪·霍兹曼和波法埃佛设计。牛津谷的展销厅由文丘里设计。其他两处由赛特事务所设计。赛特事务所设计的另外三个展销厅共同的特点是极尽诙谐。萨克拉门托的展销厅在一个清水面砖的"盒子"外表转角处,每天开业时把重达 45 吨的"剪切破坏"的墙角砌体从"盆子"上滑出移动 12 米,从敞开的口子迎接顾客。里奇蒙的展销厅,则把一片清水外墙的两个边"卷"了起来,作为出入口。陶逊的展厅则把整个一片清水砖墙像汽车库门一般上翻倾斜而把入口显示出来。最佳产品总部展销厅开创商业广告噱头潮流之先河,也是建筑师们出奇怪招的自白。

Big Bell Temple, Beijing 北京大钟寺

北京大钟寺因寺内有一口明永乐间铸造的大钟而得名,建于清雍正年间,寺院本名觉生寺。大钟楼是寺内独具特色的建筑,永乐大钟悬挂其内,整个钟楼上圆下方,象征天圆地方。从远古中国就创造了各种乐钟、朝钟,是古代文明的重要组成部分。创建于 1980 年的大钟寺博物馆收藏各式古钟数百口,分别陈列于寺内的大雄宝殿、观音殿、藏经楼、大钟楼、配殿等展厅。大钟寺被誉为"钟林"。永乐大钟被称为"钟王",在世界同类大钟中,其铸造年代最为久远,距今已 500 多年。明成祖迁都北京后,依祖宗成法铸造了这口重约九万三千斤的"镇京之宝"。北京建城周年时曾鸣钟纪念。

Binglingsi Grottoes 炳灵寺石窟

炳灵寺石窟位于甘肃省永靖县黄河上游北岸的积石山中,有上、下二寺,分布

在南北 2 千米长的峭壁上。炳灵寺石窟内部大多是魏、唐的石刻艺术,其中最大的石刻大佛约高达 27 米,最早的南天桥窟开于公元 400 年,窟中有当时的墨书题记。另外,还有石雕方塔一座,石像构思奇巧,壁画色彩鲜艳,具有很高的历史和艺术价值。

"炳灵"为藏语"一万佛"之意。石窟开凿于西秦建弘元年(420 年),历经北魏、北周、隋、唐、元、明各代。现有洞窟 34 个,龛 149 个,洞窟形式和云冈石窟、龙门石窟近似,但佛龛多作复钵式的塔形,为别处少见。

Bioclimatism 生态气候效应

在希腊的山托里尼岛上(Santorini Greece)人们称当地民居为"生态气候效应乡土民居",即"bioclimatism"或"energy efficiency"。建筑大师勒·柯布西耶曾发现这是巨大的集聚阳光的半地下民居,彩色的岩崖和明亮的白色民居创造了迷人的魅力。设想建筑采用生土的拱券、建在地下和半地下,干热空气由风格进入地下的水池转变为凉爽的空气,再由地面进入室内,循环以后再经风窗排出室外,在拱顶和房角处设集水管防止土壤潮湿。庭院中的大小乔木和灌木以及植被吸收反射室外强烈的阳光。这是一座具有生态气候效应的,由植物材料维护,有天然温湿调节作用的覆土的生态气候效应民居。

生态气候效应

Bioclimatology in High-Rise Building 高层建筑中的生物气候学

高层建筑中生物气候学的应用如下。1. 在高层建筑的表面和中间的开敞空间中进行绿化。2. 沿高层建筑的外面设置凹入深度不同的过渡空间。3. 在屋顶上设置固定的遮阳格片。4. 创造通风条件,加强室内空气的对流,降低由日晒引起的升温。5. 在平面处理上主张把交通核心设置在建筑的一侧或者两侧。6. 外墙的处理除了做好隔热,还可采用墙面的水花降温系统。上述措施都可以改善高层建筑的气候环境效应。

Bionics 仿生学

仿生学一词是美国空军军官 J.E. 斯蒂尔于 1958 年首创的。仿生学研究制造具有生物特征的人工系统,并非一门独立的专业科学,是横跨多门学科的边缘科学。建筑仿生即研讨以生物为模型的建筑学,从生物中寻求启示以供制造人工系统做参考。模仿是仿生的基础,如飞机机翼设计思想来自飞鸟,船舶采用鱼尾形推进器,可在低速下取得较大推力。建筑的仿生可能起源于原始时代,当代的仿生学在信息处理与能量转化等方面成效卓著。

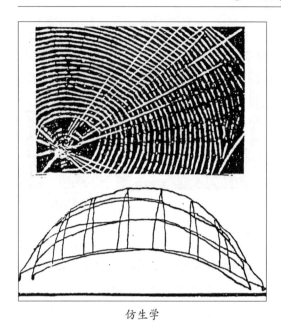

仿生学

Bionics in Architecture 建筑仿生

原始人类的居住形式大多来自对大自然生态的模仿,穴居、树上的家、水上的家、地下的家、原始的木屋和谷仓,无不来自对大自然生物生态的模仿。当今的飞机和潜水艇也没有离开鱼类和鸟类的外形。建筑的结构造型与仿生学有密切的关系,帐篷结构、悬吊结构、半木屋架、桥梁、地道、蜂窝结构等很多来自对自然生态形式的模仿。以鸟巢为例,园丁鸟像庭园建筑师,从选巢址、建居舍到外围装饰,构成一座十足的鸟的"庭园"。织布鸟悬巢于树枝或棕榈叶上,编织成吊兜状的悬巢。见到这些鸟的建筑物及其建造技术与行为,我们能得到什么样的启示呢?

Bionics and Geometry Home 仿生几何学的家

几何学是大自然中的数学图形的抽象,现代化的家屋也可以从几何学的分析中寻求根源,许多近代住宅就是一座几何形的巢箱,以规矩的直角、水平线和垂直线的形体构成。远望大同云冈石窟或洛阳龙门石窟,

他们就好像是在山崖岩壁上开凿的鸟巢,飞鸟以树叶为材料筑巢。各种动物有其自身的栖身方法。人类的家屋也有许多是寓于大自然之中的,有以棕榈叶作屋面的,有深入地下和土中的,也有挂在树上和浮于水面的;种种模仿自然生态的家屋都表现了人与自然的连续性。现代工业化住宅为了预制与施工的方便所发展的积木式住宅,都没有超出几何学家屋的范围。

乡土民居的内在性也表现为如同母体内的空间,就像非洲民居泥屋的椭圆形的入口,如同人的子宫。仿生曾是原始民居发展进化的原动力,如同飞机模仿飞鸟,舰船模仿鱼类,人类的家屋也充分表现了仿生的想象力,或者在住屋的立面形式上饰以表现仿生的图饰。如非洲土屋墙壁上彩绘的鳄鱼和花卉,西藏民居檐头上挂饰的兽头饰品,中国式脊瓦上和山墙处的鱼尾和悬鱼,泰国民居山尖上的雀鸟和卷草,等等。

园丁鸟以鸟类的园艺师而得名。动物也有爱美和装饰的本能,园丁鸟在自己的巢窝外围装饰色彩鲜丽的花卉。人类的家屋的内部也用各种手法表现其装饰性,室内的传统壁炉或灶火,石砌的或木头纹理的壁面。无论房屋的外表是怎样的"无情",人们都努力表达住屋内在的亲切之美。

Bicycle Parking Lot Design 自行车存车设计

自行车存车的方式有许多有趣的设计,例如英国牛津大学讲堂前的自行车存车方式,用混凝土停车墩与钢夹车架间隔使用,其平面布置,由于采用圆形成组的布置方式,可分散集中的取车人流,减少拥挤现象。英国的镀锌钢槽自行车棚。钢槽截面由下而上逐渐变小,当自行车成 60° 角向上堆放时,钢槽将自行车前轮紧紧扣住不致下滑。

由于自行车倾斜存放,可使存车面积大大减小。法国自行车存车用的预制混凝土地面砌块,可根据存车的不同平面布置方式在地面进行不同的组合,其优点是简单经济,也不像金属车架容易生锈。

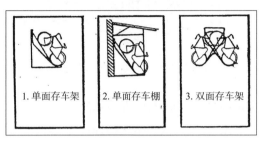

1. 单面存车架　　2. 单面存车棚　　3. 双面存车架

自行车存车设计

Biyun Monastery 碧云寺

碧云寺是中国北京古寺,与香山公园为邻,东侧与樱桃沟、卧佛寺相望。寺院建于元至正二十六年(1366年),明正德年间(1506—1521年)扩建。室内有弥勒佛殿及有509尊塑像的罗汉堂、孙中山纪念堂、金刚宝座塔等。寺中建筑依山就势,层次分明,在山、林、泉、溪的衬托下优美壮丽。

碧云寺

Black and White 黑和白

黑和白是最鲜明的色调对比关系,摄影艺术中的影调结构是指被摄物体表面的不同亮度在黑白感光材料上所形成的阶调层次。黑色、白色、灰色是三个主要等级,以及处于这三个等级之间的过渡阶调。黑白灰及其过渡阶调的有机组合形成画面的影调结构,是构成摄影画面表现力的重要因素。在建筑上运用黑白对比或调和的关系,可以突出造型主体或要表现的构图中心,使观赏者迅速感受画面和把握形象。建筑上的黑白关系也和立面线条结构有内在的联系。

黑和白

Boat 船

船是水上航行的浮动体,是水体岸边人类活动的工具。人类在水面上的建筑许多都模仿船体,如水榭、石舫、水上餐厅的造型,甚至澳大利亚的悉尼歌剧院模仿白色大帆船。船是人类在水上的居室。船的形体和装饰或雕刻非常丰富,在船头的两侧各画一只眼睛是许多民族装饰船舶的习俗。船的造型风格各异,历史上有名的船有埃及的米诺斯船、腓尼基商船、希腊罗马船、东方船及北欧船等。

船

Bonavenfare Hotel, Los Angeles 洛杉矶好运旅馆

洛杉矶好运旅馆 1977 年建成,坐落在洛杉矶市区中心,旅馆内部空间丰富,外部为闪烁的反射玻璃,圆形体量成为城市中醒目的标志,由约翰·波特曼设计(John Portman)。旅馆门厅设在第 3 层,共享空间高 6 层,是波特曼式旅馆的核心空间,是人们在社交、休息、享受美食、购物、相互交流和参与戏剧性活动中获得感官享受的重要场所。水面和植物为相互穿插渗透的建筑空间增添了生机活力和自然情趣。游廊和上面的弧形挑廊为人们提供了亲切舒适的活动空间。大厅中的露明电梯为玻璃的透明体,给电梯内外的人以不同的时间与空间感受。共享大厅的基层以上是 5 个圆形的客房塔楼,表面为青铜色镜面玻璃,映出蓝天白云和外围的景色。

Borneo Iban and Dayak Long House 婆罗洲伊班人和达雅克人的长屋

婆罗洲岛屿位于东南亚潮热地带,定居区由几个至几百人组成。中部的伊班人(Iban)及达雅克人(Dayak)居住在长屋群定居区内。村庄由一座长长的条状的木造房屋组成。房屋用圆木架起的大平台高出地面8~10 米。用硬木作支柱,以木板及木瓦建造。每一单元容纳一户核心家庭,每户为独立的经济单位,每户可随意迁移,带走拆下的单元房屋材料加入另一长屋群中。有的长屋长达300 米。每一单元宽一间深两间,以斜屋顶覆盖。地板留有缝隙,废物及粪便可由缝隙落到地面上,供长屋底下饲养的猪、狗、鸡等动物觅食。屋前的地板伸出屋外,形成露天平台。每户人家都建造拥有并保养属于自己的单元部分,包括前面的公共走廊,除了入口的公共楼梯没有其他公共财产。

婆罗洲伊班人和达雅克人的长屋

Botanical Garden 植物园

植物园是从事植物物种资源的收集、比较、保存和育种等科学研究的园地,传播植物学知识,并以种类丰富的植物构成园景,供观赏游憩之用。植物园的位置最好在城市近郊区、天然植被丰富、自然风景秀丽、交通方便、可逐步开拓的地方。植物园内应有标本馆、植物图书馆、实验室、演讲厅、教室、植物博物馆以及服务性设施。植物园的植物分区有各种方式:按植物分类学布置的植物分区或树木园最为普遍;少数是按植物地理学布置的,称植物地理区;也有按植物经济用途分为药用植物区、油料植物区,芳香植物区、果树区等。观赏价值高的可建立专类花园,如月季、球根植物、丁香、杜鹃、牡丹园等。

Boulevard 林荫大道

林荫大道指两侧树木茂密、浓荫夹道的宽阔道路,如法国巴黎的爱丽舍田园大街;也指在街道上供居民的步行通道、散步和短暂休息之用的带状绿化地段。在林荫道内,除栽植高大乔木和设步行道外,一般还布置开花灌木、植篱、花坛、座椅等,有的还有喷泉、花架、亭、廊等。林荫道的布置形式可设置在城市道路的中轴线上,多用于以步行为主,车流量较少的街道上。也可在道路的一侧设置林荫道,一般在日照条件较好的一

侧,以利于植物生长,或沿山坡或沿江地带。林荫道分设在车行道的两侧,与人行道相连,行人和附近居民不必穿越车行道,比较安全方便。

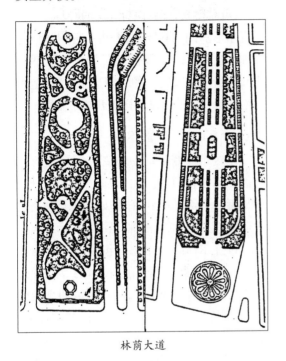

林荫大道

单位量,由斗口的材制可推算出整个建筑各部位的尺寸和比例关系。

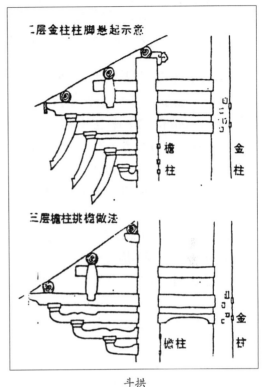

斗拱

Bracket System 斗拱

斗拱是中国传统建筑木构架体系中独有的构件,用于柱顶、额枋和屋檐或构架之间,宋《营造法式》称为铺作,清工部《工程做法》中称斗科,通称为斗拱。斗是斗形木垫块,拱是弓形的短木。拱架在斗上,向上挑出,纵横交错叠加,形成上大下小的柱枋上的托架。斗拱由古代的结构挑檐作用逐渐演化为木结构的装饰。斗拱的演变是中国传统木构架建筑形制演变的标志,也是鉴别中国古代木结构年代的重要依据。斗拱分宋式和清式,各种件的名称不同。宋式每一组斗拱称一朵,分柱头铺作,转角铺作,补间铺作等。清式每一组斗拱称一攒,分柱斗科、角科、平身科等。斗拱上的斗口是清代官式建筑设计中的基本模数,斗口成为模数

Brandenburger Tor 勃兰登堡大门

柏林勃兰登堡大门现已成为柏林的象征,它代表德国古典主义建筑艺术的一个高峰,也是柏林迄今保存的唯一城门。建筑师为威廉二世时的建设总监朗汉斯(Carl Cotthard Langhans, 1732—1808年)。城门于1788年动工,1791年建成。大门位于柏林菩提树大街东端,立面朝向城里,共5个门洞,中央开间比两边的宽三分之一,进深11米,由墙断开,墙头两边各矗立6根14米高的多立克式柱子,柱身修长,带有柱础。檐部有浮雕饰带,檐上由罗马式女儿墙代替了希腊式山花,中间安置四驾马车和胜利女神,两翼有壁龛和塑像。朗汉斯吸取了雅典山门、神庙和罗马凯旋门的建筑语汇,并对新古典主义以至20世纪的建筑产生了深远

的影响,成为德国希腊复兴式最有名的范例。1806 年四驾马车群塑被拿破仑运去巴黎,1814 年群塑又运回柏林,加上了铁十字和普鲁士鹰。1945 年被毁,1958 年恢复,1990 年又按原貌恢复。

Brasilia, Brasil 巴西巴西利亚

巴西利亚是巴西首都,在巴西高原中部,海拔 1 100 米,与 8 座卫星城组成联邦区,全区面积 5 814 平方千米。1960 年市中心三权广场落成,联邦政府迁入,1972 年外国使馆在此办公。巴西利亚新城规划独具特色,中心城市十字形布局,南北轴线为交通干线,沿东西轴为市政府建筑,西端为市政府大楼,三权广场四周有行政、司法、立法机构,议会大厦由圆拱大厅及托盘式平台和连立式中心高塔楼组成,构图奇特,对比强烈,由著名建筑师柯斯塔和奥斯卡尼迈耶尔设计完成。

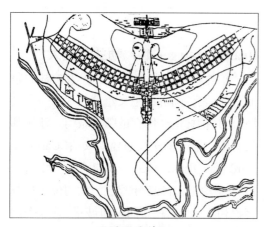

巴西巴西利亚

Bremen New High-Rise Apartment Building 不莱梅新老年人高层公寓

22 层公寓楼建于德国不莱梅亨札地区老人居住区中心,由芬兰建筑师阿尔瓦·阿尔脱(Alvar Aalto)于 1958—1962 年设计建成。扇形平面,即从一点放射出的若干条轴线作

为分户隔墙,外墙面呈近似缓波浪形的折线形。每层共有 9 户,均为梯形平面的一室户,但每户的具体形状各不相同,两端的两户面积稍大。这种平面形式的优点是外墙开口面积大,可获得充足的日照和良好的视野,改善了直角形房间的封闭感,缩短了各户入口与楼梯、电梯的距离,既满足了居民的生活功能又创造了公寓建筑的新颖造型,其创造手法给高层住宅的丰富多样化开拓了新路。

Breuer Chair 布鲁尔椅

在建筑摩登运动中最受人们喜爱的是布鲁尔安乐椅,设计出自包豪斯工艺学校。1925 年布鲁尔设计的钢管皮革椅子很快被制造商推广并流行起来,至今盛行于全世界。布鲁尔椅表现出德国包豪斯学派的功能主义风格,具有理性的、技术的、无瑕的、工艺的美。精致的细部,闪亮圆滑的直线形钢管,用皮带捆在椅子支架上,皮革的扶手,都是摩登时代聪明而有吸引力的手法。把椅子分离为功能不同的部分,用料与功能一致,功能部分支持人体的重量,软布或皮革则对应着坚硬的钢管,这是功能主义的基本定律的充分表现。

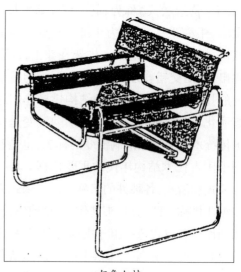

布鲁尔椅

Brick House, West Europe 西欧的砖石民居

石材是西欧传统民居的主体材料,由原始的石料逐渐发展到砖结构,以砖代石。例如英国爱尔兰石头城堡府邸逐渐演变到砖砌的府邸建筑,仍保持原来石头建筑的风格特色。以德国为中心的许多地区石材民居也随建筑材料技术的进步,逐渐演变为施工更加简易,更为经济有效的砖体结构。德国黑森州的达姆斯塔特的砖砌民居,仍保持德国传统石结构山墙和层高逐层减小的特征。

用砖和石料的组合使用,在墙体结构上以用砖和石料组成丰富多彩的图案,是西欧砖石民居的重要特色之一。

Brick Work 砖墙组砌方式

用普通黏土砖砌墙时,根据砖块之间的排列不同,可以得出许多种组砌方法,其中主要的有以下几种。1. 满丁砌法。这种砌法多用在砖墙转角或圆烟囱工程中,平直墙身不用这种砌法。2. 满条砌法。3. 满丁满条砌法。分甲乙两式。甲式之砌法为丁头或条身,都是隔行相对,这种形式易留马牙碴子。乙式的砌法为丁头隔行相对,条身隔行中心错位,这种形式留老虎碴子较易。4. 一丁一条法。此式砌法如用在一砖厚的墙时,不得用半头砖。5. 三条一丁法。6. 三顺一丁法。7. 五顺一丁法。8. 丁字交接砌叠。

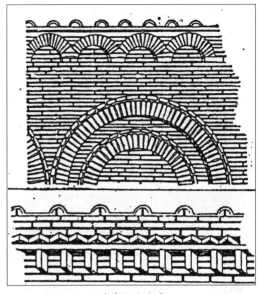

砖墙组砌方式

Bridge 桥

初始的桥是水体上行人的工具,和其他建筑形式一样被人赋予了"桥"特定的含义。人类很早就建造了梁板桥、拱桥和悬索桥,桥的种类和形式不胜枚举,近代桥梁已发展成一门专门的科学,人们架桥的技术十分高超。在景观环境中,桥与水环境有特殊意义,产生了小桥流水、拱桥泮月、亭台桥榭等词汇,桥连通了人与水的感情,桥连通了人为的环境与大自然的美。我国著名的桥有金水桥、卢沟桥、花桥、赵州桥、九曲桥、十七孔桥等。

Bridge of Sighs 叹息桥

叹息桥位于意大利威尼斯,跨总督府和监狱之间的狭窄水道。约建于 1606 年,由建筑师安东尼奥·康迪诺设计,为双层封闭式桥。因囚犯过桥时发出叹息而得名。

Bridge in Garden 园桥

桥在庭园之中不仅能解决交通问题,而且要与四周景物在形式、尺度、比例及色彩上取得调和,成为风景的点缀之一。游人行

于桥面有舒畅之感,而桥的造型要能使游人从各个角度观赏,如桥的倒影美、桥孔的框景作用,桥栏的花纹色彩等都是桥的风景景点。在曲岸垂柳的河流溪谷中如有小桥横跨,桥景则成为透视美学的焦点。园林中的桥有石桥、木桥、铁桥、水泥或钢筋混凝土桥、混合材料桥等。其形式有梁桥、拱桥、吊桥、平桥、亭桥、廊桥、步石、飞石等。

园桥

Brilliantly 灯火

灯火属于一种现象美,现象美偏重于自然物的形式的美,不论什么色彩被光照亮的部分总比阴暗的部分鲜艳。因为光照使色彩变得生气勃勃,黑色在阴影中最美,白色在亮光中最明快,黄和红在亮光中最鲜艳,火光使万物渲染上了一层红黄色。无论哪一种色彩之美均与光线的照射程度分不开,只有在光照下才鲜明,才突出地显露出其色彩普遍性的美,才可能发挥出最美的色彩。灯光之美使万物材料的质感和色彩,加上了一层光亮的效果。

British Cottage 英国乡村式茅屋

英国乡村式茅屋以石墙茅草屋顶为特征,早期的茅草住宅是块石砌筑的长形房屋,盖以厚厚的茅草屋面,晚期发展为木框格的墙壁的草屋。砖石砌筑的壁炉烟囱和屋面的交叉组合,与爬藤植物构成风景如画的英国乡村式风光。

英国乡村式茅屋

British Half Timber Cottage 英国式半木屋架民居

英国式半木构架是以木屋架代替墙,墙架一体的木屋架结构方式,在木构架内填充墙板。传统做法是用橡木方料,以榫卯和木钉接合,在箱形构架的转角上常用斜撑。这种构造既用于低层乡村住宅,也用于城市中的六七层房屋,称 Half-timber work。17 世纪以前,北欧及德国、法国和英国缺乏石料的地区,如南方各郡和西米德兰兹的西部,均采用这种做法。这种构造民居有在第二层向外挑出的特点,以增加上层面积。13和 14 世纪的木构架常有复杂的哥特式装饰,在建筑和家具上有同样的线脚和雕刻。露明的底层木柱用原木砍成,常刻有圣徒肖像或连续的图案装饰。在法国着重装饰竖向构件,而英国则着重装饰横向构件和山墙封檐板。15 至 16 世纪多用深色木材和浅色墙面形成对比。立柱之间的墙体用砖砌成人字纹,或用灰泥作成花饰,或嵌以石板、瓦片等。有些木构件并无结构上之需要,像英国柴郡和兰开夏郡的庄园府邸中,很多外露木装修作成人字形纹样。在德国构件数量较少,强调斜撑,产生较粗壮的效果。移民到美洲和英属殖民地地区,在墙上外加一层木板,从外面看不到木构架了,法国和德国的移民则沿用欧洲的形式。

承重的梁柱体系和维护墙体本来就是两种不同的功能作用,把两者区别对待是建筑技术发展中的进步。在木结构中要合理发挥其材料力学的特性,英国式半木屋架以略带曲线形式的木结构构成美观的内部空间梁架,以最少的支柱,最轻的屋面,经济和美观的构造节点技术,取得有效的室内空间和跨度。墙体、门窗、维护结构则着重于物理学特性,采光、通风、保温、隔热以及灵活划分室内空间。

英国式半木屋架民居

British Colonial Dwellings 英国殖民地式民居

英国殖民地式民居一般分两种类型,早期美洲式至1720年,1720年至1800年为乔治式。木头结构以砖填充,或以荆条编织,涂以黏土外加白色粉刷。由于新英格兰的气候不适于这种做法,需要在外墙增加墙面板,亦称气候板(Weather Board)、侧面板,后来发展为填砖或粉刷,现今都已成为流行的式样。老式英国住宅的草屋顶很快就被木板屋顶取代了,早期的烟囱形式是在木制的出烟口上抹以黏土,很快被石料及耐火砖所代替,因此烟囱也可以移到住宅的中部。

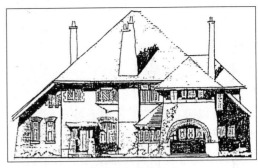

英国殖民地式民居

British Dwellings 英国民居

平面的布局一般为一字形,或者构成组合形体。由两居室发展到六、七居室,上部为卧室。一般地面层为两间,楼上两间或三间作卧室。入门口有一中世纪门道从前室穿过,经通道再进入起居室。一间房间可以分成两小间(用木板墙或板条抹灰墙作隔墙)。壁炉在建筑中占地较大,放在石或砖台上,有烟道通出屋顶。现在多在壁炉上用砖作成花饰。楼层构造一般用大木梁承载楼上的阁栅。墙身石料厚实,乱石或整齐石砌,以整石为角石,或色彩不同的石料相间砌筑。也有用砖料和半木架方式的墙身,粉刷墙面有多种面饰和纹样。窗有深厚的边框,多用双悬拉窗、窗罩、老虎窗、凸窗为特点。门多为实拼木门,门上有铁活纹样,外门框以角石砌,门头上有门罩。挑楼上挑出阁栅,下加牛腿一排。屋顶坡度大,内有悬柱作装饰。外挑檐小,砖石构造无挑檐,木构架往往露在外面。

British Landscape Garden 英国式自然风景园

英国18世纪发展起来的自然风景园,以开调的草地、自然生长或种植的树丛、蜿蜓的小径为特色。不列颠群岛潮湿多云的气候条件,促使人们追求开朗、明快的自然风景。英国本土丘陵起伏的地形和牧场风光为这种自然式风景园提供了直接的范例。绘画艺术风格的影响,促成了这种独具特色的英国式自然风景园。自然风景园与外围环境融为一体,又充分利用原始地形和乡土植物,所以被各国广泛采用于城市公园,也影响现代园艺规划理论的发展。1713 年园林师布里奇曼在白金汉郡的斯托岛府邸拆除围墙,把园外自然风景引入园内。1730 年肯特在园林设计中大量运用了自然式手法,改造了斯托岛府邸,他的助手布朗对斯托岛府邸又进行了彻底改造,全园呈现一派牧歌式的自然景色,使公众耳目一新,争先效仿,遂形成了"自然风景派"。

British Modern Architecture　英国现代建筑

英国 19 世纪中叶已有一半人口居住在城市,曾在城市规划、处理建筑和工业生产的关系方面进行过认真的探索。1851 年伦敦建成的水晶宫是最早应用预制构件的建筑物,20 世纪 20 年代后对建筑工业化开展全面研究,二战以后成功地设计了克拉斯泼工业化建筑体系,轻钢框架、钢筋混凝土楼板和墙板的预制构件系统,首先用于中小学校。后来为欧洲其他工业国家所采用。1954 年,年轻的建筑师史密森夫妇提出了"粗野主义"理论,认为建筑的美应以结构和材料的真实表现为原则,为 10 人小组成员。20 世纪 60 年代"阿奇格兰姆"建筑小组提出了许多新设想,对现代建筑产生一定的影响。1967 年伦敦泰晤士河南岸艺术中心、1976 年国家剧院的新手法都受上述建筑思潮的启发。

British Museum　大不列颠博物馆

不列颠博物馆为英国最大的综合性博物馆,位于伦敦,1753 年设立,由博物馆和图书馆组成。分埃及艺术、希腊、罗马艺术、东方艺术,民族学等部门,该馆藏有从中国掠夺去的大批敦煌古代经卷、佛教艺术珍品,以及相传为晋代顾恺之的名作《女史箴图》等。

Broadacre City　一亩城市

赖特憎恨大城市,认为大城市有损居民的个性,主张生活回归到大自然,预祝大城市的消逝。赖特于 1932 年提出"一亩城市"的计划,目的是用汽车把城市带到农村,城乡结合,每家占一块矩形土地,面积约 4 000~12 000 平方米。用简单图纸作修建的参考依据,自建住房,每家变化多样,避免单调,生活自给自足,每座城市人口 3 000 左右。赖特希望利用汽车的普遍性推行这个方案以达到疏散城市人口的目的,把城市缩到村镇大小,工农业兼备,以发泄他对大城市的反感。现实是美国当局正关心东北部各州一些城市不停地扩大而引起成批简陋的住房与商店纷纷杂陈与外迁,这正是赖特不可容忍的现象。

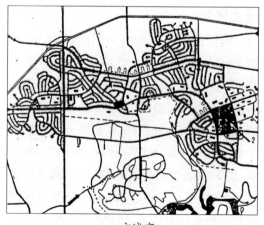

一亩城市

Brutalism 粗犷主义

粗犷主义为现代英国的建筑流派，20世纪 50 年代由彼特（Peter）、阿里松（Alison）和史密逊（Smithson）所创立，注重材料和基本结构的直接表现。暴露，是一种使用未加工装饰的巨大的建材的建筑样式。Brutalist 为粗犷派建筑师。New Brutalism 为新粗犷主义。

Buddhist Temple 佛寺

佛寺在中国历史上曾有浮屠祠、招提、兰若、伽蓝、精舍、造场、禅林、神庙、塔庙、寺、庙等名，或源于梵文音译、意译，或为假借、隐喻，或为某种专称，明清时期通称寺、庙。中国佛寺虽是宗教建筑，却和世俗生活密切相关，具有一定的公共建筑性质。东汉至东晋（约 1 至 4 世纪）佛教刚传入时其建筑曾借用中国传统的"祠"的名称。南北朝至五代（约 4 至 10 世纪）中叶是佛教在中国的鼎盛时期，为统治者所信仰，佛寺拥有政治影响力和经济实力。佛寺的特点是有明显的纵中轴线，较大寺院仿宫殿中廊院式布局，主院和各小院均绕以回廊，廊内有壁画，有的还附建配殿或配楼，塔的位置由全寺中心演变为殿前左右置双塔。中唐以后开始建二层以上的楼阁。宋至清末（约 10 世纪中叶至 20 世纪初），佛教的社会作用下降，明代以后发展了田字形平面的罗汉堂多在寺侧，不影响全寺的整体布局。

Building Associate Character 建筑联想的性格

由过去的经验所产生的印象与思想构成建筑物的联想性格，可由建筑的形态与风格，联想到它是属于任何类型的建筑。例如尖塔、彩色玻璃圆窗，一见便知是教堂建筑。在现代建筑中的发展动向，已使对传统方式的联想有所改变。由于新型建筑材料的创新、结构方法的改变，人们的物质生活也发生了许多变革，一座建筑不管其形态如何，能够充分发挥它的功能效用，其表现的性格必能令人满意。

Building as Sculpture 作为雕塑的建筑

建筑作为一种空间造型艺术，具有观赏的意义。建筑师创造的建筑作品也如同艺术家推敲他们的雕塑艺术品一样，经过长时间的审视和思索，以求得美的造型。建筑大师密斯万得罗的创作习惯常常从他的建筑模型上审视作品的造型效果，求得最简练的美，"少即是多"。在城市环境中，人们都在寻求那些具有雕塑美的建筑艺术作品，作为城市中雕塑艺术品的建筑。巴黎凯旋门就是作为雕塑品的建筑。

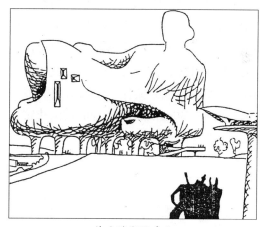

作为雕塑的建筑

Building Character 建筑性格

建筑性格指建筑设计的效果内外一致，将建筑物内部的性质与用途，在外形上表现清楚，使人一见便知是某种类的建筑。房屋虽然都有门窗、墙壁和屋顶，使用不尽相同，显示其不同的个性，个性就是本质的外部表现。建筑的性格可分为"效用"的性格，由建筑的使用目的所构成。"联想"的性格，受传统的形式所影响。"自身"的性格，由于人的个性或感情上的要求所促成。

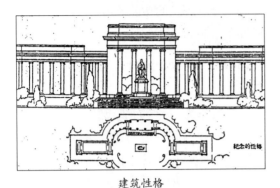

建筑性格

Building Clusters 建筑组群

单一的建筑在空间中如同一件物体，是从所有方面观赏的"图形"。当两座或两座以上的建筑组合在一起就创造了建筑组群的外部空间。建筑组群的空间关系可以具有封闭性、无封闭性或有微弱的封闭性。封闭感形式的产生是建筑空间中建筑高度与距离构成一定的比例所形成的。如果建筑过高则空间感不适，一定的空间高宽比产生不同的亲密性或公共性。亲切适度的室外空间或巨大的城市的市场空间，均由建筑空间中的高宽比所决定。

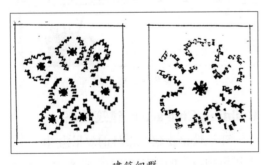

建筑组群

Building Color 建筑色彩

建筑物外表色彩的施用，东方人喜浓重色彩，雕梁、画栋和屋面的黄、绿琉璃瓦，成为中国建筑的主要特征之一。彩色之于"明暗"者，主要在于彩色乃光谱所映出的色，明暗只是迎光或背光显示的幽亮区别。施用彩色须浓淡得宜，与其多用不如少用。现代建筑的外表用色极少，利用各种不同的建筑材料，显出自然的彩色，房屋内部施以各色彩饰。彩色与人的生活有连带关系，在心理上可影响人的思想情绪，如红色可反映出热情，黄色代表愉快，蓝色或绿色显示和平宁静，紫色表现庄严或幽暗的情绪。彩色和建筑物本质的关系是由适当配合暖色和冷色而显示出来的，暖色如红、黄，有迎人近人的意味，冷色如蓝、绿有拒绝人或远离人的气氛。气候寒暖对设色也有关系，较寒地区宜用冷色，较暖地区宜用暖色，阳光有调和暖色的作用。

Building Complex 建筑组合体

中国传统民居不仅注重组合体自身的布局变化，更注重街、坊、院落相互之间的划分与联系，成组成区地布置具有社会生活内容的建筑社区组合。这种组合可以表现出组织邻里生活社会化的思想，在低密度地区，建筑组合可以用小型房子以回廊、小路、小桥、花架、围墙等互相连接组成。在高密度地区，单幢建筑本身应作为组合体来对待。即使是一幢小型住宅，宅的内部关系也可以认为是一个多种房间的相互关系的组合体。

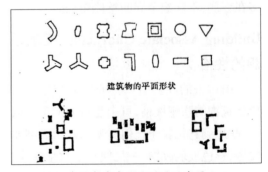

建筑物的平面形状

在重复中求变化的平面布置

Building Coverage 建蔽率

建蔽率亦称容积率,为建筑面积与占地面积之比率。技术规则及城市规划法规规定,依各种使用地区之不同,一般建蔽率不得超过以下之值,住宅区为 6/10,工业区为 7/10,商业区为 8/10,文教区及行政区为 6/10,风景区及保护区为 2/10,农业区为 0.5/10,仓库区、港埠区、渔业区为 7/10。在市场经济条件下,业主为提高土地开发强度,时常要求过分提高容积率而牺牲了绿地和公共用地,造成城市中心地区过分拥挤,环境恶化。因此严格控制城市不同地区的容积率指标是改善城市环境的重要手段。

建蔽率

Building Density 建筑密度

建筑密度指建筑物的建筑面积、楼板总面积、户数等对土地面积所占之比率。一般以建蔽率、容积率、户数密度来表示,属于建筑物对土地利用率之一种指标。土地面积以实际建筑物之占地面积(投影面积)作为比率计算时,称为建筑净密度,若土地面积包括周围公共空地面积为比率计算依据时,称为建筑毛密度。建筑密度与建筑层数、建筑日照间距有关。

Building Economy 建筑经济

建筑设计要照顾到需要与可能,对建设费用的支配应节约处理,设计时要避免浪费,考虑周密,设计前做好调查研究。建筑物的经济包括对可能与必需的兼顾,有重点地支配建筑费用,避免设计盲目性而造成的损失。实事求是,避免浪费,针对实际需要从事设计。

Building Edge 房角屋边

老式的传统民居的外围常有空廊、平台、长凳、花草和围墙,有可供人们休息的边角余地,从而感到亲切。这样的房角屋边富有生气,人们愿意停留,并感到与外围环境相联系。房角屋边是建筑的内外之间的地段,建造一些有深度、有顶盖的活动地点以摆设供人们休息的坐椅,从这些座位上可以观看户外的活动,增加与外界的联系。然而摩登建筑的建造者常常忽略了对它的房角屋边的外部处理,使人感到冷酷无情。

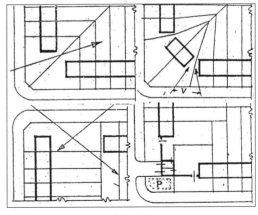

房角屋边

Building Elevation 建筑立面

用墙把地上的空间围合起来,就形成了体量,这个空间体量如果与人们的活动无关,仅为简单的几何形体。如果对它的外表和内部加以适当的处理,合乎人们的需求,且能表明建筑物的用途、个性和性格时,它就可以称为建筑。由此可知,"可见的结构"是由"形"和"面"组合而成的。形与体量指建筑物外部的体积,包含长、宽、高 3 个尺寸。建筑立面与外表指高和宽 2 个尺寸所形成的面,应注重它的表层、明暗、色彩。

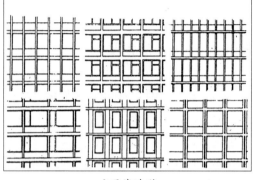

立面线造型

Building Environmental Design 建筑环境设计

建筑环境设计主要有利用环境与创造环境两方面。在利用环境方面中国古代造园家计成在《园冶》一书中指出,要"巧于因借,精在体宜"。"俗则屏之,嘉则收之"。充分运用周围景观环境的特点,与建筑的室内外空间有机组合。有的建筑把多年的古树组织在建筑之中,有的建筑借助室外的园林景观组成整体。例如山、水、石、木以及墙垣、小径,皆可与建筑相呼应。在建筑的总体布局中,主体建筑处理得当,会成为空间环境中不可缺少的一个组成部分,成为整体环境中的重点,创造新的环境意境。因此在考虑环境设计时要对周围的规划情况、道路情况、绿化情况及周围的建筑了如指掌,才能因地制宜地作好环境设计。在创造环境方面,强调改造环境为建设意图服务,改造现状环境中的不利因素。例如北京故宫的格局就是创造环境的成功范例。

Building Exterior Surface 建筑外观

房屋的外观需要妥慎的设计,房屋的平面、立面、内部的体积、外部的体量以及各细部,都须根据设计的原理统一设计。其原理的运用,无论是平面、立面还是立体都是一致的。因此建筑外观表面要反映建筑内部的功能关系。

Building for Aged 老龄化建筑

为能适应人类生命周期不断延长和社会持续发展的需要,研究老年居住建筑室内外环境的建筑,要解决的关键性问题如下。1. 老年家庭优化居住模式和相应住宅体系的建立,能适应老年家庭多样化需求的居住空间结构,增加传统的家庭养老功能。2. 社会养老设施的规划设计,满足老龄化城市对各类老年设施的需要。3. 居住区老年服务设施的规划设计,建立老龄化城市健全的社区老年服务网络和相应的设施体系,以满足减轻家庭养老负担的社会普遍需求。4. 老龄化城市居住社区室外环境与老年人体功效学的相关性研究,以确定城市老年居住环境的最佳空间尺度系列。5. 老龄化城市居住环境的空间结构及其优化模式的建立。

Building Function 建筑功能

具有充分功能效用的建筑物乃将各类房间布置得恰到好处,适合于需求的自然结果。每一座房屋各有不同的需求,环境条件各异,但其共同的设计原则,无论是住宅、厂房、戏院,各部分功能关系一定要正确合理,交通舒适妥当,人的往来方便迅速,内外联系直接等。各室内的空间大小,要随家具设备设计。因此建筑物的功能包括各单位布局间的联系以及各部分的实际

尺寸,房间的大小,形象,布置家具、设备和
通达方便。

Building Function Character 建筑效用的性格

建筑代表性中最重要的性格是效用性
性格,因建筑的使用目的不同,各部分的功
能布置也随之而异,影响建筑的外观,据其
外观又可鉴定其性格。建筑内部的使用效
用必须在外观上表现出来,因此,不同类型
的建筑有不同的效用性格。

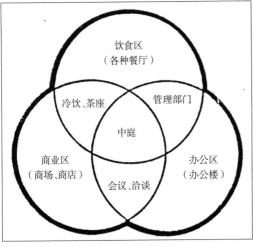

功能分类关系

Building Orientation 建筑方位

居室的朝向好,注意风向及微气候都节
省能源,如温带地区的主要生活空间、阳台
面南,向北的开口尽量少,避免冬天的北风。
西向开口应由落叶树或其他设施遮挡下午
西晒的阳光,进口及开口处阻挡外来之风,
起居睡眠空间应通风。公共走廊或公寓最
好以东西向,使所有房间有阳光射入。炎热
地区大玻璃窗避免向南向西,起居空间要有
遮阳设备。两面外向的房屋尽量有穿堂风
流动。高楼不仅影响风向及阴影,而且每户
只面对一个方向,在总体配置时方位必须重

点考虑其阴影。高层建筑的阳台夏天可成
为室外的玻璃棚,冬天将成为玻璃封闭的阳
光射入的暖房。

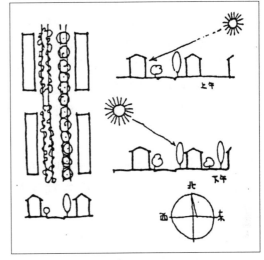

建筑方位

Building Plane 建筑平面

建筑设计的第一步是布置平面,这是
建筑设计的基础工作,需要把建筑物的各
个部分彼此很好地联系起来。在设计时,
须首先研究平面关系,因为在后一步设计
立面时,它占关键性的条件和因素。进行
建筑设计应自内而外,先从平面各部分的
满意布置中,再用墙壁把平面的各部分圈
合起来,构成建筑的外部。一般而言,"平
面"二字所指不易明确,所以称其为"不可
见的结构",而把建筑的外部称为"可见的
结构"。

Building Plane Design 平面设计

建筑平面设计要表现出有机性和组织
性,作到完整的平面不能增减。平面设计的
原则包括:平面各部分大小的对比,平面各
部分形象的对比,平面各部分性格的对比,
平面各部分"方位"的对比,平面的均衡性,
平面的重点核心。平面设计还有次要的原

则：平面设计的重复性，平面设计的"穿插性"（Alternation），穿插的意义和对比相似，此种变化可使人感到有所调剂而不过于呆板。平面设计中的缓冲性（Transition），是从一部分转移为另一部分时不致生硬而令人满意。在复杂的平面设计中，最好不要"开门见山，一览无余"，需要含蓄，房屋的美妙缓缓展现，保留预定的重点核心达到最高的境界。平面设计最重要的条件必定是组织性与系统性。

Building Plane Design—Major and Minor Axis　平面设计——主轴和副轴

　　如果人们面向房屋的主要正面，可以感觉出有个"主轴"向他本人所在的地点放出的一条直线，而穿过房屋中心的主轴与立面成直角。如果平面布置是对称的，房屋的各个部分要围绕主轴均齐地发展与分配。"副轴"可分为重要的与次要的，重要的副轴通常与主轴成直角，穿过重要部分的中心。复杂的平面各部分可围绕各次要的副轴集合，用以表达各个部分的方位。在拟定平面设计时，需先画出这些轴线，作一引导，帮助逐步展开平面设计。轴线亦称"横轴"（Transverse Axis），指切断房屋平面最短方位的轴线，"纵轴"（Longitudinal Axis）指沿着平面最长方位的轴线。设计不对称建筑的平面时，更需要利用方位轴线。

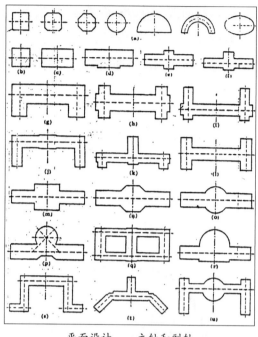

平面设计——主轴和副轴

Building Rhythm　建筑韵律

　　建筑中的韵律与音乐中的节拍意义相同，建筑由单纯的实用而演变为艺术上的成就，建筑被划定在应用艺术之内，静的艺术包括建筑、雕刻、绘画、文学、装饰艺术，动的艺术则有音乐、舞蹈、戏剧。在建筑中也有运动和速度之感，建筑上视觉感受到的运动速度即为建筑韵律。如有节奏地安排布置门窗，就会有运动速度的节拍韵律感；如系列的圆拱构成的联式拱券中，可发现其有韵律感的存在，这都是重复韵律的运用。这种韵律或节拍在建筑中比较简单，在音乐中却比较复杂。建筑物立面上的韵律随细部布置的变化而变化。

Building Shape　建筑形体

　　建筑物的形体多为几何性质，最简单且具方位性的建筑形象是不包括任何附加物的，可为横式或纵式。如果在它的两端各加上一个较小的横形，就形成了主体和副体。

各种形体的布置常依对称的意向而设计,在中轴的两边把各部分作同量的分配。横形的主体和副体用一个纵形的主体连接起来,而成为不对称的形式,可增加形体的趣味性。把长方、圆柱、圆锥和棱锥等形体连成一个整体,合乎需要时,便充满了建筑感的意味。

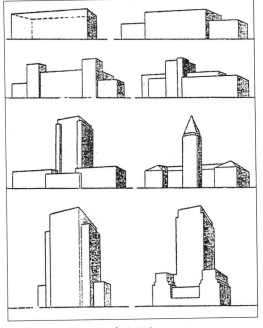

建筑形体

Building Shaped in Public Building 公共建筑造型

公共建筑要求功能与造型两方面统一,其造型反映在空间与体型上,是不可分割的两个方面。以走道联系的各类房间的平面组合,在立面造型上必然反映出房间的窗户与间隔墙、楼梯间、各层的划分情况,应具有节奏性、规律性的变化。以套间式连续空间的平面组合形式,因高窗采光之需要,较高大的实墙成为这种建筑的性格特征。大跨度、大空间的主体建筑组合形式,封闭的大厅及开敞的大门厅构成其造型的基本特征。综合性的空间平面组合形式是多样的、灵活的自由

空间组合与严谨规整的组合形式构成截然不同的性格特征。公共建筑室内空间组合的造型要考虑比例、尺度、开放与闭合、轴线与导向、序列与层次、对比与重复、空间划分与过渡、色彩与质感等处理效果。室外空间组合的造型要考虑体型与体量,连接与转折、群体空间组合形式与环境的关系。

Building Shape and Mass 建筑的形与体量

两个尺寸所构成的形叫面,三个尺寸构成的形叫作体量或立体。建筑体量就是房屋外部的体积,地上被围起来的面叫作面积。设计时体积比面积重要得多,设计步骤由简而繁,由全盘而个别,自大体而达细部。建筑上的装饰永远是宾,而体量却是主,如果建筑只有一个体量,如锥形体的金字塔、立方体房屋等,很容易表现出建筑物的统一性。如果建筑物含有几个体量,则要组合适当,较大的且重要的叫主体量,较小而次要的叫副体量,更小的如角楼、框窗等叫附加物(Appendage)。

Building Space Without Building 没有建筑的建筑空间

地下覆土建筑着重空间的处理,以中国的地下窑洞民居为例,保持中国传统四合院的格局,有正房、厢房、厨房和贮存粮食的仓库,饮水井和渗水井,以及饲养牲畜的栏棚,在自然环境中形成一个舒适的地下庭院。地下空间体现了功能与材料的统一,是没有建筑的建筑空间。在人与自然的关系中表现了人工与自然的结合,窑洞受环境和自然条件的支配,人工融于自然之中。窑洞民居不是建筑而是建筑空间,在人们与传统的关系之中表现了传统民居的格局、风格特点和崇尚自然的哲学思想。

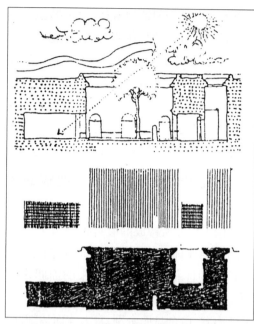

没有建筑的建筑空间

Building Structural Plan and Section Design 建筑结构平剖面设计

简明布置结构网线，能充分利用和发挥材料的受力特性和承载力，取得较好的技术经济指标。布置柱网应尽量等开间、等跨、等距、等进深，最好开间与进深方向的尺寸统一，避免厅室中柱子过多过密，避免柱间距变化太多。在建筑剖面设计中，要保证结构中的内力传递顺畅通达。在多层或高层建筑的剖面应避免竖向承重结构上下错位。大空间的大跨度结构的剖面要注意新型屋盖结构与支撑结构之间的连接关系。多层或高层建筑中的细部设计，如阳台、挑廊、出檐等，要避免出现过大的弯矩。

Building Structure 建筑结构

建筑结构是采用建筑材料，按照力学原理与规律而构成的建筑骨架。结构在建筑中有其独特的作用，可借以形成建筑空间及相应的建筑形体；可借以传递作用于建筑物上的一切荷载，如风力、地震力等。在建筑实体中，建筑空间用以满足功能需求，而建筑艺术的表现又依赖于此空间及其相应的建筑形体。所以，结构是达到功能需求的主要物质手段，又是达到艺术要求的物质手段。由于结构具有承受荷载和传递内力的作用，因此结构手段的运用必须遵循结构的力学原理与规律。通过对结构的有效运用，才能达到坚固、适用、经济以及审美的要求。建筑结构在现代建筑中的地位与作用越来越显要。

Building Structure and Acoustics 建筑结构与音响

在新结构形式的运用中，音响问题不限于影剧院、音乐厅、礼堂等有声学要求的建筑，其他有较大噪声产生的使用空间，如火车站、展览馆、印刷车间等，都要考虑所采用的结构形式对室内音响的影响。结构的几何形体和体积对室内音响效果的确定，包括清晰度、混响时间、有无回音及声焦聚都有作用。具有向下弯曲或折叠状几何形体的屋盖结构，如直线型双曲抛物面壳、反向弯曲的筒壳、单向或双向弯曲的悬索、折板等，都可使空间内产生较好的音响效果。

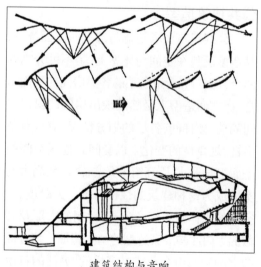

建筑结构与音响

Building Structure and Functional Space 建筑结构与功能空间

在现代建筑中,好的结构构想应结合建筑使用空间的大小、形状、组成及内部关系,合理组织和确定结构的传力系统与传力方式。1. 利用不同形体的平面构成与使用空间相适应的顶界面及侧界面,顶界面可高低错落、倾斜、弯曲,甚至作为侧界面的墙面,可随使用空间变化。2. 将覆盖巨大空间的单一结构,化为体量较小的连续重复的组合结构,如采用筒壳或折板、多波形壳等,降低结构矢高,充分利用内部空间。3. 选择平剖面与建筑使用空间相适应的空间结构形式。4. 利用组合灵活的混成结构适应建筑空间的平剖面形式,混成结构在降低覆盖空间高度的同时,还可适应某些平面形式的变化,如扇形或梯形平面的观众厅等。5. 根据建筑功能要求,将使用空间分别归并为大空间及空间群,采用与之相适应的空间结构组合。

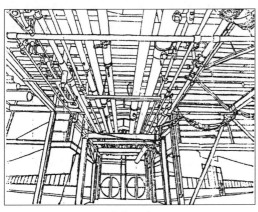

管廊内景

Building Structure and Material Apply 建筑结构与材料运用

在组合结构的传力系统时,要因地制宜地广用其材、材尽其用,取得良好的技术经济效果。每种材料各有优缺点,应根据不同的结构形式,加基础、垂直及水平承重结构、屋盖结构,选用不同的建筑材料。当受压构件与受拉构件组合时,可充分发挥混凝土的受压性能和钢材的受拉性能。在空间结构系统中可采用薄壳与悬索进行组合。当受压构件与受弯构件组合时,组合方式多种多样,如体育馆看台可采用钢筋混凝土悬臂梁结构,悬臂梁上放置轻钢屋架,上轻下重。当受拉构件与受弯构件组合时,例如采用受拉的钢索将受弯的钢筋混凝土楼板吊挂的结构体系中,体现了广用其材、材尽其用的原则。组合结构的传力系统时,要在结构受力特点不同的部位,施用不同的建筑材料,对结构材料的运用具有灵活性和创造性。

Building Structure and Lighting 建筑结构与采光照明

在使用空间的侧面上设采光窗并不困难,特别是在框架结构系统中更容易解决,但需要顶部采光时要考虑与结构形式的结合。1. 利用屋盖结构的空间,开设采光带或采光口,如在桁架的上、下弦杆之间设置下沉式天窗,在平板网架周边的高度内开高侧窗,结合钢筋混凝土大梁布置采光井,等等。2. 直接在屋盖结构所形成的顶界面上开设采光口或采光带,如双曲扁壳上的圆形采光孔,平板网架上架立角锥形采光罩,拱形折板上的条形采光带,等等。3. 通过结构单元的适当组合,形成高侧采光面,结构单元可按高低跨或锯齿形排列。高大的结构体形对人工照明是不利的,因此在不影响功能使用的前提下,力求合理地降低结构标高,同时,照明设计也要很好地适应结构的合理几何形体。

Building Structure and Space Develop 建筑结构与空间扩展

　　建筑结构的空间扩展在垂直方向是由低层、多层、高层向超高层发展。在水平方向由小跨、中跨、大跨向超大跨发展。第一类高层 9~16 层,最高 50 米,第二类 17~25 层,最高 75 米,第三类 26~40 层,最高 100 米,超高层为 40 层以上,在 100 米以上。12~24 米为小跨, 24~50 米为中跨, 50~100 米为大跨, 100 米以上属超大跨。与空间扩展相适应取不同的结构体系,小跨用梁,低层、多层用梁柱体系,中跨用桁架、刚架,高层 10~25 层用框架体系,15~35 层用剪力墙体系。大跨、超大跨用折板、薄壳、网架、悬索、充气结构。超高层用核心体系、单筒体系、双筒体系。高层结构的整体受力特点对平面空间布局有不同的影响,要考虑抗侧力结构的均匀布置,剖面设计应力求简化结构的传力路线,降低建筑物重心。高层建筑体形设计应力求简洁、匀称、平整、稳定。大跨结构的影响是超大跨的顶界面须起拱或下垂,空间体积的充分利用,剖面设计要考虑风吸力的影响。

Building Structure and Ventilation 建筑结构与通风

　　建筑通风可以通过使用空间的侧界面和在顶界面上开设通风窗孔或通风窗带满足,从结构方案构思时应注意使大空间建筑屋盖结构形式及几何体形有利于通风。有些工业厂房,室内产生热气或湿气,必须采取一定的排气措施,因此,通过结构构思而设计有利于自然通风和排气的建筑剖面形式。屋盖上排气窗的设置应当以使结构传力简捷,不影响结构受力状况为原则。还可以利用结构空间如壳体所形成的顶面来加强室内通风、排气效果。

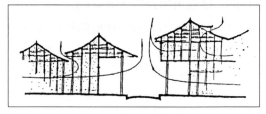

建筑结构与通风

Building Structure Economical Measurement 建筑结构经济尺寸

　　平面结构系统或空间结构系统,每种结构形式所能取得的技术经济效果,都取决于其受力状况。每种结构形式的受力状况随其几何尺寸和几何形状变化而变化。例如当钢筋混凝土梁跨度在 4 米以下时,跨中弯矩不大,截面主要由刚度决定。当跨度超过 8 米时,就要改变梁的矩形断面形状,薄腹梁的合理跨度一般 12 米,跨度再加大就要考虑其他结构形式了。空间结构如平板型网架结构跨度也不宜超过 120 米,柱网也不宜小于 12 米 × 12 米,正方形平面最好。在运用结构时应注意结构的经济尺寸范围与合理几何形状。如圆柱形筒壳形式,当跨度与坡长之比约为 2∶1,多坡连续布置时,其经济效果最好。但有时理论上是经济的结构形式,在工程实践中有可能是不经济的,例如从力学观点看薄壳、悬索是“天生经济的”,但往往由于施工方法不理想或材料来源问题又会变得不经济。

Building Structure Inner Strength 建筑结构之内力

　　1. 在荷载作用下,只有当结构具有足够的抵抗破坏的能力、抵抗变形的能力和维持原有平衡状态的能力时,才能安全可靠地传递内力。结构的安全可靠性或结构的承载能力是由它的强度、刚度和稳定性三个方面决定的。2. 在荷载作用下,结构中的传力路线越短、越直接,结构的工作效能越高,所耗费的建筑材料越少。又好又省的结构设计应根据最短的传力路线来组织结构构件。3. 在荷载作用下,结构处于承受直接应力状况,即轴向压应力或拉应力时,比其处于承受弯曲应力或混合应力(即偏心受压或受拉时产生的应力)状况时,能更好地发挥利用材料的力学特性和承载能力。一般在荷载作用下,结构会有一定弯矩产生,根据弯矩图形,可对结构内力状况有大体的了解。

Building Structure Scheme and Construction 建筑结构方案与施工

任何一个好的结构设计方案,都要经过施工的检验。只有周密地考虑到施工时遇到的问题,才能把结构方案的创造性与施工的现实性统一起来。现代的新型结构构思要注意结构施工中的吊装与模架工程、建筑物的平面空间布局及其构造方案,往往会取决于结构施工的吊装方式与起重设备,尤其高层建筑和大跨度建筑更为重要。大跨度的新型屋盖结构方案要结合吊装工程来设计,有可能在地面拼装后总体提升,则需要较多的起重设备。超大跨度结构必然要在施工技术方面有所突破,还要考虑一些大型结构部件现场浇制时所需架设的模板和脚手架。大空间建筑要避免复杂庞大的模架工程,也不能忽视结构施工的程序。如何考虑结构方案的总体实施,不仅关系到原始构想的最终确定,也对结构工程的技术经济效果有深刻的影响。

Building Tone 建筑明暗

建筑物外表的明暗,是由黑到白渐次由深到浅所发生的变化,明暗面的发生是由于黑白两者并立反映于眼帘中的印象。建筑物部件向阳或背阴,可利用门窗以及建筑物的突出部分或线脚所投下的阴影来显示。建筑物各面层的明暗,对整个建筑物的美观产生重要影响,如对门窗、壁柱、房檐的布置不当时,会影响整个建筑物的美观。

建筑明暗

Building Transition 建筑通道、穿堂

建筑与街道之间的穿堂式通道比建筑入口直接开向街道幽静得多,通过穿堂通道进入建筑会感到自己已经进入了建筑的内部,如果是直接从设在街道上的家门入口进入建筑时则缺少到家之感。行为建筑学认为当人们在街上时,要保持公共性的礼仪举止,不怎么随便,当进入家中以后则可以放下街上的礼仪举止而亲切随便,进家门的穿堂过道有助于人们放下在街上所保持的仪表举止。罗伯特·威斯(Robert Weiss)写的《展厅与观众》一书中举例说明有个观览建筑留不住人细心地看展览,人们匆匆进入又

匆忙走出，由于人们进入展厅时仍保持在街上人群中行走的习惯，而没有足够的休息过渡使他们停下来看展览。后来在入口过道中布置了明亮的橘红色长毛地毯，强烈的色彩对比打破了人们在街道上行走的习惯，如同一副"清洗剂"，经过橘红色的地毯的过渡，人们就被展览会吸引住了。中国建筑中有多种多样处理街道与住宅之间的过渡空间的办法，如设置带前门楼的庭院，设转折小路通向内门，门与小路布置绿化棚架或改变小路铺面质感，设置室外踏步，等等，需要布置一个街道与建筑之间的过渡空间，即穿堂与通道。

通道、穿堂

Built-in Furniture 固定家具

固定在建筑构件上的家具，成为室内的装修和装饰的组成部分。固定家具的布置形式通常有嵌入、支柱和独立设置三种。嵌入式是利用室内凹口、阴角、柱间、厚墙、窗台下甚至在楼梯、斜屋面的坡脚等零散小空间来布置橱柜、座椅、散热片、浴缸等设备，可使室内空间规整。支柱式是利用不影响人们活动的上部空间，或沿墙壁上部设置的如吊柜、音柱、灯具、管线等，或沿墙沿壁支挑不落地的壁架、桌面、凳面、橱柜等。独立

式多用以分隔空间，如银行、图书馆的柜台，商店货架，旅馆服务台，影剧院、体育馆和公共建筑的门厅座椅等。

固定家具

Bundle-structure Coustruction 筒体结构

筒体结构是高层建筑中重要的结构形式，建筑由一个或几个筒体组成结构体系，其核心是封闭的筒，具有良好的高层刚度抗震能力。古代公元 2 世纪印度的佛祖塔，砖砌塔身即为筒体结构，现时世界最高的芝加哥西尔斯大厦，世界贸易中心等高层建筑均为筒体结构。筒体建筑可分为单筒结构、框架单筒、桁架单筒、筒中筒、束筒结构等多种形式。材料以钢筋混凝土结构、钢结构，或两者相结合的结构为主。钢筋混凝土结构的筒体合理高度约 60 层，可比一般框架结构节省一半材料。钢结构的筒体合理高度约 80 层，比传统的钢框架结构可节省材料60% 左右。钢和钢筋混凝土结合结构中，有的以钢筋混凝土建内核心环，外筒用钢材，有的用钢材建内核心和楼层，而以预应力钢筋混凝土构筑外筒。

Bungalow 木造平房

1. 在印度地区因气候炎热，英国人所设

计建造的,供作起居使用的简易木构造小住宅,称奔加罗,其特征为周围设有回廊及阳台通风良好的木构平房。2.指露营区中的简易木构造平房。3.奔加罗指美洲印第安人的木板平房,其特征为室内生活用具、编织物、灯具、木制和铁制的装饰品具有乡土气息的艺术观赏性,印第安人的民间工艺品布置在起居室内,营造一种民间气氛的居住环境。

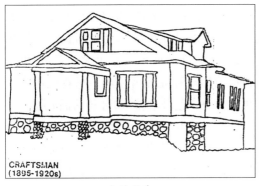

木造平房

Burmese Style 缅甸式样

　　缅甸地区之建筑式样,以佛教建筑为主。公元 7 至 8 世纪时,庙宇和印度婆罗门教的建筑相仿,都是方形的主体,方锥形的顶子分为许多水平层,墙面比较简洁、平整。11 世纪时建都巴根,建造了大量佛寺,保存较好的有纳迦戎庙(Nagayon, 1056 年),明迦拉赛底塔(Mingalazedi, 1274 年),构图基本一致。1768—1773 年在新都仰光建造了大金塔,高达 107 米,砖砌,表面抹一层坚硬的灰浆,贴上金箔,灿烂辉煌。大金塔脚下有 64 个式样和它一样的小塔围合,更显得它高大。大金塔的轮廓柔和,段落不清,各部分都没有明确的几何形状。

Bus Station Design 汽车客运站设计

　　汽车客运站的特点是站点面积广、站点多、班次多、车流频繁、客流瞬时集中、行包装卸作业位于客车顶部、节假日旅客波动幅度大。汽车客运的规模依据客运量,以设计年度客运量的 1/4 或 1/3 估算。以最高峰时刻一小时内要求发送的最大旅客量作候车室最高聚集人数 S,即 $S=40$ 人(乘车人数) × 高峰时刻一小时发车数。一般按每 20~40 分钟发车一辆,每小时发车 2~3 班。站址布置:中小城镇一般宜设于城镇边缘,以干道与城镇中心联系;城市规模较大时宜设在市中心边缘地带。大城市除设一主要站外,可另设辅助站。流线组织应合理安排售票、行包房、候车室三者位置。对称式常被采用,非对称式自由灵活。平面区段要将旅客进站出站错开,在不同水平面将上下车和行包装卸错开,候车室分设少量检票口的普通候车室,对班候车,两次候车室。行包房有单层、双层,行李月台可兼作待发行包房。站台包括旅客月台、行李月台、发车位三个部分。

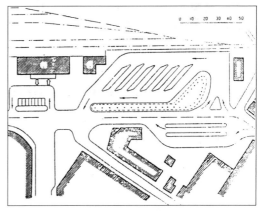

汽车客运站设计

Buttress 扶壁

　　中世纪教堂建筑为增加砌叠构造墙之强度,于适当间隔处,特别作成较厚之墙体之柱形部分,或于主墙之垂直力方向作成突出墙外以抵抗横力。扶壁墙在哥特式建筑之墙体中普遍可见。在挡土墙之正面或背面之垂直方向，依一定距离设置扶壁，称扶壁式挡土墙。哥特式教堂之结构特点在于还使用独立的飞扶壁，或称飞券，在教堂两侧凌空越过侧廊上方，在中厅每间十字拱四角的起脚处抵住它的侧推力，飞扶壁落脚在侧廊外侧一片片横向的墙梁上。飞扶壁较早使用在巴黎的圣母院（1163—1235年）。它的骨架券一起使整个教堂的结构近于框架式的构造。

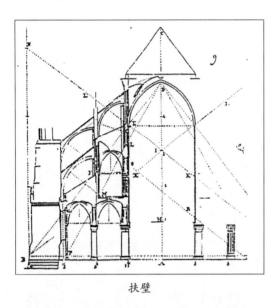

扶壁

Buyi Minority Stone House，Guizhou 贵州布依族石板房

利用地方建筑材料是布依族民居的主要特色，片石屋面独具风采，房屋全部由石结构筑成。有的地区的民居混合使用土、木、竹、石材料，外观朴实简洁，又富于材料质感的对比与变化。

石板房建筑的型制源于贵州的干栏式木结构民居，屋下的底层部分作牲畜圈及贮存空间，上层为生活居住空间，住宅常有石梯或木梯设于屋前。平面布局为中国传统的三开间形式，中间为堂屋，两旁为卧室，后部为火塘及厨房。外观为石墙小窗，窗洞很小，室内光线昏暗。

Byzantine Architecture 拜占庭式建筑

公元4至15世纪以君士坦丁堡为中心之拜占庭帝国之建筑样式，其特色为以砖造为主，以希腊十字形平面配合东方系统的几何图案作浮雕装饰。拜占庭建筑的主要成就是创造了把穹顶支承在4个或更多的独立支柱上的结构方法，在教堂建筑中发展成熟。拜占庭建筑的装饰与材料技术密切相关，内部装饰墙面上贴彩色大理石板，拱券和穹顶用马赛克或者粉画。马赛克用半透明的小块彩色玻璃镶成，玻璃后面先铺一层灰色。公元6世纪之前底色大多是蓝色的，公元6世纪之后有些重要建筑用金箔作底色。拜占庭建筑最光辉的代表是君士坦丁堡的圣索菲亚大教堂（532—537年），是东正教的中心教堂，是拜占庭帝国极盛时代的纪念碑。拜占庭建筑继承了古希腊和古罗马的遗产，又吸取了阿尔美尼亚、波斯、叙利亚、巴勒斯坦、阿拉伯等的经验，创造了卓越的建筑体系。

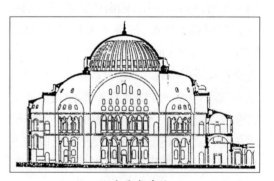

拜占庭式建筑

C

Cambridge University History Faculty 剑桥大学历史系馆

剑桥大学历史系馆由詹姆斯·斯特林设计（James Stirling），工程历时4年，于1968年竣工。由图书阅览和研究部分组成，也有一些行政办公室。坐落在剑桥大学一群旧建筑之中，共7层，L形平面，外侧框架的外表是阶梯形的玻璃幕墙，房间进深下大上小，L形的内侧由斜坡形玻璃顶覆盖，下面是宽敞的阅览室。流线合理、视野清晰，大阅览室上空的玻璃顶，外观呈阶梯状，室内有向上的折线变化，上下两层玻璃面之间既是结构层也是空调设备的管道空间，入口位于L形拐角的外侧。为清洗擦拭玻璃幕墙，屋面上设环形轨道和悬臂吊车。该建筑形式是20世纪60年代中期斯特林所作的探索，在20世纪70年代的众多旅馆和高层建筑中得到了进一步的发展。

Cameroon Dwellings, Africa 非洲喀麦隆民居

喀麦隆在西非和中非之间，西南濒大西洋，西北与尼日利亚交界，境内有西非最高峰，南部为热带雨林。喀麦隆号称"种族十字街头"，有一百多个民族，三个语言集团，各主要民族均有自己独特的文化，如南部森林居民喜欢用鼓击出紧张的节奏，北部居民喜欢吹笛。当地的艺术品也丰富多彩，马达马瓦地区信奉伊斯兰教，制造精美的革制品和装饰华丽的葫芦容器，西部山区生产独具特色的陶器。此外还有大象面具、双脸面具、人形兽形俑、装潢精制的铜管等。

喀麦隆的苇草茅屋以年幼的棕榈树干作支架，大约3.7米高，用棕榈树叶作成墙板，以茅草作屋面，竹篮格网式的梁架，门楣和立柱上绘制彩色的花卉、鳄鱼、人妖等装饰图案。

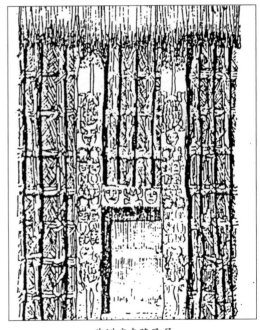

非洲喀麦隆民居

Cameroon Village，Africa 非洲喀麦隆民居群落

喀麦隆的村庄以组群的泥屋组成圆形的聚落，中央是头人首领的圆屋、猎屋和圆形的谷仓,周围是许多相对的男人和女人的圆屋,女人圆屋之间有厨房,圆屋内有走廊相通。大型聚落包括几个部落的组合,以王宫为中心,与王宫相对的是客房部分,两旁有猎户社区。聚落入口前有祭祠祖先的神像和卫士住屋,入口处还有市场,王宫的后部有举行庆典的场地。

喀麦隆民居的最大特征是家庭分室居住,用院墙把单栋的草屋组合在一起,家庭组合以头人为中心,头人的猎屋、头人的粮仓、头人的磨坊和贮水房。外围是第一夫人和儿子的圆房,儿子的猎屋、儿子的谷仓、磨坊、厨房。更外层则是第二夫人的。等等。最外围还有公共的谷仓和存木材的房间。这种家庭组合中唯独中心首领的猎屋和贮藏屋是方形的草屋,其他男人女人的住屋、厨房等均为圆形的伞顶茅屋。

非洲喀麦隆民居群落

Campus Buildings 校园建筑

校园规划及建筑设计由"书斋"式的概念转变到重视人与人、人与环境、学校与社会相互关系的概念。为节约用地,校园布局由水平展开转为垂直方向布置。对连廊、支柱层"价值观"的转变,赋予这些空间以新的功能。支柱层可发挥绿化的潜在作用。欧洲的大学使用的"鱼脊式"的布局,以宽大的风雨廊、公共及辅助设施组成鱼脊,把一系列单元建筑串联起来。另外一种网格式的统一模数组合,有利于标准化和扩建。校舍中课室和课室楼是设计的重点。在走廊式的课室楼中,中间走廊式因廊之两侧均为课堂,有通风不良的问题,北廊实际通风质量比南廊好。单元式平面组合灵活,造型的变化自由度较大,空间层次多。课室单元一般有走廊式和厅式。

Canopy 雨篷

雨篷是设置在建筑物入口及门窗上部的防雨遮阳的顶盖设施,并有一定的装饰作用,在现代建筑中雨篷主要用钢筋混凝土和金属建造。雨篷有平板式、梁板式和空格板式等。雨篷外伸尺寸较大的,可在入口两侧设支柱支承,形成门廊,构造可与主体建筑脱开,并在其间设沉降缝。雨篷的外檐作法很多,可抹灰、涂饰、铺贴缸砖、马赛克、镶嵌大理石等。金属雨篷以型钢作骨架,悬挑或悬挂在建筑物上,在骨架上铺设轻质板材或玻璃等。雨篷的造型设计可从美观角度出发,将其作为突出建筑入口的重点进行处理。

Cantilevered RC Stair 钢筋混凝土悬挑楼梯

悬挑楼梯是一种空间结构,不能用悬臂梁、板的概念去理解它。从空间结构的概念出发进行力学分析,把楼梯从平面上分成若干块,从厚度上分成若干层,使整个楼梯成为边界上有力作用的独立小单元,运用有限元法进行数学分析,建立起一套通用的数学式,利用电子计算机求解。采用悬挑楼梯,有如下优点。1.使用效果好,一般为对折式,比各种楼梯路程都短,最通顺。2.面积利用好,下面没有墙柱。3.艺术效果好。

4. 属于空间结构,受力明确而合理,每一层的楼梯本身是一个空间结构单元,荷载全部直接传给主体结构——框架。5. 经济、施工方便。悬挑楼梯不仅在混合结构中有很好的效果,在框架建筑中更能发挥其长处。

Canvas Roofing 卷材屋面

1. 沥青油毡和沥青油纸。沥青油毡条由纸板在沥青中浸透,并在表面涂以沥青制成。若在表面没有涂沥青的称为油纸,坚固性较油毡为低,一般作为多层卷材层面的底层材料。沥青油毡每卷宽 0.9144 米、长 22 米、厚 16 毫米,每卷面积 20 平方米,沥青油纸宽度 0.65~1.05 米。

2. 构造。老式的做法是卷材屋面必须铺在满铺的屋面板上。屋面板系用 2 层木板组成,下层为承重层,板较厚可稀铺,上层用 19 毫米 × 50 毫米断面的木板满铺,上层木板宽度尽可能小。

Capacities of Road 道路负载量

道路的负载量依道路的特性、宽度、地形、定线、路旁情况、交通情况以及车辆形式、速度、控制和驾驶者技术而定。单车道的理论负载量是每小时 2 000 辆,假设的情况为稳定车流,不被阻碍,有理想的速度和空间为条件。实际上多线道的高速路每小时每车道仅通过 1 500~1 800 辆。在拥挤的街道因路旁停车的进出干扰,每小时在外线道仅通过 200~300 辆。在地方性的住宅区街道每小时每车道可通过 400~500 辆。双向各有 4 车道似乎是最宽的道路了。在美国郊区地方性道路容量的估计,以假设每户每天约 7 趟单向车次或每高峰时间有 1~2 趟车次来计算,较密集复杂地区须作仔细的交通作业研究。

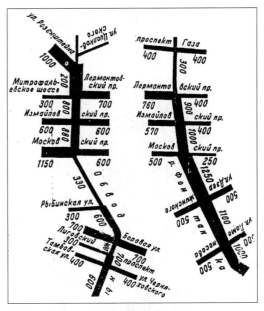

道路负载量

Capital 柱头

建筑中,柱子、壁柱等的顶部,在结构上支承其上的梁、额枋、檐部或拱等构件。在古典建筑中,各种柱式的区别以柱头最为明显。柱头按柱顶上的柱顶板可分为两种,一为正方形柱顶板,一为长方形柱顶板,原始的顶板式柱头很早在埃及和美索不达米亚应用。在公元前 2890—前 2686 年的金字塔群中就有马鞍形和倒钟形柱头。后期的埃及建筑有棕榈莲花、人形柱头。波斯王朝时期创造了精制的柱头。希腊人创造了多立克、爱奥尼克、科林斯三种柱头,罗马人又增加了托斯干和组合式柱头。伊斯兰建筑的柱头采取重复小线脚叠置构成图案形式。在印度、中国和日本带斗拱的柱头和用莲花纹装饰的钟形柱头最常见。中世纪柱头设计源于古代罗马。后期强调束柱直接与拱顶相连,逐步降低了柱头的重要性。

牛式柱头(Palaces of Persepolis 约 518-450BC)

柱头

Capital Piazza, Rome 卡比多广场,罗马

卡比多广场位于罗马七丘之一的卡比多山上,拉丁文意为首都或中心。古罗马共和时期以来一直是罗马的行政中心,工程持续 100 多年。从 1538 年把公元 2 世纪的马库斯·奥雷利乌斯皇帝骑马像移到卡比多山为开端,直到 1644 年才完成。米开朗琪罗设计该广场时已经 60 多岁,表现出其超人的创造力和成熟的设计手法,打造出广场的气势恢宏。广场呈梯形,正面的元老院和左面的档案馆为已有建筑改造而成。米开朗琪罗在右侧建起了博物馆,统一了建筑风格,对整个广场的建筑立面进行了统一加工。广场进深 79 米,前后两端宽度为 60 米和 40 米。广场入口处有宽大阶梯,地面铺装椭圆形放射状图案,中心放置奥雷利乌斯

皇帝骑马像。巨柱形式的重新盛行与米开朗琪罗的功绩分不开,卡比多广场的价值在于它是文艺复兴时期的建筑单体首次融合在城市设计的项目中的创举。

Carpenter Centre, Harvard University 哈佛大学木工中心

哈佛大学木工中心亦称视觉艺术中心,是勒·柯布西耶留在美国唯一的作品,建于 1964 年。这个设计业主留给柯布西耶自由想象的余地,没有提出什么功能要求。柯布西耶把形式作为它的功能要求,内部空间由工作室、教室、艺术家休息室等组成。最主要的是他加入了一个过路人的使用功能,从哈佛大学东部穿过它的展厅通到东部的居住区去。柯布西耶认为此处是哈佛大学教育职能与未来发展地区的分界,他作了一个巧妙的 S 形人行大坡道,从哈佛大学庭院升起到第二层的木工中心大厅,穿过建筑再下降到对面的街区。坡道的形式很美,暗示着新城市规划的体制。木工中心是柯布西耶建筑设计思想有力的宣言,注重人们活动的流线体制,木工中心表现了柯布西耶的许多典型的建筑处理手法,有巨大的遮阳、屋顶平台、天井、可塑的混凝土形式、视觉比例的模度。木工中心的成就是在流线功能方面远比在空间处理方面更好,虽然它并没有什么功能要求,说明摩登建筑的教义"形式必须服从功能"这句老话已经过时。

Carry Forward the Architectural Traditional 继承建筑传统

传统是一种历时持久的、在某一社会或地区不断沿传的思想、道德、习俗、文化、艺术、制度等,是作为过程而存在的。

从时间系列、过程或纵向的发展来看,它存在于过去—现在—未来的动态系统之

中。随着时代的变迁,旧传统被新传统所淘汰,无止境地新陈代谢是传统的本质。因此,传统存在于永恒的发展变化的过程之中。如果将传统一概视为陈旧、保守和僵化不变的文化形态,就不符合新陈代谢的本质;如果只承认演变,否定相对稳定性,就无从区分质的差别。

从空间系列、系统或横向发展来看,中国文化和外来文化是互相制约、互相促进、互相补充、互相映照的,吸收外来文化,博采众长,与中国文化融汇结合,进行再创造,就会为中国文化增添新的内容,促使传统演变成为内涵更为丰富的混合体。

传统是在一定的时空条件下,总结世代积累的经验,进行创新的成果。创作有中国特色的现代建筑,实质是在正确理解和认识我国建筑传统的基础上,根据现代生活的需要和社会的现实条件,探求它在现代的发展。

继承中国的建筑传统,并不意味着对古典建筑风格的复制,也不是建筑遗产的表象、特征的单向延伸。而是从现实出发,以现代的审美观,进一步发掘和重新审视蕴藏在中国建筑传统深处的文化内涵。学习和运用其超越时代的哲理、精神、创造力和应变力,寻求传统与现代建筑的结合点,把创作提高到新的境界。

Carson Pirie Scott Store, Chicago 芝加哥卡尔森斯科特百货公司

建于 1899—1904 年,美国建筑师路易·沙利文(Louis Sullivan, 1856—1924 年)设计。地处芝加哥商业闹市区,采用钢框架体系,柱网为 6.7 米 ×6.1 米,主体部分高 12 层,其余部分 9 层,内部为经商的大空间,沿街立面表现出结构框架脉络,强调“形式服从功能”,建筑形象因立面底部的生铁件装饰显得精美优雅,体现了在工业文明与装饰艺术结合方面进行的探索。建筑立面划分为 3 个部分,底部 2 层橱窗,以生铁和玻璃呈水平展开,与上部立面形成对比,转角处的圆形主入口上的铁件装饰尤为精美细致。基座上为 10 层标准层,格子状横向矩形窗与结构体系相对应,开窗简洁比例良好,后被称为“芝加哥窗”。底部 3 层层高略有降低,这种结束性的处理丰富了立面层次。建筑体型因顺应街势在转角处形成圆形,突出了圆形底部的主要入口。

Caryatid 女像柱

女像柱是由女像构成之柱,以古希腊雅典卫城雅典娜(Athena)神殿闻名。

从伊瑞克先神庙女神像柱的受力分析看,希腊人浪漫地创造出精巧秀丽、富有动态的女像柱廊,她们尽管身躯扭动,衣褶繁复而飘逸,然其头顶、重心和脚部仍处在唯一绝对垂直线上,保持着高度平衡,以更好地承托来自上部的压力感。

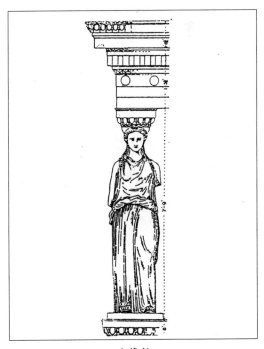

女像柱

Cascade of Water　叠水

叠水之原意为小型瀑布,在庭园中的水景造景中常运用叠水的方法,利用水流的落差构成急流或小瀑布之流水景观。叠水有时作成流水的台阶,发源于意大利,在倾斜地面之庭园中利用台阶状的构架物,作成由上朝下流水之景观。在庭园设计中,叠水是常用的景点手法之一。设计叠水景点时要考虑水源、水量和排水问题,可用电力水泵将流出之水排出后再集中压入供水系统,以节约水量。

Cascade of Roofs　层层下落的屋顶

古典建筑美的巧妙手法常常表现在层层下落式的屋顶形式,中国福建民居巨大的土楼上的屋顶庞大而优美,中间高起,外围层层向下跌落。北方四合院轴线正中的堂屋,屋顶高出四周的房屋,整体上形成一个屋顶的高低起伏变化、有主有次层层下落式的屋顶组合。因此,以建筑群体组合的中国传统建筑,在完整的院落中形成层层下落、有起有伏的屋顶组合体制。

层层下落的屋顶

Castillo, Chichen Itza　卡斯蒂略金字塔庙,奇琴伊察

在墨西哥奇琴伊察古城战士金字塔庙的南侧,广场的中心部位是卡斯蒂略金字塔庙,建于 12 世纪。塔高 24 米,底边 75 米见方,四面对称,分 9 级,四面各有通向塔顶阶梯 364 级,加上台基示意一年由太阳运转划分为 365 天。塔顶上有一平顶神殿,是供奉神像的主体,入口向北。3 个门洞之前有 2 根羽毛蛇神像柱,模仿图拉城庙宇的风格,檐额处有 2 圈水平装饰带。卡斯蒂略方形金字塔的作用与祭祀天文宇宙有关,虽然它属于玛雅、托尔特克早期建筑,其风格有承上启下的作用。比例均称,气氛庄重,稳定而明快,神殿内部隐含着早期羽蛇神庙的纯洁的老式玛雅文化风格的延续。从它的地下埋藏发掘中保存下来的物品看来,如保存很好的圣堂中的红色美洲虎石雕,是一只精美的虎头石凳,比托尔特克具有更多的玛雅风格。

卡斯蒂略金字塔庙

Cathedral of Notre Dame　巴黎圣母院

巴黎圣母院位于巴黎塞纳河的斯德岛,是一座典型的哥特式教堂,始建于 1163 年,13 世纪中叶完成西面的塔楼,几经改建。宽约 47 米,进深约 125 米,可容万人,正门朝西,宽大宏伟,有一道深而逐渐内缩的券门,门头上并列着 28 个尺度巨大的人物雕

像,正中为一个直径13米的菊花圆窗,左右两侧各有一对尖券窗。第3层是相连左右两塔的连续拱廊。第4层是两座高耸的塔楼,教堂的南北和东面环绕着一圈有3层楼高的轻巧的扶壁,在尖峭的屋顶正中,一个高达106米的尖塔直插蓝天。巴黎圣母院是欧洲建筑史上一个划时代的标志,此前的教堂建筑大多笨重粗俗,使人感到压抑,巴黎圣母院创造了一种新的轻巧骨架券,使拱顶变轻了,教堂升高了,空间扩大了,光线充足了,这种风格很快在欧洲传播开来。

Cave Dwellings, Shaanxi 陕西窑洞民居

陕西窑洞民居在平面布局上有4种类型:1.靠山窑洞;2.沿沟窑洞;3.川谷窑洞;4.凹庭窑洞。建筑平面一字型;2、3孔窑洞的农家是典型平面,根据地形变化有退错、凹凸、折斜及正反曲线等形式。在山坳转折处会有L形和T形平面,讲究的宅院群组也有三合院、四合院。窑洞剖面与拱形曲线有5种:1.双心拱呈两铰拱形式;2.3心拱;3.半圆拱;4.抛物线与尖拱;5.平头3心拱。窑洞民居热能散失最小,冬暖夏凉,是天然节能建筑,外形融于自然,又是保护生态与环境的理想建筑。

Cave House with Nature 大自然中的窑洞民居

窑洞民居的艺术创造,就是人对自然的一种改变,是在大自然的基础上建立起只有人才能完成的另一个环境。窑洞民居把黄土高原上直观的大自然的美,通过人的建筑活动再编织到大自然中去。在这里,人的意识和物质的自然环境不存在对立,充满着人为的环境。窑洞是从自然中得到启示,又在自然环境中实现的一种建筑与自然的关系。

窑洞民居以人为的环境不超越于自然环境为特征,如同中国传统绘画艺术所表现的追求"虚"的意境,达到人工与自然之间的平衡。在中国传统山水画中所描绘的风景建筑,都是寓于自然之中的,与自然环境相和谐。中国古代建筑落位讲究的"阴阳风水"是环境建筑学尊重崇尚自然的学问。这种讲究"虚实平衡"的哲学思想表现在传统的中国建筑、园林、绘画等艺术之中。传统建筑中运用的山石、林木、天井空间等,都象征着大自然。窑洞建筑则分布于自然界的层次之中,是直接的组合于大自然之中的穴居形式,表现了自然界中实现的建筑与传统思想的关系。

Ceiling 天花板

天花板为房间之上限界面,为屋架式上层楼板底下所设置之结构饰面。Ceiling Board 为天花板材。Ceiling Height 为天花板至地板之高度,同一室内之天花板高度不同时,以其室内楼地板面积除室内容积之商作为天花板高度。Ceiling Joist 为天花格栅,供作承吊天花面材之横木格栅。Ceiling Plan 为天花板平面图,由下朝上看主要标示天花板之敷设方法、装修材料、照明器具之规格、位置、通风口位置等。Ceiling Light 为天花嵌灯。Ceiling Metal 为金属天花板,供敷设天花板之薄金属板。Ceiling Block 为接线匣,利用绝缘材料制成,供作天花板配线接线之用。Ceiling Rose、Ceiling Rossette 亦为接线匣。Ceiling Fan 为吊挂型之风扇,常用者有2叶、3叶、4叶等。

Ceilings of Hangings 吊平顶(吊顶棚)

吊平顶是吊挂在屋顶结构下面的室内平顶,其作用为保持室内温度,遮蔽屋顶结

构。光滑整洁的平顶不仅提供了卫生条件,也增加了室内光线反射照度。普通有木龙骨吊板条抹灰,苇箔吊平顶,作法同木龙骨吊板条抹灰,或以苇箔代替木板条,用单根木板条将苇箔压在龙骨上,用钉钉牢。另一做法用18铁丝及钉子,将苇箔钉牢在吊龙骨上。现代建筑的吊顶作法,在材料与技术方面层出不穷。

Celtic Dwellings, France 法国西尔梯克民居

布列塔尼人由西尔梯克文明中发展的一种民居类型称西尔梯克民居,布尔顿语称之为"Ti",建于法国北端布列塔尼的许多部分。西尔梯克民居采用厚实的石头墙壁、厚厚的茅草屋顶,以适应恶劣的气候条件。许多世纪以来流传至今,使当地的居民、牲畜、家禽与大自然环境和谐地融为一体,具有强大的生命力。

西尔梯克民居以石墙为主体,其厚厚的茅草斜坡屋顶,保温隔热,冬暖夏凉。建筑平面为矩形,入口居中,壁炉在山墙的一端,其平面及造型兼有英国乡村式民居和法国南部乡村民居的特征。

法国西尔梯克民居

Center District of Chinese Traditional Cities 中国传统城市的中心区

按《考工记·匠人》王城规划制度中"左祖右社,面朝后市",明清北京城建起了以宫城为中心、宫前左为祭祖太庙、宫前右为社稷坛、宫后(地安门至鼓楼)为商市的完整中心区。这个中心区还有一个特点,就是宫城建筑群与西苑北海、中南海的相互衬托,构成了建筑与自然结合的整体。现今,"宫""祖""社"已成为历史文物,"市"的地段需要改进、发展,国家机关办公处需要重新建设。同时应让出中南海,将其作为建国领导人的革命纪念地,并使宫、苑整体对外开放,构成现代的城市中心区。

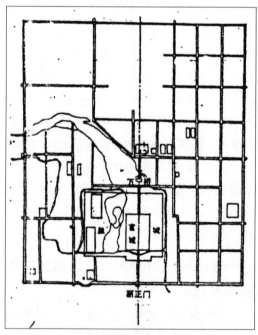

元大都图

Centre National d'Art et Culture, Georges Pompidou 蓬皮杜艺术文化中心

蓬皮杜艺术文化中心1977年在巴黎建成,总面积约10万平方米,地上6层,地下

4 层,内设工业设计中心、音乐及声学研究所、现代艺术博物馆、公共资料知识图书馆,以及相应的服务设施,地下可停车 700 辆。建筑层高 7 米,宽 48 米,长 168 米,前后各挑出 6 米做水平和垂直交通,各种管道和设备都设在前后挑出的部分。建筑为纵横的管道与钢架所包围,打破了旧的建筑形象概念,在技术上和艺术上都是个创新,整体结构骨架全部呈现在观众面前。由意大利建筑师皮阿诺和英国建筑师罗杰斯共同设计,他们认为现代建筑常常忽视起决定作用的结构和设备,而特意把结构和设备加以突出和颂扣。

Chaco Canyon National Monument, USA 美国查科峡谷国家保护地

查科峡谷国家保护地在新墨西哥州西北部,建于 1907 年,面积 88 平方公里。保护地内部有哥伦布到达前印第安人遗迹 13 处和反映全盛时期的印第安人村民文化的 300 多处较小的考古场地。最大和发掘最完整的为公元 10 世纪的印第安建筑——普韦布洛博尼托,有约 800 个房间和 32 个地下厅堂,参观中心展出有出土的精美手工制品。

Chair 椅子

椅子是有靠背的单人坐具,最古老的家具之一,可追溯至古埃及第三王朝时期(约公元前 2680 年—前 2613 年)。古希腊式椅是最精美的椅子之一,由细绳编织成的椅座由弯弯的、一头收细的马刀形腿支撑。椅背横拦为适合人体而呈曲线状,由三根垂直支柱支撑。X 式椅有悠久历史,主要在罗马时代和 14、15 世纪西欧流行,文艺复兴时期主要有两种,一种很轻,易于搬动,一种很重,类似宝座,供家长及重要人物使用。意大利有许多家具成为雕刻家的作品,法国路易十四时期椅背加高,椅座宽大。英国安娜女王时期椅背略呈曲线弯脚式椅,华丽的洛可可式椅背饰缎带蝴蝶结组成图案。18 世纪温沙椅在美国流行,一战后建筑师马赛尔、布鲁尔制造了第一把钢管椅,密斯万德罗设计了巴塞罗那椅,以及胶合板椅和塑料椅都是椅子的名作。中国式椅子则另具一格。

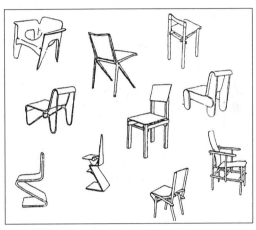

椅子

Chalet 山区木屋

山区小屋为瑞士、巴伐利亚、蒂罗尔和法国的阿尔卑斯山区特有的小木屋。原指猎牧人住所,后指山区的任何小屋。式样简朴而别有风味,一般用木板或类似圆木屋的作法构筑,侧墙低矮,多在两端伸出,形成门廊或空廊。上层悬挑,用带有雕刻装饰的托架支撑,下面有阳台,并有雕花栏杆装饰。窗很小、屋顶坡度平缓,檐口和山墙两端都挑出很深,山墙也可以不到顶,用一小块三角形斜屋面覆盖。屋面铺以大块木瓦或石板瓦,在气候严寒地区常以砟石压在屋面上以防暴风侵袭。平面接近正方形,住房和厕棚、谷仓等都在同一屋顶之下。

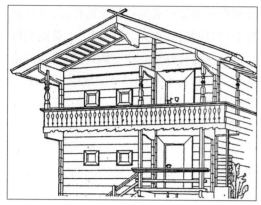

山区木屋

Chandigarh Government Center　昌迪加尔政府中心

现代建筑大师柯布西耶自 1950 年起主持这项规划设计。包括会议大厦、州议会大厅、秘书处办公楼、州长官府邸、法院等建筑，以及位于广场一角的中心雕塑"张开的手"。地处喜马拉雅南麓的昌迪加尔风强日烈，妥善处理建筑与自然条件的关系至关重要。法院以穹拱支承的巨大钢筋混凝土屋盖罩在 4 层高的入口大门廊上，两侧是带不规则遮阳板的法庭。秘书处办公楼长达 244 米，以突出、凹进的手法进行设计，楼梯、塔楼等部件用"模度"系列为基本比例关系，变化中取得了一致与和谐。会议大厦是方形的建筑，中央有一个带屋盖的内院，周围是办公室，双曲抛物面形的屋盖突现于平屋顶上，与另一个斜方锥形屋盖构成了最富特色的外观。建筑周围有大片水面，顶部有集水和隔热遮阳部件，改善了小气候，雕塑"张开的手"在柯布西耶去世后 20 年的1985 年终于作成了。

昌迪加尔大法院

Changeability of Furniture and Adaptability of Interior Space　家具的可变性与室内空间的适应性

现代室内设计一方面致力于从建筑构件体中尽可能分化出可变体，另一方面充分发挥家具的可变作用，把家具当作室内空间适应性功能的调节器。家具的调节作用表现在以下方面。1. 调节室内空间的功能容量，如卧室通过单人床、双人床、双层床来调节容量。2. 调节室内空间的微功能划分，现代办公建筑常用大片空间灵活地分布各科组的办公家具，达到很高的可调性。3. 调节室内空间的功能内涵，多功能大厅的灵活性充分利用变换家具的调节功能。4. 调节室内空间的形态感，对空间过大、过小、过窄、过长等不良形态加以弥补。5. 调节室内的风格、情调。

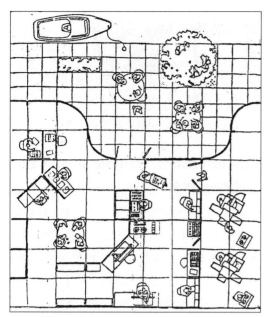

工业建筑生产环境的灵活变化

Change of Architectural Concepts 建筑学观念的变迁

人类的建筑观大致经历过五个阶段。1. 把建筑作为谋生存的物质手段,遮风避雨,构木为窠。2. 把建筑奉为艺术之母,当作纯绘画、雕塑对待。3. 大工业产品时代,把建筑当作"住人的机器"。4. 认为建筑是空间艺术。5. 认识到建筑是环境的科学和艺术,这是建筑价值观念上的新的里程碑。目前仍然是环境建筑学时代,20 世纪 80 年代初的华沙宣言关于"建筑学是为人类建立生活环境的综合艺术和科学"的认识,把人的认识大大提高了一步。环境观念树立起来了。

Change of Level 地坪的变化

地坪高低的变化能创造特殊的环境意境,降低建筑物前广场的标高,可以下降人的视点而显得建筑物高大,提高建筑物台基的地坪,可以增强建筑的雄伟感,把室外地坪与室内地坪连通一气,可以获得室内外空间流动感。采用地坪标高的变化也是室内划分区域、限定空间场所的手法。把地坪的变化与天花吊顶的变化相呼应,能创造出富于情趣的空间感受。因地制宜地利用自然地形,设计建筑地坪的变化,可增加建筑的自然优势。

地坪的变化

Chapelle de Ronchamp 朗香教堂

朗香教堂位于法国东部浮日山区,1950 年由柯布西耶设计,建成于 1953 年,是柯布战后的一件独特作品,并对西方现代建筑的发展有重大影响。教堂的造型及给人的感受是成功的,平面十分特别,造型均由曲线组成,入口在横向卷曲的大墙面和垂直的圆筒形墙体的交接夹道处。室内是长约 25 米,宽约 13 米的主空间,一半安置了座椅,一半供站立的祈祷者使用,圣母像在墙上的窗洞中可以转动,供两面朝拜之用。教堂的屋顶由两层混凝土薄板构成,底层向上翻起,将雨水汇集于地面的水池中。墙与顶之间留有 40 厘米的带形空隙,窗洞大大小小,有的外大内小,有的外小内大,嵌入彩色玻璃,产生特殊的光感气氛。教堂采用的是表现与象征的手法,是一个"思想高度集中与沉思的容器",在心理上造成一种"唯神忘我"的感觉。

朗香教堂

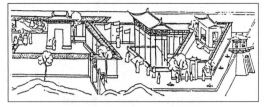

住宅建筑(敦煌石窟唐代壁画)

Characteristics of Chinese Dwelling Houses 中国民居的建筑特征

中国传统民居的主要特征有4个方面。1. 四合院的群体组合方式,四合院之布局由数幢建筑组合而成,最早只是庭院中面南坐北正屋一间,以后逐渐增加东西厢房,平面可分成5室式、9室式,北京四合院即属5室式,南方四合院发展至楼层,中央是天井。2. 建筑与庭园之有机组合,堂前空地种植花木,盆景、鱼缸、太湖石置于中央庭院,跨院中则自成一自然天地,有时加辟庭园与宅邸相连。3. 构架及材料之特殊使用,北方墙用砖、石、土砌,为了防寒,墙很厚实。在南方,墙用竹篾编筑,敷草泥石灰,或木板嵌拼而成。单数开间的居室,正中明间作客厅,两侧作卧室或书房。4. 独特的艺术风格与丰富的装饰纹样,由于各地自然条件和材料的不同,风格各异。北方的宅院入口大门是装修的重点,南方由于屋顶变化较多,材料的使用多样而构成较丰富的造型。

Characteristics Traditional of Cities 城市传统特色

城市传统特色也可称地方特色,是城市文化的重要部分,是体现城市个性的重要方面。有特色的事物并非传统特色,传统是由历史沿革而来的思想、道德、风俗、文化、制度等。城市传统特色是城市形成发展过程中产生的有关组成城市物质要素的内容、组合方式、组合手段、表现形式、风格、色调等方面产生的特色,与城市的形成与发展的历史有关。保持城市传统特色主要有以下几个方面。1. 对有传统特色的地区实行地域保护。2. 传统商业街的调整与改造。3. 建筑风格是传统特色的主要方面。4. 城市中的文物古迹是城市传统特色的重要内容。5. 标志性建筑是城市地区性的标志。6. 城市空间特征是城市传统特色的反映。7. 城市规划布局手法是城市传统特色的重要表现。8. 城市的色调也是城市传统特色的一部分。9. 围墙、城塑,建筑小品是不可忽略的部分。

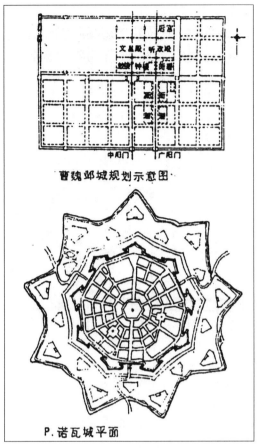

城市传统特色

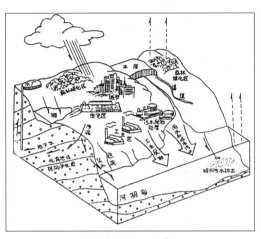

城市生态系统的特征

迁移和转化。4. 特殊的生态系统功能。城市在自然界只占很小的一部分空间,却集中了大量的物质和能源消耗。当城区不断扩张,城市的物理环境也迅速发生了变化。5. 城市生态系统总是处在不平衡状态的生态系统。

Characteristics of Urban Ecosystem 城市生态系统的特征

城市是人类改造自然环境的产物,城市生态系统实质上是一个人为的生态系统,具有以下特征。1. 是人文的生态系统。人是这个体系中的主体,全部生命活动所需的能量,归根结底来自太阳,城市区域综合体是多种类型生态系统或某一生态阶段和形态的集中场所。2. 是开放式生态系统。城市生态系统中的物质与能量的循环是一个开放的非封闭形式。3. 错综的生态系统营养结构。人不仅是消费者,还是生产者,人可利用科学技术,控制城市生态系统的营养结构,有效地实现城市内部能量流动、物质的

Charles Moore 查尔斯·摩尔

查尔斯·摩尔,生于 1925 年,美国人,毕业于密歇根大学和普林斯顿大学,拥有博士学位,他发表过高水平的论文《论水在建筑中的角色》,他是一位公认的具有代表性的演说家,在美国建筑界揭起了一场反对现代建筑的运动。他的同伴都有学者的背景,都有高深与广博的建筑历史知识,都有教书的地位,占据着广泛的建筑教育讲台,摩尔本人事业的大部分也是教学,在加州大学伯克利分院和洛杉矶分院、耶鲁大学等。摩尔的意见核心是要把伦理学和社会学放在现代建筑的指导地位,不是反映严肃的社会伦理学本身,也不是要在建筑风格上反映这个信念,而是摩尔的作品忠实于生活以外的人的天性。他在加利福尼亚大学创造了一种设计方法,设计像是学生们内部活动的舞台,把各种公共活动分解组合为建筑的要素,如

同儿童的积木游戏一般。

圣莫尼卡城的伯恩斯住宅剖面,1974 年

Charming View 情与景

山水花鸟的自然美是客观的,它以其独立的客体美其所美,它的客体美是不依赖人的主观加工创造,赋予创作的感情,然后再唤起观赏者的感情和联想,这就是情与景的关系。对自然美的艺术加工,使之美上加美。因此美既不在物,也不在心,而是在于主观和客观的关系之中。情与景是相对的,景是一,情是十,从一现十,再现生活与联想,情与景的关系是形象思维的关系。

Chavin Civilization 查文文化

查文文化(Chavin)代表前哥伦布时期高度发展的文化,公元前 900 年—公元前 200 年为繁荣时期,当时查文文化遍于今秘鲁北部及中部地区的高地和沿海一带。"查文"一名源于北部高原的查文德万塔尔(Chavin de Huantar)遗址,遗址建筑是一组庞大的神庙群,以表面光洁的长形石块砌筑。蒂亚瓦纳科遗址的主要建筑有巨型神庙,长方围墙和多层步道和另一称作宫殿的围墙,还有多块石砌的雕塑。这里出土的陶器有在深红底色上用黑白线绘成猫头鹰样动物头形的大口杯。

Chevet 半圆形后堂

教堂的后堂,特别是在法国的哥特式教堂的东端。约从 12 世纪开始,罗马风式教堂中圣坛附近趋向复杂化,在其后加了一道曲线形的回廊,周围有一系列小祈祷室, 13 世纪时最甚。此词狭义地专指这种带回廊和祈祷室的后堂,广义地也可指包括后堂在内的半圆形部分。

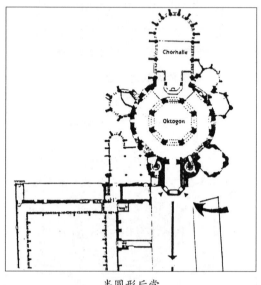

半圆形后堂

Chicago School 芝加哥学派

芝加哥学派作为美国最早的建筑流派,它比别的新艺术运动早 14 年出现,作为首次一伙商业建筑设计者,其在高层建筑造型与结构方面所达到的成就和对世界性的影响,是其他新艺术运动所难以与之比拟的。他们使用依附钢铁框架的高层结构,铆接梁柱。詹尼(Le Baron Jenney, 1822—1907 年)为其最早的代表人物,沙利文(Louis H. Sullivan, 1856—1924 年)是芝加哥学派的中坚人物。在高层建筑造型上有他的三段法,即基座部分和出檐的阁楼以及中间的标准层,突出其垂直线条的特点并加强边墩,这种手法当时甚为流行。沙利文时代认为装饰是建筑不可缺少的一部分,作为最早解决高层办公楼设计的芝加哥学派在技术上谋求有机合理的统一,这是对美国以至全世界最宝贵的贡献。

Chichen Itza, Mexico 墨西哥奇琴伊察

玛雅古城遗址,在今墨西哥尤卡坦州中南部,由于地处干旱地区,水源全靠由石灰岩层塌陷而形成的天然井供给,洞状天然井为建城提供了条件。Chi 玛雅语意为"口",Chen 即定居当地的一个部落,Itza 为伊察人,即"伊察人的井口"。6 世纪构筑了奇琴城,建筑为"普克"风格,早期建筑有神秘文字大厅、红厅、鹿厅、神堂、尼庵。10 世纪伊察人入侵,大金字塔、球场、大祭司冢、柱群及武士神庙均为伊察人之作品,这些建筑完成于后古典时期的早期(900—1200 年)。奇琴城有传统的祭井仪式,将青年男女、黄金、珠宝饰物投入井中举行人祭,奇琴伊察,乌兹马尔和马雅潘曾结为政治联盟,约 1450 年解体,3 城市废弃。

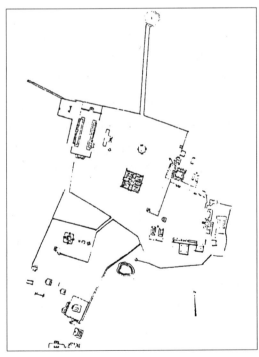

墨西哥奇琴伊察宗教中心

Children's Park 儿童公园

儿童公园是供少年儿童游戏和开展教育活动的公园,属于专类公园。19 世纪始欧美的公园中设置了儿童游戏活动场地,20 世纪儿童公园已发展为公园中的一种类型。例如哈尔滨市儿童公园面积 0.17 平方千米,儿童铁路是公园的主要设施,全长 2 千米,绕园一周。一切管理制度都是按正规铁路建立的,全部工作由 10~13 岁的"小员工"担任,用以培养儿童独立工作的精神和严格的组织纪律性。儿童公园的绿化力求品种多样,避免带刺有毒的品种,各种活动区域之间不同年龄的活动地段要用植物隔开,一般绿化面积不应少于 50%,儿童公园设计要适合儿童,方便儿童使用,一般有体育活动区,游戏娱乐区,科普教育区,科学实验园地,等等,要因地制宜,根据自然条件合理安排。

Children's Realm 儿童的领地

在住宅的公共空间中,常布置有儿童玩耍的地段。例如在墙角处设加高的平台,在楼梯下面设些孔洞和桌椅,儿童是很喜欢在这样的处所玩耍游戏的。降低局部天棚也可以形成儿童玩耍的环境。室外游戏场地最好与室内相连,以保持儿童领地的连续性,因为儿童不大喜欢单一的空间,而要求一个连续多变的空间。但家庭中要求安静的房间则应与儿童领地分开。

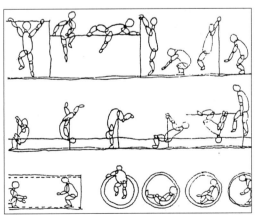

儿童的领地

Childhood　童年时代

童年是人生的宝贵时光,《日内瓦儿童权利宣言》中说,"儿童应享有游戏和娱乐充分机会的权利,各种游戏与娱乐必须与教育保持同一目的,社会的儿童主管部门必须为促进儿童对这种权利的享有而努力"。儿童时代是否具有健康的体魄,良好的品德,发达的智力,直接关系到民族的未来。如何给儿童创造良好的教育环境、娱乐环境,是建筑师的职责。人的一生要学会很多东西,儿童的环境首先要保护幼儿的生理的发展,生理是心理发展的前提,儿童的生理环境,心理环境和娱乐环境,构成童年时代最重要的环境,对儿童成年后的性格形成有重要的作用。

Chimneys and Flues　烟囱与烟道

影响烟囱效果的主要因素是重压力和烟囱内壁的平滑情况,重压力是由烟囱内的烟柱和同等高度外面的空气柱的重量差所造成,这个差额越大,烟囱的效果越好,因此烟囱必须有一定的高度。另外,注意不宜把烟囱贴靠在外墙上,因为降低了重力差额,在构造方面还会由于烟囱出屋顶处泛水处理不好造成漏水现象。为了保持烟囱的内壁平滑,用灰砂抹平,但年久后如有灰皮脱落反会造成气流的障碍。因此只要砌筑时使烟囱内壁的灰缝平整,砖块与砂浆的连接严密,避免发生漏风现象即可。从气流的通畅考虑,以垂直烟道最好、当炉烟通过时摩擦阻抗最小,清扫简单,当烟道必须转弯而不能垂直向上时,其转弯时的倾斜度要等于或大于60°。若墙的厚度较薄时可将设置烟道的部分加厚。若烟道必须设在外墙上,则应将它尽量靠近室内,必要时还可在烟道靠外一面留一空气间层内填矿渣隔温。为了防火,凡是以燃烧材料做成的构件,与烟道内壁的距离至少38厘米。烟囱伸出屋面的高度应根据设计要求而定,如设计中无规定时则按烟囱与屋脊的距离而定,该距离应按水平而不按斜坡度量。

①烟囱距屋脊1.5米以内时,应比屋脊高出至少0.5米。

②烟囱距屋脊1.5米至3米时,不得低于屋脊,并高出屋面至少0.5米。

③烟囱距屋脊3米以上时应高出屋面至少0.5米,且不得低于自屋脊引出的,与水平成10°俯角的直线。为保证气流的通畅,烟囱顶部最好不加压顶或线脚,因为这样会将风流造成漩涡,妨碍通风。

厨房及锅炉房烟囱另有设计要求。

Chinese Ancient Architecture　中国古代建筑

中国古代建筑历经千年发展,形成了独树一帜的建筑风格,以木构架为主体,标准化施工,依据使用要求作小木装修,艺术性与实用性相得益彰。传统中国城市建设强调整体观念,严格的等级制度和宗法礼制观念,强调城市与自然结合。宫殿是中国古代最宏大的建筑群,以艺术手段体现皇权的至高无上。坛庙根据"礼制"的需要为祭献天地、山川、祖先之处,有坛庙、祖庙、家祠。宗教庙宇遍布各地,反映各个时期各民族的建筑风貌。民居标志着人类文明发展的水平,园林深刻地反映了中国传统文化的思想历程,是中华民族的艺术瑰宝,陵墓通常由地下墓室、地上坟丘和陵区组成。

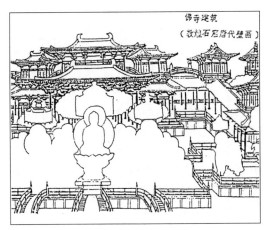

中国古代建筑

Chinese and Western Garden 中国和西方园林艺术

园林一般有规则式和自由式以及混合式 3 种布局形式,古代希腊、罗马以及西欧各国通常以几何图形为构图基础,由直线或曲线的对称或不对称组合。不规则的自由式园林布局源于中国,如北京的皇家园林、苏州的私家园林等,也遍及日本和朝鲜。16世纪英国人康伯游历中国,著《中国庭园记》一书,中国式庭园在西欧风行一时。规则式与自由式混合的布局形式成为现今普遍采用的形式。西洋式园林布局特点以意大利文艺复兴式为代表,有层层高台开阔视野的眺望园、修剪的植物、水池、喷泉雕像、花坛草地等。又产生了法国、荷兰、英国园林的特征。中国式园林"妙在因借,精在体宜",没有一成不变的法式,苏杭以私家园林为代表,北京以皇家园林为代表。诗人、画家创造不同的园林境界,处处有情,面面生意,含蓄中有曲折,余味不尽。

Chinese Brick Eaves and Tile Ornament 砖檐及瓦饰

建筑的檐口、瓦顶、墙头等部位都是希望加重装饰的部位。用砖瓦砌筑,技巧,细部,做法和纹样表现传统装饰工艺效果。砖瓦檐饰是建筑装饰中合情合理的有功能作用的重点装饰之处,既符合构造的需要,又有保护墙顶及檐口构造交接处的功能作用,兼有艺术装饰效果,并夸张中国式屋面的优美线脚。但它的主要功能还是装饰,尤其是翼角处的起翘与飞檐等是中国式屋顶特征的标志。

Chinese Calligraphy in Garden Landscape 中国园林景观中的书法

中国式的园林景观中,书法被刻在石头、木头及岩石上,也有雕刻的石板深留在走廊上。有的由著名的书法家题写,有的悬挂在入口显眼的顶端处,通常题写厅堂或园林的名字,指示人们要进入的殿堂。书法对联的内容陈述出书法家或文学家们在生活环境中的感受,或者描述景观或园林建筑物的情境。这种介于艺术及建筑或园林的独特结合,是中国园林中美妙的运用手法,使中国园林艺术充满情趣。

Chinese Cave House 中国的生土窑洞

黄土窑洞多因地制宜,分布在黄土高原的山脚、山腰、冲沟两侧及黄土高原上,构成形式多样、空间层次丰富、环境别具一格的村镇景观。可分为靠山式,下沉式和半蔽式窑洞。窑洞村的布局有以下几种形式。1. 矩形靠山坡规划的村落。2. 带形或蛇形沿沟谷两侧断崖上的村落。3. 圆弧形与放射形集群布局的村落。4. 棋盘形与散点形的地下下沉式村庄。5. 袋形或扇形有独特的中心与场所。窑洞民居历来以群体取得变化,窑洞单体平面十分简单,有一字型及带耳室的厂字形平面,凸字形平面。立面拱形有尖拱、抛物线拱和圆弧拱。一门一窗式,一门二窗式,单层及错层式,等等。各地的历史传统,生活习俗,经济水平不同又有许多差异。

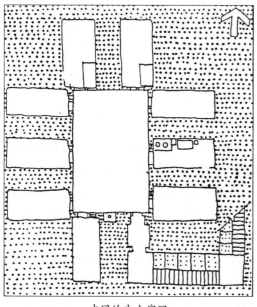

中国的生土窑洞

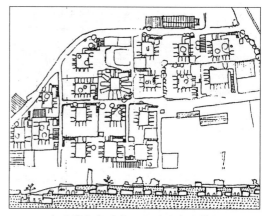

中国黄土高原窑洞民居的布局特点

Chinese Cave House Pattern Characteristics 中国黄土高原窑洞民居的布局特点

中国窑洞民居分布在黄土高原广大地区,大体分为地坑式、沿崖式、土坯拱式3种。地坑式在平原上下挖成坑,坑内3面或4面开凿窑洞居住。沿崖式沿山边、沟边开凿窑洞居住,不占耕地节约农田,建于破碎的阶梯形冲沟山崖地带。土坯拱窑洞是用土坯砌拱后覆土保温的土中民居。3种形式窑洞常常因地制宜结合采用。地下窑洞有两大优点,一是保护自然生态环境,二是冬暖夏凉节约能源。

Chinese Dwellings Structural System 中国民居的结构体系

中国传统民间建筑骨架基本构成由穿斗式、抬梁式或局部双步或三步架梁所构成。出自模数化、标准化、预制装配化的概念,构架上每设一檩,称为一"架",二檩之间的距离称为一"步"或一个"步架"。各檩之间基本等距,在1~1.5米之间。对房屋进深变化及平面灵活分隔具有适应性,传统构架把屋顶构件和承重柱子组成一个构架系统,只要柱距相同,各构件的受力情况都是一样的,对房屋高低变化及上下分隔有适应性。1. 便于架设屋顶隔层。2. 便于将屋面设计成长短坡。3. 便于屋顶作局部的升高。4. 便于构造楼房。对附属房屋的接建、扩建、改建的适应性,由于有装配特点,可用"托梁换柱"之法,便于作各种形式的悬挑处理。对不同地形、气候等自然条件的适应性:坡地上可顺坡而下的斜屋面;陡坡台地可错层;水边吊脚楼可出挑;沿路可作骑楼或走廊;崖地岸边可悬挑;山墙加坡屋可抵抗风力;炎热多雨可加大坡度排水,湿热可加大敞口以利通风;防潮可架空作干栏式建筑;丰富了建筑造型的艺术面貌。

Chinese Ecological Aesthetics 中国生态美学

中国自古以农立国,对自然的变化取敬畏与顺服的态度,中国人的宇宙观是天与人合而为一,物质与精神同流的境界,万物生命在其中流通。顺应之情、应天之时,达天人共融的境界。中国人视万物平等,通情达性,每种生物生存的环境都应有其适应发展的条件。直觉观照,心验体悟,重视物的本质,艺术精神融入调和境界,精神与自然的契合,重视自然环境的原貌。从庭园艺术中可以体验到不是单纯的模仿自然,而是人造自然,使居住者如同置身在大自然中。中国建筑重视风水,从日照、风向到安排建筑朝向,使冬季背风向阳,夏季通风纳凉,相地择背风向水的环境,即注重生态,选择适于生存居住的场所。看中国固有文化和自然相互融合的生活美学,再勾画出现代中国人所需求的居住生活空间。

Chinese Garden 中国园林

中国园林艺术始自第 5 世纪,从历史各个朝代中注入文明,直到 16 世纪达到高峰。中国园林艺术独具东方气质与风格,哲学思想始于神话中的盘古开天,当盘古死时,他的身体变为山脉,头发化为森林,血液注入河流,在中国园林中可感到天人合一的宏伟精神。园林中的岩石造型、竹影在石壁上飞舞,屋檐下的阴影,河湖水面泛起的涟漪,风铃之声,自然的欢乐,特别是对自然及原材料的欣赏,是中国园林的景观特征。从 16 世纪到 20 世纪,中国园林常被官府占据,至今保存下来的著名园林早已不是原先拥有园林的主人所建的原貌,但经过历史的变迁与恢复至少还能反映中国传统园林的风范。

中国园林

Chinese Garden in Topological Approach 中国园林的拓扑关系

向心关系,向心之"心"并非一个点而是一个界线模糊的区域。建筑和其他要素不仅受本景区的向心力,也受邻近其他景区的向心力的合力作用,建筑立面的法线汇拢而不是相交于一点。互否关系包括:1.方向的互否;2.进退的互否;3.高低大小的互否;4.屋盖的互否;5.内涵的互否。互否关系是以相对关系为前提的。向心、互否、互含关系的本质都属于拓扑变换关系。拓扑学是研究几何图形在一对一的对方连续变换中不变的性质,这种性质称为拓扑性质。这种通过对称、对位、轴线组织等手法建立起的关系(几何关系)是不同的,前者在一定范围内,局部甚至总体变化时,关系不变。而后者任何局部的缺损或变形都使原有关系丧失。向心、互否、互含三关系如同中国太极图。

Chinese Minority Dwellings 中国民居的民族文化

中国民居所表现的多种多样的形式和各异的特点，显示了许多因素之间复杂的相互作用和影响。民族、文化、传统的因素在不同的时间空间，时而突出某一因素，时而改为重视其他因素，某些有趣的社会现象也反映到民居的形式特征上来。各地民居明显的差异表现在地理气候条件的不同，地方材料和传统的构造技术与方法的不同，环境落位的不同，防御要求带来的特点，经济条件的差别，宗教因素对建筑形式的影响，等等。民居有种种不同的形式是一个复杂的现象，民居反映因社会、种族、文化、经济及自然物理因素的交互作用而各有差异。在中国民居中可以看到多民族的特征，蒙古包以及藏族、朝鲜族、维吾尔族、西南少数民族民居和福建、广东的客家民居等，都强烈地表现出各民族的传统风格和风俗习惯。宗教信仰也影响住宅的平面形式、空间安排和方位。北京四合院的入口和厕所是根据阴阳风水确定的，古代民居的屋顶、墙、门、灶火……，处处都有神灵护卫。云南彝族民居的屋脊都朝一个方向，蒙古包演化的定居点中，西窗上是供神的位置，生土窑洞中宁可不开后窗通风以免"漏财"，等等。家庭组织及社会等级观念也反映在民居中堂屋的地位和院落的平面组织上。

只要物质条件与文化生活方式改变了，它原有的含义就不复存在了，但适合后人们生活需要的传统的形式都被继承下来。

中国民居的民族文化

Chinese Ridge Ornament and Hang up Fish 中国的脊饰、悬鱼

中国南方许多民居把屋面装饰集中在屋脊上，脊通常用青瓦竖侧砌筑，也有用砖砌的，也有砌成钱纹等各式花样的，颇为轻快别致。脊尾用石灰作鸱尾、鼻子等，有简化到仅利用脊身翘起下垫点粉饰物即可。脊的中部花样很多，有空花纹、人物、宝顶、三星等装饰，大型讲究住宅有用琉璃作脊上装饰的。

中国脊饰如同西洋民居屋顶上的帽头，人们都不会放过在屋顶上做装饰品的机会，在建筑末端的边沿处理有助于作建筑文章的收尾，顶部比其他部分更有表现力，反映建筑的外形印象及地方性特征。

中国民居硬山山墙博风板交点处的悬鱼是精美的装饰，有多种纹样和外形，木板制作的小鱼、双鱼、古钱，挂在山尖正中，离开山墙一定距离，鱼背后有一根铁条与山墙固定。悬鱼的影子落在墙上，构成随时间变化的活动图案，有动态的浮雕。在法式建筑中，悬鱼在不同朝代有形式上的演变，在民居中表现地方性风格。

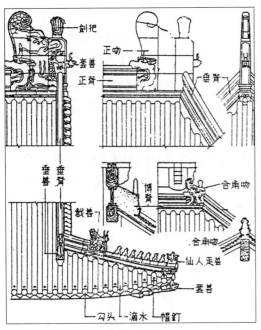

脊饰、悬鱼

Chinese Traditional Architecture 中国建筑传统

传统是一种历史持久的、在某一社会或地区不断延传的思想、道德、习俗、文化、艺术、制度等，是作为过程而存在的。它存在于过去——现在——未来的动态系统之中，从古代传统到现代传统，传统存在于永恒地发展变化之中，传统是在一定的时空条件下，总结世代积累的经验，进行创新的成果。继承中国的建筑传统，并不意味着对古典建筑风格的复制，也不是建筑遗产的表象，特征的单向延伸。而是从现实出发，以现代的审美观，进一步发掘和重新审视蕴藏在中国建筑系统深处的文化内涵。学习和运用其超越时代的哲理、精神、创造力和应变力，寻求传统与现代建筑的结合点。

Chinese Traditional Cave Houses 中国的传统窑洞

中国传统窑洞有几千年的历史实践，积累了丰富经验，表现了民间艺术家的聪明才智。在中国黄土高原的广大地区，人们创造了没有建筑师的民间优秀建筑艺术作品，这些"非建筑师的建筑"最能反映民族文化的地方性特征。窑洞民居不仅在温度、气候、防护、隔音、减少污染等物理环境质量方面具有天然的优越性，而且也表现了自然美与传统形式的特征。因此设想未来的城镇和住宅可以从中得到许多启示。

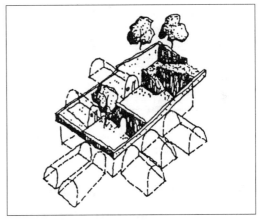

中国的传统窑洞

Chinese Traditional City Center 中国传统城市中心

中国一般的旧城市中没有明显集中的城市中心（北京例外），不像中世纪的欧洲城市，多以教堂或市政厅、市场等形成生活及城市构图上明显的市中心，除商业活动外，也供宗教活动之用。中国古代大量性的群众活动较少，宗教活动在生活中的地位也与欧洲不同。中国旧城市中除了练兵教场之外很少有大型公共广场，以宗教活动为主的建筑如城隍庙、孔庙为庭院式的建筑，公共活动在庭院内进行，无须较大的广场。在一般中小城镇中多有南北、东西两条道路的交叉点，往往是商业中心所在，以此交叉点为中心的地区，实际上就是城市的中心区。

旧城市的行政中心是府县衙门,位置与城市的生活与经济的中心分离,与人民的公共活动关系不大。城隍庙和孔庙也与生活经济中心分离,城市的主要经济内容是手工业及商业,乡村农产品集散,在城市的出入口处形成一些交易中心。

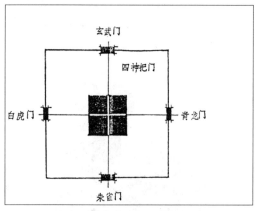

中国城市布局与四神方位

Chinese Traditional City Unify with Natural Environment　中国传统城市与自然环境统一

中国历代都城的变迁,更是考虑符合政治、经济、军事、文化与交通需要的自然条件。如六大古都之一的北京,其自然地理形势条件极为优越,西北面背负西山、军都山,四周有水,东为白河、西为玉河、南为卢沟河、北为清河,正如清《宸垣识略》中所描述,"左环沧海,右拥太行,北枕居庸,南襟河济,形胜甲于天下,诚天府之国也"。又如广西三江马安寨,是一个同周围自然环境结合完美的侗族典型村寨,一面靠山,三面临水,村寨建筑在林溪环境的山坡地上,两边建筑风雨桥,对外联系。广西龙胜金竹寨,是一个充分利用山坡地形建在半山腰上的村寨,道路随地形盘旋而上,建筑沿等高线布置在道路两

侧,周围林木葱郁,梯田在其两旁,便于生产。中国名山的寺庙建筑更是与周围自然环境谐调、统一的好实例。在科学技术发达的今日,还应重视利用地形、通风、采光等自然条件,发扬"顺应自然"的规划设计思想。

Chinese Traditional City with Building as a Whole　中国传统城市与建筑的整体性

中国城市与建筑的主要特征之一就是整体性很强,这一重视整体综合、从整体考虑的指导思想,值得继承与发扬。

中国历史悠久,有五千年的文化历史,城市与建筑自成体系,是在孔子"礼"制和老子"顺应自然"的哲学思想指导下逐步发展的。城市与建筑本身的规划设计主要受"礼"制思想的控制,其周围大环境和其内部部分小环境的处理则是"顺应自然"的。城市规划、建筑整体设计井然有"序",等级清楚,都形成了有机的整体。由于当时的科学技术水平不高,规划、建筑、园林三者结合在一起,由营造师统一设计与建造。现代,科学技术发展很快,城市与建筑日益复杂,城市。本身是个"系统工程",下面又有许多子系统,如道路交通、给水排水、供电、电讯、经济、居住建筑、公共建筑、绿化等系统,需要各方面的专业人才共同完成子系统和综合整体规划设计。用系统科学来剖析,整体不是各个局部的总和,这就是系统、整体的作用。所以说,规划师、建筑师都应具有这一整体的指导思想。中国城市与建筑整体性问题的五个原则问题为:

1. 与自然环境结合,互相谐调、统一;

2. 方格网道路系统中轴线突出;

3. 城市与建筑结构层次分明,完整;

4. 中心区组成系统,建筑组成内向庭院;

5. 城市立体轮廓线明显,建筑群富有特色。

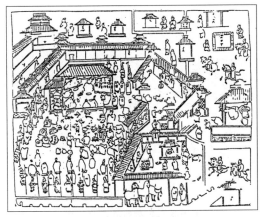

中国传统城市与建筑的整体性

Chinese Vernacular Architecture 中国的乡土建筑

中国乡土建筑是中华民族的瑰宝,是建筑师创作中取之不尽的文化遗产和沃土,是中国建筑师之民族魂,从乡土建筑中摄取营养,进行现代建筑创作和探索是充满光明和希望的创作之路,创作的领域宽广,创作模式也多样化。中国建筑现代化的出路不能只向"国际式"靠拢,也不能只向传统挖掘,应从多方位探索,建筑师可以乡土建筑作为创作的出发点,去完成面向现代化的转换。也可以现代建筑作为创作的出发点,去寻求乡土建筑的神韵,甚至还可以运用传统建筑所隐含的哲学思想有机地融入现代建筑创构之中,从不同角度去探索,寻求共同的交汇点。

Chroma 纯度

色的纯度,指的强度或色相的纯粹程度。以光而言,其纯度可自强烈的日光变化为黑暗。以颜色而论,其纯度可自代表日光的黄色而变为代表夜间的深蓝色,而红色介于其间。红与黄色相合,可成为暖色,而红色与蓝色相合,便构成冷色。暖色含有优势的红色,冷色含有优势的蓝色。

Christopher Alexander 克里斯托弗·亚历山大

克里斯托弗·亚历山大是 1936 年在奥地利出生的英国人,毕业于英国剑桥大学,获哈佛数学系硕士学位,建筑学理科博士学位。他的理论著作和教学工作比他的建筑作品影响更大。他试图改进与发展建筑与规划的理论基础,并且是一位市长的代言人。他认为在城市交通体制中"时间"比"距离"更重要,提出了"平行的全是右转弯"的单行交通系统。他设计的印度村庄的图示,反映了城市形态的演变形式,他还用数学图解的方法说明原始城市的发展是格子状的,现代化的城市是呈树枝状发展的,缺乏变化和图形上的搭接。

亚历山大的成功之处是重视 20 世纪建筑的历史性,著有《走向人文主义的新建筑》《建筑形式的综合性注解》《布局的语言》《永恒性的建筑》等书。其中《布局的语言》一书影响深远。

Circulation 流线

当人迷路的时候,作为建筑师马上就会想到,在城市中的建筑布局的流线组织是非常重要的。明确的流线好比人们心中有一幅导游的地图,会自然而然地引导你到你要去的地方。因此,在任何环境中都必须表达通顺而明确的流线体制。组织城市与建筑的流线时,要以主体建筑为核心,形成连续的流线,再通过下一个次要的流线空间,每个流线空间之间,空间流线之后,与下一个区域要有明确的联系。在组织流线中,每一部分应有自己的称呼,以便容易找到他们要去的地方。

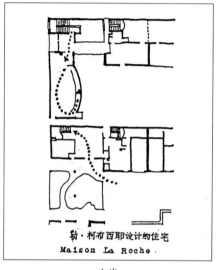

流线

Circulation and Hierarchy of Chinese Cave House 中国窑洞民居的流线与层次

地下窑洞民居的布局有一个自上进入地下的有层次的流线。这个流线在人的使用关系上是按其使用公共性的程度形成有层次的布局,按人的亲疏关系布置宅院。由公共性逐渐过渡到私密性,渐进的布局体现在各个不同标高水平的平面上。牲畜棚、杂屋以公共性和半公共性的空间布置在上层,卧室和闺房等最私密性的空间布置在最下层。渐近层次如实地反映社会与家庭生活中的交往关系。人们由公共街道通过门洞,绕过影壁进入半公共性的内院,最后到达私密性的空间。这是一个穿过式的由上而下的流线程序。在这个流线中有花园、踏步、坡道的转折以及标高与铺面材料的调换等有特色的手法。在行为心理学上比直接进

入一个空间更使人感到幽静,并产生明确的“到家之感”。窑洞民居在街道与居室之间有一系列可以支配的过渡空间,形成空间与环境的层次过渡。

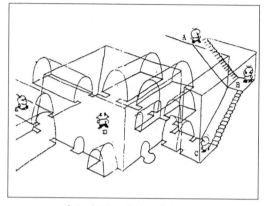

中国窑洞民居的流线与层次

Circulation Design 流线设计

各类公共建筑都有自身的人流特点,有的均匀集散,如图书馆、博物馆。有的是断续的人流,如商店、医院等。有的在一定时间内集散大量的人流,如体育馆、影剧院等。在组织人流方面有水平、立体、综合三种方式:在人流活动简单的小型建筑中,人流活动是水平的关系,常布置成低层的建筑群组;规模较大的交通建筑常把进出建筑的两股人流线,从空间上错开,人流活动的立体关系使流线短捷方便又不交叉干扰;当公共建筑达到一定规模时,人流组织需要综合的方法才能解决,采用综合关系法组织人流。有的人流按水平关系安排,有的人流按垂直关系安排,如旅馆、体育馆、剧场设计都有这种情况。在公共建筑空间组合的流线设计时,解决人流活动的关系顺序,是基本功能要求的体现。

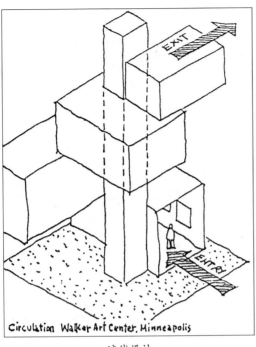

流线设计

City Center Design 城市中心设计

　　城市中心多由政府机关和其他大型建筑组成,市中心广场可举行全市性的集会庆典等活动,市中心建筑群要求整体统一,具有文化特色。区中心则由区域性的公共机关组成,服务范围限于在一个区内。城市地方性中心的形成是因为大企业、公共建筑、文教机关、交通运输建筑,如文化宫、体育场、火车站等构成。由于交通条件的限制,市中心的平面规划往往是复杂的。在小城市中只有一个市中心为全体市民服务,还有若干个地方性中心如站前广场、厂前广场等。在大城市中要有一个中心系统。市中心、区中心、地方中心之间由干道连系,其规划和建筑规划结构,在编制总体规划时即已确定。在城市中心区内的公共建筑占据重要地位,如政府办公楼、观演建筑及文教机关、商业建筑及有历史意义的纪念性建筑和古迹。

City Center of Moscow 莫斯科市中心

　　莫斯科市中心是一个宽阔的中心区,用地面积比原市中心扩大了数倍,中心的形成经过了许多世纪,这里最初为克里姆林宫的教堂广场,乌斯宾斯基教堂占主要地位。后来建立了伊万诺夫广场和伊万钟塔,商业性的红场成为克里姆林宫前广场并被瓦西里布拉仁诺教堂所封闭。1820—1935 年在莫斯科中心区建立了许多广场,克里姆林宫的四周出现了马尼日广场、革命广场、卢比扬广场和其他一些由宽阔干道连系着的广场。很好地保存了历史上形成的建筑群,居住建筑也把 15 至 18 世纪建造的房屋外观统一起来,成为艺术上的一个完整城市。莫斯科市内历史上形成的一些广场都作为市中心的组成部分,有机地组合在市中心建筑群内。

莫斯科市中心

City Center of St. Petersburg 圣彼得堡市中心

　　圣彼得堡市中心是几代俄罗斯建筑师创造性工作的结果。海港城市决定了城市中心布置在涅瓦河的分叉点上,第一批建筑建在两岸的 3 个地点,彼得堡、海军总署和华西里也夫岛。市中心面貌由彼得巴甫洛夫城堡、海军总署大厦和交易所大厦组成，被宽广的水面连在一起，充分反映了城市的军事、行政和商业意义。19世纪中叶又增加了依萨基也夫斯基教堂及广场（十二月党人广场），在皇宫广场的中心建立了亚历山大纪念柱。广场四周由海军总署大厦、总参谋部大厦、冬宫构成涅瓦河岸建筑群的枢纽，在十二月党人广场上竖立着彼德一世的骑马像。涅瓦大街从皇宫广场开始，交错地穿连着一些建筑群和横向街景，这一地区的建筑都是彼得大帝时期始建的。目前圣彼得堡的市中心已经改变了内容，并向涅瓦河的上游扩展，通向海滨公园。

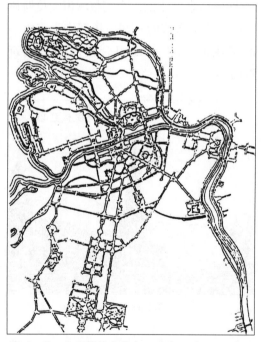

圣彼得堡城市中心区平面图

City Climate 城市气候

　　人类已经使地球上的微小气候改变很多，城市中铺地之延伸，建筑之密集，热及污染物的排放，制造了城市气候。2000年波士顿、纽约地区平均每单位面积人类产生的平均热将达到冬天热辐射量之50%，就形成了城市"热岛"。在伦敦禁止房屋烧火取暖后，冬天阳光增加了70%，地面可见度增加了1/3，过去的伦敦雾几乎不见了。都市大量铺地引起快速之流水，使湿度及冷却效果减少。建筑群阻挡了风，都市变得又热又干又多灰尘。城市气候限制了植物种类。规划设计者利用许多资料才能评估一个地区的微气候，并应用技术手段去改良当地的气候，对地球上的各种能源应节省利用。

City Park 城市公园

　　城市公园的绿化不属于自然环境，公园是城市环境中人为的、模仿自然的景观。城市公园是拥挤的大城市中宝贵的绿地，如同城市血液系统中新鲜空气的心脏调节器，把氧气输送给居民。因此，城市公园设计至少要保证足够的绿地覆盖面积，在城市公园中充满建筑或各种设施，都是失败的。纽约曼哈顿岛上拥挤楼群中的中心公园是上帝留给这个城市最珍贵的绿色地带，它是纽约千百万人民对大自然渴望的一线仅存的光明。

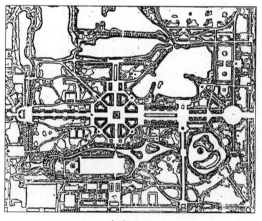

城市公园

City Park Design 城市公园设计

　　城市公园设计包括以下内容。1. 文化休息公园，有文娱设施、体育场地、展览馆、图书阅览室、露天剧场等。休息设施有游廊、休息厅等。服务设施有餐厅、茶室、小卖部等。公园中的绿地应占 75%~80%。2. 区公园，游人散步为主，绿地应占总面积的 70%~75%。如设置运动场、剧场等，应有专门的出入口。3. 小游园，在居住街坊之间或街坊中央或小区公园，专门供附近居民休闲，四周可开设几个出入口，可设置儿童游戏场地。在密集的公共建筑之间的小游园、街心花园或绿化广场，供作短时休息并有装饰美化作用。4. 儿童公园，有全市性的及区域性的，可附设在一般公园中，也可专门设立，应有专门的幼儿活动区，绿地至少占总面积的 50%。5. 植物园、动物园。6. 林荫道、河滨绿地。7. 防护林。

City Planning 城市规划

城市规划是为了实现社会和经济方面的合理目标而对城市的建筑物、街道、公园、公共设施以及城市各方面的物质环境的各个部分而作的全面安排。是为塑造或改善城市环境而进行的重要社会活动，是一项政府职能，也是一门专门技术，或是三者的融合。世界上有的城市是自然发展形成的，有的新城是按人的理想规划设计的。多种多样各种类型的城市都可以对我们的城市规划工作有启发和借鉴，城市规划是一门古老的科学，又是一门新兴的快速发展的科学。

City Space 城市景观

现代城市对环境与景观艺术的要求是要合乎适用、美学、时代、大众、本土、生态、整体性。现代城市要求环境景观艺术在功能上是适用的，形式是美的，主题与文脉应富有内涵。城市景观特色主要由该城市的公共空间所反映，其主要的构成元素是建筑、绿化、水体、街道、雕塑小品、广场。绿色景观、庭园绿地，贵在自然才能充满生机。水体景观是滨水城市组成城市特色景观的重要条件。雕塑景观是将艺术、生活、科技、时代精神和大众感情融于一体的造型艺术。街道景观是城市结构的脉络，是城市形象的视觉焦点，夜晚街道和建筑物的亮化也是美化城市的重要内容。广场景观面向市民，是反映当地历史、文化、艺术特色和市民的精神风貌的主要场所。

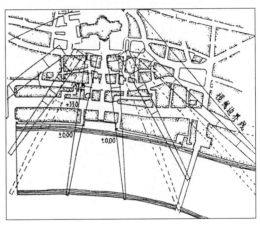

规定大教堂附近建筑的平面

City Square Composition 城市广场构图

古典的城市广场有平稳的构图，建筑物有一样的高度，广场上没有高层建筑。借助建筑物的高度与广场面积之比例关系可寻找其间的构图关系。一般矩形或梯形广场，建议建筑的高度采用广场长度或宽度的 1/3~1/6。许多闻名的广场均有这样的比例，如佛罗伦萨的阿努齐安塔广场 1：5.5；巴黎的议会广场 1：5.5；圣彼得德堡的奥斯特洛夫斯基广场 1：6 等。圆形半圆形广场建筑物高度与广场直径之比最好是 1：4，如巴黎的胜利广场和圣彼得堡喀山教堂前广场。尖塔与广场的比例最好是 1：1，2：3，5：8 和 1：2 以下。位于广场中心的纪念柱和方

尖塔的高度与广场长或宽之比最好是
1/3~1/6。广场的方向性由布置在广场中心
的主体建筑确定,布置在广场纵深或布置在
广场的周边。广场上的纪念物有柱子、方尖
塔、石碑、雕塑等,可有集团式的、单面式的、
轮廓线式的、复杂的雕塑组合构图形式。

城市广场构图

City Wind　城市风

由于城市地面层高低不平,粗糙度大,
因而气流进入城市后,风速一般都会减小,
大风减速尤多。由于城市地面层像山区地
形一样复杂,在城市街道中间以及两栋高
楼之间,都会像山区风口那样,流线密集,
风速加大。由风洞实验可证实,在高楼前
及两侧,存在有比背景风速大 130% 的大
风区。主要因为离地面越高风速越大,高
层大风在高楼上部受阻后被迫急转直下,
把高空大风动量带到地面。如果高楼底部
有通道,则通道风口处的风速甚至可比背
景风速大 3 倍。

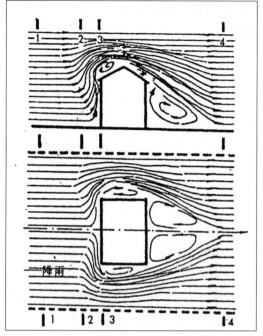

风吹过房屋时气速的变化

Civil Engineering　土木工程

土木工程的原意是民用工程,与军事工
程相区别,古代和中世纪的工程师建造了大
量的宏伟工程。如古罗马的大浴场、道路、
桥梁、输水道、中世纪的大教堂、军事工程。
土木工程作为一门独立的学科是从 1747 年
法国建立的桥梁公路学校开始的。以设计
和计算代替了过去的估算和经验公式,许多
有才干的工匠通过自己的钻研而成为土木
工程师,第一个自称土木工程师的是英国人
丁·斯米顿,他设计建造了艾德斯通灯塔。
巴黎在 1794 年、柏林在 1799 年分别成立了
当地最早的工程学院,目前任何国家的大学
里都有这门学科。土木工程设计进行实现
可能性的研究,场地调研以及设计工作。土
木工程包含的内容极为广泛:建筑工程、交
通运输工程、海运和水利工程、动力工程、公
共卫生工程。职业工程师须有学位和考核
认证,有些国家必须经过注册取得执照才能
承担任务。

Civilization and Architecture 文明与建筑

建筑是文明的一个组成部分,其物质形态和艺术形态与中国的自然、社会发展有直接联系。从构成艺术形态的中国人的心理结构、思维方式和审美观念来看,都深受儒、道、佛思想的影响。这些特性使得中国的艺术创造(包括建筑)特别强调所谓的意境。中国的现代建筑离不开整个现代中国社会文明的制约。

Classic 古典的

古典指早期完成之文艺作品,以公元前 5 至公元前 4 世纪之艺术为最盛期。Classical 为古典主义的,1850 年间在意大利以仿造文艺复兴时代(1500—1540 年)的作品为普遍,称其建筑式样为古典主义的。Classical Architecture 为古典主义之建筑。Classicism 古典主义指 18 世纪中期至 19 世纪中期,盛行仿古希腊及古罗马之艺术样式。主要倡导为反对洛可可、巴洛克样式之运动,为合理主义及理想主义思想之原动力。

Classical Revival Architecture 古典复兴建筑

古典复兴主义是资本主义初期首先出现在文化上的思潮,在建筑史上指 18 世纪 60 年代到 19 世纪末在欧美盛行的古典建筑形式。希腊罗马的古典建筑遗产成了当时创作的源泉,古典复兴建筑在各国的发展虽然有共同之处,但多少也有些不同。大体上在法国以罗马式样为主,而在英国、德国则希腊式样较多。当时主要建造的是国会、法院、银行、交易所、博物馆、剧院等大型公共建筑。

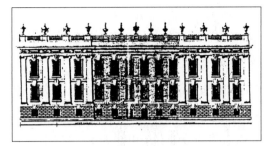

古典复兴建筑

Classicism 古典主义

巴黎建筑学院的第一任教授弗·勃隆台(Francois Blondel,1617—1686 年)是法国古典主义建筑理论的主要代表,他说"美产生于度量和比例"。古典主义认为古罗马的建筑包含着超乎时代、民族和其他一切条件之上的绝对规则,认为维特鲁威和其他意大利理论家在对古建筑的直接测绘中得到了美的金科玉律。对柱式推戴备至,尊奉为"高贵的",非柱式建筑为"卑俗的",又标榜"合理性""逻辑性",强调构图中的主从关系,突出轴线,讲求对称,倡导理性,主张建筑的真实。古典主义的极盛时期在 17 世纪下半叶,宫廷的纪念性建筑物是古典主义建筑最主要的代表,集中在巴黎。欧洲最早的建筑学院是古典主义时期设立的,形成了欧洲建筑教育的传统。

Classification of Urban Green 城市绿地的分类

根据绿地的使用目的,绿地可分为:街坊以外的独立绿地;居住区或其他地段以内的绿地;工业企业的绿地。根据使用特点可分为:公用绿地如全市或分区性的公园、花园、林荫道、街道绿地;专用绿地如学校、托儿所、幼儿园中的绿地;俱乐部、工业、企业、独院住宅内的绿地。特殊用途的绿地如防护区、保护区、公墓等。特殊性质的绿地如植物园、动物园、苗圃、禁伐区等。根据绿地所在市内或市郊的分布可分为:市内的绿地;各类公园和林荫道、街道绿地;市郊公用绿地;森林、防护林带等。

Classification of Urban Road　城市道路的分类

道路的分级有全市性干道:供城市各分区之间的交通运输,有少量的人行横道线,方便的交叉口,是城市的运输动脉。市中心大街:路边有全市性的公共及商业建筑,人行道宽阔,无过境交通穿过中心区的主要街道。过境干道:供城市的出入口,连接全市干线与对外交通的衔接点。快速干道:连接城市与郊区的主要道路,行车速度不受限制的高速车路要做立体交叉。Ⅱ极分区性干道、区干道:供本区各部分之间或相邻区间的交通运输。工业区道路:供地方性的货车行驶。公园游览道路:穿行于公园绿地游览风景区,供游览车行驶。Ⅲ级地方性道路:街坊间的道路或称居住区道路,供居住区范围内的地方性交通或连接全市性干道与区干道之用。街坊内的道路:供街坊或小区内部的交通用。

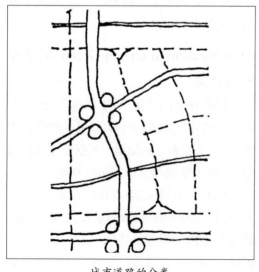

城市道路的分类

Classify of Building　建筑物的分类

按建筑的使用性质分为:1.居住建筑;2.公用建筑;3.生产建筑;4.仓储建筑;5.特殊建筑,如纪念碑、塔、天文台等;6.其他建筑,如锅炉房、游泳池、水塔等。按重要性及耐火年限可分5等:1.特等,有纪念性、历史性、代表性之建筑;2.一等,重要之建筑;3.二等,一般重要房屋;4.三等,普通建筑,寿命在40年以下的;5.四等,临时性及寿命在15年以下的建筑物。按耐火程度分为5级,根据建筑物的各部分燃烧性能及最低耐火极限小时划分。建筑材料与构件按其燃烧性能分为非燃烧体、难燃烧体、燃烧体3类。按结构材料分类:1.木结构建筑;2.砖木结构建筑;3.混合结构建筑;4.钢筋混凝土结构建筑;5.钢结构建筑;6.其他结构建筑,如砖结构、石结构、四不用结构(不用钢材、水泥、木材、红砖)。

Classify of Residence Building　居住建筑分类

居住建筑按其使用性质,可以分永久性居住建筑与临时性居住建筑。永久性民居建筑就其设计又可分为:1.独院型居住建筑(又称庄园式居住建筑),其主要特点为,每一住宅有其个别独立私自使用的庭院,多建在城市外围郊区或农村中,而农村中因土地宽阔人口分散,更以独院式居住建筑为主。独院式建筑分为一、二层。2.城市型的居住建筑,其主要特别为多家共同组成的有公共使用土地,如公用绿地、儿童游戏场所以及公用的家政设施。按层数分:二层至五层为低层居住建筑,五层以上为多层居住建筑。一般三层以上的公用设施较完备,六层以上多有电梯,多层及高层结构比较复杂,多以群体建筑出现在居住区中。城市型居住建筑可分为:标准单元组合及公共通道型。
3. 其他类型有宿舍、旅馆、招待所和临时性
居住建筑,如轻便运输住宅和工棚等。

Clay Tile Roofing 平瓦屋面

平瓦根据制坯的方式不同,有手工制平
瓦和机制平瓦之分,手工制平瓦质量较次于
机制平瓦,黏土平瓦有红色平瓦和青色平瓦
两种。黏土平瓦较水泥平瓦应用广泛。黏
土平瓦质地、纹理须紧密,边角整齐,无气
泡、砂眼、翘曲及裂缝等情况,击之发音不清
脆的为劣品。尺寸:长度为 400 毫米,宽为
20 毫米;允许偏差:长为 ±5 毫米,宽为 ±3
毫米,现今各地平瓦尺寸尚略有不同。屋脊
处有特别脊瓦。平瓦每块重约 3~4 千克,每
平方米屋面约需 15~16 块。屋面板(望板)
的厚度视檩子的间距大小而定。2 号油毡
铺在屋面板上,以防漏水,顺水条(压毡条)
及挂瓦条尺寸约为 13 毫米 ×25 毫米,中距
600 毫米。虽然平瓦屋面耐火、坚固、就地
取材、施工简单,但重量大,相应地加大了荷
载,如屋架、墙身、基础等,使整个建筑物的
造价增加。

Clients 业主

设计师有一系列名义上的业主,他们付
钱,设计者为他们服务,当然要迎合业主的
需求,因此在使用者之权重比较上首先要考
虑的还是业主的意见,看他是否要接受这个
计划,但最后最具影响力的还是使用者。一
般普遍的错误是没有注重管理建设基地之
次要的使用者,像管理员、经理、园丁、修理
工等,只有在这些使用者的需求被满足时,
在他们支持下,规划设计才会被通顺地使
用。但对使用者的分析不能只考虑有影响
力者,只针对能付钱的业主。例如有关的顾
客,有投票权的股东,或影响建设成本的人。

即设计者只有将业主的正常利益延伸,符合
业主的利益就可说服业主,并能考虑其他使
用者时才真正触及使用者的核心要求。

Cliff Palace, Mesa Verde 弗德台地 "岩宫"

弗德台地在美国科罗拉多州南部,1906
年为了保护崖壁上留下的印第安人史前民
居遗址,建立了国家公园。崖壁上有几百个
1 300 年前的印第安人村落遗址,其中最大
的一座"岩宫"于 1900 年出土,包括几百个
房间。有印第安人举行仪典用的圆形洞室,
民居全是用不规则的石块砌筑的,通达内部
纪念室的入口是秘密的。

印第安人的"岩宫"

Climate 气象

不同的温度、湿度及清新空气条件包围
着人们,且阳光及声音也穿过空气刺激人
们,这就是气象。只有在某个程度人才感到
舒适,自然界天气多变,有时恶劣,在建设基
地的选择及安排上可控制气象因素。一个
区域气候由气温、湿度、降雨量、云雾、风速、
风向及日照资料表示,即作地段规划时的自
然限制条件。只取平均值的数据不够,要知
道一些最高和最低的数据,如最高风速及最
低温度等,在规划设计中克服人的不舒适
感。所以常用极大或极小的各种气象资料,
例如降雨强度达到何种程度就需排走? 什
么是舒适或不快之风向或风速? 一天中什
么时候或哪一季节的日照是应避免或引进

的,照射方向为何？有效温度何时使人不适？等等。

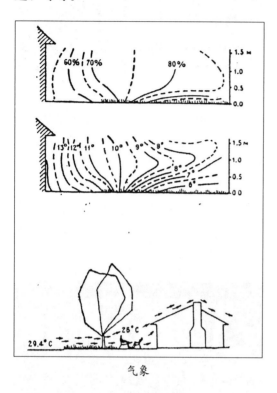

气象

Climate Control　气候控制

为了维持室内环境气候的舒适状态,使外界的气候条件、温度、湿度、雨、雪、风、日照等不致影响室内气候,而施加的控制称为气候控制,如制冷、暖气、通风等空调控制皆为气候控制。影响气候的因素有自然地理分布的因素,主要有纬度、海拔、水陆分布、海岸距离、位置、地形、海流等。将这些气候因素搭配组合可形成海洋、大陆、山岳、高山性等大气候形态。另外气候因子之微小差异,构成小气候型之区别。气候要素包括气温、降雨量、风等,其他如温度、日照、日射、蒸发、云量等。气候图表,表示土地的气候、降雨、温度、风向和其他气候要素,可分为线图表和棒图表。气象图是将某地点之湿球温度、湿度或气温与湿度之月别平均值,标注于垂直轴坐标上,依月顺序连成 12 多角形之气象图,可获知各地之概要气候状况及体感度。

Closed Vista　封闭的底景

封闭的底景不同于宏伟的底景,运用封闭的外围环境反衬出底景的重要性,是有效加强与强调重点景观的手法。封闭的底景景观是中心透视法在空间中的运用,在这种空间设计中,主要以建筑之间的距离、方向及大小的关系为依据。古代人没有空间一词,但希腊人心目中的空间,实际上就是建筑的位置、距离、范围和体积。封闭的底景是在中心透视的空间中,加强基本点的处理手法,特别是导向建筑的入口,达到具有纪念性和雕塑式的重点景观。

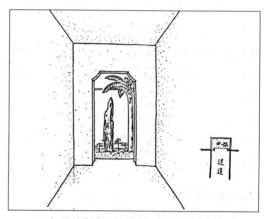

广州矿泉客舍底层过道的尽端处理

Closet in Apartment House　住宅中的壁橱

壁橱不但能给生活提供方便,而且可改善卫生情况,代替笨重家具,扩大房间的使用空间。数量及大小应根据住户的大小及人口数量而定,壁橱设备可根据其要求规模与最合适的尺寸形式制造单独配件。壁置设备是近代设备完善住宅所必需的,有墙上的或是壁龛式的壁柜、厨房用具架等。都可以在有限的若干式样的配件化统一起来,不同的组合可获得具体设计所必需的设备、住宅中的壁置设备的构件尺寸与形式的规格化生产非常重要。

Cluster Housing Pattern　簇群式住宅布局

几个住宅建筑、住宅单元集中且围绕以开放空间，街道可沿边通过或穿入簇群。在视觉上有体量之感，进出道路可能复杂，保留了相当的户外空间又维持了相当的密度。问题在于各建筑之间的关系及私密性差，这种配置适用于独院式、连栋式、公寓高楼、汽车房等，其大小尺度不同，对自然效果也有影响。

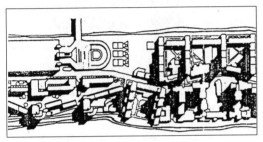

东坞居住组群设计竞赛方案之一

Clusters Housing　住宅组团

住宅建筑组团的分布方式很多，住宅群可以布置在外部的环路之内，道路围绕在居住小区的外围，可供居住区内部创造安静的不受外部干扰的生活环境。另一种住宅建筑组群的布局方案是道路通达住宅组群的内部形成环路，住宅与道路之间有更方便的联系，而且当居住小区的范围较大时，必须采用这种方案。居住小区内的绿化系统布局可以沿道路布置，创造开阔的空间，或以绿化单独围合内部空间，绿化布局与道路分离。

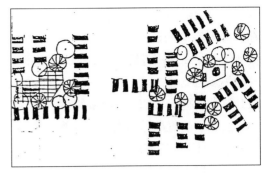

住宅组团

Cologne Cathedral　科隆大教堂

科隆大教堂位于德国科隆市，建于1248—1322年及1842—1880年，为欧洲最大的哥特式教堂，起始的设计人为裘哈特（Gerhard）。平面长143米，宽84米，中厅净宽12.6米，高48米。双侧廊总宽与中厅相等。东端有7个放射形小神龛形殿。工程曾中途停止，未建成的教堂经历了整个中世纪，直到1842—1880年才按中世纪的设计建成了教堂。西端两个高大的塔楼及尖顶高约153米，矗立于莱茵河畔。教堂内部裸露着近似框架式的结构，窗户占满了柱间面积。柱子作成集束式，体现由垂直线组成的冲向上空的感觉，宣扬"纯洁的"精神生活的说教。

Colosseum，Rome　大角斗场，罗马

大角斗场又称大斗兽场，是古罗马帝国时期最有代表性的公共娱乐性建筑。位于罗马市中心区，建于80—82年，顶层是3世纪所加建的。平面椭圆形，长轴径188米，短轴径156米，场内有60排座位环绕中央表演区。能容纳8万人，看台分上下5个部分，80个出入口，中央表演区是长轴86米，短轴54米的椭圆形场地，第一排看台比表演区高出5米，表演场下面是关放野兽和角斗士等候的地方。角斗场的结构为火山灰

混凝土的筒形拱与交叉拱做成的。据记载，在看台上空原来还有遮阳布篷。外观 4 层高 48.5 米，3 层用券廊，每层有 80 个券洞，底层是多立克柱式，2 层是爱奥尼克柱式，3 层是科林斯柱式、顶上 1 层用科林斯壁柱结束。2、3 层的每个券洞内有 160 尊雕像，姿态和形象不同，长期历史变迁，目前大斗兽场已是面目疮痍。

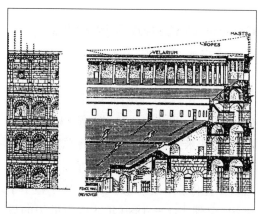

罗马大角斗场

Colour 色

因光之作用而产生的视觉感觉，因化学、物理、生理及心理之观点有各种不同之定义。一般大致分为有彩色及无彩色 2 类，另依色相、彩度及明度等之属性作为感觉之表示方法。Colour Chart 为色标，即将各种彩色作成标准标本，便于色彩之分类比较、选择之用。Colour Circle 为色相环，将各主要色相配置注记于环上，其间加以等级区分，以表示各色相间之关系。Colour Conditioning、Colour Dynamics 为色彩调节，应用人类对色彩的物理、心理、生理反应，于生活环境中为维持身心健康，促进工作效率，防止危险所进行的色彩管理，分为环境配色和识别配色。Colour Feeling 为色彩情感，如冰冷、暖和、重、轻、豪华、朴素、新鲜、暗淡等，色彩情感，依色的三属性

变化差异颇大。Colour Harmony 为色彩调和，指利用色彩之组合予人们之舒适感，色彩调和方法有色相、明度、彩度之调和及面积对比调和等。

Colour and Environment 色彩与环境

现代的趋势是艺术世界鼓励建筑家把流行艺术放到大街上去，随之壁画艺术创造了公共空间中的新形式。社会学家认为，当贫民区中出现壁画时，犯罪率明显下降，证明居民对于在街道两边画上颜色是喜爱的。在传统秩序中，颜色对建筑家只是有次要的作用。然而在希腊和拉丁美洲的农村中，房外的色彩即表示主人地位的高低，简单而鲜艳的颜色搭配起来，产生很好的色彩效果。周围环境的建筑色彩是建筑师们运用各种混合颜料涂抹在砖石的建筑上的，以达到美观的效果。或是运用色彩把建筑物与周围环境相调和、相适应，以便将建筑物隐含于环境之中。色彩也常作为表现建筑的垂直感和水平感的标示。

Colour and Feeling 色彩与情绪

色彩具有生理和心理的作用，由于刺激情绪，而能使人产生玄想的作用。这种作用可从儿童倾听音乐后，由幻想创出的绘画——"色彩·音乐"的实验加以证实。由于倾听音乐所产生的联想和幻想，因个人生活领域的大小和天赋的智慧贤愚不同而异，然而在某一程度的感应是共通的。有关色彩与情绪关系的科学，今日不仅应用于建筑和美术，在医学方面也应用之。根据配色的原理，如以明度为基准，则同一彩度或相似而具高明度两色相配时，画面显出明朗轻快之感，反之以低明度色彩相配时，画面呈抑郁阴沉。如以彩度为基准，则同一彩度或具有高彩度的颜色相配合，画面会显得活泼，

但其性质近于轻浮。如以高彩度和低彩度相配合时,画面是能显得鲜艳夺目,给人以良好感觉。

Colour and Texture 色彩与质感

色彩、质感、自然界的色彩是极其丰富美丽的,建筑作为艺术应有美丽的色彩,颜色的视觉感受不仅仅是眼睛的物理反应,也包含着思想感情的反应,颜色的属性与颜色的表现是不同的。中国古典建筑的彩画反映严格的等级制式。随着建筑色彩学的发展,根据视觉心理学的原理,建筑应该在不同的场所作适当的色彩设计。例如在纽约街头的一幅壁画,在平板的山墙上画出了色彩鲜艳的锥形透视画,由于色彩心理学的作用,看上去好像是立体凹凸的山墙一样,光彩夺目,成为建筑上廉价的装饰。由于物体表面不都是光滑的,材料的质感可以唤起表面的触觉,视觉的"质感"带来了触觉的质感概念。

Colour Harmony 色彩的调和

关于色彩的调和(Color Harmony)理论,应以 Klein 氏在 1926 年出版的 *Color Music* 一书所述最详。他认为,为欲使一幅绘画的用色调和,即就色相、明度、彩度的种类分为下列三项:1. 同一的调和(Identity);2. 类似的调和(Similarity);3. 对比的调和(Contrast)。至于在面积上的关系,则以色面积愈小,显色亦强。即在大面积上,彩度会显得较低,反之,在小面积上,彩度则较高。这是由于视觉的顺应现象所引起的变化,因为如果小面积的色彩显不出较强烈的话,则画面将无法获致平衡的作用。其次是关于美度(Aesthetic Measurement),即色彩配合的美丽程度,设美度为 M,其关系可以表示如下式,$M = \dfrac{O}{C}$

,式中 O 为秩序性(Orderliness),C 为复杂性(Complexity),上列的公式乃基于"复杂中的统一"的原则而成立的;即美度乃与复杂性成反比,而与秩序性成正比。故秩序性愈高,而美度亦愈美。

Colour Intensity Strength 色彩强度

色彩的强度是相对它的纯度而言,如降低其强度须使之灰色化,也就是加入它的补色。色彩的强度与其面积成反比,大的面积其强度小,小的面积其强度要大。同样画建筑物的前景时强度要大,背景的强度要小,而接近于中性。

Colour Perceptual 色彩的感性

色彩的感性有不同的感情作用。如红,兴奋、温暖、富丽。橙,温暖、华美、动人。黄,愉快、空想、诱惑。绿,安静、寒冷、快乐、安慰。蓝,寒冷、高尚、尊严、体面、特殊。紫,镇定、哀悼、神秘、昏迷。淡调,快活、年青、轻佻、柔弱、活泼。暗调,沉着、高尚、端庄、强烈、安息。

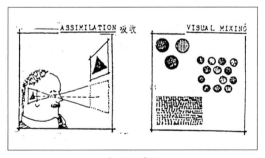

色彩的感性

Colour Psychology 色彩心理

色彩有富于刺激感情的效果,同时也象征画题的含意,古典绘画重形,浪漫派绘画则强调色彩,现代绘画受工业革命影响用色强烈。色彩除了有明度、彩度和色相以外,还有三项性质:光彩、容积感、薄膜。

自有抽象画以来,艺术开始从固有的色彩桎梏中解脱出来,以抽象画的观点,应用色彩愈艳丽,画面的表现力愈强,因为色彩对人类的心理和生理产生直接的感应作用。黄色系统为前进色,蓝色系统有后退感。二次元的绘画能模仿三次元的形象,确是由于"色彩物理学"和"视觉生理学"所形成的一种自然规律效果所致的。印象派、未来派、立体主义、构成主义绘画对色彩有过切实而深刻的研究。今日的商业美术、工业设计、室内装饰的设色,不少是采用抽象绘画的研究成果。绘画原为视觉的语言,色彩给予人类的心理反应效果和联想几乎与绘画是同一的。

Colour Value　色彩明度

色彩的明度指色彩的明暗程度,就是色彩表现的鲜明程度,也称色的光度。如以光波而言,是其振幅大小不同,观察光谱时,可知各色相不同处,其明度也有所差异。某色如达到最高的明度和最高的强度,就成为饱和色。

Colours　色彩

宇宙万物无一不具色彩,可分天然配色和人工配色,均由于光线的反射而感到色彩的美丽,白色的光线由7色平均混合而成。如果在绘画上将7色混合就变成黑色,灰色称为中间色,因此绘画上的原色与科学的原色迥异。绘画上的原色:红、黄、蓝。生理学上的原色:红、绿、紫。心理学上的原色:红、黄、绿、蓝。光学上的原色:红、绿、紫。色相是颜色的种类,指固有色素的颜色,不含白色或黑色者称纯粹色。由两原色所混成的复色便是另一原色的补色。至于色彩的混合,宜以色相相邻近的颜色混合之,可得鲜明间色。若以两色稍远的色相混合,调子则

倾向暗色,相对的颜色不宜混,如红与绿,黄与紫等。

Column　柱

柱是建筑中支承荷载的竖直构件,有时也指非结构性的装饰柱或纪念柱。可用砖石、钢或钢筋混凝土制成,可露明或不露明。在建筑设计中,柱子起支撑作用也起装饰作用。古希腊和罗马建筑中使用5种柱式,可用整块石料凿出,也可分段垒成。在古埃及和中东,常用巨大的圆柱,在支承和装饰大型建筑中起重要作用,东方建筑柱子形状简单而装饰丰富。哥特式和罗马风时期,柱头和柱础都有精致的装饰雕刻。巴洛克风格中常把大理石柱作成扭曲的形状,柱的断面形状可分为矩形、圆形、多边形,可下大上小。附墙圆柱只有一部分突出墙外,束柱是由几根柱子集合在一起成为一个整体的柱子。船首柱是一种带有船首形装饰的纪念柱。

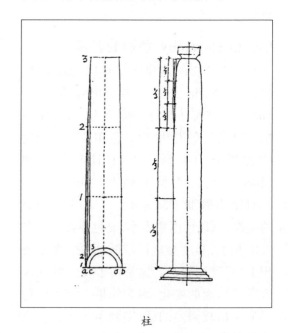

柱

Column Place　柱边的空间

不单是墙壁和屋顶构成空间,独立的柱

子也是形成人类活动空间的重要因素,2根或更多的柱子合在一起能创造如同墙壁所限定的空间感觉。古代柱子除了结构功能以外还包含它所表现的社会意念,柱子总是做得粗大,故意加厚以强调柱子周围所形成的空间。中国民居中柱边的空间也是重要的,有的还作成雕龙柱。独立的柱子至少要有近似人身的厚度以供依靠或坐息。木梁柱体系中的柱与梁的连接,一种是用斜撑,一种是柱头加大,柱子与梁交接处的连接构件外形要反映此处应力情况的坚固稳定感。不论是何种材料,在这个连接处都应加以处理,如穿插枋、三角撑、柱头、蘑菇形柱以及常见的拱形门洞等,都在柱子和梁之间形成一个连续曲线。这就是中国民居中的雀替,花牙子、斗拱等木装修所表达的构造意义。

Columns and Root Foundations 柱子和基础

柱子就像树叶的脉络,终端细小,而靠近叶子柄的部分则比较粗壮,这种直觉的骨骼系统表现在许多传统建筑形式之中。靠近地面的框架、柱子、支撑比较大,间距也比较小,中国式木构架的阁楼支柱系统就是如此。柱子多为木柱,也有装饰性的雕龙石柱。明代徽州住宅中的梭柱是有收分的柱身,柱径与高之比为一比九到一比十,古代建筑已经考虑了视觉的美观。木柱与基础的连接部分需要防潮,传统做法是把房屋建在一个平台之上,平台平铺在夯实的灰土地基上,如同浮筏式基础整体一片。在平台上再做块石柱础,石础上立木桩。石础的形状很多,选用整体石块雕刻而成。有时,为了楼上的柱子与楼下直通,在上层楼板上,围绕柱身用木块作成假柱础。

Commercial Environment 商业环境

购物是人生活中的重要部分,良好、舒适、优雅的购物环境对市民有无穷的魅力,且使城市形象丰富多彩。1. 亲切感,亲切便利体贴入微,体现在功能、氛围以及细部设计的层次上。2. 认同感,大众对商业环境的共识性和归属感,要体现在环境的性质,导向和领域意向的明晰,许多诸如食品街、服装街等专业性商业街,只是一些商店的罗列而未达到独特氛围的理想。3. 文化性,具有浓郁文化气息的商业环境能给人特有的清新的感受,对有归属性的承接先人与联结未来的文化含意加以发掘保护,例如古文化街的商业环境具有古朴的风格和文化气氛。4. 性别指主人,在商业环境中女性占重要比重,男性的消费也多与女性购买有关,商业环境设计要重点考虑女性的购物心理。

Community 社区

社区是社会学中的基本概念,首先提出和使用社区概念的是德国社会学家斐迪南·滕尼斯。他在《社区与社会》一书中提出,社区是在一定地域范围内由同质人口组成的,具有价值观念一致、关系密切、出入相友、守望相助的富有人情味的社会共同体。社区基本构成要素有稳定的人文区位意义上的地域,有一定规模和同质性的人口。有共同性文化心理和生活方式,有特殊组织结构的社会实体。满足生活需求的功能、社会化功能、社会协调和整合的功能、社会参与功能、社会互助功能。社区发展是一个有目标、有计划地引导社会变迁的行动过程,是提出社会意识的过程,是解决社区各种福利问题、提出生活水准等务实目标的一种社会工作方式、方法或方案,又是一项居民自助、自觉、自治的社会运动。

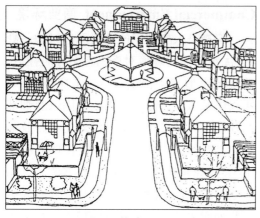

社区

Community as Family　社区大家庭

由于生活空间不同,使得人和人之间相处的方式、产生的关系都不相同。农村生活中培养出来的户际关系都比较好,比较亲密,村庄就是一个放大了的社区,如同一个同姓的大家庭。在农村中人口组成的背景雷同,学历、工作、阶级地位、年龄层次都比较接近,在一个刚好可以生活的小空间里没有治安问题,不是自家的孩子,别人也愿意照管,外人进村,无人不晓,找出农村社区生活的特点,是规划现代社区大家庭的方向。

Comparative Approach of Urban Research　城市研究的比较法

单纯从比较学的角度讲,自弗来彻至今已有百的历史。比较学广泛应用于社会科学和自然科学中,其中比较成熟的应用领域有:比较教育学、比较心理学、比较伦理学和社会学,比较文化学、比较文学、比较法学与哲学,比较生态学、比较病理学、比较经济学和比较政策,等等。相比之下,由于城市学本身即为广泛的、非专一学科,它的发展必然借助于其他单一学科的研究方法的成熟与发展。比较学在城市研究的

应用起步于第二次世界大战期间,直至20世纪60年代,这种研究仍是狭隘而分散的,真正的发展仅是近30年的成果。在环境评价、城市史、城市中心复兴和历史保护、第三世界城市研究、规划教育、政策与机构、住宅与造价分析等。比较城市学已不同于20世纪六七十年代英美早期的研究范围,例如运用城市人类学研究聚居地形态,环境工程学研究环境生态评估,城市地理学研究区位理论,城市政法学研究政府管理和公众参与,运用教育学进行建筑、规划教育比较,等等。

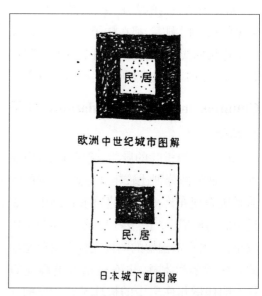

城市研究的比较法

Competition Building　建筑竞争性

建筑统一性相反的是竞争性,竞争性说的是在建筑设计中破坏了整体统一性。在平面设计时可按照房间的重要次序安排主次,但在立面设计时,各部分的布置一览无余,统一性尤为重要,要避免各部分之间的相争相持,破坏整体立面的统一。

Competitions　竞图

竞图是提供可能性的方式,竞图有各

种不同的形式,最多的是针对设计的,基地资料及建设计划书分发给所有竞图参与者,并由著名的专家组成评审小组,评出优胜者,这时业主可以与优胜者或他认为满意者签约。因为参与竞图者提出的都是构想,一方面要求参与者提出详细可行之计划案耗费太大,再则又怕送出的方案不切实际,所以常进行两个阶段比图方式,由初步竞图中选出数家满意之构想,再请入选者进行发展更详细的计划。此外还有邀请竞图方式,选择数家单位请他们提供构想竞图,业主只需付少许费用。另一种减少举办者冒险之竞图方式是采用"设计发展"竞图,在计划书中提出几个构想平面在特别的经费安排下进行。所有的方式都可能因与业主的关系好坏而受影响,因此可采用"限期"和"不署名"的竞赛方法,以保证公平竞图。

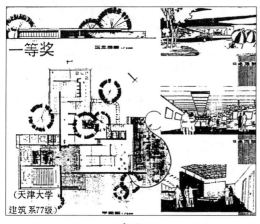

竞图

Complementary Colour 补色

补色又称余色或反对色,原色如暖,其补色必冷,原色为冷,其补色当暖。所有的补色如其纯度减退,即呈现灰色,便永远是调和的,若能并列在一起,可以互为增势并有比照的美感。灰色是中性色,白色和黑色也是中性色,在补色中加入白色或黑色,易使补色达到调和。补色直接相对,例如绿与红相对,因之绿是红的补色,黄与紫相对,因之黄与紫互为补色。

Complexity and Contradiction in Architecture 《建筑的矛盾性和复杂性》

R. 文丘里于 1966 年著作《建筑的矛盾性和复杂性》,书中对现代派的理论和教条提出了挑战和大胆的否定。它对建筑发展所起的作用可与柯布西耶写的《走向新建筑》相提并论,柯布西耶的书是现代派对学院派的冲击和否定;文丘里的书则是后现代主义对现代主义的否定和背叛。文丘里认为在建筑中形式是最重要的问题,明确提出要建筑的混杂而不要纯种;要调和折中而不要干净单纯;宁要曲折迂回而不要一往向前;宁要模棱两可而不要关联清晰;既反常而无个性,既恼人而又有趣;宁要平平常常而不要做作;要兼容四方而不排异己;宁要丰富有余而不要简约调和;不成熟、退化但有创新;宁要不一致、不肯定也不要直截了当……文丘里的论点反映了后现代派对建筑形式的重视和追求。

Compost and Marsh Gas 积肥和沼气

沼气是中国农村中最有前途的廉价能源之一。人畜的粪便、植物的茎叶和垃圾中的有机质在一定温湿度和密闭的条件下,经过微生物发酵产生甲烷(即沼气),可供家庭煮饭、点灯、发电等。家用沼气池的形式有地面式及地下式两种,目前中国农村推广的主要池型是水压式沼气池,其容积可根据每户人数而定。沼气池的位置要靠近厕所和牲畜圈,使粪便自动流入池内,方便管理,有利于保持池温,提高产气率,改善环境卫生。

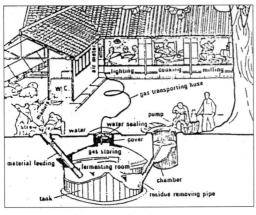

积肥和沼气

Composition 构成

将造型要素按一定原则组成具有美好形象和色彩的形体,这种造型行为叫构成,此概念产生于1918年俄国构成主义运动。构成的操作和设计构图基本相同,和设计的区别主要在于构成去掉了时代性、地方性、社会性、生产性等,故称为纯粹构成。构成的形式有空间构成、平面构成、立体构成、时间构成、静态构成、动态构成。造型的要素指构成型体的基本知觉元素,包括形态、肌理、色彩3个部分。形态是造型要素的基础,可分为纯粹形态(抽象形态)、概念形态、自然形态、人为形态、现实形态。概念形态即几何学定义的点、线、面、立体,其本身不能被直接知觉,成为纯粹形态的基本形式。

Composition and Construction 构图与构成

构图源于对自然和一切事物的适当安排,如何使画面产生美感,是属于绘画外在的重要原则。构成是将绘画上的点线面在造型上的布局经营,尚包括着色彩、质感以及肌理、意向、和感情的追求。除造型上的外在原则外尚含有内在的原则,构成属于绘画技巧和观念的更高阶段。绘画构成颇类似建筑上的结构,动势的旋律犹似音乐,

非仅仅视觉上的表现,是作者心灵的表现,似一首诗歌。构图则是建筑在几何图形上,正如建筑的骨架,决定它的基本形状和加强它的力量。主题虽也是构成画面上的要素之一,能独立支配画面者仍属构图。构图在画家笔下千变万化,学习构图无须受其约束,有了基本知识可独创别出心裁的构图,较踏前人蹊径要好得多。静的构图法如三角形、十字形等,动的构图法如倒置三角形、S形、X形、U形等,此外有许多复合与转化的方法。

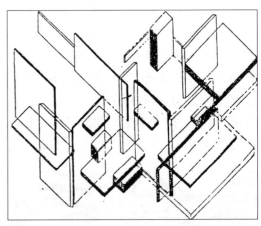

范·杜斯堡"纵横面的组合"

Compound Function Building 多功能建筑

多功能建筑的主要技术问题有活动的地板、舞台、看台、帷幕、隔断和可调节的音响及照明设备。活动地板已广泛采用,近年又出现了可随时铺卷的塑胶地面,人造革皮可成捆随时铺放,能迅速形成巨大的足球场地。游泳池上可立支架铺地板,变成球类和田径场地,还可以变成人工溜冰场。游泳池池底也可以上下浮动,改变水深,适应不同年龄人的需要。此外活动地板的升起形成坡度以满足活动座席的视线要求。活动看台的形式很多,已商品化生产。拼装组合的活动舞台可顶升,可移动,有多种形式可供

选择,甚至完整的镜框式舞台可以整体移动。活动帷幕或隔断可使大厅一分为二,也可使比赛大厅变成完全合乎要求的文艺演出空间。音响和照明技术设计也适应多种使用需要的应变能力。

自从 1963 年美国的 SOM 建筑师事务所中安装 IBM 计算机以后的几十年中,计算机已普及世界辅助设计。作为建筑设计的工具,从城市的总图到最小的建筑构造细部,计算机代替了沉闷的重复性手工制图,提供各种资料、说明、工程造价、建筑材料的选择,绘制各类工程图纸,以致事务所的财政和资料档案管理。计算机的特殊训练并不复杂,可提供大量的计算机终端屏幕供设计师们使用。计算机屏幕可显示各种角度的三维空间透视图形帮助设计,并有数学的精确性。计算机设计的新领域是手工绘图难于表达的,同时计算机也可用来研究每年每小时日照与太阳能的关系,并可显示节点的连接和构造处理,其应用领域极其宽广。

Computer Room Design 计算机房设计

计算机房中人机分离的理由如下。1. 功能要求不同,主机部分是维修人员活动的场所,存储器部分是运算人员活动的场所,对空调要求不同。2. 对防尘要求不同,主机室及外存储器室要求清洁度高,因磁性设备受粒直径 5~10 微米尘粒吸附后易腐蚀损坏,使室内始终保持微正压,可减少尘粒进入室内的可能性。3. 对照明要求不同。4. 对防振要求不同,主机房频率为 5~50 赫时,振幅不大于 0.025 毫米,频率为 50 赫~500 赫时,振幅不大于 0.25 毫米。外存储器设备对防振要求更高。5. 对隔绝噪声要求不同,控制室要求频率 < 400 赫时,噪声 < 75 分贝,频率 > 400 赫时,噪声 < 65 分贝。计算机房中噪声源最响的设备是打印机和纸输出设备,可将这些设备再用玻璃隔断分开,但要考虑能通过隔断上的缝隙方便的传递信息。

Concealed Hazard 安全感

有的环境设计要求作出艰险之感所产生的趣味,与之相反,大多数环境中需要避免危险之感而达到安全感。与艰险不同,在某种场合下,人必须要有安定的心情,觉得安稳、平安、没有危险。安全性由建筑的设计规范保证,如居高临下的栏杆,群众的疏散通道,安全出入口,防火间距和安全距离,防火和防爆设施,人行道上的行人安全线,安全岛,安全照明,提示危险的信号及警报系统,紧急救生设施,等等,都是保证安全性所必需的。但是,安全感与安全性不同,而是设计师要考虑到在感觉上的安全可靠性,并与环境美的要素相结合。

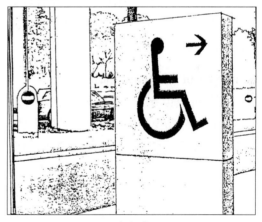

安全感

Concentration and Centralization 集中和集中化

集中指一个城市地区因为某些有利条件,人口聚居的数目日益增多。人口密度愈高的地区表示集中的程度愈高。一般的趋势是城市中心区人口密度较高,由此向外围渐渐降低。

集中化指当集中过程开始后,个人、工

商业、服务业等密集于人口集中的某一点，即人们聚集在某一点以满足需要或从事某些特定的社会经济职业。

Concentric Zone Theory　同心环理论

同心环理论由伯吉斯（Ernest W. Burgess）于 1923 年提出，他以芝加哥为例，试图创立一个城市发展和土地使用空间组织方式的模型，一种图示描述。根据他的理论，城市可划分为 5 个同心环区域；第一环是中心商业区；第二环是过渡区；第三环为工人居住区；第四环是良好住宅区；第五环通勤区。城市发展过程中有由中心向外扩展的趋势，当某一环扩展时就侵入下一环领域。伯吉斯从人文生态角度得出的同心环模式，忽略了文化属性，后来的学者又赋予了土地经济学的新解释。伯吉斯的同心环乃是基于均质性的平面推论的，对现代交通运输的影响少有顾及。假定城市交通运输线呈放射式，则同心环式的土地利用形式亦将改变。

Concepts of Abstract　抽象的概念

抽象可以说是"自然程序的由来"，由自然的再现到印象的表现再到抽象的表现，当现代画家拿起笔来就起了这个抽象的念头。是否愿意发展这个新的自由，完全在于自己，因为观众们欣赏你的绘画，是需要你的色彩和设计让他们看得懂。抽象画同时具有主观和客观 2 方面，一方面，你的出发点是必须使画面能巧妙地显出是什么东西，另一方面也使观众们了解画中的趣味在哪里。抽象画的色彩、动态和心情条件，比之描摹、写实和完整更重要得多，因为它令人寻味，引向更高更新的境界。

Concession Architecture of Tianjin　天津的租界建筑

1900 年，八国联军入侵后，俄、奥匈、意、比四国在天津开辟租界。英、法、日、德诸国同时借机扩张租界。

各国租界的规划反映了各自国家不同建筑风格，日租界沿袭日本传统井字布局，尺度小，建筑体型规整。法租界以轴线和街心公园控制重要景点。英租界街道弯曲自由，意租界设有意式街心广场和意式花园。俄租界只有方格网加对角线斜路的宏伟规划，没有形成。

天津的租界建筑呈现了前所未有的多样性、丰富性、复杂性，有中古复兴式建筑（1860—1919 年），古典主义、折中主义时期建筑（1919—1930 年），摩登建筑时期建筑（1930—1945 年）。天津的西洋式建筑以其丰富的空间和形式蕴藏着多种多样西方建筑文化的"能量"——西方建筑的传统风格。在天津的城市环境构成上，已成为城市中主导的特征要素，形成了天津市历史性风格特征。

天津曾有八国租界，有其各自的文化特征和时代潮流，要组合这些建筑文化特征再作出新的建筑创作，就要分析整理有传统地方特色的手法加以运用。天津租界建筑中有丰富的西洋建筑语汇，如柱式的银行，五大道的别墅住宅，意大利巴洛克式装饰，等等。

天津的租界建筑

Concession Cities 租界城市

租界地内存在的一部分土地所有权通过购买、让与、充公等手段为外国人所获取，但土地永租制仍是获取租界土地的主要形式，即租界内大部分土地（至少在名义上）仍归当地政府所有。其特点如下。1. 租界的存在时间限于19世纪中期至20世纪中期，分布地点为中国等国。2. 租界有切实的界址，界址内土地尚不能构成一个独立城市。3. 租界的土地利用性质为居住和贸易。4. 租界侵夺了当地的"部分"行政管理权，租界不受当地政府行政管理，主要由外国领事或侨民组织的工部局之类的市政机构来行使这些权利。5. 外国人通过民租、国租、部分国租和民间向国租等方式取得土地，外国人只有永租权，没有土地所有权。租界能否引起当地城市形态和城市文化的根本性变革也是判别租界城市的又一本质约定。

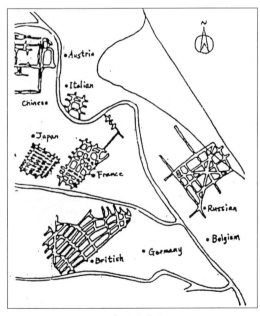

天津租界城市

Concrete and Glass Tree 混凝土玻璃树

1929年赖特（Wright）设计了以垂直服务核心为树干，建筑设备都包含在箭杆式的树干之中，所有的楼板从树干悬挑出去，外皮装以玻璃和金属，当时只是一个设想。25年之后，1945年在俄克拉荷马州巴特尔威里建成了这所混凝土玻璃树的公寓塔。这时密斯·凡德罗在德国以同样的原则设计了他的玻璃摩天楼，1920年密斯·凡德罗的摩天楼一开始就是抽象化的草图，赖特的玻璃塔则富于细部并充满许多实用性的金属挡风板，有固定橱板、机械设备等。两人的风格不同，密斯·凡德罗的设计大胆而简单，赖特的高塔充满装饰处理，反映垂直与水平的交替分割。他们的设计都采用的不规则的平面外轮廓，赖特采用的是有凹进和凸出的棱形的模式，密斯·凡德罗则运用自由曲线形式，非常随便和摩登，二者都宣称是来自大自然的形式。两人所作的高层混凝土玻璃树并驾齐驱。

Conduction 传导

传导率指热及声在指定物质中的穿越速度，当其穿过物质表面，热流穿越快者，其传导率高，反之，较低。物质传导率的变化亦说明其内热储存量的多寡。商用的绝缘物质是一种传导率极低的物质。在同样温度下，金属较木材易热，是高传导率的金属传热较快之故。一般来说，自然物质较干燥或松软时，其传导率也较小。湿砂、水、混凝土、柏油、静水、干砂或黏土、湿煤泥、新雪、静止之空气，以上物质传导率减少的比例，由湿砂至静止的空气大约为1：100。由此可见最好的绝缘体可以说是静止的空气或新鲜初雪。

Confucian Ethical Code 儒学伦礼

儒家学派是以孔子为代表的哲学思想，立足于今世。儒家强调的一个是"礼"，一个是"乐"，在社会中的作用"礼者为异"，即把贵贱等级严格区分,防止互相争夺。"乐者为同"即不同等级之间要保持一种和蔼的秩序,防止互相怨恨。礼乐相辅相成,"礼乐相济"才是理想的统治。儒家关心人类社会,注重人与人之间和睦共处的社会秩序,并指出这与人应追求的实际本性是一致的,儒家的伦理行为具有神圣的性质,无须上帝神学观念。中国传统建筑文化是建立在风水和礼制基础上的,风水解决人与自然环境的关系,礼制对建筑设计思想的渗透在建筑实体、空间、环境、组群,乃至色彩、装修、结构等方面得到反映。使社会的政治制度、伦理关系通过建筑加强并具象化,达到社会秩序井然、安定、团结的目的。

Confusion 散乱性

建筑设计的统一性被破坏,是由许多相对的竞争性要素造成的,使整个设计无重点。散乱性也是破坏统一性的一个主要因素,使整个设计杂乱无章,各式纷呈,以致彼此不相属。

Congo Forest Village, Africa 非洲刚果东北部伊图里森林村庄

扎伊尔东北部有庞大的赤道森林,尚未开发,大部分不为人知,居民有图班人和俾林米人。1887年威尔士探险者 H. 斯坦利曾穿越此森林,林中有许多河流,拥有多种赤道森林动物,如长颈鹿、山地大猩猩、大象、森林野牛等,有几百种鸟类,以刚果孔雀最著名。其村落组织以长方形连排住屋排成行列,如集体营地规整,公共聚会房屋居中,猎屋以外围绕着种植香蕉的园地,外层有步行小路通往森林地区。

Congo, Liberia, Mali Dwellings, Africa 非洲刚果利比里亚和马里民居

刚果地处非洲中部地跨赤道,热带性气候,刚果人按母系继嗣,部族按家系组成。分散是刚果人社会的特点,邻村几乎不相往来,刚果人的宗教以信奉祖先和精灵为主。刚果的村庄外围种植树木,住屋按氏族习俗迁移居住,当丈夫的儿子,姊妹的儿子到来时,妻子移居到新屋,当亲属到达之后主人移居到下一个家屋。轮换的迁居习俗表现刚果人的友情至上与彼此的关怀。

利比里亚是非洲唯一未受殖民统治的黑人国家,居民信奉原始宗教,气候温暖湿润。原始村落以土墙围绕,外设深沟环抱,设城门防御,内部的圆形土屋群围绕着公共场地形成各个部落。

马里是非洲中西部内陆共和国,多为农业部族的黑人,信奉伊斯兰教和原始宗教,以平原和高原为主,有深谷和瀑布,湿度低、气温高、多雷暴雨。马里原始村落与利比里亚的村落类似,有土墙护卫,内部的平顶土屋按氏族组成围合。例如马里的多刚村的组合原则,以中部正中是男人的会议房屋,左右各为男女的住屋,前部有祭祀的标石。

非洲刚果利比里亚和马里民居

Connected Buildings　单体建筑的连接

中国传统民居是以建筑群体组合起来的,在宅院中把单幢的建筑用围墙、走廊、门洞、檐廊或垂花门等小建筑形式连接起来成为一个宅院的整体,表现家族团结兴旺。把建筑之间连接起来成组成团的布局不是沿街立面外形美观的需要,而是发展人类社会关系的需要。

单体建筑的连接

Connection to the Earth　与大地相联系

在大自然包围中的建筑是孤零零的,有的建筑全然与大地分开,毫无关系。有的建筑寓于大地之中,好像自然界的延续,所谓乡土气息就是来自这个重要的特征。这是由于建筑与外界环境有一个互相关联的区域,建筑的外表面材料延伸到室内,室内的布置也伸展到户外。土地的表面,草地和铺面材料在内外交替的布置,土地的表面也可以在室内局部出现。这种把建筑与外界大自然有机结合在一起的设计经验表现在赖特及其草原学派的许多作品之中,这种有机建筑的原本哲学思想是要表现人类原本是生根于大地的。建筑应该恢复本来的面目寓于大地之中,不应该以飞向高空的概念和幻想来进行建筑设计。建筑要与大地相联系的特点表现为在建筑的周围至少是建筑的一部分以平台、小路、踏步,植物花卉和土地地面或铺面由室内伸展到大地自然环境中去。建筑材料的表面取其天然不加工的状态,用土、石、陶、草及不加工的木材维持其天然粗犷的质感,一直延伸到室内。室内和室外尽量没有明显的边界,看不出建筑与环境的界线,最有代表性的是赖特设计的"瀑布住宅"。

与大地相联系

Connotations　暗示

空间形态具有一般的象征暗示,壮大的尺度使人敬畏,纤细的尺度使人怜爱,高耸细尖垂直的建筑有崇敬之感,水平的构图会产生消极永恒之感,对圆形物体有封闭静态之感,放射星形有动态之感,洞穴的安全感对应着平原的自由感。人类庇护所的基本元素如门、屋顶、自然元素土、石、水及植物都会唤起强烈之感情。

Conservation 保护

　　保护或维护是指一些有历史文物价值的地区，或者是虽无较大历史文物价值，但环境和建筑质量都保存得比较好的地区。对这类地区基本上是保护其原有面貌，划出保护范围，控制其周围建筑高度、体量和色彩。在保护地区内房屋的维修、更新应注意与整个环境的协调一致，但基础设施应更新。房屋内部除古迹外也可根据使用要求进行改造，以满足新的需要。从 20 世纪 80年代起，旧城更新不仅局限于改造原有旧房，而且涉及广泛的社会经济课题，如产业结构改革，城市内旧区的发展，保护生态环境，等等，对历史性街区的更新与保护的关系有了进一步认识，需要依赖于整体的效果。旧城的更新已经转化为城市整体的综合性更新和保护。

Conservation and Renovation 保护与更新

　　历史性建筑的价值决定了它们应该受到保护，再加上更新就会赋予城市更多的活力，两者相辅相成。更新中的保护是使过去年代留下来的珍贵建筑遗产在周围环境改造时不致遭到破坏；保护中的更新是以审慎的、科学的态度，使保护的对象在保持原有建筑特色的同时，更好地为现代生活服务，因而保护与更新具有历史及现实双重意义。积极地把历史性建筑引入现代生活中来，可以使城市有根基地向前发展。现状中存在的问题促使我们去分析思考，保护与更新的必要，又敦促我们提出解决的方案。理想的目标是城市中遗留下来的建筑资源合理地得到利用，进入困境的旧建筑得到保护与更新，在未来的城市发展中古老的城市意象得

以强化。这一目标的实现有赖于对旧城市的调整开发过程中，兼顾社会、经济和环境效益，解决住户、投资、建筑处理等一系列问题。

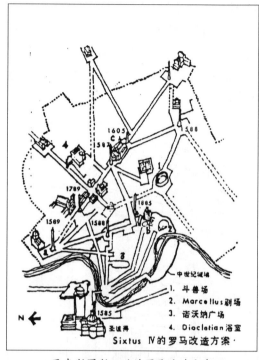

西克斯图斯四世的罗马改造方案

Conservation of Historical Building 历史性建筑保护

　　城市的个性是城市最有价值的特征，作为城市直观体现的历史性建筑是构成这种特征的重要因素。历史性建筑是指那些在社会史、文化史、民俗史、建筑史等领域里有重要意义的建筑物，具有文化、环境和艺术价值。它们是珍贵的文化载体，反映着各个时代建筑艺术成就和技术发展的水平，蕴含着社会历史的变革，并为现代人提供超越时空的连续感。它们是城市环境中的积极因素，不仅是出于人的怀古念旧情绪，更多的是它们具有丰富的特性，构成亲切宜人的场所，具有非凡的艺术魅力。并以不同的艺术

风貌和时代特点支撑着城市建筑艺术的完整统一。历史性建筑的价值是决定它们受到保护的前提条件,历史性建筑保护包括制定保护法规和政策、机构、法制管理等方面。

Conserving the Unknown 保护未知

园艺建筑学与城市生物圈的关系密切,新生的园艺建筑学以城市的生态理论为基础,首先着眼于以园艺建筑学对人类进行开放式的保护。开放式的保护不同于对待文物那样封闭式的保护,开放式的保护是在园艺建筑学规划设计发展未来过程中对自然生态系统的保护。同时也是对未知的保护,大多数人都相信我们必须保护大自然,但只有少数人说得出我们为什么要保护,保护什么? 因为大多数人还不知道人类正在失去什么? 不知道将来人们最急切需要什么? 面对许多的未知,要保护世界上多种多样的生态形态,保护不仅可以取得时间,而且可为明天留存更多的选择余地。

Constructionism 结构主义

结构主义的理论观点只涉及结构技术与建筑艺术之间的关系,结构主义一词本身并不很确切,作为一种建筑思潮有其"极端"和"过分"的一面。但结构主义的合理性即:1. 现代建筑的艺术创造应该建立在结构经济合理的基础上,使人们在获得物质功利的同时,有美的感受;2. 在建筑的空间组织和造型处理中,充分发挥结构的形式美因素;3. 观赏部位的结构,应同时具有承重功能和审美作用,反对烦琐的装饰。自从新建筑运动以来,上述观点已被世界建筑师所接受。结构主义一词在中外建筑理论中的用法十分混乱,从 19 世纪中期建筑产业中的新材料、新技术、新结构,经历了一场洗刷传统建筑观念的变革,结构主义对冲破学院派

的思想牢笼,促进现代建筑的发展,作出了历史性贡献。

Constructionlism 构成主义

未来主义与立体主义相结合发展成为构成主义。它谋求造型艺术成为纯时空的构成体,用实体表现幻觉,构成既是雕刻又是建筑的造型,而且建筑的形成必须反映出构筑手段。强调形式构成的合理性,强调形式构成受功能、实用与构造的制约,把功能因素视作设计创作的根本依据。从对象的内部构成的规律来寻求其形象的变化,在建筑风格上追求建筑艺术与科学与经济有效的统一。主张建筑定型化、预制化和装配化。构成主义概念发展成为当今工业设计领域的基础理论之一。

构成主义

Constructivism 构成派

构成派,发源于立体主义的形式主义流

派。排斥艺术的思想性、形象性和民族传统，用长方形、圆形、直线等构成抽象的造型，代表人物有俄国画家嘉博（Cabo）、贝夫斯纳（Pevsner）等。Constructionist 为构成派画家。Construction 为构成派的艺术品、结构、建筑术。

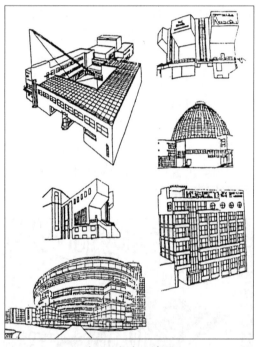

俄国的构成派建筑

Constructivist　构成主义者

在纪念碑式雕塑中，构成主义者的作品更为抽象，从塔特林（Vladimir Tatlin）所设计的革命纪念碑，到 1955 年康斯坦特（Constant）为阿姆斯特丹城设计的纪念碑，都始终保持着机械式的形象。康斯坦特说过"艺术家的任务是发明新技术并运用光、色调、运动，总之运用每一种影响环境的手段"。这正是构成主义者的宗旨。在阿姆斯特丹纪念碑中，康斯坦特运用了新的雕塑材料和技术手段，追求理性的表达，并以此赋予人们以技术发展时代的象征性感受。构成主义者富有建筑气质的雕塑如同我们在建筑工地上看到的塔吊，在深山雪原中看到的雷达天线一样，激发我们对人类无限创造力的感情，产生一种壮美的感受。

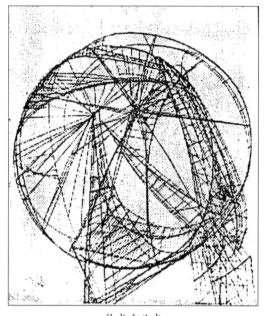

构成主义者

Consume Space　消费空间

城市消费空间的布局和设计不是一种静态的建构，过去的商业中心规划忽略了商业活动与周围地区服务人口社会文化及经济特性之间的互动关系，它不应是一种封闭体系的模式。消费空间设计是一种社会文化与经济的现象，尤其在第三世界国家的都会中心更为明显。在城市商业区中，消费者的日常生活与商业设施之间具有一种直接、紧密、动态性的联结关系。在商业中心，消费者的社会文化的差异性，如学生消费人口的多寡，乃成为判定消费空间层级结构的指标。如消费者的教育程度、职业、个人每月收入、文化取向、喜欢的文艺活动、喜欢阅读的书籍杂志、电影等。对主要消费活动类别及对消费者的功用情况调查，如基本维生消费、普通消费、通俗文化娱乐的消费、形象消费、精致文化消费等。

Contemporary Architecture in Western Countries 西方现代建筑

西方 20 世纪的建筑摩登运动发展到今天已经 1 个世纪了，前期摩登运动的历史以著名的 4 位建筑大师的作品和理论为代表，他们是赖特、密斯·凡德罗、柯布西耶、格罗皮乌斯。这四位建筑大师推动了建筑的摩登运动，取代了古典主义，开创了摩登运动的新篇章，把建筑历史推进到了一个新时期。到了 20 世纪 50 年代和 60 年代，一大批有才华的建筑师继承了大师们的优秀设计手法，又创造出各自的独特风格，有人称他们为摩登运动的第二代建筑大师。在他们之中有些人在继承摩登运动的基础上又否定了摩登建筑中的一些呆板沉闷的纯理性主义因素，对后期的摩登运动提出了新的挑战，他们是承上启下的一些建筑师。20 世纪 70 年代以后涌现一大批年轻的美国建筑师，他们有雄厚的理论和学者的背景，对建筑的摩登运动提出了反见，一位英国的建筑评论家查理斯·詹克斯在《建筑的摩登运动》一书中称当前的现代建筑思潮为"后期摩登主义"（Post Modernlism），有人称他们为摩登运动的第三代建筑师，他们已经开创了摩登运动的全新的时期。20 世纪 80 年代以后又有解构主义和建构主义思潮的新发展。

Contemporary Architectural Ideological Trend of China 当代中国建筑文化思潮

1988—1989 年中国的建筑文化研究热潮不是孤立存在的，它是全社会文化热潮的组成部分。中国传统文化的思想内涵有血缘根基，实用理性，道德化的人本主义，辩证思维，"天人合一"的概念。建筑文化探讨的内容有中国古代建筑思想的发掘；从文化的角度讨论建筑；中国建筑文化的取向；对建筑文化热潮中几个问题的思考中关于符号学的讨论，关于建筑文化的社会时代性的讨论，关于中国当代建筑师的文化责任，等等。西方后现代建筑的理论和创作在新时期中国建筑理论界引发了极大震动，影响显著。后现代建筑在中国的错接起到了消极作用，一方面阻碍了中国现代建筑的深入发展，另一方面错接强化了的装饰主义和复古主义，阻碍了中国建筑界对现代建筑与中国民族传统真正结合的探索，使两者急功近利地强加在一起。建筑的民族性、地方性仅仅浮现在表面的一个古色古香的表皮上。

Contemporary Vernacular Architecture 当代乡土建筑

当代乡土建筑意在用"地方语言"创作现代建筑，而"方言"包括 2 个层面，一是形式语言，注重外在表现，一是行为空间，注重内在生活。两者不能偏废才能用好方言，以期达到建筑与当地的自然、人文、环境相和谐的目的。"乡土"一词英译为 Vernacular，意为本地语言或方言，由此乡土建筑可直译为以当地方言设计的建筑（形式或空间）。在乡土建筑创作中，国内一般多注重形式语言的运用，国外建筑师往往更多关注"行为空间"的创造，这是更高层次对乡土建筑的理解和认同，更贴近生活且创作手法不受约束。在乡土建筑创作中形式语言和行为空间之间是互为补充、互为依托的关系，当代乡土建筑的创作，空间和形式有同等重要的意义，方言在形式语言和行为空间中同样可以延续、发展和创新。

Context 文脉

文脉指人文主义思想的延续，古代希腊

的人文主义的重要观念是人体最美,古典雕刻家费地亚斯说:"再没有比人类形体更完善的了,因此我们把人的形体赋予我们的神灵。"文艺复兴时代的人文主义学者都热衷这一观念,意大利建筑家,艺术大师达·芬奇进一步用几何母题来表现其"理想人体",即人体四肢伸展后,以肚脐为中心,四肢端点分别可接成正方形和圆形。基于对人体的热衷,建筑师倾向于圆形或方形的平面,以及穹顶生成的教堂,因为它们是最完善的几何形体。

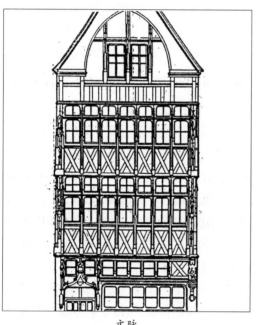

文脉

Context of Culture　文化延续

文化延续是环境的一个要素,文化延续因素的取舍要以整体环境质量的优化为依据。文化延续环境指由历史形成的、具有一定文化价值而延续至今的建筑环境,文化延续因素由于体现着人类文明和建筑历史的发展过程,因而在影响建筑的人文环境中起着重要作用。在特定文化延续环境中,建筑创作应当恰当地结合环境中的文化延续因素,通过建筑的能动作用积极改善环境并促进建筑文化的延续与发展,使建筑成为承前启后的良好过渡体。如果无视文化延续因素的特定性,其只能导致对环境的建设性破坏。在特定的环境中,文化延续是创作的"信息源",思考历史,面对现实,展望未来,应当认真保护已有文化延续环境的文化物质,在对它完善的过程中完成"历史文明的延续,使现代文明勃发"。

Contextualism　文脉主义

现代建筑是一种以几何美学为基础的,无含意和非叙事性的建筑,20世纪70年代开始,人们对现代主义的责难渐渐多了起来,建筑理论的革命不可避免。恣意专横与抽象之形式则让位于符号及象征之元素,而个体概念则拱手让位于文脉主义——后现代主义稳占了上风。伴随反现代主义的浪潮,新建筑流派不断出现,其中以被称为后现代主义的思潮最为庞大而有影响力,即文脉主义思潮并非建筑界独有的思潮,它在文学、哲学、艺术等方面也来势汹汹。C.詹克斯认为,若就后现代主义的批判性创造力而言,它可算是现代主义的真正继承者。多元主义、大众主义、文脉主义都是后现代派的建筑思潮。

Continuity　连续性

一个完善的整体之中的各部分必须连续地结合在一起,如果任何一部分被删去或移动位置,就失去了连续性或被拆散的整体。如果整体中的某些部分可有可无,就不是整体中的真正一部分。各部分之间靠连续性结为整体,因此连续性也是体现形式美的手段,是环境构图中的一项基本要素。我们指的环境景观中的连续性不仅是形象上的,而且是感觉中的。连续性产生第四度空间——时间性,在连续性构图中可以通过组织空间序列,形成空间之间的连续,墙面、地面、顶棚、室内外的光与色、影、倒影的连续,等等。

Contours 等高线

地表面的形状通常以等高线表示,是将所有地形上高度相同之点连接起来的想象线条。且以相等的高距表示不同的高度之线。因为地表是连续的,所以等高线也是连续的,不能相交,等高线愈密则坡度愈陡,起伏的地形则等高线弯弯曲曲。从等高线图上可读出其代表的各种地形:河流、山谷、山脊、凹地、山峰等。判读等高线图时要弄清图纸的比例尺才能正确掌握等高线代表的坡度。除了整体了解之外,地图的特别地点之标高也要注意,并且能画出任一切面之剖面图,若能用计算机显示等高线的透视立体图则更为理想。读图时还要了解地形的抽象符号所代表的实际现存的地上物体。

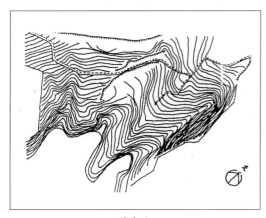

等高线

Contrast 对比

对比强调构图的差异性,对比可以借助互相烘托与陪衬求得变化,缺少对比的建筑构图显得单调无味。对比构图体现在线形、色调、大小、直曲、形和色调上等。不同度量间的对比在空间组合中最为明显,例如中国园林中常用的"小中见大"的手法有"豁然开朗"之感。形状的对比例如方与圆、奇特

形状和一般矩形的对比等。其他有方向的对比,直和曲的对比,虚和实的对比,色彩与质感的对比,等等。现代建筑更加强调对比手法的运用。

Contrast and Harmony of Colours 色的比照与和谐

色彩可分为寒色与暖色,由暖色及寒色混合而成视其为中性色,把两种性格相反的色彩同时画在一张画上,依其主调之轻重,可分为暖色和冷色系统。评画时谓显得寒冷,指过于冷静。将冷色和暖色依适宜的组合配置,便由画面中产生一种感情的效果。作画不仅须获得色彩效果,也要考虑色与色之间的对比与和谐,色间的明暗与对比效果,色间所表现的明快就是调和。色彩单独存在时很难独立发挥其机能,如与他色比照,由于衬托的影响,则可一跃而出,这就是比照得当与否所致。画面颜色的比照,即补色关系的利用,在强烈之中仍可获致调和,色彩的对比是很奥妙的,利用色彩的对比有赖于经验与领会。

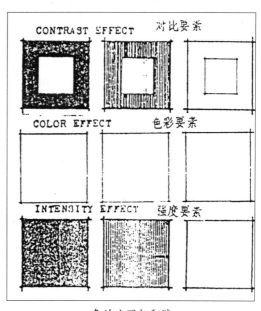

色的比照与和谐

Convection 对流

热及声亦由互相流动而分散,就是对流。对流主要是速度及搅动的结果,或者可视为任意漩涡流动的程度。搅动现象能散布热,声音及其他粒子,而稳定的流动仅能将上述的各种能量贮存或形成单向的流动,空气的搅动现象随着高度增加而剧烈,但到上层时又有降低的情形。风向亦随高度增加而改变方向,而风速则随高度变化而增加,且不受地面摩擦力的影响。离地面 1.83 米高时风速仅为 1.83 米高时风速之一半,所以卧倒可以避风。风的流动可带走热量,亦有冷却效果。

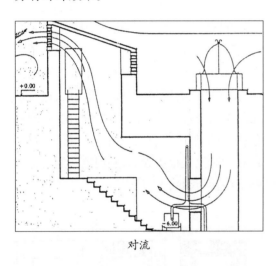

对流

Coober Pedy, Australia 澳大利亚库柏贝迪

南澳大利亚洲中部城镇和矿区,斯图尔特岭矿区所产的蛋白石占世界总产量的 3/4 以上,另一蛋白石矿位于安达穆卡山脉的安达穆卡。蛋白石亦称奥泊尔石,是一种精美的贵重宝石。库柏贝迪一年有 3~4 个月气温高达 53 ℃,矿工们住在地下岩洞中,地下建筑闻名于世,有地下的教堂、博物馆、旅馆和民宅。据医学研究,地下的岩石环境使那里的居民健康长寿,性情友善。

Coordination of Old and New Buildings 新老建筑关系

一、建筑环境中新老建筑群体的空间处理。1. 以封闭空间统一新老建筑。2. 以回廊围绕空间联系新老建筑。3. 利用广场空间内部的主体建筑统一新老建筑。4. 以第三者作为构图中心统一新老建筑。5. 以地面及小品处理协调新老建筑。6. 以地下建筑保持原有建筑环境的完整。7. 围绕主体建筑形成一系列空间统一新老建筑。8. 以轴线关系联系新老建筑。9. 以空间序列联系新老建筑。二、建筑环境中新建筑的单体处理。1. 高度有所控制。2. 体量与老建筑相称。3. 体型、轮廓线与老建筑配合。4. 形式与老建筑呼应。(1)运用同一构图母题。(2)形式全面简化。(3)细部的联系。5. 尺度与老建筑一致。6. 材料、色彩、质感与老建筑相似。7. 立面构图与老建筑统一。

新老建筑关系

Co-operative Housing 合作住宅

合作住宅在欧洲各国具有多年的历史,目前已经成为一些国家住宅供应的主要方式之一,在美国、加拿大、日本等国也有相当程度的发展。合作的方式和具体做法各国不同,但基本原则十分近似,以自助、协作和

民主管理的精神,并通过自己的双手来创造更好的住宅、更好的环境,是注重社会效益的住宅建设和供应方式。中国目前合作住宅的试验形式是住宅合作社,最通常的定义是"一组居民自愿结合起来为自己提供住宅,并共同享有其所有权"。住宅合作社在社会及经济方面具有很大的优越性,对于以市场机制为主导的国家,合作住宅是对市场经济的补充。

Cornice 线脚

线脚是建筑上的装饰,建筑上的线脚在不同的部分既有掩饰缝隙和缺点的功能作用,又是建筑上美观的装饰。同时建筑线脚还能代表一定的含义,述说建筑所要表达的语言。例如佛教建筑上的仰莲和俯莲花饰,西洋古典建筑的回纹边饰和卷草树叶,中国台基的石刻线脚,西洋古典柱式与之配套的线脚,英国式维多利亚花边式的线脚。建筑线脚还包括室内装修和家具上的各种风格的线脚。

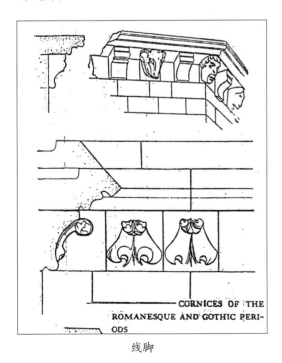

线脚

Correlated Residential Districts 联合小区

居住小区的规模如保证老人和儿童不需要穿过大马路使用公共设施,用地 0.1 平方千米为下限,以 0.3 平方千米为上限,可保证居民合理的服务半径。缺点是生活福利设施不够齐全,单位面积用地平均沿马路的长度较大。大城市的交通干道间距一般 800~1 000 米左右,纵横干道包围的地段大约 0.6~1.5 平方千米之间,可作为一个扩大小区的规划用地单位。区分小区和居住区的主要标志是生活中心的位置、规模、内容、结构和服务范围。小区扩大后可分设几个小区中心,并不一定构成居住区。独立小区布局有"内向性",毗连式小区布局有"外向性"。贯穿小区内部的车行道有利于形成住宅组团的边界,内部环状的车道可把分散的住宅串连起来,小区内部道路要把机动车、自行车道和人行道分开安排。采取联合小区形式有利于使住宅、小区公建、市政工程相互配合,按比例地配套发展。

Corrugated Asbestos Roofing 波形石棉水泥瓦屋面

波形石棉水泥瓦屋面,由于有了瓦楞的形式,屋面增加了刚性。瓦的尺寸相应也可以加大,这样就可以减少接缝的数量,提高了屋面不透水的性能。瓦长为 1 800 毫米,宽 725 毫米,瓦厚 5.5 毫米,尚有其他各种尺寸。底层可用 50 毫米 ×50 毫米的小方木条,间距 500 毫米,按瓦长决定。如铺在三角形桁架上,底层即为木檩,另外基层也可用单层或双层的屋面板。板上铺油毡一层,用沥青粘牢。瓦的上下叠缝必须在小方木条或檩子上搭头,不得少于 100 毫米,两边叠缝以一个瓦楞为最低限。

Cortile　柱廊内院

由柱廊围绕的内院,为文艺复兴时期及以后的意大利府邸所具有的一种特征,最早的范例有佛罗伦萨的梅迪契,昌卡提府邸和斯特罗齐府邸,均建于 15 世纪晚期。彼提府邸(1560 年)的柱廊内院是佛罗伦萨风格最突出的范例。罗马的柱廊内院代表了这种建筑的最高成就。罗马最早的纯文艺复兴式的柱廊内院在康彻雷利阿府邸(1480年始建),由 D. 布拉曼特设计。最宏伟的柱廊内院在法内塞府邸(1547 年完成),米开朗琪罗曾参与设计。

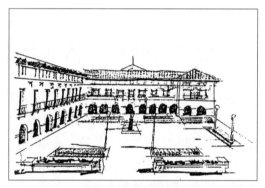

西班牙别尔基特中心

Cottage　村舍

农民在乡间的住房,近来也指城里人过周末或退职居住的乡村住房。最早的独家村舍是围绕火炉而逐步形成的。史前最普遍的住房是圆形石结构蜂窝式住房,或用泥或黏土建造。最初的矩形房屋可能是在 2根自地面到屋脊的曲木或带枝的木材上架设 1 根梁木而形成的,因地而异。14 世纪时英国住房一般为 2 间,把单间用泥笆墙分隔为二,共用中央的火炉,后来村舍分为上下 2 层。英国村舍的全盛时代在 1550—1660 年,现存的村舍多属这一时期,一般为木框架、泥笆墙茅草顶。英国 18 世纪时出现了奢华的村舍设计,19 世纪晚期广泛用砖建造了供工人居住的连排房屋。由于汽车的发展和经济繁荣,乡间村舍愈来愈为城市居民所向往。

村舍

Cottage Furniture　乡村家具

19 世纪中期在美国大量生产的大众家具。通常用木料制成,漆成白色、灰色、淡紫色或淡蓝色,有时用花卉图案作装饰。保留某些 17 世纪车床制家具的特色,如用车床制作的腿在橱柜中用半纺锤形立柱等。

Court Pattern　中庭住宅模式

中庭式住宅布局模式的安排是住宅群都面向一个公共开放空间,理由是社会上及视觉上可增进邻里关系,防止外客闯入,且提供一个令人愉快的空间。车道系统可进入中庭或间接绕过中庭,入口可处理成大门,建筑物后面的空间可作私人庭园或服务入口。

Courtyard Environment　院落环境

院落环境是由功能不同的建筑或自然

条件以及同它们联系在一起的场院组成的居住环境。它的结构、布局、规模和现代化程度是很不相同的。它可以简单到单一的窑洞，也可以复杂到一座大庄园；它可以是简陋的茅舍，也可以是具有防震、防噪声和自动化空调设备的现代化住宅。它不仅应有明显的时代特征，也应有显著的地方色彩。如北极爱斯基摩人的冰屋，巴布亚人筑在树上的茅舍，中国西南热带地区少数民族的竹楼，内蒙古草原的蒙古包，黄土高原的窑洞，干旱地区的平顶小屋，寒冷地区带有火炕火墙的居室。中国北方讲究"向阳门第"，南方则喜爱阴凉通风。这都说明院落环境是人类在发展过程中，适应生产和生活的需要，因地制宜地创造出来的。院落环境的美化和净化必须依靠建立一个结构合理、功能良好、物尽其用、能畅其流的人工与自然结合的生态系统，如覆土建筑的院落环境。

Courtyard Space 院落空间

院落布局是创造建筑外部空间的重要手段，院落对于人的生活在功能使用及心理环境方面提供良好的生活居住条件。院落可以划分为庭院，生活家务院，后院，风景绿化院，杂务院，等等。以院落划分空间可分隔为公共性、半公共性和私密性的不同领域，在人的生活行为中造成心理上的空间过渡。中国传统民居以北方的四合院民居为代表，受风水说的影响，大门开在八卦的"巽"位或"乾"位，门内外设影壁，二道门作华丽的垂花门，二进院为中庭，三进院为后罩房。

院落空间

Courtyards Which Live 生活庭院

中国乡村民居中的庭院是农事生活所必需的，院中布满生活用品和农具，庭院要满足方便生活的使用要求。摩登建筑中的庭院常常布满花卉和装饰雕塑，是纯装饰性的，没有生活气息。农村的生活庭院不能太小，要保持一个外部活动的领域，至少要有2个不同方向的门，使庭院成为不同方向行动的交会点；要能看到外部较大的空间，封闭的内天井不宜作生活庭院，要能看见人们的进出和孩子的游戏，但又不显得杂乱。院中可铺砌地面，让阳光遍洒；也可布置在光影闪烁的大树底下。庭院的边角可作局部的棚顶或延长建筑的檐廊，形成建筑内部与生活庭院之间的过渡空间。

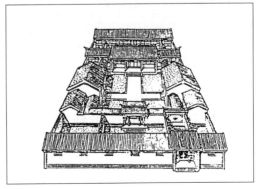

生活庭院

Crises of Metropolitan　特大城市的危机

城市在20世纪60年代还基本上是19世纪的样子,如格拉斯哥、悉尼、旧金山和上海。此后这些城市建设了特大城市设施,独立的高楼和公路,把不断增长的土地价值资本化。30年前典型的市中心区还是住宅与第二产业的混合物,而今以第三产业为主宰,几乎是单一用途的城市景观。19世纪铁路边的城市消亡了:1.无处不在的高速公路;2.石油和汽车工业支持的私人交通充分发展;3.公共交通削弱,这在美国发展到了极端,20世纪的灾难是机动车。城市人口呈指数增长,孟买1950年是1900年人口的2倍,以后的半个世纪将近8倍,现已超过1 500万。目前城市化速度带来的城市社会生态问题必须引起注意,要:1.提供充足的公共交通;2.有计划地发展新型的集约聚居形式。

特大城市的危机

Critical Regionalism　批判的地域主义

“批判的地域主义”是继“十人小组”以后公开并强调其与现代运动关联的一个理论上的声明。“批判的”表达的是通过建筑解释、抽象、评价和再译价值的过程。“地域”被看成是支持个性认同、相对无感情的国际主义的概念。与现代主义、历史主义、抑或乡土情感主义不同的是,批判的地域主义在承认现实生活与技术发展的基础上,强调文脉、历史和文化,以及对环境的敏感。为了追赶现代化,抛弃过去曾是一个民族存在为理由的旧文化是必要的,如何成为“现代的”而又回归本土资源,如何恢复长眠中旧文化的活力但又想参与环球文明之中,这是批判的地域主义建筑师们努力作出的回应。代表建筑师如西班牙的高德奇(J. A. Coderch)及波菲尔(Ricardo Bofill),墨西哥的巴拉岗(Luis Barrgan),葡萄牙的西查维拉(Alvard Siza Vieira),荷兰的冯·艾克(Aldo Van Eyck),美国的沃夫(Harry Wolf),日本的安藤忠雄,瑞士的博塔(Mario Botta)。

Crown Hall　克朗楼

美国伊利诺工学院建筑系馆又称克朗楼,是密斯·凡德罗任伊利诺工学院建筑系主任期间的著名作品,1956年建成。克朗楼是一栋36米×36米×6米的大玻璃房子,屋顶悬挂在4块巨大的横板梁上,板梁与钢柱构成框架,地面与屋面之间是玻璃幕墙。馆内为无柱无承重墙的大空间,用作学生设计室、管理、图书、展览等,仅有个别地点采用不到顶的隔断。建筑体现了表现现代化工业的新技术,以求得“通用空间”“纯浮形式”“模数构图”的设计手法。巨大尺度的玻璃盒子,同时又具有相当精美的构造细部,克朗楼是个典范。取消建筑内部的墙和柱,采用一个大而无阻的大空间容纳不同的活动,是密斯万德罗常用的设计手法。

克朗楼

Crystal Palace 水晶宫

1851 年伦敦第一届世界工业博览馆之别称,面积 7.4 万平方米,长 564 米(1 851 英尺),表示建造的年份为 1851 年。高三层,铁结构,外墙和屋面均为玻璃,通体透明,宽敞明亮,时人称之水晶宫。水晶宫采用标准化构件,预制装配施工,模数 7.3 米,只用了 9 个月时间完成了这座大型建筑,1936 年毁于大火。水晶宫是建筑历史上的重要建筑之一,其建造充分运用了工业革命的新材料和技术,其预制装配、模数制作和工厂化生产等至今仍有生命力。水晶宫设计者为帕克斯顿(Joseph Paxton,1803—1865 年),当过园丁和地产管理人,此后他还为纽约和巴黎设计过水晶宫。

Cube Materials Structure 块材的构造

块材房屋的基本结构形式有 2 种。一是具有承重外墙和纵向承重内墙的承重体系。二是横向承重墙的布置方案,在承重结构方案中要考虑房屋的刚度和稳定性。伸缩缝及沉降缝的设置,如为砖砌块应根据砖石砌筑的间距确定,混凝土块伸缩缝间距与砌筑砂浆标号有关。块材砌筑砂浆标号不应低于 25 号,水平灰缝最小 1.2 厘米,不大于 2 厘米。砌块间凹槽用轻混凝土填充,块材连接,墙与墙在内部横墙和外部纵墙交接处;中间纵墙和山墙交接处;楼梯间的转角处;均应设置 4 毫米厚扁铁丁字形锚栓,或直径 6 毫米的圆钢钢筋网,在每一楼层范围内至少设置一层。楼板与墙的连接,用不低于 25 号砂浆铺砌,用面积不小于 0.6 平方厘米的锚栓将楼板固定在墙上,楼板之间及楼板与横向主墙之连接处,应用不小于 50 号水泥砂浆填实。

Cubism 立体主义

立体派,又称立体主义、立方主义,1907—1914 年源于法国的现代艺术流派,在画面上将形体分解为几何切面;并互相重叠,同时表现物体的几个不同方面,如人体的正侧两面同时表现。代表人物有毕加索(Picasso)、勃拉克(Braque)等。Cubist,立体派艺术家,Cubist-Realism,立体现实主义,20 世纪 20 年代流行于美国,亦称纯粹主义(Purism),表现方法是使物象几何图形化。Cubo-Futurism,立体—未来主义,第一次世界大战前夕,俄国艺术中出现的一种新风格,兼有立体主义和未来主义的因素,类似法国画家莱歇(Léger)早期的曲线立体主义,它是过渡到至上主义(Suprematism)和构成主义(Constructivism)的一种形式,主要代表人物是马列维奇(Malevich)和勃留克(Burliuk)等。

Cuboid Construction　立体构成

　　将形态要素按照一定原则组成美好的形和色的立体的创造行为称立体构成。是纯研究形态要素及其构成原则的造型活动，是设计工艺品的手段。任何实用美术、应用设计都可以分解为形态要素的组合，构成是应用设计的基础。构成并不能取代设计，而是创造事物的前提条件，做好建筑设计的前提条件。立体构成的特征是纯粹的形和色的构成，构成的过程比结果更为重要。立体构成属于设计美学的范畴，但也涉及一般的材料和制造方法。立体构成的目标有 3 个方面：立体感的培养；构成原则；构成的形式和技巧。

立体构成

Cultural Anthropology　文化人类学

　　美国人类学家霍姆斯于 1901 年创用文化人类学，按人类学家的说法，"文化人类学是一个关于人类行为变化的研究领域"，是整个人类学十分重要的理论分支。不同国家和地区分别使用着广义的和狭义的文化人类学概念，英国为社会人类学，西欧大陆称民族学，统而言之"文化"。文化人类学在其历史发展过程中，几乎涉及人类社会的所有方面而不限于早期的原始异族文化。形成了诸多的流派，进化论学派、社会年刊学派、功能学派、传播学派、结构学派、象征学派……其中既有"文化决定论"，也有非文化决定论，以及种族中心主义等。文化人类学与建筑学的关联有摩尔根的"人类空间关系学"，列维斯特劳斯的结构主义与建筑类型学，等等。

庞德认为的陶立克柱头和爱奥尼克柱头的渊源

Cultural Center　文化中心

　　文化中心通常指城市内用于呈现文化艺术作品的建筑群。文化中心常围绕剧院或音乐厅修建，有剧场、艺术博物馆与公共图书馆等。文化中心一词原指一个地区，在现代城市中则常是指一个建筑群体。著名的范例有纽约市的林肯演出艺术中心（1962 年）、澳大利亚的悉尼歌剧院，均具备各种剧场设施。在较小的城市或地区，文化中心可附属或归并入市中心。

Culture and Architecture　文化与建筑

　　建筑有精神的符号意象，由人类内在的需要引导出来的一个外在世界，未来的建筑思潮的灵魂是文化。要创造好未来的建筑，不能只信赖技术，而应从文化入手。文化是未来建筑航行之舵，对于人类的发展进程起着相当重要的作用。新的科学技术带给人类如森林般的摩天大厦,能够给人创造一个精巧的空间,然而在高度发达的物质世界里,灵魂的空虚将使一切失去意义,这就使建筑文化的反思显出其迫切性。未来时代文化的焦点将是:反对高技术带来的人的异己化;新的价值观念对未来建筑思潮的作用不容低估。

Cupola 小圆顶

建筑中放中圆形、多边形或方形基座上的小圆顶,也可放在一圈小柱或屋顶小亭上。常用于在塔楼屋顶或较大的穹隆顶上作为顶盖。原词有时也指双层穹隆顶的内层。约 8 世纪时在伊斯兰教建筑中广泛应用,常作成球茎形或尖头形,用于尖塔顶部。在中东和印度也用于中央大厅或清真寺四角及居住建筑上。17、18 世纪俄国的洋葱头形圆顶甚为流行,装饰性强又不积雪。17 世纪传入维也纳、奥地利和巴伐利亚的很多小教堂都带洋葱头形小圆顶。17 世纪晚期英国居住建筑采用了各种形式的小圆顶,19 世纪美国居住建筑中也流行小圆顶。

Cycleway 自行车道

自行车有代步、安静、经济、无污染、健身、停车方便等好处。当自行车混入汽车流中易生意外,理想的自行车行动不混入汽车或行人,当自行车尖峰时间达到 1 500 辆以上,即有必要设置自行车道。在拥挤情况下不允许路缘停车,自行车道可利用街道边铺以轻型路面 3.5 米宽,有凸起中心线及较缓的坡度,设另一套信号标志控制。当道路流量小时加引擎的自行车、电动车、低马力低速车可行驶在路边,允许在自行车道上行驶。通常自行车被认为与行人同级,但加装引擎的自行车最好有其自用的车道或被认定与动力车辆同级。

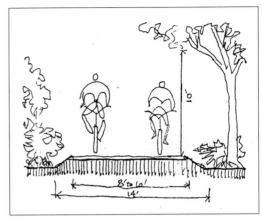

自行车道

D

Dadaism　达达主义

达达派是现代西方艺术流派，首先有罗马尼亚画家查拉（tristan tzlara）、法国画家阿尔普（Hans Arp）、德国画家胡森贝克（Richard Huelsenbeck）以及一些荷兰人、美国人于 1916 年 4 月 16 日在瑞士苏黎世发表达达公报，发起达达主义艺术运动。后在德国、法国、美国流行，主要表现在诗歌、音乐、绘画中。达达（Da da）一词原是法国儿语中的不连贯的语汇，有"小马""玩具马"之意。发起人用裁纸刀插进字典中信手捡得，作为运动的名称，含有"无意义"的意思。此派对待一切持虚无主义态度，代表人物有法国画家比卡皮亚（Picabia）、杜象（Duchamp）等。Dadaist，意为达达派艺术家。

Dampproofing and Lapped Outside Walls　防水隔潮与垂片式外墙

为了避免雨水冲刷墙面，有些地区在山墙上部压上几行滴水瓦或用茅草作成蓑衣的形式，用苇草插在山墙端部。生土墙墙身的防水隔潮也有许多经验，技术简单的民间护墙中垂片式挂瓦、茅草、芦苇、砖和石片也可作成搭接式的表面。每块搭接材料都由鱼鳞状的小尺寸垂片式组合在一起，经过雨水的冲刷，如损坏了也容易修补和更换。还有在墙身下铺苇把子的做法，以通风隔潮，或在墙身下满铺涂桐油的木条或下铺一层石条，也有下铺一层瓦片的做法。

Damp-proof of foundation　基础防潮

防潮和防水有 3 种情况：无地下室的基础防潮、有地下室的防潮及水泵防水和盲沟排水。防潮防水材料有碱性、条石、掺防水剂或水玻璃的水泥砂浆、沥青油毡、金属防潮层，实铺地板垫土要高。有地下室地面之差大于 1 米时，地下室混凝土底层起防潮作用，如地下水位标高低于地下室地面小于 1 米时，地面须铺地沥青或加防水剂之水泥砂浆。地下水位高于地面标高小于 1 米时混凝土底子上外贴油毡，再陡砌砖墙 1 层，有时作在内表面。地下室地平低于地下水位大于 1 米时，地下室的钢筋混凝土无梁板或有梁板为地面，板下作防潮层。当建筑位于过滤性土垠的斜坡上时，可用排水设备代替防潮层，如盲沟排水。

Daylight Illumination　昼光照度

昼光光源的照度，以直射日光形成的照度称直射日光照度。Daylight Factor 为昼光率为昼光照度与全天空光照度之比。Daylight Factor by Reflection 为反射昼光率，扩散反射光所产生之昼光率。Daylight Factor by Diffused Reflection，为昼光照明，利用昼光作为室内及中庭之照明。Daylight Illumination Zone 为昼光照度带，利用直射日光及全天空光为昼光照明时，表示太阳高度、天候不同之照度变化范围。

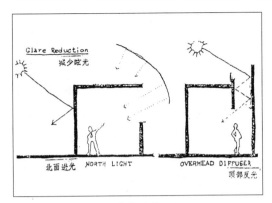

昼光照度

Dazu Grottoes 大足石窟

中国著名石窟,在四川省重庆市大足区境内,为唐、五代、宋时所凿,明、清两代也继有开凿。分布于该县西南、西北和东北的山区,共23处。较集中的有北山、宝顶山等19处,窟内石刻以佛教造像为主,也有佛、道、儒同在一龛窟的三教造像,而以佛教密宗造像所占比例较大。形象生动,艺术手法多样,既有传统又有创新,生活气息浓厚,具有较高的艺术价值。

De Stijl 风格派

风格派的首倡者是万杜埃斯堡。第一次世界大战期间荷兰保持中立,建筑事业兴旺,把20世纪以来传下来的各种艺术与建筑派别和论点,以立体派加未来派为出发点使建筑按几何学路径条理发展,以合乎新塑型主义(Neo-Plasticism)规律。万杜埃斯堡1917年主编美术理论性期刊《风格》,就把这个词作为同时成立的集团名称。学派的成员有建筑家、画家、雕刻家甚至作曲家。风格派的宗旨是和传统决裂,建筑造型基本以纯几何式、长方、正方、无色、无饰、直角、光面的板材作墙身,立面不分前后左右,而靠红黄蓝三色起空间分隔的作用,打破室内的封闭感与静止感,成为不分内外的空间、时间的结合体。代表性建筑有1924年雷特维德(Gerrit Thomas Rietveld,1888—1964年)设计的建于乌特勒克(Utrecht)的斯劳德夫人住宅(Schroeder House)。风格派于1922年改组,把风格派对机器的崇拜提高到虔诚的地位。

斯劳德夫人住宅

De-architecture 反建筑

美国建筑师威因斯(J.Wines)在建筑设计中玩弄结构形式,以表达个人意向,并将作品称为"反建筑",在纽约市马来公寓改建中,创造出支离破碎的形象。在发展怪诞、破落的审美情趣方面,美国的塞特集团的创作实践可谓独树一帜。他们从"反建筑"的概念出发,设计了一系列坍塌、败落的建筑形象,在休斯敦超级市场,塞特将正面设计成坍落的形象,以反对古典式的完美。用幽默感对抗现代主义冷冰冰和无表情的建筑面孔,用不规则的缺口作为建筑物的入口。在法兰克福现代艺术博物馆,塞特为了满足业主要建筑的戏剧性效果,外部富于表情,再次使用败落的形象,使建筑物像遭受地震灾害一样,半扇墙壁荡然无存。他们提出重新解释建筑的本质,借用建筑自身树立"反建筑"形象。

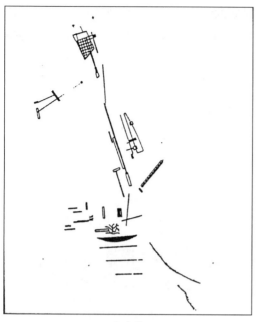

反建筑

Decentralization　城市郊区化、分散化

1956 年以后，西方社会经济普遍进入了持续高速发展的阶段，人民生活也得到了根本改善。20 世纪 60 年代，伴随着英国私家车数量增多，有钱人为了躲避城市里的社会生活环境的日益恶化，纷纷迁往城市边缘地区居住，城市的郊区化的倾向开始了。经济的复苏和腾飞，带动了城市发展和城市化进程的加速，城市无节制地扩展，同时带来许多社会的问题。20 世纪 50 年代末，许多西方国家相继开始实行调整城市化过程的政策，已解决日益严重的城市问题。到了 20 世纪 60 年代初，城市内居住建筑的老化问题日趋严重。因此，以复苏市中心为主的"城市更新"运动成为这一时期主要的城市建设内容。

分散化指人口由中心向外迁移的趋势，如工厂、住宅区疏散至郊外。这种现象牵涉到人口的流动性，也是城市人口过于集中后而必然发生的反作用。

De-constructionism　解构主义

解构主义是跨哲学所引起的。解构主义强调理性和随和性的对立统一，认为设计可以不对历史、关联、踪迹作出反映，认为疯狂和机会也是肯定性因素，品味（Taste）是重要的。埃森曼认为解构主义是现代建筑的异化现象，解构主义不是一种风格而是一种意识形态，解构主义不能用某种形式来表达，解构主义是一种思维过程。屈米说："今天的文化环境提示我们有必要放弃已经确定的意义及文脉的规则。"他在拉·彼特公园的设计上较为完整地实现了他的主张，使其成为解构主义的活的样本。

解构主义

Decorated Archway　过街牌楼

在室外，人们总试图找到一个能够以自身为背景的点，向外看去展现在眼前的是一个较大的空间。即人们不愿意面壁而坐，而愿面向有视野的处所。这是由于有一个能够看到较大空间的视野。过街牌楼就有形成这种空间层次的作用，不论是花园、平台、

街道、公园、公共的室外布置还是庭院之中，都要注意两点：一是至少形成一个小的空间作为背景向外看；二是布置一个开口能看到另一个较大的空间。中国传统村镇中的过街牌楼就是完成这种分隔空间取得上述效果的布局手法。过街牌楼的作用不单是美化街区的装饰性纪念物，同时也是给人以前后及方向的标志。由街道的牌楼到里坊的过街楼再到住家的门楼，逐渐缩小空间，由内向外逐次扩大空间，丰富了村镇的空间变化与景观。过街牌楼也有纪念性和装饰性的意义，有些牌楼或过街门楼上面不仅有表现丰富精美的装饰艺术，而且还有题词刻字，表现出中国传统建筑中把建筑装饰与文学艺术融合在一体的特点。

Decorated Courtyard 装饰庭院

摩登庭院常布满花草和抽象雕塑，是缺少生活气息纯装饰性庭院。然而乡村民居庭院是生活所必需的。院内布满生活用品和生产工具，自然成为庭院中的装饰。传统民居的庭院是从事家务和存放农具的地方，地面可铺砌也可是充满阳光的土地，可以在光影闪烁的大树下工作，也可以在自然环境中露宿。矮墙和地面可选用富于质感的天然材料，有的墙与地面直接伸展到室内，表现空间的流通。

地面可直接铺在泥土中带有石间缝隙，砖砌或石砌小路适于散步，适合小草的生长，各种小花和野草在石缝中生长，雨水通过石缝直达土壤。

在日本民居中室内地面划分为公共区和私用区，公共区用硬质表面，私用区用松软材料地面，并有脱鞋的习惯。中国传统居民的炕上炕下也是硬软材料不同的活动地区，有拖鞋上炕的习惯。

Decoration 装饰

人们都渴望装扮他们的环境，在建筑的边角处，材料的交接处，以及需要强调的部位加以装饰。装饰起到烘托主题，显示边界和重复构图的作用。而装饰图案本身又往往是民间艺术经过抽象提炼的美的符号，恰当的装饰位置和高质量的装饰图案是美化环境的重要手段。摩登建筑运动时期曾经排斥和否定建筑上的任何装饰，提出过"装饰就是罪恶"的口号，致使国际式建筑光秃秃的冷酷无情后期摩登主义建筑思潮宣称"装饰不是罪恶"，要从建筑的装饰符号中述说建筑的文脉历史的传统特征。

Decoration Design in Interior Environment 室内环境中的装饰设计

室内环境的装饰要有识别意义，反映室内环境的特性、用途及目的，可以成为一种识别符号。室内设计要有尺度感，利用装饰可以划分室内的尺度，将巨大的建筑空间划分为较小的片段以取得与人的适宜尺度关系。装饰作为符号可赋予室内环境以确切的时间、地点和用途的意义。现代装饰在室内常以幽默的形式表现出它的愉悦性。室内环境中装饰的特性有：内容的从属性和装饰性，一件装饰艺术品不一定表现一个完整的内容，应紧紧依附于室内环境，其内容也与室内环境联系在一起；形式的规整性和简化性，其从属性和装饰性决定了它的形式必须是规整和简化的。室内环境中装饰的表现手法要塑造与建筑空间存在的共同之处，就是要有体积感。绘画在室内应用的主要形式是壁画。室内环境装饰的源泉之一是取自历史上的样式，特别是古典形式，有些富于创造性的装饰作品的题材取自自然形象。

Decorative 装饰性

建筑师通过运用装饰的手法,创造出一个具有共同性的装饰风格来,在显示建筑物的相似性的同时,鲜明突出统一的装饰性个性,这时建筑就具有了装饰性的风格。在一个具有装饰性的建筑中,每一个装饰的组成部分都是为表现主题思想服务的。如维多利亚风格以其装饰性为特点。画家布洛克说过,把一个柠檬放在一个橘子旁边,他们便不再是一个柠檬和一个橘子了,而是水果,把 2 种物体抽象为水果。在环境的装饰性方面,可以把诸多相似的装饰形象,抽象上升为具有装饰性的环境美。

Decorative Art 装饰艺术

装饰艺术指各种能够让人赏心悦目而不一定表达理想或观点的艺术手段,不要求产生审美联想的视觉艺术,一般还有实用功能。陶瓷制品、玻璃器皿、宝石、家具、纺织品、服装设计和室内设计,一般被认为是装饰艺术的主要形式。历史记载第一次使用装饰一词是在 1791 年。19 世纪通常泛指机器生产的小型艺术品,现在通用"应用艺术"一词,后又称"工业美术"。过去不存在美术和装饰艺术之分,历史上包括拉斐尔在内的许多伟大画家都曾从事装饰艺术的创作。19 世纪和 20 世纪早期,随着 2 种艺术的区分,艺术家也逐渐专业化,近代两者的界限难以区分。例如在东亚,陶瓷制品、书法以及日本插花都被誉为创造性的艺术。

Decorative Garden 装饰性花园

西式花园住宅,花坛草坪,除了沿街观赏之外,花园只是为了装饰与陪衬建筑。然而在家庭生活中需要的花园是能与友人共饮,与孩子玩耍,在园中休息散步。这就需要安排一种比宅前花园隐蔽得多的隐藏式花园。

后花园过于孤立留在后面,离街太远又听不见外面来人的声音,要寻求一种既不是宅前花园又不孤立的住宅花园。要求有一定私密性,又要注意与街道和入口的联系性。把装饰性花园布置在半前半后的位置,达到一种平衡,放在跨院旁边,以高墙和街道分隔,又有小路、门道、廊庑、花架沟通内外空间。还可以透过花窗窥视街道,又能照顾到前门,这是中国苏州居民中的半隐藏式的花园。

装饰性花园

Decorative Home 装饰的家

所有的人都愿意装扮周围的环境,但只是当装饰和纹样作的适当时才能达到美的效果。装饰纹样不仅表现丰富的自然界的美,也表现住家对吉庆喜事的爱慕。装饰纹样也有功能作用、明确的限定作用,只有在精心布置的装饰纹样所表达的线条和色彩与其在建筑中的功能作用和谐时,才感到装饰美的享受。所谓功能需要的装饰纹样,不仅是为了引人注目,也不单纯是外加在建筑上的装饰物,而是根据户主对建筑的需要与心理爱好而布置的,就如建筑需要门窗一样的需要装饰。

装饰的家

Decorative Storage Space 装饰性的存贮空间

住宅中需要设置存贮空间,存放箱子书籍杂物及炊事用具等。传统的居民利用顶棚阁楼及搭接的小屋,在建筑的组合中很自然地满足了贮存的需要,农村民居的自建住房很重视贮存空间的利用。农村至少有10%的贮存面积,有的高达50%,他们巧妙地把箱子物件的外观作成具有装饰性效果,不用简单的贮存室的方法,使物件本身成为室内的装饰物。厨房中杂乱的生活用具布置得体也充满装饰情趣,在炕边、窗下、壁龛吊挂的格架上,土墙窑洞中,布置即是用具又可观赏的物件。

Decorative Style of West Europe Dwellings 西欧民居的装饰风格

西欧民居的特色着重表现屋面形式和山墙上的木梁构架。屋面形式有感情因素,在儿童的早期概念中对房屋形象的判断很难反映像阿拉伯尖顶、俄国葱头顶、层层下跌的东方曲线式屋顶,最直接反映的形象是带烟囱的坡顶和山墙。西欧居民的外部形式、内部结构以及连接细部之间的关系,恰如其分地反映出装饰特征。西欧居民的屋面形式统一在地方性材料和气候条件下,自然而美观。如瑞士乡村式的茅草顶,英国 H 形平面住宅冒出屋面的砖砌烟囱,屋顶阁楼演化的大坡屋面的装饰性层次,屋面的遮蔽感与折线或曲线的组合,等等。屋面内包含着住人的屋顶空间,屋顶形式反映建筑的平面关系,屋面形式与屋面结构材料性能的统一,自然气候条件对屋面形式的影响。西欧民居的山墙表现半木结构梁架体系,涂漆的木头梁柱与白色粉墙组成丰富多彩的装饰图案。

西欧居民的装饰风格

Deep Balcony　深阳台

中国传统民居的阳台大多是和房间连接在一起的,有房间中伸出去的前廊式阳台,其挑出部分与室内没有明显的界线。阳台的柱子之间可以安装隔扇门窗或木栏杆,隔扇门窗也可以退在后面,门窗敞开时阳台和房间的空间完全畅通,摆设桌椅灵活,是具有可变深度的灵活阳台。阳台太浅不便使用,在深阳台中,半凹半挑的阳台因有部分建筑环抱,半开半合,或用柱子、透光隔断和花架等遮盖,就如同使用窗帘一样,使人感到舒适。

深阳台

Defensible Space　可防卫的空间

按照人本主义心理学和文化人类学的观点,人类出于自我防卫意识来界定空间。一个好的环境意向能给它的拥有者在心理上带来安全感。领域的拥有权会增加拥有者防卫领域的决心和能力。美国纽约大学规划与住宅学院院长纽曼(Oscar Newman)研究西方社会城市环境日益恶化,犯罪活动日趋增加时,提出"可防卫的空间"(Defen-sible Space)的概念。满足可防卫要求的空间应具备两条,一是领域性,不可能一出户门就是街道,这样容易缺乏责任感。在建筑布置上,尽可能组成各种具有领域感觉的地段,并创造从住宅到街道应该通过不同的领域层次。二是自然监视,使人们进入居住环境时,即处于连续被注视之中。而现在的单元式公寓住宅,不具备这种可防卫空间的条件,使得居住的安全防卫功能从由邻里、社区共同负担转变为由家庭独自负担,因而使居民的安全感下降。

Delphi Shrine　德尔斐圣地

德尔斐圣地位于希腊科林斯湾之北,离雅典城 120 千米,地势起伏的神殿及其他公共活动场所分散在岩质台阶地上。德尔斐古城中有两块圣地,阿波罗神庙区和马尔马里亚神庙区。阿波罗神庙建于公元前 525 年,台基 21.68 米 × 58.16 米,四边有立柱,纵向 15 根,横向 6 根,共 38 柱围绕中央圣堂。神庙区有依山建造的露天剧场,建于公元前 2 世纪中叶,剧场宽 50 米,是扇形观众席。神庙区南部为一系列希腊古城市所建的"宝库",存放各城市的贡物。区内还有若干雕像、碑石、回廊和一个蓄水池。马尔马里亚神庙区面积较小,区内有旧的雅典娜神庙、圆形堂、爱奥尼克宝库、多立克宝库、第二雅典娜神庙以及几个祭坛,建于公元前 6 世纪末期。神庙区西北有一运动场,遗迹保存完好,德尔斐圣地屡遭劫掠,现存大多为断垣折柱,一片残迹。

Density　密度

某一个量在空间面积或线上分布时,其分布范围内含有量与其容积、面积、长度之比分别称为容积密度、面积密度、线密度。一般将单位容积密度称为密度。Density of

Dwelling Unit 为住户密度,住宅区内之土地面积除上住宅户数所得之值,单位为户/公顷,为住宅区内土地利用程度之一种指标。将此户数密度乘上平均户量,即可求得人口密度,Density of Population 为人口密度。人口分布之指标,将某区域内之人口数以区域面积除得之商值表示之,单位为人/公顷。Density of Sleeping Space 为就寝密度,为一个寝室中所容纳之就寝人员,或寝室之单位楼地板面积,所容纳之就寝人员。Density of Snow 为积雪密度,每单位体积之积雪重量,约为 100~400 kg/m³。

Density of Housing 住宅密度

每种住宅形式有其合适的密度,净密度(Net Density)是土地对单元最精确的关系,除去了其他建筑的用地。计划密度(Project Density)将所有土地视为一项计划,包括街道和其他不能分离的部分。邻里密度(Neighborhood Density)包括了一些公用设施,在较大的规划研究中全密度(Overall Density)是较为粗略的计量方法,混合了商业和工作地区,可作城市之间的比较。

Department of Defence (DOD) 五角大楼(美国国防部)

五角大楼简称 DOD,是当今世界上最大的国防部办公大楼,是个效率高的防务指挥中心。五角大楼每边长约 300 米,像个自成一体的小城市,有各种服务设施,2 个西餐厅,6 个自助餐厅,4 个饮料酒吧,还有户外快餐厅,商业服务人员 6 000 多人。上班的军人及公务人员共 2.3 万人,从周围 50 千米以内的住宅区驾车来上班。大楼共 5 层,中间院子是绿化花园,环境优美,建筑约 34 万平方米,相当于帝国大厦总面积的 3 倍,大楼共有 150 处楼梯和自动扶梯,走廊总长 28 千米,办公时钟 4 200 个,饮水点 685 处,280 个卫生间,电话线总长 16 万千米,每天通话 20 万次,大楼内有各种图书馆。于 1943 年 1 月 15 日建成投入使用。

Department Stores-Large and Medium Sized 大中型百货商店

营业厅是百货商店的主要组成部分,多为大厅式营业厅,有的可达 4 万~5 万平方米,商品数量大、顾客多、路线自由通畅,空间开阔。缺点是商品混杂,由于有不同类型的顾客参差其中,选购的环境气氛有干扰,商品高低档次不同。营业厅的面积越大导致顾客非营业活动越多,而延长滞留时间,降低营业效率。"天井式"或"商业广场式"平面,顾客可在天井中举目四周,各层商品一目了然,"走廊式"或"商业街式"平面,可克服各类商品不合理混杂的缺点。20 世纪 50 年代以后,"超级市场"或"自选商店"迅速发展,采用自助式的经营方式。多层百货商店的楼梯设计是影响营业厅效果的重要因素。楼梯间布置的位置要明显,分布要均匀,间距不宜过大。有效宽度与营业厅面积总和有关,与所处地段及人口组成有关。仓库面积与营业厅面积有一定比例。

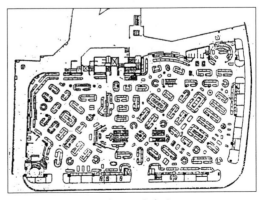

大中型百货商店

Depth 深度

深度是指自外表部分算起之纵深部分的尺寸。也指进深、基地或建筑物由出入口到对测的水平距离，为面宽的相对语。Depth of Embedment 为埋没深度，指柱子埋没在地表以下之深度，以及支撑板桩在开挖地面下之深度。Depth of Frost Penetration 为冻结深度，地下冰冻的最大深度，依照气温、日射、土质、地下水情况、积雪量、寒冷度，时间长短等而变化，将冻结深度相同点连接而成为冰冻线。Depth of Lot 为基地进深，与基地面宽方向垂直之基地深度。Depth of Plastering 为粉刷厚度水泥或其他材料粉刷时，其粉刷层的厚度。Depth of Rainfall 降雨量，单位时间内降雨量之深度，单位为毫米。

Design 设计

为完成建筑物、环境、都市或其他工作而进行的计划。建筑设计则是有关建筑物的配置、平面、剖面、立面、结构、设备等计划，以图面或施工说明书表达。Designer 为设计者，负责完成设计图和说明的人，建筑设计者即为建筑师，各专业分工为不同专业的设计者。Design Load 为设计荷载之外力。Design Stress 为设计应力，各种荷载经不同组合，选择最不利条件用于设计。Design Section 为断面设计，针对弯矩、轴力、剪力等应力作用，而决定断面大小之计算。Design Expense 意为设计费。

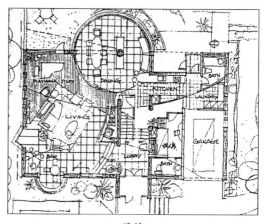

设计

Design Aesthetics 设计美学

与一般的理解或欣赏美学相区别，设计美学是为创造新的美的对象而直接应用的美的创作方针。因为设计不单是用美的要素构成的，所以设计美学又有综合性、审美性、适用性、经济性和独创性。其内容包含两个方面。一是设计的基本条件和构成设计美的全部要素（如功能、构造、材料、加工方法、生产技术、形态、色彩、肌理、成本、新颖）。第二是影响美的价值的形式美（形式要素或感觉要素）的内容，如变化与统一、对比与调和、均衡与稳定、比例与尺度、主从与重点、广义与对称、数的秩序、韵律与节奏、比拟与联想、过渡与呼应、错觉和透视规律的应用。

Design Analogies 类推逻辑法设计

类推逻辑的方法是建筑设计构思的一种方法，借助于逻辑分析来模拟某一建筑或事物的联想，来发展成自己的建筑表现的信念。这种方法正是由于新的建筑形式和设计思潮无不由传统和前人的经验发展演变而来，建筑设计构思不应该在排斥他人的成果经验中获得启发和借鉴。

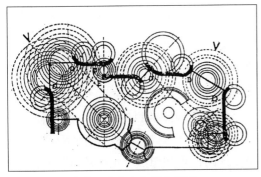

波波尼奇住宅空间分析图

Design Concepts 设计概念

设计概念是把建筑设计看成一个有限的、封闭的系统,偏重于建筑本身及其构成要素之间的相互关系。从建筑所包含的几个层次中去寻求客观因素的思维方式:如环境因素,功能因素、技术因素等。把他们归纳为概念生成的几种途径,意念生成与概念生成过程中涉及理性思维与感性思维的关系。设计方法论的研究对于扩展设计思维方法领域是至关重要的,如赖特的有机建筑观、流动空间论、草原式住宅的设计方法、几何母题的重复、变化;勒·柯布西耶的二元对立建筑观、塑性建筑、现代建筑五原则,空间秩序的冲突与协调统一的各种手法;路易斯康意念的建筑观、唯意志的形式论,子母空间的分离;贝聿铭从环境入手,整体把握的建筑观、精确的几何性、生动的雕塑感,矶崎新的手法主义观念以及东西方文化的交融,等等。

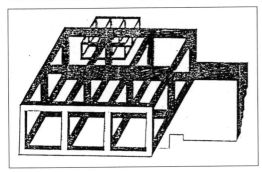

设计概念

Design Direct Responses and problem Solving 直接解决问题的设计法

找寻最简易而直接解决问题的方法是一种建筑设计构思的信念。这种构思方法和寻求条理化的设计方法近似。例如在设计展览建筑的参观流线中,使观众自然流经各部分展厅而后到达出口。F.L 莱特把纽约古格汗姆艺术展厅的参观流线设计为圆形的坡道,观众顺沿着坡到参观至顶层后乘电梯至出口。巴黎的蓬皮杜艺术展厅把功能型的结构和技术管道全部露明而不加任何装饰,由于它的高效能和新奇感也被公众所欢迎。

Design Essences 揭示本质的设计法

揭示要表现的建筑本质也是设计构思的方法。例如当前奉行的波特曼式旅馆都有一个中心共享大厅,客房围绕着公共性的垂直大厅空间,有丰富的装饰和绿化,取代了过去一字形的旅馆平面,而迎合了顾客们需要一个公共性的开畅活动交往空间的心理,从而揭示了旅馆建筑本质性的特征而取得成功。又如伊尔·沙里宁(Eero Saarinen)设计的 TWA 航空港,壳体结构就像一只起飞的鸟,内部空间则采用流动感的曲线,旅客在其中处于动势之中,外形和内部都从理念上展现了航空港建筑的特质。

Design Guidelines for Building Clusters 建筑组团的设计导线

建筑组团中的设计导线是组织建筑的外部空间时所运用的重要方法。建筑与建筑之间的关系多数是呈直角垂直与水平关系的,在有些特殊形式的闭合组合中也采用非 90° 直角关系,而给建筑空间组合形式带来变化。建筑组合中的导线关系和角度关系是平面图形上的,也是心理感觉之中的。建筑就是靠这些心理的导线组合在一起,有的在转角处互相搭接,有的形成非直角的多边形空间。在建筑组群的立面处理方法中,高层建筑起重要的作用。

Design Idea 设计意念,设计意图

建筑设计可视为一定的美学原则,技术条件的历史现象。设计理念是设计人对设计思维的主观能动作用,表现为设计人在设计思维过程中的种种思维方式。如直觉、类比、引用、变异等,可把它们归纳为理念生成的几种途径。设计思维方式中意念与设计手法难以分别,两者相辅相成,引入手法观念,阐述手法运作对于建筑设计的重要意义。理念与手法通过独具个性的概念结构是如何转化的,相互融合统一的,以及根据不同的参照系数,设计手法运作的种种表现,为名师名作的设计意念与手法运作分析做理论上的分析,可探索建筑师个性风格形成的源泉。

建筑师构想他的作品时有一个总的设计意图。例如有的创作要突出表现光的运用;有的作品要突出表现建筑空间的层次性;有的作品要表现结构的形式感所产生的交替的空间构成效果;或要表现园林景观环境中的布局特色,等等。每一种设计意图在建筑师头脑中的想象都会影响建筑设计作品最终所表现出的意境。

Design Ideals 理想化设计

有许多建筑大师创造了自成一派的设计理念,把自己的理想作为设计的信念,密斯·凡德罗的作品要创造一种"同一性空间"和"少即是多"的追求,达到他的理想化效果。赖特的有机建筑理想化的设计理念,追求建筑与大自然的空间流动,建筑与大地相联系。路易斯·康则追求光的表现,勒·柯布西耶则追求混凝土可塑性的形式感,等

等。都是建筑是按照他们各自的理想化行事的。

Design Literal Translation 陈述性的图解设计法

建筑表现图的目的应是一种具有文法一样的图解概念,用陈述性的图解分析来说明设计的构思和想法。正如建筑师爱德华·巴尼斯(Edward Larrabee Barnes)所形容的:"当一个建筑师问另一个建筑师,您正在作什么设计? 他应当能用最简单的图解立刻画出他的建筑设计构思——一张抽象的陈述性的图解。"

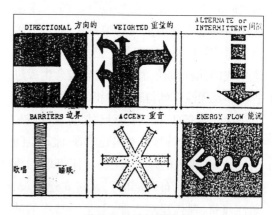

陈述性的图解设计法

Design Measurement 设计尺寸

根据模数制的规定,布置定位轴线。房屋的纵向及横向处定位轴线,应在楼板或房屋结构平面的边缘处,标注外尺寸。内定位轴线应通过柱或墙的中心线。平面尺寸一般注 5 或 6 道尺寸,室内一道,室外 4~5 道如室内房间净距,室外开口与实墙砌体,轴线间距,最外轴线间之分段总长,建筑物满外总长。剖面尺寸注法,一般室内一道,室外一道,相对标高一道,一般首层室内标高为 ±0.00,以厘米为单位标尺寸,而标高都以米为单位标注。

Design Metaphors and Similes　隐喻法和明喻法

隐喻法是当代后期摩登主义及后现代派建筑师所常用的设计构思手法,例如查尔斯·摩尔(Chares Charles)和文丘星(Robert Venturi)都采用有隐喻的建筑细部特征唤起对传统文化特征的联想,如断山花、半圆窗,夸张的柱式细部等传统古典建筑的特征,用传统的符号陈述现代的思想。或称明喻的相似法。

Design Methods　设计方法

设计师都有他们自己喜爱的设计程序,并不轻易改变。有些设计师在构想过程中就作了决定,其他则让思路自由发展,最后才决定方案。多种多样的设计方法因人而异,但作为设计的程序不仅要符合设计者的要求,还要符合设计计划,因此这种个性很强的设计方法会有限制方案发展的可能性,对问题会产生曲解。最理想的则是设计者的设计方法有其变通性,设计师要懂得万事并非只有一种解决的方法,固有的工作方法不见得是最合适的,所有的设计方法都以各种价值观为依据,多种多样的设计方法均强调某种环境品质,着重特殊的判断。

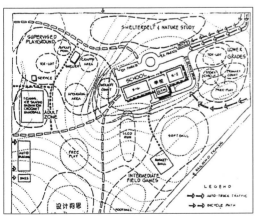

设计方法

Design Process　设计程序

建筑设计是反复思索的过程,并利用草图、速写、文字记录等配合表现。当思念成熟后才发展成为图面的形式,通常以徒手画之形式进行构思,但几乎包含了所有的内容。设计的过程一定要经过多次的修正和调整才能最后定案,草图过程中要有重点表现和省略。设计程序也是一个循环上升的过程,由构思、准备、制定目标、修正改进、完善、付诸实践若干个步骤组成。在这个循环的环节上会出现一些返回改正的情况,每个循环完成后又进入第二个循环,如此反复上升,方案将逐步接近合理。这个循环上升的程序决定了采用透明草图纸做设计的最佳手段。设计定案后再继续发展出平、立、剖面图,环境品质及动线图、透视图等。

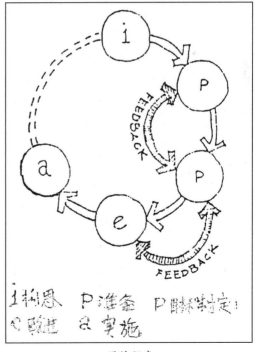

设计程序

Design Scheme and Sketch　方案草图设计法

方案草图构思法是 19 世纪法国布扎（Beaux Arts）艺术学院派所盛行的设计构思方法,亦称 Parti and Esquisse。布扎艺术学院派倡导古典主义的建筑表现方法。特点是在建筑图形中追求断面线构图的比例和韵律,方案草图画在透明草图纸上,层层覆盖着该图,并着重素描和渲染的美术技法的训练。

Design Standards of the Construction Organizations　施工组织设计标准

1.施工组织设计的内容包括:(1)施工组织设计依据、资料;(2)工程概括特点,按建筑设计、结构设计、地质概况 3 方面概括;(3)施工部署;(4)主要施工方案;(5)主要施工方法;(6)施工总平面布置;(7)工程质量及安全保证措施;(8)施工进度图表设计。2.施工组织设计文字说明:(1)以图代文;(2)特殊结构或重要部分分项施工方案设计;(3)有关质量、安全,用文字标注在施工图上;(4)以表代文;(5)工程概括切记抄写有关图纸和地质资料内容;(6)特殊部分分项装饰装修工程另行编制施工工艺卡。3.施工组织图纸设计:(1)少而精,采用节点图、局部剖面图表示;(2)对于施工难度大或有特殊内容者要进行施工方法设计;(3)图、表结合互为补充。

Design Super-organizing Ideas　设计条理化构思

条理化构思是建筑设计构思方法之一,在许多古典式的建筑群体布局中,常采用组织主次轴线的方法来强调建筑的层次关系,建筑的平面与空间组织形成严谨的条理性。例如美国华盛顿的国家航空空间博物馆设计,其平面组成是根据参观人流线的图解形成的。其中两层高大开阔的展厅和一层封闭式的小展厅有条理地组合在建筑平面布局之中,平面图本身就具有人流流线条理化的表现力。

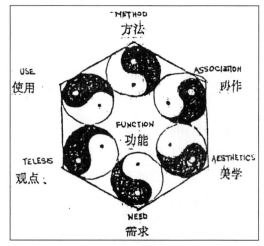

设计条理化构思

Design Teams　设计小组

大部分工程都是由各具所长的专业人才互相合作完成的。设计小组是实物上不可缺少的整体,不同价值取向的替选方案由不同背景的设计者来作,更容易发挥独特的特色。通常不可能在一个设计事务所中包罗所有的工程技术人才,所以设计小组合作就指规划设计某个过程中所需参与合作的各种人员和顾问。但将设计主要方面之专业人员组成核心小组,其他方面的各专业人才配合。应该让他们了解整个规划,如基地的勘察,与业主的初步会谈。设计小组之间要建立一套沟通系统,图面资料之互用使各工种的工作协调一致。

Design Themes　设计主题

建筑师有了设计意图之后要抓住设计中的主题思想,后期摩登主义建筑大师查尔斯·摩尔提到他的作品是在许多主题之中去寻求与发展其中的某一个主要的主题,这是作好设计的重要方法。例如著名建筑师路易斯康所设计的得克萨斯的 Kim-Bell 艺术展厅中"光就是主题"。

安藤忠雄的建筑表现——自然与建筑

"Destroyed City" 1951—1933 "破坏了的城市"1951—1933 年

"破坏了的城市"是一个纪念碑式的雕塑,是扎德金(Ossip Zadkine)为荷兰鹿特丹设计的作品。它位于重建后的鹿特丹广场中央。作者的设计意向是控诉 20 世纪 40 年代德国法西斯轰炸该城的暴行,是对战争的警告,是对和平的祈求。雕塑形式上,人体尚可辨认,但已相当抽象洗练,人体躯干被变形、穿孔;硕大的双臂以夸张的姿态伸向天空,似乎在呼喊,在祈祷。作者刻意写神,强调那种不可遏制的反战情感。它已成为战后西欧卓越的纪念碑之一,成为鹿特丹城市的象征。

"破坏了的城市"

Detached Housing 独立住宅

每个居住单元在住宅及地上有自己独立的结构体,是可固定在一处、也可以移走的一种独户住宅,是美国 19 世纪流行的一种住宅形式。

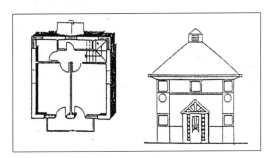

独立住宅

Details、Detailed drawing 节点、细部、详细图

节点及建筑细部的关节点,在细部大样设计中至关重要。当我们观赏一座建筑时要注意它的节点设计是否巧妙、精细、惹人喜爱。有的设计只是使用简单粗俗的商品化成品,无节点设计可言,说明设计者所完成的建筑深度有很大差别。鉴赏节点设计需要较高的建筑艺术素养,同是一片玻璃栏板,一处大理石的拼缝,一件门环,一件灯

伞,踢脚板,挂镜线……在建筑师的手中均可表现出高超的技术和艺术水平。

表示建筑构造细节的详细图面,建筑详图通常使用 1：30~1：1 的比例缩尺绘制,也叫大样图。细部指各种构造的细节部分。Detailed Drawing 则为详图。

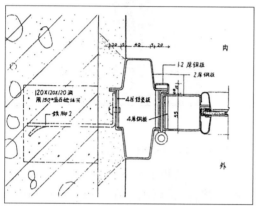

节点、详细图、细部

Detailed City Planning 城市详细规划

城市详细规划必须根据城市总体规划进行,如果城市重点地区建设任务紧迫,也可以在编制总体规划的同时,编制第一期建设地区的详细规划,但两者必须配合。详细规划的范围可以是整片的居住区、居住小区、沿街地段、城市中心区、广场、工业区、商贸区、园林绿化地带、体育文化中心、风景区、科研区、大学区、生产区等。规划的内容视范围的大小可与城市设计的内容略同,如确定布局和道路系统,选择建筑类型、方案,确定各项面积及用地指标,确定红线及市政工程管线、竖向标高,估算综合投资,提出有关建议及文件。规划应遵照国家及地方政府的各种法规、技术标准,完成规划要求的图纸内容、技术经济指标及设计说明文件。

Deutscher Werkbund 德意志制造联盟

德国人穆迪修斯(Hermann von Muthe-sius, 1861—1921 年)对英国居住建筑曾做过深入研究。1907 年他倡议成立"德意志制造联盟",成员有艺术家、评论家、制造厂主等,定期展出应用艺术品。荷兰 1916 年同样组成了"图案设计与工业协会",努力简化日用品造型。奥地利于 1910 年,瑞士于 1913 年也先后成立了类似的联盟。"德国制造联盟"作为战前最重要的文化团体,其着眼点是美术、工业、手工艺的总和。联盟又罗致一些建筑人才, 1907—1914 年新一代德国建筑家如格罗皮乌斯、密斯·凡德罗等。他们的前辈贝伦斯是 1893 年"慕尼黑分离派"组成人之一, 1900 年加入"七人团",总之是谋求所有造型艺术的有效联系。1903 年穆迪修斯介绍他任塞尔多夫艺术学校校长, 1909 年他设计的透平机制造车间是首次出现表现派艺术风格的工业建筑。

Development of Architecture and Cultural Views in the 21st Century 21 世纪建筑与文化观念的发展

类型	20 世纪	21 世纪
环境观念	与自然的对立	与自然共生
发展观念	无限制发展	可持续发展
美学观念	技术的美学	生态与信息美学
经济观念	物质经济为主	知识经济为主
价值观念	二元对立	多边互补
技术观念	技术至上	强调适宜性
利益观念	强调群体利益	关注人类共同利益

Development of Hospital Design 医院建筑设计的发展

医院建筑设计的发展源于医疗技术飞速进步,主要表现在:1. 手术仪器仪表增多,层流空调手术室普及,无影灯观察有改进;

2. 放射部门由自动化电视遥控；3. 治疗注重机能的恢复，运用语言、游戏、绘画等多种形式的治疗方法；4. 服务医院的管理机械自动化；5. 设置监护病房。

　　医院病区由一个护理单元构成者称独立单元，平面有方形、圆形、三角形等，多个单元组成者称组合单元。从功能色彩到环境色彩，常用白色，病室最好用淡调色，走廊、楼梯间可用暖色，手术室用淡灰绿色。欧洲一些医院的护理单元一般为30床左右，每室2~3床。病房很注意病人的心理状态，大都有监护病房。有的设有气送管道传递系统。一般病房和传染病房的污水分开，活物采用焚烧法处理。

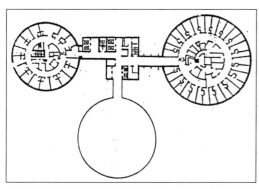

美国溪谷长老会医院
医院建筑设计的发展

Dining Room in Apartment House 住宅中的餐室

　　餐室连接起居室与厨房，有时也可作居室中的一部分。餐桌及椅子所占面积虽然不太大，但使用率不高，可考虑兼作其他使用。在热带地区常把餐桌安放在凉台或带玻璃的露台中。由于餐室的使用时间少，对朝向与光线的考虑较少。如果餐室与起居空间合并，可以增加起居室的工作面积，可以利用餐桌兼作工作桌。

Disjunction 断裂法

　　断裂的设计意图是使不连续的，性质不同的体系突然冲突，产生一种冲击性的对比谐调。断裂法是西方现代艺术设计思潮之一。美国的诺琪公司是比斯特公司（BEST）的一个展销部，被设计成一个豁口和一对可以推出推进的"碎砖堆"作大门。含有双重的隐喻，一方面象征着现代与过去的断裂，尽管建筑的造型是现代化的，但从这里人们很容易联想到以往发生的事情；另一方面使顾客面对这个被置于一边的残破砖堆和建筑上的"BEST"商标而大为惊讶之余，联想到该公司鄙视劣质的商品。

Dispersed 疏散

　　建筑中的疏散问题分为正常与紧急两种情况，正常情况下有连续的人流，如医院、商店、旅馆等。集中疏散的如影剧院、会堂、体育馆等，也有属于连续和集中人流特性的如展览馆、学校等。紧急情况则都属于紧急集中疏散性质。例如阶梯教室的人流疏散特点是连续型的，上下课时过度集中，出入口合并在讲台一端则疏散方向一致；出入口分别设置在侧墙后部，安排一定的纵横走道。在影剧院、会堂中，常要求入场人流与散场人流分开集散，入场口、散场口分开设置，剧场会堂中需要考虑休息厅、前厅等缓冲地带人流的停留时间，疏散时间设计和材料、结构的防火等级、座位排列法、楼梯过道的布置有关。体育馆的疏散特点是容量大，观众可向四周疏散，分区入场，分区疏散，集中出口。观众席可设横向过道，或只设纵向走道。其他类型的建筑也各有不同的疏散要求。

Distortion　歪曲

把视觉形象的错觉加以夸大，能达到歪曲变形的特殊效果，并可以通过对以往经验的回忆得到未变形之前的形状痕迹，从而达到印象的加强。这就是布置抽象的和扭曲变形的艺术雕塑品、绘画和建筑造型的道理。在现代流行的怪诞艺术中，如细长的女人体型，他们之所以被人们接受，并不仅仅是因为流行，而是因为这些细长的体型与现代人所向往的女人形象有某些一致。当然，偏离和歪曲的手法应有一定限度，同时歪曲的变形也是创造运动感的重要构图手法。

District　区

区通常含有地带、地域、地区等之含义，区的概念在使用上很有弹性，有含混的特性，在城市规划中构想的及规模无法确定的区的范围可大可小。例如给水地区，其意义及范围较狭窄，而都市计划区域范围则较宽广，故无固定之意义。District Center 为区域中心，指规模次于都市中心之地区中心，在此范围区域内，大致上有步行圈，住宅及集合住宅所围成之中心区域，并由商业中心设施及各种公共设施所构成。District Map 为区域市区图，District Heating 地取暖器为建筑群集中设置以高压蒸汽与高压温水做热源供暖的形式。在寒冷地区有地热可利用时大部分采用地区供热方式。

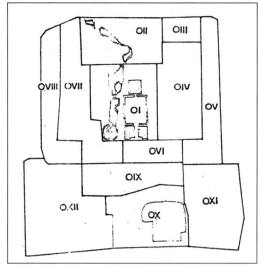

旧城保护分区示意图

Division by Aspect　观念划分设计法

观念划分设计法是将影响其他设计的三个要素分开来考虑，首先研究活动场所，对基地内不同特性、密度、混合方法、联络方式进行分析，然后推展到造型及需求，然后再以细部配置之。设计者应有一套基本形态的资料以供应用，如圆形、放射性、线性、星形、块形等。第二要考虑道路的安排，研究动线的细节，寻求合乎基地流通系统的决定性因素。最后则是考虑与基地调和的形式，地形上应强调之处，使形体、特征及视线能配合。活动、动线、造型这三种形态互相冲突、调整后，是三者达成共同协调之结果。此处专业的分工，如建筑、景观及工程方面也应整体考虑。

Dolphin and Swan Hotel　海豚和天鹅饭店

海豚和天鹅饭店于 1990 年建成，由迈克尔·格雷夫斯设计（Michael Graves），围绕月形湖面布局，包括两个大型饭店，一个会议中心及其附属设施。饭店采用对称构图及大胆的装饰，如海豚、天鹅、棕榈树以及抽象的水的图案符号等雕塑,色彩丰富,体型鲜明,反映了迪士尼世界的传统特色,并与佛罗里达特有的亚热带环境相调和。海豚饭店 26 层,9 层楼的四翼伸向湖边,屋顶部分有大型喷泉,拥有 1 500 套客房。天鹅饭店有 760 套客房,屋顶上有 2 个 13.7 米高的天鹅雕塑。

Dome 圆屋顶

圆形屋顶有以下几种。Polygonal Dome,多边形圆屋顶,如巴黎的卢浮宫。Surbased Dome,扁圆屋顶。Surmounted Dome,Stilted Dome,上心拱圆屋顶。Domical,圆顶式的。Domical Vault,圆顶式拱顶。

佛罗伦萨圣玛利亚主教堂穹顶

Domes and Archs 拱穹顶

拱穹顶是欧洲古典建筑重要的类型之一,在拜占庭的教堂建筑上技艺精湛。十字形的平面形式中央穹顶的圆形空间,化方为圆,具有宗教的含义。拱穹顶在方形的四隅,由四个独立的支座发起四个拱券作过渡,再扣紧穹顶。简式的穹顶则是帆拱与穹顶共属一个球面。土耳其君士坦丁堡的圣索菲亚大教堂的穹顶较低矮平缓。而后又发展了一种增设圆筒形的鼓座,周围设窗洞,称为复式穹顶,如前苏联基辅的圣索菲亚教堂。

Domestic Dwellings, East Sichuan 川东民居

川东许多中小城镇镶嵌在翠碧的江岸上,沿长江两岸山峦起伏,民居有洁白飞翘的封火墙,层叠的院落,清新、古朴。"一道天"集思想、功能、地形、空间于一体。当地称一个天井为"一道天",利用地势高低,由下向上看去,透过一道道天,直到最高一层高大的堂屋。随山势高低,一瀑、一石、一木,建筑与自然融为一体。岩石叠落高差 7~8 米到 20~30 米,每块台地均在 10 米宽以内,只留出 2~3 米街道小巷,"随台拖厢、顺坡拖檐"而下。小街巷、天井,特别幽静、凉爽,背后是青山,吊脚楼下是渺渺长江。多变的组织空间,扁长的天井中似隔非隔,"亭子天井"可进光不进雨,有丰富的空间诗意。溪水、叠瀑、装饰着青石的绿树中的院落。仲夏时蛙鸣、稻香、粉墙、倒影,分外明媚。门前合抱黄桷树爬壁而生,向外悬挑,院前种芭蕉、棕榈、桂树,周围环抱松柏,生机盎然。

重庆望龙门外吊脚楼民居

Dominate 主导

一切构图要素所组成的各个部分都存在着主和从的关系,重点和一般、核心与外

围的差异。建筑构图从平面组合到立面处理,从内部空间到外部体型,从群体组合到细部处理,都必须安排好主从关系。有主导的存在才有整体的统一,在整体中,那最富吸引力的部分即构图中的主导部分:色调的主导、质感的主导、形状的主导、大小和方向的主导。建筑师赖特设计的纽约古格汉姆艺术展览厅建筑,以曲线形状和白色的体型形成这一地区环境构图中的主导地位。

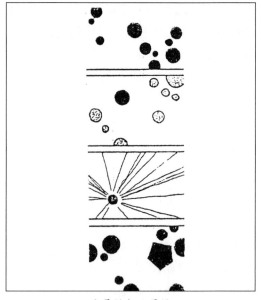

主导性与从属性

Domus 宅邸

古罗马城或庞培城发现的权贵或帝王的私人住宅,以别于多户合住的简易住房,分正厅、柱廊庭院两大部分。正厅为正方形或矩形,周围分若干供谈话和休息的小间,有门廊通向街道。正厅的概念源于伊特鲁里亚人的住宅,而柱廊庭院则源由公元前 2 世纪的希腊住宅。维提宅邸是庞培城中宅邸的典型。罗马的帕拉蒂尼山丘以帝王的府邸著称,其中有著名的奥古斯纳宅邸等。

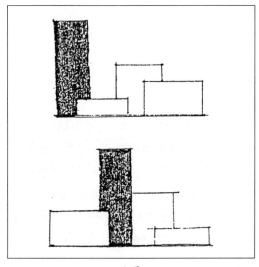

主导

Domination and Subordination 主导性与从属性

大凡绘画须有其焦点匀称主题,画面上的许多陪衬必对焦点有所关联,此焦点应具主导理念,是谓主导性(Domination)。从属性(Subordination)可作陪衬,是加强主导性的表现,且为构成绘画中旋律的重要因素。建筑构图也运用主导性与从属性同一的原理。

Door 门

建筑之出入口,可开关,主要供人进出,亦有采光及通风之功能。Door Check, Door Closer Hanger,门钩。Door Holder,门把,维持门扇打开状况用的金属器具,有磁力式及夹合方式等。Door Keeper,门房。Door Knocker,门环。Door Pull,门拉手。Door Rebate,门挡沟,门扇关闭时直接接触于柱、樘处所设置之凹槽部分。Door Sill,门槛,门下方设置的横木。Door Stone,门槛石,石材料之门槛。Door Stop，门止，固定开门或开窗用的金属制品。Door Switch，大门电路开关，利用于自动门上。Auto Door，自动门。Rolling Door 卷门。Canopy Door，雨篷门。Single Swing Door，单片摇门。Single Sliding Door，单片水平拉门。Single Overhead Door，单片水平悬吊门。Four-Unit Sliding Door，四片水平拉门。Four-Unit Overhead Door，四片水平悬吊门。Double Sliding Door，单轨双片水平拉门。Folding door，折叠门。Double Swinging Door，双片摇门。Double-Acting Door，双向活动门。Double-Unit Sliding Door，双片水平拉门。Revolving Door，转门。Flush Door，光面门。Batten Door，板条门。French Door，法式门。Glass Door，玻璃门。Dutch Door，荷兰式门。Framed Door，嵌板门。Braced and Ledged Door，实拼斜撑门。Carved Panel Door，雕花木门。

Door and Window 门窗

门窗在建筑上好比人脸上的眼镜和嘴，以皮肉围绕，在眼和嘴的周边有天然加厚的部分，形成眼和嘴的特征，像是人的音容笑貌，门窗则是建筑的容貌特征。每个建筑的门窗都应有其个性特点，门窗的边框则是表现建筑特征的重要部位。然而摩登派建筑师反其道而行之，他们力求把窗户设计得不像窗户，门不像门，甚至追求室内与室外好像什么都没有一样。如果没有一个门把手作为标志，人看不见门在哪里，这种观点与门窗的本质相矛盾。门和窗都是与外界的划分，同时具有"隔开"的意义，过大的玻璃面有危险之感，花格子划分能给人以门窗功能的信息。

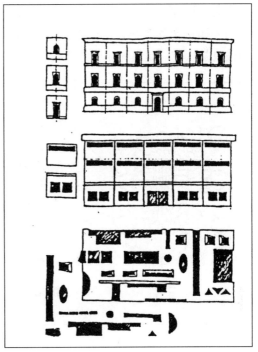

开窗的形式

Door Frame 门框的构造

门框的形式可分为正材、单独、拼合三种。门框的尺寸为上槛 95 毫米 × 45 毫米，下槛 95 毫米 × 45 毫米。门框与墙的连接方式有塞口与垒口两种作法。门框位置可在墙中或墙边。

Door God 门神

中国神话中把守门户的神的画像粘于门以驱鬼。古时门神称神荼、郁垒。明、清易为唐武将秦叔宝、尉迟敬德。传唐太宗患病时门外有鬼魅呼号，秦叔宝和尉迟敬德戎装在门前值卫，夜果无事。后太宗命画工绘二人形象于门上。

Door Knocker 门钹

传统民居中的五金配件，从来不是单纯为了使用功能而做的，门钹、门环、窗钩、贴脸、看叶、门钉等各种包铜饰面的五金配件都是精致的艺术装饰品。门钹的纹样是一对兽面,口中衔着金属门环,形象生动有趣,用门环撞击金属兽面,发出清脆的叩门声,门铍也是入宅门是最先触到的建筑装饰。

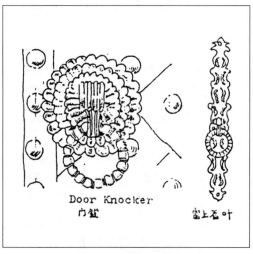

门铍

Door Lock　门锁

门锁通常装在门的边料上,有碰珠锁及碰珠死锁,可用钥匙开关,多用于弹簧门,死锁为无碰珠及活舌之锁,非用钥匙不能开闭,多用于衣橱、贮藏室处。活舌锁只有活舌而无锁舌,多用于无须锁闭之次要小房间,均有执手。插锁为普通常用之门锁,一般均有活舌一个,锁舌一个,锁之两面均有执手。弹簧锁、碰锁随手关门时均可闭锁,多用于外檐门。

Dormer　屋顶窗

屋顶窗又称老虎窗,从坡屋顶上伸出的竖直窗,常用作卧室采光,可以与墙在同一平面,也可以从屋顶中部伸出。窗上的顶可为单坡、双坡、四坡或平顶。在条顿民族国家带简单屋顶窗的坡屋顶成为其建筑的特征。哥特晚期及文艺复兴初期,从墙面上升起的石砌屋顶窗较为复杂,并有丰富装饰。英格兰、苏格兰的都铎式,法国路易十二至路易十四的别墅中均以屋顶窗为特征。19至 20 世纪的古典复兴式建筑中更为普遍。

Dormitory　宿舍、旅馆式住宅

宿舍是指一般单身生活的人们集体居住的住宅,这些住宅为供给国家企业、工作部门的工作人员、工人以及学校学生所设置的。宿舍的特点有以下内容。1. 集中很多单身人士住宿在一起,他们并无家族的关系,因此生活的情况与一般住宅完全不同。(1)居室的功能不仅作卧室,同时亦作工作和休息场所。(2)一切家务工作比较简单,不需要单独设备。(3)所有生活设备如饭厅、厨房、浴室、厕所都集中在一起。有时亦应附设公共休息室、会客室等房间。2. 集体生活中,人们互相接触频繁,增加疾病的传染机会,因此应特别注意生活隔离的设施。3. 人数众多的宿舍,生活习惯并不完全相同,在性质不同的部门工作、爱好不同,这样,起居休息时间不完全一致时,容易引起宿舍中嘈杂、混乱,不如住宅安静简单。

旅馆式住宅是以单身、新婚夫妇和少口户为居住对象的住宅。大部分住户只有一间或一间半居室和面积较小的厨房与卫生间。从20 世纪 30 年代起,瑞典、美国、苏联等国家陆续修建旅馆式住宅,平面形式与一般单元式住宅略同,也有内廊式、外廊式、天井式多种。旅馆式住宅和单元式一室户相比有以下好处。1. 楼梯、走廊的服务范围稍大,交通面积减少。2. 户型基本一致,减少了构配件的规格,可采用统一的卫生设备和工业化的施工方法。3. 使用灵活,还可以拨出一部分供工作、生活特殊需要的单身职工使用。4. 由于住户的类型比较单一,便于房产部门管理。

Drafting　制图

Drafting, 同 Drawing。Drafting　Room

为制图室,执行制图作业之房间。Drafts-man 为制图员,将建筑师或设计师的构想绘成图样,并且考虑细部处理,绘制实际施工图的人。Draft Brush 为制图刷,制图时用于清扫图面的刷子。

Drawing 设计图、制图、图面

设计者之意念依一定规范约束出现的图面,将空间或实体之观念具体化,绘制成图。在图面上绘出事物之形态、关系位置及尺寸、材质、颜色、装修方法等,依一定之表现方法表现于图面的图。一般建筑图面根据表现方法可分为平面图、立面图、剖面图、结构图、设备图、透视图等。Drawing and Specification 为设计图说,工程实施所需设计图及施工说明书的总称。Drawing Board 为制图板,以胶合板制品为多。Drawing Instrument 为制图仪器,通常包括圆规、着墨工具及分规等主要用具。Drawing Paper 的制图纸,Drawing Pen 为绘图墨水笔。Drawing Table 为制图桌。

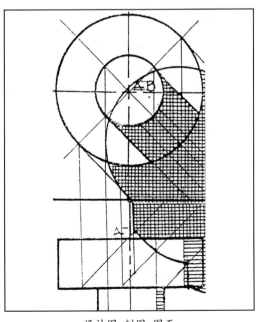

设计图、制图、图面

Dry Mountain Water Garden Scenery 枯山水园林景观

7 世纪中国皇帝曾经送给日本天皇一个盆景,在漆盘中放着几块石头。凑巧成了一个象征,日本的写意庭园就是盆景式园林,它的集中代表是枯山水。用石块象征山峦,用白砂象征湖海,只点缀少量的茂木或者苔藓、薇蕨。选石求雄浑深厚,适当地单独组合,砂面耙成平行的曲线,犹如波浪万重,沿石根处把砂面耙成环形,则象征拍岸的惊涛。只植少量的天骄多姿的树木,精心控制树形而又尽力保持它的自然,不种花而只种蕨类或青苔。大仙院的庭院、龙安寺的石亭都是典型的枯山水作品。枯山水的大师多数是禅僧,把淡泊弃世的情调带进了园林,用枯山水表现摆脱一切的永恒。即使是大型的园林,有广阔的自然环境,也免不了用枯山水的写意手法处理一些风景点设计。

Duchamp Marcel 杜象

法国艺术家杜象一生的作品不多,每一件作品都开创了一个新的美术观念。1921年杜象在欧洲以一幅《下楼梯的裸女》参加"独立沙龙展"被拒绝,因为它超越了立体派的观念,把时间的因素介入画面,成为此后未来派的先驱,在现代美术史上这幅作品有里程碑的地位。1917 年杜象在美国展出他的《泉》,是一具瓷制的尿壶,上面署名为"R·MUTT",是在达芬奇的经典名作《蒙娜丽莎》的复制品上加两撇往上翘起的胡子。它使人们感到一种滑稽,一种艺术假象被戳破的快乐,使人们思考艺术的真正价值。杜象利用现实生活中的既成物及对伟大艺术品的嘲弄,使人们觉悟,真正的艺术只有从前人的框框中解放出来,使自己自由,真正的艺术是回归到生活现实中,使艺术与生活

打成一片,融为一体。

Dunhuang Grotto 敦煌石窟

　　莫高窟在敦煌三危山和鸣沙山之间的峭壁上,地当古丝绸之路要冲。始凿于秦建元二年(366年),历代延续约千年,现已编号洞窟492个,凿于唐代的约占一半。保存45 000余平方米的壁画,2 000余座彩塑,5座唐宋木构窟檐。石窟形制都有前后两室,前室开敞,后室以中心搭拦式、覆斗式、背屏式为多。壁画中的建筑形象有阙,佛寺的布局,城垣、塔、住宅及其他建筑,建筑部件,以及斗拱形制。壁画中的建筑画法表现了建筑画的发展脉络,至盛唐时已达很高的水平,采用俯视角度的一点透视,全对称构图等。窟沿有的保存完整,为研究屋角起翘的起源和发展提供了例证。

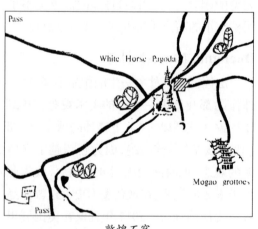

敦煌石窟

Dule Temple 独乐寺

　　独乐寺位于天津市蓟州区,建于辽统和二年(984年),现存辽代建筑有观音阁和山门,是现存中国古建筑中保存的最早的楼阁,结构精妙,艺术超群。1972年在观音阁下层发现有16罗汉像,为明代所绘。独乐寺观影阁外观五间八架,下层总宽19.93米,心间宽4.67米,总深14.04米,平面长宽比约3:2,歇山顶,总高14.04米,重楼,总高19.73米,上下檐出3.32米和3.16米,外形轮廓稳重而舒展。阁内部结构分4层,各层高4.29至4.45米,外观里面与室内空间置放的观音大像是以结构为基础周密设计的。独乐寺山门三间四架,宽16.16米,深8.62米,总高8.73米,檐出2.59米,外形稳重舒展,以结构的逻辑性表现出艺术效果。

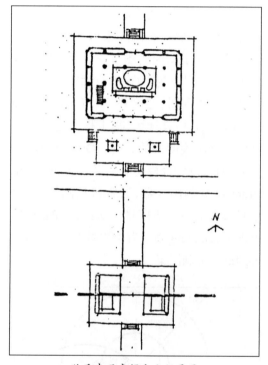

独乐寺观音阁和山门平面

Dwelling 居

　　居是居住者生活行为的领域,包括社会性非实质环境,属于居家的范围。论及居住者日常的生活行为或轨迹,其行为不仅限于居家的内部,还包括延伸到邻里、社区以及个人与社会的公共空间中的行为。

Dwellings 民居

　　民居为供人们居住与生活之居住建筑,Dwelling Condition 为居住条件或居住水准、居住品质优劣的指标,一般以每人或每户所占居住之楼地板面积表示。Dwelling Density 为住户密度,为某区域内土地面积乘以住户数之值,单位为户 / 公顷。住户密度通常用以表示土地利用的效率的指标。住户密度若乘以平均每户居住人口数,即可求得人口密度。Dwelling Room 为居室,同 Living Room。Dwelling Unit 为住户,具有住宅所需设备之单位。Dwelling House Combined with Shop 为带商店的住宅,Dwelling House Combined with other Uses 为混合使用的住宅,Dwelling House for Exclusive Use 为纯住宅,专为居住目的而建造的。

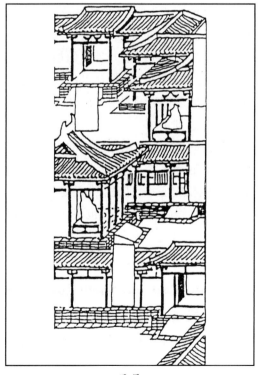

民居

Dwellings, Africa 非洲民居

非洲为仅次于亚洲的世界第二大洲,占世界陆地面积的五分之一,包括东南亚,埃塞俄比亚高原、东非高原,南非高原。多数地区海拔 1 000 米以上,有超过 4 000 米的高山。西北部分是尼罗河盆地和撒哈拉大沙漠,占整个非洲面积的四分之一。非洲大部分属热带气候,有热带雨林、山林、草原、草地灌丛、荒漠,人口集中在西非尼日尔和下流冈比亚与刚果河之间的沿海地区。东非高原大湖区和埃塞俄比亚高原,撒哈拉以北为阿拉伯人、伯伯尔人、索马里人。撒哈拉以南分苏丹里人和班图黑人两大系统,还有少数古老部族。非洲各地乡土民居在世界占有独特的地位,由于地理气候特点,非洲各部分的地方性民居在天然材料的运用、细构造型、平面空间布局、细部纹样等方面,均有强烈浓郁的传统风格和地方特色。沙漠干旱地区、多雨地区、山区、原始森林中的聚落、北非沿地中海地区等不同的地理和天然条件产生了多样的非洲民居特征。

Dwellings, America 美洲民居

印第安人的民居纵贯美洲大陆,在北美西海岸的印第安人木屋中,广泛运用传统的木刻图腾柱,与民居房屋组合在一起,有时把图腾木柱的底部头像作为住宅的入口,室内无隔墙,中央的火塘处略低,形成一圈舒适的座处。在北美的南部,人们则巧妙利用土石材料,适应干热的沙漠气候,由传统高超的土坯砌筑技术,用乔木搭凉棚以遮蔽日晒,房子只供寒冷天气使用以及存贮物品,夏季在房顶上过夜。

爱斯基摩人的冰屋,是圆球形的御寒的冰雪穴居形式,圆球形可以抵抗风力和减少外露的屋顶面积。内部采用兽皮帷幔以避免人体的热量辐射到冰屋的雪墙上,并减少内层冰面的通风,提高雪墙的功效。

南美安迪斯山区印第安人的民居,为土墙、红陶瓦屋面,建筑形式受西班牙殖民地

式建筑风格的影响。北美印第安人棚架民居有帕摩屋（Pomo Dwelling）、米沃克屋（Miwok Dwelling）、威辛塔屋（Wicnita Dwelling）、曼丹土屋（Mandan Dwelling）、纳瓦究木屋（Nawajo Dwelling）。

Dwellings, American　美国民居

现今的美国是多种文化融合在一起的殖民大陆，兼容并蓄了许多欧洲殖民地文化而形成了美国的建筑传统。美国的乡土民居的类型大致概括如下：新英格兰的图克乡村式；披肩乡村式；农庄式；板瓦式；殖民地式；大西洋沿岸中部的佛兰德式；南部卡江乡村式；跑狗式；西南山区石屋；沙漠式；花园式；中南部生土民居；俄亥俄农庄式；旧金山维多利亚式；加利福尼亚奔加罗式；高直复典式；19世纪折中主义式；A字框架式；西部庄园式；希腊复典式；后期摩登主义式，等等。

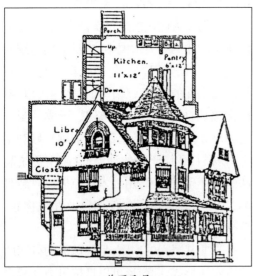

美国民居

Dwellings, China　中国民居

中国民居包括中国各民族及有广大地域特色的多民族的传统民居，中国几千年的文明历史积累了丰富的民居建筑经验。北京四合院，福建土圆楼，湘西和四川的吊脚楼，云南一颗印，新疆和青海的生土民居，黄土高原上的窑洞，内蒙古草原的毡包，苏州的园林宅院，陕西、山西的关中民居，桂北的干栏式住宅，西双版纳的竹楼，等等。无论在繁华的城市还是偏僻的乡村，乡土民居建筑都因地制宜，深深地扎根于民间，世代相沿，源远流长。他们广泛集中了民间的传统营建经验，强烈显示了各地的地方特色，中国的千差万别、瑰丽多姿的民居建筑是中国古代建筑遗产中的一份宝贵财富。

Dwellings Door and Window, West Europe　西欧民居的门窗

住宅的门道应引人注目是舒适的入口大门，有的故意作的雄伟壮丽，如西欧民居，常常为了配合建筑尺度与外形而加大门道。有些民居门道故意作的低矮，以通过门道穿透外界空间若隐若现的景物，而且强调"穿过"之感，感到亲切。

门窗的大小一般根据房间的大小而定，西欧民居底层多为厅堂，上层房间较小，门窗尺寸也相应变小。门窗的高矮根据要求进入房间光线的多少而定，也根据观赏外部景色的情况而定。窗台与门槛的高低也要满足人心理上的安全感。

Dwellings, East and North Europe　东欧、北欧民居

东欧是多民族地区，地方性民族特色十分强烈，受西欧的影响又具西方特色，包括保加利亚、罗马尼亚和前苏联东部地区，多为石结构和木结构的混合形式，并富于强烈的地方宗教色彩。

北欧的挪威、瑞典、芬兰盛产木材，其北部纬度同阿拉斯加，因洋流的影响，气候较

阿拉斯加温和,夏季无黑夜。民居多以原木构造,木板搭筑。芬兰人以蒸汽浴室为传统民俗,芬兰的蒸汽浴室木屋表现了典型芬兰民居的特色。其地方性工艺美术也充分表现在民居的装饰上,用木、石、玻璃工艺品装饰木头房子的室内和室外。

北爱尔兰为欧洲陆块最西端的海岛,沿海的高地和中部起伏的平原上的建筑以高耸的城堡式石砌府邸而著名。

Dwellings in Andes Mountain Peru 秘鲁安第斯山区民居

在安第斯山区,泥土、石料、茅草是当地印第安人民居的主要建筑材料,其夯土或土坯砌筑墙壁的技术证明,早在原始时代,人类对自然物的利用全世界几乎一样。屋顶是红陶瓦坡顶,用木头作檩架,用石料加固门窗洞口和墙角。虽然十分简陋,但用料科学,造型美观。定居后的印第安人民居深受西班牙传统建筑风格的外来影响,特别是屋顶上有各式各样的十字架作装饰,虽然他们不信奉这样的宗教。

Dwellings, Middle East and West Asia 中东、西亚民居

中东和西亚大部分地区气候炎热干旱,当地的民居适应环境特点,采用天然材料,广泛使用土体、石材和苇草,在沿海和沿沼泽地带则采用苇拱结构和苇席建房。例如伊朗和伊拉克的边界沼泽地带的民居使用芦苇棚建造的一种隧道式的小屋,筒形的平面,前后划分为客房及住宅。巴基斯坦的估帕(Gopa)屋,以土墙草顶圆形结构,附属部分围绕在房子的外围。沙特阿拉伯的阿卜哈石屋,方形的平面以条石版砌筑,富于地方特色。北也门的传统夯土住宅色彩鲜丽,装饰丰富,窗户用白色突出墙面的边框装

饰,采用堆石或毛石砌筑高大的土墙,木梁平顶。伊朗的吉兰居民,采用独立式的木结构构架,泥墙草顶。叙利亚的叠砖圆顶蜂窝式方形住宅,圆形的屋顶由方形泥砖叠砌而成,下部由石砌的基底支撑,叠砖起拱的技术高超。阿富汗的瓦汗走廊泥屋,室内的木装修藻井,具有浓郁的地方特色。

帐篷民居除中国的蒙古包以外,在中东地区分布很广,圆顶帐篷用于中亚、阿富汗的北部、土耳其等地,采用下部可折叠的木格框架,便于驮运。沙漠中著名的贝杜因黑帐篷,采用毛织品编制棚顶和墙,以木柱拉索支撑,背风搭设,并可根据天气炎热的程度、风及烈日,调整其棚顶的高矮。从阿拉伯西奈到以色列、约旦、伊拉克、叙利亚等地都盛行这种帐篷。

西亚印度的西部高原有圆形及方形的土体民居,其在抹面的土体上装饰着闪光的镜子。印度的乡村式住宅由于气候特点,多处采用外廊包围,并以由英国传入的纹样与当地传统相结合为特征。

Dwellings, Siberia 西伯利亚民居

西伯利亚地区以木头住宅为主,东西伯利亚克拉斯诺亚尔斯克到贝加尔湖的伊尔库斯克均以原木的住房围成院落,木墙承重,厚木屋顶坚固保温。北极地区的原木房屋包括阿拉斯加,日本的北海道,均有相似的高架木屋。在北极地区则有因纽特人特殊的冰层。

Dwellings, South-East Asia and South Pacific 东南亚和南太平洋民居

东南亚大部分地区气候湿热,雨量大,气温高。当地的民居为适应气候特点,把底层架空以利通风散热。例如苏门答腊的巴塔克式民居以重木及棕榈建造,用木构架楔

榫连接。坡顶的山墙两端可以通风,山墙上做彩色编织的席盖和竹篦。马来西亚的民居住屋较小,全部结构建在离开地面的支柱上。用棕榈叶覆盖陡斜的屋面,墙身用树皮或木板制作。泰国曼谷民居屋面陡峭,四周出檐,连续的室内空间以平台或庭院连接,地板的标高按照私密性的层次,逐渐抬高,表示人逐步进入最私密的房间,用以强调划分空间的层次感,楼梯和厨房置于室外。婆罗洲伊班人的长屋,有的长达300米,每户可随意迁移带走拆下的单元房屋材料加入另一长屋群中。东南亚地区民居包括泰国式、缅甸式、瑶式、老挝式、柬埔寨式、越南式、爪哇式、米南卡保式、巴塔克式、尼亚斯式、马来式等。澳大利亚地处印度洋与太平洋之间,大多数民居是英国血统,现代民居以英式为主。

Dwellings，South Europe and Mediterranean 南欧、沿地中海民居

希腊位于巴尔干半岛最南端,是西方文明的发祥地,地中海式气候夏季干燥,冬季温和,气温季节变化不大。乡土民居为厚墙小窗,外涂白粉墙壁以反射强烈的日照,古代希腊的双户平面布局以中庭为核心。希腊沿海地区和山托里尼岛上的民居,人们称之为"生态气候效应的乡土民居";是天然的集聚太阳能的半地下建筑,采用土石的拱券,白色的房子和彩色的岩崖背景在明亮的阳光下创造了迷人的魅力。意大利南部也属于沿地中海的风格,其北部山区居民为木结构的石砌建筑,和南斯拉夫、瑞士的山区民居相似。北非埃及、阿尔及利亚民居也有沿地中海地区居民的风格特色,圆拱形的屋顶以及花格小窗充满了伊斯兰建筑的特色。南欧乡土民居包括著名的欧洲建筑古典风格,如埃及式、希腊式、麦西尼式、罗马式、罗

曼式、高直式、文艺复兴别墅式,巴洛克乡村式,新古典主义式和19世纪中产阶级的住宅。

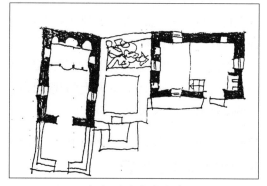

南欧、沿地中海民居

Dwellings，West and Middle Europe 西欧、中欧民居

西欧以英法为代表,著名的布列塔民居(Brittany)位于法国西北段的半岛上,北临英吉利海峡地区,为西尔梯克人的民居。他们由英国移入,成为当地有史可考的最早的居民,以其深厚的柯尔特文化传统区别于法国其他地区,后来发展为著名的布列塔尼人西尔梯克民居。英国的乡土民居以英国乡村式的茅草农舍为代表。英国北部的城堡式石墙府邸,英国式的半木结构住宅。法国位于欧洲西部,具有欧洲大陆多样化的地形特征,气候温和,雨量适中,北部与西部有世界上最好的谷物种植地。法国北部的草原农舍平面布局规整、紧凑,起居室和餐室以壁炉为中心布置,壁炉是整个住宅中最核心部分。草原农舍的屋顶坡度较陡,出檐很小,屋顶的内部设置阁楼空间,作为贮存杂物之用。草原农舍与马棚、鸡窝、猪圈、兔房布置在一起,并带有户外的厕所,充满浓郁的乡村生活气息。

德国金境地处中欧平原及高原地区,有

莱茵河、易北河等河流贯穿,气候温和,雨量丰富。德国的传统乡土民居随地区不同各有特色,多以山墙为主要立面,把建造的日期雕刻在主山墙的门拱额板上。用精美的手工艺图饰表现莱茵河中部地区的装饰主题,立面上有几个门,可以分别进入起居室、马厩、奶牛棚。石砌的民宅也是中欧边区的民间风格。中欧地区奥地利、卢森堡、比利时、荷兰等地的乡土民居在木结构传统作法中又各具地方性特色。

西欧、中欧民居

E

Early America Dwellings 美国的早期民居

在 17 世纪初叶美国已由各国移民组成。自中世纪末期,封建制度崩溃,资产主义逐渐成长,欧洲各国争相向世界海外开辟殖民地,其主要目的是掠夺殖民地的财富,在资产主义初期的原始积蓄过程中亦借此寻求海外市场。这样,美洲的建筑由于各殖民国家带来其本国的形式,逐渐变化,发展成为美洲的一种特有形式风格,这种形式,我们称之为"殖民地式"。而殖民地式中,由各国不同而有不同名称:英国殖民地式、法国殖民地式、荷兰殖民地式、西班牙殖民地式等。

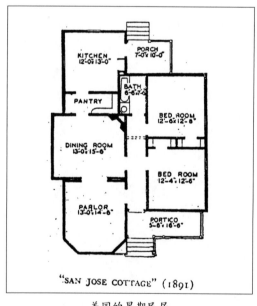

"SAN JOSE COTTAGE" (1891)

美国的早期民居

Early Christian Architecture 早期基督教建筑

早期基督教建筑指由 4 世纪至 7 世纪之间,与基督教有关之建筑物。基督教在中世纪分为两大宗,西欧是天主教,东欧是正教,在世俗政权陷于分裂状态时,它们却分别建立了集中统一的教会,天主教的首都在罗马,正教在君士坦丁堡。西欧和东欧的中世纪历史很不一样,它们的代表性建筑物是天主教堂和正教堂,在型制上、结构上和艺术上也都不一样,分别为两个建筑体系。在东欧,大大发展了古罗马的穹顶结构和集中式型制,在西欧,则大大发展了古罗马的拱顶结构和巴西利卡型制。

Early English Gothic Style 早期英国哥特式

1189—1307 年在英国流行的哥特式建筑样式,深受诺曼时期的影响。其特征为四顶拱顶,剑尖形尖顶门窗(Lancet Shape),双重交叉廊、簇柱、线脚粗壮等。罗马式建筑的进一步发展,就是 12 至 15 世纪西欧的哥特式建筑,哥特式教堂的结构技术是非常光辉的成就,施工水平很高。这时期之末,哥特式建筑的结构已经有了初步的理论基础,教堂的型制基本是拉丁十字式的。英国的正厅很长,通常有两个横厅,钟塔在纵横两个中厅的支点之上。例如索尔兹伯雷的主教堂(Salisbury Cathedral)。

LUNTLEY HALL, HEREFORDSHIRE, ENGLAND.

早期英国哥特式

生土家屋

Earth Dwellings 生土家屋

燕子、马蜂和非洲的白蚁都以泥土筑巢,有的塔形巢内还有天井。人类也效仿这种土中的巢穴,如中国福建的土圆楼、非洲摩洛哥土楼、北也门高耸的土屋,等等,遍及全世界的生土建筑范围最广。天然的生土是土体民居的主体材料,土坯制作和夯土技术遍及世界各地,丰富多彩。生土建筑为人类建立了理想的节能建筑,冬暖夏凉,从秘鲁安第斯山区民居到新疆吐鲁番的葡萄架生态民居,广泛地建立了土体中的适应气候的土体空间。岩洞中的家屋也具有土中家屋的相似优点,土耳其、巴基斯坦峭壁中开凿的住屋就像竹筒中的虫巢。

Earth Dwellings, Peru 秘鲁的生土民居

泥土、石料、茅草是印第安人民居的主要材料,在秘鲁万卡约山居墙壁以夯土或土坯砌筑,屋顶为红色陶瓦坡顶,用木头作檩架,有的用石料加围门窗洞口边框和墙角,就地取材,经济实用,造型美观。印第安人民居格局依使用功能安排设施,农民建房对屋顶的强度、墙的厚度、门窗的严实程度都很重视。对仓库、畜圈、围墙、门道等也都结合生产需要妥善安排。每个家庭形成一个建筑群体组成的院落,结合地势地形创造优美的山村格局。土墙红瓦,颇似西班牙民居风格,民居屋顶上的十字架是各户的主要装饰。有些山区民居农民用卵石和土坯砌筑墙壁,用茅草作屋面。秘鲁人建房请客吃饭,邻里乡亲都携手相助,成为风尚。

Earth Home 土中的家

大自然中的住宅有的与大地全然无关,有的寓于大自然之中,好像自然界的延续,乡土民居应该是后者,所谓乡土气息就是来自这一重要特征。由于民居与外界环境有一个相互关联的区域,建筑表面材料延伸到室内和室外,室内布置又伸展到户外。土地、草

地、铺面材料在室内外交替布置,赤脚步入房屋的内外没有多大区别,土的表面也可以在室内局部出现。这种把民居与外界大自然有机结合的设计经验表现在近代住宅设计的许多流派之中。这种设计思想要表现人类原本是生根于土地的,建筑应恢复本来面目,寓于大地之中,民居要与大地相联系。

土中的家表现建筑材料的表面取其天然不加工的状态,粗犷的天然材料可以延伸到室内,室内外尽量没有明显的边界,看不出建筑与环境的界线,这也是现代民居所追求的效果。

Earth Houses Form, Africa 非洲土体民居的造型

土是最理想的造型材料,便于塑造外形,非洲马里的 Timbuktu 住宅和 Dogon 住宅,用土的框架笼罩着民居的立面,土的格架式立面创造了丰富变幻的光影效果。土的檐顶作成排的突出的尖端装饰,或作成随意的曲线檐顶,表现用土自由塑造的外形。马里拱形尖顶的土筑祭坛和加纳供奉祖先的土庙都表现了土的曲线造型。马里 Ogol 庙两侧作土砌的圆柱装饰,表现非洲用生土材料自由塑造的建筑形象。马里 Jenne 传统民居典型立面形式是土框架开小窗,连排的尖锥形檐顶,内部组成院落。

Earth Round House, Fujian 福建土圆楼

中国福建省气候湿热,但土质坚硬,福建省龙岩市永定区的环形土楼和上杭县的方形土楼都是巨大的 3 至 4 层高的生土民居。土楼坡顶小窗,外貌如土筑的城堡,为了防御,同姓的一个大家族住在其中,内院有厅堂及耳房。土楼底层饲养牲畜,顶层贮存粮食,内部是木结构周围廊式的集体住宅。土楼的夯土外墙可达 1 米厚,厚实的土墙不是为了防风和保温,而是为了隔热与促进内天井的通风,创造了湿热地区生土建筑的良好效益。

夯土筑墙在中国北方南方都很普遍,夯筑是用模型直接夯打成的土墙,可分椽打、棍打、板打,前者用椽棍作模边,后者用木板作模边。夯筑墙干燥较慢,墙干后才能承载,工期长,且不易开设门窗洞口。在北方多用于围墙和后墙,或下部夯筑上部为土坯砌筑。椽打墙下宽上窄,高以 4 米为限,太高上土困难。板打墙的施工方法各地有地区特点,方法各异。

Earth Sheltered and Environmental Science 覆土建筑与环境科学

覆土建筑艺术和环境科学的发展有着密不可分的联系。环境是人类生存和发展的基础,环境污染问题的出现和日益严重,引起了人类的重视,环境科学研究工作随之发展起来,覆土建筑艺术逐渐形成一门新兴的综合性学科。人类是环境的产物,又是环境的改造者。人类在同自然界的斗争中,运用自己的智慧,通过劳动,不断改造自然,创造新的生存条件。然而由于人类认识能力和科学技术水平的限制,在改造环境的过程中,往往会产生意料不到的后果,造成环境的污染和破坏,甚至到了难于控制的地步。中国的黄河流域是中国古代文明的发源地,那时森林茂密,土地肥沃。西汉末年和东汉时期大规模的开垦,促进了当时农业生产的发展,可是由于滥伐了森林,水源不能涵养,水土严重流失,造成地表沟壑纵横,水旱灾害频繁,土地日益贫瘠。第二次世界大战以后,社会生产力突飞猛进,许多工业发达国家普遍发生现代化工业发展带来的范围更大、情况更加严重的环境污染问题,威胁着人类的生存。

环境科学是在人类环境日益严重恶化以后产生和发展起来的一门综合科学,覆土建筑艺术伴随着环境科学发展起来了。

Earth Sheltered Architecture 覆土建筑学

覆土建筑不单指以土覆盖着的建筑,也不单指地下建筑,而是指以土、石、木等大自然的材料,与自然生态密切相关的建筑。它是建筑学中的新领域,伴随着环境科学而发展,和以保护自然环境为宗旨的生态建筑学(Ecological Architecture)有密切关系。大量工业化的建筑破坏了土地、自然生态,覆土建筑的宗旨是解救环境恶化和全球性的生态危机,积极发展与创造环境和谐的"文明建筑"。古代人类的原始居住给现代人建造覆土建筑提供了有益的启示,利用和顺应自然环境条件,建造现代的居家与城市。覆土建筑研究土体的乡土民居,现代的地下空间,天然材料的开发与利用,天然能源的利用和再生,现代覆土建筑的新技术,等等。

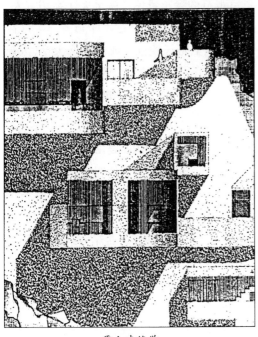

覆土建筑学

Earth Sheltered House of China 中国的生土民居

很多世纪以来中国人就深知如何利用土地与自然环境和谐地建筑村镇和家屋,中国的生土民居主要有三大类型。1.窑洞,主要分布在西北黄土高原,一种是在天然的山崖开挖洞穴居住,另一种是带天井庭院下沉式窑居形式。2.夯土建筑,分布在黄河以北的半干旱地区,如河北、东北和内蒙古等地,当地气温低,土石是保温良好的材料。南方的版筑土墙可达几层楼高。3.土坯建筑,中国的广大民居以土坯砌墙,它是主要的墙体结构方式,天然干燥的土坯砖是由黏土草泥掺和后手工制作的。

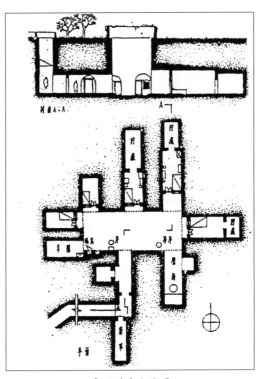

中国的生土民居

Earth Wall Dwellings of China 中国的土墙民居

用土坯砌筑的生土民居在中国遍布各

地,土是传统民居的主体建筑材料。以原土制作土坯砌筑墙体有许多优越性,就地取材,施工简易,土的保温隔热性能良好,厚实的土墙是理想的民居维护结构。土坯墙的砌筑方式各地有所不同,但其间都有用不同地方材料的横竖加筋以增强土墙的强度。土墙的外皮有抹草泥的,也有砌裱砖的,既能防水又看上去像砖房那样平整,称为外砖内坯的墙壁。

Earthquake Engineering 地震工程学

以地震学、应用力学等之理论为基础,研究建筑土木构造物等对地震时之震动情况,及其对耐震对策之研究。Earthquake Disaster 为震害,因地震所引起地表面及其上面物体之损害,诸如山崩、地裂、地下水变化,建筑物、土木结构、器物、农作物等破坏及损害。Earthquake Intensity Scale 为震度阶级,指对某地区遭受地震强度之震害程度加以分级。Earthquake Load 为地震力,因地震而加于构造物之荷载,Earthquake Proof Construction 为耐震构造,针对地震发生时,具有足够安全之构造。

East Siberia Dwellings 东西伯利亚民居

民居的特点是依当地气候及材料构成,因此,西伯利亚民居大部分用木构井干式作法,即使两层楼房亦如此。平面的布局以单独的居住建筑为主,周围附以杂屋及牲畜棚构成的院落。往往居民用建筑与其他杂物房都分割孤立建设。这种院落布局方式和我国过去的四合院完全不同,这里并无中轴线,同时居住住宅是居室集中的单独住宅。井干式围墙有其一定预防作用。由于气候寒冷,在居住建筑入口多有门廊。居住建筑平面基本上有 3 种。1. 两间或单间有一门廊在侧。2. 三开间,开间在正中,有廊,中央

作通道用,三间相通,其正中一间可能更小些,前有木柱廊。3. 集中的三、四间分成田字形,有门廊在侧面进。这些民居的平面布局,基本上和其他民居类似。主要装饰在窗上部及框上,有各种俄罗斯风格的花纹。在檐口上亦有丰富的挂落。主要院落大门雕饰烦琐。

East Wing of National Gallery Washington D.C. 华盛顿国家美术馆东馆

东馆是美国国家美术馆的扩建部分,1978 年落成,由建筑师贝聿铭设计,以三角形的巧妙构图母题完美地解决了地段环境方面的诸多矛盾,建筑创作获得了美国建筑学会金奖。东馆占地 36 000 平方米,总建筑面积 56 000 平方米,投资 9 500 万美元,建筑包括展览大厅和研究中心两大部分。展览馆入口宽阔醒目,小广场中央布置喷泉、水幕、五个大小不一的玻璃三棱锥体,既是广场上的装饰小品又是地下餐厅的采光天窗。广场上的水幕,喷泉跌落而下形成地下室观览的瀑布景色。展览大厅亲切宜人,展览室围绕三角形中心大厅布置。大厅高 25 米,顶上是三棱锥组成的钢网天窗,天窗架下悬挂着考德尔的动态雕塑,东馆的展室可以根据展品和管理者的意图调整平面的形状和尺寸。

Easter Island, Chile 复活节岛,智利

智利瓦尔帕莱索省的属岛,当地称拉帕努伊岛,意为“石像的故乡”,又名赫布亚岛,孤悬于东太平洋上。西距离皮特凯恩岛 1 900 公里,东距离智利西岸 3 700 公里,是波利尼西亚最东面的岛屿。岛长 22.5 公里,宽仅其半,面积 117 平方公里,最高点海拔 600 米。以巨大的石刻雕像驰名,有约 600 座以上巨大的石像石墙遗迹。经 1914

年、1934 年两次考察，1955 年发掘，测定制作时间约在公元前 1680 年。石像高 3~6 米，最高的 9.8 米，约重 82 吨，多数为公元前 1100 年的作品。岛上的土著居民属波利尼西亚族。

复活节岛，智利

Eastern Tombs of Qing Dynasty 清东陵

清东陵坐落在河北省遵化市马兰峪，计有清代帝陵 5 座，埋葬了顺治、康熙、乾隆、咸丰、同治 5 个皇帝，14 个皇后，136 个妃嫔等，它是我国现存规模宏伟，比较完整的帝、后陵寝建筑群。东陵占地 2 500 余平方公里，四周有三重界桩为陵区标志，南面正门为大红门，石碑坊，主陵是顺治帝孝陵，建成于康熙二年（1663 年），前有 5 公里神道。乾隆帝的裕陵地宫用白玉石砌成，满雕经文佛像，工艺精致。咸丰妃那拉氏（西太后）的定东陵的隆恩殿和配殿栏杆、阶石皆用透雕技法，梁柱用香楠木，都是清代建筑工艺中的精品。

Eatting Atmosphere 会餐的气氛

请客吃饭是促进人们自由组合在一起的手段，古今中外一起吃饭是交际和友谊的象征。建筑设计要关心吃的环境，饭桌是表现家庭生活的一个中心，共同吃饭能使人感到自己是群体中的一员，可以闲谈、交流思想，即便是不一致的意见，在共同吃饭的时候气氛也会感到舒适团结。光照对吃的环境很重要，如果饭桌上的光线柔和，而且低低地照在饭桌正中，周围的环境是暗的，光的焦点围聚在人们的脸上，光笼罩着这一组吃饭的人群，会餐则感到特别亲切。因此餐桌要放在房间中央，在餐桌上面形成一个光池，笼罩着一起吃饭的人，周围用暗色的对比，创造一个舒适的吃的环境。在中国传统民居中炕桌上的会餐是亲密的吃的形式，大家都盘腿坐在炕上饮酒吃饭，别具生活气氛，炕桌平时也是家庭主妇的工作台面。

Eaves 屋檐

屋顶自外墙表面伸出之部分，各国各地的屋檐有不同之材料做法和形式特征。Eaves Height 为檐高，为自基地地面起至建筑物檐口底面或平屋顶底面之高度。Eaves Tile 或 Roof Tile 为檐口瓦，屋檐前端所使用之瓦。Eaves Trough，Eaves Gutter 为檐沟，设置于屋檐前端之横向排水槽，有多种多样的材料和构造作法。

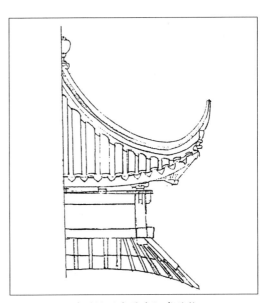

苏州怡园金粟亭翘脊结构

Eaves and Roofs 檐顶

檐顶是最具有表现力的建筑部分,檐顶的形式安排应与建筑的社会职能和建筑的结构组合相一致。最高大的屋顶覆盖和表现最重要的社会活动空间,次一级的檐顶围绕着最高大的屋顶,依次分布。层层出檐的中国式屋顶组合是中国传统建筑的特征。罗马拱顶,俄罗斯的葱头顶,伊斯兰的尖塔,西方古典主义的石砌的建筑檐顶,具有丰富表现力的山墙檐饰和雕刻艺术,等等。在不同的地理气候地区,丰富多彩的地方性建筑檐顶,均表现了当地工匠的结构与构造的技巧和地方性民族文化的特征。

Eclecticism 折中主义

1820 年至 20 世纪初,艺术史上呈现一种折中主义艺术观念。其特点是针对旧有的艺术样式予以折中而发展出一种融合古今为一体的、介于古今两者之间的艺术样式,即传统与创新两者合一的样式之观念,既非传统又非创新。遭到复古与创新两派之反对。Eclectic Algarden 为折中式庭园,把自然风景式园林与几何式规则园林两者合并的折中样式之庭园设计。折中主义思潮在这一时期表现在各种艺术领域之中。

Eclecticism Architecture 折中主义建筑

折中主义是 19 世纪上半叶兴起的建筑思潮,这种思潮到 19 世纪末和 20 世纪初在欧美盛极一时。折中主义任意模仿历史上各种风格,或自由组合各种样式,所以也被称为"集仿主义"。折中主义的建筑并没有固定的风格,它讲究比例权衡的推敲,沉醉于"纯形式"的美,但它仍然没有摆脱复古主义的范畴,折中主义在各殖民地城市影响非常深刻,持续的时间也比较长。

折中主义建筑

Ecocity 生态城市

生态城市或称 Ecopolis,是苏联城市生态学家扬尼特斯基(O.Yanitsky)于 1987 年提出的一种理想城市模式,他认为生态城市是一种理想的人居栖境。生态城市是按生态学原理建立的人类聚居地,其社会、经济、自然得到协调发展,物质、能量、信息得到高效利用,生态进入良性循环,是一种高效、和谐的人类栖境。生态城市中的"生态",指人与自然、社会的协调关系,"城市"指一个自然组织自我调节的共生系统。美国生态学家理查德·瑞杰斯特(Richard Register)认为"生态城市"是指生态方面健康的城市,寻求的是人与自然的健康。生态城市是一种思想,是贯彻生态学原理的城市,首先应当是绿色城市,其本质是追求人与自然的真正和谐,实现人类社会的可持续发展。

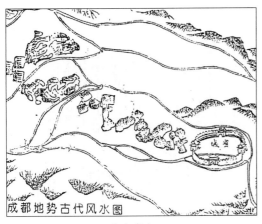

成都地势古代风水图

生态城市

Ecological Aesthetics of Chinese Architecture　中国建筑的生态美学

中国传统建筑的生态美学精神表现在以下方面。1. 注重自然与人性的结合：建筑设计中不断提示人类要理解自然，保护自然，注重自然的存在。建筑与大环境的配合，给人以上通天下通地、无限宽广的空间，使人回归自然。2. 古典的创新与现代化：古典或传统环境的美化，不轻率地将古人的雕梁画栋及纹样图案搬进现代生活，而是运用现代化新材料建造自然质朴的新环境，加以简化创新才符合现代人的生活需求。3. 维护地域特征：不同地区因气候、土壤、水质、生态之差异，生活形态也有其适应生存的发展特点，地域文化也大不相同。4. 机能和美化兼顾：知性与理性，感性和情绪，两方面相辅相成，平衡人类的生活需求。5. 寓教化于环境：寓传统文化、生态伦理的理念于屋舍、庄园、雕塑、绘画之中，使人心生美善，勾画出自然、朴实、圆融、健康的居住理想。

Ecological Architecture　生态建筑学

生态建筑学认为，建筑物的存在应包含在自然生态系统之中，地球表面的大气中包含气体、液体以及少数固态分子，水域网系中的海洋、湖泊和河流。地壳只是地球的表面，由土壤、矿物、岩石构成，在这样组成的地球表面上遍布各种生物。气候包括风向、雨量、温度、湿度以及大气压力，这都是太阳与地球生态系统交织成的天然结果。自然元素并没有告诉我们如何去设计建筑和园艺，直到人类开始干涉大自然，这种干涉的态度可有两种极端的表现。一是追求建筑寓于大自然之中，建筑设计力求与大自然相似，绝对避免冲突和对比，表现建筑与周围环境融合为一体。中国效仿自然的山水园林设计就是基于这种思想，造园不但尊重自然，师法自然，其实质设计也取法自然之造型，把建筑设计对自然的破坏减少到最低。另一个极端的设计思想是故意与自然环境形成对比，毫不妥协，表现出人类以自身力量与自然抗衡，其破坏自然生态之恶果将在未来的世界中显现出其对人类自身的危害。

生态建筑学将是建筑学历史发展进程中的新阶段。生态建筑学是研究建筑学进化的科学，或称之建筑进化论。对生态建筑学的认识将促进人们树立完整的生态观念，熟悉生态原理，创造设计生态建筑，使新世纪的建筑环境更适合人类生存发展的需要。生态建筑学给建筑作品注入了活力，找到古今中外建筑精华融合的结合点，促进建筑学的科学定量化，丰富了建筑创作的类型，革新建筑的传统美学观念，尤其使农村建筑更具特色和更快的发展。

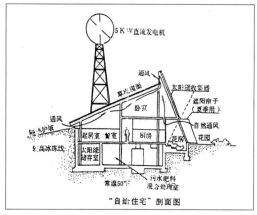

生态建筑学

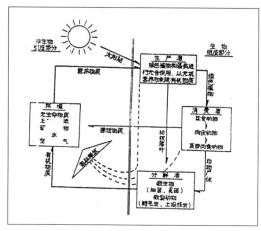

生态系统结构与平衡图式

Ecological Balance and Architecture
生态平衡与建筑

生态平衡指生态系统在一定时间内结构和功能上的相对稳定状态,其物质与能量的输入与输出接近相等。陆地生态系统中能量流与物质流以及物质的循环转化现象,在环境、建筑和人组成的生态系统中同样存在。因此,建筑系统内也存在着生态平衡问题,也就是要研究生态建筑学的问题。国际上研究生态学的动向有6个方面。1.建立"人类生态系统"的全环境观念。2.提出环境资源的新价值观,提高资源和能源利用率。3.提高改进对危害评价的标准和预测方法,以适应大系统的环境问题研究。4.发展清洁型能源与工业,改善生活环境。5.重视全球环境问题。6.研究空间、海洋开发、新能源、新材料、新技术、新工艺的应用对人类社会生态系统的影响。

Ecological Environment 生态环境

生态环境是人类生存所离不开的自然环境,自然环境的限制越大,则人为力量可控制的范围越小,自然条件的限制越小,则人为力量控制的范围越大。随着近代科技的快速发展,在人对自然力控制技术增大的同时,人类却忽视了技术进步对自然资源的破坏和对人类自身生存环境的危害。因此当人类加强对环境的控制,满足提高物质生产力的需求时,出现了严重的生态危机。如何避免技术不滥用,以生态学的观点,把乡土建筑作为改善人类生态环境的方向来对待,这是当建筑师的责任。

Ecological Environment Architecture 生态环境建筑学

生态环境建筑被视为21世纪最具代表性的建筑形式之一。生态建筑设计结合地域自然生态环境,营造人、居、环境相结合的建筑空间,形成多层次的物质和能量的流动,创造一个环境优雅、生活舒适、有益身心健康的场所。注重保护土地与植被,确保必要的绿化覆盖率,创造田园般的栖居环境,以生物气候调节建筑小气候,如研究零能耗的太阳能建筑体系。城市生态规划则综合协调与利用城市潜在的自然流、经济流和社会流,为该地创建一个最佳的生活自然生态环境。如废弃土地的恢复,水域保护与开发,城市空间的生态工程建设,等等。21世纪的生态环境建设,突出体现"绿色"这一具有生命的生长的含义,让人类生存于一个可持续健康发展的空间之中。

生态环境建筑学

Ecological Equilibrium 生态平衡

生态平衡作为一个科学的概念是在现代生态学的发展过程中形成的。从根本上讲,生命的各个层次都涉及生态平衡的问题。它所表达的乃是生命有机体自身内部及其外部环境诸要素之间的相互调节、制约的作用和结果。从城市生态学的角度来看,城市系统的生态平衡就是某个城市主体与其周围环境的协调。有的学者认为生态平衡仅存于顶级群落中,即生态系统的成熟期,有的学者从系统的输入与输出,从生态系统的热力学理论出发提出见解。有人则强调生态平衡是一种状态,以及维持这种状态的机制,有人则侧重于生态系统的结构和功能的过程。分歧之焦点在于生态平衡是一种状态,一个过程,或维持系统自身稳定的一种机制。

Ecological Landscape 景观生态环境

应用景观生态学来研究区域与城市的理论及方法,把景观生态学建立在现代科学和系统生态学基础上进行景观空间结构分析。特别是对城市景观生态应用方面正在探索。把景观生态功能分析和景观动态化分析等方法,运用于区域规划中,特别对土地评价、利用、规划和自然景观的保护方面。

景观生态学是运用景观结构、生态工程、生态要素分析等方法,对建筑环境中的绿化系统、道路交通系统、人文景观及经济进行系统化研究。确定城市规划与建筑设计的原则与方法,在人为的环境设计中明确自然环境要素与人工环境要素的协调配合与相互间隐藏的空间联系。确定其景观构成的最佳面积、位置和最恰当的边界,建立丰富、高效、自我支持的动态景观环境体系。用人工的低管理的景观资源永久性维护环境,注重增加景观生态环境的复合功效,建立栖息环境。如使绿化系统更自然化、有机化,结合特定的空间选择适宜的植物,形成不同形态的生态绿地。使水体能充分发挥作用,满足人、生物的亲水性,保证动植物多种的生存条件,使人居环境成为综合栖息环境,不仅供人的多样体验,也成为植物繁衍,动物生存的庇护空间,建成"鸟语花香"的自然生活区。

Ecological Landscape Architecture 景观生态建筑学

自20世纪60年代以来,西方国家兴起了景观生态学,将新兴的生态学引进环境设计领域,使风景区规划和人居环境设计更具生态意识。景观生态学理论认为,景观由某一地段上生物群落和环境间相互关系所构成,并把某一地域环境内各种现象作为一个生态系统来对待。美国的麦克哈格(Ian L.Mcharg)教授深入地研究了海洋、沙丘、河流、大地和大气等一切自然力作用的全过程。从生物学、化学、物理学角度探索自然形态的演进,得出一切形式都是有意义的,都是顺应自然与环境的结果。认为风景由生态决定,必须按生态原则进行风景设计,一切风景建筑活动都应从认识风景的各种变化和生态因素出发,同时将人与环境作为整体来观察。总之,根据景观生态学理论,可以认为风景由景观生态与人类活动的有机结合,是自然与社会系统双向作用的结果。

景观生态建筑学

Ecology 生态

20 世纪以来,大量的工业化建筑破坏了土地,毁灭了自然生态。进入 21 世纪,建筑师首要的责任是保护人类的生态环境,发展与创造、顺应和保护生态环境的建筑艺术。大城市的无限扩展出现了生态危机,能源、食品、水、建筑材料和其他资源只能从外围的土地中获取。现代化城市本身不能生产生态产品,必须由外部引进资源和原材料,出口制品和废品。古代人类的覆土建筑、生土建筑,给人们提供了利用天然条件

保护自然生态的启示,生态建筑学正在探求一种未来的、尚未被完全认识的价值。

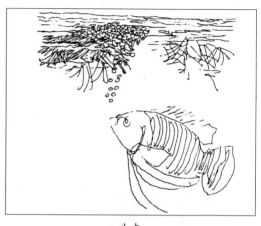

生态

Economy of Building 建筑经济

建筑的经济造价问题涉及很多方面,总体规划、单体设计、施工方法、维修管理都与建筑经济相关。评价建筑设计的经济性要从多方面考虑,建筑用地、建筑面积、体积、材料、结构形式、装修构造、设备标准,维修管理的节约问题。在初步设计时建筑面积与体积的节约最为重要,有效面积系数 = 有效面积 / 建筑面积;使用面积系数 = 使用面积 / 建筑面积;结构面积系数 = 结构面积 / 建筑面积。三者分析中有效面积越大,结构面积越小,就显得经济合理。通常采用的建筑体积指标为有效面积的体积系数 = 建筑体积 / 有效面积。单位体积的有效面积系数 = 有效面积 / 建筑体积。单位有效面积的体积越小越经济,单位体积的有效面积越大越经济。上述系数值的控制为相对性质的经济指标,另外还有绝对性质的经济分析方法,即常用建筑工程概算和预算的控制方法。

Ecosystem 生态系统,生态圈

生态系统原是生物学上的一个概念,

1935 年由英国生态学家坦斯莱（Arthur George Tansley）首先提出，20 世纪 50 年代广泛传播。Ecosystem 为 Ecological System 的缩写形式，Eco 在希腊语中为房屋或栖息地之意，生态系统是研究生物与其周围环境关系的科学。生态系统是一个生态群落（Ecological Community），由动植物有机体和太阳能、地球物质、空气和水组成。一个生态系统是地球上生物圈的组成部分，是自然界的基本单位。1877 年德国人卡尔·莫比乌斯（Katl Mobius）从一个牡蛎雄体生态环境的观察分析中提出了生物群落概念。1887 年美国生物学家福布斯（Stephen Alfred Forbes）发表了《湖泊本身是一个微视世界》，19 世纪末，俄国土壤学家和生态学家道库恰耶夫（V.V.Dokuchaev）提出了生物地理群落的概念，实际上是生态系统的同义语。

生态圈的概念范围似乎可以从地球一直伸展到太阳，但生命有机体实际上只存在于数百米的空中、数百米的土壤中和数百米的水下。人类是地面行走的动物，被称为平面生存型，从生态角度讲建筑是生态系统中人的元素组群的外延。由于人在生物圈中非凡的能力作用，是从生态系统中其他元素组群中脱解出来的元素，在人的元素组群外延构成了一个新的组群。这个组群在人的观念下实施建立，用以满足人的活动场所或空间的需要，被称之为建筑。建筑是生态系统中人的元素与其他元素的交叉再生，构成建筑的组群，它们几乎全部来源于生态系统的内部。因此，对待城市与建筑必要有生态圈的概念。

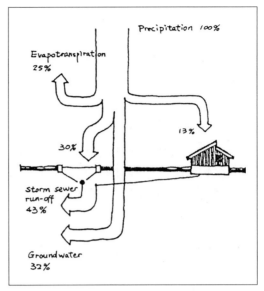

系统的水循环

Edge 边界

边界指围合一定的场所空间、路径空间和领域空间的界面状态，其表现形态及风格的差异决定了城市各类控件的物质形态多样化。在一般的形体环境中，它多表现为一种立面化的物质中介。一方面围合着某种固定的空间形体，同时对空间与外部环境的冲突矛盾也起到一定的缓冲作用。此外，人们对某种空间形态的确认，基本上也是基于对空间边界形状的确认而达成。

Education in Landscape Architecture of China 中国园林教育

中国古代园林主要有文人、画家和匠师等相结合设计的，营造人员师徒相承，没有专门园林技艺的教育机构。在高等学校中开设园林课程始于 20 世纪 30 年代，当时的金陵大学、中央大学、浙江大学、复旦大学、四川大学等开设有造园学、花卉学、观赏树木学、苗圃学、花卉促成栽培学等课程。中国目前从事园林教育的学校有高等、中转和技工学校，还有业余学校。1986

年起国家教委决定设置园林专业(综合性,设于林科院校)、风景园林专业(侧重规划设计,设于工料及城建院校)和观赏园艺专业(侧重园林植物,设于农科院校)。在高等院校中,园林教育课程属园林规划设计方面的有:植物生态学、园林史、园林树木学、花卉学、园林建筑结构、园林建筑设计、园林艺术及设计原理、园林设计、城市规划、城市园林绿地规划、风景区规划、园林工程等。

Education in Landscape Architecture of Western 西方园林教育

外国园林高等教育形式多样,多由农村或建筑院校举办。在农林院校中多设园艺系,有的设花卉系,观赏园艺系或环境园艺系。美国加州大学戴维斯分校设环境园艺系,把园林学和环境科学结合,为当今新动向。苏联先设在建筑学院,后改在林学院中设城市及居民区绿化专业。有的国家设置侧重园林规划设计的系,如丹麦皇家农业大学园林设计与风景规划系,波兰华沙农业大学生态园林系,日本东京农业大学造园系,等等。在建筑院校中多设有风景建筑系,美国哈佛大学的风景建筑系,俄亥俄州立大学、纽约州立大学、伊利诺伊大学、宾夕法尼亚大学等也设立风景建筑系。美国加州大学伯克利分校于 1959 年设立环境设计学院,下设风景设计系,城市及区域规划系。加拿大多伦多大学,德国柏林技术大学设有园林艺术及风景设计研究所,兼作科研与教学。

Eero Saarinen 耶尔·沙里宁

耶尔·沙里宁,1910 年出生在芬兰,是建筑大师伊里尔·沙里宁的儿子,他的母亲是一位雕刻家。1923 年他和父母移居美国,1929—1930 年在巴黎学习雕塑,后来在耶鲁大学学习建筑,1961 年死于脑部手术,年仅 51 岁。可惜他的许多更伟大的设计思想没有实现。沙里宁的作品的主要特征是新鲜有趣,有神话般的境界。他是当代最有创造性的建筑师之一。纽约肯尼迪机场的环球航线候机楼是他的代表作。壳体的建筑像一只即将起飞的鸟,内部全是流线形式,他要表现旅客感受空中旅行的刺激。航空站的平面形式也很特别,是一条曲线围成的扁三角形,三角形的中央部分采用壳体结构,由四片薄壳结构合成了屋盖,宽约 100 米,前后约 70 米,由四个"Y"形墩座支撑。

耶尔·沙里宁

Efficient Structure 最有效的结构空间

由墙柱和顶棚所限定的建筑空间要适应人们生活的需要,民居建筑的设计原则不允许以单纯的工程观点来组织墙、柱、楼板所形成的建筑形象,要根据居住者使用空间的需要来安排结构。有些是梁柱体系,有的是承重墙,有的是拱结构,圆顶、帐篷、土窑洞以及多种承重系统的混合形式。建筑师要从建筑空间的三度特性中找出最有效的结构体系,坚固适用美观。根据使用空间的需要,确定建筑的平面组成,剖面形式,充分发挥结构材料的力学性能,作出有效的构造节点细部。

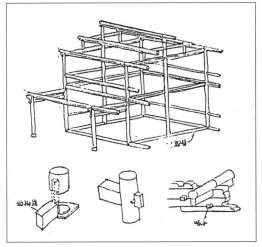

最有效的结构空间

Egyptian Architecture 古埃及建筑

埃及建筑可追溯到公元前 3000 年,直到罗马时期,其最伟大的成就就是石工建筑技术,古王国时期建造了庞大的金字塔。公元前 21 世纪至公元前 18 世纪中王国时期发展了神庙建筑,公元前 16 至公元前 11 世纪新王国时期是古埃及最强大的时期,建筑了重要的神庙。第一座石头金字塔是萨卡拉的昭赛尔(Zoser)金字塔,建于公元前 3000 年,在公元前 30 世纪中叶建造的吉萨三座金字塔是古埃及金字塔最成熟的代表。精确的正方锥,库福金字塔高 146.6 米,底边长 230.35 米,中心有墓室。中王朝时期的陵墓建于山崖峡谷之前,厅堂是陵墓的主体建筑,按纵深系列布局,最后的圣堂凿进石窟之中。如曼都赫特普三世墓建于公元前 2000 年(Mausoleum of Mentu-Ho-tep Ⅲ),哈特什帕苏墓(Hatshepsut)建于公元前 1525 至公元前 1503 年。太阳神庙宇

的形制,艺术重点是大门和大殿的内部,如卡纳克和鲁克索的神庙。埃及人创造了人类光辉灿烂的建筑文化。

古埃及建筑

Egypt Nubia Dwellings 埃及努比亚民居

埃及努比亚沿尼罗河伸延 320 公里,最大的定居点是安巴尼县城,民居均用土泥和石头建造。外墙高大,由窄小的通道进入,正面用泥涂饰,有时刷白水粉绘传统彩色图案,装饰性很强。正门的入口处是装饰最集中的部位,表现户主的身份和地位,内部空间很大,并有一两间露天的房间。埃及农村民居的私密性很强,社会习惯分为三个私密性区域,与街道形成隔障,隔开动物区域。矮墙与街道隔开,以保护牛、骡马、鸡鸭,并生产农产品和牛奶。中心区是动物和人的中间地带,家庭的中心,所有的房间和牲口棚面对开敞的庭院,要求足够大的空间供工作、吃饭、娱乐活动,厨房在庭院的一个角落,天气变冷时移入室内。家庭庭院的层次

反映村民的生活态度,房前空间他们乐于享受和睦的邻里关系,并常常在泥墙上种植攀藤花木。

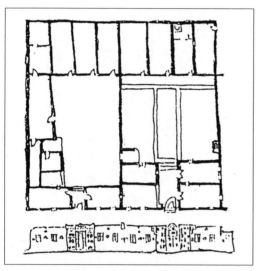

埃及努比亚民居

Eiffel Tower 埃菲尔铁塔

埃菲尔铁塔位于巴黎市中心区,由法国工程师 G. 艾菲尔设计而得名,亦称巴黎铁塔。它是 1884 年法国政府为庆祝法国革命 100 周年举办世界博览会而建立的永久性纪念物,当时曾有 700 多个设计方案竞选。铁塔高 320 米,重约 7 000 吨,由 18 038 个部件和 250 万个铆钉铆接而成。塔身分 3 层,每层均有平台和高栏,游人可登塔瞭望,1889 年 3 月 31 日竣工,施工历时两年零两个月。1889 年以前人类的建筑物从未达到这个高度,是近代工程结构的一大成就。表现了 19 世纪后期科技的进步,是社会进入钢铁时代的标志。铁塔建成时曾遭到文艺界的反对,包括音乐家古诺,小说家莫泊桑、小仲马等,群起鼓噪说它破坏了巴黎的美。现在它的宏伟形象已经成为巴黎的象征。

Eight Diagrams 八卦说

通过《易经》将方位差异与宇宙秩序相联系,形成了八卦宇宙框架。先秦时,八卦说与五行说并行,为两个独立系统,汉时结合在一起。八卦说的思维方式与五行说相一致,但更侧重于易象与人事,侧重于宇宙间事物的变化,强调生生不已的宇宙变化。并将人事、心理涵养其中,成为直接指导人类居住的思想基础,许多正规的官式建筑都象征性地反映了人们头脑中的宇宙框架,成为人为建构的、充满意义的完整世界。八卦是乾、兑、离、震、巽、坎、艮、坤。有两个基本图式,伏羲八卦次序图和伏羲八卦方位,分别侧重于事物生长变化的规律和空间形象。八卦又分为先天八卦和后天八卦,前者指伏羲八卦。反映自然界客观秩序和空间方位,后来又有了周文王推演的后天八卦,讲究"先天为体,后天为用"。八卦的解释是《易经》的基本内容。两个基本概念:阴阳说和四象说。

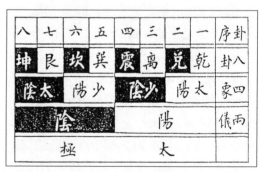

先天八卦顺序图

Eight Outer Temples Chengde 承德外八庙

外八庙有如众星拱月,围绕在避暑山庄的东、北两面,建筑吸收了汉、藏、蒙古、维吾尔等民族艺术文化特点。雅鲁藏布江畔的三摩耶庙,前藏的布达拉宫,后藏的扎什伦布寺,伊犁的固尔扎庙,都在山庄外面再现了。

外八庙现仅存溥仁寺、普宁寺、安远庙、普乐寺、普陀宗乘之庙,殊像寺和须弥福寿之庙等 7 座。

承德的庙宇是康熙五十二年(1713 年)至乾隆四十五年(1780 年),为解决北部、西部边疆和西藏问题,为供前来觐见皇帝的各少数民族王公贵族观瞻、居住和进行宗教活动而修建的。

外八庙建筑吸取了我国各地寺庙建筑特色,集我国各民族宗教建筑艺术之大成,突出地显示了我国各民族文化的交流与融合,是珍贵的建筑群。

Einsteinturm Observatorium, Potsdam 波茨坦爱因斯坦天文台

位于波茨坦的爱因斯坦天文台是德国早期表现主义的代表作,设计由德国籍犹太人建筑师门德尔松完成(Erich Mendolsohn, 1887—1953 年),于 1920—1921 年建成。塔基和塔身仿佛是雕塑,圆角的塔身、切入的塔壁、有棱角的窗框,凸凹切入的塔面设计处理带来了戏剧性的光影变化。天文台容纳塔式天文望远镜和实验室为一体,天文望远镜的定天镜设在穹顶,宇宙折线通过定天镜的镜子和透镜系统直接送到地下的实验室,再引到基层的光谱分析仪中。北面是露天台阶,引向入口和前厅。爱因斯坦天文台不是现代科技的象征,而是原始创造力的标志,其流线型的形式对后来美国的工业建筑有深刻的影响。

波茨坦爱因斯坦天文台

Eisenman Peter 彼得·埃森曼

彼得·埃森曼,美国人,1932 年生于新泽西纽瓦克,1951—1955 年毕业于康乃尔大学,1959—1960 年就读于纽约的哥伦比亚大学,获硕士学位,1960—1963 年在英国剑桥大学获博士学位,曾在 TAC 事务所工作,并在许多大学任教。埃森曼的住宅设计发展了一系列的对比概念,诸如虚与实、分层次性等描述建筑空间的术语。埃森曼设计的一系列住宅中,如 1969 年的第二号拼板住宅几乎就像是原型,是为确证分层的层次性概念的形式主义的工具示范作品。他是建筑时空的鼓吹者,建筑时空不单是简单的几何学的空间,而是在追求空间层次中的时间概念,时间是活动的。他惯于运用活动坐标网络和色彩的对比,面向当代的时空文脉。埃森曼被誉为解构主义的旗手。

埃森曼作为一个学者比当作建筑师更有意义,他的理论比他的作品对建筑界更具影响,他用卡片纸板塑造他的建筑形式,他对形式的思考是独特的,他说:"形式的制作可以认为是讨论逻辑上的连续性问题,是

对一系列形式联系的解说。"对形式联系的深入探求渐渐被埃森曼发展到哲学的高度，他认为现代主义的原则源于黑格尔哲学。断言只有当建筑脱离了物质存在的想象，才意味着它将进入后黑格尔体系之中。埃森曼批评了把解构主义当作风格的说法，认为解构主义是一种思维观念的改变，打破以往天经地义的原则和经验，解构主义可以以多种风格存在。他的作品确是充满了无序的、纯感性的，甚至是颠倒的、矛盾的形式联系以及由此产生的怪诞意义。

彼得·艾森曼设计的第六号住宅——
法兰克住宅，1976 年

Ekistics　人类聚居学

希腊建筑师 C.A. 杜克赛迪斯在 20 世纪 50 年代创立了研究人类聚居的理论，又称城市规划学或人类环境生态学。1965 年在希腊雅典成立了人类聚居学世界学会。人类聚居学吸收建筑学、地理学、社会学、人类学等学科的成果，在更高的层次上对人类聚居进行研究。人类聚居主要包括乡村、集镇、城市等人类生活环境。由 5 个基本要素组成，自然界、人、社会、建筑、联系网络，研究其间的关系。杜克赛迪斯按大小把人类聚居分成 15 级层次：个人、居室、住宅、居住组团、小型邻里、邻里、集镇、城市、大城市、大都会、城市组团、大城市群区、城市地区、城市洲、全球城市。人类聚居学的研究内容为分析聚居的基本特点、演化过程、产生原因，对人类聚居的基本规律的研究，制定人类聚居建设的计划、方针、政策和工作步骤。

Elevation 立面

立面是二维的，呈竖直方向伸展着，不同于平面，立面是最直接的知觉对象，最明显的知觉层面。人们对街的使用与意义知觉通常是从立面开始的。因此，立面是第一标志。对于街的知觉，立面形态的获得是通过沿街的线型方面的纵剖，这样，街被分解为若干面，如墙、窗、展廊，甚至于脸面的建筑群体组合。研究立面知觉也就是研究街符号体系中最为物化的构成要素——建筑。建筑是人类营造自身环境的主要人为物。可以把立面形态归入造型文化范畴，将立面知觉纳入纯视觉感受。因此立面形态的要求是"意与形"紧密的相互联系，后现代主义确保历史文脉对于符号体的注重与提取正是满足了这种要求。

立面

Elevational Treatment of Multi-Storeyed Factory Building　多层厂房立面造型设计

1. 体型上要突出辅助空间，建筑大师路

易斯·康曾将建筑物划分成主要空间和辅助空间,于 1958 年用突出辅助空间的手法设计了著名的美国费城医学生物实验楼。辅助部分是立面设计中的可塑部分,即可平衡体型,又可点缀立面。2. 利用建筑构配件丰富立面造型,例如运用遮阳板、窗式空调罩、工具箱、通风道、垃圾管等。把工厂的商标广告放在建筑物的主要标志点上,既作为建筑装饰又是招牌。3. 利用墙面材料的质感、色彩丰富立面造型,最好借助于墙面材料本身取得立面效果。此外建筑师不应该忽略厂区的环境设计,对厂区的绿化、围墙、大门、庭院、建筑小品等都要精心设计。厂区内的构筑物如水塔、管道支架等也适当加以美化。

Elevator Apartments　电梯公寓

电梯公寓要求构造物防火,同时装置机械通风设备较贵,因此比楼梯公寓要求负担更高之居住密度来补尝单位土地价格之损失。电梯公寓的形式有很多,基本为塔形,每层单元紧密集中,围绕电梯及楼梯核心区。板式公寓则指每居住单元都由每层之延伸走廊通达,另外还有一种跃层式系统(Skip-floor System)每 2 层或 3 层才设一电梯出口,另外再由私户楼梯通达每居住单元之客厅和卧室。塔形公寓光线好,通风好。板式公寓容易遮挡视线,阴影面积大,也难配合地形,省造价,跃层式对残障行动不便。高层住宅由于居住密度高,有条件在建筑物中供应特别服务设施,如多功能厅、育婴室、商店、社交中心、游泳池、室内球场,等等。

Elizabethan Architecture Style　伊丽莎白式建筑

伊丽莎白式建筑是英国伊丽莎白一世(1558—1603 年)时代之样式,其特色为垂直高耸之哥特式格子窗,富于变化之曲线,忽视实用而追求左右对称。从 15 世纪初到 15 世纪末英国建立了中央集权的民族国家,国王进行了宗教改革,庄园府邸一时大盛,带动了建筑潮流的变化。例如亨格雷芙大厦(Hengrave Hall, Suffolk, 1538 年)卧室就有 40 间。奥德雷府邸(Audley End, Essex, 1603—1616 年),长廊长达 69 米,宽 9.8 米,高 7.3 米。均为伊丽莎白式建筑。

Emin Minaret Mosque　额敏塔礼拜寺

额敏塔礼拜寺为新疆吐鲁番东南 2 公里处,是清乾隆四十三年(1778 年)吐鲁番王为纪念其父额敏和卓尔而建的礼拜寺,又称苏公塔礼拜寺。平面方形,面阔 9 间,进深 11 间,特点是将礼殿、塔和住宅布置在一栋建筑内,大殿居中,塔置于礼拜寺的前右隅,周围安排住房及辅助用房,为较早时期伊斯兰建筑的一种布局形式。额敏塔全部由砖砌,圆形塔身,总高约 44 米,直径下部 11 米,上部 2.8 米,中有螺旋形砖梯可上达塔顶。塔身表面砌成精美的图案。此塔是中国的伊斯兰建筑中最高大的。礼拜寺大门正中为尖拱形门厅,上端以土坯砌成穹隆顶。屋顶高于两侧,上有天窗通风采光。门窗都作成尖拱状,内部粉刷洁白,少装饰,与满布花纹的额敏塔形成对比。

Empire State Building　帝国大厦

帝国大厦是 20 世纪 30 年代初期世界最高的建筑,高 381 米,至今为世界高楼。帝国是美国纽约州的别称,建于 1929—1931 年,建筑师为 R.H. 施理夫(Shreve),号称 102 层,由地面至 102 层观光平台的高度为 381 米,1950 年后达 448 米。高速施工之钢构件建筑,层高 3.5 米,建筑占地长 136 米,宽 60 米。大厦在第 6、25、72、81、86

层分层缩进,体型略呈阶梯状。大厦成为纽约市的标志。大厦的钢框架结构,采用门洞式连接系统。底部5层外墙为石灰和花岗石贴面,6层以上以金属板窗框和窗间墙相间,镀镍的钢板组成的垂直向上的图案,在朝阳和晚霞辉映下,光彩耀目。

帝国大厦

Empire Style 帝国风格

帝国风格指拿破仑样式,1790—1815年盛行于法国的一种创作样式,其特色为求表面威严,创作观念始于英国、罗马及埃及的装饰图案。因拿破仑时代广为流行而得名,是拿破仑帝国的代表性建筑风格。这些大型建筑常常照搬罗马帝国建筑的片断,甚至整体。例如演兵场凯旋门完全模仿赛维鲁斯凯旋门,雄狮柱是图拉真纪功柱的复制品,军功庙则俨然是一座罗马围廊式庙宇。1779年,拿破仑决定把革命前建完基础的教堂改为庙,军功庙设计人为维尼翁(Vignon,1762—1829年)。巴黎市中心,由广场、绿地、林荫道和大型纪念性建筑物组成,在世界各国首都中,占有突出地位。

Enclose and Penetrate 围与透

封闭的内院是中国建筑的格局。闭合的内院提供优越的居住环境,有人把中国传统建筑的特征总结为"墙"。"墙"的围合形成院落、划分空间、创造情趣。虽然建筑物常常是单一的体型和标准化的平面,把建筑物本身也作为"墙"来组合空间变换层次,如同运用灵活隔断来划分室内空间一样。在围中有透,"透景"可以创造天然的图画。院墙与门楼,白粉墙上的花窗,以"围"划分空间,以"透"引入外部的景物,是中国园林的传统设计手法。

借助于开阔视野的大自然的景物与闭合空间形成对比。因此保留开阔的城市绿地,借助外围自然界的景色,是人类生活的需要,开与合的对比是建筑布局美化环境的一种手法。

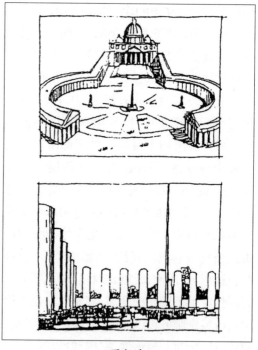

围与透

Enclosure 封闭性

户外空间由植物、树丛、建筑、地形等界定,但均非全封闭的,它们的空间由地形,加上基地垂直元素部分围绕而形成。户外空间以利用垂直物体可创造空间,地平线的高差的改变可界定空间并创造动态感。小空间之亲密感觉,大开口之振奋作用都是人类共有的感觉。空间由不透明物体界定,也可由半透明体或碎片物体界定。界定物不一定是固体阻隔物,有些只是象征性意义的,例如列柱,拴船柱,甚至地面纹理之改变等。传统的城市空间都以建筑来界定,空间之间的间隙,重复间隔的开口,高架桥,搁栅墙及列柱,大树及树丛,盖顶等均可作为视觉的阻挡,用来封闭空间。

山墙朝街

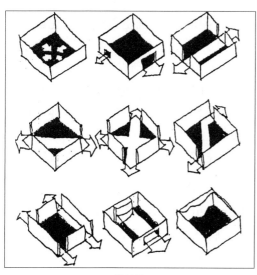

封闭性

End-On to the Street 山墙朝街

单元式住宅与街道垂直排列,每单元临街面减少,其开发造价可以降低,住户排除了街道噪音和车辆的干扰。虽然居民的街道出入不便,但对街区的封闭式管理有利。连续的成排的单元住宅面对面或者背对背的布置,成排的房子两端可能都有街道。形成街道系统的建筑垂直,并构成直交的连续步道系统。

Energy, the Voracious City 能,城市的饥渴

能,是城市的饥渴,如粮食和水,城市离不开能源就像人体不能没有粮食和水,研究城市能源的使用与分布是了解人类社会演变的钥匙,今日之城市能源大量来自石油燃料,现代化城市对石油的消耗是惊人的,许多大城市的石油依靠远距离的运输。城市发展的重要条件是本地能源的贡献,我们可以用科学的方法作出城市的能流图解,避免超期和过量的能耗。我们已可以从一个城市历史的人口与能耗作自身的比较研究预测其能耗的未来,大城市的能流是极其重要的。

Energy Sources 能源

燃料、流水、阳光、风等可通过适当设备转变为人类所需能量的资源。人类利用自己体力以外的能源是从用火开始的。初级能源包括核聚变、核裂变、放射性能源以及地球和月球的运动,其他各种形式的能量都是由此而来的。太阳的热核反应释放巨大的能量,为大地和太空提供无穷的能量,风和流水中的能量也间接来自太阳的辐射。有些能量可从初级能源连续产生,及再生能

源,如太阳能、风能、流水能、地热及潮汐能等。虽然这些再生能源量很大,但目前只有少量能从合理的价格取得。当前世界上石化燃料消耗很大,但地球的储量是有限的,即人类的能源危机。如果控制核聚变的技术问题得到解决,人类将获得实际上无尽的能源。

Energy-saving in Building　建筑节能

建筑节能是一门科学,它必须有机地融合在建筑理论及建筑设计之中,从宏观环境、微气候环境到室内环境进行综合处理。在学术上它涉及气象学、生态学、人类工程学(工效学)、建筑学、建筑材料及建筑设备技术,建筑物理学、建筑材料及建筑设备技术,建筑施工工艺及建筑管理等各方面。建筑节能必须在保证一定生活质量的前提下,以提高能源利用率为基本途径,提出各地区的建筑室内环境的“最低容忍”及“近期舒适”的指标。研究“自保温隔热体系”,指在某一气候条件下,通过建筑围护结构本身及自然能源的作用,即可达到或基本达到“最低容忍”的室内热湿环境指标。从建筑物的需要出发,开发综合配套的新型节能材料、配件及建筑构件、设备。开发和推行多层次的建筑节能改造技术。加强节能型城市基础设施的建设,积极采用和推广各种节能型设备。

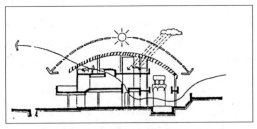

马来西亚建筑师杨经文设计的自用住宅

Engineering Geology　工程地质学

工程地质学也称地质工程学,是将地质知识用于工程问题的学科。这些问题的实例有水库设计和选址;建筑之确定地面坡度稳定性;确定道路,管道或其他工程项目施工地区地震、洪水或地面沉降的危险性。

England Stone House　英格兰式石砌民居

英国的传统民居有半木乡村式草屋,也有以石材为主体材料的砖石建筑,屋顶构架仍以英国式半木结构为特征,典型的英格兰式砖石民居有附在山墙上的石砌壁炉,带顶盖的石砌烟囱,屋面上的阁楼老虎窗为特征。民居石砌墙体上的门楣、窗框、内外檐的石工线脚均做工细腻而精致。有的砖石民居采用檐顶女儿墙把坡顶的檐口封护起来,墙角常作拉菲尔理石,有的墙体采用卵石在石墙面上砌筑出丰富多彩的图案纹样,英国式砖石民居石工精细,细部线脚精美动人。

Engraved Glass　雕刻玻璃

制有精细的立体造型或图案的玻璃制品,最普遍的雕刻工艺包括用快速旋转的铜轮加上磨料雕刻玻璃,其他工艺包括用金刚石划线刻点。前者产生精细的线条,后者造成形形色色的图案。所刻的图样可以不再加工,也可以用酸腐蚀、抛光。早在公元前1世纪罗马人即用转轮刻花,生产大而重的雕刻玻璃品。700—1000年伊斯兰的玻璃工还创造出长条凹雕和浮雕两种新花式。中国广州玻璃雕花工艺精湛,多用于建筑的装饰性室内装修。

Entablature　额盘

希腊古典建筑柱头以上的部分统称为

额盘,包括 3 个部分,最下部柱头上的 Architrave 为希腊横梁,为柱头之间的横梁,本身为一平面,以 Tenia 方线脚与 Frieze 部分分界。额盘的中间部分 Frieze 称为饰条,用于装饰建筑之浮雕饰条部分。最上部分 Cornice 为檐口线脚。额盘根据不同的柱式有各自的比例划分。在西洋古典建筑中的墙顶冠装饰也有类似的特征。Entablement 亦指额盘,亦指 Dado 台度以上之室内墙壁的装饰法则。

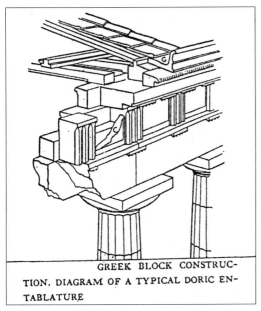

GREEK BLOCK CONSTRUCTION. DIAGRAM OF A TYPICAL DORIC ENTABLATURE

额盘

Entasis 柱身收分线

西方古典建筑之柱式,其顶部较底部细小之圆柱体,为缓和直径逐渐减小之视感,将圆柱之立面轮廓做成曲线之收分。这种改善柱子稳定感的视觉特征的收分做法,在古代世界各地均有类似的方法。西洋古典柱式的收分曲线根据不同的柱式而异,希腊柱式和罗马柱式也略有不同,大体都在立面上划分为 3 段,做出收分曲线。

Entourage 建筑环境设计、配景

建筑环境设计是建筑设计的重要部分,目的是解决建筑与周围环境的关系,起到过渡和协调的作用。包括绿化,地形地貌,气候条件,自然能源的利用,道路,围墙,大门,平台,山石水池,照明等各种建筑小品的配置,以及人流车流的合理组织,等等,以丰富建筑的情趣,重要的是从人类生存环境的角度出发,结合城市规划、城市绿化等要求,思考建筑设计中的各种问题。

配景是建筑物外部的点缀,平面设计时须注意建筑与基地的关系,考虑配景处理。配景可形成建筑外部的装饰特色,如镶砌的平台、栏杆、曲径小路、喷泉水池、矮墙树篱、花木草地等,以陪衬建筑之美。配景可简可繁,构成的要领是对比,包括面积对比,形象对比,明暗对比。立面图上的配景不必过于逼真,过于写实会使人的目标转移,多注意配景而忽略了建筑物。

Entrance Door of Indian Earth Sheltered，North America 北美印第安生土民居的入口大门

北美印第安生土民居的大门是装饰的重点,辨认方便,引人注目,具有地方风格和传统特色。门道作为入口的标志,虽然外形近似,但细部装修和图案纹样具有各自的表现力。门楼与建筑入口之间的过渡地段常采用铺面的小路连通,曲线形式的生土门楼造型优美亲切。从公共性街道进入居室,其间有个行为举止的过渡空间,有光感的过渡、声音、方向的转换,地面铺面质感的变化,地坪标高的变化,开与合、视野的变换,均创造了过渡性的空间,这些综合性的感受强调了到"家"之感。

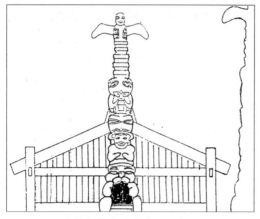

北美印第安民居的入口大门

窑院的入口

Entrance of Cave Yard　窑院的入口

入口与门楼意味着人的行为中空间与场所的更换，给人的印象很深，作为摆设的门也标志着一种划分。当两个场所的交替，有明确边线时，门和围墙就在这边线上，边线和门在场所中有着特殊的重要意义。当进入一座建筑的室内以前，首先沿着小路到达入口，经历流线系统的序列，给人以启示，意味着将要见到、体验并享有将要进入的空间。

在窑村中进入窑院前首先见到的是入口门楼，下沉式院落深藏地下，人们居住在地下的窑洞之中，地坑的入口尤为重要。这就是窑洞民居各窑院入口形式变得丰富多彩、各具特色的原因。下沉式地院的入口，多以坡道的形式连接庭院与地面，在地面入口处有时建立一座门楼，以此为标志，特别是在地坑院密集的地方，设有标志，否则难以发现入口。地坑入口坡道要拐弯变换行进的方向，在转弯迎面处常设置影壁佛龛，其功用也是重要的入口标志。

Entrance Ornament of Earth Shelter 覆土建筑的入口装饰

覆土建筑埋藏在地下，只有入口是表现建筑性格的重要部位，是艺术处理的重点之处。地坑式窑洞只见树冠不见屋，只有入口门楼露出地面。藏民住宅的入口门楼顶部置瓦罐或兽头作装饰。吐鲁番民居门楼上的土坯花饰墙头是晾晒葡萄干的通风晒台。陕北的土筑门楼形式多样，门楼的门脸常作为集中的重点装饰之处。河南下沉式窑洞民居的门脸有精细的花饰砖雕。中国各地窑洞的窑脸拱形曲线表现不同的地域特征，覆土建筑的入口装饰艺术有其自身的泥土材质特点，土的可塑性可作浮雕线脚，也便于表现不同的涂料色彩，或运用质地不同的材料作门窗的边框。北非和中东地区，现代覆土建筑也都富于装饰和色彩表现。

Entry Gate　入口

建筑入口的布置，有控制全局的作用，各种流线的组织均从属于入口的安排。入口布置得当，则建筑内部的流线自然而通畅。入口要明显易见，兼顾室内外各种流线的通顺。通达入口的方向要明确，同时入口的位置与外形需要加以强调，使之引人注目。在入口的建筑艺术处理中，有许多突出入口的办法,如在建筑装修上强调入口的特征,运用围墙、前廊、雨棚、门楼、门道等或其他建筑要素加强入口的标志性。各式各样的入口处理方法,均以与环境有区别和醒目易见为目的。

Environment 环境

环境是由一系列有关的多种因素和人的关系组成的综合性空间,它促进和影响人与外部世界及形态元素之间的联系。其中最主要的、最基本的联系是空间意念上的,因为人和客观对象的联系主要通过空间上的分与合来实现。环境出于人的活动过程中,随时间的变化而变化。人塑造着环境,环境也影响着人,环境危机的出现对人类造成了巨大威胁,迫使人们着手进行环境保护方面的研究与完善。覆土建筑艺术的兴起,即着眼于对自然环境的保护与能源节约,原始的岩洞石窟和窑洞在保护与利用环境方面有着先天的优越性。对于如何进一步发展完善这种尊重大自然的人为的环境的创造,正是当前建筑师面临的课题。

人类的生存环境是历史发展中经人类改造过的自然环境,可分为 4 个方面。1. 聚落环境,是人类生产和生活最密切最直接的环境。2. 地理环境,位于地球表层,具有常态的物理条件,适当的化学条件和繁茂的生物条件,构成人类生活的基地。3. 地质环境,主要指自地表以下的坚硬地壳层,即岩石圈。4. 星际环境,它好像距离人类很遥远,但其重要性是不容忽视的。充分利用太阳辐射这个丰富又清洁的能源,在环境保护中是非常重要的。

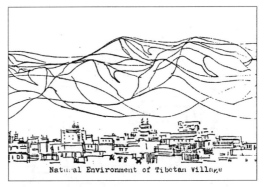

环境

Environment and Architecture 环境与建筑

环境是人类赖以生存、发展的首要条件,环境具有空间和时间上的无限性,另一特征是它的客观性。人的周围的一切都是环境,环境的核心是人。建筑环境不仅包括空间"显形环境",还包括光、声、电、磁、气氛、色彩、变化的关系等因素。更包括社会环境如制度、法规、风俗习惯、历史背景、文化传统、科学技术条件、地方特色等非自然因素。环境是由自然—社会—建筑—人组成的复杂的系统,空间环境也是生态环境,既有显形的社会环境也有隐形的社会环境因素,它们对建筑发展的制约作用有时并不次于自然因素。空间环境内充满了各种形态的物质流、能量流和信息流这类生态活动。而且"三流"的最主要载体是人流、人群。这就是环境的生态本质特征。

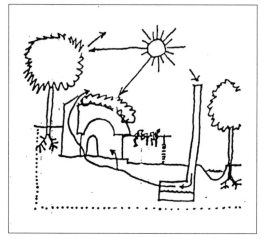

环境与建筑

环境与人的行为

Environment and Behavior　环境与人的行为

现代心理学认为人的行为（B）是多因素促成的，其中包括：遗传（H）、成熟（M）、学习（L）、环境（E）。在这诸多因素中除遗传因素之外都直接或间接受到环境因素的影响。由此不难看出环境与人的行为之间的相关关系，所以前述的行为又可简化为人与环境的函数关系，即 $B=f(P \cdot E)$。人在某种环境刺激下就会自觉的作出相应的行为反应，环境的优劣会直接影响到行为的结果。行为为由个人行为到环境范围的函数。

建筑师不仅是某栋建筑物的规划设计者，而且是人类生存环境的综合筹划塑造者。环境是否宜人，是否适应人的生活行为模式需求，这自然是建筑师所要考虑解决的问题，但是，人类不仅求得自己的生存，生存得好，更要不断提高优化自己的素质，在这方面建筑师负有无可推卸的社会责任。

Environment in Macroscopic　宏观环境

由于宏观环境的范围和规模很大，人们生存和行为只在它的局部之中，除非产生了较大的问题，否则不容易被一般人理解和认识，但它的影响却很大。而且是整体的、全局的、有着方向性的制约作用。如果在宏观环境上发生了问题和错误，要纠正它就要花大力气，短期往往不能奏效，贻害很大。宏观环境例如国土规划、区域规划、城市及乡镇规划、城镇的分区规划、风景区规划等。

Environment in Medium View　中观环境

中观环境一般看得见，觉察得到，相对比较容易被重视，但如何提高它的规划设计水平，以满足人们生存与行为的质量要求，是当前有待于提高的。中观环境设计如建筑物的单体设计或群体设计，部分的城镇设计，风景点设计，公园设计，广场及绿地设计,等等。中观环境设计对建筑师来说是最大量和主要的工作。

Environment in Microcosmic 微观环境

微观环境与人们的生存行为有着最密切的关系,绝大多数人在一生中绝大多数时间都和微观环境发生直接密切的联系。在正常情况下,它对人的生存与行为质量有举足轻重的影响。由于生活水平的提高,人们对这方面的质量有迫切的要求,人民群众多自己动手改善自己的微观环境。专业工作主要是室内环境设计,室外微观环境设计,工业造型设计,等等。

Environment Sculpture 环境雕塑

环境艺术包括的范围非常广,雕塑、装置、地景、生态及建筑。在古希腊的传统中,雕塑一直有与四周广场环境配合的关系。20世纪著名英国雕塑家亨利·摩尔(Henry Moore)大部分的作品都是置放在露天广场上的。他的作品已不再是一种单纯的雕刻,而是非常注意与整体环境的关系,注意人体在靠近及穿过他的作品时所可能发生的变化。从装置过渡到环境,便是在传统固定的空间艺术中加进了"时间"的因素,环境艺术从室内走到室外。卡尔·安德鲁(Carl Andre)的"64块铜板"。汤尼·斯密斯(Tony Smith)的"烟"用极简单的造型放置在公众出入的广场上,史尼尔逊(K. Snelson)的"Audrey1"是一种合理性的动力结构,把巨大的金属筒联结置放在雪地上构成一种自然景观。

Environmental Aesthetics 环境美学

环境美学的范围宽广,根据建筑学的观点可划分为不同的深度和层次。宏观环境如国土规划、区域规划、城市及村镇规划,城镇设计、风景区规划等。中观环境设计包括建筑物的单体或群体设计,部分的城镇设计、风景设计、公园设计、广场及绿地设计等。微观环境设计指室内环境设计,如室外的微小景观设计、工业造型设计、家具设计等。微观环境是中观环境的一个局部。宏观环境范围、规模宏大,不易被一般人所理解和认识,但其影响深远,具有方向性的制约作用。中观环境和建筑学与城乡规划关系密切。具有环境美学的显示意义。微观环境与人类生存行为有最密切的关系,人们生存环境质量的提高对微观环境设计有最迫切的要求。

环境艺术所包容的含义越来越广泛了,总之环境是对人而言,环境等于场所。人产生了各式各样的环境意识,除了宏观环境、中观环境、微观环境的提法之外,尚有自然环境、人为环境、半自然和人为的环境;物理环境、心理环境、社会环境;个体环境、群体环境、整体环境、局部环境;内部环境、外部环境、公共环境、私有环境;隐形环境、显形环境;聚落环境、院落环境、村落环境、城市环境、居住环境、工作环境、休息环境;环境地理、环境气候、环境建筑、环境空间、环境艺术、环境科学;交通环境、住宅环境、剧院环境、某地的环境;等等,不胜枚举。

Environmental Art 环境艺术

环境与艺术正走向全面的交融。从人工环境基本类型、艺术形态及其门类,人工环境与各门类艺术的内在联系、现代环境艺术的理论框架中可见环境与艺术交融之不可分性。现代环境艺术对建筑观念也有深刻的影响,它使建筑的内涵深化与扩展。作为环境的有机组成部分的建筑艺术才能在社会生活各方面获得效益,建筑艺术应植根于环境艺术的土壤之中,建筑艺术的创造价值要在环境艺术的宏大系统中显现。一切有助于环境创造的艺术表现和手段,都可以被建筑艺术创作吸收。

环境艺术也是美国的现代艺术流派之一,20世纪60年代兴起,将绘画、雕塑、建筑以及其他各种观赏艺术形式结合在一起,创造一种使观赏艺术形式结合在一起,使观者如置身其中的艺术环境。

Environmental Art and Architects　环境艺术与建筑师

各种门类的设计师与艺术家逐渐走向协调与高效的联合,乃当今环境艺术创作的需要。从建筑学在现代环境艺术中所占有的重要位置看,在未来的建筑师中间,应当有一部分人成为环境艺术工程的主要设计师。这部分建筑师的主要工作应该是:运用环境科学与艺术理论,进行环境艺术综合创造和总体构思;在环境艺术的整体综合中为最后抉择提出方案;组织各部门类的设计师、艺术家参与创作过程,达到最佳的配合效果。因此,未来建筑师技能的培养要具有时空概念的环境意识,要建立适应现代环境艺术创造的审美心理结构,把审美意识从"建筑空间"移向"时空环境"。

环境艺术与建筑师

Environmental Arts　环境的艺术品

大多数环境艺术品均以视觉之象征而设置的,如为纪念伟人或事件设置的纪念雕像,这些艺术品很吸引人并能成为民众喜爱的地标。也有的不受公众欢迎,因为纪念的人他们不认识或不喜欢,也许是由某机构为某些利益而捐赠的。如果很新潮的话也会引发大众之争论,因此单从造型上很难判断,要看艺术与建筑,艺术与景观环境能否很好地融合。要使艺术能融入基地环境设计之中,艺术家开始时就应以一种较实际的做法,连同使用者一同纳入计划的过程之中,并评估艺术家的工作,因为公众若亲自参与推动,会对其结果很感兴趣。

Environmental Context and Architetural Design　环境脉络与建筑设计

英文Context常译为"文脉"或"环境",侧重于"时"或"空",如把文化沿革视为纵坐标,建筑为横坐标,构成一个时空系。任何一种文化,无论精神方面或物质方面,都在时空系中占有一个特定的点,建筑无论单体或群体,小区或城市,同样在环境脉络中占一个点。环境脉络与建筑创作之间的关系是双向的,所以建筑创作常以建筑对环境脉络所产生的效果来评价。因此建筑师在创作时应尽量从分析环境脉络着手,如建筑基地的环境特征,城市、街区甚至街道常常都有一些文化痕迹可循。有时,传说、名人故事是构成环境脉络的一个方面,给人以启示和联想。又如对基本色调的选择,人们对色彩的感受也是文化的组成部分。建筑设计是色彩的感受也是文化的组成部分。建筑设计是以主观分析为基础的创作过程,不应从"说明书"式的作品去解释每个细部的设计意图,但如果深入分析特定的环境脉络,加深对时空系的理解,建筑作品必然会具有特色。

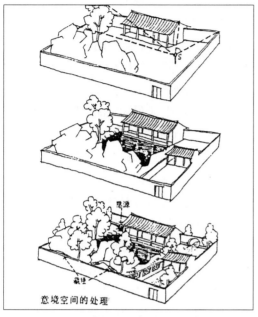

环境脉络与建筑设计

Environmental Design 环境设计

人们生存与行为的"场"——环境,有不同的纵向分支——类别,可分自然环境、人为环境、半自然与半人为环境。人们所生存、所接触、所行为的各种环境实际上是个极大的宏观系统,是一种更新和延续现象的交融。各种类别与层次的子系统环境,各个宏大系统的总环境及这种有机的匹配对人们的适应取决于3个条件:一是该时代创造者的设计水平高低,二是需要与可能的有机统一,三是创造和建设"场"——环境的使用与维护。环境和世界上任何一种产品一样是可供人们使用的,这就牵涉到使用者对这种特殊的环境产品"性能"的理解、熟悉、喜爱等。

观赏我们周围的环境,要从设计观点出发。全人类都是设计师,每个人无时无刻不在进行设计,因此设计是人类的基本活动。

任何一项规划都朝向某一愿望或目标,设计是完成某种目标的进程。在设计的程序中包括设计方法、设计的用途、设计与自然界、社会、技术的关系;设计的需求与目的;设计美学;设计与文化、教育、家庭等方面的关系,形成一个综合性的环境的设计功能。

环境设计

Environmental Design Research Association 环境设计研究会

环境设计研究会是美国研究环境控制方面的学术组织,环境控制是人类生存的要害。建筑师试图以建筑学的知识控制空间,控制建筑的物理环境,控制人的行为活动,甚至控制人的情绪。如果你对周围的环境感到满意,这就表示建筑师给你安排的环境是成功的。因此控制人类生活的舒适程度,反映了建筑师们创造空间的能力和水平。环境设计的优势是在人为的环境中人们能享受到建筑师的劳动,无论在何处无不受到建筑师作用的影响。同时世界上大量的工业化的建设又在破坏着土地,毁灭着自然生态。环境设计研究会的目的是唤起建筑师保护自然生态,改善人类生存环境的责任心,开展这方面的研究工作。

Environmental Problems　环境问题

　　环境问题已成为当今世界的重大问题,指人类为其自身生存和发展,利用和改造自然过程中对自然的破坏和污染所产生的各种负反馈效应。1.工业化,导致对自然资源的滥采滥用。2.城市化,城市人口比重日益增大,带来一系列污染、用地供应紧张问题。3.巨型工程建设,如水库、大坝等,对其潜在后果及生态学的后果考虑不足。4.土地使用的强化,造成人类对环境的干预破坏日益增大,环境污染造成的危害损失重大,工业高度集中成为环境问题的焦点。城市环境存在的问题有:对自然条件、气候的破坏、噪声污染、大气污染、水污染、固体废物污染、噪声污染以及对城市历史文化延续性的影响,一些城市在漫长历史发展中逐渐形成的独特风格特色、历史文化景观,在城市化和土地开发的热潮中被破坏了。

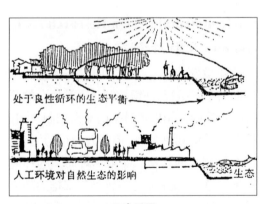

环境问题

Environmental Quality of Residential Quarter　居住小区的环境质量

　　绿地是居民最关心的室外环境场地,居民室外活动最频繁的场所是宅间庭院。孩子们室外活动多在宅间庭院绿地及自家单元门口,是每天出行必经之处,属于半私有性质的空间领域。在居民日常生活的视野之内,学龄前儿童一下楼就可同邻居孩子玩耍,大人比较放心。大多数居民认为最好只种树木花草,不赞成公共绿地太热闹,设太多烦琐的亭台楼阁。宅间绿地、组团绿地、小游园、居住区公园,按年龄结构可作以上的划分。影响小区安静的噪声可分交通噪声、生活噪声、商业噪声、生产噪声,应采取相应的措施保证小区的安静。农贸市场是生活设施之一,多位于居住区中心位置,一般与国营副食商店和菜站相连,公共汽车站附近是吸引过往顾客的黄金地段,农贸市场沿街布置时,往往沿居住人流较多的交通道两侧。自行车库和停车场地是另一生活设施,面积不够,距离远,是现存的问题。安全也是小区的需求。小区的领域感、场所感、亲切感是提升小区空间质量的关键。

Environmental Protection　环境保护

　　环境是一个综合性问题,它涉及人、自然、社会及人工创造的环境。环境问题的产生则是这些因素相互矛盾的表现形式,城市及建筑作为人类活动的产物,"人工环境"始终与自然界及人类社会有密切关系。当今世界面临的严重环境危机和生态危机已迫使人们在各个领域中着手进行环境保护,改善生态环境的工作。城市是建筑文化积累过程的产物,古建筑和历史文化古城是世界艺术瑰宝和民族之魂,是全人类共同保护的财富。

Environmental Psychology　环境心理学

　　环境心理学作为一门独立学科被确立,是在20世纪60年代末期。1968年美国成立了环境设计协会(EDRA),1969年召开了第一次大会。这两次会议,一般被看成是环境心理学的问世,或创立过程的完成。当然,此前已有相当一些心理学家、社会学家、地理学家以及建筑学家等,各自从不同的角度进行探索,做了大量的学术开拓研究。到了 20 世纪 60 年代末期,从分散独立研究走向横向交流,汇成了跨国际的学术研究与交流新潮。1980 年日本成立了人间环境(MERA),1981 年欧洲成立国际人间环境交流协会(IAPS),并且创刊了《环境心理杂志》。EDRA 与 IAPS 都是国际性的环境心理学会组织,EDRA 每年召开一次大会;IAPS 其前身是 IAPC,每 2 年召开一次大会。20 世纪末不仅经常交流,而且在建筑工程实践中也得到了广泛的运用,使环境心理学促进了设计质量的提高和建筑环境的宜人化。

环境心理学内容广泛,是一门实践科学,其产生是为了解决由于工业化和城市化迅速发展而产生的问题,其理论模型尚在逐步完善之中。设计工作的最终目的是找出一种适用于未来的形式,过去的设计是为人类的未来而作的。建筑师的工作都是为将来而非现在,未来包括了各种变化,新的现象和各种现象之间有无法预见的关系。环境心理学提倡一种关于建筑及使用者的相互作用的了解的科学方法,对环境心理的评价需要在现场进行。度量现实环境中行为的各个方面可以采用多种方法,有用语言来度量的,也有用定量的方法度量的,最好则是两者结合的方法。做环境心理的评价有助于建筑设计更切合实际。

Environmental Quality 环境品质

通常称人类环境或城市生态系统的环境所提供的各种功能总量为环境存量,(Environmental Inventory),而称其效能的高低为环境品质。若由于人类活动的结果,环境的构成成分或状态发生变化,减少了某种适应性,则称为环境污染。若环境污染恶化到某一程度,可能导致生态系统平衡破坏,产生环境危机。美国国会 1969 年颁布"国家环境保护法"(NEPA)对整个国家的环境品质维护与控制要素加以限定,将环境品质的内容确定为实质环境、生物环境、文化环境三方面。实质环境包括地形、地质、气候、水体;生物环境主要为植物相及动物相;文化环境包括人口成长趋势和人口分配,历史的及考古的地区以及人们经济福利指标,等等。

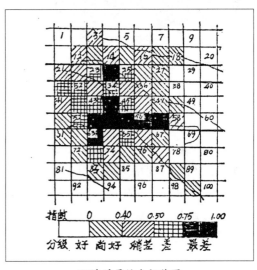

环境质量综合评价图

Epidauros Theatre 埃比道拉斯剧场

埃比道拉斯剧场位于希腊萨拉米斯湾的伯罗奔尼撒半岛的东北部,是希腊古典建筑晚期的露天剧场之一。扇形观众席利用自然山坡建成,直径 118 米,共有 55 排座位,坡度 32°,可容纳观众 12 000 至 14 000 人。中心部分是圆形表演区,演奏乐坛直径 20.4 米,中央有希腊酒神的祭坛。舞台有 2 层楼,前台口架立在爱奥尼克柱廊之上,后台口可供演员更衣及准备之用,底层有 2 个门道可通向演奏乐台。舞台的东西两侧有通向剧场外部的门架。剧场曾被认为是公元前 350 年左右由建筑师小波里克雷托斯 (Polykleitos)指挥建造的。后来的研究者多认为是公元前 3 世纪以后才开始建造的。音响效果良好,功能完备,为迄今保存大致完好的大型古代剧场。

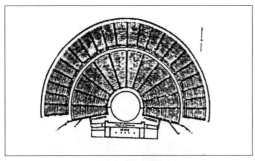

埃比道拉斯剧场

Equestrian Monument　骑士纪念碑

骑士纪念碑是一座纪念碑式的雕塑,作者是意大利人马利诺·马利尼(Marino Marini),建于 1958—1959 年。他以惊马和行将坠落的骑士作造型模式,骑士纪念碑是他的大型作品之一。这种动态的造型并非毫无来由的抽象形式,这是他在大战期间观察到人、马受惊之状以后的切身感受的结晶。他的作品同时反映了对战争的厌恶和恐惧心理,带有一定的表现主义色彩。该作品是为海牙的一个居民点作的青铜塑,抽象的几何形体与现代建筑简洁的外形相协调,构成了环境艺术与建筑之间的和谐关系,反映了抽象雕塑与现代建筑造型在精神上的一致性。

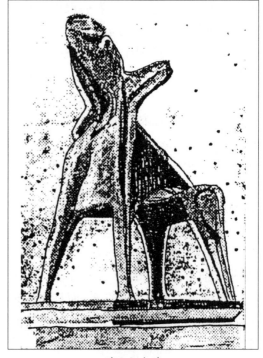

骑士纪念碑

Equilateral Triangle　等边三角形

等边三角形是公认的权衡良好的几何形之一,它的特征是稳定,重心靠下,自底至顶成为引人注目的焦点。建筑物的正面设计可利用等边三角形构图获致良好的权衡,建筑历史中权衡优美的建筑实例如希腊的帕提农神庙、法国理姆斯教堂,都发现了等边三角形和圆形特征,不知是否为有意的运用。凡是权衡良好的建筑,都存在几何比率关系。

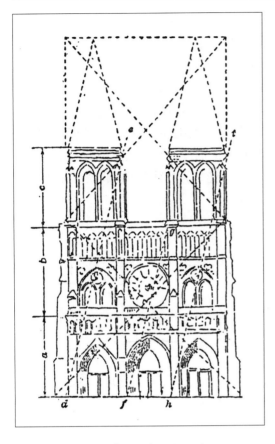

等边三角形

Erechtheum 伊瑞克提翁庙

伊瑞克提翁传说是雅典人的始祖,庙建于421—406年,建筑师皮忒欧(Pytheos)设计,在希腊帕提农神庙之北。庙址选择了最适当的位置,地面断坎的落差很大,建筑高低错落,表现了丰富变化的立面构图,体形复杂,但完整均衡,交接妥善,和谐统一。南立面是一片封闭的石墙,西端建造了一个小小的女郎柱廊,面阔3间,进深2间,用6个2.1米高的端丽娴雅的女郎雕像作柱子,以此巧妙地克服了西立面和南立面因地形高低断坎而造成的构图上的矛盾。它和大片石墙之间有光影和形体的强烈对比,石墙成为女郎雕像的衬托。伊瑞克提翁庙是古典盛期爱奥尼克柱式庙宇的代表。

Eskimo Ice Sheltered 爱斯基摩人的冰屋

北极地处严寒地带,爱斯基摩人的半地下共同住宅建在坡沿上,1~3个家庭共同居住,可住12人左右。共用的房间约2.4米见方,家庭室约2.1米见方,高约1.8米。地下通道约6米。朝南圆形的半地下民居有通道及气孔,在床下通气,冬季地下采暖,夏季上部通风。北部严寒的冰雪之家有许多圆形小室,1人用1.2米×2.4米,2人直径1.8米,4人2.7米,10人4米。在冰雪中掘出南向入口,以冰作天窗,入口通路3~6米,有一家4人的,两家8人的,四家共用的,为了避风有时故意把入口做得弯曲。北极冻土地带的半地下圆形屋,细长的入口通道,1.3米见方的前室,深0.6~1.5米的侧居,主室约6米见方,外围是球形覆土层,顶上有天窗,前部小屋是仓库,使用鲸鱼的脂肪作燃料。1818年初曾发掘出史前北极捕鲸盛期使用鲸骨建造的民居。

爱斯基摩人的冰屋

Esquisse 初稿

初稿以徒手作画。在草图纸上用软铅笔或钢笔墨水,以小比例尺绘出建筑的平、立、剖面草图。初稿的目的是单纯表现构思的主要形态,不需要画得太详细,通常快速完成,作为绘制定稿时的依据和参考。作初稿时独立思考和自我创造至关重要。

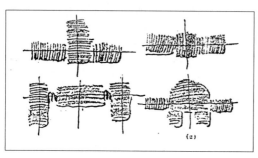

初稿

Essential Function　基本功能设计法

将环境设计的主要功能抽象化,然后发展一种最合适这种功能的造型。例如设计一座户外市场,决定"购物"为其最基本的活动。设计者就考虑用最能吸引购买者的环境特色,并构想一个理想的造型。然后调整它,使之在运货、保护货品、顾客进出、价格要求、管理方法等与地形相适应。这种设计方法不需要同时考虑很多因素,将功能单一化,因此很容易成功,其限制条件也容易控制,这种方法尤其适合处理复杂但有限制的计划,但必须要能找到最基本的功能。例如一所大学的主要功能是"学习",其他的复杂性也就在其他次要功能影响下逐渐修正,主要功能和其他次要功能间的均衡权重是较难把握的重点。

Experiential Architecture《体验建筑》

拉斯穆生是荷兰著名建筑理论家。《体验建筑》是他写给 10~14 岁的孩子看的。其实,它不仅是建筑入门者的好向导,而且也是经验丰富的建筑师启迪思维的好老师。此书在美国的一些大专院校被列为学生必读书。该书共 10 章分为三大部分。第一部分确立了对建筑的基本认识;第二部分主要提出建筑形态的基本要素,分别对建筑的实体、内容、色彩作了详细描述;第三部分,分析了建筑形式的几个基本原则及影响建筑体验的几个因素。下面是《体验建筑》一书的内容提要。1. 基本观察。2. 建筑实体与内容。3. 实体与内容的对比效果。4. 建筑作为色彩面时的体验。5. 尺度与比例。6. 建筑的韵律。7. 组织肌理的效果。8. 建筑中的光线。9. 建筑的颜色。10. 建筑的声音。

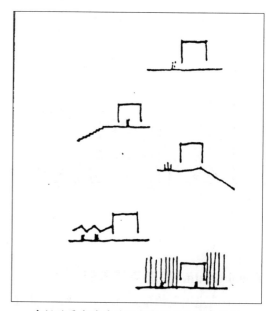

空间效果由重要的及所期望的经验来控制

Exposure 暴露

任何建筑作品都表现出某种超出本身所包含的物体的表象,但对建筑的表象多数是按照一种"习俗"或"常规"作出来的,如尖塔是教堂,带高大后台的是剧场,等等。建筑师无不追求把"内在的"与"外在的"东西联系起来,但有时某些"习俗"又不能反映其真实的"内在的"东西。因此"暴露"成为现代派摩登建筑师表象的一个派别手法,他们把要表现的内在的东西尽可能全部暴露出来,甚至像巴黎的蓬皮杜艺术中心,把内部的结构和设备管线翻肠倒肚,一览无余,暴露的设计达到了新奇的效果。

EXPO67 American Hall 蒙特利尔世界博览会美国馆

1967年蒙特利尔世界博览会美国展览馆由美国建筑师理查德·L.布克敏斯特·富勒设计(Buckminster Fuller,1885—1976年),建成于1967年,后因遭遇大火,现仅存其结构骨架。该馆是一巨大的球体状构筑物,圆顶是高技术的轻钢结构。内部空间划分了很多层次,形式简洁、轻巧、空透。

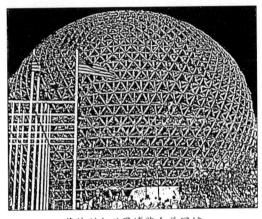

蒙特利尔世界博览会美国馆

Expressing Structure 表现结构

表现结构是结构主义的一个基本论点,来自忠于结构(Structural Honesty)一说,溯源于19世纪英国"艺术与工艺"运动,主张手工艺产品要在材料、结构上作到艺术形式的有机统一。19世纪末20世纪初,欧洲建筑界提出了"净化"建筑的要求,表现结构一说应运而生。表现结构除指暴露结构外,还指表现结构的极限性、明晰性、逻辑性、技巧性,结构中的"力学作用""内力分布"等。之所以要表现结构,因为它是建筑所具有的唯一合理的,同时也是最美的装饰。它的原

意本是要使结构从大量填塞的物质材料和一味堆砌的烦琐装饰下,解脱出来,并使结构本身所具有的形式美和形式特征,能在建筑形象的艺术创作中得到体现。但由于把结构当成建筑艺术的内容和建筑创作的目的,必然会导致结构运用中各种形式主义倾向。为表现结构而使用新结构的现象就是表现结构带来的一种形式主义倾向。

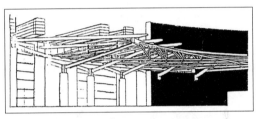

表现结构

Expressionism 表现主义

表现主义艺术思潮于第一次世界大战以后,盛行于德国,由于战后混乱不安的社会背景,这一流派采用自由曲线及不等边四边形等元素,以表现充分的动感为特征,广泛流行于欧洲。孟德尔松为其代表性的建筑师,他急进地倡导建筑艺术的革新运动,利用新材料及构造方式,以极端浪漫的手法表现主体之风格,例如建于1919年的柏林大歌剧院为其代表作品之一。

Expressway 高速公路

划分不同行车道的公路主干线,每一个方向均有两条或更多的行车道,相反方向车道之间有一条中间地带,没有平面交叉,进口和出口处有人管理,路上没有不利于驾驶的障碍,多数为收费公路。1924年意大利首先建筑一条514千米的高速公路,1942年德国完成了1 946千米的高速公路,美国1947年始建,1950年美国8个州的高速公路总长超过1 206千米,后来各国相继发展

高速公路,规模最大的是美国的国家州际公路系统。

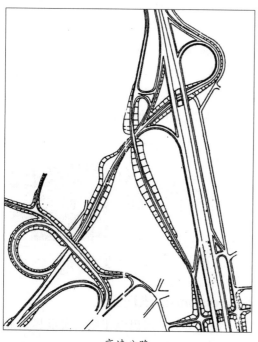

高速公路

内外地面的标高差而定。室外台阶一般踏步宽为 300~320 毫米,高为 130~150 毫米,踏步与台阶须略向外倾斜以利排水。台阶材料可用条石、混凝土或砖,用水泥砂浆砌筑,其选用应与房屋立面材料相配合。如混凝土台阶一般采用较多。如具有平台时,则在平台前及台阶两端作挡土墙,墙之间填土夯实作为基层,再浇混凝土踏步。

标高300000

室外台阶

Exterior Lighting 外部照明

　　所有街道要有室外照明设备,邻里道路若无街灯,就必须将个别住户的门灯打开照明,在进口处、转角、阶梯、死巷、偏远的道路应装置照明设备。空中的日光灯光强照度均匀,适合作路灯。步道上应设置低矮多变化的照明,目前钠灯、卤灯及水银灯实用普遍,老型白炽灯光温和,光线损失在热量上,可用在人行道上。因驾驶者与行人视觉需求不同,照明环境之设计应有异。路灯之标准高度 9 米,间距 45~60 米,主干道或大停车场平均照度 10 勒克斯,支路应达 5 勒克斯,步行道路灯高 3.5 米,台阶及交叉口处 5 勒克斯,步道只要平均 1 烛光之照度。电焊及路灯在白天的视觉景观很重要。

Exterior Steps 室外台阶

　　台阶的长宽根据门的大小,级数根据室

Falling Water 流水别墅

流水别墅是赖特建造在宾夕法尼亚州瀑布流水之上的比尔伦考夫曼住宅（Bear Run Kaufman House）。赖特成功将中心壁炉作为住宅心脏，粗石的烟囱冒出屋面，流水当然是这所住宅的主题。它是赖特"有机建筑"理论的代表，他坚信建筑要与大自然结合，连续性和可塑性使他从大自然的源泉中找到设计思想的源泉。悬挑的几何形混凝土托盘与垂直的石头墙、壁炉，在空间构图上形成对比。所有的内部转角都是玻璃透角窗，所有的室内空间能伸延，跨过平直的栏板到达园林之中，具有情节性的表现力。流水别墅约 380 平方米，室外平台阳台约 300 平方米，地面都用乱石板铺置于红杉木地板之上，有空气层同钢筋混凝土楼板分开，以利保温和隔音。起居室层高不到 2.5 米，入口门厅最低处仅 1.95 米，天花板中心的方形吸顶灯槽尺度却十分夸张。壁炉前保留一露天巨石，身处其间，能感受到洞天仙堂的气氛。

流水别墅

False Structure 虚假结构

虚假结构是指用非承重材料来伪造的那些结构部件，或在承重材料外面又包装了大量其他材料；甚至使结构的计算断面成倍膨胀的那些结构实体，也包括仅为造型考虑而过多过密的那些承重结构。用虚假结构来美化建筑在现代建筑中相形见绌。虚假结构必定会造成臃肿沉重和古老呆板之感，甚至对建筑功能也带来不利影响。但是结构主义在反对虚假结构的同时，也有一概否定建筑装饰作用的倾向。

Family House at Pregassona 普瑞加桑那住宅

普瑞加桑那住宅（1970—1980 年）是博塔（Mario Botta）批判的地域主义的代表作品之一，位于卢加诺市北郊的山坡上。博塔发掘了普通材料的性能，运用了简洁的形体、精致的设计使这幢住宅极富雕塑感。这是一个结实的正方体，中间被切去了几块，正是这种处理使得整个形体的连接显得完美而又清晰可见。用这种方法取得的断裂效果，一方面加强了各个部分的简练处理，另一方面又增强了整体构图的一致性。屋顶上的天窗沿着中轴线延伸，不仅是视觉上的聚焦处，而且成为天光进入室内的必由之路，这已成为博塔作品的一个标记。

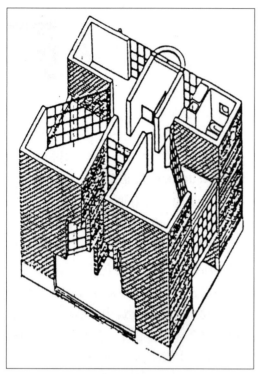

普瑞加桑那住宅

Family House in Ligernetto 里格纳图住宅

里格纳图住宅（1975—1976 年）为博塔设计的最成功的作品之一，位于里格纳图村的边缘，一侧是住宅新区，一侧是广袤的大自然。博塔设想这座建筑像一堵墙一样，立在村庄的边界上，把宽阔的田野与已扩展的村庄分割开。这堵墙以瘦长的形体，精确的几何特征，与自然的景色形成了强烈的对比，象征性地形成了一个新的边缘标记。正对村庄的立面上是红和灰交替的水平线条状混凝土饰面，据博塔说，这样做是为强调新建筑"人工的经过设计的特征"，以此使人们回想起本地区设计立面或装潢立面的传统。博塔解释说："这是引起人们注意，关切及热爱家乡的一个标志。它象征着平民的一种'富有'。"博塔的意图是要创造人为的可控制的形象能够认出自己，是批判的

地域主义所追求的目标。

Family of Entrance 住宅的入口

在住宅设计中有许多强调入口的办法，例如把许多相似形式的入口集中在一起，在细部装修上再突出各自的特点。各种办法的中心是如何使人们方便地辨认出他所要去的那一家。虽然入口的样子大体形似，例如前廊、围墙与门楼、门道等，但作为入口的标志，在细部上要有所区别并力求醒目。有时家门和街道之间有个过渡的空间，通道式的门道、门楼等形成一个内外之间的进出标志，起到遮阳避雨和保护作用。

住宅的入口

Faming in the Fact 闻名的

许多城市常以自然的山川、河流、景色而闻名天下，如巴黎的塞纳河，哈尔滨的松花江，等等。还有一些城市以人为的环境特色闻名于世，如巴黎的埃菲尔铁塔，伦敦的大本钟，纽约的自由女神像，北京的故宫，等等。也有些地方以民俗或某种特色吸引游客，如天津的狗不理，旧金山的唐人街，洛杉矶的迪士尼乐园，等等。精心保护好闻名的

环境特色,有助于构成具有知名度的心理观念,知名度是长期历史优选而形成的,设计中要保护与尊重闻名的环境特色。

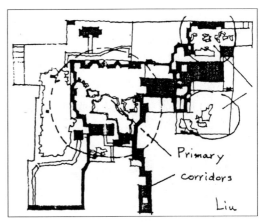

苏州名园

闻名的

Famous Garden of Suzhou, China 中国苏州名园

苏州园林是中国园林中最具代表性的一批杰作,以春秋时期吴王夫差的姑苏台为最早,唐宋时期兴建增多,明清时期甚盛。当今遗留的园林实物多属明清时期作品,尚有188处之多。其中重要的实例有拙政园,建于明正德八年(1513年),网师园原为南宋史正志万卷堂址,清乾隆时重建。环秀山庄相传为宋时乐圃故址,后改为景德寺,清乾隆时建为私园。怡园为清光绪年间所建。耦园分东、西二园,始建于清初。芝圃,原为明文震孟的药圃,清初改为现名。拥翠山庄,在虎丘云岩寺二山门内,建于清光绪年间。畅园、壶园、残粒园、西园等,均为中国古典私家园林之精华。

Farm Buildings 农舍

农舍包括农场主住房,工人住房和从事农业生产的各种建筑设施。农舍总体布置的外部条件为土地、气候、公路、田间交通等。内部条件为农业经营性质、房屋间的联系、扩建的可能性、防火等。服务性房屋大致可分为储存用和机械用两类。大牧场可分粗放和集约两类,前者甚至并无房屋,后者如大奶牛场,房屋有平行式、单幢式、圆形式。不发达地区的农场房屋有大庄园式和小农式。中小农场多为混合经营农场,既种植作物又饲养牲畜。住房因农村生活方式不同而有所差别,畜舍有单层无柱通用型和专类畜舍。机械和用品房屋要求防雨,谷仓有时在存储前需用人工干燥,储存干谷物的常用方法是1.5~3米堆放,在房屋内与谷仓中间内衬防潮纸,或在室外建造有顶的不透水谷仓。

Farm House Kitchen 田园式的厨房

中国式乡村田园式的厨房是独立于住宅之外的一部分,或者与住宅相通,或在住宅的底层,既有充足的面积,又有方便多用的内部布置。兼用于存放农产品、家庭用具及小型农具,还可作家庭手工副业,并需考虑到喂养家禽家畜的方便。厨房设计以烹饪为中心，安排洗池、橱柜、火炉、燃料、水缸及台案等，保证足够的空间与面积，并考虑到操作都连续在一起，也不必在墙上置固定的家具，可把布置灵活的桌子或橱柜的面板当作台案使用。

田园式的厨房

Farnsworth House　法斯沃斯住宅

法斯沃斯住宅是密斯·凡德罗 1950 年的作品，坐落在芝加哥的郊区。以玻璃和钢表现"皮与骨"的建筑，最大限度地深含于自然之中，实现精密、光亮、晶体化的构想。住宅由 8 根柱的四边形构成，落在间距 28 尺的两个平行排架上。钢柱开间 22 尺，8 根柱子之间镶住两片钢框架板，作为楼板和屋面，像是悬在空中，又像是在 H 型钢柱之间被磁铁吸住似的。在两块悬空板之间用玻璃围合成起居室和前室，空间划分为睡眠、生活、厨房和服务区域。顶板用意大利石灰石饰面，白色石膏板吊顶，室内隔断饰以天然材料，窗帘幕是白色的山东绸。钢框架是刨光的，也漆成白色，柱梁之间的接头处都经过打磨，藏在下面，非常精细。是密斯万德罗"少即是多"，"同一性空间"设计理论的代表作品。

Farthingale Chair　百褶裙式椅

百褶裙式椅为一种无扶手椅，椅座宽大，上罩织物，并装有一个坐垫，椅背是装有垫子的块状嵌板，椅腿为直线形。这是 16 世纪末期供妇女使用的一种椅子。在 19 世纪英国称为百褶裙式椅，这种女裙当时很流行，百褶裙式椅是最早的装有垫子的椅子之一，在欧洲许多地方使用。

Fauvism　野兽主义

野兽派，是法国现代画派之一，1905 年马蒂斯（Matisse）等画家在巴黎举行画展，因其画法一反常规，被评论家称为"野兽群"，从而得名。其特点是强调绘画表现作者的主观感受，多用大色块和线条构造夸张变形的形象，以求得"单纯化"的装饰效果，后来改称为巴黎画派。Fauvist 为野兽派画家。Fauve 为野兽派的法文。

Federal Reserve Bank, Minneapolis　明尼阿波利斯联邦储备银行

美国明尼阿波利斯市联邦储备银行长 100 米，高 16 层，外形耀眼夺目，建于 1972 年，由建筑师吉耐尔·贝克尔斯（Gunnar Birkerts，1925 年生人）设计。玻璃大楼的结构十分特殊，各层楼面不是靠墙柱支撑，而是悬挂在两座高大的混凝土高塔中间，像用坚固的悬链构成的吊桥。两端跨度达 100 米，立面上有一条自由下悬的半圆形曲线，16 层办公房就吊在悬链之上。曲线以下的玻璃装在前面，曲线以上的玻璃装在后面。此银行设计一反常规，用的大玻璃盒子，让公众可在下面自由通行。为了向公众开放，楼的下面是一大片广场，且有一定的坡度，上面布置了雕塑和流水，被认为是建筑中的一项杰作。

明尼阿波利斯联邦储备银行

Federal Science Pavilion, Seattle World's Fair, Seattle 西雅图世界博览会联邦科学馆

位于美国华盛顿州西雅图市,建于1961—1964 年,美籍日裔建筑师山崎石(Minoru Yamasaki,1912—1986 年)设计。在名为"21 世纪"的博览会中,科学馆采用了许多东方和西方过去的建筑形式,将哥特精神的尖拱表现为一连续的造型单元。不采用西方常用的集中式布局,而是借鉴了东方的院落式布局。5 个体量略同的展厅和 1 个休息厅,按参观顺序首尾相连,围合成 1 个 3 合院。内院的大部分辟为水池,整个建筑仿佛浮在水上,轻盈、超然,表现了自然的情趣和人本主义的建筑构想。外立面整个涂成白色,统一的尖券式拱肋造型,大小池中耸立着一组巨大的骨架雕塑,既是室外平台的支承体又是该组建筑的标志。

Fence 围栏,围篱

竖立屏障,用以围养家畜,阻止侵犯者或作为装饰。可广泛应用木材、泥土、石块或金属材料构筑围栏。许多地区用活的植物构成围栏,例如英国和欧洲大陆的树篱以及拉丁美洲的仙人掌围栏。在树木繁茂的国家,如早期的美国和 19 世纪的北美地区的国家,都建有格式多样的围栏,例如排成之字形的拼合围栏,标注和尖桩式栅栏。俄罗斯的平原和美国西部竖立的草地围栏,在没有大量雨水的条件下可挺立多年。铁丝是当代构筑围栏的优质材料,19 世纪中叶首次使用,把编好的铁丝围栏固定在木、钢或混凝土立柱上,经济耐用。19 世纪 60 年代出现了刺铁丝围栏,1874 年发明了制造刺铁丝的机器,常见的单股刺铁丝电围栏,对家畜可有轻微的电击。

围篱就像树木及灌木一样界定空间,加上地面的铺地就构成了外部空间的人工要素。围篱围界之位置及高度,质地及材料都很重要。常见的是锁链式连接,由铁丝网之小孔可以看穿。从低矮的栏杆到高厚的阻隔物,木栏杆、尖桩、格栅、木板、树篱,水泥的、铁的、土的、砖石的都应用很多。都要求构造坚实,里外面坚固,耐久且历经气候侵蚀而坚实的围篱具有独特的魅力。围篱墙的高度根据人的视觉的要求,可以透空让视线穿过,墙的构件要细而且涂色,墙可以用灌木、蔓藤将其隐蔽。世界各地的围篱形式千变万化,而且不断创造着新的形式。

Fenestration 开窗术

建筑中窗户的功能是解决光和日照,开窗的技术即直接对光环境进行设计。简单的窗户可以把光线直接引入室内,开窗又可以直接取得向外的视野,晚间的窗户又可以照亮室外的庭院,窗户还可以提供室内外互相流通的关系。同时开窗还提供冬季与夏季最简单的被动式太阳能的利用设施,即窗口上的出檐。开窗又是室内自然通风所必不可少的。上述窗户功能的综合考虑就是建筑设计中的开窗术。

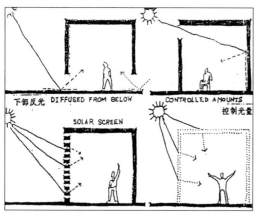

开窗术

Feng Shui 风水

"堪舆"又称"地理"又称"风水",事实上三者同义异名,皆指流传于我国数千年之堪舆学,其名称之取材与原意却隐含着此一学问之内涵,并明白指出了其理论依据及诉求之重点。堪舆认为天有天气,地有地气,万物皆有气,大地的变化即为气之流行,大自然的运动则为气之作用。"气之来,有水以导之;气之止,有水以界之;气之聚,无风以散之。"故"要得水,要藏风"。堪舆学分为阳宅与阴宅两大部分,至今许多人仍迷信风水以求利于赚钱,在迷信与江湖术士的影响之下,堪舆学逐渐衰落,需要架起古代堪舆学与现代科学思想之间的桥梁。

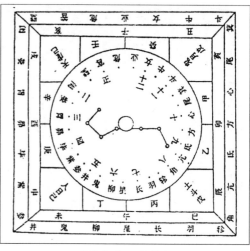

西汉初期六壬式盘

Feng Shui in Chinese Dwellings 中国民居中的风水

风水是中国传统民居的环境意象,民居环境质量的好坏是借风水(也称"堪舆")评定的。风水观念起源于原始自然崇拜中对地形的崇拜,主要对周围的环境与地景进行研究,是古时用于指导环境规划的总体思想。居住中人与自然的关系是居住生活中一个重要的问题,居住的自然环境和人工生活环境都受风水观念的支配和决定。中国风土温润,名山名水众多,其巍峨的山脉,起伏的丘陵为风水理论提供了较好的实验基地。在乡村建筑的各个方面,尤其是选址,都受到风水的影响。民居对称规整的布局形式遵从了封建宗法礼制的要求,同时也是风水对住宅布局的要求。

中国民居虽受地域、气候、经济、风俗习惯的差异影响而有不同的约定俗成的内容,其主要思想底蕴是突出实用的自然性和思想意念的意念性。东北民居都把朝向、采光作为主要因素,民居属阳宅,坟墓属阴宅。阳宅宜对景于两山之间的鞍形山坳,阴宅相反,宜对着山峰尖处。体现着不同的优选天光和"透气"的阴阳特征。华北民居,注重于封闭中求气,好通入和留驻,四合院主门最佳位置在东南,便于来气。主门不可与后门直通,避免泄流。西北庄窠式民居、云南一颗印民居、陕北窑洞、河南生土民居均有四合院的正厢主次之说。华南沿海民居多选山南水北处,环山中求东南空旷,视为"水口"。滨海区以高地曲岸为佳。粤东民居庭院封闭,中间天井,门必正南,高低尺寸以偶数为差,手面尺寸以奇数为差。少数民族民居千差万别。

Feng Shui—Place and Air 风水的场及气

风水理论中的场及气的机制可分自然的、意志的两部分,自然部分为日月、山川、气候等,不同地域有不同的场气效应。东北地区寒冷,以热轴朝向为吉利,南方避热轴之骄阳。中原地势平,城乡道路平直求方,多山地区道路自由弯曲,结合地势求得最佳的生元之气。自然山川地貌,最易接受日月天地之气。意念部分,对风水的场、气也产生授受作用,谐音、象形、寓意等为习用的形式,东北不用10扇窗,以避讳谐音"失散"。福字倒贴,意在福到。年画喜鱼谐音"年年有余"。风水中的图案图腾,均以吉祥是取。调整人的心理场以得安康。民间如此,名贵权门亦然。自然部分是客观的,意念部分是主观的,人与天地都是一种过程、现象和一种共生。此即"天人合一"的基本思想。

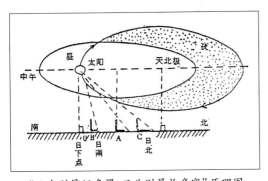

"日南则景短多署,日北则景长多寒"原理图

Feng Shui Theory 风水理论

风水理论又称堪舆,是中国古代的文化想象,是集哲学、美学、生态学、伦理学、心理学于一体的综合性学科。风水学与天文学、命相学构成中国古代天地人一统的理论基础。认为自然界万物有灵,天地人三者互相感应,运动中求平衡,衡则相安,失衡则失利。一阴一阳,万物莫不有对,金木水火土五行运转,相生相克。"天地合气,万物自生。"阴阳、五行、天干、地支以及易经八卦,在风水理论中是综合交叉、组合排列、万端变化的。山、水、气、风,为堪舆之本,因此而将其简称为风水。在城市和村镇的营建中,一切山水无不与生灵相通,人体有穴位,地亦有穴位。但求人焕地兴,人杰地灵。在数理观点上,也存在阴阳之说,奇数为阳,偶数为阴。风水理论不仅在宫城、陵寝,而且在民间也有广泛之应用。

Fiji Island Thatch Sheltered 斐济岛茅草民居

斐济由散布在科罗海四周的大小岛屿组成,为南太平洋美拉尼西亚岛群之一部分。斐济人属美拉尼西亚人种。地处东南信风带,气候终年湿热,热季气温达32℃,雨量分布不均,常有飓风及暴雨。斐济的茅草民居为圆形、曲线形,草木的轻结构,要求有良好的通风隔热条件。在沿海的干燥地区,常设有可以活动的隔热墙板,在高原地区,则采用厚厚的墙壁和屋面,很小的通风孔道。斐济居民善于运用天然材料适应不同地区的气候,做因地制宜的建筑处理方法。

斐济岛茅草民居

闪烁的光线

Filtered Light 闪烁的光线

透过闪动的树叶或窗棂的光线是美丽的,这种闪烁的光线给人以兴奋、和谐和愉快之感。千篇一律死板的光线没有动态的趣味,人的眼睛有对光线自动感应的界线,过于强烈的对比使视觉不适,例如太强烈的色彩对比,使眼睛不能观察物体的细部特征。因此在灯具设计中希望减弱影子或转化为间接光线,创造较柔和的光。此外减少窗户周围的眩光也很重要,由窗格形成的闪烁的光线能减少窗边的眩光。此外当光线作用于物体上时产生小尺度的图案效果,使人得到视觉生理上的快感。因此把窗户用小窗棂花格子遮挡一些直接的日光,如同树叶有特别的动态光影效果,创造室内闪烁的光线。小窗棂还可以构成黑白的图案,图案在窗的边角处加密,光线由边角逐渐加强到窗的中部,许多老式的窗格都附和这个原理。窗上部的出檐也有助于看清明暗图案中的细部,并使进入室内的光线比较柔和。

Fine Arts 美术

美术指非功利主义的视觉艺术,或主要与美的创造有关的艺术。一般包括绘画、雕刻和建筑,有时也包括诗歌、音乐和舞蹈。壁画、陶瓷、织造、金工和家具制造等一类装饰艺术与工艺,都以实用为宗旨,所以从严格意义上说不属于美术范畴。在文艺复兴时期以前,艺术家与手工艺者几乎没有区别。"美术"这一术语也只是在 18 世纪中叶才出现的。美术与实用艺术的明确区分始于 19 世纪。

美术

Fireproof Construction 防火构造

防火构造在防火规范中有所规定,有防火等级及防火构造要求之规定。防火构造必须选用耐火材料,发生火灾时仅表面发生变质而损坏,经过外装修即可再使用的材料称为耐火材料。耐火材料一般均能耐1 580℃以上的温度,混凝土和石材是最具有代表性的耐火材料。Fireproof Mortar 为防火砂浆,用于耐火砖砌缝,或表面粉刷耐火性较大的水泥砂浆。防火砂浆一般利用5%~20% 之黏土掺入烧磨土(Chamotte)混合制成。Fireproof Paint 为防火涂料,主要涂于木材表面,是使木料着火时间延迟的涂料,分发泡性及非发泡性两种。Fireproof Wall 为防火墙,是具有防火功效的结构墙壁。

层层跌落的马头山墙

Fit(Adaptability) 适应性

一个好的环境可达成使用者的目的,即适应性,能与使用者的行动相配合。通常设计者要能解答环境场所中的各种问题,设计者必须了解生活的方式,体验使用者的各种行为活动需求。如寄封信、和邻居交谈、到处溜达、倒垃圾、傍晚的户外闲坐等,使用者的成分变化多,生活方式也不同。最好是能依赖有系统的行为研究或直接让使用者参与决策。在考虑环境及使用者关系的前提下要考虑一些与行为方面有关的设计方法。像领域感,个人空间与拥挤感,间隔和边缘,潜在的和显著的功能,等等。最适合的行为规范能由设计计划继续发展而用到设计上去。

Five Elements 五行

五行是中国古代文化中的常用术语,一指人类日常生活最必需的五类物质材料。又指构成宇宙万物的五种物质元素,金、木、水、火、土。五行又称五德,认为王朝交替是"五德"循环转移的结果,又称五常,五常指仁、义、礼、智、信。佛学中的五行指圣行、梵行、天行、婴儿行、病行,又指布施行、持戒行、忍辱行、精进行、止观行。

Five Elements Theory 五行说

五行说起源久远,中国古代的宇宙观和伦理观都依附于五行说的方位体系。五行系统图展现了一个整体性的时空图式,时间、空间观都以自我(主体)为中心,以五为单位,以农业、生态为内容和标志,除了东西南北四方,突出了土主中央的地位。时间划分与空间方位相对应,如春夏秋冬、天干地支等的方位性,并突出了土旺四季的作用。到了两汉时期以五行说为基础的宇宙框架又与人体形象统一在一起。这套思想和中医理论也是一致的。这样五行论以整体性的思维方式,建构了包括时空、生命、人事在内的宇宙框架。人在世界中通过对这个框架的识别,而感知自己的存在、自己的位置,并通过对这个框架的认同,而与自然世界达成有机的统一。

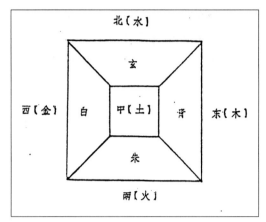

以五行配五方

Flags 旗帜

人有识别符号的天性,因为人的符号活动,人对符号认识与发展能力的进展,可以代替许多复杂事物的物理实在。旗帜则是代表人类集团的象征性符号,也可能是原始人类图腾符号的演进,旗帜至今是代表人类关系的符号。关系的思想依赖于符号的思想,旗帜则是人际关系中设置的一套相当复杂的符号体系,旗帜表现了人类关系的发达水平。然而在环境设计中,旗帜被用来装饰人类环境,就具有一种特殊的表达力,不仅仅可用于美化环境,还可以述说人类关系、友谊或代表某种含义的标志符号。

Flat Roof 平屋顶

一般指混凝土板的平屋顶,也指低层单栋建筑物具有 2 户以上的住宅。Flat Arch 为平拱,常用在墙的开口处上方之拱,平拱之开口宽度以不超过 1.2 米为限。Flat Glass 为平板玻璃,以透明及磨光玻璃为常见。Flat Seam Roofing 为平板屋面工程,利用水泥板、金属板等平板覆盖之屋顶。Flat Slab 为平板,指不使用梁支撑的楼板,直接由柱子支撑之楼板结构,又称无梁板结构或

厚板。Flat—Slag Coustruction 为平板构造,为钢筋混凝土楼板系统中之一种,板下无梁支撑,直接将板荷载传递于柱,称无梁板构造。可分为柱头板及无柱头板,其钢筋配置方法有 2 向式、3 向式、4 向式及环状式 4 种。

Flea Market, Paris 巴黎的跳蚤市场

跳蚤市场最早是在巴黎出现的,至今已有一百多年历史,据说当初有些人从垃圾堆里捡破烂卖,带有跳蚤而得名。另一说法是商摊没有固定位置就像跳蚤,因而得名四处活动。巴黎的跳蚤市场坐落在近郊一块空地上,有 2 个足球场大,终年累月人山人海,卖主多是当地市民,也有来自土耳其等地的客商。跳蚤市场的特点是没有"门市",全都摆地摊,或采用临时搭的木板货架,出货的售品种类繁多,还有"二手货"、积压商品,最多的是服装和衣料,价格十分低廉。据说凡是在这里上市的物品,都经过了消毒处理。至于容易变质的食物,一概不得在跳蚤市场上出售。跳蚤市场小巧、灵活、轻便,减少了商品流通的环节,大部分是供需直接见面,政府在税收方面给予优惠,价格随行就市,特别适合广大市民的"胃口"。近年来跳蚤市场在西方许多国家随处可见,显示了极强的生命力。

Fleche 屋顶尖塔

在法国建筑中指任何尖塔,在英国建筑中专指教堂屋脊上的小尖塔。常用木构架,上覆铅皮或铜皮,形式轻巧纤细而华丽,多带有窗花格,有小型扶垛、卷叶饰等装饰。屋顶尖塔往往很高,巴黎圣母院屋顶上的尖塔高约 30 米,亚眠大教堂的尖塔高 45 米。

圣保罗主教堂穹顶

Flexible Space 灵活空间

1. 建筑功能多样化和科学技术的发展日益需要灵活空间。(1)提高建筑空间的利用率,最大限度地发挥经济效益。(2)改善厅堂环境,满足视听要求,在观演性建筑中灵活改变观众厅或舞台空间。(3)合理调节空间,增强灵活性,采用活动可装拆式隔墙,设置工程管道走廊,使内部布局灵活设计。2. 灵活空间分隔的技术措施和空间效果。(1)悬挂板,可上下或左右移动。(2)推拉折板幕墙,靠暗轨滑行。(3)活动隔断,平面或弧形。(4)通透隔断,仅隔开空间,视线仍通透。(5)矮墙式透空墙,可增加室内空间的层次感。(6)家具。(7)花木,可分隔空间、美化环境、增加生趣。(8)帷幕,可随意启闭。(9)其他,如在餐厅柱边上装有成对的旋转门扇;用玻璃或铝片页制作的屏风,等等。

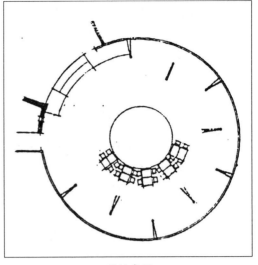

灵活空间

Flexibility of Laboratory Design 实验室设计的灵活性

现代实验室的特点:实验的内容因科学技术的发展而变化更新;现代工艺比较复杂,精密度高,如温湿、洁净、各种供应排放管网以及防护卫生设备等。设计一个可灵活分隔的建筑空间,同时设置一套能适应工艺变化的设备管网设施,便于重新排列、组装的隔墙及家具设备。一般选用适应性较大的结构体系,分散式竖向管道适用于竖向为支管,水平方向为干管的系统,或排风系统较多的实验室。管廊式建筑,内部为一通敞空间,可灵活布置水平竖向管网。集中式管井将竖井集中设置在建筑旁侧或中间,将集中式管井与楼梯间、电梯井及卫生间等设备定型化,组成公用设施单元。隔墙、吊顶及家具的统一装修模数进行设计。灵活隔断采用轻质装配构件。家具设备尽量作成活动式。在总图规划中采用格网法设计,采用定型单元或标准间在格网内布置规则的道路网。

Floor of Pottery Clay　陶瓷地面

带釉的陶板地面面层是用陶土烧成的薄板铺砌而成,有四方形、六角形、八角形等等。有 10 厘米 × 10 厘米、15 厘米 × 15 厘米、20 厘米 × 20 厘米的,板厚 1~1.9 厘米。用水泥砂浆作垫层,基层同水泥地面。马赛克地面是小型的陶土板,每块面积由 2~5 平方厘米,厚 0.6~0.7 厘米,有长方形、正方形、六角形等式样,有黑、绿、黄、蓝等类颜色。预先在工厂中排好图案,正面粘纸,每张大小约 30~60 平方厘米,用水泥砂浆粘砌在基层或垫层上。耐水、耐磨、耐酸碱腐蚀,但缝隙多、无弹性、蓄热系数高。

Floor of Terrazzo　磨石地面

磨石地面的基层与水泥地面类似,先在基层上铺 1：3~1：4 水泥砂浆, 1.5~2 厘米厚。按设计图案布置玻璃条,划分为小块,避免开裂。按设计图案区分不同颜色填充水泥和小石子,最后磨光。美术磨石应用矿物颜料、彩色石子、白水泥。磨石地面也可作成预制的,中心铺块不宜大于 50 平方厘米,镶边铺块不宜长于 100 厘米,过大易折断。磨石地面美观,其花纹色彩可随意调配。

Floorslab　楼板层

楼板层把建筑物分隔为水平层次。楼板层应有足够的强度以支持作用于它上面的荷载。活荷载随建筑物的用途而不同。自重是楼板层本身的重量。除了强度以外,还应该考虑刚度,刚度是绝对垂度与跨度之比值。根据楼板所处位置有不同的要求,如果上下两层房间温度不同。楼板层就应有足够的隔热性能。楼板层选用的材料的耐火程度应根据建筑物的耐火等级而规定。为使建筑工程工业化,应发展装配式构件。在一般民用建筑中,楼板层的选择造价约占

房屋全部造价的 30% 左右。对个别房间的楼板层,还要考虑个别的要求,如厨房、厕所、洗澡间等的楼板层要不透水,煤气间的楼板层要不透煤气。

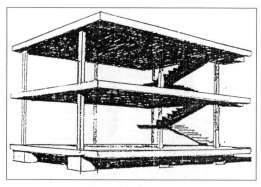

楼板层

Floorslab Compose　楼板层的组成

楼板层由 3 部分组成,即支承部分、地面、天花。支承部分支承楼板的自重和活荷载。并将这些重量传给梁柱或墙。地面和天花根据楼板层的位置不同,有时两者都需要,如中间楼板层,有时只需要其中之一,如阁楼楼板层不住人时只需考虑天花。实铺楼板层只需考虑地面。根据支承部分的材料不同,在民用建筑中可分为钢筋混凝土楼板层,木楼板层和节省钢筋、水泥的木、砖的楼板层。

意大利都灵劳动馆

Floorslab of Wooden 木楼板层

木楼板层是由木质的梁作承重构件的楼板层,常用的木梁有两种剖面形式,一是矩形的宽高之比为 1:3、1:4、1:5、1:6,梁高约为跨度的 1/20~1/25,常用的跨度为 4 米左右。另一是圆形的去皮的原木,直径约 10 厘米。楼板梁一般只用在底层,因为材身弯曲,如同在中间楼板层处对吊天花增加困难。木梁的中距为 40 厘米,这是配合地板厚度,和天花板条的长度而变的。在两根木梁之间,按木梁长的方向每隔 1.5 米左右钉剪刀撑一道,以防木架歪斜。底层楼板层可在房心土上砌龙骨墙或砖墩,在墙或砖墩上放置木梁。这种楼板层的优点是自重轻,构造简单,没有湿的作业,不受季节的限制,缺点是不耐火,容易腐朽,材身的尺寸受木材自然生长的条件限制。

Floorslab Without Beam 无梁式楼板层

这种楼板层的构造是把钢筋混凝土楼板层直接放置在墙或柱上,简称简支式。当楼板层的跨度较小(在 3 米以内)时,楼板层的厚度为 6~10 厘米,板的两端支在墙上各为 10~12 厘米。还有一种作法把楼板层支在柱上,柱间距不宜大于 7 米。这种形式楼板层的优点是模板简单,板下没有梁,节省空间,但是板的厚度较大,钢筋用量较多。

Florence Cathedral 佛罗伦萨大教堂

佛罗伦萨大教堂是意大利文艺复兴建筑历史开始的标志,它的设计和建筑过程、技术成就和艺术特色冲破了中世纪教会的禁忌,大胆采用了罗马古典建筑的形式和手法,1431 年完成。八边形平面的大穹顶落在 10 多米高的鼓座上,穹顶内外有 2 层壳体,内径 42 米,高 30 余米,外形轮廓像半个椭圆,顶上亭顶距地面 115 米,穹顶的建成是当时建筑工程技术上的重大成就,15 世纪初由工匠出身的伯鲁乃列斯基(Filippo Brunelleschi, 1379—1446 年)完成了这项工程成就,这座穹顶的历史意义是,突破教会的精神专制,使用鼓座把穹顶全部表现出来,有独创性,结构和形象跨入了文艺复兴新时代。

Flow Through Rooms 穿过式的房间

走道式房间的流通关系是通过较暗的长走道通达各个房间,在套件中通过,有阳光、家具、花园视野。当通过公共性套间时,活跃的轻声笑语充满各个房间,与走道表现为不同的心理感受。巧妙布置的建筑流线可以促进人际交往,也可以限定人们的接触方式,建筑要促成这种社会交往的需要。建筑的套间不在于细部设计,重要的是创造房间之间门的联系,环形套间可把许多房间连接在一起,形成一个穿过房间的环。另一种方式是平行于房间,像链子一样的套间,布置套间的环与链中间围绕着内天井,房间到房间之间所经过的部分都有明亮的光线,可以观看到天井庭院中美好的景物。

Flower Bed 花坛

花坛按表现主题的不同分为文字花坛、肖像花坛、图徽、象征花坛。按规划方式不同分独立花坛、花坛群、带状花坛。按观赏季节可分为春、夏、秋、冬花坛。按栽植材料可分为一二年生草花坛、球根花坛、水生花坛、专类花坛等。按表现形式分有花丛花坛、绣花式花坛或模纹花坛。花坛设计要考虑花坛的平面布置,花坛内部图案纹样,花卉的高度及边缘石,花坛设计图的制作。花坛植物的选择要按不同类型花坛对观赏植物的要求，如花丛式花坛应用的观赏植物，模纹式花坛用的观赏植物。观赏期长短对花坛设计的影响。植物的物候期安排。

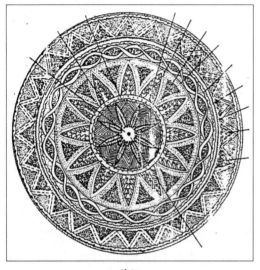

花坛

Flower Bed Construction and Management　花坛的施工与管理

1. 花坛的设计应该具备以下内容。（1）花坛的外部形状。（2）花坛的内部纹样。（3）换花次数及每次换花的内容。（4）1：50，1：100，或1：200平面图表示出花坛高矮及纵横断面的情况，选择既便于准备苗木，又容易照图施工。2. 花坛用的植物分为以下类型。（1）纯以常绿乔灌木为主的。（2）纯以草花为主的。（3）草花、草皮与乔灌木混合的。3. 花草入坛方式有两种。（1）幼苗时移入花坛。经过较长时间才能开花，此种方法多用于专类花园内的花坛，如矮牵牛园、菊园等。因局限于一种花卉，其他花卉仅属于次要地位且数量不多，故在幼芽时即开始在花坛内培养，此外在次要地区为免空地荒闲有碍美观，即辟为花坛又无需经常换花，故常用幼苗栽入法。（2）在含苞未放时移入花坛。在重要地区的花坛均应采用此种方式，将草花幼苗先期栽入小盆内，在苗圃中经过一段时期的培育，吐花之前——栽入花坛。4. 优点。（1）生长均一，对花坛的质量有保证。（2）保证成活。（3）开花不辍。5. 矮生草花，亦称装缘植物，其植株不高，小花密藏，互相衔接形如锦带，如雏菊、三色叶、书带草等。

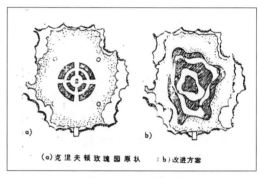

（a）克里夫顿玫瑰园原状　（b）改进方案

花坛的施工与管理

Flower Bed Fringe Ornament　花坛边缘装饰物

花坛边缘用各种装饰表示花坛的形状，阻拦行人，既保护花坛又有装饰意义，所以也是花坛的组成部分之一。用于花坛边缘的常为活植物或其他材料。1. 金属，常用铸铁翻制成各种形式的围栏，编制成各种形状的图案，装卸灵活，经久耐用。2. 陶制，每块最宽30厘米，下面有深入土壤的两条尖柱，长30厘米。用时插入土中，陶制边缘可以涂釉，增加颜色变化。3. 水泥制，用细钢筋及水泥制作，经久耐用。4. 利用废品，利用旧酒瓶或电杆上的白瓷绝缘体等均可作为花坛的边缘，就地取材。5. 竹制，为国内最常用的材料，如竹片或弓形两端插入地下，涂以油漆。竹筒选粗细相差不大的，竹节向上倒转插入可排成各种形状，此外用竹竿制成各种栏杆非常流行。6. 砖制，用青砖或红砖并排埋入土中斜埋,直埋,可以组成各种形式。7. 瓦片,中国旧式屋瓦略成弧形可互相嵌合组成花坛边缘。8. 绿色植物,是花坛边缘美观调和的材料。(1)草皮边缘,用贴草皮法采取生长密度均一的草皮贴在花坛四周,用以廓清花坛的形状。(2)常绿灌木,最常用的为黄杨属的植物,既耐修剪,生长又慢,终年浓绿。

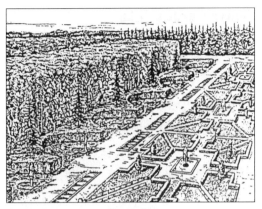

花坛的栽植

花坛边缘装饰物

Flower Bed Transplant 花坛的栽植

1. 株行距的决定依据以下几个方面。(1)生长后期不暴露土面。(2)以开花时每株的冠径大小为株距。最好枝叶稍有搭接将地面全部覆盖。(3)一般要求株行距相等。2. 栽植的顺序。(1)自内向外,方形、圆形或多角形花坛自内向外逐步完成。(2)自后向前,带状花坛,花境,先栽后面,后前面。(3)先高后矮,植株高的植物先栽,矮的后栽。3. 栽植的注意事项。(1)挖苗与栽植要配合恰当,力求随掘随栽。(2)栽时依苗之大小选择和分级。(3)株距保持一致。(4)栽时要分区、分块和分种类依次完成。(5)栽时注意地表的平整。(6)定植后施行一次叶面灌水冲洗。

Flower Border 花境

花境是花坛的一种,介于规则或自然式构图之间,其平面轮廓与带状花坛相似,呈长带状,亦称花缘或花径。灌木花境,以观花果的灌木为主;耐寒多年生花卉花境;球根花卉花境;一年生花卉花境;专类植物花境;混合花境;单面观赏花境;两面对赏花境。花境的设计分为墙基栽植、道路上的布置;花境与植篱和树墙的配合;花境与花架、游廊的配合;花境与围墙、阶地、挡土墙的配合。花境内的设计要作好种植床,布置花境的背景,选用花境的镶边植物,安排花境内部的植物配置,花境设计图的制作。花境对观赏植物有其特殊要求,花期要长,花叶兼美,具有花朵垂直分布的花序植物,枯枝败花要随时摘去。

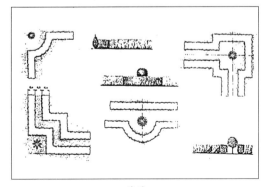

花境

Flower Garden 花园

花园是园林中的主要类型,以配置草坪、花卉、观赏树木为花园主体,并配以其他园林设施。花园可以独立设置,如专类花园,也可以附属于其他公园之中,面积大小不拘,多以小巧精致取胜。花园的布置形式有规则式、自然式和混合式,选用的植物种类因地区和民族传统而异。世界上有许多著名的历史性花园,如:印度夏利玛园、德国苏雷斯海姆园、汉诺威海伦豪封园、苏维兹园、兰特别墅庭园、佛罗伦萨文艺复兴式园、荷兰里斯威克园、意大利巴洛克园、法国布洛克园。花园设计要重视观赏植物的配置,因地制宜,顺应自然,要利用花坛、花台、花境、花丛集中表现观赏植物的丰富多彩,还要考虑花园建成后便于管理。

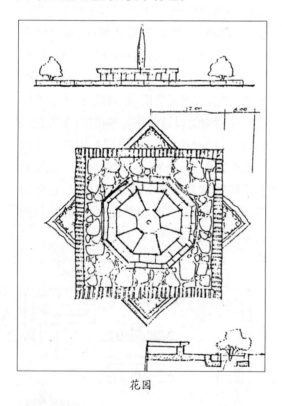

花园

Flower and Trees 花木

花木为园林中的重要构成部分,大树的利用最为宝贵,花木种植要与园林建筑相配合。高大乔木多种在山崖水际,果树与花木杂植,牡丹、芍药则筑台为圃,置于庭园前后。瓜棚花架于屋室前后,一架成荫。蔷薇适宜于缘墙附壁,葫芦、北瓜之类宜设置在竹篱茅舍之间。书带草用于石隙、山脚、路边,芭蕉种在书斋附近,棕榈杂植于树石之间,窗下墙阴都可种竹,可保持水土。松柏富有画意,垂柳宜在水边,摇曳生姿。荷花与水池有关,夏日赏荷为文人韵事。芦苇宜在池岸浅水处,可掩护坡脚。园中的花木栽植与园林建筑的题名相结合,便于四季观赏。草花的栽培在中国古典园林中未被重视,草花与盆景均为园艺观赏的重要元素。

Flowering Plants 花卉

花为植物之一部分,卉为百草之总名。因此花卉或称花草,与树木不同,多指草本植物而言。观赏用花卉可以分为观花与观叶两种草本植物,观花的草本植物为花草类,如菊、槿、芍药、石竹、水仙、牡丹、蜀葵、含羞草、桔梗、莳萝、麦麸花、金莲花、罂粟、荷花、虎刺、王孙、菱、百日草、千日红等。观叶的草本植物亦有多种。

Fluctuation 波动的

所有建筑构图中出现的线条所给人的感觉都应具有表现力和感染力,要赋予线条以美的性格,用具体的形象来形容并说明抽象的线的概念。我们说要创造出环境景观中的流动感,抒发出流线所表现的内在的含义,即波动感。波动的美如同音乐和诗歌,如同大自然中流动的溪水和云彩。贝多芬的音乐激情来自凝视那冲出峡谷的河水,蒙娜丽莎的微笑是从微风吹起湖水的涟漪中得到启发的,同理也要创造建筑环境中的这种波动感。

Focal Point 景点

景点在景观设计中以凹进退入的形式引人注目,很容易被人们接受。原因在于建筑艺术不局限于模仿,建筑本身就是一门研究内部空间的艺术,任何建筑环境不管其内部形状如何,都是一种凹入的形式。即便是球状的大厅,如万神庙的圆顶、神龛、连廊等,全都采用的凹进的表面。中世纪的教堂在入口处为了表现接待群众的机能,建筑师从入口向内部层层退进,这种中空的凹进的形式为景点观赏提供了一个框架。景点景观是随处可见的、常用的环境设计手法。

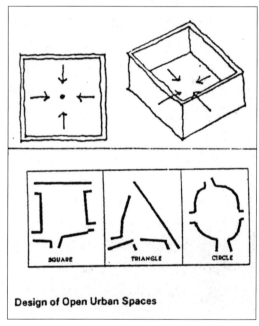

景点

Foil 叶饰

西洋古典建筑中常见的装饰纹样,专指哥特式建筑中的多瓣形装饰图案,在教堂的窗户上采用五瓣形的叶饰拱形梅花图案。Foiled Arch 为叶饰拱,由一个或多个反曲点联合组成,具有突出叶子形状的拱形构造,如三曲拱、五曲拱、多曲拱等。

Foils 衬托

衬托是构图规律中诸多手法中所必须借助的手法,例如用调和衬托出对比,用微差衬托出主导。衬托是被各种构图手法所借用的,例如中国园林设计中的借景则是各种造景手法所离不开的衬托手法。衬托是一种图形和背景的关系,衬托所表现的简洁明确的效果是由图形和背景的关系留给观赏者不同的感受。勒·柯布西耶有句名言,当你要画白色去拿你的黑笔,当你要加黑色去拿你的白笔,这就是运用衬托方法的道理。

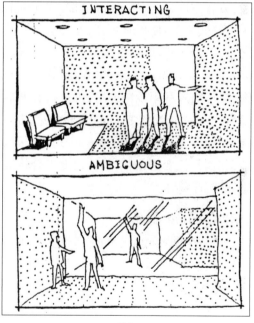

衬托

Folded Plate Structure 折板结构

空间结构不是按某个平面内的受力状况或力学分析设计的,空间结构都具有同时按三度空间方向传递荷载的力学特征。折板的受力状况与梁相似,有弯矩产生,只是折板的每个部分都同时在纵向和横向上起受力作用。折板顶端"褶"处能承受相当大的拉、压力,在褶间壁板上只要尚有足够的面积承受剪应力,就可以开设任何形式和数量的孔洞,以作采光之用。为了保持折板的形状,使折板起空间受力作用,必须在折板的适当部位设置刚性构件,如横隔板、肋等。折板的断面可以有许多种形式,如各种复式折板、折板拱等。

Folding Gate, Window, Furniture 折叠门窗、家具

把多扇门以铰链连接之,成为折叠式的推开门,作隔间、出入门、家具等门窗之用。Folding Chair 为折叠椅,是可折叠使用的椅子,节省空间,便于搬动。Folding Furniture 为折叠式家具,使用时张开,亦可折叠收藏之家具,如床式沙发,壁内家具等。Folding Window, Folding Casement Window 为折叠窗,数片窗扇利用铰链连接,可供折叠开启之窗。Folding Rule, Folding Scale 为携带方便之卷尺。Folding Plate Structure 为摺板构造,利用平板变摺,而以某种角度组合构成之立体空间结构。

Folk Custom 民俗

以一个国家或民族的传承性文化生活为研究对象的人文科学,通称民俗学,包括民俗本身,历代相沿、积久而成的风尚,习惯,歌谣,故事,传说,谚语,等等,也指民俗科学理论。民俗中包括客观的审美内容,民俗与美学是近缘科学,与环境审美也有密切的关系。民间传承所展示出的历代民间的审美观和民间的艺术创造,在环境景观中的再现,是建筑师创作思想的重要源泉,着眼于民间文化的传承,乡土特色的民俗,对于挖掘和振兴民族文化也是很有意义的。

INDIA 印度
CALCUTTA
加尔各答街上神

民俗

Folk Custom in Chinese Dwellings 中国民居中的民俗

在中国的传统民居中除了由礼制观念而限定的特定的格局形式以外,必然受到来自民间自发的居住观念的修正,这种民俗观念渗透在传统居住和形式里面。传统民居的民俗观念有实用功利方面的修正,审美情趣的修正,吉凶观念之修正。建筑作为文化,与民俗紧密地联系着,民俗文化带有强烈的地方特征。民间建筑习俗是居民传统审美的反映,它作为宗教观、风水观、血缘观和土地私有制的综合产物,对中国传统建筑,特别是民居和村落的形成有较大的影响,中国传统民居体现礼俗两种文化的复合,表现了它在世界建筑史上的独特性,礼俗的复合影响了中国传统民居形式的统一性和地方性。

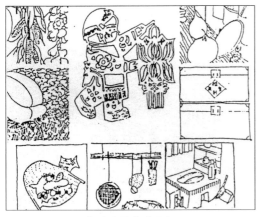

中国民居中的民俗

Folly Building　虚假建筑

虚假建筑指造价昂贵而无实用意义的建筑,多建于 18 世纪晚期和 19 世纪初期孤僻而富有者的宅邸中,当时西欧流行一种"画意风格",以在建筑和园林中模仿浪漫主义的学院派绘画为时尚。有时在花园的一角建造一个长满了蔓藤的古堡废墟或坍塌的古典神庙,虽然偶尔可休息之用,但主要是为了观赏。其他流行的"画意"意境还有乡村茅屋或荒野中的流水和岩石。在美国也曾流行过类似的花园中的仅供观赏的假凉亭。

虚假建筑

Fontainebleau　枫丹白露

法国北部塞纳—马恩省城镇,在巴黎东南 65 公里处,位于塞纳河左岸约 3 公里处的枫丹白露森林中。著名的别墅是法国国王修造的最大行宫之一,最初为中世纪王家狩猎驻留地。1527 年由法国最好的建筑师彻底重建,只留下了一座原来的塔楼。著名的意大利画家、雕刻家等被召来为宫殿进行装饰。这些被称为枫丹白露派的艺术家将意大利和法国风格熔于一炉。17 世纪法国风景建筑师 A. 诺特雷重新设计了开阔的庭园。别墅由 5 个形状不同的庭院连贯而成,四周是花园,园内有运河穿过。19 世纪成为巴黎度假者云集的胜地。枫丹白露国家森林是法国景色最优美的森林之一。

Forbidden City, Beijing　北京紫禁城

"紫禁城"原来是明清两代的皇室,曾有 24 代皇帝在此居住。故宫建于明永乐四年至十八年间(1406—1420 年),至今 560 多年历史,位于北京城中心,周围长 6 公里,占地 72 万平方米,大小宫殿 70 多座,房屋 9 999 间,建筑面积 15 万平方米,是世界最大的皇家宫殿。

Foreign Concession　外国租界

外国租界为西方国家强迫半殖民地国家在其口岸城市为外侨划出的居留和经济特区。中国的租界始于 1845 年英国同上海官史订立租地章程,建立租界。后美、法、德、俄、日等国争相效仿,在许多城市设立租界,界区不断扩大。初设时规定中国政府有干预租界内行政、司法的权力。但 19 世纪 50 年代以后,租界内纷纷自行设立法院、警察、监狱、市政和税收机关,甚至驻军,形成独立于中国主权和法制外的"国中之国"。中国为收回租界不断斗争,1921 年 1 月收回汉口和九江英租界。美英对日

宣战后，1943 年 1 月各国宣布交还租界，但仍然有种种特权，直至 1949 年特权才基本取消。

Forest Park 森林公园

森林公园是城市绿地系统的重要组成部分，位于城市的郊区，多由城外围原有的自然景区开辟而成，处理低洼池，开辟道路，增加设施，增加植被，设置林中空地和疏林草地。改建工程应以不破坏自然景观为原则。森林公园大体可划分为群众活动区，安静休息区，森林贮备区。森林公园的规划应与城市之间有方便的联系，园内要有供汽车行驶、自行车通行和步行的道路。道路约占全园面积的 2%~3%，群众活动区内可占 5%~10%，每 1 平方千米范围内要有 5~6 公里道路。森林公园中要有封闭风景和开朗风景，森林公园同城市绿地形成统一的绿化系统，是给城市提供新鲜空气的贮藏库。

Form a Shape Abstract 抽象化造型

抽象绘画主义主要以形表现其作画的含意，因此对于造型，都特别加以强调。抽象绘画的作者们，都有意图创造一种普遍性的造型，这种抽象化的形态，可以说是属于极度人工化的一种造型。就雕塑而言，必须具有明确的造型，方能视为雕塑，否则不论其为具象抑或抽象，将亦无法得以存在，而绘画亦然。绘画上的色彩和形，乃具有密切的互应关系，两者之间，决不能背道而驰。尤其在形的方面，先必要有充分的把握，否则单就色的方面着重，则极易流于图式之弊。形是常常伴着空间的一种意识；换言之，建筑的空间，便是由形而决定的。同时形是具有强度的表现，建筑的表现是否强而有力，全视作者创造意境的高

低而定。假如作品意境贫弱，造型自然显得散漫。

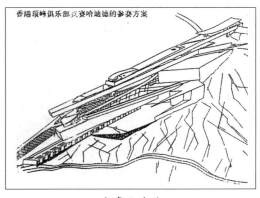

抽象化造型

Form and Content 形式和内容

建筑设计好比做文章，词怎样能达意，即运用何种手法、技巧和形式来表达设计意图。原始人类为了躲避风雨和野兽，找寻最适用的穴居，这是最简单的建筑词和意的统一。

美国一座深受人们喜爱的新型医院，是圆形的平面形式。护理中心有最方便简捷的路线，由于医疗技术的发展，革新了医院建筑的外形，内容决定了形式。

人类社会的不断进化，科学技术的飞速发展进步带来了新形式与传统风格之间的矛盾。由于新能源技术的发展，地下建筑带来了前所未有的新形式。形式永远从属于内容，不断地发展变化着，永远在创造着前所未有的新形式。

Form and Function 形式和功能

人类社会的不断进化，科学技术的不断发展，使得建筑的新形式层出不穷，并适应不断演进的建筑内容的需求。例如 Pereira 设计的加州大学图书馆，外形就像一棵大树，书库是树干，枝与叶部位的阅览室有充足的阳光和舒适的环境。地下建筑出现了许多前所未有的新形式，形式不是永远跟随于功

能,近代也有的建筑流派提出功能跟随形式,但形式与功能永远要适应,创造新形式。

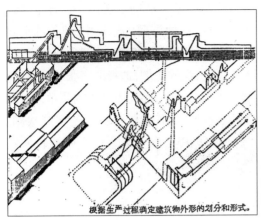

根据生产过程确定建筑物外形的划分和形式。

形式与功能

Form and Nature World　形与自然界

抽象艺术理论认为自然界任何事物都可以抽象为几何形体,即便是现实主义的作品也无不经过艺术家的取括和提炼,只不过是各自抽象的程序与方法有所侧重和不同而已。英国雕塑家亨利摩尔的作品则侧重于抽象地表现形与自然的和谐。建筑师赖特所主张的有机建筑理论,即采用自然界不加工的天然材料砌筑室内和室外,以达到形与自然的调和。赖特心目中的图形与色彩均来源于对自然界的抽象,瀑布住宅是他有机建筑的代表作品,他成功地把建筑的室内、室外与大自然环境有机组织在一起。

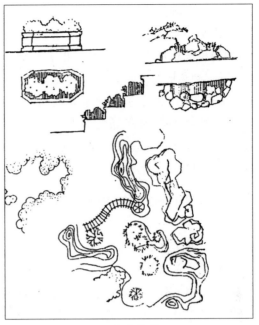

形与自然界

Form and Presentation　形与章法

成功的建筑师都有他们独自的设计章法,创造出他们独特的作品风格,建筑设计的章法以"形"来表现。建筑大师赖特的建筑作品不论是空间形体或家具细部都给人以图形的美的感受,创建了草原式风格。密斯·凡德罗运用"少即是多"的设计理念,以最简练的章法表现了钢铁与玻璃时代结构与空间体量的美,他的建筑设计章法创造了当代最迷人的结构美。建筑大师勒·柯布西耶以立体派抽象艺术的观点作为他的设计章法,采用不加工的毛面混凝土"鸡腿柱",具有阴影对比效果的窗洞和遮阳板,混凝土的可塑性,创造了迷人的建筑形式美,建立了他的章法与风格,建在山顶上的朗香教堂是他的创作事业中的明珠。

Form of Africa Tradition Dwellings　非洲传统民居的形式

非洲传统民居遍布于非洲大陆的许多不同的种族和部落,每一种族和部落又有不同的建筑风格和各自独特的地方材料作法，棚户的形式与装饰特征是联系在一起的。非洲的民居单从形式上分类可以分为圆形的平面、椭圆形的平面、方形的平面、帐篷式的、尖顶式的、多层的、门字形平面、四边形的平面组合形式、洞穴、金字塔形、地下或半地下的形式等。这些住宅均以土、石、木为主要建筑材料。

Form of Urban Structure　城市结构的形式

每个城市都有一个总的综合结构形式，根据其不同的几何形态图形特征有不同的名称。美国人分为 6 种基本形式，前 3 种称为天然的形式，方格状、蛛网状、星状。后 3 种称为人工的形式，组团状、带状、环状。苏联城市结构形式有 6 种分法：矩形棋盘式、环状辐射状、中心放射式、自由美式、自由放射状、规则美式。此外在西方还有更详细的分类，有 10 种类型：中心放射形、矩形、直线形、树枝形、卫星形、星形、环形、片形、连接的片形、星群形。中国对城市结构形式分法不尽相同，诸如集中型，分散型，带状城市或城市带，也有单心封闭式、多心开敞式、带状式、卫星式、团式、复合式、棋盘格式，还有自发的摊大饼式。

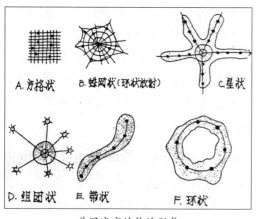

美国城市结构的形式

Formal　形式感

人对建筑产生的美感，客观上来源于建筑形式美的基本法则和运用。在各个时代各个民族，各种类型的建筑中，建筑的形式美法则不外是形体、色彩、质感的组织安排，体的尺度，面的比例，透视的夸张与校正，色调的协调与互补，序列组合中的闭敞，对比、韵律、穿插等，都存在着一定的客观法则。19 世纪德国浪漫主义艺术家中流行所谓"建筑是凝固的音乐，音乐是流动的建筑"的说法，形象地说明了建筑的形式美由具体的美的形式转化为抽象的美的感觉，因而具有形式感。

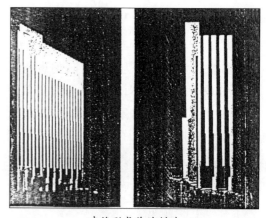

建筑形式美的创造

Formalism　典雅主义、形式主义

典雅主义自 20 世纪 50 年代末至 60 年代末出现在美国。典雅主义建筑致力于运用传统的美学法则使现代建筑材料和结构产生规整端庄、典雅华贵的庄严性格。因为它的建筑形象容易使人联想到古典主义或古代的建筑形式，所以也可以被称为"新古典主义"，"新帕拉第奥主义"。其代表建筑师是美国的菲力甫约翰逊、E.D. 斯通、雅马萨基等第二代建筑师。他们在作品中精心推敲的"柱廊"成为其流派的特征，表现出有条理、秩序、有计划性的安定感。例如纽

约的世界贸易中心，1964 年美国西雅图世界博览会科学馆，均为雅马萨基设计，斯通作的美国驻印度新德里大使馆等均为典雅主义的佳作。

在美术中指以抽象的几何形表现对象关系，而不是按照自然的面貌达到装饰或象征的目的，在广义上也指基于同一理由的墨守传统形式。形式主义与"风格化"一词相当。在现代，形式主义可以立体主义、未来主义和旋涡派运动等绘画为代表。在建筑上，多立克、爱奥尼克、科林森等柱式，山花以及古希腊、罗马建筑上的重要装饰图案也有这些形式主义因素，都历经文艺复兴和新古典主义的文化时期而延续至今。

Forms Follow Function 形式跟随功能

"形式跟随功能"是被现代主义的追随者奉为警世名言的一句话，这句话给许多建筑师一种错觉，以为只要有了合理的使用功能，其形式自然就是美观的。而事实上，这句话的主人沙里文（Louis Sullivan, 1856—1924 年）的解释并非如此。他的论点出发点是"对高层建筑的艺术化处理"，他的摩天楼构想是一个有机设计的过程，即自然的法则限定着摩天楼设计中的方法。他更进一步把"形式追随功能"解释为一种"哲学发现"，他以为理性的思维过程和自然界的秩序是相通的。他的论点是要反映在表面形式下的精神完全是"在有形的事物中体现的事物本质"。多年后伊利尔·萨里宁（1873—1950 年）再次解释了"形式追随功能"，认为那种只讲实用的建筑是"枯燥的实用性形式"。

Foundation 基础

Footing 亦指基础，为结构之载重经柱、墙壁等，传递至地盘时承载传递构造部分为基础，一般有独立基础、联合基础、筏式基础等。Foundation bed 为基盘，指基础之底，指基础底面之支承土层。Foundation Slab，为基础板，是承载基础之钢筋混凝土板，基础板因受土壤之反力作用，其配筋方位与一般楼板的配筋相反。Foundation Pile 为基桩，或称桩基，即在结构物基础下部打桩，以利将上面之载重传至地盘内之深处。依材料及施工方法分为木桩、预制桩、混凝土桩、现场浇制桩、钢桩等。依其承载方式可分为支持桩、摩擦桩等。Foundation Work 为基础工程，泛指基础与基脚部分之构筑工程。

Fountain 喷泉

为了人们造景的需要，园林中设人工喷水装置。公元前 6 世纪古巴比伦的空中花园中已建有喷泉，古希腊已由饮用水的泉逐渐发展为装饰性的泉。在伊斯兰园林中把喷泉作为轴线的底景或构图中心，文艺复兴时期喷泉多与雕像、柱式、水池相配合造景，17 至 18 世纪在欧洲城市中极盛一时。如法国凡尔赛宫的太阳神喷泉，俄国彼得宫的大瀑布喷泉，布鲁塞尔的于廉喷泉等。罗马有 3 000 多个喷泉，称为喷泉之城。20 世纪喷泉发展为大型的水景，日内瓦莱蒙湖上的大喷泉建于 1958 年，法国巴黎德方斯广场上的"阿加姆"音乐喷泉建于 1980 年，喷泉艺术进入了崭新的时代。

Four-Door Pagoda at Shentong Temple 神通寺四门塔

在山东省历城县青龙山麓神通寺遗址东侧，建于隋代大业七年（611 年），是中国现存较早的石塔。平面正方形，每面宽 7.38 米，四面各开一道小拱门，塔高 15.04 米，单层，全部由青石砌成。塔内有石砌粗大的中心柱，柱四面各安置石雕佛像一尊，塔的顶部为石砌五层叠涩出檐，上收为方锥形，顶上立刹。方形的须弥座,四角饰以山花蕉叶,造型和云冈石窟之浮雕塔刹完全相同。全塔风格朴素简洁。

神通寺四门塔

Fourth Dimension　第四度空间

近代抽象主义造型艺术家追求空间构图的时间性,出现了表现第四度空间的绘画与雕塑艺术品。立体派的绘画可以使人们从艺术观赏中得到感情上的延续性,即创造了形体之外的第四度空间——时间性。以捉摸不定的阴影变化表现许多物体在不同时间的光影效果,从而赋予观赏者更为宽广的想象力。在现代建筑设计中也运用顶棚、天花、踏步、地坪标高的变化,植物、绿化、流水、光照的布置来创造具有动感的时间性表现力。使三维的建筑空间中富于运动感,即第四度空间——时间性。在波特曼式的旅馆的共享大厅中,各种装饰小品和垂直绿化,天光的变化,使建筑的室内空间更接近对大自然的想象,就像幻想派的艺术作品那样,强调观赏中在时间上得到的延续性的感受。

Fragrant Hill Hotel　香山饭店

1980年,美籍名建筑师贝聿铭建造了驰名中外的香山饭店,在北京西郊香山。取水平发展的分散布局,因山就势,最高4层,分5个部分,迂回曲折,围成许多院落,类似一个中国古典园林。院落主次分明,主入口三合院,背后是空间尺寸最大的中心四季花厅。香山饭店共有大小11个院落,精心设计了18景,景景有名称,如"清音泉""飞云石""会客松"等。香山饭店的墙面划分和门窗线脚的运用,源于唐宋风格和江南民居,硬山墙和单坡屋顶也是中国民居常见的形式。在材料的选用和色彩配置上,灰瓦白墙素雅和谐,也借鉴于江南民居。在"中国餐厅"内,采用木构建筑的檩缘体系的顶棚,使用木材本色,加之传统的宫灯,是名副其实的中国餐厅。香山饭店在平面布局上吸取传统园林艺术,努力探索一条民族化的道路,富有开创性精神,荣获美国AIA乡土风格建筑作品大奖。

Frame Design　框边设计

镜子和绘画外框的装饰性处理,15世纪欧洲,当绘画普遍作为墙壁装饰和家庭陈设时,框边开始被独立处理。中世纪时,用抛光的金属、宝石、珍珠等镶嵌外框。巴洛克时期用华丽的雕刻构成意大利绘画外框,甚为流行。18世纪后30年代新古典主义时期,欧洲大陆和英国流行合成框边和石膏框边,轮廓简单化,装饰也趋于朴素。19世纪20年代以后,框边的设计多在前一时期风格的基础上趋于折中。1919年以来,框边设计的主流趋向朴素,不雕花纹,尽量降低高度,广泛运用金属和模压材料。20世纪的另一些变化是将现代绘画放在重新镀金的古式画框之中,或干脆不要外框。

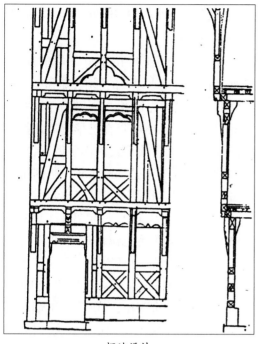

框边设计

Frame Structure 框架结构

框架结构的主要特点是承重系统构件与非承重系统构件有明确的分工,因此开窗与隔墙划分自由,室内外空间灵活贯通,轻隔断可不受结构限制,可完全根据设计意图划分空间。中国古代传统的木结构框架,已经采用了几千年,直至19世纪以后,广泛采用钢筋混凝土框架结构,强度大、刚性好。其空间处理的方法,有内外墙壁与柱网相结合,如常采用的4~7米柱距的钢筋混凝土框架,组织外墙和内墙。另一种方法是按结构本身的要求,有规律的布置、排列柱网,依据空间组合需要安排室内外墙壁的划分,柱网可以和隔墙脱离,借以达到空间之间的渗透流动效果。在高层建筑中可采用钢筋混凝土剪力墙的结构系统,外墙不承重,开窗自由,又因墙板结构比梁的刚度大,抗震好,30层左右的建筑较为合适,可在墙中间的走廊部分开孔,形成单孔双肢剪力墙板,采用变断面的处理可加强抗震力。

Frames as Thickened Edges 加重的边框

在日常生活中我们看到任何一种薄膜只要破了一个洞,破缝就会沿着这个洞伸展破裂,只要加强洞的边缘就可以防止破裂。同理在感觉上好比人脸上的眼和嘴,周边有天然加厚的边框形成眼嘴的特征,形成人的面容相貌。建筑上的门窗如同人脸上的眼和嘴,展现其个性特点。例如钢筋混凝土的壁板开洞时,横竖交叉的钢筋网络中,孔洞周边处势必加密了横竖线的密度,自然加强了孔洞周围的构造强度,防止材料由于开洞向外扩展撕裂。不论木板的或轻混凝土的墙壁,加重的边框可用同一种材料作成一个边沿,成为规律性的建筑处理手法。在非洲的原始土屋中有用石条装饰砖墙上的门窗边框的,因为石材比砖的强度更坚实。门窗的边框和墙体是一体的,应作为墙体的一部分处理,使边框成为由于开洞而产生应力集中圈的加固部分。门窗的边框可用墙体同种材料自然的加厚使之与墙体有连续的整体感,在构造上也和墙体是连续的。

Framed Building 框架建筑

由框架支承重量的建筑,主要设计因素为框架的强度。木框架的建筑或半露的木骨架建筑常见于中世纪,框架之间用泥笆墙或砖墙填充。在美国芝加哥创造了一种轻型木骨架建筑,用木板作墙,成为大量美国郊区住宅的基本形式。现代大型框架建筑以钢和钢筋混凝土为最普遍的材料。19世纪中叶,仍采用承重墙,但有时以铸铁骨架作辅助,真正的框架结构建筑始自詹尼设计的芝加哥国内保险公司(1884—1885年),他采用了钢铁框架。20世纪中叶,钢筋混凝土被广泛应用于框架建筑中,现代建筑几乎已完全废弃了传统的墙承重,而代之以框架上的金属和玻璃幕墙。

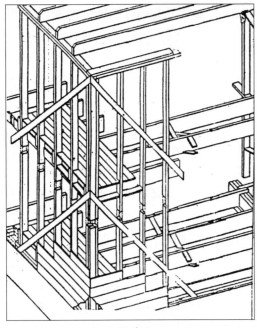

框架建筑

French Garden 法国园林

法国园林在 17 世纪下半叶形成了独自的特色,代表作有 1659—1671 年浮勒—维贡府邸花园和凡尔赛宫园林,成为古典主义文化的一部分,设计师为 A. 勒诺特尔,亦称为勒诺特尔式花园。勒诺特尔式园林的特征是人工美高于自然美,井然有序、均衡对称、把园林当作整幅构图。把宫殿式府邸放在高地上,居于统率地位,前面伸出笔直的林荫道,后面是花园,外围是林园。花园里的中央主轴线控制整体,配上几条次要轴线,还有几道横向轴线,轴线和大路小径组成严谨的几何格网,主次分明。轴线或路径的交叉点,用喷泉、雕像或小建筑作装饰。直线和方角是基本形式,花园里除植坛上种有很矮的黄杨和紫衫以外,不种树木,以利于一览无余地欣赏整幅图案。

French Classical Architecture 法国古典主义建筑

自 15 世纪下半叶 16 世纪初法国开始接受意大利文艺复兴建筑的影响,赛利奥是学院派古典主义的先行者之一,致力于建立严格的柱式规则。1671 年在巴黎建立建筑学院,形成了崇尚古典形式的学院派,后来统治西欧的建筑事业达 200 多年。法国早期的古典主义代表作品有巴黎卢佛尔宫的东立面(1667—1674 年),凡尔赛宫(1661—1756 年),巴黎伤兵院新教堂(1680—1691 年)等。这时的城市府邸虽然采用了意大利四合院式,但有法国自己的特点,轴线明确,下有地下室,上有阁楼,高屋顶突出烟囱和老虎窗,华丽的小山花,都集中在高屋顶上。宫廷建筑的装饰集中在凸出的部分,成为法国古典主义的重要特点。晚期古典主义在 18 世纪上半叶和中叶,有大量的城市住宅和别墅,著名的代表作品有巴黎协和广场(1753—1770 年)、南锡广场(1750—1757 年)等。

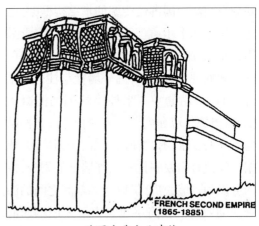

FRENCH SECOND EMPIRE
(1865-1885)

法国古典主义建筑

French Colonial Dwellings 法国殖民地式民居

法国殖民地式民居以二三层的住宅为

多,围绕着一个庭院,常沿街道红线建造,立面平直无曲折,用法国式推拉窗下垂至室内地面,有时用较缓的拱圈,较重的百叶窗。第二层常用锻铁栏杆的平台,铁饰卷曲成细花纹,并用很复杂的花纹铁柱子或铸铁架子支撑。建筑正立面的中间或横向完全用粉刷,并且刷上浅红色、褐石、绿色。上端有深深的檐头,用阶梯状的石板屋顶,顶上有大的凸窗。

法国殖民地式民居

From Plane、Volume、Space to Environmental Dseign 从平面构图、空间组合到环境设计

古典主义的建筑设计常常着重推敲平面图上的断面线,从绘画构图中追求建筑的美学规律。在建筑设计中称为Poche,力图达到图形上和谐的美,引出了"黄金分割"的美学理论。美国建筑师赖特创造了新的内部空间的概念,这是他对摩登运动的最大贡献。在他以前建筑的房间就像盒子一样,只是找机会开些门窗而已,每个房间只有单一的功能。赖特改变了这个概念,他所设计的房间常是重叠和内部贯穿的,并作成许多直角以外的体型。使用的区域可以用隔断划分并巧妙地改变天花的高度以变化空间感。单一的空间可以服务于多种功能,取决于对空间观察时的视觉位置。空间的限定宁可不封闭以利用其内外空间的互相关系。目前环境设计已成为当前建筑师们最关心的新潮流,环境就在周围。建筑师的职责就是要研究人类本身的环境。如何使人为的环境更加有趣和美观,建筑师要从事比以前广泛得多的知识领域的研究,如建筑心理学、行为建筑学、色彩学、生态学等,都是当前与环境设计有关的学科。环境设计简单如一个房间,复杂如一个城市,具体到一个桌椅和用具。然而大自然的环境是养育地球上一切生物的环境,阳光、植物、空气和水以及其他生物都是人类所不可缺少的,因此对自然环境的保护是环境设计的依据。

Front Street Back River 前街后河

在江浙一带的小城镇和乡村之中有天然密布交错的河网系统,传统的河网村镇布局常常把河流作为天然分布的水陆交通运输线。河网地区的村镇也多是鱼米之乡的贸易集散地。商业街两边店铺林立,街后的小河成为商号水上运输的通道,沿街的民居背靠着小河作为家庭农事副业的供应运输线。苏州原来就是这样的,有"东方威尼斯"之称。环境建筑学认为自然条件养育着人类,水、空气和植物都是人类生存的条件。建筑师必须认识到尊重与保护自然生态的责任,规划与保护那些养育人类生存的天然水系。合理的利用、美化、疏通,在现代化的前提下维持前街后河的传统布局特色。

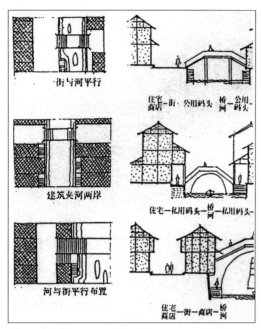

前街后河

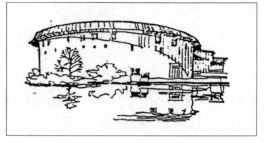

福建土楼

Fujian Earth House 福建土楼

福建土楼形式多样,有代表性的有以下几种。1. 五凤楼,以永定"大夫第"为代表,建于 1828 年。三堂两横式平面,下堂即门堂,中堂是正厅,后堂高 4 层,为宅中尊长的住所,两侧为横屋,屋顶歇山向前屋层层跌落,还有三堂四横式。2. 方楼,内通廊式的方楼数量最多,每层内侧设走马廊,外围土墙承重,楼内全部木结构,屋顶坡度平缓。3. 圆楼,环形土楼,称圆寨。南靖县的"怀远楼"是典型的内通廊式圆楼,建于 1909年,由直径 38 米的环形土楼和中央的圆形祖堂两部分组成。"承启楼"建于 1709 年,由 4 个同心圆的环形组成,外环 72 个开间,外径 62.6 米。"龙见楼"位于平和县九峰乡,是圆形单元式土楼中直径最大的一座,外径达 82 米,建于清康熙年间,外环高 3层,50 个开间,外墙厚 1.7 米。现存最古老的圆楼是华安县沙建乡椭圆形的"齐云楼",明洪武四年造(1371 年),可谓我国最古老的集合单元式住宅。

Fujian Round Earth House—Feng Shui 福建土楼之风水

福建土楼之特色表现在群体及自然环境的有机结合,土楼选点、定位离不开风水,确定朝向,因山就势,有效地利用风和水,即选择理想的居住环境风水先生起到规划师的作用,建方楼还是圆楼也由风水先生确定。放线之前,风水先生首先确定土楼大门门槛的位置,再用罗盘定下楼的位置、方位、朝向、轴线。此外,平面形状、水井位置、污水排放也都有讲究。剔除封建迷信的因素,风水说有其科学的一面,注重有效的利用自然环境,使土壤、村落与自然相协调,反映了中国早期朴素的自然观。

Fujian Round Earth House Space 福建土圆楼之空间

福建土楼的建筑空间特色异常鲜明。1. 空间的内向性,外围土墙厚实封闭,内部是敞亮的回廊,从内院采光,形成不受外界影响的独立天地。2. 空间的向心性,内院四周列柱挑廊形成均整的曲面,中心圆形的祖堂是视觉的焦点,明确可见的中心。强调出封建礼制的中心地位。3. 空间的对称形成严格的中轴对称。4. 公共空间沿中轴线的布置,形成纵深方向明确的空间序列。5. 空间竖向的分配使用,各户按竖向分配,每户一、两个开间,底层作厨房,二层谷仓,三层以上为卧房,只有对称的公共楼梯,每户上下联系很不方便。6.多层次的内院空间,公共性、半公共性与私密性的空间大尺度与室内小尺度空间形成了鲜明的对比。7.空间的统一性,圆形空间形状,明确的范围和边界。

Fujian Round Earth House—The Cause of Formation 福建土圆楼之成因

福建土圆楼的成因,被认为是客家人南迁时聚族而居形成的一种防卫性的大型群体住宅。研究表明,不仅客家人住土楼,闽南人也住土楼,且闽南人的圆楼比客家人的多。圆楼的根在漳州,圆楼是唐代漳州特有的战争环境下,从城堡、山寨发展而来的居住形式,是满足特殊防卫需要的产物。宋元以来,战乱,山区防匪、防盗、防兽的需要,使这种居住形式得以延续,保存至今。福建圆楼在千座以上,方形土楼更多,多为清代所建,20世纪60年代还有建造。

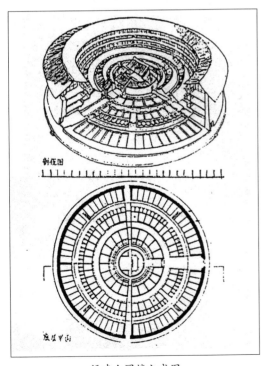

福建土圆楼之成因

Full Air Structure 充气结构

充气结构指利用塑料、涂层织物、金属片等薄膜材料制成的,充气以后能够承受外力的结构。按构成形式分为构架式、气承重式两种。薄膜本身不能单独受力,必须与一定差压的充压介质空气共同作用承担外部荷载。构架式充气结构属于高压充气体系,构件内间断按需补气,气压常在 0.2~0.5 大气压,即 2 000~5 000 毫米水柱压力之间。最高压差可达 7 000 毫米水柱,比低压充气结构大 100~1000 倍。气梁受弯,气柱受压,薄膜受力不均,当要求快速装拆,重量轻,体积小时采用。空气压差仅需 0.001~0.01 大气压,即 10~100 毫米水柱压。结构物的升力来自内压和风压作用,薄膜均匀受拉,自重轻,对覆盖大跨度建筑有利。在薄膜上面或下面均可敷设索网。

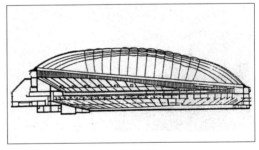

充气结构

Fuminiko Maki 桢文彦

日本人,1928 年出生于日本东京,1948—1952 年就读于东京大学,1952—1953 年在美国密歇根研究艺术,1953—1954 年在美国哈佛大学设计学院攻读硕士学位,1960 年在纽约 S.O.M 事务所工作。此后在圣路易华盛顿大学和哈佛大学设计学院任教,1965 年以后在东京大学城市设计系讲学,1967—1971 年任哈佛设计学院及加州大学伯克利分校任访问教授。他是日本新陈代谢派的创始人,多次获奖。桢文彦设计的日本多摩新城南大泽住宅群比起一般公共住宅有更明显的雕塑感和时代特色。桢文彦事务所 1985 年设计的东京螺旋大楼,位于东京繁华的青山大街,是一个文化活动中心,大楼的统一性运用抽象手法表现。设计者认为,以材料和形式为手段,力求扩大建筑语汇,把现代主义推向新阶段。他的作品形式不同、表达方式各异,但都有明确的主题,突破传统建筑的边框,不断向外扩展。

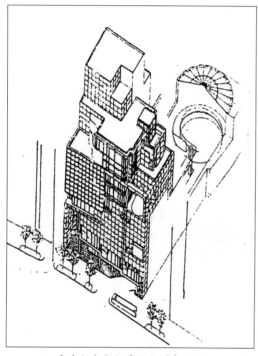

多摩新城南大泽住宅群鸟瞰图

Functional Space　功能空间

　　两千年前老子在《道德经》中提出了"埏埴以为器,当其无,有器之用,凿户牖以为室,当其无,有室之用,故有之以为利,无之以为用"。说"无"才是使用空间,有功能的作用。这正是近代建筑理论中的功能空间论,建筑的功能部分不在于建筑本身,而在于建筑所形成的空间。建筑空间论代替了传统的建筑六面体的房间概念。功能空间的形式取决于人的行为环境所要求的形式。有由建筑结构所形成的形式,也有预想的、理想的、舒适的空间形式,也有强制武断式的空间形式。

功能空间

Functionalism　功能主义

　　功能主义是 1920 年以后出现的现代建筑的一大思潮,强调建筑的功能唯一性,反对唯美主义的古典学派。以美国建筑大师路易沙利文的名言"造型由功能而生(Form follows function)"为其功能主义的名言代表,即形式跟随功能。Functional Design 即着重于功能主义为主的设计表现。所谓功能即为达成设定之目的、用途而产生之作用,建筑之设计功能全为达到其实用之合目的性。Functions Diagram 为功能图解,以图解表现建筑之功能关系及流线等之图解设计方法。

功能主义

Furniture 家具

家具是构成室内环境气氛的主要陈设，要根据室内状况和使用功能，合理设计布置家具。环境科学的发展使人们更加注重家具的整体成效，家具的形式，内涵与环境的协调关系。科学技术的进步出现了许多新型家具，现代家居不论是在会场或旅馆、餐厅等公共设施中，还是在民居住户中，都能看到造型各异、不同的品种、新型材料、造型新颖、别具一格的家具，非常流行并深受大众的喜爱。在新式摩登家具流行的同时，传统的、富于风格特色的家具也倍受欢迎。

Furniture and Interior 家具与室内

现代工业设计领域，家具和室内设备、器皿等归于"生活设计"的范畴。它与室内空间设计共同构成现代室内设计的主要内涵。人体系家具(如椅、床)、准人体系家具(桌、几)和建筑系家具(如格架、壁柜)依次构成人与室内空间界面之间3个层次的中介。家具也是室内重要的信息载体，向人们传递着室内环境的功能性质、时代特色、风俗习惯、性格爱好、审美情趣等标志性和感情性信息。家具是满足室内现代生活、展现室内现代景观的重要手段，是灵活组织室内空间、改变室内格调的重要手段。现代广泛采用的家具与建筑构件的一体化，也是构成室内现代形态的重要因素。

Furniture in Chinese Style 中国式家具

中国传统民居中的家具布置大多采用成组成套的对称方式，以临窗迎门的桌案和前后檐炕为布局中心，配以成套成组的几、椅、柜、厨、书架等成对的对称排列。为了不致呆板，灵活多变的陈设起重要的作用，书画挂屏、文玩、盆景等陈设品与红褐色的家具及白粉墙面配合，形成一种综合性的装饰效果。历史悠久的民间家具结构牢固、耐用、用材合理、艺术风格浓厚。传统家具的特点是榫卯不用钉子、胶料连接，用材经济。一般不用独板面材，而用4条边材的夹心薄板，并注意木材的纹理，比例严格，造型简单雅致，在家具的轮廓与线条上显示古色古香的表现力。中国的明式家具驰名全世界。

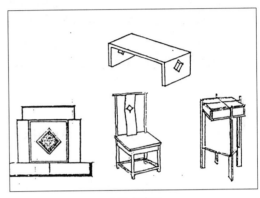

中国式家具

Fuse 融合

对待传统地域文化与外来的现代建筑的关系反映出三种不同的态度。一是唯我独尊的对抗，由于现代建筑是工业化社会产物，它的生成与存在必然满足现代生活的需求，但传统地方文化的凝聚力的影响尚很强大，这种对抗式的建筑虽然存在但并不为民众喜爱。二是现代建筑为了求得自身被认同，采取对传统物质接纳的态度，在现代主义内容上增添传统要素以符合公众口味。如折中式复古，但难免造成不协调的拼接感而非最佳途径。第三种方式即现代建筑与传统精神上的融合，是建筑创作的方向。用现代建筑语言诠释传统精神。一方面能够创造出符合地域文化的现代建筑变体，另一方面也有助于传统的继承和发展。重构是行之有效的途径，有历史片段的重构，内容与形式的重构,传统材料与现代结构的共生以及永恒的装饰,融合创造了共同发展与完善的契机。

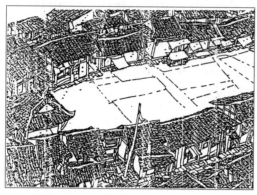

中国复合空间——融合了街道和广场双重功能

Future Cultural Trends of Architecture 建筑的未来文化趋势

　　未来建筑的文化特性是第一要素。环境艺术创造将成为建筑师、画家、雕塑家和居民的共同任务。环境艺术的出现,是文化横向交流的结果,反映了现代美学的新观念,预示了未来建筑思潮的文化倾向。这种综合的艺术将由居民与专家共同创造。后现代主义强调艺术生活化、生活艺术化,对未来建筑思潮将有一定影响。普普艺术是后现代的一个重要组成因素。反对艺术的堕落,建筑艺术回归生活,公众参与,将使建筑有真实的生命。这也是走向未来的一个重要历程。

Future Development of Cities 城市的未来发展

　　城市的发展虽然难以预测,但自古以来就有城市规划。近代城市科学才空前繁荣兴旺,从世界名城中可见各个名城光荣的历史,引人入胜的古迹,同时又都被现代化城市发展中的复杂问题所困扰,21世纪对城市未来的考验是严峻的。城市化工业化高速发展带来的环境污染,生态恶化,人为的城市环境对大自然的破坏是空前的。21世纪城市乡村化是国际发展的总趋势,21世纪是发达国家重建的时代,是城市的改造与更新的时代,发达国家率先提出"城市乡村化""郊区市中心""乡村复兴"的口号,未来的城市与乡村将不是对立存在的。美国流行的 Penturbia 一词指美国进入 21 世纪的第五代人,第一代是殖民主义,向美洲移民。第二代向西部开发迁移。第三代的工业化城市化发展。第四代由城市迁往郊区。第五代面对着乡村复兴的任务。在发展中国家,在发展经济的同时不可忽视城市化带来的诸多环境问题,这也是人类适应社会现实所面临的挑战。

丹下健三　东京规划 1960

城市的未来发展

Future Home 未来的家

　　世界各地的传统民居有各自的发生和发展体系,从家屋诞生开始便一直在历史长河中生成了几千年,近代却受到了工业化的冲击和挑战。封建社会的瓦解和现代建筑文明的导入,使传统民居的地位受到威胁,大有被新式摩登建筑取代之趋势。传统乡土民居能够生存几千年,说明宅与当时的社会、家庭、技术、审美、生活需求是相适应的。但社会发展至工业化时代,要使传统民居不与现代生活分离,就要探讨民居的改造和更新,给旧的机体赋予新的生命。重要的是各地的传统民居提供人们保护自然生态的启示,在如何巧妙地利用和顺应自然环境方面作出了榜样。古人智慧创建的"没有建筑师的建筑"成为与大自然环境气候适应的生态建筑实例,宅是人们探索未来建筑生态学的宝贵遗产和财富。

Future Trends of Housing Design 未来住宅的设计趋势

1. 绿色产品趋势。无毒、无害、无污染的建材和饰材。绿色观点要求墙材为草墙纸、丝绸墙布等;地材为环保地毯、保健地板等;板材为环保型石膏板,在冷热水中浸泡不变形、不污染;照明通过新型器材创造舒适安全、有益的照明环境;家具要求自然简单,保持原木质花纹色彩,避免油漆污染。2. 智能化趋势。建材、饰材要求巧妙、实用、合理;厨房设施系列化、立体化、充分利用空间、减少油烟、噪音;"躺式"洗浴设备要求"站立",水池精巧化,改进的小型浴缸;衣柜、书架、桌椅主体化、储量大、充分利用空间。3. 安全趋势。室内外的防火、防意外事故及防范;从可能发生的危险源入手,建构安全环境,将安全防范技术和管理纳入住宅设计标准。

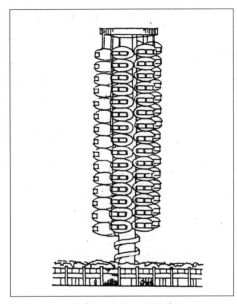

未来住宅的设计趋势

G

Gable 山墙头

双坡屋顶房屋两端山墙的上部自屋檐至屋顶的三角形部分,有时也指类似形式的建筑部件,如哥特式建筑中门窗顶上的篷罩。古典建筑除神庙外很少用。双坡屋顶的山墙头上缘带为直线形,与屋顶的坡度一致,并以挑出的屋檐为界。如果山墙头伸出屋顶以上形成女儿墙,则其轮廓可作成各种梯级形,上缘还常以各种形式的压顶石作装饰。最早最复杂的高出屋顶的山墙头见于中世纪晚期荷兰阿姆斯特丹的城市住宅,其上缘作曲线形,有三角形装饰。前后两面均为折面的坡屋顶,是双坡屋顶的变体,其山墙头呈多边形,常见于美国农舍。Gable-board 为山墙封檐板,设置于山墙面的封檐板。

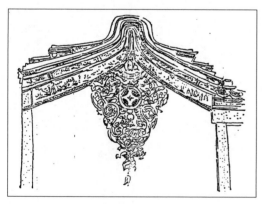

山墙墙面装饰

Gallery 画廊

画廊、美术陈列馆、美术馆展出或收藏的全部美术品。也指戏院、教堂等最高处之楼座,也指长为宽之二倍以上的大房间走廊。Gallery of Painting 为画廊。Gallery Picture 指画上人物大于真人的绘画,大型动物画,山水画。Art Gallery 是美术画廊。Whispering Gallery 指低语高响廊,一种圆顶柱廊,由于回音作用,在一墙低语另一端可以听见,中间却不能听到,亦作 Whispering Dome。Galleryful 为楼座能容纳之人数。Gallerygoer 指爱好音乐者、常参观美术馆者。

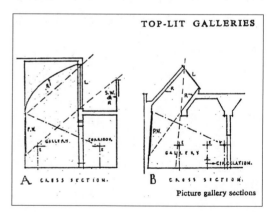

画廊

Gallery Surround 周围外廊

周围外廊在中国南方民居中形式很多,如云南竹楼的晒台叫作"展",贵州民居中二层上设置的周围外廊,新疆民居中围绕内院形成的外廊等。周围外廊是住宅和外部社会生活之间的过渡领域,也是住宅中的室外部分。可供饮茶、娱乐、儿童游玩、晾晒衣被、手工劳动和体育锻炼之用,尤其是热天,许多活动都到外廊平台上进行。

Garages 车库

别墅区的停车非常简易,路边有一两部车的停放空间即可。车库则常兼有其他用途,贮藏及家用工作间,有的气候地区作车棚即可。车库在其他种住宅形式中尚未有满意的解决方法。在中等密度的住宅区每公顷 25~75 居住单元时可设集中式或分散式停车方案供选择。大多家庭希望车停在门前,但占地面积太大,几乎是每公顷 75 单元的 1/3 的面积,街道空间为车辆所占据。若基地高差有变化的可充分利用半地下层的一边,或将道路降半层,居住空间提高半层创造这种立体使用。有时将 2~6 座房车组合考虑,配置于单元之间,后面,或小庭院内。较好的方法是设计半地下的停车"街",上面平台可利用为户外开敞空间。

Garden and Landscape Design 园林与景观设计

园林与景观设计是园林建筑学的重要组成部分,园林建筑学包括园艺总平面设计,土地规划;总体规划;城市设计;环境规划等,园林景观设计为上述内容中之具体方案。宅的实施对象有 4 种类型:与个体建筑密切相关的庭院;建筑群;交通运输线和公用设施通道沿途经过的地带;游憩性公园绿地及绿化系统。所有未被建筑物覆盖的土地均在园林与景观设计的范畴之中。园林与景观设计的要素在美学方面有空间、体量、线条轮廓、色彩、色调。在物质要素方面分为自然物与建筑物 2 部分,前者指土地、岩石、水流、水面、植物等,人也是重要的因素。后者包括与土地有关的构筑物、雕塑和室外陈设。园林景观设计的种类有私人花园、公共园林。园林景观设计与建筑设计同为确定现代城市基本性质的决定性因素。

Garden Art Architecture 园艺建筑学

园艺建筑学中的绿化概念比城市绿化系统或宅旁园艺的内容更为宽广,包括城市公共绿地、公园、游园、街道绿地、居住区、小区、工业企业、公共建筑绿地、风景区、城市防护林带、绿化走廊以及各种专业绿地构成的城市绿地系统。研究园艺和绿化,关系人类绿化环境的改善和提高,比过去的绿化造园和园林艺术所涵盖的内容更广泛,规模更大。园艺建筑学要为人类的环境保护,促进城市乡村化创造条件。园艺建筑学的发展将有利于解决城市中天然能源和材料的利用,提供城市副食蔬菜供应和运输创造条件,园艺建筑学研究如何改善城市的自然卫生条件。

园艺建筑学

Garden Broken Stone Road 花园碎石路

用大小不等的天然石料作为路面材料,为使表面石屑密接常用泥浆处理,故雨后有泥泞现象,刮风有灰尘,路面易损耗而不平,且生长杂草后去除困难,因此城市绿地不宜多用。适于作碎石路面的石料有火成岩、石灰岩、砂岩、页岩和矿渣等,一般由粗碎石至石屑可按粒度分为五级。碎石的铺设厚度在沙质土上铺14~20厘米,习惯上将碎石分为五层施工。1. 片石层,20~50厘米,加10吨压力滚压。2. 碎石层,3~8厘米。3. 泥浆层,黏性大的黄土浸水中12~24小时灌入石缝,要求溢流均匀。4. 石屑层,0.5~1.5厘米大小的石粒撒在泥浆上厚2厘米加压厚在加泥浆。5. 沙土层,或略加细黏土混合。园林绿化地区一般车辆较少,在总的铺设厚度及石料上均可降低,可有许多节约的途径。

花园碎石路

Garden Brick Paving Road　花园砖铺路面

砖的条件要质地坚固不脆,不受霜雪温度变化和影响,大小一致,形状整齐,表面光滑。底层普遍以混凝土、碎石、细砂三合土作底层。载重大的采用1:2:4石灰三合土作底层也可,厚度约15厘米。灌缝料用砂或煤屑,其作用在于稳定砖块位置,便于排水。但日久需加补充,缝中易生杂草。另外亦可用1:2,1:2.5,1:3水泥砂浆灌缝。虽成本较高、费工,但耐久不生杂草。此外

亦可柏油灌缝,清洁结实,耐久,但柏油不能污染砖面影响美观。砖铺路在我国历史悠久,且变化很多,有许多古老的方法值得学习。

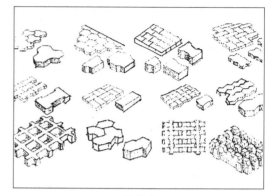

铺地砖

Garden Bridge　园桥

桥在庭园之中不仅是解决交通问题,还要求桥梁与四周景物在形式、尺度、比例及色彩上取得调和,成为风景的点缀之一。游人行于桥面有舒畅之感,而桥梁的造型美在桥的两侧各种角度上欣赏,如桥的倒映美,桥孔的框景作用,及桥栏的花纹色彩等都是桥梁的风景景点。在曲岸垂柳的河流溪谷如有小桥横跨这个桥景则成为透视美景的焦点。桥的种类以建造的材料分为:1. 石桥;2. 木桥;3. 铁桥;4. 水泥或钢筋混凝土桥;5. 混合材料。以建造形式分为:1. 梁桥,以大梁,钢梁或钢筋水泥梁承担垂直压力,又可分为有桥墩的和无桥墩的两种;2. 拱桥,可有木拱、石拱、水泥拱及钢拱等;3. 吊桥,以钢索、绳索、竹索固定两岸,中间铺以木板。庭园中常用者为木桥。

Garden Bridge Construction　园桥的建造

1. 桥位的选择:(1)两岸成平行直线的地方,河身狭窄处,河水较浅处;(2)河流中

间无河滩或施工困难的地质情况;(3)桥头的土壤地质情况稳定而坚实,施工时土方量少;(4)落水流有急弯,位置应在急弯的上游;(5)交通道的规划远景比较肯定,如果道路有改线可能应避免修桥。2. 修桥必要的资料:(1)水位资料,水位上升的季节,时间长短,最高最低季节,洪水枯水的宽度深度;(2)水位上升的原因,上游情况,有无急弯的屏障,水中有无杂物,山洪暴雨的涨水情况;(3)两岸及河底情况的调查;(4)流速的调查。

Garden Building 庭园建筑

亭台楼阁在中国园林中不是最重要的,但占据园林重要的一部分。布局中将亭台楼阁依着土地外缘及靠近街道处,形成一个个建筑组群。西洋式庭园处理方式正相反,常把建筑摆在庭园正中。中国园林是居住者的圣殿,在居室中可以不在意街上传来的噪声,但在园林中散步或在楼阁中休闲,却绝不能被外面世界所干扰,而必有树、岩石、水或鸟的陪衬。亭台楼阁可对称布置,而园林景观则总是不规则的组织布局。树木、岩石、墙壁隐现着亭台楼阁,但有时有不合逻辑的弯曲人行道及桥的阻隔,使亭台楼阁易被发现,但却不易进入,这是中国庭园建筑布局之妙趣所在。

Garden Carpet 花园式地毯

花园式地毯是波斯一种名贵的地毯,是以俯瞰波斯花园园景为图案的铺地用品。图案有中心渠及大小支流,间以岛屿或水池,池中有水禽和鱼,岸边为围绕花圃的小树和灌木形成的林荫小路,并常有枝叶茂盛的大树为荫。最早产于 16 世纪末和 17 世纪初,以后简化为鲜明多样的配色,以及小巧的图案花饰。19 世纪初有些图案变为仅有方塔的花坛。后来的一些库尔德花园地毯图案多为几何图形,类似高加索地毯。最著名的波斯花园地毯是"霍斯罗之春"地毯。

Garden City 花园城市

霍华德(Ebenezer Howard, 1850—1928年)所著《明天花园城》一书是首次出现的有关花园城市规划的书,着眼于城市从集中回到分散,把城市和乡村各自的优点组成具有居住与工业合作性质的花园城市。基本原则是:1. 居民密度适合,5 万人为极限,分为 6 个区;2. 面积 34.3 平方千米左右,包括城区、工业及农业用地,四周有绿带围绕;3. 土地公有。以此原则为根据, 1903 年英国共建了莱曲沃斯花园城(Letchworth Garden City), 1920 年又兴建了威尔温花园城(Welwyn Garden City), 1952 年改为伦敦的卫星城。两城的人口各为 4 万人,离伦敦最近的 24 千米。对花园城市的批评指出,花园城市浪费土地,是汽车时代以前的设想,既非城市又非乡村。1926 年维也纳曾举行过"花园城市会议"。

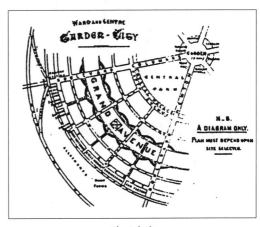

花园城市

Garden Displaying Potted Landscape 盆景园

盆景园是采取园林的形式展出盆景的专

类公园。盆景艺术源于中国,唐代已有树石盆景,明清时代盆景盛行,并有关于盆景的专著论述。盆景园有独立的,也有设在一般公园中的"园中园"。盆景园一般采用自然式布局,陈列要求园地背景和谐,衬托出盆景的姿态轮廓,又能使观赏者静观近赏。一般采用室内展出与室外展出结合,室内的如馆、廊、榭、棚架内均可布置盆景。室外可用园墙划分空间,用窗洞、墙龛、格架等摆设盆景,不宜喧宾夺主。盆景园中的植物配置务求得体,不求体型呆板的品种,以免影响植物与盆景山石的对比效果,削弱盆景艺术的感染力。

假山、丛林为题材,步移景异。包括:1.庭园小品,设置花木山石,"小中见大"构成半封闭的空间,栽植嘉木一二,花卉前后衬托,稍奌玲珑石块,半隐半现;2.小院小品,房屋廊庑之间,曲廊转折及居舍前后小院奌设小品;3.廊院小品,廊庑的蜿蜒曲折,增加园景层次,绕成廊院,以小品衬托;4.树池花台小品,较自由地随意设置,以湖石或黄石围成树池花台,栽植嘉木花卉,添置峰石配景;5.框景小品,使室内活动有室外之感,采用窗洞框景,布置小型峰石花木。

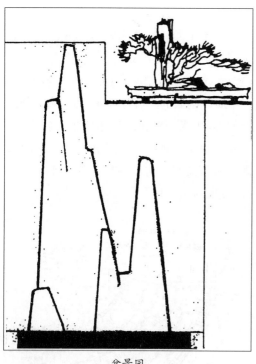

盆景园

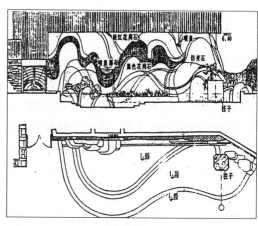

园林小品

Garden Elements Art 园林小品

中国古典园林是扩大住宅的延续部分,以堂、馆、楼、阁、亭、榭、廊、庑构成园林建筑群,以园林小品组织建筑群构图。包括树木、花卉、藤架、山石、水池、门窗装饰及雕刻、铺地等。其章法以国画中的乔木山石、

Garden、Fruit Trees and Vegetable Garden 花园、果园、菜园

堂前空地种植花木、葵桃瓜豆、点缀生活。盆景、鱼缸、太湖石、花架、花池、园门、漏窗、回廊、水池、石案、椅凳等构成住宅花园的布局特征。在气候与土壤适于果树生长的村镇中,果树是家庭园艺的重要方面。北京常种苹果、柿树、核桃,四合院堂前植海棠,后院种枣树。西北地区宅院中常种桃杏,广东常种木瓜和阳桃,新疆置葡萄架。果树给土地增添了最有个性的魅力,家家户户都愿意栽植果树,每当开花季节,花香满院,美不胜收。蔬菜也是生活中最基本的部分,要尽量创造宅院中的菜园,用以补充家

用的蔬菜,但家庭种菜的地段有限,一小块土地要供应多品种的蔬菜,必须采用高效能的科学种植方法。

Garden House, Suzhou 苏州花园住宅

中国东部沿海,江浙居民代表了长江下游水乡居民的共同特色。有小天井围合的院落,木结构单元式的宅院,堂屋居中,布局紧凑,居室和庭院联通。封闭的外墙采用木柱砖墙或土墙,隔扇式的门窗开向内院。苏州的私家花园以室内外空间交融独具特色,可称之为半隐藏的花园。花园以高墙和街道分隔,把居室和花厅组合在一起,花园居于建筑的前、后和中央,花卉植物贯穿房屋,房间穿过庭园。木结构的梁架体系为这种灵活的室内外空间处理创造了前提条件。苏州民居的外观朴素,只在山墙墙顶作简单的瓦饰,粉墙小窗。宅门入口十分突出,天井内院及室内的装修丰富多彩。

Garden Lighting 公园照明

公共绿地有夜间开放的必要时,应事先考虑照明设备,而照明的主要内容应以道路照明为主。此外在公共绿地中为强调主景、喷泉配色或花坛装饰等需要特殊的照明,需视现场情况个别设计。

Garden Path、Bridge and Pavilion 园中的路、桥、亭

路上优美的天然景色,多在险峻的高山之上,可望而不可即,开拓道路才能攀登上去领略它。山间小路则随地形曲折,妙在路从景出。桥,山间的浅溪深涧,断崖一线天之巅,每在惊险处,出板桥一块。风景区有各色各样的景点,有形、声、色三种美的内容,林荫间悬崖之巅、入云的高峰、观瀑、品泉,都是驻足赏景之处。山峰亭是最高风景点,水亭位置突出于岸边,立于水上。林间亭常与路亭相结合,在清幽处,有光色和声音之美。路亭供休闲功能,创赏景条件。

园中的路、桥、亭

Garden Path Construction 园路的施工

园路的面层虽然种类很多,但铺设前都需要完成放线、打桩和路基工程。高于路面的"路堤"与低于路面的"路堑",如在0.5米以内时,采用边沟内的土壤即可。路基土壤要求密实,能承受一定的压力而不变形,土壤颗粒有一定含水量及透水力,砂砾石及岩石是理想的路基。保持路基密实光整,需多次碾压。路基应比路面宽,多出的部分称路肩,是绿化地带。路堤边坡填土而成,路堑边坡视土壤情况而处理。路基在弯道处需加宽。路基的加固和边坡的防护可采用干砌挡土墙、木挡土墙或铺草皮加固。

Garden Path Design 园路设计

1. 连络园景引人入胜。公园中的道路与广场组成了绿化地段的基本骨架,串联园中所有的部分。游人到达各个园景的速度不像行走在城市街道上那样紧迫,尤其在较远处欣赏若干景物,往往比身临其境更感到优美。也有时在局部或全部的隐蔽之后,忽然得到全面的出现更觉富有趣味,所以连络园景的方式就不必力求缩短距离,要考虑美观的要求,通过道路引人入胜。2. 庭园道路本身是园景的一部分,行道树、路边的花坛,丰富了道路两旁的风景。3. 园路的开放性与闭合性。道路设计原则是闭合性的,只解决局部地区的通达,并只对出入口造成各种

形式的循环,与城市街道在性质上迥然不同。4. 种类和变化较多。园路为了舒适美观,铺砌的材料和铺设方法都有非常丰富的变化。5. 设计的局限性。绿化地带道路的设计对游人的客容量是重要的参考,在一定的范围内游人的最大容量能够从出入口加以限制,游人的性质也可以限制,如儿童公园、体育公园等游人的数量就有一定的限度。

Garden Partition Wall　庭园隔墙

在中国,墙一直是用来防御、保护和隐蔽的。如万里长城、都市城墙、宫殿围墙、居住家园的墙及城堡墙。在园林中,墙被用来划定界限,和形成距离及深度感。为了陈列展示岩石及树木,墙可用来作为背景或隔屏,使物体隐蔽在墙后,造成一种神秘感的趣味性。墙用来作屏风,直接控制视觉,墙可用来连接人行道等,起导向的作用,同样墙可帮助儿童玩捉迷藏的游戏,儿童躲在墙后,可增加寻找的乐趣,中国万代流传着不少有趣的关于墙的故事。

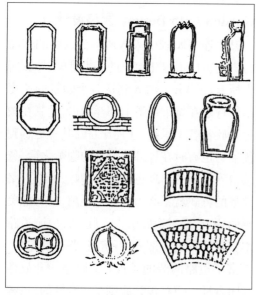

庭园隔墙

Garden Sculpture　庭园雕塑

雕塑即造型,在中国园林中曾被比作宗教和礼仪的对照物,其原始素材是来自乡土的、真实的。把民间传说的题材使用在装饰角色上,较大型的雕刻则用在庙宇及壮丽的园林之中。中国园林中的雕刻无拘束且具有想象力,有的园林中雕刻着神像,有的大型雕刻高低不平,不加修饰,在椭圆形自然的基石上。有些是奇形怪状的潮岩巨石,可被用来雕刻模仿飞行的鸟或狮子,或用作抽象雕刻的素材,玉石也被安排在树边,形成一幅小型作品,被藏在大自然中的缩图作品,可在中国园林中找到。

Garden Seat　园椅

园椅在庭园中用厚厚的绿化层包围起来,充满阳光,在其中的座位点休息,就好像回到了大自然的怀抱之中。花园中的矮墙也可以代替园椅,特别是在乡村住宅中的园墙不必做得很高。围墙只是一个边界,矮墙可作成适合于人坐的高度,既可分隔内外,又可充当座椅。园中的座位点要面向人行道或风景视野。冬季充满阳光并有挡风的墙,夏季中午要有荫凉覆盖。

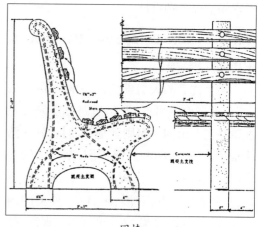

园椅

Garden Sod Road 花园草路

在排水良好,游人不多的情况下是经济美观的园路,草路应符合以下要求: 1. 路面不能积水; 2. 草的品种要能耐践踏; 3. 草路面的草地要平整,生长茂密均匀; 4. 草路两旁要有条石或水泥路以备雨天行走。草路的施工如草地的铺装,所不同者,先将路槽内的煤渣或碎石压实后再铺草地或撒草种等。此外对于纵坡及横坡的要求比较严格。遇有坡度大的草地,可用草皮铺成台阶,上下两层交接处用直径 15 厘米的木材阻挡土壤,并免于踏伤草皮增加美观。

Garden Soil Path 花园土路

土路,用于游人较少或临时性的绿地苑路,施工时注意做好土路的基础,路面应有 2%~4% 的横坡度。我国北方地区风沙大,雨水少,应增加土地的黏着性,有时和入石灰作三合土面层,可增固土壤,不致因潮湿变软或膨胀。

Garden Space 庭园空间

在中国园林中可观看自然环境中"时间与季节的变化",能感觉中国园林好似一座缩小的宇宙,在园中,可观察到时间、季节的变化。几个世纪以来中国园林成功地与自然结合,并与人们生活息息相关。中国造园是空间的创造,不需要作平面立面构图,最简单的方法是架构个人所观察到的景物。正如一个人以一幅图画的精神塑造园林,以结构技巧勾画出空间与距离,创造层出不穷的实物造型和比例。

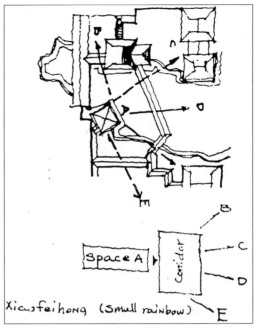

庭园空间

Garden Stone Block Road 花园石块路

花园石块路的铺法与圆石路同,不过石料有天然石块可以稍加选择,有的加以粗琢使大小比较一致,有上大下小的"拳石"的,平均径 10~20 厘米,高 12~20 厘米,有经过机工或人工细琢的长方形条石,虽精粗程度不同,铺法大同小异。

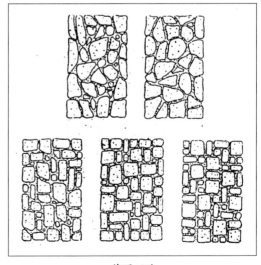

花园石路

Garden Stone Paving Road 花园铺石路

指用大于一般块料的石板、水泥板、大方砖、片石等材料铺设道路，庭园中变化很多，使用很广，要求稳定，不动摇，不下沉，接缝小，平坦，用粗砂或煤渣作垫层，填缝以粗砂，水泥砂浆等。在乱石错铺或石板错铺的小型园路中，有时在转角或稍边缘的地方石缝中栽植少量岩石植物，以改变表面的单调，所以预留栽植植物的地方，应在石缝之下留出空隙位置。1. 方石及水泥板类型的铺设，大小一致——方形、长方形。大小不同——两种或两种以上的大小，互相拼成各种纹样。铺法有三。（1）规则式，按一定的图案成为二方或四方的连续。（2）不规则式，边缘及两端整齐，保持互相平行，先定规则，先铺边缘后铺中央部分。（3）步石，在便于一、二人步行的地方用步石（游人稀少），中国古代即已流行，日本称飞石。步石每块的大小要依成人每步 60~80 厘米的距离，每块之间留适当距离。2. 方砖路的铺设，一般用质量好的方砖，（30~40）厘米 ×（35~40）厘米，厚 4~5 厘米，铺设方法变化很多，在北京保留的明清庭园中有下列三种铺法。（1）中间单行方砖，两边小卵石嵌花。（2）中间双行方砖，两边小卵石嵌花。（3）三行方砖。由于砖路雨天过于光滑，行路时以两边小卵石辅助解决。3. 乱石路，错铺路。亦称水纹路，是庭园中最朴素大方而有逸趣的小径铺石方法。铺设时注意石料大小不一，选其平整一面向上，自外向内铺砌，先大后小，外大内小的方式，较大缝隙在行人不多处可栽植矮生植物。

Garden Wall 园墙

中国传统民居中的园墙使用功能很多，可用围墙划分空间，分与合，围与透，组织建筑与庭园的空间变化，连接建筑，作影壁墙，等等。在城镇中以高墙分隔外界，越是小的花园越需要高墙围合，以形成一个局部的绿化空间，内墙上还常有透景花窗和形式多样的门道。墙又可作为山石树木花卉的衬景，墙基墙角与铺地叠石在材料质感上相呼应。在有些安静的村落中，宅院的墙是低矮的生土夯实墙，表现朴素的黄土质感，并衬托出高出墙头的入口门楼。

园墙

Garden Wood Block Road 花园木块路

花园木块路适用于木材丰产区，无喧闹，一般可用 10 年。木块的规格使道路表面与木材纤维垂直，木形为圆形，或加工成六角形方形均可，高度在 8~12 厘米，针叶树最好，松杉等木块最好经过脱水防腐柏油热处理。垫层以三合土 20 厘米，上加沙 4 厘米，填缝以粗砂，柏油，用柏油拌炒过的胶砂等。要留出膨胀缝灌以柏油，压实。在桥面上为减轻桥的自重，可以采用木块面层。

Gardening 园艺

供私人观赏用的花园、菜园的管理，既

是一门艺术,因为要考虑风景布局,也是一门科学,要研究栽植技术。17世纪是皇家和贵族兴建庭园的盛世,18世纪法国式园艺风格开阔壮丽,草皮、排树、池水、喷泉布置井然。传至英国,风格有变,顺应地势、山坡、树丛、湖泊,错落有致,更接近自然。19世纪小型花园大量出现,风格发生了很大变化,今日的园艺则以色彩缤纷的花卉组成丰富多变的图案细节取胜。20世纪中期以来,私人花园的规模进一步减小,视野之内可见边界,设小路、座椅等局部景致,有观赏重点,栽植讲究风格。在园艺技术方面,土壤管理、剪枝、去病、繁殖植株、控制杂草、防止病虫害、园艺及其使用等都有很大的发展。

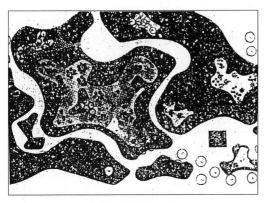

马尔克斯抽象造园平面

Gardening《园冶》

《园冶》一书是中国古代造园学的经典著作,著者计成,号无否,写于明末1631年,其中心论点是无论在什么地方造园,必须因地成形,其次是要就地取材。论述了造园的原理和经验,分篇记述了造园的方法。“构园无格、体宜因借”,“相地合宜,构图得体”,“基立无凭,光乎取景”,“有真有假,作假成真”,等等。

Gateway Design 大门设计

大门设计是建筑师经常面临的普遍问题,大门犹如人的口齿眼鼻,给人以第一印象,纪念性公共建筑更重要,在小建筑上成为重要装饰。大门的优劣如下几点。1. 大门是建筑与建筑群整个序列设计的起点,大门的艺术形象要有恰如其分的表现。2. 把握住与周围环境的尺度关系。3. 大门本身的造型、比例、色彩、细部以及材料的运用都应处理得当。目前大门设计的通病是:“生搬硬套”和“比例失调”,再就是过于扩大了大门的装饰作用,将各种手法、多种材料都用在同一个大门上。

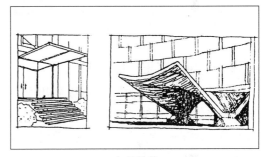

大门设计

Ge Yuan, Yangzhou 扬州个园

个园位于扬州市东关街,是清嘉庆、道光年间盐商黄应泰就寿芝园旧址重建的私园,园内有修竹千竿,竹叶形似个字,所以题名为个园。占地约7亩,以桂花厅为中心,花墙正中有月门,题额“个园”。厅北有池,池北沿墙建楼题额“壶天自春”。个园以构思独特的四季假山闻名,入口两旁花台修竹与石笋相间,象征春山。池西湖石山有水洞屋,曲桥跨水入洞,夏日凉爽宜人,称夏山。黄石假山高数丈,山势刚劲挺拔,山巅有亭,夕阳西下,一派黄赭色山体隐约绿树丛中,故曰秋山。春石山在小厅南,终年处于阴面,白色石质与浑圆形体,犹如冬日残雪,象征冬山。山南围墙上

横向开有四排圆孔,正对园外高墙狭巷,穿巷风吹进圆洞,形成北风呼啸的音响效果,增强冬天的意境。此山与春山仅一墙之隔,隔墙上开有 2 个窗洞,隐喻冬去春来,将自然界四时运行纳入园中,颇具匠心。

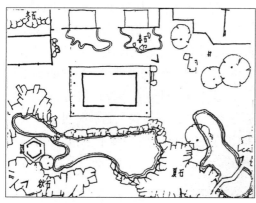

扬州个园平面

Gehry Frank　盖里·弗兰克

盖里·弗兰克是美国人,1929 年出生于加拿大多伦多,1954 年毕业于洛杉矶南加州大学,1956—1957 年就读于哈佛设计学院,1962 年以后在洛杉矶开业,并在南加州大学任教。作品多次获奖。盖里设计的加州洛杉矶的史纳伯住宅,其大胆和特别的风格是其创造性的本质,14 763 平方千米的住宅貌似一座村寨。盖里运用他惯用的分离、重组、移置等结构主义手法,把各种功能用房安置在形状和表面处理各异的结构中。较高的花园层包括一个天窗采光的并用钢板包裹着的穹顶会客室,一个与之咬合搭接的水池和一个工作卧室。较低的水平层绕着一个人工湖布置,主卧室戏剧性地搁浅在湖中。这个形式奇特的复合体的焦点部位是由入口、起居室、餐厅和图书室构成的十字形体,十字中心是三层高的天窗采光空间。整栋建筑创造了一种迷宫一般的空间感和场所感。

盖里·弗兰克

Gehry House St Monica　盖里住宅

盖里住宅建于美国加州圣·莫尼卡,于1979 年建成,是美国著名建筑师盖里为自己设计的住宅。有着粉红色的石棉瓦装饰的外表,别致的 19 世纪风格坡屋顶结构,盖里住宅可称之为"未完成的建筑",尚未完工或正在施工的印象十分强烈,玻璃窗的大立方体破坏了侧面的外表,处处构成强烈的冲突,盖里住宅形成一种自由、轻松的建筑风格。盖里在构思阶段即预想了建造的全过程,这种过程决定了形式,以此观点作为作品的文脉,从经济性和手工上的可操作观点出发,把"未完成"这样一种艺术行为在这栋住宅中加以保留,从而使得建筑形式充满生机。这栋后现代建筑风格的住宅在欧洲引起了巨大的反响,从而成为近代的"手工艺建筑"的动向所在。

General Motors Technology Center　通用汽车技术中心

美国底特律市通用汽车技术中心是耶尔·沙里宁(Eero Saarinen, 1901—1961 年)

的作品,于 1949—1955 年建成。是一个设备齐全的综合建筑群,专研工作的专家有 3500 人,中心房屋 24 栋,布置在长 590 米、宽 190 米的人工湖的周围,所有的建筑都是准确的方形,建筑形式各自不同,都不超过 3 层。大部分研究室作宽敞的玻璃窗,一部分实验室几乎没有窗户,大多数房屋的侧立面是无门窗的暗墙,采用砖饰面,釉面砖有 9 种颜色。地段上形成优美的绿化种植环境,为了避免建筑外观的呆板,加入了水塔圆顶形的会堂。在湖中的人造喷泉中有雕塑家考尔德的作品"水上芭蕾"。虽然建筑设计仿效了国际风格,但其重要意义在于规划概念。

Geometry 几何构图

建筑形式美的规律能给人带来美的感受,建筑的几何构图规律表明了建筑美的法则。建筑是由许多构成要素组成的,如墙体、门窗、屋顶、台基等。其大小、形状、比例、色彩和质感,都与其几何构图形式有密切的关系。正方形、圆形、三角形等肯定的几何形状具有抽象的一致性,是统一和完整的象征。古代优秀的建筑作品平面及体型、细节处理,均以几何图为依据,达到完整统一,使观赏者在心理情绪上产生美的感受。

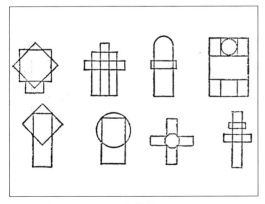

几何构图

Geometry Cal Ratio 几何学的比率

建筑物各部分的关系,如大小、形象和明暗,试观察比较,其正确与否可立即判明。有某些几何形,其权衡是十分肯定的,如圆形、三角形和正方形。这些几何形在图案中都属于"主形"。在斟酌长方形的长宽二量时,需要个标准或比率,找出最适当的权衡比率。

Georges Pompidou National Center of Art 蓬皮杜艺术文化中心

法国总统蓬皮杜是为纪念戴高乐总统而修建的艺术文化中心,1977 年在巴黎建成。落成时适逢蓬皮杜总统逝世,德斯坦总统就将其命名为蓬皮杜艺术文化中心。总面积约 10 万平方米,地上 6 层,地下 4 层,长 168 米,每层高 7 米,宽 48 米,前后立面各挑出 6 米,做水平和垂直交通,整个建筑被纵横交错的管道和钢架所包围,像一座大化工厂。打破了旧建筑形式,在技术上和艺术上都大胆创新,每层 800 平方米大厅中没有一根柱子,可根据需要任意划分空间,所有电梯及各种管线全部裸露,结构骨架也全都呈现在观众面前。由意大利建筑师皮阿诺(R. Piano)和英国建筑师罗杰斯(R. Rogers)共同设计。自开放以来吸引了成千上万的各国人士前来参观。

蓬皮杜艺术文化中心

Georgian Style 乔治风格

乔治风格是 1714 年乔治一世继位至 1830 年乔治四世去世之间,英格兰汉诺威王室前四王当政时期产生的视觉艺术风格。此前的辉煌建筑成就是巴洛克风格。至乔治王朝时期,新一代建筑家、理论家和艺术家开始按照意大利建筑师安德列亚、帕拉迪奥的艺术准则对建筑艺术进行改革。乔治时期的另一建筑风格是新古典主义,兴盛于 18 世纪中叶。这时已不以意大利文艺复兴时期的建筑,而以古典时期的希腊罗马建筑为模型了。到 18 世纪末和乔治四世执政时期,建筑风格主要是复兴哥特式。18 世纪中叶出现了第一批真正的英国风格艺术家,乔治时期的装饰艺术方面也有很大成就。

Germany Cottages 德国中部农舍

农舍作为农民的住宅同时为存粮及马厩使用,德国传统农舍为长方形平面,采用传统式木结构,按结构单元划分空间。外观 2 层,内部 3 层,顶层在屋顶之内,三角形的屋顶空间作为储存室使用。由于三角形斜坡屋顶的内部空间很大,有时可作夹层,分隔为双层小空间。底层的中间为入口大门,一侧为谷仓,另一侧为马厩等杂用房间,厨房也设在底层。人字形屋顶居住形式是人类住屋的原始形式,原始人字窝棚是为了居住在顶棚之中,能住人的屋顶是居民建筑的重要特征。有阁楼的房子是住宅的象征,当小孩初次画一幅住宅时,他所完成的形象是坡顶带阁楼有烟囱的小房子,因为这是住宅概念化了的形象。坡顶的檐口要尽量斜向地面,反映坡顶内部是可以使用的部分。在阁楼中开天窗或老虎窗,让光线进入,斜坡屋顶内部的光感格外生动有趣。

德国中部农舍

Germany Stone House 德国中部石头民居

德国中部许多民居以石头结构为特征,采用木楼板陡坡瓦顶,3 层,厚墙小窗,屋顶层内的采光小窗开在山墙上面。墙体以厚石砌筑,石工技术精湛,石墙上的门窗洞口的边框,作简练的装饰石刻线脚,窗洞平面室内大外小的梯形做法。3 层的建筑空间,由下至上逐层提高室内高度,底层高仅 2.15米,2 层高 2.45 米,3 层高 3 米,顶层在阁楼内高 7.25 米,这种逐层增加层高的形制是德国传统民居的重要特征之一。德国石头民居的平面接近正方形,大约 9.28 米×8.73 米。

德国中部石头民居

Germany Waterwheel Cottage 德国的水车农舍

德国西南部达姆斯塔的水车农舍较之北方农舍的平面布局更加自由灵活,由于地势地形的变化,乡村农舍的木结构技术不受规整的矩形平面限制。屋面也有交叉变化,木结构梁架的搭接方式仍维持欧洲传统木结构体系的基本特征。墙壁是在木格架内填充砖石灰泥等保温材料,木质的农庄大水车组成农舍建筑的一个部分。

Germany Wooden Dwellings 德国木构架民居

德国中部的木构架民居是典型德国传统民居的代表,不同于英国半木屋架,运用笔直的木料架设高大的三角形斜坡屋顶。入口在山墙面,把建造的日期刻在主山墙的门拱额板上,精美的手工艺图饰表现莱茵河中部地区的装饰主题。入口的几个门可以分别进入起居室、马厩和奶牛棚。德国传统木结构民居从 17 世纪到 20 世纪吸引了荷兰、比利时、卢森堡等地区民居风格,进一步丰富了德国木结构传统民居的特色,如伯庭汉姆比辛根民居,外观 3 层内部 5 层,高大的坡屋顶,逐层减小的层高,木结构体框架漏明在外,民居的结构原始不是根据柱、墙、楼板工程技术观点形成建筑形象,而是根据居住者使用的社会空间需求安排房屋的结构承重体系。选用最有效的结构空间体系,最充分地发挥结构材料的力学性能,作出完善的结构构造细部,节点的交接要精确有效。

Gestalt 格式塔

格式塔完形心理学认为经验不是各部分之间简单的总和,经验包含文化的反映,人们的思维意念对环境的反映能够引导出更多的解释。因此,人们通过学习和鉴别能够看到比实际更多更丰富的东西。人的心理上的内在感觉有巨大的伸缩能力,建筑师运用格式塔心理学的图形作用表现更为深刻丰富的语言。正如人们的思想经常是局限于他们想过的语言,然而理解能使图形具有更深层的含义。

Ghana Thatch Houses and Bamboo Sheltered 加纳草房群和竹棚

加纳位于非洲西部几内亚湾沿岸,南濒大西洋,属尼格罗人种,地势较低,热带大陆性气候,酷热、干燥,多尘埃性信风。加纳的原始村落是圆形土屋盖以伞形草顶,大约15 米直径的组合。包括首领的圆屋、贮存圆屋、肥料圆屋、谷仓圆屋、神鬼圆屋、卫士圆屋等。室外还有祖先门道和多种神位,圆屋都是各自独立地围成一个组合体。竹木草编织的工艺技术遍及非洲各地,作墙壁,作门窗和装饰,作顶棚和地面,充分表现 苇草居民的用材特色。在非洲沙漠边沿地带的顶作棚法,结合不同气候条件,有相应的民间习惯做法。

Gingerbread 虚华装饰

在建筑和设计中泛指华而不实的装饰,有时也指过分雕琢烦琐的装饰,如洛可可风格装饰,但一般专指 19 世纪六七十年代美国建筑装饰。美国南北战争后的富裕时期公共建筑和住宅建筑上流行一种称为"手杖风格"的装饰。这些建筑的每一个垂直面或倾斜面上以及拱上都有布满手雕的木工花格。这种风格的建筑特征特别表现在阳台上,是受 19 世纪 20 年代英国"画意时期"建筑影响的结果。大西洋沿岸的海滨胜地,如新泽西州的开普梅及马萨诸塞州的马萨葡萄园岛的橡树崖以及西部矿产新兴城市中的歌剧院和府邸中均可见到此种风格。

Giza Pyramid ,Egypt 吉萨金字塔,埃及

吉萨金字塔是法老的王陵之一,底正方形,壁三角形,平视如金字,故称金字塔。宅是世界七大奇迹之一,象征着人类的古老文化。城市规划中除对其本身全面维修保护外,为使其布局与开罗城市取得有机的联系,城市的发展区通向金字塔,城市干道正对着它,并在通向它的干道上将绿化也作成金字塔形,以突出这组古迹,并反映出开罗的城市特色和悠久的历史文化。金字塔建于公元前 2100 年前后第四王朝时期,有 3 座,库佛(希腊人称齐阿普斯)金字塔最大,垂直高度为 146.5 米,长 230 米,占地 5.29 公顷,约用 230 万块石砌成。另外 2 座金字塔为哈夫拉和孟考拉金字塔,位于沙漠边

缘,雄丽壮观。

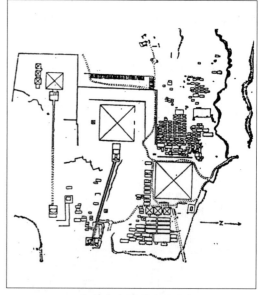

吉萨金字塔群平面图

Golden Section 黄金分割

黄金分割是美学上的一种比例,与黄金律同,即矩形短边与长边之比例等于长边与长短二边之和之比例,亦称黄金律(Golden Rule)。大:小 =(大 + 小):大。即 1:1.618,为矩形最美之比例,在古典主义建筑设计构图中曾努力追求黄金律的比例划分。

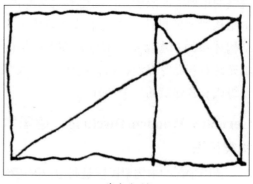

黄金分割

Gothic Art 哥特式艺术

哥特式艺术指 12 至 16 世纪初欧洲出现的以新型建筑为主的艺术,亦包括雕塑、绘画和工艺美术。在建筑上广泛运用线条纵向的尖拱券、挺秀的小尖塔,轻盈的飞扶壁,修长的立柱或簇柱,窗子多用彩色玻璃镶嵌,以造成上升感,使室内产生神秘的幻觉,巴黎圣母院为其代表。Gothicism 为哥特式的倾向,哥特式模仿。Gothic Arch 为尖端形拱门。

哥特式艺术

Gothic Style 哥特式风格

哥特式风格为 12 世纪至 15 世纪中期在欧洲流行之建筑形式。哥特式建筑系由仿罗马式建筑 (Romanesque) 演进而形成。其主要的特色是将欧洲传统的圆拱承重墙式的构造方法改为尖拱幕墙式,使建筑空间更具弹性。建筑之一般外形特征为尖拱,3层开间的立面,带有飞扶壁(Flying Buttress)等。最具代表性的建筑为巴黎圣母院(No-tre Dame,Paris)、伦敦西敏寺教堂(West-minster Abbey,London)等。哥特式建筑发展到顶峰之时,受欧洲文艺复兴运动的影响,又归于古典之希腊罗马式样,演变为文艺复兴式建筑的产生。

Grandiose Vista 宏伟的底景

宏伟的底景是自古以来建筑家创造环境景观最常用的手法,但遗憾的是近代建筑家们过分强调自我表现意识而忽视环境的整体性,在许多城市建设中把原有城市中宏伟的底景埋没在杂乱的楼海之中了,破坏了景观。在城市的改建中,要关注保护那些历史性的宏伟的底景建筑,如巴黎、华盛顿、莫斯科等历史文化名城,至今保持着城市中精心安排的宏伟的底景。然而也有许多城市原来的轴线和底景已经被淹没或消失了,被忽视或破坏了,如哈尔滨的喇嘛台,天津的马可波罗广场,北京的天宁寺塔,等等。

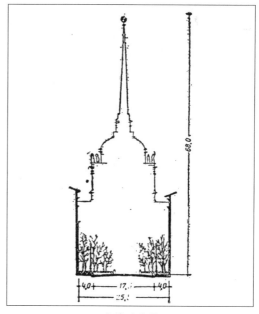

宏伟的底景

Grape Dwellings，Xinjiang 新疆吐鲁番的葡萄架民居

在吐鲁番为了防范夏季的高温干燥气候，庭园中的葡萄架形成每家每户阴凉的天棚，不仅白天提供避免强烈日晒获得大面积阴影的效益，而且墙壁上的葡萄藤还起到覆盖建筑表面和吸热、通风的作用，厚厚的一层葡萄藤的枝叶吸收了大量的太阳辐射热量。而且这里民居的院墙也多用土坯砌筑成透花的空格，既利于通风又美观实用。葡萄架有助于降温和通风，如同天然的空气调节器，与户外流动的水渠一起构成夏季天然的冷气循环系统，对于调节当地的微小气候是非常成功的。

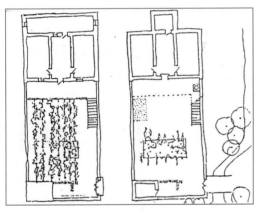

新疆吐鲁番的葡萄架居民

Graphic Communication in Architecture 建筑图形表现

建筑设计的图形表现是全部设计程序中的重要环节，建筑表现图是设计高水平建筑的基础工作，如果建筑图形缺乏表现力，建造的房子不会很美好。建筑图形是建筑设计的信息手段，在全部设计程序中不同的深度需要相应的图纸表现。建筑的图形表现是建筑师的语言，引导看图的人进入设计作品的意境中去，建筑图也是设计的功能效益与施工操作的依据，一直到工程完成以后，建筑图仍然是这项工程的历史记录。作为图形信息的一般理论，清楚和全面是最为重要的，除了全面表达建筑设计的功能和经济等基础方面以外，还要表现建筑设计的精神与美学方面的综合要求。

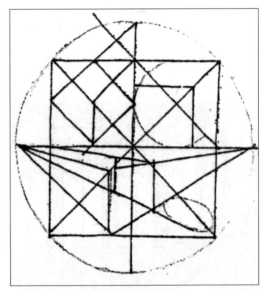

建筑图形表现

Gravel Road 砾石路

砾石路、煤渣路或矿渣路，或两三种合用，为使排水方便，一般常用级配的方式，即按颗粒大小分成等级层次，上小下大的铺设，小苑路亦可纯用一种大小的。这种道路造价低，排水效果良好，但有灰尘发生，步行即游人少处可利用，横坡随宽度而不同。

Great Golden Stupa，Rangoon(Shwe Dagon Pagoda) 仰光大金塔(瑞德宫塔)

仰光大金塔约始建于公元 550 年，经过多次改建，15 世纪国王把塔增高至 100 米，底部周长 340 米，信修浮女王时(1455—1472 年)又在塔周围增加建筑物，形成今日

之面貌。缅甸佛塔是在印度传入的窣堵波的基础上发展而成的,大金塔是代表作。塔为砖砌,表面抹灰后贴金箔,上镶嵌红、蓝、绿色宝石,灿烂夺目。塔为覆钟形,由宽大的基底向上收缩攒尖,形成柔和的曲线。塔基四角各有半人半狮雕像,塔脚下有64座同样形式的小塔,显得主体塔身高大。

仰光大金塔(瑞德宫塔)

Great Wall 长城

中国古代伟大工程之一,西起甘肃嘉峪关,东到河北山海关,全长6 700千米,称万里长城。始建于公元前7世纪,春秋各诸侯国为相互防御都建有长城。公元前221年秦统一六国后派大将蒙恬逐匈奴至阴山以北,连接燕、赵、秦筑的长城,并将其延长,号称万里长城。秦以后至明代对长城均有修建。其中以汉代和明代的修建规模最大。长城沿线险要或交通要冲都设有关口,除山海关、居庸关、嘉峪关外,还有喜峰口、古北口、张家口、东户口、紫荆关、倒马关、平型关、雁门关、娘子关等,并在沿线设有烽火台,至今仍有多处遗址。

Greece Dwellings 希腊民居

古代希腊住宅以石材砌筑为主,古希腊住宅的院落是进入私密性区域的第一个空间,用简单的矮墙或带拱门的篱笆墙与街道分开。院内种植花卉,住宅的前部是家人或客人活动的主要房间,也是住宅中唯一有窗户的空间,住宅中的其他私密性空间包括厨房、浴室和卧室,畜生圈在邻近的一间房子里。每个家庭与邻居的房子相接,家庭之间是和睦的集体,邻里之间和睦相处。希腊的现代传统民居仍维持古代的传统平面,灰白色的石头建筑在正午强烈的阳光下,把凝聚的水气连同热量带走,屋中显得凉爽安宁,传统石头居民是村民们舒适的休息场所。希腊沿海与山区的石砌小屋更具特色,以白色粉墙饰面,墙上设置带花饰纹样的通气孔,在碎石铺地的对比之下,美观多趣。

希腊民居

Greek Architecture 希腊建筑

古代希腊之建筑分初期从公元前

3400—公元前 1200 年, 中期自公元前 776—公元前 338 年, 末期自公元前 338—公元前 146 年。主要以神殿为建筑活动中心, 而后演变成为西洋建筑之典范。希腊石造大型庙宇的典型形制是围廊式, 柱子、额枋和檐部的艺术处理决定了建筑面貌, 流行于小亚细亚共和城邦里的爱奥尼式和意大利、西西里一带寡头制城邦里的多立克式同时在演进。柱式体现着严谨的构造逻辑, 条理井然, 古典时期还产生了第三种科林斯柱式, 古希腊的柱式后来被罗马人继承而遍及全世界。雅典卫城、卫城山门、胜利神庙、伊瑞克提翁庙都是希腊古典建筑的代表作品。Greek Fret 为希腊图纹, 又称施重回线纹, 用在希腊古典建筑的装饰花边上。

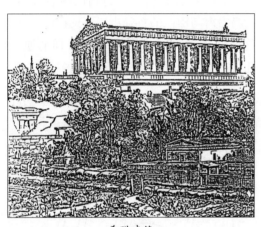

希腊建筑

Green 绿地

广义的绿地包括各种公园、墓地、普通绿地、生产绿地等城市中的绿地。狭义的解释指公园外, 所包含绿地之设施, 如都市内永久不允许设置建筑的地段、空旷的工地等。在城市规划中有绿地占城市百分比的指标, 也有每人平均占有绿地面积的指标, 在城市设计中不同区域的规划有不同的绿地覆盖率的标准要求。Green Balt 为绿化带, 为了提供城市街区内部新鲜空气并防止都市无限向外延伸发展而设置的带状绿地。Green District 为绿地地区, 系土地使用分区之一种, 在城市外围指定之农业、林业、畜业、水产业之用地。除公园、运动场外, 尽可能对建筑物加以限制, 建蔽率控制在 10% 左右。

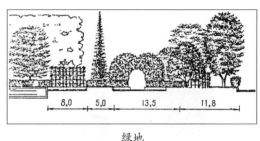

绿地

Green and Traffic Safe 绿化与交通安全

绿化的街道具有组织交通的作用, 由于人行道与车行道有植物的距离就避免了行人与车辆间的事故, 行人不能任意横穿马路。分车带和安全岛的应用使复杂的交通变成了简单的单向交通, 能避免撞车的危险。当遇大雪、洪水、浓雾的时候, 交通就失去了方向, 有了行道树就等于有了道路的方向, 行道林具有重要的标志作用, 特别是在"渡口", 急弯、狭路、"急下坡" 等各种警示标志的附近, 种有体型高大、树态特殊的树木, 预先提示驾驶人员的注意。此外街道绿化对驾驶人员有良好的心理卫生作用。

Green Building Material 绿色建筑材料

20 世纪 70 年代末, 欧洲一些发达国家着手研究建筑材料释放的气体对室内空气的影响, 并进行全面系统的研究。德国最早推行环境标志制度, 自 1978 年发布第一个环境标志"蓝天使"以来,至今实施该产品已达 7 500 多种。北欧丹麦、芬兰、冰岛、挪威、瑞典等国于 1989 年实施了统一的北欧环境标志,丹麦推出了"健康建材"标准,瑞典规定了室内建筑材料的安全标签制。1991 年英国对室内空气质量产生的有害影响进行研究及测试,开发了一些绿色建材并用于家具等。加拿大的环境标志"环境选择"在 1993 年颁布了第一个产品标志。美国的环境标志均由地方组织实施,美国环保局正在制定室内空气质量控制研究计划。日本环境标志产品已有 2 500 多种,在健康住宅样板工程的兴建方面多有新的突破。

Green Buildings 绿色建筑

绿色建筑是伴随着世界性人类环境恶化以及理想的生态花园城市提出来的,绿色建筑的特点是运用当代生态学理论和新的生态因素测度手段研究新旧建筑物存在的生态问题。通过建筑结构形态设计的手法作建筑内外空间的生态因素效果的互动关联测试,并提出未来"绿色建筑"及"生态花园"城市的一系列理论问题,这将是一项生态科学和建筑科学的交叉研究与实践。绿色建筑是建筑学、城市规划学、生态学、环境工程学、经济学等多门学科的热点问题。对新旧建筑的"绿色化"设计和城市规划方面的新理论研究,当前均属于理想化的理论深讨。

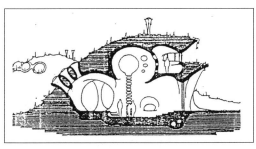

绿色建筑

Green Theater 园艺剧场

园艺剧场是一种用常青植物布置成露天剧场式的造园形式,供演出戏剧。17 世纪意大利私人花园往往与建筑和雕像融合为一体,不一定供演出用,本身即为观赏园地。典型的例子有意大利托斯卡纳地区的波吉奥皇家花园和玛利亚庄园以及科洛底城加尔左尼庄园的陈列园等。

Green Wedge 楔形绿化

从城市郊区沿城市的辐射线方向插入城市内的绿地,因反映在城市总平面图上是楔形的而称楔形绿地,是城市园林绿化系统的组成部分。楔形绿化的基本功能是在城市中形成若干条由郊区向城市腹地输送新鲜空气的通道。城市地区气温一般比郊区农村高。空气穿过绿地呈上升趋势,周围冷而密度大的空气向中心移动。这种空气对流运动有利于改善小气候。这种绿化布局也便于城市居民接触大片绿地,进行休息、游乐和健身活动。布置楔形绿化的方位最好选择在城市主导风向一侧,与风向平行,如果能贯穿整个城市更为理想。林带的宽度不应小于 20 米,树木宜用于高叶茂的乔木,以造林方式栽植。有河流贯穿的城市在沿河布置滨河绿带,同样具有楔形绿带的功能。

Greenery and Air Purify 绿化与空间净化

城市的空气比田间污浊,通常二氧化碳浓度提高,正是植物生命活动所需;绿化能吸收二氧化碳并放出氧气,使空气新鲜。同时对飞扬的尘土也有过滤作用,灰尘在植物的各部分降落,当然人工浇水或降雨时又得到冲洗,而起到过滤空气的作用,被称为"生物过滤器"。空气污染中的有害细菌和微生物,被不少树种和草皮分泌的某些杀菌素清除。绿化爬藤植物绿化污水池、垃圾道出口等处,可减少尘土飞扬,并有装饰美化作用。

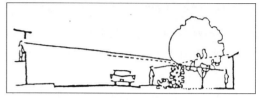

利用植物材料遮挡视线

Greenery and Beauty the Environment 绿化与美化环境

林荫道、街道树、绿化广场等,是组成城市景观艺术的重要部分,运用绿化的手法可丰富规划布局,使建筑与绿化有机联系,互为补充。运用树木绿化可丰富建筑组群的内部空间,组合建筑平面,填补沿街空间打破山墙的单调。运用绿化可突出建筑布局的重点,加强美化效果。建筑中心、公共活动场所、广场、雕塑、水池等装饰物,绿化配置得当,将格外美观。运用树木花卉作建筑装饰,可使环境丰富多彩,房前屋后的绿化处理可多种多样。可运用绿化弥补建筑组合中的缺欠,组织或遮挡视线,过于平直的房屋配置曲线的树冠,尺度过长,可用绿化垂直分割,可用绿化强调不明显的入口,添充过于单调的山墙或墙角,可把风格各异的新旧建筑用绿化联系起来。运用绿化本身亦可作环境艺术的造型装饰品。

Greenery and Line of Vision 绿化与视线

布置绿化可以遮挡影响环境卫生及美观之处所,如茅厕、垃圾站。也可以组织视线,把视线焦点引入建筑的入口或重点部位,可用植物材料遮挡对面窗户及路上行人的视线干扰。用绿化植物也可以划分地段,界定不同功能的分区,以其不同功能的要求配置合宜的树种。

Greenery and Microclimate 绿化与小气候

绿化可以显著的改善居民区的温度和湿度条件,根据北方地区的测定,绿化地带的温度可比建筑地带降低 10%~12%。绿地的平均气温较住宅区低 2~3℃,夏天绿地较其他市区低 5~6℃,较地面及墙面低 8~10℃,市区公园内较居住区院内低 1.3℃,较空旷地低 1.0℃,夏季森林中气温较田野低 3.5℃。绿化面积可调节空气的湿度,夏天植物强大的蒸发作用可提高相对湿度,一般林中相对湿度比空旷地平均增大 7%,最大差数可达 14%,冬季使相对湿度减少。绿化有通风与防范作用,由于树冠下与邻近无树区的温差有利于空气对流,带来微风,街道绿化布置合理,夏天可带来"穿堂风",冬季可以阻挡寒冷气流长驱直入,林带对广大的农田也有防风作用。绿化布置也可以改善居民区的日照条件,高低树木的配置可使清晨温暖的阳光射入室内,树群的阴影遮挡午后的西晒。

Greenery and Noise 绿化与噪声

绿化布置可防止噪声对居民区的干扰,居住区的噪声是由外部街道传入和内部公共活动发生的。树木的枝叶有吸声性能,三排树木组成的栅栏维护街坊对减低外部传入噪声级有显著效果。来自街道上的噪声,摩托车 70~90 分贝,公共汽车 64~90 分贝,无轨电车 66~76 分贝,电车 75~90 分贝,飞机发动机 130~140 分贝。噪声影响人的胃的消化活动和分泌,使听力退化,刺激中枢神经而情绪压抑,降低注意力和产生疲劳。这些症状产生于长时间大于 70 分贝的噪声作用,卫生学认为噪声的感觉在 35~40 分贝范围内才无有害作用。街道绿化可有效降低噪声 20~25 分贝。

绿化配置削弱车辆干扰

Greenery in Earth Buildings 生土建筑中的植物绿化

在干旱少雨的地区,土是最简易方便的建筑材料,生土的环境也提供了植物生长的良好生态条件,下沉式的生土庭园中种植的花卉树木,比一般地面植物更有利于植物的生长。每家每户的植物栽植在生土居民中,覆盖着院子、地面和土墙,成为三维的立体绿化空间,配合着生土材料建立起每家每户的绿色的室外的房间。生土民居中的植物花卉生长得更为茂盛,土和阳光创造了植物生长的最优条件。在中国甘肃东部的许多黄土地带的村镇中,用生土的窑洞暖房养殖花卉,顶部用透明塑料薄膜保温,对养殖亚热带的花卉有良好的效果。

Greenery in Special Use 特殊用途的绿地

城市中特殊用途的绿地包括动物园、植物园、农业展览会、疗养公园等。植物园和植物公园中大量的植物配植与分类排列定位,应严格遵照植物公园用地组织的科学方案。医疗预防机构的花园和公园包括医院、疗养院、休养院,应根据气候条件、医疗性质和治疗方法选择植物配置,以免受风害、噪音及尘土的有害影响。附属建筑及杂用地段密林隔开,小花园可作病人休闲散步户外活动的场所。绿地面积可根据医疗用途决定。行道树防护道路的灰尘与噪音,最理想的疗养区域应该在树木茂盛的公园,并与天然的湖、海、森林联系。

特殊用途的绿地

Greenery Lane 分车带

通常是位于街道路两边的狭长绿地地段,应用植物装扮起来,为了使不同性质(不同速度)不同方向的车辆加以分隔的专用绿化,即分车带。分车带的条数取决于路面宽度、交通情况,通常有 1~3 条,中国最常见的是一带式或两带式。分车带中可布置花卉、灌木、草皮、绿篱和乔木,成单一或互相搭配。其设计特征必须简洁、具有大的气魄,有加深街道深度的感觉。1.一带式处于车行道的中轴线上,分隔不同方向的来往车辆,其宽度约为 2~5 米,行人不得入内。依其布置内容不同又可分为 2 种。(1)花坛式,在路面不宽,而两侧有行道树栽植,交通量不大时,宜采用草皮、花卉或灌木加以布置。(2)树行式为应用不同树木加以布置。2.二带式:在交通较为密集处,路面分为三块(通称三块板),使两侧路面之车辆按不同方向行驶,直达车辆在中间的路面上高速行驶,这样就大大避免交通事故的发生。其布置内容可分花坛式及树行式 2 类。

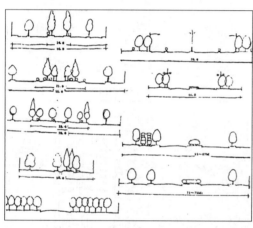

分车带

Greenery on Walkway　人行道上的绿化

当街道上的绿化用地非常困难,或土壤非常恶劣,地下管线复杂……但又必须绿化、美化时可以采用以下 3 种特殊措施。1.在有骑楼的情况下,可以在骑楼外廊的柱侧砌建花墩(种植池)来种植灌木、花卉或攀缘植物。2.在铺装人行道上摆饰盆花或桶栽(盆栽的乔木、灌木)。3.在人行道上很狭的棵土带中栽植花卉或铺植草皮及少数灌木。但是在砌建花墩中栽植的观赏植物或摆用的盆花,必须有统一的安排,植物种类及盆的形式和色彩等方面应力求统一、美观。

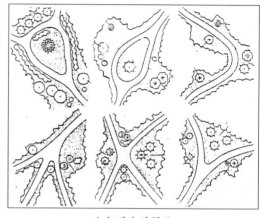

人行道上的绿化

Greenery with Climber　攀缘绿化

利用攀缘植物装饰建筑物的一种绿化形式,除美化环境外,还有增加叶面积的绿视率。阻挡日晒、降低气温、吸附尘埃等改善环境品质的作用。攀缘植物的特点是,绿化的形式能随建筑物的形体而变化,可绿化墙面、阳台和屋顶、装饰灯柱、栅栏、亭、廊、花架和出入口等,还能遮蔽景观不佳的建筑物。攀缘绿化占地面积很小,在绿化用地不足的城市尤能显示其优越性。攀缘植物繁殖容易,生长快、费用低、管理简便。攀缘植物有攀附器官,有的有吸盘,有的有气生根,有的有缠绕茎,卷须或钩刺,要根据攀缘植物的生态、习性选择种类。还要考虑南方和北方、喜阳和喜阴植物的生长习性。

攀缘绿化

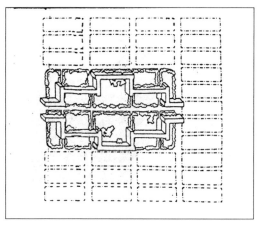

棋格式

Grid Patterns 棋格式

　　流通系统网络最常见的是规格化的棋格,对流量的分配与转换均有利,清晰易于遵循,适于大尺度的地区。三角形的格网产生较繁杂的交叉点,六角形或三角网格可用于街道系统,但小尺度分割会形成不合用的小块。直角网格最常用于街道布局,可对地形不详加考虑,视觉单调,对穿越动线过于敏感,不易区分交通量大与小的地区,设计上都赋予等量的空间与地面,上述问题均可在设计中进行改进。网格系统的特色在于其交会处的规则性,网格系统可用控制流向的方法加以改良,所有流向均为单行路,每间隔一条变换一次,则负载量增加而交会点简化。网格系统还有多种变化,如固定流(Steady-Flow)系统、街廓格(Blocked Girds)系统等。

Grid Subdivision 网格次分割

　　格状网格的产生,首次满足了人们追求界限的愿望,格状网格在平面上是二向的,通过两向序列的交织,组成了一个无论在意义知觉及使用过程中都很具创造性的完整场所。作为街道网络的基本构型,格状网络的重要特征是次分割产生的多样化,指对既定网络形态的换位变化而得的其他可能形态,格状网络的次分割是丰富多样的。美国教授拉斯利·马丁(Leslie Martin)在《格网作为发动器》(The Grid as Generater)一文中,极为推崇格状街道网络作为城市结构形态。他指出,美国城市结构的绝大多数是基于格网的,具有无限的活力,满足复杂的行为活动,符合开放、生长原则的有机城市,长形格状网络对两种城市形态因素体的适应:一种是孤立式摩天大楼;另一种是柯布西耶的后退式居住单元。

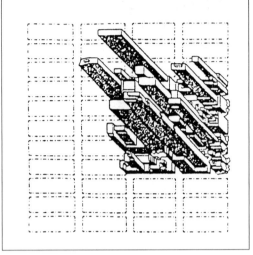

网格次分割

Gridiron Road System　格子形道路系统

格子形道路系统形如棋盘式配置的方格网道路系统，道路成直角相交，街区被分割为方形，因此其基本利用比较方便，为街区构成最普遍的型制。但街道景观比较单调，这种路网对于对角线的交通较为不便。多用于中小都市的市街或大城市的中心地区，或城市的局部地区使用较多。Gridiron and Diagonal Road System 为格子斜线形道路系统，为改进格子形道路网对角线交通的不便，乃将对角线之交通连接之。其缺点为交点处易产生交通混乱现象，并造成街区的异形地段，如巴黎、华盛顿地区之道路系统。

Gross Floot Space Index　总容积率

城区某区域内建筑物之总楼地板面积与建筑物之基地与道路其他公共用地等全部面积之比率，为纯容积率之相对语。Gross Density of Population, Cross Population Density 为总人口密度，为表示某一区域内人口密度之情形，而取某一标准区域来代表全体面积之人口密度。Gross Density of Dwelling Unit 为总户数密度，总土地面积与总户数之比。Gross Coverage 为总建蔽率，在一宗土地上所有建筑物建蔽率之总合。

Grotto Engineering　石窟工程

在山崖陡壁上开凿的窟形佛教石窟寺，源起于印度，传入中国盛行于南北朝。开凿石窟要综合考虑地形、石质、朝向、交通等因素，中国著名的石窟有云岗、龙门、敦煌、麦积山、响堂山等。人工造成陡壁称堑山，在峭壁上开凿洞窟，通常按自上而下，自外而内的顺序。但一般窟顶比门框高，必自门洞向上开辟一条施工道，进入预定高度位置再由上而下大面积开凿。壁面加工与岩石性质有关，一般开凿在石灰岩、砂岩和砾岩上，壁面处理主要采用石雕。综合运用线刻、浮雕、高浮雕、圆雕等手段。敦煌石窟开凿在砾岩石壁，表面高低不平，所以壁面借助于泥作，把石窟的开凿同泥塑、彩绘结合起来，经过打底、找平、粉面等工序，再施彩绘。窟洞的保护与防止岩石的崩塌和风化同水的渗透有关，必须解决排水问题。

Grottoes Temple　石窟寺

石窟寺是开凿于河岸、山崖上的佛教寺院，于3世纪伴随着佛教传入而产生，兴盛于5至8世纪。著名大石窟寺有敦煌莫高窟、大同云冈石窟、洛阳龙门石窟、甘肃麦积山石窟等。在石窟附近，往往有大量摩崖造像。从形制上说，石窟分为塔庙、佛殿窟、讲堂窟、禅窟以及僧房窟。窟内的雕塑、造像、壁画，内容极为丰富，是研究中国社会经济、政治、宗教、建筑工艺等方面不可缺少的形象资料。

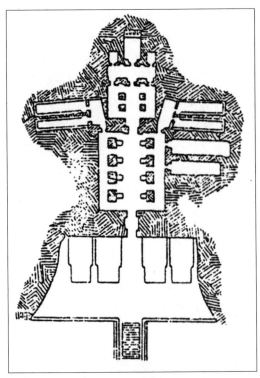

石窟寺

Ground 背景

背景指城市空间总和是一定地域范围内存在的一种自然及人工综合结构。它是通过人类改造自然界的活动而从更大范围内的地理环境中分离出来的,因为它与城市地域之间的其他自然及人工环境有着密切关系。是整个环境的一个组成部分,即它是建立在广大地理背景上的一种图式结构。

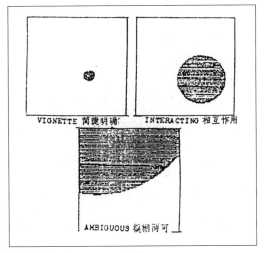

背景

Ground Form 地面形状

地面形态由地形现状决定,地面是连续性的,地面上有其自身的特殊性和关键性的地上物,可在规划设计时加以利用。有强烈特殊性之地形组织在基本结构之中使地景富有特色,平坦无特色之地形可创作自由之形态。根据地形配置建筑使之与地面融合相接,要妥善安排设施物与等高线的关系,节约土方,要兼顾视觉效果与朝向。在配置建筑物、安排入口及视线时要掌握土地的基本形态,栽植设计也与自然地形有密切的关系。避免任何新开发基地都会改变旧地形,新基地应于旧环境相调和。单调无特色的地段上,设计者也可以创造人工地形,这也是目前流行的土地造型(Earth Work)。

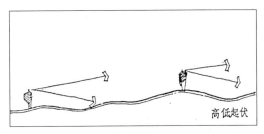

地面形状

Ground Surface　地面

　　无论室内室外，人直接接触的是地面，地面与人的关系最为密切。中国历史上，皇城、街道、巷道和园林的地面铺路等曾有过许多经验和优秀实例。要使室外地面成为富于表现力的景观，并不存在选用什么样的高级铺地材料，而在于在现有环境和经济条件下，如何恰当地发挥地面铺装在空间环境中的效用，并与周围景物相得益彰地建立有机关系。地面铺装可分硬质铺装和软质铺装，硬质包括混凝土、石块等，软质包括混合土、草木等。铺装材料色彩一般为材料固有本色，或彩色水泥予制块。在某些场地环境中，铺面主要充当"图形"和背景的角色，对建筑、道路设施、建筑小品、绿景起衬托作用。因此不宜选用大面积的鲜艳明亮色彩，而以中间色为主。

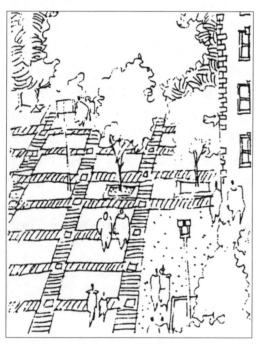

地面

Ground Work　地基工程

　　地基工程主要是对土壤的处理，土由气体、液体和固体三部分组成，土的骨架中空隙被空气充满呈干状，被水充满呈湿状，完全充满水呈饱和状态。土的物理性质、孔隙率随所受压力而变化，孔隙比、含水量、饱和度、毛细现象、膨胀和收缩、压实最佳含水量等。土壤的种类有岩石类、半岩石类、大碎石类、砂石类、粘土类。土的抗剪强度根据摩擦定律计算，土的压缩性，孔隙内水压力，透水性以渗透系数说明。中心荷载时基础底面的压力分布，岩石类为马鞍形压力分布，砂土类为抛物线形压力分布，粘土类可能有长方形、马鞍形、抛物线型三种压力分布图。压力分布深度不同形成压线，计算基础底面上土壤压力分布考虑常驻自重压力及附加压力。

地基工程

Groundwater　地下水

　　埋藏于地表以下的水，占据了地下岩层的空隙。地下水和地表水是通过水循环相互联系的。地下水相对地表水的优点是无病源的有机体，水温变化不大，清澈无色；化学成分稳定；供水不受短期干旱的影响，不受放射性及生物污染；在无地表水地区可利用地下水，但地下水的开发受到一定的限制。在水循环中地表水与地下水是互相转换的，地表水径流等于降水量减地表滞留量和入渗量。地质因素是决定地下水情况的重要因素,含水岩层的孔隙度、透水性。湿润年份与干旱年份的交替变化将产生长期地下水位变动。地表水与地下水相关分析,可以通过测定地面水流量来确定地下水可提供应用的有效数量。

Grouped Highrise Building Complex 组群式高层建筑综合体

组群式高层建筑综合体是由二幢或数幢多种功能的高层建筑组织而成的复合中心。1.组群中单体方面形状相同的组合,这种组合方式采用的是利用简单,容易认识的几何形状,具有统一感。所以相同的形象组合,自然能控制建筑外观的统一。2.组群中单体平面形状相似的协调组合,若两幢建筑有相似的平面形状也将给人以欣喜的统一感。这里起作用的是几何感受和形状感受。3.组群中单体通过次要对主要的从属组合,这种方法关键是突出部分建筑在组群中的支配地位,并将功能和形式相统一。它常反映在两个方面,一个是宽与低对高的关系,另一个是不完整形状(体)对完整(标准)形状(体)的主从关系。

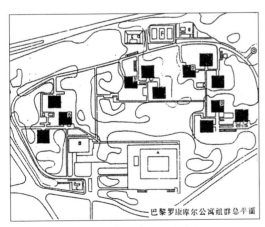

组群式高层建筑综合体

Guggenheim Museum 古根海姆艺术博物馆

纽约的古根海姆艺术博物馆建成于1959年,是赖特的代表作之一,设计特点如下。1.参观者首先被电梯带到顶上,沿坡道参观慢慢降至底层有助于避免"博物馆疲劳"。2.螺旋坡道上的外斜墙壁更好地为观众观赏作品。3.整个建筑如同绘画艺术的精美画框。赖特很早就想要建立一个伟大的精彩螺旋形建筑,终于在古根海姆博物馆设计之中实现了。赖特发展了他曾经在拉肯(Larkin)大楼中作过的方形的中心井,古格海姆的螺旋式天井,更具流动空间的连续可塑性。赖特死于1959年4月,古根海姆建成于他去世之前,是赖特留在大城市重要的作品,也是赖特少有的不带装饰的作品,曲线的立面简洁而柔和。绿化植物布置在曲线的女儿墙上,平淡而夸大的外表在大城市的街区中引人入胜,庭园中的小品是赖特一生中最后完成的一件小品。

古根海姆艺术博物馆

Guggenheim Museum, Spain 西班牙古根海姆博物馆

当今世界上以古根海姆命名的博物馆有5处,即在纽约、伦敦索霍(Soho,1992年)、威尼斯佩吉(1995年)、柏林以及西班牙毕尔巴鄂(1997年10月)。该馆是世界

上最大的博物馆之一，由美国著名建筑师盖瑞(Gehry)设计。博物馆位于勒维翁河滨，建筑面积2.4万平方米，其中1.4万平方米为画廊，珍存六千多件艺术品。以鸟瞰效果设计建筑群，反映一定的建筑文化含意，结合河岸采用曲面块体组合成动感的空间，呈船状，又像一朵"金属花"。内部采用"柔性"支撑，外部由框架支撑，外表面覆盖闪光的钛板。全套设计用电脑完成，动态造型部分主要是入口大厅和四周的辅助用房。由于设计有新意，钢构件尺寸不一，施工有一定的复杂性，但高超施工技术把设计意图全部体现出来，它已成为毕尔巴鄂的城市标志。已被公认为20世纪90年代的杰出建筑。

Guild House，Philadelphia 基尔特老年公寓，费城

　　美国费城基尔特公寓建于1963年，由文丘里(Venturi)设计，有91套不同规格的住房和一个公共活动空间。尽可能地争取公寓以一定角度朝向大街，以人口为中心对称式向后退缩，保证老人从视觉上能参与街道的都市生活，减少他们的孤独感。公寓外观形式和尺度均参照了现有的环境文脉，公寓共6层，入口中间设一粗大的抛光花岗石圆柱，与两边的白色瓷砖贴面形成对比。屋顶设公共活动空间，外观是巨大的半月形圆窗。立面和入口有几分威严，立面划3段，基部白色瓷砖贴面，上部又以束带分为2段，这种划分隐喻了与传统作法的关系，如巴洛克的宫殿。公寓在自身象征性方面与内部新结构之间表现的二元共生的矛盾性，这种背离现代建筑形式与结构功能的有机统一，使之成为后现代主义的代表作品。由于文丘里著作的广泛影响，基尔特公寓已成为建筑哲学中有关隐喻、传统和大众化等问题常被引用的例证。

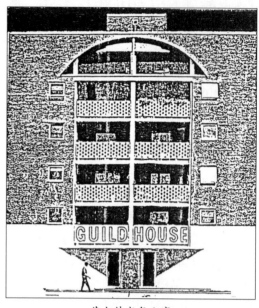

基尔特老年公寓

Guildhall 会馆

　　中国旧时大城市中寓居外地同乡的馆舍，明初出现于北京，以后各省城均有会馆或公所。原是各省住在北京的官员、商人为便利本乡参加会试的举子而设。后各大都市均有会馆，逐渐成为手工业或商人的同乡或同行的机构。为外地来的同乡解决旅居困难，联络同乡感情，保护行邦利益，并为同乡与同行谋求共同福利。目前保存完好的天津广东会馆，现为戏剧博物馆，建筑作工精细，内院的会馆大厅为中国古式剧场，在建筑艺术上有很高的成就。

Gupta Art 笈多艺术

　　4至6世纪盛行于北印度各地，由于笈多王朝出现一个保护文艺的富裕阶级，传统文学、音乐、戏剧和造型艺术空前发展，为印度艺术的黄金时代。佛教雕塑艺术主要强调佛和诸菩萨形象，影响着后世佛教艺术的发展。笈多建筑在形式上开始脱离木结构

的型制,佛塔更加高大,周围台地增多,鼓形石柱和圆顶增高。笈多王朝和笈多后期绘画的杰出代表是马哈拉施特拉邦的阿旃陀石窟。该石窟的绘画以精致的技艺把高尚的精神情操与极乐的大千世界灵活地结合为一体。这是笈多时代各种艺术所共有的特色。

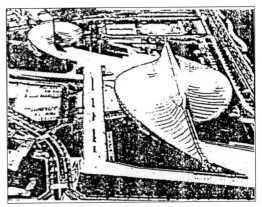

代代木体育馆

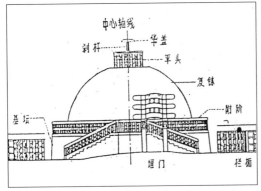

中印度典型窣堵波

Gymnasium 体育馆

体育馆是配有专门设备而供进行各种体育运动之用的大型建筑物。在古代希腊,各重要城市至少有一处体育馆。体育馆一般由国家兴建,有的是演习体操的场地,有的则是设有更衣室、洗澡间、训练馆和特殊比赛场地的雄伟高大的建筑物。古代希腊的体育馆还是教授哲学、文学、音乐的场所,并附设图书馆。

Gypsy Vans 吉普赛人的大篷车

吉普赛人原住印度北部,屡次迁移离开印度,11世纪到波斯,14世纪到东南欧,15世纪到西欧,20世纪遍及世界,以流浪生活为生计。兽医问世以前,很多农民依靠吉普赛卖家畜的商人指导牧群的养护和管理。虽然现代吉普赛人仍四处流浪,但他们的生活也反映了外部世界的进步。他们乘坐带有大篷的汽车、卡车和拖车旅行,以出售旧汽车和拖车代替贩卖家畜。不锈钢的炊具淘汰了补锅业,一些城市的吉普赛人成为汽车技工和修理工。四分之一的吉普赛人住在罗马尼亚、南斯拉夫、匈牙利等地。吉普赛人的大篷车很有特色,车外有华丽的木雕装饰,车内有床、柜、坐席、火炉,车的前后有存货的仓,车内布置如同装修典雅的古典船舱一样,窗帘考究,雕刻精细,火炉上还有出气的烟囱。

Habitability 栖息地

栖息性是一切生物的需求,也是人类对于地区之强烈的维护性,任何环境都可以由栖息地提供给维持人类机能以及符合人类身体之适应性程度,得出栖息性的评判。从地区的负面情况来看,如疾病的蔓延、空气的污染、恶劣的气候、反射太强、灰沙太多,意外灾害频繁、水体污垢、有毒之垃圾等来判断其不适合居住。人们通常在暂时可以承担的情况下,对长远的不舒适及病害不表态,也看不到它的日益严重性。人类的这种认识是个缺陷,因为它对于人类适应环境压力所负担的长期花费不曾加以评估和了解。建设的业主考虑的仅是卫生及结构安全的最小标准,大环境及社会问题引发的其他生物上的毒素未能控制,在这方面可以使用生物工程和环境维护工程解决。

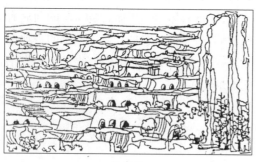

栖息地

Habitable Space Standard 居住面积标准

在城市规划中每个居民平均占用居住面积的数量指标,单位为 m²/人居住面积指居室的使用面积,厨房、卫生间、过道等辅助面积不计在内。居住面积标准是城市居住水平的基本指标,反映一定时期内国家的经济水平和人民的生活水平。

Habitat 住、生境

住是对居住者的容纳,也是为居住者提供生活行为的场所,因此住屋不仅只是一般的实质空间,而且必须是对应着居住者不同的生活行为或生活轨迹所呈现的空间形态。同时居住者对于家屋特有的心理状态,意识形态、伦理观念等,都将左右乡土民居的营建。此外,居住者主观条件的延伸形成对居住空间领域的界定,以及居住者个人特有的生活方式、意识、观念、等主观条件。还有建立在当时的社会环境、传统习俗等客观条件,都将直接影响实质民居建筑的空间与形式的形成。

生境或称栖息地,一个生物体或生物体组成的群落所栖居的地方,包括周围环境中一切生物的和非生物的因素或条件。被寄生物所栖息的宿生生物体与树丛等陆地生境或水池等水生生境一样,也是一种生境。生境中物种和环境条件较为一致的最小地形单位,称为生境小区,例如沙滩。小生境指与植物或动物毗邻的环境条件和生物体。随着现代环境建筑学的发展,生境的概念被广泛的运用于生态建筑学之中。

Habitation Form in City 城市居住形态

城市居住形态可以理解为在城市中居住的"形式"和"状态"。我国城市居住形态的第一个特征是居住人口的高密度化。第二个特征是纯居住性。居住行为的复杂性和多样化构成了居住形态的第三个特征。城市居住形态探索的途径分以下几个方面。1. 居住密度：节约用地是衡量住宅经济性的一个重要指标，在满足居住的必需条件下如何提高建筑的密度就成了人们最关心的问题。2. 居住布局：一个好的布局会带来良好的居住形态。3. 居住的起居行为：人们起居行为的多样化和家庭组成的复杂化要求居室布置也作相应变化，这种行为的改变给居住形式带来很大的变化。4. 居住的领域性：通过设计的处理和行政管理多方面来解决居住的安全问题。

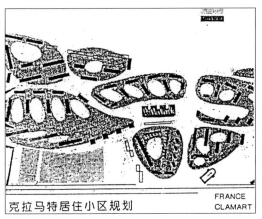

克拉马特居住小区规划

FRANCE CLAMART

城市居住形态

Hacienda 种植园

通用西班牙语的美洲国家的大地主庄园，当地农村社会中的一种传统体制，殖民时代建立的种植园一直残存到 20 世纪。19 世纪的墨西哥约有一半以上的农业工人被日工制度所束缚，种植园主们形成了地主阶级，并控制地方政府，享有特权。

Hadrian Mausoleum 哈德良陵墓

哈德良陵墓是为古罗马皇帝哈德良修建的一座规模宏大的陵墓，建于 135 年，位于罗马城西北台伯河西岸，下部是 91.4 米见方、高 22.9 米的基座，大理石贴面，4 组骑乘群雕位于 4 角。基座之上是主体部分，为直径 73.2 米、高 45.7 米的圆形结构，墓室在其中，外墙为实心柱廊，每根柱前立一雕像。主体结构之上是大理石砌阶梯状圆锥形穹顶，上植常青树，冠以两轮战车雕像。整个陵墓尺度巨大，封闭厚实，结构全用混凝土浇成。墓室内部用大理石衬砌，石棺位于正中。该建筑经历多次变化，先后成为圣安基洛城堡、兵营和博物馆，建筑经多次破坏与修复，与原先的面貌有了很大改变。

Halawa Dwellings, Egypt 埃及哈拉瓦民居

埃及哈拉瓦乡土民居是以砌石为主的砖石建筑，用卵石块砌墙和基础，支撑上部的砖石拱券。近代则把首层墙壁以上采用多种结构形式，常用钢筋混凝土的拱形顶或平顶代替，外形仍保持传统哈拉瓦民居风格，外墙表面白色抹灰或露明石块。庭院是宅内生活的核心部分，围绕庭院布置卧室和服务部分，由内院可见优美的拱券、室外楼梯和伊斯兰风格的花窗。居室和卧室内部是白色的墙面，嵌在墙内的格架称 Cairene，为埃及式的陈设，窗户上的 Mashrabiyya 花格幕以及露明木梁的顶棚，都表现传统工艺风格，兼作有效的通风隔热装置。民居室外庭院的形状，大小，封闭、不封闭或半封闭的庭院都使人感到舒适。

埃及哈拉瓦民居

Half-Hidden Garden　半隐藏的花园

　　花园与住宅之间最巧妙的空间处理是苏州住宅中的园林建筑,花园与住宅建筑有分有合,若隐若现,可称之为半隐藏半蔽式的花园。布置住宅的庭园要求有一定的私人隐蔽性,又要求与街道和入口有联系性,布置在半前半后的位置才能达到这种隐与现的平衡。设在跨院旁边的花园最好,以高墙和街道分隔,通过小路、门道、廊庑、花架通达内外的空间,还可以通过花窗窥视街道,又可以照顾到前门或通向前门的小路,后院则用于贮存物品。在苏州宅院多样的花园布局中,我们可以吸取很多半隐蔽式花园布局的优秀手法,特别是那种把居室和花厅组合在建筑的天井之中,花园与房屋之间若隐若现地交织在一起,所创造的环境与光线的效果,花园居于住宅的前、后和中央,花卉植物贯穿房屋,房屋穿过庭园,住宅与花园,天井的光感有机地结合在一起了。

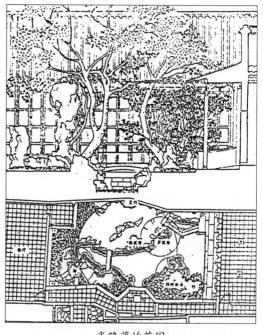

半隐藏的花园

Half-Open Cave House, East Gansu　陇东半敞式窑洞

　　半敞式窑洞多分布在原沟,呈两层院落的形式,也有平房与窑洞相结合的。民居按2种不同的使用空间的气候效应达到"冬居窑洞夏住房,各得其益巧分合"的灵活居住条件。半敞式窑院往往是结合天然冲沟布局的,黄土高原上的冲沟如不加以整治将扩大和延伸,蚕食耕地面积造成水土流失。在冲沟边的民居建设可以改善现有的冲沟环境,并控制住水土流失。半敞式窑洞民居建于冲沟之中可节约耕地,农民经营自己的家园,在沟壁上种植绿化阻止了冲沟的扩展,这种民居的选址对保护自然生态有积极意义。

Half Open Wall　半截墙

　　柱子之间的半截隔断和透空的花墙,带装饰性柱子的柜台等,可以和邻间有分有合,创造一种开敞与封闭之间的平衡。在前厅或起居室中运用半截墙,可增加空间变化,显得美观。例如,房间中如有相互连接的柱子,深深下垂的梁,拱形隔断或厚厚的矮墙,等等,都可以在大空间中创造小天地。在浙江民居和藏族的民居中,都有许多这方面的好例子。这种手法也可以用在室外,以体现房间和外部空间的联系,达到内外空间之间的相互流通。

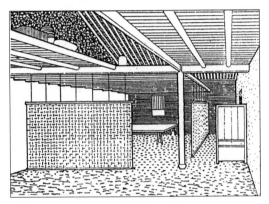

半截墙

Hall in Housing Design 住宅设计中的厅

　　民居中的厅如北方的"堂屋""南方的大厅""厅屋"等,都是用厅来连接周围的房间,功能上为各室的枢纽,也是一家人起居活动的地方。住宅中的小方厅于20世纪50年代末出现,在额定的面积内把单纯的交通空间变为可供使用的空间,把1.2米宽的走道加宽到1.8~2.0米,几十厘米之差,可变交通面积为使用面积。大方厅式住宅是当居住面积指标提高到每人5~6平方米时,如何把方厅进一步改善,作为一个起居室空间来使用。使每户多一个切实可用的空间,起到民居中"厅室""堂屋"的作用。这种方案的优点在于:1.宜于长期居住;2.宜于分室;3.改善了居住条件;4.改善了一室户的户型平面。

住宅设计中的厅

Hall of Light 明堂

　　中国古代天子布政、朝觐和祭祀祖先的场所,明堂之名起于西周,后世对其形制已很难考证。古代著名明堂有汉元始四年(4年)王莽在长安所建,是当时流行的台榭建筑;另一为武则天垂拱四年(688年)在洛阳所建。方300尺,高294尺,三层楼阁,屋顶下方上圆。下层布政,中层祭祖先,顶上立铁凤,是唐代著名的大建筑。

Hall of Prayer for Good Harvest 祈年殿

　　祈年殿为中国明清两代帝王祈求丰收的祀殿。在北京天坛内,建于高3.5米,面积3.2万平方米的台上,围成庭院,四面各开一门。祈年殿平面圆形,直径30米,高38米,上有三重檐的蓝色琉璃瓦圆锥形屋顶。殿身有12根檐柱和12根金柱,分别承托下层和中层屋檐,中心有4根龙井柱,高19.2米,柱间有圆形额枋,上立8根瓜柱,共同承托天花藻井和上层屋顶。构架精巧,外形浑朴,色彩绚丽而庄重,外形和室内空间都设计为层层向内收缩,造成向上的运动感,浮在林端,形成与天相接的气氛。1420年始建时为矩形,1540年改建为圆形,1889年毁于雷火,1890年重建。

Hall of Saintly Mother of Jinci Memerial Temple 晋祠圣母殿

晋祠圣母殿在山西太原西南郊,是一组有园林风格的祠庙建筑群,沿主轴线上建有石桥、铁狮子、金人台、献殿、飞梁、圣母殿等。圣母殿重建于北宋天圣年间（1023—1032 年）,朝东,面阔 7 间,进深 6 间,重檐歇山顶,殿内无柱,内有 42 尊侍女塑像,神态各异,是宋塑中的精品,飞梁是圣母殿前方形鱼池上一座平面十字形的桥,四向通到对岸,既是殿前的平台,又利用地形布置了鱼池。桥下立于水中的石柱和柱上的斗拱、梁枋都是宋朝的原物。

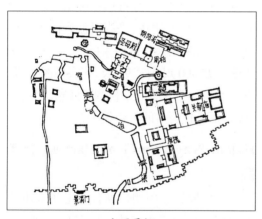

太原晋祠

Hall of Supreme Harmony 太和殿

太和殿是北京紫禁城皇宫中的主殿,民间称金銮殿,是明清两代举行登基、朝会、颁诏等大典的地方。始建于 1420 年,原面阔 9 间重檐黄琉璃瓦庑殿式屋顶,建于高 8.13 米的汉白玉三层台基上。后经多次重建,1669 年改为面阔 11 间,现存建筑为 1695 年重建的。殿长 60.01 米,高 26.92 米,面积 2377 平方米。前有柱廊。殿中木柱沥粉蟠龙贴金,承托天花藻井。柱间设宝座,是明清两代最大的殿堂,殿前由楼、门庑围成紫禁城中一系列庭院中最大的庭院。

Hanamichi 花道

花道是日本歌舞伎使用的一条从剧场后部通过观众席并到达舞台的通道,是在观众厅通道右侧与观众头部相齐的平台。有时设在主台对面与舞台相平行处,还有一条较窄的通道。花道曾一度被用为向演员奉献鲜花和礼物的台道,故名花道。18 世纪以来,它是歌舞伎表演不可分割的一部分,用于引人注目的角色的上下场和行列式,战斗等高潮场面,有助于观众与剧情的情感交流。从表现布景方面,它可以表示一片森林,一条山路,一处水道,一条街道或一条通往宫廷内院的仪式性小道。

Handsome Gesture 姿势

姿势是与人的感情密切联系的一种形式美,在人的视觉环境中,大自然的姿势以及人为环境中所创造的物体造型姿势,均能唤起观赏者不同的情感。树的姿势中有向上的、向下的、水平的、团状的、葡状的、双对的姿势等。在新疆沙漠风化的岩石堆中,有一座成为"魔鬼城"的天然环境,昆明的石林、漓江山水等就是大自然塑造的人情化了的奇妙姿势。雕塑家亨利·摩尔在纽约的林肯中心建筑广场上的大水池中作的"巨人和手臂",表现的是想象中水中巨大的人体举着手臂的姿势。

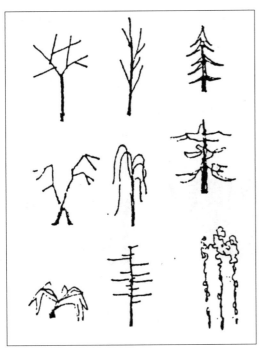

姿势

悬鱼

Hang Fish Ornament　悬鱼

中国民居悬山山墙博风板交点处的悬鱼是建筑装饰中成功的艺术品。悬鱼以木板制,悬挂在山墙的博风板上,有很多纹样和形状,有的是一条小鱼,有的是双鱼古钱、云草花纹等,造型优美。悬挂在山尖的正中,离开山墙一定的距离,鱼的背后有一根铁条与山墙固定。悬鱼除本身作为装饰以外,悬鱼的影子落在山墙上面显出悬山檐挑出的深度,同时鱼影和鱼后铁条的影子落在山墙的阴影图形随日照也在变化中,好像一副有动态的浮雕。在法式建筑中悬鱼在不同的朝代有形式上的演变,在民居中则表现出强烈的地方风格。

Hang Temple, Shanxi　悬空寺

山西省浑源县南郊的悬空寺位于大同市东南 75 千米处,居北岳恒山 18 景之首,创建于北魏后期,距今 1400 多年。悬空寺背倚翠屏,面对恒山;下临山谷,上载危岩;依山作基,就岩起殿;栈道飞跨,楼阁悬天;造型奇特,结构惊险,是一座镶嵌在石壁上的半石窟建筑。全寺共有殿宇楼阁 40 间,皆对称之中有变化,分散之中有联络,高低错落,参差有致,虚实相生,曲折变化。整个建筑物后部及两侧都是以岩代木,有机地和悬崖峭壁结合在一起。

Hanging and High-Rise Home　悬吊的家,高层的家

阳光下雨水的下滴,蜘蛛网和蜂窝,都启示人类构筑悬吊的家屋,木造的可以跟随树木动摇的建在树上的家屋;尖顶立面的家屋就像一支海螺悬浮在空中,卷贝形态的塔楼,表现张力的蜘蛛网;贝垂形的生物;下垂的枝叶上的虫鸟巢窝,用树的枝叶编织的巢窝构造;都是人类建造家屋所模仿的方式。直到挂在树上的吊床,挂椅和秋千,全都是吊下的家屋的启示。悬吊的城市空间计划也许是人类未来家屋组合的一种方式。几何规整的六角形的蜂窝好像是多层的窗户,

是昆虫集居的巢窝方式,现代化工业城市土地昂贵,迫使人类的家屋向高层密集发展,高层塔式的公寓住宅,好像建筑师赖特设想的那样,建筑如同一颗玻璃大树,钢筋混凝土的树干支撑悬挑着若干层水平的楼板枝干,外罩以轻型的玻璃表面,称之为高层玻璃树。

悬吊的家,高层的家

Hanging Garden of Babylon 巴比伦空中花园

巴比伦空中花园建于公元前 6 世纪,是新巴比伦国王尼布甲尼撒二世为他的妃子建造的花园,希腊人称之为世界 7 大奇观之一。花园建于 20 多米高的高处,引其下面的幼发拉底河的河水浇灌高处的植物。希腊历史学家对此园有不同的记载,据描述建有不同高度越上越小的台层组合成台阶般的建筑物。每个台层以石拱廊支撑,架在石墙上,台层上面覆土,种植花草树木,顶部有提水装置,人造山远看宛如悬挂在空中,可算是最古老的屋顶花园。

Harmony 调和

调和指差异很小,调和借助构图要素之间的协调及连续性,以取得调和所产生的美感。调和可使杂乱的现象得到整顿,把调和

与对比两种构图要素结合起来运用,才能达到既有变化又协调一致的效果。在环境构图中,有线型、色调、质感、大小、形状和方向的调和等。色彩与质感的粗细以及材料纹理的变化,对于创造建筑形象的调和美也有重要作用。古典作品比较强调调和,而现代摩登主义建筑又过分追求对比。

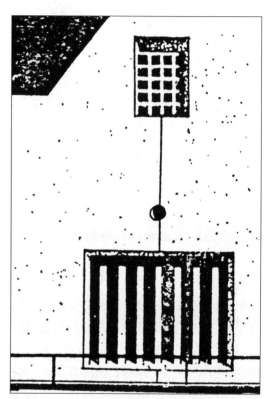

利用大小窗栅的尺度对比和划分,形成和谐的比例调和

Hartov Log House 哈尔托夫圆木屋

前苏联哈尔托夫圆木屋较东西伯利亚木屋更加简朴,更适应北极的严寒气候。作为仓贮的木屋高架在半空,以保持食品的新鲜和防范野兽的偷袭,以独木楼梯上至平台。为了保持温和避风,房屋非常低矮,较大的木屋以横墙分间,较高的空间部分可设楼板,分 2~3 层。外观低门小窗,在压顶的木脊上以及构件木连楼处作造型简单的木

雕装饰。

Harvard Graduate Center，Cambridge 哈佛大学研究生中心

哈佛大学研究生中心位于美国麻省哈佛大学校园北部一块楔形地段上,建于1949年,由格罗皮乌斯主持设计。包括7栋学生宿舍和1座公共活动楼,共8栋单体建筑灵活散布,走廊相连,将梯形基地分隔成尺度宜人、风格各异的院落。公共活动楼呈弧形,底层透空,2层是大玻璃窗,楼上的餐厅容1 200人。7栋学生宿舍几乎外观一样,巧妙地组合围合出3个形状各异的院落,打破了单调感。宿舍为混合结构,贴米色面砖,公共活动楼为钢框架,外墙花岗石饰面,部分为天蓝色玻璃砖,从整体到局部建筑造型简洁、优雅、朴实无华。建筑理论界常把其视为"理性主义"的范例。

Hawaiian Lashing 夏威夷的尖顶草屋

根据当地博物馆资料,夏威夷尖顶草屋是由古代原始穴居形式发展而来的,竹木的塔楼技术也日益改进,而且逐渐加大了结构跨度,屋顶的倾斜角度也逐渐向尖锥形发展,以创造内部高大的空间。夏威夷的尖顶竹木结构技术的历史发展说明民居由原始的地下简易棚户,结合当地材料及气候条件演进为尖顶棚户,进而取消了中间的支柱墙体,随着技术的改善逐渐加大了跨度和高度,其中竹木的搭接捆绑技术是夏威夷尖顶草屋的关键性技术。

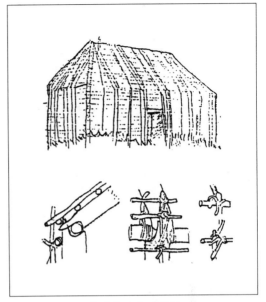

夏威夷的尖顶草屋

Hawaii Bamboo Sheltered，South Pacific 南太平洋夏威夷群岛的竹木棚户

夏威夷的棚户小屋以竹材为主体建筑材料,用高大的竹子捆绑搭接,建成尖顶小屋,外铺草叶作屋顶和墙壁。竹木小屋构造简易,施工方便,防雨,防晒。施工中对竹材的切削,作顶架和墙壁的捆绑节点,有熟练的传统技术。把作柱子的竹筒顶端切削成榫状与横向的竹材捆绑牢靠,排挂草叶作墙壁,遮阳又通风。草叶和棕榈叶的挂接也有熟练的搭接方法和技术。

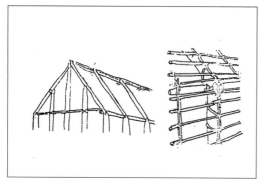

南太平洋夏威夷群岛的竹木棚户

Hazard 艰险

中国古代的造园技法中,有"水令人远,桥令人危"的名句,说的是在人为的园林景观中,小桥流水要作的有危险之感,创造一种"艰险"的趣味,这是造园的重要手法,也是充满感染力的环境造景手法。在喷水池、泉水、山石的设计和堆砌中,有时故意作的艰险,亦取名有艰险的含义,以增加对自然景观惊险的联想。如杭州的溪流称"九曲十八间""九曲桥""一线天",北京香山的"鬼见愁",苏州的"狮子林",等等。顾名思义,在景观环境中力求创造艰险之感。

He Yuan, Yangzhou 扬州何园

何园又名寄啸山庄,位于扬州市何园巷,光绪年间道台何芷舠利用乾隆时双槐园旧址扩建。占地约 4 000 平方米,以双层复廊将园分东西两部,东部为入口及厅堂,西部为园林主体,以水池为中心,池东建池心亭,建筑楼阁起伏自然。何园因成园较晚,住宅已采用洋楼形式,园林空间开敞,建筑风格雄健,具有世俗生活气息。何园着意创造一种起层楼于山岩之间的意境,这是园主当年命名"寄啸山庄"的初衷所在。

Heat Conduction 热传导

从一个物体传热到另一个物体时,传导的快慢依据砌体的材料的性质而不同,传热快的称良导体,砖类是较次的良导体,孔隙性的粗松材料如矿渣、软木等都是不良导体,空气在建筑材料的孔隙中,也是不良导体。热量单位:在计称热量时所用单位为大卡或千卡(Kcal),一大卡的热量,能使 1 千克水的温度升高 1 摄氏度。

Heat Conductivity 导热系数

各种建筑材料的保温价值,可用导热系数来衡量,单位导热系数,普通都用 λ 代表。它的意义就是当围护结构的厚度为 1 米时,其内外两表面的温差在 1 摄氏度的场合下,在 1 小时内,通过面积 1 平方米,所导的热量(以大卡计),孔隙性物体的导热系数视物体内的孔隙度和物体的容重而定,凡物体内所含的空气越多,它的导热系数越低,反之容重增加,导热系数也增加,孔隙性大小和粗糙的程度对于导热系数有较大的影响。建筑材料中含的水分,亦能影响导热系数,水分增加,导热系数也增加,因材料中的孔隙部分已被水占据代替了空气,水的导热系数比空气大 25 倍。

Heat Convection 热的对流

气体的热传播主要是由于热的对流,对流的发生是因为卫分的气体,受热膨胀,体重减轻而上升,其余较冷的卫分的气体,重而下沉。人们运用空气不良导热的性质(导热系数很小,只有 0.02)于外围护结构,将外围护结构筑成两层墙,中间组成一封闭的空气层,但经验证明,这种结构热工质量仍十分低,因为在这时封闭的垂直空气层中,除了空气的导热作用外,还有对流与辐射的作用。热对流的传播系数与导热系数不同,它不是一个常数,而是因空气层厚度,层中空气温度,及空气层两面的温差而异。热对流的传播系数是随空气层厚度的减少

而降低，原因是由于在狭隘的空气层中，上升下降的气流会互相妨碍着而使传播系数减小。当空气层的厚度减少至 5 毫米以下时，传播系数的值就等于零。因此用几层狭隘的空气层来代替整个厚的空间层，在热工质量方面要好得多。

Heaven-Earth-Human Coordination 天人合一

"天人合一"是中国传统审美的最高境界，是人与自然精神交流的顶峰。中国哲学的主体应推儒家的实践哲学，它一直就是中国统治的哲学和意识，魏晋王弼创立的玄学，儒道兼综，由于《易经》与《中庸》思想的加入，使中国传统哲学的主要观念是天与人的关系，即天人哲学。天人哲学，"以物类推"，其思维模式是，从自然之天具有政治道德属性——人本乎天，即人类社会的政治道德规范与天之阴阳五行的生胜相统一。表明天人同理，同者相益，异者相损。天者互感，天人合一。它反映宇宙间万事万物是普遍联系的，带有神秘色彩和模糊性的哲学，无处不在。风水理论就是在这种传统自然观背景下逐步完善的。

Hedge Classification 绿篱的分类

1. 按高矮分：（1）高篱，1.5 米以上的高大绿篱，防风遮阳用；（2）普遍篱，常用的 0.5~1.5 米，对视线无障碍；（3）矮篱，0.1~0.5 米，常用于花坛边、路边等装饰边缘。2. 按用途分：（1）背景篱，作花坛、雕像、座椅等景物的背景；（2）风障篱，作局部防风或遮阳用，高大、密植；（3）刺篱，郊外庭园为防止有害动物侵入；（4）边篱，一般以常绿无刺植物作庭园边界，如花坛边缘、路边等。3. 按植物种类分：（1）观叶绿篱，占大多数，一般常绿植物间或有落叶植物，以观叶为主；（2）观花绿篱，有美丽之花可供观赏的灌木，成列栽植；（3）观果绿篱。4. 按形式分：（1）自然式绿篱，一般不加修剪，只在冬季加以整理，观花观果的绿篱常属自然式，在自然式庭园中可任其自由生长，颇有天然情趣；（2）整齐式绿篱，经常需要人工整理，有水平式、波浪式、尖顶式、城堡式、凸凹式为其他各种曲线变化。

Hedge Gate Making 绿门的制作

1.5 米以上的高篱常在出入口地方将绿篱扎成绿色拱门。其制作方法先将预作绿门两侧的绿篱升高生长不加修剪，或直接栽入高大的植物，生长高度可以左右相接时用小钢丝扎成理想的形状。经多次修剪促进分枝，枝叶繁茂后成为绿色拱门。

绿门的制作

Hedge Plants 绿篱植物

适于作绿篱植物的条件：（1）有美丽的叶花果可供观赏；（2）具有灌木性能由基部分枝，且枝叶繁茂；（3）能耐修剪，抽生新枝叶容易；（4）因栽植较密需要材料较多，故需繁殖容易；（5）病虫害较少适于当地风土的。其他如刺篱需要有刺植物,风篱需要生长高大等,观花观果绿篱最好花序顶生易于观赏,整齐式的观叶绿篱需要叶面光滑、叶形较小、生长繁茂,方能耐多次修剪。可作为绿篱植物的针叶树:在针叶树中小枝直立或开展而并非下垂的;枝叶繁密而分叉容易的,耐修剪的。举例如下:柳杉类、柏木类(适于网球场用)、日本扁柏类、紫杉类、侧柏类、罗汉柏类、圆柏类、落羽松、铁杉等。可作为绿篱的常绿萝叶树如:女贞类、冬青类、黄杨类、大叶黄杨类、十大功劳类、石楠类、海桐类等

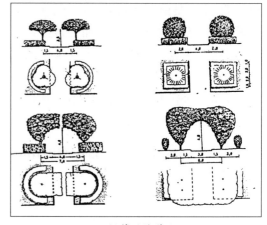

绿篱的修剪

Hedge Prune 绿篱的修剪

经常维持绿篱的整齐美观并充分发挥其人工美,修剪工作是经常的、细致的、有艺术性的管理工作。修剪的工具有清剪长凳或架梯使高矮适合于工作。修剪一般在生长季内(4~10 月)。1. 新梢不断生长,其长度在 10 厘米左右时,2. 新梢的生长虽不满 10 厘米,但足以影响整个绿篱的线条美时。修剪的方法,有以平面互相结合而成的立体式,也有曲线与弧面相结合的曲线式。1. 立体式修剪,包括平顶式、城垛式、凸凹式等均属于平面的集合体,故称"立体式"。顶部的宽度应与基部的 1/2 或 2/3 相等,否则上宽下窄日久后下部因短少阳光而枯干形如伞状,颇不美观。2. 曲线式修剪,波浪式的绿篱在顶面上有凹入的弧形起伏,又在表面上有凸出的弧面,需有精巧的技术,为求曲线的准确美观。可以利用下列方法辅助进行。(1)垂线法,利用麻绳下垂所形成的弧线造成水平方向的凹入曲线。(2)透视法,用于凸出的曲线,先将理想的形状用硬纸剪成一个 10 厘米以内的模型,先粗剪一个轮廓后,即用此模型以眼睛瞄视,发现不整齐的地方加以修剪。

Hedge Transplant 绿篱的栽植

栽植的方法按其步骤如下。1. 放线,决定沟的宽窄同时也决定了绿篱的形式。(1)单行栽植,沟内只栽一行,每株植物空间大,每株间容易去除杂草,中耕施肥较便利。单行沟宽一般在 30 厘米左右,深度视土壤情况而定。(2)双行栽植,凡生长迅速耐修剪的树种又在急于求成的要求下采用双行栽植。2. 施基肥,基肥如人类尿浸过的或碾碎的豆饼或麻饼,或其他腐蚀的基肥堆肥等施于沟内,再倾入部分表土拌匀整平再薄盖一层土壤,总的厚度以填满沟深的 2/5~1/2 沟边成三角形栽植,但两行之间要填紧踏实。栽植距离女贞为 25 厘米,小桑 40 厘米,麻叶球 50 厘米,依生长速度,分枝能力,枝叶疏密习性而定。

Heliport 直升机场

直升机场的跑道有 60~80 米已足够,飞行地带附近受一定限制,飞行地带宽同跑道宽,按 15° 角扩展,跑道侧边缘到障碍物 30 米,应有不大于 30° 的倾斜度,30 米以外障碍物高度不受限制。按职能场地有基地,储存飞机,可在机场内,另一种可建立在地上或屋顶,设置在线路上。设在地上的机场

应有铺砌路面的跑道和旅客厅，一两个直升机停放位置、道路、月台和必要的福利设施，如地下燃料库等。在屋顶上的中途停机场，仅适用于大城市，要有必要的客运设备，优点是可缩小跑道和飞行地带范围，可安置在城市中心部位。屋顶的标高应高出周围的大楼，场地面积各国不同，苏联 121 米 ×90 米，双路道，美国芝加哥 55 米 ×55 米，英国利物浦 180 米 ×88 米。

Helsinki Main Roilway Station 赫尔辛基火车站

赫尔辛基火车站始建于 1906 年，建成于 1916 年。由建筑师伊利尔·沙里宁（Eliel Saarinen，1873—1950 年）设计。赫尔辛基火车站是北欧早期倾向于现代派的重要建筑实例，带有折中主义色彩，其内部装饰具有新艺术派的倾向。根据火车站交通流程及活动要求，组织了灵活、流畅的建筑空间。优美的钟楼和醒目的圆弧形拱券状出入口更具特色。屋面檐口的精致工艺反映了当时新艺术运动的特征，建筑与工艺艺术的结合，檐口下部的装饰吸收了传统建筑的手法，主体墙面简洁、明快的线条是现代建筑的发展趋势。芬兰的"民族浪漫风格"（National Romantic Style）由原始的芬兰传统建筑发展而来，舍弃了轴线对称构图，由自由的平立面所代替，并借助于材料表现其效果。赫尔辛基火车站于 1904 年设计竞赛中中选，受到国际赞誉。

Herringoone Wooden Truss 人字屋架

人字屋架的横向构件有人字木，横向斜撑、横木、水平撑。人字木相当于斜放的梁，横木用木板或半圆木制成，将人字木夹紧钉牢。人字屋架间距 1~2 米，纵向构件有大梁、中柱、卧梁和纵向斜撑。大梁常设在屋脊处的人字木之下。也可设在屋脊的两侧，两端支撑在山墙或内承重墙上。对称形式的人字屋架，在跨度中点有一个或两个支撑构件，不对称形式结构的支撑构件不在跨中。人字木间距视挂瓦条、屋面材料及屋面荷重而定，人字木屋架的纵向结构在每一中柱处要设置一对纵向斜撑，与大梁相交的交点用扒锯扣住。人字木屋架除宜用于间距小、跨度大建筑之外，用料断面小，用料短、方木圆木均可利用，可利用细小之木料，构件轻巧，省工省料。

Hierarchy 层次

建筑格局的安排要按其使用的公共性程度，形成一个有层次的布局，按人们的亲疏关系布置宅院。所谓的建筑格局即指建筑反映社会生活中由公共性的部分引进到半公共性部分，最后到达私人性质部分的布局层次。同时层次也包含建筑空间构图中的层次概念，反映建筑空间的序列关系，即主从关系和渐进的关系。建筑的空间布局要作到层次分明，在渐进的空间变化中体现层次感。从中国的传统城市布局到故宫、四合院、园林等均有鲜明的空间层次感，建筑的立面处理也应具有丰富变化的层次。

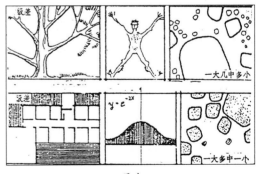

层次

Hierarchy of Living Space　居住空间的层次

在现代建筑理论和其他学科关于聚落的研究中,都反映出比较明确的层次概念。舒尔兹的《存在、空间、建筑》一书,亚历山大的《建筑模式语言》一书,都将建筑的研究范围扩展到地理、区域和城镇分布等领域,理论的外延极为广大。在各种建筑理论和聚落研究理论中,住宅始终是一个最基本的层次,聚落(村落、城市)和聚落间或聚落群是两个更大的基本层次,在住宅内部尚有更小的组成部分或构件。居住空间可分为4个基本层次,区域形态、聚落、住宅、住宅的组成部分或构件本身。这4个层次所体现的是整体与部分的相对关系。层次的划分不是专业分工、条块分割,而是要建立一个整体与部分相互关联的居住空间系统,层次又是客观现实中宇宙万物(包括建筑)的真实存在形式。

Hierarchy of Outdoor Space　户外空间的层次

在户外,人们总想寻找一个背后有保护感的处所,同时又能眺望前方空间之外远处的开口。这一现象表明使任何人感到舒适之处所要具备的条件,要有靠背,能看到更多的天空。在很小的户外空间例如花园中,要以角落作靠背,设置坐椅可往外看,如果安排恰当,就是个舒适的角落而无幽禁之感。在较大的户外空间中要使小广场或活动场所地面向更大的街景开放,具备这种规模时,广场和场地本身起某种个人可依靠的背景作用,从这一背景向外眺望更大的远景。因此在营造户外空间时,先要构造一个狭小的空间,使之具有"天然背景",每一占据这一位置的人背向这一背景可以往外看

到某一个更大的远景。

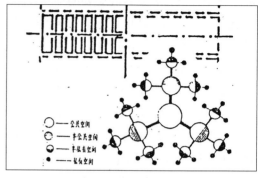

多层次外部空间结构

High Rise Building, USA　美国高层建筑

1. 美国除少数大城市较早有大量高层建筑外,只近20年来陆续建造。2.20世纪70年代后期市民外迁郊区之后,美国建造了大量高层建筑。3. 美国高层建筑中住宅占一定比重。4. 美国城市高层办公楼有2大类,专用的和出租的。5. 美国法规规定,一幢建筑的存在生命25年, 25年后可拆除在原址新建。6. 美国整栋高层建筑总投资很高,结构造价只占总投资的12%~15%。7. 美国城市高层建筑体型多为几何柱体、塔式,由于城市大多为棋盘网格系。8. 由于市区内高层建筑往往占满基地,产生"挤压效应",对居民不利,超法规高度则必须把地面层架空补赏市民享用。9. 由于业主及空间与艺术的要求,原有的结构概念要适应新的需要。

High Rise Residential Building and Residential Environment Quality　高层住宅与居住环境质量

高层住宅可以节约用地,高层住宅与多层住宅相同的容积下(开发强度),可以减少建筑的占地,降低建筑密度,加大住宅间的距离,并可利用斜日照使腾出的空地用于绿化。高层住宅使居住者在良好视线的前

提下保证其私密性。高层住宅由于提高了建筑单幢容积,并使居住单元垂直发展,并且有利于城市综合管线如煤气、电力、集中供热、给水排水、电话电讯的布局和设置,使城市建设综合管线费用降低、维修费用减少。在旧城区危旧房的改造中(允许盖高层住宅为条件)可以少拆旧房、多盖新房而使拆迁费用降低,并可利用节约资金滚动发展。高层住宅可推动新材料、新技术的开发研究并带动相关产业的发展,更多地提供楼座之间积极空间,使节约的土地用于提高居住区自然环境和社会环境质量,包括生活环境、生态环境、交通环境、景观环境。作到社会服务配套、清新、整洁、卫生、安全、秩序井然、视觉美观宜人。

高层住宅与居住环境质量

High Technology 高技术

高技术是人类智力发展中的最高进步,并被视为人类文化独特的成就。它是一种近代的特殊条件下发展的非常精彩的成果,当今的科学技术成就非常圆满而无可非议,现代世界上没有其他力量能与科技成就相匹敌,高技术被公认为是全部人类活动的顶点。高技术建筑已被视为人类建筑历史的

未来篇章和主题,高技术建筑的成就给予我们一个未来建筑发展的、永恒的、世界的信念。

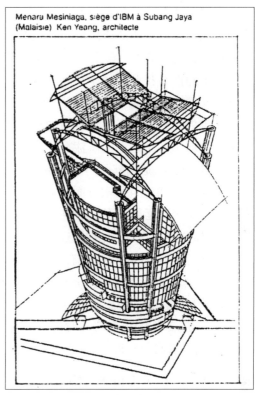

高技术

Highway Greenery 公路绿化

公路绿化对巩固路基、防雪、防沙、防洪均有作用,提供舒适安全的交通条件。公路绿化的类型有以下几种。1. 规则一行式,公路 3.5~5.5 米较窄的公路,每条边沟的内侧或外侧植一行高大乔木或块植小灌木及草本植物。2. 规则二行式,公路 6~7 米,边沟内侧或外侧并植两行高大乔木或块植小灌木及草本植物。3. 规则数行式,一级公路路面 14 米,植 3~8 行乔木配置灌木及草本植物。4. 防护林带式,路面较宽两侧用地宽裕,可营造 10 米宽以上林带。5. 风景式,通向风景游览区的公路,适合自然种植风景式

林带。公路绿化要根据公路技术等级的规
定设计。

Highway Planning 公路布置

大城市通常就是公路枢纽,通向工业、
仓库、货运车站、码头的道路应布置在生活
居住用地以外,通向市场、行政文化中心和
住宅区的道路直接与城市干道联系。国道
及省级干道应布置在城市建筑用地以外。
城市周围的环路是为了放过直通的车流和
分配驶向城市各个地区的车流。要避免公
路和铁路的交叉,通向郊区的公路要考虑技
术要求与条件和建筑艺术方面的美观。设
立专门市级公路运输服务的设施、汽车站、
服务站、加油站。各国沿用的国道与省道的
车行道宽度为 14 米,每个方向有 2 条车道,
中间有 1~2 至 3~4 米的隔离带,车速可达
100~120 千米 / 小时。县级公路一般 6~7
米,2 条车道,2 米宽边道,必要时可停车、超
车,或设行人及自行车道。

Hill Planning for Cluster Housing 山地住区

以山地住区特有的自然环境为基础,将
人工环境与之协调,塑成"山房一体""天人
合一"的空间组成,是山地住区的特色。起
伏的山地构成的住区空间,其地形、建筑、绿
化等应相互穿插渗透,构成重重叠叠的、多
层的空间体系。山地住区的建筑应巧用地
形,善用空间,诸如吊、挑、错、跌、悬、爬、抬、
架等形式。丰富而独特的中国特色住宅可
在山区中广为应用。在用地布置上,住宅之
间的空间可作成坝、坎、阶、沟、桥,以及"半
边行""廊式街"等中国造园的形式手法,它
们均可构成山地住区规划设计情趣宜人的
变幻境界。

Hill-Top Monolithic Village House, Morocco 摩洛哥土顶土楼

摩洛哥的地方传统是土体塔楼,高三
层,方形平面,厚墙小窗,夯土的质感粗犷美
观。土楼生土的表面材料提供了多种多样
装饰的可能性,特别是生土民居的门窗边框
的装饰法,一般运用质地比土更坚硬的材料
作成门窗的边料,既坚固又美观。伊斯兰风
格的拱形花格窗户,仿穆斯林风格的花饰砖
塔,丰富多彩的装饰纹样,等等,都表现了生
土民居的装饰特性。

摩洛哥土体土楼

Hilversum Town Hall 希尔浮森市政厅

荷兰建筑师杜道克(W. M. Dudok)设
计的希尔浮森市政厅(1924—1931 年),以
简洁优美的风格著称,是当时同类建筑中的
拔萃之作。杜道克对传统建筑材料——砖,
有特殊的爱好,而且运用自如,手法独特,不
同凡响。在市政厅的设计中,可以体验到他
在发挥材料性能特点的同时,结合节奏感强
烈的构图技巧,创造了一个优美动人的建筑
形象。完全称得上是"凝固的音乐"。此外
他在处理钢筋混凝土的手法方面也有独到
之处。从正门入口的雨棚设计,外露的构件
朴实无华,不加修饰, 4 根柱梁既不对称而

又有节奏地排列在一起,取得了特殊的建筑效果。落成于1931年,较奥斯特培格的斯德哥尔摩市政厅晚10年,而在时代感的表现方面有明显的差别,可贵之处在于杜道克敢于另辟新路,从而对现代建筑产生了积极影响。

希尔浮森市政厅

Hinge 铰链

铰链又称活页,用于门窗扇连着于门窗框梃上而可以开启闭合之五金。每扇门窗常用2~3个铰链,按门窗的大小重量选用不同种类、数量及大小的铰链。铰链可分为长铰链、抽心铰链及摘挂式铰链、升降铰链、单弹簧及双弹簧铰链、远心铰链等。抽心铰链的门窗可自由装卸,多用于纱门纱窗,升降铰链开启时稍上升,由其铰链的斜面自由滑下而自行关闭,弹簧铰链可向一个方向或两个方向开启并自动关闭,远心铰链可使门窗扇转180°,贴在墙上。此外尚有用于落纱门窗的简易万子合扇。

Hippodamus System 希波丹姆规划模式

公元前5世纪希腊建筑师希波丹姆规划的一种以棋盘式道路网为骨架的城市布局形式。在此前古希腊城市各为自发形式的,没有统一的规划。希波丹姆规划城市的典型平面为2条广阔并相互垂直的大街从城市中心通过,大街的一侧布置中心广场,街坊面积较小,以他主持规划的米利都为例,最大的街坊仅宽30米,长52米。他提出把城市分为3个主要部分,圣地、主要公共建筑区、住宅区。住宅区分3种:工匠住宅区、农民住宅区、城邦卫士和公职人员住宅区。公元前475年他主持米利都城的重建工作,公元前446年左右规划了雅典附近海港城市庇拉优斯;公元前433年规划了今意大利的塞利伊城。此后古希腊城市大都按希波丹姆规划模式建设。

Historical Cityscape 古城风貌

城市中的古建筑,是形成古城风貌的主要因素,在年代、规模、水平、质量、意义等方面各不相同,应区别对待,评价和鉴定,要制定一套评价标准。加拿大的鉴定分级:1. 建筑风格,结构、年代、建筑师、设计水平。2. 历史、任务、事件、文脉。3. 环境、连续性、标志性。4. 实用性、相容性、适应性、公用性、设施条件、保护费用。5. 完好度、是否原址、是否改建过等。保护与翻新,法国、意大利、埃及等国对损坏部分不轻易修补翻新。保护区中对比手法较之协调更为优越,对比越强烈,古建筑的地位越突出。过渡与隔离,用绿化隔离更优越。古城与新貌,应采取更切合实际的对策,古城总是要出现新貌的,这是城市发展的客观规律。

喀什民居的挑楼,过街楼

Historical Relic　历史文物

  历史文物主要有古文化遗迹,凡是古代人类生活工作活动过的场所废弃后保存在地下或地面上的遗迹。包括村庄、城堡、关卡、陶瓷窑址、古战场、宫殿、居室、市场、寺院等。古墓葬、遗物也叫流散文物,石刻艺术品,一类以石雕艺术为主,一类以文献和书法为主的石刻。墓志以及石刻经文,诗文、法帖、题记、典章、法令、医方、地图、记事、传记、行规、格言等。古建筑是古代遗存的有重要历史和艺术价值的地面建筑,包括宫殿、城堡、寺院、楼阁、亭台、古塔、桥梁等。其他有历史和艺术价值的字画、古版本书籍、玉、骨、玻璃雕刻及纺织品等。

Historic Styles　历史性风格

  在环境设计中会有一些历史性的形态,要借助特殊的空间手法及材料安排与其相联系。传统的造型可以借用参考,并从中取得设计的思想的缘由。完全抄袭不考虑当前的使用情况把旧的全拆重建都是不合适的。应该根据当今的时代、地方性特色发展到新的形态,可源习过去,具有新的时代感。沿袭某种历史性风格,要求设计者对各种特殊的形态造型及历史知识有专门的了解。同时,因为艺术家通常都走在潮流的前端,对于当今所流行的时髦样式与风格设计师也要探知了解,以求创造既是现代的又有历史意义的设计作品。

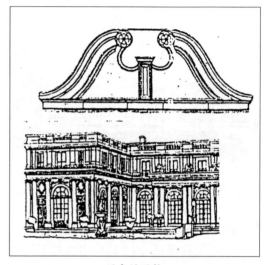

历史性风格

History　历史

  出土文物的外形,往往在很大程度上是被破坏了的,那么它为什么还会有审美价值而打动人心呢？甚至有的艺术品在外形上是未完成的,也常常比形式完整的作品还要珍贵。这是因为其中包含了把艺术看作是技术源流的历史性意义的因素。真正的优秀作品都创造了从自身开始的历史,从这个意义上,应该回到历史中去鉴赏艺术品。当了解了历史背景之后,对历史环境的真实内容进行思索时,细细琢磨,才能把握观赏对象的全部意义。

历史

History of City Center 市中心的历史

公元前希腊城市格里特和迈锡尼乃不规则的自然城市,街道建筑结合自然地形,庙宇前空出空地代替广场。希腊波斯战争后,规则城市时期,如普列、米列特、福利亚、罗德等有长方形广场。公元前5世纪以后采用自由布置庙宇的方式,雅典卫城表现了建筑群与自然环境的关系。1至3世纪罗马城市系统中使用了卵形和圆形广场。8至9世纪封建堡垒和寺院成了城市的文化中心。13至15世纪出现了放射环形规划系统,城市广场分贸易、公共和教堂广场,多为不规则形,市中心常由两三个广场组成广场系统。文艺复兴的市中心是公共广场,有集会、宗教游行、比赛及狂欢等活动,长方或梯形平面,四周围有拱廊。17

至18世纪重建改建的市中心,如罗马、伦敦、巴黎等,奥斯曼的巴黎改建乃最大工程,对华尔赛规划有巨大影响。18至19世纪初古典主义居统治地位,服从规则式布局,主广场占城市中心位置,此广场分布在街道的交叉点上。20世纪市中心往往由繁华的商业街道及两旁有利可图的建筑、旅馆和商店组成,广场四周的主要建筑有市政厅、银行、办公楼等。

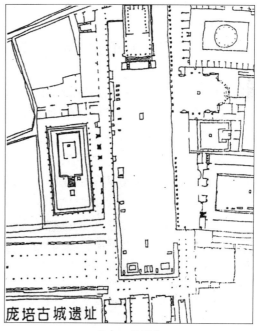

庞培古城遗址

市中心的历史

History Preservation Implementation Methods 城市历史保护的实施手段

开发权转移(Transfer of Development Right),是美国城市历史保护的一个重要实施手段,1972年提出,把历史性建筑基地中没有使用的开发权转移到其他基地上,这块基地上的建筑便可得到增加建筑面积的许可。通过这种转移和补偿,历史性建筑在未来开发中将不受影响,也从经济上解决了保护历史建筑的困境。有奖分区法也是实施手段,分区法规定,新开发建设如果对城市历史保护有利,如整体保护或保留一个局部作选择使用,均可得到增加建筑面积或资金奖励。减少或免收部分所得税是历史保护中另一个奖励办法。1981 年美国新税法规定,如果开发者有效地保护了历史建筑,将免征 25% 的税收。城市历史保护是对城市不同时期的建筑和环境的历史连续性的保护。

Hoating Sound Absorbers　浮云式空间吸声板

浮云式空间吸声板的吸声效率较之满铺式有明显的改善。这是因为,当吸声板由贴实改为悬空,满铺改为分散吊挂时,由于它的双面吸声作用而使其吸声效率大大提高。当吸声板由贴实改为悬空 30 厘米时,吸声系数显著增加。此种吸声板特别适用于大面积、多声源、高噪声的工业厂房。必要时还可配合采用适当的隔声、消声、隔振等多项降噪措施,以期获得更为满意的降噪效果。吸声板一般作成平面状,有时也可设计成弧形或折板状。

Hobby　爱好

爱好是人类生活中美的享受,有人喜欢钓鱼,有人喜欢打猎,有人喜欢花卉。运动、绘画、养鸟、养鱼、养小动物、集邮、照相……有相同爱好的人相聚在一起,格外亲切。在建筑环境中,要重视人们的爱好,促进和抒发人的爱好的习惯以增加生活环境中的情趣。例如我们能够从住宅外面陈设的鸟巢、动物的棚舍,渔网或渔具上面判断这家主人的爱好。在室内布置与陈设中,更应显示主人的志趣与性格和爱好,环境才充满个性。

Hollein Hans　霍莱茵·汉斯

霍莱茵是 1934 年出生于奥地利的著名建筑师,1960 年毕业于美国加州大学,从事建筑、家具、生活用品、展览及舞台美术设计。他的建筑作品既保持了现代主义的气质,又常常有强烈的后现代倾向,令人称奇又引人猜想。1964—1965 年设计了维也纳莱蒂蜡烛商店,面临闹市大街,T 字形门店,明亮的小橱窗十分显眼,室内空间和货架安排紧凑而雅致。设计时后现代一词尚未出现,小门脸默默无闻,10 年以后被称为后现代主义的范例。真正成功的作品是 1976 年奥地利旅行社,在大厅中将有用的和无用的装饰物组织在一起,无用的是亭子、椰子树、半截的石头和不锈钢柱子,救生圈、天棚下的海岛等,多余的东西渲染了旅行者向往的热带风光,引发游客的兴趣。1982 年设计了法国门兴格拉德巴赫市立博物馆,把大部分建筑埋入地下。

Hollow Bond Wall　空斗墙

用砖侧砌或平、侧交替砌筑的空心墙体。具有省料、自重轻、隔热、隔声等优点。适用于 1~3 层民用建筑的承重墙或填充墙。空斗墙在中国是一种传统墙体,明代以来被广泛应用。砌筑的方法分为有眠空斗墙和无眠空斗墙。侧砌的砖称斗砖,平砌的砖称眠砖。有眠空斗为每隔 1~3 皮斗砖砌一皮面砖,称一眠一斗,或一眠三斗。无眠空斗只砌斗砖而无眠砖,又称全斗墙。竖缝都应错开,传统作法多用特制的薄砖,现代已改用普通砖。空斗墙对砖的质量要求较高,楼角完整,灰缝砂浆饱满。空斗墙在墙体的重要部位要砌成实体。如门窗洞口及横纵墙交接处,勒脚墙,承重集中的部位。空斗墙有构造上的局限性,有些情况如门窗面积过大,地震区、土质不好等情况,不宜采用。

Home 家

家是居住者的领域,指居住空间对居住者产生的意义。包括居住者对住宅空间的归属感、亲密感、领域感或伦理的价值观、地位观等特性与程度。

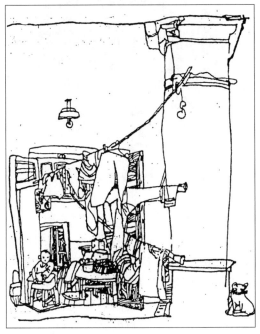

家

Home Door and Knocker 家门、门铍

当人到一组式样相仿的住宅群体之中时,他希望所有的入口都展示在眼前,很容易找到他要去的入口。主要入口的位置控制着全局,家门要明显易见,在感觉正确的位置上,其他平面关系才能通顺。中国安徽民居入口大门突出在建筑线的前面,夸张加高的门楼,色彩、光线和阴影都强调了大门的外形,明显有异于周围平淡的墙面,显得位置很明显,又用装饰的手法突出和强调了大门的外形。

门铍是中国民居中一件精美的装饰艺术品,一对兽面口中衔着门环,形象生动有趣,门环撞击金属发出清脆的叩门声。门铍是中国式大门的门面装饰,是结合功能需要的传统建筑艺术装饰品。门铍在进入家门时最先触到,西方现代住宅中也喜欢按上一对中国式兽面门铍,作为入门的守护。

Home in the Air 空中的家

也许是为了躲避野兽的侵袭,原始人类有时把家屋搭在树上,至今在印度的茂林中,在阿拉斯加以及南亚太平洋的岛屿上都有高架的空中房屋,人们把自己的家举在空中,如阿拉斯加的高脚木屋。建筑与大自然、太阳、风、大气是息息相关的,当人类技术进步到能控制和模仿大自然的气候条件情况时,超出了人类自身的愿望,人工环境却破坏了自然生态,空调技术和暖气效应不能代替天然的宝贵的大气与能量流的天然循环。民居中的天井,屋顶上的通风装置,自然通风孔道和开窗术,农家屋顶的气窗及阁楼层的隔热作用,等等,都是人类适应自然生态的、建造自己家屋的良好方法。人类的家屋是被环抱在大气之中的,高高架起的热带雨林中的民居好像是人们睡在吊床上一样,空气把身下的热量带走,并避开地面的潮湿。

Home on Boat 船上的家

人类离不开水,水在人的心理上占重要的地位,建筑形式中也表现最大可能的亲水性。但近代城市中大自然水资源被污染和浪费。在许多自然村镇中有天然的水系,宅旁的河流、泉水是非常宝贵的,可利用这些天然水系装扮环境,设想溪水流过城市;沿水岸保持生态平衡;养鸭和鱼蟹;建筑都注重水体的利用和与水的联系;设置步桥;以桥梁来组织和限定跨过水体的交通线;让水体形成村镇中的自然边界。世界上人类在江湖海上的家居很普遍,有水上的城市。水上的市场,如水城威尼斯、曼谷、香港、神户等处,都有水上定居的民居形式。水上游动的家是指居民生活居住的船,印度克什米尔的草船,中国扬子江上的各式帆船渔家,香港的水上人家,等等。

船上的家

Home on Trees 树上的家

印度的树上民居分层建在粗大的树干上,可由 4 尺高处的入口通达 5 尺高处的厨房,再登到 8 尺高处的主室以及 13 尺高处的卧室和 17 尺高处的第二间卧室。由这个实例可见,这种树上的民居的独特有趣的舒适平面布局以及寓于树木中的外观。由于树的摇动,房屋与树枝之间需要特殊的可以活动的节点构造。人类在远古时代就有把自己的家屋高举在空中的遐想,如湿热地区的高架竹木民居,可能都是由树上的家屋发展而来的。

树上的家

Home Work 家务

人除了睡眠和工作以外,家务活动占据人生的最大部分时间。人们常常把家务看成是烦琐、劳累,令人厌烦而又不能不作的日常杂务事情,好像人们不喜欢家务,提出"要从家务劳动中解脱出来"的口号。其实反对家务是违反人性的,家务活动是人类的天性,家务包括烹饪、睡眠、理财、杂物管理、收拾生活卫生、布置园艺、娱乐等。"吃"是家务中最主要的内容,在住宅设计中,厨房则是家务环境的关键。建筑师要作好家务环境的设计。

Honey Comb 蜂巢

在混凝土浇制中,因捣实不良致水泥浆无法填满粒料的空隙所留下来的孔洞。金属铸造物内部发生割裂状态的空隙部分均称为蜂巢。Honey Comb Board 为蜂巢板,有夹心层的利用浸透树脂之纸材料成蜂巢状的板,两侧表面黏合石棉板、金属板、塑胶板等成型之合板材。其特点为重量轻、隔热、隔音性能良好。Honey Comb Structure

为蜂巢结构、蜂巢状结构构件之总称,如蜂巢板、土粒状之蜂巢结合状构件等。

Honey Comb Dwellings North Syria 叙利亚北部阿兹密克蜂窝式民居

叙利亚北部的平原,极目不见一片树林,干旷平原植物主宰着大地,每年降雨平均200~400毫米。许多圆屋顶形的乡村民居被形容为"蜂窝",甚至小型结构如贮物箱、鸡窝、井亭等也都是圆屋顶。阿兹密克蜂窝式民居主屋是平顶,其他房屋都是双圆顶结构,圆形的屋顶由四方形平面的泥砖墙或石头基地支撑。内部面积大约3~5米见方,墙厚约80厘米。圆屋顶由砖重叠排成圆形,一直到内部中心的高度约达3.5~4.5米为止,所有的单元都必须是正方形平面,当需要一个较大较长的房间时,将2个相邻单元中间打通一道拱形门。庭院中布置有石磨及厕所,有时设平台供夏天睡眠之用。

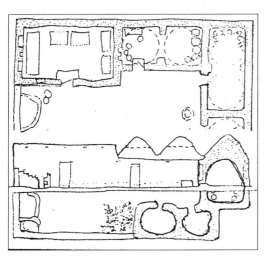

叙利亚北部阿兹密克蜂窝式民居

Hong Kong Architecture 香港建筑

由于香港特有的历史、地理、社会、经济条件,香港建筑发展迅速,技术高,城市效率和经济效益高,而且建筑风格多元化。由于地少人多,社会需求造成了众多高层高密度建筑。垂直重叠的空间加上人流通道形成高密度的环境特色,成为香港建筑群的形式特色。风格有现代、后现代,高科技派和结构倾向的建筑,都有高水平的代表作。现代风格的怡和大厦、力宝中心等;高科技派的有汇丰银行总部、香港大球场、广九铁路九龙客站、新机场等;结构倾向的如影弯园、乐富商场二期工程。可见西方建筑技术和建筑哲学对香港之巨大影响。

香港建筑

Hong Kong Cultural Center 香港文化中心

建于九龙火车站旧址的香港文化中心。1989年11月5日落成启用。其内部音乐厅可容纳2 100名听众,剧院设有1 750个观众席,电影院可提供300~500个座位,6个展览厅珍藏了香港艺术博物馆的收藏品。此外还有酒楼、餐厅、酒吧和其他设施。中心滑梯式的屋顶设计,与邻近的香港太空馆的蛋形建筑各具特色,相映成辉。斜柱的连续外廊创造了独具特色的光影效果。

Hong Kong, High-Rise, High Density 香港高层高密度

香港是具有独特政治、经济、自然特点的城市化地区,近 20 年香港经济人口增长较快,20 世纪 50 年代初城市人口为 201 万,现增至约 700 万。香港地区陆地面积 1 061.72 平方千米,只相当北京城区面积的 3 倍左右,还包括山地和 200 多个大小岛屿。人多地少,地价昂贵是香港突出特点,发展高层高密度成了香港城市建设重要特征。九龙旺角区是密度最高的地区,14.4 万人 / 平方千米,是东京地区平均密度的 10 倍。地价也达到最高纪录。新建住宅一般 20~30 层,人口密度在 4 000 人 / 公顷以上,建筑面积密度一般为 4~5 万平方米 / 公顷。美孚新村 1978 年建成,在 16.19 万平方米的土地上,建造了 100 栋 20 层的公寓住宅,居住 1.3 万户、7 万多人,建筑面积密度达到 7.7 万平方米 / 公顷,相当北京团结湖小区的 4.3 倍。

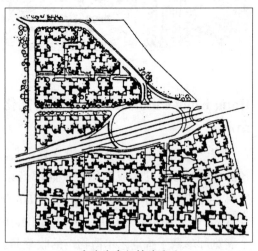

香港美孚新村总平面

Hoodmold 挡水檐

在拱券或门窗洞上方,凸出墙面并随着洞口回线或轮廓回转的线脚,源自罗马风式时期,用以保护雕饰线脚并排除雨水,后来成为一种重要的装饰处理。其断面形式,顶上有一小斜坡,底面有滴水槽,普遍用于法、德、西班牙等国哥特建筑的室外拱券上,而在英国常用于室内,特别是教堂内中堂与侧堂间的连券上。

Horticulture 园艺业

园艺业为现代农业三大分支之一,主要指果树、蔬菜和观赏植物的集约种植。另外两个分支为农业和林业。生产食物的有果树园艺业和蔬菜园艺业。生产观赏植物的有花卉园艺业和风景园艺业。后者生产风景树苗木及草皮。园艺业是一门科学,要应用多种学科的知识,又要顾及美学原则。是一种职业也是业余爱好。园艺业技术包括繁殖,环境控制,植物整形,使用生长调节剂,土壤管理,为虫、鸟、兽治病和杂草的消除,选育优良品种。花卉园艺包括插花,盆花和观叶植物的生产,以及花饰工艺。风景园艺业不限于生产点缀风景的乔木和灌木,草皮也是重要项目,园林园艺源于庭园、别墅的布置,逐渐扩展至公园、工厂、公共建筑的环境布置,城市及风景区规划等。

Horus Temple 霍鲁神庙

古埃及托勒密王朝时代之代表性神庙之一,建于公元前 237 年—前 57 年,平面型制为新王国时期特点。由塔门、前庭、多柱厅、第二多柱厅、供物间、中央大厅及圣所组成。霍鲁神庙所用柱头完全保持昔日状况,王朝末期时的石造技术精良。

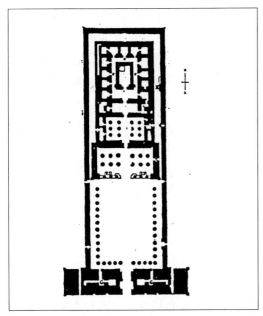

埃及霍瑞斯神庙平面

Horyuji Monastery, Nara 法隆寺, 奈良

法隆寺是日本现存最古老的佛教寺院，重建于 711 年，位于奈良西南，占地约 270 米 × 540 米。为平安时代奈良 7 大寺之一，主要建筑群包括西院、东院及西园院。西院为主要建筑群，其中有金堂、五重塔、大讲堂、上御堂、钟楼、鼓楼、东西僧房、圣灵院、三经院等。东院中有梦殿、礼堂、绘殿、舍利殿、传法堂、钟楼等，西园院建于 1288 年，为寺院的一组服务建筑，金堂建于公元 693—694 年，是日本现存最早的木结构建筑，平面近正方形，重檐歇山式屋顶。面宽 5 间，进深 4 间，结构构件粗犷，云形斗拱支撑屋檐，檐口处理颇具特色。五重塔为日本现存最早的佛塔，木结构，花岗石台阶及基础，1~4 层为 3 开间，逐层收分，5 层为 2 开间，造型优美，细部与金堂相同，最上层屋顶坡度较大。法隆寺金堂五重塔系日本飞鸟时代的建筑样式。

Hospital Design 医院设计

1. 用地，70~95 平方米 / 床，建筑密度 20% 左右，提高用地系数，充分利用空间，合并集中组合，将通用性强的后勤供应工作由城市经营管理。2. 总平面用地经济合理，人流物流，管线组织经济有效，远近期结合，加强总体规划。3. 面积标准，50~51 平方米 / 床，教学医院增加 4~5 平方米 / 床，现代化医疗中心 80 平方米 / 床。4. 农村医院地址为求显眼易见，便于防治和环境保护，少占农田，利用旧房，结合草药铺，考虑未来发展，民族医院有各自生活习惯和宗教信仰。5. 急诊、抢救、重症处理得好，是衡量医疗设施先进性的标志。6. 无菌室包括手术室、产房、内视镜室、无菌隔离病房、烧伤病房、无菌实验室、菌种室、微生物培养室、接种室、小型生物制剂间、无菌动物房、血库等特殊设计。7. 环境保护与环境设计。8. 扩建及改造。

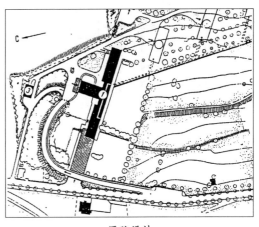

医院设计

Hospital Outpatient Design 医院门诊部设计

医院门诊人流集中，人员复杂，停留时间长，组织人流要妥善设置出入口，便于就诊、隔离、管理，重点科室要明显易找。成为

分散人流的汇集点。小型门诊平均每天500人次以下,设一出入口。中型每天600~1 200人次,大型1 200人次以上,不能把汇集点都设在门厅里,挂号及药房可分散布置。各科室布局是组织人流的基础,要减少穿行,可布置尽端式。内科、中医科、外科、妇科门诊量大,不要太近,儿科、急诊科、行动不便的外科在底层,内科、中医科、五官科可在楼层。建筑层数,门诊以不超过2层为宜。门诊大厅内可有挂号、取药合用大厅,挂号取药分厅设置,门厅入口设交通厅,挂号可迁出大厅。候诊面积约每病人0.8~1平方米,可集中候诊、内走道候诊、分科候诊。候诊室卫生要求,通风口与地板面积之比大于1∶2,候诊走道每隔15米设一分科候诊小厅,面积不宜太小。

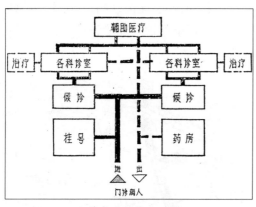

门诊部平面组合示意

Hospital Central Desinfection and Supplying Department 医院中心消毒供应室

医院中心消毒供应室,是对各种医疗器械、敷料及其他物品的清洗、消毒、灭菌及保存、发放供应的重要医技科室。功能是由收件、清洗和消毒,分类检查和打包,灭菌处理,无菌储存、发放供应四个主要环节构成。供应室的核心工作是灭菌,其功能是依靠科学、合理的工作流程来完成。供应室的三区划分原则。即污染区、清洁区、无菌区三区分开,由污到净,有一定方向的流水作业方式,是合理布局的核心。供应室的新建、改建、扩建时主要应考虑以下几个方面。1.位置:最好设在全院医疗部门的适中位置。2.环境与周围条件:周围环境清洁,无污染源,既有充足的水、电、高压蒸汽供应,又有污水排放和处理设施。3.交通:要严格区分污染、清洁交通流线。4.面积:一个中心供应室的面积是以门诊量、床位数、手术次数为基础计算的。中心消毒供应室的平面形式,应符合功能分析、工作流程及总体布局的原则。总体布局可分为两种类型:一种与手术室相关联,另一种与手术室不直接关联。

Hospitals General Layout 医院总体布局

现代医院设计不仅要注意功能还要注意人流、物流的规划,作到洁污分区与分流。医院设计已经引入了人类工程学、心理学、色彩学的新成果的运用。信息技术、控制技术渗透到各个领域,不但改进了医疗设备,提高了医疗技术,也正在改进医院的管理与服务模式。医院中都在不同程度地装备各类智能化系统。除了建筑自动化管理系统、医疗管理系统外,以数字化信息技术为基础的医学图像储存传送系统,远程放射医学,等等,对科室布局医院总体布局都有很大影响。如电脑控制的气送管道、单轨吊箱传送、有轨无轨电动平车、专用杂物梯等机械的运用。过去中间走道式布置方式已被组团式、多通道式、集中大进深的模式所代替。分散式布局已被密集型、集中式、半集式所代替。医院中应当设计一条医院主街,把门诊、医技科室、住院部互相串连。

Hospital, Surgical Operation Room Design 医院手术室设计

手术室设计有特大手术室 55~70 平方米,用于心脏手术。大手术室 32~35 平方米,用于无菌手术,参加手术者 6~7 人。中手术室,作胃、胆、肾及结肠手术。小手术室,参加手术者 1~2 医生,护士 1 人。手术室间数计算。按全年手术数的比率,全年可进行手术的天数,每间手术室每天可进行手术台数确定。手术部的分区按手术无菌程度分为 6 类,准备区、手术区、供应区、有菌区、无菌区和无菌净化区。手术室出入口。医护人员和病员有不同的卫生通道处理,路线应分开。手术室空调温度 23~26° C,相对湿度 55%~60%,装置单位冷风机、窗台式或立柜式,集中式冷风装置,层流是经高度净化的空气所形成的细薄的气流,以均匀的速度向同一方向输送,在重点综合医院中,最好有一间层流手术室。

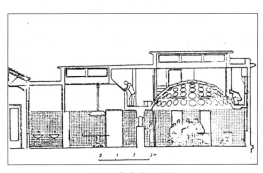

医院手术室设计

Hospital Tumour Superhigh Pressure Treatment Room 肿瘤医院超高压治疗室

放射医疗是肿瘤医院的诊治重点,放射建筑一般为超高压治疗室、内照室、同位素诊室、实验室 3 部分。高压治疗室为封闭型,要求屏蔽防护。超高压治疗室设计要求

解决放射防护问题,包括一、二次反射射线及经过多次反射后的散射射线,需采用迂回迷路及较厚的防护墙,减少迷路长度和墙体造价是着重考虑的问题。出入口射出的辐射线在矩形平面内是无规则的,在椭圆形及圆形平面可循规则控制射线,使其不反射到迷路之外,再出入口处设陷阱,多次反射消失在陷阱内。椭圆形墙体用料小于矩形,混凝土用量比矩形少 31.2%。采用 4 心法的近似椭圆便于竖模板的横筋制作。屏蔽结构以不开窗为好,需妥善处理。施工中最好一次浇注,不留施工缝。

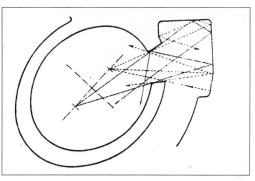

肿瘤医院超高压治疗室射线分布图

Hotel 旅馆

旅馆在某些情况下来看与宿舍相似,但亦有一定的特点。1. 集中很多成组的住宅供给生活上的需要。使用这些住宅是可能为单身人,或是家族,居住者的成分较为复杂,因此居室中应具有各种不同类型,如卧室、起居、书房及必要的卫生设施。2. 由于旅客是人们临时居住场所,所以人口流动频繁,为了适应其流动性,旅馆地点不一定在居住区,多在车站、埠头及城市繁华区,其规模与流动人口有关。旅馆除居住外,还有公共、进餐及文化设施。在以居室为中心的房间中,应有单独卫生间、凉台,凉台功能可以在热带解决居室过分强烈的日光照射。旅

馆中的人来往频繁,工作情况不一,噪杂声音较为严重,应考虑防噪音设施。

旅馆

House　家屋

家屋是民居包括的实质环境内容,也是房屋的范围所涉及的内容,如空间的属性、组合、规模与配置、构造、结构、材料、环境控制及设备、室内家具等,这是居住空间的物的领域。House Drawage 为屋内排水,建筑物内之污水、废水的排除过程。House Sewer 为下水道,建筑基地中私人建设的下水道。又称住宅下水道,为屋内排水管至公共下水道间之管道部分。House Trap 为屋内外存水湾。House Agent 为房地产经纪人,代理房主、地主处理租金徽收及总务管理事项之执行人,现代之律师事务所亦从事此项业务。House for Instalment Sale 为分让出售住宅,一宗土地经由整体开发,再分让出售宅地或分栋,分层出售住宅方式。House for Rent 为租用房屋,由他人租用之家屋。

House for Sale 为出售房屋,供出售的家屋。House Rent 为房租。House Owner 为房主,House Moving 为移屋,建筑物位置改变时将建筑置于辊轴上从事水平移动的作业。

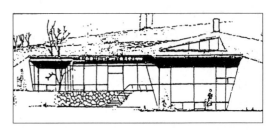

家屋

House Ⅵ, Cornwall, Connecticut 6号住宅,康沃尔

美国建筑师艾森曼(Peter Eisenman)设计的周末度假住宅,位于康涅狄格州康沃尔郊外, 2 层梁柱结构,外部由玻璃镶板和胶合板组成,外观自主完整性极强,主要演绎其设计过程的立体构成。一对垂直的交叉墙把 4 个象限,立方体上有一条垂直缝,将盒子劈成两半。在功能上不合理,但能给人感官上快感,房中的门只不过是个洞,还有一个鲜红色的楼梯从天花板上倒垂下来,跟一个漆成绿色的常规楼梯形成 45° 角。6 号住宅引起了众多评论,曾被看作是建筑的七巧板,足尺的扑克牌房屋,脱离实际不实用的建筑,又曾被赞为激动人心的现代视觉感受。

House Form and Culture　住屋的形式与文化

住屋形式形成的因素有气候、基地、材料、防御、经济、宗教。住屋之有种种不同的形式是一个复杂的现象,与人类居住方式有关,反映社会、文化、种族、经济及物理因素之交互作用而各有不同。住屋形式的形成并不是实质力量或任何一个因素的单纯结果,而是广义的社会文化因子系列共同作用的结果。其社会文化的影响力可归结为以下方面。文化——一个民族的观念和制度的整体和传统文化的活力。风气——对人们行事的组织化观念。世界观——一民族对世界持有之看法和解释。民族性——此民族之特殊类型,此社会中人之特殊性格。社会文化力量将在人们的生活方式与居住环境中起重要作用。

House of Parliament, London 伦敦英国议会大厦

英国议会大厦位于伦敦泰晤士河畔,建于 1840—1860 年间,为伯瑞设计(C.Barry,1795—1860 年)。建筑外形为晚期哥特式和传统的都铎式,平面对称。建筑史家称具有古典式内涵和哥特式的外衣,一般视其为浪漫主义建筑的代表作。大厦有 2 座高塔,西南角的维克托利亚塔高 102 米。钟塔高 100 米,上有大钟,重 13 吨。英国议会设上下两院。上院大厅长 29.56 米,装饰华丽。下院大厅长 21.33 米,第二次世界大战中遭空袭被毁,1950 年修复,重新开放。

Houseplant 室内植物

种植于室内以观赏其花、叶或生长型的植物,多为原产于温暖无霜地区的植物,室内植物适宜于居室条件,美观又便于种植和保养。最受欢迎的是观花植物以及观叶植物。肉质植物,主要为仙人掌类。观赏生长型的植物,藤本及蔓生植物。观花植物,一般要日照强,浇水适当和日夜温差大等条件。应使室内植物的生长尽可能接近其原来的自然生境。要求的条件是光照、温度及湿度、土壤、水、养分。室内植物常见昆虫及螨类为害,营养不足、煤气、突然暴晒、寒潮、施肥或使用杀虫剂不当,室温太高,湿度太低,水分过多过少等均可致植物的活力缺乏。

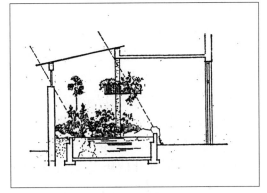

室内植物

Housing 集合住宅

具有共同基地及共同空间或设备,并有 3 个住宅单元以上之建筑。Housing Demand 为住宅需要,为住宅供应之相对词,指住宅不足之需求。Housing Economy 为住宅经济,有关住宅之经济现象、经营管理、经济政策等。Housing Economics 为住宅经济学,以研究住宅相关之经济现象及经济法则为对象之科学。Housing Estate 为住宅社区,经集合住宅规划开发完成的一大片住宅区域或住宅群。Housing Management 为住宅管理,个人家庭生活居住相关事项及租赁家屋的经营管理。Housing Operation 为住宅经营,自住宅投资至维持管理之相连经营。Housing Poliey 为住宅政策。针对住宅问题的重心,国家及地方政府所提出之相关政策。Housing Shortage 为住宅匮乏,居住密度过高、老朽、不适于居住、高租金、住宅难求等各种居住需求的困难。

Housing and Living Quality 住宅与生活质量

住宅中生活的质量不仅是住宅本身的现象,包含人生的成就,工作的自豪感,靠感觉和领悟的一种内在的和协意识,个人的生活质量只有感到生活与自然达到和谐时才

被感知。科技的进步成果改善了人类生活的质量,但建筑师往往不自觉偏爱技术,如果没有人文方面的研究住宅的技术是不完善的。仅有好的设计不够,要把人类住房问题和社会伦理相联系。住房是仅次于食物的人类生活基本需求和权利。特别是为低收入者改善住房,并与社区的服务职能相联系,要寻求补救城市化的病态,经济发展与快速的城市化又使住宅与生活质量产生了更多的问题。住屋是在生存与社会环境恶化的演变中竞赛,人为的环境已处于广泛的危机状态之中,人与自然的和谐关系是改善住宅的生活质量的关键。

Housing Block 居住街坊

居住街坊是城市中被道路包围的,比居住小区小的,供生活居住使用的地段。街坊内除居住建筑外还要有托儿所、幼儿园、商店等生活服务设施,成年人和儿童游乐、运动的场所和绿地。居住建筑在街坊内的布置有周边式、行列式、混合式等形式,可结合建筑设计组成不同的组团,街坊面积一般20 000~100 000平方米。

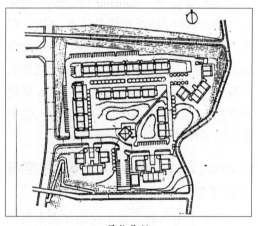

居住街坊

Housing Design　住宅设计

住宅建筑作为居住建筑的主体,在建筑

历史上出现最早,从上古穴居到简陋房屋以至形成建筑,都离不开人、空间、物质(技术)精神(艺术)这4个要素。即住宅设计既要体现使用功能性又要体现居住环境的艺术性以求人与空间的和谐,这些都随着经济发展、技术进步、观景更新而变化。住宅建筑比较其他建筑量大而广,最富人情味与多样性。人的一生一半以上时间在住宅中的户内户外度过,住宅设计的优劣对家庭生活至关重要,"家"是万物不能取代的最佳最温暖的处所。人们对住宅使用的功能和精神的需求是方便、舒适、安静、安全、私密、自我陶冶和令人欣赏。不同层次不同类型的人对住宅的要求是不同的,其设计要考虑规划布局,住宅组群、公建、道路、绿地、建筑小品等诸多因素的关系,住宅设计多样化是住宅建筑属性的要求。

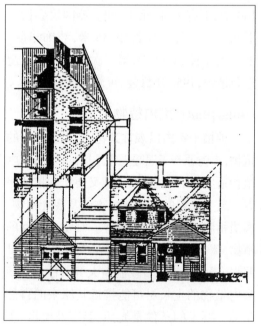

住宅设计

Housing Estate 居住小区

居住区规划的基本结构单元,由若干个

居住小区组成住区,每个居住小区内又可分为若干个居住组团。居住小区由城市干道或其他专用地界划分。居住小区的规模一般以小区内儿童入学的合理服务半径为小区的人口和用地规模的限度。居住小区内设置一套为日常生活服务的设施,包括小学、托幼机构、粮店、副食品用品商店和修理店等。规模较大的小区可设中学。居住小区内的道路应形成系统,避免将城市干道上的交通引入小区。居住小区要有一定面积的公共绿地。居住小区的用地大于居住街坊,以居住小区作为居住区规划的基本单元,能使规划布局有较多的灵活性,应减少城市交通对居民的干扰。

居住小区

Housing Interior Environment 住宅的室内环境

1. 住宅室内环境心理特征。(1)具有私密感、安全感、归属感和认同感的庇护环境。(2)有利于家庭人员健康成长和素质培养的养育环境。(3)反映住户性格特点的个性环境。(4)体现民族文化、精神面貌的社会环境。2. 时空感、空间序列和空间层次。(1)封闭式空间布局的局限型活动系统。(2)开敞式空间布局的宽阔型活动系统。(3)串联式空间布局的循环型活动系统。(4)具有双出入口的贯穿型活动系统。3. 整体感和视觉中心。(1)加强作为视觉中心对象的强度,特别是加强它与其有背景关系的系列,如利用形状、色彩、质地的对比。(2)以动态的和多变的对象作为视觉中心,容易引起人们注意。(3)新异性也是引起人们注意的重要原因。(4)结合个人的爱好的志趣创造具有个性的独特装饰和风格,也可与众不同,因而引起人们的注意。4. 入门第一印象,住宅入口空间通常有下列几种类型。(1)走道型。(2)厅室型。(3)庭院或阳台型。5. 室内空间的阴阳构图,我们如果以实体为阳(如家具、实物),虚体空无为阴,以凸者为阳,凹者为阴,以进者为阳,退者为阴(如色彩冷暖产生的距离感),以明者为阳(如物体受光部分),暗者为阴(如物体背光阴影部分),以刚者为阳(如垂直线、金属材料),柔者为阴(如曲线、纤维织物),这些关系正是室内空间构图的主要关键。6. 住宅室内环境品格。(1)超凡脱俗型。(2)田园型。(3)社会型。

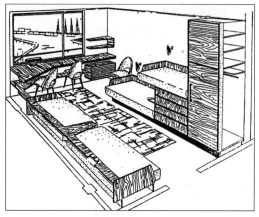

住宅的室内环境

Housing Layout in Mountainous Regions 山区住宅布局

山区可建设用地坡度一般 10%~20%，个别地段 30%，一般将坡地改为台地。台地高差一般以 3 米为宜，宽可 8~16 米，便于布置住宅。堡坎的高度不高，经济、便于住宅分层入口或错层。在满足光照足、便于通风、防噪音等前提下选择间距，要求防震、节约用地。街坊内设置一块可供临时抗震避灾绿地，内部道路尽量布置在住宅山墙一侧，间距要考虑空间感。山区房屋间距应随坡度和坡向变化，朝向注意小气候的影响，利用地形组织通风以及城市艺术的要求。因地制宜，充分利用地形、堡坎、高差、分层入口，组织通风。结合地形一般以布置体量较小的建筑，组团以 3~6 栋为宜，以适应多变的地形。以不同高程的变化、堡坎、踏步、天桥等结合绿化丰富美化环境。

Housing Type 住宅类型

住宅有城市型或农村型的，有多户的或独院式的，有标准单元型或集体宿舍。按住宅的大小和层数分为 4~5 层多层住宅、10 层以上高层住宅，2~3 层少层住宅。又可分为 1 或 2 家居住的单层住宅，2、4、6 家居住

的 1 层 2 两层住宅。在城市中多按标准设计建造住宅，4~5 层多层住宅有 1 梯 2 户、3 户、4 户等，每户 1 室 ~4 室等单元类型。6~7 层以上带电梯的多层住宅的平面布置和结构方案应充分发挥电梯的效用。2~3 层多住户标准单元多设有地下室，对街坊规划有特殊要求，独院住宅常用于 1 家 ~4 家住户，占有单独地段，以独家及两家使用较多。合理的住宅应有良好的室内气候及日照，舒适的房间布局，环境安静，优美的绿化，安全、经济、合理的建筑面积使用效率，完好的设备条件。

Housing with Courtyards 天井住宅

住宅设计加大建筑进深可节约用地，在住宅内部设置小天井可提高建筑面积密度，但天井住宅有 3 大缺点，脏、吵、黑、不卫生，干扰大，采光不足。大进深小天井住宅节约用地效果显著。有声、味、视线干扰，解决视线干扰可把次空间朝向天井、设通风道，让烟气由通风道排出。对声干扰可把天井的噪声源、楼梯、过道等公共区域隔离，减少天井服务户数。天井设计提高采光效果的方法是提高天井的平均反射系数；降低天井深度，如减少住宅层数、降低层高、作台阶式等；加大天井面积，关键是加大井口面积；加大天井采光窗口面积。

Huanxiu Shanzhuang, Suzhou 环秀山庄, 苏州

环秀山庄位于苏州市古城内景德路上，原五代吴越广陵王钱氏"金谷园"旧址。经多次改建于清道光 12 年（1807 年）后，批给汪氏建宗祠、重修东花园名"环秀山庄"，又名"颐园"。环秀山庄为面对假山的四面厅，主景是三面环水，假山北部古枫树下有亭，依山临水，取名为"半潭秋水一房山"，

形如画舟的"补秋舫"。秋山有"飞雪泉石壁",洞间有险,巧步石。石壁占地虽隘,却有洞、壑、涧、谷、崖,构筑自成一体,又与主山呼应。环秀山庄以假山为主,假山的堆叠正是该园林艺术精华之处。因一代名匠戈裕良运用"大斧劈法"钩带大小石块,叠造洞顶。戈式能承名画家石涛笔意又创造性的运用在叠石艺术上。该湖石假山堪称苏州古典园林中之瑰宝。

Huaxiangshi, Huaxiangzhuan 画像石,画像砖

中国古代祠堂、墓室中的石刻装饰画,起于西汉,盛行于东汉,有阳刻和阴刻 2 类。著名的有山东武氏祠画像石,肥城孝堂山画像石,沂南画像石等。画像砖也是中国古代祠堂、墓室中的装饰画,刻在砖上,或用模型印制,盛行于东汉。四川、山东、河南等地均有发现,有的还在砖上施加色彩。

画像石

Huayan Temple 华严寺

在山西大同,建于辽重熙七年(1038年),按辽代习俗面向东方。清代扩建,放置辽代诸帝后的石像、铜像。大同为辽代西京,此寺有太庙的性质。明中叶以后分上下寺,薄伽教藏殿为下寺主殿,建于公元 1038年,为现存最早的经藏,始于唐代,即贮藏佛经的书库。殿面阔五间长 25.65 米,进深 4间宽 18.46 米,建在高台上,前有月台,单檐歇山顶,典型的辽代建筑风格。殿内有"天宫楼阁",左右有弧形飞桥,与两侧的壁藏平座相连。佛龛和行廊高下起伏。大殿即大雄宝殿,为上寺的主殿,1140 年重建,保存的辽代建筑的特点较多,殿面长 53.9 米,宽 27.5 米单檐庑殿顶,前有月台,是现存元以前的建筑,全殿内外檐共用了 8 种斗拱,屋顶坡度平缓,正脊上琉璃鸱尾高约 4.5米,为金代遗物。

Hub of Communications 交通枢纽

城市的交通枢纽由对外交通和市内交通组成。对外交通有铁路、水运、空运、公路。铁路运输又分为有、无铁路干线,包括直通的、区域性的、近郊的。市内交通有地下铁道、电车、无轨电车、公共汽车等,现代化的交通工具是多种多样的。在规划和改建城市的总计划中要解决对外运输、铁路、水运和空运的设计用地,标出交通枢纽的位置,解决城市干道网、桥梁、立体交叉的位置,解决城市内部各种交通运输网和其间的联系,作出市内和郊区叫交通运输图。影响城市交通网布局的主要因素是城市用地的紧凑性;吸引城市居民地区分布的均衡性;干道网和交通广场的合理规划;合理选择城市交通工具和组织城市交通。

涅瓦河畔新建的火车站

Hub of Railway 铁路枢纽

为城市服务的许多有联系的车站叫铁路枢纽。可分为枢纽站、简单的铁路枢纽、复杂的铁路枢纽3种。按布置方式可分直径式、尽端式、三角形、直径环形枢纽。铁路枢纽合理布置要求路线平面断面布置合理，车站的平面断面根据货运量布置合理；客运量的规模和调车拨给线路及车站均应有足够的用地；在设有专用线的工业企业、仓库、码头之间的位置合理；铁路枢纽与城市居民区之间的位置合理；铁路枢纽要有发展的可能性。此外实现铁路枢纽的电气化、利用卫生防护林带隔离铁路设施、设置路口跨线桥都是非常必要的。

Hue 色相

颜色构成的3要素为色相、明度、彩度。色相之符号以H为代表，是针对颜色的感觉而言的。Hue Circle，为色环，将色相的等级分割，用以表示色相关系的环形图示。HueContrast，为色相对比，在不同色相的2色之间，互相影响而产生色差感觉的现象。如将黄色放在红色上看来则带有绿色感，反之黄色放在绿色上看来则带有红色的感觉。色相为各种色彩的特殊性质，借以辨认色彩的个性和本体。在原色与邻近的2色之间的各部分，就是这些色彩的色相。

Human Behaviour 人类行为

现代心理学研究的主题,现代心理学认为人的言语和身体动作是理解人的心理的关键。关于儿童行为,研究认为人类发育出生后头12年内,在心理及社会功能方面发生重大结构性变化。既探讨儿童在动机方面的发育,又探讨智力的发展。对于人类的动机形成及人类发育,有2种研究途径,精神分析学说假定有个理想的成年人格,并强调推论的内部过程。社会学学说则采取一个较为相对主义的开放的观点来理解成熟及个体差异等观念,并重视行为的外因。影响人类行为的可遗传因素,一般认为身体特点能遗传,而心理或行为特质不能遗传。其实遗传基因也可决定人的智力,并使之表现出独特的人格特质,使基因型表现为表现型的生物化学及生理过程极为复杂。

人类行为

Human Cities and Environments 人类的城市与环境

1980年东京召开的国际建协第4区,亚洲、大洋洲、14个国家和地区的学术讨论会,主题是"人类的城市与环境"。共分3个专题: 1.公共设施的建筑实践; 2.集体住宅的建筑实践; 3.人类与环境。在环境问题上,一种观点是保护自然环境永不受破坏,对古建筑区要维持旧貌。另一种观点是保持旧传统,给城市增添新生命力,创造新内容与之协调的环境。还有一种观点强调人类的"社会环境"。在住宅问题上多推荐集体独户住宅,是现代化住宅建设的一种趋势。另一种观点是香港建筑师提出的高层高密度的建筑方式。

Human Ecology 人类生态学

人类生态学旧译"人文区位学",1926年帕克与伯吉斯合编"城市社区"文集,简述了城市居民与城市环境的关系,提出人文区位3个要素,空间、时间和价值。在理论方面,人类生态学注重分析人及其空间场所之间的相互关系。帕克的城市概念基于"社会组织"原理,研究组织与组织,组织与环境之间的相互关系,帕克是从生物学研究中继承和推演出这套理论系统的。传统人类生态学研究大致可以概括为3种不同类型。第一类是借鉴生物生态学某些概念和原理,从竞争、演替及生态优势的角度研究分析人类社会系统的状况,第二类以佐尔鲍和沃尔斯(Zorbaugh and Wirth)为代表的对诸如社会区位、经济区位和居住区位等特定区域外部形态特征的分析,第三类如肖尔(Shor)、法里斯(Faris)和多恩海姆(Dunham)主要是针对城市犯罪、必然失调等社会问题的探讨。

Human Energy 人类的能量

当代后期摩登主义著名建筑理论家查尔斯·摩尔在其《人类的能量》一文中,强调传统的、有地方特色的建筑文化对人类的作用。认为这类建筑中蕴含着一种人类赋予的"文化能量",使人意识到自己的存在和地位,从而熟悉喜爱自己的环境,并感到有"兴趣"和"怀念"。所以,摩尔认为建筑设计必须考虑各种传统文化与地方特色的这种"文化能量"。他说:"我们的建筑如果是

成功的话,必须能够接受大量的人类文化能量,并把这些能量贮存凝固在建筑之中。

人类的能量

Human、Habitat、Environment 人类、居栖、环境

人的环境是指围绕着人的空间及可以直接或间接影响人类生活与行为发展的各种自然因素的总和,此外还包括有关的社会文化因素。居栖环境是人类生活于自然和社会环境基础之上的一种人工环境。人工环境的建立表示人对自然界的作用,它是人利用和改造自然创造的,自然中本不存在人类文明,是人类活动作用于自然条件和自然物质产生的结果。它凝结着人类的创造力,表现了科学技术的作用,反映了社会生产力和科学技术作用,反映了人类利用和改造自然的特质,表达了人与自然的相互关系。生态的人类居栖环境设计是解决当代生态环境问题,创造理想的人类居栖环境的有效途径,也是 21 世纪城市与建筑设计的发展

趋势。

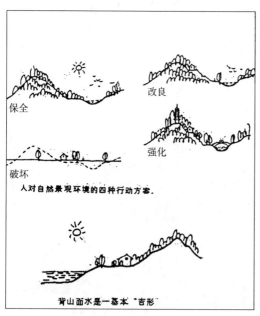

人对自然景观环境的四种行动方案.

背山面水是一基本"吉形"

人类、居栖、环境

Human、Shelter、Environment　人、居、环境

《黄帝内经》中的"人与天地相应"说明了人和自然界的相互关系。古代辩证法用"相生""相克"的观念表达环境和人体健康间的相互依存、制约的关系。生物体与环境间最本质的联系是物质和能量的交换，表现为新陈代谢，人类和其他生物一样通过新陈代谢与周围环境进行物质和能量的交换。空气、水、土壤为生命活动提供了条件，绿色植物利用日光的光合作用，从空气、土壤、水中吸取营养物和贮存能量。生物间的能量传递和物质转换是为"食物链"，它们和生物圈的物质要始终保持平衡。建筑则要为人们创造一个合理的生活工作环境，一个居室就是一个小环境。城市环境的恶化，"大气逆温层"和"热岛效应"，空气和水污染，不遵守生态规律，不注意生态平衡，人类将自食其果。人民对建筑的要求是不仅要创

造对身体健康有益的人、居、环境，还要建造一个文雅、幽静、美观的景观环境，以美化生活。

Human Space　人性空间

现代人常常只考虑到形式之美，却忘了"人"本身才是目的。一个美学素养高的人，作一件事时考虑大环境和所有人的心灵，后现代的目的就是要挽回一点感性、一点人性。人性是一个变数，也就是因为它是不定的、感性的，所以在艺术形式上产生了那么多不同的流派与风格。凡是考虑到人的内在需求的空间即为人性空间，空间的性质不同，需求不同，又有各式各样的设计与表现方式，但都是符合人性的。例如室内设计就是生活的设计，要从生活的需要出发去设计自己的生活空间。

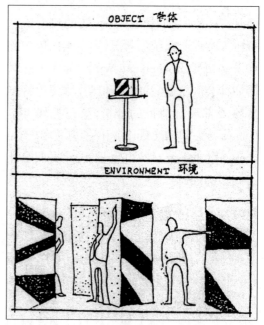

人性空间

Humanism　人文主义

人文主义指一种思想态度，认为人和人的价值具有首要意义，通常认为是文艺复兴

文化的主题。源于 14 世纪意大利人文主义者彼特拉克,他精通并热心提倡拉丁古典文学,日后人们认为人文主义无非是讲授古典文学,适当的提法是凡重视人与上帝的关系,人的自由意志和人对自然界的优越性的态度都是人文主义。从哲学讲人文主义以人为衡量一切事物的标准。艺术家自觉仿效古典的内容和形式,蔚然成风。人文主义从复古活动中获得启发,注重人对真与善的追求,扬弃偏狭的哲学系统、宗教教条和抽象推理,重视人的价值。播下宗教改革的种子。

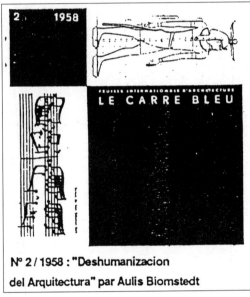

Nº 2 / 1958 : "Deshumanizacion del Arquitectura" par Aulis Biomstedt

人文主义

Huwasi Stone　祭石

祭石放在宗教祭神之处,这种石块常见于丛林或林区中的空地,专为奉祀某一神灵而立。在一个宗教中心里,人们都立祭石以崇拜无庙宇的神灵;有时一村发现祭石多大 21 块。礼拜时人们把神像抬到祭石之前或后,然后向神灵献祭奠酒。有的祭石也作界石用。

Hybrid Housing 混合住宅

2 种以上住宅形式的混合,即独立住宅附有公寓,一个大公寓建筑物将底下 2 层楼发展成有私人庭院和入口的自足式单元,或沿着廊道的通路使得公寓建筑和独立住宅相似。

Hybird Types 混合类型住宅

不同的住宅形式可以在设计或构造上加以融合,例如拥有独立出入口及室外空间的住户可以安排在公寓较低的几层,以相互连接的方式,直接出口的基地可达 3 层楼高。为了节省电梯费用,5 或 6 层楼的建筑和 3 楼以上可以从邻栋建筑塔桥连通。高层公寓由于尺度相似,也可以在同一地点混合修建。由于居住对象不同,因此住户的范围也扩大,老人住宅、学生公寓、小型的住宅、出租房屋的加入可以使得纯粹家庭住宅区的生活型态多样化。如果选择的机会增多,居民在一生的各阶段都可以住在同一地区。

Hydrology 水文学

以流体力学的理论为基础,针对河川工程、港湾工程。以水道工程等之应用为目的,探讨水力学问题的科学。Hydrouic Pressure 为水压,水之压力,可分为静水压 Static Water Pressure 和动水压 Dynamic Water Pressure 2 种。Hydraulic Test 为水压实验,包括配管、水槽、锅炉等,加诸承受水压,以检查漏水之试验。

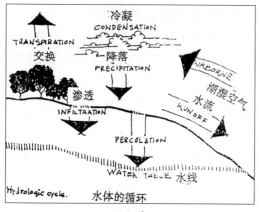

水文学

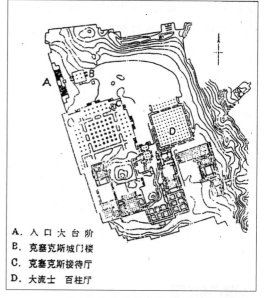

A. 入口大台阶
B. 克塞克斯城门楼
C. 克塞克斯接待厅
D. 大流士　百柱厅

波斯波里斯宫平面

Hyper-Realism 高度写实主义

高度写实主义亦称照像写实主义，（Photo-Realism）即超级现实主义（Superrealism），20世纪60年代后期的一个西方艺术流派，反对绘画的抽象化和理智化。其艺术目的只在于模拟实物，或照像摄像，力求逼真，代表人物有美国画家克罗斯（Close）、埃斯蒂斯（Estes）、莫利（Morley）等人。

Hypostyle Hall 多柱厅

建筑中，主要由柱子支撑屋顶的大厅，多用于古代寺庙、宫殿或公共建筑中。在古埃及和波斯应用广泛，例如凯尔耐克的阿蒙神庙和波斯波利斯的宫殿遗址，虽然数量甚多的大柱占去室内大量面积，但在柱上刻有英雄式宗教事迹而形成独特风格，在近代由于屋顶有了更好的支撑方法，这种多柱厅已很少见。

Ibn Tulan Mosque 伊本·杜伦礼拜寺

位于埃及开罗，由杜伦王朝创立者阿弗玛德·伊本·杜伦于876—878年创建，是世界早期伊斯兰建筑的宝贵遗产。平面长方形（40米×120米），礼拜殿高约20米，列柱大厅式，后墙中央为拜龛，代表麦加克尔白的方向。其余3面为尖券平顶回廊，向内院开敞。内院正方形，每边长达95米，中央置泉亭，四周围绕高墙。轴线之一端另设一平面方形的螺旋形尖塔。建筑全部砖砌，砖墩承重，平顶木樑，外涂灰泥。局部冠以穹隆顶的部分改建于13世纪。

Iconography 图像学

对美术作品中的符号、主题或素材进行鉴别、说明、分类和解释的学科。也可指艺术家在某一作品中对这种图像的运用。19世纪，图像学从考古学中分出，主要研究基督教艺术作品中宗教符号的出现和含义。在20世纪，除继续进行基督教艺术的图像研究外，另一方面，欧洲艺术的世俗图像研究和古典图像研究也在探索中前进，同时开始了对东方艺术的图像研究。

Idea and Form 意与形

建筑设计的立意即构思、意图和愿望，形是表达意图造型运用的技巧，有意境的作品能够赋予人们深刻的感受和联想，成功的作品也不等于对自然主义的模仿和单纯的客观反映，经过艺术家的提炼与抽象所表达的意境要深刻得多。建筑师和雕刻家都是运用形体和材料表达设计的意图和思想，成功建筑创作也不应该是重复和抄袭前人的手法，以"形"表达"意"的本领则是建筑师的艺术构思技巧和能力。中国《园冶》中的相地篇即造园中的立意在先，再运用造园的手法和技巧，以"形"表达"意"。密斯·凡德罗"少即是多"的设计理念创造了建筑艺术中最简练的空间语言。

Ideal City 理想城市

阿尔伯蒂（Alberti）继承古罗马建筑师维特鲁威的理想，提出了理想城市模式，他是文艺复兴时期用理想原则考虑城市建设的开创人，自此文艺复兴时期出现了一批理想城市设计师。阿尔伯蒂1450年著述《论建筑》一书，费拉锐特（Filarette）著有《理想的城市》一书，他认为应该有理想的国家、理想的人、理想的城市。1461年他作一个理想城市方案，其后欧洲各国的许多几何形城堡方案有不少受其影响。意大利学者斯卡莫齐（Scamozzi）1593年按其设想建造的帕尔曼诺伐城中心为六角形广场，为防御而设的边境城市，辐射道路用三组环路联结，中心点有棱堡状的防御性构筑物。此后斯卡莫齐还有个理想城市方案中心，有宫殿和市民广场。文艺复兴时期建造的理想城市虽然不多，但曾影响整个欧洲的城市规划思想。英国人爱·霍华德设计的花园城理想模式,是一个直径 2.5 千米的圆形城市,用地约占 25 平方千米。建筑用地约 1/6,市中心设有花坛和公共花园。从市中心放射出 6 条主要林荫路,路宽 38 米,内 5 条同心圆的林荫道形成了一个放射形的林荫道系统。主要林荫道是一条 128 米宽的绿带,各种公共建筑围绕绿带布置,周围形成一个卫星城环。20 世纪二三十年代苏联米留金提出了城市带形发展的模式,工业居住均按带形布置。1934 年英国又拟定了新城建设的标准分区,最大人口数为 5 万人。城市沿同心圆发展。城市中各个功能地区都由市中心向外放射。

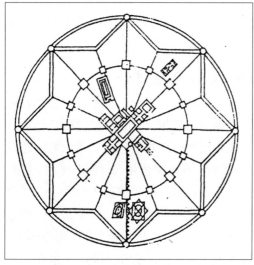

菲拉雷特于 1464 年所提"理想城市"方案

IDS Center, Menneapolis 明尼阿波利斯 IDS 中心

明尼阿波利斯 IDS 中心大楼建成于 1973 年,由菲利甫·约翰逊设计,包括 IDS 大厦、旅馆、附属办公楼、商场和服务用房。大厦高 51 层,平面扁长 8 角形,4 个斜边为折线状。每层平面有 32 个转角房间,多折行体成了中心的一个突出主题特征,建筑表面为深绿色的镜面玻璃。4 座建筑所围绕的中心空间院落为玻璃顶下挂白色空透的方格,因此透明性而被称为水晶院,它不仅是周围 4 座建筑物连成一体的有机体,而且还是市中心步行道路网的重要组成部分。中心周围的建筑物通过天桥与院落相连,院落本身还是一个充满运动活力和戏剧性色彩的空间。

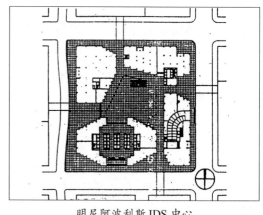

明尼阿波利斯 IDS 中心

Igloo(Iglu) 冰屋

爱斯基摩人利用冰砌造之冰屋,用冰块砌成圆顶状,作为起居室,以隧道状之出入口作为通路。窗户部分利用猎物之肠,干燥后形成半透明之膜制成。顶部设换气口。煮饭及取暖之热源采用动物脂肪,燃烧取暖。冰屋也指冬天登山者,用冰造成防止风雪用之圆顶小屋。

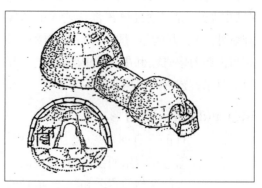

冰屋

Illuminating Engineering 照明工学

研究有关光之质与量及其应用于照明上之工程科学。主要分自然照明工学及人工照明工学 2 大部分。Illuminance 为照度，被照面入射光束之面积密度。记号为 E，单位为 Lx, Phot 等。Illuminant 为发光体，太阳或灯泡等因释放能源可产生光之物体。发光体发出之光源称为一次光源。Illuminated Surface 为被照面，受光照射作用之表面。Illumination Distribution 为照度分布，被照面上之照度分布状态或被照面直线上之照度变化状态。Illumination by Direct Light 为直接照明，由一次光源直接到达被照点所产生之照度，即称为直接照度，天空光虽属二次光源，但其产生之昼光照度亦称直接照度。Illumination by Reflected Light 为反射照度，由反射光在被照点所产生之照度。

Illumination on Building Facade 建筑立面照明

表现建筑夜间景观的室外照明技术，始用于商业，文娱和节日活动，通常用串灯形成轮廓照明。对重要的纪念性建筑一般采用冷光照明，使用布景投光器或目标投光器照明。建筑夜景照明可采用多种光源，多用泛光灯具。利用不同的照明方式设计出光的构图；利用光的位置近处看清细部，远处看清形象；利用照明手法使建筑、雕塑等产生立体感，并与环境形成对比；利用光源的显色使光与环境绿化融合；对喷水池保证足够的亮度，突出水花的动态，并可用色光使水景绚丽多彩。照明手法一般包括光的隐现、抑扬、明暗、韵律、融合、流动、色彩的配合等。泛光灯具的数量、位置和投射角是关键问题。

Illuminator 照明灯具

照明灯具可分为装饰灯具和功能灯具 2 类，装饰灯具由装饰部件和光源组成，主要考虑造型美观。功能灯具的作用是重新分配光源之光通量，提高利用效率和避免眩光，以及在特定环境中使用的特殊灯具，其灯罩还有隔离保护作用。灯具按使用场所分有室内灯具和室外灯具，室内照明灯具特征分为直接、半直接、均匀扩散、半间接、间接等类别。室外照明灯具主要是泛光灯又称投光器，利用反射镜、投射镜、格栅把光线约束在一个立体角内而成为强光源。照明灯具的基本特征通常用配光曲线、保护角和效率 3 项指标来表示。配光曲线按光源发出的光通量为 1 000 流明绘制，保护角是照明灯具防止眩光的衡量范围；效率以照明灯具发出的光源光通之比，表示照明灯具的效率。

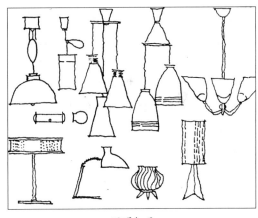

照明灯具

Illusion 错觉

人们通过视觉感知的物体形状，并不一定与该物体的实际边界线等同。例如当被问及一个盘旋式上升的螺旋形动作，并没有把楼梯的轮廓线具体地描绘出来，而只是提示这个楼梯的主轴线特征，而这个轴线并不存在。眼前的经验是人们毕生所获无数经验发展出来的新经验。记忆的痕迹在互相类似的基础上互相干扰,产生错觉。错觉是模糊的特征,或受某种提示的影响产生错觉。运用人的视觉的错觉创造景观,可以由观赏对象的模糊结构的模糊程度造成不同的解释。

Illusions and Hallucinations 错觉与幻觉

两种与客观真实相违背的主观(知觉)体验。错觉是对真实感觉刺激的误解,幻觉是没有外在刺激源时出现的知觉。错觉的产生与物理(光的折射)、生理(如晶体状体变形)与心理(如心向)等各种原因有关。刺激歪曲错觉由外在条件改变刺激能而产生。如装上使声源位置颠倒的假声器,就把左边来的声音定位在右边。由于光的折射,水杯中的笔看来是弯曲的。如图形与背景的错觉,可看成杯子又可看成相对的2个头侧。颜色对比也属于视错觉。幻觉无适当的外在刺激源。原因是大脑皮质中记忆痕迹的激活和改组。心理因素和药物均可引起幻觉。更多地了解正常人的错觉和幻觉或许有助于解释某些神秘的、超感官的或超自然的体验。

Illusory 虚幻感

幻觉,从严格的科学意义上说,是指在没有刺激的情况下作用于感觉所产生的不正常知觉。在环境景观中的幻觉所展现的虚幻感,指实际上不存在或与实际情况不相符的现象。虚幻感用来表现在特定的环境下产生的异样感觉和特殊心理,如“想闻欢笑声,虚应空中诺”。在承德避暑山庄中的文渊阁前面的水池中设计了虚幻的月亮,它是由池对面假山石的孔洞倒影在水池中形成的,人的视点角度在某个位置上,就能看见水中的月亮,形成似有似无、亦幻亦真的

水中之月,入微地抒发了人的特殊的虚幻的情趣和心理。西方的教堂设计也有一些类似的虚幻景观的处理手法,通过虚幻的手法能够有效地概括生活的真实。

Image of City 城市意象

城市意象研究城市建筑环境对某种含义的武断性,城市意象有一系列的实质性内容,城市通道、城市边缘、城市区域、城市节点、城市地标,其自明性均具有文化意义。城市意象的观点建立于现实与非现实之中。假如一座城市具有活的文化价值,就必须整合其现实与非现实的元素,城市意象和社会实践有紧密地联系。首先,当初城市环境设计者运用空间来实现造型时,空间完全像时间一样富于时代的表现力,因此要维护城市的地域性风格就要保护好重点有特色的传统城市空间。其次,今后的旧城改建完全可以用时间作为中心设计部署实现心理和社会的现实,既有时间性、时代感,又要表现与传统风格、建筑文化的文脉联系。

城市意象

Image of the City《城市的形象》

美国城市设计师凯文·林奇（Kevin Lynch）在《城市的形象》（Image of the City, 1960）一书中，通过分析城市空间特征在人们的视觉感受中所产生的心理上的认知地图来研究城市的形象。他认为认知是城市生活的基础，城市设计应以满足人的认知要求为目标。城市形象是人的一切感受的合成。他将城市的特征划分为区域、道路、边缘、结点、标志 5 个方面，探索其在人们生活中的意义与可识别性。而这 5 种要素都不是孤立存在的，区域由许多结点构成，被边缘所限定，被道路所穿过，标志物点缀其间，它们结合起来构成一个整体，产生了不同于各组成要素的新的形象。建立序列系统，以形成空间环境特征明显、区域层次清晰、容易识别的环境。在林奇看来"作为一个人为的环境，城市应以艺术手段来造就，为人类目的而具形"。他对城市形象的研究是建立在观察者的视觉感受基础上的。

意象

Imagery 意象

人脑对事物的空间形象和大小的信息所作的加工和描绘，与知觉图像不同，意象是抽象的，与感觉机制无直接关系，精确性差，可塑性大。意象可作为图像或物体的内心模拟物，所谓的二元记忆编码认为，描述信息的方式有 2 种，视觉意象和词汇记忆；当词汇与意象有关时，学习速度加快。意象是建筑设计构思的重要源泉和启示。

Imitation 模仿

模仿是一个描述性的术语，涉及大量的社会适应现象。人们常重复权威的行为，这时不但模仿，暗示也在起作用。模仿的事实已被公认，但要作出解释，还是相当困难的。人们之间表现出同样的或相似的心理动机或机制。个人的处境，驱力及学到的适应方式千差万别，不能轻易地用模仿来解释。有人认为模仿的机制是学习，要区分是由简单的条件反射引起的模仿，还是由高级思维过程引起的模仿。模仿不是一个解释性的概念，而是一个描述性的概念。人类的模仿，个体间的驱力和学习能力大体相同，成人的动机和应誉相似。个体间有许多相同的处境，个体的发育有不受文化影响的一面，也有受文化影响的一面。社会的刺激效应所起的作用，是人类有意识地模仿、自觉地仿效他人的观点、态度和习惯。

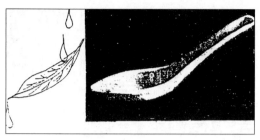

模仿

Immediacy with Nature 寓于大自然之中

人的生活是居住建筑的母体,"万象为宾客",自然界中的各种物象都是人们观察和思考的对象。建筑大师赖特每设计一个作品,总是全心扑进大自然之中,称为他的"有机建筑"。自此,后期摩登主义的建筑师们,无不在自然环境中探索着建筑艺术的妙谛。从古典主义的以建筑主宰环境,发展到现代把建筑寓于大自然之中,或将建筑从属于大自然环境,经历了一个世纪。贝多芬说过,大自然是他唯一的知己,他爱一棵树甚于爱一个人。现代建筑师喜爱"雨淋墙头月移壁"的自然景观在设计中的运用。

寓于大自然之中

Imperial Ancestral Temple 太庙

太庙是中国明清两代(1368—1911年)皇家的祖庙,在北京天安门东侧。始建于1420年,1545年重建后形成现在的规模。平面矩形,有两重围墙。中轴线对称布置,中轴线上建有前、中、后三殿。前、中殿共建在一座工字型三层汉白玉石台基上。前殿重檐庑殿顶,祭祀时在此行礼。中殿单檐庑殿顶,存放皇帝祖先牌位。后殿与中殿形式近似。前中后三殿东西均有配殿,安放功臣的牌位。整组建筑均为黄琉璃瓦顶,红墙。墙外翠柏簇拥,墙内空无一树。建筑庄严对称,主次分明,气氛庄严肃穆。

Imperial Archive 皇史宬

北京紫禁城东南,中国现存最完整的皇家档案库,明嘉靖十三—十五年(1534—1536年)按照古代"石室金匮"制度建造,占地2 000多平方米,皇史宬专门收藏各朝的"实录""圣训""玉牒"等皇家重要档案,也曾收藏《永乐大典》全套副本。皇史宬正殿坐北朝南,面阔9间,黄琉璃瓦庑殿顶,砖拱无梁殿。为了防火、防潮、防虫蛀、防鼠咬,建筑全部为砖石建造。室内筑有1.42米高石台,上置贮藏档案的雕云龙纹鎏金铜皮樟木柜152个。东西各有配殿5间,仿无梁殿外形的木构建筑,南面为3开间的皇史宬门,门外有前院。

Imperial Garden in Forbidden City, Beijing 北京故宫御花园

明永乐十五年(1417年)始建,名"宫后苑",清雍正称"御花园"。在紫禁城轴线北端,正中坤宁门与后三宫相连,左右分设琼苑东门,琼苑西门,可通东西六宫,北门为神武门。园墙内东西135米,南北89米,占地12 015平方米。中轴线上为重檐尖顶的钦安殿,东西两路建筑基本对称。东路有堆秀山御景亭、摘藻堂、浮碧亭、万春亭、绛雪轩。西路建筑有延辉阁、位育斋、澄瑞亭、千秋亭、养性斋,还有四神祠、井亭、鹿台等。园内遍植古柏老槐,罗列奇石玉座,地面用

各色卵石镶拼象征性图案。堆秀山是重阳节登高之处,登道盘曲,下有石雕蟠龙喷水,上筑御景亭,为花园中之胜景。

北京故宫御花园

Imperial Hotel, Tokyo　东京帝国饭店

在东京日比谷公园西侧,占地 14 500 平方米,总建筑面积 29 107 平方米,地下一层地上 3 层,局部 4 及 6 层。为赖特在日本的 6 件作品之一,1919 年开工,1923 年落成。经受了日本关东大地震的考验,战后曾修复,1967 年把其解体后移至爱知县犬山的明治村博物馆加以恢复,20 世纪 80 年代美国人将其重建于美国。赖特的设计中入口正中为一方形水池,可联想到日本的平等院凤凰堂的水池处理。石块的高低组合又似日本茶室民居。设计中有许多吸取日本传统建筑的妙笔。平面左右对称布置了 5 个庭院,从总体到细部雕饰都浸透了赖特的全部心血,日本的东方艺术,老子的哲学思想对这位大师的创作活动有着很大的影响。

Imperial Park　苑

秦汉以来,在囿的基础上发展的建有宫室的园林称苑。苑拥有传统囿的内容,有天然植被,有野生或畜养的飞禽走兽,供帝王涉猎行乐。建有供帝王居住、游乐、宴饮的宫室建筑。小的苑筑在宫中,只供居住、游乐,如汉代建章宫的太液池,可称内苑。历代帝王不仅在都城建有宫苑,在郊外也建有离宫别苑,有的带有朝贺和处理政事的宫殿,称为行宫。著名的宫苑汉代有上林苑、建章宫,南北朝有华林苑,隋代有西苑,唐代有典庆宫、大明宫和九成宫,北宋有艮岳,明有苑(现今的北海、中海、南海),清有圆明园,清猗园和避暑山庄等。

Imperial Summer Resort　避暑山庄

避暑山庄在今承德市,避暑山庄包括宫殿区、湖泊区、山岳区、平原区 4 个部分,其中有康熙题 36 景,乾隆题 36 景。宫殿区有 3 组宫殿,正宫、松鹤斋和东宫。湖泊区有"芝径云堤"可达"如意洲"。山岳区占 4/5,把天然峡谷规划为 4 条观赏路线和山麓滨湖的几片风景,原来几座高峰上的亭子,今仅存"南山积雪"一亭,登亭远眺,可饱览"磐锤峰""蛤蟆石""僧帽山""天桥山""鸡冠山"等奇峰怪石和外八庙金碧辉煌的建筑,颇为壮观。

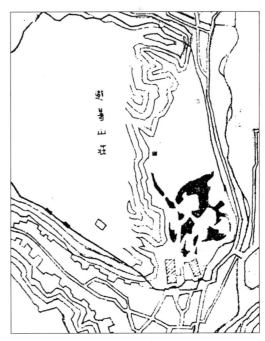

避暑山庄

Implicit 含蓄

审美,虽然也有理性活动,但更多的是感性活动,情感指的是人们对客观事物的喜怒哀乐的态度。人的情感有时是很单纯的,喜就是喜,悲就是悲,有时往往又是很复杂的。从建筑创作中表现的情感应该是含蓄的,艺术家和设计师必须替欣赏者提供领略、玩味和再创造的余地。具有含蓄性的表现力才能使作者与欣赏者息息相通。建筑处理也是一样,切忌一目了然,把话说尽,过于直率,有勇无谋。要使观赏者逐步迈向高潮,含蓄性的美好感觉就好像是不断线的珍珠项链。

Impressionism 印象主义

印象派,19 世纪 70 年代在法国兴起的一个画派,反对当时学院派的保守思想和表现手法。采取在户外阳光下直接描绘景物,追求从光色变化中表现对象的整体感和氛围的创作方法,主张根据太阳光谱所呈现的赤橙黄绿青蓝紫 7 种色相反映自然界的瞬间印象,对绘画艺术之革新有很大影响,印象名称系从 1874 年该派作者举行画展时,批评家对莫奈所作《日出·印象》一画的嘲笑而来。该派代表人物有莫奈、华沙罗、西斯莱、德加、雷诺阿等。Impressionist 是印象派艺术家。

Inca Architecture 印加建筑

印加人主要居住在南美洲,印加人和中美洲的土著印第安人有交往,他们也建造金字塔式的庙宇,他们的古代建筑有自己的特色。例如在秘鲁古斯科附近的早期建筑(Cuzco,12 世纪)都用毛石建筑,以黏土垫缝,后来人们从提华纳科(Tiahuanaco,4 至 10 世纪)学来了比较细的石工技术,用不规划的,但互相契合的多边形石块砌墙,以

后又用大小比较接近的石块砌筑。印加建筑的住宅多内院式,临街基本不开窗,因为很少用家具,所以在厚厚的墙上做许多深深的壁龛,用来存放什物。草屋顶、庙宇也不例外,建筑物上没有雕饰,室内有大量金银摆设,印加人的建筑文化大量保存在马丘比丘古城堡。

印加建筑

Incense Burner 香炉

烧香时使用的容器,配有布满小孔的盖,一般由青铜或陶器制成,虽欧洲使用,但东方更为普遍。汉代(公元前 206—220 年)使用一种称为山形香炉(博山炉)的器皿。明代的香炉制成 2 种基本款式:四足方香炉和三足圆炉。19 世纪日本制造过许多大型青铜香炉出口,其特点是用深浮雕,常配以龙的图案,而且通常人工使铜生绿借以仿旧。

Indefiniteness Space 不定性空间

建筑空间不定性手法的运用包括以下几种。1. 界面的不定性,室内外空间由地坪、外墙下界面地坪、上界面平顶构成,界面的色彩、照度、质感可创造各种感受。2. 形象的不定性,建筑的形象可与环境融合。3. 空间属性的不定性,可以构成室内外不定

的空间。4. 形式的不定性,可兼收并蓄。5. 色彩光线的不定性,光色变化的运用,灯具形式亦可改变建筑空间的格调。6. 尺度与距离的不定性,具有感性的相对尺度。7. 空间分割的不定性,或虚或实的再分割有利于使用。8. 部件属性的不定性,构成空间的部件要素,如三角形的房屋其斜面即兼有墙壁和屋顶的 2 种属性。9. 秩序与变化的不定性,秩序中可求统一,也可求其变化,成功的建筑空间何以具有魅力? 建筑空间中的不定性处理可能是原因之一。

India Khadir Round House 印度加南卡地尔圆形民居

在印度加南地区卡地尔称为 Harijans 的一种圆形民居是当地传统皮毛工人住的房子。为部族集体农耕社会,以牛为神,当地传说如果有人吃了死牛肉将托生为皮鞋或马具。加南是个孤立的地区,唯有其建筑具有独特的风格,卡地尔的居民都全力装饰他们的家屋。房上镶嵌着地方色彩浓郁的镜子,色彩艳丽的毛织品,各种民间操作工具也作为陈设装饰品,室外的土墙立面用白灰粉刷。圆形的房屋内包含厨房和居室,室内是木材搭架的顶棚,牛棚就在住屋的旁边,占据重要的地位。居室内部充满用泥土砌筑的贮存物品的设备,占据许多空间。

Indian Birdcage Dwellings East Part of North America 北美东部印第安人鸟笼式民居

北美东都原为印第安人居住区,1620 年沦为英国殖民地,当地居民种玉米、南瓜、向日葵、烟草等农作物及生产家庭用具。当地民居是形如球体的天幕棚架,夏季内外均铺以草席。1971 年在北美东部发掘出的湖畔村庄遗址,可能是 14 世纪的遗迹,有 2 道

3.6 米的栅栏作为防御敌人的护围。内部共有 12 栋棚架式民居,其中的第 8 号尚有增建的痕迹,10 号为集会场所,7 号有出入口可通达外部。每栋棚架可容纳 5 个家庭,一家 8 口,全村共 540 人。1972 年美国自然博物馆复原了其中的 3 栋,其中的 3 号棚架长 16 米,宽 5.7 米。最大的长 42 米,宽 8.1 米,按原址复原,寝棚高 1.2 米,全高为顶高的 4/5,屋脚以木柱支撑离开地面以利通风,民居为鸟笼式的竹木结构。

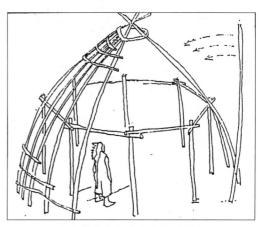

北美东部印第安人鸟笼式民居

Indian Dwellings North and West of South America 南美洲北部及西部印第安人民居

南美洲北部委内瑞拉的齐木杨诺阿莫(Venezuela Chagno Yanoamo),印第安人属杨诺阿莫民居,住在委内瑞拉南部和巴西北部的奥里诺科河的偏僻林区,以刀耕火种方法种植大蕉、木薯、块根植物,以捕猎动物为生。他们经常发生战争攻打敌对的村庄,因此杨诺阿莫人民居是防御型的。房屋有拱形、圆形、圆环形、三角形、尖锥形和以斜木支撑的单坡支架形的,是热带雨林中简易而适用的住居形式。南美洲西部安第斯山区气候干燥,秘鲁印加文化地区的印第安土著

居民以土石墙壁建房,屋顶则用竹木结构,上铺草席或茅草,房屋平面为矩形或圆形。

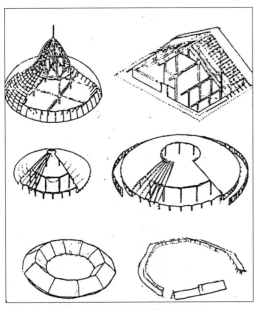

南美洲北部及西部印第安人民居

Indian Garden 印度园林

莫卧儿帝国统治下的 16 至 17 世纪,是印度伊斯兰式园林的鼎盛时期,莫卧儿帝国创业者巴卑尔爱好园林,他建了许多花园。最著名的是"诚笃园"(1508—1509 年),是一个典型的伊斯兰园林,今已不存。此后三个国王的陵园、胡马雍陵、阿科巴陵和日汉哲陵,都是伊斯兰式的墓园。花园用十字形水渠分成 4 块,水渠交叉处有水池,种植不加修剪的高大茂盛的树木花卉,不加修剪,保持自然形态。后来填平花圃,改为草地,宫庭里的花园一般都是小型的。红堡(1638—1647 年)内有大小五六个正方形花园,水渠喷泉,墙裙上用珍贵的彩色石块镶嵌花卉的图案,使室内外意趣谐和。

Indian House Wooden Fit Up，North American 北美印第安生土居民的木装修

北美印第安生土居民的木装修采用粗加工露木纹的木材,表现木质的纹理。木檩条承托的天花板是露明的竹草,竹草席编织成图案,有的在木梁上彩绘蜂、昆虫、鱼、鸟等图形。用砖石拼花的地面也有粗犷的装饰效果,木柱的柱头饰以丁字横木,作曲线形的木雕装饰。

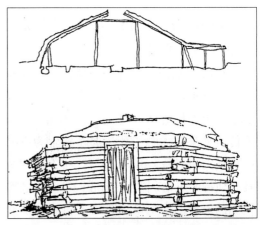

北美印第安生土民居的木构架

Indian Indoor Display，North American 北美印第安民居的室内陈设

北美印第安生土民居的室内陈设风格古朴,严谨划一。土体建筑中的土制陈设充分运用曲线,木装修,竹木家具上也都表现曲线的线脚。屋内的火炉、床、座椅等造型都具有鲜明的民间工艺色彩和优美的造型。这些陈设品与褐色木板家具,粉白的土墙交相配合形成一种瑰丽的综合性装饰效果。

Indian Medieval Sculpture 印度中世纪雕刻

大约公元 600 年笈多王朝衰落后逐渐发展起来的一种雕刻,一直延伸到 16 世纪

莫卧儿王朝在印度成立为止。分 2 个主要派别，北印度派和南印度派，各有特色。北印度派风格遍及北和中印度地区的印度教寺庙和耆那教寺庙。这些寺庙的墙壁上雕着体态轻盈的仙女，赤身拥抱着爱侣，驯养的狮子，盛开的鲜花的卷草纹饰。雕像体型很高，四肢修长，姿态粗野夸张。南印度派雕刻始于帕拉瓦朝（7 至 9 世纪）统治时期。和东印度派一起对东南亚的艺术有过很大的影响，杰出的例子是浮雕"阿力柔的忏悔"刻在一块裸露地面的巨大花岗石上，位于马哈拉施特拉邦的爱劳拉石窟在天然的岩石上施工，非常生动。

北美印第安人帐篷

Indian Tent, North American 北美印第安人帐篷

印第安人的大多数聚落点是季节性的，在农业和贸易网建立之前流动性很大，战乱或突然的气候改变或其他至今不解的神秘原因，使印第安人向南迁移。阿帕切人和纳瓦霍人只占据很短的时期，他们的松木和草屋都是临时性的，用泥和树枝作的半永久性民居称 Hogans，至今 400 万纳瓦霍人仍住在保护区的这种民居中，18 世纪下半叶，印第安人与英法白人移民间持续多年战争，1794 年被迫西迁，25% 印第安人死于途中，不屈的切罗基人 1838—1839 年西迁所走之路，世称"切罗基人眼泪之路"。佛罗里达印第安人曾不离故土奋战 7 年，印第安人的聚落都设有坚固的防范围栏。圆锥形的印第安人帐篷是游动的，有利于底部流入微风和顶部出烟，长径大约 1.2~2.4 米，用野牛皮覆盖，6 米以上的帐篷则多为公共集会时使用。印第安人帐篷便于拆盖，可用马车搬运。

Indian Village North West Alaska 阿拉斯加西北部印第安人村落

严寒地区的北美阿拉斯加印第安人的村落大多选址在江河的入口处，在河的南面，集会中心是带形村落的公共活动中心，集会中心是一座木构架的集会厅，以圆木建造，是首长与族人的议事场所。会场内部中央设火塘，火塘周围的地坪逐级升高，形成一个舒适的聚会空间，室内装饰有印第安人图腾木雕，象征鱼和鸟类的崇信物品。村落中还布置一些晾晒渔网的三角形支架，这种结构类似现代野营用的三角形帐篷的支架形式。贮存的食品为了便于迁移，置于高架的小木屋内，高架木屋作法与日本北海道和西伯利亚相似。居民的入口处均设有木雕图腾柱作为家庭的标志。印第安人圆木屋的用材形制，建造方法和施工操作程序，都有固定的程序。

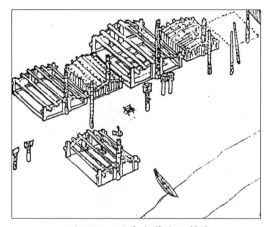

阿拉斯加西北部印第安人村落

Indistinct of Streetscape 街道景观的模糊性

中国传统情境中的模糊性是街道景观意识之一，其含义的含混同时蕴藏着中国特有的融合共存，复杂变化，相生相成，折中调和的宇宙观，当人们散步于街道中，不同功能，不同形式，甚至不同年代的建筑不断刺激人的感受，再加上街道的曲折多变，三维聚焦不断改变人们的视觉中心，不同特点的建筑增加了人们的心理感受，对街道景观的体验变得丰富生动，模糊复合，平和、幽静的宇宙气氛油然而生，街道景观可以称作浓缩城市性格的"小宇宙"，乃至整个地区、民族的宇宙环境。不仅如此，传统街道熔融内外秩序，创造出了内外过渡的"灰空间"层次——一种非内亦非外的虚体中性空间。街道两侧的建筑立面形态，呈现出一种相似的类型——正面化的家族门面，给人一种由外向内吸引的深奥感，于是，是非之间，内外之间，则又是街道景观体验模糊性的表现。

Indonesia Karo Batak Dwellings Sumatra 印度尼西亚苏门答腊卡拉巴塔克人的民居

卡拉巴塔克人（Karo Batak）分布在印

尼苏门答腊北部高原，在火山顶上，由于地势起伏，卡拉人的村落建设很拥挤，多以竹林围绕。屋群房脊的方向多按河流为中心线布局，门朝向河水的上流，屋子的间距仅3~5米。传统式卡拉的房屋很大，可容纳4~12户家庭，或20~60人居住，每个核心家庭有自己的火炉。屋内没有隔墙，家庭成员都同住一堂，只是每个核心家庭分开。卡拉人竹木民居以植物材料竹、木或棕榈叶建造，基础用重木以避免白蚁及潮湿侵蚀。茅草或树叶作屋面，随日期久远而防水功能加强。主体结构靠粗大的木材，构架间的搭接靠楔子而不用铁钉，也不用交叉的支撑。四坡顶，两端高大的山花以利通风，山花上方盖席，用五彩竹篾编织美丽的图案，夜间门窗百页均可关闭。

Indonesia Nias Boat House 印度尼西亚南尼亚斯船型屋

尼亚斯（Nias）是印度尼西亚北苏门答腊省的岛屿，为苏门答腊西侧最大的岛，无火山地区，最高点海拔886米，居民是原始的马来人，信仰万物有灵。岛上各地有许多巨石墓碑和木雕，以纪念死者或丰收。北部村庄的规模很小，南部的较大，民居都搭建在木脚支架上。头人的房子特别大，房顶高耸，巨大的柱子和横梁上有许多雕刻装饰。尼亚斯人的村庄由入口小径引入通达首领的高大房屋，其他居民分列两侧，排列整齐，房前布置石块作为村民们跳跃练习的场地，在进入村庄路边上有纪念神灵的崇信物。尼亚斯民居的木结构支架犹如船型，由巨大的高脚木柱支撑，房屋好像悬在空中。前后两端支挑着巨大的檐子，形成公众的大片阴影地区，檐口下面充满木雕花饰。

印度尼西亚南尼亚斯船型屋

Indonesia West Samoa, Bali Island Dwellings 印度尼西亚沙摩西岛及巴厘岛民居

沙摩西岛是印度尼西亚北苏门答腊省多巴湖中的岛屿,面积约占湖面面积的1/2,是马达人的故乡。马达人种植水稻,饲养牲畜,捕鱼,出售葱蒜,岛上有许多巨石是古代的文物,沙摩西岛的村落按规整的行列布局,中间为石头崇信物。民居分布两侧,一侧为儿子的家属住房,另一侧为女儿的家属住房,正中是全村首长的住房,对面是谷仓。沙摩西岛民居有高高的船型大檐子,房屋由地面抬起,山墙入口部分作色彩丰富的草席编织的装饰。印度尼西亚巴厘岛位于小众群岛,爪哇岛以东,大部分是山地。信奉印度教、佛教、马来人的宗祖祭祠,万物有灵、巫术。种姓等级文化受爪哇人影响。巴厘人的村庄有一主要入口,房屋排列整齐,民居中间为公共活动地段,包括庙宇、集会屋、家庙、塔、男人和女人分开的公共场所、米仓、打米场、浴室、神龛等。

Indoor and Outdoor 室内和室外

自从赖特创立了有机建筑理论以来,"流动空间"盛行了半个世纪,建筑设计之中兼顾室内和室外的联系。对室外的陈设像对室内家具一样精心的安排,使室内外的景物互相联系,互相渗透,从室内到室外面向自然界,以人为尺度,从室外到室内设计的出发点是超尺度感。1974年建筑师 Meiur Richard 作的道格拉斯住宅以白色充满光感的建筑落位在绿色的丛林之中,室内室外十分和谐而充满清新的空气感。密斯万德罗设计的 Jackson Hole 大玻璃的山野别墅使窗外山野的景色全部映入室内。室外的风景好像是房间内巨大的风景壁纸,建筑师力图使内外的边界消失。

Indoor Landscape 室内景观

室内环境的布局、装饰、色彩、墙壁上的挂贴、画幅等,对人的心绪和感情均有影响,其间的审美原则和规律也是环境美学研究的对象。室内景观设计与生活美学和技术美学均有密切的关系,自然美、社会美、劳动产品的艺术设计,均综合运用在室内设计之中。日常用品、家具、装饰品、服装、发饰等方面与人的接触和关系之多,远远超过人与专门艺术品的接触和欣赏。许多零星的生活日用品的美,是影响室内景观的主要因素。

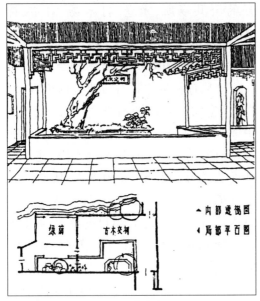

内部透视图
局部平面图

留园古木交柯

Indoor Partition 落地罩

　　中国民居中用落地罩分隔空间的办法就如同近代建筑中的透明玻璃隔断,同时罩本身又是精美的内部装饰,落地罩是隔扇中最空透的形式。落地罩大多以精美的木雕制作布满精细的纹样,在堂屋的 3 开间或 5 开间的家庭厅堂中用罩或隔扇划分空间。在堂屋中可以透过两边的落地罩看见两侧跨间内的室内陈设,这也是一种在大空间内分割不同使用区域的布置手法,和半截墙及空透的隔断有同样的功能作用。在一个通长的房间中布置家具陈设不易做到和谐优美,必须划分为若干个中心分组布置。这种布置家具的聚落组团不被通过的流线所贯穿。罩的作用就在于通长的大空间内便于家具陈设的分段布置,罩本身又是精美的艺术品表现民间的手工工艺技巧,有时还配合名人字画装饰以炫耀家族的豪富和族人的文采。

落地罩

Indoor Sunlight 满室阳光

　　满室阳光是中国民居建筑的一个传统特点。在北方民居中,朝南的方向全部是幕墙支摘窗,隔扇门,都是为了最大限度获取阳光。尤其是冬季,透过大面积的窗格,满室满炕都是明亮的阳光。西方建筑的幕墙体系不分朝向,是为了减轻框架结构的重量,并无采光的意义。大面积支摘窗使整面阳光透入室内,窗边的炕上终日保持明亮。炕桌周围是家庭活动(谈话、吃饭、主妇做针线活计等)的地方。清早阳光透过窗帘进入室内照到炕上,自然使人们准时醒来,医学上认为这是最健康的由阳光唤醒睡眠的方式。一醒来即可以看出窗外的天气如何? 看看窗外生长的花卉树木,看看季节与天气的变化,开始一天新的生活。北方民居3 开间的厨房居中也是朝南充满阳光的地方,厨房朝南,因为家庭主妇白天大部分时间是在厨房中度过的。

Infinity 无限的

　　在风景构图中,无限的空间是视线瞄准的目标,但眼睛却看不到它。无限空间聚焦点的位置代表无限。它是可及的,同时又是不可及的。从景观构图中都可以看出,向着这个极限运动的倾向,因此无限是运动的延续与伸展。创造无限的空间是现代艺术思潮的一个主要特征,在中国古代的造园艺术中有许多扩大空间的手法。例如把一个同时性的空间转化为不同时间中发生的一连串事件,也是运用无限的一种手法,无限占有时间性。

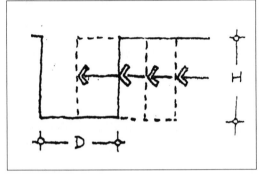

空是特定的此间的空,无是此间的无

Induction 归纳

工业造型受制作技术的限制,必须对自然形进行归纳概括,把许多能统一的东西统一起来以加强整体效果,把一些能省略的东西完全省掉以突出重点。

Industrial Building Design 工业建筑设计

大工业革命孕育了第一代经典工厂,并不断要求有适应性与灵活性的新功能。第二代工厂的特点是工艺不断简化,生产将在一个装置里完成,工业建筑物将变成多种用途的综合体。第三代工厂将是没有基础的可移动式厂房,对生态环境地貌影响很小。当代工业建筑仍需以下列条件为设计依据:满足生产工艺要求;适应生产调整和发展;为工业化、机械化创造条件;因地制宜采用新材料、新技术;节约用地,充分利用平面与空间;环境保护,消除污染;创造良好的生产工作环境;美化厂容。一种新概念"联合容积"应运而生,即联合厂房、紧凑厂房和多层厂房,成为一种发展趋势。此外工业建筑体系是同类工业建筑的技术概括,也是同类建筑实践的总结。当代工业建筑设计就是环境设计。近代国外推崇人类工程学在工业建筑上的应用。

没有任何建筑外壳的蒸馏塔

Industrial City 工业城市

都市之就业人口中,工业人口所占比例较大之都市,普通工业人口率超过35%者,即有趋向于工业都市之品格。Industrial Port 为工业港,附属于工厂或工业区专用之港口。Industrial Area,Industrial Zone 为工业区,都市计划中,土地使用主要以工业用途为对象之地区。Industrial Standard 为工业标准,为工业标准化而制定之标准。Industrial Standardization 为工业标准化,工业产品之种类、形式、形状尺寸、品质、等级、成分、性能、试验、测定方法、制图方法、用语、略称、记号、符号及其相关事项予以单纯化、统一化。

Industrial Distract Planning　工业区规划

工业区或叫工业用地,用来布置工业企业,动力结构以及有关的交通运输设备和仓库设施。与生产管理及工人生活有关的辅助建筑、工厂管理处、食堂、保健站、工厂技术学校等。确定工业用地规模应按生产工艺过程,便于工厂道路通向各个车间、仓库和其他生产房屋以及对外铁路运输的联系。工厂区的铁路线的定线要求坡度一般不大于 0.012,电力牵引坡度为 0.03~0.04,曲线半径为 250~300 米,或 160~200 米。规划工业用地要进行用地分区;要考虑好交通运输区和停车场位置;厂房之间的间距;布置厂房不破坏生产过程的原则,非建筑用地及交通用地的绿化与美化。还要考虑工业、交通运输和居住区用地共同发展的条件;公共卫生条件;给排水,热力供应条件;根据不同情况工业企业可布置在生活居住区以内,或布置在整个居民区范围以外。

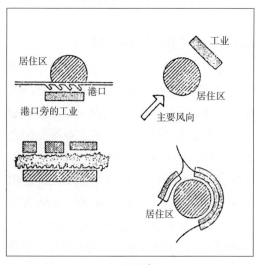

工业规划

Infrastructure　基础设施

城市公共设施包括的内容很广泛,可分为 2 类:社会公共设施和市政公共设施。这些都是城市生活和城市活动的基础,因此也被称为基础设施。在这些设施的选址布局中,需考虑的总体原则有:1. 使居民享用这项服务而付出的费用最小;2. 使某项公共设施利用率最高;3. 达到最大限度的服务水平。

Infrastructure Development　社会开发

人类环境及产业结构的激变对科学工作者的综合化技术要求变得更加迫切,促使人们对现行有关社会基础设施建设的知识结构进行再认识。新兴学科以及各相关学科,如地球环境学、地域经济学等,已浸透到土木工程以及建筑工程学科的每一个领域,逐步形成了社会开发工程这一系统的多学科交叉的综合学科,导致近年来出现雨后春笋般的学科改造、扩充和更新。有关社会基础设施建设学科方面的联合,在充分认识了各相关学科的相互关系的基础上,确立了社会开发的专业范围,即社会开发工程研究的基本研究对象。

Ingenious Utilization of the Site　因地制宜

根据各地区的具体情况采取适当的措施,定出变通的办法而不拘泥,这是中国民居的一项布局原则。依山之势,傍水之边,村落的大小分合,房屋的前后错落等都因环境的各种自然条件而变化。村镇民居的因地制宜还有一层意思,就是建筑应有"乡土气息",不能把城市型住宅硬搬到乡村中去。

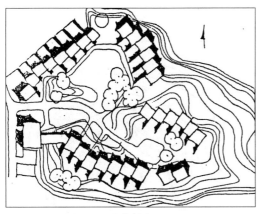

因地制宜

聚落的边界

Inhabit Boundary 聚落的边界

硬质边界指由人工墙构成的聚落边界。中国古代的城市,村坞、邑堡一般都带有人工修筑的边界。周时楚国的聚落则用荆棘环线。称之为"荆围"。环境边界,在聚落周围环掘壕沟的聚落,后来壕沟与墙结合,形成中国古代城市和邑堡的典型边界形式。自然边界即把自然地景作为聚落边界的"建筑材料"加以利用,形成自然边界,山脉、国界、省界、县界莫不如此。这种边界虽属自然,但丰富多样,如以资源领域为边界,村落或乡镇往往没有明显的边界形态,尤其是平原地区的现代村落。只有外部不甚规整的平面轮廓。若扩大至聚落的资源领域,乃至任何区域形态,如国家都是以资源领域和生存空间为边界的。边界不仅要连续,而且要向外部层次设置可控的开口。

Inhabit Central 聚落的中心

1. 宗教信仰或政治中心是各种规模聚落共有的现象。从居住角度看,这类建筑与住宅不属同一层次,其职能可能是多样的文化中心、心理标志、聚落标志、管理中心。有时位于聚落的地理中心,有时则在它之外,现代生活中,这类中心已失去其精神上的凝聚力和政治上的控制力。2. 生产、生活——交际中心,水井是聚落中重要的生活饮水设施,自然形成人群聚焦的交际中心,如今的生活居住小区已明显缺乏上述之中心。3. 视觉认知中心,上述的中心都具有视觉认知的功能,如村落中的鼓楼、炮楼,原本都出于实用而不出于视觉的美观,所以聚落中的视觉认知中心宜先从功能来解析。各类中心在聚落中的视觉认知中心在聚落中具有不尽相同的功能,但均不只是单纯的物质功能。

Inhabit Structure Elements 聚落的结构要素

边界提供领域,中心具有凝聚力,是传统聚落富有场所感的根本。聚落的组成结构有以下类型。1. 散点形结构,布局松散,各要素均匀分布,住宅彼此分离,呈星点状。2. 集中形结构、堡、土墙、围子等以道路为中心,两侧设支巷,巷侧排列住宅。3. 线形结构,往往沿河流、道路及其他线状地景随形就势排列。4. 行列式结构,多在人民公社时期形成,房屋在街道两侧一行行毗邻排列,多见于平原地区。5. 多层次形结构,多为规模较大,历史悠久,尤以血缘聚落之总祠,分祠为各层次中心,在中国南方及台湾较为常见。6. 不规则形结构,聚落中的房屋分布不规则,地形多较复杂,自然形成者为多。

Inn 客栈

供旅客住宿,有时也供膳食的公共建筑,大多已被旅馆或汽车旅馆取代。客栈在古代称为驿站,建在商旅经过之处,相距约13千米,常常是设有岗楼的堡垒,古代波斯各地的干道上均设有驿站,古罗马的驿站采用与别墅同样的布局,以一个或几个院子为中心,周围设供住宿和膳食的房间以及马厩,后为中世纪的客栈所沿用,驿站由罗马的军队传入英国以后,分成饮食和住宿两部分,即酒馆和客栈。中世纪的隐修院。商会或个人都可建造客栈。到16世纪英国约有6 000所客栈,有的有几层楼,楼上有拱廊或围有栏杆的走廊。

Inner Depths 深度

凡是一件美好的建筑作品,它必定具有深度,若只有外表的光彩,它一定没有长久的影响力。设计的深度要求建筑作品能引起别人的共鸣,即社会价值,而且这种价值不是短暂的,而是永恒的。社会的价值和建筑作品内在的深度两者密切相关,有的建筑作品被吹捧一时,由于缺乏内在的深度而价值不高,影响力也是人为的、短暂的。当代的建筑创作中,人们追求的设计深度早已迥异于文艺复兴时代的概念,远比作正确的透视图或明暗之烘托技法诸项表现技巧深入

得多。

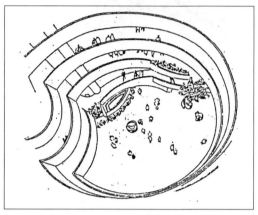

深度

Inner Mongolia Yurt Dwellings 内蒙古的蒙古包民居

内蒙古的蒙古包民居,是游牧民族帐篷结构形式的民居,内蒙古的圆形住宅和方形住宅都是由蒙古包的形式发展而来的。定居的蒙古人的住宅都以厚厚的土墙、草泥的圆顶或方尖顶为其特点。在圆的蒙古毡包中采用地下沟道式的火地取暖,烟囱在毡包的背后。蒙古包发展为定居的蒙古式住宅,土坯砌筑的火炕占有房间中的重要地位,在蒙古住宅中,生土的结构和土制品仍然是建筑的主体材料。

Inside and Outside Space 内部和外部空间

建筑通常指由屋顶和外墙从自然中划分出来的内部空间的实体,内部空间提供具有目的性或功能性的生活场所。地板、墙壁、天花板这样的具体边界可视为限定建筑空间的三要素。建筑是作为同包围它的"外部"相对应的"内部"而被体验到的。通常把"内部"与"外部"的界线定在一幢建筑的外墙处,有屋顶的建筑物内侧视为"内部",没有屋顶的建筑物外侧

视为"外部"。在组合式的大型建筑中，有时创造出"内部式的外部"。或是内部广植树木，创造出"外部式的内部"。日本的传统是在家的内部建立起井然的秩序，以家族为中心，在一幢建筑里保持着内部秩序。在西欧的生活中，具有外部秩序的观念，欧洲与日本的"内"与"外"统一的方法不同。

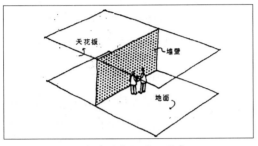

限定建筑空间的三要素

Installation Art 装置艺术

装置艺术是新绘画和新雕塑共同向展示空间方向挑战而产生的结果，装置一词本身涵盖了传统绘画与雕塑不能涵盖的新内容。"装置"是视觉摆脱平面性、台座摆脱固定视点一系列革新的最后结果，"装置"是现代艺术家对更大空间思考的艺术，它已脱离了传统绘画雕塑的局限，成为对整个展示空间的思考。杰德（Donald Jurld）的作品《无题》、斯密斯的《白绳》及卡罗（Anthony Caro）、腾勃（Willan Turnbull）等人开拓了多样性的表达方式，他们主要在传达新的空间观念，并不避讳使用工业制造品，有时一项装置布满整个空间，使人在秩序与非秩序之间，经历一种从简单到复杂的视觉历程，使展示空间生动起来。

Insula 贫民住房

古罗马和奥斯蒂亚的成群建筑或单幢建筑，大都为劳动人民居住，以别于上层社会的私人住宅。住房用砖建造，上覆混凝土，有高度限制，一般均在 5 层以下，奥古斯都时规定为 20.73 米，图拉真时为 17.68 米。底层常为手工业作坊和店铺，上层住房由公用楼梯进入，沿街面和内天井采光。许多住房周围有开敞式封闭的木制或混凝土制阳台，供水设备只能供下层，上层的住户须使用公用的供水和卫生设备，由于构造简陋供水不足，常发生坍塌和火灾。

Insulation 绝缘

利用绝缘体隔绝热或电气之方式。Insulator 为绝缘体，热及电、气之不导体。也指碍子，架空配线或室内配线时，用以支持电线之绝缘器。碍子分高压用及低压用两种，主要以瓷器、玻璃及氯化塑胶制成。Insulation Material 为绝缘材料。Insulating Varnish 为绝缘涂料。Insulating Brick 为隔热砖，砌造窑炉耐火砖之外侧时，为防止窑炉炉壁散热而使用之砖。主要以砂藻土为原料，在 800~850℃ 间烧成块，磨成粉状后，加入木节黏土混合，制成形状，再经 900~1 300℃ 烧制而成。最高安全使用温度 850~1 200℃。Insulating Fire Brick 为耐火砖，用耐火黏土制成，具隔热及耐火性能。

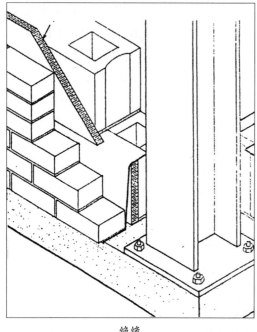

绝缘

Intelligence and Passion　天才与激情

如何唤起青年创作激情，建筑大师柯布西耶描写米开朗琪罗和菲狄亚斯时说："天才和激情，没有激情就没有艺术，不是激情的作品，不能唤起人类的感情。岩石是躺在采石场的僵死的物体，摆在圣彼得教堂的拱顶上则别有戏剧性。建筑是人类生存和表现人与宇宙关系的舞台，人类、戏剧和建筑都是如此。我们不能断定建筑对人类有多大作用，建筑是一种发生于长期的各种机会之中的一种感情现象……"米开朗琪罗是500年以前的人，菲狄亚斯是大约公元前500年的人，相隔2000多年，多么持久的恒常性。

Interchange and Arrival　交会点和终点

交会点和终点是流通要素发生问题之所在，当流量大，通道特定化成为各种形式交通的组合体时，问题越发尖锐。位于交会点的延迟和冲突变为规划设计系统中的失误，如空中旅行中花在航空站的时间即为一例，交会点是通道容量中的瓶颈。当驾车到达某一地点时，如何进入建筑，包含减速、进入和停车几个功能。入口孤立在停车前缘处，可能产生的危险以及景观美学问题均在此发生。因此在介于速度与静止，明显的目的地之间必须有个过渡，车辆在到达停车位前通过入口，然后车中的旅客再步行到达入口。停车场可分散在不同的方位，或以景园设计来分开行人的路径。

Intercolumniation　柱距

支撑拱或檐部的柱子的间距。在古典建筑及文艺复兴式和巴洛克式建筑中，柱距以公元前1世纪罗马建筑师维特鲁威制定的规则为依据。柱距以柱子的直径 D 为单位来计算和表示，而每单位的实际尺寸则随使用的不同、柱式的不同的建筑而变化。维特鲁威制定了5种柱距标准：即 $1\frac{1}{2}D$, $2D$, $2\frac{1}{4}D$ (最常用的比率), $3D$ 和 $4D$ 以上的柱距，虽然有这5种标准的比率，但实际建筑中常有变化。在多立克柱式的神庙中，转角上的柱距，有时为正面和侧面柱距的一半。

Interesting　趣味

梁启超曾对审美趣味很重视，他把美看成人类生活要素之"最要者"，认为人离开美甚至活不成，他把趣味看作追求美的生活的原动力。认为一个民族麻木了，那个民族便成了没有趣味的民族，人们需要趣味的营养唤醒从而振奋起来。王国维也说过："文学者，游戏之事业也。"游戏自然就是追求趣味，建筑中有许多小趣味是值得追求的。小趣味是生活中的美的事物，趣味也是人类的"欲"。美和美感都是超功利的,趣味不为功利服务,只有单纯的功利主义才排斥建筑设计中的趣味。

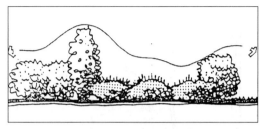

不同的造型、质感、大小及色彩的树木混植较有视觉趣味

Interior 建筑内部

建筑物或房间之内部, Interior Decoration 为室内装潢,室内天花、墙壁、地板、家具摆饰、窗帘等装修之总称。Interior Elevation 为室内展开立面图,将室内之四周围展开,合并楼板及天花之立面表现之图画。Interior Finish Work 为室内装修工程,建筑物内部各种装修工程之总称。Interior Lighting、Interior Illumination 为室内照明,利用灯具照明室内。Interior Piping 为室内配管,室内部分之给排水配管。Interior Wiring 为室内配线,建筑物内电灯及插座之配线。

建筑内部

Interior Architecture 室内建筑学

"室内装饰"不能解决现代生活的需要,而代之全面的"室内设计"(Interior Design)。有人称室内设计为室内建筑学(Interior Architecture),成为建筑设计的分支。而室内装饰只是室内设计的一个组成部分。室内设计既然有别于单纯的装饰,大量的室内改造工作首先也就应从改变陈旧空间布局着手使之符合现代生产生活程序。

Interior Climate 室内气候

室内气候的舒适程度影响居民的健康,室内气候包括温度、湿度以及空气的流动情况。人的生理要求室内气候昼夜无显著变化以至影响健康,居室内最舒适温度为17~22℃,夏季24~25℃。在不同地带有不同标准,寒带一般21~22℃,亚寒带20℃,温带与亚热带18~19℃,热带17~18℃。空气湿度为35%~36%。室内相对湿度,气温越高则相对湿度越小,冬季干燥相对湿度容许最小限度35%,夏季潮湿最高相对湿度65%,空气的流通一般为每分钟3~4米,自然通风在夏季是迫切需要的,尤其当湿度高时。一般室内气候冬季寒冷有风或夏季高温潮湿,都影响人体健康、新陈代谢、生理上的活力。现代设备条件下,可用人工方法解决室内气候对居住建筑的影响。

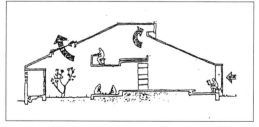

印度建筑师查尔斯·柯里亚设计的管式住宅

Interior Design 室内设计

室内设计是建筑设计的组成部分,旨在创造合理、舒适、优美的室内环境,室内设计的内容应包括房间的平面与空间组织,墙面、地面,门窗顶棚,光和照明、家具灯具,陈设设计与布置,植物的摆设和用具的配置。室内设计通常受使用材料的性能和加工方法、整体与部件的结合关系、对观赏者所产生的艺术效果等要素的制约。室内设计本身就是一种创作过程,其艺术性与工艺性相融合。这就是说建筑师、工艺工匠、制图或工艺美术家既不能仅仅根据公式数据进行设计,又不能如同画家、诗人或音乐家那样自由设计。在建筑学领域中,室内设计含义广泛,指构图、风格、装潢。在室内的空间设计中,建立空间的层次与序列,力求保持空间层次的多样化,是室内设计的重要因素。空间和时间是一切实在与之相关的构架,时间和空间的限定是室内环境设计的尺度。光线是揭示生活的因素之一,光线又是推动生命活动的一种力量。光的亮度、照明度、由光照产生的空间效果、阴影等。而色彩与光线同源、色彩与形状、人对色彩反映、冷与暖、色彩的表现性、对色彩的喜好与心理、对和谐的追求、色调、构成色素等级的诸要素等,都是室内设计中运用光与色的章法。家具与灯具设计是室内设计的重要内容,虽然现代家具制造业是大批量生产的重要部门,某些家具的特殊设计要求和精雕细镂的装饰只能靠手工制作。如精致的室内装潢,传统的手工生产方式的古老家具的复制品生产不会消失,由于天然木材富有内在的美,它的使用和价值不可能完全被合成材料取代。装修与装饰往往是民间艺术经过抽象提炼的美的符号,恰当的装饰和高质量的装修是美化室内的重要手段。日常用品、装饰品、服装、发饰等方面与人的接触关系之多,远远超过人与专门艺术品的接触和欣赏,许多零星的生活日用品的美,是影响室内景观环境的最主要因素。

室内设计

Interior Design Content 室内设计内容

室内设计是建筑设计的延续,工作内容可分为:室内空间分割及确定尺度、平面组织及活动线安排、建筑部件的装修、家具设计及布置、采光与照明、色彩及图案设计、纺织品及日用品选择及设计、艺术品工艺品选择、庭园设计、附属设备设计。1. 空间分割与流线是首要工作,半分隔或隔而不断、吊顶高度及材料的变化、家具的组合、地面的起伏及材料、照度及灯具、艺术品或工艺品中心、运用建筑平面的变化、引入室内的自然景物以及取暖或降温设施。2. 室内空间格调要统一,设计手法要简明注意研究人的生理与心理需求,空间尺度以人体尺寸活动范围为基础。3. 运用造园手段丰富室内空间,室内向室外开敞内外浑然一体。统一构成色彩感和气氛格调。天然采光及人工照明是表现空间的手段,光源位置的移动,灯饰的造型,不同部位照度的变化均可满足多种功能的要求。壁画、绘画、雕塑、摆设、器皿等相互之间要协调统一。

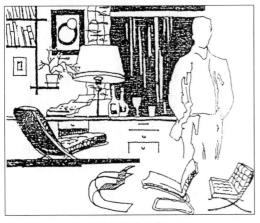

室内设计内容

Interior Displays 室内陈设

由于人们喜欢把他们不愿意忘记的事物保存在周围,装饰学和室内设计才得到广泛发展。对待室内的陈设有两种观点。一种是把房间视为个人独用的天地,布置自己心爱的物品。另一种观点是如何取悦来访者,展示房间布置的时髦的美。在生活中最美的室内布置原则应该是来自生活中的物件,这些物件能涉及主人所关注的事件并能引起回忆的故事,唤起人们的联想和怀念,而不是那些时髦的摩登艺术品与植物花卉等时尚的潮流。

室内陈设

Interior Environment 室内环境

现代建筑把"室内设计"看作是整个建筑设计的延续,发展和深化。在设计意图及空间组合上,甚至某些设计符号都应该是贯穿内外的。要创造朴素、自然而又充满情理的室内空间。1. 传统材料给人以熟悉亲切之感,而先进的加工技术则可赋予时代新意。2. 室内空间的变化打破了单调和局限。3. 以丰富生动的细部设计获得新鲜、变化的感受。4. 建筑、结构共同创造的生动空间。由于钢、木构件在现代化加工条件下变得精确、细致,而构件本身也形成各种丰富的空间图案。5. 绿化与水景、绿化和水往往能把室外盎然的生机带入室内。6. 光和影为室内气氛重要的组成部分。7. 壁画与装饰,以雕塑、壁画为室内主要装饰在欧洲有着悠久的历史。

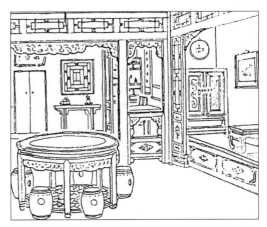

室内环境

Interior Space of Lobby and Hall 大厅内部空间

大厅设计应按人的活动规律组织人流和空间,导向性是大厅空间与其他空间的过渡手段。要强调均衡,最简单的均衡是对称,对非对称大厅的均衡更为重要。强调人流方向突出重点,给出方向转折的预示,可利用墙面作导向启示,以家具陈设为导向,曲面可产生流动感,利用标高变化,加强构件的韵律感、楼梯的导向作用等。在大厅设计中对空间的构思应胜过对实体的推敲,空间部分应当是建筑的主角,围合、体量、内聚性,影响大厅的空间效果。空间的形式与大厅个性有直接联系,大厅的空间分隔与组成可借助实体的作用,结构是创造空间的手段,在柱网中结合人流以丰富空间的造型,也可用垂直交通体系分割空间。大厅的装饰贵在得体。可用现代雕塑和挂饰为大厅增色,小品水和喷泉可创造生动的空间,家具陈设、露明电梯、天然光,在大厅中都独具效果。

Internal Courtyard of Chinese Traditional Cities 中国传统城市中的内向庭院

建筑组成内向庭院,是中国建筑的重要特征。从陕西发掘的岐山凤雏建筑遗址来看,在西周早期距今 3 000 多年前就已形成了内向庭院的形式,从住宅到皇宫大都是这种布局形式。只是各地因地制宜,因建筑类型不同而有所变化,但基本的内向院落或天井是一样的。它既是交通中心,又是堂室活动的补充或重大活动的中心,还具有采光、通风、生长自然花木、提高环境质量功能作用。过去,中国城市大都以它为基本单元,组成建筑、建筑群,再由胡同、小街、大街组成的道路网络把这些内向庭院式的建筑连续起来,构成了多个层次的城市空间。

International Architecture 国际式建筑

随工业技术之进步与发展,信息时代交流之广泛,个人与民族之间的差异观念逐渐减少,人类的建筑亦随此国际共通性方面的思潮趋于一致,而形成一种国际式的建筑风格,而否定任何地方特色和传统的继承。国际式建筑在高度工业化社会中,特别是 20 世纪中期风行世界。

International Conference Building at Kyoto 京都国际会馆

1963 年的全国竞赛中,大谷幸夫(Sachio Otani)的方案以最优秀奖入选,并于 1965 年建成。京都国际会馆是一所多功能国际文化交流中心,设计大胆采用了 V 形斜构架,构成正梯形与倒梯形结会的层状空间系列。这些梯形空间恰当地解决了各种不同功能要求。V 形柱子不仅突出于建筑外部,一部分还暴露在大厅之中,建筑外壳与内部空间相互渗透。在这幢会馆中混凝土既是结构材料也是装修材料。构架外面覆以混凝土预制板,取得了瓦屋面般的效果。裸露的构架则饰以凹线,加强了其本身的力度感。这种 V 形斜构架很像神社屋顶上的"千木"装饰,是会馆具有日本传统风采的现代建筑,与古都京都保持着和谐的文脉联系。造型独特的建筑体映在池中的倒影使天然景观与人工景观相得益彰,十分得体。

International Congress Center，Berlin(ICC Berlin) 柏林国际会议中心

柏林国际会议中心简称 ICC Berlin,是世界最大的会议中心之一,位于柏林西部。总建筑面积约 13 万平方米,体积 80 万立方米,内部近 60 个会议厅、室,总座椅 20 300 位,有 5 个餐厅和 10 多个酒吧、快餐厅,可供 5 000 人餐饮服务,还有 9 000 平方米展厅。ICC 以 3 层高的过街桥横跨公路与西部的展览中心相连。第一大厅安装有功能齐全、豪华舒适的 ICC 式椅 5 008 位,可视

会议规模减少座椅数量,可把升降的天花板降下作幕墙隔断。第二大厅座椅1742位的听众池座可用9个链式绞车提升到天花板上,形成2000平方米的木板地面多功能厅。第一、二厅共用的中心舞台有5道可升降幕墙,可对舞台空间分合。ICC式座椅的座和背是弹簧的,有多种使用功能,前有可折叠的工作台,安装有8种语言同声传译系统和声量控制板,旋转台灯、扶手上有同声传译耳机插孔。

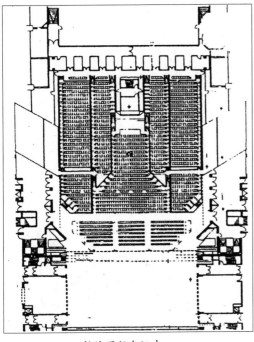

柏林国际会议中心

International Style 国际风格

国际风格的特点是摒弃装饰,追求形象的纯化和风格的和谐统一。在实践中,它注重简洁的外形,合理的功能,先进的技术,材料和标准化的大生产。强调建筑的"空间—时间性",运用灵活的自由平面,以框架来代替砌体结构,由此体现出现代建筑的经济、便捷和高效率。然而,它所致力的建筑"通用性"和"方盒子"模式,久之则不免流于千篇一律、似曾相识的单调乏味。特别是它忽视传统,否定文化的民族性和地方差异性,并且把人降低到一个抽象的地位,缺乏人情味。密斯·格罗皮乌斯和勒·柯布西耶等建筑师在早期的某些作品中都展现了这一风格的特点。

Interpretive Trail 解说步道

解说步道是近来公园设计的新增项目,每个站点均对应着当地景观和栖息的动物,他们彼此之间如何依存、如何演变等均被加以说明。公园是学习认识自然生态的场地,也是学习认识自我的场所。人们可学得栽种植物,建造夏日房屋、登山、健行、狩猎、露营等。开放空间可以成为熟悉和寻求奇异的,亦能转入一未知世界成为发挥人类潜能的场所。设计儿童的冒险游戏场,利用在空旷空间的旧建筑材料,指定为儿童们的小建筑场地,在大人监护下,他们依其自身的用途和想象兴建,儿童参与的欲望极其强烈,在此过程中,他们学得一些构筑的技巧和社会合作的意义。

Intersections 交叉路口

两条街的交会点的角度应小于从交点看两街30米处之视觉角与垂直线成20°范围内,交角越尖锐越不利于车行,看不见会车的情况。当次级路与主干道交会时至少要有50米的位偏,可减少发生意外的机会,位偏太小反而增加危险。主干道的连续交会点不可小于250米,高速路为1000~1500米,次级路转角缘石应有3.5米半径,主要道路15米半径。高负载道路交会点设计和分析是交通工程师的责任,但规划师应对此有了解。最小前视距离须维持在线上,每点能予驾驶者充裕的时间以反应路上可能发生的状况,最小值依设计车速而定,驾驶者离交会点 20 米应能见及交会点上所有状况以及离交会点其他街的 20 米距离范围内的景况。

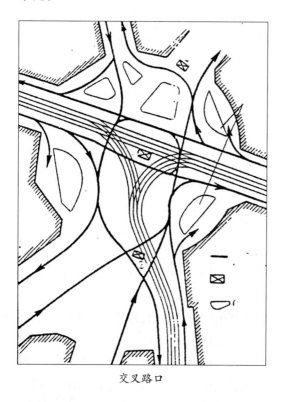

交叉路口

Interweaving Urban Design with Architectural Design 城市设计与建筑设计之互动

城市设计与建筑设计的相互作用,建筑设计构思由外向内的过程就是适应城市设计要求的过程。1. 适应城市设计对土地综合利用的要求。2. 适应城市设计对交通组织的要求。3. 对城市公共空间的要求。4. 对建筑物之间关系方面的要求。5. 对城市空间中人的活动和行为心理方面的要求。适应城市设计要求的建筑设计方法有 2 个基本途径,一是强调视觉形象,另一个强调公众对城市环境的使用和体验。强调人对建筑物和建筑空间的视觉感受的方法有"连续视景"的方法;混合草图,在表达现状的照片和速写上面加上设计的建筑物;现状模型加设计模型法。强调社会公众对城市环境使用和体验的设计方法有问卷法;进行公众参与式的设计;观察法,将对市民在城市空间中的行为和活力进行的观察和分析作为设计的基础。

Intimacy 亲密性

亲密即人与人的紧密关系,在密密麻麻的人际关系中,才具有人生的意义,要创造使人感到很亲切的环境,产生亲切感。例如美国亲切剧院诞生,使岛式、半岛式舞台的演出方式又重新兴起。亲切舞台使演员与观众之间亲密无间,好像演员就在观众之中。亲密性是人类行为的一种生物形态学,行为越是亲密,它所引起的情感就越强烈。在商业环境设计中,要求具有亲密感的环境场合,才能增加营业、招揽生意,甚至声音和气味也能标出亲密行为的范围。

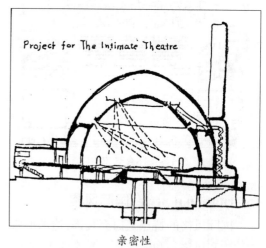

亲密性

Intimacy Gradient 渐进的层次

建筑格局的安排要按其使用公共性的程度形成一个有层次的布局,按来访者的亲疏关系布置平面与空间,如生人、熟人、朋友、客人、亲属、家庭成员,各种活动的场所由公共性到半公共性,再到私人性逐渐有层次的安排。例如南美秘鲁的风俗,朋友是被非常严肃地划分为不同等级的,一般的邻居朋友不能进入住宅中,礼仪方面的朋友如教会以及工作中的同事只限于在房子中的沙拉(Sala)活动,这是住宅中的休息室。亲属和亲密的朋友可引入家庭室(Family Room),少数亲属和朋友特别是妇女允许进入厨房,秘鲁人以此来维持家族的私有性和骄傲。每个人都自觉地认识本人与家庭主人间关系的深度来判断自己能进入宅中的位置。亚洲泰国的民居中这种渐进的层次表现为逐渐升起的地坪标高上,中国,非洲住宅,日本民居,早期美洲的殖民地式住宅都有这个特征,从入口的公共性部分引进到半公共性部分,最后到达私人性部分。

Intricacy 迷惑的

对环境景观感到入迷,却又困惑不得其解,但又何必先知其意然后知其美?人可以凭直觉和感性来认识艺术美,因为艺术美有直觉性,它作用于人的感官,耳濡目染、情不自禁地受其吸引,自然而然地产生一种愉悦感,然后品察回味,其中含有想象、分析和判断。对一些表现深奥的艺术品会产生一种迷惑不解,正像王安石所描写的,"入之越深,其进越难,而其见越奇"。用来鉴赏迷惑的环境美,很有启发。许多现代的抽象的艺术作品追求这种迷惑的效果。

Invisible Form in Architecture 建筑中的无形形态

和儒家重社会功效、偏客观的哲学观不同,老庄哲学和禅学强调"自我"意识,注重内心体验。老子的所谓"大音希声""大象无形"的哲学思辨,对于宋元以后,特别是对于江南地区的音乐、诗歌、绘画以及建筑的发展都产生了很大的影响。人们超越"形式美"的层次,转向探索意境、氛围以及心态的表达。苏州园林的主人多为隐退的官僚。他们在情趣上,名为追求田园之乐,实则表露了一种安富尊荣、虽失意而不失其身份的心态。青藤书屋,不在其规模,而在于它所表达的意境。高高的院墙似乎想与尘世隔绝,室内"一尘不到"的匾额正是这种心境的写照。攀附于粉墙上的枯藤、随意散置的湖石,抒发了主人的抑郁和不平。绍兴兰亭,作为晋代书法家王羲之与朋友聚会的地方,以"曲水流觞"为主题,园内茂林修竹,清流蜿蜒,形成了幽深而开阔、自然又高华的意境,与主人王羲之的神佳气逸、潇洒旷达的气质十分吻合。从上述实例中我们看到,江南地区传统建筑在造型上虽没有太多的变化,但却表达了超越表象之上的多样的心态和意境。老庄哲学和禅学强调人的主体意识的觉醒,对于江南传统建筑特有的艺术观念和审美理想的形成产生了很大的影响。在江南传统建筑中,把审美活动由视觉经验引入到静心观照的领域,追求物我谐一、情景交融,在心物间寻求和谐与契合。在这种追求中,物理时空淡漠了。使建筑摆脱形制和建筑主体意识的束缚,向更广阔的时空——心灵延伸,将人们引入一个超越有形形态的精神世界。

建筑中的无形形态

Ionic Order　爱奥尼克柱式

　　爱奥尼克柱式为罗马建筑柱式之一,以柱底半径为标准模距长度、其柱身为 18 倍之柱底半径。爱奥尼克柱式是西洋古典柱式五柱范之一,其造型柔和匀称,柱头有两侧圆形之旋涡纹式,表现为女性的柔和挺秀之美。

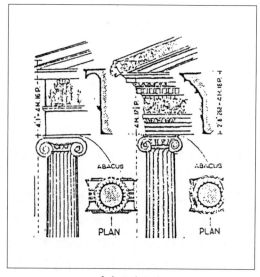

爱奥尼克柱式

Ireland Dwellings Houses 爱尔兰民居

　　北爱尔兰气候湿冷,当地建筑材料以石头为主,一种是典型的英国式砖石民居,两层带阁楼,砖砌装饰性壁炉烟囱冒出屋面,民居的入口居中,门前设置高台阶、坡顶小窗。另一种类型为笼格式,墙壁的底层带商店的、充满装饰的住宅,墙壁上的笼格用木材作格架,内填石块或砖块,外表的装饰图案丰富多样。

Ireland Mansion House　爱尔兰高层府邸

　　爱尔兰的城堡式高层石砌府邸独具特色,用厚实的石头墙支撑砖石的拱顶楼板和屋面,用石板砌筑的圆形楼梯均表现了高超的民间石工技术。采光小窗的平面为锥型,顶层的转角处有时还挑出圆形的瞭望塔。保存至今的石砌高层府邸,宅院豪华,规模宏大。

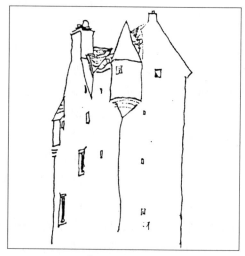

爱尔兰高层府邸

Iron Picture　铁画

　　中国用铁片制作的工艺品,又称“铁花”。始于明末清初(17 世纪中期),相传为安徽芜湖铁匠汤鹏所创。汤鹏因常观赏画家作画受到启发,遂用铁片、铁条锻打焊接成草花鸟虫、山水木石,制成挂屏,作为室内装饰品。风格劲健、朴素。产地原在安徽芜湖,后传至北京、山东等地。

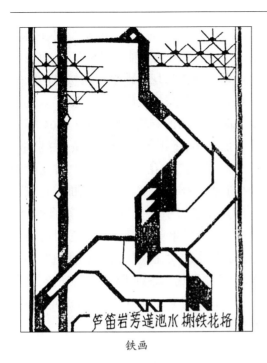

铁画

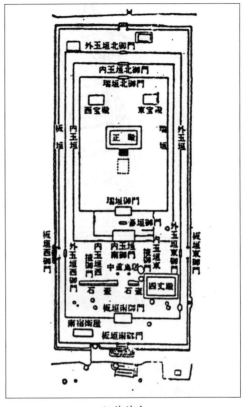

伊势神宫

Ise Naiku Shoden 伊势神宫

伊势神宫为神社建筑,位于日本三重县伊势市,是日本现存最古老的神社建筑,内宫供奉天照大神,外宫供奉丰收大神,两宫相距数千米。伊势神宫内外宫在法式上被认为是独一无二的"神明造"的神宫。建筑3开间,进深2间(11.18米×5.45米)。悬山顶,1层为支柱层,2层室外回廊围以栏杆,两侧山墙柱尺度粗犷。屋顶为45°草顶,两端装饰着高高昂起的"千木",屋脊上并排着圆形的压脊木,伊势神宫可称为日本建筑的原型。神殿位于杉木林中,正殿位于四道围墙的正中,板墙、外围墙、内围墙和端垣(日本神社最内的围墙),经一定年限迁宫一次的制度,是天武天皇时制定的,持统天皇五年(691年)第一次迁宫,经历了1200多年,于1973年举行了第60次迁宫。20年迁宫一次沿袭至今。

Islamic Architecture 伊斯兰建筑

伊斯兰教的历史发展分四大阶段,即萌芽期、吸收期、成熟期和分散期,直接影响着建筑形式的演变。教义对宗教活动的限定决定大式建筑的形态,对穆斯林家居的训示形成了伊斯兰小式建筑的组成。不同自然环境与地域条件赋予建筑不同的地方风格,出现了统一基础上的形彩纷呈。伊斯兰建筑有其独特的个性和极强的识别性,来自有别于其他空间秩序、构成原则和视觉形象。空间秩序中明确的指向性、固定的形制,以及追求空间的模糊和流动性,是为宗教精神服务的。城市的公共、私密和半公半私空间具有明确的分界线,建筑视觉形象的组织突出了伊斯兰建筑繁复的装饰性。

伊斯兰建筑

Islamic Dwellings Wooden Finishing 伊斯兰民居木装修

在民居建筑中木装饰最普遍,不论何种主体建筑材料的民居,都离不开木装修。伊斯兰建筑特征的木格花窗和上层挑出的幕窗,装饰丰富,富于光影的变化,在石墙或土墙材料的对比之下显得格外轻巧细腻。伊斯兰民居上层的幕窗是为了方便妇女们在室内向外界观望的窗户,在埃及开罗称Mamluk窗。幕窗有各式各样的图案,用小块木料拼接制作,由上层挑出,便于妇女们向下观望,而外面看不到室内,同时也有通风的作用,保持屋内陶土水罐中水的清凉和植物的芳香。伊斯兰木装修以木梁柱支撑木制的、充满图案的天花,有时镶嵌镜子或饰以彩绘和浮雕,色彩丰富。

Italian Garden 意大利园林

意大利园林以文艺复兴时期和巴洛克时期为代表。一般属郊外别墅园艺,由建筑师设计,规则式布局而不突出轴线,包括花园和园外园林两部分。花园别墅建在斜坡地上,分成台地,按中轴线对称布置,重视水的处理和剪树植坛。跌水和花坛是活跃的景观。意大利园林又称为“台地园”。文艺复兴时期著名的有埃斯特别墅(1564年),分8层台地,上下差50米,一条“白泉路”贯穿全园,有“水花园”之称。巴洛克时期园林追求新奇,夸张和大量的装饰。建筑物的体量显著居于统率地位。植物修剪“绿色雕刻”的形象更为复杂。绿色剧场很普遍。利用水的动、静、声、光,结合雕塑,建造水风琴、水剧场和各种手法。著名的实例有阿尔多布兰迪尼别墅(1598—1603年)和伽兆尼别墅。

意大利园林

Italian Renaissance Architecture 意大利文艺复兴建筑

意大利文艺复兴建筑最具典型性,影响遍及整个欧洲。意大利文艺复兴早期建筑著名实例有佛罗伦萨大教堂中央穹隆顶(1420—1434年),佛罗伦萨的美第奇府邸(1444—1460年),佛罗伦萨的鲁奇兰府邸(1446—1451年),等等。意大利文艺复兴的盛期建筑著名实例有罗马的坦比哀多神堂(1502—1510年),罗马圣彼得大教堂(1506—1626年),罗马的法尔尼斯府邸(1515—1546年),等等。意大利文艺复兴晚期建筑典型实例有维琴察的巴西利卡(1549年)和圆厅别墅(1552年),两座建筑的设计人都是A.帕拉第奥。文艺复兴时期建筑理论有15世纪阿尔伯蒂写的《论建筑》,又称《建筑十篇》,帕拉第奥写的《建筑四论》(1570年)和维尼奥拉的《五种柱式规范》(1562年)。这时的教堂建筑利用了世俗建筑的成就,发展了古典传统,建筑技术梁柱系统与拱券混合应用,城市和广场出现了理想的方案,如斯卡莫齐的理想城图示。园林艺术发展到了高峰。

Ivy League 常春藤联盟

常春藤联盟为美国东北部一批在学术上和社会上享有盛名的高等学校的通称,这些学校是哈佛大学(建于1636年),耶鲁大学(建于1701年),宾夕法尼亚大学(建于1740年),哥伦比亚(建于1754年),布朗大学(建于1764年),达特第斯学院(建于1769年)和康乃尔大学(建于1858年)。原来指这些学校联合组成的足球和其他运动组织。常春藤联盟在美国橄榄球运动史的初期一直起主导作用。

常春藤联盟地

J

Japanese Architecture into 1980s 20世纪80年代的日本建筑

日本的新型住宅区建设如芦屋滨高层住宅区，1979年建成，总建筑面积308 702平方米，3 381户，被誉为21世纪未来型住宅区。千里、泉北新居民区是按新规划理论兴建的。建筑风格的推陈出新。如赤板王子饭店，1983年竣工，丹下健三设计，40层，V形平面，每间客房角窗均有良好的视野。筑波第一旅馆与剧场、商店、银行组成群体，是矶崎新突出个性的作品，由积木式方块、仿罗马的半圆拱券，三角形窗及曲线凸窗等组合而成的视觉统一体。新宿NS大厦，166 700平方米，30层、地下3层，1982年竣工，130米高的四季厅。高标准低能耗，讲究综合效益的洞峰体育馆，在向阳坡顶上置1 020块集热板。京都美术馆，由前川国男设计，1975年建成，地下3层，地上2层。大阪多功能体育馆，筑波科学城地质博物馆，都追求技术与艺术的统一。

Japanese Cottage Tsukuba 日本筑波风土民居

日本建筑的木梁柱结构源出中国，12至13世纪日本Nara时代的古典风格可能源出中国的杭州地区，其出檐和起翘受中国南方沿海地区建筑风格的影响。日本贵族住宅虽然规模很小，但精美舒适，注重户外的廊、亭、园林布局，室内外连通。室内以布置席草作的"塔塔米"（Tatami）铺地床为基本，组成"间"的单元，没有固定的家具，设推拉门、幕墙，横向开窗，以其灵活性的布局为特征。日本民俗的特有文化，是佛学与崇尚自然的一种精神结合。小巧的室内外景观，低矮的入口，墙面有竹木的质感，壁龛中布置孤立的插花艺术品，房间只有几个"塔塔米"大小。进入茶室要屈膝弯腰低头，脱袜饮茶，表现对客人最亲切的迎接，低门道加重了亲切感。日本各地传统民居各具特色，筑波民居以厚厚的苇草屋面为特征，平面以"塔塔米"划分空间。推拉门、水平的横向窗、木柱、石础、廊庑、屋檐和脊饰都十分简朴。

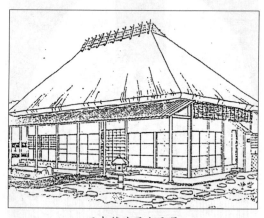

日本筑波风土民居

Japanese Dwellings 日本民居

著名的日本民居中的"塔塔米"是日本传统民居的特色，日本汉字作"叠"，即草席，是以稻草制成的长方形席子，日本民居用它作地板的外被。长宽约 180 厘米 × 90 厘米,厚约 5 厘米。在传统民居中地板完全以草席覆盖,从古至今,日本式民居始终以地板为人们共同坐卧之处。为了保护地板和草席,在进入房间之前,要先在门道脱下木屐,换上足袋(布袜子)。由于地板是日本人生活中朝夕离不开的东西,故房屋的结构内部空间以"塔塔米"的尺寸为依据。因此日本民居建筑的发展中,草席的标准尺码就成为一个重要的组合单位。例如障子(隔扇)的高度与草席的长度大致相等。覆盖地板所需草席数目往往用来表示房间的大小,如一个 2 席间或一个 6 席间等。壁龛(陈列艺术品的地方)物件的陈设以及花园的景观全都考虑一个人坐在草席上的视线水平。

作。镰仓时代,鹿苑寺庭园为例,禅宗佛教兴盛,禅、茶、画三者结合,镰仓末期的禅僧疏石是枯山水式庭园的先驱。室町时代武士宝园仍以蓬莱海岛式庭园为主,龙安寺方丈庭园枯山水被视为山水庭园的代表作。桃山时代,多为书院庭园,以宏大富丽为荣。茶室和茶庭兴起,千利休被称为茶道法祖,他倡导的茶庵式茶室和茶庭,富有山野村舍的气息。江户时代 200 多年间处于承平时代,集过去造园艺术之大成,兴起了书院式茶庭,如修学院、离宫、桂离宫等枯山水的运用也更为广泛。日本明治维新以后在欧美园艺影响下,产生了多种式样的庭园,有林泉式、筑山庭、平庭、茶庭、枯山水。日本庭园中的植物配置、山石、园林建筑均有特色。

日本民居

龙安寺石庭以白砂铺地

Japanese Garden 日本庭园

平安时代前期日本庭园要求表现自然,贵族别墅常采用以池岛为主题的"水石庭"。平安时代后期发展"寝殿造"形式,宅前有水池,池中设岛,池周布置亭、阁、假山,如京都宫道氏旧园。记述平安时代造园经验的《作庭记》是日本最早的造园著

Japanese traditional Dwelling Wooden Frame 日本传统民居木构架

随着现代工业技术的发展,日本传统木构民居在全世界的民居发展中,对其自身传统维持与延续并取得了最好的成就。日本民居不仅保存了原来民族的居住风貌与特色,而且在材料、技术、施工方法等方面均有重大的改进,使古老的传统习俗和现代生活

融为一体。日本现代传统民居的木结构,在基础、屋架、门窗、墙壁、开口榫、楼板、天花、地板、构架、装置、格子、家具等方面,都创造了一套标准化的改革。特别是在木材的选料加工、制作与安装技术。施工管理、操作方法、生产供应等方面的体制均有完善的研究与实践,对日本传统民居的普及和发展起到推动作用。

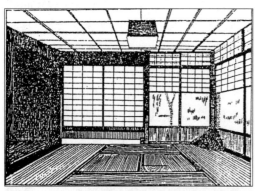

日本式房间内部

Jardin Anglais　英格兰风景园

英格兰风景园是一种风行于 18 世纪的英国园林风格,反对在园林建筑中使用雕塑和生硬的几何图形,也反对人工修剪得不自然的树木形式。其革命性在于认识过去园林表现了人类对自然的控制,而新式花园应该是与自然融成一体,相得益彰。由此而造就的英格兰风景园,展现出一派天然风光。早在 16 世纪末,哲学家培根就直言不讳地批评"花结园"(Knot Garden)的矫揉造作。18 世纪初,这一见解得到了许多人的支持,均认为应当让树木自然生长,称赞园林的自然美,赞同"自然本身就是一种美"的观点。白金汉郡斯托花园是英国最大的规整式园林,后来在 W. 肯特的提倡与影响下,逐渐改变为自然式的风景园。

Jardin des Plantes,Paris　巴黎植物园

巴黎植物园位于巴黎第五区塞纳河左岸,是法国国立自然博物馆的一部分。建于 1635 年,当时是王室专用的药用植物园。经过 1 个世纪逐渐发展成为科学研究中心。植物园占地 0.08 平方千米,有 6 个供展览用的温室,22 个生产用温室。大约室内外共有 23 500 种植物。构成植物园特色的是仙人掌、草皮、凤梨、兰花、蕨类、水芋以及澳大利亚植物、高山植物、针叶树等。园内标本室有 600 多万号标本,是世界上最好的标本室之一。植物园受法国教育部管理。

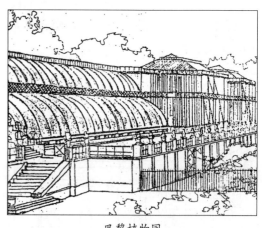

巴黎植物园

Javits Convention Center, New York City　贾维茨展览会议中心,纽约

贾维茨展览会议中心于 1986 年 4 月在纽约落成,总建筑面积 167 000 平方米。整座建筑像是巨大的玻璃水晶宫,由贝聿铭事务所设计,主要设计人是费里德(J. I. Freed)。全部建筑由一个最大的空间网架支撑,南北向延伸长达 305 米,侧面宽达 220 米,入口中央位置一个高大 45.7 米的大厅。建筑充满"高技派"现代感的空间与形象。平面矩形,柱网由 27.45 米 ×27.45 米

的正方形空间网架构成。前后 7 跨，分为 3
条"带"，展厅分上、下 2 层，人流、货流路线
简洁、明确。一反展览会中心比较封闭的外
表特征。采用水晶宫式的方案，对曼哈顿西
区景观有很大的更新改造。

Jean Nouvel 让·努维尔

当代法国高技派最具世界影响的建筑
师，1945 年 8 月生于法国福梅尔市，1966 年
考入巴黎国家美术学院，1983 年获法国国
家建筑大奖，1993 年和 1995 年被接受为
AIA 美国建筑师协会和 RIBA 英国皇家建
筑师协会的荣誉会员，1997 年被授予艺术
与文学勋章。他的早期作品贝松诊所
（1976—1979 年）追求银色派电子产品光亮
的效果、安妮·弗兰克中学（1978—1980 年）
有多种网络系统、贝尔福特剧院（1980—
1984 年）的剖面朝向大街色彩在断面上的
使用，直接显示了当代前卫艺术的影响。他
的代表作有阿拉伯学院（1981—1987 年）、
里昂歌剧院重建（1986—1993 年）、图尔市
会议中心（1989—1993 年）、力菲特百货公
司（1991—1996 年）。他作品德方斯"无尽
之塔"和马来西亚莱西拉大楼（1995 年）都
沿袭了他的设计理念。

Jefferson Memorial 杰弗逊纪念堂

美国华盛顿的杰弗逊纪念堂，在 1934
年杰弗逊总统 200 周年诞辰之际正式落成。
占地 0.07 平方千米，现属国家首都公园。
建筑具有杰弗逊喜爱的古典风格，周围围绕
圆形的柱廊。由波普埃格斯和希金斯设计，
门廊上方的雕饰记载了杰弗逊宣读《独立
宣言》的情景，拱顶的殿堂中央为杰弗逊的
铜像，内部镶板和檐壁上刻有杰弗逊的
手书。

Jefferson National Expansion Memorial 杰弗逊国家纪念碑

又称圣路易斯大拱门，建筑师耶尔·
沙里宁（Eero Saarinen，1910—1961 年）
设计。位于美国中部密西西比河中游最
大的河港城市——密苏里州圣路易斯市，
19 世纪时曾是美国东部通往西部的门户，
为纪念先辈移民开发西部而建，于 20 世
纪 60 年代建成。纪念碑为高宽各 190 米
的抛物线形拱状，外贴不锈钢饰面，截面为
尖端朝向拱内的三角形。碑内电梯可呈弧
形路线上下，游人可至拱顶观光，坐落在密
西西比河滨，成为城市中的视觉中心、观景
场所。纪念碑的地下部分是一个西部开发
历史博物馆。这种布局方式提供了一种用
以教育公众的纪念性建筑与环境结合的新
概念。

圣路易市的杰弗逊纪念碑

Jiangsu Dwellings Partition Door 江苏民居的隔扇门

中国的隔扇门窗式框架幕墙是可拼接
的木构件，既是隔断墙又是门窗，开启自由
灵活。屏门是室外分隔院子的大扇实心板
门，没有院墙的屏门立于木框门之间，有楣
子及上下槛。江苏无锡民居的大小木作隔
扇门、屏门、挞门之做法精细，可适应不同气
候条件而灵活开启。如夜间全关，冬天、平
时、较热、炎热、酷热、雨天等不同情况之开

启面积及开启位置均可自由调整。各种隔扇门的形式也美观多样,挞门与屏门的安装交接做法也很巧妙。

Jian Zhen Buddhist Master Memorial Hall　鉴真和尚纪念堂

鉴真大师是我国盛唐时期的高僧,除佛学外,在文学、医药、雕塑、绘画、建筑等方面,都有很深的造诣。纪念堂是1963年为纪念鉴真逝世1200周年建立的,方案设计由梁思成完成,1973年落成。方案要点如下。1.鉴真在日本留下最主要的遗物是唐招提寺金堂,是1200年前中日文化交流的结晶,将金堂原样在扬州复制是最好的办法。2.由于进深由4间改为3间,在后金柱一线立"扇面墙",作为佛像的背景。金堂现有的屋顶是近代改建的,比原有的坡度陡峻。3.为了创造唐代佛寺气氛,由纪念堂两侧起,用步廊一周与前面碑亭相连,构成一个庭院。4.碑亭采取面阔3间,进深2间的平面布置,纪念碑立在纵中线上。5.金堂原来有彩画,由于仿制不易,所以均作紫檀木本色。

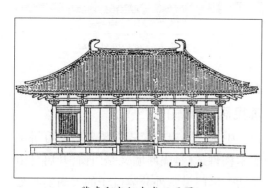

鉴真和尚纪念堂正面图

Jiayuguan, Gansu　甘肃嘉峪关

嘉峪关是万里长城西端要隘,雄峙于祁连雪峰与黑山之间,气势巍峨,被称为"天下雄关"。2000年前这里是连通中亚、西亚、欧洲的"丝绸之路"的必经之隘。嘉峪关建于1372年,明代筑长城及边墙,关城周长733米,墙高10.7米,设"光化门"及"柔远门",关楼高17米,飞檐凌空。门内侧有马道,四边有角楼、箭楼和敌楼,外有瓮城围护,形成罗城。远望城楼高峙,碉堡林立,更显关城雄姿,是中国现存保存完整的古关胜迹之一。今尚存有烽火台遗址。

Ji Cheng　计成

明末著名造园家计成,字无否,号否道人,江苏吴江人。以画山水著名,宗奉五代画家荆浩和关同的笔意,属写实画派,喜好游历风景名胜。定居镇江,转事造园。他的代表作有明崇祯五年(1632年)在仪征修建的梧园,在南京为阮大铖修建的石巢园,在扬州为郑元勋改建的影园等。他整理了为修建吴氏园和汪氏园所作的部分图纸,于1634年写成中国最早的系统造园著作——《园冶》。除此之外,计成还是一位诗人。

Jilan Dwellings, Iran　伊朗吉兰民居

伊朗吉兰位于里海南部,民居散布在山间丛林之中,房屋以稻草或芦苇作巨大的顶盖,这些用茅草或木板铺设屋面的房子组成了小小的村落。在干旱地区则与伊朗高原上的民居相似,改为平屋顶泥墙,吉兰民居的特点是独立式的建造,有花园、庭院和附属建筑,种植低矮的灌木,用树枝或木棚围成篱笆墙,墙上的遮檐和尖屋顶均以木结构搭架,内外再用泥和石灰泥覆抹。房屋建在高起的地基或木桩上,以防潮湿或虫侵,人们的居住习惯则随季节变化搬上搬下或搬进搬出。吉兰民居的结构材料取自植物,如木、稻草及芦苇,墙和屋顶构架是相当复杂的工程。建房时家庭成员和亲友们共同参

加劳动,若有 6 至 10 名工人,一所房屋可于两星期至一个月完成。

伊朗吉兰民居

Jinggangshan Scenic Area, Jiangxi 江西井冈山风景名胜

井冈山风景名胜区位于江西省西部井冈山市境内,保护面积约 213.5 平方千米,游览景区面积约 64.3 平方千米,占总面积的 30%,全区以茨坪为中心,划分为 8 大景区、60 处风景点。井冈山风景名胜以革命纪念地为基础,环境条件优异,自然风景资源丰富,更有闻名于世的红军 5 大哨口。瀑布溪潭数以百计,主峰飞龙瀑最雄,落差150 米,金狮面白龙瀑最奇,碧玉瀑最壮,玉女瀑最媚。拥有各类植物 400 余科 3 800余种。总体规划布局上有机组织风景游览体系,合理配置游览服务设施,因地制宜安排休疗养用地,重点改善对外交通,积极发展旅游经济事业,开拓区域性旅游横向联系。茨坪中心区是井冈山革命斗争时期的重要纪念地。

John Hancock Center, Chicago 芝加哥汉考克大楼

大楼于 1970 年在芝加哥建成,总建筑面积 26 万平方米,包括公寓、办公室、商店、体育设施、餐厅及其他辅助用房。共 100层,总高度 337 米,平面矩形,体形自下而上逐渐缩小,成为稳重的四方台体,建筑的 4个立面均为等腰梯形,其上各有 5 个十字斜撑,与大楼的梁柱体系一起构成了大楼的抗风结构。醒目的斜撑在尺度和方向上与立面的规则矩形分格形成对比,这种构造的逻辑结果构成了具有明显特征的高层建筑形象。

John Hancock Tower, Boston 波士顿汉考克大楼

波士顿汉考克大楼又称人寿保险公司大楼,建于 1973 年,由美国贝聿铭事务所设计。其建筑表面的反射光效果以及与周围城市环境之间的关系处理引起了广泛的关注,贝聿铭因此而获得美国建筑师协会所颁发的全国最优秀设计奖。63 层大楼位于波士顿市中心的广场边上,高 214 米,大楼的入口门厅设计为 3 层高。建筑外表的浅蓝色镜面玻璃除了展示其新颖别致的光亮效果之外,还有一种通过反射周围环境来减轻自身分量的作用,建筑物本身因"溶解"在环境中而缩小了与周围建筑在尺度和量感上的距离,与周围低矮且体现特定历史和文化的古老建筑形成一种强烈的反差。

John Portman 约翰·波特曼

约翰·波特曼,美国人,毕业于南部亚特兰大的佐治亚学院。他是一位建筑师,同时又是一位商人。他的作品在经济收入方面和建筑风格方面都获得可很大的成功,波特曼式旅馆由于新鲜华丽的共享大厅给这种旅馆带来了经济收入,并得到了迅速的推广。人们争相介绍来访者参观波特曼式建

筑,它已成为世界性的旅馆建筑发展的趋势。波特曼式旅馆着重于规划布局,服务中心居中中央巨大的垂直大厅之中。各种公共活动的功能部分都围绕着这个大厅,有连续和广阔的视野,并具有垂直深度的运动感。在垂直的共享大厅中用线与色彩组织的空间是精巧的。他的建筑新鲜感来自"意念的场所"(Sense of Place),他被称为许多城市中的一个聪明的吸引社会财富的开锁人。波特曼的大量优秀作品虽然很早就在佐治亚出现了,但他 1968 年才成名。

波士顿汉考克大楼

Johnson Wax Tower　简逊瓦格斯塔

　　建于威斯康星州的拉辛,实现了赖特"垂直玻璃树"的理想,瓦格斯大楼表面光滑而明亮,是结构与空间的成就。细高向上收斜的混凝土蘑菇形柱为结构基本单元,纤细巧妙的柱子顶端由环罩形花盘平衡,约 80 多根柱杆,每根柱子托着楼板,与成束的玻璃筒融合在一起,构成约 21.37 平方米的大厅空间。大厅中柱群像钟乳石的树林,环形顶冠由收小的箭杆向外出挑,迷人的光线由上面引入。塔楼的外部结构由砖工与玻璃筒子交替构成,建筑的外表没有转角的曲面,内部空间流动,自然美观,是连续性空间的最好范例,也是世界上成功的结构代表作品之一,这座由著名大师赖特设计的建筑成为简逊公司重要的广告。

简逊瓦格斯塔

Joint　接缝

　　砌叠建造的构材砌组之间缝之总称。也指接头,构材轴向接合部,木构材接合之连接。Joint Finishing 为接缝装饰,构造接缝各种装修整饰之总称。Jointing 亦为接缝整饰,Jointer、Joint Strip 为压条、天花、墙面、接缝等装饰用之细长条棒状材料,一般有金属、木、塑料制品等。Joint of Framework 为节点,骨架构材的相互接合点。Joint Bar 为插筋,混凝土浇置接续部分,为补足剪力和拉力而配置之钢筋。

Joist 阁栅

房屋构造中支撑天花板或地板的构件,由木、钢或钢筋混凝土制成,平行地排列在大梁或承重墙之间。两端常用金属吊钩或锚件支承,并将两端作出凹槽或缺口,以便支承构件与阁栅面齐平,在铺设地板或天花板以前,主要阁栅之间可用斜撑加固。

Jointing 勾缝

为了防止雨水侵入砖缝,增加美观,外檐清水墙加工处理。以皮条缝最常用,利用砌砖时挤出的砂浆勾缝,不再另补砂浆。有三角凹缝(V-Joint)、平缝(Flush Joint)、下斜缝(Struck Joint)、上斜缝(Weather Joint)、凹平缝(Raked Joint)、凹圆缝(Concave Joint 或 Joint Glued)、凸圆缝(Bead Joint)。

Jørn Utzon 约恩·乌松

丹麦人,1918 年生于哥本哈根,1942 年毕业于哥本哈根建筑艺术研究院,1942 年曾在阿尔瓦·阿尔托的赫尔辛基事务所工作。1947—1948 年曾旅行欧洲、北非、美国和墨西哥,1949 年在哥本哈根开办私人事务所。1956 年,他获悉尼歌剧院设计竞赛一等奖。乌松因设计悉尼歌剧院一举成名,悉尼歌剧院也成为现代建筑的重要标志之一。这座剧院坐落在班尼朗半岛港湾,与长虹大拱桥隔海相望,地处四面八方观赏视线的焦点。它的屋顶造型格外奇特,以钢筋混凝土肋骨拼接的两组壳体屋顶给人以丰富的联想。白帆、贝壳、莲花、海浪……给人以美的享受,已成为世界上令人向往的旅游胜地。它的美是以耗费了巨大的成本取得的。

悉尼歌剧院被誉为象征主义的代表作品,它的曲线、曲面、重叠、力的表现和音乐般的旋律与节奏创造了极高的审美情趣。

Juxtaposition 并置

并置的物体有强烈的导向作用,沿着笔直的道路必然引向一个入口,道路有两侧方向,即是并置的概念。如果建筑的入口隐藏在道路的一边,人们会自然理解道路必定是回旋地通达建筑的后面入口,因为人们总是根据并置的观念认识外围的环境。因此,并置是环境景观设计用来强调某一部分的重要手法,或以并置的手法去加强建筑某一部分的重要性,如建筑的入口,形成或强调轴线,等等。

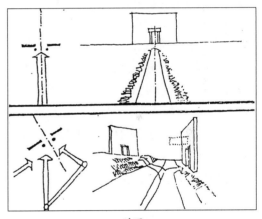

并置

Kabuki Theater 歌舞伎

日本剧种之一,已有约 400 年历史,集音乐、舞蹈、哑剧于一体,加上华丽的布景和戏服,富于现代主义色彩和形式美的特点。歌舞伎一词的日本语意是"歌、舞和技能"。演出通常从早至晚,观众可随时进出剧场。歌舞伎的舞台采用原来能乐的舞台形式,后逐渐变得带有自己的特色。台前设有通过观众席的"花道",供演员表演和上下场之用,观众绕台三面而坐。转台是歌舞伎舞台的又一特色。表演者绘上奇怪的脸谱,象征或隐喻剧中人物的动作和性格特征。是一种十分程式化的戏剧,不追求西方戏剧所追求的舞台幻觉。表演中插进舞蹈,节奏欢快,色彩鲜艳,手持花、扇子、毛巾或乐器。歌舞伎剧院遍布日本各地。

Kahune 卡宏城

卡宏城是古代埃及中王朝时期为建造依拉汗(Illahun)金字塔而专为工人居住的一座城市。砖砌城墙围成长 380 米、宽 260 米的长方形,城市以一道厚墙分东西两部,西部是工人住宅区,仅 260 米 × 108 米,挤着 250 幢用棕榈枝、芦苇和黏土建造的棚屋。石条铺路。东西大道的北面为贵族区,仅 10 多个府邸,西端的墙围着的建筑群可能是国王的离宫。路南是中产阶级手工业者和小官吏的住宅,布置松散。贵族的府邸占地达 60 米 × 45 米,拥有六七十个房间。

从遗迹中可以看到这时城市已按规划进行建设,城市分区明确。城市内的隔墙表明有很强的防御性。

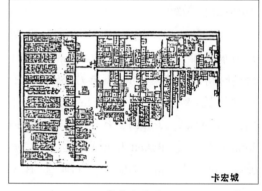

卡宏城平面

Kaiyuansi East and West Pagoda 开元寺东西塔

福建泉州开元寺东西塔是在宋代砖塔遗址上重建的石塔。两塔相距 200 米,与大殿形成品字形布局。东塔名镇国塔,高 48.24 米,建于南宋嘉熙二年(1238 年)。西塔名仁寿塔,高 44.06 米,建于绍定元年(1228 年),比东塔早 10 年。两塔规制基本相同,8 角 5 层仿木楼阁式花岗岩石塔。基座每边长 7.8 米,8 角刻侏儒,须弥座束腰间浮雕故事图案。塔身 8 隅为倚柱,每层开 4 间,设四龛,逐层错位排列,塔中心为八角实心柱。各层门龛两旁浮雕武士、天王、金刚、罗汉等 40 尊。塔刹由圆球、仰莲、4 层相轮、露盘及塔尖镀金铜葫芦组成,由 8 角垂

脊上系 8 条铁链拉护。700 多年来巍然
挺立。

Kaiyuan Temple，Quanzhou 泉州开元寺

开元寺在福建省泉州市，创建于唐朝，现存宋建双石塔和明建大殿。双塔都是五层楼阁型八角石塔。做工精细，两塔都经后世修建，配补构件。开元寺大殿是元末毁后于明洪武初年重建的，明清两代多次大修，构架尚保存很多宋代做法和地方特征。重檐歇山，面阔 7 间。进深 5 间 16 椽，后又加宽形成现状。

Kaogongji Jiangren《考工记·匠人》

《考工记》是春秋末期齐国的工艺官书。西汉河间献王以《周礼》六篇中佚《冬官》一篇，将《考工记》补入，后世又称《周礼·冬官》。书中记载了六门工艺的三十个工种（缺二种）的技术规则，是中国古代科学技术重要文献。其中"攻木之工"部分有《匠人》一节。《考工记》指出匠人的职责有三：一为"建国"，即都城选位；二为"营国"，即规划都城；三为"沟洫"，即规划井田，反映了当时井田制盛行时期的技术水平。《匠人》一节文字简约，段落可能有不少缺文，明确无误部分有都城规划，"方九里，旁三门。国中九经九纬，经涂九轨。左祖右社，面朝后市。市朝一天"。王宫规制"内有九室，九嫔居之。外有九室，九卿朝焉"。道路规制，"经涂九轨，环涂七轨，野涂五轨"。水堤及其他，"防"即水堤，规定"广与崇方，三分其广"。"墙厚三尺，崇三之""茸屋三分，瓦屋四分"。草屋举高为跨度的 1/3，双屋面坡度为 1：1.5，举高为跨度的 1/4，屋面坡度 1：2。

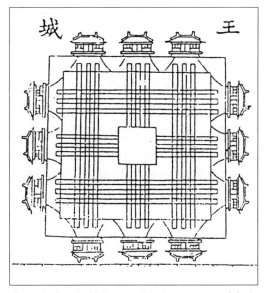

《三礼图》一书中关于"王城"的插图。就是《考工记》中所云"方九里，旁三门。……九经九纬，经涂九轨"的图解

Karst Landscape 岩洞风景

岩洞的种类按洞体形态有竖洞、平洞、层洞；按所在位置分有边洞、腹洞、穿洞；按石景特点分有乳石洞、晶石洞；按光象特点分有天光洞、异光洞、发光洞；按气候特征分有暖洞、冷洞、冰洞、风洞、气洞；按洞内栖息的生物分，有燕子洞、蝙蝠洞、鱼洞等；按文化特征分有猿人洞、遗址洞等。岩洞的风景一般由洞体、石景、光象、气象、生物、文化遗址以及技术设施构成。石景的奇妙形体、色泽、质感、线形、声响，能产生比拟和联想，岩洞水景中的光、影、形、声效果比在洞外别有情趣。岩洞光象照明可增加洞内风景的游赏价值，岩洞内气象可增加岩洞风景的神秘气氛，岩洞生物可供观赏。岩洞的文化景观有碑铭、摩崖石刻造像、古代文化遗迹、民间神话、传说，特殊地质现象等。

Kar Well, Turpan Xinjiang 新疆吐鲁番坎儿井

吐鲁番是世界上第二洼地，仅次于约旦的死海，最低处艾丁湖底低于海平面154米。由于盆地戈壁面积大，增温快，散热慢，降水量少，蒸发量大，最高年降水量仅有16毫米，蒸发量达3 000毫米。气温达47.5摄氏度，素有火洲之称。这样的自然条件很难取得地面水源，当地人民根据盆地地面倾斜坡度较大、沿天山地下潜流水源充足的特点，开凿了许多"坎儿井"，把地下水引上地面，实现了人工的自流灌溉系统。水渠常年流水，明渠流经街巷里弄，成为城镇和居民区的供水网络系统，为动植物的生态输送水分，给荒凉干旱的沙漠带来了生机，使沙漠戈壁变成了绿洲。沿着街道里弄的明渠供水系统给每家每户种植葡萄提供了丰富的水源。水渠在葡萄架民居城镇的布局中成为关键性的设计布局要素。

Kashi Dwellings, Xinjiang 新疆喀什民居

新疆广大的干旱沙漠地区中的喀什，有生土的聚落，村庄发展为城市。喀什犹如一座生土的城市坐落在沙漠干旱的环境之中，高墙厚土的居民组成城市特色景观，土墙围合的内院，对于分隔外界的噪声有良好的作用。古老的民居外部简朴，内院装饰丰富，院中种植葡萄、石榴、无花果、桑果等树。生土的房屋和庭院与大自然和谐，形成优美的居住环境。

Katsura Palace,Kyoto 桂离宫,京都

桂离宫位于日本京都市西京区，是桂御园的离宫，是后阳成天皇的弟弟智仁亲王的别墅山庄，后经续建而成。始建于1620年，1625年完工，第二期工程始于1645年，1648年完成。历史上称为八条宫、桂山庄、京极宫、桂宫。总面积56 000平方米，中央设苑池，有5个小岛。回游式庭院配置数个茶亭连接苑路，以石、砂及土为路面，巧妙运用组石栽植、石桥、木桥、土桥以及各种石灯，堪称日本庭院意匠手法之大成。书院是桂离宫的主体建筑，古书院、中书院、新御殿呈雁形排开，曲折相连。书院屋面选用柿木葺，歇山顶、屋脊高低错落，山墙巧妙组合，白色墙壁、木质推拉隔扇、毛石散水、柱础是日本典型的数寄屋风格书院，桂离宫到处可以使人联想到《源氏物语》中的造型自然观。

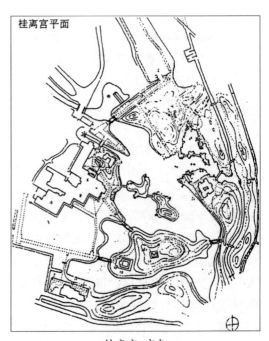

桂离宫,京都

Kenzo Tange 丹下健三

丹下健三，生于1913年，日本人，毕业于东京大学建筑系，1939—1960年哈佛大学任职，1972年著有《日本传统建筑的创造性》一书，此外在东京规划和日本建筑方面发表过许多文章。丹下健三的作品反映了日本25年的政治、经济形势的变化情况，从

第二次世界大战期间的民族主义风格,到战败后重建日本的复兴式的民族概念的自信心都强烈地表现在他的作品之中。从他的作品的变化之中可以把他的事业分为两个部分,一是他的主要兴趣是要象征日本的传统但又要有革新和现代化,另一部分则是他对城市规划的新陈代谢观点,他所有的成功地作品全是直接或间接地生根于日本的传统。其著名的代表作有1964年东京奥林匹克国家体育馆和东京规划等。

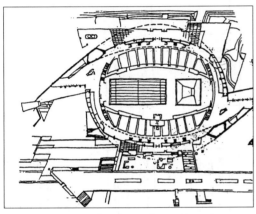

丹下健三(1913年—)
东京代代木体育中心主馆

Kerb Stone 路缘石

"Kerb Stone"为英国用法,美式英语中为"Curb",指沿着路边缘设置之车道分界砌石,如在纽约市也有用钢铁制作的。

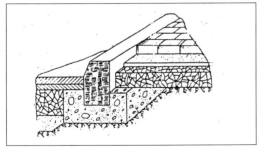

路缘石

Key Stone 拱心石

拱构造顶部之楔形石,现代后期摩登主义建筑设计中常以拱心石作为建筑符号隐喻古典建筑。Key作楔片之意,门窗等在安装之时,用楔形构件插入挤住,是固定用的楔形片料。

拱心石

Kinds of Garden Path 苑路的种类

1. 按路面宽度划分。(1)大型苑路,是以车行为主、步行为次的较宽敞的苑路,一般6米以上,多设在郊区公园、森林公园或面积较大的绿地,允许车辆入内,一般如柏油路、水泥路、碎石路。(2)中型苑,以步行为主,宽度据游人多少而定,一般不小于3米,可供单向车行,如柏油路、水泥路等。(3)小型苑路,供步行,不能行驶车辆,3米以下,面层铺设方法多样。如水泥板、条石、卵石路面等。

2. 按承重情况划分。(1)刚性路面,指水泥路,是供车辆通过的路面。(2)柔性路面,水泥路之外的各种路面。

3. 按用途分类。(1)车行道、分快车、慢车及自行车道。(2)人行道。(3)步行道,在树丛、树行间专供步行的路面。

4. 按造价分类。(1)低级路面,如土路。(2)中级路面,如圆石、碎石、砾石。(3)高级路面,如缸砖、人造块料、胶结碎石及砾石、条石、水泥、柏油等。

Kinds of Soil　土壤种类

1. 岩石类土壤,包括几乎不可压缩的、抗水的、胶结的岩石、砂石、石灰岩等。2. 半岩石类土壤,胶结岩石在饱和状态时的极限抗压强度小于 50 千克 / 平方厘米,在基础下压实。3. 大块碎石类土壤,粒径大于 2 毫米结晶或胶结沉积岩的碎块占 30%(重量)以上,它们是已经移动过的,非结晶胶结性的。4. 砂土类土壤,干燥时呈松散状态,无塑性,塑性指数小于 1。5. 黏土类土壤,黏结性土壤,塑性指数大于 1。

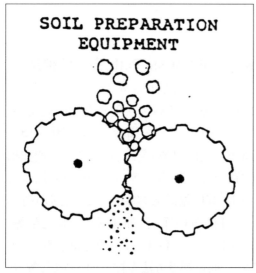

土壤种类

Kinds of Windows　窗户的类型

窗户按开关方式可分固定扇窗、活扇窗。活扇有平开窗、内开窗、外开窗、推拉窗、摇窗。按层数分有单层窗、双层窗、一层玻璃一层纱,或两层玻璃、子母扇或联合扇。三层窗,二层玻璃一层纱的用于寒冷地区,玻璃一内一外纱扇居中,或玻璃全向内开,纱窗在外,冬天时可取下纱扇。

Kinds of Wooden Door　木门的种类

木门主要有装板门。粘板门系由门心子与表面层组成,门心子可用木条胶合或木条粘成木框格,表面用胶合板粘在门心子上,表面平整美观。装板门用边料,冒头有时用横穿带及门心板组成,门心板用企口板实拼而成。有时为了加固而加斜撑及铁包角,常用于地下室、储藏室、车库等处。防火门,可用普遍门扇外包浸过泥浆的毡子,或者铺上一层石棉,再用铁皮包钉,使它达到耐火的目的。

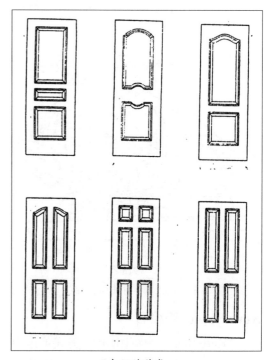

木门的种类

Kinetic Art　动力艺术

A. 卡德尔(Alexander Calder)的雕塑作品一般被归类在动力雕塑中,他用金属线和金属片连接起来,利用重力间的平衡关系使得悬挂起来的作品可以在空中缓慢地运动。这种动力艺术作品大多数是悬挂在正式展示室以外的大厅之中,或人来人往的通道中。例如美国华盛顿国家美术馆东馆,由建筑师贝聿铭设计,卡德尔的作品被悬挂在三角形的玻璃大厅的上空。当观众从一楼乘梯上升时,便在一种动的环境下欣赏卡德尔作品的动,两种不同速度的缓慢运动造成视觉上的吸引,同时构成环境中的变化。卡德尔在芝加哥西尔斯大厦中的前厅布置的作品"宇宙",是一组表现多种运动形式的电动装置的艺术品,有螺旋运动、摆动、旋转等,表现宇宙中的不同运动形式。

Kinetic Sculpture 动态雕塑

动是动态雕塑的最基本要素, 20世纪动态艺术已成为雕刻艺术的一个重要方面。N. 加博、M. 迪尚、L. 芙霍利纳奇和A. 卡德尔是现代动态雕刻的先驱。大多数雕刻艺术家的目的并不是仅仅给自己完成的静止艺术品加上活动,而是使动态成为雕刻品设计整体的一部分。例如卡德尔的活动装置,是依靠在一定的时间空间条件下发生的图像间相互关系的不断变化来到达其美学效果。烟的运动,带色的水、水银、油等的流动与扩散,由压缩空气操纵的膨胀与收缩以及泡沫团的运动,等等,都成为动态雕刻艺术的手段。N. 加博设计的复杂的由电子控制的"空间动态"和"光影动态"构造系统,主要特征是投射到空间的变化着的灯光图案。

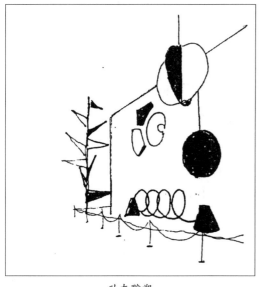

动态雕塑

Kinetic Unit of Water 水景

水表现自然的流动,自然的运动,大自然的崇尚,水景则更加强调了水的形式美。水的形式是什么? 水的特点是流动,是运动,是最活跃的图形,具有无形式、无限制、无限大的特征,它能标示体积和体量。水景则是把无形的水赋予了人为的美的形式,水景在观赏环境中成为比较多的运用"美在形式"的手法。水景景观要有巧妙多趣的设计构思。水景设计能够表达设计师的感情和语言。

Kisho Kurokawa-Works 黑川纪章的创作

建筑师黑川纪章(Kisho Kurokawa),他的创作活动和以他为主提出的"新陈代谢主义"(Metabolism)观点,在当今日本建筑新潮流中有着重要的地位。黑川纪章的作品很多, 1961年他用丹下的新规划理论,独创地提出了开发东京湾海面的"东京螺旋式规划"。黑川把螺旋体结构比拟为染色体的精神构件——城市的第三号新构件。黑川最初震惊建筑界的正式作品是1972年建成的"东京中银舱体楼"。设有电梯和竖向管井的铁骨架钢筋混凝土塔楼,是服务各舱体单元的中央轴体,像包装箱一样大量生产的舱体用高强螺栓以悬挑的方式固定于中央轴体,形成了交叉错落、自由多变的建筑外形,这正是黑川所说的"新陈代谢主义"的灵活性和可互换性。黑川被誉为20世纪70年代初"舱体建筑学"的首创者。黑川在重大纪念性建筑方面也有很高成就,著名的实例是大阪府国立民族学博物馆和蒲群市战沉者和平纪念塔等,其他著名的作品也很多,如日本红十字会新建总部楼,将原旧楼室内重要精华部分保留在新楼内。又如福冈银行楼,黑川并没有设计一个比周围建筑更高的建筑物，而是设计一个巨大屋盖下的巨大开敞空间，在这个巨大空间内栽有多棵大树，并布置有名雕刻家的作品、精美的座椅、台阶栏杆等建筑小品，建筑物外墙面是灰色安哥拉花岗石。和木镇厅舍为与风景秀丽的山景相协调，在行政办公房和会议厅之间围成一个开敞的院落，布置了绿化、雕刻、画廊、铺地。坦噶尼喀非洲民族联盟总部的设计方案被选为头奖，各层平面向上逐层退缩，楼层挑出一系列阳台，这些阳台还起到调节气候作用。

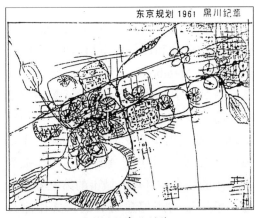

黑川纪章的创作

Kitchen　厨房

　　厨房为一般家庭内之料理空间，或餐厅、旅馆等大型建筑物之炊事场所。Kitchenette 为简易厨房，指具有最基本之厨房用具与设备之简便厨房，常见于多租公寓、套房、宿舍等。Kitchen Range 为烹饪炉，料理用炉龛之总称，依热源不同有电气炉、木炭炉、瓦斯炉、电子炉，也有代食物处理器的水槽。Kitchen Table 为调理台。Kitchen Garden 为家庭菜园，住家后院之菜园。

Kitchen in Apartment House　单元住宅中的厨房

　　厨房是住宅中最主要的设施，主妇一天

在其中工作约 8~9 小时，要有合用的治膳设备和工作环境条件，要求空气流通，自然光线与餐室相通。独院住宅中应设便门通向家务杂院，厨房的位置与居室要有所隔绝。厨房与卫生间可楼上下对应或紧邻以利于上下水及热水管道的节约。厨房内的工作顺序是准备器具及食品原料、清洗、烹调、配餐。设备有储柜及冰箱、食具橱、水槽、清洗池、工作台、炉灶，其中的食具橱可以悬空，其他依次排列。单独配置用具的厨房可以小到 4.6 或 5.2 平方米，设备完善的可达 12~13 平方米，厨房面积大小与家庭成员的饮食需要有关。一般农村亦减少占地面积。中国的饮食气味浓重，要注意厨房的自然通风。

Kiva　地下礼堂

　　美国西南部普埃布洛印第安人村庄中发现的供作宗教仪式和社会活动用的地下礼堂，以壁画著称，由于地下礼堂与部落的家庭起源有关，以及由于每个普埃布洛村社住有 2 个或 2 个以上的氏族，每个村庄至少有 2 个地下礼堂。在地下礼堂的地板上开一个小洞，作为部落起源地的象征。礼堂的壁画描绘诸神和部落日常生活情景，其风格倾向于几何图形，着重画直线。整个壁画沿墙布置成直线形，壁画是用本地丰富的矿物制成的暖色颜料画在黏土灰泥之上的。

Kohn Pederson Fox Associates　科恩·佩德森·福克斯事务所

　　美国的科恩·佩德森·福克斯事务所，简称 KPF 事务所（1976 年成立），被认为是一个能够紧跟潮流的事务所，近年来它设计了一系列超高层建筑，它的作品的造型和细部设计与现代派截然不同。设计者把从历史中拿来的样式进行精心的处理,方案严谨而有涵养,毫无故弄玄虚的广告风格,近年来引起人们的关注。KPF 事务所与尚在建造中的一大批后现代风格的建筑,虽然同出一门,但造型上却大异其趣。在美国一时成了建筑界议论的热点,KPF 成了 20 世纪 80 年代美国最有影响力的事务所之一,因为它的设计风格与一些激进的后现代建筑师相比要沉稳一些,它一方面追求奇特的造型,一方面注重尺度和细部的推敲,因而赢得了人们的好评。如纽约的赫仁大厦、70 街 188 号公寓、ABC 二期工程、派克中心、麦迪逊大街 383 号等。

Kong Family Mansion, Qufu 曲阜孔府

现存孔府为明洪武十年(1377 年)孔子 55 世孙孔克坚时,朝廷建的新府。1513 年曲阜县城移至孔庙、孔府所在地,以便于保卫孔府,孔府明代占地 0.16 平方千米,目前占地 0.045 平方千米,布局分中、东、西三路。中路有 11 进庭院,东路为家庙、祠庙,西路有衍圣公读书学诗习礼之所。其中的衙署在孔府中路前部,三堂六厅,是明清两代衙署的典型格局。东南隅还有刑狱设施,内宅门以东有防御用碉堡。内宅有 3 个封闭式庭院,有东仓、西仓、车栏、马号、柴园等,南北还有族人及仆役家属居住区。按封建礼制,孔府的规模已超过公府的定制,中、东、西三路房屋包罗俱全,俨然是小型宫殿。反映的是拥有皇家特权的贵族府邸。

Kore 少女立像

少女立像出现于古希腊公元前 6 世纪 60 年代,一直流行到公元前 5 世纪古风时期末,由高度的风格化朝向自然主义演变,着衣女像用大理石雕成,两脚并拢直立,有时左脚略前伸,手臂垂于两侧,也有前伸拿着供物的,另一个手下垂抓住衣褶。最早的立像呆板,后来少女的头发梳成辫子,脸部表情有古风式微笑,埃及新王国时期的雕像是希腊少女立像动态的原型。少女立像多半是表现侍奉女神的年轻女子。

Kouros 少年立像

古代希腊站立的青年男子雕像,大约最早出现在公元前 672 年,希腊雕刻家接触埃及雕塑之后不久,着手制作大型石雕。希腊雕像最初用于墓碑,然后用于神像,捐献人像以及运动员像,等等,题材从刻画死者发展为塑造活人。希腊雕像继承了埃及雕像的衣钵,站立的裸体圆脸、正面、宽肩、细腰、手臂紧靠两侧,紧握拳头,两脚坚定站立,双膝笔挺,左脚略前伸。多年以后,少年立像开始酷似能够作出实际动作的人体。

Kremlin 克里姆林宫

俄文原意为卫城,为俄罗斯古代城市设防的中心部分,一些古老城市如莫斯科、普斯科夫、图拉、罗斯托夫、诺夫哥罗德、喀山等,都有卫城留存至今,卫城一般建在城市高地上,中有宫殿、教堂等,筑有城墙和塔楼。莫斯科克里姆林宫始建于 12 至 15 世纪,莫斯科大公伊凡三世时初具规模,16 世纪中叶成为沙皇宫堡。现保存的古建筑有圣母升天教堂(建于 15 世纪),因外表用钻石形石块贴面得名,是举行国家大典和宴会的大厅。18 世纪下半叶建造的枢密院大厦,平面为三角形,穹顶处于红场的中轴线上。19 世纪上半叶建造了大克里姆林宫。兵器陈列馆和高达 60 米的伊凡钟塔,完成了克里姆林建筑群。

克里姆林宫

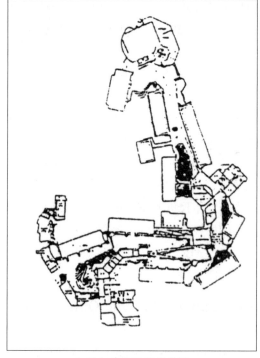

加州大学克里斯基学院

Kresge College,University of California at Santa Cruz　克雷斯奇学院,圣塔克鲁兹加州大学

　　圣塔克鲁兹加州大学在圣塔克鲁兹城郊,散处在森林和草原之间,克雷斯奇学院是该校的文学院, 1974 年建成。由查理斯·摩尔(Charles Moore)领导的 MLTW 事务所设计。学院为低矮的一、二层建筑, L 形布局,一反常规,把教学用房、办公、宿舍、公寓、文化娱乐与服务设施建成如一小城镇,混杂成一条曲折的街道。布局的基本构思是让学生们在这条不长的街道上可来来去去走动。出于环境意识,摩尔有意处理好这组建筑与红杉林的关系,在作方案时制作了地形模型,用木条代表实地的红杉树,居屋摆进木条之间的空隙,组成了似乎没有规则但又生趣盎然的群体关系。不少地点墙上的豁口、洞口,为的是让人们看到另一边的红杉树。建筑为木结构板条抹灰墙面,面向"街道",阴影部位施彩,空间奇特,色彩生动。

Kurdistan Dwellings Iran　伊朗库尔德斯坦平房和圆顶民居

　　库尔德斯坦位于萨格鲁斯山北半部。村庄由成簇集结的平屋顶房屋组成,成片地建在山坡土岗上,如高原圆顶民居。普通家庭最少有 2 个房间, 1 个起居屋 1 个厨房兼贮藏室,有的加上马房、家禽栏等,都围绕着中央庭院,院墙齐腰高。窑洞般的地窖在围墙内的地下,用作饲养牲畜,其粪便供冬季取暖之用。起居室的暖气取自 Kossi 的一种放置在没有盖的火炉上的木架,二楼有户外走廊提供阴凉。晒干的泥砖、夯土,未加工的土石块都是建筑材料。在多山之地土壤贫瘠,且多碎石、鹅卵石,墙及大卵石墙与泥砖屋顶都很普遍。木材稀少,只用于造门窗框。建房工作由房主及亲友自建完成,只有屋顶建造靠专门工匠才能胜任,建圆顶时,以灰泥浆粘砌砖块,并无搭架支撑,砖的

曲线由石定位器测量角度。四方形的房间
通常都有圆顶或交叉穹隆，整个建筑物以稻
草灰泥保护，每隔几年更新一次，尤其是屋
顶及墙脚。

La Cité de la Musique, Paris 巴黎音乐城

位于巴黎拉维莱特公园南端,分成两半,位于狮泉广场的东西两侧,西侧为国立音乐学院,东侧为音乐厅、展览厅和音乐教育研究所,占地约 30 000 平方米,总建筑面积 64 000 平方米。由保桑巴克(Christian de Portzamparc)设计,为 1985 年中选方案,1986 年开工,1989 年建成。广场两边建筑对称,音乐学院包括 46 个教学练习室、3 个演奏厅、450 座歌剧、200 座管风琴厅、250 座跨学科创作室、50 套学生宿舍以及有 183 个车位的地下车场。东面音乐厅等略成三角形建筑群,并引导人们进入公园。包括 800~1 200 座可调音音乐厅、大阶梯教堂、乐器厅、宿舍、邮局、商店等,建筑群成为公园"解析"规划的起始点。

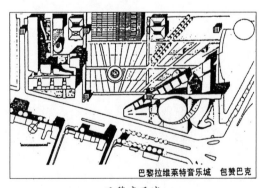

巴黎拉维莱特音乐城　包赞巴克

巴黎音乐城

La Cité des Scinces et de L'Industrie, Paris 巴黎科学城

巴黎科学城全称巴黎科学与工业城,是世界上先进的科学与工业博物馆,位于巴黎拉维特公园内,1979 年动工,1986 年完工,占地 30 000 平方米,总建筑面积 165 000 平方米,大厦长 270 米,宽 110 米,高 47 米,共 7 层,有 20 根钢筋混凝土柱,16 根金属主桁架,跨度 65.4 米,高 8 米。四周有水池,是典型的高技派建筑,一切结构技术构件均暴露在外而且夸张。屋顶上设置了 2 个可随太阳活动而旋转的圆窗,用作中央大厅的采光。博物馆由永久性陈列"地球与宇宙""生命""物质与人的劳动""语言与交流"等,当前新事物陈列及图书资料中心组成。还设有会议中心、直径 38 米的球形电影厅,内设直径 26 米的半球形银幕,阶梯看台由一根中心柱支撑,最大挑出 17 米。圆球由 10 厘米直径钢管和 835 个节点组成的网架结构,外面罩以 6 433 块三角形不锈钢板,成为园内的视觉中心。

巴黎科学城

La Tete Defence 德方斯巨门

德方斯巨门是巴黎德方斯新区的重要
工程,建于巴黎的历史轴线的延长线上,占
地约 55 000 平方米,总建筑面积 12 万平方
米,1982 年国际竞赛中的 454 个方案中选中
4 个推荐,1983 年丹麦建筑师,奥·文斯普雷
克尔森(O.Ven Spreckelson)中选,1984 年开
工,1989 年竣工。巨门长宽各 105 米方框,
朝香榭丽舍大街方向开口,宽度与大道相
当,玻璃和白大理石饰面,具有永恒的性格,
由两座百米高的大厦和一块底板、一块顶板
组成。大厦中是国际信息中心和公共工程
部,底板内设市场、商店、影院、交通中心,顶
板内是会议中心、餐厅和屋顶花园。巨门工
程代表时代的进步,方框放在 12 根深桩上,
重 30 万吨,4 倍于埃菲尔铁塔的重量。设计
者称:"这是一个开敞的立方体,一个通向世
界的窗户,面向未来,是现代的凯旋门……"

巨门的中轴线与卢浮宫遥相呼应。

Labuleng Monastery 拉卜楞寺

拉卜楞寺位于甘肃省夏河县境内,藏传
佛教格鲁派六大寺院之一,其他五寺为色拉
寺、哲蚌寺、扎什伦布寺、塔尔寺和已毁的甘
丹寺。拉卜楞寺始建于清康熙四十七年
(1708 年),现占地 0.82 平方千米,包括 6
所经院,18 座大小佛殿,18 所主要活佛公
署,20 所一般活佛公署,以及讲经堂、印经
院、藏经楼、大镏金铜塔等和万余间僧舍。
经学院中以闻思学院规模最大,面均 15 间,
进深 11 间,高 2 层。主要建筑的外墙多为
石砌,内部结构梁架以至柱头、门窗等细部
作法都与西藏僧院大体相同。

Ladder-Back Chair 梯形靠背椅

高靠背椅,靠背装在两侧支柱之间的梯
形横木或由纺锤形的横木组成,式样朴素。
椅座常用藤或蒲草制作。自中世纪至 17 世
纪在英国和美洲殖民地区盛行。椅用胡
桃木经精细加工,顶端的横木布满装饰,背
上时有穿孔,以便于搬动。后来有些椅背上
的穿孔像小提琴上的发音孔,因此又叫作提
琴靠背椅。

Lake Dwellings 湖上住宅

今德国南部、瑞士、法国和意大利这一
地区内湖畔的史前居住遗存,建于木柱支
撑,高于水面的平台上,把端部尖形的桩打
进泥沼中,周围填满大块石头。木桩之间搭
上树干和枝条做成的网状构件,形成一个平
台,平台上建造 1 间或 2 间矩形棚屋,地面
用黏土拍打而成。牛羊也在平台上喂养。
由于湖上居民通常在旧房遗址上重建新居,
考古学家便可构拟出中欧的文化序列。青
铜时代和铁器时代建造的这种木桩住宅当
今仍在建造。曾在潮湿的亚热带和热带地

区,以木桩或石基支撑建造的平台式房屋仍在使用。

湖边柱屋

Lama Temple 藏传佛教寺庙

中国从元代起出现了佛寺的新类型,他的兴建与藏传佛教传入内地有关。8 世纪中叶吐蕃王赤松赞迎请高僧莲华生入藏传教,他在密宗教义的基础上,融合吐蕃原有的巫教并吸收印度婆罗门教的某些神秘法术而创新教。按藏传佛教教规,大型寺院实行“四学”制。分别修习显宗、密宗、历算和医药。各扎仓都是大型经堂建筑。扎仓以外,寺内设有专为供奉各种佛像的佛殿,各级活佛的公署,办经坛,印经院、殿、廊、塔以及大量的僧侣住宅。藏族地区的寺庙一般依山就势建造,相对集中,没有明显的整体规划。蒙古族或邻近城镇的寺院,多受汉族传统建筑影响,按纵中轴线布局,著名的寺院有西藏的萨迦寺、布达拉宫、扎什伦布寺、哲林寺、色拉寺,青海的塔尔寺,甘肃的拉卜楞寺,内蒙古的席力图召,北京的雍和宫,承德的外八庙等。

布达拉宫

Land Art 大地美术

大地美术是自 1967 年以来,美国艺术家马利亚(Walter de Maria)、海泽(Michael Heizer)、奥本海姆(Denis Oppenheim)、安德列 (Carl Andre)、史密森(Robert Smithson)等所创造的一种新的艺术形式。他们反对当代的流行艺术(Pop Art)和极少主义艺术(Minimal Art),在大城市中人为地作出的作品。在荒凉偏僻的地方掘沟渠,筑石堤,创造所谓“大地美术”,也可说是艺术上“返回自然”运动的又一种表现,亦称为 Earth Art。

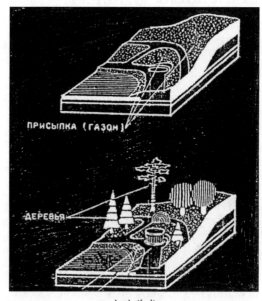

大地美术

Land Ethic 土地伦理学

当前世界上未经修整过的自然荒野该

是多么宝贵,包括土壤、水、植物、动物集合在一起并尊重其生态的组织程序的观点,西方称之为"土地伦理学"(The Land Ethic)。研究人与土地的关系,如何保证农业在人类社会中为下一个土地的伦理性演变作好准备。这个对待自然界的观点认为如果没有对待土地本身内在价值方面的尊重,会给人类自身带来危害。如果像目前这样继续把土地当作人类享受的设备获取经济利益的资源,公园和乡村将变为更加人工化,塑造化(水泥石树,盆景塑料花),农村将更像工厂。土地伦理学表明的意思是要使公园和乡村具有原始乡野气息。建筑师的目标要使农场像公园一样,又使公园寓于工业化的农场之中,强调因地制宜的保护自然,保护土地的自然生态不被人为破坏。

Land Evaluation for Urban Development 城市用地评价

根据可能作为城市发展用地的自然条件和社会条件,对其工程技术上的可能性和经济性作出综合评价,以确定用地的适用程度,为合理选择城市发展用地提供依据。资料的收集有气象资料、地形资料、工程地质资料、水文资料、水文地质资料;矿藏及其他有关资料及文物埋藏范围。用地分析可分为4类。第一类具备的主要条件是,地耐力不小于每平方厘米1.5千米;地下水位低于地面1.5~2米,不被洪水淹没;地形坡度不超过10%;没有沼泽、大冲沟。第二类则需采取工程措施。第三类为不宜修建的用地。第四类为完全或基本上不能用作城市建设的地段。最后编制用地评价图,分析画出不同再现期的洪水淹没线,地下水距地面1~2米的等高线,不同地耐力的土层位置,有矿藏的范围,不易修建的地段,采用简单工程措施后可修建的地段,高产田

及文物保护范围,同时还要画出4类用地的范围和界限。

Land for Building 建筑用地

都市计划土地使用分区,工作建筑基地使用之土地。Land for Green 为绿化用地,专供公园、运动场等绿化专用保护区或农田用地、山林等生产农业区的土地,作为办公、学校、道路、停车场、公园及其他公共设施使用之土地。Land for Residence 为住宅用地,供建筑住宅用之土地。Land for Road 为道路用地,单指道路使用之地,称为道路用地,若将道路、铁路、停车场用地合并的用地则称之为交通用地。

Land Option for Urban Development 城市用地选择

城市用地的组成分为生活居住用地、工业用地、对外交通用地、特殊用地以及其他用地等。用地选择的原则是:要满足工业、住宅、市政建设用地的要求;有足够数量适合建筑的用地;有利于城市总体布局;注意城镇现有设施的利用;节约用地。选择用地的步骤和方法是:对可供选择的用地进行综合评定;估算事宜进行建设用地可满足需要的程度;方案比较及选定合理方案。

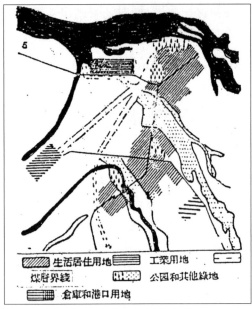

生活居住用地　　工業用地
煤庫界綫　　公园和其他綠地
倉庫和港口用地

城市用地选择

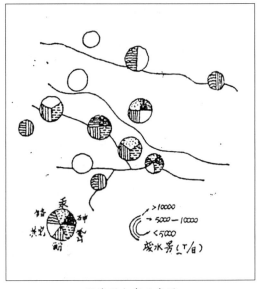

污染源分布示意图

Land Pollution 土地污染

土地污染来自农业生产和矿业开采污染物质对土壤的危害,固态肥料包括动物性肥料、肥料盐、杀虫剂、除草剂、土地腐蚀的沉积物等。错误的农耕也造成土地污染;矿物开采中倾倒矿渣和其他固体废料,城市固体废料处理过程也是污染源。许多国家已经采取法律手段处理土地污染问题,技术处理包括诸如纸、玻璃、金属等固体废料的回收利用,有关农业污染降到最低限度的研究,克服露天开采的有害影响,等等。

Land Preparation for Urban Development 城市用地工程准备措施

制定城市用地工程准备措施的方案,是城市总体规划的一项内容。通常采用的工程准备措施有以下几种:降低地下水位、防止淹没、治理冲沟、治理沉陷和岩溶地区、治理滑坡、治理泥石流、治理沙丘、采矿石的综合治理、治理城市湖塘、竖向规划。

Land Readjustment 土地重划

为增加土地之有效利用,而对土地进行的管理工作,如土地交换分割重划,土地地形的变更,道路重划或改良,公园或其他公共设施的增设等。Land Readjustment Works为土地重划事业,即为求都市公共设施的完备及宅地利用的增进,而从事之土地重划、道路、公园设施的变更等新建设事业。

Land Saving in High-rise Housing 高层住宅的节约用地

1.高层住宅规划及体型选择的新概念:(1)日照标准,每户应有1米左右的居住房间,冬至日有不少于1~2小时的日照时间,上午9时至下午3时入射角不小于15°的日照为有效时间。(2)住宅的建筑面积净密度,即住宅总建筑面积与住宅用地面积之比值,或称"容积率"。(3)节约用地层数效率,指某一层数的高层住宅增加一层时,容积率的增加值,称"节地层效"。2.日照卫生间距值与节约用地效果有直接关系。间距小,用地效果好。3.建筑物的进深对节约用地效果的影响较大,容积率与进深之间,接近于正比例的关系。4.高层住宅的层数选择影响因素非常复杂,当有相同"节地层效"值的情况下,进深越大,间距越小,则容积率越高。5.高层住宅长度的确定。板式行列式布置时,长度越大越好,短板交错位置时,应考虑个体平面形式综合确定。塔式住宅的节地效果一般与长及宽值的绝对尺寸无关,而与平面比例有关。

Land Use 土地使用

土地使用不同于土地利用,狭义的土地使用重于事实的论述,而无价格的判断与评估,是投入劳力、资本以发挥土地功能的手段。而土地利用则偏重于理论与原则的研究。中文的土地使用常以广义解释包含土地利用的意义在内。城市土地使用一般牵涉城市空间的功能分布,居住区、生活区、个体或零售商业区域、工作区、科研休闲区域等。经济学家以为土地之所以被使用是因为它具有价值,这种价值体系是在通过城市土地的开发过程中不断获取经济回报而建立起来的。城市土地使用结构是由土地市场的调节作用逐块决定的,从而使土地空间的分布模式更趋于最经济的模式。城市中的社会行为因素影响着土地使用的分布及区位分布。

Land Use Evaluate of City 城市土地评定

根据地形、地貌、水文、地质等自然条件,在城市规划地区范围内的用地,按修建工程的适用程度加以评定,并作出用地评定图。第一类为适于修建的用地;第二类为基本适于修建,需加以工程措施的用地;第三类为不适于修建的土地。进行用地分析要注意地形的坡度、工业、铁路、道路、排水、房屋建筑的不同坡度要求。地质土壤的考虑:各类土壤的抗压强度;不同层数的房屋对土壤耐压力的要求。对地下水深度的考虑在特殊情况下常常打破常规,因地因条件作不同的处理。

Land Use for Living Area 生活居住用地

生活居住用地在城市中的选择条件如下:生活居住区和组成城市的其他基本部分;工业、铁路、港口、疗养区的相互合理位置。不应阻碍其他用地的发展,布置在有害工业企业的上风、上游。尽可能靠近工业企业,交通运输等以联系方便。保证交通、供水、供热系统的合作可能性,和公路、环路联系方便。生活居住用地的适用性:要求低标坡度不小于0.5%和不大于7%~8%。土壤要有足够的抗压力,不小于1.5~2千克/平方厘米。不被水淹,远离沼泽,不应有滑坡,要有水源、污水排放,水面和森林、防风、阳光充足,等等。还要注意利用和改造旧有生活居住区的条件,新老区的相互位置,新旧城市文化中心的相互关系,和现有桥梁公用设施的关系。生活居住用地的布局可以是集中式的,也可以是分散的。生活居住用地的内部结构可以是全市的、分区的、街坊间和街坊内的,各有不同的服务半径,分为市中心区、居住区、小区、街坊。

Land Use Planing 城市用地规划

城市用地规划的要素如工业企业、市际交通设施,居住公共建筑、绿地、街道、桥梁、河岸广场、市内交通、给排水管网、供热供电等。各要素间的联系与统一要考虑规划结构和空间构图,合理的功能用途和经济用地,修建和开发次序是:确定不同用途的地区;确定分区之间联系的便利;住宅区尽可能接近工作地点;合理布置市际交通和厂内运输;不允许过于集中工业企业,造成交通困难。在总图中要表明各级中心的位置,花园、公园系统的组成。必须掌握自然环境方面的资料,如地质地形方面、卫生方面、绿化方面、工业企业、交通、用地发展和保留地。

Land Use for Transport　交通运输用地

交通运输用地用来布置铁路运输、水运、公路运输和空运的各种设施和建筑物,由各种专门的技术规范来决定。按运输量,铁路运量最大。其次是内河运输和海运。公路和空运增长很快。按运输的性质分有客运和货运。按距离分有远途运输和地方性运输,近郊运输。各种运输之间也有紧密的联系,铁路、水运、公路、空运的综合形成了城市的对外运输枢纽。

Landforms　地形

有时地形情况可决定某种设施物之适合性,道路之坡度、地下水管线、水之流向等,地上活动,建筑之配置、视觉之造型都与地形有关。土地上的各种活动及经营都与地形的坡度有关。坡度 4% 以下的地面很平坦,4%~10% 为缓坡,超过 10% 则开发费用较高,坡度小于 1% 不易排水。不同的土壤其安息角也不同,即土壤安定不坍塌的最

大角度。地基分为陡、适中、平坦 3 种等级。地形的状况限制了道路的动线及某些公共设施,如下水道设计、地面排水问题等。道路的斜率最好在 1%~10% 以内,17% 是载重汽车爬坡的最高极限,人行爬坡的限制是 25%,道路及步道整地可照等高线平行或垂直方向挖填处理。地形的另外特征是其视觉的造型。

Landmark　地标

地标指城市中一定的背景、场所或行为领域中,能够给人以深刻印象,或表达出空间特征,或指示人以各种环境意义的物质实体。或是无形的潜意识之下的印迹,如传统民间叫卖声,特有的色彩纹样等。

卡尔巴拉的穆斯林朝觐中心

Landscape　景园

庭园公园、绿地等之建造,亦称造园。Land-scape Area 为风景区,都市计划中为维

持自然风景而加以限制的地区。Landscape Design 为景园设计。Landscape Gardening 为造园。Landscape Plan 为造园设计图。

不同树种组成的树群

Landscape and Gardening 园艺与景观

园林与景观设计是园林建筑学的重要组成部分，其内容包括平面设计、土地开发与规划、建筑物、道路公用设施、园林绿地、地形地貌、水面景观、植被等的布置。从土地规划、总体规划、城市规划、环境设计方面都离不开园艺建筑学。园艺建筑学的绿化概念比城市绿化系统所包容的更为广泛，包括公共绿地、公园、游园、街道绿地、居住区、街坊小区绿地、公共及工业建筑地段上的绿地、风景游览区绿地、城市外围防护林带城市通风绿化走廊水面保持的绿带、各种专用绿地、动物园、植物园、苗圃等。在园林景观设计中注重艺术、科学与自然三者之间的关系，同时受有关人与自然的一部分概念。因此，园艺建筑学又是文化或一段历史时代的

缩影和代表。园艺的设计要素有空间、土地、岩石、草坪、灌木丛、植物、天空等。体量与空间相互依存，河湖、瀑布、巨砾、岩石、林莽在景观中都是体量。线条轮廓包括甬路、铺砌、草坪，不同表面材料的分界线，随时间季节而变化。色彩、色调赋予园林以生命和情趣。光线、阴影、质地及气候造成特有的气氛和芬芳的气息。园艺也是一门专门研究栽植技术的科学，栽植中注意花期花形、花色的搭配、土壤管理、施肥和用水、去病、复壮、繁殖植株、控制杂草、防治病虫害，均属园艺学的研究内容。园艺的总体风格严整或自然，传统式或摩登式，土风或异趣，含蓄或奔放。要有观赏重点，如奇花异树、雕塑、池水、瀑布等。

Landscape and Gardening Architecture 园艺建筑学

园艺建筑学不仅研究园艺和绿化，而且是人类绿化工作的进一步发展和提高。园艺建筑学比过去的"绿化造园"和"园林艺术"所涵盖的内容更为广泛，是就旧时"绿化"工作的开展，规模更大，内容更多，要考虑到如何改善人类未来的生存条件，保护地球的生态环境，农林牧副渔业的综合发展，同时还要美化人类的生活环境。现代的园艺建筑学从地球的环境生态保护出发，面向大自然，面向大地，面向大众，面向未来。园林建筑学对大地园林化的目标是在保护生态平衡和改善人类未来生存的前提下合理利用土地，除农作物以外，栽植的林木，果树和花草与其他的改善大自然的措施如水土设施组成一个有机整体。减少自然灾害，生产林木、果品及其他林副产品，开展多种经营。结合居民点的建设和旧城市的改造，绿化、美化居民区，促进城市农村化，使城市和乡村之间形成完美的生态系统。

Landscape Architecture 景观建筑学

早在 19 世纪中叶，美国兴起了一门结合新科学发展、社会的需要及人的心理需求，保护人类和自然生态环境、改善城市环境、提高生活环境质量的新型综合性科学，即景观建筑学。19 世纪西方兴起的都市美化运动（City Beautiful Movement），城市及建筑都开始强调城市、建筑与环境共存问题，追求顺应自然固有的和谐之美。美国学者西蒙德（John O.Simends）所著《景园建筑学》一书，对面向自然的规划与设计进行了透彻的描述。对景观建筑学具体的运用可概括为对景观的品评、对基地的选择、对空间的组织及环境的规划等诸方面。

景观建筑学

Landscape Art 地景艺术

地景艺术是更彻底地反画廊、反封闭性的展示室，把艺术家的作品带到纯粹户外的大自然之中去。一般认为地景艺术具有抗议艺术商品化的意义，反现代艺术的买卖行为，因此走出画廊，使作品回归自然。有名的地景艺术家勃·斯密特（Robert Smithson）在美国犹他州的大盐湖用石头作成 457.2 米长的"螺旋防波堤"（Spiral Jetty），已成为地景艺术史上的名作。地景艺术把绘画和雕刻放大到地理结构的尺度，用现代科技在地面上进行大跨距的造型工作。有人认为地景艺术的发展与史前人类遗址的探讨有关，由于人类学的工作，引发了艺术家对史前人类活动在地表遗留的痕迹有了精神上的感应，地景艺术特别给人以这种文化上的反省与思考。

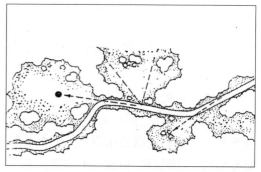

道路与风景布置

Landscape Beauty in Human Context 人文景观美

人文景观美包括三个方面。一是文化景观（文化遗址）。二是民族、民俗和宗教。三是神话和民间传说。文化景观美的关键在于自然美的协调和加强，也是建筑景观的关键所在。建筑本身的特点是要有民族形式、地方风格，得体与自然。此外碑刻、摩崖石刻、书画题记、历史遗迹、革命文物都是景区的珍贵文物和重要的文化遗产。文化、艺术和自然三者融于一体，民族、民俗和宗教特色特殊的人文景观相衬，优美的自然风景与民俗民风相结合，佛教和道教对景区建设都有很大的贡献，神话和民间传说是风景区的彩练。

Landscape Beauty in Nature 自然景观美

风景的自然景观美包括以下几种。雄伟，指山的高大，如泰山为五岳之首。奇特，黄山天下奇，奇在山石、松、云海、水泉。险峻，坡度大，山脊高而窄，自古华山一条路，说明华山的峭拔峻险。秀丽，有茂密的植被，色彩葱绿，线条柔美，自然造型精巧、别致，山清水秀，如峨眉之雄秀，西湖的娇秀，富春江之锦秀、桂林之奇秀、武夷山之清秀。幽深，以丛山深谷、山麓地带为基础，曲径通幽。畅旷，以宽阔水面为主体，水面坦荡，极目天际。风景区的色彩美，如云南的山茶花、峨眉山的杜鹃、北京香山红叶，深秋的红橙黄主调。大自然中稳定的色彩是岩石和土壤，变化最快的色彩是云霞，风景的动态美是流水、飞瀑、浮云、飘烟，风是动态美的动力。听觉美有瀑落深潭、惊涛击岸、溪流山涧、泉滴清池、风起松涛、林间鸟语、寂夜虫鸣等。

Landscaping of Square 广场绿化

广场绿化依广场性质可分为以下几种类型：政治文化性广场绿化；公共建筑前广场的绿化，对外交通，客运站前广场绿化；交通广场绿化。

Lane of Beijing 北京胡同

北京的一条条胡同，是城市有机体的脉络，是京风京俗的博物馆，也是京城百姓用京味语言交往的主要场所。胡同中有康有为、谭嗣同、宋庆龄的故居，"中山会馆"，"张自忠路"等标志和遗址。文艺界代表人鲁迅、郭沫若、茅盾、梅兰芳、齐白石、徐悲鸿等，都在京城胡同里生活过。北京的胡同和天津的"里"、苏州的"巷"、上海的"弄"不同，洋溢着宁静、祥和、安逸的氛围。胡同里的问候、微笑、鸽哨声、砖雕、影壁，一扇扇垂花门，一方方四合院，处处亲切温馨。甚至白天、夜晚传来的徐缓、悠长的叫卖声都富有生活韵致。胡同是北京文化的重要载体，历史的缩影，古都文人的梦。20世纪80年代以来，随着城区高楼大厦的建立，危旧平房的改造，成片的胡同正在消失，令人遗憾。

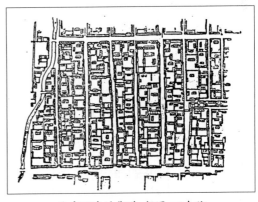

北京旧城的街道、胡同、四合院

Language of Architecture 建筑语言

建筑之所以成为艺术，不需要艺术以外的语言来解释，因为建筑本身就有一种专业性的语言，如诗有诗的语言，绘图有绘图的语言，音乐有音乐的语言，建筑有她自身的语言和文法规律存在，把字和词用语法的规则连接起来形成特有含意的句子。同样把各种建筑布局的手法在建筑与用地之间特定地联系起来表达建筑设计的意图。

Language of Post Modern Architecture 《后现代建筑语言》

C.詹克斯是建筑理论界后现代主义的

主要吹鼓者,他于 1977 年出版了《后现代建筑语言》,1984 年出版了该书第四版,本书是一部关于后现代主义内容比较丰富、意图较为明确的书。他从语言学的角度引用了许多建筑作品和资料,阐明了后现代主义的创作手法和特色。对于什么是后现代建筑,詹克所认为至少在两个层次上表达自己,一层是对其他建筑师,一层是对广大公众,不同文化阶层的人都可以看懂、都可以共享的建筑艺术。重视对历史的继承,文脉或环境,但不是简单地模仿和复古,他重视地方的和民间的传统词汇,并将它改造,移植于新的创作之中。

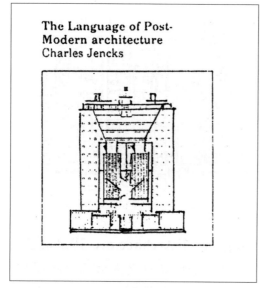

后现代建筑语言

Lantern 穹顶小亭

建筑中原为突出屋顶以采光排烟的露空木结构部分,中世纪将这种结构用于塔楼的开敞顶层。由于形似提灯或灯塔上的灯室,并有时设置灯火,又称为灯笼式塔顶。在文艺复兴式和巴洛克式建筑中,指穹隆顶上的小亭,常带有装饰性的连拱。虽然有时起到室内的采光作用,但主要是为了外观的效果。典型的例子有罗马的圣彼得大教堂(1506 年),伦敦的圣保罗大教堂(1680 年)和华盛顿的国会大厦顶上的小亭。

Lar 家神

家神特指古罗马宗教所崇奉的许多家庭护卫神,是家庭和家族崇拜的中心。其像为男子着短外衣,一手持容酒之角,另一手持酒杯,常有两位家神分立在守护神维斯塔的两侧。社会的家神是国教崇奉的对象,其中有十字街神,护佑着十字街及其附近的地区。十字街神有自己的节日,称为十字街神祭。国家的家神称为护城神,护城神有其神庙和祭日。

Large Space Roof Structure System 大空间屋盖结构体系

现代建筑屋盖形式多样,按力学作用可分为以下几种。主要承受竖向作用力的结构系统,如双曲扁壳、扭壳、折板、平板网架等。主要承受水平推力的结构系统,如拱、半圆球壳、球面扁壳、拱形网架等。主要承受水平拉力的结构系统,如悬挑折板、悬挑薄壳、悬挑式刚架或梁架等。单一大空间屋盖结构,一般由屋盖周边的圈梁支柱构成。复合式大空间屋盖的结构平衡系统。并列式大空间屋盖结构,可利用对称的悬挑屋盖覆盖并列的两个大空间。单元式大空间屋盖结构,由独立的垂直支柱和一个屋盖单元组成。自由式大空间结构,以帐篷结构的实际运用最多。

1970 年大阪国际博览会美国馆的大空间屋盖结构

Late Modernism 晚期摩登主义

晚期摩登主义自 20 世纪 60 年代初期作为修正派开始脱离上一代的摩登主义,创造了一种银色的工业美学,采用抽象派风格。其特点是通过意象来处理建筑并使其成为富有生命力和色彩纷呈的特殊混合体。生动别致的图形,中性的方格网形式,作为装饰的结构和设备,预示未来等等手法。这些形式被赋予整个外观的轻巧感觉的白色、银色或灰色的抽象外形巧妙的表现了。例如贝聿铭设计的美国国家美术馆东馆、香港汇丰银行、东京螺旋大楼等都是晚期摩登主义时期的作品。

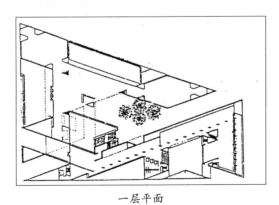

一层平面

Lattice 格构

钢骨构造或木构造如柱子或梁等重要构材,于上下弦间之腹插入倾斜状或曲折状斜材质构组方式。Lattice Bar 为格条,格构之腹部斜构件。Lattice Column 为格柱,组合柱子的一种,在腹板的部分,利用格条组成之结构柱材。Lattice Girder 为缀合梁,利用格构方式组成之梁。Lattice Fence 为格状围篱,利用竹子或板条扎成格子状之围篱。

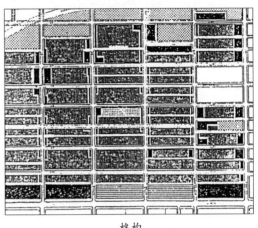

格构

Lavatory 盥洗室

主要设置洗面器之化妆室,Toilet 主要作为厕所使用。Lavatory Bowl 为洗脸盆,洗脸洗手使用的卫生陶器,种类很多。Lavatory Sink 亦为洗脸盆。

Lawn 草坪

草坪用多年生的矮小草本植株密植,并人工修建或平整的人工草地称为草坪,不经修建的称草地。按植物材料的组合可分为纯草坪、混合草坪、观赏草坪、运动场、交通安全草坪、保土护坡草坪。草坪的应用有环境保护方面、园林艺术方面、城市建设方面、草坪的建造,直接播种草籽、直接栽草、用茎枝段繁殖,直接铺砌草快。草坪的维护:清除杂草、及时修剪、施肥、轮流开放使用、虫害防治。

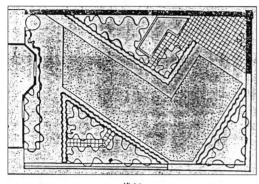

草坪

Lawn Construction　草坪的施工

施工方式主要有三种,即铺草皮法,播种法和撒播草根法,对于选择哪种为宜应考虑以下情况。1. 欲求草地连成一片,或要求草地完成时间在第一季度时,最好采用铺草皮法,但是面积大了不经济,同时也要考虑出产草皮地区的土壤情况以及运输距离等因素。2. 播种法生长均齐高矮一律,而其造价低廉,在草种来源方便的城市经常采用,有其地表情况复杂可以根据环境选择要求不同的草种配成"混合草地"。但播种法自播种之长成密厚的草皮,中间需要较长的时间,如将播种量提高,采用密播方式又不甚经济。3. 撒播草根法在长江流域或以西地区适宜采取,因全年雨量充沛,空气潮湿,匍匐茎容易蔓生。而华北、东北、西北气候干燥,不适用。此外选择草种时一定要有匍匐茎习性的种类才能撒播草根,如江南一带的狗牙根草(Cynodon)。

Lawn Land　草地

庭院的各个组成部分都可以点缀草地,有了草地可以使各个部分更为调和,所以设计时草地是园林的景物之一。在考虑它的面积时不能占去过多的比重,在形式上也应力求精简。草地在庭院中应该成为整体,不允许被别的景物断割或杂乱,这个原则不论规则式还是自然式都应如此。草地同水面一样给予游人开阔的感觉,但过于平坦或过于大面积的草地应该点缀以水池、喷泉补救其单调。草地的边缘一般以灌木点缀比较得体,因为草地本身有安静休息的感觉。大面积的草地要避免造成"平台园",也为了排水方便应有一定的起伏,最少不能小于 0.2%,若是黏重土地排水不良,要在地表下 6~8 米埋设直径 100 毫米的排水管,每隔 60~100 米一条,相互平行,排水管坡降 0.5%。

Layers of Space　空间的层次性

在建筑空间环境设计中,空间具有层次性。处理好空间设计的层次性,可以强调空间所处的领域和方向性,并且可提供空间中的安全感。由垂直划分的层次。在空间的许多变化中,多层次的空间处理比层次少的空间更具有突出的"地位感"。在空间设计中建立空间的层次和等级,力求保持空间层次的多样化,是环境设计的重要元素。

空间的层次性

Le Corbusier 勒·柯布西耶

勒·柯布西耶（1887—1965年）是出生于瑞士的法国人，青年时学习实用美术，1910年曾和格罗皮乌斯和密斯·凡德罗一起在柏林拜伦斯（Behrens）的事务所中工作。他同时又是一位画家、作家、旅行家、演说家、城市规划专家、木刻家、家具设计者，还作漆画和帷绣，是一位多才多艺的建筑大师。他有高深的艺术修养，惊人的工作效率，奇特而吸引人的设计构思，他的作品非常大胆而又像梦境般优美，他的追随者遍布全世界。柯布西耶也是一位摩登建筑的宣传鼓动家，1925年他写出了《明日之城市》一书，1948年他出版《建筑比例度》一书，成为最畅销的建筑书籍。1960年《我的作品》一书阐述了他的创作哲学思想。法国的朗香教堂是他费尽心力的代表作品，他自称这是"我的事业中的明珠"。他首创了二到一住宅空间、鸡腿柱、屋顶花园等。

Le Corbusier Easy Chair 柯布西耶安乐椅

1928年柯布西耶设计的安乐椅和办公椅完整而美观，反映柯布西耶作品的风格和味道，此时德绍的包豪斯学院从1923年也开始设计过钢管家具布鲁尔椅已被制造商推广。柯布的设计与包豪斯的家具相比有同等的优越，包豪斯家具表现出德国的功能主义、理性的、技术的、无瑕的以及成套生产的标准化。柯布安乐椅包括两个分开的部分，一个H形的摇篮架结构，支撑着长形的钢管和皮革，像是一个雪橇形的奇妙装置，转角处的连接自由弯曲，在美国市场上，柯布西耶椅已经成为通俗的、流行的大众化形式，复制者认为正是由于这些椅子的复杂结构与配料的巧妙而格外美观。

柯布安乐椅

Le Corbusier's New Esthetic Fundamentally 柯布西耶的新美学基础

建筑大师柯布西耶的建筑美学基础可归结如下特征。1. 建筑离开地面，连续的绿地在建筑下面自由通过。2. 把花园抛向天空，建立屋顶花园。3. 立方体式的开敞平面二到一的空间组合，二层小空间和一层大空间的合一组合形式，室内有耀眼的光的对比。4. 大跨距结构，灵活隔断，自由划分空间。5. 幕墙式遮阳板，满足功能与美观的需求。柯布西耶设计的马赛公寓充分表现了上述的美学特征。

Le Grand Louvre 卢浮宫扩建工程

在原巴黎卢浮宫地面工程完全不动的情况下，在拿破仑广场建造2层地下空间，增加46 450平方米的面积，改建后卢浮宫总建筑面积达12.3万平方米，1988年完工，由贝聿铭设计。"金字塔"乃其外形为玻璃的金字塔，覆盖地下层的主要入口，金字塔形不仅有较小的表面面积，而且可以反映不断变化的巴黎天空。既不模仿传统，也不压倒过去，它预示将来，使卢浮宫达到完美。金字塔高为卢浮宫主立面的2/3，约20米，比例与古埃及第四王朝建造的金字塔基本相同。金字塔周围有 2 785 平方米的水池和喷泉,周围还有 3 个小金字塔,又有一座倒置的金字塔为地下工程提供天然光线。这里四通八达,轴线关系明确,观众极易识别方向,空间效果极佳。

义"的主张和追求。

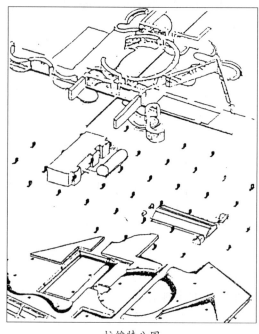

拉维特公园

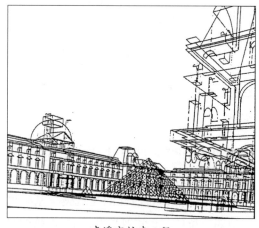

卢浮宫扩建工程

Le Parc de la Villette　拉维特公园

拉维特公园位于巴黎东北部市区和郊区的交界处,占地 550 000 平方米,包括科学与工业城、球形电影院、天象馆、大厅、音乐城等,是个城中之园,又是园中之城。设计人屈米(B.Tschumi)在 1982—1983 年国际竞赛的 470 多个方案中获胜,1988 年完工。公园由 3 个点、线、面独立系统合成。点是在 120 米×120 米方格网的 30 多个交点上的鲜红色建筑。线是 2 条相互垂直的长廊及一条弯曲盘旋的曲线,供游人通行及散步。面是剩余的小块房间有各自的主题,如水、能、园艺等。改变了公园的传统观念,一切在运动和变化之中,在许多点中用许多构件或构件的局部,以非建筑规律的方法拼接而成,平面和剖面常以运动感的手法处理,形成构件的平稳、扭曲、破坏和遮挡等,看上去是解体的,表现了建筑师"解构主

Leaning Tower of Pisa　比萨斜塔

中世纪建筑,由于基础沉陷偏离垂直线 5.2 米,而成为不朽之作。白色大理石的钟塔,是比萨大教堂一组建筑中的第 3 期工程,也是最后一座建筑。1174 年始建,原设计为 8 层,高 56 米,当第 3 层完工时发现基础沉陷不均匀。工程师 B. 比萨诺想在继续建造时将下陷一边的层高加大以资补救,但结果沉陷更甚。工程曾数次停顿,但最后在倾斜状态下于 14 世纪完工。

Lecture-Hall　讲堂

供讲演、举行会议典礼、集会之建筑物。中国古代设在佛教建筑的金堂背后位置里面,专门讲演佛殿的建筑物。Lecture Table 为演讲桌,在教室、讲堂等供讲师放置演讲稿的设备。Lecture Theater 为阶梯教堂,学生之座席呈阶梯状之教室,一般容纳较多学生,或为视听、演讲教室之形态。

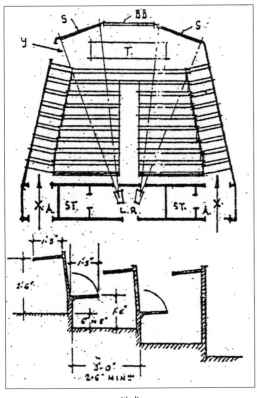

讲堂

Legislation on Urban Planning 城市规划法

有关城市规划的法律、法令、条例和规定。保障城市规划的编制和实施，20世纪以来许多国家都制定管理城市和乡村规划的法律——城乡规划法。1984年1月5日国务院颁布了《城市规划条例》，分7章55条，第一章为总则，第二章是有关城市规划的制定，第三章是有关旧城区的改建事宜，第四章和第五章是对土地使用的规划和管理的规定，第六章为有关违章处罚的规定，第七章为附则。

Leicester University Engineering Department 里斯特大学工程馆

位于里斯特市，由杰姆斯特林设计（James Stirling），馆内包括教学、行政办公、科研和实验室等，设计始于1959年，建成于1963年。战前欧洲先锋派、荷兰的风格派、20世纪20年代俄国构成主义对斯特林均有强烈的影响。建筑电讯派（Archigram）主张的"非建筑""自外于建筑"等观念充分影响了里斯特大学工程馆的设计。他把行政、研究、实验、教室安排在两座小体量的塔楼中，两个阶梯教室作成"牛腿"形。大空间是车间型实验室，顶部全是45°斜置柱形玻璃天窗。当时正是玻璃幕墙风行之时，斯特林的玻璃运用自成一格，玻璃柱体之长轴与正南北成法向关系，充分展示了玻璃"钻石"光彩夺目的形象。建筑不仅为里斯特大学树立了一个标志，而且是当代建筑界公认的一件玻璃艺术的杰作。

Leisure Life 闲暇生活

居民的闲暇生活主要包括如下内容。1.学习生活，积累文化科学知识，充实完善自己，其中也包含有发展和创造。2.健身生活，许多退休职工坚持晨练，做操、打球以及散步、跑步、练气功武术等，以此作为闲暇生活的重要内容，促进延年益寿。3.情趣生活，养鸟、种花、书法、美术、编织、音乐、舞蹈等活动都可陶冶情志，增添生活乐趣。4.交际生活，保持人与人的思想情感的交流，有利于身心健康，有利于社会安定。5.信息生活，在社会交往和学习娱乐中，特别是通过报刊、广播、电视等宣传媒介获取信息，为进一步利用与加工这些信息创造条件，这也是生活领域中的一种高尚的享受。6.家教生活，对于已婚青年，尤其是中年以上的家庭成员，教育子女是很重要的内容。7.民俗生活。以上这些生活活动的重要特性体现在：（1）独立性；（2）随意性；（3）多样性。依据人们在闲暇生活中耗费精力的程度分为4种：（1）休息型；（2）消费性；（3）发展性；

（4）创造性。

滨河游憩场地设计示意

Leonardo da Vinci　列奥纳多·达·芬奇

列奥纳多·达·芬奇（1452—1519年）是意大利文艺复兴时期著名画家、雕塑家、建筑家和工程师。他认为视觉是人类最高级的感觉器官，人观察的每种自然现象都是知识对象。出生于温切镇，生母是个农村妇女，在画家韦罗基奥画室习画，受过绘画雕刻机器制作多方面的训练。1482—1499年为其第一米兰时期，完成《岩下圣母》（1483—1496年）和《最后的晚餐》（1495—1497年）。1490—1495年，他开始进行艺术与科学论文写作，包括绘画、建筑、机械、人体解剖学，地球物理学、植物学和气象学的研究。1502年以高级军事建筑师和工程师身份测量土地，画了一些城市规划速写和地形图，为近代制图学创立了基础。1503年制作大型壁画《安加利之战》《蒙娜丽莎》和《丽达》草图。对鸟的飞行，水文学也有研究。1506—1513年为第二米兰时期，留下了雕塑草图和青铜模型，1513年底与米开朗琪罗和拉斐尔同在罗马。65岁时到法国，1519年5月2日在法国安布瓦斯的克鲁庄园逝世。

Leon Battista Alberti　莱昂·巴蒂斯塔阿尔伯蒂

阿尔伯蒂（1404—1472）是意大利文艺复兴时期的建筑师和建筑理论家。他的名著《建筑论》完成于1452年，直到1485年才全文出版，是文艺复兴时期第一部建筑理论著作，也是对当时建筑的比例、柱式以及城市规划理论和经验的总结，推动了文艺复兴时期建筑的发展。阿尔伯蒂思想活跃，他的建筑作品有仿古式的，也有大胆革新的，其代表作品是佛罗伦萨的鲁奇兰府邸（1446—1451）。该建筑立面分三层，每层都有壁柱和水平线脚，第二、三层窗用半圆券，顶部以一个大檐口把整座建筑统一起来。这种手法为意大利文艺复兴时期其他建筑所仿效。

"Less is More" "少即是多"

"少即是多"反映了建筑大师密斯·凡德罗的设计质量观，表现了他的创作事业中大多数作品的印象特征。这种质量是产生在建筑方案的精确性、简洁性的表达能力，以及反映他专心致志的创作方向。他的这种大胆和独特的设计已经盛行了一个世纪，把建筑品质提升到一个新的含义或新的个性方面。"少即是多"的信条是他简化的，精华的设计思想和晶体化、纯化的设计程序，密斯认为这代表最大的真实。他的名言"少即是多"，不仅是典型的密斯一生创作中选择最好的字眼，也是对他创作方法的最好形容，一种述说设计界想到最大限度的纯粹化的提法。

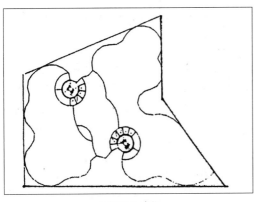

"少即是多"

Lettering and Calligraphy 文字和书法

书法美术是表现审美感情,还是反映生活事实? 这两种审美属性之争历来有两种观点。一是认为书画同源,用笔和表意有一致性,把书法家的内心世界看作书法的源泉。二是认为书法产生于自然,有自然存在才有形有势,其本质是以笔画书写和字形结构去反映客观事物的形体美和动态美。在建筑上则如同运用雕塑与绘画一样把文字和书法与建筑艺术结合起来,书法加上字句的念意能更深刻地表达环境美的要求。在建筑上配置精美书法的诗文、题字、匾额,真乃是"意与灵通,笔与冥运,神将化合,变出无方"。

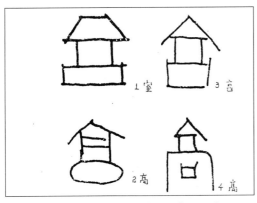

甲骨文中有关台墓式建筑的象形文字

Lhasa, Tibet 拉萨, 西藏

拉萨为西藏自治区首府,位于拉萨河中游,辖城关、林周、达孜、当雄、曲水、墨竹工卡、堆龙德庆、尼木。海拔3 600米,环布8座雪峰,全年日照3 000小时以上,有"日光城"之称。641年唐文成公主进藏。今城市由围绕大昭寺的长方形街道构成,即八角街,后延伸八条放射状里巷。全市建筑面积相当老城的10倍。藏言"拉萨",即圣地之意。著名寺庙有布达拉宫、大昭寺、哲蚌寺和色拉寺等。

Liberian Architecture 利比里亚建筑

利比里亚位于非洲西部,西南濒临大西洋,位于低纬度赤道季风区,气温高,湿度大。建筑从总体布局、单体设计、自然通风、遮阳隔热、防潮、防雷、防虫害、防腐蚀等方面反映了湿热地区建筑特点。1. 朝向促成室内良好通风。2. 平面简洁开敞、多廊。3. 造型轻巧,色彩淡雅。4. 层高较低,经济合理。5. 遮阳形式多样,材料质轻,手法新颖。6. 色彩轻淡明快。主要民用建筑较好的实例有:杜柯旅馆,11层,18 000平方米,195间客房;肯尼迪医院,庭院式布局的综合医院;议会大厦,1978年建成,由大小两个会议厅组成;非统组织会议用建筑,1979年建成,由别墅、旅馆、会议大厅等组成,环境优美。

Library 图书馆

图书馆是收藏图书的场所,历史可远溯到15世纪,最早出现在巴比伦、埃及和亚述,公元前3000年以前古希腊、罗马已有收藏丰富的亚历山大图书馆。文艺复兴时期产业,17至18世纪普遍建立,20世纪产生了专业图书馆。图书馆可分为国立图书馆、大学图书馆、公共图书馆、专业图书馆、学校图书馆、私立图书馆。现代图书馆学研究图书馆之间的合作、缩微图书、空间节约技术，图书馆的发展预测，现代经济技术的发展，许多国家都有一个政府部门负责掌管图书馆的工作。

Library Design 图书馆设计

在设计图书馆建筑时，必优先考虑各种类型的图书馆在目前和将来所应担负的任务。因图书馆的类型经常在变化，大量古老的图书馆建筑中，纪念碑式和教堂式的建筑类型反映了那个时代的倾向和兴趣，今日已无效仿价值。图书馆建筑设计正在经历一场革命，图书馆作用的概念已改变，不再是单纯的藏书楼而是现代的社会机构。图书馆的设计是建筑师和专业人员的共同事业，内部应尽量排除那种永久性的固定间隔，以便将来重新调整空间。在公共服务区中服务人员越少越好。现代图书馆建筑的 3 个要素是工作效率高，灵活机动性强，充满亲切友好的气氛。图书馆好比一个充满活力的有机体，其整个系统的效能取决于其中每个细胞都能获得最好的条件来发挥其功用。应具备必要的专业服务设施，广泛采用各种媒介手段，为未来做好充分准备。

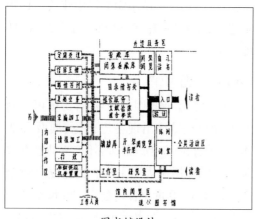

图书馆设计

Library of Berlin，Germany 柏林国立图书馆

柏林国立图书馆的前身是普罗市文化保存图书馆，原在马尔堡，后迁往西柏林。1969 年有工作人员 337 人，图书 2 240 000 册，杂志 22 155 种。新馆坐落在波茨坦广场近旁，与马太教堂、音乐厅和新的国家画馆一起构成一个新的文化中心，藏书 800 万册。按屈郎教授的获奖方案建造。考虑了图书馆多种需求并把图书馆作为大型造型艺术品而设计的。馆共分 3 大部分。第二部分占整个建筑群 42 万平方米的 75%，包括库房、阅览室、馆员的办公室、目录室、借书处、一个展览室和读者的休息地方。由 6 个部分组成，主楼有 3 层。地下室主要库房和放设备用房，地面建筑 11 层。大阅览室处于 2~4 层楼中，面积为 50 米 ×60 米，高 9 米。

Library of Congress，Washington 美国国会图书馆

美国国会图书馆成立于 1800 年，建筑分 3 部分，老馆、附馆和第三馆（麦迪生纪念馆），原设在国会内，1886 年决议建新馆，1897 年竣工。平面田字形，外边 142 米 ×103 米，连地下室和顶楼共 5 层，总建筑面积近 3 万平方米，中心是 8 角形穹隆顶大阅览室，直径 30.5 米，高约 50 米。1 500 阅览座位，藏书 500 万册，建筑为意大利文艺复兴式。1939 年建造了附馆，由大卫·林恩设计，呈矩形，124 米 ×69.5 米，中心书库能藏书 800~1 000 万册，外观简洁，白色大理石饰面，同总馆及国会之间有地道相通。1965 年决定再建一新第三馆，地上 6 层地下 9 层，总面积 19.4 万平方米，设水平及垂直传送设备，1971 年开工。

Liebknecht-Luxemburg Monument 李卜克内西和卢森堡纪念碑

密斯·凡德罗20世纪20年代后期的代表作品之一，1926年建于柏林。是为共产主义战士卡农·李卜克内西和罗莎卢森堡设计的纪念碑。是一座没有任何装饰的抽象构图的砖砌体。用质感很强的清水砖墙刻画出盒子般凹进凸出的水平板块。后来被纳粹分子拆毁，它是20世纪最好的纪念碑之一。

李卜克内西和卢森堡纪念碑

Light 光线

光线照射可决定空间之特性，光是可以清晰或模糊的，强调空间轮廓或质感，表露或退隐，收缩或延伸等性质。正光之物体看着平淡，测光较有立体感，这也是早晚及夏日垂直光表现的不同效果。由下往上照有特殊戏剧性感觉，逆光可使轮廓的反差强烈。光所形成的阴影图案有迷人的效果，地面的阴影可以显现地形的变化。要善于利用光的引导作用，造成立体感，反射影像表现景物。利用自然光要了解天体结构及气候影响，利用人工光则受技术的限制，要考虑其安全性。功能性的照明，可修正空间、创造空间、加强质感、强调入口、指导道路、表现活动、赋予特色。人工照明的能源的消耗也使人们生活在一个不完善的灯光世界之中。

Light and Colours 光和色

光线是揭示生活的因素之一，光线又是推动生命活动的一种力量。光线几乎是人的感官所能得到的一种辉煌壮观的经验，光的亮度，照明度，由光线产生的空间效果，阴影，等等。人们把光线视为独立的视觉现象来对待，则会创造出特殊的环境艺术效果。而色彩则与光线同源，在环境中，色彩与形状，人对色彩的反应，冷与暖，色彩的表现性，对色彩的喜好与心理，对和谐的追求，色调，构成色素等级的诸要素，等等，都是环境艺术中运用光与色的"章法"。

Light and Shadow 光影

光是揭示生活的要素之一，在建筑上也有重要的装饰作用，它是一切昼行动物生命活动赖以生存的条件，此外光线还解释时间和季节的循环。在中国的土窑洞民居中利用光与影的变幻，在明暗交替的部位，创造了清晰的室内与庭园中的视野景观。当人们由入口沿阶而下进入黑暗的通道时，只有前方出口处明亮的光，将人引入庭院。由窄长黑色通道转入明亮的庭院，此时感觉的庭院比在地面上见到的庭院明亮得多，这就是视觉的明暗对比作用。院落墙壁上的阴影斜斜地打在平板的土墙上，树叶的阴影散落在墙壁与地面，小窗棂的阴影落在室内，为窑洞空间增添了光与影的装饰情趣，人好像是生活在光与影的世界中。

光影

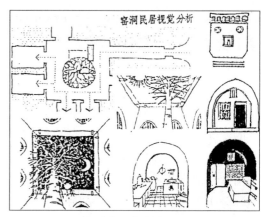

中国窑洞中光的运用

Light in Chinese Cave House　中国窑洞中光的运用

光的运用是近代建筑摩登手法,中国窑洞民居中有强烈的明暗对比,由于光线明暗的差异而使人愿意停留或坐息。由于光线的限定形成的向外界观察最清晰的地点,在许多明暗交替的部位创造了优美生动的院内视野景观。以光为引导方向的特性,使窑洞院落中的明暗交替引导人们由暗处走向亮处,达到最明亮的天井庭院。窑洞中通过窗户看到外界景象由小窗棂格分隔,小窗棂遮挡了一些直接的日光,如同树叶子的光影,有闪烁的光影效果,使室内的光线柔和。在室内,小窗棂建立了黑白图案。影壁在窑洞民居中也增加独特的装饰情趣,它以光影落在墙上变幻的效果作为民居入口的装饰墙,光影的变化丰富了墙上的装饰主题。进入门楼,经过地道下达第二道土门洞,通过门洞见到一堵影壁挡住视线,绕过影壁则会感到豁然开朗,可以仰望天空。进入室内,则可透过窗棂闪烁地看院内景色。在进入窑洞宅院过程中顺势而过的视野印象能够久远地留刻在记忆之中。

Lighting　照明

如果没有光线照射在物体表面上,我们就无法看见它们,这是物理学的观点。当心理学家和艺术家讲到照明时,则指眼睛直接看到的那种现象。一个被光均匀照射的物体,其光线是作为它自身的客观性质而显示的,就如同一个光亮的世界,光源对人们的意义不大。被称为照明的是一层透明的薄膜,物体本身的色彩和亮度都是透过这层薄膜发射出来的,在照明条件下,人们看到的物体本身的亮度值和色彩值,其实都是一种心理上的反映。景观照明即是根据这个基本观点设计照明效果的。

照明

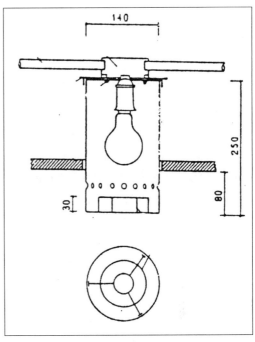

照明设计

Lighting Design 照明设计

　　人工照明要求保证一定的照度,亮度的分布均匀和防止眩光产生,选择优美的灯具形式,创造良好的照明效果,安全节约用电。不同的建筑有不同的照明要求,在大空间建筑中还要考虑亮度的分布问题。还应解决暴露光源悬挂高度,采用间接照明或漫设照明,使光源隐蔽,提高光源的背景光等措施。灯具形式要与整体建筑空间协调,考虑其阴影效果。人工照明的类型可分为一般照明、局部照明、混合照明。按工作面受光方式可分为直接照明、间接照明。直接照明一般装不透明反射罩,光能利用率较高。半直接照明向上的半透明漫设罩有反射体照明效果,间接照明光源隐蔽,光线柔和。照明的光源有白炽灯、荧光灯、碘钨灯。白炽灯与碘钨灯光色偏暖,设计中要减少光能损耗,要通风防火、防灰、防虫、防爆,注重灯具的美观。

Lighting of Library 图书馆的照明

　　大部分近代图书馆,由于经常夜间使用,需要大面积人工照明。还有许多图书馆采用全封闭式,可防尘、防燥热空气和噪声,防日光对书的损坏等,有的希望透过窗户欣赏大自然景色。因此图书馆的照明要作不同考虑,可用的有钨丝灯、荧光灯、水印电弧灯、混合钨汞电弧灯,石英碘灯、电照明带、钠和氯灯(用于户外)。照明装置根据项目要求,需要照明强度,照射天花板或照射地板,透明天花板适用于无影照明。一般图书馆有两个照明系统,通用的和特殊地区的供电系统,一般阅读合适的光约20~30烛光,40~70烛光的亮度供特殊需要。照明系统的造价约占整个建筑物造价的 4%~14%。书库较理想的是天花板照明或萤光照明,并用自动开关可省电和灯泡。有的可把照明装置中产生的热度导至室外,降低室内温度。

Lijiang Dwellings,Yunnan　云南丽江民居

中国云南省地势高峻,气候差异较大,是许多少数民族集聚的地区,云南各地民居独具特色。云南丽江民居、姚安民居、典型的一颗印住宅均为木结构、土墙,在檐顶和山墙顶部显示木结构的地方特色。木结构的檐顶曲线、山墙博风板、悬鱼装饰,造型优美动人,富于阴影的变化。石基土墙、木结构的屋顶富于质感的变化。

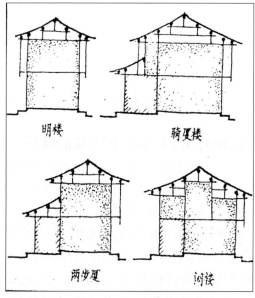

丽江纳西族民居构架类型

Li Jie 李诫

中国北宋建筑专家,字明仲,郑州管城县人,北宋官定建筑设计和施工专著《营造法式》的编修者。李诫生年不详,总管全监事务,大观四年(1110年)卒。宋代将作监隶属工部,掌握宫室、城郭、桥梁营缮事务,凡重要工程都由将作监总管。李诫先后任职13年,经管的工程有五王邸、辟雍、尚书省、龙德宫、棣华宅、朱雀门、景龙门、九成殿开封廨、太庙、钦慈太后佛寺等。绍圣四年

(1097年)指定李诫重编《营造法式》,元符三年(1100年)完成,崇宁二年(1103年)刊行,流传至今。另著有《续山海经》10卷,《续同姓名条》2卷、《古篆说文》10卷、《琵琶录》3卷、《六博经》3卷,惜均失传。

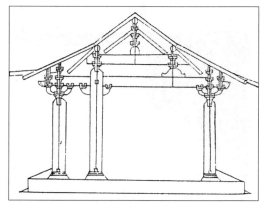

宋《营造法式》插图

Lincoln Center, New York City　纽约市林肯中心

1960—1965年在纽约曼哈顿区建成,林肯中心包括大都会歌剧院、音乐厅、纽约州立剧院以及表演艺术图书馆、芭蕾舞学校等几座建筑,占地60 000平方米。大都会剧院位于主轴线上,观众厅3 800座,5层楼座,舞台机械设备完善,由哈里森(W. Harrison)设计。纽约州立剧院由菲利普·约翰逊设计(Philip Johnson, 1906),观众厅有2 700座,厅内有层层马蹄形带金色曲线的楼座。顶部有直径5米的吊灯,台口金色的装饰,红色的长毛绒装饰、水晶玻璃,十分华贵。音乐厅1962年建成,由菲利普·约翰逊改建,把观众厅由钟形改为矩形,2 741座,厅内采取了20世纪30年代艺术派的式样,达到了很好的音响效果。巴蒙特剧院由耶尔沙里宁设计(Eero Saarinen, 1901—1961年),2个观众厅,1 140座半圆形,舞台达1 000多平方米,有一个14米直径的转台,

舞台和后台占了剧场总面积的 3/4。

纽约市林肯中心

Lincoln Memorial 林肯纪念堂

在美国华盛顿市,由 H. 培根设计,形似雅典帕提农神庙,建筑四周有 36 根柱廊,高 13.41 米,象征林肯时代的 36 个联邦州。堂内巨大的林肯坐像高约 5.79 米,由 D.C. 弗伦奇设计,皮奇里利兄弟制作,南北墙壁上镌刻有林肯在葛底斯堡的演说和第二次就职演说。铭文上方有 2 幅小加兰的绘画,《重新联合与进步》和《一个民族的解放》。1915 年奠基,1922 年正式落成。

林肯纪念堂

Linear City 线形城市

线形城市是西班牙工程师索里亚·马塔(Arturo Soria y Mata,1844—1920 年)在 1882 年提出的观念。他认为城市建设的一切问题均以运输为前提,城市应以不小于 40 米的干道作脊梁,电气化铁路铺设在干道上。建筑用地与绿化用地应为 1∶4。线状城市将构成三角形的三条边,全国都被若干三角网覆盖。三角形的边线——城市之间的用地作为工业和农业用地,这样可以避免农村人口盲目流入城市。1894—1904 年间,他亲自实施了 5 000 米长的线形城市。该计划主要目标是将线形城市放在无建筑地区,使居民"回到自然中去"。尽管其线形城市计划因土地纠纷半途而废,但是城市分散与回归自然的思想却给予后人很大启发。

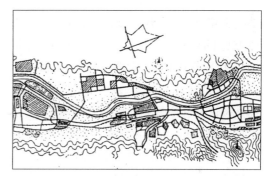

带状城市布局结构示例

Linear City System 线形城市系统

结合工业生产与某些地理特点,规划家认为线形城市最为理想,直线城市本是西班牙人马塔在 1882 年的设想,把中央 40 米宽干道长度无限延长,每隔 300 米设 20 米宽横道,形成一系列面积为 5 万平方米的街区,然后再分为若干由绿化分隔的小块建筑园地。干道专驶交通与运输车辆,苏联建筑家米留定(Nikolay A. Milyutin)把两个工业城规划成条形,马格尼托尔斯克和伏尔加格勒,但未能发挥线形城市的优点。线形城市理想的使命是连接两处相距不远的旧城市。20 世纪 40 年代的德国建筑师希尔博赛玛(Hilberseimer)为轻工业城市减少烟尘污染,论证带形城市最为有利。

Linear Grid System of Chinese Traditional Cities 中国传统城市的格网道路系统

中国王城形制为"九经九纬"方格式道路网,源于井田制。这套城市规划作法早在西周初约公元前 11 世纪即已产生,比希腊 Hippodamus 提出的方格网道路系统早 500 多年。这种形制即城方形,王宫居中,中轴线南北向通向王宫,东西向各三条主要干道通向四邻,整体结构完整。王城方格路网形成中心,王宫是中心的核心,坐落在南北中轴线上格外突出,城方形,方格网划出一块块方整的用地,符合"正"的思想观念,是"礼"制思想的体现,曹魏邺城、北魏洛阳、唐长安、北宋东京汴梁、元大都、明清北京,都是按这一性质规划建设的。其他府城、县城也如此,北京是这种形制发展完整的实例,内城方形,城门 9 个,外城城门 5 个,宫城位于内城中心,长达 7.8 千米的南北中轴线从宫城中穿过,蔚为壮观。这种方格网道路系统,从今天的使用功能看还是适用的,可因地制宜采用。

Linear Patterns 线形格局

线状系统是通用的形式,包括单线式平行束。使所有的起止点直接联系,对两点间的主流通道相当有利。因为所有的活动集中于线上两旁,次级的流通随之而生,又因没有交叉点,沿线前缘土地可利用至最大限度,常沿货运路、河流、电车线路设计。最大弱点是没有集中点,管道过度负荷,有许多无法计量的沿线进出活动。此系统"道路城"常在不得已情况下出现,因为基地沿地形边缘的限制,一部分道路承担穿越性动线,另一部分负担当地流量,脊柱式街道广为应用与次级道路

交会,或主导的一边连接次级环。如将线性系统形成环状,改进流动特性最适合于电力及自来水的分支系统。地方性不规则的街道用意在于防止穿越性动线。

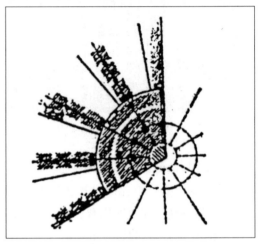

哥本哈根指状规划

Line Drawing 白描

白描是中国传统绘画的一种表现形式,纯用墨色线条勾描物象,不着颜色,故称白描。也有略施淡墨渲染的,常用来描绘人物,也有用以勾勒花卉的。这种画法源自古代的"白画",唐吴道子开启先路,宋李公麟常以此法作画,称白描大师,元代张渥的《九歌图》与王冕的《三竹图》等均为传世名作。

白描

Lines 线条

构图便是线、直线、曲线的移动,去寻求最良好的位置。线条的种类、性质以及感觉,影响画面的效果很大。横向的直线象征安定和文静的感觉。曲线象征女性的优美、活泼和柔和,并富有联动的韵律感。直线依其方向和位置的不同,所产生的感情联想亦异。

毕加索的线描

Linkages 联络

必须了解规则设计中各部门的相互活动及其联系的变化,例如有关学校规划的联络情况,学生的会议,知识及流动,图书馆的使用情况,交易厅、餐厅、社交的规则等。要鼓励相互活动;要寻求和组织规划图上的联络性;也就是寻求那些建筑间实际存在而且本身在变化中的各种联络性质;要分析学校与外界的联络,如与住宅、餐厅、各种服务设施的联络等。是否开放给周围社区使用或与外界隔离;学校的宿舍应在校内或分散在社区之中;一个将校园与住宅混合的校区能使居民利用校园,但不易实行,学校规划无法避免其与周围环境的联络需求。其他各类建筑与设施之间均存在着这种联络性的关系。

Linking and Joining 连接

环境景观中独立布置的事物,在它们之间的空间是没有联系的,然而相互联系的建筑,则可创造出造型丰富、有变化的空间与立面。建筑之间可以用拱门、外廊、院墙、门楼、绿化、铺面、踏步等建筑小品相连接。内院可以用垂花门、回廊、连廊、天井等建筑要素相连接。在建筑环境中,可用作连接的设计要素多种多样,连接的手法运用恰当,可使建筑的室内外布局的空间富于变化、生动有趣。桥、亭、廊、榭等连接要素是中国传统园林布局中的主要手段。

L'Institut du Monde Arabe 阿拉伯世界研究所

巴黎阿拉伯世界研究所由 20 个阿拉伯国家共同筹建,位于塞纳河左岸拉丁区,占地 9 000 平方米,总建筑面积 26 900 平方米。采用 1981 年全法设计竞赛的获奖方案,1983 年动工,1987 年落成,主要设计人是努维勒(J.Nouvel)。研究所包括伊斯兰艺术文化博物馆、图书馆、电脑装备的图书中心、350 座讲堂、700 平方米的展览厅、电视转播站等设施。建筑反映阿拉伯和西方历史和现代、两种文化,建筑物分南、北两片,南片矩形面对广场,北片弧线形面向街道,两片间是贵宾入口,正好可见夹缝中的巴黎圣母院。朝南的玻璃安装了整面铝片组合的遮阳板,由旋转的阿拉伯图案组成,27 000 个铝片瓣膜是由光电子元件控制的,能像照相机镜头一样,随光强弱改变"光圈"的大小,以调节室内光线亮度,保持恒定。光似乎成了一种特殊的建筑材料。建筑兼容了阿拉伯与法国文化、传统艺术与现代科技。

Lintel　楣梁

窗、墙壁的开口部分等处之上侧横向构件之总称,亦称为过梁,主要材料有木、石、混凝土、钢材等。任何材料只要能达到承载之强度均可制作楣梁。楣梁也是西洋古典建筑重点装饰之处。Lintel Stone 是楣梁石,为石造之楣梁。

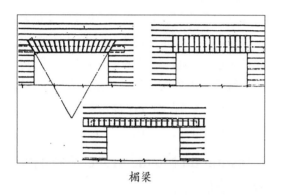

楣梁

Lloyd Wright　劳埃德·赖特

劳埃德·赖特(1890—1978 年),美国人,是建筑大师佛兰克·劳埃德·赖特的长子,自幼跟随父亲画图。他的才能表现是多方面的,跨越了几个领域,最成功的是他作的风景设计,他在作园艺设计之前先作构思草图,并经常亲自作出设计的结构模型。因此他作出的大多数建筑都与环境布局融为一体,选择最恰当的落位。劳埃德非常喜爱吉尔·伊文的混凝土立体派的形式,曾为伊文工作,他的作品是在光洁的立体形式上加上他父亲风格的小面积装饰。他在加州的威费尔斯的小教堂建成之后一举成名,这个小教堂用的是木材和轻钢楣架相结合的框架,墙是玻璃的,敞开在红木树林之中,变曲的尖拱形式和塔楼非常生动。内部三角形的块体空间穿插着金属的楣架,使这个开敞式的教堂既摩登又有高直式的特征。

劳埃德·赖特

Little Delight　小趣味

建筑设计中的小趣味或称建筑小品是建筑师表现自己有兴趣的处所。过分的小趣味处理会使作品庸俗化,但有些建筑配置的小趣味常常以其奇异的形象而胜过了建筑本身的吸引力。例如美国芝加哥标准石油公司大楼(由爱德华·斯通设计)前面的小品,在下沉式的小广场上布置了一组有趣的声音雕塑,由贝托阿(Harry Bertoia)设计,以铜合金线条制成,基座是条形的黑色花岗岩。以风与声来美化环境增加情趣,用多组 1.22~1.83 米长的圆金属条排列成行。为了接受不同方向吹来的风,各组铜条互成直角,风吹动圆条产生共振,发出来自宇宙的声音。天空及云彩倒映于水池之中,创造了一个避开喧闹城市的充满自然气息的楼前场所。

小趣味

Livestock,Poultry 牲畜、家禽

中国乡村中的居民的厕所、猪圈、鸡窝、兔笼、牛栏、羊圈等都布置在庭院之中,牲畜和家禽也是乡间村舍的景致。动物在自然界中如同花草树木一样重要,特别应该注意动物对儿童智力发展有促进作用,当儿童不能和大人建立接触之前最容易和动物建立接触。完美的设想是在村镇中保持动物的生态平衡,保护动物对人类的有益作用。例如猪可以循环肥料,供肉食,鸡鸭可产蛋和提供肉,牛羊奶可食,蜜蜂昆虫可成为花草媒介,鸟类可维持昆虫的生态平衡,等等。

牲畜、家禽

Living Aesthetes of Chinese 中国人的生活美学

中国自古以农立国,对自然的变化采取敬畏顺从的态度,人与天协同共处,宇宙观是天人合一,物质与精神同流,顺物之情,广天之时、达天人合一万物共融的境界。此外视万物平等,通情达理,各种生物生存的环境均应有适宜的发展条件。在先农思想中表现出关爱众生、万物平等、追求和谐洁净的态度。与艺术创作重视的本质,与西方重视客观化、定义化与法式的观念迥异。中国人崇尚精神与自然契合,重视自然环境的原貌。中国庭园不是单纯的模仿自然,而是人造自然,使居住者如同置于大自然之中。花木处理多为不对称的自然式布局。建筑不只是生活的场所,更是风景构图的一部分,注重风水、生态,就地取材,不强加改变。色彩着眼于光线对景物的变化,于无色中求有色。

Living Courtyard of Chinese Cave Houses 中国窑洞中的生活庭院

在窑洞民居中除了洞穴以外全部属于室外空间,它在地面上表现为房前、屋后、宅旁的空地。在地下则是自上到下层次的封闭、半封闭的天然院落,生活庭院由天然的土坡地形构成,外部空间即窑洞民居的背景环境。封闭、半封闭、不封闭的庭院都与大自然结合在一起。布置在大自然中的水井、花池、土台、磨盘、椅凳等生活设施显得格外生动美观,这是人们在大自然的庭院中享受阳光的地段。按地势的高低错落布置上下前后的院落,有牲畜棚架、果园和菜园。在陇东和陕北特别喜欢栽植苹果、桃、杏等果树,每到春季,在遍地花朵的映衬下,朴素的黄土窑洞更增添了美丽的天然色彩。饲养家禽家畜的用地和放置农具、车具的杂屋，常常设置在前院，更增加了农家生活的乡野气氛。

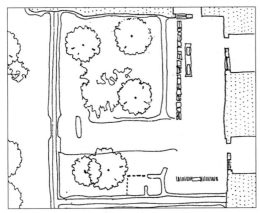

中国窑洞中的生活庭院

Living Room 起居室

住宅中的起居室是家庭活动最多的地方，根据活动情况及室内布置决定起居室的大小。起居室应作为住宅的枢纽，连接入口门厅、卧室、书房等。在独院住宅中应与花园相连，家具设备有沙发、茶几、方桌、钢琴、书架，欧美还有壁炉。起居室中可分隔出卧室，即套间，可节约走道面积。利用起居室的天然采光，常见的是起居室兼作餐室和书房，称白天的"逗留间"或"生活间"，以餐桌的位置为生活中心，并在一侧安放三人沙发，书桌在窗下。较小面积的起居室也能满足老人和儿童的生活需要。一般 2~3 居室住宅中起居室面积 15~18 平方米，4 居室以上的 20~22 平方米，也有许多 25 平方米的起居室。

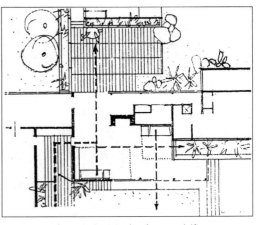

起居室内的轴线、空间及对策

Living Space 居住空间

1. 居住空间要有层次，包括区域、形态、聚落、住宅、住宅的组成部分或构件。2. 居住空间与实体，空间与实体互为图底关系（图形与背景），互为依存。3. 居住空间的结构要素。边界——垂直性和领域性，边界上的结点即中心的含义及其实体性和场所性；结构——整体性和同构性；要素——整体和部分。4. 居住空间的自然环境限定，居住空间的自律性或自主性、个性。居住空间的构成属性包括自然生态环境和社会文化环境。5. 居住空间社会结构空间化，包括社会结构与居住空间、家庭与住宅、住宅组团、聚落与社区结构。

居住空间

Living Space for Lead Consumer 领先消费群的居住空间

在市场经济条件下,消费者对市场内的商品具有最终的抉择权,一群有类似需求的消费者形成一个消费群,其中文化素养较高、选择自由度较大者,成为领先消费群。而领先消费群将引导市场的趋势,也使市场产生变貌。在此结构下作为商品住宅的供给者,除了有基本的生产条件外,最重要的是能充分掌握领先消费群的"心象",再据此创造商品住宅的"实象",才能满足消费群的需求,吸引其购买的行为。因此对住宅领先消费群的"心象"的捕捉,应成为参与生产设计过程、行销过程的一个部分和共同关切的课题。当单元式住宅成为一种"商品"时,它的创作过程最重要的部分,就是将某一群消费者的共同"心象"转变为集体"实象"空间的过程。

Living Street 居住区街道

居住区的街道布置为住宅并为地方性交通运输和步行交通服务,并埋设管线。要避开过境交通,横断面主要划分为行车部分、人行道和绿化,宽度由使用功能决定。行车部分每车道一般 3 米,公共汽车、载重汽车 3.5 米。当修建 5 层以上建筑时行车部分不小于 9 米,2~3 层建筑时宽度不小于6.5~7 米,有人行道和绿带隔离的车行道最少 6.5 米。人行道在 4~5 层或 5 层以上建筑地区宽 2.5 米左右,1~3 层不小于 1.5~2米,人行道上设置路灯杆柱时要加宽 0.5米,一边有商店橱窗时加宽 0.5 米。街道绿地的类型是多种多样的,居住街道的宽度及横断面由行车部分的数量、各部分的宽度、街道绿化、当地地形条件,明沟及沟渠的位置等情况决定。居住区街道必须为居民创造安静的生活条件。必须从社区特点出发,寻找良好的建筑艺术表现力。

Living Style 居住方式

当代城市的居住方式理论及发展趋势如下。1. 突出对人的生活关心,包括生活群体性、生活多样性、生活密集性、生活秩序性等方面。2. 强调多样化的社区结构理论,包括社会生活多样性、城市功能多样性、城市环境与建筑的多样统一。3. 对生活空间的探求,包括居住空间的可识别性、空间层次性、领域性、归属性、围合性、可控制性和安全性、空间的象征性、认同性。4. 对社区的追求,包括邻里的构成、依据人们的有效交往划定地区范围、依熟知程度限定组团与庭院空间范围、有明显的边界。街道空间创造"步行天堂",人车合流的庭院式道路设计。5. 公众参与,明确公众参与的权利、方式、内容、范围。6. 可持续发展。

Living Style and Interior Environment 居住生活方式与室内居住环境

人的一生大部分时间是在居住环境中度过的,居住环境直接影响着人们的生活起居、休息、娱乐和交流,居住方式和居住环境的关系是一种相互的关系。1. 家庭结构核心化和人口结构老龄化是现今城市家庭的重要特征。2. 家庭居住生活模式一般分为工作型、生活型和休养型,三种家庭分别对居住环境有不同的要求。3. 家庭居住行为功能直接影响居住环境空间组织。4. 居住心理行为构成了对家庭空间的特殊要求:(1)社会支柱空间;(2)私密性;(3)个性的良好发展。住宅单元内部空间的组织和布局,决定了居住环境的质量。1. 居住行为的分类。2. 室内功能空间分离:(1)食寝分离;(2)公私室的分离;(3)工作学习分离;(4)就寝分离;(5)厨卫空间及清污分离;(6)空间规模的区分;(7)内外空间分离。

Li Yu 李渔

明末清初戏剧家李渔,号笠翁,他兼工造园,著有《闲情偶寄》,又名《一家言》。在此书的居室部和器玩部中,对园林借景、装修、家具、山石等都有精辟的论述,是继《园冶》之后的又一部重要著作。他曾在北京弓弦胡同筑半亩园;自营别业,称伊园;晚年又自筑芥子园。

Local Characteristic of Chinese Traditional Cities 中国传统城市的地方特色

过去,中国各个地区建筑均有特色,这是使城市具有整体性的重要内容。一般的情况是,北方寒冷地区建筑厚重,南方温暖地区建筑轻巧,西北干旱有生土建筑,沿海潮湿有干栏建筑,北方草原有蒙古包,南方山地有吊脚楼……这是由于各地自然条件、民族文化、政治经济以及技术水平的不同而产生了各自的特点。工业化发达以后,出现了全国各地建筑千篇一律的现象。今后,各城市应找出自己的建筑特色,对原有的建筑进行维修、改建时,应注意不同程度地保留原有面貌,对新建筑既要注意同周围原有建筑的协调,又要有所创新。

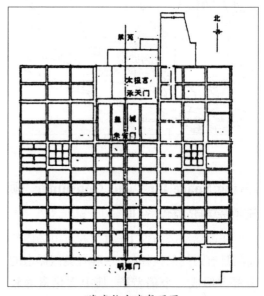

隋唐长安城复原图

Localism 地方主义

地方性是指受当地气候、技术和文化等因素影响而形成的乡土特点。地方主义维护地方性的建筑和环境特点,反对全球性单一化倾向。地方主义不单是装饰性地运用一些传统构件,而是通过对自身传统的内在特征进行追踪而不断地发展。在吸收外来文化的同时,也否定自身的缺点,从而对自身传统进行再创造。地方主义主张建筑必须适应场所特点,要"建造场所",认为在设计环境时,应使历史文脉在城市片段的基地上得到补偿。

赫尔辛基郊区奥塔尼爱米工科大学,阿尔瓦·阿尔托设计

Location Theory 区位理论

区位可以理解为某一行为或其载体所占据的形体空间,某一企业部门为了经济活动所占有的空间称为经济区位,整个城市空间乃至城市体系即是由各种不同功能的区位及自然的区域组合而成的。区位乃是自然环境、人工环境及人类社会经济活动共同作用的复杂综合体。在其空间形态方面,具有背景、场所、路径、边界、标志、领域等空间特征,其行为特征是由不同个人或社会集团所占据的功能区域,其作用即节省行为活动中的运输成本或提高活动的效率和效益,提高区位的利用程度。影响区位的基本要素是其土地使用模式及使用者的内部关系组成。区位的功能配置乃是一种政策性行为,其作用比早期传统的经济分析或地理研究过于关注人口及产业分布,更为重要合理。

Lodge 小屋

供短期或季节性居住的简易住房,如伐木工人的房屋,现泛指供狩猎人、滑雪运动员等使用的房屋。在欧洲庄园发展成为园林的过程中逐渐成为正式房屋,供看守人、园艺工人等住用,建在园林入口或其他地方,在形式上与主要房屋协调。皇家园林中的这类小屋可能很大,并可供高贵人物居住。

小屋

Loft 阁楼

房屋中的上部空间或工商业建筑内无隔断的较大空间,又称阁楼层。教堂中十字架围屏,唱诗班席或管风琴席之上均可设阁楼,以供教堂乐师用。在剧院中,舞台口之上亦设有阁楼。有的阁楼常一面临空,类似室内挑台,例如牲口棚中屋顶下的饲料阁楼。小型住宅中常设有作卧室用的阁楼以增加面积。

Log Cabin 原木屋

原木构筑的小屋,在原木端部作出入口,逐层重叠,空隙处用草灰泥、灰浆等填充。多见于林区。在北美洲为早期移民、后来的猎人、伐木工人和林区居民所建。欧洲也有这种木屋,特别在斯堪的纳维亚半岛国家,如瑞典在中世纪早期即有。形式虽有不同,但一般为单坡的木屋顶,小窗、室内简单,只有一通间,有时加以隔断或加建阁楼。

Loggia 敞廊

一面或几面敞开的房间,厅、廊或门廊,源于地中海地区,因当地需要开敞而有阴凉的起居活动场所。古埃及住宅往往在屋顶上或朝向内院的房间设敞廊。意大利的敞廊在中世纪和文艺复兴时期常与广场结合,敞廊亦常用在别墅中,往往装饰华丽,如罗马的法内塞别墅敞廊有拉斐尔绘的壁画。

London Bridge　伦敦桥

伦敦桥是在伦敦泰晤士河上一座几经重建的大桥,连接南沃克自治市高街和伦敦市的威廉大街。老桥于 1176—1209 年建造,它的 19 孔桥拱跨度不同,后发生多次灾难性事故,直到 18 世纪 40 年代威斯敏特桥建成之前,它是伦敦泰晤士河上唯一的渡桥。19 世纪 20 年代旧桥拆除改建新伦敦桥。只有 5 个拱,中跨 46 米。20 世纪 60 年代又进行改建,旧桥拆下的饰面石块运到美国亚利桑那州哈瓦苏湖城,砌在一座钢筋混凝土桥的外面以吸引游客。

伦敦桥

Longhouse　长形房屋

19 世纪前美国东北部,特别是纽约州北部易洛魁族印第安人的传统住房。也用以指其他北美印第安人的住房,今天则用以指易洛魁族印第安人居留地的教堂和会议厅建筑。从纽约州发掘出来的许多长形房屋中可以看出,其长度为 12.19~101.80 米不等,宽度在 7 米左右,每个房屋沿两侧长墙每隔 2.13 米筑一短墙,成为一间,房屋中间留有一条长长的通道,直达两端。每个家庭使用一间,每 4 间共用一个炊事炉灶,屋顶上开口作烟囱。塞内卡人于尼奥达约所创"福音教",又名长房教,即取名于此种建筑。

Longmen Grottoes, Luoyang Henan　河南洛阳龙门石窟

洛阳龙门石窟在洛阳以南的河边,传说远古大禹治水时把龙山一分为两,称龙门,然而龙门的人工成就比故事传说更伟大。有大约 1 352 所洞窟,750 个壁龛,39 座佛塔均雕刻在从东到西的山崖上。龙门石窟始建于 5 世纪,根据历史记载延续了 400 年,有大约 97 306 座佛像,最小的只有 2 厘米高,最大佛的耳朵长度比人还高。北魏时期佛教盛行(386—534 年),修建达到高潮,事实上是北方大同云冈石窟艺术的延伸。龙门最大的石窟是建于 1300 年前唐朝高宗皇帝和武则天时期,它是龙门的景观重点,高 17 米,头超过 4 米高,耳朵有 1 米多长,站在它的前面你会觉得自己还没有它的脚背高,是极其精美的雕塑艺术精品。

Longmen Sculptures　龙门石雕

龙门石雕位于河南洛阳南 13 千米伊水岸的山崖上,又称"伊阙"。保存有北魏后期至清代的建筑、雕塑和书法艺术资料,开凿自北魏太和十二年(488 年),经北魏、隋、唐、北宋,先后达 400 多年之久,共有大小窟龛 2 100 多处,造像约 10 万个。有代表性的有古阳洞、宾阳洞、莲花洞、潜溪寺、奉先寺、万佛洞、看经寺等 10 余处。唐代

窟龛数量较多,矩形平面,水平顶板,还有露天的摩崖龛。龙门诸窟中可见到一些房屋建筑形象,屋顶用鸱尾和"金翅鸟"作脊饰的庑殿式,也有歇山式。檐部一斗三升人字斗拱,与云冈相同。唐窟佛坛表现为线条较多、装饰华丽的须弥座形式,开辽宋佛塔基座的先河。多数大窟的窟顶中央雕有大莲花。

Longshan Culture 龙山文化

龙山文化是中国新石器时代晚期文化,1930—1931年在山东历城龙山镇城子崖发现。分布于山东省和江苏北部,年代约公元前2600—前2100年,留有骨堆、残片等,石器制作精美。当时已有较发达的农业和畜牧业,陶器制作水平很高,蛋壳黑陶是龙山文化中最富特征的珍品。房屋已使用夯土造基、土坯砌墙。在河南省相当于龙山文化时代的遗存中,已发现有城墙和水井,还发现普遍用牛、猪、羊、鹿的肩胛骨作的卜骨,表明当时已有占卜风俗。

Longxing Temple, Hebei 隆兴寺,河北

隆兴寺位于河北正定县城内,创建于隋开皇六年(586年),原名龙藏寺。现存寺院为北宋扩建(1078—1085年),清初改名隆兴寺,经历金、元、明、清多次重修,保持北宋的总体格局,有4座宋代殿阁,著名的隋龙藏寺碑仍在寺中。山门建于北宋(982—988年),主要梁架仍为原来形制。大觉天师殿建于北宋(1078—1085年),仅存遗址。摩尼殿建于北宋(1052年),俗称五花殿,是已知宋代建筑中使用斜拱的最早实例。

Loop Drive and Ending 环状路和终端

最长的环状路通常约500米,终端路约150米,最长的街廊可达500米,若过长则流通不畅。最小终端路底端的圆环之外径为12米,可让救火车辆进出,如采用大面积环形专用道会影响小终端路的经济性和视觉效果。T形的终点或转道提供死巷的回旋道路,回转道每边之翼至少需一个车身长度,其宽度同街道宽,停车最小宽度为3米,缘石内缘半径应为6米。私人的车道2.5米宽。车道进口应离街道交会点至少15米以上,以防对街道转弯的干扰。为送货方便,住宅单元入口与街道之距离不应太长或坡度过陡,这个距离依生活方式及建筑品类而异。

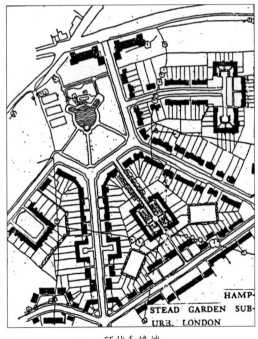

环状和终端

L'Opéra de La Bastille 巴士底歌剧院

超大型豪华歌剧院建于巴黎巴士底广

场,占地 22 800 平方米,总建筑面积 15 万平方米,采用 1983 年奥托(C.Otto)在国际竞赛中获奖的设计方案,1989 年建成。设想有 3 个目的:成为新一代剧院的楷模;表现出全新的意识;内部各类可变化的空间要适合各种演出。剧院包括 2 700 人的正规观众厅,一个可变剧场,600~1 300 人之间,可演出多种形式的试验性作品;一个 4 500 平方米的大排练厅,可带景排练;一个 280 人演播厅;地下室有一个 500 人半圆剧场。此外还有展厅、餐厅、酒吧、书店、商店等服务设施。乐池升降台可调节大小和形式,音响反射板可升降及吊景,舞台口可慢速移向天幕,有 5 个副台,舞台面积 7 500 平方米,61 根吊杆 80 个吊点。既是一座庄重的大剧院,又是一个常有千人出入的艺术活动中心。与城市空间穿插流通,入口前的双曲门框有 2 个弧面,一个与建筑主体平行,另一个顾盼着街道。

巴士底歌剧院

Louis Kahn 路易斯·康

路易斯·康(1901—1974 年)是 1901 年出生于苏联的爱斯托尼亚的美国人。1957 年他出版了《建筑:寂静和光线》,1974 年出版了《人与建筑的和谐》等,他发展了建筑的哲学概念,提出了对摩登运动挑战性的理论。自从 1920 年以来他发起了对国际式摩登建筑的批判,他指责那些盲目崇拜技术和程式化的设计,使得摩登建筑表现为没有立面特性的冷酷性。路易斯·康主张每个建筑题目必须有特殊的约束性,他设计的美国费城的医药研究所大楼,条条砖砌的高塔表现的是楼梯间和竖直的管道,明亮的窗户表露着建筑的使用功能而不再表露结构功能了,这是 20 世纪 60 年代康开创的新潮流。他作的其他许多建筑还成功运用了垂直光线的变化,他是建筑设计中光影运用的开拓者,有人把他作为后期摩登主义的先驱者。

费城宾夕法尼亚大学理查医药学研究楼

Louis Khan's Works 路易斯·康的作品

正当功能主义国际式盛行之时,康说:"当你创建一座建筑时,你就创造了一个生命",建筑不再是机器而有了生命,这个概念在现代建筑运动发展中是一次飞跃。美国印第安纳州表演艺术剧院、印度行政管理学院、美国费城理查医学研究大楼都是他成功的作品。为了表现建筑物的生命和精神,他别开生面地研究了"形"的概念,认为"形"是属于灵魂的,形式可独立存在并能赋予建筑新的功能。康十分讲究建筑的个性,亦称可识别性(Identify),并十分强调

"首创"（Beginning），任何首创都是美的。首创的欲望导致丰富的想象力，美国新罕布尔州的爱克斯特图书馆表现了超乎常人的想象力。他提出了服务和被服务空间理论，在理查医院研究大楼中，他把管道、楼梯、电梯独立在墙外，使辅助部分成为立面的主要内容。他还醉心于光的效果，光是康设计的绝招。他也是教育家，文丘里、杰格拉和摩尔都是他的学生。

Louis XIV Style 路易十四式样

路易十四时代（1661—1715 年）之艺术风格及建筑式样将文艺复兴时代之式样完全消化而表现其独特之式样，注重外观的庄严豪放、整体统一。Louis XV Style 即路易十五式样（1715—1771 年）之艺术风格及建筑式样，主要采用曲线作为装饰，打破左右对称的造型，平立面以曲形为主，具有优美及亲近感。Louis XVI Style 为路易十六式样（1774—1793 年）盛行具有高度艺术之建筑式样，与路易十五样式相较，从自由造型又重新恢复至左右对称，由自由曲线转换为轻快的直线建筑样式，墙面力求宽阔、平坦，适度减少线脚，避免过渡自由或严肃，整体呈现优美平静之感。路易十五、路易十六式样均源起于路易十四式样。

Louvre Museum 卢浮宫博物馆

卢浮宫邸建于 12 世纪，是世界上收藏绘画最丰富的博物馆之一，藏品包括历代名画，法国绘画收藏为举世之冠。中世纪、文艺复兴时期和近代艺术馆展出法国历代国王的珍藏。希腊、罗马古物馆则以建筑、雕、镶嵌工艺，珠宝和陶器为特色。埃及古物馆是 1826 年为展出拿破仑在埃及战役中所获藏品而建的，东方古物馆、基督教古物室，均有极为珍贵之文物。

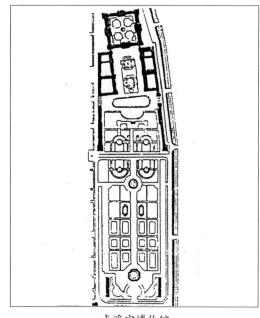

卢浮宫博物馆

Low Doorway 低门道

室内过人的门的尺寸是有标准规定的，在室外常常为了配合建筑的尺度与外形而加大门道。有些门故意做得雄伟高大，也有些门道要故意做得低矮以通过门道穿透外界空间若隐若现的景色。有的故意做得低矮是为了强调当人们穿过低门道进入另一个空间时的"穿透"之感，低门道的形式与外形也可以加深人们的这种感觉。进入日本传统的茶室之中人们必须屈膝弯腰，如像钻过一个墙上的孔洞，进入以后脱鞋饮茶，表现了主人对客人最亲切的迎接，低门道加重了这种亲切感。美国建筑师赖特多次运用过低门道的手法，例如他在塔尔森·威斯特（Taliesin West）的住宅中设计了美丽的白色低矮的花架，沿着小路通达工作间。用低门道的办法可以强调由一个空间到达另一个空间时穿过的感觉。

Low Sill 低窗台

人们之所以喜欢来到窗前是因为光线和窗外的景色。人们读书、谈话、做针线活时，就很自然地坐到窗边。窗台的高低应适当，太高了，在窗边看不见窗外的下面，窗玻璃直到地面，又会给人以危险之感。楼房上层的窗台只需比底层略高一些。中国北方民居中的火炕常常占满卧室的整面朝南窗户，沿炕边的窗台很低。家庭主妇大部分时间在炕上做活。她们盘腿坐在炕上，炕边是低矮的窗台，明亮的玻璃窗透进来满炕的阳光，可以看清庭院中的一切，包括花卉树木和家禽家畜等。这种住房的低窗台显得格外舒适。

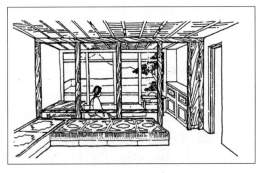

用大片窗扩大空间

Low-rise High-density Courtyard Houses 低层高密度庭院式住宅

庭院式住宅不仅在用地上十分经济，而且由于它的室外空间集中使用，使宅内大部分房间可以朝向庭院。多院式住宅的用地，因紧靠一起的封闭独院为单元组合，其庭院用地比值大体与独院式同。在建筑相对密集的情况下，较大的住宅有可能腾出较大空地布置绿化。在城镇中，传统住宅采用多院多进深、沿南北轴线纵深布置的对称格局，可以更加安静，获得更好的安全条件。现代国外新型低层高密度住宅与中国传统住宅

"异曲同工"。新型的低层高密度住宅可以从以下几方面考虑。1. 建立完善的标准化体系，放弃旧式住宅大家族集居的格局，引入小家庭住户单位的标准化单元概念。2. 让每户都有自己独用的庭院或室外空间，楼房的上层住户可利用下层住户的平屋顶作露台或屋顶花园。3. 让每户都有良好的日照、采光、通风、采暖、隔热等条件。

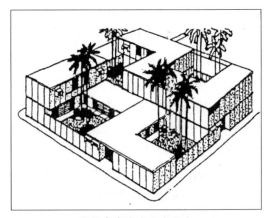

低层高密度庭院式住宅

Lu Ban 鲁班

鲁班是中国古代著名建筑工程家，春秋时鲁国人，因称鲁班。被建筑工匠尊为祖师，姓公输名班，或称公输班、鲁般、公输盘、公输子和班输等。《汉书·古今人表》中列在孔子之后，墨子之前。鲁班的名字散见于先秦诸子的论述中，被誉于"鲁之巧人"。王充《论衡》说他能造木人木马。唐代以后，民间关于鲁班的传说更加普遍，其内容大致有主持兴建有高度技术性的重大工程，热心帮助建筑工匠解决技术难题，改革和发明生产工具等。种种传说虽与史实有出入，但都歌颂了以鲁班为代表的中国劳动人民的勤劳、智慧和助人为乐的美德。

Luban Jing《鲁班经》

《鲁班经》又名《工师雕斫正式鲁班木

经工匠家镜》或《鲁班经匠家镜》，午荣编，成书于明代，是一本民间匠师的业务用书。全书有图一卷，文三卷。《鲁班经》介绍行帮的规矩、制度以及仪式，建造房舍的工序，选择吉日的方法；说明了鲁班真尺的运用；记录了常用家具、农具的基本尺度和式样；常用建筑构架形式、名称，一些建筑的成组布局形式和名称等。从《鲁班经》中可知古代民间匠师的业务职责和范围，施工工序，一般建造时间、方位，等等。至今仍可在东南沿海各省的民间建筑中看到《鲁班经》中关于形式、作法的某些痕迹。鲁班真尺的运用方法，民间工匠至今仍在遵循使用。

Luban Zhenchi 鲁班真尺

有的地方称"门官尺"，是古代木工用来度量门窗的尺，尺长一尺四寸四分，均分为"八寸"，每"寸"分五格，每寸和每格都用红字或黑字写出星相名和表示吉凶的词。木工在决定门窗尺寸时，依房屋的用途，选取合宜的红字，将门窗尺寸的尾数落在红字上，以求"吉利"。此尺的使用间接地促进了门窗尺寸的规格化。

Lucio Costa 刘西欧·柯斯塔

柯斯塔是巴西人，1902 年生于法国土伦，1911—1913 年在英国受教育，1914—1916 年在瑞士学习，1917—1922 年毕业于巴西里约热内卢国家工艺美术学院，1924 年获建筑学位，1936 年任里约美术学院院长，美国哈佛大学荣誉学者，里约国家历史与艺术学会顾问，美、英、法建筑学会的成员，定居法国。作品有 1937—1943 年与勒·柯布西耶、奥斯卡尼迈耶合作的里约教育部大楼、1939 年与奥斯卡尼迈耶合作的纽约世界博览会的巴西展览厅等。以设计巴西利亚新都总体规划闻名，1956 年获奖。巴西教育部大楼是现代建筑传入巴西的里程碑，也是拉丁美洲最杰出的代表性建筑之一，装有可调节的遮阳板，此后广为流行。他还从事文物和古建筑的修复工作。著有《建筑和现代社会》《我在巴西的作品》《科学与技术的人文主义》等。柯斯塔是巴西现代建筑的首创者和开拓者。

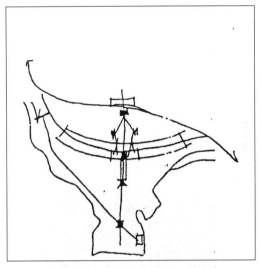

1957 年规划师柯斯塔作的巴西利亚草图

Lux 勒克斯

照度计测之单位，系指 1 流明（Lm）之光束在 1 平方米之面上所产生之均匀照度，记为 Lx。Lux 为拉丁语，系由光之意转变而来。

Macadam 碎石路

碎石路是 18 世纪苏格兰人丁·麦克亚当发明的一种路面,用压实的碎花岗石或缘岩铺底以支承荷载,路面上用轻质石料铺面以减小磨损,而且利于排水。现代碎石路是将碎石铺在压实的路基上,然后用沥青或热柏油黏结,最后再铺一层路面材料填塞空隙并压实。有时用水泥砂浆作为黏结剂。

碎石路

Machu Picchu Charter 《马丘比丘宪章》

1977 年 12 月一些世界知名的城市规划学者聚集于秘鲁利马进行学术研讨,并于马丘比丘山的古城遗址签署了《马丘比丘宪章》。它是继 1933 年《雅典宪章》以后对世界城市规划与设计有深远影响的又一个文件。《马丘比丘》宪章分成 11 小节,对当代城市规划理论与实践中的主要问题做了论述,包括城市与区域、城市增长、分区概念、住房问题、城市运输、城市土地使用、自然资源与环境污染、文物和历史遗产的保存与保护、工业技术、设计与实践、城市与建筑设计。它肯定了《雅典宪章》在城市与建筑设计理论的一些发现和成就,但认为尚需加上空间的连续和建筑、城市与园林绿化的统一,另外还强调城市根本的社会原则以及公众参与的重要性。

Machu Picchu, Peru 马丘比丘,秘鲁

马丘比丘是古代秘鲁的印加要塞城堡遗址,在闻名世界的马丘比丘城中发掘出的精美文物中,有金器、工艺品、服饰等,创造了印加文化的高度文明。马丘比丘是少数保存完好的前哥伦布时期的中心城镇之一,也体现了印加城市建筑艺术的高度成就。有些学者认为印第安人可能与亚洲大陆有着血缘关系,他们古代的农耕制度、医学和巫术、远古的图腾符号、彩陶的图案等都能发现具有某些与东方文化有关的特征。马丘比丘城在秘鲁中南部安第斯山中,位于库斯科西北 50 英里(约 80 千米)处,踞于两峭壁间一马鞍形悬崖上,西班牙殖民者未能到达此处。1911 年被耶鲁大学宾诺姆发现,遗址面积约 13 平方千米,内有神庙和堡垒,堡垒原有梯田式花园围绕,台阶共有三千余级。

Maijishan Grottoes 麦积山石窟

中国著名石窟,位于甘肃省麦积山,4世纪末开凿,直至明清各代均有修建,现存龛窟和摩崖石刻 194 处,造像 7 000 余尊,大部分为泥塑,风格清新秀丽,富有生活气息。现有遗存北魏、北周时期的窟龛较多,崖阁式巨型洞窟是其典型的窟型,外凿仿木构柱廊,构成殿堂形的外观。东崖最高处称"七佛阁" 4 号窟,宽 31.7 米,高 15 米,深 13 米。单檐庑殿式顶,前廊八根六角形石柱,柱上有大斗。麦积山石窟的交通联系主要靠栈道,崖面长 200 米,高约 100 米,栈道离开地面最高处达 70 米,全长 800 余米,泥塑和壁画是石窟艺术的重要部分,壁画约有 1 300 平方米。

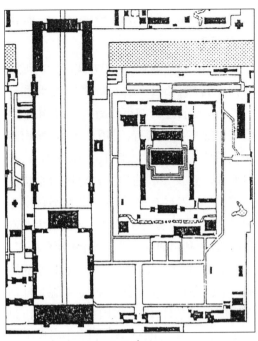

主体建筑

Main Building 主体建筑

主体建筑在城市中控制着道路网和其他从属建筑,居民都希望自己居住的街坊有明显的标志。把一组建筑或一座建筑或一座建筑中的一部分作为主体处理时,就形成了村镇、建筑群或家庭住宅中的核心部分。例如中国传统村镇中的佛塔、庙宇或戏台,住宅中的起居室或堂屋。要精心选择建筑组合中人们生活或活动的中心部分作为主体建筑,把它布置在最重要的轴线位置,具有高大的屋顶、显眼的外形体量。例如在西藏民居中,把经堂放在顶层上;在河北民居中,正房和堂屋在全组院落中体量最大;在福建土楼中,正房堂屋的部位有显眼的层层下跌式重檐屋顶。主体建筑是非常明确突出的。

Main Entrance 主要入口

布置好乡村住宅的主要入口是建筑布局中重要的第一步。主要入口的位置控制着建筑全局,其他各种流线都从属于主要入口的安排。入口要明显易见,人们走向入口的方向与走向建筑的方向一致,无须转弯和费劲辨认。布置主要入口有两个要点:一是要布置在正确的位置上,一是要有引人注目的入口外形。

主要入口

Main Factor of Urban Structure　城市结构要素

在不同历史时期,生产方式产生的城市结构受自然、社会、政治、经济的影响和制约。不论是古老的城市或新兴城市,影响城市结构的主要因素有:①历史因素,城市有保全留传文化的巨大作用;②地理因素,自然地理位置及经济地理位置对城市结构的形成、变化、发展有重要影响;③区域经济地理因素,以劳动地域分工和经济区划为基础理论,有效利用地区自然资源;④社会因素,指社会生活的改变以及宗教、文化等的影响;⑤交通因素;⑥生态环境,如能源是任何文明的先决条件;⑦动态因素,因为城市是一个不断生长着的社会有机体;⑧政策因素,国家的经济体制,一个时期的城市建设方针、决策者和规划者的意志,规划思想的改变对城市结构的发展变化均有影响。

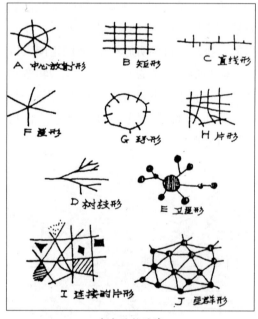

城市结构要素

Main Hall as a Stage　像舞台一样的堂屋

在中国传统民居中,堂屋居中的设计思想反映了家庭的族权支配地位,家庭中商议大事、接待来访、喜庆活动均在这里进行,好像是在舞台上演出一幕一幕的家庭戏剧。堂屋内的家具布置与陈设也如同中国传统式的舞台道具布景,堂屋的布局一般是开敞式的,位于主要中轴线上,是全宅的核心。在典型的北京四合院中,堂屋是中心庭院的正房;在福建巨大的土楼民居中,堂屋是环形土楼的中心;在江浙、皖南、四川一带,堂屋组合在底层中央部位,有较大的空间和屋顶;黄土高原的窑居也有一明两暗居中的堂屋。这些是几千年中国家庭生活的传统习惯,敞开堂屋的隔扇门,在庭院中就可以看见堂屋的内部布置,堂屋内外形成庭院中的上方主体,堂屋内的活动可以很自然地扩展到室外庭院之中,堂屋也成为庭院的一部分。

Main Hall of Nanchan Temple　南禅寺大殿

南禅寺位于山西省五台县西南 22 千米的李家庄,大殿重建于唐建中三年(公元782 年),是中国现存最早的木结构建筑,寺内尚存明代龙王殿,清代文殊殿、观音殿、伽蓝殿、罗汉殿等。1973 年寺院进行过复原性修整。大殿面阔进深各三间,单檐歇山灰色筒板瓦顶,有的柱子上还留有 1111 年(北宋)的游人题字,梁架结构简单,柱头斗拱为五铺作双抄偷心造,殿内还保留了与木构架同时代的泥塑佛像 17 尊,是现存唐代塑像的杰出作品。

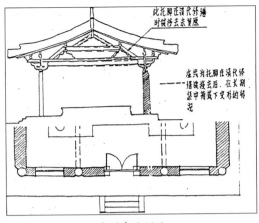

南禅寺平剖面

Main Hall，Guangdong，China 中国广东民居的厅堂

中国广东民居除具有木结构阁楼及小天井特征以外,厅堂布局是其重要特色。厅堂是传统民居开展家庭生活的场所,是家庭活动中心,也是联结全宅的中心点。堂屋居中反映族权的支配地位,商议大事、接待来访亲友、组织喜庆活动均在这里进行。厅堂布局开敞,由其他房间围绕,居平面主轴线上,而且是空间体量最大的部分。堂屋正中常是案前一桌两椅,左右套间以落地罩和隔扇门分隔,正面墙上挂画或书法对联,案上陈设家族具有纪念性的物品或钟表、瓷瓶等精美艺术品。明确的中轴线穿过堂屋通达庭院的二道门,构成中国民居传统格局。

Main House 主屋

大宅邸中之主要建筑物称为主屋,其他为次屋或附属建筑。"Main Hall"为主殿,寺庙建筑中之最主要殿堂。"Main Entrance Hall"为主门厅,是建筑物主要进出口处之门厅,俗称主玄关。"Main Building"为主馆,指当两栋以上建筑物连在一起时,供主要目的使用的建筑物。"Main Post"或"Main Column"为主柱。"Main Stairs"为主楼梯,指供建筑物内主要动线使用的楼梯。

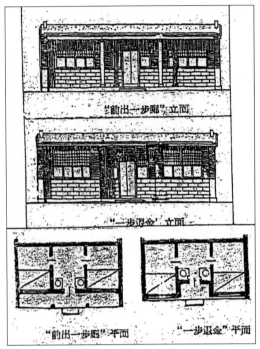

主屋

Main Problems of Public Building Design 公共建筑设计中的主要问题

1. 人流疏散设计问题:人流疏散的基本要求,计算方法,处理方式。2. 视线设计问题:视线设计的基本要求,升高值的确定,地面的升高方法,各类公共建筑的视线设计。3. 音质设计问题:音质设计的基本要求,室内空间状况与音质设计的关系,混响时间的确定与控制,声压水平的确定,大型空间音质设计应注意的问题。4. 天然采光设计问题:天然采光的基本要求,照度标准的确定,防止眩光和反射光的措施,自然采光常用的形式、侧光方式、顶光方式、侧光与顶光结合的形式,采光设计应注意的问题。5. 人工照明设计问题:人工照明设

计的基本要求,各类公共建筑照明设计的特点,常用的照明类型与形式(类型有一般照明,局部、混合照明等;形式有点式、带式、面式、混合式等),灯具造型设计与室内空间处理的关系,人工照明设计应注意的问题等。

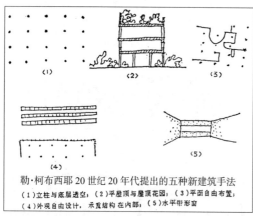

勒·柯布西耶 20 世纪 20 年代提出的五种新建筑手法
(1)立柱与底层透空,(2)平屋顶与屋顶花园,(3)平面自由布置,
(4)外观自由设计,承重结构在内部,(5)水平带形窗

公共建筑设计中的主要问题

Maisonettes　复层式集合住宅

复层式集合住宅是共同住宅的一种类型。各住户利用共同走廊作为出入口,但各层与公共部分分开,各户住宅内部形成楼中楼,内部则由私用楼梯连接。与一般走廊式住宅相比,其私密性较高。

Make the Scenery Fascinating　引人入胜

舒畅、别扭、恐怖、惊讶、幽静、开朗、轻松、肃穆……都是视觉感受反映的直觉情绪。质朴、刚健、雄浑、柔和、雍容、华贵、纤秀、端庄……就进入了初步的审美阶段。所有这些主观感受,无不是建筑的序列组合、空间安排、比例尺度、造型式样、色彩质地、装修花饰等外在形式的反映。这些美的感受都是抽象的情绪。然而建筑形象反映出的这些美的感受的深化与发挥就是环境景观引人入胜的具体内容。

Make Variety of Housing　住宅多样化

1. 住宅户型多样化:针对不同家庭结构、不同家庭组合、不同家庭标准设计多样化户型供选择(一般户型 50 m²/户、60 m²/户 ~70 m²/户、80 m²/户 ~90 m²/户。高标准大户型 100 m²/户以上;青年公寓型;老年人及残疾人专用住宅等)。2. 平面布局和建筑类型多样化:针对人们职业、爱好、生活方式的不同,设计多种平面和空间,有人喜欢大厅小室,认为大起居厅是就餐、会客、文娱、团聚的活动中心,而卧室是睡觉和休息的地方可小一点儿;但也有人认为卧室内要进行家庭活动,不宜太小,而对起居厅的要求不高。随着科学技术的发展和人民经济生活水平的不断提高、家用电器的增加以及人们饮食起居的改善都要求平面和空间要有新的变化,因此相同的户型要有多种布局方式。另外,为了节约能源、节约用地,不同的地区、不同的自然条件也影响住宅的平面布局。3. 立面、细部、体型、组群多样化:要克服单调呆板、千篇一律的状况,对住宅立面形式、色彩、比例以及阳台、门头、檐口、屋顶的处理要讲究艺术效果,要反映时代风貌、地区特色。

Making Puckery　掇山

用天然山石掇叠假山,包括选石、采运、相石、立基、拉底、堆叠、中层、结顶等工序。其造型手法有安、连、接、斗、挎、跨、拼、悬、卡、剑、垂、挑、飘、戗、挂、钉、担、扎、垫、杀、转、压、顶、吊。施工的要点是自后向前、由主及次、自下而上分层作业。

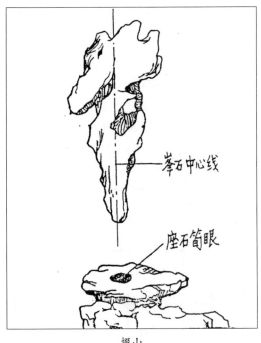

掇山

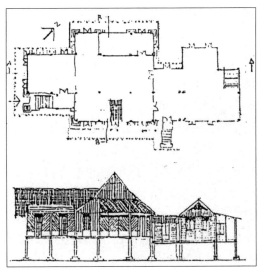

马来屋

Malay House, Malaysia 马来西亚的马来屋

马来西亚西部沿海低地是密集的水稻生产地区,地势平坦,雨量充足,村庄都沿河流水道及道路形成居民点,居民点之间没有明确的界线。马来西亚人不遵守父系继承的原则,而与父母双方都有家族关系,男女都有平等的继承机会。马来屋房子比较小,设计仅容纳一两个核心家庭。房屋的主体可以扩建,以增多起居之处,最普遍的只把厨房分开独立使用,在主室的附近增加支柱,很容易增建。马来屋的整个结构建在支柱上面,支柱不插入地下,落在底石上面,或以底木或混凝土作基脚,与其他东南亚竹木结构房屋建法类似,这种建房的方法顾及拆除和修理方便。马来屋采用木栓及开榫的木结构联结方法,陡斜的屋顶覆盖以棕榈叶片,墙身挂以树皮、竹片或棕榈叶脉编织成的墙片,有时也用木板。

Malay、Singapore、Cambodia Dwellings 马来西亚、新加坡和柬埔寨民居

西马来西亚指马六甲一带,西岸是印尼苏门答腊岛,东岸是马来半岛。马六甲民居具有与泰国民居相似的特征,高脚支架的马来屋,折坡形的屋顶,竹木结构,房屋以平台联接,住宅逐步抬高地坪标高以划分私密性层次,由公共空间进入私密性空间的过渡是由升起地坪标高的方法来表现的。米南卡保人(Minangkabau)是苏门答腊岛上最大的族群,分布在新加坡和柬埔寨等地。米南卡保人是母系穆斯林社会,家庭单位是公房,有女头领,她们的姐妹、女儿和女儿的小孩住在一起,这样的房子构成氏族,几个氏族构成村庄。19世纪末许多米南卡保人迁入马来西亚,这些移民建造了独特风格的新加坡、马来西亚、柬埔寨的Kampong民居。柬埔寨民居平面呈扁长形,主体居中,结构横向划分为三段,为高脚支架的竹木结构。

Mali Dwellings Earth Ornament, African 非洲马里民居的土体装饰

非洲马里民居在土体建筑利用结构表

现装饰,主要入口的边框和墙面土体材料之间的交接处,如果没有装饰处理,就好像墙被中断了,马里人以土结构的边框作为装饰。土墙上的门窗也是重点装饰之处,这些装饰是连接生活与建筑之间的要素。环境,房间内,厨房的墙上,地面、花池、屋檐、柱子周围、材料的交接处,建筑空间的边角,转折的地方。建筑上需要强调的地方:门窗边框、主要入口、园门、围栅、墙与墙的交接处,那些自然需要装饰的地方既体现了装饰的功能,又统一和谐地存在于建筑之中,而不像是另外加上去的装饰。

Man and Biosphere(MAB) 人与生物圈

人与生物圈是联合国教科文机构关于人及其自然环境的国际研究项目。研究立足于自然科学,包括人、人类科学、自然。关于人与生物圈的研究可以作为人类与自然资源重大决策的依据。在这个项目中广泛地收集自然和社会科学、规划、管理、自然人口的资料,在联合国教科文组织的组织下进行广泛的全球性的国际合作。人与生物圈的研究机构中有一个国际性的城市生态规划小组,组织开展城市生物圈方面的研究。

Mansard Roof 复斜式屋顶

呈两段倾斜状之屋顶,为复斜式屋架,利用两段倾斜材料构成之屋顶桁架,上段坡度较缓,下段坡度较急。

Mandala 曼荼罗

又称"曼陀罗""满荼罗",旧译"多日坛",即筑方圆之土坛安置诸尊于此,以祭供者。曼荼罗为印度梵文音译,意译为"坛场",其典型式样是一个包含正方形的圆。五个几何母题即中心、圆形、方形、三角形及十字形,它们都具有绝对中心而又有最简约

的圆形。在构图中,三角形是个次要元素,但以潜伏方式指向中心,并将方形和十字形连为一体,统一于圆形构架中。在藏传佛教中,显示出极具倾向性而又具有严格向心性的曼荼罗中,仅用五个母题概括广大的宇宙(包括人)的各个侧面和角度,通常在其对神力的关系上代表着宇宙。

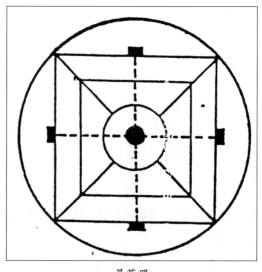

曼荼罗

Maniera 风格

一种文艺批评用语,指一定的风格特征,主要见于风格主义绘画。法语中的"Maniere"和意大利语中的"Maniera"都表示优美高贵的气质和精于世故的举止。后此词用于艺术评论中,称那时的艺术作品创造了"美的风格"。17世纪批评家指责一些艺术作品掺杂了风格主义,意为他们抛弃了对自然的研究。

Mannerism 风格主义

风格主义一词来源于意大利语的"Maniera",亦译"矫饰主义"或"体裁主义",指艺术中片面强调形式技巧而忽视内容,过分强调个人的特殊风格,或对别人独特风格、技法的生硬模仿。它也指艺术作品

的独特的风格、形式,或矫揉造作的风格或表现手法。"Mannerist"指风格主义画家、惯用特殊格调者或指矫揉造作者。"Mannered"意为具有特殊风格的。北欧风格主义作品中以尼德兰画家和建筑家汉斯、威尔德曼、德·弗里斯等人的精巧作品最为著名。

Manor House 庄园宅邸

中世纪庄园主或其管家的住所和封建领地的管理心中,常常带有防御设施,也是乡村公众生活的中心。宅邸中的大厅为庄园主的会议厅和佃户集会的场所。14世纪庄园宅邸的平面布置有了一定的形制,以防御为主。16世纪的庄园宅邸演变为文艺复兴时期的乡间宅邸。平面常为规整的四边形,大厅的规模减小了,重要性也降低了。16世纪时塔楼的传统形式仍继续存在,还保留墙角上的角楼和其他古代的防御设施。后来这种庄园住宅被乡间大型宅邸所代替,已经失去了历史意义。

Mansion 殿堂

又称"屋子",中世纪剧场用的布景装置,指在教堂演出的《圣经》故事中的不同场所和耶稣生平的各种场景。殿堂包括由角柱支撑、带顶的小棚子结构成的舞台、装饰幕布以及该场戏中演员常用的椅子和道具。通常在教堂的中殿把它们布置成椭圆形。教堂中,在建筑上有相应特征的地方也用作殿堂。随着户外演出的出现,这些小棚子在凸出的舞台后面排成一横列。

Maps and Mapping 地图和制图

以图形表示地球表面现象、空间分布的一部分或全部称为地图,分为地理图、地质图、气象图、交通图、航海图、导用地图等。用一定的缩尺、符号和图式绘制地图的方法称为制图。制图学是绘制地图的科学与艺术。公元前2300年古巴比伦人就曾在陶土板上画地图。比例尺是标志地图缩小的倍数,即图上长度与实际长度之比。

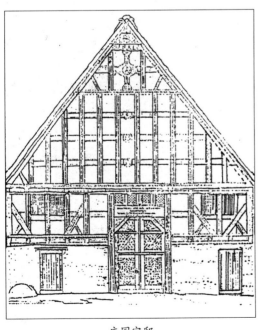

庄园宅邸

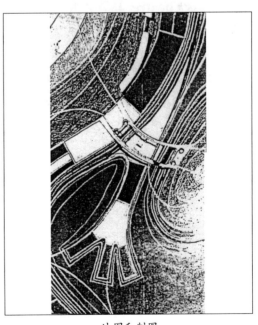

地图和制图

Marcel Breuer　马歇尔·布鲁尔

布鲁尔 1902 年出生在匈牙利，1937 年加入美国籍，1924 年毕业于包豪斯工艺艺术学院。布鲁尔的设计贡献影响了半个世纪，影响范围波及包豪斯、欧洲和英国。后来他在美国哈佛大学教书时，其不倦的探求精神，被誉为北美的真正摩登建筑师，他的设计出自简捷的、直接的功能组织，有雕塑美的空间构图，细部简明而完整，而且综合合理地解决各种技术设备的体制。外表是光滑的材料与天然的粗石，木料和不加工的白色混凝土块体形成强烈对比，摩登的玻璃墙面表现出实与空的感觉。墙、楼梯、坡道和栏杆等功能性的部分，都有逻辑性地组合在雕塑的形体和形式要素之中，他还巧妙运用透过彩色玻璃的光线强调建筑内部质感的美。他在法国联合国教科文大楼以及华盛顿的住房部大楼中发展了混凝土的预制和现浇技术。

Marcellus Theatre　马塞卢斯剧院

位于意大利罗马的一家剧院，由恺撒大帝开始兴建，于奥古斯都时期，即公元前 13 年完工。剧场座位排列成楔形，座位的整个基础部分现在是萨丰利宫殿的地下部分，外部拱廊是最早的柱式样式，其托斯干柱式和爱奥尼亚柱式的建筑立面，至今保存完好。

古罗马马赛勒斯剧场断面

Marco Polo Bridge　卢沟桥

位于北京市区西南 8 千米，原是永定河古渡口，卢沟桥建于 1187 年，清代曾重建，为北京最古老的石砌连拱桥。桥身长 266.5 米，有 11 孔石拱，两边 140 根石栏柱头上雕有 485 个石狮，千姿百态。著名意大利旅行家马可·波罗曾赞扬其为"世界上最美，独一无二的桥"。1937 年 7 月 7 日中国军队在此抗击日本侵略军。

Marina City, Chicago　芝加哥，玛利那城

1959—1964 年在芝加哥闹市区中心建设的玛利那城，由建筑师伯特伦·戈德保（Bertrand Goldberg）设计。在芝加哥河北岸一块只有 3 英亩的狭窄地段上布置得十分紧凑，在沿河的多层平台上建了几栋小的附属楼和两栋钢筋混凝土圆柱式塔楼，颇似两穗玉米。每栋塔楼均为 60 层，高 179 米，448 个单元，1~19 层为汽车库，可容 450 辆

汽车；19~20层为机械设备层；20~60层为公寓，单室户256套，2室户576套，3室户64套，每户均有花瓣形阳台。还有许多服务性设施，如商店、餐店、花店、书店、溜冰场等。几座独立建筑物内还设有银行、游泳池、戏院等。由于该组建筑功能齐全，故称为"玛利那城"。

Market 市场

多数的买卖均在一定时间及场所内进行，该场所即称为"市场"。它可分为批发市场、零售市场等。市场通常指在一幢建筑物内，集体设置店铺的一种行为。"Market Price"意为市价，当需求和供应在市场完成时，该成交的价格称为市价。"Market Town"意为商店市镇，指市场设置非常多的街道区域且以商业为发展中心的市镇。

市场

Market Design 菜场设计

1. 菜场的分布、规模与组成。一般应控制在250~300米的步行距离范围，即在占地一公顷左右的小区内。菜场的组成因地区、规模不同而异，一般包括营业用房、贮藏保管库、加工准备间、行政办公、生活用房及后院等。上海的中心菜场普遍设置约30平方米的冷库，营业用房与附属用房之比达到1：1。2. 菜场选址及总平面设计。菜场经营特点是：(1)货物运输量大；(2)"运""铺"相连，一运到即销售；(3)客流集中，中型菜场应与城市交通联系方便，居住区内菜场避免与干道交叉，保障老人、儿童购物方便，其有一面临街的、两面临街的、岛式布置的。3. 菜场建筑设计。(1)营业厅平面形式和柱网尺寸确定有方格状岛式布置、条状行列式布置、混合式布置。(2)剖面形式与通风采光处理：多跨多层式菜场设置天井；高低跨式菜场设置高侧窗；开敞通道式菜场沿街设摊形式加盖防风遮雨。

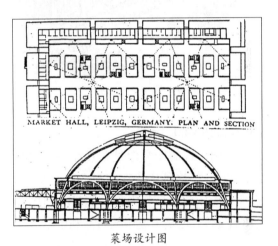

菜场设计图

Market Place 市

"市"的原生含义来自"集市"与"购售活动"两方面。从早期聚落中的集市、货摊，到现代城市中的商业街道、购物中心及博览盛会等。"市"这种原生含义一直作为一种主要的"需要与价值型联想"，存在于城市象征体系之中。"市"是展示城市文化多样性的场所，是容纳矛盾复杂交易因素的盛器。在"市"的氛围里，人们得到的归属含义是选择商品的自由。市与家的根本区别就在于市必须"去同存异"。现代市作为一种原型知觉，它所蕴含的开放、变化与生长等归属含义已经成为居民思维与活动的纲领。

克拉科夫老城市场

Marriage Bed　床龛

中国传统的床龛像是布置在卧室中的小房间一样，这种床龛在农村尤其受欢迎。最理想的床龛应该是夫妇一起精心制作的结婚纪念物，也是家庭中的珍品和留给后代的纪念品。床边的装饰环境逐年地增加更换，床龛上有精美的木雕、彩画、纬帐与刺绣，布置一个封闭的床龛像个小房间一样有低低的布棚、幕帐就像窗帘，床上四根立柱带有延年寓意的硬木花雕，是生活中很有趣味的艺术装饰家具。

Marseilles Apartments　马赛公寓

马赛公寓是 1946—1952 年柯布西耶位于法国马赛郊外的著名作品，两层高的混凝土鸡腿柱像趾尖有力的支撑着板片式大楼。公寓上面由不规则的盒式隔板交替分隔，隔片的背后是双层高的居室，跃层式前后交错，格子侧面的墙上涂刷明亮的红、蓝、黄、黑色，侧面的颜色看上去给板式建筑增加了

三维的想象力。屋顶花园是个巨大的广场，有高大的女儿墙和布置了雕塑、漏斗形的屋顶排风筒、拱形结构的健身房，满是孔洞的混凝土山脊是孩子们玩耍的场所。公寓内有幼儿园、水池、食堂以及为母亲们照看孩子而设的一排曲线的混凝土坐凳。另外还有一个大胆的设计——垂直站立的混凝土板，用来晚上放映露天电影。曲面的阳台穿插在女儿墙中间，坐在这里可以观看日落。马赛公寓是公社式居住公寓的雏形。

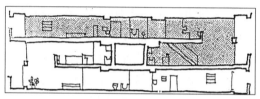

马赛公寓局部剖面图

Marsh　草本沼泽

湿地生态系统的一种类型，植物以草类为主，可生长于排水不良的矿物土壤，常见于河口三角洲之处；富有纤维根，可固结泥土、阻滞水流，大量的小片草本沼泽可形成特殊的景观。

Marshalling Station　编组站

管理若干方向到达枢纽的列车解体和至枢纽的各铁路线上的新的列车组成。编组站保证直通列车的通过和车组的甩挂，负担仓库专用线、工业专用线及其他地点的车辆调运。编组站一般位于铁路大枢纽内或大量货物装卸的集中地区内。编组站线路的长度 3~5 千米，宽度 500~600 米，顾及影响城市的规划和发展，新的编组站一般布置在郊区同城市运输联系的路线上。

Masonry Construction　砖石结构

用石、黏土、砖和混凝土砌筑的建筑和构造。砖石材料经久耐朽、耐压力强，主要

用于美观和耐风雨的外墙材料,常用的有花岗石、石灰石和砂石,大理石。混凝土砌块中的骨料以砂、砾石、膨胀页岩、浮石、煤渣、矿渣等制成轻质混凝土。砖及黏土制品是焙烧而成,砖石砌块的砌筑主要靠手工。现代建筑中钢和混凝土结构已取代砖石作为主要承重结构。现代的砖石结构主要有砖面墙、空心墙、混凝土砌块基础、外部幕墙、防火墙、釉面砖墙、内部隔墙、承重墙、加筋墙、屏蔽墙。

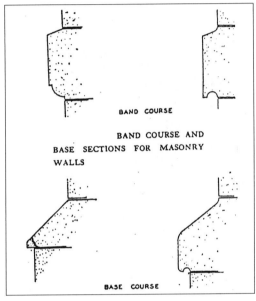

砖石结构

Mastaba 古埃及平顶墓

古埃及人的陵墓可分为三类,即平顶墓（Mastaba/Mastabah）、金字塔墓（Pyramid）及岩墓（Rock-hewn Tomb）。平顶墓系半地下之平顶房屋,以墓穴为中心,绕以小室,以备供祭。

古埃及平顶墓

Master and Servant 主与从

主与从是整体与局部的关系,局部要服从整体,整体还用有局部来衬托,以突出重点。建筑中的格局就是讲究整体布局中的主从关系,即使"一明两暗"简单的三间房屋也要自成格局,妥善配置房前屋后及左右。《园冶》中所说的"景从境出"也是这个含意。中国园林布局中的"园中之园",从小巧秀丽的局部衬托出全园的开阔庞大。在整体布局中也要主次分明重点突出,建筑群的组合必有其重点和中心,才能使整个建筑群体完整和谐,浏览于其中才能感受其空间构图的层次关系。运用多种突出重点的手法能够达到分清主次的效果,光照、色彩、特殊的情趣处理等可创造出重点突出的效果。

Master of Space 空间大师

赖特被誉为空间大师,他发现了全新的建筑空间伴随着新的结构。伟大的建筑作品的"真实性"均表现于建筑空间之内,而不在于其平面或立面。赖特引用中国老子的语录指出:"容器的真实性是它里面的空虚部分"。在赖特的作品中,墙壁、屋顶、楼板、边饰以及所有的建筑处理都是完成一种空间趋势的工具。建筑师要会操作运用未加工的天然材料,但其潜在的伟大是建筑作品的空间质量。赖特去世前的一个星期曾对特尔森的学生们说过：“什么是建筑师内心中的基础？必须有坚强的信念，必须创造出强烈而鲜明的特征，必须了解生活、研究生活、研究原始自然。你们的时间和任务就是空间造型，决定建筑的形状，你们是形状和空间的塑造者和知己者，否则你就不是有心的建筑师”。他在一个世纪的大部分时间，完成的大量作品，给人类带来的文明与贡献就是使建筑设计由房间设计进入了空间设计。

Matmata Dwellings, Tunis 突尼斯的玛特玛塔民居

在突尼斯南部的玛特玛塔（Matmata）有一个 7 000 人口的组串式民居村落。修建在多层不同深度的地下民宅围绕着一个巨大的下沉式的井，从 20 尺深、40 尺宽到 30 尺深、200 尺宽，大小不一。用最长的斜坡连接着各层的天井直到地面，在底层开了一个排除雨水的渗井，在全年干旱的气候条件下，这种陨石坑式的天井住宅能够充满夜晚凉爽的空气，保证夏季阴凉，也避免干热的风暴对底层的民居住宅的侵袭，最底下的生活区域是公共活动的社区场所。这个村庄曾在电影《星球大战》中代表未来民居形式而出现过。现存的一些突尼斯的传统下沉式住宅现在被当作旅馆使用，引起旅游者很大兴趣。

突尼斯的玛特玛塔民居

Mausoleum 陵墓

指大型墓葬建筑。其中哈利卡纳索的加里亚国王摩索拉斯的宏伟陵墓（公元前 353—前 350 年）是最早的陵墓之一；最华丽的陵墓要推印度泰姬·玛哈尔陵，由莫卧儿帝国皇帝沙杰汗为其妃（卒于 1631 年）建造。其他著名的陵墓有古罗马的哈德良墓（现为圣安吉洛城堡）、柏林附近的腓特列·威廉三世墓、英国汉普郡的拿破仑三世墓、莫斯科的列宁墓以及中国的明十三陵等。

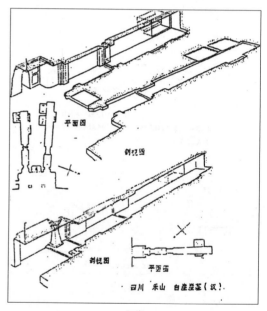

陵墓

Mausoleum of Halicarnassus 摩索拉斯陵墓

世界七大奇观之一，位于哈利卡纳苏斯。该陵墓建于公元前 353—前 351 年，建筑师为彼提阿斯，由希腊当时四位最著名的雕刻家完成。根据古罗马作家大普林尼（23—79 年）的描述，陵墓为方形，周围 125 米，有 36 根柱子，上部为 24 级全金字塔形，顶上为大理石雕成的 4 匹马拉的战车。不

列颠博物馆所藏残片中包括一件檐壁,刻有希腊人与神话中亚马孙族女战士战斗的场面以及一座 3 米高可能是摩索拉斯的雕像。陵墓在 11~15 世纪因地震而毁。

Mausoleum of the First Empire of Qin 秦始皇陵

秦始皇陵墓在今陕西临潼城东骊山北麓。秦始皇继位时役使刑徒 70 万人开始修建,至公元前 210 年下葬历时 36 年。在两侧墓道中,出土两组大型铜车、铜马、铜人。陵丘周围有陵园围墙内外两重。内墙周长 2 523 米,外城周长 6 294 米。陵园内外已发现寝殿和石制作坊遗址。1974 年在陵园东南和西南出土陶俑坑,有大批兵马俑。最大的一号坑东西 210 米,南北 60 米,深 4.5~6.5 米,已发掘出与真人、真马同大的陶俑 500 多件,按军陈列队排列,估计全坑有 6 000 多件。2 号坑及 3 号坑均已辟为博物馆陈列展出。

Maximum Grades 最大坡道

街道的最大坡度取决于其行车设计速度,最大坡度不能过长,如果连续超过 7%,则车辆无法保持全速,大型卡车在超过 3% 时必须换成低速。大型卡车不能超过 17% 的坡道,各地的规定视当地气候状况而定。行人道的坡度不超过 10%,短斜坡之坡度可达 15%,若使用踏步至少有三阶才不致被人忽视而跌倒。踏步是为避免绕道而设计的,阶梯的每一踏步之间须保持固定且缓和的斜度,即 5%~8%,并保证足够的长度以安排奇数脚步通过。通常一步约 0.75 米长,故适当的深度为 1.3 米或 5 倍于步幅。公众使用的楼梯斜度不超过 50%,残障者的斜坡不超过 8%。

Maya Architecture 玛雅建筑

居住在中美洲最主要的是玛雅人,玛雅人的建筑使用了大量的石块,有很丰富的雕饰,而施工工具却大部分还是石制,只有少量的青铜工具。玛雅人的建筑内部空间很不发达,大多是正立面平等的一条或几条狭长的空间,因为当时只会用叠涩法砌顶。把庙宇建在高台上,台基发展成了多层的金字塔,如提卡尔城(Tikal)中的一座庙,高 70 米,下部有三层,金字塔高 45 米,巨大的阶梯直达庙门,庙有三间,顶子为高耸的方锥台,满覆着雕饰。墙上和门扇上也都是雕饰,题材大多是怪兽的头脸,金字塔以土和碎石堆成,表面衬砌石块。这类金字塔的脚下通常还有一些四合院式的宫殿或祭司们的住所。

Maya Civilization 玛雅文明

玛雅文明属于西半球伟大的文明之一,玛雅人居住在墨西哥南部、危地马拉和伯利兹北部,是这一片几乎连绵不断的土地上的中美洲印第安人的一族。他们务农,建筑巨大的石屋和金字塔,冶炼金和铜,使用至今尚无法解读的象形文字。3 至 16 世纪是玛雅文化最灿烂的时期,从 300 至 900 年是玛雅文化的古典时期,特别是公元 7 至 8 世纪是玛雅文化的黄金时代。9 世纪以后古文明中心逐渐衰落,10 至 15 世纪是后古典时期,15 世纪以后西班牙人带入了天主教文化。玛雅人的城市特奥提瓦坎是宗教、政治、商业的中心,城市建筑宏伟,人们住在茅草覆盖的木屋里。祭司控制着整体玛雅人的城市生活,祭司中有官员、有学者,也有天文学家和建筑师。祭司还在祭司学校中任教,课程包括历史、占卜与象形文字。

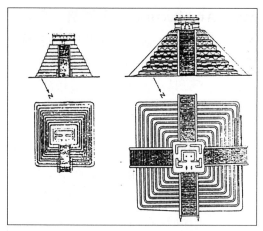

11 至 12 世纪的玛雅建筑金字塔

Maya Three Cities　玛雅三城

　　居住在中美洲的玛雅人是印第安人中社会发展水平最高的一支,玛雅人在数学、天文知识方面取得很多成就,曾计算出相当准确的日月星辰运转周期,并同其宗教观念联系在一起。奇钦伊查的观测天文的代表建筑是卡可尔(Carcol),建于 315 至 317 年,是有趣的天文建筑,具有玛雅古典时期建筑的特殊形式。奇钦城还有传统的祭井仪式,届时将青年男女及黄金、珠宝饰品投掷主要井中,举行人祭,在此深井中的考古发现证实了这种传说。三个玛雅城市,即奇钦伊查、乌兹玛尔、玛雅潘于 1194 年形成政治联盟,共同开展商业与艺术复兴,号称"乌雅潘联盟",约 1450 年联盟解体,三城市亦遭废弃。

Maze　迷宫

　　迷宫有古老的历史,最早可能起源于防御工事,也可能起源于辟邪的魔法,以防鬼怪的侵害。据传古希腊特洛伊城有一种游戏被称为"迷宫",希腊神话中传说克里特岛上曾有一座迷宫幽禁过怪物。17 世纪晚期古罗马铺筑的地面或教堂中常可发现迷宫的遗迹。中世纪的青年们常在草坪上画出迷宫,作为一种游戏。在法国凡尔赛宫花园中有一个著名的迷宫,现存最有名的迷宫在英国伦敦汉普顿宫内。

简单设计的迷宫

Meaning in West Architecture　《西方建筑的意义》

　　诺伯·舒尔兹在此书的前言中写道:建筑是一个具体的现象,包含了地理、居住、环境、建筑物及具有特征的构筑物,因此它是一个生气勃勃的现实。几千年来,建筑因不断改善人类的生存条件而具有意义。在建筑的营造过程中,使得人类在时间与空间中获得了立足点,所以建筑被认为是比人类实际的物质需要具有更大的作用,它还具有人类生存的意义,同时,这种意义通过建筑构成转变为各种空间形态。因此,建筑不能仅仅用几何学和符号概念来描述,建筑应当被理解为具有意义和特征的象征性形态。

Measure of Old City Protection　旧城保护措施

　　1. 从零星的修缮到对建筑群及文化古城的整体环境保护。2. 新旧地区区别对待。3. 旧城保护中对环境质量的改善与对建筑艺术环境的保护进行全面规划。4. 有控制地合理利用文物建筑。5. 旧城保护与古建筑保护的立法与管理。英国 1913 年已有古建筑法,古建筑周围 500 米为保护区。1930 又扩大到自然与人为环境的保护。法国 1962 年立法保护有历史文化价值的旧区。6. 关于建筑规划设计原则与技巧的探讨,旧区的建筑设计必须慎重:(1)以旧为主导;(2)新建筑本身无个性;(3)新旧建筑的对比相得益彰。7. 新艺术的运用与传统工匠的继承。8. 开展宣传教育,重视公众舆论。9. 古建筑与旧城保护发展成为专门科学。1959 年联合国教科文组织在罗马设立了国际文物保护与维修研究中心(ICC-ROM)。10. 当前待解决的问题是旧城中心区的交通问题、修旧与新建的经济问题。

Meditate on the Past 怀古的

建筑历史证明了美好的想法在最初形成的时候,从许多人的眼光来看,总是觉得有些可笑的,古典主义的建筑瑰宝,永恒意义的建筑作品并不是立刻被世人所接受的,经过历史的淘洗,逐步被人们理解、接受,甚至狂热地崇拜。巴黎的埃菲尔铁塔曾受到当时建筑界的强烈不满和批评。而那些具有象征意义的建筑古迹,就更能够唤起人们怀旧的情感,创造怀旧的环境也是环境设计的要素之一。

Megalith 史前巨石

新石器时代和早期青铜器时代建造的各种未经加工的巨石纪念物,在西班牙、葡萄牙和地中海沿岸都有发现。最古老的大型石墓是石室墓葬,也是纪念性的建筑物,可能是从近东的石墓演变而来。由数块竖石支撑,一块作顶用的扁平大石筑成,上覆土墩。在北欧和西欧,石室墓葬后来发展成为通道墓葬和长棺形石箱墓葬。古时的另一种纪念物是巨石柱,在西欧的布列塔尼最多。石柱常建在一起,组成圆形、半圆形或巨大的椭圆形式,英国的两处著名巨石遗址是圆形石林或威尔特郡的阿维伯里村石林,法国的卡纳党村石林共有 2 935 根巨石柱。

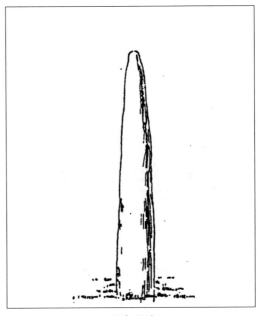

法国布列塔尼

Megalopolis 大都会群

城市的蔓生及向心体系的进一步发展,使得两个或多个大城市的地域界限消失,吞没了中间的空地而连成一片,形成几乎相连的串珠式或网络状多重及复杂的城市群落体系。如美国东海岸从波士顿、纽约、费城、巴尔的摩及华盛顿特区的城市群落;日本的东京、横滨、名古屋、大阪、神户的城市连绵带;中国的以上海为中心的沿长江两岸的苏州、无锡、镇江、南京城市带和南向嘉兴、杭州、绍兴城市带。据统计全世界目前约有 16 个城市连绵带。

Megaron 正厅

古代希腊建筑中的中央部分,包括敞厅、门厅和一个大厅,中间设火炉和宝座,

"Megaron"早在在古代《荷马史诗》中指一般的大厅。所有迈锡尼的宫殿都有这种正厅,住宅中也有。正厅起源于近东,其敞廊常用柱子支承,成为爱琴海沿岸的建筑特征。正厅是早期希腊建筑和古典神庙建筑的主要部分。

王后寝室,即正厅

Merits and Demerits in Architectural Achievement in the 20th Century　20世纪建筑发展的成就与不足

领域	转折点	成就	不足
建筑技术	从手工业技术到现代工业技术	创造了前所未有的建筑形式	对传统技术和地方技术的冲击
建筑创作	从形式出发到以功能为依据	提高了实用性与舒适性	对民俗与文化要素考虑不足
建筑经济	引进时间——效益观念	促进标准化与预制化建筑的发展	商业化对文化的侵蚀,建筑创作庸俗化
建筑性质	从关注型体到注重空间与环境	建立了现代建筑观念	忽略了形式所蕴含的文化意义
地域限制	从地域性建筑到普遍性建筑	促进现代建筑技术的推广与普及	建筑特色的消失,对环境与生态的破坏

Mesa Verde National Park, USA　美国费德台地国家公园

费德台地国家公园位于美国科罗拉多州西南部,1909年为保护崖壁上的史前印第安人民居遗址而建立。它占地21 074公顷,有几百个1 300年前的印第安村落遗址,其中最引人注目的是建在悬崖底下的多层居室,1909年出土的最大一座"崖宫"有几百个房间,包括印第安人举行仪典用的圆形洞室。公园内的植物有矮松——桧属植物林、灌木和野花,园中多鹿,并有少量熊、山狮、蛇和蜥蜴,鸟类繁多。

美国费德台地国家公园

Metabolism　新陈代谢主义

"新陈代谢"一词的本意是"生物与外界环境不断进行物质交换的过程"。"新陈代谢主义"的建筑观点,主要是认为再不能把世界占统治地位的功能主义国际式建筑当作唯一的标准和教条。建筑师黑川纪章主张"要把多方面的、有用的准则体系加入

一直被建立在单一的西方文化准则体系上的现代建筑学中"。黑川明确指出他的新理论旨在"探求日本文化和现代建筑之间的连接点""探寻一条与日本文化和传统的潜流相一致的思路"。黑川纪章一直引用多元论探讨新的空间概念——多价空间。黑川纪章认为时间因素是多价空间的一个方面,随时间的变化,空间形象和环境气氛就会改变。黑川纪章还发展了空间和实体、室内和室外的辩证关系。他认为实体和空间是互相渗透、互相侵入、可以对等互换的。黑川纪章还认为多价空间不可缺少精神因素,感情应成为重要的与现代技术同等地位的构成因素。总之,"新陈代谢主义"是全新的、多元价值体系,用黑川纪章自己的话说是:"存在和不存在是相等的,部分和整体地位相同,物质和精神可以互换,空间和时间组成了一把连续的尺杆……"他认为这种自相矛盾的可互换的概念,并非说明现代建筑"处于混乱状态",而是"刚刚开始的一个自身认识过程"。

Metabolist　新陈代谢派

第二次世界大战以后日本建筑界目睹建筑与城市面貌的巨大演变,提出了"新陈代谢"学说,强调其中的成长、变化、衰朽的周期性。它认为建筑和城市是不停地运动、改进与发展,这是社会成长相互关联重要过程。新陈代谢派印发的小册子题为《新城市规划创议》,并附有规划方案。社会发展是具备生命的有机组织、生产生活设施要不断改进,以符合技术革新带来的转变要求,这是可以预见的历史规律。城市中用插挂建筑与立交方式,根据再生率分为等级,以使过时的建筑单体或设备可随时撤换而不影响其他单体。新陈代谢观念主要来自丹下健三,他总想用日本固有的艺术结合新社

会要求,把传统遗产当作激励与促进创作努力的催化剂,而在最后的成果中却看不到丝毫传统踪遗,这是他创作的秘诀。

Metaphor　隐喻

后期摩登主义建筑思潮,其之所以胜过和取代了20世纪以来居统治地位的正统摩登主义,正是由于一大批青年建筑师们运用隐喻的设计手法,唤醒了人们对建筑的文化历史意义的反思,重新赋予建筑艺术以文化历史传统的生命力,又不失摩登主义的时代感。所以,隐喻是当代新建筑思潮中最为流行的手法。隐喻使建筑所具有的内涵能力得以发挥,隐喻更能形成特定的环境气氛与感染力,隐喻是聚类性内涵的表现符号,唤起人们的联想和美感。

隐喻示例

Meteorological Climate in Courtyard
宅院中的气象

根据不同的气候条件表现在方位、结构、平面形式、材料等的差异解决宅院中的微小气候问题。例如在干热地区尽量让热度不易传到室内,用泥土、块石等大量吸收白天热量,晚上慢慢地散发出来,如藏族民

居和黄土窑洞就是这样。在湿热地区温度高辐射强,需要大面积的遮阳和最小的含热量,平面开敞,墙减至最少,如云南的竹楼。在寒冷地区以保温为主,与干热地区相仿,一是隔热,一是保温,热源内外相反,需要切断的热流方向也正相反,如北方民居中的火炕、火墙、火地,并尽量吸收太阳的辐射热。湿度也影响舒适度,通风可以减少湿度,水草可提高湿度。落位的通风与避风,雨水在不毛之地要保存并防止其蒸发,炎热地区要防辐射强光,寒冷的地方阳光则备受欢迎。

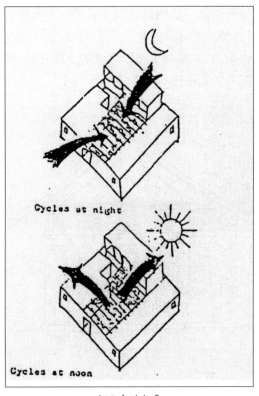

宅院中的气象

Metropolis 大都会

　　大都会是单一中心城市群组形成阶段,随着城市的一次次集中与扩散,城市的规模越来越大,次级中心的作用愈加重要且明显。第一次工业革命以及铁路、汽车等现代交通工具的出现,为城市分散发展提供了可能性。此时期随着大量卫星城市的建设,城市的总体形态不再如以前那样采用连贯的、紧密成片的发展方式,而呈跳跃式扩展。往往距老城区一定距离的火车站和工业基地附近形成新的城区,成为现代工业和城市经济活动的中心。这些新中心具有一定的独立性,与中心城市保持着便捷的联系,形成由母城及卫星城共同组成的一个具有向心力的城市体系。

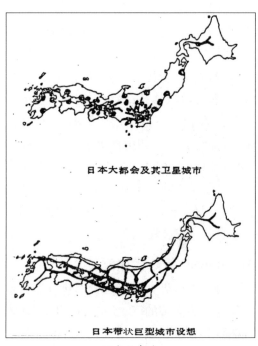

日本大都会及其卫星城市

日本带状巨型城市设想

日本大都会

Metropolitan Area 大都会区

　　大都会区包括大城市及其郊区、附近的城镇以及该城市经济和社会影响所支配的地区。大都会一词源出于希腊文"Metropolis",原意为"母城",有时出现两个以上大城市组成的都会,如日本的东京—横滨大都会,还有由都会区合成的大都会,如大伦敦。

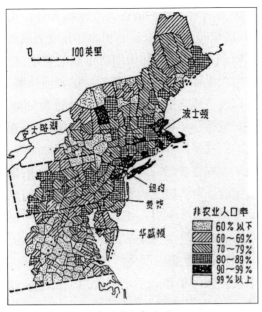

美国的大都会区

Metropolitan Museum of Art 大都会艺术博物馆

美国纽约市的最全面的艺术博物馆,世界上重要的博物馆之一, 1870 年设立;藏有古埃及、欧洲、前哥伦布时期,新几内亚和美洲的重要艺术品;包括建筑、雕刻、绘画、素描、版画、玻璃器皿、陶瓷器、纺织品、金属制品、家具、古式房间、武器、盔甲和乐器;附设一个服装馆和一个青少年博物馆,并经常举办电影、讲座等活动。

Mexico Indian Thatch Sheltered 墨西哥的吉加坡印第安人草棚

吉加坡印第安人快速由北部威斯康星移民到墨西哥的阿胡拉,他们的冬屋和夏屋都易于迁移。他们 1600 年住在威斯康星, 1700~1800 年迁至伊利诺伊, 1820 年迁至密苏里, 1840 年至堪萨斯、俄克拉荷马,由得克萨斯至墨西哥的阿胡拉。每年的 10 月至次年 3 月住威克普冬屋,其约 20 尺长, 14 尺宽, 9 尺高,草捆构架,由东入,中间设火塘,有贮存的部分。夏季由 3 月到 10 月住夏屋, 16~18 尺长, 15 尺宽, 11 尺高,在垂直的墙上设尖顶,吉加坡草棚厨房与夏屋相似。

Mezzanine 夹层

在二层楼中间所夹的楼层,又称“中间层”。依建筑技术规则,所谓“夹层”乃指楼地板与天花板之间的楼层。同一楼层内夹层面积之和超过该层楼地板面积之 1/3 或 100 平方米者,视为另一楼层。一般俗称“楼中楼”。

Michelangelo Buonarroti 米开朗琪罗·博那罗蒂

米开朗琪罗(1475—1564 年)为意大利文艺复兴盛期著名的雕塑家、画家、建筑家和诗人,文艺复兴三杰之一。其作品以现实主义方式和浪漫主义幻想表现爱国主义和为自由而战的精神面貌,艺术上具有坚强毅力和雄伟气魄,中年创作的雕塑《大卫》被认为是象征主义事业的力量。又在西斯庭教堂 800 平方米天花板上以 4 年时间独立完成了《创世纪》巨型天顶画。晚年所作梅第契陵墓雕像“晨”“墓”“昼”“夜”“摩西”“奴隶”具有冷静而沉郁的悲剧气质,表现了作者内心思绪。壁画《最后的审判》反映了意大利人民斗争意志和对世事裁决的理想。他设计了罗马圣彼得大教堂的圆顶和加必多利广场行政建筑群等,并有辑本诗集传世。

Microclimate in Building 建筑中的微小气候

美国建筑大师路易·康形容非洲民居时说过,土人的茅屋看来都一个样子,没有建筑师设计也全都好用,居民聪明地解决了太阳、风、雨等问题。然而,如今在技术发达的国家却非需要空气调节设备不可,现代建筑师忽略天气条件,利用昂贵时髦的办法解决温湿冷热,有时机器设备的价格比房子还贵。在气候严酷物质环境艰苦的地方可以看到成功有效的民居建筑,北极的冰屋、沙漠中的泥石小屋、黄土高原的窑洞、湿热地区把地板架起离开地面和深深的出檐、开敞无窗竹墙的竹楼等都表现了反映建筑正确解决气候问题的方法。

Microclimates　小气候

指某一地点气候的细微结构,在地表面上下 122 米以内以及在植物覆盖层下面,温度、湿度和风都有很大梯度的变化。在一个人身高的范围内温度差 10 ℃或以上是很常见的。小气候强烈地受土壤、植被、坡度、方位以及开敞程度的影响。小气候状况包括温度、湿度、风和湍流、热量平衡和蒸发。影响小气候的因素有土壤和地表面、植被、地形、屏障和粗糙度、平流。特殊和人工的小气候、作物人工小气候、人类的栖息地、洞穴小气候。"Microclimatology"意是小气候学,研究从地面到一定高度间的大气层的细微气候结构。

Microcosm　微观世界

哲学术语,指出人是一个"小世界",在人身上反映出一个宏观世界,即宇宙,古代的世界灵魂之说。在建筑学中把微观世界引入建筑的环境观,相对宏观环境、中观环境和微观环境。城市规划为大环境,建筑设计为中观环境,室内设计、家具设计、商品设计为微观环境。

Middle and Primary School Design in Japan　日本的中小学建筑设计

日本中小学建筑设计认为:不应只是被动地对孩子们进行"灌入式"教育,应使学校成为具有灵活性的各式空间组合体。走廊、楼梯间和门厅交通面积的部分使之成为可以利用的空间,加大旧有走廊的宽度,把教室内纵墙改为可移动或拆除的轻质隔墙,可以改造成为更适合开放式教学的大空间。最好能按学年将各班成组成团布置,配以相应的附属房间和厕所、衣物柜间、楼梯间等。教学方式逐步趋向超越年级、班次组团的自由结合。考虑电化教学的增多和完善,组成综合的"学习中心",把学校和居住小区融合在一起。开放型教学体系首先在英国、美国出现,把班变成可灵活组合的学生团组,把三位教师根据教学水平分为一位主讲教师、两位副讲教师。

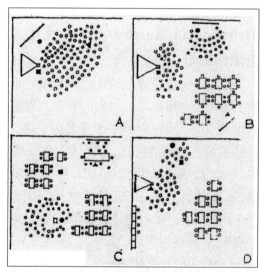

日本的中小学建筑设计

Mies' Full Size Dwelling Unit　密斯的单元住宅

1931 年密斯做的单元式住宅在柏林展览会上展出,预想这种住宅用在较小的用地上。玻璃墙的立面对着由花园墙围绕的院子或前厅,这是由密斯做的标准化很实际的住宅。它以不同的活动分区,平面是开向外部的,也像图根哈特住宅和巴塞罗那展厅那样简练。房间是模数制的和由不承重的墙所限定,产生一种平面和体量交替的构图,所有的内部空间与外围的花园混然一体,屋面板由几根柱子支撑。因此管道柱子也是镀铬的,表面像镜子一样反光,使柱子显得比实际要细。所有的家具都由密斯自己设计,包括许多很美的细部、巴塞罗那椅。另一个学者公寓包括睡眠、生活和会餐的区域在单一的空间中划分,密斯采用了一些完整的现代绘画和雕塑布置于建筑落位之中,创造了欧洲的摩登住宅的典范。

Mies' Projects Brick Villa 密斯的砖别墅设计

它是以线条和不对称的组合平面,是线和面的构图,受德斯太尔绘画形式的影响,像是一个砖和玻璃的德斯太尔式的雕塑品,平面是蒙德里安(Mondrian)早期的清新绘画。这座住宅也像典型的赖特乡村别墅一样,有一个核心的房间,彼此分隔又流通的空间互相连接,延展的核心房间伸展到园林中去,以长长的墙从室内连接到外围的花园,他运用了赖特给他的时代的启发,使他走向比赖特更进一步的现代化。这个砖别墅建于1923年,是他的基本建筑概念的发展"少即是多"原则的一个预示。

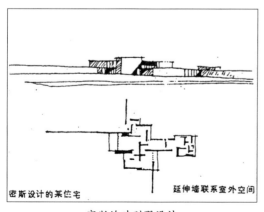

密斯的砖别墅设计

Mies Van der Rohe 密斯·凡德罗

密斯生于德国,1938年加入美国籍。密斯没有受过正规的建筑教育,从小在他父亲的裁石作坊中学徒,作粉刷、装饰、仪仗用品和家具设计,作为建筑师的知识基础来源于实践。他说过科学和技术是驾驭我们时代前进的动力,时代要求我们要最清楚地表露建筑的结构。密斯的作品特征是由钢框架支撑的巨大匀称的玻璃体量,有的作品用巨大的桁架把全部顶板挂起,取得建筑内部空间的开敞和灵活。在他的许多著名的代表作品中如纽约的西格拉姆大楼、芝加哥的联邦中心大楼、芝加哥的法兹瓦斯医生玻璃别墅等都运用他的设计语言"少即是多"。他在大片的玻璃墙上作"光影的游戏"(The Play of Reflections),这种光影照像式的效果改变了传统建筑的审美概念,20世纪五六十年代风行全世界称为密斯学派,密斯也是一位出色的建筑教育家。

Mila Casa 米拉公寓

米拉公寓于1905—1910年在西班牙巴塞罗那建成。西班牙建筑师高迪设计(Antonio Gaudi,1852—1926年),是西班牙新艺术运动的边缘派代表。高迪以浪漫主义的幻想极力使塑性艺术渗透到三维空间的建筑中去,在米拉公寓中吸收了东方建筑的风格,结合哥特式建筑结构的特点,采取自然形式,精心探索可塑性建筑的楷模。

米拉公寓

Milan Cathedral 米兰主教堂

米兰主教堂建于 1385—1485 年,是中世纪最大的教堂之一,大约 50 名建筑师参与设计。歌坛及耳堂于 1450 年建成,中殿及侧廊 1452 年始建,中厅 16.7 米宽,东端是德国式的多边形的半圆殿,设有侧面小神龛。巨大柱子有 18 米高,巨大柱头高 6.1 米,附带天棚壁龛的雕像。穹顶离地面 45 米高。外部为白色大理石,高高的花格窗,镶板的扶壁、飞扶壁以及带精美雕像的小尖塔,扁平的屋顶铺着大理石板。十字交叉处穹顶离地面 65.5 米高,是 1490 年加盖的。1750 年又加盖了一个采光亭及透雕尖顶,从地面上升到 107 米高,直到 19 世纪初才全部建成。

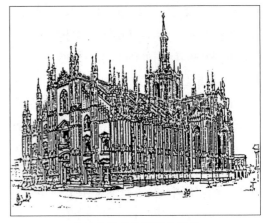

米兰主教堂的群塔与列柱

Ming Style Furniture 明式家具

明清被称为中国家具的黄金时代。优质木材、完美的设计和精心的匠艺相结合,没有钉子和胶水,只用榫舌和榫眼复杂而巧妙地组合,因而成为中国优秀文化的一部分。纽约家具收藏家厄尔沃斯在《中国家具》一书中认为:"明清时期的西方家具制造者可称之为木匠,而同一时期的中国同行们则应被称为珠宝匠"。明代及前清的家具因清秀、简洁,不像清代后期那样"华美古怪",才备受青睐。真正保存完好的明代家具为数不多,优质硬木,如黄花梨、紫檀现已很难找到。明代家具的收藏热,在全球已成为一个投资方向。

中国仿明代风格的硬木家具,多用紫檀、花梨、红木等优质木料制作。特点是造型简单大方,善于运用线和面构成和谐的比例,制品不用雕饰、油漆、保存木材原来的纹理,充分体现材料之美。明式家具做工精巧、严谨牢固,具有质朴典雅之美,是中国古代家具的典范。现在的苏式家具还保持有明式家具的传统特色。

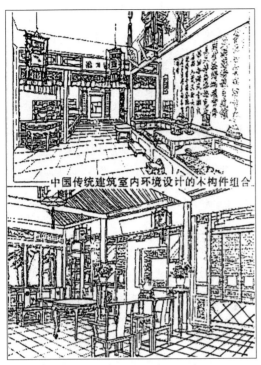
明式家具

Ming Tombs, Beijing 北京明陵

北京明十三陵在北京城北45千米天寿山麓,是15世纪初到17世纪中叶的明朝13代皇帝的陵墓,其位于昌平群山环抱的盆地内,陵区面积40平方千米。山口处的石碑坊是陵墓的入口,正对天寿山主峰,大红门是陵区大门,有碑亭、华表、神道、两旁排列着18对雕像。每个陵由碑亭、殿堂、明楼及地宫组成,其中以长陵规模最大,建于1424年,地下墓室以巨石发卷。1956年发掘了16世纪末建造的定陵,为明代第13代帝朱翊钧(万历),出土了大量珍贵文物,墓室分一主堂两个配室,是地面庭院式布局的反映。

Minimum House 最小限度住宅

1920年由德国建筑师格罗皮乌斯(Walter Adolf Georg Gropius,1883—1969年)所提倡之住宅。"依合理主义重新检讨住宅的平面设计,依科学及技术观点,探讨生活的必需要素之最小限度,而设计住宅"。"Minimum Measurement"意为下限尺度,界限尺度范围之最小值。

Minorca Dwellings, Spain 西班牙米诺加民居

世界著名的西班牙式建筑风格是粉墙、红陶瓦和半圆卷拱廊,在蓝天、大海、白云的衬托之下,色彩艳丽,秀美动人。西班牙的米诺加民居就是这种建筑风格的代表,老式的米诺加民居表现了西班牙沿地中海农家居民的居住生活方式,具有悠久的历史。自从海岛上缺乏木材之后,卵石和石灰石成为当地居民建房的主体材料,用红色陶瓦和陶板作屋顶和地面,把有限的木料用在木梁和门窗上。

Mixing Ratio 配合比

配合比指混凝土拌合时,各种材料之配合比例。"Mixing Ratio by Volume"意为容积配合比,混凝土拌合时各种材料以容积配合比例为标准者。尚可分为绝对容积配合比及现场计量容积配合比两种,单位为立方米。"Mixing Ratio by Weight"意为重量配合比,水泥砂浆或混凝土之拌合,依重量配合比例为标准者。"Mixing Ratio in Site"意为现场配合比,视现场实况依粒料含水量之多寡,由标准配合比换算而成,在现场用重量或容积为计量标准之一种混凝土现场配合比。

Mobile Home 活动住宅

活动房屋的推出是进一步提供便宜的单幢房舍,不需要太多土地,用木材合成板容易大量建造。活动一词为误译,这种房屋仅移动一次,由工厂移到基地。这种预制房屋给新成立的小家庭及退休人员带来很大

益处,购买方便,空间紧密,容易维护。活动住宅区一般位于市郊,也有规划完善的活动住宅区,绿化非常重要,可以美化活动房屋的外貌,打破单调的景象。对于各种单幢式住宅而言,活动住宅形式最需要解决的就是其视觉问题,要防止其单调的重复感,也要避免杂乱无秩序的现象。因为房舍都是分开的小单元,与周围地区发生关系,汽车停放的道路要组合成群,采用绿地、栽植、车库、平台等设施,创造整体美之环境。

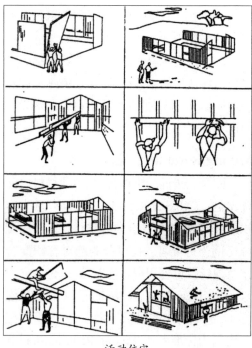

活动住宅

Modern and Classic　现代和古典

现代和古典说明建筑和时代的关系,艺术思潮具有鲜明的时代感,人们对美的鉴赏不会停留在所有时间上,艺术永远在开创新时代的美学潮流。现代人欣赏古典作品乃是抱着历史观点评价的,艺术有其新与旧的潮流,现代派的摩登思潮都有炽烈的时代感。以伊利尔·沙里宁(Eliel Saarinen)为代表的新古典主义建筑是在古典风格基础上表现了新材料、新技术的时代精神,成为现代建筑发展的先驱。现代主义建筑则力求发展为现代艺术的先锋,当前的后现代主义建筑师罗伯特·斯持尔(Robert Stern)声称:"我既是古典派又是现代派,但又急于要回复传统而不失去摩登时代。"从古典到新古典主义再到现代主义到后现代主义是一个历史进程。

Modern Architecture Movement　现代建筑运动

现代建筑运动是西方现代建筑的启蒙与发端,从结构技术角度看有如下的特点: 1. 把大胆运用新材料、新技术、新结构作为满足社会生产和生活所提出的各种新建筑功能要求的重要物质手段。结构的变革是从 19 世纪初采用铁制承重构件开始的, 20 世纪初钢筋混凝土首先在法国大量推广。 2. 合理而充分地利用材料,注重结构的技术经济效果,在结构工程师们所取得成就的影响和启发下,建筑师们把结构的合理性与经济性开始当作自己应遵循的设计原则,同时也作为评价建筑设计技术水平的一个标准。 3. 遵循建筑技术发展的客观规律,不断探求新的物质技术手段相适应的建筑艺术表现形式与手法,火车站是当时采用新结构形式最活跃的场所,比如 1851 年伦敦海德公园水晶宫、1889 年法国世界博览会、柏林通用电器公司透平车间等,其结构与建筑艺术的统一而具有吸引力。

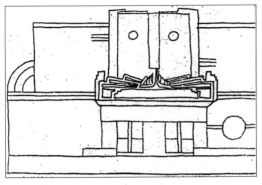
现代建筑运动

Modern Art 现代艺术

现代艺术指具有 20 世纪特点的绘画、雕塑、建筑、音乐和文学。否定西方各种传统形式和与之相关的思想，"现代艺术"一词用于 18 世纪末以来的先锋派时，强调文艺复兴时期和现代作为两个大的历史时代的差别。该词还可指 19 世纪中叶追求内在自我表现的探索非传统形式的思想。另一种含义是从后印象主义画家算起，因为他们主张在形式上进行根本性的变革，力求实现个人理想。也有人认为现代艺术只限于 20 世纪的，并承认现代艺术起源于 19 世纪。把现代艺术限定为 20 世纪的现象一说最为普遍。

Modern Movement 现代运动

现代运动从 1890 年芝加哥学派的形成开始，对于古典主义是个惊人的突破。自此各种古老的结构改变为近代新结构技术有趣的装饰特征，当时的现代艺术思潮对建筑的现代运动有重要的影响。现代运动大体分为两个时期，现代主义和后现代主义，现代主义指 1900 年沙里文芝加哥学派到 20 世纪 50 年代，以四位建筑大师的作品为代表。空间大师赖特、结构大师密斯·凡德罗、形式大师柯布西耶、现代运动的教育理论家格罗皮乌斯，被誉为现代运动前期的代表建筑师。现代运动的第二代建筑师的代表人物有菲利浦·约翰逊、路易斯·康、耶尔·沙里宁、尼迈耶尔等人。他们是过渡到后现代主义承前启后的第二代建筑师。

Modern Structure 现代结构

现代著名建筑师格罗皮乌斯、密斯·凡德罗、柯布西耶，继承和发扬了"新建筑"的革新精神，对现代建筑结构发展有积极作用。结构工程师起着开路先锋作用，许多现代建筑作品也出自结构工程师之手，意大利的奈维（Nervi）、墨西哥的康迪拉（F. Candela）、西班牙的托罗哈（Torroja）、美国的萨尔瓦多里（Salvadori）等人。现代结构技术向着适应现代建筑功能要求的方向发展，向着适应现代建筑材料性能与力学性能的方向发展，有按平面受力系统发展到空间传力结构系统，也有以受压为主要传力方式发展到以受拉为主要传力方式的结构系统；向着适应建筑体系的方向发展。

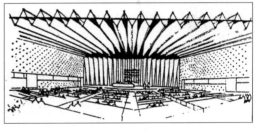
现代结构

Modernism 现代主义

第一次世界大战以后，艺术界之学者专家所提出的一种论调，主要系针对形式性加以否定之一种理论。由此产生的现代建筑为近代社会之建筑总称。泛指近代各种建筑思潮及新建筑运动倡导下所产生的建筑。"Modern City Planning"意为现代都市计划，第一次工业革命后，由于生产手段与交通工具的发达，促使封建时代的城市产生了

一连串变化。因此,在都市计划上产生了很
多新问题,为了解决上述各种问题,所拟定
之各种都市计划称现代都市计划。"Mod-
ern Garden"意为现代庭园,在第二次大战
后,世界各地产生了一种新趋势之庭园,主
要考虑建筑物与庭园的亲和性,否定整齐轴
线,重视机能空间的处理及客观自然感情的
表现特征。

Modernism Architecture　现代主义建筑

现代主义专指20世纪20年代形成的
建筑风格。第一次世界大战后建筑界思潮
蓬勃发展,新观念、新方案、新学派层出不
穷。二战后初期影响较大的有表现派、风格
派、构成派等。同样的建筑观点有许多不同
的名称,诸如功能主义、客观主义、实用主
义、理性主义以及国际式建筑等。现代主义
建筑自30年代起迅速向世界各地传播,成
为20世纪中叶的主导潮流。这一潮流首先
在租界中充分表现。

现代主义建筑

Module　模数

在建筑中为调节建筑物各部分之间的
构造,按尺寸和比例拟定的一种尺寸单位。
如古典建筑以柱径为基本尺寸单位,用以确
定柱式中各部分的比例关系。现代建筑中
按模数组织平面的比例和尺寸,通常以30
厘米为模数。建筑师柯布西耶发明了一种
按一定比例递增的模数制并大力推广。模
数可以作为施工中需要组合的各种材料和
设备构件尺寸的基数,以保证所有构件在现
场都能相互配合而无须切割以免浪费,同时
有利于大规模生产和销售,并可在各种建筑
设计中应用。预制或预应力混凝土构件常
按模数生产,以便在各种设计中应用。

Modulor　比例度

柯布西耶所提出的一种很有意义的比
例度已经在世界上广泛地流行,被称为设计
的模度。这是一种基于同一个尺度的单位
的重复制度。模度不是重复性孤立的枯燥
无味的一种度量的方法,而是基于和古代
"黄金分割"有关的比例尺概念,反映在人
体的比例分割上。模度把人体的高度于手
腕之处划分为两部分。以此为基础,柯布提
出了人体其他部分的比例度,例如人以其手
臂自然举起建立了另一个模度比例,人的头
和腕之间距离与头和指尖之间距离的比例
关系,指尖到头、到脚底等的推算,发展了一
个逐渐决定尺度的度量方法。在柯布西耶
的工作室中每个绘图员设计师都有这个模
度关系图钉在墙上,这个推算的规律可以举
一反三地运用于从书皮设计到广场设计。
据说柯布的很多神秘的和诗意的设计特点
都围绕着这个模度比例,这就产生了他的设
计美学规律法则,模度与自然及艺术都有关
系。在工业化的建筑中,柯布西耶的设计就
是模度加上机器艺术。

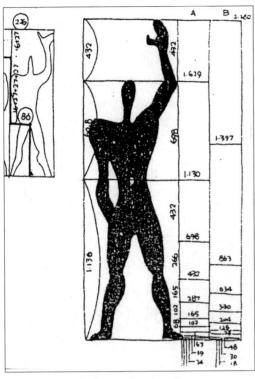

柯布西耶的人体尺度

《模度论》

Modulor《模度论》

柯布西耶一生都在寻求建筑艺术的法则与规律,其建筑美学概念是与生活联系在一起的,他的《模度论》即表达这层意思。模度不是单一的尺寸关系,而是相关的不确定的尺度,爱因斯坦曾评价说这是一种易于做好难于做坏的制度。这个以哲理和艺术为基础的模度伦鼓舞柯布西耶把它制定为一种规律,追求即可计算又有艺术品位的创作,建筑界传颂对模度的赞赏,有助于后人学习建筑设计,《模度论》是柯布西耶建筑事业中的重要部分。

Modulus System 模数制

模数制以 100 毫米为基数,作为房间、楼层、各种建筑构件制品尺寸间的联系法则。模数化以 100 毫米为倍数,一切设计尺寸均遵守它,设计标准化、定型化,进而才能达到建筑工业化。模数制的应用包括:建筑定位轴线间距;墙与隔墙垂直面的距离;楼层的高度;房间内门窗上及窗下部分的高度;窗口门口的高度;门窗间墙壁高度;墙和隔墙的厚度;梁轴间距等。应用在建筑设计中的模数有 3 种,即基本模数、扩大模数和微量模数。扩大模数即 100 毫米的倍数,它是建筑工业化的先决条件,可减少类型,基数愈大类型愈少。微量模数如 100 毫米的 1/2 或 1/4,在个别情况下使用。虚尺寸与实尺寸在应用中有时相符,有时不同,虚尺寸是模数化尺寸,实尺寸则为构件的设计尺寸,所以不一定是模数化的。个别不合格产品称为补充构件。应用模数制才存在互换构件代替使用的可能性。

Mogao Grottoes, Dunhuang, Gansu
甘肃敦煌莫高窟

位于中国甘肃敦煌的莫高窟是在山岩边上开凿出来的石窟洞穴，俗称"千佛洞"，地处三危山与鸣沙山之间的峭壁上。南北长约1 610多米，始建于前秦建元二年（336年），后经十六国、南北朝、魏、隋、唐、五代、宋、西夏、元等十多个朝代不断的开凿。至今仍保存有洞窟492个、壁画43 000平方米、彩塑2 000多身，是全世界的财富。

Vimalakīrti　Tang　Cave 103

敦煌莫高窟壁画

Moldavia Dwellings　摩尔达维亚民居

摩尔达维亚在形体及布局上与俄罗斯民居相似。但是在建筑材料上，多为石料，因此风格是完全不同的。平面布局零散，建筑物分散在有围墙的院落中，内有居住用房、厨房、杂物室、粮食房、窖和井。这样的院落并不是以各种建筑环绕而成的，与俄罗斯民居又明显有着很大的不同。居住用建筑物的平面多为一字形，中央开间较峡小为通厅，左右分别为两间居室，一间作卧室，有时有炉灶，可供中央作卧室的采暖。这间屋子可以作冬季生活间用，另外一间则作会客厅，左右有时出廊，有时周围出廊。建筑物的外形为三开间，加侧面廊子，有时则会出门廊。北方建筑外形装饰纹样比较简单，窗以与俄罗斯民居相仿的手法装饰，除重点装饰窗外，门亦有几何形雕刻，有时在屋顶用气窗加以装饰。中部民居装饰较繁复，廊柱有各种雕刻柱头花纹，柱身亦雕有花纹。在同一建筑上栏板部分别用不同的几何纹样。

Molding(Moulding)　线脚

建筑中用于两个部件过渡处或部件尽端的凹凸带形轮廓面，如沿着檐口、额枋或柱头上的饰带。线脚常体现一种风格特点。例如古埃及建筑的线脚常为一条其下方为近四分之一凹圆的平带，下接一个半圆小凸线脚。古希腊、古罗马建筑中发展了各种式样的线脚，传统的形式有1/4圆凹线、半圆小凹槽，半圆大凸线、卷线脚、凸凹曲面线脚，线脚上还雕刻着精致的蛋箭饰、珠轴饰等。古罗马线脚上使用了折线饰、锯齿饰、人字饰、绳纹饰和鳞饰等。拜占庭和东方的建筑采用叶形和植物形纹样，奥斯曼帝国时期的建筑使用的线脚种类很多，哥特式建筑中有极其特殊的线脚，如滴水檐线脚、犬齿饰线脚和拱状线脚等。原来的新古典主义建筑只用最简单的古典线脚，而西方现代建筑则避免使用线脚。

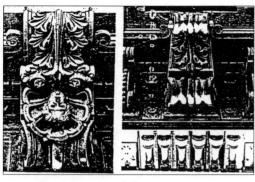

线脚

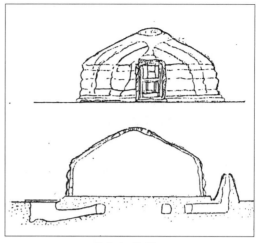

蒙古包,帐篷顶

Mongolia Yurt, Canvas Roofs 蒙古包,帐篷顶

草原是一种自然环境,为了在草原上移动方便,帐篷结构有向轻型发展的趋势。所有帐篷中最精致轻便的典型就是蒙古包,每个蒙古包可容纳一个家庭。由于当地材料只有毛皮和少量木材,结构上力求最经济地使用木材,并尽量轻便。做法是用细木编成一个高的网板,连成一个圈,上面盖顶,在木架上绑上毛皮。绑绳子的手法世代相传,有经验的牧民半个钟头就能搭好一个蒙古包。夏天只要包一层毛皮一层帆布就可以,但冬天有时包到八层之多,即使在零下40℃的气温下和呼啸的风暴里,蒙古包中仍然温暖如春。现在的蒙古族民居都受蒙古包的影响,为了防风,房屋的外形做成漫圆平顶,四边土坯墙围绕,平面将近方形,顶部也可用圆顶。此外,蒙古包还有圆形、长方形、圆形与长方形相结合等形式,也有在固定房屋之外再用毡包的。

Monumental 纪念性

纪念性含有崇高的审美含义,它兼有物质形式与精神品质,是伟大出众的现象。崇高感来自数量、体积、力量无比众多和巨大的有威力的自然现象以及社会现象、道德风貌、思想行为的超群出众等。纪念性是一种壮美、伟大、雄伟、壮观,具有内在的摄人心魄的感染力量。纪念性不仅有积极的审美意义,而且有加深认识和教育意义,可以通过纪念性的美感作用,帮助人们认识社会和精神生活中的某种纪念意义。

Morocco Thatched Dwellings 摩洛哥草顶民居

摩洛哥里夫单门独户的农家散布在原野上,彼此相距100~300米,但仍有社区感,通过清真寺、墓地形成活动中心。在摩洛哥里夫中部多数住宅是平顶平房,围绕着中央庭院。在高原上的住宅用有刺的仙人掌作篱笆围起来,一个住宅范围平均面积为15米长、15米宽,或20米长、15米宽。中央庭院可能是9米宽、10米长。在有遮护的一边设有大门,房屋庭院中心是2米×2米×2米的谷物地窖。屋子的石头墙用白粉刷,屋顶架木梁、盖芦苇,再以灰泥覆盖。屋顶突出过墙,有时形成走廊。多数人家有两个或三个房间,除了供居住外,还收藏东西以及供动物栖息。有的还有客房,有外部的入口,使庭院中的女眷不会被男客看见。客房通常都尽量布置得美观,常设有较多的窗户。屋主建房时,他会雇用一名石匠和三名帮手,材料全由户主提供,家人和亲戚都会动手帮忙。房子建成后,屋主屠宰一只山羊,设宴庆祝。

Morphology 形态学

城市形态学源于人们对城市有机生长的认识,是对城市发展变化的空间形式的特征描述。相对于城市个别作品,如街道、广场等,它具体为对形体环境的构成机制分析。同一种空间组织形体环境可以不加限定地以多种方式具体化而表现出不同的品格、不同的组合结构方式(形态),使不同的格调具体呈现出来,这便是形态学研究的内容。它可以理解为各构成要素以一定相关联的框架而表现的形体环境,既源于秩序类型,又在秩序类型之上。从这点出发,运用形态的类型分析、描述方法,就有可能把城市形体环境的秩序塑造当作一种知识来理解和掌握。

形态学

Mortuary Temple 御庙

御庙指古埃及奉祀已故国王并贮存供物的场所。在古王国(公元前 2686—前 2160 年)和中王国时期(公元前 2040—前 1786 年),御庙通常毗连金字塔,有一个饰有立柱的露天庭院、供物库、五个长方形神座和一个奉祀厅。厅壁饰有假门,厅内设供桌,祭司每日在奉祀厅举行悼念仪式。在新王国时期(公元前 1567—前 1085 年),国王葬在石窟里,附近建有御庙。

Motel 汽车旅馆

"Motel"为英文"Motorist's Hotel"的简称,为方便开汽车旅行者,在汽车道旁设计成为方便停车之简易旅馆或寄宿用之小居。

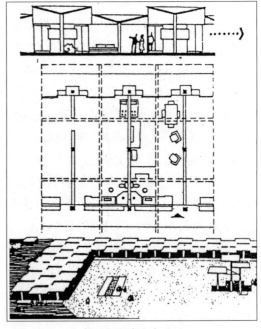

威尼斯一座汽车旅馆

Motion Trends 动势

在美学规律中有质感、触觉和偶然的形式美,近代的现代艺术发展中偶然的形式美大多产生于动势之中。因此,在雕塑与浮雕中首先发展了对动势的追求,甚至还有视觉以外的听觉等综合感受。动势美学探讨运动和时间,起势和韵律的交流,烟的运动规律,人们欣赏立体派的绘画要沿画中的边线活动则更有深度,如同视觉的质感可以带来触觉的概念,视觉的联想也可以带来动势的概念,动势可以增加建筑的表现力,动势有助于基本感觉与感情之间隐藏的联系特征。例如在处理休息室空间或城市景观中,内部与外部之间都应注意动势的运用。又如,中国建筑山墙博风板上的悬鱼影子落在山墙面上强调了悬山挑出的深度,鱼影和鱼后铁条的影子落在山墙上的图形构成优美的图案,随着光影的变位,墙上的阴影图形也在变化,构成一个有动态的浮雕的装饰。

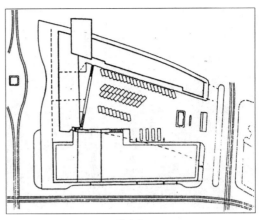

停车场

动势

Motor Pool 停车场

供汽车长时间停留使用而设置的广场空地或设施。它一般分为路边停车场及非路边停车场;另可分为室内停车场与室外停车场等。"Motor Road"意为汽车专用道。

Mount Rushmore, USA 美国拉什莫尔山国家纪念碑

拉什莫尔山国家纪念碑位于美国南达科他州西南的布来克山区,海拔 1 829 米。在拉什莫尔山的东北面的花岗岩山石上,雕刻着美国总统华盛顿、杰斐逊、林肯、罗斯福的巨大头像。这四座头像每座高约 18 米,分别象征着创建国家、政治哲学、捍卫独立、扩张和保守。这一纪念碑 1927 年开始动工, 1941 年建成,大部分费用由联邦政府承担,杰出的石雕艺术家古特宗波格鲁姆完成该项目,每年约有 200 万游客参观。南达科他州早为苏族印第安人聚居地,现在约有 3.3 万印第安人保留地。1869 年南达科他州成为美国的第 40 州,霍姆斯特克矿是全国黄金的主要产地,也是西半球最大的金矿。布来克丘陵发现金矿后吸引很多移民进入西部,布来克丘陵也是著名的风景区。

拉什莫尔山国家纪念碑

Mountainous Spots and Gardens 山岳风景园艺

山岳风景名胜区出色的设计手法如下。1. 相地。基址选择含蓄而又"旷""奥"兼备,"藏风聚气"的局部地形,"奥"中有"旷",配以建筑则"藏"而少"露",而"旷"中有"奥",则结合建筑以"露"引"藏"。因势利导,不动土方,不破石相。2. 形象。建筑的外观形象协调于自然环境的基本条件是(1)与局部地形的良好嵌合;(2)富于起伏变化韵律;(3)横向铺陈的线与面和周围树木的纵向主干成对比。山岳风景很讲究以石头的天然美姿成景。3. 空间。山地寺观建筑的不同标高的各个台地院落空间之间,由于廊道、阶梯、挡土墙等的联系和分隔又出现许多过渡性的半虚半实的小空间。4. 环境。园林、寺观既建有独立的小花园,也讲究庭院的绿化,外围古木参天、绿树成荫,配以小桥流水,形成园林环境。5. 入口。借助于山门附近的特殊地物,如岩石、古树、土阜等,先造局部障景以蓄势,不经意间展露山门,欲扬先抑。将入口的"点"延伸为长而迂曲的"线"作为引导。

Movable Partition 活动隔断

灵活分隔室内空间用的设施有拼装式活动隔断、推移式活动隔断、折叠式活动隔断、悬挂式活动隔断、卷式活动隔断。活动隔断可将大空间分隔成小空间,以满足建筑内部使用功能多样化的需求。

Movement 运动

运动是视觉最容易明显注意到的现象,愈小的动物愈对运动全神贯注。人类的眼睛受到运动的吸引,正像人们爱看电视广告的情形。运动意味着环境的变化,如同事件总是比事物更容易引起人们的本能反应,因此把雕塑或绘画等物作成活动的事件来处理,就更加具有吸引力。事件的意义并非运动本身,而是运动中的变化。时间是衡量变化的尺子,因为时间能描述变化,没有变化也就无所谓时间。因此,运动寓于时间之中,现代建筑理论的第四度空间——时间性包含着建筑中的运动概念,观赏者在建筑活动中感受建筑。

Movement Gesture of Water 水的动态

当我们站在一座桥上观看桥下的流水时,人的感觉是水在运动,但如果我们紧紧盯住桥本身而不是水,就会感到看见的是自己和桥似乎都在水面上流动着。这种现象说明被盯住的物体是呈现出图形的性质,而在视域中未被看作"图形"的物体则呈现出"背景"的性质。欣赏水的动态美,自然的水呈现出图形的美,外围的景物呈现出背景的性质。因此,动态的水永远是环境景观中的构图中心,最容易达到吸引人的效果。

Moving Home，Home Alive Water 游动的家，亲水的家

具有更为快捷的流动性的家屋是车船上的家，如吉卜赛人的大篷车，它是天然的水系，河网密布，在前街后河的村落中，水网成为水上人家的天然运输通道。在克什米尔地区、在泰国曼谷河网三角洲、在中国的扬子江上、印尼的岛屿海边，有各式各样的水上家屋。水草及浮游生物沿湖泊而栖息，鱼类在水中的泡巢黏液中产卵，水獭的巢穴可以根据水位的升降而设置高低不同的出口。水生动物的家巢启发了人类在船上和沼泽苇草上建设家屋，船上的灯火映在水中的光影，闪烁着水上民居之美。现代建筑师设想了日本东京海上五万人口的海上城市，中国香港、日本神户的填海城市，海上设施齐全的石油钻井平台，人类水上家屋。家屋反映了自古以来人类的亲水性。

克什米尔船屋

Moving Trends and Little Delight 动势和小趣味

近代的光电绘画、运动雕塑以及运动中产生的色彩变化，都表现了运动中形体的动势的美。天体运转光影的变化所产生的意境，常为古今建筑师所利用，古代中国园林艺术中的"粉墙花影"和时明时暗的花格窗影在游廊中的变幻，都创造了生动的情趣。近代许多建筑师如菲利甫、约翰逊、路易康等人均以善于运用光透著称，光的利用已成为建筑中的趣味。同时，通过细小的装饰趣味可以唤起人们对某个时代传统文化，历史性的某种意念，用以表现"人文主义"的建筑，历史性的建筑装饰、有的小趣味装饰成功地成为时代建筑的象征。

Moving View 移动的景观

街道行径的形式提供视线的连续特性，人们在无意中被引导至某一方向。集中式的路径给人们一个共通的方向感觉，邻里地区相关与不相关的感觉即由地方性街道彼此连接或不连接所造成的。道路能看到各处地点，它们对视觉特性有很深的影响，沿途经过者应能感受到一种愉悦的空间和造型的连续感。不论是沿等高线或切割等高线而设的道路系统均是表现其穿过地形的方法。路径应有明确的走向，改变方向时应合理，规划师应以人工障碍物或将转换区标示清楚。对连续网状系统功能和其所围成的空间感受有些衡突。弧形景观有无限之感，长直街道似乎连至远处。建筑群与植物配置开放或封闭，均能使沿线视觉景观变化或使之方向改变。

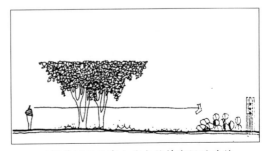

以简单树干的高大乔木维持空间的连续

Moving-line of Interior　室内空间的动线

室内动线产生的视觉感受，从整体观赏效果尽量主次分明、层次清楚。整个动线过程要节奏明确，有起伏、有高潮、有尾声。如果90°视角正对活动中心，导致过于突然；视距大于正常视线60°角，活动中心区则在视线以外。室内动线的实用性要求其通畅、直接、方向明确清晰。同时避免动线曲折、迂回和交叉，不干扰交通和空间功能。单边穿越把动线设在室内一侧，不对中心区活动有干扰。对角穿越，房间的两个门对角线位置。交叉穿越，多种功能空间多向交织穿过一个空间。对穿越空间质量的评价取决于穿越的性质，若穿越性质是积极的，穿越空间就是高质量的。

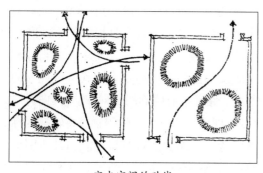

室内空间的动线

Mt. Andes Cottage, Peru　秘鲁安第斯山区民居

秘鲁南部阿瑞琪帕的库尔卡河谷地区为高山气候，原始印第安人民居，用卵石砌筑墙壁，用茅草作屋面，几乎没有家具，室内地坪比室外还低，尚有半穴居的痕迹。限于经济条件，住房多是陆续接建的，组成不规则的内院，院落组合一般没有预想格局，由于经济条件贫苦，没有像北方的红色陶瓦屋面，只用茅草或铁皮做顶，也没有烧制石灰的技术，但传统的堆砌毛石的技术精美。库尔卡的山村布局沿袭外来西班牙传统文化，以天主教堂为中心，教堂前有方形的武器广场和喷水池，是居民公共活动的中心，街道网为十字方格棋盘形制。原来当地印第安人是散居的游牧部落，西班牙殖民统治者把他们强行聚集在一起，以教堂周围划定为村，简陋贫穷的乱石小屋和白色庞大的教堂建筑显得有些格格不入。

Multiple Use of Green　多种用途的绿化

绿色植物不仅仅是以可美化环境的手段，同时还兼有多种的用途，如遮阳、隔音、清洁空气等。用植物绿化组织视线；分隔与联系空间；或起到保护环境的作用；隐蔽或引导方向的作用；有时还可以用大树或代表某种含意的植物做特殊的标志。绿色植物材料用作陪衬建筑的装饰时也有各种各样的用途，可以辅助建筑群体的形成；用植物围合空间；也可以用矮树作道路或踏步两旁的装饰；也可以把绿化伸延到室内形成室内环境的一部分；或用绿化藤架作为成室外的房间，成为一种人与天然环境之间的过渡。

多种用途的绿化

Multi-purpose Gymnasium Design 多功能体育馆设计

多功能体育馆功能广泛，包括体育、文娱、集会、展览、展销、宴会等，仅比赛项目可有 30 项，但功能过多未必可取，文艺活动往往占 50% 以上。多功能观众厅活动在在场地上、舞台上、银幕上，要解决单向和多向观赏的矛盾，可在平面布局兼顾两种使用要求或设置一定数量的活动座席。活动的选择和要求不同，须寻求经济合理的处理方案。多功能比赛场地应便于扩大和缩小，为多种座席布局提供条件。舞台设计应解决好规模、位置、做法，规模与体育馆规模及文艺活动项目有关，舞台设置可在场地上、看台上、观众厅处。座席有固定的、活动的，文体两种活动的视线和视点不在一处，有两种座席升高曲线选择，需权衡采用。疏散要便于观众出入场和到休息厅去，保持体育馆合理人流组织和明确的功能分区。

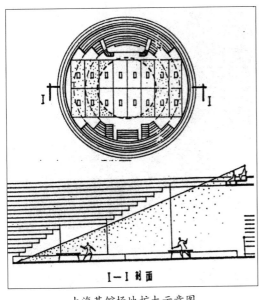

上海某馆场地扩大示意图

Multi-purpose Warehouse 综合仓库

1. 建筑平面布置，设计要求。（1）装卸作业环节要求。（2）充分发挥库房面积和空间容积的储存效能。（3）考虑今后发展采用装卸运输机械的可能性。（4）南方多雨地区，底层应布置带雨棚的装卸整理场地。（5）储存可燃物的多层仓库面积不宜超过 15 000 平方米，底层占地不宜超过 3 000 平方米。（6）储存可燃物品仓库，每间库房面积不宜超过 1 000 平方米，非燃物品库房每间不超过 2 000 平方米，否则应设置防火墙。2. 储存能力计算，与库房面积利用率、商品堆码高度、商品重度有关。3. 层数、层高和防火安全：（1）一般三、四层为宜；（2）一般层高为 4.2~4.5 m；（3）设计荷载与重量、堆放高度、搬运方式有关；（4）电梯配备根据吞吐量计算；（5）窗口面积不宜过大；（6）室内消防栓可设楼梯间穿堂内。

Multi-use Gymnasium 多功能体育馆

比赛场地尺寸应根据座席规模和场地任务确定。在体育馆中是否设置舞台有两种不同意见，多功能体育馆在座席设置方面，主要依靠活动看台来实现扩大或缩小场地尺寸以满足使用需要。体育馆中的多功能和文艺演出要注意。1. 观赏条件，只能寻求一条文艺和体育两方面都能接受的方案，即中小体育馆方案，在视距允许范围内，一侧设置观众席，42 米内可容纳 2 500 座，中型场地 30 × 42 米，包括 1 000 个活动看台、席位可达 3 300 座。2. 视点选择，一般选在场地边线上。3. 投资效益，大约 7~9 平方米 / 座，要满足文艺演出很难达到要求，在经济上不合理。4. 疏散宽度指标，0.32~0.35 米 /100 人而影剧院疏散为 0.6 米 /100 人。5. 室内设计的舒适程度各不相同:①文体活动视距都控制在 40 米以内;②场地不设活动椅子,采用手推式活动看台;③场地上可搭台就地演出,文体视线合一;④充分利用天然采光;⑤体型简单,方便施工。

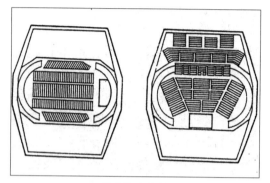

多功能体育馆

壁画

Mural Painting 壁画

壁画有许多种类,分为殿堂壁画、石窟壁画、湿壁画等。在建筑上又能用多种材料来制作壁画,如铁画、陶瓷画、玻璃、木刻、石板、锦缎等。在建筑中运用天然材料可组成优美的壁画图案,用来美化环境的实例很多。美国建筑师赖特在许多设计作品中,成功地运用装饰性壁画与家具、装饰等手法,取得室内环境与建筑风格的和谐统一的艺术效果。室外的壁画常常与建筑立面墙体组合,划分空间和突出主体。

Museum 博物馆

博物馆一词源于希腊语"Mouseion",意为"供奉缪斯、从事研究之处所",公元前3 世纪亚历山大城之博物馆实际是一所研究机构、图书馆及学院的联合体。现代博物馆是征集、保藏、陈列和研究代表自然和人类的实物,并为公众提供知识、教育和欣赏的文化教育机构。它可分为艺术博物馆、历史博物馆和科学博物馆。博物馆是人类及其活动的反映,也是人类的自然、文化和社会环境的反映。在持续创造新的文化习惯方面起着重要作用。博物馆建筑可分为寺庙、宫廷、古堡、隐修院、历史遗址改建及新建等类型。联合国国际博物馆理事会曾于1961 年及 1968 年分别在米兰及墨西哥城召开会议,研讨有关博物馆建筑问题。

Musical Image 音乐形象

在对环境的观赏中,建筑只能正面表达一定的艺术气氛,要靠品鉴、思索、联想、悬念,加深对审美观象内容的认识,要靠观赏者的文化素养认识建筑,文化素养越高,这种认识就越深入。比如对建筑和音乐,可以产生某种共同美感的认识,德国诗人歌德曾说过,他在圣彼得大教堂前面的广场柱廊内散步时,好像听到音乐的旋律。梁思成先生也曾将北京天宁寺古塔的立面形容为无声的节奏,人们也能从北京颐和园的长廊中发现和谐的节奏。因此,建筑不仅是空间的造型艺术,还是融合了许多艺术门类的综合艺术,当然包括音乐。

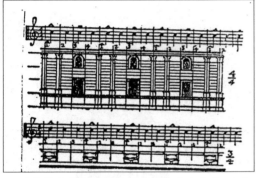

罗马吉劳德府邸的最上层,以 4/4 拍来表现,而罗马的法尔尼斯府邸的檐部则以 3/4 拍来表现

Musical Scale in Ancient Chinese Architecture 音乐与中国建筑

中国早期的诗歌、音乐、舞蹈是一体化的,其中音乐的艺术价值最高,反映了人们对风土景域的直觉的认同,把音乐与自然与人事相联系。对乐的认同具体地反映在建筑设计上,如宋代的《营造法式》中材份模数制与中国古代音乐中的律学即黄钟律,存在着和谐关系。这并非偶合,而是中国古代数理美学与数理哲学的必然结果。又如在建筑立面构成中,唐宋建筑自台明以上,在阑额线、檐口线、屋脊线这三个主要控制高度之间,存在着确定的关系。即檐高为柱高的 $\sqrt{2}$ 倍,同时它也是脊高的控制线,从而使建筑物的立面获得了和谐的造型比例。同样在吕律中黄钟律之间的长度比例,也是 $\sqrt{2}$ 的关系,其基本比例是求 $\sqrt{2}$ 律的基础。

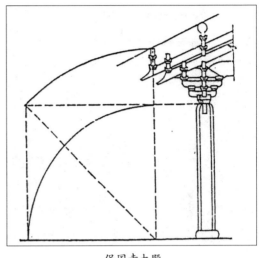

保国寺大殿

Mycenae, Greece 希腊迈锡尼

迈锡尼是阿果立特史前时期的希腊城市,自从海因里希·谢里曼在 19 世纪 70 年代发现以来,迈锡尼被认为是希腊青铜晚期时代的主要遗址,因废墟和手工制品使这一地区才有迈锡尼之称呼。迈锡尼的陵墓建筑模仿米诺斯克里特式样更为精致,新发现的著名建筑包括"阿特卢斯宝库"和"克利坦纳斯特拉墓",(约公元前 1400 年—前 1200 年),即迈锡尼文化的黄金时期。罗马史诗中的迈锡尼是爱琴文化希腊本土上最强大的城市,国王阿加美农以此地为首都。位于陡峭的山岗上,防卫城及著名的狮门残迹令人惊讶,用巨石压叠而成,其间不用任何联结材料,谓之"独眼巨人叠石法"。阿特卢斯宝库在约公元前 1325 年成为国王阿美加农之墓,圆顶墓土覆以圆锥形土丘。迈锡尼周围的大坑墓,以直立石板围成圆形,这样的圆形坑墓在希腊本土大都建于 16 世纪以前。

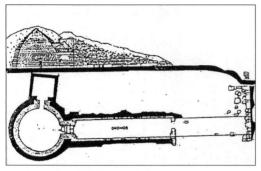

迈锡尼的阿特卢斯宝库

Mystery　神秘感

　　神仙鬼怪、天堂和地狱，从表面上看似乎是纯粹的凭空想象虚构出来的，与社会实际无关。其实不然，想象与虚构的故事仍然以现实生活为基础。具有神秘感的环境和形象，如果不是参照人间的客观存在，也不可能创造出真正具有神秘感的境界。神秘感的境界最能引起人的联想。创造具有神秘感的景观以增加人类追求新奇的吸引力，还可以具有文化、历史、传统、民俗方面的含义。神秘感还包含着对未知事物的许多猜测，促进人们去探索未来、思索过去。

独乐寺观音像

Mythology　神话

　　布莱克有一句诗写道："儿童的天真和老人的理智，是两个季节所结的果实"，说明了神话故事所应有的特征。布置具有神话故事般的环境特点，需要具有儿童的好奇、爱动、喜欢模仿的心态，以产生儿童的情趣。但儿童的情趣绝不是成人的缩影，成人的心态更不是儿童情趣的放大。儿童的幼稚与成人的成熟、儿童的天真与成人的理智恰恰形成鲜明的对照。神话世界要根据儿童的年龄特征表现童心世界的单纯、天真和透明。迪士尼乐园的设计是一个神话般的新奇世界。成年人的神话世界则要充满探索和联想、幻想的气氛。

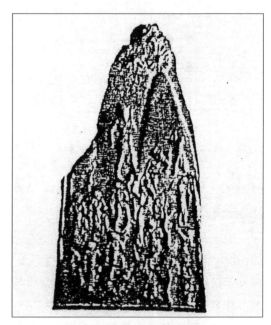

古巴比伦纪念性整石柱

Naos 正殿

古代希腊神庙以内部的正殿为主体,殿内筑有神灵的雕像。古希腊神庙一般不大,东向,膜拜仪式在庙外举行。最初的希腊神庙只有一个土坯砖房为正殿,其形制类似古爱琴时期王宫中的美加仑室的正厅。以后为了防雨湿墙,在外填建木棚,随着材料由砖木结构转向石结构,外面的棚也固定下来,至公元前 6 世纪变为围廊式的正殿。

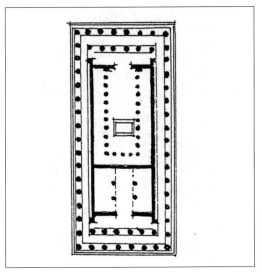

正殿

Narthex 前廊

教堂入口处,是与立面全长相等的封闭式狭长的门廊,正面为柱廊或拱廊,内用柱子或带门洞的墙,与中堂分隔。在拜占庭教堂中分为内外两部分,有对外前廊并非属于教堂主体,而是附加的单层建筑。基督教早期尚未受洗的信徒和忏悔者只能进入教堂的前廊。

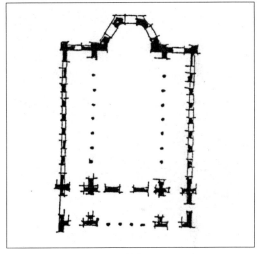

前廊

Natatorium 游泳馆

用于游泳、跳水、水球等水上运动的体育建筑。著名的有日本东京代代木国立综合体育馆中的游泳馆、德国慕尼黑奥林匹克中心的游泳馆等。游泳馆按功能可分为比赛馆、训练馆、室内公共游泳池、家庭游泳池。建筑布局要考虑运动员、观众和管理三部分的功能分区,人流路线互不干扰。比赛馆看台要防止水面产生的眩光。游泳池有比赛池、练习池、跳水池、水球池、综合池、儿童池、海浪池以及跳水比赛、水球合用池等。池身结构应坚固耐久、符合标准。比赛厅要满足观众及运动员的不同需要，其中对空调要求较高。另外要降低室内的噪声并做好音响处理以及使用符合标准的水。

National Architectural Accrediting Board（NAAB） 美国建筑教育评估委员会

美国拥有建筑院校约 90 所，建筑教育在世界上处于领先地位，各校都具有自身的办学特点。全面控制教育质量的是一个民间组织——NAAB，美国建筑教育评估委员会，是批准建筑院系评估水平的机构。理事会由 11 人组成，由选举产生，实行任期制，其中 5 人由美国建筑师协会 AIA 选出，3 人由全国建筑师注册委员会选举产生（National Council of Architecture Registration Board，NCARB），这个委员会要求建筑师必须受过正规教育和实习年限。另外 3 人由建筑师协会中的建筑院校协会中选举产生（Association of Collegiate School of Architecture，ACSA）。另 1 人选出学生代表 AIA/S，另 1 人由其他专业的知名人士组成、艺术家或社会名流（Public Man）。这 11 人每五年评估一次，评估的标准由理事会制定，包括：1. 基本知识与技巧。2. 建筑师的责任和角色。3. 建筑系科在大学中的地位。4. 学生在学校中能学到的职业水平，同时要回答包含四个方面的 60 多个问题：（1）历史、行为、环境、文脉方面；（2）设计方面；（3）技术、结构、安全、通信、材料方面；（4）实践经验、经济、管理、法律等方面。

National Congress Building, Brasilia 巴西会议大厦

巴西会议大厦位在巴西首都巴西利亚的三权广场，建于 1958—1960 年，设计师是巴西建筑师奥·尼迈耶（Oscar Niemeyer），它由两院会议厅和办公楼组成，会议厅为长 240 米、宽 81 米的扁平体，上面并置着一仰一覆两个碗形体。上仰的是众议院会议厅，下覆的是参议院会议厅。后面是两座高 27 层的板式办公楼，为了加强垂直感，办公楼设计成并行的两条，平面和正立面都是"H"形的，对比强烈，构图新颖。

National Form 民族形式

民族形式是一个正确的口号，是历史上客观存在的现象，在基本相同的自然、经济、社会条件下，各个国家、民族的建筑各具特色，这就是民族形式，也是建筑本身的客观规律。中国传统建筑的民族形式有如下特征。1. 中国是个多民族国家，各个民族有自己的发展特征。2. 传统建筑历来分为民间的与官式的两大类，差别不小。中国传统建筑最显著的特征是艺术形式的完整性，群体与单体的关系，群体重于单体，逐步转入单体重于群体，中间又经过单体与群体并重，最后的群体大大重于单体。传统建筑的几个重要特点如下。1. 广泛运用多种艺术手段，使建筑的主题明确，形象完整。2. 在简单定型的构架内部，进行多种分隔处理。3. 大胆暴露结构构件，同时实行艺术加工。4. 恰如其分地运用象征手法。5. 以人造园林丰富建筑。6. 大胆继承又大胆革新旧有建筑形式。

民族形式

National Library and Archives Ottawa，Canada 加拿大国家图书馆和档案馆

加拿大国立图书馆和档案馆于 1967 年在渥太华落成。该馆为纪念加拿大成立 100 周年而建，以灰色花岗岩石砌成，新馆分为图书馆、档案馆、礼堂和展览厅。各部分均以书库为中心布局，书库层高 9 英尺，其他部分层高 18 英尺，建筑总面积 46 000 平方米，共 17 层，14 层是书库，3 层为设备工作室。图书馆和档案馆各占 50%，其他部分有报库、美术品组、图组、照相显微复制组、修整装订组和 48 个研究室。400 座位的礼堂。为了保护有价值的善本文献，内部装备了防火设备，有 1 400 多个自动防火报警器。图书馆的家具、柜台、目录柜都是用橡木做的。藏书开架 8 000 册、闭架 2 500 000 册，共 2 508 000 册。

National Park 国家公园

美国黄石公园是世界上第一个建立的国家公园，始建于 1872 年，面积约为 898 300 公顷，开辟了保护自然环境和满足公众观赏大自然的途径。目前世界上已有 100 多个国家建立了 1 200 多个国家公园，为了保护国家公园的自然环境，对国家公园范围内的土地一般都实行分区制管理，分为特别保护区、原野区、自然环境区、娱乐区、服务区等。

Natural Collect Data for City Planning 城市规划的自然资料

自然资料指气象、地形、地貌、水文、工程地质、水文地质等，被用来制定用地评定图。气象资料包括主要风向风速资料，做出风向、风速与污染系数玫瑰图，并收集日照、气温、土壤湿度、降水量、湿度、蒸发量等资料。地形图的总体规划比例 1/5 000、1/10 000 或 1/50 000。工程地质与地质资料包括土壤种类、土层分析、土壤承压力、冲沟、沼泽、泥石流、断层、滑坡和喀斯特现象地区、矿区的矿藏情况。水文资料包括历史最高洪水位、淹没界线及灾害情况、农田水利及航运对城市河湖水文的影响以及最大、平均和最小流量。

Natural Condition 自然条件

城市的建筑规划结构必须在一定的自然环境下形成和发展，包括气候、地形、水面、沼泽地、森林、矿物、沉陷、喀斯特现象等。在城市建筑结构的形成过程中上述各种自然条件起到限制、分布和指导性的作用。在规划城市街道、干道、广场、滨河路、绿化系统时，自然条件也有指导性作用。一般规划中重要的组成部分包括建筑、绿地、工程地下管网。一系列旧的社会中心和人流集中的地点等也都作为现状条件,不能轻易改变。紧凑的建筑规划结构有助于合理地解决生活居住区与福利设施网的相互位置,有效地利用城市的工程设备、交通运输等,其均应作为自然条件考虑。

Natural Geology 自然地质

特殊的自然地质现象对城市用地有不良的影响,如旱沟、滑坡、喀斯特、沉陷、泥石流、地震、土壤的永久冻结。旱沟的形成是由于河流流域和岸坡上砍伐了树木、沿斜坡的下挖犁耕、岸坡上取土、挖水沟或其他工程。城市用地中的旱沟有活动性的、停滞的或已填塞的。预防旱沟的措施有恢复或发展绿地、挖掘截水渠道、设置若干排矮墙代替坡地截水沟、沟底铺石块加固底层、底部做格堤、顶部建阶梯形门槛或挡土墙,也可以把旱沟变成水池或填塞旱沟。滑坡会造成崩塌、滑落、崩落。预防滑坡的措施可以用打木楔保护坡地,还可以用外坡护脚法、换土、土壤冻结、加矽酸盐、灌浆、黏土干燥等措施。喀斯特现象为含二氧化碳、硫酸盐等化学成分的地下水的溶解活动,导致石灰岩、白云岩、石膏盐碱化成孔洞,使表面土壤塌陷,形成土坑式洼地。喀斯特现象所在的地区只能是用来布置绿地。

张家界 (湖南省) 南天一柱 老磨湾风光

自然地质

Natural Light in Architecture 建筑中的天然光

太阳的高度角指地面与太阳照射面形成的垂直角度,地面上正北方向与阳光在地面上投影的夹角为水平角。四季由于这些角度不同,地球上不同纬度的地区的太阳高度角水平角的角度不同。例如根据某地 12 月 22 日(冬)、3 月 21 日(春)、9 月 23 日(秋)、6 月 22 日(夏)的不同时间的太阳照射情况,提供太阳能的利用条件。太阳能可利用直接光、间接光以及阳光的热辐射,在建筑中利用阳光有多种多样的处理方法。

法国朗香教堂

建筑中的天然光

Natural Lighting 天然采光

人们习惯在天然光下工作、休息和生活。建筑物天然采光比人工照明具有许多优点:1. 太阳光系全光谱辐射,在自然光下活动,有利于身心健康;2. 自然光比人工光照明具有更好的视觉功效;3. 多变的天然光是建筑艺术造型、表现材料质感、改善室内环绕气氛的重要手段;4. 阳光是取之不尽、用之不竭的巨大清洁能源,充分利用自然光资源是节约人工照明用电的一项重要措施,具有重大经济和现实意义。因此,人们在长期的建筑实践中,一直把天然光作为建筑采光的主要光源,并积累了不少的采光经验。从古罗马万神庙穹顶9米直径的顶部采光,到近代许多大型公共建筑物的中庭或大厅的巨大玻璃采光屋顶以及各类建筑的大量采光新方法和新技术,均显示了建筑师的采光智慧。

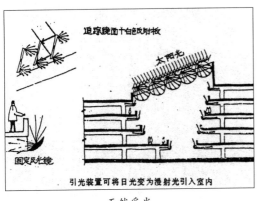

天然采光

Natural World 大自然

设计师要"尊重自然、研究自然、模仿自然",并创造各种毕肖自然的作品,这是毫无疑问的。同时,建筑师要有自己的设计宗旨,建筑处理必然要对自然做必要的选择和加工,建筑师既是自然的奴隶又是自然的主宰者。建筑师对自然界要忠实,不能背离自然,也不可能改变大自然的整体。改造自然必须是在建筑师理解了之后进行,使改造后的自然更趋于完美,建筑师要把建筑与自然连接起来。因此,建筑设计要通过对自然与生活的感受与理解,面对大自然。

Nature Ventilation 自然通风

南方炎热地区的房屋要重视自然通风,以改善建筑内部的微小气候。房屋可将前后的门窗打开,形成对流的穿堂风;并可采用小天井的布局以加强自然通风,还可以把通风和采光结合在一起。树荫及遮阳设施对室内的微小气候也有一定的改善作用,其他改善通风的措施如民间采用的竹编空花栏杆式的墙壁、不挡风的隔扇门窗、利用楼梯间和阁楼起到一个抽气的井筒作用等。

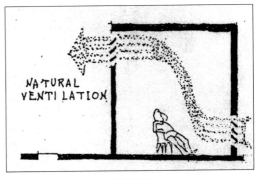

自然通风

Nave 中堂

教堂的中央和主要部分称中堂,位于前厅与耳堂之间,若耳堂,则为与圣坛之间。在有侧堂的巴西利亚卡式长方形教堂中,中堂指中央部分以区别于圣坛,两侧以围屏或栏杆分区。中堂的形成形式取自古罗马的巴西利亚。中堂的屋顶形式多采用木屋架双坡顶,沿进深方向分成若干开间,采用重复的形式以增加建筑的厚重感。到了文艺复兴时期,中堂进深分成的若干个开间的数量减少而且较宽,改变了哥特式大教堂内部空间的垂直感觉,使中堂空间设计更为合理,而不再强调单一的方向感。

中堂

Nazca Civilization 纳斯卡文明

　　纳斯卡文明是秘鲁早期文明的代表,产生于公元前200年至600年的文化遗址,位于秘鲁南部,名称源于纳斯卡谷地。该遗址出土的精美陶器多为彩绘,施以颜色的人、兽、鸟、鱼及花草树木具有自然主义风格,比如开口碗、带提梁的双嘴罐、造型优美的陶制用具等,彩绘简单粗放。纳斯卡文明是印加文化的一部分。

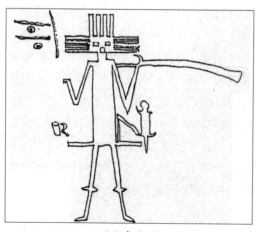

纳斯卡文明

Nazca Lines, Peru 秘鲁纳斯卡图线

　　纳斯卡图线是秘鲁南部纳斯卡以北几处沙漠方山地面上所刻画的一些巨型兽像和几何图案,这些图线由人工沟渠组织而成,有直线、三角形、螺旋形以及鸟、猴、蜘蛛、花卉的图案,都有几百英尺长。在平地上无法看清,但在空中俯视则一目了然。图像的作者及年代均不可考,但一般认为是12世纪印加文明兴起之前的产物,其作用亦难推测,有些似有天文及历法之含义,其余的则可能是为祭祀仪式所设。线条图的沟渠由于当地气候极端干燥而得以保存下来了,这些伟大的奇观也许是外星人在地球上留下的杰作,这些神秘的图线工程产生于秘鲁古代伟大的印加文明。

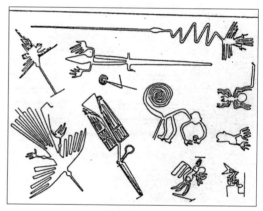

秘鲁纳斯卡图线

Necromancy 堪舆学

　　中国风水古称堪舆学,许慎《说文》曰:"堪,天道;舆,地道。"堪舆学实际为研究天地交合所形成的环境特质的学问。这种千百年来影响东亚建筑形态的古老学说,与现代建筑理论家舒尔兹的"场所精神的"理论基本契合。舒尔兹认为人居于"天地之上,苍天之下"。天地交合的方式激发了人们的想象力,使居住环境呈现一种"特质"。他指出,建筑环境应与这种特质相认同,这

也就是中国的风水学至今仍十分重要的原因。日本学者郭中端等指出,"风水在象征意义上,了解景观环境中所观察到的天地宇宙本质"。玄学的艺术精神不但影响到城市规划、住宅配置,甚至约束了建筑的细部装饰,庭院中布置的一草一木,如果抛开风水原因就很难了解中国传统建筑真正的奥妙所在。

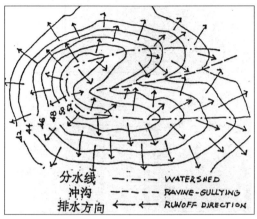

分水线 —·—·— WATERSHED
冲沟 ———— RAVINE-GULLYING
排水方向 ←← RUNOFF DIRECTION

堪舆学

Neighbour 街坊

街坊可分为居住街坊、公共建筑街坊、生产房屋的街坊地段。居住街坊由住宅、儿童机构、商店、车库、服务杂院、休息场所、内部道路和支路、工程设施管网等组成。街坊的大小和形式取决于住宅类型及标准设计、城市交通对街道规划的要求、工程管道的组织、外部福利设施等。街坊规划要考虑公共卫生要求,包括阳光、通风、防止噪声和空气污染,建筑物间的合理间距和密度,设置垃圾站等卫生设施;还要考虑防火要求、建筑长度、防火间距、一定数量的出入口和消防通道、建筑材料的耐火程度。街坊规划的人口密度在不同建筑层数的街坊内设最低允许的密度。增加人口密度的方法有:将儿童机构设在住宅内、加大住宅进深、采用凹形平面、加长住宅平面长度、用最经济的单元住宅平面。

Neighbourhood 邻里

邻里的组成是一种住宅组织的概念,由2 000~14 000人构成邻里单元,内部设有通道,以绿化带或其他阻隔方式限定。住宅区内有自足性的各种设施,中心为小学,包含超大的街廊、邻里中心以及人车分离的各种设计。邻里理论风行一时,但实际应用的并不多,大多数城市的居住方式并非采用这种单元式的社会组织,同时居民的生活也不见得非以小学为中心,居民也不愿意限制在一个自给自足的社区内,独处而缺乏社交的选择性,服务设施的效率也不高。但至少邻里是个便利的设想,包含一些可取的观念,其地区性设施应符合居民的可及性,位于中心地区,非常便利,最主要的好处是快速汽车不穿行其中。

Neighbourhood of Great Britian 英国的邻里单位

英国的邻里单位人口为5 000~12 000,一般为10 000人,便于形成公共生活中心,英国最少1 000人配备一个幼儿园和一个托儿所。邻里单位内各点之间均可以步行到达,不超过400米,邻里单位面积须在60公顷以下。内部景观规划取决于邻里单位的大小和休息文娱场地的种类和数量。邻里单位的道路系统应使各住宅用地之间联系方便,同时自然地导向邻里中心和干道出口,道路应自由弯曲。邻里的中心是小学,家庭主妇可在去商店时把孩子送入学校,学校的礼堂、劳作室课外可供邻里使用,公共中心到所有住户距离大致相等。商店分散在四周的路旁,和交通有密切的联系。邻里单位的住宅群200~300户,约700~1 000

人,大的邻里可有中学小学,小的只能设置托儿所,英国儿童 2~5 岁入托,每 2 000 居民配一个托儿所为基本单位。邻里由住宅群、邻里单位和邻里单位群三级组成,这些在英国的哈罗城和赫特菲尔德都有所体现。

Neighbourhood Unit　邻里单位

1929 年,美国人佩里(Clarence Perry)首次提出"邻里单位"这个概念。从交通安全观点出发,车路围绕邻里单位的周边儿童入学以及居民零星购物等活动都在单位内而无须穿过车道。人口限在 10 000 左右,这种方式被英国推行于新城建设中。在苏联则名为"小区",人口 6 000 左右。美国规划师斯坦(Clarence Stein)称受英国规划理论影响首次采用邻里单位做法,1928 年在拉德本(Radburn)新村中,他把汽车道与人行道严格分开,汽车开进死胡同和住宅前门联系,再由原路退出,行人则由另一条小街进出住宅的后门。很快"邻里单位"做法在世界盛行。它由 8 000~10 000 人口构成,内含小学、店铺、购物中心、绿地及日常生活必备之设施,是都市计划之基本单元。"Neighbourhood Center"意为邻里中心;"Neighbourhood Park"意为邻里公园,服务半径为 1 千米。

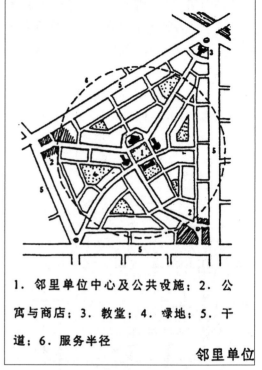

1. 邻里单位中心及公共设施；2. 公寓与商店；3. 教堂；4. 绿地；5. 干道；6. 服务半径　　　邻里单位

邻里单位

Neo Lithic Period　新石器时代

人类发展的古代文化阶段,以磨制石器为特征,处于旧石器时代或打制石器时代之后、青铜器时代或金属器时代之前。新石器时代形成于全新世纪开始之时,地球最近一万年新石器时代的生活,驯化动物同农业一样地重要,石料工具和武器是磨制的,还能采矿。社区渐趋固定,特意在空旷地建造住层,在稳定的永久性村落里生活,许多新石器时代人类居住区遗址曾被发现。

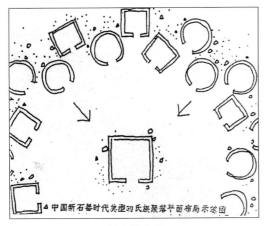

新石器时代

新文艺复兴样式

Neo-brutalism 新朴野主义

柯布西耶在设计中把钢筋混凝土的梁柱保留在模板木纹的表面状态,在其建筑作品中,钢骨水泥的过梁和清水砖墙均任其露明,不再盖面,表现材料的原始质感。这种古拙的做法具有不伪装、不隐瞒、忠实的态度,而被英国建筑家1954年贴上了"新朴野主义"的标签。新朴野主义不单在材料与结构表现坦白,即使是设备管道的线路也任其暴露,既在建筑上提倡保持率真,又具有对新建筑追求真实的更深层含义。

Neon Sign 霓虹灯

利用惰性气体封入灯管制成霓虹灯。"Neon Glow Lamp"为霓虹灯泡,主要供标示灯、寝灯或暗房灯使用。"Neon Tube Lamp"为霓虹管灯,主要供商业广告使用。

Neo-renaissance 新文艺复兴样式

18世纪后期至19世纪初新古典主义被大力提倡并开始盛行。其中的新文艺复兴样式系以文艺复兴时期之建筑及艺术为模仿对象的建筑或艺术形式。

Net Coverage 纯建蔽率

指建筑面积与纯建筑基地面积之比。"Net Density of Population"意为纯人口密度,在计算人口密度时,面积仅含住宅用地,不含绿地、公共设施、道路等,所求得密度值。"Net Floor Space Index"意为纯容积率,在计算容积率时,仅采用纯容积(不含公共空地)而计算之值。

Net Structures 网架结构

网架结构是由许多杆件平面或曲面按照一定几何形状组成的高次超静定结构,它可以用小规格材料和标准化构件来拼制大跨度结构,并能承受巨大的集中荷载和非对称荷载,应力分布比较均匀。网架的杆件相互联结、相互支撑,稳定性好和空间刚度大,安全性高,有利于抗震、抗爆。网架越来越多地用来覆盖大空间建筑,并已形成许多体系。它可分曲面网壳和平板网架。平板网架有两向正交正放网架、两向正交斜放网架、三向网架、六角形网架、正放四角锥网架、方正四角锥网架、下弦正放抽空四角锥网架、下弦斜放抽空四角锥网架、斜放四角锥网架、三角锥网架和抽空三角锥网架。

网架结构

New Functionalism 新功能主义

　　功能主义的理论比古典学院派要理性得多,现代主义追求的功能是传统意义上的功能,是静态的自身基本功能,只注重建筑的经济功能和对人的生理功能,忽略了社会功能和人的心理功能。传统的功能主义是对社会问题的简化。结果是城市环境质量下降,造成建筑间简单地排队,缺乏公共设施全盘筹划、条块分割、无法形成城市特征。但功能主义的理论并没有过时,而只是传统功能主义过时了。在城市中建筑是城市社会生活的物体形式,城市生活的多向性、多元化及内在联系决定了建筑功能单元之间的必然联系。在独立环境中的建筑的自我封闭体系可称为自发功能。在相邻建筑所处环境的激发下出现比自发功能具有更大功效的职能称为激发功能。今后城市建设应遵循系统工程原则、包容性原则、人文主义原则、生态原则、守法的原则、有效的法则,才能适应复杂的现实中偶然出现的矛盾。这就是新功能主义。

New Getty Center 新格蒂中心

　　由理查德·迈耶(Richard Meier)设计的新格蒂中心于1997年12月在美国洛杉矶落成开放,是一座古典与现代相结合的建筑。总建筑面积940 000平方英尺,其中主体建设面积505 000平方英尺,用于餐饮、仓储、设备及服务性用房。它以收藏19世纪现代艺术之欧美艺术品为主,是当今世界上最昂贵的博物馆之一。它建在丘陵上,利用山丘地形,步行者直达山顶,再下6米可直达主要广场,设计了多个广场互相连通。来访者通过轻轨车到达恰好是建筑的主要入口处,圆形广场和四周空地毗连形成一个中心公园。新格蒂中心由轻轨车站、会堂、美术馆、美术史和人文科学研究所、信息研究所、信托事务所、美术品修复保存研究所、格蒂艺术教育中心、餐饮及咖啡厅组成。新格蒂中心是20世纪末城市文化的象征,同东京国际论坛和西班牙古根汉姆博物馆一起被认为是20世纪90年代三大杰出建筑。

新格蒂中心

New Guinea Boat Dwellings 新几内亚的水上居民

　　南太平洋亚澳大陆间的新几内亚群岛上的高架居民。当潮水上涨时,住屋就像是水上人家。人们以船为主要的交通工具,人际的公共交往和商业活动大多在船上进行。就像泰国曼谷城市河网中的水上人家一样,旱季时高架民居的下部空间是居民停船和

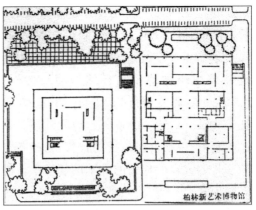

柏林新艺术博物馆

柏林国家美术馆

新几内亚的水上居民

户外工作的场地。

New National Gallery，Berlin　柏林国家美术馆

　　建筑大师密斯·凡德罗生前的最后作品，设计于1962—1968年，构思和手法仍延续他十年前的："少即是多"的同一性建筑概念。该建筑物被设计成一个巨大的玻璃盒子，造型上更具有古典主义的端庄气质。美术馆的一部分在基地之下，地面上是玻璃围合的透明大厅，上面是出檐很大的厚厚的屋檐。它的井字形屋架由8根十字形断面的钢柱支承，柱子不在转角，而是放在四边。梁枋接头精简到只有一个小圆球支座，玻璃幕墙向后退缩，使层顶板如同悬浮在空中一般。密斯对技术的追求已达到了炉火纯青的地步。

New State Gallery，Stuttgart　斯图加特市市立美术馆新馆

　　斯图加特市市立美术馆是斯特林（James Stirling）20世纪70年代新风格的代表作，1984年建成。它由美术馆、剧场、音乐教室楼、图书馆及办公楼组成，位于老馆南侧；采用日字形平面，中央有一个圆形空间，一条曲折的城市公共步道从新馆背后横跨东面的展室，穿过上层的陈列平台，下到入口平台上，成为城市景观的一部分。新馆的圆形陈列庭院使人联想到古代的建筑形式，展室转角的线脚也富有古典韵味，大厅入口处的钢和玻璃组成的构成派的雨罩等各种符号杂然并列。一种完美的现代语言拼贴在一个传统性的背景上，现代主义与古典主义面对面地站在了一起。他说我们生活在一个复杂的世界里，即不能否定平日的普普通通的美，也不能否定当前技术和社会的现实。

New Town Movement　新城运动

　　20世纪20年代以来，特别是二次世界大战之后，许多国家都建设了大量新城。英国的新城建设经过30多年的实践，一般把新城分为三代。1946年《新城法》确定建设

的新城为第一代新城,始建于 20 世纪 40 年代后半期,其中 8 座在伦敦附近,第一代新城规划特点比较接近"田园城市"的概念,比较重视绿化建设和环境质量,人口有 2.5~6 万人,密度过低,工作岗位不足,缺乏城市气氛。1955—1966 年建设的新城为第二代新城,以坎伯诺尔德为代表,为疏散格拉斯哥的人口而建设的。不用邻里单位的布局形式,将干道引入密集的中心区,人车分流,居住密度加大,住宅采用 2、2~5 或 8~12 层多种类型,可容纳较多的人口。第三代新城建在 20 世纪 60 年代以后,更明确地把新城作为大城市过剩人口的疏散点,又作为区域经济发展中心,其中有些是原有城镇的扩建,有代表性的是莱尔顿凯恩斯,位于伦敦和伯明翰之间,人口 25 万人,规划了 8 个次中心以分散交通量。苏联到 1982 年共兴建了 1 238 座新城,80% 是工业城市,多在 5 万人以下。美国 20 世纪 60 年代以后开始建设的新城有卫星城镇、改建的城中城。法国在 1970 年以后建设了 9 座新城。日本建设新城的主要目的是在大城市外围开辟居住地区。在发展中国家建设新城是一个巨大的挑战。

New Town Planning—Singapore and Hong Kong　新城规划——新加坡和香港

20 世纪初,卫星城镇理论在欧美形成,40 年代后期英国新城运动在大城市外围建设新城的趋势在对全世界的影响,世界产生了广泛的影响。新加坡和中国香港,分别从 20 世纪 60 至 70 年代开始进行新城建设。新加坡是城市国家,土地 600 平方千米,人口 230 万人,建成区占国土面积 45%。60 年代初始建第一个新城,离市区 6 千米,60

年代末距市区 10 千米又建了第二个新城,高层高密度住宅 12 层以上,人口 18 万 ~20 万。其特点是新城发展由近及远,从实际出发,不受外来"框框"的束缚。中国香港在 60 年代末的《香港规划大纲》的指导下,在新界地区发展 6 个新城,80 年代末人口总数达到 250 万。其中沙田、荃湾、屯门在积极建设中,新界发展一组 200 多万人口的新城市群,主要特点是强调平衡和自足,突破人口规模和建设标准,以高层高密度为主,规划实施上的"分批"概念。

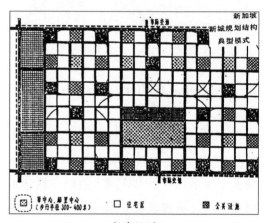

新城规划

New Towns　新城

英国于 1946 年公布《新城法案》。其原则是谋求自给自足与市民生活需要的平衡。随后在伦敦周围建设了 7 座新城。由于旧城市仍在盲目扩大,自 1960—1965 年已建成新城 20 座,8 处属于伦敦。现在有必要再建一些新城。新城离旧城市一般 30~70 千米,最远 80 千米,人口 10 万左右。1964 年计划伦敦西南新城人口为 25 万,是当时人口最多的新城。工人住宅区距厂区近,又得到学校、商店、文娱活动的便利。英国新城的规划建设确实解决了城市规划方面的诸多问题,进而减轻大城市的人口压力。

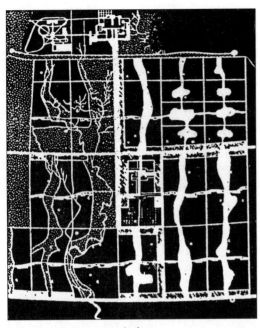

新城

New York Five 纽约五

　　"纽约五"是指五位建筑师,他们对当代建筑思潮有巨大的影响,由他们所倡导的理念成为 20 世纪 70 年代现代建筑的主流价值观。他们当时的观念,普遍地被称为"新柯布西耶主义"或"晚期现代主义"等,认为他们的作品依然源于现代主义的正统概念,但形象上是对现代主义进行务实的反叛。他们是彼德·埃森曼(Peter Eisenman),查尔斯·瓜兹梅(Charles Gwathmey),迈克尔·格雷夫斯(Micheal Graves),约翰·海杰德克(John Hejduk)和理查德·迈耶(Richard Meier)。"纽约五"的出现是对现代主义传统的反思和探求建筑新形象新语言的结果。现代派大师是"纽约五"作品的精神源泉,他们是理性主义的,随时代的变迁,这五位建筑师终于又朝着各自的目标发展。

Newcastle Byker Area 纽卡斯尔拜克住宅区

　　位于英国纽卡斯尔市中心距泰思河北岸的一个斜坡地上,在 20 世纪 70 年代工人居住旧区上重建,面积 81 公顷,由瑞典建筑师厄斯金(Ralph Erskine)规划设计,1981 年全部完成,沿北缘布置多层公寓连成一体,被称为"拜克墙",有效地阻隔了源自城市交通的噪音,而其特殊的形象和丰富的色彩也丰富了城市景观。拜克住宅区的设计要点如下。1. 居住者最舒适的感受来自完整统一的环境。2. 保留邻里本身及相邻环境之间的传统价值与特色。3. 重新安置拜克的原住户。4. 充分利用基地环境特色南向坡地的日照景观。5. 提供有特色的步行系统。6. 易于识别的形式,每组住宅都有自己的特色。7. 沿北缘高层单朝向住宅背对车行道的隔声屏障。设计师引入了"公众参与"这一规划建设的新过程,在现场设立了建筑师办公室,与当地居民沟通,使"公众参与设计"得到推广,从社会的观点探讨居住问题,得到好评。

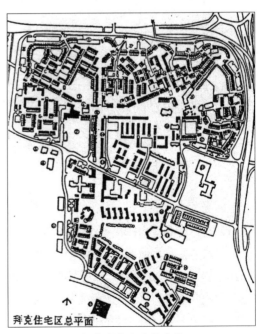

拜克住宅区总平面

纽卡斯尔拜克住宅区

Niagara Falls, USA 美国尼亚加拉瀑布城

　　尼亚加拉大瀑布城是美国纽约州西部城市及入口港,位于尼亚加拉大瀑布旁,于1892年设立,当地的水电站是世界最大的水电站之一。1885年建立的州立尼亚加拉保护区公园包括普罗斯佩克特公园和沿河地区,每年游客人数以百万计,1941年建成观景的虹桥。该市东北14千米处有塔斯卡罗拉印第安人保留地。在河的对面是加拿大安大略省东南部的尼亚加拉自治区城市,位于尼亚加拉河左岸,与美国的尼亚加拉城相对,于1904年设立,大瀑布也是加拿大安大略省的发电能源和旅游胜地;现有三座桥与美国的尼亚加拉瀑布城相连,也是一个海关港口和工业中心,还有一个维多利亚女王公园。从美加两岸观赏大瀑布景观气势各异。

尼亚加拉瀑布城

Niche 壁龛

　　墙体上装饰性的凹进部分,用以陈列雕像、瓶、洗礼盘或其他物品,在古罗马建筑内外墙上广泛采用,在哥特式建筑中也广泛使用。后来的建筑师,特别是意大利文艺复兴时期和17—18世纪欧洲的古典复兴时期,亦有采用。半圆形的壁龛颇为常见,其顶部多饰有贝壳状的凹槽。

壁龛

Niche and Cabinet 龛橱

　　建筑物室内装饰的一种,在宗教建筑的室内常把供奉神佛的木龛和贮藏经卷的木橱制成小比例尺的建筑物的形式。龛橱盛行于宋代寺观建筑中。壁藏是沿墙设置的贮经壁橱,转轮藏是一种可以转动的藏经柜。宗教活动认为推动转轮藏旋转一周等于念一遍经书。它设置在殿宇正中,平面为八边形,立面与壁藏形式相同。帐在后来称佛龛,顶部楼阁形,基座采用须弥座式。

Ningxia and Inner Mongolia Earth Dwellings 宁夏和内蒙古生土民居

　　宁夏的民居是黄土窑洞与二合院住宅结合的形式,土是主体建筑材料,在民居的庭院中,把动物与家禽的饲养棚舍也都围合在一起。内蒙古的定居土坯房是土筑墙基上的土坯砌筑房屋,用土坯建房比夯土筑墙有所革新,把整道土墙化为小块,提前了墙

体的干燥时间,减小了砌墙的劳动强度,也不受筑墙模板的限制,建筑平面也比较灵活。土坯还可以批量生产,商品化供应,是生土建筑中最普遍采用的墙体技术。

Nigeria Traditional Dwellings 尼日利亚传统民居

在尼日利亚传统民宅中,最富于装饰,色彩鲜明华丽,用土雕造的色彩鲜艳的装饰处处皆是。北尼日利亚的阿布佳住宅(Abuja)和洪沙住宅(Hausa),由于当地雨多,在土拱的外面再覆盖以柴草,内部有美丽的仰视天花,室内正中常常悬吊着存放食物的竹篮,成为尼日利亚民居的装饰特征。

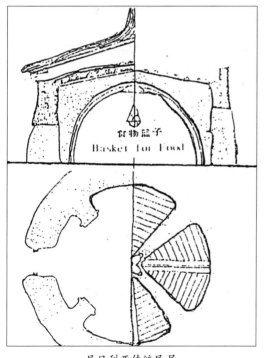

尼日利亚传统民居

Noise 噪声

听者感觉不快之声音,指任何一种不需要的或者是内在的、令人生厌的声音,或者是干扰要听声的那些声。在电子学与信息论中,噪声是掩盖需要的信息内容的那些无规则的、无法预测的不需要的信号或信号变化。无线电传递中的噪声称为静电噪声,电视中的噪声则成为"雪花"干扰。噪声之定义因人、因时、因地而异。例如引擎声一般人认为是噪声,但对引擎修理技师而言为有用之声,故不属于噪声。"Noise Level"意为噪声位准,为噪声之强度,以 db 分贝尺度表示。"Noise Source"意为噪声源,噪声发生之来源。"Noise Reduction"意为遮声度,当室内有噪声源时,外部噪声与室内噪声之位准差。

Noise Attenuation 噪声稀释

户外噪声可以利用各种方法冲淡稀释之,对用地规划最有用的方法是加大距离,因为声音之能量随音源之距离增加而减少。除了距离的影响外,声音也会被拢流或强风驱散,阻隔物也可以减少声音之传导。绿化带几乎没有作用,只有当噪声为高频率时方有效。声音和视线有相互关联的感觉,当人看到发音体时会感到声音,反之则不太关心。所以通常利用相当高度之灌木来阻隔声源。固体之阻隔物,如墙、建筑、土丘等是实物,声音如不能穿过但会绕过,因此阻挡物要有一定高度或靠近声源或收听者。声音遇到硬表面会被反射加强,也可以被软材料吸收,如果无法降低音阶或功率。不仿制造一些悦耳之声遮挡之。户外声学与室内音响学正相反,着眼于如何遮去不必要之声音,很少考虑加强悦耳和声音的传导。

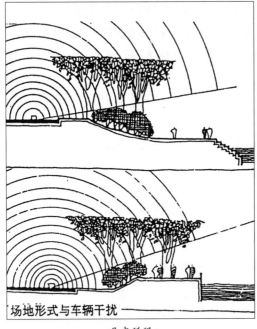

场地形式与车辆干扰

噪声稀释

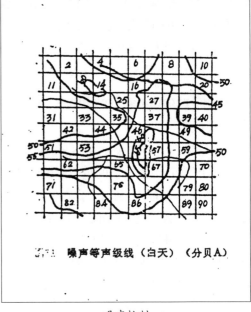

噪声等声级线（白天）（分贝A）

噪声控制

Noise Control 噪声控制

户外噪声的控制是一门学问,研究如何减少噪音之程度、频率以及内容。噪声之程度以分贝为单位,以对数为尺度,以 0 为开始听到之级数,到 140 感到疼痛为止,每 10 分贝一阶级表示声音比原来大 10 倍,此时比人耳听到的声响大 2 倍。在户外希望噪音级能降至 55 分贝,室内最好是 40 分贝,读研及睡眠房间为 35 分贝,通常室内较户外小 20 分贝。高频噪声令人不悦,音量的单位 dBA 是量度对人耳较敏感声音的大小。人对突发的声音较警觉,而对连续低沉之声音,像海浪声、风声、街上车声就不太留意。因此对复杂的声音要加以分析,以特殊的仪器记录噪声阶之变化,必须转换成与一般骚扰程度相通之指数方能应用。

Noise Control in High-rise Hotels 高层旅馆的隔声

城市噪声的干扰,在有空调的客房内取决于外墙窗的隔声性能。提高隔声量改进的措施如下。1.加大双层玻璃的间距,使其达到 175 毫米,可使共振频率移至 63 赫兹以下。2.采用双层不同厚度的玻璃,以免低频时的共振和在高频段受吻合效应的影响。3.窗柜周边配置五夹板钻孔吸声构造,孔径 5 毫米,孔距 20 毫米,内填 20 毫米厚泡沫塑料。4.开扇的周边加设氯丁橡皮压缝条。内隔墙的隔声,旅馆内的噪声源有电视机、电冰箱和谈话声以及偶尔使用的除尘器和打蜡机。根据测定噪声源典型曲线和允许的噪声级可求得内隔墙所需的隔声量,可以确定隔墙标准。层间楼板的隔声主要是撞击声、走道脚步声、移动家具声。客房门的隔声,一般嵌板木门隔声量仅 16~20 分贝,一般门由 20 千克 / 平方米增至 32.2 千克 / 平方米,周边装置压缝橡皮条。卫生间、管道间的隔声以及客房盘管风机的噪声控制、电梯的噪声控制。

Noise Pollution 噪声污染

噪声污染是现代工业化社会中因机器运转声音造成的公害,其程度通常以噪声强度表示。20世纪六七十年代,公认的有害噪声源包括飞机、汽车、公共汽车、风镐和其他建筑机械以及工厂内各种类型的机器设备。各国均依法规定在市区禁止使用汽车喇叭、限制飞机降落频率。技术模式包括汽车和飞机的减噪声装置,用于机械的减振装置和供从事高噪声级职业的工人使用的防护设备。

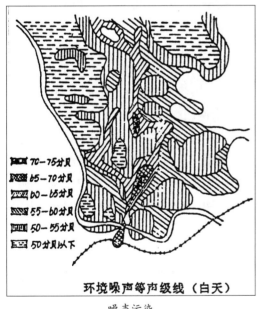

70—75分贝
65—70分贝
60—65分贝
55—60分贝
50—55分贝
50分贝以下

环境噪声等声级线(白天)

噪声污染

Norbuglingka , Lhasa 拉萨罗布林卡

藏语意为"宝贝园",位于西藏拉萨市区,布达拉宫西南1千米处,是西藏规模最大、建筑精美的园林。现辟为公园,200年前灌木丛生,称"拉瓦采",五世达赖曾到此消夏。1755年七世达赖在此建正式宫殿,名"格桑颇章",消夏理政,改为罗布林卡。

八世达赖时建成阅书室、讲经院、龙王庙、湖心宫、威镇三界阁等。十四世达赖时营造至今占地约36公顷的别墅式园林。罗布林卡全园分三个区,前园是核心部分的宫殿区,西区以自然丛林野趣为特色的金色林卡,每个景区构成不同的景观。罗布林卡的园林布置既有西藏高原特点,又采用了内地园林传统手法,反映了西藏民族和宗教的特色,又是藏汉两族文化交融的结晶,是中国园林艺术中的珍品。

Norm and Quota in Urban Planning 城市规划定额指标

由国家有关部门制定的,作为编制城市规划方案依据的一系列技术经济指标。1980年由中国国家基本建设委员会制的《城市规划定额指标暂行规定》包括总体规划和详细规划两部分。总体规划定额指标的内容有城市人口规模的划分和规划期人口的计算、生活居住用地指标、道路分类和宽度、城市公共建筑用地。详细规划定额指标内容有:居住建筑技术指标、居住区和居住小区的用地指标、建筑密度指标和公共建筑定额。

Norwegian Dwellings and Sauna 挪威民居和桑拿浴

北欧斯堪的纳维亚半岛盛产木材,传统的挪威民居为原木结构,用原木做墙壁,建筑由地面架空以防地面潮湿对木材的侵蚀。民居的平面呈长方形,纵向划分段落分割居室,木头山墙为主要入口的立面,山墙上充满菱形的传统风格的木装饰。著名的芬兰蒸汽浴室是传统民居中生活方式的重要部分,浴室是木板房中的专门设施,称"桑拿浴",用水冲击加热的石子以产生的蒸汽而进行的沐浴。这种沐浴成为芬兰人的民族传统,在湖泊、峡湾近旁建立木屋,内有若干排平石摆成架状,下面有点火的空隙,以木柴燃烧石块,石块烧热时即泼水以产生蒸汽。沐浴者在蒸汽弥漫的木屋里,用树条或浆状木棒拍打自己,直到皮肤变红感到痛,于是跳进冷水里,冬天则在雪地上打滚。这种体温急剧变化对血液循环功能大有助益,这是现今流行于世界宾馆中桑拿浴室的原型。

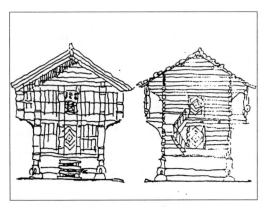

挪威民居和桑拿浴

Nostalgia 思乡

思乡也是一种现象美,是一种使人陶醉的美景的魅力,能进一步启发人的思乡感情。李白的《静夜思》中写道:"床前明月光,疑是地上霜,举头望明月,低头思故乡。"首先是由眼睛看到的视觉印象,产生错觉,怀疑是地上的霜色,当举头一望之后,视觉印象被突破了,产生了回忆的联想和思念。月色之美同故乡的亲情在心理上形成了综合的映像和理解。这种领悟关系启发建筑师们努力在环境景观设计中创造思乡的意境。

Noticeable 告示

当人们漫步于城市之中,会见到许多各式各样的告示,告知你当地的情况,指点你的去处,它是来访者心目中的导游地图。明确而醒目的告示对来访的观赏者有很大的帮助,同时恰当设计的告示能促进城市管理条理化,是美化城市的手段。在机场、车站、广场、商场、公园、校园等公共活动场所,室内或室外都需要美观、醒目、简明的告示,告示设计应纳入城市美化环境的重要内容。

Notre Dame-du Haut，Ronchamp 朗香教堂

朗香位于法国东部浮日山区,周围是河谷和山脉,1950年由柯布西耶设计朗香教堂,1953年建成。只容纳百余人,大批香客在室外举行宗教仪式,无论是墙面或是屋顶几乎找不出一根直线。入口在横向卷曲的大墙面和垂直矗立的圆筒形墙体交接的夹缝处。室内是一个长约25米、宽约13米的主要空间,一半安置座椅,供坐和站的祈祷者使用。圣母像安置在墙上的窗洞中,可以转动,供两面朝拜之用。教堂主体的屋顶由两层混凝土薄板构成,底层向上翻起,表面保留混凝土的本色和模板的痕迹。屋面倾斜将雨水汇集于地面的水池中。墙于顶之间留有40厘米的带状空隙,使卷曲的屋顶如飘浮空中。墙面的窗洞外大内小,外小内大,嵌入色彩玻璃,室内气氛特殊。柯布西耶形容其教堂是一个"高度思想集中与沉思的容器"——唯神忘我。

朗香圣母教堂外观

朗香圣母教堂平面

朗香教堂

Nuclear Power Plant 核电站建筑

20 世纪 50 年代出现的核电站以高能量的核裂变作为动力能源,主要分为核岛建筑和常规岛建筑两部分。核岛中的反应堆厂房是核电站的核心建筑,又称"安全壳"。此外还包括核辅助厂房、核燃料厂房等建筑。常规岛建筑主要是汽机房,还包括一些电站的配套厂房。反应堆厂房设计必须达到严格的防护、封闭要求。安全壳为预应力钢筋混凝土结构,内部衬以抗渗漏的金属衬里,构成一个圆柱体空腔。当发生事故时可将释放的物质封闭在安全壳内,双层安全壳之间的夹层,须保持负压,如果放射性物质逸出,可以从夹层中抽出经过滤后排入大气。此外,在设计上还应考虑地震等自然灾害以及非常事故的安全要求。

Nursery 苗圃

花木幼苗栽培之场所。"Nursery Room"意为保育室,即保育婴儿之房间。"Nursery school"意为育幼院,即以养育婴儿、幼儿为目的而建的设施。

Nursery and Kindergarten 托幼建筑

托儿所和幼儿园建筑统称为托幼建筑。其规模和布局取决于班制和收托形式,托幼建筑由儿童活动部分、办公管理部分、卫生保健部分、服务辅助部分和交通联系部分组成。它还需要户外活动的场地、庭院、停车场、花圃、沙坑、涉水池、动物房以及各种户外活动器械设施。其设计特点是基于幼儿生理、心理和教育方面的特殊要求,总体规划和单体建筑都要达到卫生保健的要求,安装安全保护,不同性质的房间分区要明确。学前儿童不仅有游戏、运动的需要,还有获取知识的需要。托幼建筑及周围环境的立意与构思要反映出明快、活泼的儿童建筑的特点。

Oasis 绿洲

寓意沙漠中的沃土,终年水源不断,在建筑与城市设计中常被形容为在极其复杂困难的环境条件下创造美好的生活环境,如同沙漠中的绿洲一样。欧洲的一项国际建筑设计竞赛称为"Oasis",由参赛者自我命题。

Obelisk 方尖碑

方尖碑为成对地耸立在古埃及神庙的方锥形石碑,以整块石料凿成,通常采用阿斯旺产红色花岗石,平面为正方形或长方形,上小下大,顶方锥形,复以金银合金。碑的四面均刻着象形文字,说明碑的三种用途,宗教性、纪念性和装饰性。现存最古老的方尖碑实物属罗马第十二王朝(公元前1991—前1786年),高24米,底部1.8米见方,重143吨。罗马帝国时期许多方尖碑被搬到了意大利,罗马城即有12座以上,其中一座建于公元前1500年,高39米,底部2.7米见方,顶部1.88米见方,重约230吨,是现存最大的一座方尖碑。19世纪晚期埃及政府将一对方尖碑分赠给美国和英国,分别置于美国纽约中央公园和伦敦泰晤士河河堤,系约公元前1500年所建。美国华盛顿城的华盛顿纪念碑是一座现代方尖碑,完成于1884年,高169米,内设楼梯及电梯。

方尖碑

Oblique Line 斜线

与某平面或某一直线成斜交之直线称斜线。"Oblique Force"意为斜力与材轴成斜交之作用力。"Oblique Perspective"意为斜透视,放置物体之各面与地盘面及画面成一定角度之透视画法。"Oblique Scarf Joint"意为斜嵌接,木材接头侧面呈咬合状之嵌接方式。"Oblique Section"意为斜断面,与材轴成斜交之断面。"Oblique Stress"意为斜应力。"Oblique Tenon"意为斜榫头,水平材与人字材端之接榫。

Occupant 居住者

连续居住6个月以上之住民。

"Occupation"意为占有权。"Occupied Zone"意为居住范围,室内居住人居住行动范围之室内空间。"Occupancy Rate"为居住率,是居住状况指标之一种,用以表示居住密度。居住密度一般采用以每居室单位之居住人数,或每楼地板面积之居住人数表示。

Octagonal Pavilion，Xishuangbanna 西双版纳八角亭

云南省西双版纳的劲海县建有一景,称"八角亭",距今约有二百年历史,亭呈紫铜色,显得古朴凝重,楼阁内雕龙画栋,镶有傣族艺人精制的陶制花卉、宝塔、公鸡等。楼阁上挂有铜铃数10个,在微风中叮当作响。八角亭是典型的西双版纳佛教建筑,它既有泰缅建筑风格,又有中国古代建筑的特点,据说八角亭的八个角代表8位高僧,亭上的4道门代表传教四方。

八角亭

Odeum 演奏场

古希腊和古罗马供音乐家、演说家演出和竞赛用的小型剧场。推测其起源于早期希腊乐器的声音还不能充盈大型圆形剧场。据1至2世纪的希腊历史记载,第一个演奏场是于约公元前435年在雅典建造的,与狄俄尼索斯剧场相邻,供排练用,与后来演奏场不同之处在于采用方形平面及尖屋顶。据罗马建筑师维特鲁维记载,这座演奏场于公元前1世纪的米斯拉达特战争中被焚毁。161年在雅典卫城下由学者阿提库斯建造了一座新的演奏场,平面为半圆形,与狄俄尼索斯剧场相似并有一长廊相连,有33排座位,可容纳6 000观众。表演区可能有屋顶,现仍在使用,罗马帝国时大多数城市中都建有演奏场,供集会、演奏和比赛使用。

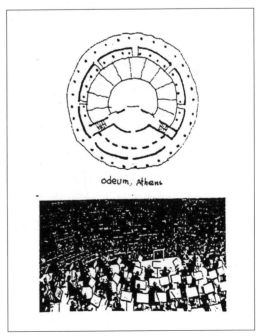

演奏场

Office Building 办公建筑

建筑物大部分或全部供办公室及其附

属设备使用者使用,为现代建筑之主要门类。"Office Room"意为办公室,指事务办公用之房间。"Official Residence"意为官舍,公共机关配与公务人员供其住宿的,也为宿舍之总称。部长级以上的高级官员的官舍一般均尊称为"官邸"。

Office of Building Estimate 算房

清代工部营缮司料估所和内务府营造司销算房二者的通称。明代修建坛庙宫殿等大工程均由"内官"估算。清代则由工部营缮司料估所主管工料估算。特大工程则设总理工程事务处,由御前大臣和内务大臣主管,如清代和珅在乾隆时期曾任主管多年,清代世守算房职务的是刘、梁二家,俗称算房刘、算房梁。

Office Parks 办公公园

各式办公建筑已成为当今普遍情况,庄重的"政府中心"的主要功能虽有象征意义,但也应是公众常去的地方,仅为另外的一种办公工作人员集中的地方而已。办公公园是一个新概念,成群的办公楼开始在郊区出现,职员们的可及性、可利用的停车场地、拥挤的问题都很重要。有关办公的景观,办公公园这一新概念正在推广,办公区域应有大草地、景观水池及广大基地,正式的入口及停车场地、行政人员的休息空间和有座椅的栽植庭园。办公建筑也像工厂一样趋向于建在郊区,并不展示其工作职能及工作性质,仅在墙上标示公司的招牌而已,白领阶层愿意在田园般的环境中工作。

Old Beijing Observatory 北京古观象台

中国明代正统年间(1436—1449年)在元代的司天台(1279年)旧址附近建造的观象台。现已改建为北京天文馆的古代天文仪器陈列馆,最初在观象台上设置有仿宋元天文仪器制造的浑仪、浑象和简仪、台下设有圭表和漏壶。清康熙八至十二年(1669—1673年)制造了6件大型铜仪、天体仪、赤道经纬仪、黄道经纬仪、地平经仪、象限仪和纪限仪,均安装在此台上。北京古观象台保持了3 500年连续观测纪录,建筑完整、仪器配套齐全、造型、花饰和工艺水平均具中国传统特色,并吸收了西欧文艺复兴时期大型天文仪器的结构特征。

北京古观象台

Old Residence and Temple, Middle Shanxi 晋中古宅古寺

晋中地区东依太行,西傍汾水,名胜古迹颇多。平遥古城是目前中国500座古城中保存最完整的一座,古城墙气势壮观,楼台林立。城内升昌票号始建于清道光四年,为当时首屈一指的金融机构。双林寺被称为"彩塑艺术宝库",镇国寺始建于五代时期,木结构飞檐斗拱,古风浓郁。大谷县北光村的三多堂,宅院俗称"曹家大院",为山西首富之家,乔家大院现为"祁县民俗博物馆"。乔曹两宅曾为姻亲,院落壁垒森严,方圆9 000平方米,怡然一座城堡,为我国

迄今保存最完好的砖木结构民居建筑。著名的晋祠——金碧辉煌的古建筑群更为精彩。

Old Tree and Famous Wood Species 古村名木

生长百年以上的老树,极具有社会影响力,闻名于世的大树,如中国黄山的迎客松、泰山岱庙中的汉柏,陕西黄陵轩辕庙内的黄帝手植树高近 20 米,下围 10 米,是中国最大的柏树。地中海西西里岛埃特纳火山上的百骑大栗树,相传曾为古代国王及百骑人马遮风挡雨。古树名木是历史的见证,为文化艺术增添光彩,名胜古迹也是研究自然史的重要资料,对研究树木生理具有特殊意义,对树种规划有参考价值,对其保护和复建的研究使其重新焕发活力。

Olmec, Mexico 墨西哥奥尔梅克文化

奥尔梅克文化是中美洲第一个成熟的前哥伦布时期文化,中心地区在今墨西哥维拉克鲁斯山南部,邻近塔巴斯科山,具有独特的艺术风格,最早出现于公元前 1150 年。公元前 1100—前 800 年,自墨西哥谷地到达萨尔瓦多共和国,此种艺术风格十分盛行。巨雕、玉雕、陶器,都体现这种风格,拉文塔和圣劳伦佐的奥尔梅克人祭祀中心有雕刻的石柱、祭坛及雕像。公元前800 年以后,奥尔梅克风格及其影响逐渐消失。

Olympic Sports Stadium, Tokyo 东京奥运会体育馆

1964 年第 18 届东京奥运会工程总建筑师为丹下健三(Kenzo Tange)。奥运会体育馆位于东京代代木公园内,占地约 91 公顷,包括一幢游泳馆、一幢球类馆和一些附属建筑。该设计把新结构形式和建筑功能统一并反映日本建筑的特征,被誉为划时代的作品。游泳馆可容纳 15 000 人,平面为两个对错的新月形组合,长边 240 米,短边120 米。屋顶悬索结构,长轴方向有两根钢筋混凝土桅杆柱,高 40.4 米,跨度 126 米,支承两根主悬索。每根主悬索各由 37 根外径 33 厘米钢缆组成,索网覆盖以焊接的 4.5毫米厚钢板,内表面用石棉板保护。新月形平面两侧三角形空间为入口大厅。球类馆平面为蜗牛形,直径 70 米,容纳 4 000 人,悬索屋顶,大厅和入口之间有一根钢筋混凝土桅杆柱,主悬索围绕桅杆柱扭曲成螺旋状,馆内采光和结构结合,相映成趣,协调又有变化。

One Seal House, Kunming, Yunnan 云南昆明一颗印住宅

云南昆明的一颗印住宅的传统平面形式如同中国的一块方形的印章,平面呈正方形,三面围绕着住房,中间是一个小天井。其有"三间四耳倒八尺"之称,即三间正房,四间左右的耳房,前后小院只有八尺深。云南昆明一颗印住宅以其博风板上的悬鱼、土墙小窗为特征,其基础部分有几行基石,土筑的或土坯砌筑的山墙外抹灰泥,表现了朴素粗犷的土的质感,山尖挑檐上的悬鱼部分落在土墙上的阴影也成为建筑的重点装饰部位,形成了云南民居强烈的地方风格。

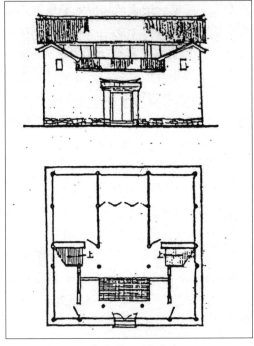

云南昆明一颗印住宅

One Storey Building 平房

　　地面上仅有一层之建筑物,与"One Storeyed House"同义,或称"One Storied House"。"One Story"为单层,指楼层仅有一层者。"One Room Living"为单室居住,一住户仅有一个房间之居住方式。"One or Two Story Houses District"为低层住宅区,供 1~2 层住宅使用的集合住宅地区。

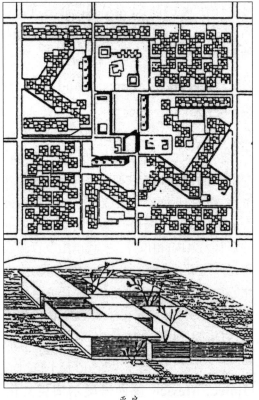

平房

Open Air Theater 露天剧场

　　观众席顶部无屋顶设施之戏院。"Open Air Class Room"意为开放教室,指为了收容特殊(虚弱)之儿童所特设之教室。其大都设置于海港、高山、森林等处,其目的在于使他们更接近大自然并享受森林浴等大自然的洗礼。

Open and Enclose 开与合

　　借助于开阔的大自然视野景观和围合的封闭小空间形成的对比效果而采用的设计手法,开与合是建筑布局和美化环境的传统手法之一。例如,北京颐和园的昆明湖是人工模仿杭州西湖的天然景观,有开放广阔的视野,当人们经过颐和园入口处的层层的封合院落以后,转过假山,会突然见到昆明湖的开阔水面,感到豁然开朗,湖面上的景观显得格外清新辽阔,这就是开与合对比手法在园林设计中的成功运用。中国传统园林中的"小中见大""借景""开阔景观与闭锁景观的对比设计",等等,都是开与合设计手法的具体运用。

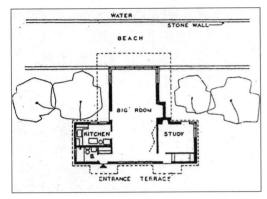

开与合

Open Corridor 空透的围廊

空透的围廊是热带地区竹木与苇草结构民居的特色,除气候要求的遮阳与通风作用以外,周围外廊也具有建筑整体的装饰性。外廊是外部社会生活与家庭的私密空间之间的过渡领域,居民希望经由外廊能够径直到街道上去散步,居民建筑的房角屋边、拱廊、骑楼,都是从房屋的外围探求住户与外界的过渡关系。周围外廊则是从住宅的内部出发来探求住宅与外界的关系的。空透的外廊是住宅的室外部分,既要满足生活中的多种需要,它的外观又要构成阴影和檐下丰富的装饰。外廊、阳台、遮篷等设施有足够的宽度,容得下休闲的桌椅。

空透的围廊

Open Space and Cantilever Structure 开放空间与悬挑结构

悬臂结构可避免某些侧界面上设置竖向支承。悬挑结构在荷载作用下保持稳定或平衡的方法是要对悬挑结构施加平衡力;利用悬挑单元的体型组合,如两个 T 形柱的对接;合理设计悬挑结构形式,使其保持平衡。1. 充分利用悬挑平衡系统的组成构件,例如可使看台的结构与悬挑顶棚巧妙连接,构成一个不倾覆的平衡系统。2. 充分利用悬挑结构静力平衡系统的附属空间,可把悬挑结构的平衡系统与建筑所需设置的附属空间联系起来。3. 充分利用自身保持静力平衡的悬挑结构,例如当楼座沿观众席纵向采用悬臂梁或桁架时,将悬挑结构向观众席后墙以外延伸,以相应的辅助空间作为楼座悬挑空间结构的平衡体。

Open Stage 无幕舞台

亦称"平台式舞台",是一种无舞台前都装置的戏剧舞台,伸入到观众席之中,观众环坐在三面。无幕舞台始于 1570 年,曾盛行于西班牙戏剧黄金时代的露天剧场。日本传统的"能剧"表演也是无幕舞台,伦敦的第一批剧院也用过这种舞台。从 17 世纪中叶直到 20 世纪,有舞台前部装置的剧院一直占有传统地位。无幕舞台在现代演出中又开始流行,这种演出强调演员与观众的接近,而非幻觉性的布景艺术效果。

Open Stairs　室外楼梯

在传统民居中可以看到由楼上直通街道或是有墙和顶的半室外楼梯。自家的室外楼梯使每户居民都能与街区直接联系,沿斜坡地段布置住宅,高低台地自然形成了室外踏步,台地踏步两边的斜坡成为自然升起的花坛,花卉免受交通的干扰破坏,不必作特别的保护。再配以椅凳、矮墙、叠石等,创造宅前的田园风貌。

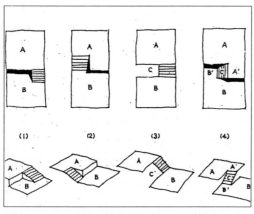

室外楼梯

Opening Area for Natural Lighting　采光面积

作为采光时开口部分的面积。"Opening"意为开口部分,墙壁、屋顶或墙板内所设置开口部分之总称,如窗户、出入口等。"Opening Ratio"意为采光面积比,即开口部分与其他面积之比值。例如有效开口面积与其居室楼地板面积之比值即为其中一种。"Opening In"意为内开式开口,如采光向内开启的门、窗等开口部分,与外开式开口相对。"Opening Out"意为外开式开口,朝外开启的方式开口。

Opening to the Street　开向街道

沿街开设的商店要能看得见店内的一切是吸引顾客的一种方法。一般店前的橱窗形式是通透的,当人们沿街走过时只转过头观看橱窗几秒钟,不能全面看清橱窗内的物品,只有当他先看到窗上的广告引起注意以后,他才停下来看里面的东西,几秒钟后走回来进入商店,这是一般顾客的行为特点。商业街设计有两种方式,一是沿街的墙全是大玻璃以展示商品,商店与街道之间像是空透的,空透的玻璃能吸引住 60% 过街的人转向橱窗向里面看之,有 7% 的人停住脚步读读广告或仔细看看。另一种设计观点是没有墙全部敞开的店铺,夜间用推拉门或卷帘关闭,创造了更巧妙的店铺与街道的联系。敞开的店铺可以听见内部的声音、交谈以及食品的香味,也可以沿店内柜台走进散步,许多小吃店、食品铺、手工作坊式的商店都有这种发展趋势。中国传统沿街店铺采用敞开于街道的形式,便于交易,店铺的门板是近代橱窗外帘的原型。

开向街道

Openness　开放性

开放性不只是空间实质特性的开放,也是出入通道、产权和管理的全面开放,如控制行动规则的开放。开放空间可被密集的建筑物所占据，或是让人们在其内自由活动的空间。开放性并不是大部分城市空间具有的特性，如农场、游戏场、公园等单一目标的用地。研究显示，儿童对生活空间的游憩空间常不加区分，对标准的游戏场使用得较少，爱在整个环境中游玩，以自己的想象力界定空间。开放空间的设计准则与人类的经验有关，一是心理上的空间节点不能以自然状态而取得；二是保留基地上的生态、人及其活动应是自然空间中的一部分，一个好的开放空间能提供心理上的开放和自然生态的延续发展变化。

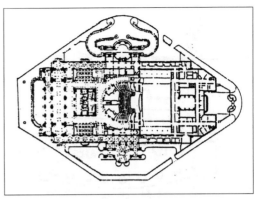

巴黎歌剧院平面

Opera de Paris 巴黎歌剧院

法兰西第二帝国的重要纪念物，是 19 世纪后半叶法国折中主义的代表作品，1861 年开工，因普法战争和巴黎公社起义一度停工，1875 年落成。它是拿破仑第三时代欧斯曼改建巴黎规则的据点之一，根据加尔宁（Charles Carnier，1825—1898 年）的中选方案而建。巴黎歌剧院是世界上最大的歌剧院之一，建筑面积 11 360 平方米，舞台和休息厅很大，座位宽适，只有 2 158 个座席。马蹄形多层包厢式观众厅，舞台宽 32 米，深 27 米，净空高 33 米。其立面为意大利晚期巴洛克风格，兼用一些古典主义手法和洛可可雕饰。外部和内部装修十分华丽，休息厅内部用金色和大理石装修，天花和墙面饰以鲜艳夺目的油画，大楼梯用白色大理石建造。巴黎歌剧院为拿破仑三世所建为卢浮"新宫"费用的两倍。

Optimum 最适度

"Optimum Illumination"意为最适照度，即最适合室内各种视作业目的之照度。"Optimum Reverberation Time"意为最适余响时间，即最适于室内容积及使用目的之余响时间。"Optimum Temperature"意为人体最适温度，即对人体之健康及快适最适之温度。一般因作业之质量、年龄、性别、服装季节、适应及个人差别而不同。一般而言，湿度 60% 时，静态之最适温度为 18℃。

Orchestra Box 乐池

表演歌剧或歌舞剧等时，供乐队演奏而设置于舞台正前方凹低处之专用演奏包厢，也作"Orchestra Pit"。"Orchestra Shell"意为舞台反射篷，一种设置于露天剧场舞台上的反射板。

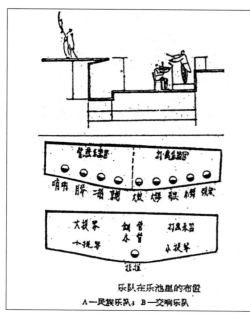

乐池

Order　秩序

秩序指变化中的统一因素,即部分和整体的内在关系。音调没有秩序不成其为语言,文字因秩序不同而表达不同的思想。从宇宙到生物,直到物质的原子,其内部无不存在着自然的秩序。因此,艺术造型也可以说是给形态要素以新的秩序。秩序是对形态能独立存在的挖掘,给造型带来秩序的形式有对称、比率、节奏等。

Order of Streetscape　街道景观秩序

街道景观秩序的结构包含在社会系统之中,反映在文化的延续性与知觉的整体性方面。在形式系统中,有机的秩序反映与自然的完美结合,视知觉秩序反映街道与建筑物的连接关系。沿街建筑物的形态、建筑物的表层构造、街道文本标志、空间秩序。三度立体的架构反映不同类型线性空间形态。街道的弹性景观包含在情态系统中,情感的秩序、人情化的景观秩序、景观秩序都能呈现出场所感。在当代的街道情境中已不再

有某种巨大的、有层次的秩序出现,秩序将表现为一种复杂的形态,连续、整体、错综和运动是一种秩序的层级结构。对街道景观秩序的再生就是为了满足人对秩序的本能追求,使深刻而丰富的文化含义有层次地蕴含在理性的形式之下,并能够让使用者参与、领悟、感受。它是对传统街道景观秩序的辩证回归。

Orders of Architecture　建筑柱式

古典建筑中由柱子及其上部檐口组成的建筑部分的总称,它有五种主要形式,即托斯干、陶立克、爱奥尼克、科林斯与组合柱式。陶立克柱式又有希腊式和罗马式之分,二者有较大的区别。整个柱式由下而上分为台座、柱础、柱身、柱头,希腊陶立克的柱身上有凹槽,上部有圆箍线。柱头是各种柱式区别最明显的部分。希腊陶立克柱头由顶圆线角及上方的柱顶板组成,爱奥尼克柱头上有涡卷饰,科林斯有叶片饰。额枋科林斯分三层,陶立克的饰带有短平线脚,额枋之上为檐壁,不同的柱式有其内在的风格表现和细部装饰。文艺复兴时期和巴洛克时期的建筑师根据维持鲁威的著作制定了一套准则,以规定古典柱式的应用,如陶立克或托斯干用于底层,爱奥尼克用于中间层,科林斯或组合柱式用于顶层,同时规定了部件间的比例关系,古希腊和古罗马人并未做这些规定。

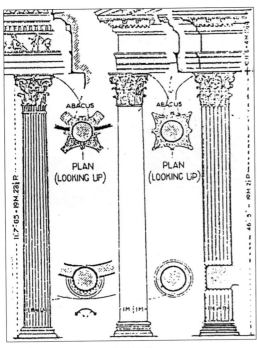

建筑柱式

Organic Architecture 有机建筑

现代建筑遵循以美国人赖特为代表的"道法自然",要求依照大自然所启示的道理行事,但又不是模仿自然,自然界是有机的,故取名为"有机建筑"。赖特倡导着眼于内部空间效果进行设计,"有生于无,无中生有",建筑从属于空间。设计中力图把室内空间向外伸展,又把大自然的景色引入室内,发挥材料的天然性质,装饰不应是外加的东西,要做得像由建筑中生长出来的那样自然,就像花从树上生长出来的一样。这种思潮接受了浪漫主义的某种积极方面的观点,给建筑带来了生气。

Oriental Architecture 东方建筑

东方建筑是地中海东端以东包括土耳其、埃及、伊朗、印度、中国、日本等国家和地区的建筑总称。现系指中国及印度两大派系及其影响圈之建筑形式,为西洋建筑之相对词。

Orientation 方位

温带地区的建筑朝南及东南,冬天的阳光可直射室内,夏日正午的阳光易被遮挡。大面积开窗不应面对西晒阳光,冬天至少每个房间要获得一些阳光。高楼本身摄取阳光,夏天其反射性墙壁增加了照在人身上的辐射热量。在低层区房屋应选好房屋的方位。每一个气候地区,生活方式均有不同,利用或阻挡阳光之方法极多。方位与能源是地段规划的经济因素之一,主要目标还是达到人类居住环境舒适要求。对于城区微气候与方位的研究应在总平面图上有所表现。

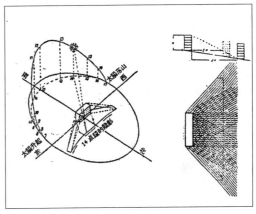

方位

Original Shape 原形

最简单、最纯净的图形往往就是最明确的几何图形,例如正方形(体)、三角形(圆锥、棱柱)、圆形(球体)等。它们具有不可更易性,能给人以简单明了的心理感受。著名建筑大师勒·柯布西耶认为:"……立方体、圆锥体、球体、圆柱或金字塔或棱锥体,都是伟大的基本形式,它们明确地反映了这些图形的优越性,这些形状是鲜明的、实在的、毫不含糊的,因此是美的,也是最美的形式。"21世纪初以来,原形要素被艺术家们所推崇,立体主义、构成主义、至上主义、荷兰的风格派都视原型要素为事物的真正本质,把几何原形及线条视为永恒的艺术形式。最有规则的和具有最大限度的简单明了的几何原形给人的感受极为愉悦,即在特定条件下视觉对象被组织得最好。

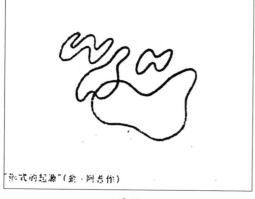

原形

Origins and Trends　源与流

在一定历史时期中,思想倾向、审美理想和创作风格相似的建筑师,自觉或不自觉地结合而成为流派,较为成熟才被历史所承认。任何流派又均有其历史渊源,形成某一流派的风格与特色。在某些历史时期,建筑流派大批涌现,如当代建筑思潮中的后现代主义,蕴含着许多流派,诸如文脉主义、后期构成主义、理性主义、自然主义、银色派、灰色派、高技术派,等等,呈现出当代建筑思潮的多元的世界。

Ornament　装饰

建筑装饰要用在表达设计意图的地方、构造需要的地方、有隐喻意义的地方或运用装饰的手法把过于分散的构图联系在一起。在建筑主要入口的边框上、门窗、房间的墙上、园林小路的铺面、屋脊、山墙、柱头和柱础、不同建筑材料的交接处、建筑的边角处、墙顶等建筑上需要强调的地方。把建筑装饰和谐统一地表现于建筑之中,而不应认为是外加上去多余的东西。

装饰

Ornamental　装饰化

装饰品或美化。“Arabian Ornament”意为阿拉伯装饰,多以彩色的圆形、多角形、不规则四边形、三角形、菱形等组成几何图案。“Egyptian Ornament”意为埃及装饰,内容多为象形文字式的符号、有翅的圆球、刻有圣甲虫的宝石、象征性的动物、树叶,特别是以荷叶和棕榈叶为主。“Gothic Ornament”意为哥特式装饰,12—13 世纪以当地的植物模仿制品和想象中的动物为内容。“Greek Ornament”意为希腊装饰,多在柱顶盘上用对称的树叶形和玫瑰花形装饰。“Romanesque Ornament”意为罗曼式装饰,在拜占庭时期极为华丽,多为古典图案的复制。“Roman Ornament”意为罗马装饰,在墙上用彩色镶嵌图案的壁画装饰,中心有一主体图案,周围环以花、叶等。“Ornamentalist”意为装饰设计家。

装饰化

观赏植物

Ornamental Plant 观赏植物

　　在初步规划设计阶段运用的观赏植物多为常见的木本植物,花卉草坪仅作示意即可,在详细的种植设计阶段作具体的配置。一般要掌握植物的外貌特点,如树木的枝干形态、树冠的浓密、形态、针叶、阔叶、乔木、灌木、色彩、花、果实等。例如,木本植物树冠形态有椭圆形、下椭圆形、上椭圆形、杯形、圆锥形,其又可细分为柱形、金字塔形、宽塔形、圆盘形、宽圆形、伞形。按针叶树、阔叶树的区分又有不同的形态。此外,还要掌握一般植物材料的花色、叶色、花期、色彩与时间的变换,以利四时造景。要掌握一般植物材料的生长期、习性特点,也与当地的苗圃育苗供应情况有关,快长、慢长及枝干大小要在不同地段作不同的选择。了解一些植物材料的不同用途和功能特点,有适于绿荫、隐蔽、境界、防尘、防湿、防风等各种功能特点,以供规划设计时挑选。

Orsay Le Musee 奥尔赛美术馆

　　坐落在巴黎塞纳河左岸,原建筑物系被废弃多年的奥尔赛火车站,1939 年停用,1979 年选定了由科尔鲍克(P. Colboc)等人的改建方案,由意大利建筑师奥兰蒂(G. Aulenti)负责室内设计。原有建筑面积约 3 万平方米,改建后有效面积 4.5 万平方米,1986 年完工。原有建筑长 140 米,高 35 米的拱形大厅,火车轨道及站台层在地下 10 米处,改建后通过宽大的阶梯下至地下 4 米的地坪。大厅两侧设夹层,以纵轴为主引导人流前进并逐渐升高,创造了大量"房中房",形成高低错落的夹壁平台。保持旧火车站建筑要素的完整性是本设计取得成功的重要原因,把原有建筑条件当作设计的前提,一切新添加的建筑要素都不遮盖,不掩饰原有的建筑构件,而是互相穿插映衬,相得益彰。

Orthographic Projection 正投影

　　正投影是表现三维物体的投影图,通常用 3 张一维图来表示。图中的物体是沿着与图平面垂直的平行线来观察的,例如一个房屋的正投影图包括一张俯视平面图、一张正视立面图和一张侧视侧立面图。

Oscar Niemeyer 奥斯卡·尼迈耶尔

奥斯卡·尼迈耶尔是巴西人,生于 1907 年,1963 年苏联列宁奖金获得者,1967 年获得波兰建筑师协会的金奖。他是建筑大师勒·柯布西耶的推崇者,曾和柯布西耶合作巴西教育部大楼和纽约的联合国总部的设计竞赛方案。后来他完成了巴西利亚新都三权广场上的政府建筑群,因此一举成名震惊世界,在高空俯视下壮观的建筑群给人们留下了一个纪念性的印象,视觉艺术对比是他创作的巴西利亚建筑群的构想源泉。当柯布西耶评价尼迈耶尔的作品时,柯布西耶认为他的天才创造性产生于巴西的本土思想精神。尼迈耶尔认为当一种形式成为美,他即将具有功能,他说过:"人们创造的直线、虚实感、灵活性,并不吸引我,我最爱画的是徒手的曲线,这种曲线在巴西的山脉中能找到、在弯曲的河流中能找到、在天空的白云和波动的大海中能找到,全部宇宙所创造成的曲线是爱因斯坦发现的宇宙曲线"。

Outdoor Displays 室外陈设

室外环境包括建筑外围的绿化、园林化、城市的街道小品、马路中间的绿带、树木与花卉的栽植以及宽阔街道两旁多样统一的建筑小品,等等。室外陈设应更多地考虑其与室内的联系、关系,整体美化,室内外环境应该包罗万象,作为室外陈设的艺术品如同室内摆设的家具一样,点缀着室外的微观环境。装饰性的门楼、矮墙、影壁、窗花、细小的装饰、铺石的小路,一石一木,都是装扮环境的要素。布置室外的陈设要创造意境,抒发情趣,满足审美观赏的需求。

室外的陈设

Outdoor Illumination 室外照明

道路照明以外的室外照明要求满足室外视觉工作需要和取得装饰效果。它分为工业、交通、场地照明,要求装置照明设备有良好的水平照度场地,另一种要求有较高的垂直面照度场地,体育场地照明应对各种运动的视觉要求作具体分析。其他建筑室外照明如建筑的夜景照明。设计室外照明主要根据场地所需光分布和照度要求,确定灯具的安置部位,进行必要的光通量计算,以确定灯具的数量和功率。用"逐点计算法"确定所用灯具的射角,并确定出所要求的照度值。

Outdoor Room and Enclosure 室外房间

室外房间是形容在室外形成的如同房间似的封闭空间,也是在室外环境中构成美的装饰物。这些室外房间也有其自身的特殊美,如室外的公共汽车站棚、电话亭、书报亭、小卖点、公共厕所等,有其自身的空间外形和设计特征。有的室外封闭空间设计成空透的形式,既是室外又是室内,兼有两者的特征,好像把环境和空间融合在一起了,创造出环境景观中的特殊美。庭园中有花架,爬藤植物如同房间的顶棚,小路引入花架,形成室外步行走廊。

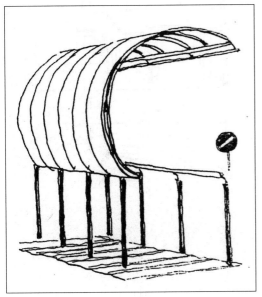

室外房间

Outer Protective Structure 围护结构

围护结构构成建筑空间,以抵御环境不利影响的构件,其分为外围护结构和内围护结构。外围护结构,如外墙、屋顶、侧窗、外门等,应具有保温、隔热、隔声、防水、防潮、耐火、耐久等性能。内围护结构,如隔墙、楼板和内部门窗等,应具有隔声、隔视线以及某些特殊要求。围护结构的构造材料有砖、石、土、混凝土、纤维水泥板、钢板、铝合金板、玻璃、玻璃钢和塑料,等等,构造可分为单层和多层复合两类。

Over Gateway Arch 门楼

门楼在中国乡村住宅中是具有很高艺术性的小建筑的形式。它的造型、装修和细部装饰,往往是民居建筑特征的综合表现,不论贫富,都重点装修自家的门面。北京四合院中的垂花门也是门楼中的一种形式,它集中表现宅院中最丰富鲜丽的色彩和装饰。四合院外部入口大门道是深深的过道式门楼,在暗影中的朱红色大门,金黄色的门簪和宅院外部青灰色的粉墙黑瓦形成强烈的对比,从而凸出了主要入口。陕北、陇东一带外形像道士帽式的一坡顶小门楼,就像西北生土民居造型的缩影。皖南民居高墙上精美砖雕和黑色包铁皮的大门,显示住房的入口。门楼与住房之间有铺面小路相通,这是由公共街道进入家室之间的空间过渡、光感的过渡、声音的过渡、方向转变的过渡、地面铺料质感与地坪标高的过渡、开与合视野转变的过渡。这些行为与心理的设计效果,都通过门楼与住宅之间的空间处理来实现。

门楼

Overhead Structure 高架桥

高架桥的英文也作"Overbridge""Overpass""Over span Bridge",即跨越道路所架设之桥。"Overhead Conductor"意为架空电缆,也作"Aerial Conductor Wire"。"Overhead Crane"意为高架吊车,工厂中行走于两侧高架轨道上之吊车。

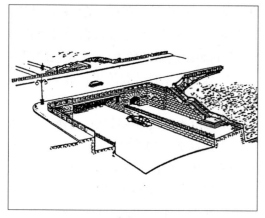

高架桥

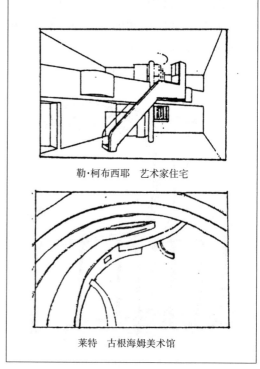

勒·柯布西耶　艺术家住宅

莱特　古根海姆美术馆

重叠空间

Overlapping Space　重叠空间

在城市中重叠空间指以贯通地面层与
地下层的一个管状的竖直空间,将原有地面
上一维的商业街与地铁、公共汽车总站连为
一体,建立一个中介性的中心空间。其中包
容的新商业内容和新视觉景观感受使其充
满情趣和具有吸引力。重叠空间是建立
"同时性的运动系统",步行商业区域通过
下沉式的庭院、自动扶梯、过街天桥贯通中
心区的内外、上下,从而实现人流与车流的
分离,更重要的是确保中心区的景观能为行
人的速度和各个位置角度所感受。美国费
城城市中心区的改建规划是这种重叠空间
设计的典范。

Oxford, Great Britain　英国牛津

英国的牛津大学是世界上历史悠久、声
望甚高的大学之一,牛津大学 1167 年建校,
以巴黎大学为榜样,当时每年招收 1 200 名
学生,早期以神学院和人文学科享有盛誉。
13 世纪牛津大学的地位提高了, 15 世纪建
立神学院。文艺复兴时期牛津大学引入许
多重要学者,进一步提高了牛津的声誉。20
世纪时课程现代化,科学技术被当作专业学
科进一步得到重视,牛津大学增设了许多新
科系。传统的牛津大学常常与英国历史上
伟大人物的名字联系在一起。

P

Pace 楼梯平台

楼梯中途所设置的无梯级之平坦部分。其目的为改变方向，供休息避难之用。

Pachacamac，Peru 秘鲁帕查卡马克古城

帕查卡马克古城是前哥伦布时期生土建筑的城市遗址，大约在 1470 年印加帝国征服沿海地区后改称为"帕查卡马克"，在克丘亚语里的意思是"万物的创造者"。古城虽然只留下了残垣断壁，仍能想象当初那宏伟壮观的气势，它是印加文化具有代表性的遗址，1532 年被西班牙人所毁。古城址中包括现已修复的女子学校、竞技场残迹、住宅和街道的遗址、带庞大仓库的 13 座金字塔遗址，建筑材料以手工方形土坯和卵石为主，从残迹中仍可辨认原来抹面的丰富色彩，有红、黄、黑、白、青、褐色等矿物涂料。每座金字塔有入口坡道，主体宫殿、围墙、街道等，代表一个部族，使用周围的院子开斋，同时也进行贸易，交换食物和药品。其中规模最大的太阳神庙建于印加文化时期（1470—1533 年），居高临海，景色壮观，是帕查卡马克最辉煌的建筑成就。

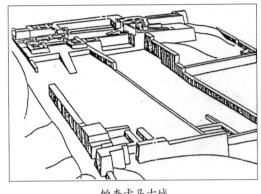
帕查卡马古城

Pacific Design Center 太平洋设计中心

美国洛杉矶好莱坞地区的办公、展览、商业性综合建筑，由西萨·佩里（Cesar Pelli）设计，1975 年建成。其总面积 69 750 平方米，平面为长 161.5 米、宽 74.7 米的矩形，柱网尺寸为 9.14 米。6 层总高度为 36.6 米。一层部分按缩小比例的维多利亚风格布置成街道广场，各种铺面和服务设施仿佛就是好莱坞电影布景和迪士尼游乐园的片段。2~6 层是展览室和商品交易处，在 9.1~36.6 米宽的步行道两侧是各种制造商和商品代理店的展览室。在内廊的走廊上部设有与建筑通常的拱形顶，空间高 18.3 米，覆以茶色曲面塑料板。南北两组自动扶梯设在半圆形的柱体内，南梯可眺望街景，北梯可眺望远山。建筑面积为 18 600 平方米的不透明闪光玻璃，以深蓝色为基调，外观是一个没有任何细部的巨大体量。

Pagoda　佛塔

　　佛塔原本为佛教放置舍利子的塔状建筑,传到中国演变成三重、五重、七重、九重塔等各种形式。佛塔是由木塔、石塔、砖塔、铁塔、琉璃塔等多种材料建造的。中国现存佛塔有 2 000 多座,有楼阁式塔、密檐塔、单层塔、藏传佛塔、金刚宝座塔、花塔、过街塔、傣族佛塔等。中国塔一般由地宫、地基、塔身、塔顶和塔刹组成。地宫藏舍利位于塔基正中地面以下,塔基包括基台和基座。塔刹在塔顶之上,通常由须弥座、仰莲、覆钵、相轮和宝珠组成,也有在相轮之上加宝盖、圆光、仰月和宝珠的塔刹。其许多形制是由印度的"翠堵波"演化而来的。

佛塔

Pagoda of Xishuangbanna　西双版纳的佛塔

　　西双版纳位于云南省南部,不但自然景色优美,还建有许多造型各异的佛塔。曼飞龙白塔坐落在景洪县内,距今已有近 700 年历史,由大小 9 个塔组成,中央主塔高近 17 米,由 8 个小塔围绕在四周。塔座下设佛龛,龛内供佛像,每座塔的塔身均建在 3 层莲花须弥座上,整座塔身洁白秀美,塔尖光芒四射。塔身上的各种浮雕、彩绘造型优美,色彩艳丽。整座塔的建筑风格反映了泰缅小乘佛教的艺术特色,给人们以稳健华贵的美感。此塔的建造还有一段神奇的传说,称佛祖释迦牟尼曾来此处,一脚踏在山石上留下了巨大的脚印。虔诚的佛教为了表示敬心,在此建起了这座佛塔。在塔身的正南龛下,一块原生岩石上真有一处涂着金色的脚印。

Pagoda in Cien Temple　慈恩佛塔

　　在陕西西安南郊慈恩寺内,又称"大雁塔",建于武周长安年间(701—704 年),是著名的唐代楼阁型砖塔之一。现存的慈恩寺以唐代的西苑塔为中轴线,塔前建有殿堂和东西庑殿,合成四合院,前面配建钟鼓楼,已非唐代原貌。砖塔仿造西域制度, 5 层,上层为石室,总高 180 尺,现存塔为方形, 7 级,总高 64 米。塔身为砖砌空筒,内有木楼梯,层间楼板、梁、地面枋,均为木制。各层四面开砖券拱门,外壁用青砖砌筑,仿木的柱、额枋、斗拱等,现存塔的表面是明代包砌过的。塔的底层门楣上有唐代线刻佛殿图,底层的南门两侧镶有两块唐碑,刻有唐太宗"大唐三藏圣教序",为书法家褚遂良所书。

Pagoda in Tianning Temple Beijing　北京天宁寺塔

　　在北京广安门外,建于辽代,明清时期修葺过,是八角密檐砖塔的典型实例,是现北京市区内最早的建筑。相传北魏 5 世纪时文帝时创建,初名"光林寺"。隋代改名弘业寺;唐改为天王寺;金改为大万安寺;元末毁于战火,明永乐二年重建,宣德十年

（1435年）改名为天宁寺；清末只余一塔。塔总高57.8米，空心砖砌，平面八角形，建在方形的大平台上，分塔座、塔身、塔檐及刹三部分。塔身每面一间，共8根圆形角柱。塔檐共13层，每层檐之间有斗拱，全都挑出两跳。塔顶的刹为砖刻，有两层八角仰莲，上加小须弥座，承托宝珠。

Pai-Loo 牌楼

在中国，建筑在宫殿或庙宇外围的引道上，用以界定空间之独立构筑物，相当于门。牌楼的形式多样，有木牌楼，石牌楼、竹、草等材料制作的装饰性牌楼；有纪念性的牌楼，或题字作为地域性的标志。

牌楼

Pakistan Gopa House 巴基斯坦古派屋

巴基斯坦丁加尔地区的民居，在巴基斯坦东部印巴边界上，丁加尔在亚斯曼以东约30千米处，住屋分散在高地沙丘上。统一为圆形平面，圆锥形的苇草屋顶，也称"古派屋"。后来有的发展为矩形平面的平顶民居，山字形屋脊。古派屋的墙壁用晒干的土砖砌筑，搭架屋顶用的柱子、横架和椽子都用没有加工的圆木，屋面是在茅草上加灰泥，最后再加上一层泥拌稻草，外表面涂上一层和泥的牛粪。

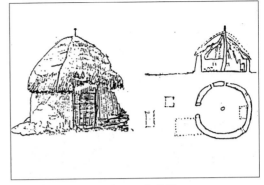

巴基斯坦古派屋

Pa Kua (Trigram) 八卦

中国儒家经书《周易》中的八种基本图形，由中线"—"（阳）和中断线"– –"（阴）两个符号组成。其名称为乾、坤、震、巽、坎、离、艮、兑，《易传》认为八卦象征天、地、雷、风、水、火、山、泽八种自然现象。并简述八卦中每两卦都相互对立，阴阳是八卦的根本。阴阳两种气体结合交感产生万物。这是从正反两面的矛盾对立说明事物的发展变化，具有辩证法的思想。

先天八卦方位图

Palace 宫殿

指中国古代皇帝居住之处所、日本天皇

居住之处所或西洋庙宇内的神龛。"Palaz-zo"原为意大利文,意为贵族的宅邸,一般可翻译为宫殿,是意大利中世纪至文艺复兴时代所建造之贵族宅邸。

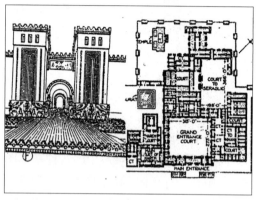

科沙巴萨艮王宫

Palaces City Beijing　宫殿城市北京

北京具有悠久的建城历史,元大都是13世纪世界上最雄伟的城市,西方称之为"大汉之城"。意大利旅行家马可·波罗曾赞叹:"城市如此的美丽,布置得如此巧妙,我们竟没法描写它了!"北京有着其固有的都城文化积淀、明显的历史烙印、和当代国际城市特有的气氛。1267年元月,刘秉忠主持建筑元大都时,为充分利用积水潭、太液池这一湾碧水,又要符合《周礼·考工记》"前朝、后市、左祖、右社"的经典原则,让城市的中轴线巧妙地选在圆弧的切点上,使宫殿既临水泊,又正压中线,只有登上市中心高62米的景山,才能领略到北京城市设计的大手笔。中轴线全长达8千米之遥,贯穿南北,一气呵成。

Palace of Justice, Chandigarh　昌迪加尔法院

印度昌迪加尔法院是1953年由柯布西耶完成的一座幻想式的建筑。巨大的拱顶结构,伞形楼面遮盖着四层楼,入口前厅和大坡道相连,前厅两面是多层的庭院式的房间,均以不规则形的混凝土格栏式遮阳板覆盖。采用珠红、群青、柠檬黄、白等明亮的色彩涂于混凝土格栅的后面,与混凝土结构的颜色形成鲜明的对比。粗糙的混凝土表面就像是千年风雨冲刷的巨石,柯布西耶追求使这个作品成为永恒的历史性建筑。高大的法院内部需要表面吸声处理,设计了大型的挂毯分隔结构。在伞式屋盖下面有平台可以眺望广场和城市,喜马拉雅山脚下的道路。人们看到这座建筑都有一种新鲜感,坡道、阳台、拱券、柱子、天光,足以表现柯布西耶的作品在建筑内部与外部空间的设计成就。

Palace Museum　故宫博物院

由中国明清两代故宫组成的博物院,北京市中心,占地72万平方米,1919年成立古物陈列所,1925年成立故宫博物院,1947年合并为故宫博物院。1937年抗日战争前夕故宫曾将大批文物运往上海、四川,战后运到南京,1949年前后一部分运回北京故宫博物院,一部分运往台北。现故宫博物院的陈列分历代艺术馆、陶瓷馆、绘画馆、青铜器馆、珍宝馆、钟表馆等。

Palais du Louvre　巴黎卢浮宫

世界最壮丽的宫殿之一,位于巴黎市中心,展示了法国文艺复兴时期建筑的特点和成就。1793年改为国立美术博物馆,它和丢伊勒利宫共占地18.2公顷。在中世纪,卢浮宫原为国王的一个离宫,1546年法兰西斯一世建新宫,采用文艺复兴府邸建筑形式,为现宫院的西南角。1624年路易十三扩建,由J.勒梅西埃建造,加上了中央塔楼形成了西面的主体。路易十四时著名建筑师L.勒沃设计了南、北、东三面的建筑。东立面总长183米,高29米,横向分为5个部分,两

列长柱廊占主导地位。柱廊采用科林森双柱,柱高 12.2 米,贯通二三层,底层为基座,雄伟壮观,东立面是卢浮宫的标志。17—18世纪古典主义思潮在全欧占统治地位,卢浮宫东立面极受推崇,被视为恢复了古代的"理性的美"的典范。20世纪80年代,卢浮宫又由建筑师贝聿铭主持扩建了地下部分。

Palazzo Rucellai 鲁切拉府邸

私人住宅,位于佛罗伦萨。始建于1452年,1470年建成,由建筑理论师阿尔伯蒂(Leone Battista Alberti, 1404—1472 年)完成。府邸立面实体全部由结晶细密的砂石砌成,分三层,每层均有壁柱及水平线脚。二三层的窗用半圆券,顶部有一个大檐口,壁柱与凹槽将施工中粗糙处掩盖住。各层壁柱的高度由模数控制。由于立面上线脚排布的密度与门窗在立面上所占面积的比例关系,立面在视觉上有一种匀质的效果,给人的总体感受是结实而雅致。

Palm Dwellings, Amman 阿曼棕榈民居

中东地区阿曼湾的民居是用阿拉伯胶树棕榈叶与枝建造的,由于当地酷热干旱,民居要求遮阳,窗口要迎海风,结构骨架要有足够的强度以抵御海上的风暴。其结构以横向屋顶的圆杆与直立的木柱架立而成,屋面和墙壁用棕榈叶层层平行排列覆盖,或预先编织好在格架网格中成为树叶墙壁,预制好后安装在房屋的骨架中。斜屋面用双层的棕榈叶子防水,用石头或泥砖加强墙脚以防风,注重建筑的迎风方向,并适当地安排庭院。阿曼西部有著名的"萨夫屋",是典型的棕榈民居,以苇草编织的围墙可自由围合,户外有床、厨房、洗衣处、浴室、贮藏、井屋。当地居民对棕榈叶编织有传统技术,以夹板作骨架,叶筋的屏板有透光及通风的作用,有的叶壁垫层留有树枝组成的植物花卉墙壁,墙底下的叶子通常被动物吃光。

鲁切拉府邸

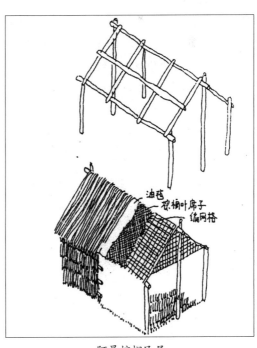

阿曼棕榈民居

Palatial Hall　殿堂

中国古代建筑群中的主体建筑,包括殿和堂两种建筑形式,其中殿为宫室,为礼制和宗教建筑所专用。堂和殿之称均出于周代,堂字出现较早,原意是相对内室而言的,指建筑物前部对外敞开的部分。殿的原意是后部高起的物貌,表示建筑的形体高大,地位显赫。殿和堂最初可以通用,后来有了等级差别。西汉中叶以后,殿逐渐为宫室专用,以后佛寺道观中供奉神佛的建筑也称"殿"。殿和堂在形式、构造上都有区别,殿是随着台榭建筑的发展而出现的名称,殿有阶还有陛,有高大的台子作底座。至唐代,只有殿才可以用庑殿式屋顶。宋以后歇山顶也为宫殿专用,殿必在布局中心,装修比较讲究。堂的平面形式体量比较适中往往表现出更多的地方性特征。

Palau Dwellings South Pacific　南太平洋帕劳岛民居

帕劳是加罗林群岛西端的群岛,西距菲律宾 550 英里(约 885 公里),由 200 多个珊瑚岛组成。西班牙统治达 300 年,1941年被日本占领,1944 年被美军夺取,现为托管地。岛上居民种族混杂,其民居建筑以巨大的尖顶草屋为特征,长方形平面(24 米×4.5 米),木构架抬起离开地面。顶部很高,在山墙上彩绘鸡、鱼等动物图案,色彩艳丽。帕劳的原始民居是全部以地面为支架的草屋,用木料搭架成三角形的支架,外挂茅草或树叶。

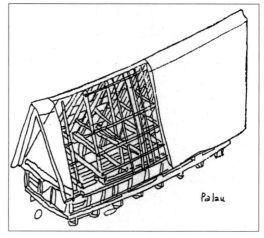

南太平洋帕劳岛民居

Palazzo in Italian Renaissance Architecture　意大利文艺复兴时期的府邸建筑

意大利文艺复兴时期的府邸建筑最具代表性。美第奇府邸 1444—1460 年建于佛罗伦萨,为文艺复兴早期府邸的代表作,由米开罗佐设计,后改名为吕卡第府邸。平面长方形,圆柱式内院,第一层墙面用粗糙的石块砌筑;第二层用平整的石块,留着较宽较深的缝;第三层为平整的石块,这种处理方法为后来这类建筑效法。法尔尼斯府邸1515—1546 年建于罗马,设计师为小桑迦洛,封闭的内院,周围是券柱式回廊,门厅、柱廊都按轴线对称布置,正面对着广场,气派庄重。圆厅别墅 1552 年建于维琴察,是 A. 帕拉第奥的代表作之一。平面正方形,四面有门廊,正中是圆形大厅,四面对称的形式,对后来的建筑颇有影响。

意大利文艺复兴时期的府邸建筑

Palladianism 帕拉第奥主义

帕拉第奥主义以 A. 帕拉第奥（1508—1580 年）的著述和建筑为基础的建筑风格。帕拉第奥生于意大利维琴察，是人文主义者和理论家。他主张建筑应服从理性，应遵循古代不朽之作所体现的建筑风格和原则，沿袭公元前 1 世纪维特鲁威的建筑风格和理论原则。帕拉第奥主义的特点是均匀对称，在采用古典形式和装饰纹样上也注重古代风格，在英国乔治一世到四世时期（1714—1830 年）开始再度对帕拉第奥发生更大的兴趣。帕拉第奥的《建筑四书》1715 年出版，18 世纪帕拉第奥主义在英国再次兴起，对意大利产生影响最大，并传到欧洲和美洲，在俄罗斯、瑞典、波兰产生有重要影响。

帕拉第奥主义

Palladian Window 帕拉第奥式窗

一种特殊形式的窗，中部较宽大，半圆拱形顶，两侧较窄小，平顶。其流行于 17—18 世纪的具有意大利风格的英国建筑。源自 16 世纪意大利建筑师帕拉第奥设计中常用的门窗洞口形式，在 1546 年设计的维琴察巴西利卡式长方形的教堂中曾重复使用，有时也称为"威尼斯式窗"。

Palm 棕榈树

椰子科的常绿乔木，叶和茎部含有丰富的纤维，称为"棕榈毛"，可以作为绳子的材料。"Palm Fibre"意为棕榈纤维，由棕榈科的叶干取得之纤维，主要用在粉刷工程中，为了防止龟裂掺入水泥砂浆等之中而使用，俗称"棕榈毛"。"Palm Hair"意为棕榈纤维。"Palm Rope"意为棕榈绳，利用棕榈纤维制成的绳索。

Panel 格间板

区划空间内之板片。大型平板状所形成的板状物，如壁板、门板、预铸板或组成模板的单元板。"Panel Board"意为镶板，通常指空心门之门板或夹心门之板，或腰墙之保护用镶板。

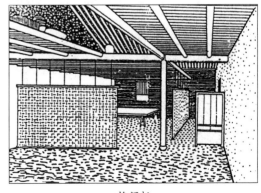

格间板

Panel Absorber 吸音板

板振动吸音板是一种合成板，包括石棉

板或蜂巢板等较薄之板。当其碰到声音时，板因声压而产生振动，音之能量由于板的振动而转变为机械性能量，进而在板内产生摩擦发生热能予以吸收，经过上述过程吸音之材料即称为板振动吸音材料，板若能产生共鸣则其吸音能量更大。

Panel Curtain Walls 隔墙

隔墙是建筑物内部的隔离结构，把大房间按设计意图分隔成小房间，结构属于自荷重的构件，因此在很多情况下没有基础而直接建在楼板或地面上。对隔墙的主要要求是隔音、轻、薄，因为隔墙是为两个相邻房间音响方面互不干扰，根据使用的要求确定其隔音性能。在大量性民用建筑中，隔墙占有很大的比例，其重量和厚度直接影响建筑结构与设计的经济效果，一般情况下隔墙两面的房间温度相同、没有隔热的要求，在有特殊需要时考虑其隔热性能，如厨房与冷藏间的隔墙。

隔墙

Panel Heating 板式采暖

利用盘管通以温水或者埋设电热线及埋设风管通以温风，以达成全面暖气之方法。"Panel Cooling"意为板式冷气，利用楼地板、天花板或墙面埋设盘管（Pipe Coil），并通以冷水，使整面冷却而达成冷气效果之方式。采用本方式产生冷气，需考虑室内空气温度的控制，以防表面发生结露现象。

Panel Point 节点

两件以上构材相互间之结合点。"Panel Length"意为节点间距，桁架节点间之距离。"Panel Shuttering"意为模板板条，亦称"Form Panel"。"Panel Strip"意为板面上一定距离之压条，亦称"Batten"。

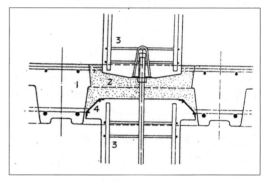

柱与板的连接（1. 井字肋楼板；2. 现浇混凝土；3. 带柱帽的柱子；4. 钢板环）

Panelling 镶板

在建筑和设计中将薄木板用较窄、较厚的木料作框固定后，用在墙、天花、门和家具上的一种装饰性处理。以镶板门为例，边上的竖料称为边框，当中的竖料称为中挺，上下边料称为冒头。简单的镶板门在古希腊、古罗马时已有，意大利罗马风格时期也用。哥特式镶板广泛用于墙面和装修，华丽而温暖的木护墙是英国都铎风格和伊丽莎白风格的显著特征。英国文艺复兴时期的镶板趋于简单化；法国路易 14 和 15 世纪广泛采用镶板并多作装饰；意大利文艺复兴时期仅用在天花上。17 世纪美洲新英格兰殖民地式也用镶板，但无装饰，18 世纪的装饰纹较繁多，特别是在南方。

Panorama 全景画

在视觉艺术中指连续的叙事场面或风景,按一定的平面或曲形背景绘制,画面环绕观众或在观众眼前展开。盛行于18世纪后期和19世纪,真正的全景画陈列在大圆筒形房屋内墙上,最早的圆筒直径为18米,后来有的达40米。观众站在圆筒中心的平台上,就地旋转,依次看到视平面上的所有画面。身临其境的感觉可通过多种方式加强,在观众与圆筒内墙之间布置逐渐与画面融为一体的实物,或使用间接照明,让人感觉亮光来自画面本身。全景画的高级形式是中国和日本的纸或绢画卷。

Pansa House Pompeii 庞贝潘萨府邸

古罗马时期主要住宅形式——"中厅住宅"的代表性建筑,建于公元前2世纪,中厅住宅从意大利传统民居中可见,住宅的所有房间围绕着中厅布置。中厅是矩形大厅,中央有采光天井开口,对应着容雨水的水池,为全家人的公共活动空间。潘萨府邸位于庞贝城中心广场北侧,规模宏大,将采光天井的位置扩大成为回廊内院,内院布置花木、小品及雕刻,四周是列柱回廊。其平面为规整的矩形,主入口位于住宅正面的轴线上,沿街和转角的房间用作店面,靠天井和回廊的房间多作卧室,外侧多作辅助用房。天井院正端为客厅和正厅,地面通常以彩色大理石铺砌,墙上有壁画。潘萨府邸体现了当时府邸建筑的水准和空间组织情况。

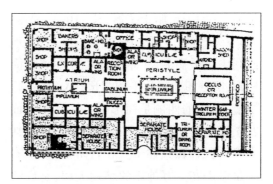

庞贝潘萨府邸

Pantheon Rome 罗马潘太翁万神庙

潘太翁万神庙始建于公元前27年,当时为普通古典神庙形式,118—128年由哈德良皇帝重建,圆形混凝土建造,外加砖面层,穹顶巨大。正面有科林森式列柱门廊,上方有三角形山花坡屋顶。巨大的青铜双扇门高7米,是最早的大门实例,穹顶直径43.3米,基座以上高21.7米。混凝土的砂浆质量优异,骨料选择非常仔细,墙厚达6.1米,穹顶中央有一直径8.2米的圆孔采光。内部使用了彩色大理石,内墙有7个深壁龛。609年改作圣玛丽亚圆厅教堂并沿用至今。

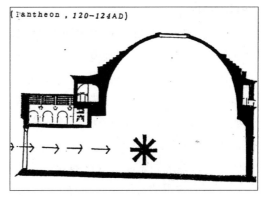

万神庙空间分布图

Pantheon, Paris 巴黎万神庙

又称"圣日涅维教堂",始建于1757年,是法国18世纪罗马复兴式建筑的代表作品,设计师苏夫洛(Soufflot, 1709—1780

年）。平面为希腊十字形，长 110 米，宽 83 米，中央覆盖大穹顶，穹顶内径 20 米，从地面到尖顶最高处 71 米。鼓座外围有一圈柱廊，四壁覆盖着扁平的穹顶，都支撑在帆拱上，穹顶的四侧是筒形拱。柱廊的平面及立面均受古罗马万神庙的影响，6 根 19 米高的科林森式柱子立在台阶上，顶上有三角形山花。万神庙的结构大胆，是启蒙运动的纪念碑，体现了理性主义思想和对古罗马文化的向往。万神庙的内部完全摆脱了神秘的宗教气氛，成为世俗的、富丽堂皇的大厅。

Parapet 女儿墙

建筑物外墙高出屋面的部分，呈矮状，古代墙垣和城堡顶部用砖或石砌成矮墙，以利于警戒和防卫，称"胸墙"，又称"女儿墙"。以后普遍用于建筑屋顶上的栏护设施，或作为一种外形处理手段，成为房屋檐部的组成部分，又称"压檐墙"。在地震区，砖砌女儿墙应加钢筋锚固，以防地震时倒塌。

Park 公园

社会公共设施的一种，供市民锻炼、休息、交际及观赏而公开的园地。公园的功能可分为儿童公园、邻里公园、普通公园、运动公园、自然公园、特殊公园、都市公园、国家公园等。"Park System"意为公园系统，公园之各种机能为了不使其孤立的单独存在，而加以统筹性规划做成系统化的联系，达到统筹性机能效果之公园系统。"Park Cemetery"意为墓地公园，具有公园机能的同时可作墓地。"Park Way"意为公园道路，为体现公园绿地之间达到统一整体化，利用植树绿化的道路连接，公园道路可供汽车观光，或供行人散步、休息。

Park Designing 公园设计

公园设计要从总体着眼局部，公园的发展趋势将取消围墙与城市街道组织在一起，与城市园林构成系统。公园设计要运用组织自然空间的手法表现中国传统风格，运用地形、建筑、种植条件，配置前景、背景和衬托，组织视线和景点。地形是公园的地貌和骨架，因地制宜包含对建筑物位置与体量的考虑，巧妙地把建筑嵌入地形。山坡作梯园，缓坡配平台，堆山结合高地。一般不设计过多的建筑，是人的视线焦点，圆亭形式多样，无墙的小屋可建在平地、山脚、半山、山顶。园墙、廊可联系建筑和组织空间。配置植物可当墙运用，背景树以本地树种为宜，单株或成丛配置组织风景透视，构成深、透、露的风景线。公园里的大型建筑要有单独的人流集散地。

Park in Forest 森林公园

森林公园在郊区森林和水面基础上建立，至少要有 150 平方米以上用地面积。森林公园可分为公共游览和有长期休养机构的森林公园，公共游览性的可设休息基地、公共浴场、水上运动、汽车、摩托车、自行车基地、钓鱼区、食堂、森林看守所等。设有长期休养机构的森林公园还有疗养所、少年夏令营等，有的可设旅行基地、旅馆、招待所与体育基地。森林公园与城市应有公交联系，路途时间不应超过 1.5~2.5 小时，最好能把游人分送至各点，避免过多游人集中。人行、车行道应铺设在风景优美的地方。福利设施工程应尽量保存自然景观，保存森林区的完整性。

Park in Suburbs 郊区公园

许多郊区公园的大片绿地是过去的庄园、行宫、修道院、别墅村镇和疗养区、学校、科研机关内的绿地。按使用性质,郊区公园可分为公用的和专用的,例如北京郊区的颐和园闻名世界,除利用古迹公园以外,一些休疗养区内也常建设大片的公园绿地、专门为大城市郊区各种机关服务的公园、不对公众开放的公园。此外,城市郊区绿化系统中的一些禁猎禁伐公园,具有科学、文化或经济价值的大片森林地区,进行动植物水土驯化的科学研究工作,也能成为居民游览休闲的胜地。

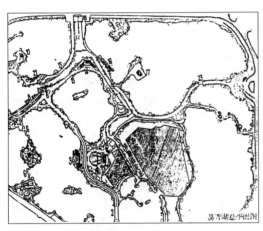

郊区公园

Parking 停车场

在街道和广场上选择停车场时应考虑下列条件。1. 在停车场的四周有方便的出入口。2. 在不影响主要交通的条件下,保证汽车能在停车场上调车和旋转。3. 保证步行交通的安全和最短的路程,在停车场附近应有一定的公共服务机构。汽车可沿人行道布置,与人行道成一角度。与人行道垂直,在街道中间排成一行、二行或排成纵竖形。在停车场上停放汽车时,应保证任何一辆汽车出入方便。改建城市中心区,可设法在个别巨大的建筑物或建筑附近建造地面或地下停车场,并设置坡道或升降汽车电梯。摩托车和自行车同样需要预先设置停车场,一般是露天的,有专门车架的停车场和室内的车棚。在街道或广场上设置加油站应考虑车辆方便地出入加油站。

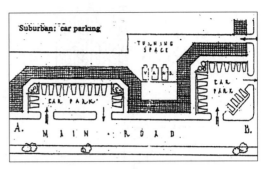

停车场

Parking Lot 停车划分

停车场地有各种类型,例如路边停车、小停车区、大型停车场、地下、斜坡式车房。停车场地可以各种方式配置,基本尺寸为:车位长 6 米、宽 2.5 米或 2.75 米,供残障人使用的宽 4 米,小车专用车位为 2.5 米 × 5 米。停车位与路线行径可能是平行、垂直、或成 30°、45°、60° 之角度。斜向停车须单向行车道宽 3.5 米,供垂直停车的双车道宽 6 米。一般大而方便的停车场需求从 23 平方米 / 车至 37 平方米 / 车,最大允许停车场坡度从任何方向均为 5%,最小为 1%。在大停车场内,车的动线须连续,有分散的出口和最少的转弯。单行道入口至少宽 4 米。栽植区可改善停车场的微小气候。住宅区内的停车场最好不要超过 6~10 辆,在商业区车位至目的地以不超过 200 米为限。

Parking Place 停车场所

在大城市的业务区中心或观光地区所设置的专供汽车停泊用之地,每辆车约需 28~32 平方米用地。"Parking Area","Parking Space","Motor Pool"均为停车场地之意。

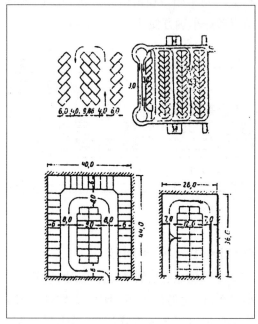

停车场所

Parliament House　美国国会大厦

坐落在华盛顿国会山上,由威廉桑顿(W. Thornton, 1759—1828 年)设计,1792年他的方案获设计竞赛的第一名,第二名的斯蒂芬·哈利主持建设工程,改动较大。后又由白宫设计师詹姆斯·霍本(James Hoben,1762—1831 年)代替,1793 年 9 月由总统华盛顿奠基动工,1828 年建成。在1812—1814 年美英战争中遭破坏,1851—1865 年重建,由沃尔特(Thomas U. Walter 1804—1887 年)负责,增加了两翼建筑和中央大厅穹顶,穹顶和鼓座仿万神庙造型,钢结构,大厅内部有描写美国历史事件的美术作品。作为美国独立的纪念建筑,表现了美国人民争取民主与自由的精神。

美国国会大厦

Parlour　客厅

住宅建筑的起居室或接待室。木构的非住宅建筑中会客或谈话的空间。"Parlour"也意为贩卖站,在大型公共空间内附设的小型贩卖空间,如旅馆门厅、车站、月台等附设小店。

Parquet　拼花木条

拼花地板所使用的木条。"Parquet Floor"意为拼花木地板,利用不同材色或不同纹理之木条镶花拼合成之木地板。"Parquetry"意为镶木细木工,利用各种不同模样之木片镶花组合之作业,或指拼花木地板。"Parquet"意为席前,指剧场内观众席前平坦之楼地板部分。

Parterre　花坛

组成花饰图案的花圃,由中世纪的"花结园圃"发展而来,是一种用黄杨或其他矮生耐寒植物修剪成树篱,按品种将花木分隔开的花坛。16 世纪以来,图案式花坛十分盛行,为了使花坛坚固又不变形,将树篱改为木条边框或铁框,或用排成行列的贝壳或煤块代替,中间空隙填充带颜色的砂子或碎石。17 世纪晚期,花坛的设计与制作,是一项重要的园艺技术,而且杰出的设计家很多。18 世纪随着英格兰风景园的普及，精致的花坛渐趋消失，直到 19 世纪，又恢复了"地毯状"的花圃形式。

花坛

Parthenon 帕特农神庙

古代希腊雅典卫城中祀奉雅典守护神雅典娜的神庙，建于公元前 447—前 432 年，是希腊本土最大的多立克式神庙，为古代建筑艺术的杰作。建筑师是伊克蒂诺和卡里克拉特，雕塑师是菲迪亚斯。帕特农神庙是古希腊建筑的最高成就，比例匀称，庄严和谐。柱高 10.4 米，底径约 1.9 米，角柱底径稍大，柱顶直径约为底径的 3/4，柱身表面刻有 20 道凹槽，梁上的三陇板构图使柱的垂直趋势和梁的水平趋势和谐地结合，三陇板之间是高浮雕。描述神话中拉庇泰同马人搏斗的故事，雕刻饰以金、蓝、红等色彩，浓艳华丽。有一些校正视觉的措施，如基座台阶的棱线向上拱起成弧形，东西端中部高起 60 毫米，南北中心处高起 110 毫米，角柱向里倾斜 60 毫米。柱身轮廓有卷杀和收分，尽端开间稍小。角柱稍粗，以使建筑稳定。1687 年，它在土耳其—威尼斯战争中被炮击毁，如今只剩下 30 多根石柱和残垣断壁。

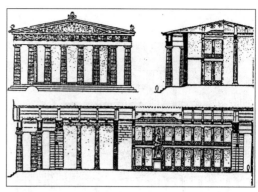

帕特农神庙

Participation 参与

公众参与是做好规划设计的重要内容，例如大部分学校的设计决策有学生、管理人员或广大较职员的参与。克里斯多夫·亚历山大(Christopher Alexander)建议教职员及学生应直接参与设计，其中的一个大学宿舍是和未来的使用者学生合作设计的成功例子。大学有完成这项活动的基本组织机构，使用者参与设计可制定共同的目标，会形成更合理的学校环境，而且参与的过程也算是一种教育。其他有关的设计题目也可请公众参与，如服务、停车、住宅、娱乐等。当前大多数项目宁愿以邻里集会协商的方式征求设计意见，而不愿意让他们直接参与设计。各种类型的各种设施的设计均有同样的公众参与设计的问题，例如行政中心虽然有重要的象征性，其实只是将办公人员集中的地方而已，重要的是使用者能参与设计。

Partition 隔间

建筑物内部空间分割用之物体。隔间分两种：固定式及可移动式，固定者称为分间墙，可移动者称为活动隔间。"Partition Wall"意为分间墙，不作为主要承重结构，仅供分隔建筑物内部空间之墙壁，分间墙可分为固定分间墙及活动隔间。"Parting Lath"和"Parting Strip"均意为隔板，即分割或隔离用的板。

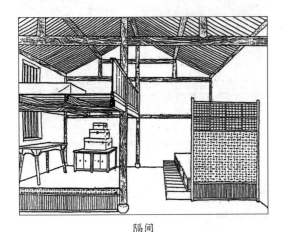

隔间

Partition Board　隔扇

中式隔扇门窗是柜架幕墙可拼装的门窗,开启自由灵活,外门采用外加一层隔扇风门的办法,夏天风门可改作竹帘,冬季挂棉门帘,屋门是室外分隔院落的大扇实心板门,没有院墙时屋门也可立于木框之间,有楣子及上下槛。如果有院子,则院墙上作月亮门洞或六角形门洞,安装屏门或作垂花门。大门全是双扇木门,内作穿带插销,大型宅院用活门槛,便于车辆进入。窗分为活扇、死扇及支摘窗,北方以支摘窗为多,上为支扇下为死扇,冬季糊纸,夏季装纱,在支扇上做卷纸以利通风,下半截为玻璃,是死扇,周围灵格糊纸,中央常贴各种大红剪纸,很有情调。砖砌窗槛墙作木窗台板,窗台沿炕边正好是妇女的梳妆台。窗棂的花样有方格式、步步紧式、灯笼式等。洱海之滨白族民居中的木雕隔扇镂空精美,雕出的层次可达三四层,节日喜庆之时安装,平日收藏起来,是更换容易的装饰艺术品,用以炫耀主人之富足。

Partition Door and Window　门窗隔扇

中国的隔扇式门窗既是墙壁,又是门窗,有最大的开启灵活性,不存在选择窗位的问题。北方的支摘窗有采光与通风分工的特点,下部的死扇采光,上部的支窗通风,符合近代窗户设计原理。中国传统民居外门采用隔扇门及风门,夏天风门改用竹帘,冬季挂棉门帘。隔扇及风门的花样很多,雕刻精细,花格上糊纸、糊纱或装玻璃。内檐门多用两折之木板门或推拉门,门上设挂竹帘或布帘的铜钩,门槛上有时包以铜皮以耐磨。封檐墙上的窗户大小不一,开法自由,窗口的做法格式很多。

五峰仙居门窗隔扇

Pass Through　通过

人们由一种性质的场所进入另一种性质的场所时,要有一个通过的过渡,即门楼、门洞、牌楼、出口和入口等,一系列必须穿过式的程序,这个通过的程序处理得当,将能增加环境的特色和加深人们"通过"的印象。通过的标志是空间之间的过渡形式,例如由公共性街道通过门楼到达内院,门楼的过渡作用加深了人们心理上的"到家之感"。因为,人在街道上保持公共性行为举止,通过门楼之后,则改变为进入了私密性空间之中的私密性行为举止,这就是"通过"在人们的行为心理上产生的意义。

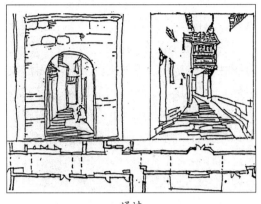

通过

Patera 圆盘饰

在建筑和设计中用于浅浮雕上的小圆盘形装饰,有多种式样,常较周围表面略低,其形式源自古罗马人节日饮酒用的扁碟形无柄器皿。在古典主义和新古典主义风格的内外墙面和家具上,常用叶形的圆盘饰,采用玫瑰花形的圆盘饰,称为圆花饰。

Path Character 路线特性

路线特性取决于行经其上的行进速度,高速路要顺畅,人行路上行人行动犹如流水,有明显的动量,穿行在阻碍最少之处和路线最短之处,其流动可能是有目的的或杂乱无章的。在人行道上,可设长凳、栽植、户外餐饮区、展示牌或服务中心。高速路上则体现车辆行动的本质。好的步道要反映步行的特性和愉悦感。对各种流动系统要进行综合分析和评定。流通系统有时因技术改变需加以调整以适应之。如果未来的车辆可悬浮而行,不需要用轮子,道路将为之改观,未来科技成果的应用会改变规划设计的路线特性。

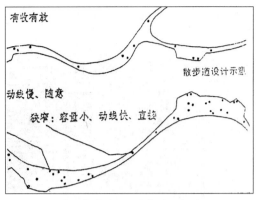

路面宽窄变换,约束游人行为

Path Shape and Goals 道路的形状与底景

设计村镇中的街道,不应只是为了车辆通行,也要考虑行人在街上的散步与停留。传统的中国式步行街上的住家有出有进,道路也不全是直线,老北京的胡同名称有八道弯、西斜街、四眼井、三道栅栏、烟袋斜街、水大院,等等,其中的形状与布局吸引人们可在胡同中散步或停留。步行路的设计要在行进中感到伏美和舒适,不断地发现诱人的底景而引人入胜。小路上的底景是行进的目标,假如有充分的时间在小路上漫步,可以任意选择一个临时的目标朝它走去,然后再发现另一个目标继续走,在这个行程中可以闲谈、思考、幻想、感受大自然的气息,不必顾及你所要去的地方。如果道路上没有底景标志,散步时则要辨认方向,这样会使散步变得无趣和疲劳。

Pattern 样式

各种装饰图形之总称,亦可作典范、模样、形式解释。"Pattern"意为模型,铸造前,铸物成形的木模。"Pattern Stain"意为污斑,墙及天花板之装修面经历某些时日所产生的污浊斑纹之总称。"Pattern Maker's Lathe"意为木工用车床,木制品制作加工用之旋转车床,依加工目的不同,有不同的机种。

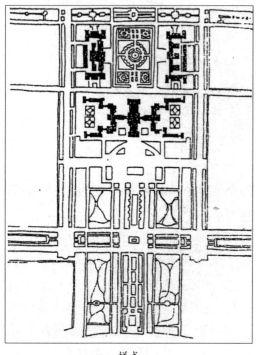

样式

Pattern Language《模式语言》

《模式语言》是亚历山大·克里斯多夫(Alexander Christopher)的一部名著,他把城市与建筑设计中的诸多要素列为数百条模式语言,被广大读者誉为建筑学的圣经。建筑之所以成为一门艺术科学,不需要建筑以外的语言来解释,绘画有绘画的语言,音乐有音乐的语言,建筑学也有它自身的语言和语法规律存在。建筑与城市布局的章法如同文学语言的规律,把言和词用语法规律连接起来,形成具有特定含义的句子。同样,把各种建筑布局手法在建筑用地之间以特定的手法联系起来,表达一定的设计意图,也可以从民间的地方性传统的建筑语汇中汲取丰富的现代建筑设计语言。

Pattern of Buildings　建筑格局

格局是环境布局的格式,从城市到家室均讲究格局,就像写文章讲究章法一样。北京四合院按南北纵轴线布局,中国古代的城市,皇宫和庙宇的布局都有一定的方寸,受传统礼教和儒家思想的支配和影响而形成定局。在城市与空间布局的层次上讲究一定的模式,即以中庭空间为核心,周围用走廊、厢房及围墙围绕,形成明确对称的中轴线。檐廊和走廊之间以门道相通,院落主次分明,形成中国建筑严谨格局的代表性特性。西方建筑又有西方建筑的格局特征。

Pattern of City Layout　城市布局形式

指城市建成区的平面形状以及内部功能结构和道路系统的结构和形态。城市布局形式是在历史发展过程中形成的,或自然发展的结果。影响城市布局的因素有直接因素——经济因素、地理环境、城镇的现状;也有间接因素、历史因素、社会因素、科学技术因素。城市布局形式的种类有块状布局形式、带状布局形式、环状布局形式、串联状布局形式、组团状布局形式、星座状布局形式。

Patterned Chinese Dwellings　中国民居的格局

格局是组织建筑群体关系的构图,中国传统民居的三合院、四合院格局是以庭院为公共中心内向的家庭组合空间,建筑组合呈严谨方整的格局。单看建筑之间的关系是围绕纵横轴线形成的前后、左右对称的布局,单看庭院空间也自成完整的格局,单看建筑群之间相互连接的檐廊、转角回廊、院墙与垂花门等,也都自成格局。因此,一座完整的民居不论其规模大小,都有严谨清晰的格局。

Paul Rudolph 保罗·鲁道夫

鲁道夫,生于 1918 年,美国人,1940—1943 年曾在格罗皮乌斯指导下,毕业于美国哈佛大学设计研究院,后来曾任美国耶鲁大学建筑系主任,1962 年著有《美国的建筑教育》。鲁道夫的设计才能在美国建筑界得到幸运的发展,20 世纪 50 年代至今,他完成了大约 160 多项工程,包括住宅、公寓、室内设计和改建及修复工程以及各种类型的公共建筑和规划项目。鲁道夫说过:"建筑设计表现的是一种个人的素质,如果建筑师把自己的作品作为一项艺术成果来对待的话,那么越少人参与工作越好。因此,建筑师是不愿意一起合作的,我们要正视这个问题,评价建筑首先应该是它的创造性,然后才是别的"。后期现代主义的建筑观点也正与此相同,因此,鲁道夫的作品正在成为建筑的新历史时期的转折点。他的代表作品是 1958 年建造的耶鲁大学建筑与艺术系教学大楼,和后来的香港利宝玻璃大楼。

Paved Road 铺面道路

铺面道路指利用面层材料铺装的道路,或称铺道。与"Pavement"同义。"Paving Brick"意为铺面砖,即道路铺面所用之砖,它利用高温烧制,吸水率少,具有耐磨性及耐冲击性。"Paving Stone"意为铺面石,即面层铺装之石材。"Paving"意为铺装,即利用各种面层材料从事铺面工作之总称。"Paving Glass"和"Pavement Glass"意为铺面用的玻璃空心砖,步道下面为地下室,或天井朝向室内采光用之玻璃制空心砖,大小从 100 mm×100 mm 至 150 mm×150 mm,厚约 30~60 mm,镶装于铸铁、混凝土或木框。

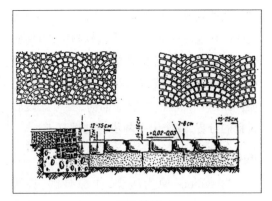

铺面道路

Pavement 铺面

地面上的铺面如同地毯一样,就在脚下,俯首可见。铺面材料的色彩、图案、质感,随着人的行走路线所处的空间环境而变化,在不同的空间环境中巧妙地组织步移景异,注意行进中的视感、质感和光感,在步行之中获得行为心理方面的综合感受。有时在铺面形式上还可以布置导向的图案,以引导和组织行人转换方向,通达目标。带石间缝隙的砖砌或石砌的铺面材料,直接铺砌在泥土上面,适合小草和野花的生长。当人们在这种小路上散步时,会感到泥土就在脚下,好像在天然的土地上行走一样。

铺面

Pavement Indoor 室内铺面

住宅的室内地面既要求舒适温暖,又要有足够的硬度,并易于清扫。在日本民居中常把地面划分为公用区和私用区。公用区用硬质材料地面；私用区采用松软材料，以便脱鞋入室。中国传统民居的炕上也有软硬材料表面的不同区域，并有在家脱鞋上炕的习惯。在设计民居的室内地面时，要考虑硬软材料的分界，或作出一两步的地坪高差。

Pavilion 亭

"Pavilion"原为法文，作凉亭解，指可移动或临时性之小建筑，如博览会、运动会供休息用的天幕等。"Pavilion Roof"意为四角屋顶，即四角锥形之屋顶。

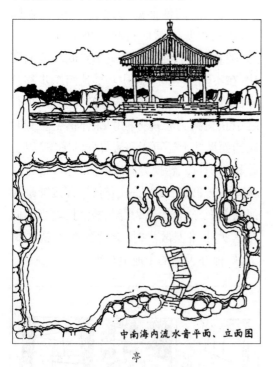

中南海内流水音平面、立面图

亭

Paving with Cracks Between the Stones 带石缝间隙的铺面

园中的砖石铺面直接铺在泥土上，带有石缝间隙，不妨碍小草的生长，有浓厚的乡土韵味。当人们在这种铺面上散步时，会感到泥土就在脚下，由于石块在泥土中的可动感而获得在天然土地上散步一样的感觉。这种小路往往给人留下不能忘怀的印象，小

草和野花在石缝中生长，石缝中有植物所需要的昆虫，雨水可直接进入土壤，不需要集中排水，没有腐烂的问题。小路周围的土地也不会缺少水分。园路的这种砖石铺面比混凝土硬板或光滑的沥青地面好得多。

Peachtree Center Plaza Hotel，Atlanta 亚特兰大桃树广场旅馆

美国亚特兰大桃树中心广场旅馆建于1976年，由约翰·波特曼（John Portman）设计，他以土地开发商的身份把公众心理和大面积的自然元素引入旅馆的共享大厅，更新了旅馆设计的旧概念。旅馆由矩形基座和圆形玻璃幕塔楼组成，基座中有大厅、舞厅、夜总会、零售空间、展览空间、停车场等服务用房，玻璃罩顶的游泳池和健身俱乐部设在顶部。1 100 间客房集中在高 213.4 米高的圆形塔楼中，附在塔身上的两部快速电梯，可在 80 秒内把人送到旋转餐厅观景。入口处的共享大厅高 7 层，厅内 2 000 平方米的水面具有生机和活力，树木和青藤增添了自然和生活情趣，共享空间从此甚为流行。

Pebble Slope Protection 卵石护坡

卵石护坡一般可以抵抗 2~4 米／秒流速的水流，卵石铺成 1~2 层，先将底层用砾石或碎石垫平。但不能用沙，因易被流水冲走而致卵石塌陷，卵石厚度单层者铺 15~18 厘米，双层 20~25 厘米。有时因坡度陡或卵石小须加其他阻拦物以稳定边坡。在无流水经过的缓坡，日本人常仿照河底的形式，铺入卵石，两岸点缀一些大块山石，外表很像干枯的河谷，称为"枯山水"，用以局部装饰谷形坡地，颇有风趣。

Pedestrian 步行道

指街道两边的人行步道，或传统村镇中的步行小路。中国传统村镇中的步行街道

是居民公共生活中的重要部分。如今社会生活扩大了,车辆占据了街道,街道变成了只有单一交通功能而失去了原来公共生活交往场所的意义。现代的城市规划中提倡的步行街理论,就是恢复传统的尝试,可在某些街道上禁止车辆通行,只供行人自由活动,充满生活气息。

荷兰鹿特丹市的"林朋"商业步行街

Pedestrian Flow 人流

　　行人流动是有节奏的、流动率亦随时间而变化,上下班、购物,或中午用餐,常造成高峰时刻。流通量是以直接目的地的假设之住宅量、员工数,或购物者与楼地板面积之关系核计的,流通率为每人每米行道宽的每分钟的人数(Rate of Flow)。人行道上的双向流动不见得比单向有效,因为行人适应没有冲突的流向,当逆向流动是总流动的 10% 时,其总行人道负载可能降低 15%。公共梯阶一般不超过平均 7 人每分钟每米的宽度。在没有任何逆流及列队等候的人群时可升为 16 人每分钟每米。要保留一条通路给残障者使用。在行人穿越路口处应设缓街空间。穿越道应较两端衔接的人行道为宽。

Pedestrian Street 商业步行街

　　商业步行街是当今为人们喜闻乐见的购物环境,各地相继出现了许多商业步行街,天津的滨江道、大连的五彩城、北京的秀水街等,多属于自然发展而形成。商业步行街相对大型商场而言尺度宜人,顾客穿行于商店之中,提供了理想的游览、休闲、购物的场所。1. 商业步行街的格局应主次分明,统一协调,仅限于步行者购物。游览的商业街人流一般比较集中,此外这种街道具有可任意布置的优点,也容易使道路和广场变得混乱,成为竞相逐利的杂乱无章、千奇百怪的场所。因此,在形态和规模上要考虑其文化品质。2. 步行街内部应设置各种设施以便购物、休息、交流等行为,缓解过分拥挤的人流,满足人们的多种行为需求,创造轻松、愉快、舒适的商业环境。

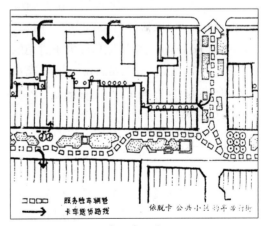

商业步行街

Pedestrian Street Planning and Redeveloping 商业步行街的改造与开发

　　旧商业街改造与开发的基本内容如下:1. 按城市商业网点规划、调整、充实;2. 迁移非商业用房,改造为需增设的网点;3. 组织交通流线,疏通人流;4. 做好商业街详细规划与商业建筑设计；5.改善购物环境。开发商业全步行或半步行街：1.在城市总体规划指导下编制详细规划设计；2.规划包括平面布局、远近期改扩建规划、街景、环境设计及沿街立面、交通、流线与分析、拟改及扩建的建筑设计方案、城市基础设施及有关技术经济指标等；3.交通与人行路线的交叉；4.步行街的位置选择、与城市交通的关系、空间体量、比例尺度；景观和环境设计，保持特色和保护古建筑。

Pediment　三角墙

希腊式古典建筑中的人字形山墙、门、壁炉等上面的三角楣饰。"Angular Pediment"，指有棱角的三角墙饰，由两根斜楣，一根平楣组成，顶上往往有一个端饰。Broken Pediment，指开口的三角墙，顶端开一缺口，其中置小雕像。"Circular Pediment"，指弧形三角墙，上面的尖角改为弧线。"Doble Pediment"，指复式三角墙，大三角中套了小三角。"Open Pediment"，指中间有圆窗或洞的三角墙。"Surbased Pediment"，指顶端角度大于直角的三角墙。"Surmounted Pediment"，指顶端角度小于直角的三角墙。"Triangular Pediment"，指成等边三角形的三角墙。

Pei Loeh Ming　贝聿铭

贝聿铭1917年出生于中国广州，1935年加入美国籍，就读于麻省理工学院和哈佛大学。贝聿铭在当今世界上完成了大量的优秀建筑作品，他没有多谈他的建筑理论，而是按照他认为最好的方法，恰如其分地完成设计。贝的设计事务所已经成为建筑界一大组织，可与当代的SOM和TAC事务所齐名。贝聿铭的建筑成就可与赢得"大师"尊称的著名建筑师马歇尔·布鲁尔和菲利普·约翰逊齐名，在下一代青年才子中他也有权威地位。他的作品不是那种一鸣惊人的样式，而是构思严密，手法完美和精心设计取胜，生动感人，但不哗众取宠。贝聿铭不是美国先锋派建筑师的带头人，但他在先锋派阵容中地位不断上升，以他非凡的才能创造了美好的建筑。

Pendentive　穹隅

建筑中在方形或多边形平面上建造穹顶时，在支座的砖角处形成的三角形球面。罗马帝国后期的建筑师未能解决如何在方形或多角形的房间上支撑穹顶的问题，直到拜占庭时期才创造了穹隅。伊斯坦布尔的圣索菲亚教堂（537年完成）是最早使用穹隅的建筑之一。在罗马风格时期，穹隅常见于西欧、法国及文艺复兴和巴洛克风格时期。穹隅对当代流行的穹隆顶教堂具有重要意义，特别是在信奉天主教的地区和拉丁美洲。伊斯兰建筑也常用穹隅，往往增加许多钟乳状的装饰，或用细致的拱肋，例如在伊朗，穹隅的曲线与穹隆顶连成一体而无转折的结构被称为"三角穹圆顶"。

穹隅

Pennzoil Tower　潘佐伊中心塔

位于美国得克萨斯州休斯敦市中心，建

于 1974—1976 年,由约翰逊及波基事务所设计。36 层双塔以独特的造型为休斯敦市增添一景,平面由两个梯形组成,梯形之间只留一条缝隙,相交成 45 度角,底部用 45 度斜面玻璃顶将双塔相连,形成入口大厅。双塔的顶部设计成 45 度斜面,使大楼的轮廓显得奇特。大楼的主体为深色玻璃和铝合金骨架围合,8 层楼高的入口大厅内部充满阳光、绿化和人群,具有欢快的气氛。白色的骨架和深色的玻璃形成对比。潘佐伊大厦的美学形象颇为杰出,它突破了那种简单方盒子的形象,成对的两幢镜面玻璃高塔相互映照,是 20 世纪 70 年代美国建筑的代表作品。

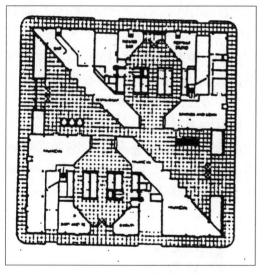

潘佐伊大厦一层平面

Penthouse 阁楼

屋顶桁架天花板平面上之空间部分,屋顶的凸出小屋,屋顶电梯机械室或楼梯间之突出部分或建于建筑物平顶上之房屋,可作电梯楼梯井或安装空调设备,也可供居住或工作用。常常自大楼的墙面后退,以便一面或几面都有平台。其也指有楼顶层能眺望风光的豪华公寓。"Pent Roof"意为雨坡,凸出于窗或出入口处上侧之小屋顶。

Percentage of Void 空隙率

物体内空隙量对物体容积之百分比。"Percentage of Water Content"意为含水率,也作含湿率,主要为建筑相关材料的用语。"Percentage of Sunshine"意为日照率,日照时数以可照时数除得之商值,用"%"表示。"Percentage of Moisture Content"意为含湿率,材料平衡含湿量之表示单位。建筑相关材料主要以干燥重量(单位)含湿率表示者居多。"Percentage of Saturated Water Content"意为饱和含水率,状态量变化而含水率达至一定限度,不再增大时(饱和状态)之含水率。"Percentage Disturbance"意为干扰率,观众中对于音源听觉产生有回音干扰感觉者之比例。

Perception 感觉

人们生活中有多种多样的感觉,但人们对周围环境只能够感知一部分。例如 X 光(10^{20}Hz)、可见光(10^{15}Hz)、雷达(10^{10}Hz)、收音机(10^5Hz),直到 10^5 Hz 以下才是人类听得见的声音。在环境观赏中要着重研究的是人们的感觉反应。如光能以唤起人们触觉的远近感。饥饿、性、平衡、身体的位置能唤起有机体内的活力感。

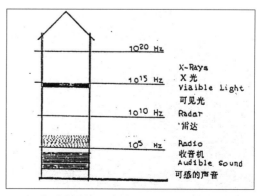

人类对光和声的感觉加上人的认识的感觉

Pergola　花架

用刚性材料构成一定形状的格架供攀绿植物攀附的园林设施，又称"棚架"或"绿廊"。花架可作遮阳休息之用，并可点缀园景，花架的形式有廊式花架、片式花架、独立式花架，材料一般用竹和木材、钢筋混凝土、石材、金属等。花架可应用于各种类型的园林绿地中，常设置在风景优美的地方供休息和点景，也可以和亭、廊、水榭等结合，组成园林建筑群。在居住区绿地，儿童游戏场中花架可供休息，遮阳纳凉。花架可代替廊，以联系空间，分隔景物：可作茶室餐厅的凉棚；也可作园林的大门。

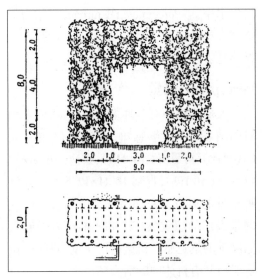

花架

Period of Western Architecture　西方建筑的分代

第一代建筑指 20 世纪二三十年代在新建筑材料和新结构体系条件下，建筑空间概念突破了学院派古典主义局限，主张开放布局，灵活平面满足各种新功能要求，艺术形式注重空间体量效果而排斥古典装饰。当时密斯万德罗创建的简洁、精密、准确为特征的艺术手法适应当时的新材料技术和大机器工业生产加工的特点。第二代建筑是二战后经济技术条件下出现的完全人工室内环境的建筑，以美国的一批摩天大楼为代表，艺术形式上看似多样，如 1955 年斯通设计的美国驻新德里大使馆，阿尔脱等人讲究"人情化"与地方性等。"后现代主义"所提出的某些问题是当时较为迫切需要解决的，如历史主义，引喻主义等。现代第三代建筑是在环境科学日益发展和控制技术推广应用的六七十年代中出现的，室内外空间更进一步融合。

Persepolis Palaces　波斯波利斯宫

波斯帝国著名宫殿，建于公元前 600—前 450 年，波斯王大流士和泽尔士的宫殿，建筑群依山建于高台上，台地高 15 米，面积 460×275 米。接待厅为 62.5 米见方的方厅，内有 36 根柱子，高 18.6 米，中距 8.74 米，柱经为柱高的 1/12。百柱厅为 68.6 米见方的方厅，内有柱 100 根，柱高 11.3 米，石柱细长，柱径为柱高的 1/13。大殿内的柱子是精美的雕刻艺术品，柱础为刻花覆钟形，柱身有 40~48 个凹槽，柱头有覆钟、仰钵、涡卷和背靠背跪着的两头公牛。

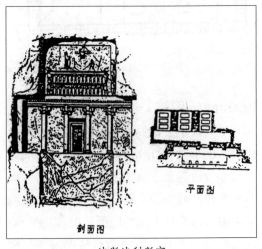

波斯波利斯宫

Perspective 透视

透视投影根据几何原理立论,在绘画上不要求绝对正确,有平行透视和角度透视两种。平行投影集中一个消失点,在一水平线上,称一点投影。两个消失点在水平线上称"两点投影",水平线常常以视线高度为基准,在视线以下看对象,画面为高水平线,在视线以上看对象时,画面为低水平线。在绘画上需要理解透视,但不必为它所束缚,艺术作品可以夸张主题。近代的超现实主义画家故意使用产生错觉的绘画透视以增加画面中的神秘感。

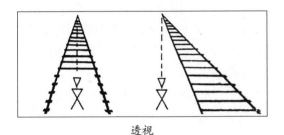

透视

Perspective Drawing 透视图

透视图,透视画法,远近的配合,距离对物体外表的影响,整体各部分的比例关系,远景。"Perspective Drawing",意为用透视法画的画,画面上的物体具有透视感,空间感。"Perspective of Shadows",意为表现出阴影的透视。"Aerial Perspective",意为空间透视,浓淡远近法。"Angular Perspective",意为成角透视,两点透视。"Isometrical Perspective",意为等角透视。"Linear Perspective",意为直线透视。"Oblique Perspective",意为斜角透视。"Parallel Perspective",意为平行透视。"Visual Perspective",意为画面非常接近于真实的透视感。"Perspectograph",意为透视绘画器。

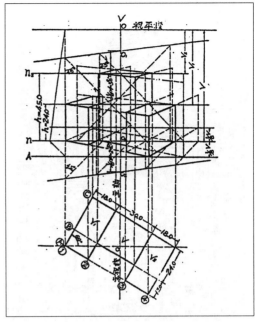

透视图

Perspective Scenery 透视式布景

在一个平面上再现三维空间,以创造出真实的幻觉以及具有远近感觉的布景和布景设计技术。由意大利文艺复兴时期佩鲁齐及其学生赛里奥发展起来的这种透视布景,应用了那时新出现的光学透视法,将幻觉技巧带上了意大利舞台。这次首创推动剧场从露天移到封闭建筑物内的迁移,而透视式的绘景法,则可使这一文艺复兴时期的透视式布景画法技巧更臻完善。它创造出一种虚幻的舞台外的投影点,使远景消失在其中。

透视式布景

Philip Johnson 菲利甫·简逊

　　菲利甫·简逊,美国人,在世界建筑界占据重要地位,他是摩登建筑运动的宣传鼓动者、美国摩登建筑历史的后继人,也是当今美国建筑界的权威之一。简逊的特殊地位和价值对美国建筑有多方面的影响。简逊直到43岁时才突然显现他的才能,他为自己设计的简逊玻璃住宅一鸣惊人,已经成为一座历史性的摩登建筑,因为它的优美的环境落位,简洁清楚的结构,巧妙的空间布局、材料和质量都为人们所称颂,玻璃的透明性和明亮的光影效果是简逊作品的特点。在20世纪50年代中期以后,简逊厌倦了世界潮流的密斯学派,原先他曾是密斯·凡德罗的积极推崇者,他看到了密斯学派的单调局限性而第一个转向了路易斯·康。1983年他建成纽约电话公司大楼,楼顶上运用了后期摩登主义的标志——古典断山花。

Philippines Dwellings 菲律宾民居

　　南太平洋的菲律宾民居为热带高架竹木草屋,其构架方式有6种不同的剖面形式,分别有专门名称。菲律宾的伊夫高人居住在吕宋岛东北部内陆,为马来血统,种植水稻,他们的梯田沿陡峭的山坡修筑,举世闻名。民居以木脚支架着方形小屋,尖锥形的屋顶以茅草覆盖。木柱及接榫的部件均有特定的部位及榫头的搭接方式,分为柱、圆盘、樑、桁、托梁、横梁、内柱、墙板、顶部连接梁、栏杆、搁板等部件。菲律宾的内格斯(Negros)是菲律宾中部的一个岛屿,全岛高山纵横,为火山地带,大部分地区是未开发的高原。内陆高原多以游牧为主,民居称"Caticugan",是高脚竹木草屋,结构分为柱、梁、地板托梁、基木、墙柱、窗、地板、格子墙、栏杆、入口梯子、墙角柱、椽、屋脊椽、坡顶等,入口处设外门廊及平台。

Philharmonic, Berlin 柏林爱乐乐团音乐厅

　　柏林爱乐乐团音乐厅是德国建筑师沙隆(Hans Bernhard Scharoun, 1893—1972年)晚年的代表作品。他在1956年的设计竞赛中获一等奖,1959年改变了地址,但没有改变建筑方案,1960年动土,1963年建成。其改变了台上台下的传统做法,创造了一个音乐的空间与视觉的中心,乐队摆在大厅的正中,被听众所环绕,演奏大厅高22米,四周有2 200个听众席,分成若干组块,随着台阶和胸墙的变化而起伏。演奏厅有两层外墙以隔音,大厅休息室犹如迷宫,连接着错综的楼梯,桥一般的过道,充满想象力,演奏厅的功能决定了其外形,高34米,没有立面,外表像一个帐篷。为了探讨反声装置、胸墙、空间层次和天花板形状设计微

妙。1978—1981年外观进行了改观。1984年建立了音乐研究所和乐器博物馆。

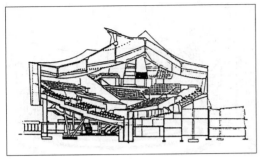

柏林爱乐音乐厅

Philosophy and Architecture 哲学与建筑

哲学是人的思想本性,不少建筑师已不满足于读康德、黑格尔的古典哲学,对萨特的存在主义也表示淡漠。他们开始研究维特根斯坦与海德格尔,对分析哲学与简释学的兴趣,使建筑师的思维素质发生变化。结构主义、后结构主义的兴起、建筑符号学的广泛传播,迅速地影响了当前的建筑创作。中国古代哲学亦激发了一些建筑学家对民族建筑文化进行深刻的反思。有人从周易、儒、道、释的哲学中去寻找中国古代建筑的理论依据。所有这些关于中国建筑的理论,将上升到一个更高的层次。

Phoenix Hall (Hoo-do) of the Byo-do-in in Uji Nara 平等院凤凰堂

位于日本宇治市的一座著名佛教建筑,原规模宏大,现只存凤凰堂。由中堂、两翼廊和尾廊组成,内供奉阿弥陀佛坐像,殿宇三面环水池。中堂面阔3间,进深2间(10.3×7.9米),重檐歇山顶,正脊两端各设有一只铜制凤凰。两翼廊各4间,进深1间,双层,悬山顶,转角处的一间为攒尖顶的楼阁,尾廊为7间。整个凤凰堂的造型颇似展翅飞翔的凤凰。内外装修华丽精美,集平安时代的铜饰、雕刻、绘画于一堂,堂内有壁画、藻井、镀金铜饰为艺术珍品。外部色彩丰富艳丽,青瓦白粉墙,大红梁柱,蓝绿色的棂窗,点缀镀金铜饰。平等院是日本永承年间(1052年)太政大臣藤原道长建造的佛寺,凤凰堂是其主要佛堂,采用宅邸形制。

Physical Environment 物理环境

物理环境包括三个方面,声环境(Acoustic Environment)、光环境(Luminous Environment)、热环境(Thermal Environment),都是与人类密切相关的环境因素。在人居环境中影响物理环境的设计要素如下。1. 道路网,宽度及走向,对日照、通风、噪声的影响。2. 绿化,可改善环境气候,吸尘灭菌,减轻大气污染,减少噪声干扰。3. 水面,稳定气温,形成局部地方风,产生昼夜交替的水陆风。4. 建筑物,布局方式对通风及隔声均有影响。

物理环境

Piazza 意大利广场

指意大利城镇中的广场或市场,最著名的为罗马圣彼得大教堂前广场,由贝尔尼尼设计,广场宽650英尺(约198米),周围有4列托斯干式柱廊。16—18世纪以后其含义已泛指周围建有房屋的空旷场地。

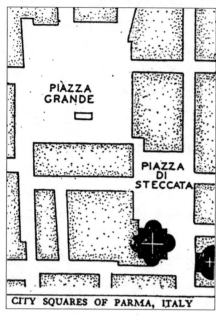

意大利广场

Piazza d'Italia, New Orleans 新奥尔良意大利广场

1978 年落成,位于美国新奥尔良市老城中心商业区,该广场是献给该市意大利裔市民的厚礼。广场呈圆形,三分之一是水池,池内伸出一个 80 英尺(约 24 米)长的意大利地图,由板岩、大理石和鹅卵石砌造,水池分三股代表意境内的三大河流。广场中的圣约瑟夫喷泉献给意大利民俗中的家庭保护之神,喷泉由 5 个柱廊组成,有 5 种罗马柱式。水是广场一大特色,沿柱式旋涡线下泄,沿上部檐壁流淌,流水顺着不锈钢柱顶盘流而下,夜晚的灯光使古典主题更富戏剧性。广场主入口处有一座钟塔,对面凉亭的造型令人联想到有柱子山花和坡顶的罗马神庙。广场和大喷泉经竞赛由摩尔(Charles Moore)设计,被认为是后现代主义的一个典型作品,除了包含复古的、地方的、商业的、隐喻的和文脉的部分以外,还有

了现代的部分。

新奥尔良市意大利广场

Picturesque Style 风景如画风格

18 世纪后期至 19 世纪初期英国的一种主要建筑风尚,是哥特式风格复兴的先驱。18 世纪初出现一种在形式上拘泥于科学和数学的精确性的倾向,风景如画风格就是为反对这种倾向而兴起的。比例适当和井井有条的基本建筑原则被推翻,强调自然感和多样化,反对千篇一律。托马斯·沃特利的《现代园艺漫谈》(1770 年)是简述风景如画论的早期著作。这种风格通过英国园林建筑获得发展,环境是风景如画风格的重要组成部分。英国杰出建筑师约翰·纳什(1752—1835 年)后来建造了第一个"花园城",1811 年他设计的布莱斯村庄是新式屋顶的"村舍"杂乱成群村庄的样板。

Pier 墩

断面与长度比较,显著粗大之圆筒状,多角形方形等之构材。墩可为独立体,如桥墩,亦可为组合式墩。"Pier Foundation"意为墩基础,利用墩承载构造物重量之基础,如桥墩等。"Pier Wall Foundation"意为井筒式基础,为使建筑物的载重传至硬地盘,而做成的深础式的井筒基础。通常利用混

凝土浇置而成。"Pillar"也意为墩。

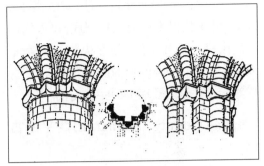

罗马风格与哥特式建筑墩柱比较

Pier Luigi Nervi 皮尔·刘基·纳尔威

皮尔·刘基·纳尔威 (1891—1979 年)，意大利人，他是著名的钢筋混凝土建筑师，他开发了与众不同的独特的钢筋混凝土结构设计体系。他完成了许多造型优美的大跨度的大型厅堂建筑，包括展览厅、室内体育场、火车站、飞机场、仓库和运动场看台。在他设计的结构体系中还能经济的满足多种多样的需求，他的结构设计从不单纯考虑结构本身的力学特征，而且要有非常吸引人的美观外形，他的许多作品证明了他不仅是一位出色的结构工程师，而且是一位艺术建筑师。在他的作品中能够很好地和建筑师合作，他的作品特点经常是由外形的美观来设计结构，纳尔威属于结构工程师中的一小部分人，能够把创造性的结构方法、效能和美观来设计结构。他是一位伟大的工程师、建筑师和艺术家。

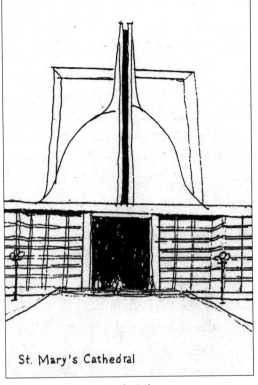

St. Mary's Cathedral

纳尔威的作品

Pilaster 壁柱

古典建筑中凸出于墙面的扁矩形截面柱，与相邻的柱子采用完全相同的柱式。在古罗马建筑中，壁柱逐渐失去结构意义而成为装饰，用以避免墙面的单调，罗马大斗兽场的第四层墙面是罗马人建造壁柱的范例。在文艺复兴时期的建筑中，壁柱极为流行，内外墙面都用，并自意大利传到英、法等国。后来新古典主义时期的建筑也普遍使用装饰性壁柱。

Pile 桩

浇置或打入地中作为固定或支持载重用柱状构材的总称。以材料不同可分为木桩、钢板桩、混凝土桩、预铸桩、现场浇置桩等。"Pile Cap"意为桩帽，打桩作业中为保护桩头而设置之钢制保护套。"Pile Collar"意为桩箍，木桩桩头为防止打击破裂而设置的钢箍,为桩帽的一种形式。"Pile Driving"意为打桩,将桩打入地中之作业。"Pile Driver"意为打桩机,分为落锤式、蒸汽式、柴油式、卷动式等。"Piling Machine"意为打桩机。"Pile Drawer"和"Pile Puller"意为拔桩机,为拔出打入桩或板墙的专用机械,分为振动式拔桩机、油压式拔桩机及逆打式打桩机等。"Pile Shoe"意为桩靴,为保护木桩尖端而使用的保护铁件。"Piling Work"打桩工程,从事打桩作业工程的总称。

Pile Foundation 桩基础

在房屋构造中,柱形的基础构件在史前时期即已使用。现代土木工程中,将木、钢或混凝土制的桩打入地下,以支撑其上的结构,如桥墩可以由若干大直径的桩来支承,在较松软的土壤中,桩为建筑物不可缺少的支承体。在较坚固的土壤中,当荷载非常大时,也需要用桩,用打桩机打入地下。

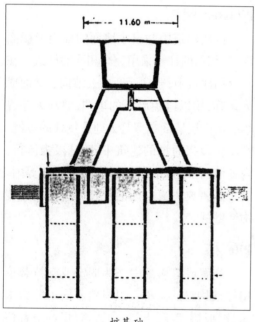

桩基础

Pillar 支柱

任何独立的竖直建筑构件,如柱、墩、束柱等,可用整根木料或石料制成,也可用砌地砖砌成。截面可为任何形状,一般起荷重或稳定作用,也可单独存在,如胜利柱、纪念柱等。壁柱是附在墙上的一种支柱。

Pingyao County, Shanxi 山西平遥古城

平遥古城地处山西晋中腹地,古称方陶,是清代的票号业中心城市。现存古城墙为明洪武年间(1370年)建,周长6 670米,旧城面积2.1平方千米,人口4.6万。市中心为中国传统式十字大街,民宅多为明清时期修建的,现城市仍保持着传统历史格局。古迹有市楼、清虚观、文庙大成殿等。城内道路有四大街、八小街、七十二条蚰蜒巷之称,大街小巷动静分明,与古城墙、市楼、衙署形成和谐的整体城市景观。

平遥古城

Pingjiang the City of Song Dynasty 宋平江城

宋代以前的苏州城,限于资料只能描绘概略,至南宋有《平江图碑》(绍定二年)。介绍苏州城有以下特点。1. 水陆交通规划严整,河道按大小及作用可分三级:一级由

外护城河组成；二级由五处水城门通入城中，联结"四纵五横"干河及内城壕组成；三级为东西向小河，通向各居民区。2. 重心偏西，这可能是东市、西市的遗迹。3. 水准较高的公共设施，书中表示了城市道路与桥梁，书中坊名65处，都用牌坊标示。西门外有三处"楼""亭""馆"为驿站和客馆共12处，慈善机构比较发达。4. 典型的府治机构。5. 园林典盛，书中明确标示的共8处，其中私园4处，即韩园（即韩世忠园）、南园、杨园、张府。此处平江的佛寺、道观、祠庙也很多，书中录有佛寺42处（塔13座）、道观6所。

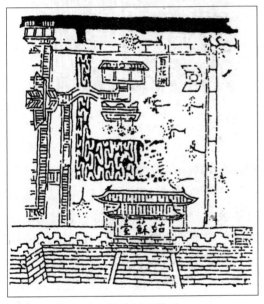

平江图中的百花洲

Pinnacle 小尖顶

在扶架，尖塔顶或其他建筑部件上的角锥形或圆锥形竖向装饰，它比"顶端饰"大而复杂，但比"塔"和"尖塔顶"小，是其附属装饰。一座塔可以用几个小尖顶装饰，而每个小尖顶又配有其顶端饰。在罗马风格建筑中，常用简单的小尖顶，在哥特式建筑盛期，小尖顶更为显著，用以强调竖直感并打破生硬的轮廓，小尖顶出现在建筑物的每个主要转角上、山墙的两侧，并装饰女儿墙和扶垛。如巴黎圣母院扶垛上的小尖顶（13世纪）就是具有代表性的例子。18—20世纪，小尖顶常用于折中主义建筑中。

Pinpoint 针点

"山石点苔，如美女插花"，点和点的扩大是无穷尽的。城市中的尖顶针点、山野中的塔顶，都构成环境景观的焦点，如同我们照相机取景器中的焦点，这也是古代的城镇中都布置众多尖塔的原因。唐诗有"嫩绿枝头红一点，动人春色不须多"，重点放在"红一点"上。针点是城市布局中的重点、城市风景轮廓线中的制高点、城市天际线中的突出点。在城市景观设计中适当地布置针点建筑，是美化城市、强调城市特征的重要手段。

Pirelli Tower, Milan 米兰匹利里大楼

意大利米兰一家橡胶公司办公总部，建于1954—1959年，由意大利建筑师吉奥·庞地（Gio Ponti）设计，钢筋混凝土结构由奈尔维（P. L. Nervi）设计。匹利里大楼有30层，高124.4米，采用互成角度构成的梭形平面。立面造型挺拔、俊秀。梭形的两端是实墙面，立面上形成横竖向的虚实对比。大楼顶部是架空的顶板，较好地体现了现代建筑的精神，同时又与所处的环境有联系。大楼的结构采用三角筒，双支柱和矩形筒等新手法组合，既符合力学要求，又很好地与设计构思相吻合。匹利里大楼对现代高层建筑设计产生了重要影响。

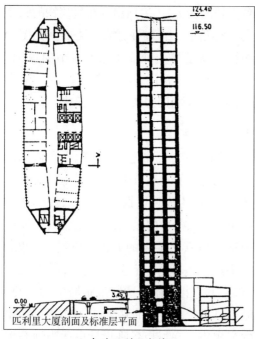

匹利里大厦剖面及标准层平面

米兰匹利里大楼

Pisa Campanile 比萨斜塔

意大利罗曼建筑的著名实例,比萨主教堂建筑群的组成部分。平面圆形,直径16米,共8层,各层均以连列拱作装饰,2~7层为空廊,第8层为钟亭,内向缩进。螺旋楼梯设于厚墙之中,可通至顶层,外墙全用白色大理石贴面。塔于1174年动工,1350年完成。建造中由于地基沉陷,塔身向南倾斜,斜塔由此得名。传说伽利略曾在塔上做自由落体实验。斜塔高约55米,塔顶偏离约5米。为了防止塔身进一步倾斜,意大利政府曾于1972年向世界征求保护方案。10多年共收到900多个方案,1987年已批准了一项稳定斜塔的计划。

比萨斜塔

Pitched Roof 坡屋顶

坡屋顶的排水坡度大于10%,其形式有单坡式,双坡式、四坡式和折腰式等。双坡顶尽端屋面外挑在山墙外的称悬山,山墙与屋面砌平的称"硬山"。中国传统的四坡顶四角起翘的称庑殿,正脊延长,两侧形成两个山花面的称"歇山"。双坡或多坡屋顶的倾斜面相互交接,顶部的水平交线称正脊,斜面相交或成凸角的斜交线称斜脊,斜面相交成凹角的斜交线称"斜天沟"。屋面的坡度以矢高和水平上的投影长度之比来表示,也可用高跨比来表示。坡屋顶的支撑结构类型有山墙承重、屋架承重、椽架承重、屋面板承重。屋面材料有平瓦屋面、波形瓦屋面。其他屋面有琉璃瓦、小青瓦、筒板瓦等。其要求防水、防火、保温、隔热、防腐蚀、自重轻、构造简单、施工方便。

Pitched-heavy-roof 大屋顶

决定住屋形式的根本原因是文化,而地理,气候等因素只是修正因子。对中式大屋顶的剖析正是基于这样的认识,创造中国现代建筑必须首先认识中国的现代文化。1. 从合乎逻辑的演绎看,中国建筑的造型是中国人的自然观的客观反映。2. 从时代精神出发,需要对传统文化及其衍生物——传统建筑进行全面批判。3. 现代建筑不存在继承传统形式的问题,只有立足于现代中国文化,才能创造出真正的现代中国建筑。大屋顶是中国古代建筑文化的创造,不是现代建筑的必要形式。

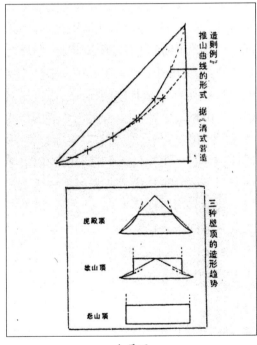

大屋顶

Place 场所

为都市景观、交通、集会商业等而设置的公共开放空间,依种类不同可分为交通广场、站前广场、集会广场、商业广场、建筑广场、景观广场及多功能广场等。"Place of Business" 意为营业场所,除工人外各种营运场所及设施的总称。"Place of Scenic Beauty" 意为名胜,具有纪念性质之庭园、桥梁、峡谷、海滨、山岳及各种知名胜地。场所不是广场的意思,广场只是物理空间。场所是由实质性环境、活动与感觉所组成的整体。有时还指具有层次的空间领域,包含着人与环境活动的主题。建筑现象的主题是以自然和人为的元素所形成的综合性"场所"。我们可视建筑为由"场所的形成",经由建筑物人们赋予它实际的意义,且聚焦建筑物去想象和象征人们的整体生活方式。因此,场所的本质取决于位置、一般空间轮廓和清楚表达此场所个性的特殊处理。

Place de La Concorde Paris 巴黎协和广场

法国著名广场之一,路易十五时拟将图勒里宫与爱丽舍大街间辟为市民休息广场,法兰西建筑学院曾为此组织了两次设计竞赛,最后由皇家建筑师加贝里·爱尔(Jacques Arge Gabriel, 1698—1782 年)负责设计,广场原名为"路易十五广场",后改名"协和广场"。广场轴线与爱丽舍田园大街的轴线重合,南北长 247 米,东西宽 175 米,四角抹斜。三面未布置建筑物,只在北面路口两边对称地布置了国家档案馆和公寓。广场正中竖立着路易十五骑马铜像,法国大革命时期,铜像被推倒,在此基座上另置一石膏雕像,对面安放了断头台,因此广场一度被称为"革命广场"或"断头台广场"。1836 年在原路易十五雕像位置,竖立起从埃及掠夺来的鲁克索神庙的方尖碑,高 23 米。

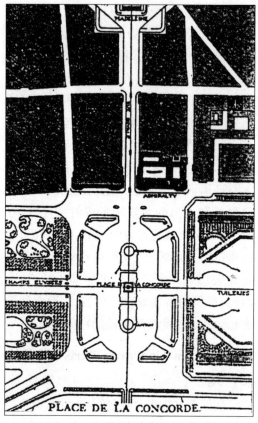

巴黎协和广场

Place Form 场所形式

海兰·普顿提出了"场所形式"概念,他认为我们面对着现代环境普遍"无地方性",我们应立足于一种预先设定的、有界限的领域状况,以求创造一种周界形式,以一种人为的形式,去反对大都会中无穷无尽的变迁。地点性体现在一个有周界的形式之中,场所的意义表达了社团生活的存在,场所的周边使场所具有地方意义,场所中心是场所精神集中表达的地方,场所的路线表达着人的生活经验。进而可以说地方性通过景域来表现,中心通过房屋来表现,路线通过聚集来表现。场所形式具有非匀质性、渗透性、多样性,包容了地点、形态、空间、场所诸个阶段。

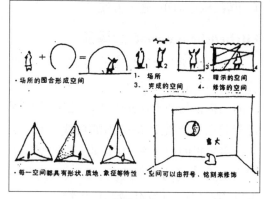

场所形式

Place Spirit 场所精神

舒尔兹首先提出了场所精神,他的观点是生活源于场所,生活和场所是不可分的,指出人生活在世上就是以具体的方式理解场所的。1.场所的概念及组成空间的模式和事件,即场所在特定的地域中,表现的特征不仅依赖事物的本质、形态、质感、色彩等物质环境,更由一系列发生其中的事件所支配。2.场所的结构,即空间模式与事件模式的配合由相关边界表达,并提出中心的特质和场所精神。3.中心场所有三方面特质:沟通性、地域性、象征性。中心场所的创造要从空间模式和事件模式两方面来表达上述三个特质。沟通性要求有与城市渗透的暖昧过渡空间;地域性要求遵从城市脉络,融合地域文化和文明;象征性则要求场所本身成为城市中的标志物。

舒尔兹《场所精神》一书的封面图片

Plan 平面

平面即指平面图,它是建筑师及规划师传统用的思维表现。认识与使用平面图,标志着人类对环境的知觉从无序过渡到了有序。平面又指平面形态,是二维的水平方向伸展着的。平面形态所记载的是人们的动线,是人类活动的轨迹图。平面秩序包括作为"图"的平面(即建筑等实体)及作为"地"的平面(即空间虚体)。完整的平面知觉是图与地的共生,而并非只是图或地。平面构图特性及所蕴含的知觉含义,如"对称"对应着庄严、整齐、纪念性等;"弯曲"对应着活泼、轻松、崇尚自然等;"密集格网"对应着亲密、自我封闭、单体空间的紧密联系等;"回形街"对应着曲折、艰难、宗教含义(如印度的"回街")等。

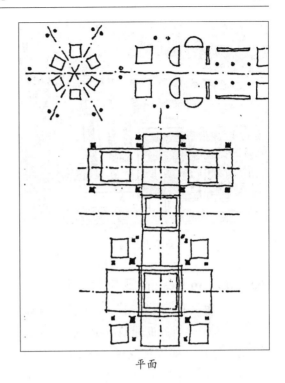

平面

Plane Space Environment 平面,空间,环境

从平面构图、空间组合到环境设计是建筑设计的发展历程。古典主义建筑设计着重于推敲平面图上的断面线,从画面构图中追求图形美的规律。在现代主义运动中赖特(F. L. Wright)创造了建筑的空间新概念,他以前的建筑只是房间设计,在房屋六面体中开些门窗而已。赖特的空间设计常常是重叠和内部相互贯穿的空间,打破了立方体的局限,体型有多样的变化,使用空间可用隔断划分,空间可由天花或地坪的变化来限定,并使室内外的空间互相贯通。环境设计成为当代建筑师最关心的热点,环境就在人的周围,大到宏观规划,小到家具陈设,建筑师要控制和改善人类的生存环境,甚至要控制人的情绪,从事比以前广泛得多的环境知识领域的研究工作。

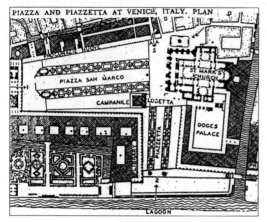

圣马可广场

Planetarium Design 天文馆设计

天文馆又称"天象馆",是传播天文知识、进行天文学研究的建筑。第一座天文建筑 1923 年建于德国慕尼黑,半球形圆顶直径 9.8 米,天文馆的规模取决于天象厅的大小,厅内顶部为表演人造星空的半球形天幕,半径最小的 3 米、最大的 30 米。天文馆有多种建筑形式,建筑设计的关键是天象厅,天幕的构造问题,精确度及便于清扫、维护和更换并为各个位置的观众仰视天幕创造方便条件,座椅和操纵台的布置要符合这一要求。厅内不应有直接采光,还要能控制温度和气流的变化,使观众感到夜晚或清晨观天景的旷野清新。音响效果好,讲解声音清晰,无振动干扰。天文馆内还有其他要求,例如小天文台可开闭、旋转的圆顶,供天文望远镜观察天象之用,小气象台要求有探测气象的设备等。

Planning Nice Urban Environment 规划城市优美环境

1. 取其自然,发展自然——城址要选择有利的自然环境,纵观千年世界城市发展史,凡城址选择得好,结合了自然地理条件,就能为城市发展打下良好基础。2. 因地制宜,精巧构思,创造城市特色,如苏州水乡美景之城,北京元大都规划十分注意从总体上体现气概。3. 环境规划要广泛运用巧于因借、格式随意的原则,如承德避暑山庄与外八庙的总体布局可为佳例。4. 处理好城市建筑个体、群体与总体的空间关系。(1)应抓住已有建筑在气氛、体型、体量、色彩上的协调关系。(2)良好的个体建筑构成优良的群体空间环境。(3)按城市规划总要求使个体、群体融为整体。5. 规划好构成优良环境重要的因素——园林绿化。6. 保护和利用文物古迹,组成城市优美文明的环境。7. 改造旧城,创造新城。8. 城市良好环境的创造,基础设施的规划建设不可忽视。

Planning of Dwelling Environment 居住环境规划

居住环境是居住区规划的主要内容,包括休息环境、购物环境、交通环境、绿化环境。购物环境的规划一般应根据大多数居民的交通流向轨迹布局,农贸市场应作为购物的重要内容,要考虑对居住区的辐射范围及噪音影响,又要考虑具有标志性和购买环境。绿化质量是衡量小区环境的重要标准,包括住宅区水上、地面、空中等绿化生长体。其一,居住区级绿地,有的沿城市主干道布置,可美化城市。有的布置区级中心绿地,集中设置,形成小区内部的标志性地段。其二,小区级的绿地多是内部的标志性地段。可结合住宅设置,面积不宜过大。其三,住宅组团绿地是居民使用最多的绿地。规划交通环境时应特别注意步行系统。1. 步行系统的目的不是限制汽车的发展,而是创造更安全舒适的居住环境。2. 步行系统有利于购物、休息、娱乐、交流。3. 步行系统可创造丰富多彩的空间环境。在居住区规划中首先考虑的环境主体是人。

Planning of Scenic Resort 风景名胜区规划

带有区域规划性质,以满足人们旅游活动为目的,以开发、利用,保护风景资源为任务的大面积绿地建设规划。规划要调查研究,查清风景资源历史和现状,保护自然景观和文化遗产,发掘和认识风景资源的特点和价值。调查的主要内容有自然景物资源、人文景物资源、环境质量、游览活动条件、规模和发展条件。规划编制的内容有:调查评价报告,性质特点与开发利用指导思想的论证,管辖范围和保护地带的划分,专项规划,有关的管理体制和机构,图纸和资料,环境质量评价,保护规划图,景点开辟,景区划分,游览路线,总体布局,风景名胜资源和土地利用分析,环境容量,专项规划。最后经指定部门批准执行。

Planning of Urban Environmental Protection 城市环境保护规划

为保护和改善城市的环境质量,协调生态环境与城市发展的关系,根据一定的环境目标所拟定的规划,又称"城市环境规划"。城市环境保护规划具有地区性、综合性、预测性等特点,规划应遵循与城市发展建设规划相协调,合理利用自然资源;最大限度地减少和控制污染物质排放量和排放浓度;充分利用绿化系统和水体净化环境;维持生态平衡。城市环境保护规划的内容和方法尚处探索之中,美国、日本和西欧各国都着眼于控制污染,执行环境规划。中国采用城市环境质量评价和环境预测相结合的方法,制定改善城市环境质量的纲要和采取控制城市污染源的主要措施。

Plantagenet Style 金雀花式样

1154—1399 年,英国亨利二世至查理三世的金雀花王朝时期在法国西部所流行的建筑式样,采用早期哥特式双拱顶,室内以形成宽大的空间为其特色。

Plantation 栽植

以装饰、防风、防尘、防火、绿化、隔离等为目的而进行植物之配植工作。"Planting Screen"意为利用植物构成之帷幕。为庭园空间构成方法之一种。"Planting Strip"意为植树带,在道路两侧或道路中央,配置成带状的植草、植花、植树的总称。"Planting Zone"意为植树区域。

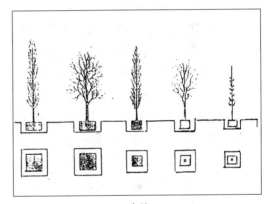

栽植

Planting Arrangement 植物配置

按植物生态习性和园林布局要求,合理配置园林中各种植物,以发挥其园林功能和观赏特性,是园林规划中的重要环节。也包括各种植物相互之间的配置,园林植物与其他园林要素如山、石、水体、建筑、园路等相互间的配置。植物种类的选择,根据其生物生态形态特征,干、叶、花、果的姿态、大小、形状、质地、色彩和物候期,幼年、壮年、老年及四季的景观配置植物。同时不能忽视优良品种的引种驯化。植物配置的方式有孤植、对植、列植、丛植、群植。植物配置的艺术手法有:对比和衬托,动势和均衡,起伏和韵律,层次和背景,色彩和季相。园林植物空间设计包括:林缘线设计,主景设计,园林小品配置等。造景和植物配置包括:水景植物配置,路旁植物配置,建筑物旁的植物配置,假山石旁的植物配置,中国古代传统园林的植物配置和西洋园林植物配置均有不同的方式和特点。

Plants　植物

　　植物是环境设计中活的材料,乔木、灌木及花草,在造园上通常被广泛利用,是户外空间重要的布局要素。在基地规划中要考虑植物的群体及栽植地区的一般特色。乔木是栽植设计的主体,乔木木质单纯,枝形有变化,有顽强的生命力。灌丛成长约1米时,具有创造空间功能,可作空间遮蔽物。植物的形体随其生长及年龄的变化,每一种树有其习性,构成每一棵树的树体结构及质地特色。植物的配置要根据它们生长的习性、质地、植物的表面质感不同,生长率、大小、颜色、生命期、味道及季节效果也都是设计中要考虑的,树种的选择根据环境气候及土壤条件而定。

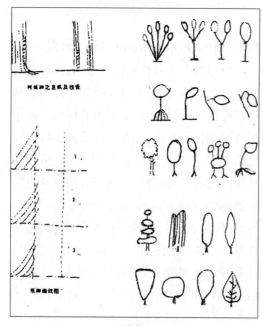

植物

Plants Environment　植物环境

　　人类与自然界植物生态有密切的关系,原始人类把植物用作自然界中的防护屏障。古罗马的中庭中布置有生动的挂攀藤植物,他们还建造云母片岩花房以透入阳光,并使用粪肥种菜。著名的柑橘暖房于17世纪出现在英国乡间,埃及女王送花匠到外国收集花卉,希腊罗马军队在征服地区收集外域植物,哥伦布航海带回西班牙新世界的种子。1851年英国建成了巨大的水晶宫,美国厨房窗前的花卉,维多利亚式的"Bay Window",放置花盆的窗延留至今,斯堪的纳维亚的现代建筑把花园延续到室内。没有植物,人类不能生存;没有动物,植物也不能存在,植物的生态循环可以清洁空气、保持水土、水的蒸发与还原、调节干湿小气候。在美学方面植物可美化环境。可供儿童学习植物知识,可供老年人消遣。良好的植物环境要有良好的光照设计。

《管子·地圆篇》中植物与水分环境关系示意图

Plastic Arts　造型艺术

　　与"Formative Art"同义,指物质性材料之形状塑造,作为视觉观赏对象之艺术,凡雕刻、绘画、建筑、美工等均属之。"Plastics"意为可塑物,具有可塑性质物体之总称。利用可塑性质加压加热成型,在常温下使之变成坚硬固体的非结晶质物体,此种有机高分子物质通称为"可塑物"。成型后可塑物经加热软化但停止加热后又恢复其硬度者,称为热可塑性物质。"Plasticity"意为塑性,物体受外力作用后变形,但若将该外力去除后,不能完全恢复原状,但残留永久变形的性质。"Plastic Deformation"意为塑性变形,材料超过弹性限度进入塑性范围内所产生的变形。

Plastic Form and Virile Texture 可塑性与活力感

柯布西耶说过:"美学幻想和追求时髦的表面效果是没有意义的,我们必须与建筑实践一起去寻找一条建筑的纯新道路。"他列举出他处理建筑的要点是:1.细柱抬高建筑,下部可自由流通;2.将花园抛向天空。3.大跨距空间结构的开敞式平面,安排灵活隔断自由划分空间;4.光的对比;5.不承重外墙的幕墙结构。这些都兼具功能与美观。柯布西耶说:"这是一种取悦于人眼的数学与物理所不相容的形式美,它们和谐、协调、重复、相互依存,创造一种柔和与淡雅之美的精神现象,并与声学效果融合在一起。"这就是他创造的如同雕塑一般的朗香教堂的美学特征,他要创造"直角的诗歌"。同样建筑大师赖特的创作法则也是创造"诗一般的视觉"的活力感。

Platea 正厅

中世纪戏剧舞台的中心表演区。在中世纪的舞台布置中,表演区周围设置一些表示特定场所的殿堂或棚舍。演员按剧情需要从一个殿堂移向另一个殿堂。正厅通常可用作殿堂的布景,并被用作表示殿堂特定场所以外的地方,如街道和空旷地区等。

Play 游戏

游戏分为角色游戏、教学游戏、活动游戏,它们占儿童活动的大部分时间。成年人又有成年人喜欢的游戏。在生活居住区中,儿童的户外活动可分为同龄聚集性的、季节性的、时间性的、自我为中心的。年龄的组成要区分2周岁以前、2~6周岁、7~12周岁、13~15周岁。其中以13~15周岁为儿童场地设施为主体。儿童游戏场地的规划与设计分住宅庭院内部的、住宅组团内部的、居住小区中心的、居住区中心的、公园内的、专门的、特殊用地内的儿童游戏场。

游戏

Playground 运动场

专为体育运动设计的场地。古代希腊雅典的运动场是和街道及露天集会场所组合在一起的,古罗马最宏伟的花园中有赛马跑道。直到19世纪才有运动和娱乐的中心地区。20世纪以来才有公共运动场。如棒球场、板球场、儿童运动场等。在私人宅院内也可设置网球场或高尔夫球场等。

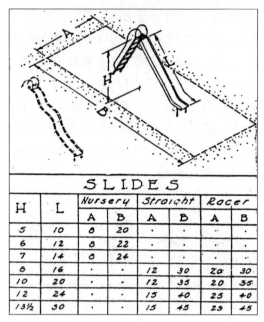

运动场

适合目的空间产生愉悦的经验

Pleasure　愉悦

愉悦是发自内心的一种喜悦,是一种心情的愉快之美。某些环境设计要求达到人的感情上的愉悦之美,既不是趣味也不是欢乐。例如,亲切幽雅的庭园、清澈的流水、艳丽的花卉,等景致能够唤起人的愉悦感。大自然具有唤起愉悦感的强大感染力。这时,建筑设计的人为环境要从属于大自然,保留和增加大自然之中的这种愉悦之美。另一种方法是利用建筑划分空间,创造人为的愉悦小天地。

Plinth Stone　基石

基础所用的石头或基础部分的石头称为"基石"。"Plinth"为底座、书架或装饰橱等家具类最下部之框座部分;也指柱台基,古典建筑柱脚或墙脚下部,较柱或墙厚大之台基部分,约 1 米左右;还指踢脚板,墙面底部与楼板接合处,供保护及装饰用之横木构材。

Plot Ratio　用地容积率

建筑总面积与建筑用地面积之比,是反映城市土地利用情况及其经济性的技术经济指标。容积率越大,土地的利用程度越高。但用地容积率并不能反映土地的其他特征,如建筑物的稀密程度、日照卫生条件等。因此,还必须把用地容积率和建筑密度、城市人口密度、日照标准等指标结合起来综合地分析研究建筑物。

Pluralism Philosophy in Chinese Architecture　中国传统建筑中的多元哲学

中国传统建筑是一个多元、多层的复合体。作为一种文化形态,传统建筑存在形、意、理三个结构层面:表层为形,观念的物化形态及建筑的形制、法式、平面空间等可见的视觉形象;中间层为意,意为审美主体与客体的契合,心物相照、情景交融的境界,指建筑的意境和氛围;最深层则为理,蕴含于"形""意"中的哲学观念,包括价值取向、社会心态、思维方式和审美追求等。传统建筑特征的关键在于"理",而中国传统哲学本身就是多元的。只有从多元、多层次的角度来认识传统,才能抓住中国传统建筑的实质。

Poche 墙线

在古典建筑中,平面图的墙线可以表现建筑的性格,较大的房间墙身应软厚,柱子断面应较大。因房间的跨度大,表现其承重也大。同样高度的内外墙,内墙的厚度应比外墙薄。分隔小房间和通道的墙身,应比较大的厅堂的墙身薄。墙线应表明各结构部位和建筑的各部分的重要性。由于墙线粗细线条的对比,各部分的特点得以强调。

Poetic Imagery of Garden 园林意境

通过园林的形象所反映的情境使游览者触景生情,产生情景交融的一种艺术境界。园林是大自然的一个空间境域,意境随时间而变化,称"季相"变化,朝暮的变化称"时相"变化,阴晴风雨称"气象"变化,有生命的植物变化称"龄相"变化,还有物候期的变化等。因此,要以最佳状态而又有一定出现频率的情景为意境的主题。中国传统园林艺术是自然环境、建筑、诗、画、楹联、雕塑等多种艺术的综合,唤起以往经历的记忆与联想,产生物外情、景外意。园林意境的创作方法为"体物"的过程。体察中心有所得才开始立意设计。"意匠经营",在物体的基础上立意,意境才有表达的可能。

"比"与"兴"是先秦时代审美的表现手段,比者附也,兴者起也。比是借他物比此物,兴是借助景物直抒情意。

古木交柯

Polis 城邦

古代希腊的城市国家,曾有数百个,每个城邦都以一个城市为中心,周围是农村。城邦有围墙、卫城和广场,是政府所在地。城邦有公民大会、议会和行政官员。每个城邦都有大批"非公民"。有些城邦如雅典是繁荣的文化和教育中心。在古希腊时代,曾把城邦制度传到近东大部分地区。

Pollution Control 环境污染控制

环境污染指环境物理学、化学或生物学条件的变化对人类生活所造成的有害影响。包括对动物、植物、工业、文化和景观的影响。污染主要是物质性的,但也可以是非物质性的,对污染的控制需要通过法律、制度、科学和技术等手段,可采用新工艺以清除减少污染物的产生或进行物料回收利用。除放射性和某些有毒性污染扩散会造成全球性的危害外,通常仅会局限于人类活动集中的区域。如果污染物在地球上平均分布,一般不会超过自然界的净化能力,因此污染控制的有效途径是将污染源分散。大气污染主要有一氧化碳、硫的氧化物、氮的氧化物飘尘污染。目前已有很多技术可用于大气污染物的控制。水污染分可降解的与不可降解的水污染。土地与土壤的污染,其他污染有噪声、辐射以及非物质性污染,如破坏了景观等。

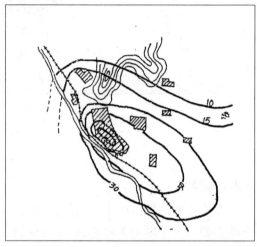

飘尘的等浓度分布图

Polysemant of Streetscape　街道景观的多义性

客观的物质环境,往往自然地赋予传统街道以曲折多变的景观形态。地面信息街道的弹性空间,沿街屋顶语言以及文脉标志等的运用,都将造成多重景观线索重叠作用。社会文化因素是指传统城镇中发生的可供回忆的历史事件、地方民俗活动等,是街道文化的重要组成部分。它常常借助于口语和书写文字,以街道中的实物为载体,隐喻、暗示着错综多变的社会发展轨迹。街道活动的主体是人,由于人的意向作用,其在街道中活动和选择时,就会不断自觉地提取文脉标志和建筑环境中的各种信息,使感知不断变换、更替,得到行为、心理的满足。人的选择性和不稳定性决定了景观要素的类型与形态,同时也造成了其自身感受的整

合。这种环境景观的复杂性并不影响街道景观的整体性和秩序性。

Pompeii and Herculaneum Italy　意大利庞贝和赫库兰尼姆

庞贝和赫库兰尼姆是两座古城,分别位于意大利那不勒斯东南 23 千米和 8 千米,79 年因维苏威火山爆发而与邻近的斯塔比奥一起被毁,古城遗迹埋没至 18 世纪,1784 年正式发掘,赫库兰尼姆系 1709 年首次发掘,1860 年对这些地方开始了学术性调查,至今三座古城大部分已被发掘,庞贝城墙高 7~8 米,有 8 个城门,工程设备很好。城市西南角是中心广场,有城市守护神朱比特神庙,东段有大斗兽场,可容纳 2 万人,即可容纳全城的人,城市住房为一层或两层围绕着的天井院。

Pompeii, Italy　意大利庞贝

庞贝能重见天日纯属偶然,1713 年一个农民掘井,在 6 米深处挖到了古城遗址。全面挖掘始于 1748 年,到 1860 年基本完成,被火山灰埋没近 2 000 年的古城才显现其雄姿。在面积约 63 公顷的五边形台地上,周围是 4.8 千米的石砌城墙。残存的科林森立柱,古神庙和中心广场的圣坛,断垣废壁仍呈现当年雄浑的气势。城市中 4 条用巨石铺成的大街交叉成井字形,将全城分 9 个区,网络似的小巷贯通各商业住宅区。高门大院中是马赛克铺地的大花坛,中庭天井院两边是宽敞的起居室和卧室、客房,格局合理,构造精巧。街上随处可见各类酒馆遗址,熏黑的锅灶依存,炕灰犹在。城中还有几处著名的大公共浴室,现已是废墟。走出棋盘状的里坊可见庞贝体育场的雏形,环形看台,椭圆形跑道。如果没有 79 年的那场火山爆发,庞贝也许是意大利最繁荣的都市。

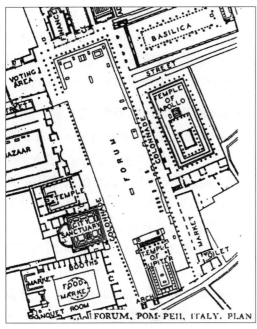

意大利庞贝

Pontoon Bridge 浮桥

浮在水上的桥,主要为军用,也有非军用的。公元前480年,波斯工程师为运送薛西斯的侵略军渡过达达尼尔海峡建造了一座浮桥,据记载由6 766只船构成,排成两行。后来的军队曾用木材,铜等预制浮筒或浮舟。19世纪美军使用过充气橡胶浮筒。二战期间使用过配备空气压缩机的橡胶浮筒。著名的美国西雅图华盛顿湖上的混凝土浮桥长2 000米。伊斯坦布尔全角湾浮桥长457米。

广州荔湾公园浮桥

Pools and Streams in Village 村镇中的池塘和溪水

中国江南许多村镇中有天然的水系,村边宅旁有小河和泉水,可以利用这些天然水系来装扮环境。有些现代化的城市强行把流水覆盖在地下,认为天然的水系与人工的街道是不相干的。如今,人们已在收集雨水做成人工水景,让溪水流过城市,沿着水边饲养水禽和鱼类,以保持城镇中的自然生态环境。水界还可以形成居民区的边界,居民可以沿着河流出游到乡间去,乘船艇观赏更大的水面;可以将屋顶集合的雨水流到池中,再沿花园小路流到公共人行路边,在公共地段设置喷水池,以桥梁来组织和限定跨过水面的交通线。近代许多没有天然水面的城市,也修建人工水池来补足这个缺欠。

Pop Art 普普艺术

艺术走向街道,走向广场,走向生活中最"俗"、最"平凡"的事物,于是诞生了"普普艺术"。从字义上看"Pop Art"原意就是"大众的""普及的""生活的"。20世纪60年代美国为了摆脱欧洲的长期影响,试图建立美国式的艺术,又由于长期的抽象主义发展使艺术过渡专业化与群众生活脱离,因此普普艺术应运而生。1987年去世的安迪·华荷(Andy Warhol)1962年创作了巨幅的"100个罐头"、1964年创作了"肥皂箱",猛一看以为是商品广告,普普艺术以美国超级市场式的文化建立了本国的视觉形象。同时,对一直在抽象中的艺术家们反戈一击,使艺术反映了最大众化的生活内容。以往人们习惯与把艺术奉为"殿堂",通过普普艺术,艺术已成为美国大超市中的一部分。

Porch　门廊

建筑外墙入口处凸出而有顶的三面开敞的围护部分。现存的古典主义时期以前的门廊很少，古希腊雅典风格在公元前100年是有门廊的建筑，两个入口各有两根科林森式柱子支承着一个山花。在古罗马的住宅中有时有邻街的长廊，沿用到早期基督教建筑时期发展成为教堂前廊的入口部分，在罗马风格时期教堂的前门有一个凸出的门廊作为入口。文艺复兴时期的门廊常常采用列柱的形式。18世纪晚期英国和美国的住宅中常采用双柱或三柱式的门廊。

Porte-cochere　车辆门道/停车门廊

西方大型公共建筑的入口，多用于文艺复兴晚期和复古主义时期，在法国原是建筑上可容车辆通行进入内院的宽大门道，常见于仿国王路易十四和路易十五时期建筑风格的宏伟富丽的府邸中。后来指建筑物入口处的停车门廊，其高度和宽度须能容纳车辆，以便乘客上下。

法国巴黎卢浮宫侧门

Portico　门廊/柱廊

建筑入口处带列柱的门廊或由列柱支承的带顶走廊（有的脱离建筑而独立存在），是古希腊神庙建筑的主要特征之一，并成为古罗马及以后所有古典式建筑的重要组成部分。古希腊神庙按门廊的形式区分为两种类型，墙端壁柱式和前柱廊式。

Portland Building　波特兰大厦

一座集办公、服务和展览于一体的建筑，1982年建成于波特兰市中心，近方形的巨型大楼，主体15层。其立面采用台座、墙身、顶部三段作法，以奶油色为基调，中央上方用深色赤陶石砖铺砌高达4层，宽达11个开间的楔形"拱心石"，三层高的台座是绿色，顶部浅蓝色，构成了鲜明的色彩对比。它由格雷夫斯（Michael Graves）设计，注重象征性表现，他把大厦划分为"头""身""脚"三部分，为拟人化的表达。成对的壁柱表现建筑内在的核心内容，它们恰好与政府办公所占用的层数一样高。外廊体现古代作为欢迎的符号，"波特兰人"雕像代表城市文化，绿色台座意味着树叶常青，土色束腰和奶油色中段隐喻大地，蓝色屋顶与天空相应。它是后现代主义在大型建筑创作中的一座里程碑。

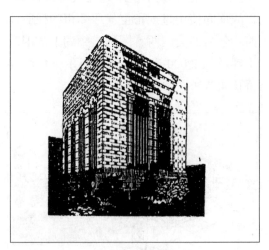

波特兰大厦

Positive Outdoor Space 室外空间的地位

室外空间、内天井、房前屋后宅旁和半隐藏式的花园是传统民居的空间处理特征。有两种不同的室外空间类型,一种是把建筑布置在大片地域空间之中,室外空间不能构成形状;另一种室外空间是建筑之间形成的空隙,由建筑决定室外空间的形状,如同用墙壁限定房间的形状一样。第一种室外空间只表现建筑的体型轮廓,外部空间即建筑的背景。第二种室外空间可以建筑为背景突出室外空间的形体,室外空间图形取决于建筑物留出空间的闭合程度和建筑边线的凹凸情况。有的内部空间是半封闭的,要以布置建筑内部庭院的方法去创造一个感觉舒适的外部空间,封闭、不封闭、半封闭的空间都可以创造优美的环境。把不具备室外空间形状的单幢房屋加上围墙、连廊、树木、花架等,也可创造室外闭合的空间。这是中国建筑的传统设计手法。

室外空间的地位

Possession in Movement 动势

在环境景观中,动势是不动之动,不动之动是艺术品中的一种重要的性质。其实,人们观赏景观是看不到真正的运动的,人们看到的仅仅是视觉形状向某些方向上的倾向或集聚,其传递的是一种存在。联想说认为这是由于经验的联想产生的,对不动的物体加之以动势。任何物体,只要显示出类似楔形的轨迹,倾斜的方向,模糊的或明暗相间的表面、知觉、特征,等等,就会给人以有动势的印象。

活动喷泉

Post and Lintel System 梁柱体系

房屋构造有两根竖直构件柱支承跨在顶上的水平构件过梁所形成的结构体系,最单纯的形式可在柱廊或框架结构中所见。门、窗、天花、屋顶的支柱往往由墙所代替。过梁必须能承受本身及其上部的荷载,砖石过梁只能做较短的,钢材过梁可做长,支柱要求有较强的抗压强度,石料具有这种特性。梁柱体系是自史前至古罗马时期的基本建筑方式。现代许多钢筋混凝土结构在梁柱体系的基础上恢复了古老结构形式的简洁性,但梁与柱的原始概念已经改变,梁柱成为一个整体,其应分布在一个整体之内。

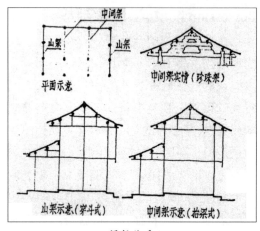

梁柱体系

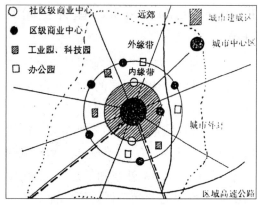

后工业化时期社会城市边缘区空间结构

Postindustrial Non-metropolitan Counter Urbanization　后工业化时期的逆城市化

在工业化后期,城市容量饱含,由于城市过于庞大,生态平衡受到破坏,城市出现失调和混乱,环境质量下降。20 世纪初,西方国家首先提出城市乡村化概念,理论上扩展了霍华德为代表的"田园城市"理论,第一次打破了城市和农村在空间和形式上的对立,倡导二者交融,人工与自然结合。人们的居住习惯发生改变,纷纷移居郊外,新产业兴起,第三产业发展,促使人们离开城市中心,人口迁移模式表现为大城市向农村地区扩散,逆城市化现象出现,大城市中心地区人口和经济衰退。中国的逆城市化现象可能在小汽车普遍进入家庭,普及率达到 10% 以上才会出现,应在21 世纪 30 年代以后,中国城市化可达到70% 以上。

Post Modern　后现代

20 世纪 60 年代美国和西欧出现了反对或修正现代主义建筑的思潮。1966 年美国建筑师文丘里在《建筑的复杂和矛盾性》一书中提到了与现代摩登派针锋相对的理论主张。其特点是采用装饰符号,具有象征性或隐喻性,与外围环境融合,一方面面对外围环境,一方面面向大众,提倡建筑多元论。文丘里说,要混杂,不要纯净;宁扭曲变形,不要直截了当;要暧昧含糊,不要条理分明;要世代相传,不要经过设计;要随和包容,不要排他性;宁可丰盛过度,不要简单化;要自相矛盾、模棱两可,不要直率、一目了然;赞成凌乱而有生气更甚于明确统一。他的理论开创了后现代主义的新时期。

后现代主义建筑

Post Modernism 后现代主义

关于后现代主义的界定,是当今建筑理论领域中敏感而时髦的课题之一,后现代主义思潮兴起于 20 世纪 60 年代中期,美国的一代青年建筑师指责正统的现代主义建筑贫乏无味、教条呆板、平庸的方盒子泛滥于全世界,称其为国际式（International Style）,他们主张建筑要含糊暧昧、兼容并蓄,要有隐喻和象征,要在现代建筑中表现传统和文脉。后现代主义的出现有其社会根源和背景,它是人们对工业快速增长带来的消极厌倦的情绪,同时又唤起人们注重地方风格和传统文化。后现代主义的理论要点：1. 装饰不是罪过；2. 建筑师重复前人的经验；3. 建筑要从属于周围的环境。4. 建筑设计要传递思想意念；5. 建筑师讲述故事式的艺术。他们自认为是现代派又是后现代主义者,急于恢复传统又不失去摩登时代,要用古老的语言说最新的词汇,描述新时代的事物,建筑设计是文化同化的过程。

Post Modernism in China 中国的后现代主义

不少人认为后现代主义是传统复古的文化思潮,也有人认为后现代是未来的发展方向,也有人认为后现代出现在中国未免为时过早,众说纷纭。后现代主义虽首先是欧美发达国家出现,但中国处于几种“不同的时代并存或交叉的时代”,因此“文化具有不同的发展层次”,既需研究现代主义,又需了解后现代主义。后现代的历史主义以及许多后现代建筑采用了古典建筑语汇,使人们认为后现代就是复古。问题并不这样简单,后现代抛弃现代派的孤傲的英雄主义,使艺术走进普通人的生活中。詹克斯曾归纳了后现代主义的主要特点：注重公众交流和地方性,借鉴历史以及强调城市文脉、装饰、表象、引喻、公众参与、公共领域、多元主义、折中主义等,而强调双重译码,广泛采用各种交流手段则是最重要之处。也就是说,后现代主义试图找到为大众所需要的可读性,使艺术复归于普通人的生活。后现代主义的具体表现手法,更是可随意选择。有些后现代主义建筑对传统建筑语言那种玩世不恭的运用就是一个例证,后现代主义的建筑体系视为文化意义系统,强调建筑文化价值,这对于从文化的角度研究未来,有很大的参考意义。我们在考虑未来建筑思潮时,可将后现代主义作为一个参照物,但又不拘泥于后现代的表现手法,特别是东方“传统”的势力太强大,东方后现代主义更应借助于现代主义,以克服“传统”的消极作用。

Post Modernism Style　后现代主义风格

西方后现代主义青年建筑师们已经从历史建筑中使用其古典的细部,甚至柱式,他们信奉的原则曾被摩登时代认为是异教邪说,但这些后现代主义的风格已经取代了现代主义,形成了下一个现代主义的形式。可喜的是他们不同于 19 世纪的折中主义或文艺复兴建筑师那样,重复历史风格,他们要做的是改变原来的功能、大小和尺度,把孤立的历史细部加以演变为"新"的或具有模仿性的象征。例如,在柱顶上放一块"权石"(Key Stone),或在不锈钢的外表装上一个爱奥尼克(Ionic)柱头,在实践方面仍然是现代主义的。后现代主义试图超越先前第一代大师们的成就,他们以嘲讽的态度反映最近的历史,提出许多美妙但自相矛盾的观点,他们已成为当今现代派别中的一个先驱。

后期摩登主义风格

Post Modernists　后现代派

后现代主义最早出现在文丘里 1966 年所著《建筑的复杂性和矛盾性》一书中,1977 年 C. 詹克斯出版了《后现代建筑语言》,使后现代主义引起人们的关注,1980 年威尼斯双年建筑展和 1987 年柏林国际建筑展推波助澜,使得后现代主义成为建筑界的主流。20 世纪 80 年代后期,后现代主义进入成熟时期,出现了许多高水平的建筑师和高质量的作品,掀起了一股后现代主义狂热,著名的建筑师有文丘里、约翰逊、格雷夫斯、摩尔、石山修武、相田武文等人。20 世纪六七十年代已颇有名气的矶崎新、黑川纪章和原广司也先后转向了后现代派。20 世纪 80 年代出现了大批追随者,如英国的斯特林、西班牙的波菲尔、奥地利的霍莱茵、葡萄牙的塔拉维等人。后现代派的理论探索是关于功能与形式问题、多元化的地域性问题、传统形式问题。虽然传统形式和它所代表的技术手段已不再适用,但传统形式的片段作为"地域符号"和感性寄托将继续存在。

Post Office　邮局建筑

办理邮政业务的公共建筑,包括邮件处理中心局、邮件转运站、邮政局、邮电局、邮电支局、邮电所、代办所、邮电亭。邮件处理中心局又称"邮政通信枢纽",它将邮局收寄的信件集中起来,分拣分发处理,因此要求有足够的调车场地和装卸台位、行车通道等,设有信函分拣车间、包裹分拣车间、印刷品分拣车间、报刊分拣车间、邮件转运车间、生产调度室、空邮袋库、业务档案库、海关用房以及生产生活辅助用房等。邮件转运站建在车站、机场、码头、相当邮件处理中心的转运车间。邮政局的平均服务半径为 500 米,服务 2 万人,支局分三等,建筑包括营业厅、包裹库、出口包裹封发宝、大宗邮件处理室、期刊库、报刊发行室、金库、会计室、投递室、开筒室、出口封发室、进口分发室、汇检室、稽查室以及生产生活辅助用房。

Potala Palace 布达拉宫

布达拉宫位于在西藏拉萨旧城西面2千米的北玛布日山上。梵语中,"布达拉"的意思是"佛教圣地",它始建于吐蕃赞普松赞干布时期(629—650年),9世纪毁于兵火。1645年五世达赖重建。布达拉宫集中了藏族匠师的才华,反映了藏族建筑的特点和成就。宫殿沿山坡用石块建造,下部数十米石墙扎根于山岩之中,建筑随山就势,增加了建筑的体量,同时又突出了上山蹬道的层层横向阶梯形栈道,烘托出建筑高耸入云的气势,大片白色石墙上的黑色梯形的窗套、檐部深红色的女儿墙,在蓝天下色彩强烈。门厅、佛殿、经堂、日光殿等的室内梁架、柱头、栏杆都饰满雕刻彩画,宫内供奉着大尊佛像。

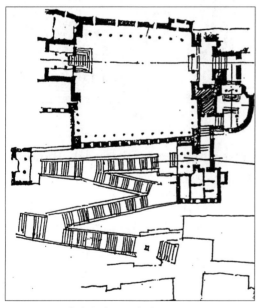

布达拉宫入口部分平面图

Prairie House 草原式住宅

草原式住宅是赖特在20世纪初所创造的具有美国特有风格的建筑类型。1901年2月的妇女杂志(Ladies Home Journal)发表了赖特取名为"草原城市之家"(A Home in Prairie Town)的一个设计。这是第一个概念完整的草原式住宅。但是,第一个实际的草原式住宅则是1902年的威利茨住宅(Willitts House Highland Park Ill),平面是向四周伸展的十字形,壁炉设在中央,烟囱在上部升起,这一切都是在传统的美国住宅中常见的,外部重选的上下屋顶檐口线,成排的连续窗带都是草原式住宅的显著特征。例如罗伯茨住宅(Isabel Roberts House, 1907)、罗比住宅(Robie House, 1909),赖特在20世纪初10年内建造了35幢草原式住宅,最后终于使这种住宅成了美国自称为有自己文化的住宅了。其特征有门廊、十字形平面,它从玛雅文化中寻求灵感,努力把日本宗教、老子哲学等各民族文化中有价值的东西融进自己的建筑创作之中。

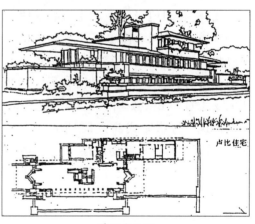

卢比住宅

草原式住宅

Prairie School 草原学派

美国住宅建筑的一个学派,由赖特创始于1900—1917年,即他在美国中西部地区建造的低矮的水平式的"草原式住宅",例如1908年设计的罗宾住宅为代表。美国中西部地区的许多建筑师受其影响,形成草原学派。草原式住宅多为两层,常采用水平线脚、带形窗、平缓的坡屋顶、粗矮的烟囱、大挑檐和花园。

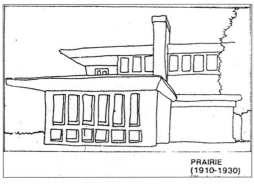

草原学派作品

Prairie Style　草原式

赖特早期的建筑作品大部分是住宅，属"草原式"风格。其特点是组成灵活统一的空间，有充足的阳光，空气流通，外景优美。底层、楼层、屋檐与地面形成一系列水平线，配合园地布置。天花与墙壁使室内外连通，家具与装修也与住宅的风格统一协调。赖特的草原风格打破了传统住宅的均衡对称，追求空间的灵活布局。1909年他设计的芝加哥橡树园的罗宾住宅（Robie House）为草原式高潮时期的代表作品，已被指定为重点文物保存。此后，赖特于 20 世纪 30 年代曾设计过一些造价低的住宅方案，称为"优索尼安住宅"（Usonian House），用夹心板做墙壁，木枋架平顶，也称"纯美国风"住宅。

草原式

Precipitation　降水

降水的性质、数量和强度对街道网规划、街道纵横断面、居民区绿化都有影响。不同纬度地区每年的平均降水量不同，在年降水量多或日降水量最高的地区，竖向设计工程要良好的排水系统。当选择居住区用地调查时，要收集当地年、月、日的平均降水量，最大和最小降水量，每年每月降水日数、大雨持续时间、强度、频率和排水条件，降雪和化雪日期，雪覆盖的厚度和密度以及有关空气湿度和蒸发的资料。

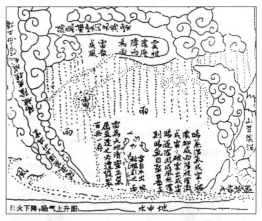

降水

Preservation of Historical Building　古建筑保护

古建筑保护是一门科学，涉及发现、考证、文献整理、维修保护多方面的知识。它与城市规划设计工作息息相关。18 世纪后半叶欧洲各国相继颁布法令保护古建筑。意大利对古教堂、神殿、凯旋门、斗兽场等不只从内部加固修理，尽力维持其原状，并严格规定在某些重大遗迹周围不允许建设新的现代建筑，如希腊雅典卫城、罗马大斗兽场、伊朗的帕塞波列斯庙等均保存完好。在比利时城市规划条例中，对有历史价值的地区在详细规划中进行保护，对一个纪念物建立 50 米直径的保护区。在瑞士,保护区不仅连成片,而且扩大到村落和城镇。法国对 19 世纪的巴黎城区立法保护。英国是最早设会保护建筑的国家,1877 年威廉·莫里斯创办保护古建筑学会。俄国莫斯科总体规划中考虑到克里姆林宫古建筑群的完整性。

Preservation of Old Building in Urban Environment 城市环境中古建筑保护

保护的范围:国家各级文物部门确定的各级历史文物;在城市发展史、建筑史上有影响的建筑物;独具特点的城市标志建筑物;建筑师的成功代表作;富于地方特色的传统民居;外来建筑文化的典型作品;其他各种意图而加以保护的建筑物。对建筑视廊的保护,背景、中景、景外视点看到的全景形象的保护、观赏对象视线通廊的保护。1. 绿化环带,把历史遗产包围起来是最基本的保护方法,也可采用环状道路围合和限定。2. 集锦式合并与迁建复原,将同类古迹适当集中迁于新址是改善保护条件的重要方式。3. 创造意趣横生的组合,把古建筑残迹组合在新建筑中,进行某些艺术处理,使其成为新建筑的一部分,有时会获得妙趣横生的效果。4. 轴线的组织和运用,强调群体中主体的地位和价值。5. 古建筑的环境"净化",为突出古建筑,提高其地位和价值。外表的古色古香与内部的现代化。

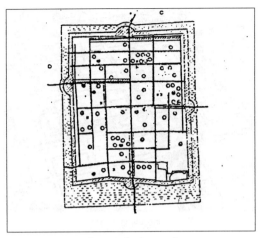

商丘古城保护规划

Preservation of Old City Xi'an 西安古城保护

西安在中国古代城市建设历史上占有重要地位,西安长安宫殿营建于公元前 194 年,隋唐长安兴建于公元 582 年,日本的奈良和京都都是仿西安规划建成的。西安的古城保护了文物古迹的用地和环境,合理分配城市用地,园林绿化与文物古迹相结合。继承传统的格局,规划沿用唐长安井字型结构,干道采用宽大平直的线型,再现了古长安严整格局。突出古城的精华,大雁塔周围保留了 1 000 米 × 800 米的绿地,西安钟楼,规划将其组织在市中心广场作为构图中心。现城墙是从 14 世纪中叶明初在唐皇城基础上建筑的,规划将城墙保护、市政交通、绿化休息各项综合考虑。将城墙、环绕林带、护城河、内外环路组成"四位一体"的"绿色项链"。总体规划把三座标志性古建筑的保护利用,创造了有利条件,为西安古城保护"赋予新的生命力"。

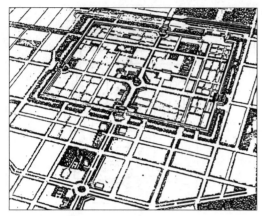

西安古城保护

Preserving Historical Buildings in the USA 美国历史建筑保护

不同时期的历史建筑记录了城市发展变化的历史。美国城市设计中对各类建筑的保护首先是编制《城市建筑财产目录》。财产目录一般分建筑质量、环境质量、历史质量等几个方面来编制。根据财产目录得出建筑历史价值指数来确定每幢建筑的保护等级,采取不同的保护措施。如保护历史建筑原貌、加强视觉上的重要性、保护历史建筑特点、选择合适的使用功能、保留历史建筑某个局部、增添新的因素、采用新旧架接的手法。

Preserving Historical District 历史区保护

历史区(History District)是城市分区管制法(Zoning)中的弹性分区之一,把具有历史意义的区段划分出来,在管理上采取与其他区段不同的政策和手段,将有利于历史环境的整体保护。这一概念的出现把历史保护从单体建筑的"文物性"保护,扩大到一定的城市环境,它被认为是城市设计学科进步的标志之一。分区法和一些设计引导对区内建筑的使用性质、街道和广场的特点等做了规定;

对建筑本身也做了规模、体块、风格、材料和色彩等细则要求。总的原则是一切新建、改建活动必须尊重历史环境,加强原有环境的特点。这样的历史区尽管单体建筑并不突出,但整体上却能形成完整的环境。

历史区保护

Primary School Environment 小学建筑环境

小学教室分普通和特殊(音乐、美术、自然、劳作等以及多功能大教室)两类,每个学生建筑面积指标有限定,以黑板、讲台为传授方式的为矩形。课堂与教室本同一内容,然而课堂含义更广,包括学校的设施、室外场地等所有的教育场所。学校是一个大课堂,一类是有围护结构的室内空间,一类是开放的室外空间,如体育场地、游泳场、园艺和庭园。可把学校的基本单元组合分三种,家庭式、街坊式(小组教学法)和社会式(专业训练法),三种组合各产生不同的环境效果。小学的活泼性环境是主要的,可利用下层屋面作上层室内空间的延伸,有利于活动和丰富环境。开放教育的学习环境使小学设计产生了本质的变化,围绕一个共同中心活动区,扩大教室面积、无建隔墙的大型空间、按年级划分的组团式等。

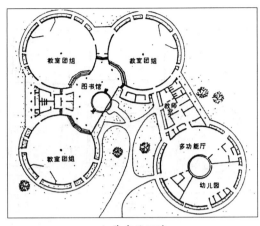

小学建筑环境

Primitive Art 原始艺术

世界上任何民族,不论其生活多么艰难,都不会把全部时间用在食宿上,即使最贫穷的部落也会生产出自己的工艺品,从中得到美的享受。人类的一切活动都能通过某种形式得到美学价值。原始民族生活中人们的思维过程是基本相似的,一切文化现象都是历史发展的结果,无论是产品,还是生活习惯,其形式总是不断地变化着的,文化形式本身是一幅丰富多彩并且变化无穷的画。现代人与原始人类在艺术创作和艺术欣赏方面的差异,在于他们生活阅历不同,而不在于大脑的智力。

原始艺术

Primitive Dwelling 原始住所

生活在不发达地区和特殊气候地区的居民有各种各样的住所,主要的形式有布帐篷或毛皮帐篷,通常为圆锥形,用柱子支承,长期为撒哈拉、中国西藏、蒙古、中亚西亚、美洲和其他地区的游牧部落所使用。茅屋是长方形或圆形的,以茅草树叶盖屋顶,在南撒哈拉、南美洲等地常见。木泥结构的半地窖式的房屋,如西伯利亚东北部楚克奇人和科里亚克人的建筑。东南亚建造的木结构房屋,中国西南部的竹篱墙民居。北非和撒哈拉绿洲中有平顶石墙房屋。大洋洲诸岛用竹木捆扎,格陵兰岛和拉布拉多半岛的因纽特人用石和草泥建造圆顶房屋,有时以鲸鱼肋骨作拱。因纽特人的伊格鲁冰屋是北极海岸特有的原始住所。

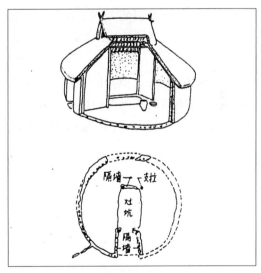

原始住所

Primitive Elements—Water, Fire, Earth 原始要素——水、火、土

在草原式住宅中,赖特曾追求一种返璞的布局原则,草原式住宅都以壁炉为核心,以石头砌筑的壁炉在外观上也构成一座个片式的构图中心,所有的房间空间都从这个

心脏伸展到自然风景中去。壁炉核心也是家庭生活的本源所在,壁炉以外则是流动的空间,安静的层次,树林、水池、草原、土地。原始的自然要素是——水、火、土地和清新的空气,自从赖特设计草原式住宅之始,原始的环境要素即成为一种趋势。20世纪30年代以后赖特建造了瀑布流水别墅,瀑布是这所住宅的主题。他建造了西特尔森住宅,粗石、帆布顶,如同沙漠中的废墟,也是成功地运用了原始要素。

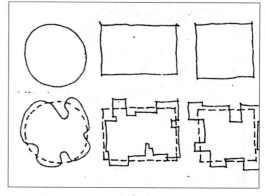

私密性

Pritzker Architectural Prize 普里兹克建筑奖

由美国海特(Hyatt)基金会主席 I. 普里兹克(Pritzker)创立的普里兹克建筑奖,每年授予一位国际上在世的杰出建筑师。从1979年开始,已有9位著名的建筑师获奖,其中4位是美国建筑师:洛奇(Kevin Roche)、贝聿铭、梅耶(Richard Meier)、约翰逊(P. Johnson)。另外5位是墨西哥的巴拉根(Luis Barragan)、英国的斯特林(James Stirling)、奥地利的霍莱茵(Hans Hollein)、德国的波也姆(Gottfried Böhm)和日本的丹下健三。

Privacy 私密性

私密性是人的行为环境中内在的范围,这个范围属于自己,是专为个人性质的私密性。人类自出生就在于一种私密性的环境中成长,人人都经历过私密性的感受,具有一种经久不灭的、要求安全、舒适、隐蔽的环境印象。这种私密性在传统民居中表现明显。例如,中国四合院中的闺房秀楼布置在隐蔽的后院,泰国民居以逐渐升高的地坪达到最具私密性的卧室,秘鲁民居的前室“沙拉”,按友人的亲疏关系划分什么人可以越过“沙拉”,进入最具私密性的厨房和卧室。

Privacy and View 私密性及视线

建筑物之间的空间影响户外的使用情况,也影响室内生活。建筑排列太密,噪声将在其间共振,房间内要有阳光与通风,正常位置看出窗外应看得见天空,引入光线并防止幽闭感。最小的标准是任何窗户水平线成30度之角上应不能有任何户外实质阻碍物,即两幢建筑物间距应比高度大两倍以上。此外视线及声音破坏私密性也是不愉快的,不要使与眼睛齐高的窗户间距离太近,至少要超过4.5米以上,除非公众通路在窗槛以下。有许多设计手法可以改善这方面的问题,如何调整窗户的角度,把地面较路面抬高,窗户上装置遮板,阳台上装深厚之栏板,有些住户之间可不建窗户。

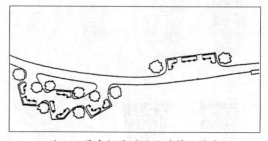

游人不愿在裸露的路边座椅上休息

Private House 私人住宅

建设资金完全由私人自主提供建设的

住宅。"Private Room"意为私室,个人私有的房间。"Privacy"意为私密性,个人自由度的独立性及外界接触之隔离性,为一般所谓的社会性及公众接触性的相反词。

Private Spaces 私人空间

私人庭园空间最小要有 12 米见方,3 岁以下儿童大部分时间都在围栏或室内可以看到的庭园内玩耍。私人庭园可作休息、游玩、室外烹饪、野餐、晒衣、栽种、娱乐以及贮藏之用。如果没有用地,也可以作休息用的"户外房间",大约 6 米见方,如果小于 3.5×4.2 米时就不好利用了。私人庭院与建筑物紧密结合,坡度舒适,视线要好。在高密度地区要考虑从上往下看的私密性。瑞典在一个住宅发展区中规定,任何住家入口处需提供至少 100 平方米的开放空间,这些空间不能做任何其他非居住性的使用,也不能配置超过 5% 坡度之处,在春、秋分时不得小于 1 个小时的日照。噪声也不能超过 55 分贝,这是设计私人庭园的准则。

私人空间

Private Terrace on the Street 宅前的平台

宅前平台是一种设计手法,即保持私人住家的隐蔽性,又与街道的公共生活相联系。由于宅前抬高了的平台,挡住了行人的视线,由宅内向外看时,只能见到街上行人的头顶和肩头,如果坐在房间中,则完全可以避开内外视线的干扰。

Problem Solving 解决问题设计法

设计者根据环境提供的线索,分析机会与限制,从分析问题引出设计。这种由问题引导答案的设计方法比理想化的幻想式设计要实际得多,也容易调整,容易得出可行的结论。但这种方法将忽略一些未确定的问题,也许这些问题将会有很大影响,这种方法只注重解决目前困难的问题,有可能低估了其他问题。分析问题应是解决问题之前的重要步骤,有时设计者直接从问题之结构点开始进入设计,当时要看能否找到关键的结构点。在任何方案中,因为问题的确认就等于答案的确认,所以要注意的是开始时认定的问题并非都是正确的。

Production Building in Countryside 农业生产建筑

供农业畜牧业生产和加工用的建筑物和构筑物。它早期多附建于农民住房,随着社会发展和技术进步,农业生产建筑不断增多,走向专门化,建筑设备和湿温度控制等技术也日趋复杂,农业生产建筑选址应接近生产基地,靠近水源、电源和交通运输线。要少占耕地,防止污染。根据使用性质分为保护地栽培棚室、畜禽饲养场、农畜产品加工厂、农业库房、农机具修理厂、农村能源建筑、水产品养殖场等。

Programming 计划

计划代表一系列在某种目的及规划之下的推行方案。计划所探讨的内容包括怎样使用基地、环境品质、使用程度、使用形态、建造及管理、造价、工程进度等。计划项目需由设计者、所有者、使用者、出资者、官员及涉及工程的有关人员推行，传统上建设计划表应认为是业主的责任，业主利用计划表将他的建设目标、工作范围提供给设计者。一个明确的计划文本应该提供设计上可信赖的基础，当设计进行中有可能进一步调整计划表，计划与设计是连续、互相牵动之活动，其内容也是在发展中互补的。在业主很多的情况下，计划表也是他们之间互相沟通的主要工具，计划可以不同的形式表现，如列举目标及设计准则、责任、产品需求、动线联络、施工进度、财务、说明书，等等。

Projection 投射

投射或辐射是对比的一种特异的手法，其效果是向外放射、扩大、流动等，可以影响人们固有的概念。在现代视觉形象理论中，认为投射效果比对比效果更为强烈，更能吸引人们的注意。因此，最常用于宣传性的招贴广告。投射所产生的特异效果好像是人们的正常逻辑推理遇到意外的改变，在原来太平正方的环境概念中，突然出现了歪斜和投射，不符合人的思维推理，因而有感到突然的特异效果。投射有特异的对比效果。

Promenade 逛街

散步逛街的地方的空间特点是，要有公共性和亲密性双重属性，既是内部空间的延伸，又是外部空间向内部的过渡。日本称之为"道空间"，是人与环境之间精神上和社会上的联系的交叉点。如：1. 传统城镇中的深街密巷，多为宅间的交通空间，强调急步穿过的领域感。2. 生活区内的步行街、里弄、组团道路、设计的重点是其细部造型，在尺度上要使宅前道路、庭院设施与住宅融为有机的整体。3. 商业步行街，使逛街的人不会受到车辆的威胁，要提供安全的散步和观览的场所，但人流不要超过环境的容量而出现拥挤情况。4. 景观道路，供人们散步与游览以及文化中心的散步步道。

Proportion 比例

和谐的比例可以给人带来美感，古典主义美的比例称"黄金分割"，即 1：0.618，这种比例在视觉上最容易辨认，因而是美的。比例表现为整体或局部之间的长短、高低、宽窄等的相对关系，不涉及具体尺寸。通过对古典神庙立面的几何分析发现，黄金比例是符合一定数学关系的最和谐的比例。因此黄金分割始终是建筑师追求美的构图的重要手段。比例和尺度、模度均有密切关系，并与建筑中的其他审美要素，如材料、结构、文化传统等也互有影响。凡艺术作品的构成均建立在比例单位间的互相关系，比例法则在远古时代人们已用数学或哲学加以研究，在自然界中正常生长的植物和动物都具有完整比例的生态和躯体。

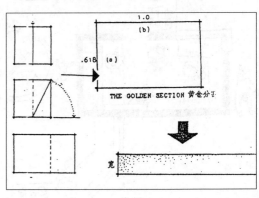

比例

Proportion of Classical and Modern Architecture 古典和现代建筑的权衡

古典柱式的权衡,如维格纽拉和帕拉第欧柱式,将古典柱式以算术比率定出的标准权衡。文艺复兴时期的建筑师规定了适当的各种部分比率以表达古典建筑各种分的特征,按古典柱式各部分的尺寸,以柱身下端的直径为准,其他各部分如柱头、盖盘、柱盘、柱座的尺寸,都可以依照比率画出。现代建筑和以往盛行的古典建筑所在的时代已基本不同,现在建筑师可以放弃古典手法,或用它作设计时思考的根据,加以修改而适合现在的环境和条件。20世纪新型建筑材料的创新,建筑的外形不再受严格法式的限制;凭借对建筑形体的美和建筑物外面面积的适当处理,创造出现代建筑的正面设计。

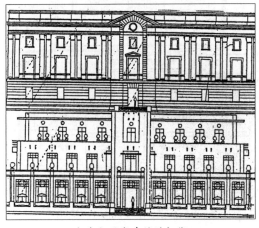

古典和现代建筑的权衡

Proportion of Psychology 虚幻比例

虚幻比例是将本来欠佳的比例,通过某些特殊处理,来改变视觉效果,留下比例好的印象。在设计工作中,往往由于结构、设备的需要,带来某些比例上的难题。或因热工、声学等的构造及某些功能要求,使比例很难处理。这时,虚幻比例的处理手法便很

有必要,通过比例的适当处理,可以塑造建筑的性格。比例的性格通过多种处理手法形成,公共建筑的所谓"共享空间",显得豪华富丽,而扁小的空间显得亲切,现在趋向更偏低的空间比例,在亲切、恰适之处,更富于现代气氛。比例是有个性的,不同的比例有不同的性格,烘托不同的气氛。

Proportion of Space 空间的比例

古典构图原理局限于二度空间(平面)中研究比例。由图面变成实物,比例可能变差。了解平面与空间两种比例的差别,便可设法避免变坏。空间本身的比例也随时代的发展而变化,其趋势大体为:内部空间由高大变为低扁或高窄;外部空间由低扁变为高大或高窄。古典的内空间,厅堂高大恢宏,在剖面图上常近似正方、正圆;或高于方而不超过相叠二方;或稍低而不扁于横向二方。而现代大跨度及一般厅室,多数低而扁。高窄而浅的竖向空间也是一个新趋势。外空间的变化,以广场为例,由巴黎和谐广场那样地阔扁平,变为纽约洛克菲勒中心广场那样处于摩天楼之间的弹丸之地,戏剧性地表现出现代化过程中的一种趋势。

Proportion of Time 时间与比例

人们在运动中观察三度空间的建筑,便有时间的因素,即使人不动,视线也要动。大到建筑群、街景、城市,小至细部装饰,都有观赏的先后序列。即建筑在三度空间之外,还随时间的推移,而不断变换的空间,可称为四度空间。外部序列空间的比例,一般宜统一和谐。单体建筑中时间对比的影响也很显著。建筑的四个立面比例要统一,人们绕它一周后所得的印象和谐完整。时间和印象的连续性要求各面的比例协调。内部序列空间的比例,在客厅室之间,就空间

来说，进深、净高、宽度等宜有变化，以求丰富。而梁、柱、门、窗及装饰细部的比例宜相似，以求统一。建筑的时间—空间序列在比例上的处理手法很多。要在空间序列的整体中考虑比例，打破旧的比例概念，方法是很多的。

Proportionate and Symmetry　均衡与对称

均衡是一种稳定的性质，疏密有致，轻重相谐，一望而生安静与秩序性之感。平常指两股力量相互保持均势的状态。对称亦称"均称"，指以无形的一条轴线为轴心，上下左右所排列的形象相同，达到一种数学上的均衡。不对称则指一种动态的均衡，能产生变化而生动的韵律，也是均衡的一种形式。若将画面处理得过于均衡，又显单调。对称则有整齐、严肃、中正与和平之感。对称在图案、装饰、建筑中均常应用，在绘画上不太多用，因绘画贵在变化而应富有流动之感。

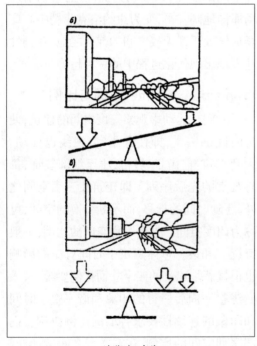

均衡与对称

Propriety　礼仪

礼是对事物表示的敬意，古代有敬神之礼，仪是举行礼节的仪式，礼仪的格局是人类从古代沿袭下来的传统概念。明清两代称官署大门之内的门为"仪门"。仪仗的形式在古今中外的典礼中均有保留，并用礼仪严肃感的形式及手法作为创造人为景观中的重要手段。具有纪念性礼仪用品的形象常被用来衬托建筑环境，表现严肃性或装饰性。例如许多瓶、盘、缸、罐都用来陪衬建筑，可能是由古代香炉祭祀礼仪用具的形象发展演变而来的。

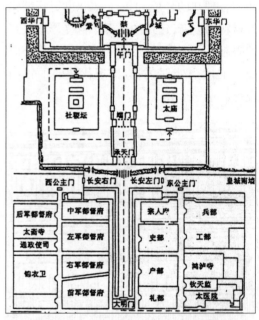

故宫午门—承天门—大明门礼仪路线图

Propriety and Folk Custom　礼俗

"礼"的内容很多，其原则在于尊重等级制度和伦理关系。"俗"是地方性很强的自然生成的习俗。俗先于礼，礼一形成即变成一种理想状态的行为规范，并成为典章制度。礼与俗之间互相调适逐渐形成一个复合形态的系统，礼俗系统在中国文化中显示有以下的功能。1. 整合功能，达到"天下一统"的目的。2. 导向功能,它在中国文化中起着凝聚民心、增强传承力和再生力的效应。3. 体现矛盾运动,礼要给俗规范,俗要冲破礼的约束,矛盾贯穿于中国文化发展的始终。从王城到宅院,其布局内容、外形都受到礼的制约和影响,在建筑构图上反映礼制精神的最高追求。中国民居形式的传承意味着礼俗共享,礼制文化与地域民俗文化共同决定民居形式的传承。民居形式传承是感染与模仿同规范与教化复合作用的结果,传统的民间匠师与民居使用者有着共同的价值观,使建筑形式传承再现。

Propriety in Chinese Dwellings 中国民居的礼制

礼制在中国社会中占有十分重要的地位,它不但是等级制度的标志、人际往来的行为规定,也是一种不断强化的道德观念。封建家礼是封建生产关系的产物,它与封建经济政治制度必然影响家庭的形式与职能,从而也决定了传统民居的形式对于家庭的组合形式和职能要求的满足。礼制对民居的形制有导向作用,建筑对社会功能的体现,就表现出"贵贱有等"的规定。礼制对传统民居形式的导向表现在两个方面,首先是在中国传统建筑整体范围内,布局和形式的形似性;另一方面是在中国传统民居在整体范围内,布局和形式的相似性。中国从周朝开始,便将各种国家的制度、秩序、人民的生活方式、行为标准等做了总结,将历史经验加以会集,汉代以后把儒家所倡导的"礼"看作一切行为的最高准则,这种礼制观念融进了古代大部分形制之中。

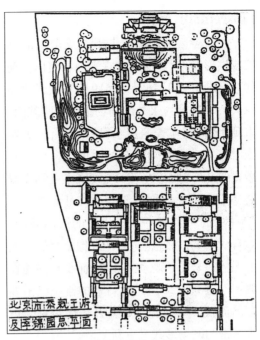

中国民居的礼制

Propylaeum 山门

古希腊作为圣区入口的独立建筑,一般都有门廊,内外两侧设有列柱。最著名的山门为雅典卫城的入口,公元前 437 年始建,由尼西克利斯设计。"Propylaeum"也指各种雄伟的纪念性大门,如慕尼黑大门(1869 年)和柏林的勃兰登堡大门(1784 年)。

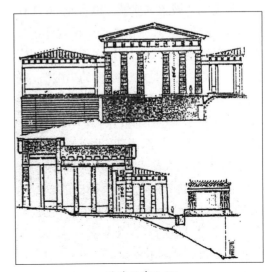

雅典卫城山门

Proscenium 台口

现代剧院中将舞台与观众席分开的框架或拱形结构,观众通过它来观看演出。现代意义的台口于1681—1619年首次设置在意大利帕尔马的永久性剧场法尼斯剧院内。直到18世纪才普遍用于舞台大幕,作为换景时将舞台与观众隔开的手段。台口及其装置的开启对19世纪一些现实主义剧作家如易卜生等人特别重要。台口可形成一个"画框"的装置或一面想象中的第四堵墙。对观众来说,通过这一画框好像觉得舞台上的人物并未受到观众的注视,而很自如地在舞台上表演。20世纪有台口的剧院已不如以前流行,一些剧院取消台口,使与观众更为亲密的剧场形式又重新复活。

Protect the Old City 旧城保护

近代某些建筑学派蔑视传统,反对复古主义、形式主义而兴起,这种国际式对待历史传统虚无主义的思潮助长了对旧城及其文物的破坏。加之工业化的灾害,二战后以为技术和财力可缔造一切,城市改建与拆除几乎是同义词,有些历史古城被大拆大改,恶果影响深远。随着时间流逝,人们对缺少历史延续的新城感到遗憾,20世纪60年代末,对古建筑保护和城市遗产的重视才逐步成为世界性潮流。1977年《大英百科全书》称"第二次大破坏是城市建设的失败"。联合国把1975年定为"欧洲建筑传统年",德国的阿斯费尔德(Alsfeld)因整个城市保护完整荣获一等奖。巴黎20世纪50年代建造的58层黑色大楼遭到群众反对,因为它破坏了美丽的塞纳河。罗马高龄的皮奇纳托教授提出城市发展必须避开罗马古城,至今罗马建设以他的方案为基础。然而明清时期北京的格局已不复存在了,只有加深对城市文化意念的认识才能提高对城市实质

空间读解。

旧城保护

Proximity and Territory 领域感

由四个垂直的围合面所包围的领域是典型的建筑空间,但这种被包围的领域由于其开口位置与大小的不同而形成的形式各异的环境景观。城市广场、庭院、房间六面体都受环境领域质量所限定。开口的位置能够确定领域感的程度,如果被包围的领域突破了围合的空间感,而创造一种介于封闭空间与开敞空间之间的一种领域感,它比封闭空间轻松而又比开敞空间富于领域感。

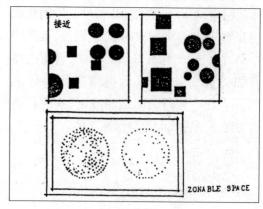

领域感

Psychology for Visual Perception 视觉心理

视觉心理与建筑和艺术关系密切,其研究内容如下。1. 平衡,心理平衡和物理平衡,重心和方向、顶与底、左与右,平衡与人类心理。2. 形状。3. 形式。4. 发展。5. 空间。6. 光线。7. 色彩。8. 运动。9. 张力,不动之动。10. 表现,所有的艺术都有象征性的表现。

Psychology of Behavior 行为心理

对行为适应性现象的研究是个体生物学(Ethology)的中心问题,行为心理研究人的环境和行为、人对环境的探索和操作、对环境的接近与回避、环境的压力与欲望,人的行为与环境的关系。与建筑学关系密切的是空间和行为,它包括领域性的行为与人在空间中的定位、人际距离、人的领域性及空间中交流的方式、行为心理及其在建筑方面的意义。

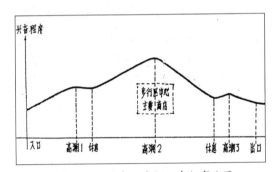

按人的心理兴奋曲线组织步行商业区

Psychology of Environment 环境心理

环境心理学研究人对环境的认知和感觉,包括视觉空间、听觉空间、嗅觉空间以及其他感觉作用。认知环境的空间属性研究包括:人对广度、高度的认知,对距离的认知,对空间的印象。认知环境和个人空间以及环境和意识的关系研究,如对环境的评价,对公害的认识与居民运动等。

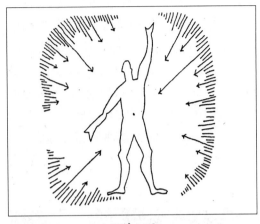

环境心理

Public Assembly Hall 公共会场

市镇等为了提升文教及福利而建筑的公共集会用的建筑物。小型者如邻里活动中心,大型者如县市之文化中心等。"Public Hall" 意为公民馆,同 Citizen's Hall。"Pubilc Hearing" 意为公听会,国会议员等或公家监察机关遇到重要问题,邀请一些学者专家、利益相关者到场,听取有关意见之听证会议。"Public Garden" 意为游乐场,与 Pleasure Ground 同义。"Public Space" 意为公共大厅、市政厅、医院、银行等大型公共建筑,因人们出入频繁且流量大,在其门厅附近所设置的广阔空间。该空间具有缓解、等待及约会的功能。

Public Building 公共建筑

具有公益性或公用性的建筑,除公营、财团法人、公共团体营运的以外,也有民营的。例如区公所、学校、医院、邮局、育幼园、集合式住宅、办公大楼等均属之。"Pubilc Facilities" 意为公共设施,包括公共建筑物及铁路、道路等交通设施、公园、墓地等绿地设施、电气、瓦斯、上下水道等服务设施。"Public Services" 意为公共服务设施。"Public Land"意为公共设施用地,都市计划中归属于公共设施或公共建筑物之用地。"Public Service Utilities"意为都市公共服务设施,为了方便市民生活所需的上下水道、瓦斯、电气、市场等属于公共供给设施。此外地下水道、垃圾场、污水处理场、火葬场则属于公共的处理设施。上述两类供公共使用的公益性设施统称为"都市公用设施"。"Public Utility"意为公用设施。

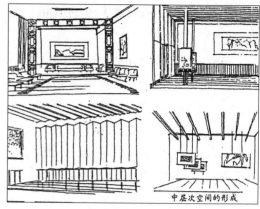

中层次空间的形成

公共建筑

Public Buildings Functional Divided
公共建筑的功能分区

1. 主次关系,反映在位置、朝向、采光、等,总平面布置也要有主次关系。2. 内外关系,有的对外联系居主导地位,有的对内关系更为重要,按人流活动顺序将对外性较强的组成部分,布置在交通枢纽附近;将对内性较强的部分,布置在比较隐蔽的部位。也应兼顾室内外空间综合考虑。利用庭院绿地、道路、矮墙等建筑小品,区分内与外。3. 功能分区中的分合关系,有的部分需要紧密联系,有的部分需要分隔,有的既要有联系又有分隔。

Public Hazard 公害

噪声、振动、大气污染、水质污染、臭气等,构成危害多数人生活品质的公害。"Public Nuisance"意为公害,"Public Nuisance and Hazzard by Industry"意为工业公害,工厂因为设备及作业所产生的振动、噪声、爆炸、有害气体、烟、恶臭、废液等形成对工厂周围人与物有形与无形的各种损害的总称。

Public Participation 公众参与

20世纪60年代以后,人们重新认识到城市的发展演变是一个持续的"积累过程",只有在这个过程中,公众才能有真正的发言机会,兴起了"倡导性规划"(Advocacy Planning)运动。大量政策文件取代了图纸和数据,这一运动的主旨就是促进公众对规划设计过程的参与,同时更加重视低收入居民的实际利益。20世纪80年代以后,公众参与的思想进一步发展,公众不仅仅参与提出意见,而且应成为规划设计的最终决策者。1987年国际建协的"布赖顿会议宣言"明确指出,城市住宅的发展趋势是,"未来的居民是最主要的决策者与建设者"。从使用者的主体性出发,公众参与应贯彻在居住空间建设的整个步骤中,包括判断、决策、设计、建造、管理、发展、形成环境的过程。

Public Participation Trends 公众参与趋势

10人小组早在1956年CIAM第10次会议上指出："一个真正负责的建筑师,必须与公众交流思想,懂得明天的文化形态只能是群众参与的文化"。现代城市居住空间所产生的各种社会问题,最根本的一点是居住者对自己的生活环境投入太少的情感所致。1982年拉普普特说过："我认为将建筑物及其周围设计得过分,是一个错误"。由于设计人从自己的美好愿望出发,考虑得过于周密,居住者没有发挥自己才智的机会,因而失去了建设、完善自己家园的兴趣。20世纪初以来,城市规划作为一门"科学技术"出现后,所描绘的城市蓝图逐步远离了公众意愿,为城市而规划而不是为人而规划,标准化出现后,为所描绘的城市而规划而不是为人而规划,标准化居住模式受到了多样化生活方式的挑战,公众参与设计成了当代设计思潮的新趋势。

Public Square 广场

在城市中由建筑、道路、绿化地带所组成的公共广场环境,是城市中公共社会活动的中心,又是集中反映城市历史文化和艺术面貌的主要场所。古代希腊的城市广场是宗教、商业、政治活动的中心,17—18世纪法国巴黎的协和广场、近代巴西利亚的三权广场,都对广场环境提出了很多更广泛的功能要求,有集会广场、交通广场、集散人流和车流的广场、文化休息广场、纪念性广场,等等。城市广场是一个由自然和人工环境所围成的三维空间的形式,有规则布局、封闭的、下沉式等许多形式。

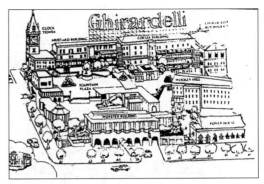

旧金山吉拉台利广场鸟瞰

Publicity 公共性

公共性也称开放性,凡是公共人流集散的空间和场所必须具有公共性,公共性是相对私密性而言的。人类行为离不开公共交往活动,因为人是社会动物,既有能力爱别人,又急需得到别人的爱。从原始部落狩猎者进化至今,人类正处在一个盲目扩展的群体社会里,设计好公共性场所的意义在于创造与健全人际关系。在拥挤不堪的城市生活中,人们忍受着、挣扎着,远离了人与人之间的亲密状态,直到深深的裂痕与暴乱出现,只要城市中的公共性环境完美,人际间的暴力就会减少和消失。

Pueblo House Santa Fe, New Mexico 新墨西哥州的金字塔式土坯房

美国新墨西哥州的金字塔式土坯房称为"Pueblo",在西班牙语中是村镇之意。史前的印第安阿纳萨齐人分布在新墨西哥州和亚利桑那州,从事农业,神权政治由氏族家系统治。其民居是永久性的多层多家集合式住宅,是仿造祖先"岩宫"的住所建造的,始建于1300年前后。它采用晒干的黏土大泥砖砌筑,泥砖一般大约20×40厘米,房高5层,环绕中心庭院构筑,逐层依次缩退,使整栋建筑类似一座锯齿形的金字塔,下层的屋顶是上一层的平台,上下层之间用

木梯经由天花板的孔洞出入。底层以上的大部分房间与邻室有侧门相通,底层无侧门,专为贮存之用,主要贮存谷物,每个村落中至少有两个地下礼堂。

新墨西哥州的金字塔式土坯房

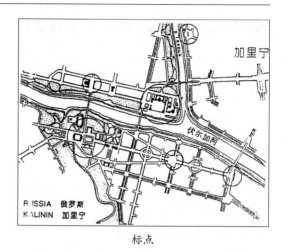

标点

Punctuation 标点

城市环境中的重要建筑物,如同文章中的标点符号一样,在读解一座城市时,这些标点能使城市段落明确,顺理成章。如果城市中缺少明显的建筑标点,则会使这座城市显得平铺直叙,没有重点。在城市景观中,人们首先被城市中显眼的标志性建筑所吸引,无论是在巴黎、华盛顿或莫斯科都成功地布置了控制城市的标点建筑。有的城市虽然建设了一条规模宏伟的街,但却没有合乎人的尺度的标点段落。因此关键性的标点建筑应占有城市骨架系统中的明显地位。

Pure Prism Space 纯棱柱空间

柯布西耶对住宅建筑的重要想法是创造一个以垂直高度方向相联系的闭锁空间。房间有两层高,只在一边有两层的水平楼板,厨房和餐室在下层,卧室在上层,起居室占据双层的空间,与厨房和餐室在同一地面,其顶棚伸展到卧室的同一顶棚,可称之为"二到一的空间"。上下由一个小螺旋楼梯连接起居室和卧室两个区域,组成一段雕塑式的旋律。这是一个严格的几何直线形的中空立方体以及精心制作的阳台花园,故可称为纯棱柱空间。这种处理住宅单元的手法代表柯布西耶安排居住生活的基本概念,把露天阳台花园分配给每个家庭,甚至高层公寓也如此处理。这个建筑体量中的室外中空立方体的美学创造是由绘画的立体主义从几个方面同时观察物体的美学原则而来的。

Purity 纯粹性

现代西方的建筑师艺术家提倡自律性,即创作者不为自身之外界权势和法则所束缚,而自我主宰。建筑创作不受外界的暗示或强迫,自审自觉。以勒·柯布西耶为代表,纯粹性创作者都积极地反抗传统教条式的艺术观,这种唯美主义的目的在于恢复艺术本身的纯形式美的价值,其创作者的个人意识力求与政治社会机能无关。纯粹性的作品常常与社会价值脱节,这是当代西方艺术和社会民众相互游离的一种特征,使建筑艺术步入了感情不设限的多元化领域。

Puruchuco Palace, Lima Peru 秘鲁利马普鲁楚古宫

普鲁楚古宫在印第安克丘牙语中意为"带羽毛的帽子",它位于利马万卡约公路利马河左岸,距利马4.5千米,印加帝国之前即为贵族宫殿,建于15世纪,由土坯和夯土砌筑的生土建筑,现已按原样修复供参观游览。在普鲁楚古宫内发现了大量的磅秤和结绳,说明它是个农业管理中心,收集贡品。春季之前,地方领导在此开会,耕种时节可从建筑的高台上号召农民为印加帝国效劳,收获时节管理人员在院子里计算收获的土豆、花生、玉米、棉花,收获之后印加领导与地方领导再次商定明年的同盟契约。印加文化的生土建筑与石砌的庙宇表现了古代印加人民用土建筑技术的成就,在古宫的旁边还修建了一座印加文化的历史博物馆,陈列着珍贵的印加文化遗物和精湛的古代艺术品,普鲁楚古宫已成为秘鲁的旅游胜地之一。

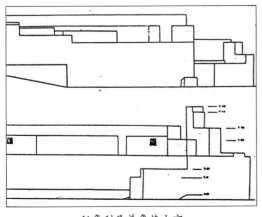

秘鲁利马普鲁楚古宫

Putuozhongcheng Temple, Chengde 承德普陀忠诚庙

位于河北省承德市的普陀忠诚庙是建于清皇家避暑山庄后面的一座藏传佛教寺庙,全部庙宇的造型与布局是效仿西藏拉萨的布达拉宫建造的,寺庙建于山边,始建于1767年,又称"小布达拉"。主体建筑是一座中空的大红台外砖内土的巨大墙体,背面依靠着山坡,表皮的砖代替了西藏的块石,这也是一座土石建筑艺术的典范。

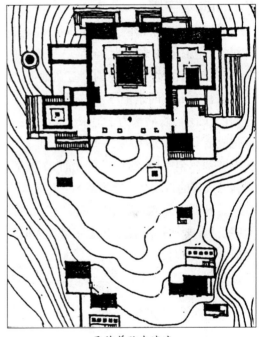

承德普陀忠诚庙

Pylon 牌楼塔

古代埃及神庙大门所采用的截头角锥形的塔状建筑物。斜墙上刻有象形文字。"Pylon"塔状建筑物之总称,与"tower"同义。

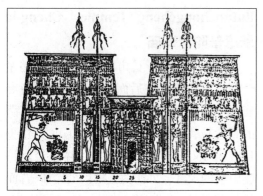

爱德府霞鲁神庙

Pyramid 金字塔

　　方锥形或台阶形的纪念性建筑,轮廓近似汉字"金",故中文名为"金字塔",埃及的金字塔最著名。埃及早期的墓室在地下,地上有仿宫室形式的祭祀厅堂,外形为向上收进的长方形高台,后来为了追求纪念性,逐渐演化成金字塔。埃及的第一座金字塔是塞加拉的左塞尔金字塔,约建于公元前 27 世纪。目前已发现的古埃及金字塔约 80 座,有代表性的是开罗近郊的吉萨金字塔群,包括胡夫金字塔、哈夫金字塔、孟卡拉金字塔和大斯芬克斯狮身人面像。

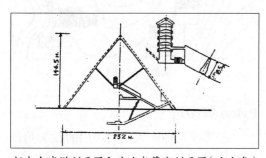

胡夫金字塔剖面图和为法老墓室剖面图(右上角)

Qala House, Afghanistan 阿富汗卡拉房

　　阿富汗科拉桑地区和伊朗的卡拉房（Qala）是一种设防的多户人家的民居，长方形平面，双层，厚墙，高耸。房间沿内墙而建，以土石墙承重。卡拉房本来是用于防御的，沿山脊河川修建，大型卡拉房可容纳多户人家。卡拉房的地下取暖方式被称为"塔巴汗纳"（Tabakhana），由地下坑道中炉灶烘热空气，经过弯曲的地下石道从墙壁的烟囱中排出，似罗马人的火炕供暖系统。塔巴汗纳是理想的辐射式采暖设施，热量通过土的蓄热慢慢地散放出来。

Qiankou Dwellings，Anhui 安徽潜口民居

　　潜口民宅又名紫霞山庄，坐落在安徽黄山徽州区潜口紫霞峰南麓。清代时名为"水香园"，咸丰年间（1851—1861 年）毁于兵火。984 年起将原散见于潜口，许村等地11 座较典型的不宜就地保护的明代建筑集中于此，组成明代村落，定名"潜口民宅"。包括山门一套，石桥、路亭、石坊各一座，祠社三幢，宅第四幢。在拆迁复原过程中，严格按照"原拆原建""整旧如旧"的原则，潜口民宅是徽州明代民居的缩影，颇具典型性。从明弘治八年延续到明中晚期，建筑类型有祠堂、宅第、小桥、路亭、牌坊。宅主有商贾、豪绅、进士，也有普通农民。民居内雕饰精美，有统一的艺术风格。内部陈设有明代家具和其他生活用品，再现了徽州古村落的历史文化面貌。

Qian Mausoleum of Tang Dynasty 唐乾陵

　　唐高宗李治和皇后武则天的合葬墓，位于今陕西乾县北约 6 千米的梁山上，唐光宗元年（684 年）高宗葬于乾陵，武则天于神龙二年（706 年）葬于此。最高峰处为地下墓室，南面有二峰对峙，上立双阙为陵的天然门户。此陵原有内外两重围墙，当时还有门、殿等建筑，现已无存。墓道入口长 4 千米，两旁排列有华表、飞马、朱雀、石马、石人、石碑，二道门内有外国使者及少数民族雕像 61 尊。墓室尚未发掘。乾陵外围分布着许多陪葬墓，有 17 座皇帝近亲及王公大臣陪葬墓。内部结构基本相同，由墓道、过洞、天井、前后甬道、前后室等组成，石棺位于后室。

唐乾陵

Qiblah 朝向

"Qiblah"为伊斯兰教用语,指麦加天房克尔白所在的方向。穆斯林每日5次礼拜都面朝这个方向。朝向不仅用于礼拜,而且适用于殡葬,包括宰的动物,都要面朝麦加方向埋葬。在清真寺里,壁龛米赫拉卜也朝向麦加方向设置。

Qilin 麒麟

中国神话传说中的神兽,形似鹿,牛尾、马蹄、鹿身、头上长独角。雄者为麟,雌者为麒。据说性情温顺,不践踩生草,不伤害人畜,故称仁兽,象征帝王善感王心。外国人以为麒麟即非洲之长颈鹿,如在日语中称长颈鹿为麒麟。

麒麟

Qin Shihuang's Buried Museum 秦始皇兵马俑博物馆

1974年在陕西临潼发现第一号兵马俑陪葬坑,1979年秦始皇兵马俑博物馆落成。其主要遗址大厅建筑面积16 000平方米,覆盖在一号俑坑之上。坑道内6 000余和真人真马同大的武士、车马俑按秦代军队实战队形列成长方形军阵,面向东方。遗址大厅和馆区总体布局均坐西朝东,馆前广场80米×65米,布置道路、绿化和停车场。俑坑为矩形(189.03米×62.37米),为不损坏文物中间无立柱,选用钢三铰桁架拱形结构,大厅长20千米、宽70米,钢拱架跨67米,矢高13.4米,木屋面板,钢板防水,拱腿处空间用作参观廊。

Qinggongbu *Gongcheng Zuofa* 清工部《工程做法》

清代官式建筑通行的标准设计规范,原书封面上的书名为《工程做法则例》,中缝上的书名为《工程做法》,共74卷,雍正十二年(1734年)刊行,是继宋代《营造法式》之后的官方颁布的又一部系统全面的建筑工程专书。其内容分为各种房屋营造范例和应用工料估算额限两部分,涵盖土木瓦石,搭材起重,油画裱糊,铜铁件安装等,计17个专业,20多工种。大木作各卷附有屋架侧墙(横断面图)简图,起建筑法规监督限制作用,俗称"工部率"。清代官式建筑有大式、小式之分,大式32例,小式4例。清制以斗口为标准,自一寸至六寸分为11个等级,每等差半寸,按照所选口分尺寸,可以求得整个建筑的主要尺寸。木构建筑以大木作为主,彩画油饰之工大都因袭明代遗制成法。

Qinghai Dwellings, China 青海民居

青海民居与新疆民居类似,以厚实的土墙围合着木结构的中庭内院式的房屋,其内庭院较新疆民居更为开敞,屋面平稳地向内院倾斜,周围的高大土墙表现了中国西北地区生土建筑的特征。青海撒拉族大型民宅的组合分为庭院、侧院和果园几个部分,还有多院的庄巢。大多数民居是典型的标准

化方形群体组合,房前屋后、宅旁以及院子布局都具有青海民居的特色。

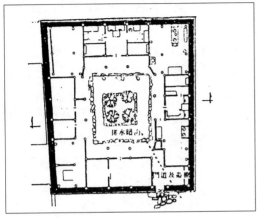

青海民居

Qingjing Temple 清净寺

清净寺是一座具有阿拉伯风格的伊斯兰教清真寺,坐落在福建泉州市涂门街,又称"圣友寺"。它创建于北宋大中祥符二年(1009年)。元至明均有重修。11世纪阿拉伯穆斯林来泉州经商,伊斯兰建筑传入泉州。当时清真寺有六七座之多,现只留下唯一的一座清真寺。现在清真寺由大门、礼拜大殿、奉天坛和明善堂三部分组成,平面呈方形,占地2500平方米。大门南向高20米,门洞为阿拉伯式尖券。门额上一条白花岗石浮雕,上刻阿拉伯文《古兰经》。大门通道由四道尖券组成。门楼上面是望月台,即伊斯兰教望月决定斋月起始日期的地方。礼拜大殿奉天坛,门楣上有阿拉伯文《古兰经》的浮雕。它的西北角是一座中国四合院式的礼拜堂明善堂——明善堂,仅能容纳30余人做礼拜。清净寺历年中外穆斯林多次集资维修,刻石为记。石刻中最珍贵的是明永乐五年(1470年)明成祖朱棣所颁的敕谕,至今嵌在门楼通道的墙上。

清净寺

Qingshi Yingzao Zeli 《清式营造则例》

中国近代建筑学家梁思成研究清代建筑的专著,1934年由中国营造学社出版。梁思成以清工部《工程做法》为依据,访问了参加过清宫营建的匠师,收集了工匠世代相传的秘本,以北京故宫为标本,对清代建筑的营造方法及则例进行了系统考察和研究。书中阐释了清代官式建筑的平面布局、斗拱形制、大木构架、台基墙壁、屋顶、装修、彩画等各部分的做法及构件名称、权衡和作用,并载有《清式营造辞解》《各件权衡尺寸表》和《清式营造则例图版》。此外,还将20世纪30年代初根据中国营造学社收集的许多匠师的秘传抄本编订的《营造算例》附于书后。

Qixia Temple Sheli Pagoda 栖霞寺舍利塔

坐落在江苏省南京东郊栖霞寺内,江南著名古刹,隋文帝时得舍利数百颗,分别建塔收藏。当时蒋州今南京之塔建于栖霞寺内,舍利塔外形似密檐塔,八角五层,高约16米,大块灰白石雕凿而成。塔下有二层台基,佛塔分基座、五檐塔身和塔刹三个部分。基座束腰部分的八面浮雕释迦八相图最为精湛。首层塔身南面作门户形,双门紧闭,门扇上刻门钉兽环,西门为普贤骑象图,其他三门均作高浮雕天王像。北面亦为门户,前面门两旁柱上,刻有《金刚经》。

Quadrangle 四方院子

全部或部分围有学校或民用建筑的院子,常铺有草地或按庭园布置。原为隐修院中供默祷、学习或休息的地方,后为学院所占用。有时也指院子周围的建筑物,以英国的牛津大学和剑桥大学的四方院子最著名,后被西方国家高等院校广泛模仿。剑桥大学的冈维尔与凯厄斯学院是最有名的四方院之一,由丁·凯厄斯博士建造,1565年始建,他用隐喻的手法顺序建立了三道进入学院的门,"谦卑门""美德门""荣誉门"。

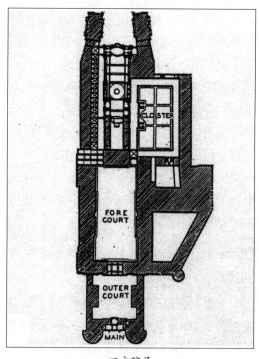

四方院子

Quanzhou Kaiyuan Temple 泉州开元寺

开元寺坐落在福建泉州市西街,始建于唐垂拱二年(686年),初名莲花寺,明洪武(1368—1398年)年间重建,历代屡有修葺。开元寺东西宽300米、南北长260米,占地78 000平方米。中轴线依次为紫云屏、天王殿、拜亭、大雄宝殿、甘露戒坛及藏经阁。前有东西两廊,后有小开元寺,西翼有功德堂、尊胜院和水陆寺。殿前拜亭两侧有两座宋塔,俗称"开元寺东西塔",广场列置有唐、宋、元、明的经幢和小塔10余座。主要建筑大雄宝殿为明代重建,面阔9间(42.7米),进深6间(32.5米),称"百柱殿",前后有廊,面积1 387平方米,重檐歇山顶,抬梁式木构架,高20米。殿前月台须弥座束腰间嵌有人首狮身和相间的浮雕72幅。殿后廊当心间还有从他处移来的一对印度教神话故事浮雕柱子。

泉州开元寺

Quanzhou Mother of Heaven Temple 泉州天后宫

又名"天妃宫",坐落在福建泉州市南门天后路。始建于宋庆元二年(1196年),历代均有修葺。它是闽南著名的妈祖庙建筑,奉祀莆田湄洲海神林氏默娘。默娘生于宋建隆元年(960年),生前在海上救援过许多渔民和商旅,在羽化升天后被立庙供奉。历代朝廷敕封她为天后、天妃、天上圣母等。天后宫择址晋江江畔,现存建筑为清修建,占地 5 000 平方米,由山门、戏台、正殿、后殿、凉亭和西廊组成。其规模冠于福建全省之天后宫,现辟为闽台关系史博物馆。

泉州天后宫

Quota Index of Urban Green 城市绿地的定额指标

制定城市的绿地定额指标首先应考虑当地的地形气候条件,还必须注意居民区的规模、类型及其功能用途,自然因素,地形特点,现有建筑物,城市用地的规模和形状,等等。每人所占的定额以平方米计算,小城市、中等城市和大城市,在不同的地形气候地区又不同的指标,大城市的人口集中绿地指标应高于小城市,在街坊以外的城市绿地定额指标中公园应不少于 75%,小游园和林荫大道不超过 25%。在公共绿地的定额指标中不包括运动场地上的绿地、公墓、隔离住宅区与工业企业交通设施和公用设施的绿地,同样也不包括街道上宽度 2~3 米的狭窄绿带。树木的品种决定了城市绿地的质量和成活率。在大片绿地中要栽植当地的乔灌木品种。

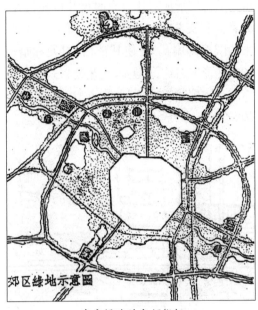

郊区绿地示意图

城市绿地的定额指标

Quota for Public Open Space 城市公共绿地定额

城市中每个居民平均享有的公共绿地面积,是衡量城市居民游览休息用地水平的标志。中国规定城市公共绿地定额的标准为每人 3~5 平方米,远期目标为每人 7~11 平方米。中国计入定额的绿地一般包括各级公园、植物园、动物园、道路用地红线以外范围的街旁绿地;人口只包括城市居民。为了衡量定额中各类绿地的分配情况,对各类绿地定额必须分别进行计算。

Quoin 隅石

在西方建筑中,房屋的外角上所用的石块。由于在接缝、色彩、质地或大小上都和墙体本身的不同,这种隅石既有结构性作用,又起装饰作用。大多数的隅石都用不同长度的石块有规则地长短交替砌筑。在 17 世纪的法国,隅石有好多凸出的粗琢面而接缝处凹入的形式。墙上的门窗洞口也作类似的处理。有时隅石也做细琢的光面石,以求于毛石墙形成对比。有时尺寸可能很大,如意大利文艺复兴式的府邸。有些砖建筑中的隅石加刷灰浆,使其洁白,以便和暗色的砖墙形成对比,如英国文艺复兴式的许多庄园式宅邸建筑,原词之意也指房屋的外墙脚。"Quoins"意为有棱角的石砌。

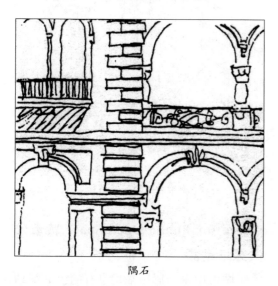

隅石

Qutub Minar, Delhi　库特普塔,德里

　　库特普塔位于印度新德里南郊,1199 年始建,1230 年建成。塔高 72.6 米。是印度最高的古塔,为印度 7 大奇迹之一,成为印度教文化和伊斯兰教文化融汇的建筑。此塔为德里最后一个印度教统治者乔汉为他的皇后所建的纪念性建筑,后来改为伊斯兰教塔楼,并在形式上作了变动。全部用石块砌成,由 20 多根赭石红色小圆柱组成塔身,镌刻古阿拉伯文和各种花纹图案。塔分 5 层,顶上 2 层用大理石建造,是 14 至 15 世纪重建的,外设 5 层环形阳台,底层高 29

米,用 24 个交叠三角形和半圆柱体组合构成,外轮廓线下大上小有收分,拔地而起无基座。顶端是土耳其式圆顶凉亭,1828 年建造,1848 年取下放在塔东的草坪上,底层有门,内有楼梯盘旋而上,到达塔顶,新旧德里城景色可尽收眼底。

库特普塔,德里

Quzi Ancestral Temple　屈子祠

　　屈子祠曾名屈原庙,为纪念战国诗人屈原而建,位于湖南汨罗市西玉笥山上,这是屈原晚年生活写作的地方。汉代已建祠于山麓,唐时设学馆与祠,历代重修。现存建筑为清代遗物,砖石结构,祠前石坪宽敞,砖砌四柱三楼牌楼式大门,共有堆饰图案 10 多幅,表现屈原在洞庭一带活动轨迹。祠内分前、中、后厅三进,规整对称,毗连一体。总面阔 32.7 米,进深 50.5 米,中厅内设神龛,安"故楚三大夫屈原之神位",并置钟鼓,为主要祭祀之处。中厅与后厅之间,连以过亭、走廊,形成两个天井,各有古桂一株。建筑均单檐硬山,卷棚挑檐,装修朴实,

庄重典雅。附近留有纪念屈原的诸多史迹，
如"玉笥八景"。

屈子祠

R

Radburn 汽车时代之都市

美国纽约市住房合作公司（New York City Housing Corporation）于新泽西州获得大片土地，由赖特和斯坦因主持规划，于1928年开发了著名的"汽车时代之都市"，其特色为采用30~50（约12~20公顷）英亩的大街廓方式及完全的人车分道系统。

Radial and Checker Board Street System 放射方格形街道系统

城市中心部分采用方格形方式、周边部分则采用放射方式的折中形态的街道网。"Radial and Road System"意为放射环状街道系统，以都市中心或重要地点为中心，利用环状街道及放射状街道组织而成的都市街道系统。其周边部分之交通虽比较方便，但都市中心部分交通集中，易产生混乱现象，如东京、伦敦、莫斯科皆属此类形态。"Radial Road"意为放射状街道，以都市内一点为中心，朝四周置放射状延伸的街道形式，也作"Radial Street"。

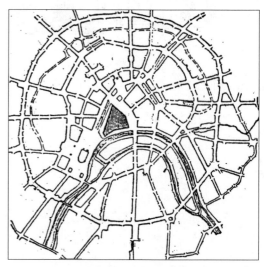

放射方格形街道系统

Radial Patterns 放射式

放射式通道系统由中心点向外放射，适用于流动有一共同的起点、交叉点或目的点。例如一共同工作区或象征性中心，提供最直接的路径向中心流动，其中心点的交流量交通不易控制。若在放射网上加一环路，对原向心的流动不影响，但通过性流动却有助益。在大尺度下，此种结构犹如直角网格，这是自然形成的典型中心聚散形式，大部分为直行交通，主次干道分明，且经分配流量后交会点的问题得以控制。但此种系统中任何分枝系统对主轴上任何一点的干扰均极为敏感，容易阻塞流通的主动脉。分区里的街道设计只允许进行安全的次级道路和死胡同街道设计。

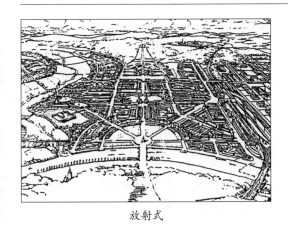

放射式

Railway Installations 铁路设施

　　直接为城市居民服务的铁路设施有旅客站、货运站、区段站、小站。铁路运输技术作业设施有客运站、编组站、越行站、技术会让站。旅客站有三种形式:尽端式、通过式和混合式。尽端式是早期的车站形式,可不切断城市用地,运营上有倒行和更换车头的缺点。通过式车站列车通过能力大、调度方便。混合式车站有尽端式月台,通过的列车则停在直通的月台线上。旅客车站尽量靠近城市主要的住宅区,最好设置中央车站。编组站进行列车的改组及组合,按顺序单方向的、为两个方向共用的编组场;双方向的,每个方向有一个单独的编组场,平行布置车场占地较少。货运站执行装卸货物的作业,能使汽车运输直接送取货物。区段站通常为中等城市服务,有平行布置车场和纵向布置车场的区段站。此外还有小车站、会让站与越行站、停留站。它们执行交会、越行、加水等作业。

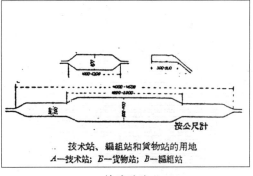

技术站、编组站和货物站的用地
A—技术站;B—货物站;B—编组站

铁路设施

Railway Passenger Station 铁路客运站

　　铁路部门办理客运业务,供旅客上下车之用的建筑。世界上最早的铁路客运站在1830年建于英国利物浦市布朗街,当时的站房十分简陋,后来大城市的铁路客运站发展成包括售票厅、行包房、候车室、餐厅以及站前广场等大型公共建筑。从20世纪初期铁路客运站建筑注重解决功能问题,由此"等候空间"变为以"通过空间"为主,如意大利罗马新站(1951年)和加拿大渥太华站(1967年)。中国早期的客运站是外国铁路公司营建的,如西安车站、京奉铁路沈阳站,南京西站等。客运站可分为线端式、线侧式、和混合式三类。按旅客聚集人数可分特大站(4 000人以上)、大型站(1 500~4 000人)、中型站(400~1 500人)、小型站(400人以下)。客运站由站房、站前广场、站场客运建筑三部分组成。流线安排,站房设计,站前广场设计,站场设计等。

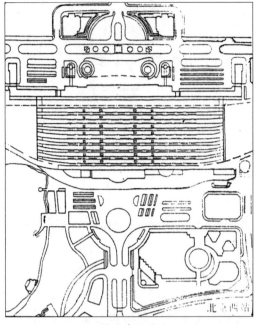

铁路客运站

Railway Transport 铁路运输

铁路运输能力根据每年、每天或每小时通过的线路断面的货物或旅客数量计算。铁路运输通常占城市用地很大,而且很大程度上决定了工业基地的位置。铁路线分干线、地方线、工业线、港口专用线。中国和欧美轨距为 1 435 毫米,日本为 1 070 毫米,俄国为 1 524 毫米。线路可与城市用地同一水平,设在路堑内,铺设在路基上,三者之用途各不相同。路堤、路堑、排水沟、弃土堆积及线路的其他部分需要开阔的土地。在城市区内可采用各种结构的挡土墙来缩减用地的宽度。在曲线地段铁路限界的距离要加宽,路基也得加宽。线路的限制坡度按行车条件、牵引种类、速度和地形条件决定,曲线半径由行车速度决定。铁路线的交叉可采用跨线桥,跨线桥高 7~7.5 米,相交角度不应小于 20°~25°。

Rainfall Intensity 降雨强度

相当于单位时间的降雨量,一般用来表示较短时间内之降雨程度,在气象学上为日降雨量,被该日降雨时间所除而得的值或短时间的降雨量被该时间所除而得的值。一般使用的单位为 mm/h、m/min、mm/min 及 mm/24h 等。小雨为 3.0 mm/h 以下,普通雨 3.0~15 mm/h,大雨 15mm/h 以上。"Rainfall Ratio"意为降雨率,每月份的降雨率可比较各月份降雨量的多寡。

Rake up Wooden Relief 镂空木雕

镂空木雕是传统民居中重要装饰手法,在泰国民居的屋顶上有交叉镂空木雕的脊饰,木雕精美,不惜工料,雕工细腻,以下部山花格编织图案为衬托,形成泰国曼谷民居的装饰特色,镂空木雕的纹样以植物卷叶为主题,内容丰富。木雕是许多地区著称的传统手工艺术,成功地运用在民居建筑装饰上。木隔断墙上的雕饰也很丰富。

Rammed-earth Wall 土筑墙

黄土高原大部分地区地下水位很低,雨量不大,土层深厚,土质的塑性很强。一般用土做墙、草泥做屋面和火炕的面层以及粉刷内外墙的表面,就地取材,用之不尽。由于土质干燥,原土夯实可不作基础,只用少量条砖砌勒脚、包山尖、重点处加固墙身,即可经久不衰。生土墙朴素美观,一般的围墙、院墙都是土坯砌或夯土筑成的,有的外抹草泥,有的则不加修饰,露出模板的痕迹,粗糙的表面更显出黄土的质感和美,也有的在外墙表面刻出粗糙而均匀的纹理。夯筑土墙依施工方法可分为椽打墙或称棍打墙和板打墙两种,土墙干燥后才能承受压力荷载,墙的断面都是下宽上窄的梯形。土筑墙不易开设门窗孔洞,而且不可太高,否则垒土有困难。

土筑墙

Ramming 夯实

利用各种夯实机从事夯实施工之总称。"Ramming of Pile"意为锤击棒打桩,利用直径 1.8~3.5 厘米、长 3.5 米左右、重 75~185 千克的硬木制锤击棒从事简易木桩之打桩方法。"Rammer"意为夯实机,利用机器动力跳动的夯实用机械。"Rammed Concrete"意为硬拌捣实混凝土。

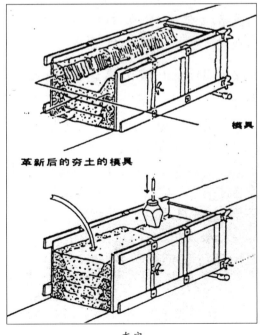

夯实

Ramp 坡道

坡道是 1:6、1:7、1:8 的斜坡,通行能力和在地面上差不多,在平面上约占四倍于楼梯的面积,在火车站、医院、公共建筑物中可采用坡道。为了减少斜坡的滑度,最好在表面贴上一层橡皮,或作防滑条。坡道有两种形式:双折式、马蹄形。双折式具有倾斜的平面,坡度不变;马蹄形的在两线转弯部分,坡度是变化的,在允许机动车通行的要求下,一般采用马蹄形。

Ramp in Public Building 公共坡道

有的公共建筑因某些特殊的功能要求,往往需要设置以解决交通联系的问题。尤其在交通性公共建筑中,常常在人流集中的地方设置坡道,以利安全快速地疏散。在医院没有电梯设备时,为了解决输送病人或医疗物类供应的问题,也可采用坡道。建筑在主要入口门前设置坡道的以解决汽车上下停靠的问题。坡道的坡度一般为 8%~19%,人流较集中的坡道的坡度需要平缓一些,常为 10%~12% 此外,坡道的设计还应考虑防滑的措施,同时因为坡道所占的面积约为楼梯的四倍,除特殊需要外,在室内一般很少采用。

古根海姆美术馆室内一角

Ranch House 牧场式住宅

矮屋顶单层住宅,平面开敞长方形,很少按常规划分生活区域。美国西部移民在放弃最初的圆木屋、草泥房和窑洞后,建造了无地下室的一两间木构架小房。随之增建形成一系列并联的开敞式大房间,每间都有阳光照射,并与室外连通。20世纪20年代这种住宅发展成为一种新型的联排住宅,形成长条形平面,在"二战"后的建房高潮中特别流行。

Range 范围

事物之机能及其影响力领域范围,如上班、上学、娱乐、生活等之影响圈,亦有界限之含意。"Range of Daily Life"意为日常生活圈,在日常生活中,不利用交通工具,其所能达到之行动半径所涵盖之领域范围。"Range Ability"意为控制范围,控制最大流量与最小流量之比。"Range of Hearing"意为可听范围,正常听觉所听到声音的频率及强度的范围。

Raphael 拉斐尔

文艺复兴盛期杰出艺术家,其作品体现出人文主义思想,1483年出生于乌尔比诺,幼时从父接受美术和人文知识教育,1495年在著名温布里亚画家佩鲁吉诺画室学习,拉斐尔早期的作品已显示出独特的风格。1504年他到佛罗伦萨,广泛吸收前辈大师的成就,在1505—1507年所画圣母题材运用达·芬奇明暗处理的方法表现人物和场景,在《基督下十字架》(1507年)中,他将达·芬奇和米开朗琪罗的风格融为一体。他到25岁时已经完全确立了自己的美学原则,1508年到罗马为梵蒂冈宫绘制大型装饰壁画,其中最有名的是《圣礼的辩论》和《典雅学派》,此期间他还进行建筑设计以及壁画、肖像、挂毯、瓷盘设计等。1514年他主持圣彼得教堂的建造工作,为西斯廷教堂画的《西斯廷圣母》(1513年),风格抒情,作为人文主义和柏拉图主义者,他的哲学观念贯穿于艺术而声名远播,他的最后一幅画是《基督显圣容》(1517年),1520年4月在罗马逝世,年仅37岁。

Rapid Transit 城市高速铁路(捷运系统)

大城市区域内的地区性电气化铁路系统,建于地下的称"地铁",建于高出地面或街面的栈架结构上的叫"高架铁道"。广义上指都市内利用快速公车、铁道或高架电车等从事快速及大量运输的系统。"Rapid Vehicle Lane"意为快车线道路中供汽车行走之车道线,每一车线约3米宽。

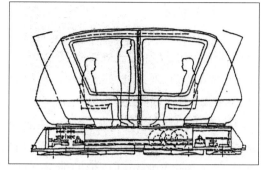

气垫式的城市高速铁路

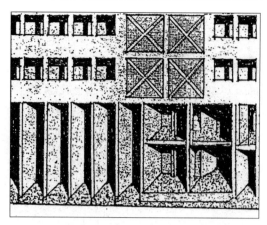

罗西加拉泰塞公寓立面局部

Rationalism and Romanticism 唯理主义与唯情主义

重理和偏情作为建筑创作的两种基本倾向没有优劣之分,本身都是重要的创作方法。有的建筑师侧重理性,有的偏重浪漫,但如果失之偏颇,走向极端,都可能陷入歧途。重理和偏情的表现形态和互补机制,同样是装饰、彩画、如清代的殿式彩画与苏式彩画之间明显地呈现重理偏情的不同格调。现代建筑空间的整体性、统一性,既见于格罗皮乌斯的重理建筑,也见于赖特的偏情建筑。格罗皮乌斯侧重于"形式上、技术上、社会上与经济上"的协调法则,从理性上强调它。赖特则侧重于视感上、艺术上、与自然环境的有机融合上,从浪漫情调突出它。我们既要看到重理和偏情手法各具特色的差异性,也要看到重理和偏情手法的某种共通性、渗透性,重视情理交融,以繁荣建筑创作。

Rationality 理性

理性,即合理性,传统哲学认为是人类寻求普遍性、必然性和因果关系的能力,推崇逻辑形式,讲究推理方法。古典理性主义表现为演绎逻辑和归纳逻辑。理性的概念指模糊性最小、逻辑一致、方法合理、认识合理、本体论的合理、价值的合理、实践的合理。现代建筑设计思想产生于19世纪中叶,创作观念牢固地建立在理性主义基础之上,以近代科学精神为指导,强调建筑的物质性,注重经验支持,讲究逻辑推理方法,同时把社会进步作为建筑设计的最高价值。这些理性精神集中反映在它的功能理性、概念理性、逻辑理性与经济理性等方面。当代建筑思潮中的理性失落,早已隐含于各种"变异"之中。

Realism 现实主义

在文艺方面指绘画、小说、戏剧和电影对当代生活和问题的准确而详尽的描述。虽然以前也有现实作品,但直到19世纪中叶,现实主义才在法国作为一种美学原则被提出,反对古典主义和浪漫主义两方面的学院主义风气,认为必须在作品中表现现代生活。

Real or Abstract 具象与抽象

具象保留较多的自然形态,它包括实在的视觉印象、变形手法、以诉说人的生活层面,以反映时代、文化、文学、宗教、思想、潜意识等各类画派的外在形式与内在意念,因此是偏重于感性的。超现实的绘画内容表现超现实的境界,但一般的造型塑造仍是写实或幻想的夸张。这类作品的一部分可归入具象范围,而另一部分则具有象征性,引入装饰和抽象之美。抽象画排除了视觉写实,进入内心的凝视,寻求新方法表达感觉的纯粹美和知性的架构。改变了固有的平面立体透视的空间概念,舍弃光影、质量、气氛而接纳激情的抒发与几何形体理性美的安排。技术上加强笔触、色彩与形的效果,平面化处理达到纯粹单一,材料上配合科技的多样性。

Rear House 后尾

建筑基地内侧的房屋,针对主要道路、道路里侧巷弄所建造的建筑物、农家的住屋之外的畜舍等附设的建筑物。"Rear Land"意为里地,不临道路,在街区内部之敷地。"Rear Side Elevation"意为背面图,"Rear Yard"意为后院。

Rebuilding 重建

将原建筑物全部拆除而重新建筑,属新建的一种。"Rearrangement"意为建筑物之楼地板面积不变,仅其内部改变。"Reconstruction"也为"重建"之意。

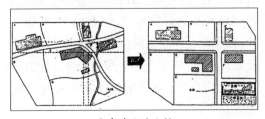

重建前后的比较

Recession 渐进

重复出现的构图要素,在某一方面有规律地逐渐变化,例如加长或缩短、变窄或变宽、变密或变疏、变浓或变淡,等等,形成渐进的韵律。古代柱式的"收分",下大上小,也具有渐进的特点。渐进的韵律也能演变成其他韵律,如起伏的韵律、深度对比的韵律,等等。渐进构图包括线形的渐进、色调的渐进、质感的渐进、重量和体积的渐进,等等。这些都是环境设计中常见的构图要素。

Reclining Figure 依靠着的形体

亨利·摩尔在巴黎的联合国教科文组织办公楼前广场所做的凝灰石雕塑"依靠着的形体",他设计的这类作品的变体很多,其形式特征是讲求虚实,强调"内外空间形式"的表现。同时,摩尔始终追求雕塑的返璞归真的气质,还始终保留着传统的深厚、简单的雕塑格调。这件雕塑的象征性人体似危岩相峙,观者可透过主体之穿孔,向内可看到办公楼精致的立面,向外可观赏树木和古老的房舍。单纯宁静的雕塑实体与简洁的现代建筑非常协调,既点缀了环境,又柔化了空间。

依靠着的形体

Reconstruction and Extension of Old Shopping Building 旧商店的改扩建

改、扩建的方式如下。1. 翻修改建,面

积、层数及体量基本不变。①商店内部结构不变,只进行室内及店面装修。②更换内部结构及建筑布局,室内装修翻新。2. 翻修扩建,扩大规模。①原址加层扩建,内部翻修装潢。②毗邻原商店扩建。3. 原址重建。4. 另址新建。改扩建方式的选定的基本原则是:①改扩建的规模与标准须符合城市商业网点建设与规划要求。②改扩建地段能保证必需的后院、组织流线、消防通道及辅助用房。③改扩建要与所处环境协调,满足环境设计的要求。④改扩建受投资及用地限制时,可分期施工。⑤改扩建要施工易行、投资收效快。改扩建设计应注意的问题是:①扩展性;②灵活性;③识别性;④统一性;⑤技术经济的合理性。

Recreation 休憩娱乐

休憩娱乐区在居民区中是重要的服务设施,其标准各异,一般供 6~12 岁的儿童游戏的场地为每 1 000 人 0.5 公顷,使用者至 1 公顷规模的游戏场步行距离最好是在 500 米以内,最大不超过 1 000 米。一般的小学校也包括游戏场,每 1 000 学生 0.2 公顷,学校的基地包括校舍、环境、进出路,其面积不得小于 2 公顷。如无私人庭园的住宅区需考虑供 2~6 岁的儿童游戏的场地,每人约 5 平方米,以上数字仅为设计参考。在靠近市中心的高密度发展地区,若小学可用屋顶作娱乐场地,小学的面积可达 1.5 公顷,公寓的底层可用作教室使用。娱乐设施是多种多样的:室内的、户外的、每日的、假日的、当地的或远程的,例如步行道。要让儿童能在各种空地上随心所欲地玩耍。

Recreation Area 休憩用地

供市民休憩用的公园、运动场、高尔夫球场、游乐区、风景区等用地。"Recreation Facilities"意为休憩设施,如医院、诊所等医疗设施,体育馆、游泳池等体育设施,公园、运动场等绿地设施等供居民保养休憩活动用设施的总称。"Recreation Ground"意为游乐场,供大众户外游乐为目的之一种绿地广场。企业化经营居多,设各种娱乐设施,与普通公园及儿童公园有区别,俗称"乐园"。"Recreation Room"意为娱乐室,建筑物内供室内游戏之房间。有别于专供儿童使用的游戏室。

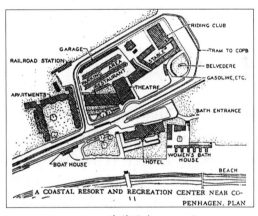

休憩用地

Rectangular Block 矩形街廊

道路围成之街廊成矩形。"Rectangular Road Network"意为棋盘式道路网,道路网之形状呈类似棋盘式形状的。"Rectangular Column"意为矩形柱,断面呈方形或长方形之柱。"Rectangular Stone"意为矩形石,花园内供作铺面步行用,经加工砌成长形石块。

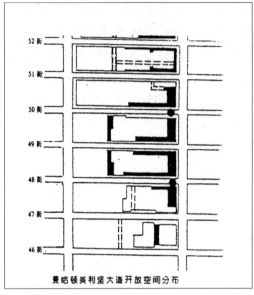

矩形街廊

Rectangular Monitors 矩形通风天窗

影响矩形通风天窗无风阻力系数的主要因素有天窗的高度比、挡风板的形式、挡风板下端缝隙的大小、挡风片的形式及设置的位置。室外风作用下的排风性能、天窗的避风性能天窗的排气速度、在热压及风压共同作用下、天窗的排气速度是天窗在室外风作用下的重要指标。推荐高效能新型矩形通风天窗系列应有以下特点:类型少、构配件减少、体型小、通风效能高、防雨性能好、用料省、耗钢量低。

Recuperate Area 休疗养区

休疗养区规划可分为休疗养区、居民住宅区和服务性工业区。用地选择要求:地形高爽、风景优美、环境幽静;尽可能接近水面、风景点;有绿化条件;小气候良好;交通方便。休疗养区的道路规划要求:随地形而变化;以步行路为主,车行次之,道路系统要和车站、机场、码头连接方便,又不要太近以免噪声之影响;路面结构保证行驶卫生与安静;道路规划要考虑接近水面与景观的优美。休疗养区的绿化充分结合自然条件创造独特的风格。休疗养建筑以所或院为单位布置,集中式与分立式由使用性质确定;住宅应集中接近工作地点,层数不宜过高,体量不宜过大。公共建筑多为文娱性质的,应分布均匀。休疗养区的建设应统一规划才能达到园林化、风景化的要求。

Red Fort 红堡

红堡是印度莫卧儿帝国在旧德里建立的城堡,因墙用红色石头砌成而得名。堡内有皇宫、花园、军营及其他房屋。17世纪中期营造,迄今仍为旅游胜地。在旧德里城还有一个更早期的红堡,是11世纪建造的。

Red Square 红场

红场是莫斯科的中心广场,位于莫斯科河以北、克里姆林宫的正东面,自15世纪末,克里姆林宫城墙竣工后,红场长期是俄国的社会和政治活动中心。它曾有过多种名称,面积7.3万平方米,广场与克里姆林宫宫墙间原先有一条护城河。广场北面有国家历史博物馆(建于1875—1881年),南端矗立着有8个塔顶的瓦西里大教堂(建于1555—1560年),东侧为百货公司(1930年建成)。它周围的建筑物还有莫斯科第一图书馆、大学、剧院和印刷厂。每逢节日广场上举行群众纪念活动。列宁墓是广场的检阅台。

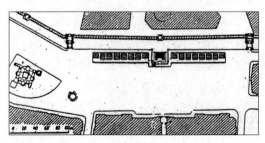

红场

Redevelopment 改建

改建或重建指城市中那些环境恶劣,房屋破旧又无保留价值的地区,应进行改建或重建。改建包括调整土地使用、改建道路网、敷设新的基础设施、建造各类新的房屋,等等。一般这种改建的方式比较彻底,城市面貌改变明显,相对投资额也比较大。在旧城市改建中,城市更新改建是制止城市老化的手段,城市更新改造的目标是振兴大城市中心地区的经济,增强社会活力,改善建筑和环境,吸引中上层居民返回中心区,通过地价增值来增加税收。改建有两种:一种是推倒重来的改建,一种是维修保护的改建。在"历史地段"中,有些建筑在失去了修复价值的情况下,进行必要的插建和补建,但是新建必须是慎重的,是在不能破坏整体环境下进行的,同时也应对地区的历史文脉有所继承和发展,然而新建筑在"历史地段"中所占的比例不应过大,否则就失去了划分"历史地段"的意义。

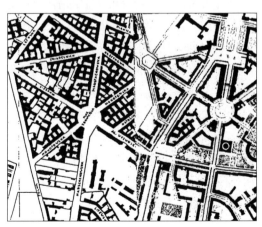

改建

Reed Arch Dwellings,Iran and Iraq 伊朗和伊拉克的芦苇拱民居

在伊朗的沼泽地区,用芦苇捆绑成束,建成一种隧道式的民居。其平面为长方形,用芦苇捆做成落地的拱形结构,以绑扎的双层苇捆做横向的联檩,再以芦苇做墙及屋面。甚至用粗大的芦苇捆柱子做山墙的抗风及装饰柱,同时也起到加固的壁柱作用。全部苇拱民居有四柱式、前后两间的小型民居,也有多间的长筒形民居。平面均划分为前后两个部分,一部分为屋室,另一部分为客房,中间以苇墙分隔,分别有各自的前后出入口。伊拉克的芦苇拱民居较伊朗更为简易,伊朗还有用泥墙芦苇顶的拱形民居。

伊朗和伊拉克的芦苇拱民居

Reflection 反射

某一媒体中依照一定方向进行之辐射线或波动,当它进行达到媒体的境界时,其进行方式产生反射变化的现象。"Reflected Sound"意为反射音,由音源到达某一境界面时产生反射之音。"Reflected Light"为反射光,某一媒体中,依照一定方向进行的光线,当其到达媒体境界后,光之进行方向发生反射现象者。"Reflected Luminous Flux"意为反射光束,为物体表面所反射之光束。"Reflection Factor"反射率,同"Reflectance"。"Reflective Heat Insulation"意为反射隔热,指在物体的表面敷设反射性非常优良之材料,以防止辐射传热。通常使用具有光泽性之铝箔纸张贴,对反射隔热非常有效。"Reflector"意为反射罩,设置于光源处,是供反射用器罩物等的总称。其主要功

能为扩散性、指向性及镜面反射性等。

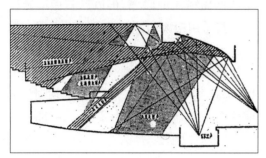

某剧场的几何声学分析

Region 区域

有内聚力的地区。根据一定标准,区域本身具有同质性,并以同样标准而与相邻诸地区相区别。区域是一种学术概念,是通过选择与特定问题相关的特征并排除不相关的特征而划定的。区域不同于地区,地区是一个更广泛的概念,指地球表面的一部分,地区的边界是任意的,为方便而划定。区域的界限却是由地球表面这个部分同质性和内聚性决定的。区域也可以由单个或几个特征来划定,也可按一个地区人类居处的总情况来划定。社会科学中最普遍的特征是民族、文化或语言、气候或地貌、工业区或都市区、专门化工业区、行政单位以及国际政治区域。

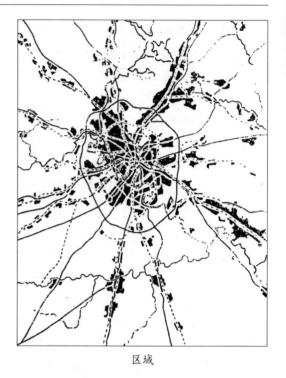

区域

Regional Development Program 地区开发计划

政府为经济停滞地区鼓励其开发产业和经济而制订的计划。可采取的措施有:对迁入的产业给予贷款,补助款和减税;在动力、照明、运输及卫生设施方面给以协助;对厂房的修建和扩建的选址、定位给予不同程度的集中控制。第二次世界大战以后,多数发达国家都采取了某种类型的地区开发计划。德国、荷兰、美国、英国和日本的地区开发计划都享有贷款和利息补助。法国等一些国家,都对在偏僻地区或乡村投资的公司提供各种减税鼓励。

Regional Planning 区域规划

20世纪初工业化城市问题日益严重,一些先驱思想家提出,为适应城市发展需要和改造旧城市布局结构,必须把城市与其影响的区域联系起来进行规划。英国于1921—1922年进行了顿开斯特附近煤矿区域规划，1927 年成立了大伦敦区域规划委员会。美国 1929 年开始了纽约区域与周围地区的规划，德国的区域规划工作在 20 世纪 30 年代取得显著成就，地理学家克里斯塔勒（Walter Christaller）1933 年完成了《南部德国中心地》，书中提出了中心地理论，即一定区域内城市和城镇的职能、大小与空间结构分布的学说。城市的区位理论，提出了理想的正六边形城市体系模式。20 世纪 30 年代苏联的区域规划也广泛开展。

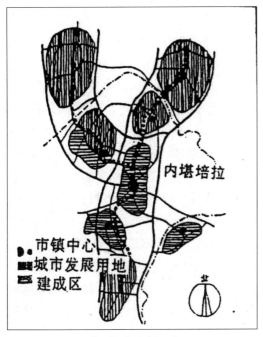

堪培拉的区域规划

Regional Town System 城镇体系

城镇是社会经济流通网络的节点，不同规模的城镇合理分布与级配以及职能上的合理分工协作决定着经济网络系统的合理性与运行效率，决定着一定区域范围内交通流的控制与诱导系统的建立，并且直接关系到区域的生态平衡、资源的开发利用和人居环境的质量。所以，中国的城市规划法规规定，在编制城市和县镇总体规划时，必须首先编制城镇体系规划，并以此制定城市发展纲要，编制城市规划以及区域的交通和基础设施规划的依据和前提。城镇体系规划的内容包括：1. 城镇体系的结构；2. 城镇的合理等级配置；3. 城镇体系的交通系统；4. 不同等级城镇的职能分工与协作；5. 城镇体系中的非城镇地域规划。

Rehabilitated Space 空间重建

在已开发的地区重建空间是公共性改造的有效方法，如将有限的空地改造成"口袋公园"，将废弃铁路或运河、排水道改造成为绳状的公园或建成步道或自行车道，蔬菜种植地带等。有些旧市区内的空地可以整修或扩大，使之成为人流动线的交会点、休憩处，或重新装修美化，成为城市安全岛，等等。城市空间必须加以重视和利用，太多的注意用在美化建筑没有实际意义。观察居民对当地实际之愿望而推断他们将如何使用新的城市空间而进行改造。规划设计的努力可以使市民支持开发那些被遗忘的地方，复旧重修的空间尺度应在于居民方便使用及其能力所能维护的范围之内。

Rehabilitation of Chinese Traditional Hamlet 中国传统村寨的改建

传统民居集落，特别是在经济文化不发达地区，改造、改建是一个必然历史过程。1. 要依山就势，不占耕地就地改造，保护生态和自然特色，改变原有建筑材料，推广新能源技术、沼气、太阳能以及改变农民传统燃料结构，改善生态环境。2. 旧景观形态中的某些特征、某些符号可以延续、保存或变异。各地传统集落大体都在农耕社会某历史阶段形成其建筑文化模式，住屋文化本质是一个动态系统，对待现存模式的评价取弃，不能脱离历史条件。3. 传统民居的情态、田园乡土之情、家族血亲之情,除与大自然融合为基本特征处,通过集落的建筑小品、交往空间,如寨门、井台、街巷场院等体现,在新民居的群体中可以保留下来。

Relating Building to a Site 建筑落位

建筑的落位指建筑要和用地环境发生联系,建筑物不应是土地上孤立的物体,单调而孤立的建筑体量与环境用地只有微弱的关系。落位好的建筑在空间造型上应有进有出以及强烈的空间穿插。建筑好像融入用地环境之中,达到完美和谐的落位关系,在建筑环境中加强地面铺面的图案、墙面与地面材料的联系、室内与室外的联系,等等,均可作为建筑组合的图形与背景的关系而加强建筑环境的落位效果。

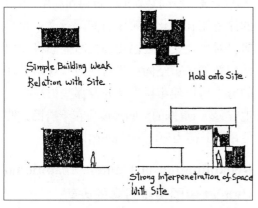

落位

Relating Sculpture to a Site 雕塑落位

雕塑是整体环境中的重要组成部分,要与建筑的室内外空间相融合,与城市空间相联系,才能共同达到预期的环境效果。雕塑在整体环境中的位置选择至关重要。1. 雕塑与建筑风格要进行整体设计、有机结合。2. 利用雕塑可以平衡建筑的空间构图。3. 在空间序列的轴线上设置雕塑,可产生纪念性的氛围。4. 雕塑与建筑外部绿地相结合,更富于装饰性,可美化环境。5. 在城市道路的转折处,道路的尽端处设置雕塑可形成视觉焦点。6. 雕塑的位置与其表现的形式有重要关系,抽象雕塑可以从多方面观赏,具象雕像方向性较强。在十字路口中央位置,以布置抽象装饰物为好,尽端处可设置具象的雕塑。大尺度的高速路边则以抽象装饰为好,可达到较鲜明而深刻的效果。

Relativity of Optimizations Between Furniture and Interior 家具与室内的整体优化

人类工程学的发展促进了现代家具的优化设计,家具优化设计有两个层次:一是单体家具的自身优化;二是群体家具在室内布置上的优化组合。家具布置的优化主要体现在以下几个方面:1. 通过科学布置在有限的空间内,恰当地容纳所需的生活功能,充分发挥室内空间的利用潜能;2. 家具的合理分布能对室内空间功能进行良好的划分;3. 家具的精心组合能取得室内良好的景观构成,塑造室内特定格调;4. 家具的科学定位能满足室内生活流程的便捷要求。建立在科学分析基础上的家具优化布局,意味着室内功能内含的合理构成和微功能分区的合理划分。现代组合式、并合式家具的发展,就是室内总体要求空间疏朗化和家具组成聚集化的产物。

Relax 轻松

工作劳动之余,人们需要有轻松的休息环境,这种轻松的环境要求可观、可游、可卧、可居的各式各样有趣味性的场所。创造能使人轻松而舒适的休息条件,使人不知不觉地得到充分休息,领略轻松自得的情趣,玩味轻松感的奥妙,并且根据自己的美好理想引申而自得其所。在人为的环境中,要创造能让观赏者轻松自在的场所,人们能在这些轻松的场所中找到自己童年的影子,寻求轻松休息的美,使紧张的工作和精神得到松弛。

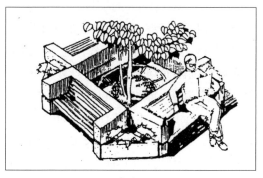

轻松

Relief Sculpture 浮雕

浮雕是雕塑的一种,有浅雕和凸雕,在实体的表面上雕塑出具有背景的形象,使之成为介于绘画和立体雕塑之间的浮雕艺术。根据雕刻的深浅和厚度,它分为高浮雕、浅浮雕、中浮雕等。浮雕如同壁画又如同实体雕塑,与建筑有密切的关系。浮雕艺术在建筑中运用得非常广泛,从古希腊、埃及、罗马,直至文艺复兴时期的建筑艺术,都充满着各类浮雕。浮雕常常和墙面结合在一起,在建筑中比雕塑更常见。

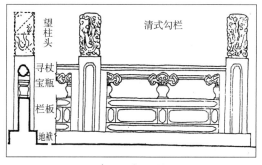

清石栏杆形制

Relief Stone Sculpture of Han Dynasty 汉画像石

中国汉代盛行的模拟绘画或浮雕的石板刻,一般刻在石室墓、石祠堂、石棺壁上。技法有阴线刻、凹面刻、减底阳刻、浅浮雕、高浮雕和透雕。其题材大都表现主人身份、经历、生活、经史故事、神仙怪异、天象、建筑装饰等,是研究汉代社会历史的宝贵资料。这类石刻在河南、四川、湖北、山东、苏北、安徽、浙江、陕北、晋西北等地区的墓葬中多有发现。其中最著名的有山东肥城的考堂山祠堂画像和济宁的武梁祠堂画像。

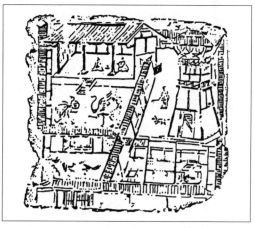

画像石

Religious 宗教

宗教使人们相信并崇拜超自然的神灵,宗教是自然力量和社会力量在人的意识中的虚幻反映。宗教产生于史前社会的后期,由于做梦的现象而引起的灵魂概念。万物有灵而形成了许多宗教仪式,由氏族图腾发展到了民族宗教、世界性宗教,成为人类社会的历史现象。宗教建筑是建筑历史的重要部分,也是历代建筑成就集中表现的地方,各民族无不把他们的文化精华充分地反映在宗教建筑上,历史上许多建筑师都全力把他们的才华奉献给宗教建筑。

Rem Koolhaas　兰姆·库哈斯

库哈斯 1944 年生于荷兰鹿特丹,以 1982 年设计的鹿特丹观景塔公寓而著称。康哈斯的作品被誉为当代解构主义的代表作之一,他作的巴黎市郊的住宅,在一狭长的坡地上采用双 L 形构成的手法,既充分利用了沿街一侧的狭窄立面,越往上越变得宽敞,也像鹿特丹观景塔公寓那样,通过悬挑或柱子的支撑,住宅在屋顶层变得宽阔。游泳池设在屋顶上,可以欣赏美丽的自然景观,给人超脱凡俗的享受。住宅的混凝土外壳包上轻质的金属板,在阳光下光彩照人,有意设置的细长假柱子似乎比真正的支撑更为醒目。这些解构手法产生的深奥空间标志着建筑艺术的未来方向,解构主义强调理性和随意性的对立统一,认为设计可以不对历史、关联、踪迹作出反映,认为疯狂和机会也是肯定性的因素,而味道(Taste)是最重要的。

Renaissance 文艺复兴

文艺复兴最早产生在 14—15 世纪的意大利,拜占庭的人文主义思潮直接促进了文艺复兴。其主张以世俗的“人”为中心,肯定人是现世社会的创造者。文艺复兴一词的原意是“再生”和“复兴”,形式上具有再生和复兴古典文化的特点,而产生了一种新文化。当时的科学技术的突飞猛进,推进了人文主义文化的传播。意大利文艺复兴时期的建筑大致可以分为以佛罗伦萨为代表的早期(15 世纪)、以罗马为代表的盛期(15 世纪末至 16 世纪初)、以威尼斯和仑巴底为代表的晚期(16 世纪中和末期),17 世纪以后发展为巴洛克时期。文艺复兴时期的著名建筑师有很高的文艺素养,如米开朗琪罗、拉斐尔等,他们对建筑设计与城市规划作出了历史性的贡献。

Rendering 渲染法

一幅精彩渲染的图可给人一个明确概念,可使图样和实物惟妙惟肖,阴影、色彩、明度的表现,可使人了解建筑的权衡,实体和空间的大小,各部分的缩进和突出,各种材料表面层的粗细,等等。渲染常用毛笔、黑墨、水彩、钢笔、铅笔以及各种色笔。渲染图亦可只描画而略作渲染,描画并作阴影。用写意法渲染,即惯例的或程式的渲染(Conventionalized Rendering),而不求逼真。用写实法渲染(Realistic Rendering),其细部与色彩尽量求其逼真。无论选用任何一种方法均可绘于图纸或画板上,质地可为白色或彩色。如在画板上作画,应用不透明颜色渲染,画板的质地多用于黄、褐、灰色。

Renewal of Old Residential Area 改建旧住宅区

拆除不堪使用的住宅和辅助建筑物,为居民建立必要的服务设施,建立完善的工程设备系统,合并小街坊间过境小街和加宽一些街道。需要改建的城市区域有如下几类:改建稠密的永久性建筑的市中心区;改建在建筑材料、层数及建筑密度方面非常复杂的地区;改建城市近郊分散的少层或一层建筑地区。可来用增高建筑层数、沿街住宅两边增建新屋等,少层的陈旧建筑代以多层建筑。在稀疏地段加大建筑密度,增加层数、合并街坊,还要保护好古迹和绿地。做好改建住宅区的现状调查,确定边界和红线,查明全部建筑材料、绿地等。按合并街坊的可能性、生活福利网的设施水平,编制改建方案。

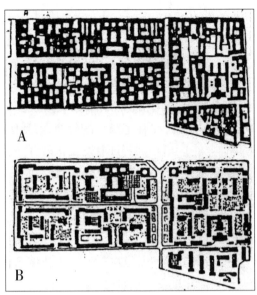

波兰,二战前的华沙和平区和该区的改建方案
A—旧建筑;B—新建筑方案

Repetition 重复

构图中某一主题的重复或再现,有助于建筑整体性的和谐统一,用重复的设计手法可以加强建筑处理的统一性。构图中如线的重复、方向的重复、大小的重复、形状的重复、质感的重复、色调的重复等,都是环境设计中经常运用的手法。重复的构图能够加强构图韵律的节奏感,中国古代建筑和西方古典建筑都常有同一形式的连续空间重复出现,具有显明的重复韵律节奏感。

耶路撒冷国立艺术博物馆

Research Laboratory Design 科研实验楼设计

现代科研实验楼的特点如下。1. 恒温、空调普及。柜式空调和小型空调机由于噪声,可将其放在隔壁房间用风管相连。恒温室朝北,分外廊式及核心式,空调机一般上侧或上顶送风,下侧回风方式。2. 管线复杂、种类多且有一定要求,如电线与煤气管要有安全距离,放射性实验污水要专门处理等。既要隐蔽又要便于检修,各层管线之间有时会产生矛盾,要统一规划,多种垂直管线的干管最好作管线竖井。风机层通常有下沉式风机廊,屋顶上的风机廊,风管出屋顶后弯入风机廊、顶层全部作风机层,侧墙漏窗排风。3. 防微震、屏蔽、净化、放射防护、防噪声、防爆、高低温等。4. 灵活性。

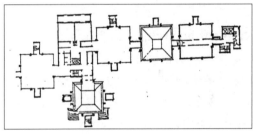

费城宾夕法尼亚大学理查医药研究楼平面

Residence House 宅

东方居住文化的中心概念,可以用"宅"字的释义表达,"宅,择也,择吉处而营之也"。它至少包含三层含义。"宅"同译又音"zhai",意味着"行动",反映了人与世界的相互作用关系。古代择宅之学有悠久的传承,风水术很重选择,如卜宅、卜居、卜邻。在自然中挑选,突出了人的主体性,宅的第二层含义是经由"择"造就了"吉"的世界,"吉"表达了人们对"凶"的恐惧,如宅的一种吉相是左有流水谓之青龙,右有长道谓之白虎,前有游池谓之朱雀,后有丘陵谓之

玄武。每一处宅居都有一处完整的宇宙框架，"宅"的第三层含义是"营"，通过"营"，定向与认同付诸实践，使自然环境变成人为环境，构成现实的居住环境。

Resident 居住者

指在建筑物里继续居住的人，与暂时居住者有所区别，一般指居住 6 个月以上者。"Residence"意为住宅，供一户独立居住生活之建筑物。"Residence for Employees"意为配合住宅，同"Issued House"。"Residential Neighbourhood"意为邻近住宅区，因居住人口而设置公共设施，如学校、店铺等，此类设施形态所邻近的住宅地称为邻近住宅区，依人口之不同而具不同之规模。"Residential Town"意为住宅都市指大都会周边以中心都市通勤者住宅构成主体之卫星城市。"Residential Hotel"意为观光旅馆。

Residential Architure 居住建筑

供一家一户居住的建筑。它是历史最久的建筑类型，可远溯到史前人类的洞穴茅舍。单幢建筑发展为三种主要类型：1. 在炎热地区，开敞式房间围绕露天庭院；2. 在寒冷地区房间、聚合成紧凑的整体；3. 为不规则式，房间自由安排。木材和砖是住宅中使用最广泛的材料。构造上一种为承重墙，石块、土坯、砖石、钢筋混凝土。另一种为木框架、金属框架，上覆芦苇、树皮、木板或组合材料。19 世纪中叶以后，居住建筑中使用较多的是玻璃和金属，到 20 世纪中叶，普通住宅增加了机械和电力设备。现代居住建筑往往比其他建筑类型有更多创新。

Residential Design in Medium and Small Size Cities 中小城市住宅设计

1. 舒适性。①起居室为活动中心，南向与前阳台衔接。②主卧室向南，各卧室均能对外采光通风。③厨房、卫生间直接对外通风采光，餐厅、厨房宜分设。④尽可能利用房间的边角空间设置壁橱、吊柜，厨房设后阳台。2. 墙体的可改性为不同购置能力的住户以及空间使用功能的改造成为现实。3. 外部环境设计是住宅设计的延伸，做到住宅单体与小区道路、服务网地、文化教育、娱乐健身、卫生、治安、消防等诸方面的联系。4. 安全性。①严把质量关。②加强建筑物的抗震性能。③选用经济合理的结构形式和体系。④在防盗、防火、报警、煤气、热力管道等设计方面，积极推广新产品、新技术、新材料，提高设备的质量。⑤在装修装饰方面，多采用阻燃抗燃材料，提高建筑防火性能。

Residential District with Character 有特色的居住小区

一个城市的大批居住小区，甚至与距离千里的小区雷同，共性多于个性。要设计出多种多样各具特色的小区就要放宽居住密度的控制范围，将二分之一小区定为平均密度，四分之一定为高密度，四分之一采用低层住宅，可在居住密度上为规划有特色的小区创造条件。放宽住宅层数限制，增加住宅类型，没有"塔、板、点、条的结合"就必然单调，不"高低错落"就没有丰富的空间。五六层住宅的设计有较大的变化才能适应居住对改善居住环境的要求。近来终于打破了一梯三户、单元式住宅平面格局，"小天井""多空间""阳光风""家家好"，内部布置虽各有优点，但体型、外貌仍无多大差别。应加强建筑群体布置的规律性，高低错落，疏密有致。重视小区中公共建筑的规划设计。

Residential Quarter 居住小区

小区位于交通动脉或主要街道之间,外界交通不应穿过以保证小区安静,有完备的生活服务机构,托幼、小学、小型俱乐部、花园、运动场、儿童游戏场地、商店、洗车房及停车场。这些设施有相应的服务半径、大小和内容,还应考虑建筑艺术布局的完整性。小区的人口规模一般有 5 000~15 000 人,一个因素是到达学校上学不穿过干道的人口规模;另一个因素是小区的大小取决于干道街道。确定干道网的密度至公共交通车站不应超过 500 米,其间用地 25~50 公顷,采取大街坊小区时在 30 公顷以下,街坊群式小区 40 公顷以下。小区布局,小区公园为核心,分成两三个地段或带状联结各绿化点。公共机构运动场地、游戏场的分布要合理地组织动静分区及内部交通。

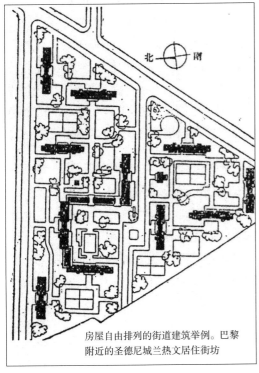

房屋自由排列的街道建筑举例。巴黎附近的圣德尼城兰热文居住街坊

居住小区

Rest House 休息站

供给简易宿泊、休息用之设施。在美国,公用厕所亦称为"Rest House"。"Rest Room"意为休息室,专供休息用之房间。

休息站

Restaurant 餐馆

餐馆一词源自法国卖肉汤商人布朗热。1765 年他在巴黎开店,招牌上写"Restaurants",意为滋补品、即肉汤。此后成了餐馆的通称。英国、法国、荷兰、丹麦、挪威、罗等国相继沿用,因语言不同而此词略有变化。法国大革命后,厨师都自己开设餐馆,名厨辈出。19 世纪末,马克西姆饭馆成为巴黎社会聚餐中心。

餐馆

Retalle 祭坛后部装饰

祭坛后部装饰嵌板,狭义上指祭坛后部的耶稣受难像、烛台以及其他礼拜用品的高

架。嵌板一般为木制或石刻,有时也用金属制作,饰有绘画、雕像或镶嵌画,描绘耶稣受难或类似的题材。装饰嵌板多为教堂建筑结构的一部分,但也可以拆卸,有时仅为一张画。威尼斯圣马可教堂的装饰嵌板最为著名。

Retailing 零售

指向消费者销售商品和某些劳务,通过为特定目的而建立的商号,向广大消费者进行单个的或少量的销售。零售极具竞争性,价格竞争,销售竞争,使零售的产品行业划分混淆不清。其比商店提供的商品更为广泛,形式也多种多样,如自动售货机、挨户兜售、电话购买、邮购、特产商店、百货商店、超级市场、折扣商店及消费合作社。成功的零售商业的真谛在于便利的店址、悦人的服务态度、低廉的价格以及美观适销的商品。

零售

Revetment in Garden 园林驳岸

保护园林中水体的设施,驳岸是园林工程中的组成部分,其类型按断面的形状可分为整形式岸壁和用于小型水体以及自然式布局的园林中或有植被的缓坡驳岸,可做成岩、矶、崖、岫等形状,采取上伸下收,平挑高悬等形式的驳岸。驳岸工程由基础、墙体、盖顶等部分组成,要求坚固稳定。

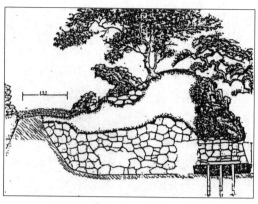

公园驳岸、土方、园林施工设计

Revolving Door 旋转门

使用四片门作成十字形的交叉部分制成垂直的立体轴,每四片门扇中间可容纳一个人出入,利用推启回转形成或供出入的一种门。其主要为防止空调设备的室内外空气泄漏时所采用。"Revolving Chair"意为旋转椅,座位可以自由回转的椅子。"Revolving Shutter"意为铁卷门,在开口部的上方设卷门贮藏箱,可将大门卷起收藏之装置。"Revolving Stage"意为旋转舞台,利用动力旋转之圆形舞台面。"Revolving Tower Crane"意为高塔起重机,同"Tower Crane"。

Rhodesia Sink Round Thatch House 罗德西亚下沉式圆形茅屋

罗德西亚,又称中非联邦,包括南北罗德西亚和尼亚萨兰。罗德西亚的圆形下沉式民居独具特色,属于传统的非洲圆形土屋的类型,唯中央场院在地面上,场院由周围抬高的圆屋群围合而成,另一种下沉的中心场院是下挖而成的,低于入口地坪,周围的圆屋群高于场院。

Rhythm 韵律

条理性和重复性是创造韵律感的必要

条件,节奏仅仅是简单的重复,韵律则是有"情调"的意境或具有思想性的节奏。简单的建筑形象也应具有韵律感,否则会没有味道。建筑作品给人的形象如果是丰满的或者是单调的,都是通过韵律的构图手法而达到的形式要求。进一步把构图的韵律发展为具有情调或思想的高度,达到出中国古代绘画理论中荆浩的《六法论》中所说的"气韵生动"的效果。韵律,又称旋律或节奏,在音乐中是有节拍、音量和时间三个要素,韵律基于时间的变化而反复。在绘画中为色彩、色度、量及空间构成。大凡一件艺术品,如果缺乏了韵律,则不能成为好的作品,韵律系由强弱两种形态要素作有规律的连续运动。绘画中的韵律是由个人的感动而传于外表的一种感情表现。韵律有时并不完全是视觉上的感受,而是在人们的感觉之中。

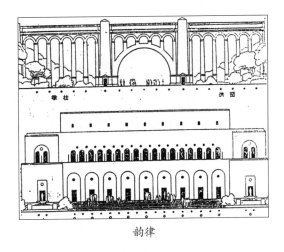

韵律

RIBA 英国皇家建筑师学会

英文全称为"The Royal Lnstitute of British Architects",简称"RIBA"。它于1834年设立于英国之建筑师学会,1837年开始颁发执照(charter)。

Ricardo Bofill 瑞卡多·波菲尔

波菲尔1939年出生,是西班牙的著名建筑师,在西班牙和法国做了不少工程,他主导的几组古典主义的街坊规划设计蜚声国际。他全力关注建筑形式,表现过去时代官邸气派和高贵典雅的烦琐装饰的虚荣心。为了使居民生活更丰富多彩,为了追求空间艺术和符号艺术,他发展传统建筑语言,引起部分人赞同,部分人反对。1983年巴黎的庞大居住街坊称为拉瓦雷新城,它有"宫殿、剧场和拱门"公寓群、9层的半圆剧场公寓、19层的凹字形宫殿公寓,中间是10层拱门公寓。巴洛克的风格未给居民带来真正的舒适方便,但其怀古情绪,往昔的官邸余威之梦,使居民得到某些心理满足和安慰,被称为"商业复古主义"。20世纪80年代他设计的巴黎圣康坦新城、人民凡尔赛居住街坊,采用对称布局及古典的线脚。

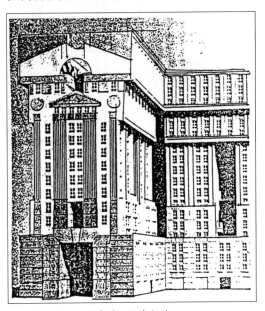

瑞卡多·波菲尔作品

Richard Meier 理查德·麦尔

生于1934年,美国人,毕业于康奈尔大学,曾参加过SOM建筑事务所,并与马歇尔·布鲁尔合作过。他兼任过许多大学的访问学者和教授,是当代著名的建筑大师之一。他的作品的特点是顺应自然,采用白色的材料表面,在绿色的大自然中具有一种空气清新感的印象。他选择白色引出建筑与周围环境的和谐关系,并创造建筑与垂直空间与天然光线之间的内部反射的光感变幻效果,他设计白色建筑的目的是表现与自然环境的对比。麦尔的作品还反映了勒·柯布西耶和阿瓦尔·阿尔脱的视觉信念,同时也采用日本风格处理建筑的手法,日本民居常用水平的隔扇窗户开向室外,然而麦尔的设计哲理则是垂直的开向室外的空间,称为"包围着的空间",其最著名的早期代表作品是道格拉斯住宅。

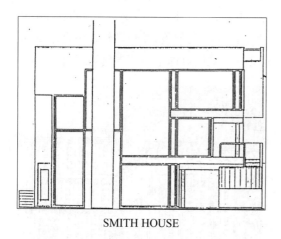

SMITH HOUSE

Ring Road 环状道路

以都市中心或重要地点为中心外围配列同心圆状之道路,并以放射形道路相互连接之。"Ring Green"意为环状绿地,是都市绿地设施之一种,将都市外围或内部设置环状绿地之设施。"Ring Village"意为环状市镇,依圆形广场或圆形耕地之周围发展形成之乡镇。

River Harbour 河港

河港按位置分类,有布置在通航河流上的、水闸及运河上的、湖上及水库内。其一般可直接设置在河道沿岸,称"沿河河港",或设置在河道外天然或人工港池岸上,称"河外河港"。沿河河港码头线沿河布置,用岸壁、水工结构或浮码头形式,河外河港停泊区在独立的港池内。河港码头长度决定年度的客运量和货运量、船只规模及其他条件,每船所占码头线长度为:旅客远航船100米,地方性船80米,近郊船40米,货运码头100米。避冻港设有堤坝或破冰设备,此外还有混合式河港。河港的地点和位置选择要考虑河内航道位置和大小,河岸河底的地形地质构造,水文、水位的变化。河港与海港不同,可有部分码头用地在洪水期间被淹没,岸上用地可成阶梯状。

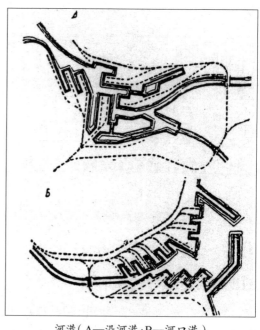

河港(A—沿河港;B—河口港)

Riverside Road 滨河路

修建城市滨河路要充分考虑水面,沿路的建筑从水上能看见,从河的对岸也能欣赏,还要考虑直线、凹凸形的岸线、波浪形的岸线等。直线滨河路建筑空间要富于变化,凹形滨河路街景丰富,凸形滨河路会限制个别地点的观览视线。要将主要建筑布置在沿河街景封闭处;河流转变部分或据高点上;对美化滨河路天际线均有重要作用。沿河之尖岛可设置绿化公园,滨河建筑应与水面结合,水面可扩展远景,水面是美化城市的天然要素,河流两岸的建筑应美观和谐。

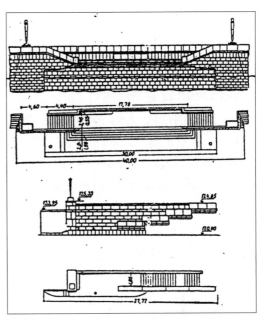

莫斯科滨河路的坡道

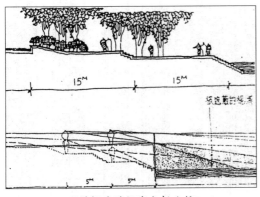

两种场地的视线分析比较

Riverside Road Section and Retaining Wall 滨河路的横断面和挡土墙

　　河岸高度乃滨河路横断面的设计条件,滨河路有单层、双层、多层,滨河路要保证车行道及人行道,用树木镶饰河岸,宽度一般不小于25米。可沿建筑铺设林荫道;可设地方性过境车道;在不同水平上铺设车道。河岸构筑物为加固河岸的基础,防止潮水、雨水、地下水和冰块冲击;保证船只停靠条件;美化河岸。加固河岸简单的方法是,在1:1或1:1.5的斜坡上种植树木或铺砌石块,堤岸很高时,太高的挡土墙是不合理的,但多作垂直挡土墙上面斜坡栽植树木,会缩小滨河路的宽度。堤岸垂直滨河路一般在城市中心区域或客运码头附近。当河面宽大,水位变化大时应修建双层滨河路。

Road 道路

　　一般指供交通用之土地,分共有道路及私设道路两种。"Road System"意为道路系统,各种道路网构成之组织。"Road Bridge"意为道路桥,跨越道路用之桥。"Road Bed"意为路床,道路铺面下利用级配粒料夯实滚压以加强承载力之部分。"Road Bay"意为路湾,道路边缘凹入敷地内供停车及上下旅客之区域。"Road Side Garden"意为道路公园,是道路及散步道等带状公园之总称。"Road Side Parking"意为路边停车,利用道路单侧或双侧附设停车空间之方式。"Road Planning"意为道路计划,为道路建设、改善、维护及管理而实施计划之总称。

Road Illuminance 道路的照度

　　地面上所接受的照明度要符合游人散步及车辆行驶的要求。所谓"照度"是光流与照明面积的比值。照度单位为 Lux(勒克斯)。在公共绿地的道路上,人行路的最小照度为 0.5~2 勒克斯,车行路的最小照度为 2~4 勒克斯。要使照度适合要求,应在设计时确定杆高、杆距及灯光烛数。

Road Lighting 道路照明

1. 路灯的排数:大约 20 m 宽的道路在纵轴上一排已足矣。2. 排灯的位置:路灯以照射车辆行驶的路线为主,人行道为次,在人行道一侧有建筑物的,照明问题更为次要,路灯有悬于路中的,效果最好,但造价较高;若立于路侧,光线不够均匀,但即可照射车行道又可适当地照顾人行道,因此普遍采用。在上下行车为绿带分隔的车道亦有时将路灯设于绿带的纵轴线上,双方均可照射。路灯与行道树不仅在架空线路上有矛盾,在照明上也有妨碍,树密扁的树种尤其不能与路灯在同一轴线上,但对于灌木及花坛没有影响。3. 灯杆的距离:一般杆距 20~30 m,最大距离为 40 m,但具有装饰意义的灯杆上有时有一个杆上 3~5 个灯头。4. 灯杆的高度:最高 12 m,最低 5.5 m,常用的高度为 6.5 m。杆高(h)同杆距(d)的比值(d/h),应该在 5~12 范围内,比值愈大,光度愈暗。

Road Plants 干道的绿化

城市所有的干道应充分地、广泛地进行绿化和种植叶茂的树木以及沿着人行道和建筑物栽植行道树,这是降低城市噪音的方法之一。当干道两旁建有雄伟的建筑物时,必须采用有规则地布置树木的方法,栽植、修剪观赏树木,在建筑物之间,特别是在居住建筑之间,凹入部分和路尽头上可以栽植美丽如画的花草树丛和个别巨大的树木,过渡到低矮的乔木、灌木和花卉必须适合于街道建筑。街上的绿地在建筑艺术上可把街道的个别地段联系起来。遮掩个别不顺眼

的或遮蔽个别重要的建筑物。在多层建筑地区,建筑物便是树木的背景,而在少层建筑地区,应和建筑物一起形成街道的建筑艺术。城市干道和街道上的绿地能美化城市的环境。

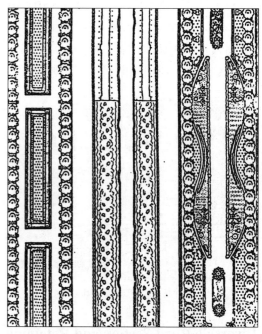

干道的绿化

Road System Design 干道网设计

在确定干道网的线路时,须使城市各部分组成网络及最吸引人流的交通量最大部分之间具有最短和最方便的交通联系。曲度系数就是衡量干道线路是否合理的主要指标之一,应该使主要人流的曲度系数不超过 1.3~1.4。干道网的定线应考虑到地形的条件。电车和无轨电车要求的纵向坡度不应超过 4%~5%,汽车为 8% 以下。主要干道的纵向坡度最好不超过 3%,居住街道的纵坡度不超过 10%。确定干道网线路时,应该考虑到城市用地上各种水面的条件。街道网应该服从河岸的外形。行驶速度是决定干道网是否合理的重要因素之一。在

改建旧城市街道网时可合并位于干道附近的小街坊,在快速干道和其他道路交叉处必须设置专门的立体交叉和立交的人行通道。生活居住区内的交通干道网应有适当的密度。规划干道网时要避免形成复杂的交通枢纽。

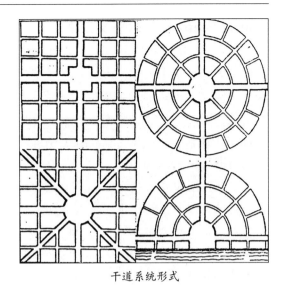

干道系统形式

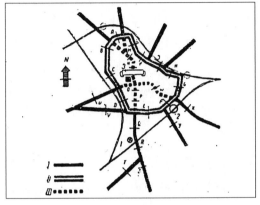

博胡姆市主要干道示意图

Road System Form 干道系统形式

城市干道系统有以下 4 种基本规划形式。1. 长方形的规划系统,古代许多城市采用这种布局,是最简单明确的规划系统,建筑施工最为方便,但对角线方向交通不便,单调,不易划分主次干道。2. 放射环形规划系统,中世纪时产生了这种布局系统,放射路作为对外贸易和行政联系的路,环形道路作为防御工事,大城市各个分区之间的联系是方便的,但是市中心集中了大量交通,使各个住宅区之间的交通困难。3. 自由式的街道系统是依照城市的自然条件规划的,地形、森林、水面堤岸的轮廓线等,它是中世纪和中亚地区城市的特征,由于曲度系数较高,不适用于大城市和特大城市。4. 混合式的规划系统,是长方形和自由式系统的结合,绝大多数大中城市均采取这种系统,是最为灵活的规划方式。

Roads and Highways 道路和公路

公路指乡村地区的交通道路,与城市中的街道相对而言,道路则指乡村地区使用较少交通量不大、不太重要的交通道。近年出现的快速车道、高速公路、机动车道等词指的是严格控制的公路。道路的修筑起源于西南亚、黑海、里海、地中海和波斯湾地区,古代人口从这里向四方延续。人们在旅途中要改进道路以便于驮畜行走。公元前 3000 年出现了轮车,对道路提出了更高的要求,波斯的皇家大道(约公元前 3500年—前 300 年)、欧洲的“琥珀之路”(公元前 1900 年—前 300 年)、中国的丝绸之路,罗马古道以及南美、印度、希腊和埃及都有早期筑路的历史。1820 年英国已有 20 万千米长的道路,此后道路的改进多限于城市中的街道。公路可分为市区道路、公路支线、公路干线和高速公路。每一类均有设计标准。高速公路存在空气、噪声和视觉污染问题,立体交叉占用土地,在公路经营中延长公路寿命是重要的问题,公路运输的经营管理受相关法律制约。

Robert Venturi 罗伯特·文丘里

文丘里,生于 1925 年,美国人,在美国的许多著名大学中任教,1954—1956 年获美国科学院罗马奖,他是美国近代派最有才华的建筑师之一。他的著作《建筑中的复杂性与矛盾性》成为当代最广泛的建筑理论畅销书籍,是一部取代了 20 世纪 50 年代功能主义转变为多元主义的宣言书,它的理论与实践标志着建筑的现代主义运动出现了一般强有力的交替。万丘里的知识广泛,他接受过布扎艺术体系的最后的教育,作为美国罗马研究院的成员在意大利对罗马巴洛克后期以及 18 世纪后期拿波里建筑进行过研究,在潘斯威尼亚大学教授建筑评论课。文丘里的作品坚定地保留着现代主义运动的基本信念,但他与密斯学派针锋相对,批评密斯"少即是多"的美学观点,提出"少就是少,多就是多"。同时他反对后现代派强调的回收历史部分,主张不失去历史延续性的现代主义建筑。

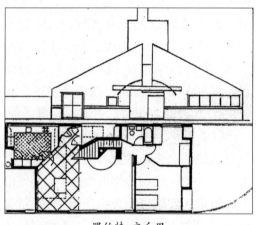

罗伯特·文丘里

Rockefeller Center 洛克菲勒中心

美国著名的高层建筑群,位于纽约曼哈顿半岛中部,由洛克菲勒财团统一投资兴建的。它占地 8.9 公顷,共 19 座建筑,包括办公楼、餐厅、剧院、娱乐设施、商店、展览厅、广播电台和博物馆等。1931 年始建,1940 年完工。其设计包括三个事务所,莱因哈特和霍夫密斯特事务所,科贝特、哈里森、麦克默里事务所,胡德和福伊雷克斯事务所。建筑群的主体是 RCA 大厦,70 层,259 米高,1931—1932 年建成,是板式高层建筑的雏形,还有 41 层的国际大厦、36 层的时代与生活大厦等。建筑群的中心是一下沉式广场,正面有一金色飞翔雕塑,下有喷泉水池,夏季设茶座,冬季可作溜冰场。广场前为带状街心花园,整个建筑是有效利用土地的典型实例之一。

Rockery 假山

园林中以造景为目的,用土、石等材料构筑的山。中国在园林中造假山始于秦汉,从筑土为山到构石为山。假山具有多种的造景功能,可与园林建筑、园路、场地和园林植物组合成富于变化的景致,假山是代表中国自然山水公园的特征之一。假山的创作有真有假,做假成真。假山的种类有土山、石山和土石相间的山。其施工方式有筑山、掇山、凿山、塑山。按在园林中的位置和用途可分为园山、厅山、楼山、阁山、书房山、池山、室内山、壁山和兽山。按组合形态可分为山体和水体。山体包括峰、峦、顶、岭、谷、壑、岗、壁、岩、岫、洞、坞、麓、台、磴道和栈道;水体包括泉、瀑、潭、涧、池、矶和汀石等,山水结合,相得益彰。外国假山有古代亚述喜用人工造小丘和台地,日本很重视用假山布置园林,欧洲植物园中开辟的岩生植物园,以岩生植物为主体,欧美现代园林中有用水泥钢化玻璃等材料造假山。

假山

Rocks in Landscape 石风景

　　石风景环境指地表大部分为裸露的岩体,石景与游憩空间的特点,如泰山南天门以上多石少土;黄山南山花岗岩岩体剧烈风化;华山主峰有坦荡的花岗岩水平机理面的岩顶;雁荡山拥有巨大的流纹岩体。石景与游览线:九华山闵源至天台峰一线;泰山十八盘是在岩石特征最强烈部位开辟游览线的佳例;湖北武当山中沿石盘沟溪谷、涧谷、峡谷有极好的石风景环境;华山苍龙岭步道在长近百米、宽不足1米的陡峭肌理面上凿刻而成;九华山渐入蓬莱石紧贴岩面的弧形条石步道。石景与建筑:在岩体垂直面上建倚壁建筑,可独辟蹊径;在崖顶营造建筑可采用构架式结构悬挑于岩顶边缘之外。石文化可追溯到古代以石为材的雕刻,天然岩体岩面上的铭文、线描、浅浮雕和雕塑、石的建筑和园林。人为的石风景环境可分自然型和抽象型,前者表现自然形态,后者表现抽象形态的岩石机理、面和空间形态。

Rococo Style 洛可可样式

　　18世纪初在法国兴起,导致风行全欧洲之艺术样式,其特色为突破柔和曲线及左右对称之限制,改以自由、轻快为主要母题。在建筑上,洛可可风格主要表现在室内装饰上,排斥一切建筑母题,过去用壁柱之处改用镶板或镜子,四周用细巧复杂的边框围起来。线脚和雕塑细而薄,装饰题材有自然主义倾向,用卷草、蚌壳、蔷薇和棕榈。趋向于繁冗堆砌,喜用娇艳的颜色,如嫩绿、粉红,天花涂天蓝色,画着白云,线脚大多是金色。偏爱闪烁的光泽,大量嵌镜子,绸缎的幔帐,晶体玻璃吊灯,陈设瓷器,大镜子前面置烛台。洛可可样式的代表作是巴黎俾士府邸的客厅(Hotel de Soubise,1735年),代表设计师是麦松尼埃(J. A. Meissonier,1693—1750年)。洛可可样式很快风靡全欧洲。洛可可的装饰,总体上说格调不高,但其影响久远,在建筑外部的表现也比较少。

洛可可样式的装饰

Roman Amphitheatre 罗马角斗场

　　古代罗马的一种平面为椭圆形的大型建筑,中央一块平地作为表演区,周围看台逐排升起,没有永久性的屋顶。已知最早的角斗场在庞培城,建于公元前80年,后来罗马帝国的许多城市都用石头兴建角斗场。公元70—80年所建的罗马大角斗场规模最大,功能完善,它的形制一直影响现代的大形体育场建筑。角斗场长轴188米,短轴156米,周边长527米,观众座位以62%的坡度升起,约60排,分为4区。前面为贵宾席,中间骑士席,后面平民席,可容纳约5万人。最高处有一圈柱廊可供管理棚顶的人休息。表演区椭圆形,长轴86米,短轴54米,与贵宾席前沿有5米高差,注水可表演水战。兽槛和角斗士的预备室在表演区地下,有排水管道。立面各层用券柱作装饰,总高48.5米,底层为多立克柱式,以上为爱奥尼克、科林斯柱式,券洞口立雕像。上层实墙,装饰科林斯壁柱。前3区的观众席大理石砌成,最后一区为木构,以减轻对外墙的推力。

Roman Forum 古罗马城市广场

古罗马城市一般都有广场,开始作为市场和公共集会之场所。后来用于发布公告、进行审判、欢度节庆,甚至举行角斗。广场多为长方形,罗马城的旧广场多位于市中心的交叉路口。它于公元前6世纪时始建,至西罗马帝国灭亡。广场上集中了大量宗教性和纪念性建筑。公元前4世纪在建造了君士坦丁巴西利卡之后,广场向东扩展,建造了第度凯旋门。中世纪时有几座古罗马时代的建筑改成教堂,现仅剩废墟,以18世纪末开始发掘并加以保护。广场从公元前1世纪到公元前2世纪初陆续建造了恺撒广场、奥古斯都广场、韦帕香广场、乃尔维广场和图拉真广场,按设计一次建成,后均遭到彻底破坏,1924年开始发掘,至今只留有图拉真广场的一根纪念柱。

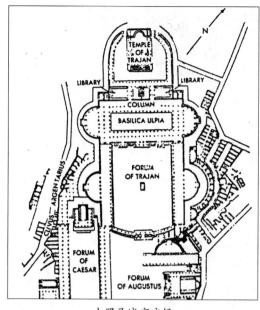

古罗马城市广场

Roman Palace 古罗马皇宫

罗马帝国的皇宫主要有三处：1. 古罗马城中心巴拉丁山的宫殿群; 2. 罗马城东面20千米的哈德良离宫; 3. 斯普利特(今南斯拉夫境内的戴克利先行宫)。巴拉丁山从公元前1世纪奥古斯都时代就是历代皇帝居住之处,现只留下了少量遗迹。杜米善皇宫占地很大,型制完整。赛维鲁斯宫其中的一栋卷柱式三层楼房靠近古阿庇安大道,向进入罗马的人展示其宫殿的壮丽。哈德良离宫建于126—134年,建筑群包括有宫殿、浴池、图书馆、剧场、神庙和花园等,周围长约5千米。戴克利先行宫建于4世纪初,总平面呈长方形,213米长,174米宽,十字形的道路把行宫划分为四个部分,宫门居中。

Roman Thermae 古罗马浴场

公共浴场是古罗马建筑中功能、空间组合和建筑技术最复杂的一种类型。罗马共和国时期,公共浴场主要包括热水厅、温水厅、冷水厅三部分。较大的浴场还有休息

厅、娱乐厅和运动场。浴场地下和墙体内设管道通热空气和烟以取暖。公共浴场很早就采用拱券结构,在拱顶里设取暖管道。罗马帝国时期,大型皇家浴场还增设图书馆、讲演厅和商店等。2世纪初,叙利亚建筑师阿波罗多拉斯设计的图拉真浴场确定了皇家浴场的基础形制,长方形主体建筑,完全对称,纵轴线上是热水厅、温水厅、冷水厅,两侧各有入口、更衣室等,按沐浴顺序排列。此后的卡拉卡拉浴场(211—217年)、戴克利先浴场和君士坦丁浴场均仿此建造。其是古罗马结构技术成就的代表作,对以后欧洲古典主义建筑和折中主义建筑都产生很大影响。

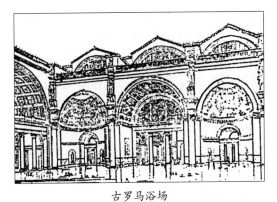

古罗马浴场

Roman Triumphal Arch 罗马凯旋门

古代罗马纪念出征胜利、表彰统帅功勋的建筑物,起源于罗马共和国后期,一般要在凯旋仪式举行前建成。其他地方的凯旋门还用于纪念城市奠基及其他重要历史事件,或颂扬皇帝。罗马早期凯旋门多为单间,立面呈长方形,卷柱式构图,有很高的女儿墙,刻纪功铭文。罗马城的第度凯旋门,于82年建成,14.4米高,13.4米宽,4.3米厚。三开间的凯旋门最著名的是罗马城的君士坦丁凯旋门,312年建成,20.6

米高,25米宽。在意大利文艺复兴时期,一些建筑物在重要部位的立面作凯旋门式的构图,到18世纪古典复兴时期,这种构图更为流行。

罗马凯旋门

Romanesque Architecture 罗曼式建筑

亦称"罗马式建筑",自10世纪末期至13世纪流行于欧洲之建筑式样,其特色为圆形拱屋顶、弧形拱门及厚墙之建筑。

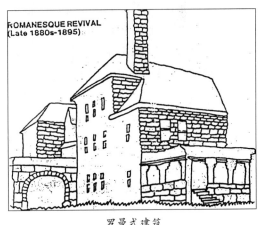

罗曼式建筑

Romantic 浪漫

一种势如破竹的反对权威、传统和古典模式的运动,在18世纪后期到19世纪中期横扫西方文明。广义的浪漫主义指本身个性、主观、非理性、想象和感情共同为一体,在历史上浪漫主义立场是对18世纪古典主义的朴素、客观、和平静的一种自觉反抗。英文"Romantic"一词源自南欧一些如古罗马省府的语言和文学,这些地区方言原系拉丁语和当地方言混杂而成,后来发展成罗曼系语言。具有这类特点的故事后来逐渐被称为"Romance",即今所谓的骑士故事或传奇故事。浪漫主义精神最先出现在文学中,宣扬感情至上和人的本性善良。浪漫主义精神往往从诗歌、童话和民间故事汲取灵感,注重个性、主观性和自我表现。

Romanticism 罗马主义

建筑上的罗马主义始于1820年,并影响至19世纪后半叶。主要为反对新古典主义思潮,提倡中世纪欧洲之生活态度及社会理想。亦为现代对古建筑之保存与维护倡导之开端。

Rome Club and Postmodernism 罗马俱乐部和后现代主义

罗马俱乐部成立于1968年,是一批著名学者、科学家、社会学家组成的协作研究组织。1972年首次提出了"零增长"观点,1974年发表"人类处于十字路口",1976年"重建国际秩序",三篇报告被第31届联合国大会列为文件,把罗马俱乐部的基本思想称为"新人文主义"。1.讨论人与人类社会同现代技术及人类环境的冲突。2.主张"人性解放",指从盲目发展的现代技术下的解放。3.新人文主义也继承了历史人文主义的部分内容,后现代主义从"人"出发,考虑人的心理要求和新的价值标准。一手伸向传统文化,一手伸向通俗文化,与罗马俱乐部要求回到传统文化准则的号召相印证。

Roof 屋顶

指建筑的最上部构造,房屋顶部用以防风雨和保温的覆盖部分,形式多样。可根据技术、经济、美观上的考虑采用平顶、坡顶、拱顶、穹隆顶或几种形式组合的屋顶。平顶多用于大体量的矩形屋面,单坡双坡顶很普遍,折线形屋面由两种坡度的屋面组成,又称"芒萨尔式屋顶"。在现代建筑中,大型木桁架能支承60米或更大跨度的双坡屋顶。石料也曾用做屋面材料,如中世纪的哥特式教堂。现代某些特大型建筑,如运动场,设计出多种新型屋面形成,如悬索的预制混凝土结构屋顶,虽然铜、石板、等传统材料很多,但也有铝、石棉、水泥板、锌板等,主要为防晒、避雨雪等,广义之屋顶包括屋架组构。"Roof Covering"意为屋顶工程。"Roof Garden"意为屋顶花园。"Roof Parking"意为屋顶停车场。"Roof Plan"意为屋顶平面图。"Roof Tile"意为屋面瓦,一般分为黏土瓦、水泥瓦、琉璃瓦及金属瓦等。"Roof Truss"意为屋架。"Roofing"意为屋顶铺面或铺面材料之总称。

屋顶

Roof Design 屋顶设计

  屋顶是建筑物顶上的隔离结构,遮蔽风雨雪及太阳辐射,保护屋内不受外界气候变化的影响,屋顶本身也承受荷重。屋顶要求坚固耐久,坡度适合当地气候情况,结构简单,避免结构内部产生凝结水,造价经济,适合快速施工。屋顶由荷重结构及屋面结构两部分组成,屋顶形式有平顶及坡顶,坡顶又分为一坡顶、两坡顶、四坡顶、歇山顶、庑殿顶。两坡顶的构造最简单,四坡顶桁架,当两道承重走道墙时,半屋架可接到正屋架上,当半屋架接不到正屋架上,则在走道墙上架设小屋架构成四坡顶。

Roof Form 屋顶形式

  屋顶形式包括山形屋顶(Gable Roof),平屋顶(Flat Roof),半歇角屋顶(歇山),(Half-hipped Roof),折面屋顶(Gambrel Roof, Curb Roof),折角屋顶(腰折)(Mansard Roof),角锥形屋顶(Pavilion Roof, Pyramidal Roof),气楼屋顶(Monitor Roof),桶形屋顶(Barrel Roof),单坡屋顶(Shed Roof, Lead-to Roof),圆屋顶(Dome),歇角屋顶(Hipped Roof),歇角山墙屋顶(Hipped Gable Roof),折板屋顶(Folding Slab Roof),锯齿形屋顶(Saw-Tooth Roof),薄壳屋顶(Shell Roof)。

屋顶形式

Roof Layout Cascade of Roofs 屋面处理和层层下落的屋顶

  古典建筑美的处理手法常常表现为层层下落式的大屋顶上。中国福建民居巨大的土墙土楼上面的屋顶庞大而美观,中间高起,外围层层向下跌落。中国北方的四合院民居,堂屋居轴线的正中,屋顶高出其他从属的房子,从整体上看也形成一个屋顶起伏有主有次的层层下落式的屋顶群体组合。中国传统民居以建筑组成群体的手法,在一个完整的院落空间中,形成层层下落有起伏的屋顶组合形制。

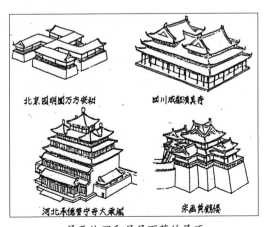

北京圆明圆万方安和 四川成都渶真寺

河北承德普守寺大乘阁 宋画黄鹤楼

屋面处理和层层下落的屋顶

Roof Terrace 屋顶平台

中国乡村民居的平屋顶有多种实际用途。陕北黄土高原上的平台式沿山窑洞民居是按阶梯地形沿山布置的,这一层的山崖平台就是下一层窑洞住宅的平顶,就如同现代的多层后退阶梯式的金字塔形公寓一样。河南等地的地坑式窑洞顶上的土地仍可以种植庄稼,居室在耕地的下面,河北的平屋顶民居顶上是冻晒谷物的场地。

屋顶平台

Roofing 屋面

坡顶屋面的组成可分两部分,一部分为屋面板及格椽等,另一部分为面层。屋面设计要求如下。1. 不透水,取决于屋面材料质量、坡度、屋面构造及施工质量等。2. 不易燃。3. 经济。4. 耐久,减少养护及修理费用。5. 轻薄,减轻荷重。6. 美观。屋面材料主要有平瓦、筒瓦、石棉水泥瓦、石板瓦、白铁皮、卷材、装配式大瓦、简易屋面。屋面坡度取决于所选用的屋面材料及其构造。

Roofing Drainage 屋面排水

屋面排水有两种方法,一种为外部排水,另一种为内排水,即水落管设置在室内,屋面排水一般都有排水设备。外排水利用屋面的倾斜,将水导向天沟或檐口的躺沟,经水落管达到散水或明沟。躺沟及水落管一般用 26 号镀锌铁皮,也可用竹材。排水设备有吊挂式躺沟、墙托式躺沟、混凝土挑出式躺沟、圆形的或方形的水落管等。水落管的接头一般用套接,弯头下常置水斗,水落管之泄水口为避免积雪及土的淹没,应与地面保持一定距离,并装有出水弯头。

Roofing Tile 屋面瓦

覆盖屋面用的有一定标准规格的薄片建筑材料,常用陶土、混凝土或石棉制成。为遮风雨,古希腊用大理石板,古罗马用青铜瓦,英国议会大厦用铸铁瓦,现在普遍使用的是由中国创始制造的陶土瓦。古罗马使用一种带卷边的平板瓦以及用于覆盖接合处的半圆形筒瓦,沿用至今。北方地区屋面的坡度要大于 45° 才能排去积雪。19 世纪中业创造了许多种类的瓦,均不透风雨,并以适用于较低的坡度为目的。

Room Acoustics 室内声学

研究室内声音的传播和听闻效果的科学,室内声学是建筑声学的重要组成部分。其目的是为室内音质设计提供理论依据和方法。声音在室内传播与房间的形状、尺寸、构造和吸音材料布置有关,听闻效果则反映人们的主观感受,对不同用途的房间有不同的评价标准。其内容包括室内声场,其研究方法有几何声学法、统计声学法、波动声学法、测试其听闻效果。

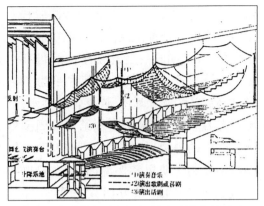

阿克伦大学（美国俄亥俄州）表演艺术厅剖面

Roots of Structure 结构的根

　　建筑结构形式的发展可能是从人类仿生学发展而成的，建筑的结构如同许多生物的构造，树木是其理想的范例。首先树干要有足够粗壮的断面，才能支持上面生长繁茂的枝叶系统。垂直的荷载包括树的自重、雨水和雪，通过树干传递到地下的树根。根茎在土壤中向四方伸展，把握住地下土壤，其伸展的范围和深度足以支撑侧面的风力所产生的弯矩。因此树根、树干、树冠之间的力学作用如同建筑基础部分的受力效应一样。

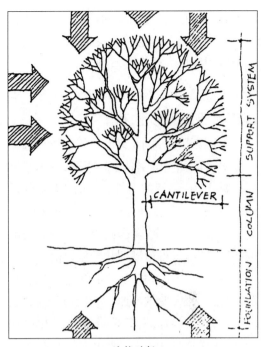

结构的根

Rose Window 圆花窗

　　哥特建筑中装饰富丽的圆窗，窗上常装有彩色玻璃。罗马风时期的例子遍及各地。圆花窗一般的形式都是有若干个放射状的圆形组成，每个图形的顶端或尖拱状，与窗的外线相接。这些图形之间的棂条与窗中央的一个空圈相交，而每个图形本身又由若干小花格组成，各有小的窗棂作成拱形和叶形。火焰纹式窗棂的盛行改变了法国圆花窗的特点，产生了新的几何图形，加强了结构强度。世界各地的教堂中都有这种圆形玫瑰窗。

Rotunda 圆形建筑（圆形大厅）

　　古典建筑中平面为圆形或椭圆形，覆有穹隆顶的建筑或大厅。最早的一种是古希腊的屋顶作蜂窝状的圆建筑。古罗马的万神庙（约建于124年）亦为圆形建筑，维琴察的罗通达（卡普拉）别墅（1550年）是意大利文艺复兴时期的一座建筑，由帕拉第奥设计，其中央圆形大厅用一平缓的穹隆顶覆盖,后来为英国文艺复兴时期建筑师所仿效。美国华盛顿国会大厦是雄伟的公共建筑中应用圆形大厅的典型例子。

Round Adobe, New Mexico, USA 美国新墨西哥圆形土坯房

美国新墨西哥 16 英尺(约 4.9 米)圆形土坯房采用日光晒制黏土坯建造,基本是钙质砂黏土,有良好的塑性,干后成为坚硬均匀的砖坯。这种土坯在全世界广泛使用,从北非、西班牙、近东、美国西南部直到南美洲的秘鲁,其历史可追溯到几千年以前。美洲印第安人制作土坯的方法是以适量的加水后,浸透一两天变软再加入少量稻草或其他纤维,用农具拌合,用脚踩踏,放入木模中成型,使用无底和顶,只有四边框的木制或金属模子,按用途不同的土坯尺寸,差别很大,一般 8~13 厘米厚,25~30 厘米宽,36~51 厘米长。施工前平放地上半干后再分层垛放干透。土坯墙通常建在石质或混凝土基础上,以避免地下水毛细作用使土墙崩塌。用土坯墙同样的成分泥浆砌筑,然后外层涂一层泥,有时涂掺石灰和水泥的灰泥。如建造和保养得当,土坯房可用百年之久,就地取材,造价低廉,隔热保温性能良好。

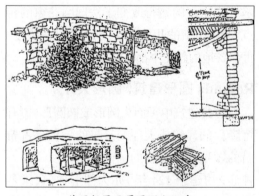

美国新墨西哥圆形土坯房

Round House, Fujian China 福建圆屋

位于中国东南沿海的福建省,气候湿热,但土质坚硬,永定的环形土楼圆屋和上杭县的方形土楼都是巨大的三四层高的生土民居,外貌如同一座土筑的城堡,坡顶小窗。过去一个大宗族住在其中是为了防御,内院有厅、堂和耳房、底层饲养牲畜,上层可贮藏粮食,内部全是木结构的周围外廊。夯土的外墙可达 1 米厚,这里的土筑厚墙不是为了防风和保温,而是在隔热和促进内天井的通风方面发挥了良好的作用。

Round House in Stabio 斯塔比奥圆形住宅

曾经轰动一时的斯塔比奥圆住宅,是博塔最具影响力的住宅作品之一,它地处一村庄边缘,在约 750 平方米的一小块土地上建造的一幢独家住宅。圆形平面,一条裂缝跨过南北轴线,阳光由缝内进入房间。它采用圆柱体以避开周围杂乱无章的建筑,设法在空间上与远处的风景和地平线产生联系。博塔创造出了不同以往的环境条件,圆房子所表现出的独立性与周围环境产生了强烈的对比,这种创造环境的意图,源于他对环境的深刻理解。博塔的住宅设计体现出他对传统地域文化的深刻理解和尊重,并在理性法则的基础上进行再创造。

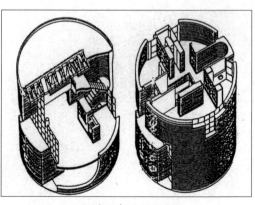

斯塔比奥圆形住宅

Row House(Town House)联栋式住宅(城镇住宅)

联栋式住宅是低造价多空间的住宅,维护与空调费用可以节省,并可提供每户户外的私密性空间,与双并式住宅差不多,使用土地经济,但住家无侧院。住宅的宽度为3.5~10.5米,一般为二层,顺应地形而连续很长,或围绕一个公共空间布局,亦称"城镇住宅"或平台式住宅(Terrace House)。联栋式住宅是广被接受的中密度住宅形式。当前的联栋式住宅的面积比19世纪时代的联栋式住宅小许多。如果要考虑未来可能改变使用性,也可以设计较大面积的联栋式住宅。

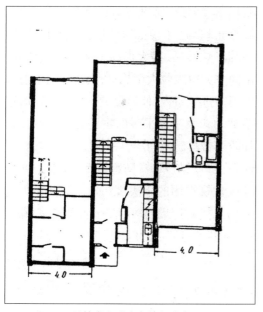

联栋式住宅(城镇住宅)

Ruin of Ancient City Gaochang Turpan, Xinjiang 新疆吐鲁番高昌古城遗址

高昌古城位于新疆吐鲁番县城东南40千米,从西汉屯兵开始到明初荒废,前后延续了1500年之久,现在的古城遗址主要是在曲式高昌时期(499—640年)形成的,城周长5千米,方形,内外共三重,城墙由夯土筑成,城内尚有宫殿、官署、庙宇、市场等残址,街巷难以辨认。高昌古城遗址给人们留下了古代覆土建筑的宝贵遗产,虽然古城尚未被详细地考察研究,但其雄浑的城市布局气势和城市建设的精湛技艺足以唤起人们对中国古代生土建筑艺术的怀念与敬佩。

Ruin of Ancient City Jiaohe Turpan, Xinjiang 新疆吐鲁番交河古城遗址

交河古城位于新疆吐鲁番县城西10千米河滩中的岛状高地上,岛长1.6千米,最宽处1.3千米。现存的古城遗址是曲氏高昌时期的交河郡所在地,古城以高出河滩约30米的悬崖为屏障,城东及城南各有一出入口。城中有一条长350米、宽10米的大道,尽端有一大寺,寺内尚存有一口深井,寺内有佛塔群。道旁的街坊房屋稠密,但房屋均不向街道开门,只有坊门通街,完全符合唐代的城市格局。还有许多小佛寺和一处小儿墓葬地和一处带有大型地下室的生土建筑,目前对其功能有许多说法,但尚无考证。城市遗址中布满流沙、土墙和风蚀的痕迹,尚可辨认木材在土中的残迹。故城的房屋都是就地取材,以土筑墙、土坯拱做屋面。为了适应当地酷热的气候,建筑采用地下或半地下形式,有些建造方法沿用至今。

Ruin of Ancient Yangcheng, Dengfeng, Henan 河南登封古阳城遗址

登封告成镇古称"阳城",是中原地区的一座历史名城。据古书记载,在距今4000多年前的夏王朝初期,大禹曾居于阳城,故有"夏都阳城""禹都阳城"等说法。东周时期,阳城先属郑国,后属韩国,并先后成为郑韩两国西陲的军事重镇和兵家必争

之地。在今告成镇西北约 500 米五渡河西岸的"王城岗"上,发掘出了两座东西并列的龙山文化中晚期城址,距今约 4 000 多年,即夏朝早期。在告成镇北地又发现了规模巨大的东周时期阳城遗址。阳城内外发现有东周时铺设的城市用水陶管和铸铁器手工作坊遗址,还印制有"阳城仓器"篆体陶文。在告成镇附近还发掘出距今七八千年前的新石器时代早期文化遗址和中晚期仰韶文化遗址,以及商、西周、汉、唐等历代的文化遗址与墓葬。

河南登封古阳城遗址

Rules of Architecture 建筑法式

在建筑评论中时常有不合法式之批评,法式者是历代留传下来的建筑设计与施工的程式化规矩。我国有著名的北宋(公元 1100 年)成书的宋营造法式,除行政管理上"关防工料"的要求以外,侧重于建筑设计、施工规范并附有图样。营造法式是了解中国古代建筑学、研究古代建筑的重要典籍。

清代工部《工程做法》是清代官式建筑通行的标准设计规范,包括 17 个专业、20 多个工种,分门别类,各有条款明晰的规程。西方古代维特鲁在他的《建筑十书》中给柱式本身和柱式组合作了相当详细的度量的规定,用柱身底部半径作量度单位。后人沿袭古代的法式规定成为固定的法式,如清式与宋式、罗马式、希腊式,不能混淆。

Rural House Energy Saving in Cold Region of China 中国寒冷地区住宅的节能

向阳村落与封闭式庭院一般朝南或东南,相当子午线的方向,更多吸收早晨 8~10 点钟强烈的紫外线。火墙、火炕居中,平面格局紧凑,便于形成热源向四周扩散,使室温分布均匀。把鸡窝形炉灶改为回风道的马蹄形炉灶后,大大提高了烧柴的热效率。南向开大窗吸收太阳热量,太阳辐射波通过玻璃窗进入室内,使温度增高,冬季暖和,这是被动式太阳能采暖的主要方式之一。附加防寒带与防寒门斗,一般 3~10 平方米,开向东入口。防寒带(防寒过廊)是北方寒冷地区建筑常用的手法之一。在荷载不大时采用空气间层墙、夹层墙、火山渣空心砌块墙、秫秸耙砖墙、土坯墙等,有利于保温节能的墙体构造和材料。

Russian Architecture 俄罗斯建筑

具有俄罗斯民族特点的建筑,形成于 12 世纪末。俄罗斯式教堂有圆穹顶,代表作品有诺夫哥罗德的斯巴斯－涅列基扎教堂(1198—1199 年)。15 世纪末在莫斯科克里姆林宫建造了圣母升天教堂,希腊十字形平面,有 5 个穹顶,每个都有高高的鼓座。16 世纪莫斯科红场上的华西里柏拉仁内教堂(1555—1561 年)是一座大型纪念建筑,总高 46 米,周围有 8 座墩子,教堂采用俄罗斯葱头式穹顶,饰以金绿两色,其间杂黄红色、由红砖砌筑,细部用白色石料。17 世纪末至 18 世纪初,俄罗斯建筑逐渐西欧化,圣彼得堡修建了彼得保罗要塞和冬宫。18 世纪下半叶,城市建设活跃,主要采用古典主义形式,如克里姆林宫内的枢密院。19 世纪上半叶彼得堡中心广场周围建成了一大批纪念性建筑,有 47 米高的亚历山大纪念柱、海军部大厦、元老院宗教会议大厦、亚历山大剧院及卡桑教堂等著名建筑。

俄罗斯建筑

Rustic Style 乡村风格

广义上指任何一种表现农民或乡村的装饰风格,狭义上是指主要部件刻成树枝状的木制或金属制家具式样。由于比较大众化以及 18 世纪中期"简朴生活"的影响,这类家具非常受欢迎,20 世纪后仍然如此,尤其是在瑞士、德国和奥地利流行,大量生产。19 世纪后期,流行用铸铁制造的乡村风格的桌椅,甚至用赤土制成的花园座椅也采用这种风格,并制造了乡村风格的陶器和餐具与家具配套。一种更为古怪的用牡鹿和其他动物的角作为桌椅支柱的装饰样式也曾风靡一时。

乡村风格

S.Marco Cathedral 圣马可教堂

坐落在意大利威尼斯运河边上,是一座罗马式和拜占庭式混合的教堂,其前面是著名的圣马可广场。它被誉为"世界上最美的教堂"。教堂也是圣徒马克的墓地,马可是罗马名,犹太名为约翰。圣马可被奉为威尼斯的护城神。该教堂建于1042—1071年,在原烧毁的旧址上建造的,形式是根据康士坦丁城的使徒教堂发展而成。它呈平面十字形,四个翼等长,中间圆穹顶最高,中心对称;正面入口设有两层楼的门廊,形成平直的外形,正面是一排五个大圆拱,券门用云石束柱作墩子,庄重丰富;内部装修讲究,有彩色云石板和马赛克壁画和金属制品,包括不同时期的作品,有尼罗王时期的铜马、从埃及与康斯坦丁运来各色石柱、各时代商船奉献的祭品、高直时期的小尖塔、文艺复兴时期的油画等。前方的圣马可广场有著名的钟楼,最高的钟塔高达99米,塔身方形,锥形尖顶,是圣马可广场的标志。

Safdie 1967 Montreal Apartment House 赛夫迪 1967 蒙特利尔住宅

1964年赛夫迪接受了"蒙特利尔1967住宅"设计任务。他的意图是为中等密度城市住宅提供一个"原型",且具有私密性、识别性和郊区独家住宅的开阔空间。在工业技术上是突出而没有先例的创作。住宅组团共185个单元(户),每个单元600~1 700平方英尺(约56~158平方米),高12层,由17.5英尺×38.5英尺×10英尺(约5.3米×11.7米×3米)的钢筋混凝土盒子建成。盒子在现场预制,在第5层和第9层上有公共步行道。环境的设计是成功的,住在这里就像住在乡村一样,房间虽小,但每户都有好的朝向,华丽的玻璃窗可观看风景。设计的不足是造价太高,有人批评这建筑是"散热器"。赛夫迪就住在其中,住宅建于1967年。现在来看那时的技术已经过时。当时对高层住宅的反思就要来临,但尚未开始,环境观念还没有形成,因此这个尝试的意义重大。

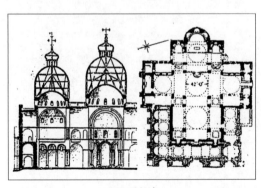

圣马可教堂

赛夫迪 1967 蒙特利尔住宅

Sahara Desert Area Tent 撒哈拉沙漠区帐篷

撒哈拉和萨赫尔地区的图阿雪克帐篷是以游牧为生的图阿雪克人居住的地方,位于阿尔及利亚南部、马里及尼日尔北部的大片干燥沙漠地带。图阿雪克人的营地很小,往往只有五六个帐篷,搭在不显著的地方。夏季和雨天搭建在高地上,让风吹进并避免洪水的冲击。图阿雪克人与其他阿拉伯、柏柏尔邻居不同,他们从不编织帐篷,他们的帐篷以草席或羊皮遮盖,普通帐篷大约用35~40块山羊皮,再用皮条缝制,约重 25 千克,特制的用到 150 块羊皮,约一米高的草席围起来作墙。图阿雪克人的帐篷只适用于撒哈拉大沙漠和萨赫尔热带草原之间的特定地区。

Saint Paul's 圣保罗大教堂

圣保罗大教堂是英国圣公会伦敦主教堂、英联邦的教区教堂。旧教堂于 1666 年伦敦大火焚毁,现存建筑由 C. 雷恩爵士设计, 1675—1710 年采用波特兰产的石料建成。教堂长 515 英尺 (1 英尺 ≈ 0.3 米),西立面宽 180 英尺,两耳堂之间宽 227.5 英尺。穹顶的规模仅次于罗马的圣彼得大教堂,直径 112 英尺,由地面至穹顶十字架高 365 英尺。西立面塔楼高 212.5 英尺,和伦敦的威斯敏斯特教堂一样,有许多名人在此下葬。

圣保罗大教堂

Saint Peters 圣彼得大教堂

罗马现存的圣彼得大教堂于 1506 年由教皇尤里乌斯二世奠基、1615 年保罗五世时修建完成。其平面十字形,横向 3 跨,十字交叉处覆盖穹隆顶,下为圣坛,圣彼得之圣骨匣在其下。新教堂与老教堂之间有隔墙。1546 年小桑迦洛死后,由年迈的米开朗琪罗继任,至他死去(1564 年)之前完成了大穹隆顶的坐圈。教皇克莱芒八世时(1592—1605 年)拆除了老教堂的后堂,并新建了由 C. 马代尔诺设计的平面,向东伸展为纵长十字形,完成了 187 米长的教堂主体,成为世界上最大的教堂。后贝尔尼尼修建了教堂前围有柱廊的广场。教堂内部有许多文艺复兴和巴洛克时期的艺术杰作,最著名的有米开朗琪罗作《圣母哀悼基督像》以及贝尔尼尼做的主祭坛上的华盖等。

圣彼得大教堂

Sainte Marie-de-la Tourette Monastery 勒·土勒特修道院

在法国中部里昂郊区山野中的一座多美尼加教派的男修道院,由勒·柯布西耶设计,1957 年动工,1960 年竣工。该建筑坐落在面西的斜坡上,顺坡的层落布局,四面围合院落,内有十字形回廊。进门处是门房和 4 个圆弧形的小会客间, 4~5 层是修道士们的单间,宽仅 1.83 米,深 6 米,高 2.26 米。三层为图书室、教室、圣堂,二层为食堂、会议室、小圣堂。内院和山坡连成一片,建筑体型粗犷,与周围自然景观形成强烈的对比,造型有扭曲、歪斜的某种力度感。室内幽暗的光线,青灰色混凝土墙面与天花板产生宗教压抑感。公共活动部分主要采光口是天窗,是与上帝对话的通道。室内外混凝土表面不做修饰。

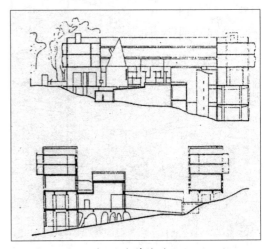

勒·土勒特修道院

Salomonica 缆绳形柱

扭曲如缆绳形的柱子。在罗马老圣彼得教堂中有缆绳柱子,据说是由耶路撒冷的索罗门神殿中移来的。在贝尔尼尼设计的新圣彼得教堂中,支承圣坛华盖的柱子沿用了这种形式。其在西班牙巴洛克风格中较为流行,是建筑师邱利格拉五兄弟作品的最明显特征。西班牙萨拉曼卡的圣埃斯泰本教学圣坛后的缆绳形柱尤为后人所仿效 (丁·邱利格拉设计)直到 18 世纪。

Sanatorium 疗养建筑

功能综合化是疗养建筑适应社会发展需要的必然趋势,它适合建在疗养型风景区。随着疗养地的发展,在引入城市规划"组群体系"的概念后,疗养地区向大型化和集中休养区发展过渡。使用者的需求也超出了健身、治病等功能,转向对人性、环境、交往的需求,使疗养建筑的功能综合化,从简单的单体建筑向"集群化""专门化"综合发展。它不仅是一个疗养院,更是一个社会结构综合体。

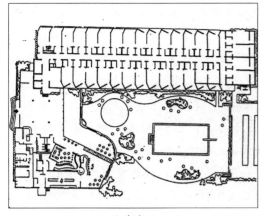

疗养建筑

Sanchi Sculpture 桑吉雕刻

又译"山奇雕刻",印度早期(公元前1世纪)装饰大塔门廊所作的雕刻。它位于马德耶·布拉特境内,为当时最壮丽的墓碑之一。桑吉有三座佛塔,一号窣堵坡建于阿育王时代,后不断扩大;二号窣堵坡有雕饰的围栏,建于公元前1世纪;三号窣堵坡有一座矗立的礼门,建于公元前1世纪至1世纪晚期。其他的主要雕刻有纪念石柱、笈名庙等,大窣堵坡的4座礼门是桑吉雕刻艺术登峰造极之作。每个门的门口用两个顶端雕有走兽和矮小儒的方柱筑成,顶部横梁上满布浮雕,描绘佛陀生平事迹,雕刻中负有献身者的姓名和纪念铭文。浮雕削凿很深,富丽而有活力。

Sanctuary Knocker 教堂门环

基督教教堂外门上的门环,有的为简单的金属门环,有的装饰华丽。中世纪的宗教规定,逃犯触及教堂门环即可免于逮捕。

SAR (Support Alternative to Mass Housing) SAR 体系住宅建设

SAR 理论产生于荷兰,1965年哈布瑞根(J. N. Habraken)教授在《支撑体:大众住房的替代品》(*Support—An Alternative to Mass Housing*)一书中指出:"支撑体是房屋的基本结构,住宅就建在其中"。住宅的设计与建设可以分为两部分,即支撑体(Support)与可分体(Detachable Unit)。从而,它不但在住宅的意义知觉上进行了创新的解释,维护并完整地保留了传统的居住建筑文化,并符合当今社会及生活方式变化的新要求。而且通过鼓励"公众参与",满足了住宅的知觉功能需要。SAR 理论推广到其他类型的城市聚居体,有助于充分认识城市知觉结构体。SAR 理论中的"支撑体"结构的获得,是从住宅因素中分离出来的。因素体与结构是同等地位的,各自独立但相互依存。

Sash 窗框

"Sash"原本指上框(Head),下框(Sill)及立框(Jamb)构成的框架(Frame)。但一般用以泛称整体的窗构件。"Sash Bar"意为挤型构件。"Sash Cord"意为拉窗绳。"Sash Lift"意为窗拉手。门窗等为了操作之方便而装手把。"Sash Pulley""Sash Roller"意为门窗滑轮。

Satellite Town 卫星城镇

在大城市外围建立的既有就业岗位、又有较完善的住宅和公共设施的城镇。其目的在于控制大城市的过度扩展,疏散过分集中的人口和工业。卫星城镇有一定的独立性,但与大城市有密切的联系,与母城有便捷的交通。卫星城理论起源于19世纪末英国人E.爱德华提出的"田园城市",设想兼有城乡优点的新型城乡结构,1919年英国规划设计了田园城市。20世纪20年代伦敦地区提出把人口和就业岗位分散到附近的卫星城镇去。1944年大伦敦规划中建设了许多卫星城镇。其他国家有代表性的卫星城镇如瑞典的瑞林比、巴黎的赛尔基—蓬杜瓦兹、东京的多摩、莫斯科的泽列诺格等。一类是为了疏散大城市的人口，另一类是为了在大城市外围发展新工业或第三产业，卫星城最多为5万，离母城最远可达50千米。

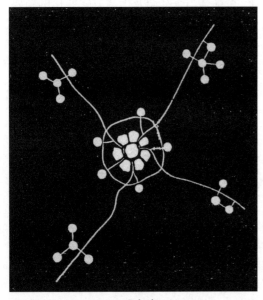

卫星城镇

Sawtooth Roof 锯齿形屋顶

呈锯齿状之屋顶。"Sawtooth Roof Lighting"意为锯齿形天窗采光，屋顶呈锯齿形，利用锯齿之垂直侧面开窗采光者。

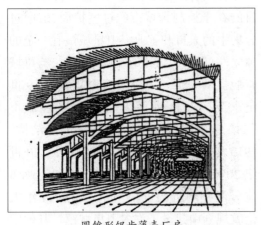

圆锥形锯齿薄壳厂房

Scala di Spagna,Rome 罗马西班牙大台阶

西班牙大台阶位于罗马城市一块坡地上，传说是古罗马卢库拉斯执政官（Lucullus）在1世纪举行盛宴的地方。其始建于1721年，1725年建成，设计师是斯帕奇（Alessandro Specchi）。其西面是西班牙广场，东面是三位一体教堂，分别在不同的标高，为市民提供一处公共开放多种活动场地，也是一组广场群落，人们在此感到城市交通延伸在地中海的阳光中，自由散布的绿化点缀着台阶空间。步行的人们既是演员也是观众，场所理论完美地结合到巴洛克式的规划之中。大台阶用了137级台阶展示天空、据守大地，是一个完美的城市场所。

Scale 尺度

尺度和比例有关，但尺度涉及具体的尺寸是否合适，建筑给人们感觉上的大小印象同真实大小之间的关系。在实践中如何使建筑形象正确地反映建筑物的真实大小，避免大而不见其大、小而不见其小的现象，即失去了应有的尺度感。对建筑真实大小判断的唯一标准是人体。所谓尺度即建筑的大小与人体的大小相对的关系，建筑师运用尺度的原理可以创造出高大雄伟的、精巧亲切的、粗壮或细弱的等具有不同的尺度感的建筑。

尺度

Scale and Modulor 尺度和模度

从室内到室外，设计以人为尺度。从室

外到室内的设计出发点是超尺度感,这是勒·柯布西耶从事比例度(Modulor System)研究的论点。比例度即模度,并不是无味地背诵尺寸大小的规律,而是基于古代黄金分割以人体尺度为基础的美的划分规律。他把人体划为两部分,这两部分再决定其他各部分的比例关系,头和举起的手之间、头顶和肚中之间等,引出各部分之间的比例,他把比例尺度发展到一个新的高度。运用这个原理进行设计,从巨大的广场到一个书柜,比例度与自然人体和艺术审美相联系,在柯布西耶设计的马赛公寓的墙面上刻画了一个人体比例度浮雕。近代建筑的空间尺度概念打破了传统"黄金分割"古典和谐的规律,模度是传统比例尺度规律的新发展。

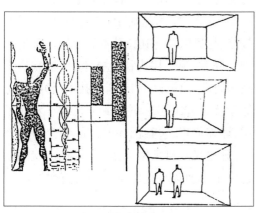

尺度和模度

Scenery Frame 框景

自然风景好像一幅美丽的图画,建筑及其局部如同这些美丽图画的画框。框景的手法是中国传统造园常用的手法,各式各样框景的门洞、窗扇、廊庑,等等,有扇形、多角形、菱形、如意形及梅花形等,构成多样的景框。漫步于北京颐和园的滨湖长廊中,透过侧面不同形状的景框窗洞,步移景动,可欣赏动态的景观。建筑师贝聿铭设计的北京香山饭店四季大厅周围的回廊中,采用了菱形母题的景窗,在走廊上不同的角度俯视四季厅的景观,显得格外生动有趣。

自留园鹤所内看五峰仙馆前院

Scenic Resort and Historic Site in China 中国风景名胜区

中国风景名胜区的特点为各具特色的自然景观,"泰山天下雄""黄山天下奇""华山天下险";又有自然地理上的典型性,桂林山水的岩溶地貌,武夷山风景区的"丹霞地貌",黄山风景区、华山风景区的高山花岗岩地貌,5 000多种植物的峨眉山等。其有悠久的开发历史,丰富的人文景观,如摩崖石刻、古代建筑、宗教遗址及历史遗迹等。风景名胜区的类型很多,如山岳风景区、海滨风景区、森林草原风景名胜区、文物古迹风景区及其他有特色的风景名胜区等。

School Building 学校建筑

以教育为目的的公共设施,包括小学、中学、高职、专科、大学、盲哑学校及研究所等。"School Attendance Sphere"意为通学圈,以学校为中心之通学者居住范围。小学以0.5~1千米、中学以1~1.5千米为半径是理想距离。"Schoolhouse"意为校舍。"School Yard"意为校园。

新加坡美国学校（1993—1996）

School Design of Japan　日本的学校设计

日本的学校设计有三个特点。1. 采用协力教学方法，变以班为单位的闭锁式教学为以班组灵活组合的开放式教学，要求学校的设计与之相适应。2. 创造良好的生活环境，多功能厅堂是其特征。3. 向社会开放，在校园规划中注意开放区与非开放区的区分，道路系统的分割与联系。加藤学园是日本最早采用开放式教学法的学校，桢文彦教授在设计中从整体到细部都贯彻了以"孩子的城"为母题，把学校称为"我们的家"。1972 年完工，总建筑面积 3 148 平方米。另一个实例是国际圣玛丽亚学院，它是一座专为在东京的 7~18 岁的外国人子女而设的，地处东京郊外的榉树林中，环境优美，桢文彦在设计中对尺度、色彩、视野景观等方面都作了精心的设计。

Science and Technology Museum, Amsterdam　阿姆斯特丹科技博物馆

位于阿姆斯特丹市中心北部，毗邻航海博物馆、动物园、主火车站及圣尼古拉教堂。20 世纪 60 年代修建的海底隧道上面为该馆之主入口，造型像一艘停泊在港口的轮船。外墙为绿色氧化铜板面材，把阿姆斯特丹大街上常用的地面砖用作墙面及入口大厅地面，室内外空间连续统一。人行斜坡道可通到屋顶广场，上面有以荷兰特色的风、电、水为造型的雕塑，屋顶广场下面是博物馆空间。室内设计把技术设备外露，并与展品融为一体，来访者有多种路线，中心是楼梯间，访客在上下楼梯时能看到馆内全部展品的位置。此外还设有游戏和娱乐场所。

Science of Capital Construction Optimigation　基建优化学

指人们从事基本建设活动时，由初级层次向高级层次发展、延伸，追求基本建设多目标的整体科学化、合理化和最优化的发展过程。最优化是个追求逼近的目标，优化是相对动态发展的概念。基建优化学有三个结构层次：第一层为基础理论及原理、学科发展战略、趋势以及与其他基本建设经济学的区别与联系；第二层为优化技术，包括软科学技术研究（决策论）和硬科学技术研究（定量数学优化方法、选择论）；第三层为工程技术层，涵盖面广，包括国民经济的各个行业部门，分建筑基建优化、能源基建优化、交通基建优化、农业基建优化、冶金基建优化等。

Science of Human Habitat　人类居住学

人类居住学所研究的内容包括以下几个方面。"生态"（Ecology），是人类生存所离不开的自然环境。"聚居"（Settlement），是人类定居的结构，体现人与人之间的关系、社会文化环境和人工环境之间的关系。"住"（Habitat），是对居住者的容纳，也是研究如何为居住者提供生活行为的场所。住屋不仅是一般的实质性空间，而必须对应着居住者不同的生活行为或生活轨迹所呈现的空间形态。心理状态、意识形态、伦理观

念等都左右房屋的营建。"屋"（House），是包括居住的实质环境内容，住层所涉及的空间属性，组合、规模、配置、结构、构造、材料、环境控制及设备、宅内家具等，是居住空间物的领域。"居"（Dwelling），是居住者行为的领域，包括社会性的非实质环境，属于居家的范围。"家"（Home），是居住者心的领域，包括居住者对家庭空间的归属感、亲密性、私密性、领域感或伦理的价值观、地位观等特性与程度。

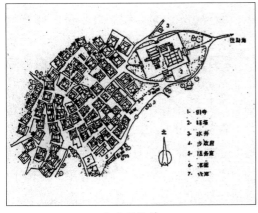

人类居住学

Science of Human Settlement 人类聚居学

西方 20 世纪 50 至 70 年代开创了人类聚居学，将聚居学、生态学、环境学相结合，其中与城市建筑关系最密切的是人类居住学（Science of Human Habitate）。人类居住学涉及的范围极广，由抽象的文化传统意识到具体的技术材料都在其研究的范畴之内。人类聚居学是全面研究人类的居住环境，包括自然生态环境、社会文化环境以及人工环境对人类生活行为的影响。其中以人居环境学、生态建筑学、环境心理学、居住方式学为主要内容。

万博分散的村庄给社会服务设施的分配造成困难

Sconce 壁式灯台

固定在墙上放置蜡烛、灯和其他发光物体的木制或金属制台架。它是最古老的一种家庭和公共场所使用的固定照明装置，最早见于古希腊、罗马时代。在中世纪教堂举行仪式时习惯在墙上装上烛台，17 世纪时在上面装有镜子和金属反射镜等制品，随市内装潢的日益讲究，出现了华丽的洛可可式、东方式和古典式灯台。电灯发明后，灯台装上蜡烛及火焰形的灯泡。此后由法国扩展到欧洲的其他地区。

Screen 屏幕

屏幕，或称"屏障"是中国传统建筑的构成要素之一，其中屏风、影壁、屏门较为典型。屏障的使用表明原始建筑由于对空间不明确的散乱形式向理性的空间过渡。屏风、影壁和屏门的设置涉及室内、庭院和入口，并组成一个有序的空间序列，屏障则成为空间序列中的认知标志，形成建筑序列中的起始、过渡和高潮。屏障作为建筑空间中的阻隔要素，反映空间环境中的时间性以及秩序和层次的特性。现在屏障的使用已成

为世界上普遍性的建筑设计要素。用屏障
划分空间、围合院落、连接建筑、创造层次、
隐蔽内部、分隔内外、围透景物、对比开合、
防伪保护，等等。万里长城、民居中的围墙、
火头墙、园林中的曲线花墙等屏障创造了中
国传统建筑的重要特征。

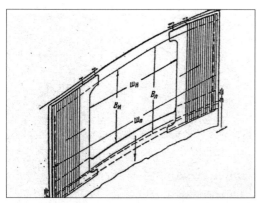

适用于普通银幕 1：1.38 的边比及宽银幕 1：2.55
的边比的幕框示意图

Screen Wall　影壁

　　影壁是各种墙的运作中作为装饰重点
的墙，影壁上光影落在墙上变幻的动态效果
作为建筑入口的装饰墙，影壁布置在入口的
对面或大门的内部。布置在门外的影壁以
浮雕花饰为主，正中常写"鸿禧"等吉庆文
字。宅院内的影壁前还摆置盆景花卉，挡住
街道对宅内的视野干扰，树的光影丰富了墙
上的浮雕花饰，留在墙上有动势的光影，壁
前的绿化引导进入宅院。在行为心理学方
面，影壁的作用是使人进入家门之时产生
"到家之感"。人在进入家门之前，见到影
壁就放下了在街道上的公共性行为举止和
仪表。影壁空间产生了时间的过渡性，经过
一个空间的转折以后再进入内院，在心理上
强调了"到家"的亲切之感。

影壁

Scrollwork　涡卷形装饰

　　指在建筑和家具中所有的如波浪、蔓
藤、纸卷等形状的曲线装饰。在古典建筑
中，主要的例子为爱奥尼克式柱头上的涡
卷，在科林斯式和组合式柱头上的涡卷较
小。在檐壁上则有连续波形涡卷浮雕。英
国哥特式建筑早期和盛世期流行一种纸卷
形的线脚，19 世纪以来多用于哥特式的家
具中。在各种古典复兴时期，古希腊和罗马
的涡卷形装饰流行于家具设计中。美国 18
世纪时常用的涡卷形山花即为其一例。

涡卷形装饰

Sculpture 雕塑

　　建筑师与雕刻家运用形体和材料来表
达设计意图和思想性。雕塑艺术品在环境
中赋予人们以感受和联想，成功的雕塑作品
在人为的环境中有强大的感染力。现代雕
塑家亨利·摩尔和卡德尔的作品，其使现代

雕塑与现代建筑在环境中融为一体。雕塑是雕、刻、塑三种制作方法的统称,近代的雕塑材料可以制作出各种具有实在体积的形象,用以配合建筑与环境,增加环境意境的表现力,雕塑是环境景观中的重要设计要素。

Sculpture as Building 作为建筑一部分的雕塑

把雕塑和其他艺术作品组织在建筑之中,以增加城市及建筑环境中的艺术性,加强建筑艺术的感染力。建筑借助于雕塑艺术的语言表现某种思想性,自古以来就是建筑艺术的特征。古代希腊的帕提侬神庙是建筑与雕刻艺术的高度结合,现代建筑创作中,把建筑和雕刻融为一体,把雕塑作为建筑中的一个有机组成部分是常见的手法。美国建筑师菲利普·约翰逊设计的美国纽约电话中心楼顶上的缺口,或大厅内的古典雕像,都是以雕塑的手法表现建筑设计的主题。

东京行人过街天桥设计竞赛一等奖
（作为建筑一部分的雕塑）

Sculpture in Public Square 公共广场上的雕塑

广场雕塑往往成为组织广场构图中心必不可少的手段。广场纪念物有柱子、华表、方尖塔、纪念石碑、牌楼等。这些纪念物以建筑艺术为主,雕刻部分居从属地位。雕塑纪念物有以下几类。1. 四面有同等形态的构图,如喷泉、纪念柱、方尖碑等。2. 单面式的构图,如骑马像等。3. 轮廓式构图,多以墙面、绿地、天空、水面为背景。4. 复杂的雕塑组合、群像组成雕塑系统。纪念物的形状、构图、大小和位置是根据广场的形状特点决定的。欧洲中世纪后期修建的一些广场乃古典式构图的范例。如当广场长度在250米以下时,站像或群像高 8~9 米,骑马像高 9~12 米,纪念柱和方尖塔高40~47 米。

Sculpture Sit in Building 落位于建筑的雕塑

古代的雕塑大多落位于建筑,古希腊、古罗马把建筑做成如同雕塑的框架或壁龛衬托雕塑美。中国古代庙宇中的神像也都落位于建筑的龛座之上。只是到了近代,建筑师与雕塑家分开,各自创造各自的作品。然而在现代建筑许多成功的作品中,常用现代的手法把雕塑落位于建筑之中。例如密斯·凡·德·罗设计的西班牙巴塞罗那展览厅,在用玻璃、钢和大理石衬托的水池中放置了一座全身女像,由于建筑环境的落位优美,衬托出雕塑的美。

Sea Part 海港

海港按性质可分为商业港、军港、避风港、渔港等,按位置分有海岸港、河口港、内港。海湾由水面、码头线、港口、港区组成。港口的主要形式有开敞式码头线、港池、锯齿式码头。最常见的是一种沿岸港口,直接位于海沿岸,并有人工建造的水工结构保护水面。海港通常建在通航的河流或运河的河口部分,河口港离海较远不需防护措施。海港地点的选择要视海底及海岸的地形条件而定,要求停泊区有相当深和很长的码头线、足够的港区用地和良好的船只出入条件。港区按地分区,有客运区、专运区,煤、木材、石油等的货运码头,大件货物的货运码头,货物转运点。港岸用地、港地、码头线及海港分区在各种不同情况下,根据特殊设计要求确定。

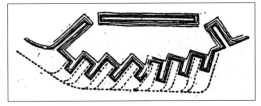

海港示意图

Seagram Building　西格拉姆大楼

1958 年建成于纽约,是密斯·凡德罗的代表作品之一,其特色是周围环境的配合,斜对角处是派克大道上的玻璃幕墙的利沃公寓,西格拉姆的高贵的钢铁大厦与之相对应。楼前有花岗岩铺地的广场,对称、古朴、形象规整,并置在楼前的两个方形水池使大楼显得庄重而有纪念性。大楼由鸡腿柱向上升起,前厅以空透的玻璃围合,首层平面以电梯为核心。大楼层高 28 尺,全高 520 尺,工字钢的竖框形成笔直不间断到顶的竖直线条。大楼从街道后退 100 尺,从人行道上能看到全貌。大厅内全部采用灰色高级石料,夜间的景观照明十分动人,所有的建筑细部都简洁而精细,白色皮革的巴塞罗那家具、不锈钢和玻璃,达到密斯设计思想所追求的完美性。西格拉姆是一个造价昂贵的建筑,其极高的威望与价值是统一的。

西格拉姆大楼

Sears Tower　西尔斯大厦

美国芝加哥的一幢办公楼,有 110 层,高 443 米, 1973 年建成,是 20 世纪 70 年代世界最高的建筑。它采用竖直管状焊接钢结构,几乎全部钢材均在工厂焊接预制,仅在工地铆接。其平面由 9 个 23 米见方无柱的方形单元组成,底部为边长 69 米的方形,在第 50 层上收进斜对角的两个单元,第 66 层上收进另一斜对角的两个单元,第 90 层上收进三个单元,最高的部分为 20 层。外部装修采用黑色铝和青铜色玻璃。在第 30 至 31、48 至 49、64 至 65、106 至 108 层中,每两层之间有装备着百叶的设备层,形成一条黑色的环带。大厅内有美国雕刻家 A. 考德尔所作的一幅巨大的电动雕塑壁画《宇宙》。

Seasonal Appearance of Plant　植物季相

植物在不同季节表现的外貌,叶、花、果

的形状和色彩随季节而变化。在不同的气候带、植物季相表现的时间不同。园林植物配置利用有较高观赏价值和鲜明特色的植物的季相，能给人以时令的启示，增强季节感，表现出园林景观中植物特有的艺术效果。

Section 断面、剖面图

泛指材料之断面，"Sectional Area"意为断面积，材料横断面的面积，单位平方厘米，"Sectional Detail"意为剖面详图，标示结构局部性剖面之详细构造图面。通常比例尺为1/30~1/10，必要时可用1：1的足尺比例。"Sectional Drawing"意为剖面图，又称"断面图"，标示建筑物垂直方向截面的图样或表示材料截面的图样。

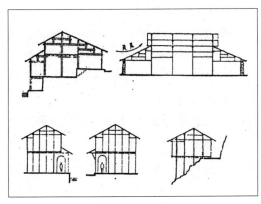

断面、剖面图

Secter Theory 扇形理论

贺伊特（Homer Hoyt）认为，均质性的平面假设不太现实。1939年他提出了扇形模式或楔形模式理论。在此模式中保留了同心环模式的经济地租制，加上了放射状运输线路的影响，即线性易达性和定向惯性的影响，使城市向外扩展呈不规则的形式。他把城市中心的易达性称为"基本易达性"，把沿着辐射性运输线路所增加的易达性称为"附加的易达性"。轻工业和批发商业对

运输线路的附加易达性最为敏感，所以呈楔形，而且它不是一个平滑的楔形，可左右隆起。他认为城市就整体而言是圆形的，其核心只有一个，交通线路由市中心附近开始，逐渐向外围移动，由轴状延伸而形成扇形。

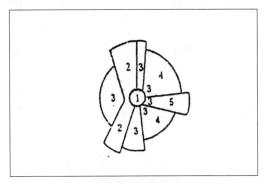

贺伊特的扇形模式
1—中心商业区；2—批发和轻工业带；
3—低收入住宅区；4—中收入住宅区；
5—高收入住宅区

Security 安全性

破坏、窃盗、攻击等都危害安全，建筑外部空间的配置与组织对安全性很重要。建筑要便于监视，要仔细布置门口、通路、停车场、建筑通道间的关系，使不同之窗口或街道上能看到这些地方。居住单元及其空间要有足够的视域范围，又不能太开放而丧失私密性。道路及广场应有照明，避免罪犯隐藏和逃走之路。若住宅区的安全责任都能由居民守望相助来达成，监视控制的安全效果就可以改善。建筑采用高墙、重锁、围栏等方式只有能用监听方式与之配合才有作用。许多设施都常常干扰了居民的私密性，太多的私密性又缺乏开放性及景观的温暖性。若无社会安全感，加强防御的安全性是必须的。

Seeing in Detail 观赏细部

审美欣赏活动本质上是感性与理性统

一的复杂心理活动,欣赏者可根据自己的生活经验、文化素养对建筑细部观赏,构成审美意向。对建筑环境的细部审美趣味和鉴赏力虽有不同,但可提高观赏者的核心是对观赏对象的了解、感觉、认识、感情、经验、趣味、观点等。观赏者要调动过去的表象积累,以丰富、完善对象的形象。观赏环境细部有时是无意想象和不自觉产生的,而有意想象则是自觉展开的想象。在人为的环境中要创造出可供观赏的细部处理,有许多现代主义的建筑作品恰恰缺少这种细部。

观赏细部

Segregation Green Belt　卫生防护地带

城市中设置在工业区和居住区之间,起着阻滞烟尘、减轻废气和噪声污染等作用的防护绿化地带,是减轻工业污染、保护环境的重要措施之一。卫生防护地带的宽度依据工业对环境所造成的污染性质和强度以及有关卫生标准确定。防废气污染的防护带宽度可超过 1 000 米,防噪音的防护带可略窄,但不能小于 50 米。卫生防护带中种植林木的部分称为"卫生防护林带",树木的枝叶可起到截留尘粒、净化空气和降低噪声的作用。我国于 20 世纪 50 年代曾规定,根据工业性质的不同,卫生防护地带的宽度分为 5 级:1 000 米、500 米、400 米、100 米和 50 米。

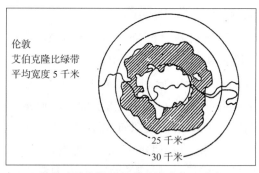

伦敦
艾伯克隆比绿带
平均宽度 5 千米

25 千米
30 千米

伦敦艾伯克隆比绿带平均宽度 5 千米

Seismology　地震学

研究地震与地震波在地球内部传播的科学。研究目标可为局部或区域性的,也可是具有全球性意义的。研究工作包括收集和记录全球范围内近万个或更多位置土地震仪显示地震波的到达时间和强度,用以测定地震震源,进行人工爆破亦可产生地震波。"Seismograph"意为地震仪。"Seismic Belt"意为地震带。"Seismicity"意为地震活动性。"Seismic Wave"意为地震波。

Semiology　建筑符号学

建筑符号学将建筑看成一种符号系统,认为建筑以其形式传递一定的含义,包括建筑语汇(如门、窗、屋顶、柱式、装饰等)及句法(建筑部件的组合关系)。在符号学的启示中,可将最有传递特征富有一定文化含义并为大众所熟悉的部件,经过抽象提炼,按一定语句"组合"到新建筑之中,使新老建筑之间产生对话。对于符号学来说,一个符号由两部分组成,即能指与所指,多种多样的设计要素就是能指,而建筑师运用建筑要素所要表达的含义即所指,其间的关系也正是建筑师要阐述的语义。由于建筑语言的易懂性,建筑的能指几乎等于所指,是一种短路符号的语言形式。易懂的艺术经常遭到非难,人人都喜欢对建筑评头论足,这正是由于建筑可以陈述某种含义的结果。

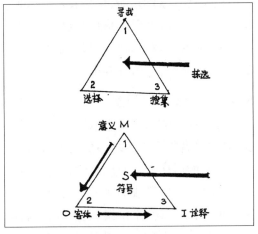

建筑符号学

Semis and Duplexes 双拼式复合住宅

在美国较为古老的城市中,波士顿、费城、纽约以及加拿大的多伦多等,有这种双拼式复合住宅,都是适合当地使用者的习惯而发展的住宅形态。多为两家或三家居住,一种为发源于波士顿的双拼式住宅,平面设计为双拼式或上下层的双拼式,也有前后双拼的形式。双拼式住宅几乎包含了独栋式住宅的各种优点,虽然仅有三面外露,仍能有各自独立的进出口及户外空间。双户住宅的分隔墙处理得好,不会产生噪声干扰,节省土地,甚至道路也可以两家共用。从外观上看双拼住宅像是一个完整的住家,上下层式的双拼住宅为一家所拥有,上层还可以出租。老式的双拼式住宅又被现代设计师重新发掘采用,以增加新型独户住宅区的密度。

Sense 意念

建设用地规划不仅要适合人的活动尺度,而且要与人的意念相适应,如何让规划建设被使用者感动、领悟、理解,也可称之为"有地预感"(The Sense of Place)。虽然人的感觉因文化背景、个人气质、经验不同而异,但感官及大脑结构相同而感觉相似。每个地方都应该是清晰被感知的个体,被认知、记忆、关注。观察者能够回忆在时空中表现出可以理解的形态,一个地域对人的心智发展有很大的影响,尤其是在童年阶段。许多能够增强地方感的方法,包含在规划设计直觉经验的学问之中,同时要把每个地方场所视为有意义的,与其他因素有关的个体,像功能、社会结构、经济及政治体系、人类价值观等,即由空间的外貌创造表现其个人或群体的独特性。

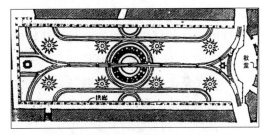

维杰瓦诺杜卡勒广场的地面铺装图案

Sense of Cubic 立体感

完成立体造型的关键是立体感,包括视觉、触觉、运动感甚至听觉,但以视觉为中心。立体感包括立体的想象、量感和块感、虚空间、触觉肌理、力动感、运动感、光和影、错觉。在虚空间中包括物体的紧张感、物体的进深感、空间的流动感。量感指心理的量,源于物理量在感觉上的转换,塑造物体使之具有对外力的抵抗感、自在的生长感和运动感,这就是量感。虚空间是潜在的视觉、触觉和运动感,是实地空间的扩张,存在力场的空间叫作心理空间,如大的感觉近,小的感觉远,重叠时被掩盖的部分显得远,阴影和色彩清楚显近,模糊显远。触觉肌理有明暗则有不平感,浮雕能见到侧面的变化,立体的三次元,肌理是立体的细部。错觉有形态的错觉、形态的变形、物体变化运动的错觉、色彩的错觉。

立体感

Sense of Order　秩序感

秩序表明物体之间的位置关系及物体间的呼应关系,使人了解到环境间具有的内聚力。秩序存在于组成部分之间的对应、合理结构和固定的比值之中,秩序是人们心理的需要,也是人的本能的渴望。创造秩序感的方法有:1. 由轴线关系构成秩序;2. 由结构线构成秩序;3. 由风格构成秩序;4. 由基本形态的积聚构成秩序;5. 由"中心"构成秩序。单纯秩序化易于使信息简化,便于记忆,过分秩序化又会导致单调。现代艺术家、建筑师常在创作中打破单纯的秩序化,使构成的某些元素在原来的基础上作了倾斜和扭曲,使其与控制构成要素的框架、结构线、主轴线不符合,从而具备某种张力,唤起纠正的愿望,蕴含着从秩序到心理感受是产生审美愉快的重要源泉。

Sense of Place　场所精神

"场所精神"的营造、历史街区的更替是不断传播、散发和融合各种文化信息并吸收不同时代技术和材料的可持续发展的物化过程。伴随着社会政治、经济活动的演进,不断巩固原来环境中特有的、维护城市结构肌理环境秩序稳定的历史文化因素。受历史文化因素的影响,聚居在此的人们,通过地理、气候的习惯,形成自己的生活习惯,包括对建筑及其布局、对建筑形式的习惯认知,逐渐形成"场所精神"。

Sense of Time　时间感

时间感之传达如同表达空间感一样重要,时空二者就是创造环境的尺度,设计师会将过去的居住者的使用过的证物保留下来,如座椅、门槛等或那些易于引起人们感情的东西,如墓碑、十字架、老树等,将新旧加以对照,使人感到时间的消逝。旧屋或部分古屋整修利用,现有老树的利用,植物的栽植考虑到每日性和季节性特色的掌握,进行大型庆典活动的场所等。除了地域感也要有偶发感,只有"时间感"才能使居住的人们和建设基地建立浓厚的感情。例如岩石及土壤是原始的基地材料,岩石是大自然经年累月的杰作,岩石的颜色、粗糙表面质感,在经过长期风化后更别具一格,它能表现出力量与永恒的时间感。

Sequence of Space　有层次的空间

"园中园"与"空间中的空间"为有层次的空间,中国古人知道山外有山才好看,园中有园更有趣。中国园林中构成湖中湖、楼外楼、天外天、山外山、园中园等景观。传统的多重四合院和天井、牌楼、连廊、漏窗、屏风等则为人们所熟知的层次空间表现形式和手法。路易斯·康有句论述叫"Space Within Space"，即"空间中的空间"，他还常用"墙外墙"的手法丰富室外空间，并调整进入室内的天然光线。现代设计层次空间的手法有三种手法：一种是空间套空间，就像大盒子套小盒子那样，其中要有一个盒子要较为通透，以显示出层次感；第二种层次空间的创造是在建筑主体周围加上线性构架或通透的板式构件及其组成的构筑物；第三种是用"墙外墙""顶外顶"的手法增加层次感。

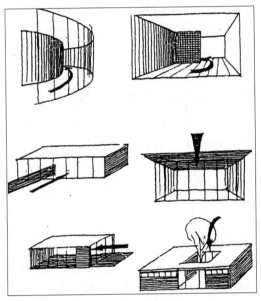

增加空间层次的各种手法

Sera Monastery 色拉寺

色拉寺在西藏拉萨市西北约 5 千米处，始建于明永乐十七年（1419 年）。寺前有流沙河通过，建筑背山面水，与其他藏传佛教教格鲁派寺院建在山顶或山腰不同。色拉寺主要建筑为一座大殿——措钦大殿，三个扎仓（经学院），其余为大片僧侣住宅——康村。措钦大殿也是大集会殿，平面方形，外墙石砌，内柱 101 根，高 2 层，殿前有门廊 5 个，东侧为楼梯间，后有佛殿及护法神殿。寺内三个扎仓中的上扎仓和大扎仓；建筑形制与一般藏传佛教寺庙做法相同。阿巴扎仓建造较晚，规模大，平面方形，两层，底层经堂内有柱 46 根，西墙为通顶的大经架，西北角有石塔，经堂后为二佛殿。

Service Entrance 服务入口

厨房或服务空间附近设置出入口的总称。"Service Portion"意为服务区，建筑物服务入口附近之服务区空间。"Service Radius"意为服务圈，指某种设施之服务圈半径而言。"Service Room"意为配膳室。"Service Table"意为配膳台，设置于配膳室之配膳用台桌。"Service Yard"意为后院。

Settlement 聚落

聚落是一种具有原型含义的城市模型，在石器时代以前，人类的茅舍孤单地散布于大自然之中，与风雨草虫为邻，后来人们结成毗邻的聚居群落，即聚落。聚落的发生与发展来自一种互助的需要，凝聚力的另一来源是包含各种文化象征的联想。人类经历了相当长时间的半永久式农牧业村舍的居住形式之后，形成了"群内"与"群外"生活方式的利益差别观念。自我与非我及公与私的划分，从而层层墙的围合与空透形态的出现，限定了一连串空间秩序序列。聚落精神的实质，即"聚"与"拢"，决定了其组成成分的多质性，聚落的表现形态为：1. 中心的聚拢以水井、池塘、庭院焦点为中心；2. 方向聚拢，朝向、轴线及对称格局；3. 地域聚拢，标志、地域边界及可防卫性空间格局。

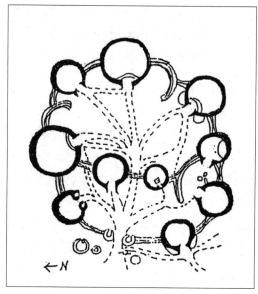

聚落

Settlement Environment　聚落环境

聚落环境是指人类聚居和生活的场所，是人类有意识地开发利用和改造自然而创再出来的生存环境。人类由筑巢而居、穴居、逐水草而居到定居，由散居到聚居以及由村落发展成为城市，反映了人类征服和改造自然的历程。随着人类利用和改造自然的能力不断提高，人类把自己的活动领域从热带、温带扩展到寒带乃至极地，创造出各种形式的聚落环境。聚落环境根据性质、功能和规模可分为：院落环境、村落环境和城市环境。

聚落环境

Seven Wonders of the World　世界七大奇观

公元前 2 世纪，西顿的作家安提帕特所列举的古代杰出的世界奇观如下：1. 吉萨金字塔，七大奇观中最古老的，也是唯一迄今尚存的；2. 古巴比伦的空中花园，是一系列分层平台的花园，传为亚述王后萨姆拉玛特或新巴比伦王尼布甲尼撒二世所建；3. 奥林匹亚的宙斯神像，约公元前 430 年由雅典雕刻家菲迪亚斯所作，为巨大的华丽的坐像；4. 以弗所的阿泰密斯神庙，以规模宏大，装饰富丽著称；5. 哈利卡纳苏斯的摩索拉斯陵墓，为小亚细亚的卡利亚国王摩索拉斯的陵墓，由其王后阿尔特米西娅建造；6. 古希腊罗得岛巨像，为纪念罗德岛解围（公元前 305—前 304 年）而在该岛港口建造的青铜巨像；7. 法罗斯岛灯塔，古代最著名的灯塔，约公元前 280 年埃及国王托勒密二世建于亚历山大港口外的法罗斯岛上。

Shading　影区

植物及设施可遮挡阳光而调节气候，设计师可适当安排与调整阴影以创造舒适的环境。落叶树夏天可以遮阳，冬天落叶可透过阳光，各树种的枝干疏密不同，阳光的穿透率各异。阴影的移动规律由太阳在不同的纬度、日期、时辰之路径而定，可采用方便的表格查出不同纬度地区、季节、时间、太阳的方位及高度角的资料。设计者可画出一天或整年中地表面投影之阴影线，也可以计算出各方向投影线或地面与其遮挡物体之距离关系，利用这些分析，可以设计挑檐之大小比例，立面上的窗户朝向及大小。其方法可做出立体的模型，把设定的阴影投射其上，可得出的日照阴影情况与实际物体的日照影区相同。

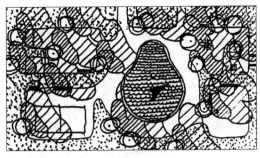

影区

Shadow 影

影子有投射的,也有附在物体之旁的。建筑的投射阴影有时跨过大街到达对面的建筑上,好像一种黑白对比的神奇力量。在环境设计中,使用阴影的象征意义已有广泛的应用,需要考虑光源的方向,影子能够围绕物体创造出三度空间来。运用阴影的明暗对比能够显现层次。黑色的阴影使物体表面看上去向后退缩,而明亮的部分看上去好像在向外凸出,建筑上的阴影能够增强建筑形象的立体感。

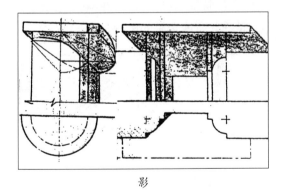

影

Shaft Graves 竖穴墓

青铜时代晚期(约公元前 1600—前 1500 年)。古希腊本土受克里特文化影响时期的墓葬遗址。古希腊王室或显贵家族的坟墓,直到近世在迈锡尼发现以前从未曾被毁。坟墓内的石壁墓室之上,有很深的长方形竖井,坟墓排列成环状,共有两处,1876 年发现了一处,另一处于 1951 年发现。这种墓室内有随葬的金银及战车的雕刻品,是希腊本土上最早的战车遗迹。

Shah Jahan Period Architecture 沙贾汉时期建筑

印度莫卧几帝国沙贾汉皇帝(1628—1658 年)时期的建筑风格,以泰吉、马哈尔陵为巅峰之作。沙贾汉时期伊斯兰建筑的特点是将德里的胡马雍陵墓(始建于 1564 年)中的波斯特征应用在印度建筑中。双层穹顶、长方形门楣内的凹入拱门,庭园般的环境,皆首创于胡马雍陵墓;同时强调建筑布局的对称、均衡、精致的装饰细部。该时期的另一主要建筑是德里宫堡(始建于 1638 年)。宫堡之外的杰密马斯其德清真寺(建于 1650—1656 年)以及改建的阿格拉城堡和其中的寝宫。

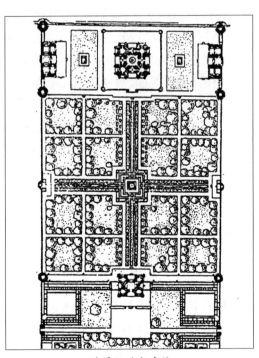

沙贾汉时期建筑

Shang Site at Zhengzhou　郑州商城

中国商代前期的遗址位于今河南省郑州市，分布范围约 25 平方千米，1952 年始发掘，商城平面为五边形，围以夯土城墙，周长 6 960 米，内外发现不少小型房基、窖穴和少量墓葬。当时的城市住户密集，有几处大面积夯土台基房基，最长的超过 65 米，有排列整齐的柱础石，为宫殿区。测定其夯土层年代有 3 570 年（公元前 1620 年）之久。城外有铸铜、制骨和烧陶作坊遗址和少数墓葬。城角处发现两件巨型铜方鼎，估计为商王室的重器。

Shanghai Traditional Architecture　上海地区古建筑

5 000 多年前上海地区就有人类活动遗迹，西部有 25 处新石器时代古文化遗址。市级景区县级保护单位的有古塔 13 座、寺庙 14 座、古园林 6 处、石桥 6 处，其他如经幢、住宅、祠堂等 13 处。具有代表性的如下。1. 龙华塔、龙华寺、兴圣教寺塔，龙华塔在龙华镇，七级八面，高 40.4 米，砖身各层四面壶门用旋转砌叠法。宋太平兴国二年（977 年）越王钱俶建造。龙华寺传说建于三国，实为北宋初期（1064 年）建造，前有弥勒殿、天王殿，两旁有钟鼓楼。兴圣教寺塔，位于松江旧城三公街，塔九级平面方形，高 48.5 米，建于五代（949 年），塔建于北宋（1068—1094 年），木结构。2. 豫园和秋霞圃，豫园曾是江南名园之一，建于明代中叶。秋霞圃在嘉定，明嘉靖年间造。3. 唐经幢，位于松江镇，建于唐大中十三年（859 年），21 级，高 9.3 米，石灰石质地，幢身分上下两级，八角形，直径 76 厘米。

Shanhua Temple　善化寺

善化寺在山西大同市，始建于唐开元年间，名开元寺，五代时改名"大普恩寺"。历代改建重修，现存辽代建造的大殿和金代建的山门、三圣殿和普贤阁。寺南向占地约 14 000 平方米。大殿建于砖砌高台上，面阔 7 间，长约 40 米，进深 5 间，宽约 25 米，厚墙封闭，单檐庑殿顶，台基前有月台。殿内五尊主像为明代作品，两侧护法诸天神是辽代后期雕塑像精品。普贤阁建于金贞元二年（1154 年），二层歇山顶小楼，长宽均为 10.4 米，构架和风格保留了辽代特点。三圣殿约建于金天会、皇统年间，面宽 5 间长 32.68 米，进深四间宽 19.3 米，单檐庑殿顶。山门用五铺作一抄一昂斗栱，柱头铺作为假昂，是斗栱开始蜕化的征兆。从以上四座建筑中可以明显地看出辽金建筑在风格上的不同。

Shanxi Dwellings　山西民居

山西民居是以生土材料为主，介于陕西民居与河北民居的形式之间，具有河北民居的四合院特征，入口有时设在四合院的偏角上，是受北京四合院的影响。

山西民居

Shared Space　共享空间

美国建筑师波特曼（John Portman）所设计的旅馆建筑具有很强的竞争力。它以特殊的空间形式——"共享空间"为标志,被人们称为"波特曼旅馆"。其设计基本原理归纳为下列七点。1. 建筑中既有规律,又有变化,空间是主要内容,结构、材料、光线和色彩等都是从属于空间的。2. 主张将运动引入建筑,认为建筑中人的活动、物体的运动、水的运动甚至运动着的声音都是重要的。3. 认为水用于建筑中能唤起人们对于诸如小溪、泉水、瀑布和湖泊这些美好的自然景色的回忆。4. 认为那种人们走上走下来来往往的"人看人"的场面可以产生一种特殊的魅力。5. 共享空间的整个概念是以人们渴望从一个窄小空间释放到一个大空间中的愿望为根据的。6. 认为自然景色对人们有一种天然的吸引力,强调在室内创造自然环境的气候。7. 认为色彩要丰富,光线要神秘,材料宜单一。

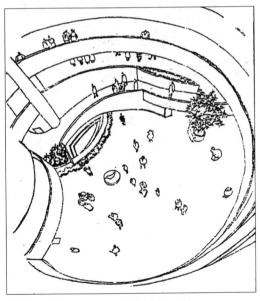

古根海姆美术馆内天井

She County, Anhui 安徽歙县

歙县是徽州古城,有悠久的历史、丰富多彩的传统文化与古迹。歙县徽州古城以练江为主脉,以斗山、长青山、问政山、西千山为骨架。确定了城市保护范围,并分为一级、二级保护区。一级保护区包括斗山街,太平桥、太白楼、碑园、渔染街、洛梁坝区。二级保护区包括斗山、长青山、西千山、练江等保护区。

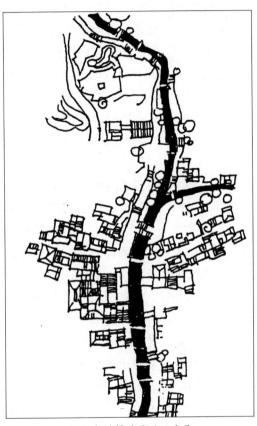

歙县唐模村总平面及水街

Shell Structure 薄壳结构

在均布荷载作用下,薄壳结构中的内力沿整个壳体曲面分布,使全部材料都承受外力工作,其刚度并不取决于它的断面,而是取决于它的形状。用很薄的壳体便可以覆盖相当大的空间,薄壳本身既是承重结构又是覆盖结构,一身兼二用。薄壳的几何体形一类是以直线、曲线移动而得,如圆柱形壳、劈锥形壳;另一类是直线或曲线旋转而得,如伞形壳、椭圆形壳等。常见的薄壳结构如

下:1.筒形长壳,一般采用最接近抛物线形,矢高为跨度1/4的圆弧,两端及中间部位设置横隔板;2.筒形短壳,跨度与波长之比通常为1/2或更小些;3.圆球形壳,矢高与圆直径之比大于1/5时称圆球形壳;4.双曲扁壳,将圆球形壳四边切割而成,矢高约为跨度的1/16~1/10,壳体四周均设边缘构件,梁式、拱式或拱形桁架等;5.双曲抛物面壳,是结构受力最有利的一种形式,有拱面双曲抛物面壳即马鞍形壳和直边双曲抛物面壳,犹如一个翘曲的平行四边形。

　　二战后,壳体结构在欧洲有了广泛的发展,出现了三位巨匠,即意大利的纳尔维、西班牙的托洛加和墨西哥的坎迪拉。纳尔维是建筑师、工程师,艺匠于一身的极有才能的人。壳体基本上分三类:圆形或筒形、球或穹体和锥体或双曲抛物体。1955年麻省理工学院的球形礼堂,埃尔·沙里宁设计,成为壳体结构的先导。各种薄的防水散铺塑料罩面将代替旧式的屋盖,装配式壳体结构将由强固的环氧树脂黏着剂更快的发展,金属纤维的拉强度将有很大的效果。纳尔维的奥林匹克圆屋顶运动场为1960年罗马奥运会建造的,跨度194英尺,建造仅40天,由现浇的36根V形柱支持。

Shilin Scenic Spot, Kunming 昆明石林风景区

　　1.石林风景区特征。以"天造奇观"闻名,岩柱之高大、形象之奇特、气魄之雄伟、造型之精美、排列之密集,世间罕有。2.总体规划思想。(1)突出奇峰异石,湖光洞景。(2)景区建筑作陪衬。(3)搞好环境生态保护。(4)让景区资源服务好游客。(5)花草不与山石争景。(6)景区规划与路南县城规划相结合。3.风景区划分。划定三级保护区:一级是风景区管理处直接管辖的游览区,一般不安排建设项目;二级保护区即风景区范围,一切项目须按规划安排;三级保护区在景区外围及各风景点道路沿线。4.旅游村规划。选在游览区外围、规模按远近期计算,除旅馆外有土特产、工艺美术、小吃茶楼等,风格以当地撒尼民居、云南一颗印、干栏式为主。5.导游路线分第一路、第二路,共有风洞景点。6.景区交通和各项工程设施规划。

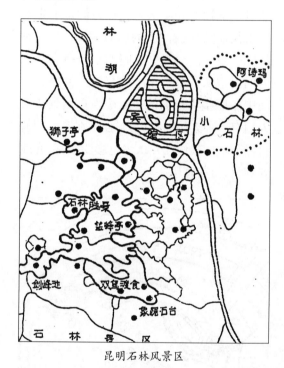

昆明石林风景区

Shinden-zukuri 寝殿造

　　寝殿造是日本平安时代(794—1185年)封建贵族宅邸的建筑式样。正中是寝殿(正殿),用长廊与附属建筑相连,平安时代宫廷贵族们在皇宫周围受封的小块长方形土地上,像皇宫一样按照中国方式建造住宅,而后发展成这种寝殿造建筑风格。这种建筑群以寝殿为中心,坐北朝南,宅前为开旷的庭院。东西的对屋(厢房),用宽阔的渡廊与住宅相连。另有狭窄的回廊,自厢房

向南延伸,两端有钓殿(小亭),在庭园周围形成U形。寝宫周围有游廊,无内墙分隔,常用轻便的矮屏隔开。地面铺草席,席地而坐。寝宫庭园后有花园,南边以池塘为界。假山、树木、山石辉映。东侧为正门,周围是警官和卫士的住地。

Shingle 墙面板

常为一边厚一边薄的片状建筑材料,用作住宅的屋面,有时也做外墙,用木材、沥青、或石板制成。铺装时逐层搭接,重叠的程度依屋面坡度或墙面的美观需要而定。有各种制作方法,如古老的斧劈法以及纵向锯成小块或平锯。湿材锯开后,在窑中烘干,表面光面或留有粗糙的壁痕,须用抗风化的涂料处理。美国19世纪七八十年代流行一种"木瓦式"的住宅,最著名的例子是H.H.理查森设计的罗德岛朱波特的谢尔曼住宅(1874年)和马萨诸塞州剑桥的斯托顿住宅(1882年)。

Shingle Style 木板式

美国独有的一种建筑风格,流行于1870—1890年,整个建筑包括屋面和墙面均用木板覆盖,处于历史风格复兴在建筑设计中占优势的时期,木板式摆脱了学术上的折中主义,从而在思想上有助于20世纪初功能主义的发展而来,其兴起与当时对美国17世纪建筑重新产生的兴趣有关。木板式建筑为私人住宅或旅馆所采用,因大型的工商业建筑不可能全用木料建成。由于木料关系亦仅限于产木材地区,如新英格兰、五大湖各州和大西洋沿岸中部各州。其特点为空间流畅开朗,内外相互穿插,敞廊以及不规则的立面和屋顶轮廓产生了别致开敞的乡村风味。

木板式

Shinto Shrine 神社

神社是日本的宗教建筑,用于祭祀本土宗教神道教的神灵或天皇。神社拥有悠久的历史,在日本十分普遍。较为著名的神社有伏见稻荷大社、伊势神宫、出云大社、明治神宫、平安神宫等。

神社在建造上注重区分"神域"和"世俗界"的区分。如形似牌坊的鸟居代表神域的入口,形似栅栏的玉垣用于划分界限。

社殿是神社的核心,主要由本殿、币殿、拜殿组成。本殿又称正殿,被认为是神灵栖息之所,是神社中最神圣的区域。币殿又称中殿,设置在本殿和拜殿中间,用于供奉币帛。拜殿是参拜祈愿之所。此外还有神乐殿、舞殿、宝物殿、神轿殿等。

Shoin 书院

日本民用建筑中具有书院风格的一种构造因素,即书院名称之由来。在日本的民用建筑里有一种小间,伸向回廊,具有木制的格子窗,糊白纸。原属中国特色,在镰仓时代(1192—1333年)末期是祭司住宅中常见的,后变为世俗建筑的主要部分,成为社会地位的标记,使接待宾客的主房具有一种学者的优雅风度。

Shopping Center Distract　商店区

　　20 世纪设有停车场设施的商业区,与商业中心不同,是根据可出租的商店总面积及所提供的停车场地整体设计的。根据当地经济实力考虑其位置、车辆出入、公用设施等。商店区的规模一般分为居住区、社区和区域性三种等级。最小的商店区也有百货店、药店、书店、饮食店、修鞋店、洗衣店等,服务距离一般要求在车行 6 分钟以内。社区级商店应有中等百货店、服装店、综合修理店等,服务 4~15 万人。区域性一般都有一个或几个内容齐全的大型百货商店、特产品商店、时装商店、饭店、电影院,服务 15~40 万人以上。规模大的商店区还设旅馆、医院或办公楼。停车场设施是重要的问题。每一千平方英尺商店用地应有 5.5 平方英尺停车场地,应优先考虑行人和车辆在商店区的流通量,人车分开。

费城中心区市场街景

Shopping Centers　购物中心

　　规划中的购物中心可有三种形式,邻里购物中心,售一般性消费品,由超市构成核心,服务于邻近的居民。社区购物中心服务半径 5~8 千米,与其他商店有竞争性,提供折扣商店(Discount Store)。区域性购物中心包括两个或更多的货品齐全的百货公司,以致可与其他半小时车程距离的购物群体,甚至一些已具规模的中心商业地段相竞争。邻里购物中心约 4 500 平方米售货面积,供应约 1 万人口。半径少于 5 分钟车程为限,需要 1~2 公顷基地。社区中心供应 4~15 万人口, 9 000~27 000 平方米售货面积, 4~12 公顷基地。区域中心供应超过 15 万人口, 27 000~90 000 平方米售货面积,至少 20 公顷基地。以上为美国标准,停车场还需要占据大片的用地。

Shopping Streets　购物街

　　改建老式商业街是当前规划设计的普遍性工作,已有的成列商店有混杂、历史久、位置中心、街道有活力的优点,这些是非新建购物中心所能比拟的。重新改装以求生存,购物街出现了一系列的问题,是否禁止车辆入内改为步行街,是否允许路边停车,是否加宽人行道,路边贩卖,地方性的购物习惯如何,等等。送货及紧急出入通道也有相关的问题,收集垃圾及除雪。通常是提供一条较窄的、非直线穿越性的交通线穿过购物区,为特殊车辆专用。重点地区种树,置长椅、路灯、新装修的铺面及其他特殊街景物以美化购物街,设骑楼、铺地面,但要注意排水问题。

Short Passages　短过道

　　漫长的走道很难美观,在设计中可把走道布置成短过道形式,使过道像房间一样,布置家具陈设,并开较大的窗户,使走道的感觉尽量短些,最好是有明亮光线的单面走廊。在中国的传统民居中,运用室内的门窗隔扇来处理过道与房间之间的相互渗透,这样的手法可供借鉴。

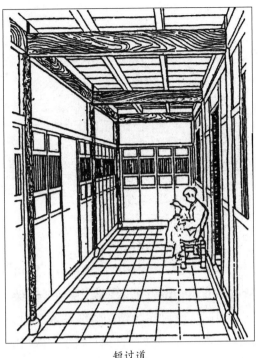

短过道

Showcase 展示柜、橱窗

供作物品展示陈列用的箱形橱柜，箱状的展示设备，或陈列窗柜。"Show Room"意为展示室。"Show Window"意为橱窗，商品陈列用的橱窗。

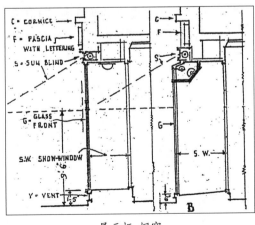

展示柜、橱窗

Shrub 灌木

有几个茎而没有主茎的，通常低于3米的木本植物。如有很多枝条而稠密，则可成为灌丛。介于灌木和乔木之间的是乔木状灌木，有些物种和个体可长成乔木型，另一些在不同条件下可能长成灌木型或乔木状灌木型，例如漆树、柳和云杉。

Shwe Dagon Pagoda 瑞德宫塔

即缅甸仰光大金塔，始建于550年，多次改建，15世纪缅甸国王频耶乾把塔加高到100米，底部周长480米，修浮女王又在墙周围加建，形成今日之面貌。缅甸佛塔是在印度传入的窣堵坡的基础上发展而成的，瑞德宫塔为代表作。塔为砖砌，抹灰后，满贴金箔，又镶嵌红、蓝、绿宝石，灿烂夺目。轮廓覆钟形，塔身宽大向上收缩攒尖，形成柔和的曲线。塔基四角各有一座半身人半狮雕像，塔脚下有64座同样形式的小塔簇拥着，使瑞德宫塔显得宏伟挺拔。

Siberia Dwellings Wooden Fit Up 西伯利亚民居装修

西伯利亚木屋的木装修纹样丰富，装饰纹样独具地方特色，以雪花为装饰主题。木柱、木栏板作瓶形木片或圆柱的整体木雕，做工精细优美。门窗帽头和窗台下的横板均作对称的图案和浮雕，有的还施以彩绘。门楣的造型取自欧洲石建筑山花造型，演化为西伯利亚地方特色的木质门楣和窗框，尚有古典柱式及檐口的痕迹。西方的许多木建筑装修效仿石建筑纹样，而中国的石建筑则效仿木建筑的装修纹样，如中国的砖石门罩、石牌坊等。

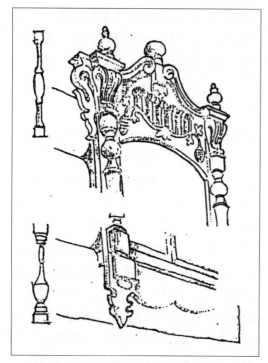

西伯利亚伊尔库斯克木屋

Sichuan Dwellings "Chuan Dou" Wooden Frame 四川民居"穿斗"构架

中国传统民居的结构特征是木结构梁柱支撑体系，各地民居又独具特色。四川的"穿斗"构架以挑廊、挑檐、挑楼的木结构技术为特征。带腰厦的楼房前出灯笼柱、带挑厦的楼房在楼板处悬挑挑厦、吊柱楼房外挑楼上的吊柱、走马楼的上层设外檐走廊等等多种形式。"穿斗"构架的挑檐做法也丰富多样，有单挑出檐的硬挑；有加撑拱的斜挑。撑拱的做法也各异，有双跳出檐、软挑、双挑加半墩式等。挑坊式的出檐可挑出 105 厘米，有三挑出檐的吊墩式等等多样的檐端做法。

西伯利亚民居木结构

Siberian Irkutsk Wooden House 西伯利亚伊尔库斯克木屋

伊尔库斯克木屋及米努新斯克木板房以圆木构架，整条的圆木在转角处搭接。从克拉斯诺亚尔斯克到东贝加尔湖的伊尔库斯克一带，都是这种围成内院的圆木住屋，以木墙承重，木板屋面，坚固保温。在东西伯利亚西部的米努新斯克和阿巴坎（Abakah）附近，由于气候比东西伯利亚温暖，则以木板作墙壁，二至三层加设了阳台、柱廊和精美的木装修，装饰丰富。

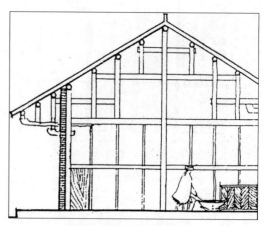

四川民居"穿角"构架

Sick Building Syndrome 建筑物综合征

建筑物综合征发病快,当人迁入新落成或新修缮的建筑内瞬间至数周内便可发病,在这些建筑中工作和生活的人中,有 20% 以上会患病。病因很难鉴别确认,患者一旦离开现场到室外,病症又戏剧般地改善。1984 年 7 月,美国加州一幢新落成的商厦,使用一两周后,室内人数 90% 产生头痛、恶心、上呼吸道有刺激感和疲倦欲睡等 20 余种症状。加州卫生机构测定结果确认是由空气污染引起的,但未查出具体病因,这是典型的建筑物综合征。

Sidewalks 人行边道

人行道最少宽 1 米,供三人并肩而行,入宅之进口只需 0.8 米,行人聚集之步行道最少 2 米,中心区人多处其宽度应满足需求,在低密度住宅区,行人道只设在街道的一边。主要的步行道系统可独立设计规划,穿越道路时可利用地道缓坡接引。行人总喜欢沿街而行,行人道也是儿童游戏场所,在高密度地区要有足够的宽度以调整在此发生的社会活动。步道及人行空间需要容量的分析,1.2 m²/人每人时站立空间不觉妨碍,易于行动,低于 0.65 m²/人每人站立拘束,平均速度在空旷区从 40~95 米 / 分不等。

人行边道

Significant Objects 有意义的事件

在人类生活中,安排好有纪念意义的事件的环境,以唤醒人们对某一事件的怀念和珍视,引起大众丰富的联想,使环境景观具有文化、历史和教育意义。例如河北邯郸的"避车巷",传说是战国时大将廉颇和宰相蔺相如两人"将相和"故事的发生的地点,虽然没有什么根据,但历史故事的情节给人为的环境景观设计提供了表现条件。建筑大师柯布西耶设计的印度昌迪加尔城市规划的核心,留作一件城市的雕塑,表现"敞开的手",以纪念该市最有意义的事件。

柯布西耶设计的昌迪加尔市纪念碑《张开的手》

Signs 信号

信号是符号的一种,符号学是一种相关符号的科学,建筑符号学和语言符号不同,建筑符号使建筑具有诠释的意义。在城市环境中,人们见到的许多信号只是指示的标志,要求十分清楚明了。一个符号必然有两部分组成,即能指与所指,能指与所指的一致,它所代表的事物内容即"所指",能指与所指的一致及其易懂性,才是符合清楚明了的要求。在符号与信号的设计中,美的形象可以加深人们对符号的印象。

Silhouette　侧影

在形式感的语言中,优美的侧影线条是永恒的,人对侧影的观赏带有一种光效应的艺术感觉是视幻的艺术。侧影所表现的形象,并不在于所要表现的对象是什么,但却能给人以某种清新的感觉,是一种带有光变化和新颖构图效果的感觉。画家林风眠先生特别喜欢剪纸、皮影、青铜器上的图案以及汉画像砖上的侧面人物形象。这些民间的平面的造型的外轮廓再加上明暗的光影相结合,十分生动美丽,在现代的日本艺术中普遍流行。

侧影

Silver Pavilion，Ginkaku of Jisho-ji，Kyoto　京都鹿苑寺金阁

属禅寺建筑,位于日本京都府鹿苑寺内,金阁为主体建筑,是祭祀释迦佛骨的舍利殿,因柱子及墙壁镶贴金箔而得名。鹿苑寺又称“金阁寺”,始建于 1397 年室町时代,后经 1649 年和 1904 年两次大修形成现在的规模。金阁面临镜湖池的三层楼阁,底层为法水院,二层为书院造,称潮音阁,顶层

为唐风禅宗佛殿样式,称“究竟顶”。金阁将寝殿造与唐式建筑、净土信仰与禅宗信仰、佛寺与居住建筑结合的新式建筑样式,是象征传统贵族文化和禅宗文化融合产生的北山文化的代表性建筑。金阁攒尖顶,顶部置中国式金凤凰。鹿苑寺庭园是室町时代池泉洄游式庭园的典型代表,金阁对应的是慈照寺的银阁,整个建筑以银箔镶贴,也称“银阁寺”。

鹿苑寺空间

Simple and Easy Roofing　简易屋面

简易屋面包括：1. 小青瓦屋面,黏土烧制,青灰色,也称“水清瓦”或“蝴蝶瓦”,为中国农村传统屋面材料；2. 黏土芦苇屋面,芦苇须先加工,坡度应在 35° 以上成束铺放；3. 青灰屋面,青灰面用铁抹子赶光压实,刷青灰浆两三遍。

Simple Beam　简支梁

一端为铰支承,另一端为轮支撑的梁。“Simple Bridge”意为简支桥,利用简支梁原理支撑之桥梁。“Simple Support”意为简支撑,构造物以简支撑的状态。“Simple Bending”意为纯弯曲,构材仅产生弯矩,而无剪

力作用时的状态。

Simplify and Rearrangement 简化与变位

如何将自然和对象物予以选择和变位，如何对物象取舍便是"画家之眼"（The Artist's Eye），必须用"视觉"和"思想"同时加以选择。变位则是在画面上对物象不根据自然的安排，在描写时加以改变，如画一栋家屋的位置不能再画面中均衡，则在描写时可移动它。自然界中植物的生长，在一瞥之下似无秩序，其实仔细观察，完全具备完整的生态形状。绘画中的关联性原理，是把各种独立单位之间相互关联而成为"统一整体"，由此统一的关系方能导致调和。调和不仅指色彩，在形与形之间也要有安定的关联性，才能产生调和的效果。所谓形的调和中的相互关联性，犹似大地与碧空，反复起伏的陆地和静穆的湖水之间，统一与调和。

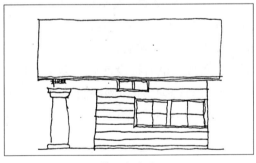

简化与变位

Simulated Boat 舫

仿照船的造型，建在园林水面上的建筑物，供游玩宴饮、观赏水景之用。舫从现实生活中模拟，提炼出来的建筑形象。舫的前半部分多为三面临水，船首常设平桥与岸相连，类似跳板。通常下部船体用石料，上部木结构，像船而不能动，又名"不系舟"。江南水乡有一种画舫，专供水上游乐之用，舫的基本形式同真船相似，一般分船头、中舱、尾舱三部分。船头敞棚赏景，中舱作休息、饮宴之用，两侧开长窗，后部最高，一般为两层，下实上虚，似楼阁，四面开窗以便远眺。舱顶一般作船篷式样。江南园林中以苏州的拙政园香洲、怡园的画舫斋，北方园林中北京颐和园石舫、清宴舫均为典型的实例。

Single Room of Chinese Cave House 中国窑洞居民的单室窑

中国传统建筑历来都是以群体组合取胜的，建筑单体平面十分简洁，很少将单体建筑合并集中，始终保持着独立和分散布局相结合形式。窑洞的单体形式也是如此，把单体作为群体中的构成，更注重于群体的组合。单窑的平面形式可分为两类：带耳室的与不带耳室的。带耳室的主要有 T 形平面和十字形平面等；不带耳室的主要有一字形平面和凸字形平面。单窑的立面形式有三种分类方法：按拱的形状分为尖拱、抛物线拱和圆弧拱；按门窗式样分为一门一窗，一门二窗等；或按层数分为单层式、二层式和错层式。单窑的剖面形式则主要有无吊顶、有吊顶和带阁楼三种。当然还有些特殊类型的单窑。

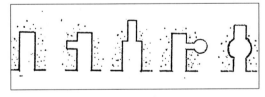

庆阳平凉地区黄土窑洞

Sink Cave House，Gansu 甘肃下沉式窑洞

中国甘肃东部下沉式窑院，下挖坑的面积视开窑数目和庭院的大小而定，下沉庭院

内,栽瓜种树,并挖有渗水井排除雨季积水,用坡道将窑院与地面联系。下沉式窑院体现中国式庭院的向心性,四周孔孔窑洞面向中心,以庭院将分散的各个居住空间联系起来,形成整体。下沉式院落根据高差的变换,将自然环境与人工环境分开,强调过渡空间。居住空间向内庭敞开,人们在庭院内饮茶谈天,充满安静舒适的生活气氛。下沉式窑院的平面形式有正方形、长方形、椭圆形、圆形、三角形和刀把形,等等。

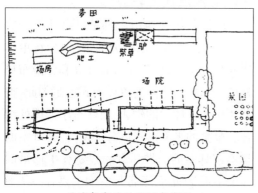

平凉郭家洼的下沉式窑洞

Sink Courtyard Cave House, Henan 河南下沉式窑院

在中国的黄土大地上,以减法创造出来的黄土窑洞及院落,多根据自然地形而成,大自然提供的横向挖掘的竖向崖面,加上人工墙面,地面建筑加上向下挖成的下沉式窑院,形成了丰富多彩的庭院空间。向心的庭院是联系外界环境与室内环境的一个重要环节,它是由公共空间向私密空间的过渡空间,是私人领域的防范区域。同时庭院空间也是组织窑洞群体的重要内容。从功能上看,宅是组织家庭生活的枢纽,如同中国传统住宅中的庭和厅的作用,自然成为连接各个单窑的中心。从营造方法上看,下沉式庭园是开挖窑洞除土、操作的必备场地,因此没有庭院窑洞就无法形成。中国河南的地

下窑洞有的是三面土墙围绕,一面是黄土山崖,主要窑洞均在地下,带有天井式庭院。进入这类村庄,人们首先看到的是从庭院中伸展的树冠,俯瞰则呈一块块方井式的树团,分布在黄土大地上。

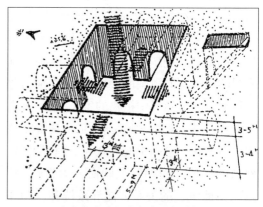

凿出的地下空间(示意图)

Sink Raft 沉褥

沉褥是中国江南一带古城庭院的一种自然式护岸的做法,在土岸稳定性不足的情况下,自然式驳岸的构筑不易耐久。打桩置石的方法亦不够稳定时,因而采取一定宽度的木筏沿岸编排,然后投石筏上,使木筏逐渐下沉落底。最后按设计放上姿态美观的太湖石,形成理想而稳固的自然式石砌驳岸,如今杭州西湖尚沿用此法。

Sistine Chapel 西斯廷礼拜堂

梵蒂冈宫的教皇礼拜堂,侧墙上的壁画作于1481—1483年。北墙上的6幅壁画描绘基督生平事迹,南墙上的6幅壁画也为名家所绘,在重大的礼仪性场合,侧墙的下部分用描绘《圣经》故事和使徒传说的一系列挂毯遮蔽,这些挂毯都是由拉斐尔设计并于1515—1519年在布鲁塞尔织造的。礼拜堂中最伟大的杰作是米开朗琪罗的拱顶画(1508—1512年)和他作的在祭坛后面墙壁上的壁画《最后的审判》(1533—1541年)。

Site 工地、建筑基地

又称"敷地",为一幢或两幢以上有连带使用性之建筑物所使用之一宗地段。"Site Area"意为基地面积,建筑基地之水平投影面积。"Site Diary"意为工地日志,工程建设现场上施工者所记载之工程日记,主要内容包括天气、作业工程进度、入料、出工数、洽商事项、事故、来访者等。"Site Management"意为工地管理。"Site Operation"意为现场施工,于工地实施各项独立、装修及相关工程的施工。

工地、建筑基地

Site Analysis 基地分析

建设基地情况、地下情况、地表形态、活动及生命体情况、建筑物及设备、光、空气、气候,等等,均构成建设基地之特征。规划设计需从这些资料中滤出有决定性者换算为设计依据。在分析各种可能之后,才会形成一个有说服力的基地设想模式,这就是基地分析。基地分析时不考虑基地未来使用目的的影响,要客观地发掘基地本身的内容,勘察基地的特色及各种线索。要在不同的情况下调查研究,例如基地的自然演进,从前的使用情况以及有关的使用情况等,要探索基地作为一个生长的生态系统探讨,其

中生态及其景象是最基本的。

Site Design 地段设计

地段设计是广大设计领域中的一种,是为了达到建设计划而塑造的建设形体,完成建设计划。任何地段设计都是由于了解各种因素的可能性而发展出来的,寻求多种答案,不断地确定问题而达到建筑设计的最终目标。它有3项重要的考虑因素:活动形态(the Pattern of Activity);动线形态(the Pattern of Circulation);感性造型形态(the Pattern of Sensible Form)。这些因素都是设计师构思的关键,并在设计过程中主宰着方案的演进,每一因素又与其他因素有关。因此,建筑设计面对着无数互相纠缠的可能性,和许多错综复杂的解决方法,根据地段设计作出一系列的决策。

Site Detail 基地细部

规划设计的基地上包括许多人工的细部设施:座椅、交通号志、标志、电线杆、灯柱、指示牌、花盆、书报摊、电话亭、柱列、候车厅,等等。常见的上述设施做得很不调和,影响环境的整体外貌。若没有设计则必然杂乱,因此细部需要有人仔细设计,如果想其造型完善还需管理的功夫。大部分的细部设施物均由许多分别专属单位负责之,如属传统的单位管理均会布置在合适的地点,均以对人的感觉及基地的使用方便而设置。如果可能,建筑师可设计一些对使用者很重要的座椅、步道、园灯等范例,使之与整体环境调和统一,使用方便,造型优美。

Site Planning 地段规划

地段规划是一门连接建筑、工程、景园建筑及城市设计各门学科,从事总平面上的建筑配置的空间艺术。地段规划图确定了时空中的设施物及人的活动,涉及群体建

筑、单体及周围基地设计甚至包括社区规划。地段规划是实用的艺术,通常可由一套程序完成,首先确定发展目标,对基地及使用者的分析,正确地整理出设计计划依据,是工作开始的第一步,然后进行平面图的方案设计,交给委托的业主认可之后开展细部的平面设计及施工文件,供开标之用。这时需要整地、土方计算、道路、栽植等设计。开标订约后施工,最后是使用及管理,达到环境与品质两方面的效果,地段规划可以说是对户外的物理环境进行组织的一种方法。

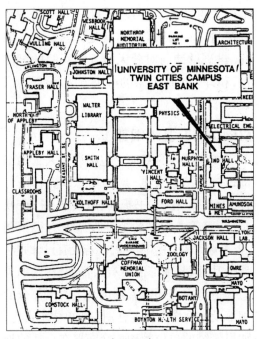

地段规划

Site Repair 落位

当人们选址建房时,要找最好的位置,有繁茂的草地、健壮的大树、良好的地势、美好的视野、肥沃的土壤。在城市中力争两面朝阳的转角地位。由于建筑师缺乏土地生态学的观点,竞相挑选好地建房,但是地球上大约四分之三的土地是不好的,人们都在那四分之一的好地段建设,那些已经生态不

良的土地将变得更被忽略而逐渐变为荒漠。那些好地方一经人为建设以后,有阳光的城市角落将被高层房屋包围变得阴暗,不断增加着人类的垃圾。原来美好的山边美景一经建设变得充满石块、混凝土和沥青,树木不再生长。20世纪人类破坏自然环境的速度是惊人的,至少要20年或一代人的时间才能把被建筑师破坏了的环境恢复到自然中去。因此,建筑师要像修补衣服一样对待一座新建筑的选址落位,以建筑作为改善环境的机会。如果周围环境已经完善、美观,就不需要建筑师去装扮,维持原状地保存下来。而要花功夫去改善那些不利于建设的地段,这就是环境风水落位的布局原则。

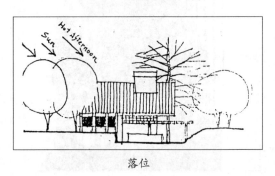

落位

Skin and Bone Architecture 皮与骨建筑

建筑大师密斯·凡德罗的作品风格。1946年他设计的玻璃与钢的皮与骨建筑,最大限度地运用"少即是多"的设计原则,创造精密和光亮晶体化的空间感受。例如密斯设计的法斯沃斯住宅(Farnsworth House)被形容为美学程序的蒸馏。皮与骨建筑完成了密斯的"普遍性空间"设计理念,后来又创建了杰出的西格拉姆大厦。

Skin Texture 肌理

指由材料的不同配列组成和构造而使人得到的视感、触感。质地、手感、触感、织

法、性质、纹理等说法,全都可以包括在肌理之中。只能看到不能触摸出差别的肌理叫作"视觉肌理",能够实际摸清楚的肌理叫作"触觉肌理"。例如从照片或印刷品上感觉到的肌理就是视觉肌理。

肌理

Skylight Courtyard 采光天井

空间处理要配合光的运用,在中国民居中最聪明的办法是增加窄长建筑两边的侧翼,形成一个三合院的采光天井,如安徽民居中的天井。我们把三种平面形状的房子做比较,一字形的平面、点式布置的平面、井字形内天井式的建筑平面,结果是井字形内天井式建筑的天然采光最好而且建筑密度最大。此外,人们也愿意光线从房间的两面进入室内,内天井可以创造一个室内明亮的庭院,成为家庭生活的美化中心。这种庭院式内天井比之西方流行的玻璃透角窗更优越。两面进光的玻璃角窗的房间在欧美风行一时,然而内天井的中国式传统民居表现出了更为生动的光线效果,目前已为西方建筑所接受。来自天井的天然光线把人们的视线从琐碎的家庭杂物中引向外部庭院的景物,光的清晰感有助于看清内外装修的细部,并增加绿化在天井中的美感。

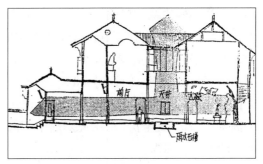

采光天井

Skyline 天际线

天际线指近代高层建筑密集的大城市的轮廓线,纽约曼哈顿岛上拥挤的摩天大楼拔地而起,世界贸易中心是 110 多层的闪亮的铝合金双塔,高昂的造价所获取的是由海上观看纽约壮观的天际线的美。许多现代化的城市,竞相以摩天楼群主宰着城市中心区的天际线。在中国古代的村镇中,也结合地形地势布置佛塔,装点着乡镇建筑群体的天际线,从远处能够清楚可见,成为乡镇的标志。

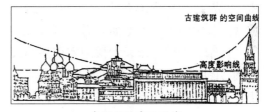

克里姆林宫天际线

Skyline of Chinese Traditional Cities 中国传统城市的天际线

常常作为城市标志的城市立体轮廓线,是组成城市整体性的一个重要内容。以往按照礼制思想形成的中国城市,无论大小都有一个显明的立体轮廓线。即使是一座小县城,十字街中心矗立着一个高大的鼓楼,连同城墙城楼组成了有变化的天际线。三江马鞍寨村寨中心是侗族寨民进行议事、文化、娱乐活动的高大鼓楼及其内向广场,突出的鼓楼和寨边缘的风雨桥组成了有节奏的天际线。大城市北京,中心宫殿高 20~30 米,四围城楼高 30~40 米,几个制高点如北海白塔、景山万春亭等高 50~60 米,一般四合院住房高 6~8 米,一般建筑与高点建筑的高度比为 1∶5 至 1∶8,由此形成了高低起伏的立体轮廓线。

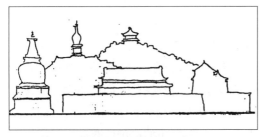

中国传统城市的天际线

Skyscrapers 摩天大楼

建筑学上称摩天大楼为"超高层建筑"。1905 年, 50 层的纽约大都会大厦建成; 1978 年,日本东京阳光大厦 40 层(226 米)落成,之后在中国香港、马来西亚,新加坡、韩国、中国台北等地如雨后春笋般崛起了一批摩天大楼。摩天大楼的实用性令人担忧,几乎所有的摩天大楼都被用作办公,很少有人把在强风下会轻微摇动的大楼作为自己的住宅。防火安全也是摩天大楼的另一难题。北欧、西欧等国家中绝大部分的建筑都在 5 层以下,新建筑并不向高空发展,而是着重改进内部布局和使其设备现代化。摩天大楼毕竟适应了地球空间越来越小、人口越来越多的趋势,尤其是在那些寸土寸金的大城市,其意义就更为重大。

摩天大楼

Skyscrapers Trend 摩天楼趋势

世界各国的大城市,人口日益集中,城市用地紧张,建高层建筑势在必行,从 20 世纪开始,高层建筑结构与构造逐渐成熟,向更高层发展, 1945 年标准石油公司在纽约建造 82 层大楼高 346 米, 1968 年芝加哥建造的 100 层的约翰汉考克中心高 344 米, 1974 年在芝加哥建造了 110 层的西尔斯大楼,高 442 米,是当时世界上最高的建筑。此后又有马来西亚和中国台北的高楼。高层建筑以其高大构成城市的景观特征,同时表现景观的时代特征,不但有自身的内涵和特性,还代表着不同的历史、文化及时代的科学与技术水准,并以其时代的特征与其他建筑景观环境共融与认可,那些影响时代的建筑具有强烈的时代包容性,如美国早期的帝国大厦,法国的埃菲尔铁塔,等等。

Skyway System 空中步道系统

空中步道系统是美国城市设计发展的

新趋势,是美国明尼阿波利斯市(简称"明市")的城市特征。起初空中步道只是为了气候寒冷而把相邻近的大型商业建筑用天桥在上层连接起来,逐渐在明市的商业中心区完成了一个完善的空中步行街系统。目前已经形成一套方便的城市中心区人行交通的规划的新类型。明市的空中步道系统仍在继续发展和扩大,在美国中西部地区许多城市也都争先效仿,如内布拉斯加州的林肯市、艾奥瓦州的底摩依市等都建有这种空中步道。空中步道在美国传统的方格网式的街道上面覆盖上一层串联范围很大的地域性步行交通系统,人车分流,方便地解决了大城市中心区的交通拥挤问题。

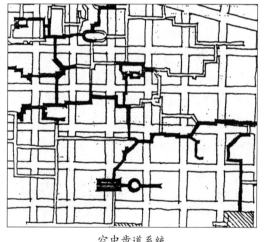

空中步道系统

Slate Roofing 石板瓦屋面

石板瓦是用屑岩加工制成的一种很薄的天然石板,石板瓦的颜色通常是深灰色,有时也有其他颜色,如红、紫、绿黑等色,视其所含杂质而定。用石板瓦做屋面重量极轻,耐火而不渗水,价廉而不虚焙烤,并能很好地抵抗腐蚀性气体,是一种很好的屋面材料,但受地区的限制。

Small Panes 小窗棂

平板玻璃大量使用以后,按理清透的大片平板玻璃应该把人与窗外联系得更加紧密,外界一览无余的敞开着,无窗棂的大玻璃空透无阻。但事实相反,人们还是愿意由室内透过有窗棂分开的窗户看到室外,这种由窗棂看出去的效果可以增加视野的强度和多样化,甚至增加所看到的景物的数量的景观。小而窄的窗户可以在房间中不同的位置上看到不同的视野,这种视觉效果和大玻璃以及水平带形窗是不同的,小窗棂所创造的光与景的效果丰富得多。窗外简单的风景被不同形状的窗格划分成若干块各有风趣的风景图案,把一个景分成若干个景,窗的功能就是获得视野,同时还有隔开外界的作用。大面积的玻璃有危险之感,缺少内外之间的边界感,窗棂给人以窗户的功能信息,由窗棂的限定就告诉人们此处已把你和外界分开,并创造一种闪烁的光线的明暗效果,以窗棂的疏密构图来划分窗的高和宽,做成美丽的图案。

Smith House, Darien, Connecticut 康涅狄格州达里安史密斯住宅

建于 1967 年,坐落在岩石与树林交错的高地上,共 3 层,11 间卧室和若干浴厕,主体空间为起居室,设计理念在于开与闭、公与私、虚与实的对立。住宅的外墙和内部全为白色,在一天中不同时刻,阳光的运转有深层的含义,最佳地反射自然光的各种色彩,白色有助于感知自然色彩的变化,使建筑与自然形成对比。设计师迈耶(Richard Meier)是当代名师,顺应自然是其作品的特色。在建筑内部运用垂直空间和天然光线的反射达到丰富的光影效果,在洁白的建筑表面加强了线与面的层次对比。白色由绿

色景物衬托,用格子排列的柱子支撑水平的楼板,墙壁自由围隔,平面形状随空间体的变化而层层错移。

Snack Atmosphere 饮食环境

前来吃的人不仅仅是为了简单的充饥,更多的就餐者带有各式各样的渴望进入餐饮空间。在诸多的餐饮空间中,室内及流动空间是给餐饮者留下最深刻印象的部分。1. 导向性要强,要顺应餐饮行为特点,导向明确,避免交叉。2. 空间组合灵活多变,室内导出室外,室外融入室内。3. 巧妙利用声环境,如背景音乐、流水声、鸟叫声等。4. 色彩及光环境的组合,色彩淡而不灰,光弱而不暗。5. 餐中餐具的材质色彩图案造型等都要与室内装饰主题设施得体。7. 设借景窗,巧造假窗以隐喻历史与文化等。巧妙的设计可使餐饮环境事半功倍。

热狗摊子(热狗是美国人对面包夹肉肠的俗称)
饮食环境

Snow Load 雪载重

降雪在建筑上面而产生的重力作用,为垂直荷载之一种,依积雪多寡,积雪载重之单位重量随之而异。一般积雪深度1 cm 时,多雪区域之雪载量约为 3 kg/m²,一般地区为 2 kg/m²。"Snow-shed"意为防雪棚,铁路、公路线山崖等处为防雪崩而设置之棚状防护设施。"Snow Melting Equipment"意为融雪装备。道路、出入口、通路等为防止冬季积雪发生交通障碍,预埋设管道并通以温水或油加热,以达融雪目的。

Social Amenity 生活服务设施

在城市规划中指设置在居住区内为满足本地居民日常生活需要的各项公共建筑和设施。20 世纪 80 年代中国城市居住区的生活服务设施分为七类:教育、文体、卫生、商业、饮食、服务和管理。在居住区详细规划中,一般分为居住区级和小区级两级。小区级有托儿所幼儿园、小学、中学、医疗站、青少年活动、老年活动室、粮店、蔬菜店、副食店、百货店、饮食店、理发店、修理店、自行车存车处、邮电局、储蓄所、居委会、房管所、变电所、物资回收站等。居住区级的范围更为大,有医院、银行、邮电支局、电影院、综合修理、街道办事处、房管所、派出所、婚姻介绍所等,有的还有热力站、调压站和水泵站等设施。

生活服务设施

Social Anthropology　社会人类学

研究人类社会的行为、信仰、习惯和社会组织的学科，在美国通常称为"文化人类学"，在法国和德国称为"民族学"。

庞德对建筑所作的人种和社会学方面的解释

Society for the Study of Chinese Architecture　中国营造学社

中国研究古代建筑的专业学术团体，1929 年成立于北京，创办者兼社长为朱启钤，1930 年后由梁思成、刘敦桢主持工作。其重点是研究历代重要建筑遗物，整理古代建筑专著和古文献中的建筑史料，编纂中国建筑通史、专史、古代建筑辞典等，先后在《中国营造学社汇刊》上发表对重要古建筑的调查报告和建筑史料综合研究论文多篇，出版《清式营造作法则例》《牌楼算例》《建筑设计参考图集》等专著。其研究项目还有《营造法式图注》《清工部工程作法图注》《中国古塔》《江南园林志》等。抗日战争后学社迁至四川，1946 年后停止活动。

Society of Chinese Architects　中国建筑师学会

中国建筑师的职业团体，成立于 1927 年，会址在上海，第一任会长为庄俊，分正会员和仲会员，正会员须有大学建筑专业或相等的学历，仲会员须有 6 年以上的设计实践经验。学会活动包括交流学术经验，举行建筑展览，仲裁建筑纠纷，提倡应用国产建筑材料等。学会出版刊物《中国建筑》，于 1933—1946 年与上海沪江大学商学院合办建筑系，抗日战争开始后，于 1938 年迁至重庆，1946 迁回上海，1950 年结束。

SOHO　小型办公住宅

SOHO 是英文"Small Office and Home Office"的缩写，意为小的家庭办公住宅。2010 年以后，随着信息技术的飞速发展和经济的繁荣，越来越多的人靠个人电脑与网络在小写字间或家里工作，同时社会整体经济小型化，工作场地分散化。这种生活方式势必给建筑设计带来影响。SOHO 住宅的作用体现在以下方面。1. 起居室功能被分解，书房地位上升。2. 工作时间延长，"主"卧室地位消逝，住宅内部原有的空间等级秩序被打破。日本神井公园集合住宅（东京练马区，1992 年 6 月）的公共楼梯将建筑平面分为住宅和办公两个部分，干扰小且可变性大。

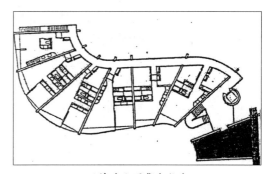

石神井公园集合住宅

Soil　土壤、地质

低层岩石以上土质部分，即所指的土壤物理及力学性质。"Soil Exploration"意为地质调查，是指地层组成状态、水位及土壤自然状态下之力学性质调查,其调查结果主要供地基基础设计及施工之依据。"Soil Mechanics"意为土壤力学,研究土壤物理性质及相关力学情况。"Soil Survey of Site"意为土壤地基调查,针对建筑的土木工程预定建设基地进行障碍物、地质、地下水位及土壤支承力等之调查测量作业。

土壤、地质

Solar Building　太阳能建筑

设计太阳能建筑要满足以下要求:1. 基地规划,建造在能获得最大限度日射的地段上,南面种植要选择落叶树,将冬至日那天整个收集器不受影响的范围线画出,按此进行建筑群布置。2. 朝向,收集器面积大小随朝向和气候不同而不同。3. 对组合方案的影响,收集器对建筑的覆盖率愈小,则建筑的平面布置愈自由。4. 建筑剖面,各种系统的收集器最佳倾角。关于太阳能建筑的几种设想:1. 我国目前应以设计被动式系统的建筑,利用建筑部件的蓄热借力,较为经济。

2. 采用锯齿形屋面时,宜采用主动系统。3. 多层厂房除屋顶可设置收集器外,在朝南的墙面上可设置倾斜的收集器。4. 适应收集器的低效能,随着它的发展,逐步提高标准。

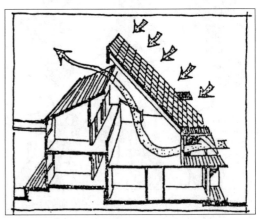

美国林肯市的一幢办公研究用房,兼作屋顶的太阳能装置、大的遮檐、良好的通风,使室内环境舒适

Solar Energy　太阳能

来自太阳的辐射,能够产生热,引起化学反应或直接发电。由于长期对加热材料无污染的独特性能,太阳炉成为高温研究的重要工具。已建成的太阳能蒸汽发电设备,采用活动反光镜将大量的太阳辐射热集聚在涂黑的管道上,水在管内循环变成蒸汽。太阳辐射可用光电池直接转化为电能。当这些特殊处理过的半导体材料(例如硅)制成的光电池受到太阳照射时,就会产生电压。这种发电设备可为气象通信卫星提供电力,为无线电和电视设备提供电源。

Solar Energy Use in China　中国的太阳能利用

中国人口众多,人均占有资源量少,发展太阳能产业可解决能源缺乏、保护生态环境、解决西北、东北、边远牧区等高寒地区的照明用电等问题。我国近10年来太阳能热水器产量已居世界第一,未来将建起太阳能大厦所有的电能和热能都来自太阳能。太阳能真空管和真空热管的制造技术已有很大进步,为太阳能热水器进入家庭创造了条件。目前应进一步将太阳能的热利用和建筑结合,资助贫困边远地区安装适用于一家一户或全村的小型太阳能电站。

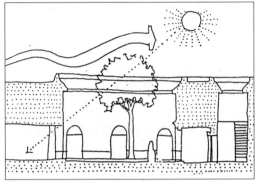

中国的太阳能利用

Solarium 日光室

指所有可受到日光照射的房间。有时也指古希腊、古罗马住宅屋顶上的敞廊或住房。但现在专指医院或疗养院中有三四面玻璃墙甚至玻璃屋顶的房间,病人用可控制的受日光照射作为一种治疗方法。

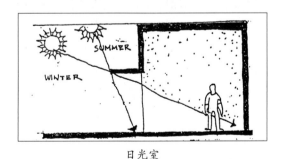

日光室

Solid Composition 立体构成

建筑立体构成法则包括均齐与平衡、对称与呼应、对比与调和、比例与权衡、节奏与韵律、分割与联系等,多只就形式论形式,缺乏对设计美的全面研究。形体美是客观存在的、发展变化的,应着重研究人关于形体的知觉、心理,研究形体的单纯化、秩序、理想化、稳定。单纯化最醒目、最易记忆,其手段有减弱、加强、归纳。秩序指变化中的统一因素,即旋转、扩大、平移、对称,能给造型带来秩序的形式有对称、比率、节奏。理想化就是化景物为猜想,手段有虚实结合,创造典型性格,整体设计。稳定分实际效用稳定和视觉稳定,除对重心的考虑外,还应注意排列中的视点停歇、平面和立体面的主从处置等。

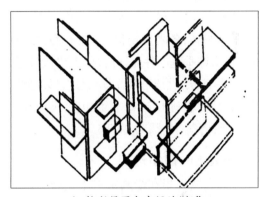

凡·杜斯堡围合空间的"板"

Songyang Academy of Classical Learning 嵩阳书院

嵩阳书院在河南省登封市城北约 2.5 千米处,因位于嵩山之阳而得名,原名嵩阳寺,创建于北魏太和八年(484 年),宋仁宗景祐二年(1035 年)扩建重修命名"嵩阳书院"。当时著名学者程颐、程颢、司马光等曾在此讲学,盛极一时,与白鹿洞书院、应天书院、岳麓书院并称"四大书院",在中国教育史上占重要地位。现存书院有房百余间,具清代建筑风格,院内两株"将军柏"传为汉武帝刘彻于元封元年(公元前 110 年)登临中岳时所封,已存 3 000 多年。院外大唐嵩阳观圣德感应碑,高 9 米,宽 2.04 米,厚

1.05 米,建于唐天宝三年(744 年),上刻宰相李林甫撰,书法家徐浩所书的碑文,基座四周浮雕力士 10 躯,石碑整体具有唐代雕刻之宏大风格。

Songyue Temple Pagoda　嵩岳寺塔

嵩岳寺塔是中国现存最早的砖塔,建于北魏正光四年(523 年),在河南登封西北 6 千米嵩山南麓。塔高 40 米, 15 层,优质小砖添加黏合剂的黄土垒砌而成。密檐砖塔,由基座、塔身、密檐和塔刹四部分构成。平面十二边形,塔基高 85 厘米,前后长方形月台,与塔基同高,塔后有通向塔室的通道。塔身下为平坦整体,各隔砌出倚柱,柱下覆盆式柱础,柱头饰垂莲。各面开门,门上半圆发卷。密檐共 15 层,叠涩塔檐,层层收进,形成抛物线状轮廓,塔刹由宝珠、七重相轮,覆钵和刹座组成,塔刹青砖雕刻,高 3.5 米。

Sotto in Su　仰角透视

仰角透视指在绘画中将天花板上或高台上的人和物,按照透视法加以前缩处理。它是巴洛克和洛可可两派画家们所特别喜欢用的手法,在 17 和 18 世纪的意大利甚为盛行。安德里西·曼特尼亚、朱利奥·罗马诺,柯勒桥和提埃坡罗等人都是此项技法的代表人物。

Sound　声

声学是研究声音的发生、传播、质量和接收的物理学分支。公元前 1 世纪罗马建筑工程师维特鲁威已了解声波的概念,正式提出声在空气中传播和水面的水波相似。现代声学应从瑞利的《声学原理》一书开始,书中有严谨的理论和确凿的实验资料。20 世纪声学的大部分是借助于先进设备开拓和发展了瑞利著作中的一些基本概念。声学研究的内容包括声波、声波的传播、声源、声的接收,等等。

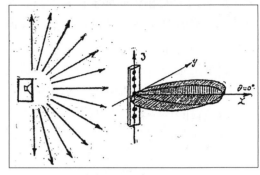

声柱指向性的示意图

Sound Effects　音响效果

指戏剧、广播、电视和电影中伴随情节的人工复制音响。音响效果传统上对戏剧学院很重要,为忠实再现各种声响而设计出了许多精巧的方法。现代大多数音响效果均已录制在唱片或录音带上,可提供更大的真实性,可不需庞大的音响制作装置,就能为演出提供几乎是所有的音响效果。

Sound Insulation in Housing　住宅隔声

住宅隔声标准的主要内容如下。1. 分户墙与楼板的空气声隔声标准分三级。2. 楼板撞击声隔声标准分两级。空气声隔声指数用两个相邻房间的声压级差值表示,撞击声隔声指数用标准打击器在楼板上撞击,在楼下房间测量的声压级一个数值表示。设备噪声包括上下水、暖气通道、电梯等产生的噪声。3. 空气声隔声标准的依据,住户主观反应的调查,隔声量与听觉的关系,客观平均隔声量与主观感觉的关系。从允许噪声级推算隔声量。现在墙体隔声性能等级图。4. 楼板撞击声隔声标准依据,住户的反应、现有楼板撞击声隔声性能的等级图。

Sound Intensity　声强

单位时间内通过垂直于声波传播方向

的单位面积的能量。声强是客观的,可不依观测者听力的听觉器来测量。两个因频率不同的声强可以利用功率比值来比较。

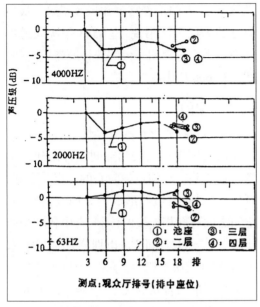

歌剧院观众厅内声场分布测定结果

Sound Voice 声音

听音乐是人们重要的精神休息方式,人类具有对音乐的天然感情。从山水画中人们感受到溪水潺潺,叮咚有声,描绘风雨则画出迎风的柳枝和孤舟蓑笠翁,已是含蓄地表达了大自然的声音与天空、云彩、水池中的倒影交相辉映,唤起人们的音乐感。但不是所有的声音都受人喜爱,避免噪声的干扰,避免有害声对工作休息环境的破坏,也是研究环境声学的重要目的。

Soundproof Chamber 防音室

又称"隔音室",对外部侵入的声音充分防止,室内则使用大量吸音材料,使室内余响时间降至最低,主要供作音响实验,听力测验等之无响室用。"Soundproof Construction"意为防音构造。"Soundproof Material"意为防音材料。"Soundproof Door"意为防音门,为防止声音,阻断音而设计之门。其构造大部分采用隔音材料,并填充以各种玻璃棉、岩棉等吸音材料,制成复数层之门。"Soundproof Window"为防音窗,为隔绝声音传播而特别设计之窗。

South Africa Bushman Dwellings 南非布须曼民居

南非布须曼部族的布须草原是用苇草编制的筒形窝棚,这种民居是由原始的避风屏障演化而成的。布须曼民居也是按群体组合的,布局按南北轴线布置,前方为祭坛,后方左右分别是男人和女人的纪念性标石,再后面是住屋,最后是首领的会议房和铁匠房。

South Facing Outdoors 坐北朝南

坐北朝南是中国民居布局的传统,建筑环抱着阳光地是中国北方三合院、四合院布局形成的重要因素。不同纬度气候地区有不同的日照条件,现今的居住邻里有各式各样的组合方法,房子的方位与使用场地要考虑建筑的阴影覆盖面积在不同时间的变动范围和对场地的遮挡情况,建筑间不要留下深长的阴影。

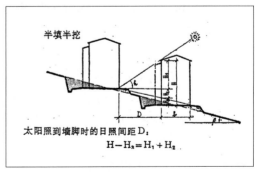

坐北朝南

South West Africa Clan Village 非洲西南氏族部落

纳米比亚,位于非洲西南岸,地跨南回

归线,中部为沙丘及裸石带,地面荒凉气候恶劣,热带大陆性气候十分干燥,主要为奥万博人。纳米比亚的民族村落为圆形,内部由圆形草顶土屋群组成,中心留出空地供围火的公共活动。第一夫人住屋在内,围绕着其他夫人的住屋、贮存屋、来访女孩住屋、来访的妇女住屋,等等,再外一圈是厨房、小孩睡房、谷仓、第二夫人的使用部分、入口通道等,最外是牲畜围栏和牲畜的出入口。

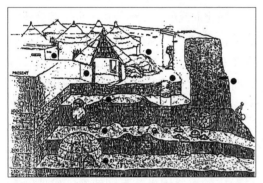

吉尼吉诺发掘的公元前 250 年的一组圆形土屋

South West Africa Traditional Dwellings 非洲西南传统民居

在非洲广大的土地上,生土和覆土建筑是当地的主要传统建筑特色。非洲南部苏丹的纽巴山区麦沙金住宅是由五个圆形的土屋围成的一个院子,分别为贮存仓库、居室、谷仓和卧室,另有一间祈祷用的房间。有趣的是儿童的卧室内分为两层,底层是猪圈,上层住人这种土筑民居的墙壁上常常有色彩鲜艳的图案花纹和部族的图腾符号。尖顶的谷仓土墙外面更是涂以红、白等鲜丽的色彩,带有原始图腾的痕迹。马里的特兰因墓穴建筑是铁器时代早期文化的遗址,是一个以土石砌筑的圆形墓穴建筑,材料全是小块的石头和泥土,并建造了多层结构。南非的古雅住宅在罗索托一带的小山顶上,全是用石头建造的小屋,现今的古雅人仍然住

在这种民居之中。

Sowon 书院

朝鲜李朝时期(1392—1910 年)的一种私塾学堂,专门培养官宦和贵族子弟。最早成立的为白云洞书院,是 1543 年庆尚道郡守周世鹏为纪念朝鲜大儒安裕所建,全盛时期共有 600 所书院。

Space 空间

空间是物质存在的广延性,建筑设计从过去的房间设计进展到空间设计是建筑学的一大进步。空间包括向心的焦点式空间、区域性空间、由边墙形成的方向性的空间。空间之间有互相连接的体制,有由各种功能所限定的空间,空间还可以划分为垂直的、水平的、彼此层次交错的,等等。空间形式的出现也是图形与背景的关系,限定空间的要素多种多样,如垂直墙面、地面和天花,连续的或曲线的表面等均可限定多种多样的空间。

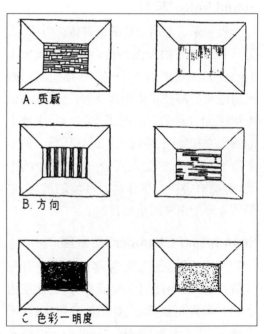

空间

Space and Infinity 空间的限定

古典主义把建筑视为由六面体围合的房间,现代主义运动之后发展了建筑的空间理论,空间则是由内部和外部物体围合而成的。建筑大师赖特的有机建筑理论发展了建筑设计中室内与室外空间的交替与渗透。由此空间的限定突破了六面体概念,空间可以由各种面和线所限定,也可以由在地面上划分的范围所限定,由上部的天花或装饰所限定,空间还可以由连续的表面所限定,进而产生了空间的流动感。对空间的评价是环境景观设计质量的重要因素。

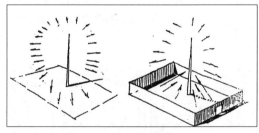

高杆的空间层次

Space Arrangement in Traditional Buildings，Sichuan 四川传统建筑的空间处理

1. 善于在建筑布局中抓住重点,巧妙经营入口的水平空间和垂直空间,受地形地势的限制恰当地安排入口并随景组织道路。2. 利用高层错落地形、因地制宜、灵活组织多变自由的空间。山地的寺庙借助坛台、花池、廊前、屋后、墙角、坎间、壁上、窗下等小空间。此外在组织屋面,丰富房屋的形体轮廓实践中更取得了高度的成就。3. 结合点、线、面有机地布置内外生活空间与观赏空间。4. 借用高低虚实墙廊围隔渗透空间,墙俯看一线,正看一面,运用形式各具特色。5. 在有限地段条件下,向周围争取、延伸和扩大空间。一是争取"半厅"空间,即在房屋檐跨进深内用墙或隔扇分隔成前后两厅。二是延伸悬挑空间。三是扩大岩室和绿化天井。

Space Compose of Communication 交通联系空间

通常把过道、过厅、门厅、出入口、楼梯、电梯、自动扶梯等称为建筑物的交通联系空间,布局应直接,防止曲折多变。交通联系空间的形式、大小、部位取决于功能需要、人流数量、家具布置、安全设施等。使用性质有以下情况。1. 为交通而设置的过道和通廊,如电影院的安全通道。2. 交通联系空间兼为其他功能服务的过道或通廊,如医院门诊部的宽过道、学校的过厅等。3. 多种功能综合的过道,如展览陈列性质过道,园林中的走廊等。过道空间的形式多种多样,有封闭的、半敞的、直线的、曲线的、直曲线结合的等。通道的宽度与长度根据功能、防火规定及空间感觉确定,人流分单纯人流或带物人流还包含运送车流,方向、门扇开启、采光照明等。垂直交通空间联系常用的有楼梯、电梯、自动扶梯及坡道等。

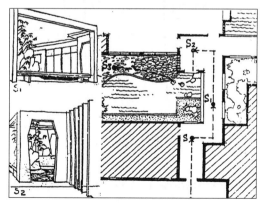

桂林榕湖饭店餐厅庭院空间的对比

Space Compose of Corridor 过道式空间组合

过道、过厅、门厅等与之联系的空间组合而形成了一个完整的建筑群体,称"走道式"建筑布局。例如行政办公、学校、医疗建筑等,布局有内廊式和外廊式两种。内廊式走道占地面积小,有一半房间朝向不好,在炎热地区为了通风多采用外廊式,但交通路线过长,外墙过多。在行政办公建筑中可分为办公、公共、辅助部分,办公空间组合可分段布置亦可分层布置,以公共走道相联系。在学校建筑中可分为教室、教师备课及办公、辅助部分,以公共走道相联系。在医疗建筑中,可分为门诊、住院、供应三大部分,以公共走道相联系。走道式的空间组合即合理地组织其交通空间,联系通达各个功能部分。

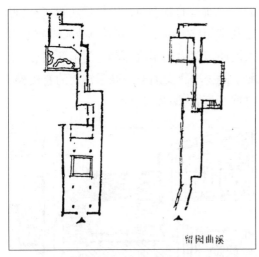

过道式空间组合

Space Compose of External 外部空间组合

室外空间包括主体、附属建筑物、室外场地、绿化设施、道路入口、建筑小品等。一般室外空间的构成靠建筑物群体组合,着重考虑主体建筑的空间布局、体型、朝向、通风、采光、绿化、道路等问题的合理性,同时考虑与附属建筑有方便的联系。室外空间的建筑组合要表现一定的设计意图和艺术构思,可有开敞的室外场地或集散广场,大小和形状由建筑的性质、规模及所处地段情况而定。室外活动场地如体育、学校、幼儿园等需分别设置不同性质的场地,停车场地包括汽车与自行车停车场。此外还需要设置服务性院落场地,如锅炉房、厨房等内部使用的院子。在室外空间组合中,突出绿化美化环境作用,要选用合适的绿化形式,绿化布局中常采用各种装饰小品,点缀空间,还应注意出入口及道路安排,以上均为处理外部空间重要因素。

外部空间组合

Space Compose of Inner Room 套间式空间组合

套间式空间组合以满足参观路线的连续性要求,如博物馆、陈列馆、美术馆等建筑。基本上可分为以下几种。1. 串联的空间组合形式,各展览室首尾衔接,互相串通,有一字形布局、丁字形、口字形等。联系紧凑,方向单一、简捷明确、不重复、不逆行、不交叉。但路线不灵活,易产生拥挤现象,不利于单独开放等。2. 放射式空间组合,使用灵活但容易交叉干扰。3. 串联兼走道式空间组合,具串联与放射之优点,空间连续又可分割使用,但增大面积,占地较多。4. 放射兼串联式空间组合,各陈列空间围绕交通枢纽布置,兼具串联、放射与走道联系之优点,但组织不好,采光与通风易不良及参观路线不够明确。5. 大厅分隔的组合形式,陈列间及人流活动空间合一,空间利用紧凑,需要人工照明及机械通风。在实际应用中,上述五种套间式空间组合不限于展览建筑类型,其他如商业、交通、饭店等也常采用。

Space Compose of Interior 内部空间组合

建筑由一个或一组空间组合而成,其内部空间可分直接使用、间接使用及交通联系部分。三者之间的关系可产生不同特点的空间组合形式,如交通空间寓于使用空间的餐厅或加油站,又如电影院可把三种空间穿插组合在一起,形成一个整体。可见空间的直接使用部分与辅助部分之间、直接使用部分与直接使用部分之间、辅助部分与辅助部分之间、楼上下之间、室内室外之间,都离不开交通联系部分。

Space Compose of Main Hall 大厅式空间结合

体育馆、影剧院、大会堂等大型公共建筑属大型主体空间建筑,在其周围布置附属空间,并与主体空间有紧密的联系。例如体育比赛大厅为主体空间、座席下部的斜向空间中布置门厅、休息厅及辅助房间等。各部分之间要解决人流疏散、主席台及看台的视觉质量、比赛服务用房的路线联系、电视广播设施使用及管理、合理的大跨结构、总体布局中的广场及道路规划等。影剧院则以观众厅为主体空间,由前厅、后台、舞台组成,观众厅中的视听为主要设计内容,妥善安排视距、视角、休息厅、门厅之间的关系是影剧院会堂建筑空间组合的关键问题。

大厅式空间组合

Space Compose of Multipurpose 综合性的空间组合

因功能要求比较复杂的公共建设不可能采用某一种类型的空间组合,常采用多种空间组合形式综合地组织空间。如文化宫、俱乐部、综合会议中心等。例如纽约联合国总部包括 2 000 座大会场、一系列会议室、600 座位的安理会、39 层的秘书处办公楼、分 8 个部门、地下 1 500 辆汽车库。有办公过道空间组合,又有主体大厅空间组合,形成一个综合性的空间组合整体。以酒店建筑为例,在标准层中大量客房兼办公部分通常运用走道式布局,底层的公共活动部分则需要采用综合性的空间组合形式。

Space Connection 空间的连接

建筑物常常是由一组内部空间所形成的,许多空间之间必然有着某种联系,需要建立一种彼此之间的疏通关系,建筑的外部空间也同样有这种彼此连接的层次关系。空间之间的联系有附加式的相接,一层套一层式的连接,连串式的连接,主从式的连接,走道通过式的连接,空透式的连接,等等,多种多样的连接方式。不同的空间连接方式创造多种多样丰富变化的空间环境。

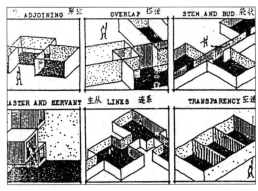

空间的连接

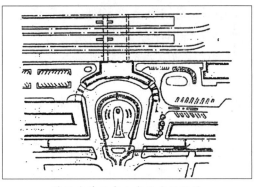

荷兰鹿特丹中央车站广场设计

Space Hub of Communication　交通枢纽空间

　　安排建筑中的门厅、过厅等交通枢纽，特别是公共建筑中的主要出入口部分，是整个建筑的咽喉要道。除考虑人流集散外还需根据使用性质设置一定的辅助空间，如问询、管理、会客、售票等，主楼、电梯也要组合在门厅枢纽空间之中。门厅出入口设计要依据使用和精神意境两方面的要求，应导向清楚、交通明确、主次分明、合适的空间尺度和安排好过渡性空间，如门廊、前厅等。在门厅出入口的空间处理中，大小、开合的对比运用可以创造出生动的效果。在对称的门厅布局中，以轴线表现空间的方向感，主轴与次轴的区分表示人流方向的主次。在不对称的门厅的空间导向处理，除了安排楼梯的适当位置之外，可运用台阶、空间高低、墙面的明暗、地面的划分等手法来强调空间的方向感。此外，还运用过厅等次要的交通枢纽空间处理以及从室外到室内的过渡空间处理，如门廊、雨罩等，与室外的平台、台阶、坡道、花池、雕塑、喷水、矮墙、绿化等统一考虑。

Space in Motion　流动空间

　　赖特的草原建筑表现出的水平感象征巨大的草原空间，空间是运动的、流动的，它成为20世纪新纪元的建筑特征。赖特要建立的是顶盖下的流动空间，采用交叉或低矮的屋顶，空间交互贯通，窗户开向大草原的天然风景，水平式的住宅平面由核心向外伸展，窗上伸出的挑檐把视线引出到远处的地平线，展示一种开拓的精神，首次提出以四度空间表现建筑意境。这种以大自然风景的主题是敞开的，外墙也可以敞开，除了住宅的私密部分以外，可做到全部互相贯穿的空间，不一定用门分隔房间，以精心考虑的视角的感觉来划分空间。当跟随视觉的变化而流动，各处都是有趣的设计因素展现，光束出现在方角处，庭园绿化闪烁于室内，低矮的吊顶后面对比着高大的空间，其后又会有特殊形状的空间，各式各样的视觉效果好像一首空间和光线的交响曲。

动观静

Space Perception 空间感

人对环境的感觉是立体的,经由眼、耳、鼻、皮肤所感觉到的整个空中体积。户外空间也同建筑空间一样,由声、光及四周环境所界定。户外空间的特征是广阔而松散。水平尺度比垂直尺度大,形式不规则。户外空间设计之素材有土壤、岩石、水及植物,且随时间改变,属于时间过程中被观赏的主体。由于户外空间的特点,设计中可创造错觉,空间尺度由光线、颜色、细部处理而强调。眼睛由许多物体而判断距离,某些物体可增加或减少景深,利用对景物的错觉可增强空间之效果。如种植一排相互重叠的树,使其透视成一点,创造一种"空虚"的感觉,或一种深度幻想的感觉。一个单纯的视觉舒适、尺度均衡的户外空间是很有吸引力的。

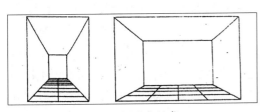

不同比例的空间感

Spaces for Children 儿童空间

小孩是居住环境中某些地方的使用者,而且成为大人争吵或建立友谊的桥梁。通常在房前屋后,幼童场内游戏,来来往往的街区旁,友谊就在这些场所发生,是小孩、母亲、老人们每天生活的重要部分。青少年的活动区域最容易被忽略,幼童多由父母陪伴在游戏场内玩耍,稍大的孩子则找寻供他们活动的场地、堆沙、戏水、攀爬与遮蔽物、带冒险与刺激性的游玩活动,最好将不同游戏性质的场地分散各处。造景及维护是必要的,最好为青少年提供运动场地。

Spanish Colonial Architecture 西班牙殖民式建筑

西班牙人的美洲殖民地在墨西哥有大量的西班牙式的居住建筑布置成三面环绕庭院的住房,以低坡度的瓦屋顶、小窗户形成西班牙建筑风格。在南部与当地印第安建筑相结合,在土坯砖上加粉刷,平屋顶上以草泥覆盖,以松木为梁,低低的女儿墙,松木梁头伸出,加工处理后着上颜色,形似牛腿,低矮的围墙围绕着院子。西班牙式墨西哥建筑渐渐形成现在一般所称的西班牙建筑,或地中海式建筑,实际是墨西哥、印第安民族村落与西班牙的宫殿以及意大利农舍的混合物。有各种多样变化色彩的粉刷墙面。西班牙文艺复兴式的装饰纹样,常常集中在门头上装饰,中庭中有喷水池供给家族生活。住宅以宽大的拱廊、低坡的屋顶、外廊的阶级、圆形的塔为其特征。

Spanish Garden 西班牙庭园

阿拉伯人在 8 世纪进入西班牙,将伊斯兰建筑和伊斯兰园林的风格带到了西班牙,结合西班牙当地条件,形成了西班牙式的庭院风格,后来又被西班牙殖民者带到了美洲。典型的西班牙庭院被称为"Patio",原意为院落或天井。布局是四周为建筑,阿拉伯式的方形庭院,有拱廊。中轴线上有一方形水池或长条形水渠,并设喷泉。有些地方的水池或水渠还兼有灌溉功能,常以五色石子铺地作纹样。西班牙庭园遗址有 14 世纪的阿兰布拉宫庭园,体现了西班牙庭园的基本特点,后来贵族和王室御园的布局多效仿意大利、法国园林。

Spatial Expression 空间表现

平面的绘画过去我们乃用色调明暗的方法,予以显出立体感觉。可是今日的绘画表现手法以块状表现物象,而不采取色调的明暗法,但仍能使画面显于空间,这是完全有赖线的造型和黑白强烈的对比而致。

日本国立美术馆室内通过各种建筑构件的划分,形成一系列层次

Species Mix　树种混合

自然地区都包含许多树种,在栽植计划中通常不选用过多的树种,例如沿路边之行道树采用单一之树种,或以同样之花卉创造美丽的花坛景观,但单一栽植对于生态的演进较不适合。最好采用混合树种栽植,但其数量不一定很大,一丛树至少需要用三种树,或者最多五种树,数量再多则视觉效果不好。但不同之树种并不是完全一棵一棵地混合在树丛之中,否则会失去每一种树的特性,所以应该将每一种树种种成小簇群,再将它们混合。栽植并非装饰或填塞建筑之间绿色元素而已,主要的栽植原则上应在建筑之前就该完成,并将公众栽植与私人地段上的绿化整体发展,以植物群体来界定主要的空间,用植物的特殊质地来强调建筑布局中的重点地区,才是合理的栽植设计。

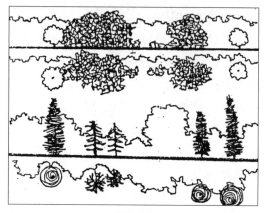

树种混合

Specified Flower Garden　专类花园

以某一种或某一类观赏植物为主体的花园。专类花园选择植物品种通常是观花植物,也有观叶和观果的,如牡丹园、丁香园、蔷薇园多浆植物园等,特色为充分发挥同一类植物的最佳观赏期和特性,可从事教育与研究工作。中国专类花园古有记载,新中国成立后广州兴建的兰圃,常州红梅公园的月季园都有相当大的规模。古埃及园圃已有栽种葡萄、海藻等专圃的布置。中世纪欧洲有草药园, 18 世纪以后有不少专类花园如月季园、杜鹃花园、丁香园等。专类花园的面积从几百平方米到几公顷,布局不拘一格,既可独立也可作风景区、公园庭园的组成部分,成为景点或园中之园。

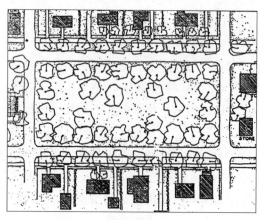

专类花园

Spire 塔尖顶

塔身之上尖锐陡峭的角锥形或圆锥形顶部,哥特式建筑发展到成熟期后,塔尖顶越发细高,在建筑形象上达到一种壮观的视觉效果,同时象征中世纪人们对天国的敬仰。塔尖顶起源于 12 世纪,原是覆盖教堂塔上的一个简单的四边角锥形屋顶,后向细高发展与塔身融为一体。

Spirit of Place 场所精神

挪威著名城市理论家诺伯格·舒尔兹(Christian Norberg Schulz)发展了林奇关于知觉空间的观点,他认为"最完美的建筑空间与其作为思考或直觉次元,不如作为人的存在次元更能真正理解的空间",而方向感和认同感是人类存有的主要认识活动,方向感就是人们通过可识别的空间图式或环境形象为自己定向,目的是要了解自己身居何处。他将城市存在的空间诸要素加以组合而形成形式化的基本图式,这一图式依靠中心(Centre)即场所(Place)、方向(Direction)即路线(Path)、区域(Area)即领域(Domain)的确定而确立。这几个因素又构成了存在空间的接近关系、连续关系、闭合关系的三个重要条件。

场所精神

Sport Building Future Trends 体育场馆的发展趋势

体育建筑是大型空间公共建筑的一个重要组成部分,跨度大,工程技术复杂,投资多。许多建成后多数时间闲置不用,利用率低,在一个新建筑类型出现的初期,用途专一是其首要的目标。如今实现综合利用已成为主流,大空间公共建筑实现多功能,可提高社会效益和经济效益。主要技术问题有活动地板、舞台、看台、帷幕和可调节的音响及照明设备。体育场馆的发展趋势如下。1.综合的功能,主空间功能的扩大,附属空间的多种经营。2.机动的布局,根据各种使用功能进行组合,寻求最佳的综合布局,应有较强的应变能力。3.灵活的覆盖,可叠可塑,薄壳、网架、悬索等新型结构,可开可合,可有可无。4.高层次的复归,阳光依然是现代生活的基本要素,复归自然将是重要发展趋势。5.鲜明的个性,环境意识在加强,不同功能组合带来丰富多彩的变化,结构多样化,建筑师的作用加强。

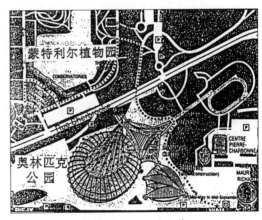

体育场馆的发展趋势

Square Courtyard 四合院

四合院形式代表中国传统建筑精神的核心,有人说它是中国传统建筑精神的根,也有人把中国传统建筑归结为墙的围合。或许是由于四合院布局的原则和中国古代的哲学、宗教、文化、生活美学以及社会家庭组织间有密切的关系,因此人们公认四合院是中国传统民居的基本特征。墙的运用与围合是组成四合院的要素,墙的围合再加上入口、门楼、影壁、山石、盆景、景观大树等形式要素,可为四合院空间的处理创造无穷的多样性,在统一中取得变化。四合院围墙与建筑的围合所产生的内外空间,创造出一种中心领域的家庭气氛。四合院的外部空间使每个院落在不同位置上都有入口门楼,标志出各个四合院落的个性特征,并强调了住宅之到家之感的亲密性。

Square of Five Tower 五塔广场

五塔广场是戈利茨设计的建筑化雕塑的典型代表,塔身内无内部空间,其中最高处 57 米,最低处 37 米,橙黄色饰面,它是自巴黎埃菲尔铁塔建成以来最突出的建筑式雕塑实例。除追求作品的雕塑性、建筑感之外,它甚至还追求作品的音乐感,竟在塔顶安置了风笛,利用风力产生音响效果。该作品已经成为墨西哥城卫星城的象征和标志。

五塔广场

Squaring the Circle 化圆为方

作一个正方形使其面积恰好等于一个给定的圆的面积。只用圆规和直尺画任意圆为方的问题被认为是古代的典型问题之一。

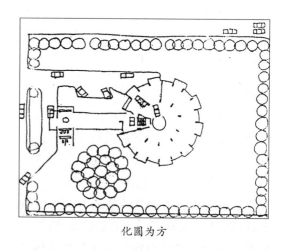

化圆为方

Squinch 内角拱

在建筑史上因上部结构形状变化(如在方形平面上建造圆穹隆顶,或下部为方形上部做成八角形时),在室内转角处用悬挑或其他做法建造的上部结构的支撑部分。内角拱的形式很多,有逐层挑出的叠涩作法或做成各种拱式或龛式。拜占庭建筑中常用拱式内角拱,意大利罗马风格式建筑中的内角拱或为圆锥形,或为拱式。伊斯兰建筑继承了萨珊王朝的建筑传统,大量采用内角拱。在哥特式建筑中,内角拱常用于方塔以支承其上的八角形尖顶。

St. Mark's Square 圣·马可广场

修建开始于 830 年,钟塔建于 1329—1415 年,图书馆建于 1536 年,道奇宫建于 1309—1424 年。广场有两根石柱,其一建于 1189 年,另一根建于 1329 年。广场前的三根旗杆建于 1505 年。

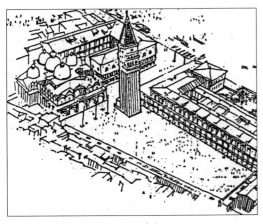

圣·马可广场

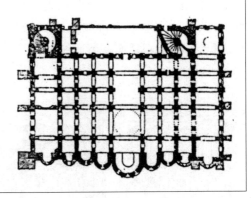

基辅圣索菲亚教堂

St. Sophia, Kyiv 基辅圣索菲亚教堂

基辅圣索菲亚教堂是基辅城内规模最大、建造最早的一座教堂,大约在 10 世纪基辅罗斯时期建造了克里姆林宫、城墙、修道院等。基辅圣索菲亚教堂建于克里姆林宫内,于 1037 年建成。除了某些外表在 17 世纪以后进行了一些巴洛克建筑装饰外,基本上是 11 世纪所建的原建筑物。它总平面近方形,是典型的东正教建筑形式,石构、墩实有力,内部以柱廊划分空间,在祭坛处设了 5 个半圆形的坛。至今保留有马赛克壁画原物,距今已有 900 多年。建筑上部覆盖着 12 个多边形的曲线尖顶,高低错落,外墙上开了许多圆拱形孔洞,由于建筑构图的需要,有许多墙面上开了圆拱窗形的附壁,使实墙面显得轻快。

Stadium 体育场

体育场在 20 世纪建筑学上占有重要地位,基本要求是供比赛用的场地和有大量观众座席。古希腊最初的体育场是马蹄形的,因山势建造,后发展为赛车场、竞技场。19 世纪城市发达,大型体育场不断建成,1896 年雅典奥运会场地是由一座古体育场改建而成。20 世纪建设的大型体育场有布拉格斯特拉霍夫体育场可容纳 24 万人,里约热内卢市立体育场可容纳 20 万人,格拉斯哥哈姆登公园体育场可容纳 14 万 9 千人、伦敦北区文布利体育场可容纳 12 万 6 千人、墨尔本板球场可容纳 11 万 6 千人,莫斯科中央体育场可容纳 10 万 3 千人,墨西哥城阿兹特克体育场可容纳 12 万 6 千人,芝加哥士兵体育场可容纳 11 万人,洛杉矶道奇体育场是第一座没有立柱妨碍视线的体育场,得克萨斯休斯敦的透明圆顶体育场是一座大型体育馆。使用软式钢缆以加大屋顶跨度是体育建筑设计的一大进步。

Stage 舞台

自古舞台为供给舞乐吹奏的场所,近代成为歌剧、话剧、演艺等表演场所之总称以及教室高出楼板一阶的讲台面。"Stage Curtain"意为舞台帷幔。舞台照明指舞台上照明设施之总称,包括投光、溢光、沟光等照明方式。光源位置来自舞台上部、舞台楼板、舞台前观众席后面及侧面、观众席上部等多处。

美国太伦古瑟剧场的半岛形舞台

Stained Glass　彩色玻璃画窗

用各种颜色的玻璃片拼凑成各种图像的玻璃窗。从 20 世纪开始,在制作过程中又应用了现代的建筑技术和材料。19 世纪末 20 世纪初,各国的彩色玻璃画家们不仅用在教堂上,还应用在旅馆和茶室中,也有用在灯罩及室内的固定家具上的。第二次世界大战以后,彩色玻璃画的应用有了创造性的发展,现代建筑工程中创造出许多应用彩色玻璃画窗饰的一些新方法,特别是在法国和德国。

Stair　楼梯

建筑物上下层之通道,有各种形状,一般之坡度为 20°~35°。"Stair Hall" 意为楼梯间,安置楼梯之空间。"Stair Landing" 意为楼梯平台,楼梯中途或转向处之平坦部分,供休息及紧急避难用。"Stair Well" 为楼梯井,围绕楼梯构成井筒状之挑空部分。楼梯除解决上下层之间的功能连系以外,还起到组织建筑空间流线的重要作用。建筑

中垂直空间的流线组织比水平的疏通更重要,垂直交通与水平交通的交点是建筑的枢纽所在。因此,在西方的传统住宅中,常把前厅中的主楼梯作为室内的精美装饰品,是家庭舞台的活动中心,以建筑中神气的主楼梯的处理上下功夫,以表现建筑特征和设计技巧。楼梯的设计形式与技巧丰富多彩,是人们观赏的空间艺术品。

楼梯

Stair Seats　踏步与座位点

宅前、广场、桥边等处踏步与座位的布置既要有抬高的地平高差,又要有俯视的视野,又要能方便地通达到外部场地。在中国的传统村镇中,十字街口公共广场上的剧场、百货店、或其他公共建筑常常作有高台阶,每逢天气晴朗或夏日傍晚,成群的居民喜欢坐在高台阶上乘凉消夏、观赏风景和闲谈。在水边的村镇中的桥头岸边,通向河岸的踏步常常做得很巧妙,不仅为取水洗衣和交通之用,同时也形成水陆之间易于交易、

休息、乘凉等公共活动的踏步与座位点。在中国的传居统中,在高差起伏的宅院内部也有许多运用踏步变化标高的布局手法。

塞纳河畔景观

踏步、休息平台、扶手栏杆组成,但形式呈现多种多样。

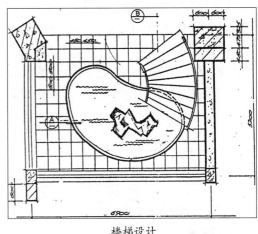

楼梯设计

Staircase 阶梯

阶梯是两层楼面之间的一系列踏步。最早的阶梯可能是公元前 2000 年埃及神庙门楼中两边都有墙的阶梯。克里特岛上克匿萨斯和菲埃斯托斯的古代宫殿(约建于公元前 1500 年)都有阶梯。公元前 6 世纪波斯波利斯宫殿的台基有双向的阶梯。20世纪则应用钢材和钢筋混凝土做成各种形状的阶梯,成为现代建筑设计的重要特征。

Staircase Design 楼梯设计

楼梯是建筑中人流集散要道,位置、数量要根据功能要求和防火规定,安排在各层门厅、过厅等交通枢纽处。楼梯宽度与数量、使用性质和人数及防火规范有关。大型公共楼梯有单跑楼梯,方向单一贯通空间,表现庄重气氛。双跑楼梯用于主楼梯或辅助楼梯,也可横向布置于大厅的一角,整齐美观。三跑楼梯有对称的和不对称的两种。各种特殊用途的楼梯,如消防梯、钟塔中的检修楼梯,常采用单跑直上的钢梯。根据防火与疏散要求,公共建筑设计至少设置两部分楼梯,布置在人流适当的部位,可分主次或同等均布。楼梯的基本组成大体雷同,由

Staircase Volume 楼梯间的分量

在中国传统民居中楼梯间的体量常常占据很小的空间,坡度也比较陡,与西方住宅对楼梯的处理和认识上有传统习惯的区别。中国民居一般把楼梯布置在次要的、隐蔽的位置,不能影响堂屋作为民居主体核心的地位。西方住宅则习惯把楼梯作为住宅中的核心并重点装饰,故意强调地坪起步处的宽度以显示家庭主人由楼上走下来时的气势。

Stairs Classification 楼梯的种类

楼梯按使用情况分:基本楼梯,供日常使用;专用楼梯,为生产工序所需及工作人员职能所需而设置;太平楼梯,供紧急疏散而设置;消防楼梯,在火警时供消防人员使用。楼梯按材料分:可燃性的木楼梯;非可燃性的钢筋混凝土楼梯。楼梯按形式分:直线式、转角式、双折式、对双折式、三折式、对三折式。

Stairs Structure 楼梯构造

为结构物连接不同高度楼面的垂直交

通构造物,楼梯须坚固、防火、便利、安全。楼梯间墙壁应防火、隔音,天然采光,宽畅的空间,踏步尺寸常用高 150~180 厘米、深 270~300 厘米、斜度 20°~35° 为行走舒适斜度。楼梯的组成有梯段、斜梁、踏板和踢板、踏步宽、踏步高、栏杆、平台。钢筋混凝土楼梯有现浇式、小型构建装配式、大型构建装配式。

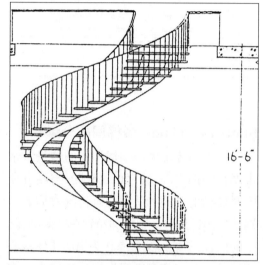

楼梯构造

Stalactite Work（Honeycomb Work）钟乳石状装饰

又称"蜂窝状装饰",伊斯兰建筑中内角拱上的一种装饰,形状和钟乳石相似,由很多小壁龛组成,逐层向上挑出,或为成行成列的凸出棱柱体,顶端用小型内角拱相连。其大致可分为三类:1. 若干壁龛组成,以凹入曲面为特点;2. 以壁龛间的竖直边缘为特点;3. 以复杂的交错小拱为特点。前两类常见于叙利亚、北非、西班牙及土耳其建筑中。波斯的装饰形式较简单,第三类为典型的波斯风格,也见于印度莫卧儿帝国的建筑中。14 至 15 世纪为鼎盛期,成为用在门头、壁龛、檐口下和尖塔上的普遍装饰形式。

最华丽的棱柱体钟乳石装饰可见于西班牙的摩尔人的建筑,例如格拉纳达的阿尔汗布拉宫(14 至 15 世纪)。此种装饰亦用于伊斯兰家具和陈设中。

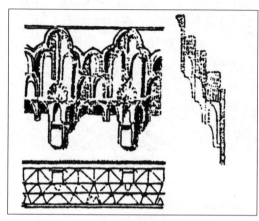

钟乳石状装饰

Standard 标准

材料或制品的种类制造方法,形状、尺寸、品质、等级、成分、性能、耐久程度等基本规定,亦称"规格"。"Standard House"意为标准住宅,大量建设供应的住宅,为避免个别设计的偏差而予以标准化。"Standard Size"意为标准尺度,材料成品之标准化。"Standard Building Cost"意为标准建筑费,供作标准依据而设定之建筑费用,依建筑用途、性质,及订定机关之不同而异。

Standardization and Diversify of Housing Design 住宅设计标准化与多样化

住宅设计多样化是满足住宅区居住功能和规划布局的需要,而工业化是为了加快建设速度,住宅设计标准化为了统一和协调工业化与多样化的矛盾,确定合理的建筑参数和构件规格,统一一些标准做法和节点构造。为适应工业化要求,对构配件规格简化和限制,以利工业化生产和施工,另一方面满足艺术布局的要求,因此标准化既是工业化的前提,又是多样化的基础。住宅标准化与多样化的经验如日本1973年住宅建设提出从"量"向"质"过渡,要求居住区规划以"开放式"代替"封闭式",以多变的室外空间弥补标准化住室的单调。日本设有"公共住宅部件标准化委员会"专门统一模数、参数,制定建材制品、配件和建筑设备标准。试点成熟后纳入日本工业标准,工业化生产和商品化供应。法国是欧洲实现住宅工业化最早的国家,1977年成立了部件建筑协会,制定了协调体系的各项基本参数,促进标准化与多样化的实行。

住宅设计标准化与多样化

Standardization Unit and Structural Member of Chinese Dwellings 中国民居单元及构件标准化

在中国传统村镇中民居的建筑尺度、色彩、风格是和谐统一的,在统一中有变化,近似的尺度,适度的街道小巷,统一的灰瓦粉墙,注重整体性的布局,在千变万化的各自需求中能表达如此的和谐统一,是难能可贵的成就。因为古代中国就制定了建筑标准化单元构件的规范,有一套完整的尺寸推算法则。例如北京的大式硬山房,可根据檩径尺度推算出整个建筑各部分的细部尺寸,从房屋的比例尺度到细部构件都有法式为依据。中国民居中的单元组合体,如北京四合院和云南一颗印住宅的"三间四耳倒八尺",布局可以自由拼合而不失其原有的格局。其他地区的民居组合也有这一特点,民居构件标准化有利于用材、制作、运输、经济合理灵活地组织空间,例如可以自由更换隔窗、门窗等。这些原则与近代建筑的灵活空间标准化模数化理论是一致的。

Standardizing the Code 标准化

标准化是建筑工业化的必然措施,标准化进一步带来了建筑风格的调和统一,又要求建筑在工业化标准化的前提下有所变化。标准化中求得变化,又要在各自的需求中推行统一的标准化,是现代建筑师的艰难工作。中国古代就曾制定过建筑标准化单元构件的规范,在宋式、清式的营造做法中,从土石作、木作、直到细部装修,都有详细的尺寸规定,并有一套完整的尺寸推算法则。建筑的单元组合体,有利于住宅建筑布局的自由拼合,构件的标准化有利于用材、制作、运输、经济合理又灵活地组织空间,标准化程度是工业化、现代化的标志。

标准化

Standards System　标准体制

规划设计都根据现有的许多标准,即对预期的环境特色要求的管制。如铺面的宽度、管径尺寸、街道灯光、火灾出口、邻栋建筑间隔、地面坡度、游戏场大小等,都有国家标准。某些标准由其造型而来,有些根据施工过程而来,有些根据以后产生的影响而制定。其都有法律上的最低标准、最适宜的条件。标准是必须有的,大大小小的问题可依标准处理,没有经验的设计者也不致犯大错误,不论在法律上或心理上,总应是舒适的。但对好坏有明显区别的标准下,所谓的设计内容及额外的效果都被忽略了。例如高层公寓必须有两个主要出口,不仅增加造价,而且使新区景色不单调。制定标准时一般很少考虑它们的额外效果,标准是专制下的产物,由于重复使用而使人们觉得似乎合理。有经验的规划设计师不运用标准又不违背标准,可创造出舒适新颖的环境。

Steel Construction　钢结构

以钢材为主要建筑材料,类型广泛的结构方法,多用于大型建筑或其他结构工程中,其构件有钢梁、钢杆、钢板及各种形式的热轧型钢。20 世纪 70 年代,产钢国家的钢结构仍然是钢材消费的主要领域,1777 年英国塞文河上最早用铸铁建造了桥梁。1851 年伦敦建造的水晶宫以铁作骨架,1889 年法国的埃菲尔铁塔高达 300 米。1884—1885 年美国芝加哥建造了 10 层的最早的摩天楼之一——保险公司大厦。1931 年纽约建造的 102 层 381 米高的帝国大厦,保持了 40 年最高的纪录。第二次世界大战之后广泛采用焊接代替螺栓和铆钉,20 世纪 50 年代钢结构进一步发展成为一种刚性墙框架结构,其原理类似于承重墙结构,外墙由均匀排列间隔很小的部件组成,房屋内部没有立柱。20 世纪 70 年代纽约的 110 层双塔世界贸易中心即此结构体系,此外还创造了多种多样的结构形式,如轮辐式圆屋顶、可旋转的屋顶餐厅、大型穹隆顶、高空索道、火箭喷射台、各种特殊工程等。

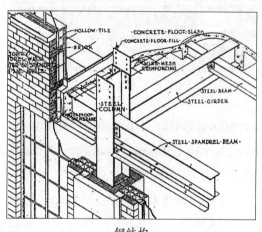

钢结构

Steeple 尖塔

装饰性的高塔,有时为钟楼,常附在宗教建筑或公共建筑的顶上。一般为逐层缩小的多层建筑,不一定包括尖顶、小圆顶或其他构造,通常指尖塔整体而言。

尖塔

Stela 石碑

古代竖立的石块,主要作墓碑,也作纪念和定界用。起源不详,在迈锡尼和几何形时期的公元前 900 年—前 700 年希腊已用石头作墓碑。祭祀用石碑可溯自青铜时代晚期的迦南教。早期的石墓碑为矩形高石柱,刻有浮雕,顶上有凹圆线角和狮身怪兽像,4 世纪时碑身矮而宽,古巴比伦王国时期,著名的汉穆拉比法典被刻在高大的石碑上,顶上为汉谟拉比立像。另一座著名的石碑为西藏拉萨大昭寺前的唐蕃会盟碑,以藏汉两种文字记载了 821—822 年唐蕃会盟的盟文。玛雅文化中亦有大量石碑,最著名的是在科潘古城(现洪都拉斯)的那些雕刻有精致图形的巨大石碑。

Steps 踏步

地坪标高的变化必须通过踏步来实现,在环境设计中,布置室外的踏步十分重要。结合自然地形地貌特征,自由灵活地设置踏步,能够达到庄重雄伟、亲切细腻、时隐时现、曲折秀丽等,神气的或幽静的,不同的气氛。踏步与路面的衔接,踏步的铺面材料与色彩,踏步的尺度与转折,平台,栏杆,踏步两旁陪衬的绿化,等等,都能创造出新颖的特色。踏步是在环境设计中引深建筑的先导,人们进入建筑之前,首先接触到的便是踏步。

断层式步行街

Stereotyped 千篇一律

"住宅设计多样化"的话题,在相当程度上是针对"千篇一律"而言的。在建设实践中,一些居住区规划和住宅设计不理想、布局雷同、形式单调、缺少变化,原因是多方面的,住宅设计单调呆板是主要原因之一。由于工业化住宅建设初期,追求速度,有过分强调工业化、标准化而忽视多样化的倾向。苏联早在 20 世纪 50 年代选择了大批量生产的混凝土大板住宅体系建造住宅,由于定型过于死板,效果不佳。日本 1955 年以后成片兴建住宅团地(小区)时,大批采用标准设计、全国曾推行一元化的统一规格、统一构件,对解决战后房荒问题有很大作用,但出现了"千篇一律"问题。法国在20世纪50年代为发展建筑工业化也曾出现忽视质量、平面适应性差、立面外形单调贫乏的毛病而受到谴责。中国居住区规划的"千篇一律"表现为住宅品种少,平面一般,立面相似,手法雷同,没有特色,例如20世纪80年代以前北方常用的一梯三户五开间平面被全国套用。

Stoa 柱廊

在古希腊建筑中有单独建立的柱廊,原词也指开敞的长条形建筑,其屋顶由平行于后墙的一系列或几列柱子支承。典型的例子有典雅的阿塔拉斯柱廊。柱廊围绕在市场和神庙的四周,是交易和公众散步的场所。柱廊后面常建有单层或二层的房屋。

柱廊

Stockholm City Hall 斯德哥尔摩市政厅

1911年动工,1923年建成,设计者为莱格那·奥斯特伯格(Ragnar Ostberg)。市政厅是近200年来瑞典建筑中最重要的作品,

建筑两边临水,被誉为"建在天堂般的地方"。高高的塔楼与沿水面展开的群居形成对比,装饰性很强的纵向长条窗,经大小不一的点窗之缀饰,隔水望去如一艘航船,宏伟壮丽。设计师不拘一格地借用了时空上很遥远的巴洛克式、哥特式、近东的伊斯兰建筑以及威尼斯广场的处理手法,为现代地域性建筑奠定了基础。

斯德哥尔摩市政厅

Stone Column Footing Foundation 石质柱形基础

用石块和混合砂浆或水泥砂浆砌筑柱形基础,每块石的重量以不超过17.5千克为宜。砌筑时尽可能砌成水平层次,石块间的垂直缝应互相错开。基础的下部应逐渐放大成阶梯形,每级高度不小于35厘米,每级在水平方向展出的宽度与该级高度之比与所采用的砂浆有关,水泥砂浆应为2:3,混合砂浆则应为1:2为宜。

Stone Edward 斯通·爱德华

斯通·爱德华(1902—1978年),美国人,他是现代主义建筑的历史片断中的代表人物,其作品具有典型性,他的设计手法特征始终都是一致的,这代表这一代建筑师的新潮流。例如1954年他设计的美国驻印度新德里大使馆,对称的轴线,建筑周围是高大的周围外廊,内部高大的空间正中是个大水池,有华丽、高大和开阔的庄重气氛。1958 年他设计的布鲁塞尔国际博览会的美国展览厅,是圆的平面,周围也是高大的空廊,屋顶是车轮式的钢索结构,展厅的正中是一个圆形的大水池。1971 年他设计的美国首都华盛顿的肯尼迪演出中心,把几个巨大的剧场组合在一个巨大的建筑之中,外围也是高大的空柱廊,内部装修非常华丽。在斯通后期多产的年代中,他反复使用的设计手法和建筑语汇是从古典主义的手法中派生出来的。

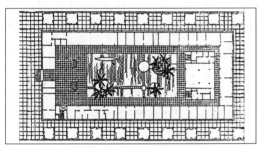

美国驻印度大使馆平面

Stone Forest, Yunnan 云南石林

石林在云南省路南彝族自治县,距昆明126 千米,有关石林之民间传说甚多。石林的成因为岩溶现象产生的特殊地貌,2 亿 7千万年前当地是大海,大量海生物残骸沉积或厚厚的石灰岩,地壳运动使海底上升,因岩体成分不均造成剑峰、蘑菇、宝塔三类造型。大自然的奇石宛如雕塑艺术,如阿诗玛、母子偕游、凤凰梳翅等。石林中剑锋池、望峰亭等处景色极佳,人文景观也很丰富,如火把节、摔跤、斗牛、跳月、大三弦歌舞等风情习俗非常有趣。当地气候四季如春,长年开花,且无高山大川险阻,容易开发。石林风景可谓天下奇观。

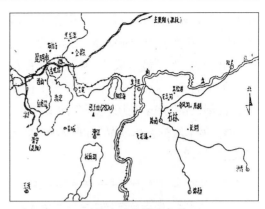

石林地理位置及交通

Stone Home 石头的家

用石料建造家屋可能源于欧洲,由古代石环遗址和苏格兰蜂窝式石棚可见。在北爱尔兰、法国、希腊均有原始人类石屋遗址,精湛的石砌民居技术遍及全世界。墨西哥的玛雅文明和安第斯山区的印加文明都展现了高超的石砌技术,特奥提瓦坎古城和马丘比丘要塞留有见证,石料堆砌的墙壁搭接精密,做工优美,用石头围筑的火炉可能是古代石头家室的原型。岩石洞穴、石窨洞中保留的原始文化遗迹最多,至今石材仍为宝贵的天然建筑材料。在古埃及、希腊、罗马时期,石头建筑创造了辉煌。现代地中海山托里尼岛上的石材民居,中国山东沿海、贵州山区石板屋反映各地土石工的技艺,地中海米诺加岛上的石头墓穴,塞浦路斯的圆形石屋、罗马石砌拱券技术等。以石材为主体的家屋随着技术的进步发展出了人造石料即砖和钢筋混凝土建筑,演变成为现代使用最广泛的主体建筑材料了。

Stone Sculpture 石刻

石刻是刻在石壁、石墙、石碑上的一种古老文化艺术。史前时代的先民为反映他们的生活和思想,用稚拙而简练的手法在山崖上绘出一幅幅生动的岩画。现存的广西花山岩画、新疆天山岩画等都极其珍贵。秦始皇出巡时,为了显示威严,所到之处往往留下不少石刻。以后各朝代都留下了许多著名石刻,其中许多是历代著名的文学家、书法家、美术家的艺术珍品,如西安碑林、山东武梁祠石刻等。

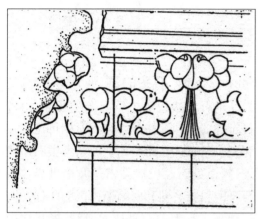

石刻

Stone Work　石墙工

石墙的组砌方法如下。1. 乱石墙,由粗略加工的块石砌成,石块尺寸长约 15~40 厘米、宽 10~25 厘米、厚 7~25 厘米,石块重量以一人搬动为佳,棱角须大于 60°。砌法有不成层、成层、每隔 30~50 厘米高呈一水平层次,较不成层法稳定性更好。2. 块石墙,以凿平之方整石块砌成,灰缝之厚度比较均匀,可分成层块石墙,墙面石块组成连续的水平层次。断层块石墙,石块所砌之水平层次仅连续一段距离。乱层块石墙,墙面呈不连续之组砌方式。3. 细石墙,以琢磨整齐的块石砌成,与砖工类似,此为石墙工中最高级的一种。

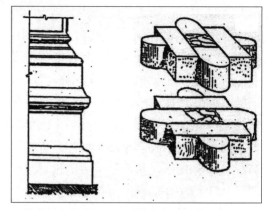

石墙工

Stonehenge　圆形石林

又译"巨石阵",圆形巨石柱群,建于新石器时代晚期和青铜时代早期(约公元前 1800—前 1400 年),位于在英格兰索尔兹伯里以北约 15 千米,四周为土堤。可分为三个主要建筑期,石林 I 约建于公元前 1800 年新石器时代晚期,石林 II 约建于公元前 7 世纪,石林 III 约建于公元 1600 年之后。建造这些巨石柱群,可能是作膜拜之用,但其宗教性质尚无定论。

圆形石林

Storage Space　贮藏空间

在老式住宅中,常常巧妙地利用顶棚、阁楼、搭接出的小屋等,在建筑组合中很自然地形成用于贮存的空间。越是富裕的家庭,需要的空间也越大,有的为儿子结婚还要准备贮存木料和砖瓦。在村镇民居中至少应有 10% 的建筑面积作为贮存空间,有的高达 50%，一般至少保证 15%~20%，这样的面积不应简单地做成贮藏室，传统民居中有许多巧妙利用空间用来贮存物品的办法。例如唐山民居中利用弧形屋顶下部空间作夹层，江南坡屋顶木结构民居利用阁楼、夹层以及三角形屋顶内部空间，陕西和云南民居两侧厢房以坡顶所形成的上部三角空间，不仅可以存粮，也创造了优美的建筑外观。生土民居的墙很厚，利用壁龛贮存物品，在炉灶旁、炕边、窗下都可以做成土龛格架，贮藏洞穴可套在室内，也可单独建在院落中，如河南巩义张百万家，有大量贮藏窑洞围绕在其豪华的地坑式窑洞住宅周围。

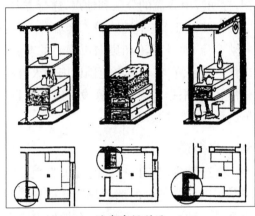

边角空间利用

Store Room in Apartment House 单元式住宅中的贮藏室

住宅中的贮藏可有三种:存衣服用的壁橱、家政清洁用具的存放、燃料贮藏。吊衣壁橱设在外间，浴室或入口侧面，壁橱设在卧室中亦可做隔音的空间，大门入口侧面可作雨具壁橱。家政清洁用具的贮藏可设在靠近厨房的过道旁，燃料贮存应放在户外，取用方便靠近厨房的后门。

Storeyed Building 楼阁

中国古代建筑中的多层建筑物，早期的楼与阁是有区别的，楼指重屋，阁指下部架空，底层高悬的建筑物。阁一般平面近方形，两层，有平座，可居主要位置，如佛寺中有以阁为主体建筑的，如独乐寺观音阁。楼多狭窄而修曲，常居次要位置，如佛寺中的藏经楼，王府中的后楼、厢楼等。后世楼阁二字互通，命名中仍以保持这种区别为原则。古代楼阁有多种形式和用途，城楼战国时期已出现，汉代的城楼高达 3 层，有阙楼、市楼、望楼等。大量的佛塔也是一种楼阁。有些用于贮藏的建筑也成为阁，如天一阁等。登高远望的风景建筑，如黄鹤楼、滕王阁等。楼阁多为木结构，井干或重屋式，明清以来楼阁构架常为通柱式，尚有其他变异的构架形式。

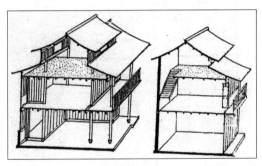

楼阁

Storied Industrial Buildings 多层工业厂房

凡称多层厂房建筑体系的技术条件为，柱距 6 米，跨度 6 米、7.5 米、9 米、12 米，2 层至 6 层为主，层高 6 米以下，0.6 米为模数，各层楼板面积荷载为 500 千克／平方主、750 千克／平方主、1 000 千克／平方主、1 500 千克／平方米。多层厂房建筑体系如下。1. 预制钢筋混凝土长柱明牛腿预制梁板体系。2. 预制钢筋混凝土短柱和梁板体系。3. 现浇钢筋混凝土短柱预制梁板体系。4. 预制长柱暗牛腿预制梁板体系。多层厂房的高温车间设计位于底层车间两侧,可设竖向通风道,利用空气高压差,将车间热量向上排出屋面。设在上层可取用锯齿散热平顶竖井式风道。通风竖井设计可采用钢筋混凝土薄板、石棉板、硬质纤维板、金属板等。综合车间将设备重、产品大的设在底层。垂直运输设计可采用 1.5~3 吨装货电梯。多层厂房设计一定要模数化,工业化,体系化。层数取决于生产和工艺对垂直运输的要求条件。多层厂房对节约用地及改善市容都有作用。

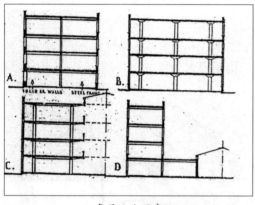

多层工业厂房

Straight Barrel Mission Tile　简瓦屋面

简瓦由黏土烧制而成,一头大,一头小半圆筒状,外表上釉者为琉璃瓦,有多种颜色,色泽均匀光亮,坚而不透水。简瓦屋面瓦缝不易保持严密,有渗透雨水问题,所以简瓦须铺设在屋面板上。在板上先涂抹掺有纤维料的石灰黏土砂浆,厚 20~25 毫米,然后将简瓦铺压上面,铺盖时先铺底瓦,再铺盖瓦,然后在盖瓦两侧抹以青白灰麻刀。简瓦与屋面板之间并无铁丝等物联系,它的坡度可采为 25° 左右。

Stream of People　人流

人流指向着某一地方人的一切流动而言,在规划道路网之前要熟知城市各部分主要人流的方向、大小和占全市流动总额的比重,与客流不同,客流只指乘车的流动数量。主要人流与地点间的往来是在居住区与工业区、市行政文化中心、文化休息公园、分区中心、火车站等。一年平均人流为规划干道网之用;人数最多的一小时内人流简称"巅峰小时人流",为选择交通工具类型、确定道路宽度的依据。人流有两种。劳动人流:上下班人流可较准确地计算;文化生活人流可根据文化设施容量推测。绘制人流统计图,标明吸引人流的分区和地点,通行方向,以确定交通工具、干道数目。客流分三种:劳动客流、服务客流和集向市中心的客流。文化生活客流,在步行区范围以内的人流不算作客流,根据客流量估算设置道路数目、车道数目、交通工具种类。

Street　街道

街道是适用于以行人的要求为主并限制车辆以低速行驶的那些场所。街景型的线路是一种完整、富于变化、有趣地愉悦行人的环境,同时允许车辆以不破坏这种环境通行。街道作为一种人类生存环境的形态,具有本源性的外显形式。从古至今,街道不仅承担着交通功能,而且普遍地被用作公共交往和娱乐场所。当代城市发展带来的对人性、自然生态系统的危害,使街道无论大小均成为充满高层建筑和汽车的混凝土荒漠。因此,发掘街道的真正意义,强化街道的艺术景观效果,从街道文化的优秀本体中提取有价值的信息,重组现代街道景观是当代建筑师的当务之急。

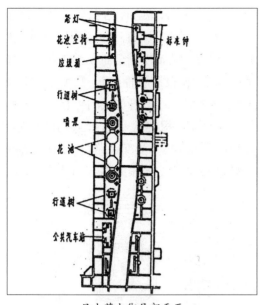

尼古莱大街局部平面

Street Aesthetics《街道的美学》

《街道的美学》一书完成于 1979 年,是
芦原义信对街道、广场空间构成方面的研究
成果,他曾考察了日本以及世界各地的许多
城市,作出精辟的分析。在建筑理论方面他
还写了《外部空间的构成》《外部空间设计》
《建筑空间的魅力》《续街道空间美学》等。
芦原义信 1942 年毕业于东京大学建筑系,
1953 年毕业于美国哈佛大学研究生院,曾
在布劳耶尔(Marcel Breuer)的事务所工作
过,后建立了芦原义信建筑设计研究所,曾
在东京大学、武藏野美术大学任教授及夏威
夷大学任客席教授,还曾任日本建筑学会副
会长及日本建筑家学会会长等职。

Street and Streetscape 街道和街道景观

道路、街景型的线路均属街道,街道以
行人为主,并限制车辆以低速行驶。街景型
线路是能以步行速度为乐的线路,创造完
整、富于变化、有趣地愉悦行人的环境。街
道也是城市认知图式中最明显、最突出、最

有说服力的因素。在街道中将自然与人工
环境和景物,从功能和美学上进行合理的组
合创造,其中又以建筑物群体的景观气氛为
主体,既反映建筑群体的形式美,又反映良
好气氛的外部空间环境,构成街道景观。一
个成功的街道空间具有三维的立体构架,二
维的平面模式和一个综合的视觉环境特征。
创造一种和谐的街道内部秩序。

街道和街道景观

Street as Design Focus 街道作为设计的焦点

大众的街道是真正的社交空间,而且
是城市景观的最初印象,因为街道是由大
众所占有并很容易地由此转换到私人生活
空间的去处。街道设计是多重空间系统的
组合,有种植树的街景、路灯照明系统、新
的标志、控制单向行驶或避免车辆穿越到
邻里街道的交通控制计划、替换地下管线
系统、改变路边的停车方式、拓宽行人道或
栽植区域,通常这些行动是分别解决的。

专用街道中间供车流使用,道路两旁则提供为聚集各种公用设备之处所。但一般街道为城市的景观基本元素,在城市规划中有规范控制其合理的地位,住宅区内次级道路的基本问题在于行车安全及散步、聊天、游憩、赏花、邻里居民休息的区域。例如荷兰的"Woonerf"称为生活花园,做出限速的地面,栽植季节性植物,已被各地作为示范所模仿。

Street Behavior　购物行为

人们如何购物,他们喜欢在何处坐、站和交谈,在何处集群或独立徘徊,路边的叫卖,节庆日的活动,等等。当今市内旧区的商业街仍然是郊区居民的购物热点,各类的活动要求使商业中心增建了许多内容,如电影院、银行、邮局、旅馆、医院和文化设施,以保障其消费市场,故商业中心选用的基地越来越大。区域性的购物中心有开发旧购物区的趋向,但新建的购物区仍有其专业性的"纯度化"特点,不能达到旧区自发性的商业中心所具有的活力。如二手货商店、便宜家具店、社交场所、小型仓库商店、咖啡店、折扣商店、酒吧、公交站、廉价馆舍、供购物中心的低价承租的地下室及停车场,在非高峰日子停车场亦可用作跳蚤市场。区域性购物中心在不断改变,更复杂、更奢侈的装潢招揽顾客,畅销货中心、妇女服饰店、流行服饰店等,离旧中心区的混乱性越来越远,近代的改革则又力图与旧中心区融为一体。

Street Center Greenery　街心绿地

凡由道路交叉形成的街心空地,外形大小都取决于道路交叉的形式和道路弯曲度、宽度等。不管绿地的性质如何,都能为交通安全、美化街景创造条件。面积狭小或交通

繁杂,称安全岛,纪念性的安全岛设置纪念性雕像,成为构图中心,周围配以灌木、花卉、草皮等。装饰性安全岛布置整齐式或自然式绿化,或设装饰性建筑,高度不超过1米,以免遮挡视线。开放式的街心绿地又称"街心游园",根据大小布置适当的内容。在交通量较小的次要交叉路口,又有足够的面积,常采用街心游园方式。

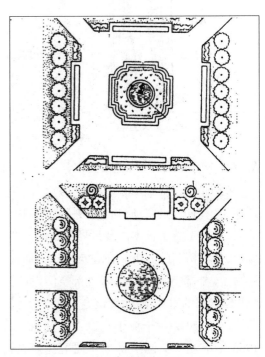

街心绿地

Street Classification　道路的分级

居住区的道路形成的内部街道系统,按其分布的功能可以划分为若干等级。由城市干道所包围的生活居住区,创造一个优美的生活居住环境。避免直通干扰又方便的道路系统如同人流的收集器,把居住区的居民分级输送到城市的街道上去,地区级的道路又有主次之分,直至最小一级的内部道路。在居住区道路系统的布局中,分清主要干道、次要干道、支路、里弄。

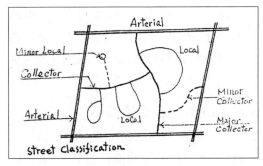

道路的分级

Street Concept 街道含义

街道是一种具有原本性的人类生存形态,也是城市认知图式中最具代表性的因素。从古至今,街道不仅承担着交通功能,而且普遍地被用作公共交往和娱乐场所。当代城市发展带来了措手不及的重重危机,使街道无论大小均成为充满高层建筑和汽车的危险境地,面临着对人性、自然生态系统的巨大冲击。因此,发掘街道对人类的真正含义,实行综合开发,是当今重要的研究课题,而针对如何强化街道的景观艺术效果所提出的理论性指导尤为重要。另外,街道文化是各地城镇生活的一个独特之处,可以从优秀的本体文化中提取有价值的信息重组现代街道景观,表达街道真正的意义。

Street Corner Greenery 街头绿地

凡在街头路口,或街道尽头加以绿化的地段都称为"街头绿地"。封闭式的街头绿地分为纪念性的绿地和装饰性的绿地。和街心绿地不同,街头绿地可种植高大的乔木,布置小桥、山石等。开放式街头绿地又称"街头游园",面积较大,有点缀装饰城市街景的作用,又能供居民及行人休息。桥头绿地与街头绿地相仿,位于桥头两侧或单侧的绿地,外形通常为不规则形或几何形,有封闭式的面积小仅几百平方米,行人只能在外面欣赏。

Street Cross Sections 道路断面

车道一般配置在断面的中心上,加以铺面,其旁保留一段距离,断面随用途而异,断面中央凸起以利于排水。水泥沥青一般横断面 1:50,泥土及砾石 1:25,两边缘石高度不同。亦可单向坡度中央栽植,根据交通量铺面可能是水泥、碎石、沥青、砾石稳固土面。土质及排水良好的地面基层做法有多种。路宽以总流量和所须停车空间加以计算,提供缘石边停车应是 2.5 米,次级路每线宽 3 米,高速路为 3.5 米,最小垂直净高为 4.25 米以通行重型卡车。居住区之次级路宽至少为 8 米,无须停车的对开车道可为 6 米,单向道单边停车是 5.5 米。栽植区分隔行人与车道埋设管线设置设施物,堆积雪,栽行道树,最少 2 米,植草 1 米,灯杆离缘石最少 0.6 米。

Street Crossing 交叉路口

交叉路口的通行能力决定于干道上总的通行能力,交叉路口彼此之间的距离不小于 500 米。当干道需在同一个水平面上交叉时,应加大交叉口的宽度,并组织中心广场。为了保证一定的视距条件,可以采用"视距三角形"的方法来测定,直角三角形各边的长度,在干道上为 40~50 米,而在次要街道上为 30~40 米。在视距三角形的范围以内时不允许种植高大的树木,布置书亭和停车站台等。在干道上车辆的转弯半径应不小于 8~10 米,而在居住街道上——6~8 米。各种城市车辆的转弯半径如下。1. 电车道 20~25 米。2. 无轨电车 15 米。3. 大型公共汽车 10~15 米。4. 载重汽车 8~10 米。5. 小汽车 5~6 米。通常在交叉口上的交通有 6 种基本的组织方案。1. 普通的交叉口。2. 带有中心岛的交叉口。3. 向左转弯的交叉口。4. 拐 270° 的交叉口。5. 转弯时要绕过街坊的交叉口。6. 按环形原则的交叉口。

当4条道路相交时,直径50米,广场80米。当5条道路相交时,直径80米,广场110米。当6条道路相交时,直径100米,广场140米。在没有交通管制设备时,应使每一条相交街道上的汽车的驾驶者有足够的视距,以保证交叉口上的行车安全。

Street Front Housing　临街住宅

最普通的单栋、联栋或高层公寓排列于街道两侧,进口及方向单一,平面也简单而不含混,形成成排的临街建筑。若要避免其视觉的单调,可利用小路径穿插其中,或把部分建筑物后退作景园处理,使直条形的临街住宅富于变化。

临街住宅

Street Junction　交叉路口的衔接

两条道路之交叉,一般街道以平面交叉居多,但交通量较大者,可以立体交叉改善之。"Street Furniture"意为路面设施,道路上所设置之各种工作及设施的总称,如安全岛、植树带、邮筒、地下铁道或地下街出入口、街椅、天桥入口、标示柱、电杆等。

"Street Utilities"意为路面设施。"Street Sign"为道路标志,为使道路交通安全及流畅而设置的各种标志,如引导标志、警告标志、禁止标志、指示标志等。

Street Lighting　街道照明

沿街道两旁的照明不仅是为了满足照亮道路、方便行人等功能性的需要,而且也应该注意运用光照的艺术性来美化环境。街道照明要考虑光的亮度与色彩、光照的角度、灯具的位置和美观等要素。街道照明一般是由上向下照射,以照亮路面,也有由街道两侧向中央投光的,光线要求比较柔和,照度也应降低,而不会使行车司机产生眩光。在人行小路和观赏散步的路边设置的照明,也有由下向上照亮。在庭园中或室内的花园采用的天然光线也常模仿街道照明的投射光的效果,别有情趣。

Street Plants　街道栽植

单行乔木式是一切街道绿化中最基本的一种,其功能艺术效果取决于树种选择,不同性格、形状、大小,显现差异极大的效果。单行乔灌式,在乔木行内间种了开花灌木或绿篱,起到了美化和隔离作用。单行草皮式,乔木裸土内铺植草皮,花卉在乔木之间或一侧。单行乔木综合式,单行乔木偏重式,特殊情况下只一侧人行道上植树,另一侧只有绿篱或花带。双行乔木式使行人和建筑获得浓荫,艺术效果更好。双行乔灌式的乔木株距之间植灌木。双行乔草式应用了草皮和草卉。双行综合式用各种材料组成了色彩丰富和形象生动的断面。双行乔木偏重式只有在受建筑或路宽限制时才使用。多行乔木式通常因为阳光照射过强,或留有道路展宽的空地或交通频繁和道路较宽时才有可能采用。

街道栽植

Street Side Greenery 街旁绿地

位于沿街的某一部分、人行道与红线之间或建筑与红线之间的绿化地段。装饰性街旁绿地可布置整齐式或自然式树木、花卉或简单的装饰物,因面积狭窄只能供行人观赏。街旁的游园的性质与功能和街头游园的一样。街旁的庭园的属于建筑物与红线之间的绿地,在大型建筑前的广场或建筑后的空地绿化地段,对衬托建筑艺术效果、点缀街景有很大作用。

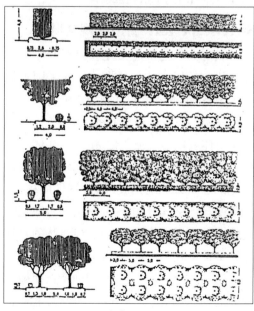

街旁绿地

Street Space and Order 街道空间与秩序

街道,作为一种人类生存环境的形态,具有本原性的意义,传统的村庄就是沿一条主要街道发展起来的。中国的街道文化(除去交通意义以外,城市的发展赋予街道以新的文化意义),可追溯到8世纪前后的唐宋时期。唐宋以后的中国传统城市就有了"恍今惚今,经络盘错"的明显特质。街道与建筑相结合、相穿插、相渗透,显现出一种浑然天成的、多层次的、有机的秩序美。它也是中国传统城市认知图式上最有说服力的因素。在此,城市的动态元素和静态元素并置,人和建筑处于同一个舞台。不同时间,不同地点,人们在街道上的活动形成了城市的人文环境。街道秩序中蕴含着中国所特有的地域文化含义和空间构成模式。

Street Trees 行道树

行道树要适应当地土壤及气候条件,尽量运用本地风土树种;要施工简便,大苗小苗,易于移植成活;要能耐城市的恶劣环境,耐尘埃、风沙、烟灰等不良环境条件;要生长强壮,对土壤肥力要求不高,管理粗放,病虫害较少的树种;伤口愈合能力要强或树皮坚韧而不易碰坏的树种。在卫生要求方面,夏季遮阳路面,防止日光对铺装路面及建筑物的直射。无恶臭及针刺,能散发香气者更佳。花果枝叶不沾污道路或行人衣服,不滑跌行人,不招蚊蝇。叶大而落叶期一致,不影响清洁卫生,便于打扫。忌用花粉、花絮对人有害的树种。对树木姿态要求主干通直,树皮斑白可爱,枝叶浓密树冠庞大而整齐均匀,姿态优美、花朵芳香、花色艳丽、树叶色彩丰富。春季发芽早,秋季落叶晚。耐修剪、树干下方及根茎部分不发生枝杈。选择树木寿命长久,要求有发育良好而庞大的根系。

Street Window 沿街的窗户

沿街的房子如果看不见街上的情景会感到沉闷无趣,沿街的窗户可以保持室内生活与街道上公共生活的联系。由窗口观望街道的窗龛形式是世界范围的民居传统形式,秘鲁人称其"Mirador"。姑娘们喜欢由窗户观望街道,街道的住户的上层可以抛投物品、喊话、演奏音乐。沿街底层的窗户则只起到采光的作用,除了开高窗以外在首层维持开窗的唯一办法是在室内建起一个高起两三步的平台,使窗台高于街道 1.6 米以上,人们可以在室内依窗观望街道,街上的人们看不见房间的内部。

Streetcar 有轨电车

在街中轨道上行驶的车辆,通常为单车,有时也编组运行。早期曾用马拉或以效率低的蓄电池作动力。1834 年美国佛蒙特州布兰登的一位铁匠 T. 达文坡特制造了一台蓄电池供电的小型电动机,可驱动小型车辆在轨道上作短程运行。1860 年美国人 G. F. 特雷恩在伦敦开辟了三条电车道,1862 年在索尔福德和利物浦也建立了有轨电车路。1873 年旧金山的萨克拉门托和克莱街采用了缆车。1900 年起大多数有轨电车轨道被无轨电车取代,从 19 世纪到 20 世纪初,有轨电车在欧美代替了马拉有轨电车,并出现在亚洲、非洲、南美洲的许多大城市中。20 世纪二三十年代,有轨电车在美国迅速消失,英国由于发展了双层公共汽车,加速了对有轨电车的淘汰,巴黎于 30 年代取消了最后一批无轨电车路线。但至今许多国家无轨电车仍到处可见。

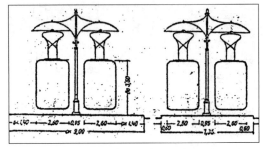

有轨电车

Streetscape 街道景观

在街道中,将自然与人工的环境和景物从功能和美学上进行合理的组合创造,其中又以建筑物群体的景观气氛为主体,既要反映建筑群体的形式美,又反映它具有良好气氛的外部空间环境。街道景观的构成要素包括景物、景感和主客观条件。一个成功的街道空间具有三大特性:三度的立体构架,二度的平面模式和一个综合的视觉环境。人对一个街道景观构成的需求包括: 1. 安全; 2. 户外生活空间的景观质量; 3. 行为场所的整体性和统一性; 4. 街道给散步行人、汽车行驶、自行车骑行以最大限度的舒适满足。总之,要创造一种和谐的街道内部秩序。

Streetscape Text 街道景观文脉

表现街市建筑的文化倾向涉及建筑单体在传统情境中的外显形式。在中国古代城市中,建筑单体依赖其领域的强化实体边界——墙。在各种类型墙的控制下,传统的建筑单体表现形式被弱化,由三维实体趋向于二维墙面的分离展示,类型单一化,各种功能的建筑采用通用化设计,同形同构,建筑单体等级化,这是中国礼制结构对建筑限定的结果。建筑单体文本化,建筑物的匾额对联常常是表达建筑内容的手段,此外酒楼有酒旗、商店有幌子,等等,这种特点使街道两旁的商店招牌、广告、商标、匾额、上空悬挂的幅幌、对联等文本标志使购物、逛街的人望文生义。由建筑单体组成的街道文本就像一本历史书一样供人们翻阅,进而形成对街道景观的整体印象。

Stringcourse 腰线

建筑物外墙上的横条装饰,有些有线脚,有些为平面,常由砖石砌成。在西方建筑中,从古罗马、文艺复兴时期直到现代的各种风格均采用这种装饰,常用作多层建筑中分层的标志。在古典主义建筑和新古典主义建筑中常作为一排窗户的上下缘的延伸,如罗马的万神庙和意大利文艺复兴时期的许多府邸以及16世纪中叶至19世纪初期英国许多庄园宅邸等。

Structural 结构

依照结构力学及结构计算为基准,配合建筑的用途、规模,针对材料构造形式选定的相关工作包括有关建筑物构造体的计划,如钢构造、木构造、钢筋混凝土构造等,在安全合理的情况下,达到经济的最佳组合目的。考虑其载重及外力作用以及如何采取最适当的材料、断面及结构系统等的设计计划。"Structural Calculation"意为结构计算,结构物载重之设定,并计算其所产生之构材应力,进而决定各接合部、基础等各构材的断面大小的计算总称。"Structural Mechanics"意为结构力学,研究建筑物、桥梁、船只等构造物的安全性判定及其在设计上相关之力学运用,或变形、应力状态等解析的科学。

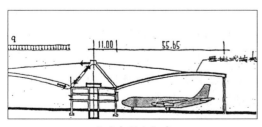

法兰克福飞机库

Structural Design 结构设计

结构设计是结构专业的述语,它与建筑设计是局部与整体的关系,并对建筑设计有重大的影响。结构设计大体可分为三个阶段:1. 提出结构方案;2. 进行结构分析和应力分析;3. 确定结构形式及其几何尺寸。应力分析则是精确地确定由于这些力矩和力在所选定的横断面尺寸的结构各部分上所能引起的应力情况。结构分析和应力分析是结构设计中的计算阶段,只有在一定的结构方案基础上才能进行。由于结构是建筑的骨骼,所以建筑方案阶段一开始就必须考虑结构方案,结构方案就是结构构思的展现。有人认为只有大跨度建筑和新结构形式才涉及结构构思问题。事实上,在大量性的建筑中,仅就某些局部而言,如楼梯、阳台、雨罩、转角窗等也只有对结构巧妙经营与合理运用,才能在适用、经济与美观方面见成效。

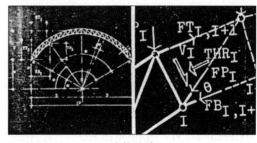

结构设计

Structural Engineering 结构工程学

结构工程学作为土木工程中基础性学科。各种建筑物、构筑物和工程设施都是在一定经济条件的约束下,以工程材料制成的各样承重构件相互连成的一定形式的组合体。在规定的使用期限内,除应满足工程的功能要求外,还必须安全地承受外部内部形成的各种作用力。这就是结构工程学研究的范围,是一门应用型的基础性学科。其发展趋势如下。1. 由个别构件分析到整个结构及其偶联系统的总合与控制。2. 由单纯考虑正常使用到考虑建造、使用和维修全过程。3. 由单一依靠力学到依靠多学科。

Structural Hierarchy of Chinese Traditional Cities 中国传统城市的结构层次

就城市本身的方格网道路系统结构分析,其整体结构是个系统,可分 5 个层次,即居住院落或单元式住宅、胡同或里弄、小街、大街、中轴线干道和中心区。小城市和集镇可少一两个层次。城市的层次从院落每日人口或几十人,胡同百人以上,小街千人,大街万人,干道中心区十几万或几十万人。从空间体量看一层比一层大。构成一个有秩序的整体,成为中国城市整体性强的一大特征。建筑、建筑群也层次分明,居住院落有前院、主院、后院,宅园有起承转合的几个景色空间,宫殿层次更多。这些结构层次符合城市整体的要求,使城市统一和谐。这种有层次的城市结构,是体现有"序"的一个方面,有"序"是"礼制"思想的重要内容,过去中国城市与建筑本身的规划设计主要是受"礼制"思想的控制。

Structural Member Finalize 构件定型化

定型化是模数化的进一步发展,即在模数化尺寸中选用一部分常用尺寸使构件类型减少到最低限度。构件定型化从建筑局部发展到整体建筑,要使所有的配件定型化,必须使原始的零配件定型化,组成建筑物的部分或单间。例如楼梯间或住户中的卫生间,尺寸面积和体积设备等都受严格的规定,设计成定型间、定型单元,或称"标准单元",可拼凑成各种样式的建筑物,实际上是大型完善的房屋配件。由于采用模数制,许多构配件可在大量的公共及工业建筑中通用。由于工业化施工方法的进展,房屋配件可根据起重量能力而加大,因此先进设计都以加大建筑各单独部分的配件和减少其类型尺寸的原则为依据。

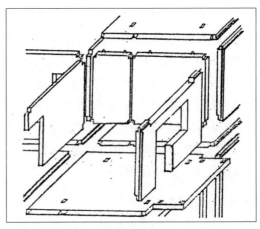

楼板出挑阳台

Structure 构造物、结构

地上、地中、与土地接触之设施工作物。营建上,狭义上系指建筑相关设施物而言,广义上则泛指所有的公共构造物而言。由墙、柱、顶棚所限定的建筑空间,要符合人们的生活需要,然而进入 20 世纪的现代主义建筑常常以结构技术观点把结构形式强加于社会需求的空间之上,如大跨度的金属拱形结构、夸张的抛物线型伸张结构,等等。此处还用最少的结构要素,如巨大的跨距或极少的柱子创造自由灵活的空间或无墙结构。传统建筑往往是根据使用的空间,要求安排承重体系的,从空间的三度特性找出最有效的结构体量。首先应根据社会需求确定建筑的平面组成,选用最经济有效的结构体系,充分发挥结构材料的力学性能,并做出精细的构造细部。

Structure Build and Space Boundary 结构体形与空间界面

在许多情况下,结构的几何体形直接形成了使用空间的各个界面,顶界面、侧界面与底界面变成了丰富多变的几何曲面或斜面形式。顶界面与侧界面可以是连续不可分割地构成结构整体。因此可以利用结构体形所形成的空间界面丰富建筑空间轮廓,如顶界面构成室内空间的总体轮廓中的重要功能,曲面或斜面形的侧界面可与结构单元的几何体形一致,一些新型结构可以同时形成非水平面的顶界面和非垂直面的侧界面。利用结构体形所形成的空间界面强调室内空间的导向性和动势感,空间的流动常是由于结构合理受力的曲线或曲面几何体按构图原理加以利用而形成的。利用结构体形所形成的空间界面可组织特有的空间韵律,常常重复采用同一结构单元进行平面组合,尽管结构的体形、尺寸是一样的,通过交错组合和高低布置,可以形成富有变化的空间韵律。

Structure Form and Mould a Building 结构形式与体形塑造

1. 结构的形式美因素与建筑造型。在建筑的体形塑造中可以充分利用结构中符合力学规律和力学原理形式美因素,来增强建筑艺术的表现力,如结构的平衡与稳定、结构的韵律与节奏、结构的形式感与联想。2. 结构形式的特征与建筑形象的个性。在现代建筑的体形塑造中,根据结构本身的形式特征,创造新颖富有个性的建筑体量及其轮廓线等。建筑总体造型的艺术处理与新型屋盖结构形式相和谐是十分重要的。3. 结构的技巧性与结构外露的艺术处理。根据建筑物的使用性质,结合结构形式、材料以及结构部位的不同,可采取不同的艺术处理手法,如对比手法、装饰手法、照明手法。4. 悬挑结构与现代建筑的艺术造型。悬挑结构大大丰富了建筑的体量构图,楼板的悬挑、楼梯的悬挑、转角梁的悬挑、雨罩的悬挑、阳台的悬挑。5.V 形支撑结构与现代建筑的艺术造型。起钢架作用和起独立支撑作用的 V 形支撑结构都具有体形收束的特点。

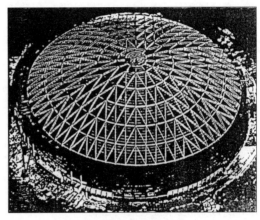

结构形式与体形塑造

Structure of Bearing Wall 承重墙结构

混合结构多以砖墙承重,钢筋混凝土的梁板系统因受梁板经济跨度之限,平面布置呈矩形网格承重墙系统,故房间不大、层数不多。1. 为保证承重墙体足够的刚度,承重墙要均匀、交圈、符合结构规范。2. 为使混合结构之传力合理有效,上下层承重墙要对齐,门窗洞口大小应有限制。3. 混合结构墙体的厚度和高度应符合规范。在混合结构中的非承重隔墙一般采用轻质材料,所用承重材料有砖承重的木结构、石承重的混合结构、砌块或混凝土板材等。

Structure of Residential Area 居住区结构

从居住活动到城市活动是一个连续过程,居住区是连续内外活动的中心。居住区有外向的性质,而不仅仅是一种内向的城市单元。居住区过宽的道路使城市结构松弛,增加行人过街困难,把交通矛盾集中到交叉口;减少了城市的商业气氛和亲切感。从路网形式看,方格路网各项指标居中,综合指标好,交通既畅达,交叉口也容易处理。商业街与它服务的人口有一定比例,商业应在居住区的主要入口处。提供安全的居住环境有三个方面:1.领有空间;2.公共监视;3.专人管理。居住活动需要私密空间,也需要半私密空间。正南朝向是理想的居住朝向,既要安静又要方便,既要高密度又要日照通风,既要室内宽大又要室外绿化。东南、西南朝向的住宅,可以围组空间,也有均等的日照条件。因此可以周边布置而提高密度。

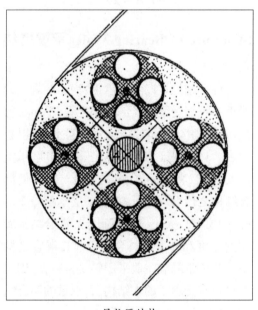

居住区结构

Structure Reasonable be Beauty at Case 结构合理自然美

明确地把技术效能,其中包括结构的合理性,同建筑艺术美结合起来,是20世纪初由格罗皮乌斯创立的理会。包豪斯学派,以美化技术作为艺术的主要目标。此后密斯·凡德罗设计思想表现得更为突出,极力提倡以现代结构技术作为"净化"建筑体形的手段,认为结构的明晰性、逻辑性与极限性乃是结构合理最充分的体现,也是建筑艺术中美的集中表现。"结构合理,美在其中"对西方建筑理论影响至深,它是建筑艺术与技术矛盾日益尖锐化这一历史条件下的必然产物。它把结构合理作为建筑审美的前提,并力图从结构中探求建筑的美,这是当时设计思想的一大解放。然而就形式美而言,合理的结构及其造成的建筑形象也可能是不美的。具有一定形式美因素的合理结构形式只有通过必要的艺术加工才能使其形象趋于完美。合理结构所具有的形式美只是建筑形式美的一部分,而不是全部。

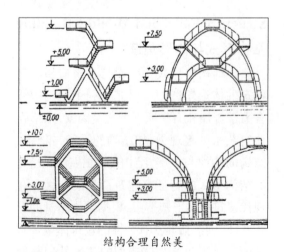

结构合理自然美

Structure String Net and Space Management 结构线网与空间调度

1.在结构线网中分割空间,现代建筑的

厅室一般多采用整齐方形柱网,空间分割一般都是结合人流线和使用要求,巧妙布置出入口、门斗、楼梯、电梯、通道、实墙、隔断墙等达到的。在合理的统一柱网中分割厅室空间,虽不宜改动柱网尺寸,却可在统一柱网之外,结合功能附加某些单元体。2. 在结构网线中延伸空间,在多层或高层建筑中通过结构网线的局部变化,可以在建筑的不同部位延伸其使用空间,在底层主体结构线网可局部向外扩张,使空间融为一体,运用连续梁端部悬挑的原理,使底层以上的空间逐层向周边延伸。3. 在结构网线中开放空间,为了使建筑或建筑群与室外自然环境相互渗透,融为一体,在规整的结构线网中,因地制宜地开放某些空间界面,是常采用的设计手法,新结构形式的运用为开放空间的艺术处理提供了各种新的可能。

Studio 设计工作室

英文 Studio 同法文"Atelier"一样,是艺术工作室的同意,有其历史的发展由来和演变,虽然建筑设计教室沿用此意,但不应与"艺术画室"的意义等同。过去那种一排排的画图桌和高凳子教室未能重视师生们的心理环境,建筑设计教学不能单靠理论和书本知识,要有实践和面对面的研讨。"Studio"应是师生交流的场所,互相校正和启发的场所,进行设计实践活动的场所。师生们的组合关系有时比画图更重要,建筑系的设备就是画图室、画笔和图板,建筑设计是一门实践性的科学,工具是重要的,计算机画图可以节省时间,但不能代替设计工作室,设计工作室永远是培养建筑师构思交流的空间。

Study Room 书房

供绘画、写作、读书用的房间,在住宅设计中原意为"书斋"。"Study for Children"是专供小孩读书的读书室。

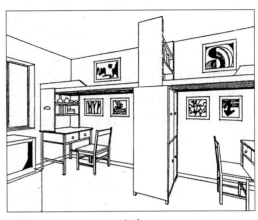

书房

Style 风格

建筑风格和当代的政治、哲学思想、伦理观念有密切的关系,风格是民族的特征,也是时代的特征。各时代各民族的建筑风格凝聚着当时当地几乎全部意识形态的灵魂。例如希腊风格与罗马风格不同,19世纪的哥特复兴式就缺乏中世纪哥特式教堂中的内在精神。中国的汉、唐、宋、明的建筑风格各有不同。近代建筑大师们强烈而独特的个人作品风格也为世人所推崇,现代主义建筑运动的四大名师——赖特、密斯、格罗皮乌斯、柯布西耶——都创造了代表现代主义时代的个人风格。

德国科隆铁桥

Sublimation of Images 形象的升华

抽象就是形象的升华,从具体到抽象的演变是艺术发展进步的结果。具体形象变形的过程并非艺术夸张的结果,艺术上的升华可以从科学升华的解释中意会,不仅仅是外形和形式上的上升。现代艺术派认为在一粒沙里可以看见世界,人们的很多抽象概念都能升华为形象。主观主义的分解与合成也是一种形象升华,这种抽象作品来自理性的推理。还有一些抽象的作品则是感性的、幻想的、潜意识的、梦呓的、纯主观的,认为具象只表现一个世界,而抽象在于创造一个世界。

Subterrane Village and Water Soil Conservation 冲沟里的村庄和水土保持

中国西北地区黄土高原的农田主要分布在塬、川和山坡地上。冲沟是年复一年地被雨水冲刷而形成的,并在不断扩大和延伸,使耕地面积减少,造成严重的水土流失,这也是黄河含沙量大、淤泥成灾的主要原因之一。冲沟逐渐加宽变深,妨碍地面上的交通,使现有的农宅分布零散。因此,如果强调在冲沟之中进行村落建设,以改善黄土高原的居住及生态环境,并控制水土流失,大有可为。当地的生土窑洞民居有地坑式、沿崖式及土坯拱式三种。地坑式是在地面上挖坑,坑内三面或四面开凿洞穴居住。沿崖式是沿山边及沟边开凿窑洞,不占耕地,节约农田。土坯拱或以土坯砖砌拱后覆土保温,是建在地面上的窑洞。三种窑洞在地形的利用、院落划分、上下层的交通关系、采光通风及排水方式等,都有巧妙的处理方法,是保持当地水土的生态建筑。

隐没在绿丛之中的坡崖式窑村,因山就势,与自然融为一体

Suburb 郊区

郊区是城市市区外、行政管辖以内的地区,根据与市区的距离,又可分为远郊区和近郊区。中国古代就有划分市区和郊区的原则,郊区是城市的组成部分,与城市在功能、经济、建设、环境等方面有密切的联系。如蔬菜、肉、禽、蛋、奶等的生产基地、水源地、污水处理厂、垃圾处理厂、铁路编组站、港口码头、航空港、高压变电站、高压电线走廊、大型仓储以及危险品仓库、传染病院、休疗养院等都要求布置在郊区。城市郊区规划是城市总体规划的组成部分,多数大城市的人口和生产力布局、城镇空间布局结构体系都要在郊区规划中得以体现。

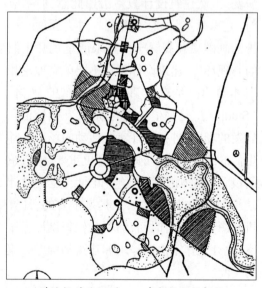

堪培拉总体规划——建成区和新郊区

Succession 演替

演替指原有地区的人口或事业完全被别的人口或事业所代替。通常在殖民侵犯的过程完成以后,便发生演替现象。随着时间的推移与地区情况的变化,已经演替的地区将来可能又被别的人口或事业所侵犯、演替。所以这种过程在城市化地区似乎总是处于循环状态之中。

Sudan Kababish Tents 苏丹卡巴比什人帐篷

卡巴比什阿拉伯人居住在苏丹北部的沙漠荒野平原及干涸的河道上一群群的帐篷营地,多数由有亲戚关系的家族组成。旱季时,营地扎在为数有限的水井中心周围,水井每年挖掘一次,营地分布在大半径0.5~1.6 千米的范围之内。帐篷用成条形的编织物做拉带,交叉连接而成,帐篷内划分男人区、女人区以及骆驼的粪便栏。

Sudan Round Thatch House, Africa 非洲苏丹圆形茅屋

苏丹位于非洲撒哈拉南侧和热带林北缘之间,横跨非洲的开阔热带稀树草原,西起佛得角,东至埃塞俄比亚高地和红海。旱季树木落叶,河流干涸,野火经常烧尽草丛,水分蒸发快,居民主要是班图语系的黑人,不少人仍过游牧生活。苏丹民居是环形的圆顶茅屋的组合,其主要特征是有一座圆形茅屋作为茅屋群的门楼,入口有一锁形的门洞。每个茅屋内均有谷仓,有的圆形茅屋分上下两层,上层是睡床,有出入口,下层是猪和其他动物的窝,有供动物出入的小门。

非洲苏丹圆形茅屋

Suggestion 暗示

心理学术语,让人不加批判地相信或行动的过程。通常用语言暗示,也可以用视觉等任何一种感觉来进行暗示,也可以是象征性的,大多数的广告宣传含有直接的暗示作用。建筑符号学亦可暗示建筑形象或细部所陈述的含义。

埃德加·罗宾的"杯图"

Sukiya 数寄屋

从 15 世纪中叶到 16 世纪末,日本形成了茶道,兴起了茶室建筑,一般很小,以四席半的居多,多与野趣庭园结合,小而求变。木柱、草顶、泥壁、低门、毛石踏步和架茶炉、圆竹窗棂或是挂搁板等等。草庵风茶室盛

行之后,日本出现了一种田舍风的住宅,模仿茶室,称为"数寄屋"。它一般比茶室整齐,讲究实用,少一些造作的野趣,更显得自然平易。其特点是木材带涂成黑色、障壁上画水墨画。数寄屋把日本茶室的典型性格发挥到极致,有一些很美的作品,数寄屋的风格也影响到大型的书院府邸,典型的例子是17世纪上半叶京都府的桂离宫书院和神奈川县的三溪园临春阁。

Summer Palace 颐和园

中国著名古典园林,位于北京西郊。金贞元年(1153年)设为行宫。明代建为好山园,清乾隆十五年(1764年)改为清漪园。1885年辟为公园,总面积290公顷,大体分两部分,宫殿区有多组建筑,如仁寿殿、乐寿堂,风景区有728米的长廊、十七孔桥、石舫、佛香阁、谐趣园等。整个布局集中国园林艺术的大成,并以西山、玉泉山为借景,具有中国园林的典型特征。

Sun Gate, Tiahuanaco 提亚华纳科,太阳门

在南美洲玻利维亚平原上的太阳门建于800年,是印加文化的早期作品,前哥伦布时期的主要遗址,在地地喀喀湖(Lake Titicaca)南岸,距今玻利维亚城市帝亚瓦库不远。印加帝国提亚华纳科诚宗教建筑群惟一保存完整的是"太阳门",门宽3.8米,高3米,由独块巨石塑刻,通过它可到达一个神圣的地点,已经全毁。门上是一片浮雕,刻有形象逼真又相当抽象的狮子头,周围是方形几何图案,刀法洗练。浮雕表现手握权杖或武器的神力,提亚华纳科的建设者可能是艾马拉人(Aymara),属南美印第安庞大的民居集团,操克丘马拉语。安第斯文化通常泛指印加帝国及其影响所及地区

的多民族文化,包括玻利维亚、秘鲁、智利、阿根廷等地。其文化可分为中部和南部安第斯文化,中部拥有马丘比丘城堡、库斯科印加帝国皇宫、奇穆人的土城以及织物、陶器、水渠、梯田,等等,两万年前已有人迹。

太阳门,提亚华纳科

Sunlight Courtyard 采光天井

空间处理要配合光的运用,现代建筑依靠人工照明,不关心自然光线,但在建筑中必须以天然光线为主。可是由于人工照明的发达也给建筑的体型和进深带来了许多影响,如果以天然光为基础设计则房间的深度有限,因此两边开窗的做法很流行,建筑的外墙结构最聪明的办法是增加窄长的两边侧翼建筑,形成一个三合院的采光天井。我们把三种平面形状的房子做比较,一字形的平面,点式布置的建筑平面,井字形内天井式的建筑平面,结果是井字形的内天井式的建筑天然采光最好,而且建筑密度最大。此外,人们也愿意光线从房间的两面进入室内,内天井可以创造一个室内明亮的庭院,成为生活的美化中心。两面进光的玻璃透角窗风行一时,有顶光的天井共享大厅表现了更为生动的光线效果。光有助于看清内外装修的细部和自然光所增加的绿化在建

筑中的含义。

Sunlight Dazzled 眩光

通过窗户看到天空或太阳就会引起不舒适的眩光。一般设计都不进行复杂的眩光计算,常用的降低眩光的措施如下。1. 合理安排室内工作位置,使工作人员不致直接看到高亮度的阳光或天空。2. 使用散光半透明材料,活动百叶窗或窗帘等降低窗户的亮度。3. 使用适宜的带挡光板或格栅的采光窗或设计合适的挑檐、雨棚等也可以减少可见天空面积,从而降低不舒适的眩光。4. 采光窗周围和窗台、窗框和窗棂等细部都应按浅色表面设计,尽量降低这些表面亮度和所见天空亮度的比值。

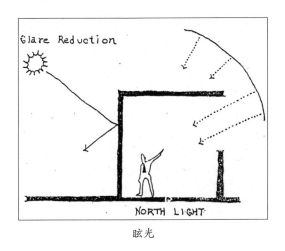

眩光

Sunlight Overheat 阳光过热

阳光通过窗户进入室内,同时也带进了大量辐射热,往往会出现过热现象。在炎热地区尤为突出,在夏季必然会导致室内制冷负荷的上升。为了改善室内环境和节能,设计时应采取必要的措施来减少太阳辐射热量进入室内。目前设计人员一般是使用隔热玻璃来降低进入室内的辐射热量。1. 隔热玻璃种类很多,如热反射玻璃、吸热玻璃、夹层变色玻璃、带贴隔热薄膜的玻璃等。2. 若使用反射型的镜面隔热玻璃,应注意不给附近环境所造成的光和热的污染。3. 大面积的采光窗应确保其质量,如抗风压、窗的气密及水密及玻璃的变形破碎。

Sunlight Utilization 阳光利用

阳光的直接应用方法有 6 种。1. 使用平面反射镜的一次反射法。用反光镜一次将太阳光反射到室内需要采光处。2. 导光管法,用导光管将太阳集光器收集的光线传送到需要采光的地方。3. 棱镜组多次反射法,用一组反光棱镜将集光器收集的太阳光传送到需要采光的部位。4. 光导纤维法,采用高透光率的光导纤维将光线引到需要采光的地方。5. 卫星反射法,用高空卫星反射镜把太阳光送到需要光线的地区。如美国计划用卫星反射镜解决整个纽约地区的夜间照明,这就是不夜城的照明计划。实现此计划有三个问题需要解决,即经费问题、环境影响问题、卫星轨道问题。6. 高空聚光法,用反光镜把太阳光聚集在高空,形成新的高度光源供夜间照明用。阳光的间接应用方法主要有 3 种。1. 光—热—电—光转换法,用太阳光辐射产生的热发电供照明使。2. 光电效应法。3. 太阳能高空发电法。

Sunlight Window Design 采光窗设计

阳光照明作为建筑构成的一个因素,在设计采光窗时,不仅要在功能上考虑其阳光的利用效率,同时还要使艺术上和整体建筑风格协调一致并有机地结合起来。方法有以下几种: 1. 带反射挡光板的采光窗。它也是大面积侧面采光最常用的一种采光窗,也是建筑中常用的一种分割上下窗,活跃建筑立面的处理手法。这种窗有以下优点。（1）能有效地反射阳光,把阳光反射到室内深处。可提高靠内墙部位的照度,同时也起到降低靠窗口部位的亮度的作用,使整个室内光线分布更加均匀。（2）挡光板在视线平面之上,可降低直射阳光而产生的不舒适眩光。（3）和使用小尺度的百叶窗比,它挡光而不挡视线,在心理上有利于人和自然界的联系,具有良好的景观效果。2. 阳光凹井采光窗,这是一种接受由顶部或高侧窗入射的太阳光的比较有效的采光窗,阳光凹井分南向和北向两种。这是一个在内部带有光反射井的上部或顶部采光口,这种采光口和挡光板和采光窗一样,将直射阳光经过反射转变为间接光。窗的挑出部分和井筒特性可按日照的参数进行设计。3. 带跟踪阳光的镜面格栅窗。这是一种由电脑控制的自动跟踪阳光的镜面格栅,这种窗的最大优点是可自动控制射进室内的光量和辐射。它在许多公共建筑的中庭和解决周边大型公共建筑的天井庭院采光中广泛应用。

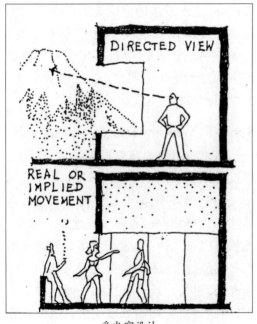

采光窗设计

Sunny Place　阳光地

建筑南面室外的阳光地段是非常宝贵的,要给人们创造一个晒太阳的环境。有些朝南的房前居民不能直接享受室外的阳光,而让阳光地段布满了花卉或堆放,院落虽充满阳光但人们却没有直接享受阳光的地段。另一种情况是围墙很高,布置不当,庭院经常被深长的阴影覆盖着,这就是用短围栅来代替院墙的原因。中国民居墙的运用是很成功的,把墙布置为阳光地的背景,白色粉墙可以充分反射阳光,环抱着阳光地。独立的影壁墙不仅为了遮挡视线,也是院中的装饰墙,一面为阳,一面为阴,产生明与暗的对比。布置好的阳光地段吸引人们来晒太阳,摆在树荫下的茶桌,视野景观,观鱼的平台,每天来此坐一会,给花草浇点儿水,在阳光中观察一下花草的成长,这是家庭生活中的享受,尤其是老年人和儿童更需要室外的阳光地。

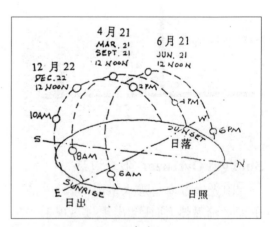

阳光地

Sunshine　阳光

阳光对于环境景观至关重要,朝南的阳光地段非常宝贵。人类离不开晒太阳的环境,阳光、空气和水是地球表面生物生存的条件。阳光支配着生物的生态循环,太阳的运转支配着任何动物的生理循环。坐北朝南,满室阳光,阳光地段,都是中国传统民居建筑的主要特征。阳光与建筑的围墙、地面的铺面材料,植物绿化的布置,均有密切的关系。在现代的组团式的居住小区中,要把若干阳光地段联结起来,形成阳光点的链条,为不同年龄与需要的居民创造户外活动的场地,备受欢迎。地球表面所见到的太阳辐射,日照量为昼间云覆盖的余额。地球上某些地方,如撒哈拉沙漠,每年接受日照的时间超过 4 000 小时,达到最大可能值的90% 以上,在风暴出现频繁的地区如苏格兰和冰岛,则少于 2 000 小时。有几种装置可测量地面接受日照的时间,有时还可测量日照强度。

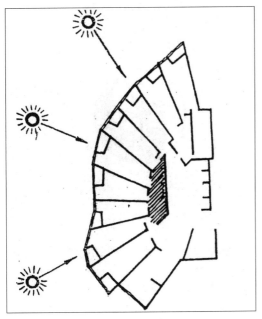

扇形平面能获得更多的日照

Superblocks 超大街区

超大街区包围约 20 公顷范围,被小环形路的细条状道路穿越但不分割,由于尽量减少交汇点也减少了临街的住宅,街区内部的道路也尽量减少负荷,内部布置公园。如

果内部人行道完善,行人可避开穿越性的街道,使行人与车辆分离。在一般住宅区的尺度内,没有必要完全将人车分离,能将车行严格控制即可。沿街的人行道不必沿道路线设置,以分支及斜入的方式,以减少道路边缘意外事件的发生,居住区内行人动线的本质是聚会和游戏所在。超大街区内的死胡同街道组合成越来越多的迂回性路径,将长死胡同的端点衔接步道、排水沟等连成环形,将街区长度缩短而变为优点。

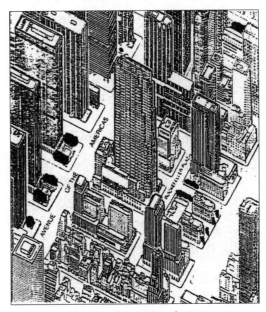

洛克菲勒中心开发区鸟瞰图
超大街区

Supermarket 超级市场

在无人售货基础上经营的大型零售商店,出售杂货、水果、蔬菜、肉类、面包、糕点和牛奶制品,有时也出售非食品货物。远在20 世纪 30 年代美国即有超级市场,设在边缘地区改建的厂房内,缺少精制的陈列设备,廉价售货。40 年代和 50 年代超市成为美国食品销售主渠道。50 年代超市遍布欧洲。超市的发展是降低成本、简化销售方式

的一部分。60年代超市遍及全世界,主要
受中上等收入的居民所欢迎,他们都有一定
的购买力和必要的家庭食品贮存设备。

Superposed Order　叠柱式

古典建筑中在一个垂直面上下叠几个
柱式结构,在古希腊建筑中,除非结构上需
要,很少用叠柱式,当叠用时,总是上下采用
同一种柱式。古罗马则灵活使用叠柱式,
70—82年建造的罗马大斗兽场的立面有4
层高,底层用多立克柱式,二层用爱奥尼克
柱式,三层用科林森柱式,四层则用科林森
式壁柱。文艺复兴时期的建筑也常采用叠
柱式,有时加上混合式柱式,还发展了巨柱
式,即一种上下贯通的几层柱子,以代替叠
柱式。

Superstitious in Chinese Dwellings　中国民居中的信俗

信仰使中国传统民居中表现许多民俗
故事,自古以来民俗就是围绕信仰而形成
的。思维是世俗生活的一部分,一个地区或
民族的生活习惯是根据这一地区或民族对
自然和人类社会的普遍认识而逐渐形成的。
由于传统民俗中有神鬼观念的参与,住宅中
人的活动和住宅的形式产生了许多禁忌,它
作为特殊的民俗事项,是为了协调人与神鬼
的相处关系,以避开人对神明的亵渎。中国
许多地区的地理景观具有寺观林立,祠庙众
多的特点,特别是地方性的神祇泛滥,巫术
盛行。许多地区民居的大门入口都有崇拜
与禁忌,不同形式的门具有礼制等级的象征
性,反映居者的身份与地位,也有民间禁忌
及改善住宅风水的作用。在民居的许多其
他部分也有许多信仰的标志与符号。

Supreme Ultimate　太极

中国哲学术语,始见于《易传》和《庄
子》。北宋周敦颐作《太极图说》,后朱熹又
加以发展,成为世界观的基本概念之一,
"太极"是天气万物的本原。"太极"是由无
极派生转而又派生阴阳二气的中间环节。
朱熹把"太极"解释为最高的理,称"总天地
万物之理,便是太极"。张载和王廷相则借
用"太极"来说明"气"。近代孙中山曾用
"太极"译西语"以太",认为其是宇宙万物
的物质始源。

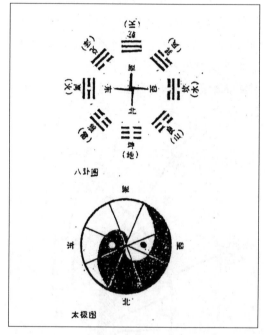

太极

Surface Way in Two Planes　两翼式表面

克里克(Norbert Kricke)为德国格尔森
基兴的一所新剧院作的立面雕饰,名为"两
翼式表面"。设计师从总的建筑效果出发,
把明亮的钢带分为两组,通过明显的向右方
的指示性运动感加强了新建剧院立面与右
边的设计室建筑的联系,并以轻巧明快的线
条减轻了深色墙面的沉重感,使主体建筑的
立面与环境结合了起来。娱乐性建筑的轻

松、悦目的立面形式感是很有必要的。

两翼式表面

Surround and Penetrate 围与透

围合的内院是中国建筑格局的特点之一,围合的内院可提供安静优雅的环境,有人把中国传统建筑的特征归结为"墙"的运用。以墙围合形成院落,划分空间,制造情趣。虽然中国建筑的单位常常是单一体型和程式化的平面,在建筑与墙的围合中,创造出空间与层次的变化,就像运用灵活隔断自由划分的室内空间一样。在围中有"透",透景好像一幅天然的图画,以围划分空间领域,以"透"引入外部景物,这是中国传统建筑艺术的绝妙手法。在中国传统园林中,经常可见设在墙上的透景花窗的运用,现代建筑中设计的天光空透效果也是围与透产生的光的对比手法的运用。

围与透

Suspended Construction 悬挂结构

屋顶或各楼层悬挂在立楼(井筒、塔架)上的建筑又称"悬吊式建筑"。其特点是用分散的钢索和吊杆承担屋顶和楼板的重量,充分发挥钢材的力学性能,因而可增大结构跨度和减少材料用量,并使建筑的形式富于变化。20 世纪 50 年代后悬挂式结构应用广泛。在单层式悬挂结构中,梁、桁架、薄壳或屋面板组成的屋顶用挂锁吊住,锚固在中心柱上,形如吊伞。1962 年意大利曼图亚的布尔哥造纸厂屋顶跨度总长 250 米,中间距 163 米,宽 30 米,仅用 4 根钢索将千根纵向钢梁悬挂在两个 50 米高的 A 形混凝土支腿上。高层悬挂结构主要由井筒、吊架斜拉架、吊杆和各层楼板构成。1985 年建成的香港汇丰银行地面上 43 层,高 167.7 米,采用 5 组桁架式悬挂结构。1972 年美国明尼阿波利斯联邦储备银行里, 12 层楼的荷载通过吊杆悬挂在两个高 8.5 米,跨度 84 米的桁架大梁上,又用两条工字钢作成悬链曲线,对大梁起辅助作用。

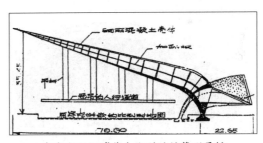

布塞尔国际博览会比利时馆箭形吊桥

Suspended-cable 悬索

悬索是一种以受拉方式为主进行内力传递的结构系统。其中单向索网仍属平面结构,双向索网才起空间受力作用。悬索的支承结构有拉撑式、框架式、桁架式、圈梁式、拱券式等,要承担屋盖的全部荷载,并将其传递至支承基础上。由于悬索是只能承受轴向拉力的柔软构件,因此在风力或地震力作用下,很容易产生共振,要增加屋面的自重,需加加强措施。圆形双层悬索的结构性能是最理想的。它如下的优点:结构中各处受力均匀;屋盖圆形外环内只产生轴向压力;由于上下索固有频率不同而产生的相互约束力可以起到自行减振的作用。

Suspended-cable Structure 悬索结构

悬索结构的钢索不承受弯矩,从而降低材料的消耗,结构重量轻,可做成很大的跨度,施工期短。常见的悬索结构有单向、双向和混合式三种类型。单向悬索由上细下粗变截面的倾斜桅杆支撑柱传力。双向悬索如圆环形悬索结构,上索承受屋面荷重并起稳定作用,下索为承重索将全部屋盖悬挂于空中。鞍形悬索的优点是椭圆形大厅内能有更多视角好的座位,技术经济指标优于其他形式,体积利用较合理,与其他形式相比的、抗风抗震性能更好。

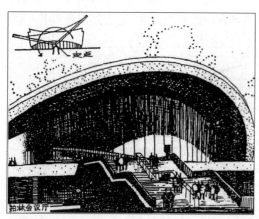

悬索结构

Sustainable Architecture 可持续发展建筑

1992 年在巴西里约热内卢的世界首脑会议上,"可持续发展"作为世界思潮被广泛接受,保加利亚的国际建筑学院联合签名同意《2000 年地平线宪章》(*Charter Horizon 2000*),内容为持续发展的世界做出持续发展的建筑,提出建筑师应在设计中,使所有社会功能在满足目前的发展及将来的发展之间取得平衡,创造节能的材料与节约能源的建筑,设计与环境相协调并有助于人类身心健康的建筑和城市,着眼于自然环境的整治与材料的更新。根据环境条件,无论对原始的技术与材料的更新。还是对高科技的手段和发明,都要兼收并蓄,为我所用,创造出高情感、富含文化内涵的建筑。这是 21 世纪建筑发展的趋势。在能源设计方面,采用可自然降解、清洁、健康及可再生的建材,就地取材。调整规划布局,注重建筑平剖面及细部设计,合理绿化,建造休憩、生活和工作的乐园。

Sustainable Development 可持续发展

可持续发展概念出于联合国环境发展署 1978 年的《布隆特兰报告》:在满足当代人需求时,不危及后代人的需求及选择生活方式的可能性。其基本内容包括:一是当代人与后代人发展机会均等;二是当前的发展不损害后人的生存环境。该报告强调有效、有节制地利用不可再生资源,维育可再生资源的良性循环,保护人类唯一的生存环境——生物圈。可持续发展城市(Sustainable Cities)与可持续发展的含义是一致的。

Suzhou Dwellings 苏州民居

在中国的江浙一带,虽然多雨潮湿,但居民也创造了成功的生土建筑,例如江苏镇江郊外的有些住宅,厚厚的土坯房屋,上面覆盖着厚厚的茅草屋顶,出檐保护着低矮的墙壁,有些木结构的住宅则用薄砖砌在土墙的外皮,防潮防水。苏州的住宅虽然多为砖砌的墙壁,外皮多以白色灰浆抹面,黑色的瓦顶,隐现在绿色的林木之中,别具一格,内院以山石花木漏窗等景点吸引人们。白色的抹灰使得苏州住宅也未脱离中国民居木、土、石的基调。

中国苏州民居

Suzhou, the Ancient City 苏州古城

苏州在中国城建史上有两方面突出意义,一是建城以来基址范围基本未变的古城。二是中国水网地区城市的典型。苏州建城于周敬王六年,按文献记载,现在城墙的基址两千多年未曾移动,城市布局有水陆两套交通路线网络。河道系统早在唐朝前就已形成,伍子胥建城时即设八座水门,必有河道沟通城内外。白居易描写苏州是"东西南北桥相望""水道脉分棹鳞次""处处楼前飘吹管,家家门外泊舟舫""风月万家河两岸",形象地勾画出河网交织、舟楫栉比、柳树成行、桥梁棋布的水乡风光。《平江图》中桥梁有 310 座,其中内城占 293 座。唐代《吴地记》有"城市有大河三横四直"的记录。

苏州古城

Suzhou, the Ancient City Preservation 苏州古城的保护

苏州对历史文化和古建筑、园林的保护,提出了"全面控制,重点保护,积极建设,逐步改造"的原则。苏州是中华民族的,也是世界人民的。在修复古建筑及园林时,应遵循"修旧如旧"的原则,要研究建筑物的建造年代和当时的建筑风格、做法、技术,力求恢复原有面貌。要研究建筑物的性质反映在各方面的特征,在修复中尽量保存这些特征。在旧城区的改造中如何保持和发扬苏州的地方风格,尤其是重点的保护单位,点、线、面,周围的控制区内,如何使新房屋和古典建筑与园林相协调,是特别要重视的问题。

Suzhou Traditional Garden Art in Adaption to Modern Design 苏州古典园林艺术古为今用

1. 空间划分与构成。(1)院墙用"之"字形走廊,有时随地形起伏作成有高低变化的墙廊。(2)曲折池岸组成外形自然的空间。(3)弧形路径、假山和自由种植组成内花园空间。(4)凸出或凹进的建筑分割空间。(5)不规整的大片水面占据主要空间。(6)曲桥分割水面。2. 造园技巧,以假乱真的错觉技巧,按透视原则,从景框看景物,开门见山,引人入胜。3.尺度比例与空间范围。4.造园的组成部分。(1)地形。(2)水面、跌水、瀑布、造假山、岩洞、溪涧中都可运用。(3)山石、叠山应合乎自然地貌的外观。(4)花木、数量虽然不多,但种植的效果很显著。种植的方法有密植林木,有三五成丛,可种在花池、花台、花坛、树坛中。盆栽移动灵活。种植位置和品种选择都可按照设计的主题规划布置。

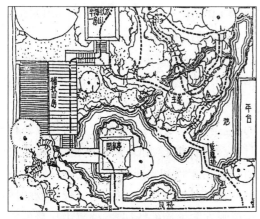

苏州古典园林艺术古为今用

Sydney Opera House　悉尼歌剧院

1973年建成,占地1.8公顷,总建筑面积8.8万平方米,内设2 800个座位的音乐厅,1 550个座位的歌剧院,450个座位的小剧场,此外还有900多间房间,作展览、录音、酒吧、餐厅等。外观由两组8个壳体覆盖,2个小壳,总共10个壳体。造价屡增,经17年才告竣工。1956年来自30个国家的223个竞赛方案,评选成员美国建筑师沙里宁迟到后对初选的10个方案不甚满意,在被剔除的方案中提取丹麦建筑师乌特松(Joern Utzon)的方案,建议列为首奖,获全体同意。其引人注目的特点是其壳体屋顶,如滨海扬帆,景物生动,富含诗意。有关悉尼歌剧院的评论毁誉参半,作为悉尼城市标志,四面八方眺望无阻,10只壳体成了吸引人的历久不朽的雕塑性建筑。

悉尼歌剧院

Symbol　标志

标志是建筑环境中可以直接和人的联想有关的极为有用的设计手段,在环境设计中把标志运用得好,能够提供一种隐喻的力量。用标志设计可以作概括性的说明,它比明白的告示具有更强的简明含义。标志不是随意的符号,标志可以陈述某种特定的语意。设计完美的标志形象,如同无形的声音,比告示更明确易懂,在环境中有重要的景观功能,也是美化环境的重要因素。在城市环境中,许多重要的地方,都需要优良的标志设计。

Symbol Signs　标志符号,象征符号

常用的一种传递信息符号,用以表示象征人、物、集团或概念等复杂的事物。符号可以是图案,如卫生机构的红十字,可以是描绘性的,也可以是字母,也可以是任意规定的。在哲学中特别是在符号学中,符号与标志这两个概念有着严格的区分。"Calligraphy"在绘画中非为文字,而为有彩色设计的一种象征,此种象征的一线、一点将是最美的代表。如中国芥子园画谱中就有许多符号。象征的使用更注重画面上的位置、色彩、浓淡、均衡以及数量等,而且不宜描得过

于明显。

Symbolic 象征

　　景观也是象征性沟通的媒介,不论是经由其明确的、传统的符号,或由它的动作及形状含蓄性的表示,象征都是一种社会的创造物。象征可以告诉人们所有权、地位、所出现的人物、团体、隐藏的功能、货品及服务、价值、行为、历史、政治、时间以及未来可能发生的事情,等等。在多元变化着的社会中,设计出有意义的象征符号是很重要的,设计者可以利用象征性的造型来增强地域性的共鸣。有些现代建筑师自由选择式地随便使用符号象征,不久便会被社会所淘汰,真正有意义的象征性符号要经过时间磨炼才会呈现。规划设计师要自我节制,不能滥用符号,要以直接感觉去处理象征性的基本素材,像空间、时间、土地、生命体及人类活动,要使隐藏在造型内部的象征性自然地滋长。

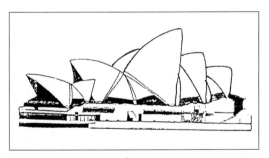

象征

Symbolism 象征主义

　　象征主义属于后期现代主义,是雕塑型建筑,夸张和直喻是其显著特点,始于 20 世纪 60 年代,带有表现主义倾向。它运用了薄壳、悬索等大跨度结构体系,其成功的设计往往是外形与结构的完美统一,它的单纯而又直观的形态往往引起人们的丰富联想。曲线、曲面、重叠、力的表现和音乐般的旋律与节奏均可创造出极高的审美情趣。它充分运用了混凝土的可塑性,以其巨大的体量和形态比喻的雕塑特性,使建筑成为一所纪念碑。其中最具代表性的建筑师是耶尔·萨里宁。

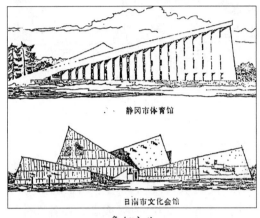

静冈市体育馆

日南市文化会馆

象征主义

Symmetrical Balance 对称的平衡

　　在建筑物的中轴线左右采取完全对称的形式,每一件小的细部在左右两边相对的位置上,也都是相同的。这种平衡使人一目了然,可予人一种安静与规律之感,表现建筑物端正率直的风格。古典主义和文艺复兴时期的建筑以"对称"为其标志,但在高直和罗马式建筑的布置多少有不对称的倾向。另一种平衡近于绝对的对称,而非齐全的对称,叫作"形态的平衡",这种平衡在某些部分不完全对称。

对称的平衡

Symmetros 对称

对称一语源出希腊文"symmetros",原意为"同时被计量",即两个以上的部分可以被一个单位完全除尽,或者说在各部分之间含有公约量。以对称点、对称轴、对称面为基准,通过某种操作把原始形状反复配列,是形成对称的基本方法,最基本的操作有 4 种。

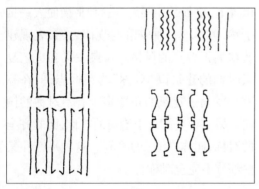

对称

Synagogue 犹太会堂

犹太人进行宗教活动、举行集会和学习的场所,有关的古老资料可见于公元前 3 世纪,会堂制度曾与圣殿崇拜活动共同发展了许多年。除巴勒斯坦外,罗马、希腊、埃及、巴比伦,小亚细亚等地都有会堂。1 世纪中叶,人口较多的犹太人社团都有会堂现代犹太会堂除依照传统发挥作用外,又根据时代要求增加了社会服务、文娱和慈善事业等活动,典型的会堂内设有收藏,"律法本"的大柜,柜前长期燃有明灯,另有两座烛台、长凳和通经台。目前正统派会堂仍实行男女分坐,改革派和保守派则已废除了这种旧习,有的会堂还设有净身池。

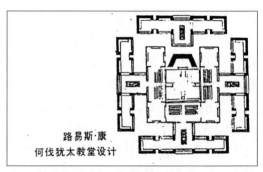

路易斯·康 何伐犹太教堂设计

Taer Monastery 塔尔寺

塔尔寺青海省湟中县鲁沙尔镇西南,相传是藏传佛教格鲁派创始人宗喀巴的出生地,16 世纪中叶在此建塔,发展为黄教六大寺之一,其他五寺为色拉寺、哲蚌寺、札什伦布寺、拉卜楞寺和已毁的甘丹寺等。塔尔寺是运用汉回传统设计手法最多的一个寺院。寺内建有塔殿、佛殿、经学院、僧舍和活佛公署。主殿为宗喀巴纪念塔殿,称大金瓦殿,三层歇山镏金铜瓦顶,内有高 11 米的银塔。护法神殿称小金瓦殿。"花寺"为当地多见的三舍院形式,门口侧墙使用精美的砖雕。经学院以经堂为主殿,有围廊和庭院,为藏族建筑传统形式。塔尔寺有塔 10 余座,总入口有过街塔。塔尔寺的酥油花、壁画和堆绣号称"三绝",各殿均有大量的雕刻、壁画、堆绣、酥油花等。

Taihu Lake, Jiangsu 江苏太湖

太湖古称"震泽",面积 2 000 多平方千米,湖中岛屿众多,连同沿湖半岛的山峰被誉为 72 峰。无锡的太湖风景区位于太湖北部,占据湖区的最精华部分,分为 5 片:1. 以蠡园为中心的蠡湖片,约为杭州西湖面积的 1.7 倍。2. 鼋头渚口与太湖与蠡湖交汇处。3. 沿湖东区以"湖东十二渚"为主连成一片,五代时南唐曾屯兵于此,有颇多古迹。4. 沿湖西区以"湖西十八湾"为主连成一片,有春秋时吴王阖闾古城、孙策墓等古迹,南面为一片平原。5. 马山为独立一片,全境 34 平方千米,名胜较多,如伍子盟顶、试剑石、葛仙丹井及祥符古寺等。

Taiwan Amis' Dwellings, China 中国台湾阿美人民居

阿美人是花莲港和台东东部海岸平原地区高山族人数最多的民族,为大家族制度下的母系氏族团体,可分北部南势阿美、东海岸阿美、西部秀姑峦阿美、卑南阿美、恒春阿美等。原来的民居形式包括正房、厨房、杂物院、谷仓、畜舍、头骨架、集会所。住宅是有单室纵墙入口和复室山墙入口的。结构以板木作柱,竹或圆木作柱间龙骨,以草、竹、板作墙,分为茅草壁、竹壁或板壁,地板竹上铺帘、屋面用篱或细竹编帘做底层,上铺茅草。单独设厨房、杂物室、谷仓等,多为纵向入口,悬山为人字形屋顶,屋面铺树皮。每个部落设两个以上集会场所供寄宿、集会、公共作业之用,形式与住宅正房相同。室内布置分为北方式和南方式两种:北方式全铺地板,中央布置火炉;南方式三面为床,土地面中央为火炉。

Taiwan Architecture, China 中国台湾建筑

台湾建筑包括南洋式(马来式、高山族建筑)、大陆式(福建式、广东式建筑)、西洋式(西班牙式、荷兰式、现代建筑)。木材以扁柏、红桧为主,其余为香杉、亚杉、楠木、岛

心石、肖楠、赤皮、樟木等。竹材还广泛用于制作家具。藤材、茅草、黏土、砖、瓦、石、石灰、水泥等为主要建筑材料。台湾最早的建筑是高山族富于该岛特色的建筑，自古福建、广东人渡台开发，建造福广式建筑。高山族建筑分布在山区，受气候影响大，建筑朝向为东向和西向，以避免日光直射而不采用南向。深出檐、"亭仔脚"、沿道路底层临街为开敞的柱廊。厚墙开小窗，采用抗震的木结构及防风暴之设施。自古以来，南洋式、大陆式、西洋式三类建筑并存至今。

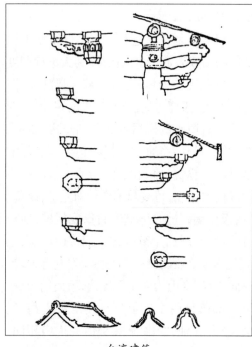

台湾建筑

Taiwan Buddhist Temples 台湾的佛寺

台湾的纯粹佛寺极少，大都是道教祠庙中祭祀佛像的殿堂，其中台南开元寺为台湾佛刹之冠，又称"海公寺"，始建于康熙十五年（1676年），比道教的祠庙更简朴幽静。台南的法华寺以优雅著称，中轴线上有天王殿、大雄宝殿。在建筑上最引人注目的是鹿港龙山寺，供奉观音菩萨，乾隆五一年（1786年）建造，拜亭的吊钟上有嘉庆十六年的铭文，建筑采用台湾少见的素水结构，手法清爽，外门和内门为台湾佛教建筑中最优秀的作品。台北龙山寺供奉渡海安全观音，中殿四面围有雕龙石柱，重檐歇山顶，华丽壮观。台北圆山剑潭寺供祀观音，面对海洋，风景宜人。

Taiwan Bunun's Dwellings，China 中国台湾布农人民居

布农人分布在以台南、台中、台东、花莲港山脉为中心的广大地区，属大家族制。住宅平面几乎都相同，结构、材料以及生活方式各地少有区别，正房附畜舍，台东一带还有带晒场兼凉台的结构。地面有深下式和平地面式，正房悬山顶纵墙入口，屋顶铺石板或茅草、桧皮、茅茎。室内天花顶上堆东西，前院铺石板，周围绕以石墙。猪圈、鸡舍用木材或石板简单构造，兽骨架设在入口上面的墙上或檐口下面，头骨架现已废除。

Taiwan Daoism Temples，China 中国台湾道教寺庙

真正的道教寺庙祭祀老庄，但台湾的道庙多祭祀俗神，以占卜术推算吉凶，烟火繁盛，是宴席、看戏等的所在地。城隍庙祭祀城隍爷，台湾有二十四庙，仅台南为府城隍爷，其他处为县城隍爷。土地公庙为司土地财福之神，到处可见，有的仅有一小庙龛。应公祠的庙门题"有求必应"，在台湾数以千计。关帝庙又称"武庙"，祭祀关羽与儒教文化相对应。妈祖庙又称"天后宫""朝天宫""配天宫""慈佑宫""逍遥宫"，多配祀观音佛祖，兼佑航海安全，各受尊崇，以马公妈祖庙为代表。保安宫祭祀

保安大帝。三山国王庙供奉三山国王。开漳圣王庙又称"惠济宫""景福宫"。南宫祭祀孚佑帝,为唐代进士传后成仙,与文昌帝君与魁星爷合祀的文昌庙亦称"指南宫"。开山王庙供奉开山郡王。武圣庙供奉山西夫子。五福宫供奉元帅爷太子及天上圣母,观音佛祖。保元宫,又称"王爷宫",供奉池府王爷公。

Taiwan Dwellings, China 中国台湾民居

台湾的朱欧人住宅、雅美人的部落、泰雅尔人的住宅等都体现了原始土石棚户民居的特征,用土、草、木、石等天然的材料营造原始的、天然的、舒适的、乡土气息的居住环境。台湾民居主要起源于福建,惯用木结构的屋面。纪念祖先的厅堂是中国的传统,木柱和檐口的构造和苇墙的做法都和福建民居相似。

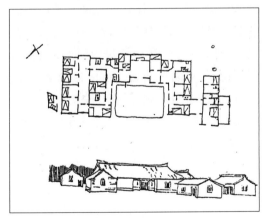

台湾民居

Taiwan Gaoshan Nationalities Dwellings 台湾高山族民居

台湾高山族民居是一种适应湿热气候的竹木家屋,台湾的雅美人部落、麻里人部落、排湾人部落、布农人部落均依山之势建立民居。借地势建半地下的竹墙草顶木屋,

并充分利用山石和石料铺砌地面修筑平台,创造室内外贯通的田园环境。朱欧人、泰雅人、阿美人的住宅是建在地上的竹墙草顶木屋。高山族民居中的床、灶、谷仓、厨房、庭院、室内外组合成整体,庭院中设有首领的标石和司令台。

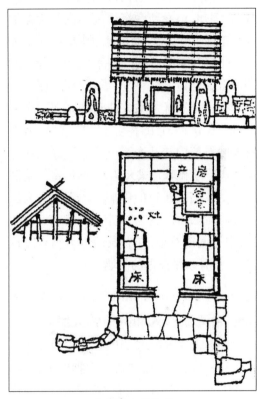

台湾高山族民居

Taiwan Gateway and Stone Tablet 台湾的牌坊和石碑

台湾称"牌坊"为"石坊",均石造,可做大门和纪念碑。前者如台南文石坊,后者如台中大甲的贞洁坊,台北石坊街石坊纪念刘铭传,光绪十四年(1888年)立碑。台湾石碑很多,台南大南门外的碑林有多种形式,改建的台湾府城碑为形式完整的历史名碑,乾隆五十五年(1790年)立碑。康熙三十二年(1693年)立的功德碑为最古。各处文庙

及其他石碑都各述其由来,此外高雄州潮州郡内古令埔碑,台中东势郡地界碑等均述及高山族被同化的历史。

Taiwan Paiwan's Dwellings　台湾排湾人民居

高山族中居本岛南部山地、高雄旗山、屏东、潮州、恒春与台东南部的大族为排湾人。首领不分男女,有木雕、刺绣、机织的才能。住宅有主室、谷仓、畜舍、司令台等。北部用石板建造,部落中心设司令台,屋顶以原木板上铺石板。头人或长老站在司令台上对部民讲话,有的在台上设头骨架,或在特设的石墙内造几个小方龛。西部式住宅龟背式屋顶和球壳式天花,分前后室。南部住宅受大陆式建筑的影响。中部住宅为深下式地面,平面一室制。东部为台东海岸地带,平地面铺石板,左右及后墙为垂直的挖砌面,只有用厚板做的前墙。

Taiwan Teiyaer's and Saste's Dwellings　台湾泰雅人和萨斯特人民居

泰雅人分布在北方山区,占少数民族占的1/3。萨斯特人居住新竹山脚地带,是高山族中人口最少的,建筑与泰雅尔人民居略同。建筑有望楼和头架,地面有平式和深下式,竖穴深达2米。外墙石块或石板,曲梁直接承脊檩,悬山屋顶,石板、桧皮、茅草、柱子组成屋面,坡度平缓,檐口伸出,外观轻快。全木是泰雅人特有的墙壁构筑方法,一定间隔埋木柱,内外两柱之间填树枝或碎木料,并沿内例柱砌石。过去部落头人或族长前设有一架子,按间隔埋二圆木或竹子,其间横以木架用来排列首级。

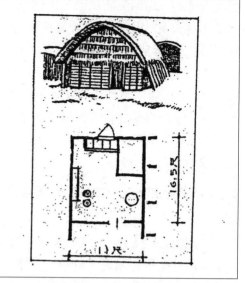

台湾泰雅人和萨斯特人民居

Taiwan Yamei's Dwellings　台湾雅美人民居

雅美人居住在台湾岛东南面红头屿上,接近菲律宾巴布延、巴坦一脉的火山岛,语言接近,有海外渡来之说。当地高温潮湿,设凉台,双层墙,处台风圈内,低处造屋,基地深挖,前深4~7尺,后面直到檐口沉到地下,可防风防暑。正房悬山顶,纵墙入口,前为木板走廊,后室中央有一排支撑大梁的柱子,为主人寝室。柱上原木桁架,木板横钉墙壁,后墙木板竖钉,墙外处石壁吊上茅草防暑。凉台为茅草屋面,产房为夫妇住室,维持一种少见的习俗。雅美人还以造船技术才能闻名,舟舱龙骨十分牢固。

Taiwan Zuou's Dwellings　台湾朱欧人民居

居住在台湾阿里山地区的朱欧人,保持着氏族制,住宅周围有围墙,住宅外有猪圈、鸡舍、柴屋等,部落里有大规模的集会所。最大的特点是房屋四面为船腹形的长方形平面,屋顶为半椭圆形,住宅长方向前后有两个入口,上面檐口距地面约6尺,左右两壁仅3尺高。结构为圆木立柱,树杈部分承桁条,圆木椽子上放小圆木或竹条,铺茅草。壁柱间用圆竹或圆木联系加固,再用茅草做底层,铺上稀疏的竹篦,有很多缝隙,通风、采光都很好。房间为一室制,平地的土地中央立三块细长的石块作为炉子,炉上有干燥架。房间四面用竹条做床,周围环以茅茎的壁,并有茅茎编的单开门,床与床之间为谷仓。兽骨架设于入口内侧的左边,有的单独设置。集会所除部族集会外,过去还作为缴纳猎物的首级之处。

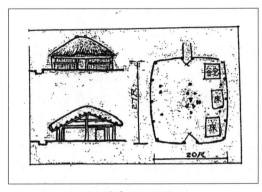

台湾朱欧人民居

Taj Mahal 泰姬陵

印度莫卧儿王朝皇帝沙杰汗为爱妃蒙泰姬·玛哈尔建的陵墓,沙杰汗死后也葬于此。它位于印度北方邦阿格拉城外,建于1630年—1653年,为伊斯兰建筑的精品。陵墓坐落在宽293米、长576米的长方形花园中,正门内有宽161米、深123米的大院,两侧各有两个较小的院落,二门内是大草地,由十字水渠划分成四个部分,中央为方形水池。陵墓96米见方,白色大理石台基5.5米高,四角各有一尖塔,陵墓主体为八角形,由正方形抹去四角而成,中央部分是复合式穹顶,内径17.7米,高24.4米,外部穹顶高近61米。内部为八角形的厅室,墓穴由雕刻精细的大理石屏风围绕。

泰吉,玛哈尔陵

Takara Beautilion TB馆

1970年大阪世界博览会上,黑川纪章设计的TB馆是新陈代谢派的代表作品,由装配式的单元空间构成。TB馆是一幢实验性住房,体现"新陈代谢"观点,充分表现其发展的可能性,建筑结构由一种构件重复使用了200次,是一根按通长度弧度弯成直角形的钢管,两端焊有法兰盘,每12根弯管组成一个立体格子单元,装配好的单元在水平或垂直方向可自由发展新单元,装拆方便。建筑就像从大地生长出的树干,钢管拼装的单元则像大树干上四处延伸的树枝,整个建筑外观宛如儿童游戏的攀登架。在立体格子单元中可插入工厂预制的具有不同功能(供居住或工作)的"舱体",或插入交通系统、机械设备等。黑川的"舱体"概念日后又不断发展。

Taliesin Ⅰ, Spring Green, Wisconsin 特尔森Ⅰ住宅,威斯康星州,斯皮尔·格林

建筑大师赖特为自己在家乡威斯康星州建造的住宅。1909年他对环境地势审视之后,决定把房子建在离山顶不远的斜坡上,他认为房子应属于这个山丘,建筑平

面拉得很长,片石墙体加大挑檐,低坡顶,强调水平方向感与大地相结合,又融合于自然的山野情趣,表现了他的草原式住宅的特点。1911 年建成,后毁于火灾,1914 年重建,直至 1959 年赖特去世,一直作为他的寓所、事务所和设计学校,有赖特自己的起居室和卧室,也有学生的宿舍、食堂、工作室、活动室,还有农场和牲畜房。建筑设计突出了深檐、大平台、木屋架、花园、内院及室内陈设,超凡脱俗,1932 年赖特创办的特尔森学校(Taliesin Fellowship)在这里正式成立。

东特尔森一角

Taliesin West 西特尔森住宅

赖特设计的著名的西特尔森住宅始建于 1938 年,是他在亚利桑那沙漠中的教学营地,其采用木头和帆布的结构,只比帐篷坚固一些,他购置原材料——红木、帆布石头和水泥,带领他的学生一起完成了这个最富浪漫色彩的建筑群。赖特认为这个作品是美国最后一个先驱者,建筑用沙漠混凝土结构,水泥和大块粗石用斜板浇注,顶上覆以红木和帆布,光线闪烁到室内,深深悬挑屋面的椽子下面生长着干旱地带的绿色植物,有开阔伟大的沙漠水平景观,废墟般的混凝土和石头胸墙有大平台踏步,水池和花园形成建筑群梦境般

的沙漠绿洲。西特尔森住宅淡雅、巧妙,有突然的惊奇感、情节性,自然的落位装饰出自结构本身,有雕塑般的外形、种植景观、光线和远景。如果上部结构毁坏了,西特尔森住宅浇注的厚墙将是废墟般的永存。

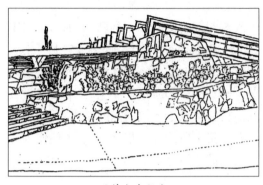

西特尔森住宅

Taliesin West School 西特尔森学校

赖特的建筑学校和设计事务所,由赖特亲自设计,总范围大约 1 000 英亩,学校有 70~80 人,学生约占一半,西特尔森建筑群是赖特建筑理论的具体体现,特征如下:1. 平面中 45° 角的运用;2. 毛石混凝土的墙身;3. 外露并且倾斜的木构架;4. 大量土红色调的运用;5. 建筑形体融于自然景色之中;6. 随处可见经过精心设计的建筑小品、水池、花坛、雕塑、立石室外庭园照明。建筑群的各主要组成部分有:1. 设计绘图室;2. 餐厅;3. 电影厅兼宴会厅;4. 剧场兼音乐厅;5. 会议室;6. 客房。一代大师赖特已经去世多年,但这所学校和设计事务所依然遵循他的治校原则和建筑理论与风格继续发展。

Tanzania Traditional Dwellings 坦桑尼亚传统民居

坦桑尼亚的地下和半地下住宅是方形的平面,以密排的木柱支撑着平屋顶,室内可以自由地分隔。例如,伊拉枯(Iraqiu)民居是坦桑尼亚北部最大的部族民居,伊位枯人世代住在地下或半地下的覆土房屋之中,草泥的屋面,房屋隐藏在山野之中,简单朴素,没有明显的标志。

Taoism School 道家学派

道家学派极力想摆脱尘世,超然于大自然,代表人物老子在《道德经》中,将其学说归结为"道"与"德"。"道"指宇宙本体,"德"指万物所含有的特性。他认为宇宙的根源是"自然",而"自然"产生宇宙,宇宙产生万物,故云:"人法地,地法天,天法道,道法自然",其根本教义如《道德经》所述。道具有"无"和"有"双重属性,天地万物都是"无"和"有"的统一,或者"虚"和"实"的统一。有了这种统一,天地万物才能流动、运化、才能生生不息。从而其论及的一系列范畴如道、气、象、有、无、虚、实、味、妙、虚静、玄鉴、自然等,都被认为是人应与自然产生共鸣而达到的最高境界。人与自然和谐的追求一直是中国传统哲学思想的主旋律,对中国传统建设产生无与伦比的影响。

"Taoist" and "Zen" in Chinese Architecture 中国建筑中的"道"与"禅"

道禅哲学观在与儒家"天人合一"的思想结合过程中有了新的内容。老子的"人法地,地法天,天法道,道法自然",把自然作为人的思想和行为的最高准则。其反映在建筑上,则是注重自然、顺应自然、与自然无违。建筑如河流、树林,是整个大自然的有机组成部分。这种自然——建筑观相当清晰地反映在江南传统的水乡、民居、园林及寺庙建筑中。江南水乡,是在整体环境上建筑与自然相契合的最有代表性

的说明。在这里,没有轴线,没有中心,而是以河流、水系作为脉络,自然地联系两岸的建筑群;在这里,水、建筑、天空的界面隐退了,水面反映天空,又作建筑的延伸,人、建筑、自然似乎是一个不可分割的整体。江南传统民居是"顺应自然"的又一佳作。它们没有人为的形制、法式,而是依据木构架的特点,根据使用需要生成出极其丰富又极其自然的形态。园林更明确地体现了复归自然的热切愿望。人们在远离自然的城市中,以模拟自然为目标,置山开地、植林造境,并利用"借景"把远处的山林景观纳入园中,建筑在这里被自然化了,成为自然景观的一部分。江南佛寺多依山而建,古木掩映、禅房幽深,在这里宗教的理想也溶入了对大自然的追求之中。从这些实例中可以看出,老庄的"天人合一"思想,在江南地区的传统建筑文化中占据了突出的位置。它使人们完全站在自然的角度衡量一切、审度一切,把人、建筑、自然视为整个自然的统一,并以此为目标,淡化建筑的主体意识,形成了一种超出环境意识之上的宏观求整的自然——建筑观。它与强调建筑主体意识的西方传统建筑相较,则更典型地反映了东方文化中崇尚自然,注重人、建筑与自然契合的精神。

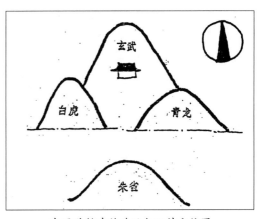

中国道教建筑选址与四神方位图

Tapestry of Light and Dark　明暗的图案

光的运用是近代建筑师的现代手法,在建筑的某些位置上,由于光线明暗的差异而有导向作用。人的眼睛好像是天生的照相机一样,有天然的由暗处朝向亮处的本能,这就形成了在建筑中的某些人愿意逗留的场所。运用光线设计的明暗的图案和人们在建筑中的活动流线相配合,由光的引导自然而然地走向目标。因此,在建筑室内设计中,考虑布置一些明暗交替的部位,运用光的效果创造明暗交替的图案。

明暗的图案

Tap'o Style　多斗拱式

高丽时代(936—1392年)后期由中国传入朝鲜而加以变化的建筑形式。其主要特征是在柱头斗拱外采用了柱间斗拱(中国称"补间铺作")。李朝初期,多斗拱式逐渐流行。到17世纪多斗拱式则已取代传统的柱头式斗拱而流行。

Taronga Zoo Sydney, Australia　悉尼塔隆加动物园

塔隆加在澳大利亚土著语中意为"水景",悉尼塔隆加动物园以悉尼海港的美景而驰名,建于1916年。动物园的旧址在市中心区,全部动物用驳船运达塔隆加,目前园内饲养约300只哺乳类、鸟类、爬虫及鱼类动物,包括700余种分布于世界其他各地的动物,是澳大利亚收集最丰富的动物园。园中有高空观光吊车、鸭嘴兽及针鼹展览区、澳洲漫步径、雨林区、澳洲鸟类展览区、海豹剧场、无尾熊漫步径、沼泽地带展览场、爬虫类之家、澳洲夜行动物馆,等等。

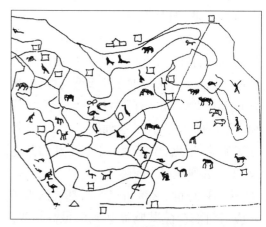

悉尼塔隆加动物园

Tashilunpo Monastery　扎什伦布寺

在西藏日喀则尼玛山上,坐北朝南。扎什伦布在藏语中意为"吉祥须弥山"。藏传佛教格鲁派创始人宗喀巴的弟子根敦朱巴(一世达赖)于明正统十二年(1447年)创建。寺内由宫殿、堪布会议、经学院、灵塔殿等四个主要部分及众多僧舍、附属建筑组成。全寺布局主次分明,重点突出。班禅宫殿前有庭院周边围廊,有大殿、朝拜殿、各种佛殿、寝宫等。底层为库房,二层以上为各种殿堂,同布达拉宫内的白宫相似。经学院包括集会殿和四个经学院及十几座僧舍。灵塔殿每世班禅一座,共6座。内地殿为清朝驻藏大臣同班禅会晤的地方。弥勒佛殿为20世纪初所建,

供有高 26 米坐式镏金铜佛。

扎什伦布寺

Tatami 地席（榻榻米）

日本人惯于席地而坐，房屋多采用架空木地板，在局部常坐人的地方铺上用蒲草编的席子。15 世纪逐渐变成铺满地席的做法，从而使建筑平面模数化。16 世纪地席产品有了统一的规格，使用范围最广的尺寸系以 6.5 尺为模数，地席幅面 6.3×3.15 尺（每尺约 30.3 厘米），故塔塔米的标准尺寸为 1×2 米，柱子、隔扇、板壁、门窗等都有相应的详细规定。房屋的平面布局和柱网安排必须适合于这个模数制度，房间的面积以地席的数量表示，如 4 叠（帖）半茶室，大于 4 叠半的叫"广间"，小的叫"小间"。地席的排列也有定式，这种构建规格化、房屋模数化、预制装配的做法很有进步意义。

Tavern 酒馆

销售的饮料只供室内饮用的场所。历史上酒馆始终与商业、旅游业和工业平行发展，遍布全世界。古希腊的"Leschai"是以饮酒为主的当地俱乐部，并供应饭餐，公元前 5 世纪曾有奢华的"Phatne"接待商贾、使者和官员。古罗马的中级和低级酒馆能烹调并供应筵席，店中的大房间有拱形的天花板，老板坐在房间一端的高台上。中世纪英国酒馆发展为客栈，成为现代饭店的雏形。1565 年引进卷烟以后，酒馆则提供社交场所和茶点。美国波士顿第一家酒馆于 1634 年开张，美国独立战争时期的帕特里克·亨利称酒馆为"自由的摇篮"，因为酒馆中经常为开政治决策性会议的场所。19 世纪和 20 世纪，与城镇酒吧和乡村的路旁小店相似，酒馆仍然是社会活动的中心。

Tea Ceremony House 茶室

也称"Tea Room"，是日本式建筑中专供举行茶道使用的房间或建筑物。"Tea House"也意为茶室以茶、零食及其他饮料为主，专供客人聊天、休憩的场所，又以茶艺馆通称之。"Tea Table"意为茶几，供饮茶的桌子。

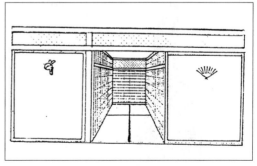

茶室

Technical Exquisite 技术精美主义

以密斯·凡德罗为代表的技术精美主义者注重构造与施工之精确性，他们认为只要工艺得到真正的体现，它就可以升华为建筑艺术,其建筑全部用玻璃与钢制造,内部空间穿插而又流动,外形纯净透明,清晰地反映建筑材料、结构与内部空间。纽约西格拉姆大厦与芝加哥的法斯沃斯住宅为其中的典范,强调一种客观逻辑性的构思以及严格的施工技术。这一流派既容纳建筑的精细加工,又利用最佳工艺技术,从而形成了一种简单又有逻辑的建筑文化,密斯坚持的设计信条称"少即是多"。

Telecommunication Building　电信建筑

　　经营电报和长途电话业务及其他通信业务的建筑,由三个部分组成,通信机房部分、对外营业部分、其他部分。此外还必须设有微波天线。机房是主要的部分,包括电源、通信线路、通信、数据通信和其他新技术发展机房,等等。微波天线塔有三种设置方式,可在高层电信楼的顶层,在建筑顶层上面设钢筋混凝土或钢的天线塔,或独立的微波天线塔。营业厅的布置常常是一种附建式的,另外一种是独立式的。

吉隆坡电信总部大楼

Temple　寺

　　寺的原本含义是神或圣德的居所,指一切人类知觉经验所不及的彼岸世界,它包括城市体及知觉的特性表征。在远古时代,居民生活在自然界的夹缝之中,不期而降的灾祸引发了人们对"寺"的归所追求。他们凭借巫术、妖术及神话等,建立起对彼界的向往。因为对比现实世界,彼界更完全地控制着他们的精神,引导着他们的意识避开对于已知的客观材料的推理。于是,在早期聚落中出现了图腾、祭坛等"寺"的归所,之后又出现了神坛、庙宇等。因此"寺"的归属含义首先是超时空的,人们在"寺"的氛围里实现了灵魂的完整。随着城市文化的发展,"寺"已不再只停留在"此界与彼界"之间的门界寓意上,而概指一切超时空的场所,现代的寺的本生含义已扩大了其外延,包括一切可以洗涤精神的城市符号体及象征,如博物馆、纪念馆、墓地、纪念性广场、街道等,在考察这些城市建筑体的知觉效果时要牢记其归属含义的巨大包容性。

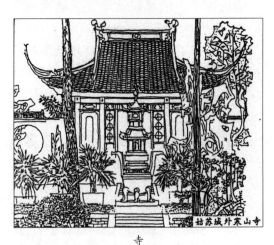

寺

Temple of Confucius, Qufu　曲阜孔庙

　　中国古代思想家孔丘的祠庙,原址在他的故居鲁城阙里(今山东曲阜)。曲阜孔庙

为现今仅次于北京紫禁城的巨大古建筑群，占地近 10 公顷，长 600 米，宽 145 米，前后有 8 进庭院，建筑 682 间。前三进为引导部分，有牌坊、石桥、棂星门、圣时门、弘道门和大中门。孔庙长方形，周围有院墙，四角有角楼，仿宫禁制度。奎文阁高 24.7 米，是孔庙的藏书楼，建于明代。碑亭院中有碑亭 13 座，重檐高阁，体型宏大，金代、元代各建一座，其余为明清时期所建，孔庙的主体建筑大成殿是供奉孔子的大殿，中间供孔子像，两侧配 12 哲像。始建于宋代，明代重建，清雍正二年（1724 年）建成现状。殿面宽 9 间，进深 5 间，重檐歇山顶，黄琉璃瓦，建于两层石砌高台上，正面 10 根石柱刻蟠龙，对翔戏珠。殿内楠木柱，中央藻井蟠龙含珠如太和殿形制。殿前露台为祭祀时舞乐表演之处，殿前相传为孔子讲学所在地，建有"杏坛"亭，保留了年代久远的古柏树。

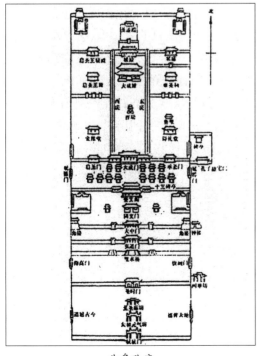

曲阜孔庙

Temple of Heaven 天坛

中国明清两代（1368—1911 年）帝王祭天和祈求丰年的祭坛。在北京外城南端，占地 273 公顷，是中国最大的古代祭祀建筑。有内外两重坛墙，总平面圆角矩形，象征天圆地方。主祭坛圜丘和祈年殿在南北轴线的两端，中间连以 300 米高出地面 3 米的宽甬道，称"丹陛桥"，此外还设有皇帝祭天时住的斋宫，砖砌筒拱建的大殿，俗称"无梁殿"。天坛的正门在西面，入门后有东西大道通达第二重坛墙的门，大道东行到丹陛桥，北转入祈年殿。东部是祭天时进入圜丘的正路。天坛内广大坛区中集中布置的少量建筑物都建在高台上，轴线分明色调庄严，外围翠柏环抱，殿与坛高出外围林木，远绝尘寰，肃穆宁静。天坛建于明永乐十八年（1420 年），现在的规模形成于 1530 年，除祈年门和皇乾殿是明代建筑外，其他大部分建筑经改建，祈年殿清光绪十五年（1889 年）雷电焚毁后，于次年重建。天坛的布局反映了建筑师空间组织的卓越才能。

天坛

Temple of the Warriors 战士金字塔

战士金字塔是美洲奇钦·伊查古城宗教

中心的主要建筑之一,约建于 1100 年,是由玛雅人和托尔特克人先后完成的。其设计建造与墨西哥高原上的图拉城中的晨星金字塔庙(Temple of the Morning Star)相同,是祭祀恰克(Chac)的神圣之地。恰克是墨西哥尤卡坦半岛玛雅人崇奉的雨神,獠牙突出,眼大而圆,鼻长如象,与托尔特克人的雨神特拉洛克(Tlaloc)相似。战士金字塔庙建于一个比较低平的四级金字塔式基座上,由高踏步可登上高台基。塔前广场上呈一定规划排列着上千根柱子,称"千柱群",据判断可能原是一座有相当规模的回廊,300 码长的神道连接奇钦·伊查主庙。金字塔顶神殿入口面向广场,门洞间立两根张口龇牙的羽毛蛇柱,是羽蛇神的标志。金字塔庙是玛雅文化的代表,千柱廊方柱上的刻线浮雕表现植物与几何图形。锥体形的基座在特奥提瓦坎更为普遍。

Temperature　温度

空气和土壤温度的变化对居民点用地选择、建筑和绿化、房屋形式平面布局以及建筑结构都有影响。人体能感觉到的是空气温度、相对湿度和风速这 3 个因素,一般用"有效温度"表达。有效温度 18.7° ~20.6° 为"舒适范围"。气温由地理纬度、离海洋远近、地势高低和其他气象因素决定。离小水面森林越近,每天温度变化幅度越小。丘陵、山地、每天温度变化幅度比平原变化小,谷地、盆地中的温度变化大。云雾增加,每天温度变化缩小,不同的地理区域的有效温度不同。街道、院子、街坊的绿化乃夏天保护房屋避免曝晒的良好方法。调查居民点用地时要收集关于月平均和年平均最高和最低气温、严寒期限、冰冻日期、土壤温度、冰冻深度以及有关温度变化过程和历年空气湿度。

Temporary Dwelling　临时住宅

大规模工程进行时,供工人居住而建造的住宅,临时住宅为建设工程的一部分,待工程完成后须拆除。"Temporary Enclosure"意为临时围篱,工地为阻绝交通,或与外部隔离,维护工地内外安全,并防止盗窃等,于工程施工期间所设置的临时性围篱。一般有板围篱、刺铁丝网围篱及金属网围篱等。"Temporary Laying"意为临时铺设,地砖等在正式铺设前将地砖面材先行铺放而不施以黏合剂,四五日再行正式黏着铺设。"Temporary Shed" "Temporary Shelter"意为临时工棚,为了应急而设置之临时性小型建筑的总称,如工地仓库、监工房、器材室等,暂时性军队营房、难民营房等。

Tempt of Morphology　形态的诱惑性

秩序井然的北京城,宏伟显赫的故宫,圣洁高敞的天坛,诗情画意的苏州园林,清幽别致的峨眉山寺,安宁雅静的四合院住宅,端庄高雅的希腊神庙,威慑压抑的哥特式教堂,豪华炫目的凡尔赛宫,冷酷刻板的摩天大楼……所有的这些具体的形象都包含了形态的诱惑性,包含着联想、悬念、感触、文化素养、欣赏格调等主观因素。形态的诱惑性是朦胧的,但又是明确的,是抽象的,但又是具体的,是无声的空间凝聚,又是有声有色的时间延伸,建筑造型就是要具有形态的诱惑性。

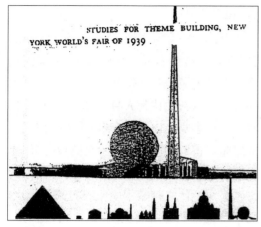

形态的诱惑性

Tenochtitlan，Mexico 墨西哥丹诺奇迪特兰

阿兹台克人的主要建筑成就是丹诺奇迪特兰城。殖民者入侵之前，丹诺奇迪特兰已发展成为一个 10 万人口的大城市，城市建在盐湖中央，由 3 道堤把城市和岸连接起来，淡水用输水管从陆上送来。城市为正方形，被运河切割分开几个部分，中央广场面积达 275×320 米，四周分布着三个宫殿和一座多级金字塔，塔高 30 米，共 144 级台阶，基底为 100×100 米，宫殿和住宅都是四合院式的，平屋顶，四周有雉堞。市内的街道与运河交错，河上设有水闸，以调节水量。城市中花园果木极多，阿兹台克人还在蓝色的湖面上用木筏制造浮动的花园。现在此城市早已无存，废墟上建起了现今的墨西哥城。

Tent 帐篷

帐篷是古代游牧民族的传统居住形式，世界著名的有蒙古包、巴基斯坦帐篷、阿富汗帐篷、阿拉伯黑帐篷，各具民族和地方特色。从古至今，人类物质材料的发展进步、反复的技术尝试，逐渐产生了适合人类使用的新式帐篷建筑、充气建筑、张拉建筑。以轻质、牢固、透明的薄膜材料、尼龙、人造纤维、橡胶布、合成织物以及金属薄片，以空气为基本材料，建造了巨大的建筑空间，如航空港、体育馆、展览厅、电影院等。由硬骨架覆以柔软材料做成可移动掩蔽物的用途广泛，可供娱乐、勘察、军事宿营以及马戏、宗教仪式等公共集会和植物或家畜展览等使用。曾是世界上大多数游牧民族的居住设施，美洲印第安人发展了圆锥形和拱形帐篷。最简单的为士兵个人可携带两坡人字形帐篷为最原始形式，圆锥形中央用一根大杆支起，有墙式、长方形贝克式、伞式帐篷。现代帐篷采用多种合成纤维，以防水布和轻合金为支柱，更灵活轻便。

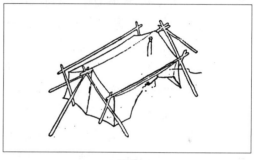

帐篷

Tent Structure 帐篷结构

也称"幕结构"，是悬索结构的雏形，由撑杆或架子、锚缆、拉索及张拉的薄膜面层等所组成。其结构简单，有独特的优点，重量轻，便于拆迁，适合各种地形及气候条件，能覆盖各种大小，各种用途的空间。幕结构主要承受风荷载，即风引力。做薄膜面层的帐篷布最大自由跨度约为 8 米。当跨度较大时，需在布上加置具有刚性构件作用的麻索和钢索。从受力作用考虑，拼制帐篷时要尽量减少缝、扣、带的排列，并应使织造的方向与薄膜主应力方向一致。曲面形帐篷布的力学原理很像一张类似的预应力索网。

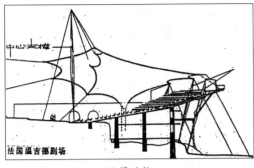

帐篷结构

Teotihuacan　特奥蒂瓦坎

墨西哥中部前哥伦布时期最大且最重要的宗教中心城市,建约公元前 250 年—前 500 年,在今墨西哥东北约 48 千米处。城市占地 18 平方千米,最盛时期大约有 20 万人口。除住房外还有宽阔的露天市场、神庙、贵族与祭司的宅邸,城内还有供水渠道、水库、作坊、剧场、蒸气浴室等。宗教中心建筑群沿城市轴线不对称布置,主干道是通达各组建筑群的通道,称"死路",宽 40 米,3 千米长。干道两旁分布有月神金字塔庙、城堡金字塔庙、太阳神庙、羽蛇神金字塔庙等,均自成轴线,前方均有广场,住宅均有庭院。特奥提瓦坎的原意是"天神降生之所",为印第安文化的发祥地之一,是当时的都城,也是宗教中心,最繁荣的时期约在 3~9 世纪,其文化影响一度遍及整个中美洲地区。约 650 年或 900 年时,托尔特克人入侵,把该城焚毁一空,托尔特克人又在距今墨西哥城以北 50 英里处构筑了图拉城。

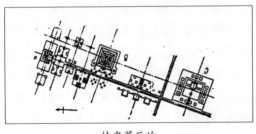

特奥蒂瓦坎

Term　胸像柱

上部为一半身雕像,下部为逐渐缩小的长方形柱,常为石质。在建筑中,上部作胸像雕刻的石柱,柱身常为上大下小,底座为四边形。以石柱代替人身,底座有时做成足状。石柱本身也可单独存在,作为陈列雕像的底座。古罗马胸像柱常沿公路设置,作为界碑,其像以人、动物或神话为题材。源自古希腊司行旅之神赫尔墨斯的胸像,该胸像的下部逐渐与石柱合为一体。最普通的形式见于文艺复兴式的花园中,顶上带有头像雕刻的石柱。

Terminal Building　车站大厦

交通机构系统之始发、终点车站的建筑物。"Terminal Department Store"意为车站百货公司,设置于交通机构之终点或集合点。"Terminal Hotel"意为车站旅馆,设置于车站综合大楼之内。"Terminal Station""Terminus"意为终点站,铁路线的终点车站一般均设有辅助道路交通设施。

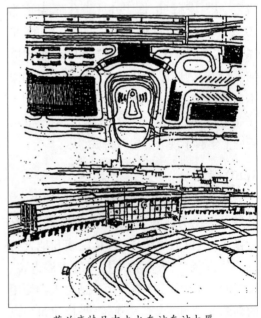

荷兰鹿特丹中央火车站车站大厦

Terraced Building　台榭

中国古代将地面上的夯土高墩称为"台"，台上的木构房屋成为"榭"，合称为台榭，是宫室、宗庙中常用的建筑形式。最早的台榭在夯土台上有柱无壁，台榭的遗址颇多，有春秋晋都新田遗址、战国燕下都遗址、邯郸赵国故城遗址、秦咸阳宫遗址等，都保留了巨大的阶梯状夯土石，其高度有的达到10余米。汉以后基本上不再建造台榭式的建筑，但仍在城台，墩台上建房。北京团城、安平圣姑庙等都可视为台榭的变体。榭还指四面敞开的较大房屋。唐以后又将临水的或建在水中的建筑称为水榭。

Territory　领域

开放与自由的经验是心理上的，将空间组合成的小范围也可以供大批人使用。自然或人造的地表覆盖物和地形使某一地方显现出其特性；防止外界的景物或声音传入，且各自有其出入的通道，成为暂时性的王国。人们会利用各种可能性加以界定自己选择的领域，并巧妙地加以注记。人们会寻找部分的封闭性，便利的出入通道，有遮掩的所在，甚至人与人之间的实际距离可能很短。因此建筑物应十分吻合地嵌入地景之中，同时将不同的活动戏剧化地并列以强化领域的变化性。例如，清静的卧室连接一动性的娱乐区域，相对而言这种领域的划分犹如隔音的装置。

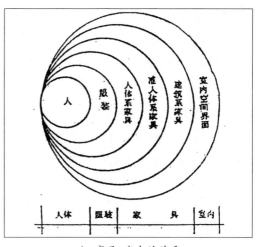

人、家具、室内的关系

Territory of Gate　大门的领域感

门是标志，给人以领域之感。岱宗坊是泰山的门户，门便是登山的起点。牌坊、门楼作为表示疆界的符号是中国传统乡间普通的景观，山西的村落无论大小，很少没有门楼的。村落的四周并不一定都有围墙，但大道入村时必有这种纪念性建筑提醒人们到达一处村镇了。至今车行在公路上，县界或省界常看到立牌楼为标志，门分割空间，造成门内外的空间心理转换，大玉园门小如房门，区别城内、城外和主人、客人。门形成的领域感在特定的情况下，可以不依据具体的门而存在。如古代南京城西的孙权墓，筑城时高皇曰："孙权也是一好汉，且留他来把门"。由此一说，孙权墓所在地似乎成了大门，领域感从一种博大的襟怀中凭空生出。门户所带来的领域感还产生出将空间转换为时间的妙想，如山门造得远以取"长远"之意。它被民俗巧妙地赋予时间方面的意义，这一转换包含着美好的祝愿。

Tesselated Pavement　地面镶嵌

用水泥、黏土或灰浆将石料砌成有简单或复杂图案的地面装饰。地面镶嵌最早出现在古希腊，1世纪普及到整个罗马帝国，以后宝石类宝石、雪花石膏以及彩色玻璃亦用作镶嵌材料。最著名的地面镶嵌是公元前3世纪的"伊索斯之战",出土于庞贝城牧神庙,现存于那不勒斯博物馆。

Texture 质感

由于物体表面不都是光滑的,材料质感的粗糙程度可以唤起人对材料表面的触觉。美国明尼阿波利斯的一座覆土的建筑师事务所,把内部的墙面、顶棚和灯具全部采用泡沫塑料制作的颗粒状的具有粗糙质感的材料,取得一种身居地下、没有色彩只有顶光和质感的别具一格的艺术效果。粗糙的质感表面很容易和光滑的玻璃、钢铁、家具等材料形成对比,这种材料质感对比,在室内设计、建筑的外型和立面处理方面得到广泛的应用,也是建筑师保罗·茹道夫的设计特征。

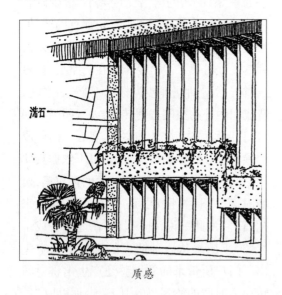

质感

Thatch 茅屋顶

用蒿秆、灯芯草、芦苇或棕榈叶等植物材料铺成的屋顶挡水层,这些材料也可以制成雨衣、雨帽。

The Categorical Landscape 细腻的景观

英国"湖畔派"诗人华兹华斯曾说过:"一朵微小的花对于我可以唤起不能用眼泪表达出的那样深的思想"。牛蒡花也曾触发过托尔斯泰的灵感,于是他写出了长篇小说。细腻的自然景观、一草一木均能唤起人们的创作灵感与联想。因此,在建筑布局与园林设计中,不仅仅要重视总体与个体造型的设计,更要注重观赏的细部。如果缺乏细部设计,将永远没有吸引力,环境设计中的细腻景观需要精心细致的安排。

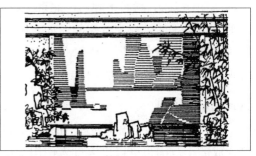

细腻的景观:桂林榕湖饭店餐厅庭院南墙壁画

The Greatest Has no Boundary 大方无隅

《道德经》第41章认为最正方的反面没有棱角,大方无隅说明在建筑设计图中反衬法的运用,愈方则圆,愈圆则方的道理。当需要建立某种圆形意念时,可以从它的反面去寻找衬托的要素取得对比效果。低矮的入口可以衬托高大的空间,垂直的绿化可以衬托水平感,如众多圆形中的方,众多方形之中的圆,等等。

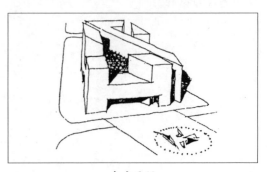

大方无隅

The Hidden Dimension《隐藏的尺度》

霍尔（E. Hall）在《隐藏的尺度》（*The Hidden Dimension*, 1969 年）一书中认为，每个社会都有其空间距离去规定人际交流，包括私密的、人际间的和社会间的三个层次。任何人的活动都要有一个空间要素，都要占据一定的空间范围，人的生活的社会化和个体化的程度不同，表现出对于存在空间不同层次的要求。从城市到社区到整个住宅的生活空间结构中，要反映出不同的结构层次，因为层次性是系统的本质属性。不同功能的建筑类型，如住宅与其他建筑混杂在一起，不同风格的建筑类型进行混合修建，很多零星的建设比起很多经过规划地区的建设显得更生动有趣。而传统城市的魅力就在于它是一个多核心、多层次、多边缘、多种功能彼此结合在一起，相互交织，共同工作的综合体。

The "Karez" Water System 坎儿井水渠系统

在中国新疆吐鲁番群山环抱的盆地中，最低处的艾丁湖面低于海平面 154 米，是世界上第二洼地，仅次于约旦的死海。吐鲁番盆地戈壁滩的面积大，增温快，降水少，蒸发大，最高年降水量仅 16 毫米，蒸发量达 3 000 毫米，气温达 47.5 ℃，地表面温度达 75℃以上，素有"火洲"之称。吐鲁番的自然条件很难取得地面水源。当地人民根据盆地地面倾斜坡度大、沿天山地下潜流水流充足的特点，开凿了许多地下坎儿井水渠，把地下水引上地面，实行人工的自流灌溉系统，地下水经由地下暗渠引到地面灌溉，水渠常年流水，水量稳定。创造了世界上罕见的地下供水工程，现有坎儿井渠 1 300 多条，渠道总长二三千千米，为动植物输送水分，给荒凉干旱的沙漠带来了生机。

The Make-up of Public Building Space 公共建筑的空间组合

公共建筑的空间组合要使单体与总体设计有机地结合，空间布局简洁紧凑，功能合理分区明确，经济有效，联系方便。空间布局与结构、施工、设备紧密结合，建筑的内部空间与外部体型统一，体现传统和常用的布局形式。建筑空间分为水平联系空间，过道、走廊、通廊、套件式通廊。垂直联系空间有楼梯、坡道、电梯、自动扶梯等。交通枢纽空间要考虑人流的集散、方向的转换、空间的过渡，如门厅、入口。建筑空间的组合方法如下。1. 以门厅走廊等交通联系手段组织各类空间。2. 以套间连续排列的方法将主要空间按一定的序列组合，可有串联、放射、串联兼走道、放射串联、大厅分隔的方式。3. 以大型空间为主体周围辅以附属空间组合。4. 以不同交通联系手段将各类空间综合组织。5. 灵活自由的空间组合。

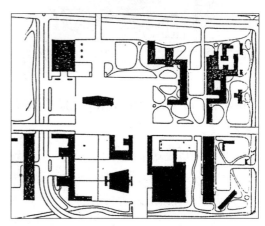

公共建设的空间组合

Theatre in the Round 圆环形剧场

又称"圆形舞台""中心舞台岛式"，这种舞台表演区可高出地面或与地面齐平，观众席围绕四周，理论上认为可增强观众与演员之间的交流。圆形剧场可追溯到古希腊人的宗教仪式场所,后发展为希腊古典戏剧表演场所,中世纪特别在英国又被重新使用,后让位于伊丽莎白时代的无幕舞台。17世纪有前部装置的舞台成为主流。1930年以后,奥赫洛普科夫的剧作在莫斯科现实主义剧院上演,圆形舞台又重新受到舞台设计者的重视,认为它可使舞台变得更大,活动范围更广,并可容纳更多的观众,也更为经济。

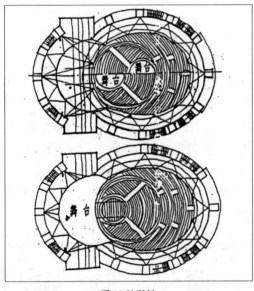

圆环形剧场

Theories of City Planning　城市规划理论

现代城市规划学出现了许多新理论,现代化城市是一个以人为主体,以空间利用为特点,以取得经济效益为目的的一个集约人口、集约经济、集约科学文化的空间地域系统。特别是城市的地域性文化是城市文脉特征的标志。城市形态是城市内在的政治、经济、社会结构、文化传统的表现反映在城市和居民点的组合形式上和城市本身的平面特征上。城市的布局形式是指城市建成区的平面形状以及内部功能结构和道路系统的结构和形态。城市布局形式是在历史发展过程中形成的,或是自然发展的结果,或是有规划的人为建设的结果。

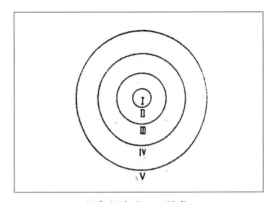

伯吉斯的同心环模式:
Ⅰ中心商业区,Ⅱ过渡性地带,Ⅲ工人阶级住宅区,
Ⅳ中产阶级住宅区,Ⅴ高级或通勤人士住宅区

Theory of Organic Decentralization 有机分散理论

芬兰建筑师沙里宁为解决由于城市过分集中所产生的问题而提出的关于城市发展及其布局结构的理论。沙里宁于1942年出版了《城市,它的生长、衰退和将来》一书,书中沙里宁对有机疏散论作了系统阐述,他认为城市作为一个机体,内部秩序与生命的机体内部秩序一致的。如果部分秩序遭到破坏,将导致整个机体瘫痪和坏死。为了挽救城市的衰败,必须对城市从形体上、精神上全面更新。有机疏散论认为没有理由把重工业布置在城市中心,轻工业也应该疏散出去。两个基本原则是把个人日常生活和工作日常活动的区域,作集中的布置;不经常的"偶然活动"的场所,作分散的布置。他认为并不是现代交通工具使城市陷于瘫痪,而城市的机能组织不善,迫使在城市工作的人每天耗费大量时间往返而造成交通拥挤堵塞。有机疏散理论在二战后

对欧美国家建设新城改建旧城产生重要影响,但20世纪70年代有些发达国家的城市又出现了过度疏散问题。

Theory of Urban Concentricity 都市同心圆理论

在芝加哥大学派克教授等所提倡的五种区域理论(Five Zones Theory)中,有关人类生态学的观点,指都市之地域社会宜就都市同心圆为中心外,另划分为迁移区域,劳动者住宅区域、一般住宅区域及定期通勤者区域等5种区域分区之理论。

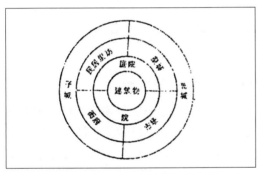

同心图模拟古城层次示意

Thermal 公共浴场

为公共洗浴、休息和交际而设计的一系列房间,后来被古罗马人发展得更为复杂。从克诺索斯王宫里的浴室(公元前1700年)残迹可见沐浴在古希腊人的生活中占重要地位,罗马人设立了帝国大浴场而定型化,包括大花园、俱乐部及配房,主体建筑有大间浴场、冷室、热室、温室、小浴室、庭院。大理石拼花地板,墙上镶有浮雕,做工精细。门、柱头和纱窗上都使用大量镀金青铜。罗马浴室的特征是有一个供应热、温、冷水的完备系统,浴室中热池及温池的热源来自地板下面烧的火,使烟及热气通过空心砖取暖,有足够的温水和冷水浴盆,男女分浴。

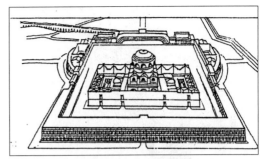

罗马的卡瑞卡拉浴场(Thermae of Caracalla, 211—217年)

Thermal Window 浴室式窗

一种源于古罗马302年建造的戴克里先浴场的窗式,亦称"戴克里先式窗"。它分三部分,中部较宽大,上部为半圆形,两侧为长方形。这种组合形式常用于16世纪文艺复兴时期的建筑中。由于意大利著名建筑师帕拉第奥喜用,故又称为"帕拉第奥型"。在19世纪晚期至20世纪初期的仿文艺复兴风格的建筑中也往常采用。

The Road and Foot Path in Landscape 景观路线

环境景观中的道路不是指以交通功能为主的街道,而是通过道路引人入胜,引导观赏者进入情景之中,要求道路有生动曲折的布局。人在通过道路的过程中,受到环境气氛的感染,通过道路表现景观的主题。景观路线要做得"生人意外,入人意中",给人带来美的感受。自古以来道路就是人们公共性活动的场所,应该充满生活气息,形成人与人之间的和谐睦邻关系。然而近代化交通的高速道路把人带进了危险的境地,汽车支配着城市生活,支配着建筑布局,支配着人的社会活动,使道路丧失了它原来的含义,今天只限行人的步行街才恢复了道路的原本面貌,充满人情味而受到欢迎。

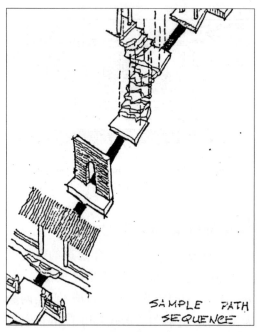

景观路线

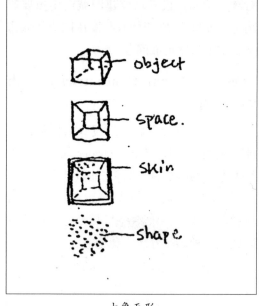

大象无形

The Sanest Has no Shape　大象无形

《道德经》第四十一章认为"道"隐奥难见,它所呈现的特性是不易体会的。"大象无形"即比喻建筑设计中的"道"犹隐未现。不可以形体求见,最完整的设计作品感人之处也是隐奥难见的,不论是密斯·凡德罗的"少即是多",还是后期现代主义的"多才是多",各种各样的美学理论都超不出"大象无形"这个美学道理。

The Tell-tale　情节性

情节性即戏剧性,环境审美范畴中的情节与日常语言中泛指的故事情节不同。建筑环境中的情节性指它必须在本质上与某些传说故事相通或类似,并由此提高观赏者的精神境界,产生审美愉悦。这种有情节性的审美属性常常采用夸张的手法并与审美心理相联系,有的再现故事情节,有的表现艺术家以奇特或让人感到意外的有趣的形式表现出来,设法增强其情节的感染力。情节性的环境表现,应该着重在表现具有强烈美育作用的题材,避免庸俗迷信的内容。

The Ten Books on Architecture《建筑十书》

《建筑十书》由古罗马建筑师兼奥古斯都皇帝的军事工程师维持鲁威所著,有深远影响的建筑专著,于公元前 14 年出版。内容广泛,涉及城市规划、建筑材料、公共建筑、私人建筑、宗教建筑的构造方法,希腊古典设计与技术说明,军事工程和民用工程。

编写此书的目的是要保存古典传统。该书在文艺复兴时期颇有影响,据传曾被米开朗琪罗、布拉曼泰、维格诺拉、帕拉第奥等人奉为指南。15世纪初期重新被发现,16世纪中刊印了许多版本和译本。对18、19世纪中的古典复兴主义也有所启发,至今仍为建筑理论的重要著作。

The Utility in to Empty Space 当其无,有室之用

老子所说的房屋的空虚部分,一切事物起决定作用的是"无",而不是"有"。老子的"道"是有与无的统一,它虽然以"无"为主,但也不轻视"有",如一个碗或茶杯的作用。房子里面是空的,正是空的空间才体现房子的作用,虚无的道理引导人们不再拘泥于现实中所见的具体形象,更在于说明事物在相对关系中相互补充,相互促进。在工具设计中,药瓶的设计要便于贮放药片,墨水瓶的设计要能便于墨水没过笔头,要把打火机作成时髦的形式,圆珠笔标上有纪念意义的符号,等等,这些都使设计的实用效益和交流、传递信息和符号结合起来以广开销路。同理,建筑设计也表现在其空间使用的效益上,它的交流传递作用和表现的语言符号相互补充,相互促进。

The Way to Allow for Fulfillment is to Concave 曲则全

《道德经》第二十二章认为委曲反能保全,老子正反两方面的分析应作为观察事物的原则和以退为进的原则。常人所见的只是事物的表象,建筑师要善于看到事物的本质,建筑艺术构图永远在对立的关系中产生,对事物质层面意义的把握更能显现出正面的内涵,所以正负面并非两种截然不同的对立,它们经常是一种依存关系。在"曲"里面存在着"全"的道理。因而在"曲"和"全"两端中,把握了其中底层的一面,自然可以得着显相的另一面。引用建筑大师柯布西耶的话:"当你画白色的时候,拿起你的黑笔,当你画黑色的时候,拿起你的白笔"。在绘画中常见这种以退为进的对比方法,建筑构图也如此。当要加强建筑入口的表现力时,可以减弱其他部分的表现力,或当要减弱入口的表现力时,可以加强其他部分的艺术处理效果,不要只在入口上下功夫。"曲则全"还包含有要照顾事物两方面的含义。

The Way to Weaken is to Strengthen 将欲弱主,必固强之

《道德经》第三十六章认为要削弱某事物,必须暂且增强它,还提出了建筑构图中的强弱关系转化原理。"柔弱"的表现胜于"刚强",调和与统一胜于分散与突出。在建筑设计中学会减弱某些设计要素的表现力,远比一味强调某些特殊的方法要重要得多。要使建筑作品比相邻的建筑不明显突出是不容易做到的。

Thick Walls 厚墙

在民居设计中,尽量加厚墙壁以充分利用墙体内的空间体量,黄土高原上的窑洞更具有这种特点,它的居住空间本身就是从墙体中挖出来的。在乡村居民中以手工方法建造的光滑表面的墙体却难于表现这种个性。厚墙给建筑内部创造了增强表现力的设计,凹入墙内的橱架、墙中的固定家具、墙壁富于质感变化的表面以及特殊的灯,都可以根据主人的喜好而表现出室内陈设的多种风格与兴趣。此外,原始的厚墙还有防御性功能,如福建巨大的环形土楼、藏民的石块碉楼、广东侨乡的炮楼住宅等。

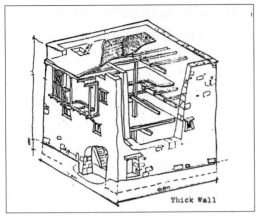

厚墙

Thin-film Construction　薄膜建筑

薄膜建筑指用薄膜材料作维护结构的建筑。薄膜多为纤维织物，如合成纤维、玻璃纤维、金属纤维织物，表面敷加聚酯薄膜、金属薄膜等涂层。薄膜质量轻，强度高，透明度好，耐温，具有放火、防尘、防紫外线等功能。按空间承托手段的不同，它可分为帐篷薄膜建筑和充气薄膜建筑两类。

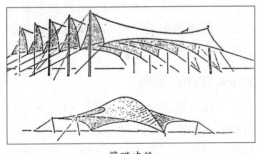

薄膜建筑

Things from Life　生活陈设

"装饰"与"陈设"如此广泛流行，使人们忽略了它们保存的最心爱的东西，如何对待房间布置有两种观点：一是从主人的观点布置本人生活中最有意义的陈设，表现本人生活的连续性与纪念性；另一种是从客人的观点布置房间，现代生活朝向外部社会，朝向来访的客人，取悦来访者的陈设与装饰的

思潮，室内构图十分严格而使用者无权变动。事实是来访者最感兴趣的是主人，任何事物没有比主人的生活更有意义的。在使客人对主人有更多的了解方面，那些现代装饰与手工艺品则毫无表现力。建筑师 Jung 形容他经常在家中工作室的墙上画他的梦想，并记下日期，这间工作室逐渐成为他生活中不可缺少的一部分，最美的陈设是直接来自生活中的物件，可以告诉人们许多故事。建筑应是一种有故事叙述性的表现程序，室内设计也应该是这样的。

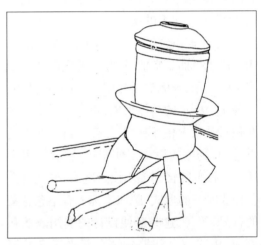

生活陈设

Things in Living Space　生活中的物件

如果在房间中墙上挂满生活照片，家具格架上的陈设能表现主人或家庭的生活、经历和历史，那么来访者感到兴奋！人们每到农民的家中常会有这种体会，满墙的照片、奖状和房间中陈设的物品都可以说明主人的性格、兴趣与爱好。日本民居中的榻榻米、木屐和踏板、沐浴桶、园灯、插花、用具和陈设可以说明日本人的性情与志趣。中国生土窑洞民居院落中晾晒的玉米、室内的纺车、窗上的剪纸、日常使用的农具和灶具，都

是精美的生活陈设品,对主人的生活是直接叙述性的表现。室内设计就应该是这样的,例如陈设童年心爱的玩具、小心保存旅游采集来的火山灰、地震时死里逃生损坏的纪念品,都会给来访者以深刻的印象。

Thin-shell Structure 薄壁结构

空间薄壁结构常称为"薄壳结构",广泛被采用,以钢筋混凝土最为理想,壳体的刚度取决于合理的形状。材料用量低,壳体的厚度依据施工和构造要求,厚度可做成很薄。壳体结构本身有骨架与屋盖双重作用,因此以壳体薄壁解决大跨度空间问题有很大的优越性。又因结构受力均匀,可充分发挥材料性能,一般常用的壳体薄壁有筒壳、折板、波形壳、双曲壳等。由于结构技术的不断发展,已出现了新型的介于折板和壳体之间的高性能结构,如蛇腹形的折壳结构,依据受力后的弯矩线使构件由跨中向端部呈变截面的蛇腹状,其中间部分可承受最大的弯矩,刚度大,结构高度小。例如巴黎联合国教科文总部会议厅,钢筋混凝土折壳结构,端墙折壳与屋面折壳体系共同工作。

Tholos 圆形建筑

一般指圆形建筑物,特别指后期古典文化时期(公元前 400—前 323 年)在希腊流行的圆形建筑;还用来专指迈锡尼时期(公元前 1580—前 1100 年)在希腊建造的史前石墓,圆形石墓通常位于山坡,凸出呈穹隆状如蜂房,通常被叫作蜂房坟墓。虽然类似结构在伊比利亚半岛、不列颠群岛以及地中海东部均有发现,但圆形石墓特指希腊当地建筑形式。

Three-dimensional Composition 立体构成

实体构成有单体及组合体之别,组合的形式又有过渡、连续、积聚、分割等。虚体构成形式有层面排出、面的折叠、线面的旋转、面的切割弯曲、线的交织等。在应用中实体和虚体构成不能分割,有从具象到抽象的构成、从材料或工艺结构出发的构成、从内部构造出发的构成、从功能出发的构成、根据情绪自由构成。立体的展开构成要素有 6 个面的处理,材料,加工方法,接缝,骨架,形体分割线应该与整体造型相和谐,线角的处理要在统一中求变化。

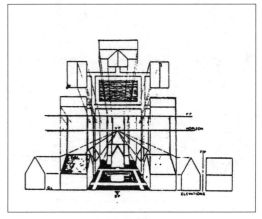

立体构成

Tian'anmen Square 天安门广场

天安门广场从 1949 年至今经历了多次大改造,1949—1958 年是第一阶段,1959 年前后的国庆工程是第二阶段,第三次是对主席纪念堂的改造,占用了南面大片的松林绿地。天安门广场面积巨大,南北长 880 米,东西宽 500 米,面积 40 多公顷,"空旷"指其对周围建筑的阔高比远远超过西方广场的政治作用,忽视了整个城市对广场多方面的需求,把为数不多的万人大会盛典定为广场主要用途是欠妥的。广场周围的建筑内容比较单一,在巨大的广场周围少有建筑是为普通群众服务的。广场的土地利用率很低,总建筑面积 65 000 平方米的博物馆占了 13.5 公顷的范围,市中心土地如此使用非常可惜。以后的改建设想:大面积绿化,水池喷泉增加水体,利用地下空间,结合绿化多建雕塑、碑刻、文物模型以及全面规划广场及周围的地上地下交通。

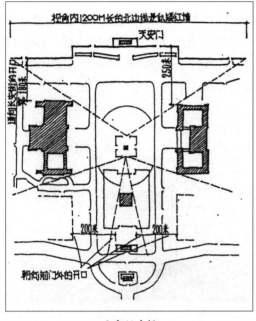

天安门广场

Tibetan Architecture Colors 藏式建筑的色彩

藏式建筑的外墙色彩为白色和红色,白色普遍用于宫殿、寺庙、民居,红色的用法较严格,用于寺庙和护法神殿、灵塔及殿堂外墙。红白色的沿革自古代藏族服装,白色与素筵相关,藏历七月一日奶酪节为素筵节日。古时用"三白"把神垒供成白色的做法渐渐用到房屋上。古代西藏杀生祭神用其血泼在祭神的石墩上,此外打仗时将领服装为红色,藏式建筑涂红是由古代杀生用热血泼"咱卡尔"演变而来。红白色外墙之做法,一般民居用白土加水泼在墙上,质量较高的是那曲和仁布县境内的白土。重要的

建筑掺白面、牛奶、冰糖等增加其稠凝度。红墙做法将红土打碎直接加水泼墙,讲究的加白面、牛奶、红糖、白糖、树皮脂和牛胶。白色是吉祥的象征,温和、善良的代表。红色是权力的象征,英勇战斗的刺激色,令亲者振奋,敌人丧胆。

Tibetan Architecture Construction 藏式建筑构造

平面布置的基本形式以"柱间"或"一檩条"为单位,构成单体或群体建筑。民居的檩条都是直径 80 毫米左右的圆木,大部分木构件控制在 2 米左右。主要房间尽可能朝南,方形平面对室内采光有好处。立面造型由碉楼建筑逐步发展为定居式的民房,古老的立面建造成人的面孔形式,藏语中正立面称"董",是藏语中"脸"的意思。西康地区称窗户为"噶昧",意为"亮眼"。拉萨等地称藏式窗户上的木子为"昧界",意为"眼眉",故在藏族习惯中窗户就是房屋的"眼睛"。藏式建筑另一特征为边玛墙,源自农房中将砍伐的木柴搭铺在房屋檐口,防偷盗者上房,晾晒木柴,保护檐口不被雨水冲刷,以后变成一种房屋的装饰和等级标志,边玛檐口自重轻,减轻檐口重量。结构形式为墙体承重,柱网承重,墙柱混合承重三种。木结构构件有三类:柱子、大梁、檩条。木工"屋钦"设计的平面图在木板上面,石土"屋钦"按图施工。

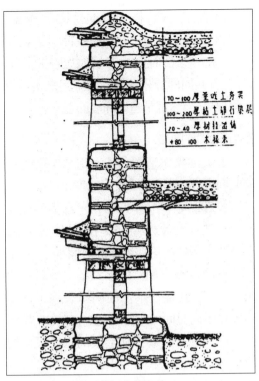

藏式建筑构造

Tibetan Dwellings in Lhasa 拉萨藏居

　　拉萨藏居以 2 米柱距木梁柱承重结构形成 4 米 ×4 米的正方居室,正中的木柱高 2 米,构成净高 2.2 米方室。方室墙面长 4 米,正好是卡垫床长 1.75 米的最小倍数,室内家具布置比较灵活。4 米深度宜为日光照透,方室拼接组合的群体平面形式布置灵活,形式多样。方室空间层较低,净高 2.26 米,压缩了室内空气容量,热量散发较少,利于保暖,节省造价。藏式家具件数种类都少,有卡垫床,白天折叠是软座椅,夜间展开是床位。衣柜靠墙布置,处于暗处。小方桌供饮食、书写、存放餐具等用途,一般为 720 毫米 ×720 毫米 ×450 毫米。藏柜存放衣物并分隔室内空间,呈 103 毫米 ×410 毫米 ×450 毫米,少数家庭有床头小柜。方室采光面积达房间的 1/3,几乎开满整个墙面。方室还运用外廊、露台等灵活手法。空间的划分用布帘、屏风、书架、木矮墙等分隔,墙身开出壁龛,外廊还可以扩大空间,藏式楼梯一般设在外廊。

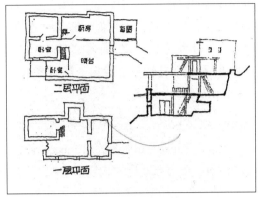

拉萨藏居

Tibetan Watchtower House 西藏碉楼

　　西藏碉楼为木结构平顶,木梁架、屋面抹草泥、小树枝和麦草,屋面的构造以石片及石块压边,粗石砌筑墙体。大型的西藏民居单独设置可以瞭望的碉楼,厨房和厕所也是单独设置的,厨房顶上有出气孔,厕所有时架高或悬空以便粪便落下后收集积肥,做饭及取暖的燃料是牛粪。藏居的外观特征是,在厚实的石板墙体上面挑出的木结构平顶挑廊。

西藏雕镂

Tie Beam　屋架梁

　　山形屋架下方的水平大梁,又称"梁屋架"。又作连系梁,独立基脚与独立基脚之间,用以防止柱脚发生回转偏心或产生不均深陷之梁,一般俗称为地梁。在拱构造中,用以承受水平推力用之系杆。"Tied Arch"意为拱,利用系杆构材承受水平推力之拱构造物。

Timber Construction　木构造

　　意同 "Timber Structure" "Timber Framed Construction" 均为木构架构造,构架以木造为主,配合其他构造之构造物,如木砖构造、木石构造等。"Timber Framed Stone Construction" 意为木石构造,木构造配合砌石之构造物。"Timbering" 意为挡土设施。"Timber Framing" 意为木骨架,表明木构造中做内外墙的木结构框架。

明代住宅梁架

Time and Space　时间和空间

　　时间和空间是一切实在与之相关联的构架,人们只有在空间和时间条件下才能设想任何真实的事物,时间和空间的限定是环境设计的尺度。空间和时间的各种形式不是在同一个水平上的,最低的层次为有机体的空间和时间,每一个有机体都生活在某种时间空间环境之中。高级层次则是知觉的空间,并非简单的感应材料,而是包含视觉、触觉、听觉以及动觉的成分在内。空间是人们的"外经验"形式,时间是人们的"内经验"形式,有着共同的背景。时间和空间是人类的文化现象,当然也是建筑环境的基本含义。

Timing　时间性

　　近代抽象派造型艺术家追求空间构图的时间性,出现了许多表现四度空间的绘画与雕塑作品。在立体派的艺术图形中能使人们从观赏中得到感情共鸣的时间延续性,即创造了形体的第四度——时间性,这就是形体的第四度空间。例如一幅立体派的油画"静物",其捉摸不定的阴影表现了许多物体在不同时间的光影变化,充满富于想象力的时间性。想象力和形式的三度可以构成建筑,而后导出了第四度——时间性,从建筑师耶尔·沙里宁设计的美国麻省理工学院的薄壳形礼堂中看到,时间好像就寓于建筑的宽大踏步、拱券和具有雕塑美的曲线之中。在许多近代的商场设计中,运用变化顶棚的高低以及踏步地坪的高差,这种空间上的高低层次变化加上植物绿化和流水、光照等手法,完成了四度空间的美妙结合。

时间性

Tin Roofing 铁皮屋面

有黑铁皮和白铁皮（镀锌铁皮）两种。形式上有平铁皮及瓦楞铁皮两种。铁皮有各种厚度，以号数区分，号越大越薄，号越小越厚，铁皮大小一般尺寸约为 90 厘米 ×213 厘米，建筑上常用 24、26、28、30 号。瓦楞铁皮由平铁皮加工成波浪形亦称波形铁皮。铁皮之咬口有两种方法，一为卧式折叠法，另一为立式折叠法。与正脊平行的接缝用卧式，与正脊垂直的接缝用立式。铁皮屋面的寿命，如果常加油漆，可达 25~30 年。

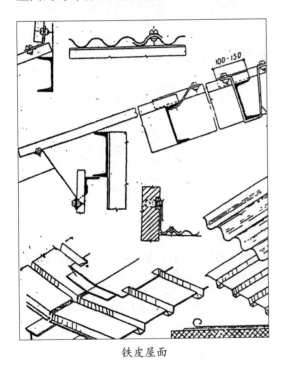

铁皮屋面

Toko-no-ma 床之间

即壁龛，为陈列图画、瓷器、鲜花和其他艺术品专用的设备。几乎每个日本家庭房内都有壁龛，这也是日本书院建筑风格的一大特点，源于镰仓时代（1192—1333 年），从禅宗僧房佛龛发展而来。僧房的壁龛内有一张狭窄的木桌，上放香炉，墙上挂有佛像画卷。后来壁龛逐渐被日本住宅建筑广为采用，成为专门陈列艺术品的地方。

Toltec Architecture 多尔台客建筑

居住在中美洲的多尔台客人的文化和玛雅人的文化同时发展，互有影响。他们的建筑也很相似，公元 7 世纪时，在奇清－依扎城（Chichen-Itza），多尔台客人和玛雅人共同创造了许多建筑，其中最重要的是一座 24 米高的金字塔，9 层，底座 75×75 米，四面有台阶，顶上的庙为平顶，拦腰有一圈装饰带，金字塔前还有一座用途不明的大型建筑，排列着密柱，每排有 120 米长，称为"战士金字塔庙"。还有一个圆形的庙称奇清－依扎的卡拉考尔塔。多尔台客最大的纪念性建筑群在特奥梯瓦坎（Teotihuacan，1—2 世纪，即玛雅人的 5—6 世纪），建筑群包括太阳神庙、月神庙和羽蛇神庙等，月神庙在主轴线上，布局严谨，多尔台客人喜欢用蛇作装饰。

Top Light 顶光

于屋顶、天花板面设置采光窗，或由上方采光。"Top Light Glass"意为顶光用玻璃，天花板或屋顶平面为了采光，所采用之四方形或圆形盘状玻璃制品，或一般的采光玻璃砖制品。"Top Lighting"意为天窗采光，利用天窗设施采光。

Top of Gable Wall 山墙头

在中国南方许多地区，民居的山墙是由高出屋面的山花封闭露出屋顶，形成山花的起伏错落。山墙头的做法和装饰各地有不同的风格和样式，如硬山墙、阶梯形山墙以及弓字形山墙，有用直线及曲线处理墙顶的，有覆瓦的，有两坡落水墙顶的，也有两侧悬山的。山花上绘制各式花纹，墙头脊是装饰的重点，脊的结尾有各种起翘手法。在云南白族民居中，硬山墙的山花较大，画白色卷草,墙面彩画相同,形成腰带装饰。湖南的封火山墙是表现当地民居特征的装饰性山墙头。

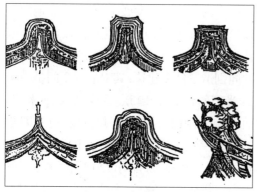

山墙头及垂带处理

Topographic Map 地形图

表示地球表面不同地形特征的地图,详细程度或比例尺介于小面积的平面图和大范围的地区图之间。在比例尺的范围内尽可能准确地表示出天然地物和人工地物的位置及形状。天然地物包括地形起伏、水文要素和江河湖泊等。人工地物包括城镇、村庄、公路、铁路、运河、水坝、桥梁、隧道、公园等。

Topography 地形

地形分为大地形及小地形,大地形有各种不同的巨大的地形形式,标高差别很大。小地形为较小的小块形式,具有地方性特点。大地形的基本形式有平原、丘陵、山地。平原如沼泽地、草地和草原,由于气候和土壤条件的不同,平原会产生旱沟、山涧、河谷,可能使平原分割得很碎。丘陵是许多不太大的山岗,相对高度不超过200米,坡度的轮廓线较缓和,它又可分为准丘陵地形和复式丘陵地形。准丘陵地起伏不大,复式丘陵地则有较深的旱沟和盆地。山区地形中的陡坡上不能建造房屋,山区的居民点主要

是沿着山地的河谷分布的,为了避免山崩和雪崩,城市建筑最好远离山脚。谷地常迫使城市沿河流伸延,使城市变得窄长。虽然山地具有创造丰富建筑空间的可能性,但在山城建设城市会遇到一系列工程、经济的困难。

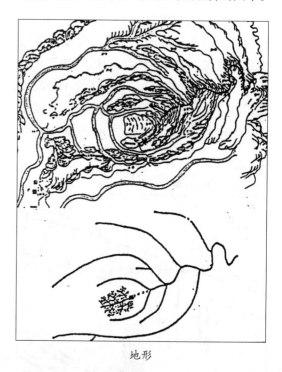

地形

Topography and Air Movement 地形与气流

地形使空气流动有所变动,且对阳光有不同的坡向,使气候受到影响。崖上之风速比平地大20%,山之顺风处较山之逆风处平静,但若顺风经过坡陡时则情况相反。在开旷坡向夜间易生冷气流,顺山坡流下,由于地形或植物的阻挡,山谷处形成静止的冷气团,尤其在大山的山脚下会出奇的冷,且山谷会形成冰冻口袋冷气团较大形成云雾时,阻挡白天阳光的射入,这时最低处最冷而愈往上愈温暖。这种情况反而稳定持久,因为冷空气比热空气重,又无上升的热气影响。若无风烟雾不易驱散,居住地区会聚集

烟雾。在海及湖的岸边，一般午后均有风自海面吹上岸。夜间则从岸吹向海面，这是由于上升热流随日夜的转换热量相互交换而引起，表面空气流由较冷的地表面流到热空气的底部而产生。

Topography Design 地形设计

地形可分为以下的基本形式，有山岗、鞍状山脊、分水岭、山坡、脊道、凹地或旱沟、盆地、高原，等等。工业企业地形坡度0.5%~2%，铁路轨道0.3%~2%，机场不小于0.5%，不大于2%，整个机场一面坡度不能超过2%，降临地带不应超过3%。居住区最合适的坡度0.5%~8%。街道网坡度8%~10%，只有山地才允许10%~12%，取决于城市交通量的大小，街道车行部分路面的种类。街道最小纵坡度应为0.4%，最大纵向坡度为8%~10%，山地可12%。在山岗丘陵地定干线必须绕过它们，还要预先考虑到雨水流入邻近的街道。遇到分水岭时，主要干道与分水线相一致，次要街道可顺着地形修建，方便雨水排出。山坡的坡度大于6%~8%时主干道要与等高线平行。街道可建成锯齿形。

Topology 拓扑学

拓扑学是数学的一个分支，主要研究的是几何图形在连续改变形状时还能保留不变的一些特征。它只考虑物体之间的位置关系而不考虑距离和大小。这种方法在建筑学上的应用认为设计并不需要与其旁边的景观取得视觉上的协调，而应根据建筑物在城市形象的拓扑系统中的位置来确定其建筑形式。它并不涉及建筑物单纯的几何形状，仅仅涉及内在的布局、围合与开放、连续与断裂、远与近、上与下、中心与边界，等等。拓扑学在当代建筑学与城市设计中的应用称释为类型学，在现有的城市中，尤其是历史名城如何解决现代化的问题。如某地17个空间的点与过去存在的纪念物有情感上的联系，用量或力线把这些点连接起来，考虑的是它的基本性质而不单注重形式的表现。

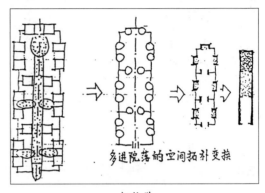

多进院落的空间拓扑变换

拓扑学

Torii 鸟居

日本一种牌楼式的门洞，常设于通向神社的大道上或神社周围的木栅栏处。由一对粗大的木柱和柱上的横梁及梁下的枋组成。梁的两端有的向外挑出，亦有插入柱身的。著名的如伊势神宫的鸟居，造型简练刚挺，寓巧于朴。自7世纪中国建筑传入日本以后，鸟居的形式发生了一些变化，如柱子有侧脚、横梁两端起翘，甚至有用斗拱的。建筑式样来源一说是印度、一说是中国，鸟居常为淡红色。

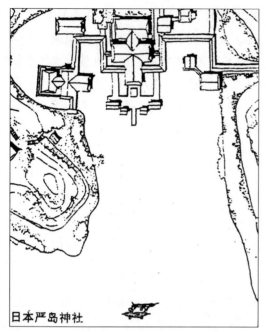

日本严岛神社

鸟居

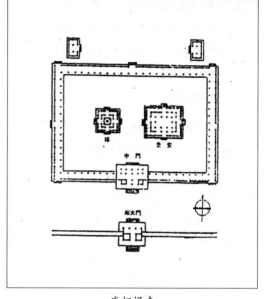

唐招提寺

Toshodaiji Monastery　唐招提寺

日本奈良市(古平城京所在地)的著名佛寺。由中国唐代高僧鉴真于天平宝字三年(759年)奠基,其弟子如宝负责建筑工程。当时完成的金堂大殿、讲堂、东塔等建筑,反映了中国唐代的建筑风格。金堂面阔7间,进深4间,中间5间开门,两侧稍间开窗。单檐庑殿顶,鸱尾为奈良时代遗物。金堂同中国唐代五台山佛光寺大殿有许多相似之处,尺度较小。佛坛中间是卢舍那佛,东西两侧分别为药师佛和千手观音,周围有四大天王。

Totem Pole　图腾柱

美国西北海岸和加拿大印第安人所修建的一种着色的木刻圆柱,主要有七种,属于纪念性或存证性柱,为房屋原主和转证新主而立。(墓碑,房柱,用以支托屋顶门柱,有一洞容人由此穿过,进入房屋。)欢迎柱,立于河旁,以证实岸边空地为主人所有。丧葬柱,其中有死者遗物。嘲讽柱,上面颠倒地刻有由于某种原因而失败的某个重要人物的肖像。图腾一词系指保护人或祖先,图腾柱上所刻的动物或神话动物的意义在于它同家长的血统一致,动物代表某个家族的纹饰。只有懂得印第安人所赋予这些符号的意义以及掌握有关这个部族的历史和风俗习惯的知识才能解读,柱上所刻的每个动物和神灵都是有意义的。

Totemism　图腾崇拜

相信人与某一图腾有亲缘关系的信仰,图腾是标志或象征某一群体或个人的一种动物、植物或其他物体。图腾崇拜的主要特点是:1.以为图腾是伴侣、亲人、保护者、祖先或帮手,有超人的能力。2. 用特殊的名称或符号代表图腾。3. 崇拜者在一定程度上与图腾合而为一。4. 规定不得屠宰、食用或接触图腾。5. 举行崇拜图腾的特殊仪式。一般学者认为图腾崇拜不是宗教性质的,但多少含有宗教因素。群体图腾崇拜的特点是:1. 认为某种动物、植物、自然现象或人造物件与近亲团体、地区集团或家族有神秘的关系。2. 按父系或母系代代相传。3. 群体或个人根据图腾命名。4. 徽号、标记、禁忌语通行于群体。5. 群体图腾有时有多种物件,有主有次。

Tourist Hotel and Its Environment 旅馆与环境

1. 自然环境。(1)与景观特征的默契能在意境上引起旅客对某些景观特点产生形象上的共鸣,加深印象。(2)以环境特点启发设计构思。(3)为旅客享受环境创造条件,建筑与自然的交织、总体布局的交织、室内外空间的交织、景观与观景的交织。(4)环境的对比,使旅客得到精神上的调剂。(5)环境保护。2. 历史环境,现代旅馆构思与传统结合的因素:(1)局部与片段,如民间的草顶和在建筑的室内外局部挑选一些传统建筑的片段。(2)装饰与摆设。(3)群体与庭院,中国的传统庭园引入到旅馆的天台和中庭之中。3. 社会环境,如风土人情、神话传说、名人佳话、小吃佳肴、文化史迹等:(1)地方活动,结合当地条件滑雪、狩猎、骑马、滑冰、潜水、划船等以及具有民族地方色彩的节日等。(2)民居特色。(3)风土人情,如广州"酒家"的地方风味。(4)西方的舒适,东方的情调。

Tower 塔

与底面积比高度相当大的建筑物,或独立或附在其他建筑物上,具有各种不同功能,如瞭望塔、水塔、教堂塔等。防御性的塔楼可作堡垒用,如英国边境各郡都有塔楼住宅。中世纪战争中所用的攻城战车即模仿塔楼的形式。最著名的独立塔为古巴比伦的巴比尔塔,底层 90 米见方,上建回旋上升的塔身,顶上为一寺庙。雅典的风塔(公元前 48 年)是一座计时用的建筑,内设滴漏钟,外有日晷。比萨斜塔(1174 年)是罗马风式钟楼,因基础沉陷而倾斜出地面 4 米多。

塔

Tower of London 伦敦塔

又称"白塔",英国皇家要塞和伦敦的标志,位于泰晤士河北岸,伦敦市东侧。1066 年威廉一世在此建要塞。白塔的城楼始建于 1078 年,12—13 世纪形成以白塔为圆心分内外两部分的防御要塞,内城墙上有 13 座塔楼,外城墙上有 6 座楼和塔,两座城堡,四周有护城河。建筑群共占地 7 公顷,

13 世纪建水门,长期被用作国家监狱,水门亦称"叛逆者之门",17 世纪前为王室住地,现有军队驻防。塔内有常驻长官,负责管理仪仗卫士,仪仗卫士至今仍穿着都铎式军服。塔旁有塔桥。

伦敦塔

Tower of the Winds 风塔

又称"钟楼",约公元前 100—前 50 年安德罗尼库斯在雅典建造的计时性建筑物。是一座八角形的大理石建筑,高 12.8 米,直径 7.9 米,对应于罗盘上主方位的八个面,都在其雕带部分饰以代表风的浮雕像。在它下面,面对太阳的各面是日规的刻度线。钟楼的顶部装有风标,用青铜制成半人半鱼神像,内装一水钟(漏壶),以便在没有太阳光时用来计时。

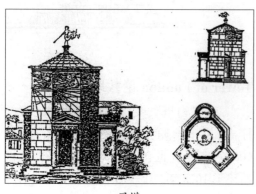

风塔

Town and Country Planning ACT 英国城乡规划法

英国城乡规划法具有重要的历史意义,使本书作为文本的规划获得了国家立法保障,被誉为"第二次大战后整个规划体系的奠基石",对许多国家的城乡规划法及规划体系的建立有过重大影响,是《雅典宪章》的重要体现。

Town Renewal 都市更新

也作"Town Improvement",略有都市开发之意,其狭义目的有对设施之更新改建的含义,较之对于土地合理性及经济性之再开发为重。"Town Planning Restriction"意为都市计划限制,为实施公定都市计划,针对私有土地的利用、建筑物及其他设施等,设定某种程度之限制。

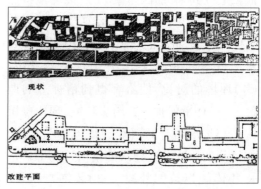

都市更新

Trade Mark 商标招牌

商标招牌是工商企业为区别其制造或经营某种商品的质量、规格和特点的标志,用文字、图形或符号注明在商品、商品包装、招牌和广告上面。把商标悬挂在马路上称"招牌",招牌是挂在门前作为标志的牌子。在繁华的大街上,五光十色、耀眼夺目的商标招牌竞相引人注目。招牌设计可使街道景观富有风趣,创造特殊的情调和气氛,招牌设计应具有民族、传统、地方性风格。

Tradition 传统

无论在什么年代,传统的课题是没有时代的限制的,它是永久性的课题。从现代人的继承观念来看,它不仅是个人毕生的课题,同样还是需要代代相传的永久性课题。真实的花朵是要枯萎的,而传统之花却具有超越年代的意义。对于传统精神的崇尚和继承超越其对艺术的鉴赏,对传统风格的鉴赏不仅具有培养历史性兴趣的性质,同时也是本质上的、道德上并列的最高行为,传统是人们追求的历史性,高于历史的环境美。建筑的传统区别于其他领域的特征是建筑具有功能性传统。

传统

Tradition and Future 传统与未来

传统是现代人视界中的传统。一切历史都是当代史,按现代阐释学的观点,存在的历史性决定理解的历史性,现代人理解了历史也已经参与了历史。为什么现代西方人把目光转向东方的传统,求之心切。这里所谓的"东方传统",乃是东方传统与西方人的统一,是一种关系。西方人能得东方艺术之精髓,在于他们的超前理解能力,他们的一种新的视界,特别是他们有现代主义的经验图式。今天我们对传统重新审视,部分原因是我们的经验图式受到西方现代主义

艺术的影响。未来确实会重视传统文化,但那时的"传统文化"已不是现今的"传统文化"。未来与传统绝不是在一个平面上的认识。

Traditional Chinese Gardening 中国传统造园

苏州园林可以代表中国造园艺术的精华,布局有中部以水为主题的、以山石为全园主体的、基地范围积水占地很大的、前水后山中间构筑堂屋的、中列山水,四周环以楼台廊屋,高低错落。中国园林的传统做法有缀山、蓄水。池面利用不规则平面,间列岛屿贯以小桥,留出曲岸水口成湾头。园林中的建筑如厅堂、堂房、斋、台、亭、榭、轩、卷、廊等。园中游廊有复廊、陆上及水上的廊、爬山游廊、曲廊。桥有梁式石桥,小型环洞桥。园路,主次分明,曲折有度。园墙,有乱石墙、砖墙、漏砖墙、白粉墙等。对联匾额、木刻或砖刻,色彩均为冷色。树木的栽植,视园之大小与环境配置树种,同一种树成林,多种树配置如中国书画,山巅山麓只植大树而虚其根部,山岭山麓出以丛生竹与灌木,山石攀以藤萝。栽花之原则同种树。

中国传统造园

Traditional Court-houses 传统庭院式住宅

1. 独院式住宅,由汉字"一"字形建筑构成院落,常由几个三间一栋的基本单元或其增减的变体组合构成。数字"1"字形建筑构成的院落。由字母"L"形建筑构成的院落,是三合院的一种发展形式,由"口"字形建筑围成的院落,即四合院。2. 多院式住宅,由几个院落串联成多进的宅院,呈日、月、目等汉字形式,可由几个"一"字形建筑前后平行向纵深排列并以围墙封起的宅院。或数字"1"字形建筑前后相间纵深排列并以围墙封起的长条形多进住宅,常见于密度很高的商业街。用几个"L"形建筑前后向纵深排列的多进院落。用几个"H"形建筑前后排列的宅院。用几个四合院前后或左右拼接的多重院落。实际上许多大中型住宅都不是用单一的型式院落构成的,多种形式灵活组配而成。

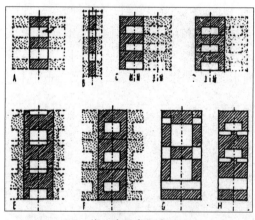

传统庭院式住宅

Transcendence 超越

在当今建筑界,超越可以说是"将自我提升至现实以外之境界"的行动力。这种行动力来自将个人视野扩展到自我之外的一种内在渴望,从而寻得建筑空间和造型的不朽。这种超越的境界非常抽象,因此难以捉摸。但在建筑上的超越并不像部分人所想象的仅仅是一种抽象的视觉形式。在建筑领域的超越,应是指一个工作思考的过程,而不是这个过程所导致的视觉形式。在中国人心目中,传统理所当然是好的。一向认为守住传统有益无损,因为大部分的社会名器,都披着厚重的传统外衣。这种紧抱传统的习性,在西方社会常被认为是进步的阻力,也的确成为中国人难以摆脱的包袱,所以超越便成为唯一的途径了。追求建筑的超越性,并不是冥想出一种扬弃现有传统观点和形式,而是追求一种态度。一种高度成熟去研究建筑课题的方法。

Transparency 交替

两种以上的构图要素互相交织穿插,有隐有显,但能形成交替的韵律。在环境设计中我们从分析中得出:线的交替、色调的交替、质感的交替、形状的交替、大小的交替、方向的交替,等等。交替构图手法如果运用得好,能够组成复杂的构图韵律,创造出交替的构图美。交替是由间隔、穿插、交织所构成。在建筑中门窗部位的划分,建筑材料的选用,在空间构图中随处都有交替韵律美的节奏。

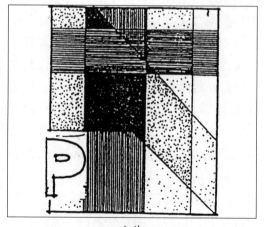

交替

Transparency in Light 空透感

在现实景观中,空透感是由于运用重叠法而产生的。在同一个位置上可以出现一个以上的景物,几个景物在一个投影面上的同一个位置上相遇,由于它们在深度上的严格分离而得到统一,这就是空透感。只有在表现透明性时才有这种重叠的效果,如玻璃、沙幕、水幕,等等。运用空透感没有传统观赏对象的那种明确性,而是使景观处于一种模糊不清的状态,在现代派艺术中,利用完善的重叠法,给景观造成的透明现象,造成一种神秘的虚幻感。

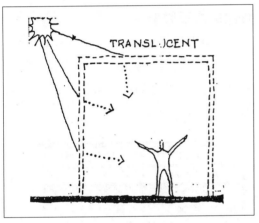

空透感

Trajan's Column, Rome 罗马图拉真记功柱

罗马的纪念性建筑,建于 106—113 年,为纪念图拉真皇帝征服达奇亚人而建,置于图拉真广场内的图拉真图书馆内院中。图拉真记功柱以尺度巨大和环绕全柱的长条浮雕闻名于世。柱子为罗马多克式,高 29.7 米,连同基座共 35.3 米,下为墓室,存放图拉真皇帝骨灰。柱底径 3.7 米,柱身白色大理石砌成,空心盘梯 185 级,可登上柱顶。柱顶原为图拉真立像,1587 年被换为圣彼得像,环绕柱身叙述图拉真两次东征的 150

个故事的浮雕,全长 244 米,绕柱 23 匝,场面大,人物多。在艺术史上堪称一绝,浮雕随着高度变化而逐渐收窄,底部宽 1.25 米,顶部宽 0.89 米。该柱的设计及安置的构想还有向神灵叙述的内涵,因为人们很难看清楚柱上雕刻的细节,这也正是记功柱的成功所在。

罗马图拉真记功柱

Trees as Methed of Avoid Noise 树木是防止街道噪声的手段

树木中以槭树吸声能力最高,其次为杨树和椴树,属针叶的云杉最低。折成吸声系数,槭、杨、椴、云杉,对应为 0.22、0.15、0.14 和 0.11。叶面积愈大树冠浓密的乔木和灌木,吸声能力愈显著。各树种的最大隔声能力均发生在低频范围,槭树 15.5 分贝,杨树 11 分贝,椴树 9 分贝,云杉 5 分贝,随着频率的增高,树木的隔声能力逐渐降低。平均隔声能力,槭树 7.1 分贝,杨树 6 分贝,椴树 4.5 分贝,云杉 2.3 分贝。只要绿带最近所

保护的房屋或靠近噪声源,使其距离小于树木高度,即使是狭窄的绿带也是使建筑物避开车辆噪声的有效措施。城市中树木降低总噪声强度 6~13.2 分贝,在无叶簇时降低噪声 2~6 分贝,叶簇物质本身降低噪声 3~7 分贝。在车行道和建筑物之间应配置宽20~25 米的防噪声隔离绿带。

Trees Dispose 树木配置

树木配置的艺术包括风景构成,其中要考虑孤立树,显示树姿的风格。树群,栽植的株距和方位要避免千篇一律,林缘线要富于变化。灌木,植于不要视线看透之处,造成丰富多彩的风景。草地,把各景的孤立部分连成整体。植物配置与地形,林冠的起伏变化,各种树木树冠色彩的调和。水边的植物更需精心配置。植物配置与季节,掌握植物的花期,色彩的搭配要考虑不同花色在数量上的比重。植物配置与建筑,建筑附近的绿地往往采取规则的形式,如矩形、圆形等,也可不受几何图形的约束,配置适宜的树木可把建筑的轮廓丰富起来。在树木配置中选用当地常用的造园树木。

Trees in Corporate 组团的树

树可作为植物材料,如同运用其他建筑材料一样。在环境景观设计中,把不同形式特征、色彩以及不同物候期的树木组织起来,创造美的组团的树。树的组合方式可用围合;可用分隔;可利用树的功能作用,如遮阳、隔声、清洁空气;可作建筑或雕塑的背景和陪衬,等等。组团的树的本身的组合方式,要根据其大小、高矮、形态、色彩、姿势等特征,安排其主景及配景。组团的树应按照三、五、七等不同的奇数疏密配置,如同中国造园中的叠石方法,因地制宜。

组团的树

Trellis 格子棚架

对树木与攀缘植物进行整体构架,常用木条或金属交织而成,形成方形或菱形的空格,有时用未经修剪的树枝固定或交织而成,多用作庭园中的"屏幕"。

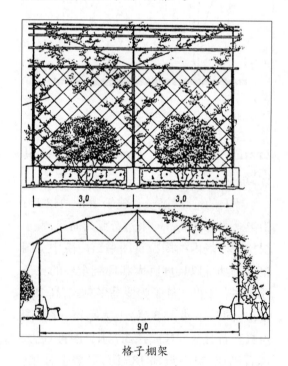

3,0　　3,0

9,0

格子棚架

Trellised Walk 花架

园中的花架也有它自身的美,花架走廊

是室外小路的空间形状,既在室外,又在室内。在小路上加盖爬藤绿化的花架,可以引人步入小路。花架强调了小路的边界和空间,就好像一个花卉形成的房间。

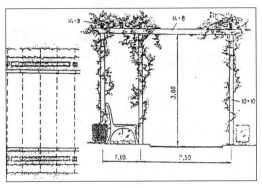

花架

Trends of Library Design 图书馆设计的趋势

20世纪80年代以后,随着生活质量的提高,图书馆的需求增加了,除了新建的小型及郊区图书馆之外,图书馆建筑业最主要的部分是校园图书馆,如美国的布朗大学科学图书馆,是美国第一个把各科书集中起来的图书馆。为便于化学、生物、数学、物理、工程、地质、心理、医学各种的交叉研究,该馆把科学书集中收藏于一座14层的大楼里。芝加哥大学图书馆,延展到原来的体育场上,其最大的两层,每层约为8 000平方米,它是该大学里最大的建筑物,也是美国最大的校区图书馆,计划藏书350万册以上。德国波恩大学图书馆建于1960年,沿河而建,环境幽静,读者可在室内看到莱茵河景色。地下书库共三层,处在地下水位以上,藏书150万册,书库与出纳台之间有对讲电话、压缩空气传讯管等设备。

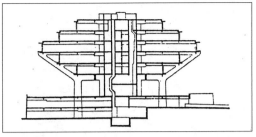

美国加利福尼亚大学圣迭戈分校中心图书馆
图书馆设计的趋势

Tribe 部落

部落是文化人类学理论中的一种社会组织类型,由有相同血统的氏族组成,有共同的语言文化、意识形态以及部落名称。部落通常由若干较小的地区、村、社,例如家族、村落或邻里组成,当聚集成更高级的群集时,称为"民族"。文化进化论把部落看成已发展到有等级的社会阶段,最终成为原始国家。现代都用种族集团术语代替部落,通常指有共同祖先、共同语言、共同文化和历史传统以及居住在同一区域内的居民集团。

Trim 整齐

整齐即整理、整顿、分类与剪裁,在环境设计中选择与保留那些最表达中心思想的题材,通过整理达到整齐,使重点突出,给观赏者以鲜明的印象和深刻的感受。这涉及对审美观点中的繁与简的看法,当繁则繁,当简则简,经过整理之后,达到充分表现内容为目的整齐。其尚繁或尚简均可奏效,最终以整顿后而达到比以前整齐统一为标准。整齐是达到完整性的手段,整齐不单是从简和裁剪,而是在繁简之间进行整理加工。

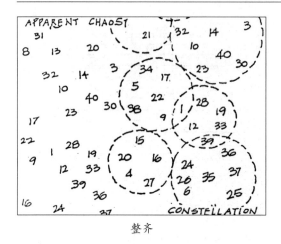

整齐

Tripod 三脚家具

指任何装有三条腿的家具,包括椅、凳、桌、台灯和基座等。其在远古和古希腊罗马时代非常流行,这与宗教仪式有关,例如三脚祭坛,祭祀用的三脚盆以及最著名的三脚家具——特尔斐的阿波罗神女祭司宣布阿波罗神神谕时坐的三脚椅。17世纪时最实用的桌子是单柱圆桌,其三脚底座是不可缺少的。18—19世纪三脚底座是圆桌底座最常见的形式。19世纪铁制家具三脚架成为讲究的装饰形式。

Triumphal Arch 凯旋门

纪念重要人物或事迹的建筑,有时单独设立,通常横跨在一条道路,特别是凯旋队伍经过的道路上。其基本形式包括由拱门相连的两个墩子,拱上为顶部,作为雕像的基座刻有铭文。早期顶上的雕塑为立在战车上的胜利者,后则为帝王像。大多数凯旋门建于罗马帝国时期,(公元前27—476年),4世纪时罗马城内有36座,有时3座拱门,正面用大理石柱。现存3座:泰塔斯凯旋门(81年)、赛弗拉斯凯旋门(203年—205年)、君士坦丁凯旋门(312年)。罗马以外尚有一些遗迹:文艺复兴以后建的有那不勒斯的阿尔丰沙一世凯旋门(1452年—

1470年),巴黎圣丹尼凯旋门、圣马丁凯旋门以及巴黎星形广场凯旋门(J.沙尔格林设计建于1836年)、伦敦的大理石拱门(J.纳什设计),海德公园拱门(1828年),纽约市华盛顿凯旋门(1895年)等。

Trobriand Island's Dwellings 特罗布里恩群岛民居

巴布亚新几内亚位于太平洋西南部的珊瑚海上,隔托雷斯海峡与澳大利亚相望,境内有大片沼泽地平原,中部为山区。气温高,湿度大,降雨多,大部分地区被茂密的雨林覆盖。当地民族构成复杂,民居为曲线形的尖顶草屋,村落房屋排列整齐。其中特罗布里恩群岛位于太平洋西南所罗门海,由四个大岛和一个小岛组成,珊瑚岩环礁构成,大部分为沼泽地。居民为美拉尼西亚人,种植山药和蔬菜,以养猪、捕鱼为生。山药仓库和酋长住房位于村落中心,留有跳舞的空地,周围环以茅舍民居。每家一间,按图腾部族划分,成员按母系推算血统。村庄是社会单位,有一个头领,更高的首领可统治一些村庄。当地人以制作红色贝壳项链并交易著称,他们逆时针方向沿诸岛贸易时只售白色贝壳和手镯,顺时针方向沿诸岛贸易时只售红色贝壳和手镯。

Trolleybus 无轨电车

通过架空线由远方电站供电能而运行在街上的轮胎式车辆。19世纪80年代后期采用达夫特供电系统的小型运输投入运营。英国、美国均架设了许多无轨线路,但又迅速被公共汽车所取代。许多城市仍以其为主要交通工具。用电推动是无轨电车的优点,运行噪声小,无气味,有较快的加速度,乘客能在路边上下车,但与汽车相比,缺少灵活性。

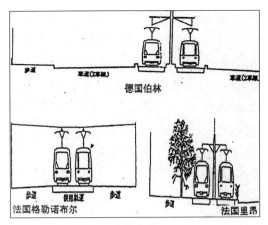

无轨电车

Trullo 石顶圆屋

意大利南部普利亚区,特别是阿尔贝罗贝洛镇,独有的一种圆锥形石顶房屋。在柱形的白粉墙上用层层石块堆积成尖顶,石块不用灰浆砌合,而是靠自身重力固定。这可能是当地自从石器时代保存下来的传统做法。这种石屋被意大利法律定为国家历史文物加以保护。

石顶圆屋

Tsukuba Academic New Town, Japan
日本筑波科学城

筑波科学城是东京周围 15 个卫星城市之一,一座以科学为基础,以科研教育为中心和主体的新型城市。它位于东京东北 60 千米茨城县南郊,占地 28 559 公顷,1/10 为科研教育区,建成了 43 个科研教育单位,规划 2 万人口。科学城有以下特点:1. 多学科、多专业的综合性。2. 科研与教育相结合。3. 重视公用设施的建设。科学城的规划和建设特点是:1. 构思、规划和立法,1961 年政府决定疏散过于密集的东京人口、集中搬迁科研单位以满足发展的需要。2. 科学城的选址,控制在距城市一小时汽车行程以内。3. 科学城规划建设概要:(1)划分为科研教育区与周围开发区两大部分;(2)城市中轴线,体现以人为主体的城市空间计划,采用步车分离制,以主步道作为城市中轴线;(3)城市空间构成,城市主步道长 2.5 千米,宽 16 米,6 个广场,中央建筑群是城市的核心;(4)交通,8 条主干道,其中南北 3 条、东西 5 条。

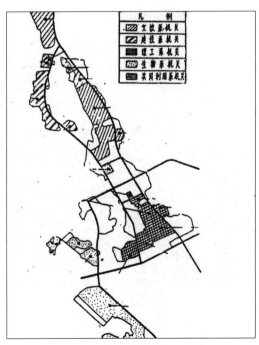

日本筑波科学城

Tudor 都铎王朝

英国都铎王朝(1485—1603 年),时期的建筑称都铎式建筑。"Tudor Arch"尖顶拱门,四心拱。"Tudor Flower"都铎式的三叶饰花形状。"Tudor Period"都铎时期,英国的艺术和建筑从中世纪转入文艺复兴的时期,其时,英王亨利七世委托荷尔拜因(Holbein)等人制作若干肖像画,堪称杰作。"Tudor Rose"都铎式玫瑰,都铎时期用于雕塑、建筑等装饰的传统玫瑰式样。"Tudorbethan"英国都铎式家具和建筑的装饰。

Tudor Style 都铎风格

英国都铎王朝(1485—1603年)所盛行的建筑样式,其主要特征是四心拱的建筑细部的出现。16世纪上半叶英国庄园府邸的回廊上还有塔楼、雉堞、烟囱、体型还多凹凸起伏,窗子排列较自由,结构、门、壁炉、装饰等常用平平的四圆心卷、窗口则大多是方额的,常用红砖建造。室内常用深色木材作护墙板,一些重要的大厅用华丽的锤式屋架(Hammer Beam),是一种富有装饰性的木屋架,由两侧向中央逐级挑出、升高,每级下有一个弧形的撑托和一个雕镂精致的下垂装饰物。都铎风格是英国中世纪风格向文艺复兴时期过渡的建筑风格。"Tudor Arch"意为四心拱,"Tudor Architecture"意为四心拱式建筑。

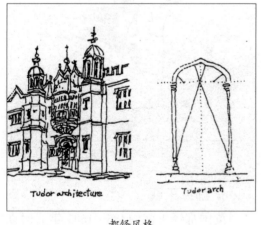

都铎风格

Turf 草皮

在园艺学中指稠密植被的土壤表层,这种植被通常是为了装饰或供娱乐活动使用而专门培植的草皮。草皮品种很多,常种在草地和畜牧场上。草皮常切成楔形、大方形、小方形或条状,再移植到预定地点,很快扎根生长成一片"连成"的草地。草皮应定期割短,以形成稠密均匀的绿色覆盖层,可用于网球、高尔夫球、滚木球以及赛马运动的草地。

草皮

Turkish and Afghanistan Yurts 土耳其、阿富汗地区的圆顶帐篷

圆顶帐篷携带方便,用于阿富汗北部、中亚地区及蒙古、土耳其。达里语称"Kherga",俄语称"Kibtka",土库曼语称"ūi"。比流动性黑帐篷坚固保温,最小的直径大约3米,容一户核心家庭。最大的直径6~8米,容大户人家,圆顶帐篷下部是可折叠的木格构式的框架,驮运方便。艾马克－哈扎拉人(Aimaq-Hazara)把木杆烧焦、磨亮,以防白蚁侵蚀圆顶帐篷构架,可用50年之久。

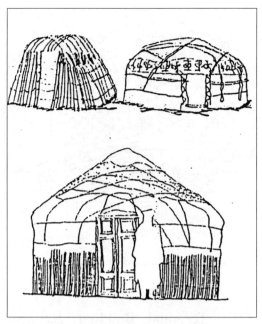

土耳其、阿富汗地区的圆顶帐篷

Turkish Bath 土耳其浴

起源于中东的一种沐浴,先赤身接触暖空气,然后置身蒸气或热空气中,进行按摩,最后是冷水浴或淋浴。土耳其浴需要从一个房间走到另一个房间,浴室建筑包括单个的淋浴间和浸泡室、穿衣间和休息室。权威人士认为土耳其浴原来是印度人沐浴按摩和整容技术与罗马人管道技术的混合形式,但各有其特色。君士坦丁堡的土耳其浴室包括一组圆顶房间,由穹隅支撑,每一组房间都有温水、热水、蒸汽三个部分。土耳其浴今天仍在美国、西欧及其他许多国家和地区流行。

Turkish Dwellings along Black Sea 土耳其黑海沿岸民居

土耳其沿爱琴海、地中海、黑海的平原和山区,采用木结构的斜坡屋顶,地板建在石头或木桩之上,解决了防潮湿的问题。民居多为独立式的住家,没有庭院。有特色的做法是以木镶石块图案的墙壁,把木件排成格构样式,用石块在其中组成图案,或用圆木条或木板横放,以凹槽式搭接在墙角处。在木结构的下面是石砌的地窖,用作饲养牲畜,用粪便作取暖及煮食烧火的燃料,其做法与中国西藏民居有相似之处,唯地方传统习俗各异。民居起居室中的暖气取自"Korsi",是一种放置在火炉上的木架,支撑轻软的罩棚,在围炉吃饭时,暖气被罩棚包围住。

Turkish Rococo Style 土耳其洛可可风格

法国洛可可风格于18世纪中叶盛行于伊斯坦布尔的奥斯曼传统建筑的融合,形成土耳其洛可可风格。该风格象征着晚期奥斯曼学派的决裂,当时这个学派已开始僵化。土耳其洛可可风格主要体现在装饰方面,如门廊和窗户的设计以及装饰的细节等。该风格的一个代表实例是伊斯坦布尔的努尔奥斯曼尼叶清真寺(建于1748—1755年)。前有门廊的前院,不是半圆形,而是传统的矩形,大门上的龛点缀着平行的突出的带条,以象征叶板。

Turkish Style 土耳其式

也称"摩尔式",以中东式样为基础的家具和装潢风格。19世纪后半期至20世纪20年代后期,在富人宅邸中,男人室内吸烟很流行,这一时期在私人住宅内常用这种土耳其式装潢,包括草席、座榻和用镶满阿拉伯图案的小几来布置室内一角。其他特征有用伊斯兰纹样装饰的拱门,小珠串成的帘子、盆栽的棕榈以及弹性很强的褥榻等。20世纪六七十年代一些青年团体处于怀古的浪漫思想中又重新采用这种风格。

Turning Flag 转向标志

在城市或建筑环境中遇到转换方向的关

键地点,需要设置转向的标志或符号。转向
的标志要布置在恰当的位量,醒目易懂,并
能真正达到指示人们转向行动的效果。在
各种交叉路口设置转向标志十分重要,当你
发现自己需要问路的时候,也就是发现了当
地环境设计中的缺欠,即没有布置明确的指
路标志。

Turpan Dwellings with Grapes, a Kind of Biological Architecture 新疆吐鲁番的葡萄架民居

在干旱少雨的新疆吐鲁番盆地最易就
地取材的建筑材料就是土,当地居民发展了
传统的夯土和土坯建筑技术。生土民居的
土环境也为植物提供了良好的生长环境,最
优质的水、土壤和气候条件,垂直式的葡萄
攀藤式绿化覆盖着每家每户的庭院和屋顶,
建立了普遍性的室外的绿色房间。生土民
居和葡萄架有机地组合在一起,动物和家禽
也生活在水、土和葡萄架的生态环境之中,
创造了人居环境的和谐美。葡萄架形成庭
院中阴凉的天棚,而且土墙上的葡萄藤也起
到吸热和通风的作用,葡萄的枝叶吸收了大
量的太阳辐射热,其降温和通风作用如同天
然的空气调节器,其闪烁的光影效果使当地
的生态民居富有功能和美的综合效益。吐
鲁番的葡萄民居是典型的有机生态绿色
建筑。

新疆吐鲁番的葡萄架民居

TWA Terminal Building, Kennedy Airport 肯尼迪航空港 TWA 候机厅

纽约肯尼迪航空港环球航空公司航站
楼,由耶尔·沙里宁于 1950—1962 年设计建
成。其设计要表达航空飞行的概念,立体曲
面的薄壳结构很难用平立面的图纸表现,采
用了将薄壳节点作足尺模型,以满足施工图
纸和工程的要求。建筑是整体钢筋混凝土
建成的,屋盖是 4 块双曲薄壳,壳体之间安
排了玻璃带,充分运用了壳体曲线的特性,
看不到任何生硬的线角,展现的曲线形象像
是一只要起飞的大鸟。旅客的流线自然通
畅,透过玻璃墙还可以观察到服务于飞机的
程序,设置有自动化的便道,每个曲面和每
个细部都暗示出方向和秩序的整体感,既协
调又有独创性。

肯尼迪航空港 TWA 候机厅

Twin Gate Tower of Gaoyi Tomb 高颐墓石阙

高颐墓石阙在四川省雅安县东 7 千米半姚桥公路南百余米处,高颐为益州太守,东汉建安十四年(209 年)逝于住所,数年后建此阙。子母双阙,东西相对,相距 13 米,现在东阙只剩文字一段,西边子阙、母阙完整无损。其用石仿汉代木构造凿建而成,分基座、阙身、阙顶三部分,总高 6 米,基座高 0.4 米,宽 3.25 米,厚 1.7 米。浮雕蜀柱、栌斗、阙身表面隐出柱枋,体现出汉代风格。高颐阙上许多精美雕刻有很高的历史艺术价值。

Twinkling View 闪烁的光线

透过闪动的树叶的光线是美丽的,这种闪烁的光线给人以兴奋、和谐与愉快之感。这是由于光线的频闪运动造成的效果,由于来自光源的直接光线造成很强的阴影,闪烁的光线能够创造比较柔和的光影。因此,窗户用小窗棂花格子划分,能遮挡一些直接的日光,有如树叶特殊的动态的光影效果,形成室内的闪烁光线,并建立窗户上的黑白花格图案。窗户外面的出檐也能形成一条以天空为背景的暗色轮廓,有助于看清窗户图案的细部。

闪烁的光线

Tympanum 山花壁面

建筑中拱券之内过梁之上的三角形或半圆形壁面。11—12 世纪欧洲教堂大门上用浮雕装饰山花壁画,最流行的题材是“最后审判”。法国穆瓦萨克的圣皮埃尔隐修院教堂和欧坦的圣拉匝禄大教堂的山花壁面是典型的范例。

山花壁面

Types of Door 门的类型

　　按材料分,有木门、金属门。按门扇的数量分,有单扇门、双扇门、扇半门(一大一小双扇门)。按开启方式分,有平开门、门扇系统一纵轴旋转平开者;摇门,又名弹簧门或自由门;拉门,在门的滑轨上推动,可左右拉开,又不占室内空间;折门,分四扇六扇八扇等,开启时门向左右折叠,适于较宽的大门;卷门,用铁板或木板镶铁皮制成,有手动和电动两种;转门,常是冬季使用,防寒效能好。按有无下槛门,多用于外檐门。扫地门,用于内檐门,易清洁。按构造分,有拼板门、装板门、粘板门、防火门。

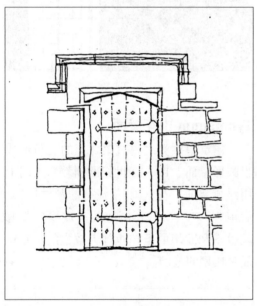

门的类型

Types of Chinese Cave House 中国窑洞的类型

　　1.靠山式窑洞,即"明庄子",临山傍沟而建,或沿山等高线呈一层或多层布局,或沿河的带状村落,因山就势,自然成趣。2.下沉式窑洞,即"暗庄子",是在黄土高原的地平线以下开挖出来的窑洞院落,并通过斜坡与地面联系。被描写为"上山不见山,入村不见村,院落地下藏,窑洞土中生"。3.半敞式窑洞,即"半明半暗庄子",分布于原、沟地形部分,呈两层院落形式,也有平房与窑洞相结合的,具有"冬居窑洞夏住房,各得其益巧分合"的特点。除上述主要窑洞类型外,尚有多种窑洞布局形式,纯朴的黄土质感,恬静的田园风貌,充分体现了人、环境、建筑融为一体的思想,反映了中国人崇尚自然和强调建筑与自然和谐的意境。

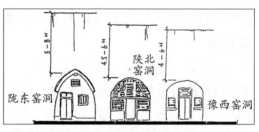

中国窑洞的类型

Types of Chinese Traditional Dwellings Houses 中国传统民居的类型

　　中国民居有许多种,刘敦桢先生在《中国住宅概说》一书中把民居按平面形式分为九种类型。其中的横长方形住宅是中国民居的基本形式,中间为明间,左右对称,以三间最普遍。四合院住宅在我国分布很广,北京四合院最为典型。窑洞式穴居分布在我国少雨的黄土高原地区,历史久远,目前至少有四千多万人口居住在其中,有单独的沿崖式窑洞、土坯或砖石的拱式覆土窑洞以及天井地坑院落式窑洞。此外还有各少数民族种类繁多的民居形式。

Types of Earth Sheltered of China 中国的覆土民居类型

　　中国的覆土民居建筑主要有三大类型,1.窑洞,主要分布在中国西北黄土高原的陕西、山西、河南、甘肃等省。一是在天然的山崖开挖洞穴,街道在民居的另一侧称"沿山窑洞"。另一种是带天井庭院的下沉式庭院窑洞,称"下沉式窑洞"。夯土建筑,分布在中国沿黄河以北的半干旱地区以及河北省、东北三省和内蒙古自治区等地。这些地区冬季气温低,而土与石是保温性能良好的材料。夯土的施工技术可以用在建筑的许多部位,南方的版筑墙体甚至可以做到五层楼高。夯土的侧模有版筑和椽筑两种,夯土方法各地有自己做法。3. 土坯建筑,中国的乡土民居以土坯砌筑技术为典型的结构方式遍及全国,用天然的或人工干燥的土坯砖由黏土草泥胶合在一起用手工在砖模中制造。它可分为湿制坯和干制坯,各地做法也不同。中国的黄土地区广大,其中的原生黄土层面积之辽阔,举世罕见,特别是黄河流域正是中华民族的摇篮。

Types of Space 空间的类型

由建筑形成的外部空间有许多种类型,创造在空间中有焦点的开阔空间是建筑群体设计中常用的手法。在有焦点的开阔空间中,有面向外部三面围合的空间;也有以线为引导至焦点的连续式开阔空间;景点产生连续性的变化,航道式的焦点空间是通过式的;利用建筑的边角组合,把空间中的视线焦点若隐若现的布置,创造一个隐藏焦点式的空间,使人们在连续的空间中不时地发现新的视觉焦点,使空间富于变化的情趣。欧洲中世纪的街巷布局有许多优秀的空间处理的实例。

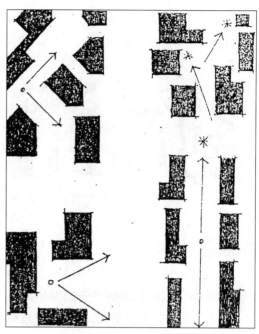

空间的类型

Types of Urban Green 城市绿化的种类

城市绿地种类如下。1. 公共绿地,包括全市及区域性文化休息公园、儿童公园、森林公园、城市花园、小游园、林荫大道、街道上的绿化带。2. 专用绿地包括防护绿带和保护水库的绿地,公墓、陵墓内的绿地。3. 特殊用途的绿地,如植物园和动物园、防火绿地、冲沟河岸上的绿带、田圃,禁猎禁伐区和工厂花园。城市绿地的分布形式有:大型的独立绿地,如文化休息公园,城市花园,防护带等;小块绿地,从属于城市的各个部分,如广场上的小游园,林荫大道等。

Typical Clusters 居住建筑组群的类型

在居住建筑的组合中,要创造充满生活气息的建筑的外部空间环境。一种方式是以居住建筑群体围合一个公共性建筑空间,围绕公共空间的周围形成若干个各自独立的小空间。居住建筑组合的形式是多种多样的,空间的内部形式是变化无穷的。

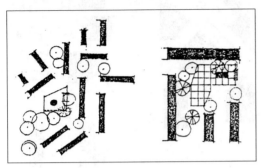

居住建筑组群的类型

Typology 类型学

　　类型学的概念在设计程序中作为起始点已在大量的设计中被许多建筑师应用实践,其观点是城市等于建筑,城市是建筑所研究的对象,任何建筑都归属于城市这个更大的实体之中。类型学注重追求建筑的内在本质,探讨蕴藏在易于流失、变化的表面之下的永恒、长久的因素,是一种理性的设计方法。随着社会的发展,公共建筑在功能上产生了许多新的建筑类型,但从文化的角度看,这些建筑形式均可从历史中找到先例,从历史上的建筑类型中衍化而来,可以对历史上的类型加以重组而来,即总结已有类型,通过图示化为简单的几何图形并发展出其"变体",寻找出"固定"的与"变化"的要素,或者从变化的要素中寻找出"固定"的要素。根据这些固定的要素即简化还原后的城市和建筑的结构图式,设计出来的方案可以与历史、文化、环境和文脉产生联系。

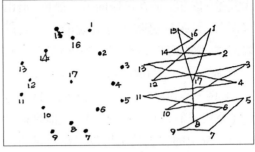

类型学

Typology and Design Methed 类型学与设计方法

　　意大利建筑师罗西认为,从古至今建筑类型是有连续性的,建筑问题的关键在于对这些类型进行集合、排列、组合和重构,他认为一种特定的类型是一种生活方式与一种形式的结合,进而认为房屋的类型在本质上无甚变化,新的形式大多可以从历史上的建筑类型中衍化而来。从功能角度和文化角度来研究和设计建筑师截然不同的,在西方文化中,诸如"塔""仓库""廊子""广场""中心空间""十字形组合"等都有各自的深层意义和特殊意味。类型学的实质在于其思想辩证地解决了"历史""传统"与"现代"的关系问题。类型学作为一种设计方法,可以具体地指导建筑设计,将建筑肢解,再按照相对固定的特性组合排列。

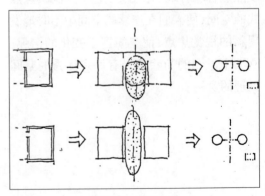

类型学与设计方法

Typology in Architecture 建筑类型学

罗西的类型学思想："如果类型是一个恒量,它便可以在建筑的不同领域中发现,因此,它也是一个文化要素,可在建筑的不同领域中寻求"。阿尔甘的类型学思想："类型是一个原则的内在结构,所有已存在的表现形式以及任何将来从这原则中发展出来所增加的建筑形式,都是这一原则的内在结构的具体化"。凡·埃克的类型学思想："过去、现在、未来在头脑内部作业为一连续统一体来活动,否则我创造出来的作品就不会有深度,也不会有联系的思想……人类毕竟已适应这个环境几十年了……让我们从过去开始并去发现人类不变化的条件吧"。罗西的"恒量",阿尔甘的"原则的内在结构",凡·埃克的"不变化的条件",都试图透过事物的表象探索事物内在的深层结构。类型不同于形式,但寓于历史形式之中,只要把类型从形式中抽离出来,就既可摆脱传统的束缚,又可取得与历史的联系,在不变中求得永恒。

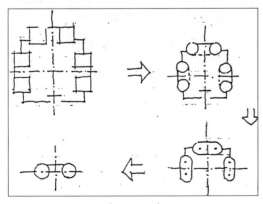

建筑类型学

U

UIA Congress，Brighton，UK，1987 国际建协 1987 年英国布莱顿大会

大会的要点如下：1. 建筑师的社会使命，其领域是社会的环境，建协主席斯托伊洛夫（Georgi Stoilov）致开幕词时说："建设一个住房与城市也意味着建设一个家庭，建设一个国家，建设一种文化，这是建筑的伟大的社会使命"。2. 住宅问题需要有一全球的政策，确定 1987 年是"安置无家可归者国际年"，未来的居民是最主要的决策者与建设者。3. "社区建筑"的成功试验，哈克尼现象（Hackney Phenomenon）指英国人 Rod Hackney 的社区建筑理论。4. 如果城市是低效率的，则国家也是低效率的。传统总体规划缺乏灵活性，发展中国家无适当财力、人力资源，耗资大的规划任务没有着落。5. 发达国家城市依然缺少住宅，莫斯科与纽约的"双城记"告诉人们，在缺少居住问题上都有共同点。6. 建筑教育亟待改善，目前建筑教育过于注重建筑设计，忽视了专业实践中的其他方面，强调加强城市设计教育的重要性。

Uluru National Park，Australia 澳大利亚乌鲁鲁国家公园

乌鲁鲁国家公园原为澳大利亚中部阿瑞吉诺部族人的圣地，以艾尔斯山巨石和奥尔加区石群闻名于世。公园中有许多阿瑞吉诺人的洞穴艺术，其作品的内容只能猜测，根据多年的传闻读解，至今对这一部族的研究仍然所知甚少。"Yulara"意为行动中的叫喊。"Uluru"意为"阴影之所"，同时也是阿耶尔巨石顶部水洞之名。

Underground Cave House Gongyi，Henan 河南巩义地下窑居

河南巩义地下窑院民居有地方特色，下沉式窑院的墙面外表镶砖面防水，外观如同地上的砖砌建筑，并有精美的砖雕装饰。中国传统民居都以群体组合院落为主要特色，建筑单体平面简单，保持房屋之间独立分布的布局特征。巩义的地下窑居分布在地下坑院的四周，单窑作为中心庭院外围的构成部分，地下中心庭院如同一个公共的起居室，注重窑院构成的整体性。单窑的平面形式可分为带耳室的和不带耳室的，单窑的立面有尖拱形、抛物线拱形、圆弧形拱、也有特殊形式的单窑。陇东地区与河南的自然条件不同，陕北、晋中南、豫西等地的地下窑居均有一定的变异，给居住者以不同的地域性感受。

Underground Construction 地下工程

地下空间包括：地下铁道、隧道、交通隧道等、多水准面和多功能的交通线、汽车停车场及交通综合体。从 -8~-6 米安排顺路项目的人行道；安排局部工程网和构筑物；带有汽车库及停车场的公路隧道；各种水准面上的交通交叉联络布置；行政、工

业、公共、文化生活用途的地下室。从 -15~-8 米,浅埋地铁隧道和车站;排水管道。地下空间的利用是为了保留地面上的天然风景和空出土地作住宅和后备用地,增大绿地面积。利用地下空间主要是为了交通管线和构筑物,首先是地下铁道。地下工程应研究采用暗挖法,"土中墙"法、解变溶液沉井法以及其他先进方法。与同类地上构筑物相比,地下工程的建筑造价一般增加 35%~50%。

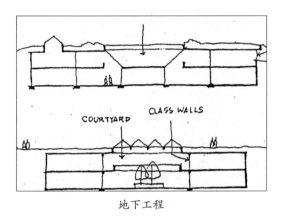

地下工程

Underground Dwellings，Tunisia，South Sahara，Sudan 突尼斯、南撒哈拉、苏丹地下民居

北非突尼斯南部地下民居是圆形的庭院,长长的坡道通达庭院,有的地下两层,是冬暖夏凉的理想民居。有些科幻电影中描写未来世界外星人的住所曾以此种民居拍摄外景,当今有的居民被完好地保存,并改建成为旅游旅馆。突尼斯地下生土民居的主要特征是圆形的中庭,这个庭院对调节居住环境的微小气候起重要作用,白天形成阴影,夜晚凉爽的空气下降,如同沙漠中的绿洲。南撒哈拉沙漠中的地下民居是沿山的洞穴,后部有出气孔和木梯,犹如仿生的鼠类巢穴。苏丹的土墙民居庭院的入口大门,呈现可塑性土的质感,在大门的周围常镶嵌和彩绘图案装饰,充分发挥土的表现力。

Underground Home 地下家屋

原始人类刀耕火种,茹毛饮血,穴居生活,表现人与大地的天然关系。现今人们对黄鼠狼巢穴的研究,觉得地下 3 米处的换气孔是不可思议的。生物穴居对现代化的地下街,地下铁道,地下工程都是有意义的启发。鼠类在沙漠中的地下洞穴设置有多处的安全出口,草原动物的地下生活是原始人类穴居家屋的原型,无论在通风、温度和湿度调节均能以天然的节能方式得以理想地实现。中国黄土高原的地下窑洞;北非突尼斯的地下穴居;土耳其和巴基斯坦北部的崖上的家屋;澳大利亚的盐岩中的洞穴住宅;仍是当今这些地区的主要居住方式。现代化的地下覆土住宅则更展示了未来发展与前景。中国的生土窑洞是在黄土高原上沿山与地下开凿的寓于大自然环境中的居住空间,这种直接从大自然环境中开凿出来的居住空间冬暖夏凉,不占良田,不破坏生态环境,正是"上山不见山,入村不见村;院落地下藏,空间土中生"。

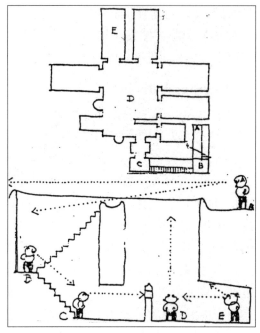

地下家屋

Underground Space 地下空间

为了解决地球上的生态环境与人为环境不断恶化的问题,在经济科技发达的国家和地区中首先开发了地下空间和覆土建筑。利用现代科学技术手段使地下的生存空间具有良好的通风采光等物理效应,加上现代化的生活设备,室内冬暖夏凉,外部利用顶部覆土植被绿化。发展地下空间对于保护自然环境,保持生态平衡,节约能源等方面非常有利。地下建筑的平面、入口、采光设计、设备通风等设计特征与地面建筑很不相同。地下空间展示了建筑学的未来发展方向。

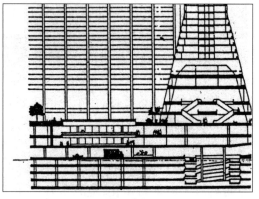

地下空间

Underground Space and Gentle Architecture 地下空间与文明建筑

文明是人类发展与追求的目标,建筑的文明表现在建筑设计如何保护自然环境和生态。建筑的内涵在逐渐扩大,建筑除了满足人类的基本要求外,还要把人们有组织地联系在一起。建筑可以协调人与人、人与社会、人与自然生态的关系,促进人类文明水平的提高。地下建筑的规划和建筑可以避免人对自然环境的破坏,可以称为"文明建筑"。由于地下空间的利用包含有许多科学道理,近代西方国家建设了一些地下的覆土建筑,虽然这种尝试是昂贵的,但长期的节能效益是经济的。在中国历史久远的地下窑洞建筑表现了功能与低代价的统一以及功能、经济、材料、结构、施工等基本要素之间的统一。在人与自然的关系中表现了人工与自然的有机结合,窑洞受自然条件和环境的限制,人工融于自然之中,自然气息和乡土味道十分浓郁,表现出敦厚朴实的性格。

地下空间与文明建筑

Underground Street 地下街

修建在城市繁华商业区或人流集散的地下街道,为城市居民提供地下人行道,并在两侧开设商店和布置各种服务设施。地下街最早出现在 20 世纪 30 年代,初期是地下铁道的人行道或人行过街地道扩建的。日本全国约有 770 条地下街,总建筑面积近80 万平方米,大阪是拥有地下街最多的城市。地下街可弥补中心区步行交通空间的不足,改善寒冷地区雨雪天气的步行环境,便利地下铁道乘客换车,战时还有防空作用。但不能有效地减少地面的交通量。地下街的主要问题是防火、排烟问题,要确保建有防灾的疏散广场和避难所,为了克服没有日照和产生空间压抑感的弊病,常利用地面的开口部分设天窗式自然采光,出入口与绿地相连,地上地下融为一体。

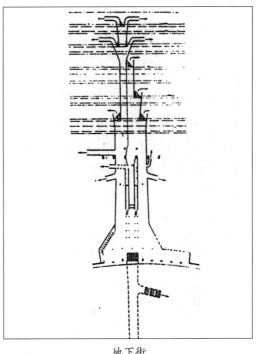

地下街

Underground Structure 地下建筑

建造在岩层或土层中的建筑。地下建筑具有良好的防护性能,较好的热稳定性、密闭性以及综合的经济社会和环境效益。地下建筑按功能分类有军用、民用、各种防空工程,工业建筑、交通和通信建筑、仓库建筑以及各种地下公用设施,兼具几种功能的大型地下建筑成为地下综合体,按施工方法可分为明挖和暗挖两类。中国还有一种分类,坑道式、地道式、掘开式和防空地下室。坑道和地道的区别在于内外地面的标高关系,内部高于外部的称为"坑道",低于外部的称为"地道"。地下建筑的发展类型不断增多,规模不断扩大,设计和建造技术不断提高,开展多学科的研究工作,从个体向群体,从单一向综合发展。

Underground Urban Space 城市地下空间

1. 向地下发展在今后城市建设中势在

必行。(1)可为生产、生活创造更多空间和多种活动条件。(2)可避免或减少城市一体化造成的结构臃肿。(3)使城市具有一定贮备能力和防卫条件,备战抗灾。(4)可减少城市能源供应。a.地下8米的地温基本稳定。b.利用地道风使地面建筑通风降温或升温,节约能源。c.利用地下岩土的热稳定性和密闭性,建立各种热能贮库和地下输热系统。(5)可将产生大量噪声、振动、尘埃的工厂车间、污水处理厂、垃圾处理站等搬入地下。2.地下规划建设的要点。(1)合理确定项目内容。(2)对地下进行垂直分区和水平分区,以便充分利用地下的各个水准面。(3)合理利用地下空间的建造方式与实施步骤。3.正确评价地下空间的经济性。(1)地上与地下建筑造价的比较要包括地面土地利用在内的全部费用。(2)地下造价与地质施工条件有关。(3)地下建筑因功能不同有很大区别。

Underground Village 地下村庄

　　中国的窑洞村庄布局依山就势,背靠山坡,面向阳光,视线开阔,原野坑布,精于选址,重在靠田,选择良好的环境。由于各地繁荣地貌与环境条件不同,窑村的布局形式各异,有矩形下沉式的、沿山布置的、顺坡势向上或向下发展的、形式层叠式的窑村。带形或蛇形的窑村多沿沟、谷两侧的断崖布置。弧圆形与放射形的集群式布置,棋盘形与散点形布局,口袋形与扇形往往是由特殊地形而形成的村落。窑村的形式不受地势的限制,建筑布局力求保护自然环境和生态,以促进人类保护自然文明水平的提高,因此西方人称地下村庄为文明建筑。

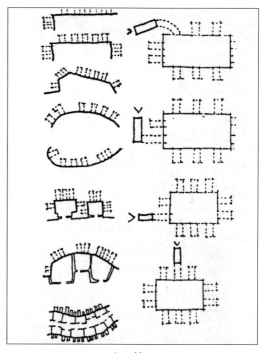

地下村庄

Underground Water 地下水

　　地下水分为无力地下水和有压力的自流地下水。当调查用地的水文地质条件时,要按层高水层确定以下问题:1.地下水位深度。2.蓄水层厚度。3.含水岩石和不透水岩石的地质成分。4.不透水层厚度及埋藏性质。5.地下水的自由特性或压力特性。6.蓄水层分布面积及和其他蓄水层的关系。7.地下水的化学成分。地下水有地下水流和地下水湖两种形式,介于两者之间的为土层淤水称"土壤水",是离地面最近的地下水,会沿地下管道渗入建筑物,地下水径流会形成泉源,向上泉源称"湧水",向下就是无压力地下水的出口。城市用地产生高水位地下水的原因是:地形平坦、土壤和蓄水层渗透能力弱、蓄水层没有足够的进水能力、洪水或暴雨后河水高涨产生的回水、上下水管道管理不妥;建设过程缺乏地面径流。可采取的措施有:组织大气水的地面排

除、运用降水设备降低地下水位、避免建造
较深的地下室。

Undulation 曲线

　　古希腊人把人体的弧线或曲线看作是
美的化身,弧线、曲线之所以美,往往是由于
它们是人体曲线的一个部分。所以爱奥尼
克柱式表现的是女性的柔美,曲线美给人的
感觉是优美、优雅、柔和、丰满、美好和抒情。
它是动态的美,在诸多曲线中, S 形构图是
画面最牢固的结构, S 形本身包含着最单纯
的多样统一。中国古代的阴阳太极图,其简
单的形式中包含着丰富的对立统一的哲理,
对太极图细心揣摩体会,能对曲线的形式规
律有进一步的理解。

UNESCO Headquarters 联合国教科文组织总部

　　在巴黎封特纳广场南面, 1958 年建成,
由 3 个部分组成: Y 形办公室、楔形会议大
厅、5 层的社会团体居住房屋。办公大
楼有 8 层,会议大厅为美国建筑师布劳耶
(M. Breuer),意大利结构大师奈尔维(P. L.
Nervi)联合设计。梯形平面会议厅分为两
部分,窄的一边为 1 000 座位全体会议厅,
宽的一边布置了一个大会议厅和一系列小
会议厅。钢筋混凝土变截面折板结构体系,
用结构的真实取得建筑艺术的表现力。西
南庭院中的入口门廊由两个基墩支承着一
条宽拱形双曲抛物面壳体,挑向庭院,小面
伸向门厅,特殊的曲线形状同建筑的简洁形
状形成强烈的对比。会议厅的空间位置与
三叉形平面的办公楼之关系十分妥帖,受到
国际建筑界高度评价。

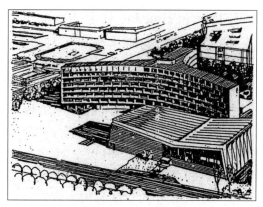

联合国教科文组织总部建筑群
（近处为会议大厅,后部为办公楼）

Union Internationale des Architectes (UIA)国际建筑师协会(国际建协)

　　建筑家的国际活动始于 1867 年欧洲成
立的"建筑师中央协会国际委员会", 1930 年
莫斯科创设"建筑师国际联合会"。1948 年
在瑞士由 23 个国家代表决定把已解散的几
个组织合并,改称"国际建筑师协会",法国的
贝瑞任名誉会长,英国艾伯克龙比任会长,参
加会议的达 400 人,每 2~3 年开一次会。
1955 年第 4 次大会接纳中国为会员, 1958 年
莫斯科第 5 次大会中国代表选为副主席。到
今已有会员 60 余国,每次大会均千人参加,
历次讨论的主题有民居、学校、文体建筑、城
市规划、建筑工业化、建筑师职责等。会场有
时举办作品展览,下设若干专题委员会。国
际建协是世界性唯一的建筑师组织,代表所
有的建筑师促进新建筑运动。1999 年国际建
协在北京召开了第 20 次大会。

国际建协

Unit Type of Housing 住宅的户型

住宅的居住要求常常概括为"住得下、分得开、住得稳"三个方面。用生理分室标准确定户型的方法存在以下问题。1. 生理分室方法仅仅着眼家庭非配偶异性在卧室活动时必要的隐蔽和隔离的要求，而"分得开"的要求却不是仅此而已。2. 生理分室方法确定的户型是以固定的人口为依据的，而实际生活中难以随时因家庭人口变化而调整住房。3. 根据各地人口调查资料分析，约有 20% 的家庭由于工作性质的不同，要在家从事部分创作、备课、设计等脑力劳动，这是生理分室方法所没有考虑的因素。4. 生理分室方法实际上奉行多生育、多住房的分配原则。5. 长期以来用生理分室方法指导住宅户型设计，已造成城市现有住宅户型不合理的现象。以两室户为主的户型结构显然已不能适应当前人民居住的实际需要，必须代之以三居室空间户型为主。增加居住空间数量的可能途径：1. 适当多用小面积居住空间；2. 化交通空间为居住空间；3. 扩大外墙临空面以增加空间层次。

United Nations Buildings，New York City 纽约联合国总部大厦

位于纽约曼哈顿半岛的东河之滨，占地 7.2 公顷，包括大会堂、秘书处大厦和一个 5 层会议楼以及广场，1947 年设计，1953 年建成。当时由国际著名 15 位建筑师组成设计委员会，总负责人是美国的哈里森、设计师包括中国的梁思成、法国的柯布西耶、巴西建筑师尼迈耶、瑞典建筑师马克留斯等。1963 年又增建了图书馆及新办公楼，可容纳 2 500 人，屋顶为悬索结构，包括主会堂、大门厅、办公室及服务用房等。主会堂上部有高出的圆形穹顶。39 层的秘书处大厦是早期的板式高层建筑，也是最早应用钢结构玻璃幕的建筑，大厦两侧采用灰白色大理石贴面，与正面的蓝色玻璃形成鲜明的质感对比，对以后高层建筑的发展产生了深远的影响。

United States Embassy，New Delhi 美国驻印度新德里大使馆

1955 年建于印度新德里，由美国建筑师爱德华·斯通（Edward Durrell Stone，1902—1978 年）设计。大使馆由办公楼、大使住宅、服务用房等组成，采用封闭内庭院，外立面及内院均设柱廊以取得阴影。院中有水池并植树木，上方悬挂着铝制网片遮阳板，屋顶为中空双层隔热结构，双层外墙在高起的平台上，洁白的露花幕墙衬托着金色的钢柱，建筑外观端庄典雅。建筑界常把斯通当作"典雅主义"创作倾向的代表人物，成功地表达了当时美国在国际上富有技术先进的形象，此座建筑于 1961 年获美国 AIA 奖。

Unity 统一性

统一性是各项建筑设计原理的综合表现，如果设计有良好的对比、正确的比例、优美的韵律，必然具有统一性。简单的几何形如正方、三角和圆都具有统一性。统一性最简单的处理是将某设计要素重复地使用，在重复性中发扬统一性。其偏重产生的重点就在规律的重复性之中产生主体，达到统一性的最高标准。建筑设计各部分的布置，一定要在大部分的体量中，将少数的重要部分显示出来。

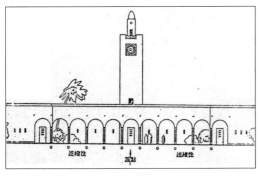

统一性

Unity Church 尤乃特教堂

1906 年建于芝加哥橡树公园,是赖特建筑事业中的重要作品。建筑由两个体块组成,一个方形平面的大会议厅,另一个长方形的教士住宅,由一个狭长的前厅连接。创造了一个 "H" 形的 "眼睛平面" 组合,狭长的脖子入口服务两个部分,功能性好,两个平等部分独立又有联系。全部浇注混凝土结构,强调立面的块体感,简练而现代,只有小尺度有质感的装饰,由粗糙表面的混凝土制作。教堂内部空间体量高大,挑台由讲厅中挑出,混合的天光由上面和侧面落下。赖特设想的是一个 "不包括墙壁和屋顶的建筑",讲坛和光的组合、长长的平板梁直线构图,可以感受蒙德里安和荷兰新艺术派的新鲜绘画作品的流动感。

Unity of Furniture and Architectural Elements 家具与建筑要素的一体化

家具与建筑相结合,古代已有,中国传统建筑中的顶格橱、博古架、窗台椅、栏杆凳等。勒·柯布西耶在《走向新建筑》一书中极力主张发展与墙体相结合的家具。有两种与墙体结合的形式:一是 "家具壁";一是起隔断作用的 "家具隔断"。与地面结合的家具是室内台的形式,多与床结合,或与沙发结合。现代家具与建筑的结合有多重意义:1. 扩充室内储藏能力;2. 降低室内家具比重,聚集化,隐蔽化;3. 充分利用建筑空间的潜能;4. 节约家具用材,简化家具工艺;5. 塑造现代室内感;6. 为住户参与室内设计提供条件。

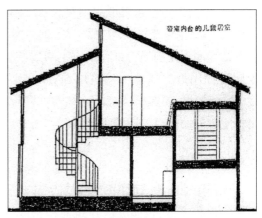

家具与建筑要素的一体化

Universal Space 同一性空间

同一性空间也称 "全面空间",是密斯·凡德罗的建筑作品的特点,他把沙里文的口号 "形式跟从功能" 颠倒过来,建造一种实用而又经济的大空间,使 "功能服从形式"。他创造了一种内部没有阻隔的巨大空间,可随意变动隔墙来满足不同的功能要求。他设计完成了伊利诺斯理工学院建筑系的克朗大楼,长 67 米,宽 36.6 米,没有柱子和承重墙,顶棚和幕墙悬挂在大钢梁下面,房间仅用不到顶的隔断略加分隔。他主张这种钢框架的大空间结构,采用全玻璃幕墙,以展示新型结构同一性空间的特色。

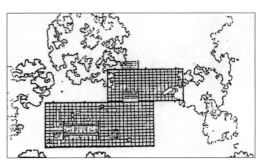

同一性空间

University Campus Extension Planning 校园扩建规划

1. 校园规划的长远性。理想规划是根据校园土地实际容量和条件对校界以内全部用地的总体规划,再发展规划对远期校园越过现有校界对外扩展的规划。土地容量估算指校园建设用地内可容纳学生的数量,校园建设用地包括校舍建筑用地、体育用地、集中绿地。2. 校园环境的连续性。即对有特定价值的已存校园的维护和开发,新建校园部分与原有物质环境的和谐统一。既保护开发,又和谐统一。3. 校园用地的经济性。校园用地的建筑面积密度,包括校园总体建筑面积密度,校园分区建筑面积密度,包括教学区、教工生活区、学生生活区、后勤区等。提高校园用地密度的途径有局部低层高密度、建高层建筑等。

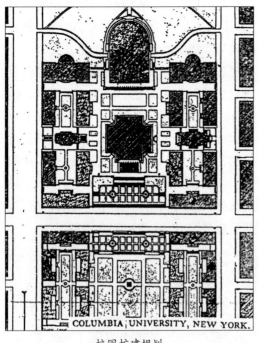

校园扩建规划

University Concentration Lecture Halls General Layout 高校集中型讲堂的总体布局

1. 集中型讲堂功能特征。人流集中,会集人数甚至超过在校生总数的一半。管理由学校统一安排,共同,使用由单一功能向多功能演变。2. 讲堂在总体规划中的布局。其位置宜在教学区中心地带,尽可能缩短学生使用中的往返距离。校园占地大,可采用多个讲堂的布置方式,每组讲堂服务半径为400~500米,布局形式与整体式教学楼、实验楼布局相配合,附建于主体建筑内。交通疏散,外部布置足够的疏散场地,机动车和自行车停放须给予足够的重视。3. 室外空间环境。讲堂应属静区的有机组成部分,讲堂周围的外部空间是内部空间的延续,讲堂周围可分为休憩交往空间和交通疏导空间。功能空间的划分可借助于绿化手段。多样化的空间可将人流消融在大空间中,并降低了噪声强度。

Un-symmetrical Balance 不对称的平衡

不对称现象为自然界的特征,设计不对称建筑的要点是使人获得视觉上的满意,借助物理学的基本定律,可使较高、较大、较重的体量靠近图面的中部,将较低、较小、较轻的部分置于离中部较远处,形如秤杆的长臂,耸立的体量仿佛秤的支点。处理不对称平衡设计有若干不同的变化方法,以使各部分安置妥当。有的建筑风格需要有特殊的风格,轻松而不拘规则,开朗的平面虽无显著的平衡表现,但它是有机的、有生气的作品,这种平衡毕竟不能用数学公式计算,外观上有愉悦的轮廓,且达到了平衡与优美的条件。

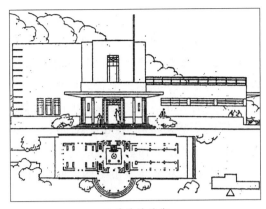

不对称的平衡

Upturned Roof Ridge 翼角

中国古代建筑屋檐的转角部分,因向上翻起舒展为翼而得名,用于屋顶相邻的两个屋檐之间。中国古代房屋多有深远的出檐,其角椽的排列方式,一种是角椽同正身椽平行,愈至角椽愈短;另一种是角椽逐根加大斜度,向角梁倾斜,如鸟翼上的羽毛,一直沿用至唐代。唐朝以后出现了角椽自稍间下平抬起,逐根呈辐射状展开,此后普遍采用至清代。目前北方最常见的翼角做法是清代官式方法,南方是流传于江浙地区的发戗做法。官式方法的翼角起翘一般自正身椽上皮到最末一根角椽上皮升高4个椽径,称"冲三翘四"。南方发戗有水戗、嫩戗两种,与北方基本相同,只是屋角向外伸出得多,翘得高。

翼角

Urban Afforesting and Greening 城市栽植绿化

运用栽种植物手段改善城市生态环境的活动,包括城市绿地建设以及对原有植被的维护,不包括以生产为目的果园、牧场、用材林的经营。要使城市生态系统保持良性循环,城市中必须具有足够的自然成分,其中最主要的就是绿色植物。城市绿化的作用是调节空气的温度、湿度和流动状态,供居民休息和活动,改善城市景观,陶冶性情。城市地区有自身的小气候状况,土壤中混有建筑残渣等,改变了土壤原有的物理化学性质,空气和水体污染等都对植物的种类、分布、选择、种植和养护有特殊要求,城市绿化必须有相应的技术措施。

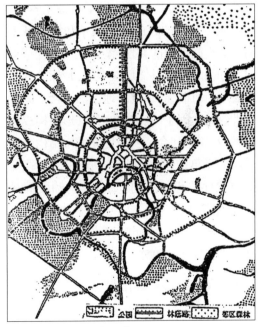

城市栽植绿化

Urban Children's Park 城市儿童公园

城市的各个地区均应设立儿童公园,与住宅区之间最大距离不超过一千米,通常用地4~6公顷。通常内部划分为运动场、游戏场以及演出和娱乐部分、少年自然科学部分、安静区和阅览部分，主要建筑为少年宫或剧场。儿童公园中可设活水池，深0.1~0.3米。公园中林荫道的宽度不小于6米，不应种植带刺或有毒的灌木，绿地应占面积的50%以上。园内的装饰、雕像题材应为儿童易于理解，颜色明亮，色彩明快。不允许将儿童公园的用地作成年人休息用。

Urban Comparative Research 城市比较研究

比较城市研究是对于至少两个城市地区以一定的变量为参点，考察其状态、特征是否一致的一种策略性方法。这里考察两个或多个地区的变量必须相同，这样考察的结果相似与否均是针对该变量的结果，即比较的结果，不同变量下结果不具备比较性。比较城市分析的目的在于展示和检验城市的社会空间结构的共性、差异性及其变革方向、强度和条件，具体反映如下：1.探求社会发展动力机制，寻求城市地区的社会空间异质性的共性因子，确定并解释其形态构成的原因；2.探索社会特质变量同城市结构变量之间的互惠作用；3.以系统、严格的手段测试规律性猜想，并检验城市结构和发展规律，确定城市动力机制、经济、社会和政治等作用方式，并预示城市变革脉络，从而探索城市规划的相应策略。

Urban Complex 城市群

城市群有两种基本类型，一是在大城市基础上发展起来，在一个核心城市周围形成城市群，核心城市的规模居周围地区城镇之首，并与周围地区城镇的功能、经济、文化、社会各方面有广泛的联系。另一种是由某些地方性因素，如19世纪早期煤矿的吸引，修建铁路、道路、运河对某些地区留下的天

然"节点"，即工人镇或居民点以及工业的聚集和经济规模的扩大。这种城市群以数个几乎同等重要的中心为骨架，本身可以有各种各样的结构和形态，它们共同构成一个多中心的城市群。单中心的城市群规划如1960年的华盛顿特区2000年规划设想，多中心城市群规划如荷兰的兰斯塔德城市群规划。城市的发展与城市结构之间具有一定的规律性。

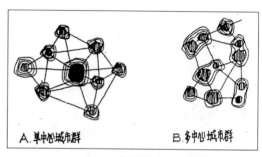

城市群

Urban Communication Flow 城市交通流量

城市中主要有劳动和文化生活两种人流，当设计城市干道时必须知道每年平均人流的大小（包括坐车和徒步）；居民最多的一小时内人流大小。居民每年的流动次数可以用公式计算：$A = R \cdot 580$ 人/年，A 为人流次数，R 为工厂的工作人员数，劳动人流往返每年通向工作地点为580次。交通高峰时通向工厂的人流 $A_{max} = 60R_{cm}/t$ 人/小时，A_{max} 向一个方向流动的人数，R_{cm} 为最大一班工作人员的数目，t 是运输一班工人所需的时间，通常 $t=60$ 分钟。劳动人流的数量是由居住区与工作地点之间的距离来决定的。文化生活人流平均工人、职员、成年学生每年每人坐车次数约150~250次，被抚养人口在150次以内。人流高峰系数劳动人流为0.15~0.4，文化生活人流系数为

0.03~0.05,货运是根据城市的总货运量计算的。

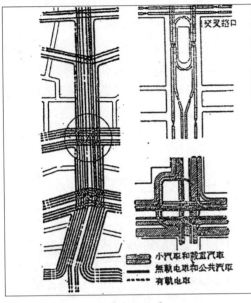

城市交通流量

Urban Cultural Character 城市的文化特征

指城市各种构成要素的文化烙印,所谓"文化"是指城市体中各种构成要素所蕴含的一套象征意义的体系,是城市体的可见特征。城市的物理特征作用于人体器官必然引起人们的文化联想,没有文化烙印的城市体是无法被加工成为有意义的知觉形象的。文化联想包括"需要型联想"和"价值型联想"两个方面。需要型联想的解释是需要等级理论:1.生理需要;2.安全需要;3.社会需要;4.心理需要;5.自我完成的需要。价值型联想的解释是:1.强烈的价值,包括经济基础等;2.期望的价值,包括增进精神健康等;4.隐藏的价值,包括政治秩序与管理等;5.忽视的价值,包括城市象征功能等。

克里姆林宫伊凡钟塔
(1508~1560 年)

莫斯科海敏斯基伏兹尼谢尼亚教堂

莫斯科的乡村木教堂

城市的文化特征

Urban Cultural Rest Park 城市文化休息公园

既是城市中的大片绿地,也是城市中重要的文化教育机构,开展群众性的保健活动,提高文化教育水平,在大城市中应有区域性的文化休息公园。公园的步行距离应在 20~25 分钟到达为宜,最好充分利用现有的自然条件,如起伏的地形、水面、树林等。文化休息公园的用地面积可以居民的 10% 计算容量,大城市以 15%~20% 的居民计算,小城市以每人 3~5 平方米计算,大中城市以每人 8~10 平方米计算。面积不应小于 10 公顷。公园可划分为群众活动演出区、体育运动区、文化教育区、安静休息区、不同年龄儿童活动区、经营管理区。在公园内的绿地分观赏绿地和防护绿地,合理地选择树木的品种。公园的规划布局可采用规则式的、严整的几何形的手法,或自由式的不规则手法。

Urban Cultural Space 城市的文化空间

从城市设计的观点和社会学的观点来看,城市空间是被象征性结构所遮蔽着的,城市空间不是完成了的内容,而是被象征性结构化了的一种空间感受。例如天安门广场不是真正的物理空间,它的比例尺度和大小没有社会意识形态的意义,天安门广场是具有强烈象征性的政治空间——社会学的空间概念。在城市文化环境中时势的效果,时代和趋势组合了历史的产物。

Urban Design 城市设计

城市设计是把城市规划具体化,城市设计是对城市环境形态所作的各种建筑学的处理手法和艺术安排。城市规划师和建筑师的任务是按区域范畴由小到大分类进行城市设计,可分为工程设计、各类系统设计、城市地区设计,等等。城市设计一般指在城市总体规划指导下,为近期开发地段的建设项目进行的详细规划和具体实施设计。城市设计的任务是为人们多种活动创造出具有一定空间形式的物质环境,内容包括各种建筑、市政公用设施、园林绿化等方面。城市设计必须综合体现社会经济、城市功能、审美等多方面的需求,因此可称为综合性的环境设计。人们在城市中对城市面貌的精神感受来自城市的环境品质。城市设计是一个模糊的词,在使用时与城市实质规划没有什么太大的区别。然而由于专业分工,我们可以说城市设计特别专注于城市空间在文化形式上的象征表现,是提升常规性城市规划品质的一种策略。

Urban Design Course 城市设计学科

城市设计是近代从建筑设计和城市规划中间区分出来的一门新学科,虽然城市规划与城市设计是一门古老的学问,历史上都是由建筑师来完成的,至今的城市设计仍由建筑师或规划师完成。城市设计是对城市环境形态进行各种合理处理和艺术安排,做工程设计,系统设计和各个大小区域范围的设计,它和城市规划有区别和联系。1. 城市设计力求城市的统一完善、整体协调。2. 城市设计的要素包括空间、视野观、信息、含意、质感和文脉。3. 城市设计的准则要考虑环境效益、人的活动条件、城市特征、多样化、布局、形象、感染力、趣味性等各种制约的因素。4. 城市设计要创造合理的社会环境。5. 城市设计具有典型性。6. 城市设计要有想象力和远见。

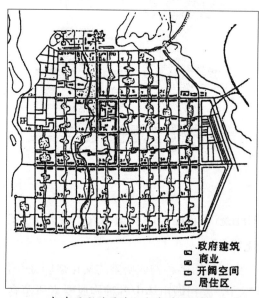

柯布西耶的昌迪加尔市总平面图

Urban District Heating System 城市热力供应系统

城市中集中供应生产和生活用热的工程设施系统,是城市公用事业的组成部分,由热源、热力网和应用设施三部分组成。美国纽约于 1877 年最先利用锅炉房向工厂供应蒸气,1880 年又利用热电厂供热,分蒸气锅炉和热水锅炉两种。供热规划要根据城市所在地区的长期气象统计资料确定近期和远期集中供热系统的发展规模。按照热负荷的分布情况划分供热范围,绘制热区图,合理布局热源。其包括布置热力管网,设计管径,绘制水压图,确定静压线,选择经济合理、安全可靠的热力网方案。管网力求线路最短、结构简单,方案适应提出分期实施所需的投资、原材料和设备。

Urban Ecological Crisis 城市生态危机

1. 城市是人类社会生产的"中心地",同时也是破坏生物圈生态平衡的"三废"污物的"制造所",城市废物量的增长率大大地超过了人口的增长率,并且这一趋势将继续下去。2. 城市系统在改变区域自然环境平衡中起着巨大作用。"城市气候学"和"城市水文学"已分别独立出来,发展成独立学科。人类面临的环境问题是全球性的,"土壤危机"和"城市水荒"问题对城市人口、动物、植物以及微生物的生理过程和有机体的再生过程是有绝对影响的。"城市效应"往往造成公害,如逆温和烟雾等。3. 城市生态系统容易受到自然灾害的袭击和破坏而变得不平衡。如洪水、台风、龙卷风、地震等袭击的风险,又如火灾和瘟疫等,这些对城市生态系统有平衡都产生毁灭性的破坏作用。城市生态系统的平衡状态和不平衡状态,它不具备自然调节、自净及能量和内部流动自身平衡的能力,有受外界干扰的脆弱性。

Urban Ecology 城市生态学

城市科学以城市为研究对象,从不同角度和不同层面观察、剖析、认识、改造城市的各种学科的总称。它是一个学科群,城市生态学正是这一学科群中的一个分支。城市生态学属于城市学及城市科学的一个分支,作为一种方法,与城市研究的其他学科理论相结合,有巨大的应用价值,它具有自然科学及社会科学的双重性。既有严密的逻辑层递关系,又有相应的经验判断。关于系统和整体平衡的观念,将为当代城市问题的探讨提供一种新的思维方式。城市生态学的产生、发展是一个渐进过程,其产生是 1977 年联合国教科文组织主持开展的"人与生物圈"(MAB)计划的推广实施的结果,标志着城市生态学的诞生。

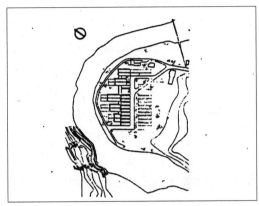

苏黎世的花园工厂规划

Urban Economics 城市经济学

城市经济学就目前的发展看,其研究包含了空间向度、外部性、公共性、因果回馈等特征。城市经济学与区域经济学在研究的目的与方法尚存在着相似之处。城市经济学的研究范围大致可分为 6 大中心主题:1. 城市经济结构与成长,包括城市的产生、城市化、郊区化、城市衰退、发展、结构、城市特征、规模、城市更新及新城理论等。2. 城市内部结构,包括土地使用、城市住宅、城市交通等。3. 城市公共服务及福利,包括城市财政、公共服务、供给需求等。4. 城市人力资源经济,包括就业、消费、迁移、投资及利用。5. 环境与城市生活品质,包括公害的预防与消除、犯罪问题预防、城市更新等。6. 城市的发展政策。

Urban Ecosystem 城市生态体系

城市生态体系是人类社会发展到一定阶段的产物,是人类生态系统中规模最大和结构最复杂的一个体系。自然生态系统由生产者、消费者、分解者和无生命物质四个部分组成,只有绿色植物能直接利用太阳能,供动物为食,消费者和生产者死后被分解者分解,把分解的物质和能量送回到环境和土壤之中,供植物作为养分,构成一个相对封闭的自给自足的体系,并在一定时期中保持着相对稳定与平衡状态。城市生态系统不同于自然生态系统,城市化进程不断破坏着生物圈的生态系统,简化了某些生态系统各要素之间固有的复杂联系和能量交换周期,导致生态系统的不稳定性。如果生态系统中任何一个环节,即生物或非生物的组成部分,过分地大于或少于其合理需要量,整个生态系统的生存就会出现问题。

Urban Environment 城市环境

1. 城市环境是人类利用、改造自然的产物,它包括原生环境以及在此基础上经过加工改造的人工环境。2. 城市环境的特点。(1)对自然环境干预最强烈,是自然环境变化最大的地方。(2)不完全的生态系统。(3)功能复杂——环境系统脆弱——容易失衡。3. 人类的活动对环境的影响表现在以下几个方面。(1)对自然条件——气候、土地、水体、地形地貌、生物的破坏。(2)产生污染:废气、废水、噪音、固体废物。(3)对城市历史文化延续性的影响。

Urban Environment Design 城市环境设计

城市环境设计是对城市环境形态所做的各种合理处理和艺术安排,城市设计师按区域范围由小到大分类,包括工程、系统、地区设计。城市环境设计要有整体观念,重视和借鉴历史传统。城市环境设计要素有空间、视域、景观、信息、材料质感等。城市环境设计准则要减缓城市环境的压力,创造合理的生存活动条件,使城市的特征鲜明,多样化,使城市中的形象结构与功能和社会的结构相配合,和谐一致。城市环境设计还要对儿童和青少年具有启发和教育意义。城市环境设计应保持对人的感官的乐趣、领会、欣赏人为环境中的光、味、色、声、形等趣味。妥善处理各互相制约的景观因素。创造合理的社会环境,反映经济环境的优劣,城市环境设计中的典型问题包括地区政策、新住宅区开发、修复、改建和保护、通道、街道、公共交通线、中心区和各种专门地区。

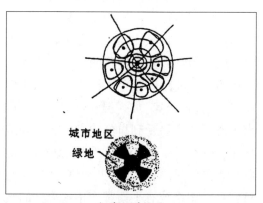

大莫斯科格局

Urban Environmental Quality Assessment 城市环境质量评价

城市环境包括自然环境和社会环境,或称原生环境和人工环境。城市环境质量具有空间分布不均匀性和时间分布的动态性特征。城市环境质量评价分为现状评价和影响评价,20 世纪 50 年代城市环境污染问题严重,城市的环境评价有助于改善城市环境质量提供依据。评价的步骤有环境调查、环境污染监测、模拟实验、系统分析、综合评价、环境预测、治理规划。现状环境质量的评价的方法,一般采用综合指数法,编制综合评价图,具有形象和直观的特点。采用微分面积法划分网络,用数字、符号的不同颜色表示每个网格的环境质量值。

海口旧城环境评价图

Urban Experience 城市体验

传统的城市规划将城市当作一个宏观的整体考虑,略去了很多细节,使得真正的生活者在宏伟的规划蓝图前,失去了自己应有的发言权。使得规划成了少数人决定的事,容易因考虑不周而出现漏洞。20世纪60年代兴起于美国的城市设计,注重具体的个人或群体的"城市体验",从生活的具体感受上探讨城市空间的问题。

Urban Facilities 城市工程设备

城市工程设备由给水、下水、雨水网、供电、供热、瓦斯供应等部分组成。给水有居民生活用水、工业用水、消防、喷洒街道及绿地。给水系统的主要部分是取水结构;抽水站、净化结构、清水池、第二抽水站、输水道、干管和支管、加压结构。下水主要部分是取水结构、抽水站、净化结构、清水池、第二抽水站、输水道、干管和支管、加压结构。下水主要部分有下水管网和抽水站、主要干管、污水处理场和出口。污水系统有合流制、分流制、半分流制。电用高压架空线输送到居民点中去,在变电所内变为低压供给城市建筑及街道照明。高压架高线的特别防护宽度根据电压有不同的规定。在架空线的防护区内不得建筑房屋和种植高树,将架空线

110伏的电流从减压变电所用地下电缆分别送到城市各处。供热电地下电缆将电流分别送到城市各处。供热有热电中心和区域性锅炉房供热系统,集中式供热要求供热区域紧凑,供热中心设置在低处。瓦斯供应有集中式和分散式,由瓦斯厂、输送干管、管理站、分配管理站、分支管网组成系统。

Urban Fringe 城市边缘区

也称"城乡融合地带",是城市因素不断增长而农村因素不断退化,现代化城市形态和乡村形态融合地带。这一地带社会经济结构极不稳定,实际是作为地域结构的相关地带和城市扩展的关键地域存在的。由于边缘区是城市拓展的前沿,郊区乡镇工业和第三产业的发展使新型城郊关系逐步确立,实际上城市边缘区更具变化性、过渡性。二战后西方国家经历了四次从城市区向边缘推进高潮,即人口郊区化,制造业、零售业的郊区化和办公、就业的郊区化,并采用绿色地带控制城市连续发展,成为具有郊区次中心的现代多中心城市。在我国,其明显的表现是各类开发区依托城市建设,边缘区空间结构演变的主要动力是经济、技术、自然条件、区位、土地市场、政策、城郊关系社会文化心理与行为模式等。我国经济即将进入转轨阶段,城市边缘区往往是城市化的最前沿。

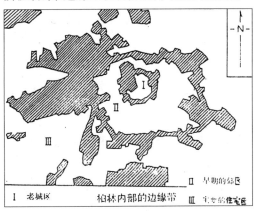

城市边缘区

Urban Garden 城市花园

城市花园供居民散步、休息和文化活动的大片绿地。城市花园与城市公园之差别在于用地规模大小,一般 2~6 公顷,约 35%~50% 用地为林荫道。一种类型的城市花园有演出建筑,剧场、影院、俱乐部、舞厅、餐厅、游艺场等,建筑物的数量应有限制,以保证绿地至少占总面积的 50%。另一类型的城市花园主要是装饰性的少量建筑,供居民休息散步,并有各种树木,绿地不得少于总面积的 70%~75%。城市花园的四周要种植茂密的树木,使花园与周围的城市建筑隔开.

Urban Gardenize 城市园林化

城市园林化是 20 世纪 60 年代中国的绿化城市口号。1.绿地布置改善城市的自然面貌。2.创造条件在城市中适当布置农林业,包括实验田、果园、菜地、花园等。3.绿化结合生产,因地制宜发展多种经营,营造果林、用材林、油料作物、药用植物、香料植物、养蜂、养鸡鸭、养鱼种藕等。4.因地制宜发展土特产,结合自然风光开辟风景区。5.注重艺术格局,树种配置多样化,注重绿化配合建筑。6.结合河网、路网规划,绿地结合河湖海岸,争取水面,街道绿地起到绿化走廊的作用。例如:这一时期郑州市规划以生产单位为核心组织生活居住区,农田楔形插入城市;四平市一市一社,分 10 个作业区,不分城区和郊区;河北安国城关镇,将城市按生产队分散又集中,分散水源,城市绿地结合生产。

Urban Gas Supply System 城市燃气供应系统

城市中供应居民生活和部分供应生产用燃气的工程设施系统,是城市公用事业的组成部分。城市燃气主要有天然气、人工气、液化石油气。1812 年英国首先建成了人工煤气厂,是世界上第一个煤气公司。中国城市燃气供应始于 1865 年,英商在上海开设了中国第一家煤气厂。燃气供应规划根据有关政策和本地区能源资源情况,确定气源,确定城市燃气供应规模,计算各类用户的耗气量和总用气量,选定合理的压力级别,确定经济合理的输配系统和调峰方式,进行燃气管网的布置。干线逐步连成环状,提出分期实现的步骤,估算规划期内所需的投资、原材料和设备。

Urban Green 城市绿地

城市绿地对公共卫生、审美艺术、经济与产生、防火方面有重要意义。城市绿地有调节空气中化学成分、调节热量、防风、防尘、防毒、防噪声的作用,城市绿地能丰富城市风景。在社会生活方面,它创造休息活动的场所。郊区绿地可建立果园、苗圃、温室、医药植物农场等。因此布局城市绿地要考虑改善公共卫生小气候条件,创造休息、文化娱乐、体育卫生的舒适环境,丰富美化建筑、街坊和广场,改善城市风景、防火等。城市绿地分为居住街坊以外的公共绿地、街坊及公共建筑以内的绿地、工业区的绿地;又可分为公用绿地、专用绿地、特殊用途的绿地。确定城市绿地标准要考虑当地的地形和气候区域。组织城市绿地系统要从绿地的功能和用途出发合理分布,尽可能均衡地分布,接近居民的工作和居住地区,由大规模的独立绿地和小规模的局部绿地组成,水面、自然山坡应组织在绿地系统之中。

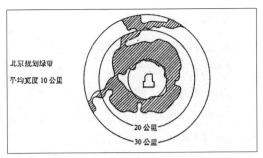

北京规划绿带

Urban Green Planning 城市绿化规划

1. 城市绿地应合理分布于整个城市系统之中,绿化与水面、郊区绿地之间的联系,建立城市整体绿化系统。2. 城市绿地均衡地分布,根据居民分布的密度、居住区、小区、街坊内均保证起码的绿地定额。3. 城市中不同的绿地要有适当的距离,市级公园、城市花园、小游园、林荫道各有其方便的方式通达居民区。4. 城市绿化系统由规模较大的独立绿地以及规模较小的和属于城市个别部分的绿地组成。5. 当城市用地有水面时,城市绿地应结合水面,充分利用水面两岸绿化,纳入城市绿化系统。6. 组织城市绿化充分利用自然山坡、山顶和许多不适于建筑而可以绿化的地带。7. 以干道、滨河路、公路布置绿带,使之成为市内公园与郊区的纽带。8. 布置防护绿带以达到公共卫生方面的要求。9. 考虑各种绿地之间合理的比例关系。

Urban Green System 城市绿化系统

城市绿化系统有块状绿化系统、带状绿化系统、混合系统。在干旱地区做好采用大块绿地和宽林荫道的系统,在有烈风的地区,绿带应有防风的作用。地形特点,河流、小溪和湖泊位置对对绿化规划有很大的影响。低地、谷道、有山岗的地段、地形起伏的地段,有旱沟、水体的地段等,适于修建绿地,滨水地区可布置大型绿地。特大城市还应建立郊区绿带楔入居住区的公园绿地以及接近中心区的宽阔绿带。城市绿化系统的个别组成部分有小游园面积 1~2 公顷,均衡分布在城市中,服务半径步行 10 分钟距离,花园不小于 5~10 公顷,半径不超过 20 分钟(用交通工具)距离,区公园 15~20 公顷,林荫道绿带宽度 15~30 米,文化休息公园面积数十至数百公顷,用交通工具 30~40 分钟可达。

城市绿化系统

Urban Grows and Change 城市的生长与变化

1956 年国际建协在南斯拉夫的杜布托尼克召开第十次大会,以终止了国际建协的活动为结束,代之以"Team 10"小组的创立,成为新的城市规划思想的发端,它的城市设计思想的基本出发点是对人的关怀和对社会的关注。认为城市的形态必须从生活本身的结构中发展而来,城市和建筑空间是人们行为方式的体现。城市建设者的任务就是把社会生活引入人们所创造的空间中去。它对现代主义城市规划与建设思想中的功能性和合理性充分肯定,也对将功能过分纯粹化并加以分离的做法进行了批评和修正。生长与变化是"Team 10"小组的城市理论核心,认为城市设计不是一张白纸上开始的,而是一种不断进行的工作,所以任何一代人只能做有限的工作。城市生长的过程是城市重新集结的过程,既没有开头也没有结尾,用这一观点改造城市时,保持了城市生命的韵律,不是突变,而是不断成长和发展。

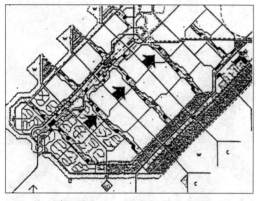

萨达特新城包含了环境生长发展的意向

Urban History Preservation 城市历史保护

20 世纪五六十年代流行于美国的城市更新运动,60 年代初期人们对城市更新进行反思,认为城市建设不应以改变以街道景观、拆除旧建筑为目的,而应以提高城市的环境质量为宗旨。因为城市环境给人们的不仅是建筑空间、大片绿地、阳光、空气等物质条件,更有人对环境的认同感、方向感和归属感等深层的心理需求,城市历史保护运动便是在这样的背景下兴起的。把城市历史保护视为主要任务的城市设计在一度被冷落之后,一时成了热门科学,备受重视。它以寻求在城市的"开发"与"保护"之间的有机协调为引线,在城市化的过程中,得以

长足发展并完善。

Urban Irrigate 城市灌溉

通常城市中的建筑用地是用城市的上水管道网灌溉的。城市每公顷用地灌溉用水量为菜园 5 400~6 000 立方米、街道绿地和小游园 6 000~6 500 立方米、独立式住宅区的菜园 3 000~3 600 立方米、花坛 2 400~3 000 立方米。可用明沟或暗沟的灌溉系统实现人工灌溉。灌溉水源有河流、湖泊、泉水、地下水以及大气降水。明沟灌溉由干渠、配水渠、临时灌溉渠、引水沟、灌水沟组成。两种明沟灌溉方案一种是把大气降水排入灌溉网,另一种是把大气降水从灌溉系统中排出。在街道断面上布置灌溉网应遵循地形,对于局部临时回水灌溉是必要的。在街道交叉处,灌溉渠用钢筋混凝土遮盖,板上面铺设马路。如果不可能用自流的方式向灌溉网送水时,必须设置水泵站,暗沟灌溉网是由管网组成的,并用压力来喷水,形成人工降雨。

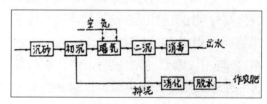

城市污水生化处理流程示意

Urban Living Areas 城市居住区

城市居住区内又可以划分为居住小区和组团街坊。城市居住区和行政区的区别在于居住区界限内只包括居住区用地,不包括其他功能用地。在大城市或中等城市的生活居住用地又划分为若干个居住区,行政区内可能有若干个居住区。在小城镇中,居住区和生活居住区的概念是一样的。将城市的生活居住用地划分为居住区通常由城市用地的自然条件决定的。划分居住区时,

两个居住区中心之间最好不超过2~3千米,居住区的大小、人口取决于城市行政分区天然的和人为的边界,公共机构分布的合理性等条件。每个居住区内的文化福利机构应和居民数量相称,并和其他居住区中心、分区中心、市中心取得联系。

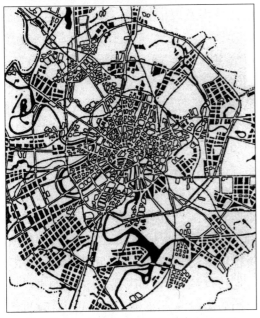

莫斯科 1960—1965 年规划的新城市居民区

Urban Modernization USA 美国的城市现代化

1. 逐步形成发达的城市网络体系,城市化已超过 90%,城市总人口的 45% 集中在特大城市,百万人口以上大城市区有 32 个,核心大城市 500 千米半径影响圈覆盖全国领土 80% 以上。2. 城市结构布局适应社会经济发展的需要,老城中心方格网街区为核心沿对外公路扩散,呈现多层环形放射性形态,按"地租理论"分层分布不同性质的用地。3. 城市具有完善的联系和循环体系,美国占世界高速公路总长的 65%,全国近 2 亿汽车正常通行。4. 居住区向四处扩散,重视居住环境质量,外圈大片低密度居住区扩展迅速。现代化面临的难题是资本两极化,经济变化影响过于敏感,环境自然生态恶化。规划理论与实践在 20 世纪 60 年代后的重点由建设安排转向经济社会发展,"倡导式"规划大量政策文件取代了图纸和数据。近年的城市建筑特色是再开发的综合建设项目,重视保护传统风貌和自然环境,鼓励创作潮流多元化。

Urban Multi-factor Pattern 城市复合模式

在城市更新中,复合模式是与功能纯化模式对立存在的。在复合模式中,更新的手段是复合的、综合的、多样的,更新的目标是复合的,所产生的结果自然也是复合的。它把城市更新中某方面突出强调,进行调整,力争取得综合协调的效果。通过现状分析调整,进而确定更新的规划方案,更新与保护紧密结合。20 世纪 70 年代以后,城市步行街的复兴与更新之共同特点为注重其"复合性",从功能的复合到建筑文化空间的复合,形成一种与纯化模式相抗衡的模式。复合模式可以分为功能复合、转旧复合、空间复合等几种类型。复合纯化两种模式的更新是对过去现实的解释,复合模式所形成的是缺少理论指导的顺其自然的既成事实,而对现实抱有一种承认的态度。

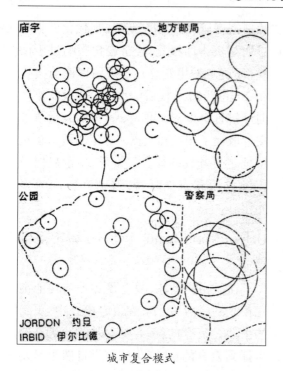

城市复合模式

Urban Organic Co-existent Pattern 城市有机共生模式

城市有机共生模式强调传统文化与现代文化的依存关系,主张把本国、本土的文化融入到现代文化环境之中,作为其中的重要因子。在更新过程中,不是完全抛弃原有的符号,而是逐步学会新的其他的符号来代替,这种符号比过去更为丰富。有机共生模式通过和谐发展的观念,内在的生长过程,有机的多元性诸多特点来体现。把更新与依存的概念联系在一起,重视补偿效应的客观存在,对物质环境与文化情感的补偿,可以通过"有机共生"的概念加以调试。有机共生中的选择理论包括地域选择的合宜性、适时性及意向选择的多样性等。城市衰败地区所以要更新,除了物质环境的破败之外,还有同遭损害的"城市生机","生机"的再现需要通过"有机共生"来焕发多样化的魅力。

Urban Overall Planning 城市总体规划

城市总体规划是城市各项发展建设的综合布置方案。一般必须综合考虑与该城市发展有关联的地区。规划期限远期为20年,近期为5年。城市总体规划内容包括:论证城市发展依据,确定城市性质发展方向,预测人口规模,选定有关定额指标,进行市政用地选择,确定布局形式和功能分区;制定道路和交通规划;制定给排水、防洪、供电、供热、燃气供应、邮电和用地工程准备措施等;制定综合管线设计规划;制定活动中心和主要公共建筑位置方案;制定园林绿化系统规划;制定郊区规划;制定防震规划;制定旧城改建规划;制定近期建设规划;估算近期建设投资;拟定实施步骤和措施。总体规划文件包括现状图;用地评价图;环境质量评价图;规划总图、各项工程系统规划图、近期建设规划图、郊区规划图、说明书。一般图的比例为1∶5 000或10 000,20世纪60年代以来西方国家总体规划侧重研究城市发展的战略性问题,以分区规划指导局部具体建设。

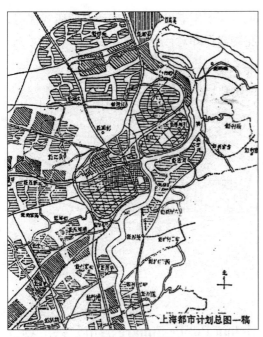

上海市总体规划

Urban Physical Characters 城市物理特征

城市物理特征指城市体的单纯物理学特征。它是城市体最为明显的特征,包括材料特征、形状特征、大小特征、比例特征、尺度特征、声音特征、色彩特征、温度特征、气味特征,等等。这些物理特征作用于人的外部感觉器官,其中以视觉为主。所谓"城市体",即城市"时空体"的表征,城市是群体文化的高度聚焦点,是分离着的生活之流的汇集处。城市中交织着各种社会关系的形成与符号,人类的经验被转换成各种各样的标志,行为模式及秩序系统。身处于城市中的人是很难全面认识城市的,城市的表征层次可分为城市的物理特征、城市文化特征和城市的诗性特征。

Urban Planning Management 城市规划管理

城市规划管理指在城市总体规划或城市详细规划被批准后,城市当局对规划实施的管理,主要包括用地管理和各项建筑管理。广义的城市规划管理指中央和地方政府对城市规划的编制审批、实施及有关工作的管理。用地管理是保证城市规划实施的基本手段。建设管理是城市规划区内各种建设活动包括地面、架空及地下的活动,由城市规划主管部门统一管理。

Urban Planning Theories 城市规划理论

1. 线形城市, 1882 年西班牙工程师索里亚·马塔(Soria Mata)提出的概念,认为一切以运输问题为前提。2. 田园城市,1898 年英国活动家霍华德提出了田园城市构想,疏散大城市的工业和人口,提出了"城市磁性"(Town—Country Magnet)的概念,是一种城乡结合体,兼有城乡两者的优点。3. 工业城市, 1917 年法国青年建筑师戛涅(Tony Garnier)发表了"工业城"的构想,将不大的城市同一大群工业结合在一起。4. 卫星城市,从田园城市理论的发展而来, 1922 年雷蒙·恩温出版著作《卫星城镇建设》,1927 年他在大伦敦规划时实践。5. 光明城,建筑大师勒·柯布西耶于 1930 年提出"光明城规划",有带状结构成分,有高层建筑的"绿色城市",建筑的底层架空。6. 广亩城市,美国建筑大师赖特于 1939 年提出城市分散构思。此外,还有芬兰建筑师 E. 沙里宁的"有机疏散"理论以及"邻里单位""霍德伯恩"体系(Radburn)等。

Urban Population Density 城市人口密度

城市用地单位面积的居住人口数,是表示城市人口分布密集程度的综合指标,计算单位为人每平方千米。城市人口密度分为毛密度和净密度。毛密度是以城市或城市中一个区域的全部用地为计算基地数,净密度通常是以城市中的生活居住用地为计算基数。在制定城市规划时,要调查城市及城市中各地段的人口密度,要进行合理疏散,使城市土地得到合理利用。中国城市建成区的平均人口毛密度 1981 年为 13 900 人 / 平方千米。北京旧城区 87.1 平方千米的人口毛密度每平方千米 26 321 人。香港 144 000 人 / 平方千米。

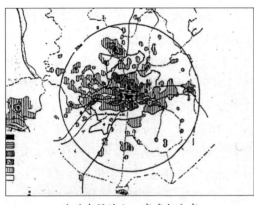

法兰克福的人口密度与分布

Urban Protection 城市保护

　　保护、保存在不同的情况下需要不同的解决办法,威尼斯是一个岛屿城市,很容易禁止机动车辆,狭窄的街道就保存住了。越来越多的威尼斯人在旅游经济的压力下选择或被迫迁到别处居住,现在的居住人口只剩下旅游业开始时的 40%,剩下的 78 000 人多靠旅游业为生,威尼斯正变成一座贫瘠的博物馆城市。墨西哥是世界上最大的都会之一,有许多重要历史意义的建筑,保护措施正在实施,但它的贫民窟和混乱地区没有改善的希望,庞大的保护范围难于实现。新加坡突出的重建住宅项目,导致许多传统建筑毁坏,在中国城和小印度区破坏了生存几代人的社区。直到最近才通过一个保护项目复原了老城区的许多残存商店式住房,花费高但却对社会有益。

城市保护

Urban Public Square 城市公共广场

　　城市广场乃是一块没有建筑物的城市用地,所有的广场都与城市干道和街道联系。它有公共行政广场;集散广场;交通广场;贸易市场广场。公共行政广场有市中心广场;区中心广场;地方性社会中心广场。集散广场有站前广场;剧院前广场;运动场前广场;公园前广场;厂前广场。交通广场有城市交通枢纽;桥头广场;汽车停车场。贸易市场广场是全市性或区域性的。城市广场的大小、形状多种多样。交通广场由车道数量决定,集散广场根据所服务建筑的容量、车辆、乘客数量决定,贸易广场根据商业性质和规模决定,城市愈大,广场的规模和数量愈大,但规模过大的广场不会产生良好的建筑艺术效果,也不会改善城市的交通条件。古庞贝城广场面积 117 × 33 米, 0.39 公顷,威尼斯圣马可广场面积 1.28 公顷,巴黎调和广场面积 245 × 175 米,4.28 公顷,莫斯科红场面积 6.27 公顷。广场的形式有正方形、矩形、梯形、椭圆、圆形、多角形等。

莫斯科尼基塔门广场

Urban Renewal 城市更新

城市更新不仅要解决经济问题,振兴经济,增加就业岗位,还要解决生活环境问题,进行整建、改建与重建、还包括城市布局的调整,土地合理利用,等等。而城市更新进行的方式方法有因投资、规划、技术、决策和城市文化及特色等各种因素,形成各种不同类型的模式。所谓的城市更新是内涵与外在形式的既成格局,从发展的观点看,更新自始至终都应当是文化和物质的更新,民族的新生有赖于将传统文化的重要部分整合到新的社会秩序之中,城市更新也有赖于将城市传统文化中的重要部分整合到城市社会秩序之中。

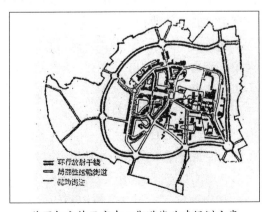

英国柯文特里市中心街道线改建规划方案

Urban Renewal Movement 城市更新运动

西方国家20世纪60年代的"城市更新"运动与30年代的消除"贫民窟"运动不同。在第二次世界大战前后,随着西方大城市飞速发展,城区人口剧增,环境日益恶化,西方国家大都采取了疏散市中心人口、降低密度的措施来解决城市人口拥挤和居住状况恶劣的问题。富人为了逃避公害,追求舒适的生活环境,纷纷从市中心迁往郊区居住,城市"人口空心化"现象日趋严重,从而导致了市中心衰落——税收下降、房屋和设施失修、社会治安和生活环境趋于恶化。对这些整体性的社会问题,西方许多国家随着二战后至50年代末期经济得到复苏和迅速发展,城市居民住房问题基本得到解决以后,60年代开始兴起了一场以清除城市内"衰败地区"为目标的"城市更新"运动。最初的城市更新仍受现代主义"形体决定论"思想的影响,倾向彻底清除现有混乱的城市结构,代之以新的理性秩序,企图以物质环境来解决社会和经济问题。

Urban Renewal Policy 旧城改造政策

旧城改造的几个方面如下。1. 改造棚户简屋。2. 从旧区迁出有污染危害的工厂。3. 改善交通、道路和地下管线。4. 发展商业服务业。5. 结合重点工程改造旧区。6. 治理污水河,增辟绿地。7. 对原有文化古迹维护改善。旧城改造要与城市经济发展相适应;旧城市改造并非一切都推倒重来;旧城改造要优先安排基础设施的改造;保护历史文化遗产,保护传统建筑、街道和街区,保持和发扬城市的文化特色。要联系经济发展,计算好旧城改造余地;做好各改造地区的城市设计;要和综合开发结合起来。

Urban Road 城市干道

城市干道乃是市内交通的主动脉,由于城市的大小和平面形状不同,主要干道可能有一条或若干条,城市干道又可分为全市性的、区域性的和专门用途的三种;又可分为主要交通干道和具有社会中心意义的市中心大道。市中心大道决定城市建筑的面貌,不要有过境的交通。在大城市中可能有几条干道,但有一条是最主要的。交通干道分全市性的和区域性的两种,市中心干道和区域性的干道上都可以组织林荫大道,干道平面也可能是不同的形状,如直线、曲线、折线等,干道的纵断面有直线、凹形、凸形、波浪形四种。根据街道等级规定了最大和最小的坡度。干道的宽度和横断面,车行部分宽度由车辆车道数量计算。电车站台宽1.2~1.5米。人行道宽每一步行带0.25米,干道横断面可以是对称的或不对称的,横断面设计车行道、人行道、电车道、自行车道、绿带、人行林荫路的组织是技术问题,也是艺术问题。

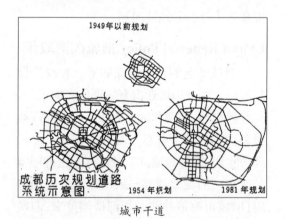

城市干道

Urban Road Planning 城市道路规划

城市布置道路以联系各区、划分用地。道路规划应满足以下要求:1.城市各区之间有便利的联系,居住、工作、游憩,使城市成为有机的综合整体。2.城市的铁路车站、港埠、航空站及公路等,须与居民区有便利的联系。3.合理地利用当地地形。4.道路须有良好的日照、通风。5.道路划分城市用地时须有方便的形式,以利建筑。6.道路须配合城市建筑艺术,美化城市。道路规划要兼顾便利、经济、安全、卫生及美化等原则,街道一经建成,百年难改,规划时必须慎重考虑。

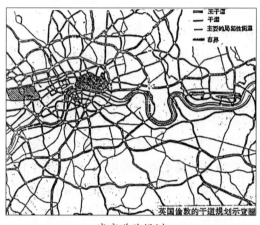

城市道路规划

Urban Road System 城市道路系统

城市道路系统分为放射式系统、放射环式系统、棋盘式系统、棋盘对角线式系统、三角式系统、自由式系统。放射式系统对城郊至市中心的交通便利,但不能使郊区之间有联系。放射环式系统由放射加环路形成,使大量人流集中到市中心,各住宅区之间交通不简捷。棋盘式系统便于建筑房屋,把城市交通全部分散到道路网上,不利于划分干道,对角线方向的交通不便。棋盘对角线式系统交通方便。三角式系统曲度系数低,三角形街坊不利于建筑,交叉口复杂。干道网的通行能力低。自由式系统由曲线或折线道路形成,不适用于大城市。各类系统各有优缺点,因此不应局限于某一种系统,道路网密度不可太大,路口不宜太多,道路分工要明确,合理布置停车场地,路网要符合自然条件。

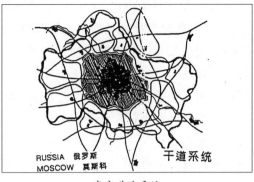

城市道路系统

Urban Sewerage System 城市排水系统

处理排除城市污水和雨水的工程设施系统,是城市总体规划的组成部分,排水系统由排水管道和污水处理厂组成。公元前6世纪古罗马建筑了排水沟渠,中国战国时期已有陶制的排水沟渠。排水量的重现期取值影响排水工程技术的经济效果。排水制度有分流制与合流制,排水管道通常是凭借管道的坡度降低自重力自流。一些地势低的地区须设置雨水泵站。污水处理一般采用一级或二级处理。城市污水处理厂要求有一定的卫生防护距离。

Urban Small Garden 城市小游园

城市广场和街道上的绿化部分为城市小游园,主要供短时休息和装饰作用,一般在城市中均衡布置,与居住区不超过0.5~0.7千米,可位于广场、街道上,居住街坊内。广场上的小游园约0.25~2公顷,街道上的较小,园内可有纪念物,雕像及喷水池等。小游园的四面八方开设出入口,为了使更多的行人穿过。小游园的平面形状多种多样,在同一地段可编制出各种不同的布局方案。小游园内的绿地应不少于60%~65%,小建筑形式乃游园的重要部分,围墙、雕像、喷水池、台阶、座椅、路灯,等等。

Urban Sports Facilities 城市体育设施

任何一个城市都有体育建筑和设施网,保证开展一定限度的体育活动。选择体育用地要考虑主要体育活动的性质、服务半径、容量、附近是否有文化中心、当地建设条件、绿化可能性等。考虑城市体育网点的布局,居住街坊用地中的体育设施,工艺学校,中专和高等学校的体育设施。例如,1 000人以下的中专和高等学校的运动场地0.5~5公顷,1 000~3 000学生的高等学校体育场地2.5~5公顷,应设运动中心和游泳池。俱乐部、文化宫、少年宫和其他公共建筑内的体育设施,平均占地面积为1.5~2.5公顷。城市公园及各类公园内的体育设施等以及城市专门的体育设施,构成城市的体育设施网。

Urban Square 城市广场

欧洲城市广场在公元前8世纪古希腊称为"Agora",是"集中"的意思,表达人群的集中,意大利的城市认为"没有广场就没有城市"。20世纪50年代以来,我国城市中心布局模式化,追求对称、大尺度、宏伟。但因人情味不足而缺乏吸引力,许多市中心广场都存在交通干扰问题,许多广场是扩大干道交叉口而形成的,有广而非场,空间感差,场所感差。天安门广场的围合程度大致为50%,空间"不聚气"。有个性的市民活动广场应力求步行化、多样化、小型化及个性化。步行化是一个舒适宜人的广场必备的条件。多样化是广场产生活力的源泉。城市广场也可以小型化,小的接近人的尺度的空间使人感到亲切,也有利于创造可以运用植物、室外家具、地面升降及铺地等多种手法。个性化的广场被市民和游客看作象征和标志。

新奥尔良市意大利广场(1978年)

Urban Square Form 城市广场形式

城市广场是城市居民社会生活的中心。城市广场的类型有公共广场、集散广场、交通广场、贸易广场或市场广场。广场的大小取决于所处居民之数量及城市性质。集散广场根据公共建筑的容量以及车辆和乘客数量确定。交通广场决定于城市交通运输的要求和人流的规模。贸易广场根据商业的性质确定。广场的形状有正方形的,没有明显的方向性,可强调广场的主要立面。矩形广场,可有多种多样的布置方式的变化。梯形广场,有等腰梯形或直角梯形,有明显的方向性。圆形和椭圆形广场,半径过大时广场的效果不够鲜明。多角形广场,包括椭圆形与梯形结合、长方形与半圆形结合、长方形与抛物线形结合,等等。广场的空间构图包括广场与建筑物、雕塑纪念物的关系,广场布局的方向性,轴线和空间组织,广场中雕塑装饰物的布置。

Urban Square of Station 城市站前广场

城市站前广场由车站的用途、车站前的交通组织和交通量决定。站前广场要满足市内、对外和过境交通的要求,要满足建筑规划方面的要求。站前广场通常与城市主要干道联系,并与其他中心联系。火车站广场有尽端不能通行的和可通行或穿行广场,广场与车站要直接靠近干道,广场的位置与过境交通干道要有一定的距离,广场应被城市干道跨越。站前广场应与站房相结合,旅客的出入人流与广场人流组织统一布局。站前广场应设有足够面积的停车场。站前广场应具备相当大的前沿部分,以便停靠通向站房的汽车。站前广场的市内交通站与旅客路线不能交叉。站前广场是城市的入口要有鲜明的特征。另外,水上航运站、航空站、汽车站等的站前广场均有上述特点。

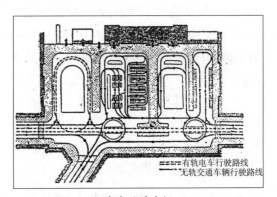

　　　　　　　有轨电车行驶路线
　　　　　　　无轨交通车辆行驶路线

城市站前广场

Urban Square Planning 城市广场规划

城市中广场的数量、位置及规模应根据城市的大小及其经济和文化生活中的意义来决定。同时,广场的用途、修建性质和广场的建筑空间也决定了广场在城市中的地位。城市中心广场可是一个或几个广场组成的系统,布置城市的主要建筑群。分区和住宅区广场应服从于这个城市的主要建筑群,利用自然条件与传统布置中心广场。城市广场的主要布置方法有岛式布置和周边式布置。岛式布置把主体建筑布置在广场中心,周边式布置把建筑布置在广场的周边。广场必须重视正确地组织城市交通,设法限制车辆穿过城市广场,并安排好停车场的位置。区中心广场可与其他用途的广场联合设置,文化娱乐建筑在城市中占重要地位,可作为独立的中心,剧院前广场的面积是根据其容量和穿过广场的车辆通行特点决定的。

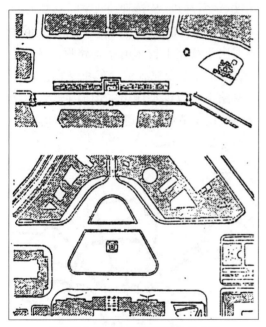

莫斯科红场与圣彼得堡的冬宫广场

Urban Stadium 城市体育场

城市体育场乃居民点体育设施网中主要的体育建筑,按规模分有中型或大型的体育场,由居民数量决定,如5万人以下的城市体育场面积5~7.5公顷,大城市10~15公顷。人口超过50万的特大城市的体育场的面积由专门任务来决定。全市性体育场看台座位数为全市居民的7%~10%计算。体育场的集散广场和停车场要符合疏散及交通要求。公交车站和大体育场出入口的距离应为200~750米,保证观众有方便的交通条件。区级体育场是住宅区内开展体育活动用的,为业余体育场活动的主要基地,其他学校、俱乐部和文化宫内的体育场也有区级体育场的意义。区级体育场的服务半径在使用机械化交通工具不超过25分钟。

Urban Structure 城市结构

面对城市图形,根据其几何形态判断城市的结构图形,城市的平面几何形态特征,在图形上表现的每一个凹进凸出都由一副强有力骨架——移动系统(指主要干道特征及布局)支撑着,形形色色的骨架构成了各式各样的城市几何形态,形式各式各样的城市风格。城市中心依赖这个骨架兴衰,城市的生命在这个骨架上流动,城市结构是城市发展赖以生存的骨架。它在城市中各种活动的分布。公共中心系统是城市中各种活动的主宰,是移动系统的枢纽点和目标,城市中各种活动的分布以及城市的移动系统,这三种主要构成要素互相依存、制约、促进,构成了城市几何形态的特征,这就是城市结构。

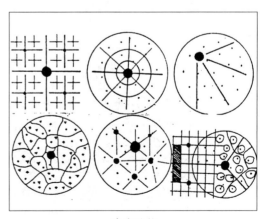

城市结构

Urban Symbol 城市象征

城市符号是表现城市象征的重要标志，建筑符号学研究城市建筑的化约问题，把人的社会关系、意识形态化约为建筑语言的沟通系统。一个字符必定由能指与所指两部分组成，多种多样的城市要素就是能指，而运用这些要素所表达的含义即所指，其间的关系正是城市设计要传递给人们的语义，构成城市环境意识形态的沟通系统。城市建筑空间的感染力不亚于人们对城市建筑文化的历史文字阅读，如果一座城市失去了地方性象征，那就是一座没有吸引力和文化贫乏的城市。只在门窗框、女儿墙、阳台上做简化了的断山花、瓶柱栏杆或房顶上加琉璃瓦小亭子都不足以表现地方性风格的内涵，单纯的装饰法只能表现浮浅的建筑语义。如果能从城市与建筑遗产中总结出形象、标志、象征这三类符号，必定会有助于发展城市文化环境的地方性风格特征。

城市象征

Urban Traffic 城市交通

城市交通按运输特点分为消防车、救护车、清洁卫生车等。按运输工具和线路分为：市内有轨交通，有地下电车、电车、铁路；市内无轨交通，有无轨电车、公共汽车、小型汽车；市内水上交通，有水上电车。按使用特点分为公共交通和私人的交通工具。此外，市内交通又可分为街道上的交通、街道外的交通。电车有一般的电车和快速的电车。公共汽车行驶在主要干线和街道网的个别地段。无轨电车可用电代替油，运输成本低。城市交通速度有平均行走速度，行驶速度、运营速度、构造速度四种。行驶速度决定于车站间的距离，停车站间最恰当的距离取决于线路上行车的平均路程。城市中的货运工作主要靠载重汽车和载重电车，电气铁路也可以参加城市的运输工作。水上交通使用季节性的交通工具，可作为辅助性的城市交通工具。

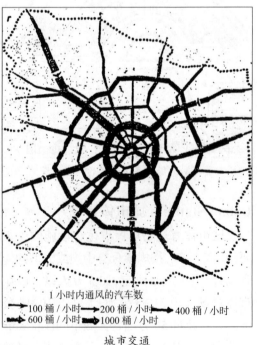

1 小时内通风的汽车数
→ 100 桶 / 小时　→ 200 桶 / 小时　→ 400 桶 / 小时
→ 600 桶 / 小时　→ 1000 桶 / 小时

城市交通

Urban Traffic Planning 城市交通规划

是城市总体规划的组成部分,广义的交通规划还包括交通政策的制定、交通方式的选择、交通管理体系的拟定、现代城市交通的内容。交通流有人流和车流,车流又分客流和货流,客流又分公共交通和私人交通,城市交通分城市对外交通和市内交通。城市交通的设施有道路、铁路、轨道交通线、航道等。城市交通问题的对策可以从城市规划着手,合理确定调整城市的布局结构和功能分区,从交通本身着手改善道路系统,增加快速道路及地下通道等;控制私人交通工具的发展等。城市交通规划的制定分为交通调查、交通预测和规划编制几个步骤。编制的内容包括城市道路网规划、客运规划和货运规划。

Urban Traffic Policy 城市交通政策

1. 荷兰模式。不反对个人拥有小汽车,但不鼓励经常使用。目的是既不损害汽车工业,又要减少交通堵塞和污染。具体措施是减低汽车的增值税和保险费,增加汽车的消费税。2. 通行证制度。意大利罗马市政当局在多年前就开始实行市内的汽车通行证制度,无证者不得驾车进入市区。3. 限制"一人一车"。在发达国家大多是一个人开一辆车。德国慕尼黑市建立了一种限制一个人开车进城的制度。如果汽车内只有一两个人,就只能走慢车道,有三个人以上就可以走快车道。4. 替代方法。即用其他交通工具和污染少的汽车替代。一种是自行车,现市场上已有各种电驱动自行车。另一种就是电动汽车。5. 混合法。比利时布鲁塞尔市政当局正在考虑,在环城公路附近修建一些大型停车场。这样天从外地来布鲁塞尔上班的人可将汽车停放在停车场,然后再乘公共交通工具。总之,重要的是一个城市必须有自己的交通运输政策,而不能任其自由发展。

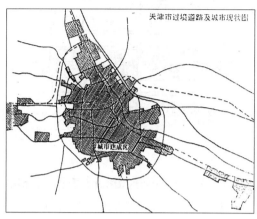

城市交通政策

Urban Underground Line 城市地下线路

城市地下交通线路有穿过街道的地下人行过道、行驶汽车的隧道、地下电车道和地下铁路引线。地下结构的位置根据设计这些地下工程的专门技术规范制定。城市工程设备的地下管网有:管道排水网(雨水道);一般下水道(污水);自来水管排水管网;煤气管网;暖气供应网;石油或煤油管道;电网,为照明和工业服务的高压和低压强电流网;电车和无轨电车用的运输电网;弱电流电网,如电报、电话、无线电。要注意安排各种工程管网的必要宽度;管网埋入地下的深度;需要根据路面进行修理工程的次数;该地下工程管网接近建筑物和绿地的程度;在街道上必须敷设一根导管或一套电网为街道两边服务。总干管乃是布置地下管网中最方便的一种,可随时检修,敷设地下管网时应考虑道路和街坊用地的竖向设计。

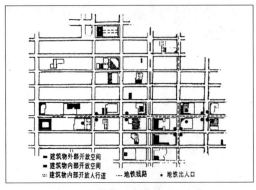

城市地下线路

Urban Water Environment 城市水环境

水具有本质意义、功利意义、审美意义、哲学意义和象征意义。从人类聚居形态发展来看，无论是呈枝状发展，还是呈团块状发展，都是以河流、水渠为骨架的，河流犹如聚落的脊梁和血脉。从场所分布看，从集市、广场到水埠、民宅都与河流有着密切的联系。现代城市发展导致河流填没转而沿道路发展，形成空间破碎、建筑杂乱无章的局面。城市中河流原有的一些功利意义在减弱和消失，现代城市从聚落到场所，从人的活动模式到建筑和空间形态都失去了对水体意义的认同。1. 要使城市水环境有个彻底改造应采用分片多中心结构，以河流绿化骨架形成"绿楔"插入各规划片，形成二级河道系统。2. 使场所靠近地域边缘以建立场所之间的联系，使河流成为场所的纽带。3. 滨水地带的建筑和空间设计应与河流水道相协同。

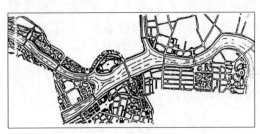

圣彼得堡涅瓦河畔的古建筑分布

Urban Water Supply 城市供水

城市供水满足居民生活需要、工业用水、消防、喷洒街道和灌溉绿地。布置城市给水系统时最好居民点地势平坦或坡度不大，规划紧凑，用水量大的用户集中在标高较低处或靠近水源，要研究水源、净化方法、用地地形、每日水的消耗量。供水系统的主要部分如下：1. 取水结构。2. 第一升水抽水站。3. 净水沉淀池和过滤池。4. 清水池贮存。5. 第二升水抽水站加压到管网中去。6. 输水道。7. 干管和支管网。8. 加压结构，水塔和贮水池，其中水源有地面水源或地下水源，在大城市中最好有多个水源。取水地周围要设卫生防护区，第一地带为严格限制地带，第二地带为限制地带，第三地带为监视带。喷洒街道和灌溉绿地用水普遍的生活消防管网或专门用管网供水。此外可作灌溉用的明沟系统要保证水的自流，由干沟、支沟和配水沟组成。

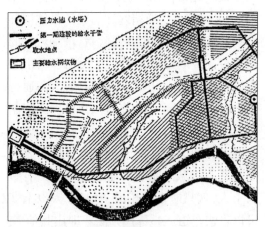

城市供水

Urbanization 城市化

城市化是指人口集中到城市或城市地区的过程，特别是城市地区人口数量的增加。城市地区内人口的增长，自 19 世纪以来有百万人口以上的激增。城市化的现代模式的特点如下。1. 工业革命和现代化。2. 通信和交通发达。3. 城市结构的发展。4. 社会的发展。未来的城市化是指一种新的城市集结形式；城市郊区化；区域一体化；先进技术的作用；人口控制和城市规划的作用功能等。

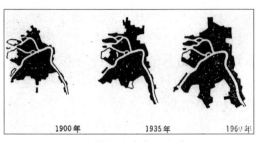

圣彼得堡的城市化发展

Urbanization of Countryside 乡村城市化

乡村城市化是农村经济结构的转化在地域上的表现，是城市思想、观念和生活方式向乡村地区扩散的社会变动过程。其外观表征为农业人口转化为非农业人口以及人口集聚过程，其结果是经济结构日趋综合化、高级化、产业性质改变，生产设施及手段向现代化迈进，生活方式逐步向城市生活方式看齐。在这个过程中，城乡差别逐渐缩小，新型的城乡关系在公平的基础上建立。理论意义上的乡村和城市是两个社会地域单元的极端类型，是由于社会生产力、经济形态的和人们的社会需要不同，导致的对人类社会经济发展影响极为深远的人口分布的不断变迁，社区组织的形式和空间结构的变化，乡村城市化是城市融合发展的渐进过程。

Urbanization Theory 城市化理论

埃尔德里奇（H. T. Eldrige）将城市化定义为一种人口集中的过程，集中的过程以新的集中点的增加及集中点的扩大两种方式进行。城市化是由于所采用的该技术方法的地域能够增加其接纳人口的容量。米切尔（J. C. Mitchell）将城市化定义为一种人口移向城市，由农业活动转向城市职业及对应的行为形态的改变的城市形成过程。美多斯（D. Meadows）将城市化定义为由技术与社会的相互影响而产生城市文明的一种过程。因此城市化是一种人口由乡村移向城市，使城市人口增多或规模扩大，而引起个人行为，经济活动及其他许多方面发生改变的一种动态的生态过程。

Ur Ziggurat 乌尔观象台

乌尔是今伊拉克南部的一座古城，观象台又称"山岳台"，乌尔观象台约建于公元前 2125 年。古代西亚人崇拜山岳，那时在每个城市里都建有高台建筑，拜天体，观星象。乌尔观象台高约 21 米，底边 62 米×43 米，夯土筑成外砌一层烧砖饰面，现仅存两层，有 3 条坡道可登上一层，一条垂直于正面，另两条位于主坡道两侧。上部原有祭坛或庙宇建筑，现已不存在了。

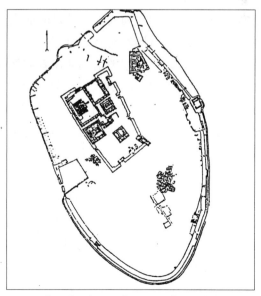

乌尔城 （公元前 3000—前 600 年）

Use of Modulus 模数制的应用

在设计居住和公共建筑时采用常用的模数尺寸,平面模数 6 米以下采用 300 厘米的倍数, 6 米以上可采用扩大模数 600 厘米的倍数。层高尺寸 4.2 以下采用 300 厘米的倍数, 4.2 米以上可采用扩大模数 600 厘米的倍数。一般的居住建筑的各种房间尺寸,开间为 3 300 毫米、3 600 毫米、3 900 毫米,进深为 5 100 毫米、5 400 毫米、5 700 毫米,层高为 2 700 毫米、3 000 毫米、3 300 毫米。室内净高可降低至 2 400 毫米。

Use Zone 土地使用分区

依都市计划法的规定,都市计划将划定住宅、商业、工业等使用区,并视实际情况,划定其他使用区或特定专用地区。"Use Zoning"意为土地使用分区管制。基于都市计划,为考虑土地及建筑物之用途的合理性,或避免妨碍该地区域之发展,强制对土地使用加以分区管制。

User 使用者

规划设计是为达到人类各种目的而安排场地的工作,设计者要关注两件事,一是基地的本质以及未来基地上的使用者如何使用这块土地,二是如何评价它。使用者指建成以后所有在基地上活动的人,居住者、工作的人、经过的人、整修者、管理者、受益者、受害者甚至预想要来此的人。对环境行为及意义的有系统的研究目前尚有很大差距,对于人与其使用场所相互关系的理论很少。目前只用设计者时间经验的积累、内心的感觉来作设计的凭借,小型的设计可以用简单分析来研究使用者。使用者的分析面对的是何种使用者,使用者又各具不同的价值观,成分复杂且与业主不同。甚至在规划过程中无法直接表达他们的意见,像购物者、购屋者、工厂未来的员工建设完成后才会迁入使用,都是不能到场的使用者。有的情况根本不知道使用者是谁,这正是设计者最难承担的责任。

Usonian House 美国风住宅

美国风住宅是赖特创造的具有美国建筑文化特色的一种住宅,他指出"小街上的房屋不应模仿大街旁的大楼,只要不模仿大都市,美国的乡村就有自身的美"。因此,他致力于创造经济、适用、优美的美国风住宅。1937 年的雅各布斯住宅(Jacobs House)是第一幢美国风住宅,住宅取消了结构上无关的东西,尽管采用工厂预制来节省现场劳动力。用木、砖、水泥、纸、玻璃五种材料,合并简化了采暖、照明、上下水,革除了装门面的屋顶,车库简化为车棚,取消了地下室,减少了内部琐碎装修,木材面饰以清漆并采用自由排水。以面积充裕的起居室、传统的壁炉以及紧密联系的内外空间适应美国人的生活方式。厨房与餐厅联系便捷,餐厅与起居室空间连续,气氛亲切。L 形的平面限定了外部空间,室外植物配置与建筑物混成一片。美国风住宅造价低廉,提供了一个模数制施工体系,并在此后 10 年中推广到美国各地。

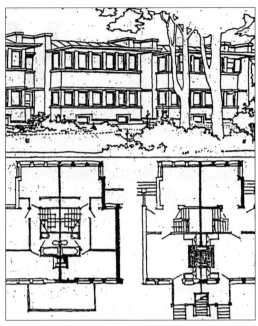

美国风住宅

Utopia 乌托邦

乌托邦是形容一种理想的国家。这个词最早出现在英国人托马斯·莫尔（Thomas More）以拉丁文出版的《乌托邦》一书中，莫尔将希腊文"ou"和地方"topos"两词组成，意思是"乌有之乡"。描写一个各种制度和政策完全受理性支配的共产主义城邦，描述出自一位神秘旅行家希斯拉德之口。他的论点是共产主义是根治利己主义的唯一良药，乌托邦思想启发建筑师寻求未来理想的世界。莫尔描述的"乌托邦"有 54 个城市，相距不远，以免与乡村脱离，村中住宅的外围有花园、田地和牧场。

Utopia Thought 乌托邦思想

早在 16 世纪前期，英国资本主义萌芽时期，托马斯·摩尔（Thomas Moore）就提出了空想社会主义的"乌托邦"，即乌有之乡，理想之国，有 54 个城，城与城之间一天可达，市民轮流下乡劳动，产品公有，废弃财产私有观念，后期的空想社会主义者有 19 世纪的欧文和傅立叶等。欧文把城市作为一个经济范畴和生产生活环境进行研究，1871年提出了一个"新协和村"方案居民 300~2 000 人，耕地每人 0.4 公顷，设公共食堂、幼儿园、小学等，有牧场、工厂和作坊。1825 年他带领 900 人到美国印第安那纳州去实践，不久以失败告终。1829 年傅立叶和法朗吉主张 1 500~2 000 人组成公社，把40 个家庭集中在一个建筑中，是社会主义的基层组织。1871 年戈定（Godin）力图实现傅立叶的"千家村"，在盖斯（Guise）进行了建设，名噪一时，但也以失败告终。

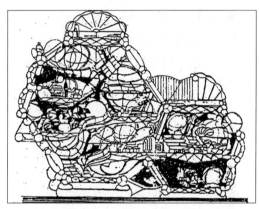

一个充气结构的公共建筑，希望重新获得史前洞穴中那种生动形象的效果，由法国乌托邦组织的琼曼（J. P. Jungmann）设计

V

V Shape Folded Plate Structural System V 形折板体系

V 形折板在工业或民用建筑中广泛应用，一类为托梁、柱子、围护墙板，另一类为承重墙板。全折板建筑用于单层、单跨厂房，跨度 $L \le 18$ 米，檐高 $H \le 8$ 米。折板屋盖可设起重量 0.3 吨悬挂吊车。板波宽 2~4 米。在单层单跨建筑平面中在纵向和横向各设两条轴线，建筑立面可不增加构件类型开设窗洞。折板墙板可分两类：无保温的和有保温的。复合墙板采用钢筋混凝土、加气混凝土复合板，轻骨料混凝土墙板。折板墙板的基础一般设计成钢筋混凝土条形基础。节点均通过浇灌折缝相连接。"全折板"建筑有以下特点：屋盖和墙两种结构，类型少。跨度、开间、檐高灵活，构件制作方便，经济技术指标较好，灌缝工作量大，费工多。保温、隔热、隔音问题尚需进一步解决。

Vacancy Area 空地

意同 Open Space。空地（Vacant Ground/Land），指都市区域内尚未开发利用之建筑用地。空屋（Vacant House），指没有使用的家屋、无居住者的住宅、没有租出去的租赁房子。空地。

Vague Space 模糊空间

建筑的中庭、室内外空间变幻交织在一起，建筑艺术美与园林自然美交融于其中，意境新奇，均为模糊空间的效果。亦虚亦实，亦动亦静，即空间具有模糊性、含混性或不确切性。模糊空间呈现的是"此"与"彼"，内与外，分与合，全与缺，同与异，真与假，虚与实，动与静等二元对立而又共生。后期现代主义主张的兼容和中介过渡的概念都存在于模糊空间之中，相反相成而具有并置性和同时性，前者含有连续和动感，后者则以"即时性"（All at Once）补充，允许对立和矛盾的成分在设计思维中同时发生和融合。从哲学上说，二元的并置性和同时性是介于两者之间（in Between）的，即永恒的乐园与尘世之间的空间。

金沢市文化中心（从室内广场望向外部街区）

Valley 天沟

屋顶下凹面之交接处。"Valley Board"意为天沟底板，指屋顶天沟之底衬板或天沟排水管底板。"Valley Flashing"意为天沟排水管，意同"Valley Gutter"，是屋檐或斜交屋顶处天沟所设置各种形式排水管的总称。"Valley Rafter"意为天沟椽木,指支承天沟的椽木。

Value 格调

格调一词有价值的含义,是指建筑作品达到了一定深度水平的评价,在评判建筑设计的评论中,经常以设计格调的高低评价设计水平,它是一个对建筑表现力的综合性评价标准。格调同时也是指色彩学中的深浅退晕的相对关系,由深黑到高光中间的许多层次,色调、色彩、冷暖组成三色素的颜色变化。格调也代表由最明亮的高光旋转到最暗的渐变的锥形体。评论建筑时采用这个色彩学中的同义语。

Vanishing Point 消点

在透视画法中,与画面倾斜且相互平行之直线会相交与一定点,此即视点直线平行交会于画面上的点,称为"消点"。一般用"V"或"VP"表示,画面上垂直于画面上直线的消点通常即为心点。

Albrecht Dürer, Man Drawing a Lute, 1525

消点

Vanna Venturi House Chestnut Hill 栗子坡文丘里住宅

位于美国费城栗子坡上,是当代著名建筑家文丘里为其母亲设计建造的小型住宅,建成于 1962 年。住宅隐退在一片树林中,平面简练,古典对称构图,壁炉是平面的中心,楼梯置于壁炉的后侧,源自美国传统斜顶式民居的典型布局,二层为卧室,拱形窗充满整个后墙。正立面为一大片山墙,隐喻古代别墅的形象,山墙中央纵切破开一条细缝,在视觉上强化了尺度和力感,强调了凹缝后方的"烟囱"形象。用文丘里的话说,这是一幢"大尺度的小房子",大尺度源于整体轮廓和形式的单纯以及基本设计元素的夸大。它有一定的纪念性,但其他各面则是一种亲切的尺度,以此适应家庭的居住气氛。栗子坡住宅建成后举世闻名,成为后现代主义的经典作品。它的建筑模型陈列在纽约现代艺术博物馆内,成为艺术和建筑创作的永久性收藏品。

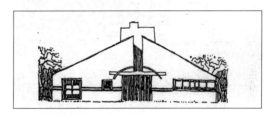

大小比尺并存——栗子坡文丘里住宅

Vaux-le-Vicomte Chateau 维康府邸

位于巴黎郊外,建于 1656—1660 年,建筑师是勒伏(Louis le Vau, 1612—1670 年)。它为法国早期古典主义建筑的代表作之一,是路易十四的财政大臣福克的府邸。府邸中央椭圆形大沙龙朝向花园,前面是方形的门厅,建筑外形与内部空间呼应,中央是椭圆形穹顶。维康府邸的精彩之处是它的花园,展开在台地上,中轴线华丽、丰富,全长约 1 千米,宽约 200 米,各层台地上布置着水池、植坛、雕像和喷泉等。"水晶棚栏"和"水剧场"艺术处理十分精彩。中轴线的两

侧有草地、水池等,再外侧是林园。府邸建
造历时 5 年,完好地保存至今,是法国私人
产业的一个奇迹。

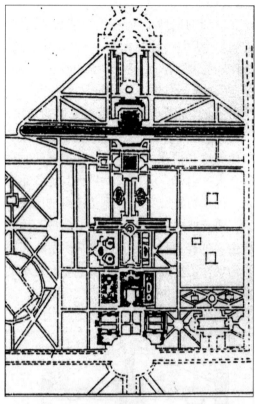

维康府邸

Variation 变异

变异是一个个生物学术语,意为由遗传
差异或环境因素引起的细胞间、生物个体间
或同种生物的各群体间的任何不同。变异
可表现在体形、代谢、生育性、生殖形式、行
为及智能等明显的或可度量的性状方面。
变异一词被建筑美学理论应用是近期的事,
认为近二三十年,西方建筑潮流出现显著转
变,变化的根源在于社会文化心理和审美意
识的演变起了主要作用。"变异"说明了当
代建筑领域中反常的审美现象,"变异"表
明了当代建筑美学发展与"经典美学"之间
的延续与变革关系。"变异"易于使人联想

到建筑美学与当代社会的复杂关系。审美
变异指当代建筑创作领域中出现的对现有
经典美学的反叛与质疑现象。

Vault 拱顶

房屋结构中用拱作的天花式屋顶。源
于古埃及和近东的筒形拱顶,其深度可以覆
盖一个相当大的空间。具有和圆拱同样的
外推力,因此必须全长用厚墙作扶垛,墙上
不能开大窗。重复的连续建造可以覆盖任
意长度的矩形平面。由于十字拱顶的推力
集中在 4 个角上,只在支点上需要扶垛。但
十字拱顶需对石料精确加工。9 世纪发展
了一种肋拱顶,另一种尖拱。19 世纪采用
铁骨架轻质材料的大跨度拱顶,如 1851 年
伦敦的玻璃水晶宫。由于新材料解决了重
量和推力问题,拱顶失去其结构意义,钢筋
混凝土薄壳是曲面或其他形式的板,是结构
技术上的重大革新。

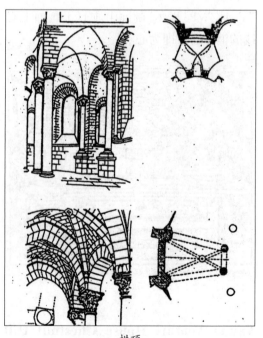

拱顶

Vaulting 圆筒状屋顶

中央呈凸起弯曲之各种圆拱式筒状屋顶或结构物的总称。它依形式不同可分为半圆筒形、交叉形、角形、房椽形等,呈半球形者则称为"Dome"。"Vault and Dome"意为穹窿,文字之本意为天空之中央呈高起弓形弯曲之意。建筑用于结构物或屋顶部呈弯曲弓形的部分皆称为"Vault"。

圆筒形屋顶

Vehicle Station 车辆停车站

通常,电车和公共汽车车站之间的距离为下:中等城市(当直径在 6 公里以内时)电车 400~500 米,公共汽车 350~450 米,郊区的公路(根据吸引人流的位置而定),电车 800~1 500 米,公共汽车 800~1 500 米。在交叉口上车站的位置是对称的,车站的位置决定于主要干道的方向,在许多情况下,车站的位置是不对称的,车站的位置相对应地决定了人行道的路线必经之处。

车辆的停车站

Vendome Place, Paris 巴黎旺多姆广场

位于巴黎塞纳河右岸,建于 1699—1701 年,建筑师孟莎(Jules Hardouin Mansart, 1646—1708 年)。广场平面为当时习用的抹去四角的矩形,长 141 米,宽 126 米,一条大道在此通过。广场中央的路易十四骑马像,1806—1810 年被拿破仑为自己的记功柱所代替,柱高 41 米,仿古罗马图拉真纪念柱样式,内为石质外包青铜,柱身上刻有拿破仑的战绩,柱顶为拿破仑的雕像。广场周围是统一的三层古典主义建筑,底层为券柱廊,廊后为商店,上层是住宅,中央及四角处做重点处理,以便标明广场的轴线并突出中心。这种讲求全面构图的规划风格是古典主义时期广场设计的一大特色。

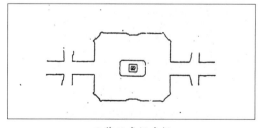

巴黎旺多姆广场

Ventilation of Thai Bamboo House 泰式竹木民居的通风

炎热地区的民居都重视房舍的自然通风以改善住宅中的微小气候,平面布局考虑到解决穿堂风的问题。由于竹木梁柱框架体系可以灵活划分空间,把前后的门窗隔扇代替内墙,可随意开启,空间上的雕饰与编织纹样也有通风作用,做不到顶的隔扇墙,用成片的空格门窗分隔房间,房屋的上空成为通风的空间。有的楼梯间兼有穿堂风通过的作用,在季风方向采用大片空格,把季风引入室内。小天井和庭院也加强自然通风。小天井上做活动玻璃窗,按需要开启关闭。朝向对自然通风也有影响,要求与季风方向垂直,迎面前后开大窗,利用朝向季风方向解决通风问题。树荫及遮阳设施对室内气候有改善作用,最经济的办法是种树或其他蔓生植物。用竹编制的空花栏杆、不挡风的隔扇门窗、楼梯间在室内的抽气作用等都是改善通风的措施。

Ventilation System 通风系统

通风系统可分为机械送风、自然送风、机械排风等。"Ventilation Requirement"意为:所需通风量,为达到室内舒适及卫生,所需最小限度之新鲜空气通风量,依建筑物用途不同而异。"Ventilation Circuit"意为:通风回路,又称"换气回路",即通风气流之通路。"Ventilating Opening"意为:通风口,在自然及机械通风系统中,供送风及排风用开口部的总称。

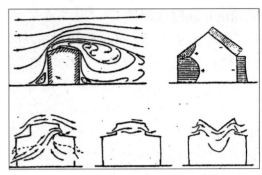

风对人工通风特性及强度的影响

Veranda 游廊

附在居住建筑外部,有顶无墙,唯有栏杆的敞廊。原义在美国某些地方指任何形式的敞廊,也有一些地方指住宅中沿几面外墙建成以供室外活动的长廊。

Vernacular Architecture in the West of China 中国西部的乡土建筑

中国西部地区系陕西及其以西地区,山、坡、盆地大部分布在本地区,气候差异大,除云南、四川、广西,其余地区总地貌是荒山,沙漠多,绿色植被少,地震多,文化多元为中国之最。现有乡土建筑类型有云南大理傣族竹楼住宅,是一种利用穿堂风降温散湿的结构形式。砖木结构的陕西、内蒙古、云南民居均为砖墙木屋架或穿斗架、木椽、木檩承重的砖木结构。土木结构夯土墙和木穿斗架、西北地区较多,窑洞在陕、甘、宁、豫、晋等地分布甚广。砖混结构、钢筋混凝土构件是近年农村新盖住房常用的。本地区乡土民居的优点是制天地之宜、就人文之便、承科技之道、扬民族文脉;缺点是现代科技含量少,分散、隔热差、占地大、耗能多、滥占耕地森林、缺乏现代设计和规划。其对策应是加强建筑科技下乡,改善现代建材,加强再生和新能源利用,以沼气综合利用与建筑绿化为中心推行生态建筑、掩土建筑等新型乡土建筑,建立有民族特色的可持续建筑。

Versailles 凡尔赛宫

建于 1661—1756 年,占地达 300 公顷,是法国君权的纪念碑,集建筑、园林、绘画、雕刻之大成,体现了法国 17、18 世纪的艺术成就。它位于巴黎西南 23 千米处,初由勒伏主持设计, 1678 年继由孟莎任主要建筑师, 1668 年经勒伏设计,保留原路易十三猎庄的三合院,扩展成"御院"(Cour Royale),得名"大理石院"(Cour de Marbre)。孟莎主持设计后建成一个长达 19 间的大厅"镜厅",是凡尔赛最主要的大厅。1682 年宫廷和中央政府搬到凡尔赛,规模达万人,建成的凡尔赛宫长达 580 米。路易十六时在宫殿西面兴建了一座极大的花园,东西方向的中轴线长达 3 千米,花园为规则几何式,园中设置了许多水池、喷泉、雕像、草坪和花坛,多用太阳神阿波罗作装饰母题。凡尔赛宫是欧洲最宏大辉煌的宫殿。

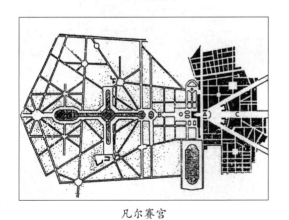

凡尔赛宫

Vers une Architecture《走向新建筑》

1923 年柯布西耶所著《走向新建筑》一书,被视为现代主义的"圣经",继三位大师之后,现代主义迅速发展,在建筑理论上提出了革新和独特的见解。在大量的插图配合下阐述了他对建筑艺术、整体观念、大生产工业化道路等问题的基本观点,他提出工程师美学与建筑艺术本来是相互依赖、相互联系的两件事。他向建筑师提出的三个要点:体量、外观、平面布局。控制线是建筑艺术不可缺少的因素,是视而不见的眼睛。轮船、飞机、汽车、说明一个伟大的时代已经开始了。书中论述了罗马的教训;平面的幻觉;纯粹的精神创作;标准是通过实验确定下来的;大量生产的房子;建筑或者革命。柯布西耶还批评了那种简单地把建筑造型建立在功能基础上的做法。

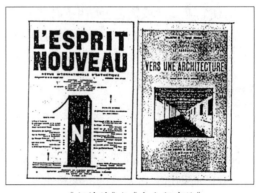

《新精神》与《走向新建筑》

Vertical Alignment 垂直定线

道路的垂直定线也是由直切线——稳定上坡或下坡——交接垂直曲线而成。这些垂直定线是抛物线而非圆弧曲线,因为抛物线较易顺应地形,且交会时可有较缓和的转换。切线的坡度以百分比或每水平百米上升或下降米数表示。依惯例,坡度在上坡为正,下坡为负。垂直定线通常以一连串的剖面表示,或将道路展延中心线的连续断面,以放大的垂直比例尺,画在平面上,如同平面上划的中心线一样。可允许水流宣泄的路面最小切线坡度是 0.5%。在特殊情况下,铺面可铺得很平,但如可能,全街道的纵剖面应有两侧排水功能,即周围的土地须无凹陷的曲线或任何下坡的环形路或死巷街道而使排水无法宣泄。

Vertical Greenery 垂直绿化

垂直绿化是城乡街道绿化中的一种类型,因为旧街道的两侧往往建筑破旧,而且人行道狭窄,它能使破旧的建筑得以遮蔽。柔和的线条、丰富的色彩足以代替难看的街容,并且由于应用攀缘植物进行街道绿化,就使建筑表面反射的辐射热及噪声减弱,对建筑内外空气对流有益。此外由于植物叶面积大,所以对尘埃的过滤作用具有显著的效果。垂直绿化可以在墙根附近种植攀缘植物,使它在墙面或篱笆上贴生(必要时可以拉线立杆),也可以在建筑门前搭设棚架使其攀缘,或在窗台、阳台的种植箱中种植。

Viaduct 高架桥

由高架间的一系列拱或梁支承的一种桥,目的是使其上的道路或铁路跨越河流、山谷或另一道路。与高架渠相似,同为古罗马工程师所创造。古罗马的高架桥很长,用半圆拱架在砖石墩上,完好的例子有西班牙阿尔坎塔拉的塔古斯河上的高架桥(约105年)。高架桥构造直到18世纪晚期和19世纪钢材应用以后才有进一步的发展。20世纪初采用钢筋混凝土拱建造高架桥,近年来采用逐段建造法,即从桥的一端将预制部件逐步铺设过去的方法建造长高架桥。

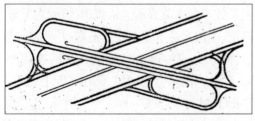

莫斯科"北方人"车站附近通过铁路线的雅罗斯拉夫大街的跨线桥

Victoria Cottage San Francisco,USA 美国旧金山维多利亚式乡村民居

在英国历史上,维多利亚女王统治的时期最长,1897年英国为她在位60周年举行庆典。她成为和平与繁荣的象征,在她统治的时代,英国的科学、文学、艺术、建筑有崭新的特征。美国殖民时期吸收了维多利亚式民居的木结构装饰特征,在19世纪美国出现的维多利亚风格中,只有旧金山维多利亚式乡村居民最具地方特色。美国的旧金山维多利亚民居以精致的木制花边装饰为特征,其外廊、突角窗、山花装饰、室内木装修和家具,均为维多利亚式的花边纹样。

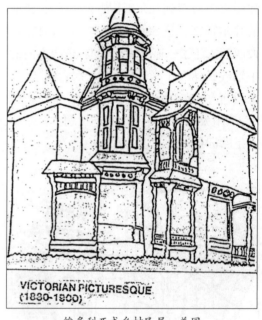

维多利亚式乡村民居　美国

Victoria House, Eureka Spring, Arkansas, USA 美国中部阿肯色州尤瑞卡的维多利亚式民居

美国中部阿肯色州尤瑞卡镇(Eureka Springs)是一个风景优美的山区城镇,是一

个以传统风格建筑著称的休养圣地。镇上沿弯曲的山路两旁,保存了许多古老的维多利亚式民宅。精心的保护和修缮,使维多利亚式民居以花边装饰为特征,在山墙、檐板、檐口、廊柱、栏板等处,无处不做精细的木制维多利亚式花边图案,还运用半圆形的鱼鳞板片作墙饰和瓦饰。这种装饰风格延续百年,甚为美国民众所喜爱。

View Borrowing 借景

有意识地把园外的景物"借"到园内视景范围中来,是中国园林艺术的传统手法。借景可分为近借、远借、邻借、互借仰借、俯借、应时借。借景的方法大体有三种:开辟赏景透视线,提升视景点的高;使视景线突破园林的界限,取俯视或平视远景的效果;借虚景。借景的内容有借山、水、动物、植物、建筑等景物;借人为景物;借天文气象为景物。借景的实例很多,如颐和园的"湖山真意",避暑山庄的借磬锤峰山峦的景色,沧浪亭的看山楼,等等。

借景

Viewpoints 视点

景观并非从各处均能看到,如沿观察者的行动路线上有某些重点,对视线的视点必须加以分析。设计者可利用地面改变、路径方向的变化或放置景障来控制视线、引导视线方向。一个焦点物可以遮掩周围的细节,远景可以利用近景的对比加以强调,造景的方法可选择取用,以寻求最佳的视点。

视点

Vignettes and Vernacular 乡土

音乐家贝多芬、美国建筑大师赖特、芬兰建筑大师阿尔脱等人,都在大自然与乡土环境中吸取了无穷的创作乳汁,他们的许多成功作品源自民间的乡土环境。贝多芬对大自然的感情表现他对故乡的眷恋,他把莱茵河称为"我们的父亲"。赖特死后埋葬在他的出生地威斯康星州的斯皮尔斯,好像他的一生都没有离开过他的故乡。贝聿铭设计的北京香山饭店,反映他对少年时代在苏州生活的怀念,以苏式的建筑风格获得了1986 年美国乡土建筑大奖。阿尔脱的作品从来没有离开芬兰乡土建筑的曲线的特色。

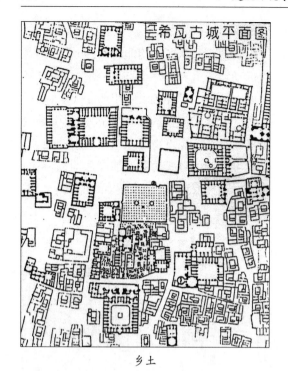

乡土

Vigour 活力

活力是力的表现,直率的活力表现的环境景观生动有趣。活力应是具有倾向性的张力,例如力的运动方向基本上与物体本身的形状和空间方向的变化有所不同,活力的方向可与物体本身的构造骨架主轴方向一致。例如,文艺复兴时期建筑基座的两个圆形,月形的曲线倾斜的涡旋形饰,可被看成是一种逐渐成长的活力。可由倾斜所造成的动感;由双选法产生的活力,在巴洛克式折中主义建筑风格中所常见的做法。在毕加索画的人像,以频闪的手法产生活力。

Villa 别墅

别墅包括住宅、园林和附属建筑的乡间庄园。英国指郊区的独立式或半独立式住宅,美国指郊区或乡间豪华住宅。古罗马各处均有别墅,最著名的是在蒂沃利的哈德良别墅(约120—130年)是一所规模巨大带花园的皇家住宅。当时的别墅有城市式和乡村式两种。文艺复兴时期的大型别墅有时建在过去的旧址上,并以保存较好的建筑作为蓝本。影响到后来拉斐尔设计的罗马城外的马达马别墅(约1520年)。在16、17世纪的别墅中,花园成为主要部分,例如蒂沃利的艾斯泰别墅(1550年)。18、19世纪也不乏佳例。19世纪中叶浪漫主义、折中主义常把意大利别墅风格加以改造,作为德国、英国、美国别墅的蓝本,其特征为平屋顶、深屋檐,方塔以及带拱廊或柱廊的场院。

Villa Savoye 萨伏伊别墅

现代主义建筑的典范之一,由法国建筑师勒·柯布西耶设计,1931年建成,在巴黎附近普瓦西的一个占地约12英亩的花园中,宅基为矩形,长约22.5米,宽20米。建筑由立柱支承,共三层。底层三面通空,汽车可驶入,二层为起居室、餐室、厨房、书房、卧室,一个屋顶花园和服务性后院。别墅空间布局自由,垂直于水平方向相互穿插,室内外贯通,提供了三种空间:完全暴露与阳光下的、既遮阳又开敞的、完全在室内的。萨伏伊别墅是勒·柯布西耶关于采用框架结构的"新建筑的特点",建筑美学上立体主义的"纯净形式"和建筑功能上追求"阳光、空气、绿化",这些观点的具体体现。它对建立和宣传现代主义建筑风格影响很大。

萨伏伊别墅

Village and Town 集落

集落居住而展开生活之场所,集落依人口集团的大小、居住样式的不同及特性,一般可分为村落及都市两大类。"Village of Convergent Houses"意为集居村落,是集居形态的一种,散居村落一般源起于公共水井、水路泉源等形态。"Village of Scattered Houses"意为散居村落,集落的一种形态,为集居村落的相对词,居住样式呈分散的形态。

村落环境

集落

Village Environment 村落环境

村落环境主要是农业人口聚居的地方,由于自然条件的不同,农业生产活动的种类、规模和现代化程度的不同,它的类型常常是多种多样的。如大平原上的农村,海滨湖畔的渔村,深山老林里的山村。村落环境的特点应是人口不多,周围有广阔的原野,环境容量大,自净能力强,村落环境要寓于大自然之中。

Village in City 都市里的村庄

城市郊区的农村正迅速地被城市所"吞食",丧失了土地的农民转变为城市居民,昨天的自然村落直接成为今日城市的一部分,昨天有序的农村生活变成今天的无序状态,而与之紧密相关的居住环境出现混乱。自然演化类的"村庄"和人为改造类的"村庄"有其共同之处,农村生活是建立在自给自足的自然经济基础上的,城市生活是建立在社会化大生产基础上的。自然演化的居住环境具有强烈的传承性和局限性,从农村生活方式过渡到城市生活方式是渐进而复杂的过程。处于这种急剧变化的居民的内心深处隐藏着一种忧虑——不安定感。对于有几百年历史的深深体现了中国传统地域文化"个性"的传统居住环境,有些建筑、规划、设计上的因素也不是建筑师所能深刻体会到的。对"家"——居住环境的意象,都构成了人们对"家"的认同感和归属感,是他们感情依附所在。建筑师多以"理"来规划一个居住环境,而居民则多以"情"来识别他们的"家"。

Village Planning 乡村计划

乡村规划包括工农业生产用地规划,畜牧、副业、渔业的规划,林业、果园规划,居民点规划,道路交通网规划。农业耕作用地规划的目标是保证单位面积产量和开展多种经营,合理划分农业耕作区,发展与原料来源密切的乡村工业。畜牧业包括饲料生产用地、放牧用地和饲养场。利用水面发展渔业和水生植物,经营副业如养蜂、桑园等。林业规划速生树种的用材林及林业的副产品生产用地,如油料林、饲料林、果园等。道路交通网要和国家公路、铁路、码头、车站联系,促进乡村与城市的物资交流,工农业产品及原料的运转根据交通量制定规划。居民点规划考虑合理的分布和自然村的改造,居民点的分布考虑耕作距离以及合理的设置公共设施,居民点由生活居住部分和生产部分组成,组织公共中心及给排水电力道路等公用设施。安排田间工作站和各专业生产的工作站、牧业部、饲料区、厩舍区等。

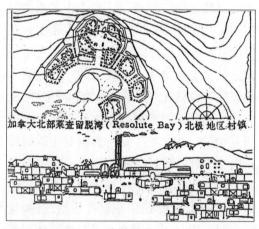

乡村规划

Vimala Temple, Mount Abu 阿部山维马拉寺

现存最早的耆那教庙宇,约建于 1032 年,耆那教在 4~13 世纪在印度盛行,至今仍有信徒。寺庙对称布局,设有前院,院中央有一亭子,平面八角形,外切圆直径 7.62 米。屋顶是穹隆顶,高 9 米,全部用白色大理石建成,用叠涩纹构成藻井,亭内布满雕刻,内容叙述着耆那教教义和宗教情节。耆那教庙宇的形制接近婆罗门教庙宇,但建筑的封闭性较少,如厅堂内设柱,外墙多处开敞。柱厅平面呈正十字形,中心对称。庙宇富于装饰,比较华丽,与世俗情态联系。

Viscosity 黏结性

在环境设计中,整体的得失要比局部的好坏重要得多。黏结性指一个完整的艺术对象,不应使其中任何一个属于自身生命的部分,一个细节,分离出去。在一件真正完善的艺术作品中没有任何一部分能比整体性更为重要。黏结性说明在整体之中两种或两者以上的环境要素之间的关系,这种关系可以寓于其中,相互毗邻,或以中间体连接,或位于中央。其形式可有线型的、放射的、组团的、网格式的,等等。黏结性是协调环境关系的重要手段,在现代作品中时常出现。

Visual Field 视野

在针对正面物体的一点注视下,所能看到的固定范围,称为"固定视野"。在眼球移动的情况下,其视可及范围则称为"动视野"。动视野大于静视野。"Visual Sensation"意为视觉,即眼睛之感觉,即对光之强度及颜色的感觉(亦包含其相关的错觉)。

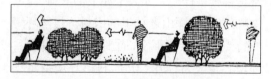

对私密性程度的要求配置植物

Visual Perception and Spatial Environment 视知觉与空间环境

视知觉组织的基本原则为类似性组织,类似包括大小、形状、颜色、材料、方向和速

度等物理属性上的类似。任何视觉形态包括形体、空间和色彩三个方面，在室内空间中各个物体都以自己的形体表现，大到结构构件，小到盆景饰品。而类似性这一特点可在这些形体之间建立一种联系，有了具体实在的形体同时就有了虚的空间，空间不可触，但有其形和三维度量。在建筑空间中，形的类似同样在知觉中得到组合，体现出视觉关系的整体性。色彩和视觉环境中的每一个因素彼此相关，在复杂环境中各种不同性质的物体要取得协调统一，只能运用色彩。控制视觉环境的重要标志是构成因素所形成视觉刺激的绝对优势；组合与排斥是类似因素与非类似因素间分别存在的两种立场；类似组合的强度与抗争包括类似性在位置上的接近、类似性的重叠、类似性的相对性等。

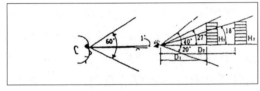

建筑与视野的关系

Visual Property of Light 光的视觉性质

视觉是由进入眼睛的可见光引起的一种感觉。人们在认识客观世界的过程中，从外部获得的信息中有 80% 以上是通过视觉获得的，获得信息的效率和质量与眼睛的视觉特性、照明条件以及视觉舒适感有关。视觉分为明视觉、暗视觉和中视觉。眼睛完成视觉工作的能称为视觉效能。常用亮度对比和颜色对比，对比灵敏度、视敏度、视感受速度，来综合评价眼睛的视觉效能。物体与背景之间的亮度差别和颜色差别，即亮度对比和颜色对比，临界亮度差与背景亮度之比称为"临界对比"，可计算得出对比灵敏度。

Visual Psychology 视觉心理学

视觉心理学又称"格式塔完形心理学"，心理学派代表格式塔发现有些图形给人的感受是极为强烈的，就是那些在特定条件下视觉刺激物被组织得最好，最有规则和具有最大限度的简单明了的图形。一切看上去不舒服的形体，都会在知觉中产生一种改变它们并使之成为完美的结构倾向，对一些不规则的形，也会被看成是一种标准（几何原型）而来的变形。这种竭力将刺激物重新加以组织，改造或纠正的现象被称为"视觉的简化原则"，为艺术创作的多样性、生动性提供了理论指导，使心理产生向某种完形"运动"的"压强"或"张力"，继而对其积极地组织。视觉心理的简化原则为建筑的形态构成提供了新的设计论点及方法，如变形、减缺、遮挡等手法，均可从视觉张力和简约性原则中获得启发与指导。

Visual Sequence 视觉顺序

景观均为移动的观察者的经验，固定点的视线不及连续观察视线重要，某时的平衡感受不如瞬间的感受强烈，穿过狭窄小道之后偶见一开阔景观会有极大的视觉效果。行进间周围景观的跃动是一种视觉享受，潜在的移动尤其重要。广大平坦之阶梯引人喜欢，狭窄曲折之街道引至希望，某个目标指出方位的重要性。主要视线不需一眼看穿，经过近景，越过前景到一限制空间，最后才呈现在眼前。连续感觉的空间形态是视觉规划设计的基本成分，正是体现美妙的景观无法用照片表现出来的道理。

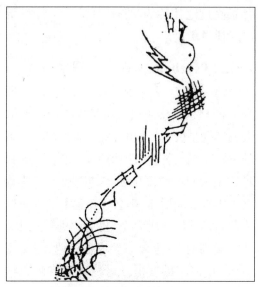

人类对世界的序列经验

Visual Tension 视觉张力

人在感知环境对象时,大脑受外界推拉张力的影响,会产生物的相吸、相斥、离心、向心、游离、漂浮等视觉力度。然而,视觉力离不开平衡,各种错综复杂的力会在人的大脑皮层中有着生理电化学的平衡过程,这一平衡过程包含着物理力、生理力、心理力的相吸、相斥及相互转化过程。视觉张力与建筑造型中的各种视觉现象与心理效应之间的关系,为建筑形态构成的方法提供了新的理论基础。视觉对环境对象的感受,是大脑皮层中的神经单元对外界刺激进行积极组织的过程。最规则明了的环境对象往往能使知觉内部的潜在关联组织得更好,20世纪初现代抽象主义艺术追求的纯洁性、必然性、规律性、原型要素为事物的真正本质,把几何原型及线条视为永恒的艺术形式,对建筑设计产生了革命性的影响。

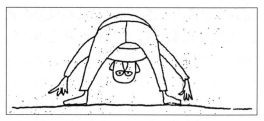

即使是同一景色,或是改变角度,或是从框框中望出去,有时竟会有出乎意料的美。自古以来人们就传说着"倒看天之桥立,别有意趣"

Void and Solid 虚与实

在艺术上巧妙地处理实空关系,可以造成情绪延续的意境,中国画常常在画面上留白,作为画面构图上实与虚的对比,并以此衬托主题。建筑造型艺术中的虚实关系在早期的现代主义运动中和著名的建筑师都多克(Willem Dudok)1930年作的希尔弗瑟姆市政厅中,以块体匀称的布局形成虚实关系。高质量的砖工,带有很深阴影的水平线条,雨棚下低矮的水平连续窗户,凹进的入口大门等,创造了具有鲜明特征的建筑风格。在中国传统造园艺术中,虚与实的空间对比手法是一项重要的原则,不论在叠山、理水、相地和种植和景的处理之中都要讲究有虚有实的空间安排。

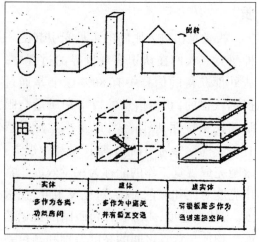

虚与实

Wainscot 护墙板

室内墙面镶板,起装饰及保护作用,常用木板,有时用面砖或大理石,上缘线脚称护墙板压顶。英国文艺复兴初期在花园宅邸中使用的护墙板比较典型,高8或10英尺,上挂油画或盔甲。法国用得较少,但17、18世纪的护墙板上常作浅浮雕,高度直到天花板,有时施以油漆、漆金或镶嵌工艺。

Wainscot Chair 板椅

也称"嵌板椅"(Panel Chair),一种用榫拼接制成的大椅。通常用栎木,前腿用车床制作,后腿断面呈方形,装有扶手,椅座简单,不用垫子。椅背嵌板,稍微倾斜,上面通常刻有某种图案作装饰,顶端有时装有一个雕刻的顶饰。它是17世纪初期英国和殖民地居民家庭中普遍使用的一种家具。

Wainscoting 台度镶板

台度部分室内镶贴装修板之总称。俗称"腰墙板"。"Wainscoting"意为台度,室内墙面的下部,约楼板1米的部分,台度镶板。

Wakhan Corridor House，Afghanistan 阿富汗瓦汗走廊民居

阿富汗的瓦汗走廊地区(Wakhan Corridor)是瓦希人(Wakhi)的领地,最大的村镇是坎达德(Khandad),瓦希人民居需考虑恶劣的自然环境,保护人畜不受高地寒冬与狂风的袭击。每所住房都有几个核心家庭,常常有十至二十五人,常是三到五代同堂的大家庭。每户人家的生活都集中在有火炉的起居室内,沿着四堵墙筑起泥台,中间形成低洼部分,入口对面的厨房泥台最高,离地面约100厘米。烹饪及取暖火炉在泥台中,底下用来贮藏谷类,其他三个泥台被间隔为起居室及寝室,给每个核心家庭用。起居室内火炉上面有灯笼式天窗及烟孔,在主要的火炉底下设有灰洞,火炉室没有窗口,天花板上有活门,可让光线射入,让烟冒出。瓦汗走廊民居的主屋在有烟口的中心,其他围绕着主屋的部分为马房、贮藏室和工场。墙体以石料为主,外抹灰泥,木用来造石与泥墙的框架、栋梁、椽,等等。

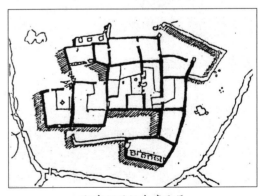

阿富汗瓦汗走廊民居

Walkup Apartment 楼梯公寓

楼梯公寓曾经是最便宜的住宅形式,两层或两层半的非防火公寓已经成为郊区花

园公寓发展的主刀,在密集的视觉要求下提供廉价的公寓,也有地上停车空间。为减少走廊每家入口直接进入楼梯,如果密度允许,户外地上都可停车。楼梯公寓最重要的优点是它很容易将尺度扩散,使一个很大的工程也可以分别按单元考虑,因为一个楼梯仅能供几户使用。同时共用的庭园变成公共的户外空间。住在一楼的住户能够保有私人庭园,因此约 1/3~1/4 的公寓就有像联栋式住宅一样的条件,停车可利用建筑附近的空地,也可受到安全监视的效果。

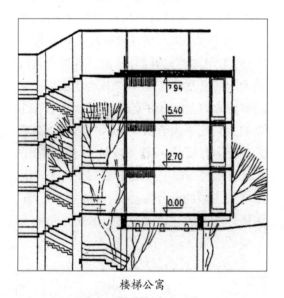

楼梯公寓

Wall Design 墙设计

墙可围合与分隔,墙可与门楼、门洞组合,具有多种多样墙的形式,墙是中国传统建筑组织院落空间环境的重要手段,如从国土疆域的万里长城、城市的城墙、皇家的紫禁城墙、庙宇的红墙、宅府的院墙、园林的花墙、影壁墙、隔扇墙、短墙、女儿墙、一直到具有地方特色的五花山墙、马头墙等各式各样的墙。分与合、围与透,可作山石植物的衬托,可与铺地叠石相呼应,陪衬各具地方特色的门楼。在围墙的范围中能创造出人与

自然接近的幽静的小天地,避开外界的干扰。墙用于分隔或围护空间的结构部件。在房屋构造中形成房间或外围部分在砖石结构中可承受楼板和屋顶的重量,在框架结构中,外墙只起围护作用,有时底层不用外墙,以便出入。不承重的墙称为"幕墙",可立在或悬在框架构件上。任何耐风雨侵蚀的材料如玻璃、塑料、合金或木材都可以作为非承重墙,其形式不受结构的限制。

Wall Finishing 墙面装修

墙身的外表饰面,分为室内墙面和室外墙面,墙面装修是建筑设计的组成部分。室内墙面运用色彩质感美化室内环境。室外墙面按构造、材料区分有抹灰墙面,常见做法有抹平法、拉毛法、集石法。无机板块墙面,按材料分为陶瓷墙面,天然石墙面,人造石板墙面。竹木类墙面在室内墙面或下部离地 1~2 米高度处,用木板、竹材或胶合板、纤维板等做成的保护层。平抹灰墙面用石膏板、矿棉板、纤维水泥板等做墙面。金属墙面可用钢、铝、铅、不锈钢、低合金耐蚀钢等金属板材做成。玻璃墙面,用于室内的有平板玻璃、压花玻璃、彩色玻璃、镜面玻璃、玻璃砖等,用于外墙的还有夹层玻璃、光变玻璃、盒式空腹玻璃、隔热玻璃等。塑料墙面自重轻,易清洁,色彩鲜艳,表面可制成花纹图案。壁纸墙面,涂以合成材料的壁纸,花色品种繁多。

墙面装修

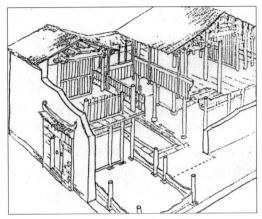

墙倒屋不塌

Wall Is to Collapse，the House Still Stands 墙倒屋不塌

中国传统民居自古以来就是把结构骨架和门窗墙壁两者分开处理的,承重结构体系和维护墙体体系有两种不同的功能作用。从功能上区别对待是建筑技术发展中的进步。中国民居以木结构梁架承重,为了保温防寒,在北、东、西三面以厚墙围护,把柱子包含在厚墙之中。为了争取最多的温暖阳光,南面全部做 成开敞的门窗隔扇,是典型的框架幕墙体系,承重体系与墙体维护体系的功能各得其所,室内冬暖夏凉。在南方,木梁柱体系支撑较大的挑檐,重檐、飞檐和起翘,阁楼、吊楼和轻瓦屋顶,高低错落的屋面交叉,表现出高超的木结构制作技艺。墙体则以木隔扇门窗为主,灵活轻巧,安装方便,开合自由,并可任意替换而不影响房屋的承重骨架。由于结构与墙体的分工,加上木结构的柔性节点,大大减轻了地震对房屋的威胁,有闻名于世的"墙倒屋不塌"之美誉。

Wallboard 墙板

一种用于作业法固定在室内墙面上的建筑装修材料。墙板材料包括胶合板、纤维板、石棉水泥板和石膏板等。墙板表面可显现木制纹理或其他花纹,并可具有吸音和隔热效果。石棉水泥板经固化剂、防水剂等处理,可改善其性能,并使之容易加工,在石膏板中加上玻璃纤维可具有一定的耐火能力。用铝材做衬背的镶板具有隔热性能。石膏板,木板和纤维板还可作为建筑物外表的饰面材料。

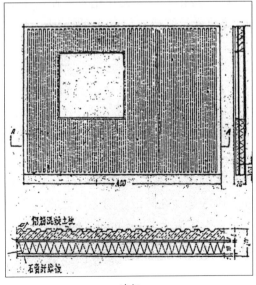

墙板

Wallpaper 壁纸

装饰和保护墙壁用的大幅纸张。15 世纪后半期造纸术传入欧洲后,壁纸即得到发展。英国、法国最早的壁纸用手绘或模板印刷。17 世纪盛行毛面壁纸,用树胶或清漆画上图案,撒上毛屑或金属屑。现存最早的壁纸是 1680 年左右伍斯特制造的。17 世纪末中国画纸进入欧洲,声誉极高,其中的珍品在北约克郡的诺斯特尔小隐修院和贝德福郡的沃伯恩教堂仍能见到。18 世纪法国和英国新式壁纸如蜡光印花纸、缎面纸和条纹纸等应运而生。机器印刷的壁纸于 1840 年由兰开夏的印刷厂制成。20 世纪 50 和 60 年代,设计者采用新的工艺,照相凹版印刷壁纸产品的耐久性和牢固性由于使用塑料薄膜而得到改进。

Walter Gropius 华尔特·格罗皮乌斯

美国人,1883 年生于德国柏林,1934 年加入英国籍,1937 年加入美国籍,1969 年死于波士顿。格罗皮乌斯是 20 世纪公认的建筑革新家。他主张建筑设计要充分利用新材料、新结构、新技术,他把设计工作从“长官意志”转化为科学大众化发展作出了贡献,使数学计算机在设计上的应用成为可能。1919—1928 年他领导了包豪斯(Bauhaus)工艺艺术学院,是欧洲最有影响的一所工艺设计学校。他也是一位重要的建筑理论家、教育家,作为一位进步的建筑师,他看到建筑效率与速度带来的经济效益,他致力于标准化、预制化、流水作业的探索,作为建筑师,格罗皮乌斯也是一位功能主义者,1943 年他在匹兹堡附近设计的住宅区充分考虑了阳光,通风和起伏的地势,他在德国、英国和美国建造了大量的作品。

Wanan Bridge 万安桥

万安桥建于福建泉州洛阳江上,民间习称“洛阳桥”。它是中国在江河入海口上建成的第一座大型石梁桥,始建于宋皇祐五年(1053 年)四月,完成于嘉祐四年(1059 年)十二月。据当时记载,全桥有 47 个桥孔,长 3 600 尺(1 200 米),宽一丈五尺(约 5 米)。后经 16 次大修和重建,现在的桥梁是乾隆二十六年(1761 年)第 14 次重建后的遗物。1932 年在原来桥墩上添筑矮墩,加钢筋混凝土横梁和桥面板与矮墩上,保持原有石梁未动,在古老的花岗岩石梁桥之上,叠上了一层现代钢筋混凝土公路桥梁,以通行汽车。现代桥梁全长 834 米(包括两端桥堤),有 46 个桥墩、47 个桥孔,雄伟壮观,不减当年。洛阳桥经过两代修理、重建,各种附属建筑日趋丰富,桥上有石狮 28 只、石亭 7 座、石塔 9 座,南岸桥头还建有供奉修桥人蔡襄(建桥时的州官)和夏得海(洛阳桥神话人物之一)塑像的古祠,祠中有许多石碑,其中蔡襄自撰“万安桥记”碑石,是颇有纪念意义和艺术价值的珍品,可惜这些建筑和碑石,有些已遭损坏,甚至散失。

Wangshi Garden in Suzhou 苏州网师园

网师园位于苏州市东南,原为南宋(1140 年)史正志“万卷堂”故址,18 世纪时由宋宗元所得,始名网师园。园林与住宅处处贯通,迂回多变,内外空间紧密结合。“网师小筑”是园的入口,“小山丛桂轩”为第二进大门,进第三进“撷秀楼”,入园林“射鸭廊”。池水布局宽畅,周边布景琳琅,诗情画意盎然如画。“濯缨水阁”逐级而上,到“月到风来亭”可展望全园景色。园林布局紧凑,虚实穿插,似断又续,迂回曲折,景观深远。观赏点和景物之间的视距关系合宜，主配景层次分明。室内外空间相互融汇，厅堂建筑的后窗与前门，均布置山石花木小品，形成一幅幅美丽的立体画面。从"看松读画轩""殿春簃"和"书斋"等建筑物四周的门窗处向外观赏，都是花木假山小品。植物配置与假山花台密切结合，相辅相成，相得益彰。

衣柜

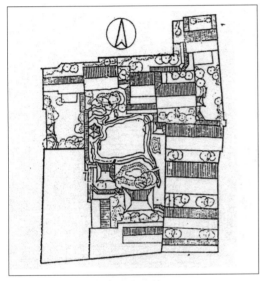

苏州网师园

Wardrobe 衣柜

衣柜通常装有抽屉、镜子和其他装置的大橱，用以存衣服。最初衣柜分两部分，一部分挂衣服，一部分平放衣服；到 17 世纪叫衣橱，在橱门及四周有密布的雕刻，后改为精致的贴片和镶嵌；到 18 世纪末出现的小橱组成的衣柜；19 世纪成为卧室内的重要家具，从 19 世纪 60 年代开始在中间的橱门外侧装上镜子；20 世纪越来越倾向于在橱门里面装镜子并倾向于使用壁橱。

Warehouse 仓库

供贮存物品的建筑。仓库由贮存物品的库房，运输传运设施如吊车、电梯、滑梯等，出入库房的输送管道和设备以及消防设施，管理用房等组成。仓库按所贮存物品的形态可分为贮存固体物品的、液体物品的、气体物品的和粉状物品的仓库；按贮存物品性质可分为贮存原材料、半成品和成品的仓库；按建筑形式可分为单层仓库、多层仓库、圆形仓库。

瑞士某仓库的菌形天花板结构
仓库

Warehouse Area 仓库区

用于集中设置储存生产资料和生活资料的仓库的独立地段。古代和现代城市都有专门的仓库用地或仓库区。小城镇的仓库区宜集中布置在城镇边缘,靠近车站、公路或河流,以便物资的集散和运输。在大城市和中等城市,仓库数量大、种类多,往往按性质组成各类仓库区,配置相应的铁路专用线和工程设施。国家储备仓库区和转运仓库区同所在城市联系不很密切,可设在城市边缘或郊区运输方便的地方。储有易燃、易爆或有毒物资的仓库区应远离城市,且有一定的防护距离。

Warm in Winter, Cool in Summer 冬暖夏凉

建筑中热能的传导影响人体对温度的舒适感,有四种导热的方式:与物体直接表面接触的传热;人体从接触环境的物体上集热或散热;通过流体空气的热传导,指人体对温度的感觉;蒸发对人体散热与空气的温度有关。辐射热是热量的放射波,人体可从各种散热器获取辐射的热量,人体也向比自身温度低的物体表面辐射热量。冬季要设法提供温暖的空气,减少热损失;夏季则应提供凉爽的空气并带走热量,保持凉爽。

Washington D.C. USA 美国华盛顿特区

华盛顿是美国首都,那华盛顿与哥伦比亚特区,位于马里兰州和弗吉尼亚州之间,处波特马克河顶端。面积 174 平方千米,城市人口 63.8 万,黑人占 70%,是世界上少有的专门建为政府驻地的国际性都会城市之一。1790 年美国国会选定长宽各为 16 千米地区建都,由乔治·华盛顿商请年轻的法国工程师皮埃尔夏尔朗方制定规划,1793

年国会大厦奠基,1800 年政府机构由费城迁此。国会大厦两侧有"独立""宪法"两条林荫大道,从国会、白宫向外延伸的大路均以美国各州州名命名,最能代表华盛顿特色的是与其首都职能有关的众多大型建筑物。

美国华盛顿特区

Washington Memorial 华盛顿纪念碑

为纪念美国首任总统华盛顿而建的纪念碑,由米尔斯设计,1885 年落成,底面面积 38.6 平方米,高 169.3 米,重约 9.1 吨。内壁嵌有 190 块雕刻的石头,分别来自本国 50 个州和其他国家。华盛顿特区规定所有的新建建筑不得高过华盛顿纪念碑,以保持古典主义风格的城市面貌。

Wassily Kandinsky 瓦西里·康定斯基

瓦西里·康定斯基(1866—1944),俄国画家,抽象派创始人之人,生于莫斯科,主要美术活动在德国和法国,1910 年始作纯抽象的作品。1900 年,曾参加德国表现派社团"慕尼黑斯艺术家协会"任主席,因艺术

见解与他人不一,于 1911 年退出,另组"青骑士社"。1917 年去莫斯科,对俄国现实不满,1921 年接受德国包豪斯学校邀请,离苏去德国,后到法国活动。主张应以色彩、点线面表现画家主观感情,作品多以"即兴""构图"等为题,其艺术观点对抽象主义之发展有较大影响,论著有《关于艺术的精神》。德国慕尼黑市以南约 60 千米的小镇摩瑙,风景秀丽,依山傍湖,康定斯基故居连同里面的陈设保持着原状。艺术生命的永恒使康定斯基永远留在摩瑙居民的心间,也使他的故居充满生机。

Water Bank Home 岸边的家

南太平洋新几内亚的海边人家是建在海滩边的高架茅屋,这些岛民常年生活在大海上以捕鱼为生,小船是家家户户的行动工具。世界上许多地区有天然密布交错的河网系统,传统的河网村镇布局以河网作为水路交通运输系统,前街后河是组织街道的特点。这里多是鱼米之乡贸易集散地,商业街上店铺林立,街后小河是商号的水运运输通道,民居背靠小河是农家农副业的供应运输线。从建筑学美观观点看,水面、河流是美化城市与建筑的重要因素。

岸边的家

Water Colour for Architecture 建筑水彩画

建筑水彩画和其他绘画一样,其表现形式除具有表现建筑的特点之外,同样对提升人类文化鉴赏力的意义是一致的。它和其他绘画的性质相似,运用水彩的技法以表现建筑为主,它作为艺术作品的价值,视其表现建筑设计创作的意境而定。19 世纪以后的绘画运用正确的物象轮廓以及明暗衬托等表现人们眼中的外在世界。中国传统绘画则重在写意,表现主观内心世界的情感,形与线,气与势,融会于绘画之中。建筑的表现也均如此,近代艺术向科学看齐,即"科学研究"与"艺术表现"同为一理。艺术美的追求将形象简化抽象,纯粹化以及色面的还原。建筑绘画也异途同归,绝非单纯表现建筑物外面的真实性,而是要表达建筑师对建筑的内心感受与表达,绝非计算机绘图所能取代。

建筑水彩画

Water Contamination 水污染

水污染的主要途径如下。1. 工业废水、矿山排水或其他污水的不合理排放。2. 各种固体废物的不合理堆放导致污染,例如把河床作为排渣场而污染河流。3. 利用工业废水灌溉农田,当管理不善和水质不符合灌溉标准时,灌溉污水流入河道。4. 埋在地下的污水管道腐蚀漏水而污染地下水。5. 降雨携带大气中的污物进入水体。6.降雨后的地表径流携带污染物注入地面水体。7.风化、剥蚀、淋滤、分解等过程,对岩石、矿石、土壤等天然污染源中的有害成分进入水体。8.地面水和地下水之间有补给关系时,受污染的一方会污染另一方。9.海水入侵是沿海城市水源污染的原因之一。10.过量开采地下水会改变地下水的动力条件使水质变坏。水污染的防治要改革工艺、节约用水、综合利用、减少排污、治理污染源,加强工业废水处理和排放管理、完善城市排水系统,合理利用自然进化能力、全面规划合理布局防止水污染。

Water Environment 水环境

　　水环境从日常用语中即可见其丰富性,海洋、水池、江洋、喷泉、急流、小川、落水、瀑布、水阶、水幕、水流、溪流、水雾、水波、塘、湖等。对水的流动的形容有滴流、泼洒、泡沫、泛滥、倾泻、涌出、波动、流动、吸入。水的变化形式极多,有清凉喜悦感,声光交映,和生命有亲密关系,对鸟兽之吸引、发声,引起嗅觉、触觉,吸引目光。流动的水有生命感,静水有安静感,水可与光线作用,水声及流动可由其容器的设计加强。人具有天然的亲水性,所以许多设计以水景为重点,水的岸线尤为重要。在都市中建造水景要提供清洁的水供应植物或其他生物,使生态系统平衡。

吉林松花江景观

Water Fountain 喷水

　　喷水池设计可分为两种:以水造型为主、雕塑与水造型结合。在大面积的喷水设计中,作雕塑造型难度较大,需作群像或巨大的抽象雕塑。采用水造型时大型的喷泉也要配合水体的组合,水体设计的关键是各式各样的水柱的造型。水幕、水泉、水的满溢、水面的动态……适当的高度和足够的水量,同时要考虑微风时水柱不变形、不散乱,雾化不影响观览。现代喷水池喷水高低旋转的变化可以由音乐与灯光配合控制,更加生动有趣。

Water in Chinese Garden 中国园林中的水

　　水是五种元素——金、木、水、火、土,中的一种。一个园林如果没有水元素,就如同没有灵魂。水是依它的容器形成形状的,一个有规则形状的水塘,用力学可压制它所包容的水。水是生命的起源、现实生活中的海市蜃楼、园林中的眼睛。中国园林中水的倒影、水的流动、水的变化丰富地反应出视觉的乐趣。

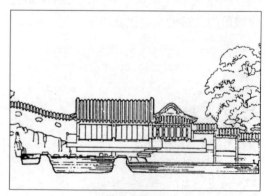

中国园林中的水

Water Plants 水生植物

　　为增加水池的美观,增加水生植物是必须的,因此在水池的建造和设计时就要考虑到深浅和留土问题。一种方式是设计时将水生植物的配置先设计好,再按其位置决定池底的构造,这种水池的底部大多起伏不平,预留了许多栽植的空隙。另一种方式是将植物预栽在木箱中,根据不同深度的要求将木箱沉入水中,过深的地方池底要用石块垫起。前者一劳永逸,不必年年变动,只在春季稍加施肥整理即可;后者虽富于变化但木箱的耐久性差,对于不耐寒的水生植物冬季移入温室保管比较方便。不论何种方法都必须了解植物生长最适合的深度,举例如下:①泽泻水深 10 厘米②黄菖蒲水深 20 厘米③睡莲水深 40~100 厘米④慈姑水深 30 厘米⑤香蒲水深 20~40 厘米⑥莲花水深 100 厘米以内。

水生植物

Water Pool 水池

　　整齐式及自然式庭园都时常需要水池点缀,因为水池可以增加园景的变化形成倒影,栽植水生植物,产生清凉开阔的感觉,水池形式的变化也很多。建池之前必须考虑水源,由水源的水量及可能的消耗量来决定水池的大小和深浅。如果全年中有干季及雨季之分,在考虑用天然水源时就要注意干季所引起的不美观、不卫生。其次是霜冻问题,天然水池四周很少人工装饰,冬季霜冻的影响不大。若全部为人工建造的水池,而且四周土壤为黏性土时,应该注意防范霜冻。建池的材料,要注意就地取材、经济实用美观,一般水泥制较多,只有土壤及气候条件不良的情况下,才用钢筋水泥,自然式水池为了达到彻底清洁卫生的效果,也应该用水泥建造。

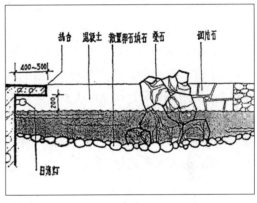

水池

Water Screen 水幕

　　水幕是描写自然界中的瀑布流水,飞流直下,美不胜收。瀑布、大海、江河、小溪,同样都是水,但有不同的水之自然美,主要指其形式美,而与水之无关。水幕在于其形式壮美诱人,设计水幕景观重在表现其艺术形式,把自然美和设计美结合起来,以创造环境景观中独特的水幕流水的水景。水幕设计要反映大自然的直观性、可感性,力求生动逼真地再现大自然的想象力,并表现某种思想情绪、感情愿望、独创的艺术风格。

Water Space in Garden Design 花园设计中的水空间

1. 建筑空间中水的艺术形态如下。（1）形成整体环境，面与线的形式。（2）形成建筑外部空间的中心，点的形式。（3）形成建筑庭院中的水景，点、线、面形式的结合。2. 建筑庭院空间中的水景手法如下，（1）衬托的手法。（2）对比手法。（3）借声的手法。（4）点色的手法，水色在庭院空间中是最富于变化的因素。（5）光影的手法。一是水面本身的波光；二是水面的倒影；三是波光的反射，光通过水的反射映在天棚、墙面上，具有闪亮的装饰性空间效果。（6）贯通的手法，弯弯一水在建筑内外动，是沟通内外空间的直接媒介。（7）藏引的手法，隐显得当，构成水体空间深度的条件是藏源、引流、集散。把水的源头作隐蔽处理，引导水体在空间中逐步展开，宜曲不宜直。集散是水面有恰当的开合，既要展现水体主景空间，又要引申水体的深度，让水面有流有滞，有显有隐，蕴含无穷之意。

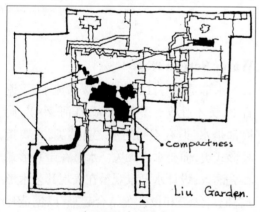

花园设计中的水空间

Water Surface 水面

水面对城市建设有巨大影响，古代村镇大多是在水岸产生的，是居民天然的水源，又是居民点之间的交通线。水面和绿地也是城市健康和建筑艺术方面的要素。当居民区具有水面时要考虑水文地质条件：河岸用地被洪水或地下水淹没的可能性；城市用地上河岸变形的可能性；枯水的可能性。要掌握下列水文地质资料。1. 河流的流量。2. 平均高水位。3. 平均中常水位。4. 洪水情况。5. 冰凌情况。6. 河水的化学成分及污染程度。在城市水淹地区可作临时性堤岸或永久性堤岸。为降低堤岸的高度可进行全部河道工程整理；在上游建造水库；在流域内栽植树木以减缓地面径流的速度。河堤有两面的、一面的、围堤的。河堤会产生的不良现象有：防护区的积水、河道状况的破坏、河堤决口的危险。有关加固和治理的措施有：加固河岸、改变河流的方向、修筑导流堤等。

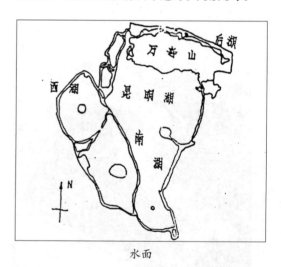

水面

Water System Layout in Garden 园林理水

原指中国传统园林的水景处理，现泛指各类园林中的水景处理。模拟自然的园林理水，常见的类型有泉瀑、渊潭、溪涧、河流、池塘、湖泊。其他规整的理水中常见的有喷泉、几何形的水池、叠落的跌水槽等，多配合雕塑、花池、水中栽植，布置在现代园林中或广场及主要建筑物前面。

Water Table 水位

地下水的变化是最重要的地下变化,如土壤的含水量、地表水、地下水文以及地下水位的高低。地下水位表示在这个高度以下的土垠粒子中都充满着水,通常水位是起伏的流动表面,大约沿地表地形行进,碰到池塘、湖河、渗水处或喷泉处和地面相交流出。水位的深度有季节性的升降,凿井抽水、种深根植物会使水位降低。低水位区供水困难,时升时降的水位使土壤不断收胀、易损基础。高水位区开挖困难,会引起地下室积水、基础不稳。通常在开发居住区时以2米深的试验坑深到水位。在洪水过后平原上的土壤较厚,也较统一,地面上的许多特征都可以显示出过去洪水面的高度,尤其要注意地下水渗出的地方上不要有建筑。

Waterscape Visitors Response 水景游赏信息

一、外表信息与水景塑造:1.风景信息传播的一般模式由景物、游赏空间、游人感官至审美终端;2.风景信息的两个层次包括外表信息和内涵信息;3.微动水为游览空间带来丰富的光影变化;4.自天而泻的瀑布构成自然风景区壮观的"水雕";5.曲溪碧水与丹霞地貌形成色彩对比,为游人提供美如的视觉信息;6.利用水的倒影创造意境。7.用水院创造扑朔迷离的气氛;8.悦耳的水声构成游览环境。二、内涵信息与园林意境:1.利用水体听觉信息为题的游览环境;2.石矶;3.亲水池岸;4.水的味觉信息亦是构成水景魅力的重要原因,因水香甜而扬名;5.塔影亭与倒影楼;6.涵碧山房;7.知鱼槛。三、心理媒介作用及空间界面的功能:利用水体产生联想,暗示空间的延伸、深化

主题、起纽带作用。(1)收敛作用。(2)发散作用。(3)联系作用。(4)分散作用。(5)引导作用。(6)背景作用。

Water-side Pavilion 水榭

供人休息、观赏风景的临水园林建筑。中国园林中水榭的典型形式是水边架起平台,一部分伸入水中,以梁柱凌空架设于水面之上。平台临水围绕低平的栏杆,建筑的临水一侧是主要观景方向,常用落地门窗开敞通透。屋顶一般为卷棚歇山式,立面水平线条以与水平面景色相协调,如苏州拙政园的芙蓉榭。

Water-supply Systems 城市供水系统

供给民用、商业、工业、灌溉、消防、街道喷洒以及其他市政用水、取水、输水、净化、储蓄和配水工程。现代城市供水系统必须过滤和消毒,保证市民的健康。供水量是设计供水系统容量的决定因素。水源分地面水源和地下水源。水质必须消除病源菌、病毒和有毒物质。取水和输水、净化、配水、建设费用和制水成本,未来扩大水源的途径,跨流域引水、脱盐技术、控制水库蒸发、人工回灌地下水、改进工业工艺节约用水、改进污水处理、发展污水回用等。

Waterway Passenger Station 水路客运站

为乘船旅客服务的建筑和设施。类型按规模分为三种:大型站旅客平均聚集量在1 500人以上。中型站500~1 000人,小型站小于500人,多为近程航线的旅客。水路客运站所在码头有客运专用及客货兼用两种。专用的宜建造大型站房,兼用的须考虑货物装卸、贮存、运输等设施,避免客货流的交叉干扰。客运站房可紧靠码头岸线,可通过架空廊道到码头,在水面落差大的码头可

设置水上浮泊客运站。客运站的构成包括站房、广场、指挥调度用房和配套设施。它折设计要点如下：广场要有足够面积，合理组织交通流线，大中型客运站应设多个候船厅室。平台、廊道、天桥等应尽可能设置顶盖，注意建筑外观和风格，美化城市面貌。

Weissenhofsiedlung, Stuttgart 斯图加特魏森豪夫住宅展览

　　1927 年德国制造联盟在斯图加特举办了一次住宅展览会，密斯·凡德多为展览会的主持人。会上所展出的住宅新村共有 20 幢住宅，包括多层公寓、联立式、并立式与独立式的住宅，其中有钢结构的、钢筋混凝土结构的、混合结构和预制装配的。密斯作了总体规划和设计其中最大的一幢 4 层公寓。其总平面于 1926 年完成，让建筑师各自表现，成为一组平屋顶白墙体的住宅区，1932 年被称为"国际式"住宅新村。密斯设计的公寓各户可进行两次分隔，可在同一结构布置下产生 16 种平面布局的居住单元。此外，柯布西耶设计的两幢住宅中起居室贯通两层。格罗皮乌斯设计了技术纯真的装配式独立住宅。魏森豪夫住宅新村对当时的设计理会冲击很大，见证了一种基于功能、节约材料与工时、去掉附加装饰的形体美原则的新型住宅的诞生。它是两次世界大战间现代运动高潮时的代表作。

West Hunan Dwellings 湘西民居

　　湘西民居一般都是木结构体系，墙壁多是大块生土砌筑的，房屋的基石多用石，是中国土石木结构完美造型的民居。

湘西民居

West Lake, Hangzhou 杭州西湖

　　西湖风景区是杭州市精华所在，三面环山，一面临城，湖光山色。现代规划制定风景名胜区、景区和景点分三级保护范围，扩大旅游环境容量。以西湖风景区为中心，整理和恢复具有历史传统的风景名胜和文物古迹，扩建一些原有的风景点，如动物园、曲院风荷公园等；建设富阳的鹳山风景区、桐庐的桐君山与瑶琳洞、建德的白沙镇与灵栖洞、淳安的排岭新城与新安江水库等；开辟富春江，新安江水上旅游线；组织临安天目山、德清莫于山、绍兴兰亭、东湖与禹陵以及宁波的保国寺、舟山的普陀山等，使之成为以杭州为中心的风景旅游网。

West Samoa Dwellings, East Pacific, America 东太平洋美洲西萨摩亚群岛民居

　　萨摩亚群岛位于东太平洋，由美属萨摩亚和西属萨摩亚两部分组成。西萨摩亚是独立的国家，除珊瑚岛外，均是由火山活动造成的岛屿，岛上多山，气温变化很小，多飓风，植物茂盛。西萨摩亚民居为多呈圆形及筒形弧线顶的竹木结构，曲线外形

有利于对抗衡飓风。巨大的曲线竹木顶盖的中央由连排的木柱支撑,形成一个高大的内部空间。筒形的屋架是用竹檩做成的曲形拱,下部以多层梁架承托,虽然空间跨度巨大,结构显得轻巧合理,屋面铺草蓆或棕榈树叶。

Westminster Abbey 威斯敏斯特教堂

原为本笃会隐修院,1560 年由英国女王伊丽莎白一世改为威斯敏斯特城(现大伦敦的一个自由市)圣彼得联合教会。960 年改建了这座教堂成为隐修院,1245 年亨利三世采用哥特式重建是为现存的隐修院教堂,亨利七世小教堂(1503 年)以其扇形拱顶著称;最后增建了尖塔,1745 年完成。历代英王均在此加冕,许多国王和名人也葬于此。教堂内中世纪的纪念物很多,歌坛的扇形石拱顶是哥特式建筑晚期最精致的成就,外墙的扶壁用八角形的柱子,柱间的窗也是多边形的,照亮深深凹入的侧廊。

White House 白宫

白宫由美国第 26 届总统西奥多·罗斯福命名,灰白色石灰岩建造,占地约 7.3 公顷,有 100 个厅室的三层办公楼。1792 年奠基,由爱尔兰建筑师詹姆士·霍本设计。1948 年杜鲁门加建了阳台,里根夫人又进行了大修。作为总统官邸已有 180 多年历史,建筑由装修色彩而得名,具有浓郁的英国乡间别墅风格。

白宫

White Horse Temple Pagoda, Dunhuang Guansu 甘肃敦煌白马寺塔

甘肃敦煌的白马寺塔位于敦煌城南,是古代丝绸之路经过的地点,相传一位僧人的白马葬于此。塔身造型优美,全部由土坯砌筑,外抹草泥涂成白色,由剥落的外表处可见内部土坯的砌筑技术。

White Pagoda of Miaoying Temple 妙应寺白塔

妙应寺在位于北京阜成门内大街,建于元至正八年(1271 年),原称"大圣寿万安寺",为大都城内巨刹之一,寺内设有元世祖及其子真金的影堂。元至正二十八年(1368 年)该寺毁于火灾,只剩白塔。明天顺元年(1457 年)更名妙应寺。白塔是现存最大元代佛塔。高 50.86 米,全部砖造,外涂白灰。基座两层方形折角须弥座,上为覆莲座及金刚圈托瓶式塔身,塔颈和相轮(俗称十三天)的顶部以铜制的华盖和宝顶,华盖四周缀以流苏和风铃。其设计师是尼泊尔国匠师阿尼哥,出生于 1244 年,元中统二年(1261 年)来中国,供职于元朝廷,元大德十年(1306 年)卒于大都城。阿尼哥精通佛教绘画铸像技术,元大都及以上都寺观佛像多出其手,为中国藏式佛像的创造者。

妙应寺白塔

Wide of Urban Road 城市道路的宽度

城市道路宽度由车行道、人行道及绿地组成,道路宽度由交通量及性质、日照、城市大小等因素决定。车行道Ⅰ、Ⅱ级或快车道3.5 米 / 车道。Ⅲ级路一般干道 3 米 / 车道。停车道平行停车 2.5~3 米 / 车。步行人行道 0.75~0.9 米 / 人,行人站定为 0.75 米 / 人,人行道通行能力 1 000 人 / 小时单位宽,商业游览区 600 人 / 小时单位宽。电车道单线 4~4.2 米,双线 6.6~7.35 米。自行车道 0.8 米 / 车道,至少需要双车道,另加边缘范围 2.5 米,自行车道交通能力可达 1 000 辆 /时 / 车道。板车及兽力车道 2.5 米 / 车道。电车或公共汽车月台 1.5~2 米。分车带不种树木,一般不小于 0.6 米。城市道路的最小宽度:全市性干道 14 米,分区性道路9~12~14 米,地方性道路 6 米。每车道做大客运量,公共汽车 2 100~3 000 客 / 小时,无轨电车 2 600~4 100 客 / 小时,电车7 800~10 000 客 / 小时,地下铁道40 300~67 200 客 / 小时,小汽车 500 辆 / 小时,平均 1 000 人 / 小时。

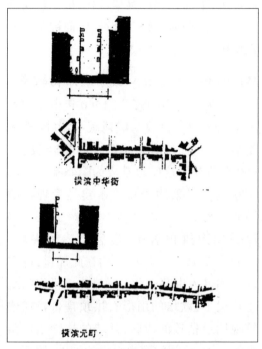

城市道路的宽度

Wilsons Promontory, Australia 澳大利亚威尔逊岬国家公园

在澳大利亚大陆最南端,位于墨尔本东南 127 千米,为花岗岩半岛,长 35 千米,最宽处 23 千米。半岛伸入巴斯海峡,只有海滩沙脊与大陆相连。1905 年设为国家公园,保护其野生动植物及天然景观。海滩沟谷上生长着 700 多种植物,栖息着各种动物,游人可接近野生袋鼠、各种鸟类,等等。

Wind 风

有害气体及烟尘排放的工业企业照例应该布置在城市居住区的下风位。街道、街坊和房屋的布置要减少有害风的影响以及考虑通风的问题。年平均风速大于每秒 10 米的地区称"大风地区"。有些地区为了削弱大风和堆雪的影响,要考虑防护区建设,山地、丘陵、森林及人造绿地防护带。在寒风和暴风雪的地区,街道的方向以及房屋的长边应和风向平行。在南方沿海地区则尽力引入海风吹入城市。在设计房屋时也要考虑地方性有害风的影响。风速(风力)是随高度而增加的,离地面愈高风速愈大,夏天晚上的风速最高,白天的风速最低。计算高层结构时考虑到风速的变化十分重要。城市中大气含尘量对城市日照有很大影响,城市空气也常被固体、液体和气体混合物所污染。创造良好的通风条件还必须考虑日夜形成的地方性气流。城市中的绿地能引起向下气流的流通并清洁空气。

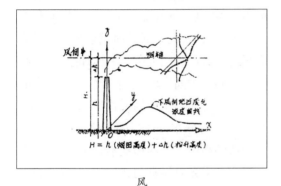

风

Wind Rose 风玫瑰

风玫瑰图是一种风向、风速和风频率的示意图。风玫瑰图有年平均的和月平均的两种。坐标轴南北经度,东西纬度,0点划分出45°角向量,符合八个罗盘方向。把不同方向的风按所持续的时间按比例画在八个方向线上,再将每根线上的点用直线相连,即求得风向玫瑰图,画出的由坐标中心分出的方向线上的风块表示由各不同方向吹来的风的方向。在求风频玫瑰图时,在每个方向标出在一定时间内风吹的次数,可得出风频率玫瑰图。在求风频率和风速(风

力)玫瑰图时,还要求出风的平均速度(风力)。把平均风频率乘上风的平均速度,即可得出每个方向所通过的空气或成正比的数值,用一定的比例尺标在八个方向上。风玫瑰图可正确地考虑居住区与工业布局的风向关系。

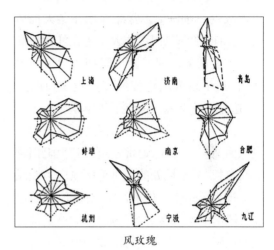

风玫瑰

Windbreak Forest 防风林

根据风力的强弱,防风林的宽度可以在10~60米范围以内。街道上的防风绿地,或叫防穿堂风绿地可以在街道交叉口或某些加宽的地段内建立。在近郊区将防风林布置在主要风向的一边。在风沙强大的城市,其四周地区种植3~5层防风林带,之间的距离为100~300米。城市防风林的外层应是透风的乔木,中间层是半透风的,内层为不透风的常绿植物组成以便冬天也能保护城市。透风层不产生涡流而降低风速,透过三层而逐渐降低风速。在通向城市的小气候条件下,保护城市不受多方面的侵害,需要建立一个综合性的防护绿地系统,各种防护绿地的总面积有时会超过城市用地本身。

Windbreaks and Wind Tunnels 风障与风道

植物能改变地表形态,增加辐射及蒸发面积,隐蔽地面,阻碍气流,会造成阴冷潮湿的微气候。成带状的植物有显著的防风效果,其宽度若能达到高度的 10~20 倍则可将风速减少一半以上。常绿灌木在冬天挡风效果尤佳,在向风山崖或人工土丘处种植灌木带尤其有效。建筑物可阻挡风也可使风转向,甚至造成风道使风速穿过狭口时加速,这种风道效果使街道产生舒适感,冬天则不快。长街易形成风道,因此要适当引入夏风而又阻挡冬风,通常建筑或其他阻挡物愈高愈长,其下风处的旋风范围愈广。旋风可被视为低压带。作不稳定之流动,建筑愈厚旋风影响愈小,因此高薄而长的墙是最有效的风障,如果不完全封闭效果更好。群体建筑中的空气流动尤其复杂。

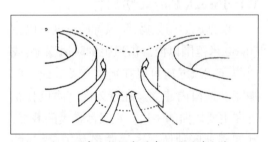

两个环形建筑所形成的卡口处风速加大

Window 窗

房屋供采光通风的洞口,也常作建筑装饰,自古窗上即装以玻璃或其他半透明材料,如云母或纸。上下移动的窗称上下推拉窗,一扇可动的称单悬窗,双扇的称"双悬窗",向内外开的称"平开窗"。窗在现代建筑中仍有重要作用,摩天大楼全玻璃覆盖,先是幕墙,后来改为可开启的带色玻璃窗,现代常用由空气层分隔的双层或三层玻璃的窗,以便隔热。

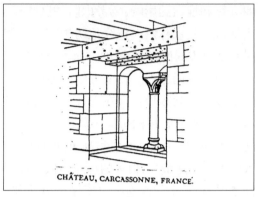

CHÂTEAU, CARCASSONNE, FRANCE.

窗

Window Design 窗户设计

窗的面积根据采光通风之实际需要而定,采光面积系数等于采光面积与房间地板面积之比,采光系统根据房屋用途而定,一般由 1/2~1/4。通风要求如下。通风面积与所处地区有关,北方通风面积至少等于采光面积的 1/2,南方应大些。为增加空气对流,有时只固定中间一段,上下开启并应考虑有穿堂风的可能。窗口的位置最好在墙中央,光线可均匀分布。适当的窗之高低考虑采光合适的高度。窗的形状不宜过于复杂,窗户形式与采光效果有关,竖长方形或正方形为 100%、圆形为 78.5%、六角形为 76%。窗的设计还应考虑方向,寒冷地区要朝南,南方可朝东南。窗应能方便地擦洗。有些窗要求隔音、隔热的特殊处理。窗由窗框、窗扇、窗台组成。

窗户设计

Windowless Building 无窗建筑

无窗建筑是无窗户开口建筑物的总称。无窗建筑较易保持温湿，热负荷变动较小，对空调较为有利，故常用于工厂或仓库。"Windowless Factory"意为无窗工厂，为防止尘埃侵入及利于温湿控制，而不设窗户开口装置之工厂建筑。如照相底片制造及精密制造，高科技电子业等之工厂常采用。

无窗建筑

Window—Hygiene and Energy Saving in Living Room 窗户——居室的卫生与节能

窗户是建筑围护结构中对室外气候变化最敏感的构件，也是耗能最多的构件，窗户的保温和气密性能的改善成为建筑卫生和节能方面的主要问题，主要集中在提高窗户镶嵌材料和窗框型材绝热能力以及提高密封型材料效能的耐久性等方面，如研制多品种中间有空气层的保温玻璃、镀透明金属膜反射玻璃以及彩色吸热玻璃等。塑料窗有保温好，重量轻，耐腐蚀等优点。综合材料新型窗的外侧采用保温好、不易结露的木材或塑料，制成铝木、铝塑综合窗。窗的气密性对隔声也很重要，此外合理地确定开窗面积，把居室通风和窗缝渗透分开处理。建立窗户质量的严格管理制度，保温气密性的根本措施还是在于研制新型窗框和镶嵌材料。

Windsor Castel, Great Britain 英国温莎城堡

温莎城堡是英国皇家居住地，位于英格兰伯克郡温莎和梅登黑德皇家自治市，坐落在白垩山上，占地 5 公顷。它由两个庭院组成，院之间隔有一个巨大的圆塔。在撒克逊时代此地就有皇家住宅，威廉一世在此建土岗，亨利二世用石料盖圆塔，并在东、南、北三面筑墙。1348 年爱德华三世作为嘉德骑士团中心把上层防御建筑改为居住房间。查理二世和乔治四世把它用作国宾馆，爱德华四世所建的圣治教堂是哥特式建筑的典范。长街是 5 千米长的林荫道，通往大公园，南部有弗吉尼亚人工湖。

Windsor Chair 温莎椅

一种流行的木椅，样式繁多，在英美尤为普遍。18 世纪中叶开始出现，最初作为乡村办公用椅，但在此之前，一些旧的款式中已包含其构造的基本原理。这种立柱插入木制的马鞍形椅座，向下延伸成为椅腿，向上成为椅背和扶手。它可分为 3 类：低背椅、"梳子式"平顶高背椅和"圈式"半圆高背椅。1725 年，美国费城开始生产各式温莎椅，一般比英国的轻便。

Winter Palace 冬宫

冬宫原为俄国沙皇的宫殿，位于圣彼得堡市中心涅瓦河畔，北立面正门居中，朝向涅瓦河；南立面朝向冬宫广场，广场中心高

耸亚历山大纪功柱和巨型拱门,西侧为海军部大楼。冬宫正门在内院,建筑平面呈回字形,冬宫是俄罗斯建筑史上规模最大(有上千间房间)、建筑艺术质量最高、最有代表性的建筑之一。1711 年建造了第一幢冬宫,第二幢由建筑师马塔诺维设计,1716—1719 年建在现在的位置上,1720 年改建,1732 年由建筑师拉斯特雷里设计第三期工程,第四期 1755 年施工,现今的冬宫是第五期工程于 1754—1762 年完成,属巴洛克风格。1918 年辟为埃米塔日博物馆,名字源自叶卡捷琳娜二世时代创造的奇珍楼。陈列的文化艺术品都是沙皇时代以来收藏的文化艺术珍品,冬宫的建筑自身也是博物馆绝妙艺术品的一部分。

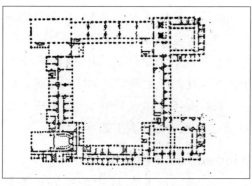

冬宫

Winton Guest House 韦顿住宅

位于美国明尼苏达州的韦顿住宅由美国建筑师弗兰克·盖里(Frank Gehry)设计,于 1987 年建成。业主韦顿是艺术品收藏家,需要为其子孙建造客房。韦顿住宅与原有住宅保持了一定的距离,从旧宅看却不像是住宅,更像户外的巨型雕塑,住宅并非一个整体,而是几个形态各异的块体拼凑在一起。起居室是群体构图的焦点,高 35 英尺,像被削去的尖顶的金字塔外表涂灰色油漆、格状金属薄片,顶部为水平天窗。一个倾斜

的烟囱伸出房顶。两个卧室中一个为矩形深褐色,另一个为圆弧形淡黄色,弧状屋顶,厨房的阁楼像水塔,用深蓝色金属扶手的木楼梯联结。这栋住宅明显有"分离构图"的倾向,将整体分解成相互独立的部分,每部分都有新奇独特的形式,冲突胜过合成,不同的空间叠合在一起,创造了非匀质的空间。

Wood Stairs 木楼梯

木楼梯易于燃烧,耐火等级在 4~5 级,(不超过二层商店)的建筑中使用,构件做法如下。1. 楼梯斜梁,厚 54~64 厘米,高 200~240 厘米,内侧面刻凹槽,嵌镶踢板和踏板,槽深 15~20 厘米,槽有穿通式及不穿通式。斜梁高出踏板者称装邦楼梯,斜梁在踏板以下者称"明蹬楼梯"。2. 踏板和踢板,踏板较踢板厚,一般厚 30~50 厘米,踢板厚 16~20 厘米,踏板与踢板的接合用舌槽榫,自下而上安装。3. 斜梁与地面的结合,为防止扭曲,在斜梁下用钢拉杆拉牢。4. 斜梁与平台梁的结合,斜梁上端做成凸杆,镶入平台梁的槽内,楼梯底面也可适当处理。

木楼梯

Wooden Bridge 木桥

木桥的基本组成部分如下。1. 桥台,两岸支撑大梁的支点,两岸桥台的距离称为桥的"跨径"。2. 桥墩,多孔桥在桥台之

间,支撑大梁支点处称桥墩。桥墩可木制、石制、或钢筋混凝土制,两个桥墩之间距离称为"孔径"。3. 大梁,其长度等于孔径。4. 桥面,包括拱梁、桥面板、护轮木及栏杆等。5. 桩木,桥墩木柱钉入河底称"桩木",分为单排或双排,与水流方向平行,桩木之间有"连撑木"。6. 帽木,成排桩木顶端水平横梁联结以承大梁。7. 卧木,在河底坚实桩木不易打入的情况下,为使用均匀分担垂直压力,桩木下设圆木横向联结卧河底。

Wooden Frame of Chinese Dwellings,North China 中国北方小式大木构架

中国北方民居的木结构梁架体系以北京四合院民居的大式硬山房和七檩小式大木构架为典型代表,在清代的木作中有详尽的规定,以檩径为房屋的基本模数,面宽和开面等于明间加次间加出山之总和。进深为举架之宽度,分为五举、七举、九举。根据举架确定脊步、金步、廊步、出檐之总和为房屋的进深尺寸。因此木结构的举架和面宽是确定中国民居平面尺寸的关键。中国传统村镇和民居有调和统一的尺度,灰瓦粉墙和近似的体量,适度的街巷里弄,注重群体建筑的整体性布局。在千变万化的各自需求中能达到完美的统一和谐,这是木结构建筑体系的可贵成就,原因是古代制定的建筑标准化单元构件的法规。在宋式和清式营造作法中,从木作、石作到细部装修都有详尽的规定,建立了一套完整的尺寸推算法则,房屋的所有部分都以法式为依据。

Wooden Home 木屋

木结构技术是原始木构棚架长期发展演进的技术成就。中国传统的木梁柱体系把承重结构和围护结构两者分开,好处是"墙倒屋不塌",大大地减轻了地震对房屋的威胁,表现出木结构的高超技术以及人类的精湛技能和理想。中国的四川、湘西的吊脚楼,传统的木作梁架卯榫技术十分完美。日本民居和从东西伯利亚到东南亚洲、南亚、夏威夷至阿拉斯加的环太平洋地区均为木梁架的支撑体系,只是根据不同地区的气候特征作用因地制宜的围护材料。西伯利亚的圆木井干式木屋;欧洲英国式的半木屋架;北美阿拉斯加的因纽特人和印第安人的木屋,芬兰、瑞典北欧的木头住宅,近代美国的维多利亚式房屋,法国殖民地式住宅,等等都充分表现了木材作为民居主体材料的特征和技巧。

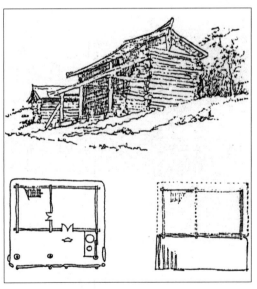

云南南华县马鞍山井干式住宅

Wooden Home,North Siberia 西伯利亚北部的原始木屋

气候效应是西伯利亚木屋的特征之一,民居的首要功能是御寒。当地另一种类型的木屋是两段式的,建在可移动的木架上,

上面铺树皮保温的木屋,这是沿海地区的居民为了躲避瘟疫而便于迁移而建造的木屋类型。还有一种高架式的可移动的木架民居,夏季用煮过的树皮作屋面,顶面覆盖着尖锥形的树皮屋面木屋。也有6角形的,直径约4米,高约3米。据考古发现4 000年前里海北部草原地区有原始竖穴或横穴式的古墓,即古代人半地下的居住形式。1965年发掘出土了约一万年前这一地区原始人类最古老的的埋在地下2米的住家,直径6米,高3米,木头的支架上面铺野兽的毛皮,周围围绕着象骨和象牙,可见远古时代俄罗斯曾是热带气候,生活着野象群。西伯利亚的库利亚库地区,居民们冬季和夏季住在不同的木屋之中,夏季住在通风良好的高架式木屋中,冬季则住在覆土的、暖和的地下木屋之中。

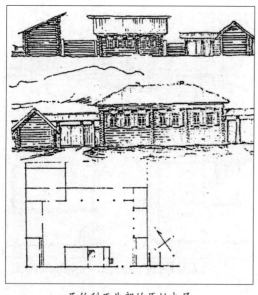

西伯利亚北部的原始木屋

Wooden Post-and-beam Structural System and Eaves 梁柱体系和檐口

中国民居除了某些地区以外大多是木结构的,其构架原则以立柱托梁架檩,分横

椽、顺椽两种,上面是瓦屋面,围护墙一般是土墙或砖包土墙。开启部分是隔扇门窗,房屋规整对称,这种木结构梁架体系以典型的明代徽州住宅为代表。其结构体系如外墙、地面、石础木柱、楼面、梁架、屋面、栏杆、隔断、楼梯、天棚、彩画、木料、石作、装修五舍等都有一定的制式。檐口是中国民居中屋檐与房身构造结合最巧妙的装饰重点之处,檐口的做法还表现地方技艺和各地的传统风格。

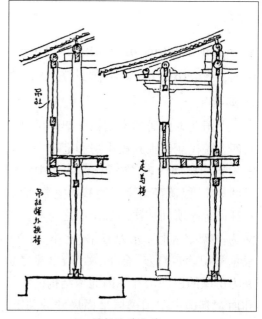

梁柱体系和檐口

Wooden Window Structure 木窗构造

木窗框的形式有正材窗框,用正材木料做成。单独窗框指两层以上的窗框构造。并合窗框用小料并合而成,节约木材。如果窗孔的尺寸较大,应在窗框中间横向加设中槛,纵向加设中挺。窗框与墙的连接方式有塞口做法和垄口做法。窗框的防腐需要一道或两道柏油。防寒,可在墙与窗框之间用浸过防腐剂和石膏浆的麻刀或毛毡填缝。窗的位置一般在墙中,有时与内墙面取齐。木窗扇的组成由帽头、边料与棂子构成。子

母扇在一玻璃扇上按一小玻璃扇,联合扇即两个玻璃扇连在一起。盖缝条与披水条避免漏风透水。窗台板室内可用木材、混凝土、砖石抹灰、磨石子做成,木窗台板与窗框的结合用榫或采口。外窗台板普通砖砌,砂浆抹面,挑出部分抹出滴水。木窗上的采口、避风槽与流水槽、窗扇本身的接口等都有多种做法。

Wutaishan Mountain, Shanxi 山西五台山

中国佛教四大名山之一,在山西省东北部,主峰北台海拔 3 058 米,为华北最高山峯,西台、中台、东台、南台高度也在 2 000~3 000 米左右,顶部形态平缓,五台山因此得名。五台县城约 1 000 米左右为农业区。五台山顶部年平均 -4℃,夏季凉爽,故又称"清凉山"。当地多佛寺,著名的有显通寺,塔院寺,菩萨顶等。华光寺大殿建于 857 年,是中国现存最古老的木构建筑。佛教以五台山为文殊菩萨道场。唐以后它为佛教中心,13 世纪藏传佛教传入五台山。现存寺庙 58 座,唐建南禅寺,佛光寺。金建延庆寺,元建广济寺等。佛塔丰富多彩,塔院寺的佛舍利塔(大白塔)位于五台山中心区,已成为五台山的标志。

山西五台山

Whole and Part 整体和局部

整体和局部,局部服从整体,整体还要有局部的衬托。主与次,重点突出。我国传统建筑中的"格局"讲究整体布局关系,即使是一明两暗的三开间也要自成"格局",妥当地配置它的前后左右,以致考虑到外围环境的配合。园冶中所说的"景从境出"也就是这个道理。在中国园林布局中的北京北海、中海、南海是一组园林的整体,有各自的局部体系。濠濮涧是北海公园中的局部,它与北海公园的整体形成空间与视觉上的对比,即开敞景观与闭锁景观的对比。不论从平面构图到空间组合都需要有主次关系,明确的构图中心是建筑处理上突出重点的手法。有主有次,主次分明,突出重点,使整个建筑群完整而和谐,才可以明显地感受到空间构图中的层次关系。

回街(印度Madurai城中心部分)

整体和局部

Xialu Monastery 夏鲁寺

在西藏日喀则南约20千米处,藏传佛教夏鲁派(布顿派)主寺。始建于北宋元祐二年(1087年),元元统元年(1333年)布顿大师主持重修。它是藏汉两族建筑风格融合的产物,由主殿夏鲁拉康佛殿,四个扎仓(经学院)、活佛拉幸(公署)和僧舍组成。主殿两层,外墙为夯土墙,前有围廊。底层中部为经堂,周围有佛殿,最外有转经廊,为早期藏式传统建筑形式。二层中部为天井,歇山屋顶,绿色琉璃瓦,寺内佛像优美,壁画丰富。

Xiangtangshan Grotto 响堂山石窟

位于河北省邯郸市西南峰峰矿区内,现存主要洞窟16个,分称南北响堂山石窟,相距约15千米。为北齐文宣帝高洋(550—560年),陆续开凿的。其窟型有两种,一为平面略呈方形,顶板水平,凿出中心柱的形式,北响堂山大佛洞即此种形式;另一种平面方形,顶板水平,三壁向外开主龛的形式,多数洞窟为这种形式。响堂山石窟大小造像3 400多尊,洞口入口雕列柱,外观开间四柱建筑形式,柱剖面八角形,露明面有卷草花纹,柱脚蹲狮。列柱柱身用束莲饰,联珠和仰覆莲瓣结合的图案放在线卷杀方法均为其他地区石窟少见的。

Xi'an, Historical City 历史古城西安

西安是中国的文化古都,自公元前1100年西周在此建都,历经秦、西汉、新莽、西晋、前赵、前秦、后秦、西魏、北周、隋、唐等朝代,历史1100百年。在中国六大古都中是建都最早时间最长的一个城市。西安属全国重点文物保护的有半坡遗址、周丰镐遗址、秦阿房宫遗址、汉长安城遗址、唐大明宫遗址、大雁塔、小雁塔、兴教寺、碑林、西安城墙等;属省级保护的有钟楼、鼓楼、清真寺、内善寺、城隍庙、香积寺、杜公祠等。保护古城的传统格局很重要,唐城规模达84平方千米,要体现唐长安城的风格,保持明城的完整性。将文物古迹分级分类划定保护范围,划定古建筑的成片保护,恢复几处历史风景区,如大雁塔曲江风景区、环城公园、小雁塔公园、大明宫、青龙寺等,把文物保护纳入城市总体规划,制定古都和文物保护法。

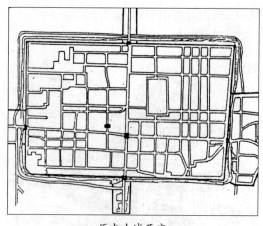

历史古城西安

Xiannong Altar 先农坛

先农坛始建于明永乐十八年(1420年),是明清两代皇帝祭祀先农诸神及举行籍田典礼的场所,现存古建筑有先农坛、太岁殿、神厨、神仓、具服殿、观耕台、庆成宫等。它是北京皇家祭祀建筑体系中保留较为完整的一处,这里的建筑造型各异,有庄严的殿堂、精巧的仓廪、华丽的台座……被誉为研究中国古代建筑难得的实物标本。

Xidi Ancient Dwellings 西递古民居

西递位于黄山脚下的黟县境内,其至今保存着124幢风格独特的明清民居,享有"中国明清民居第一村"的美誉。西递所在的黟县,是"东方瑞士"徽州的一颗明珠,四面青山与外界隔开,素有"小桃园"之称,一批古村落和古民居中首推西递,奠基于北宋,迄今已有九百多年的历史。走进西递,首先是一座3间4柱5层石坊,村里青石铺路,巷贯街连,粉墙青瓦,独具形制的马头墙层层叠叠。明清民居入门均有一座竹院,穿过竹院踏上厅堂,堂上的房梁描金绘彩,梁下拱托雀替,雕刻生动,室内陈设的物品古色古香,为祖辈所传,厅堂中的老式八仙桌和太师椅、条案、东瓶西镜的摆放即"东平西静",寓意为"终身平静"。这里指平和而宁静的环境。

Xiling Print and Distribute 西泠印社

位于浙江杭州西湖弧山,有印人造像,碑刻帖石,摩崖题记,印社风貌,历历在目。原是清代行宫的一部分,光绪二十九年(1903年),印学家叶铭、丁仁等常聚集畅谈印学,民国二年(1913年)成立西泠印社,以保存金石,研究印学为宗旨。入口处是一座圆门,飞檐起翘的柏堂,西为竹阁,传说是唐代白居易游西湖时偃息的遗址,清光绪二年重建,"山川雨露图书室"建于民国元年(1912年),仰贤亭建于光绪三十一年(1905年),亭内壁间嵌有28位印人画像石刻。园中尚有"印象""鸿雪经""印藏"、凉亭、四照阁、华严经石塔、题襟馆、闲泉、小龙泓洞、观乐楼、三老石宝、还朴真庐,等等。西泠印社的总体布局、园林小品和山水借景巧妙结合,又有许多摩崖题记、碑刻帖石和印人画像石刻,突出了印社建筑群的个性和特色。

Xilituzhao Monastery 席力图召

汉名"延寿寺",位于内蒙古呼和浩特旧城石头巷,始建于明万历年间,清康熙时扩建,康熙三十五年(1696年)完工。康熙皇帝出征噶尔丹时经此,曾赠以经卷、弓矢、念珠。康熙四十二年(1703年)在寺立记功碑。布局为汉式佛寺院落。主建筑为藏式,是明清以末呼和浩特著名藏传佛教寺院之一。大经堂分为柱廊、经堂、大佛殿3部分。柱廊面阔7间,凸出于经堂前,四角方柱,大雀替平屋檐。上层檐加铜法轮双鹿,平顶檐墙镶彩色琉璃。经堂面阔进深9间,满堂柱69根,方形柱外包黄地织蓝龙毛毡,红色顶棚,青绿色壁画,西藏风格。歇山顶形如天窗,后佛殿及佛楼已焚毁。塔院内有白石雕砌的佛塔。

Xinjang Dwellings, China 中国新疆民居

新疆的民居,看上去像是巨大的土墙碉堡,厚实倾斜的土墙上只留有小小的窗洞,墙的内面则是开敞的内院,以周围廊围绕,木结构的梁柱露在天井庭院之中,有着丰富多彩的雕饰和细部,和那粗犷单调生土的外观形成强烈的对比。新疆地区的土质坚实,有时直接挖掘后即可砌筑,不需要制作土

坏,采用夯土墙壁的也比较多。新疆民居的内部结构仍然是木梁柱平顶屋面,内外装修十分丰富华丽,具有伊斯兰建筑艺术特征。平面组成有层次的内院天井,适应当地干旱多风沙的干热气候。

Xishuangbanna, Yunnan 云南西双版纳

西双版纳位于云南省南部的西双版纳傣族自治州,聚居着傣、汉、哈尼、布朗、拉祜、佤、瑶、基诺、彝、回、苗等民族。高温多雨,湿润,森林覆盖75%,有高等植物五千余种,四百多种稀有动物,是植物的王国,动物的乐园。西双版纳雄伟的曼松满佛寺,造型奇特的白塔,设计精巧的八角亭,澜沧江的椰林蕉叶,古老的森林,傣族的竹楼民居,都别具情趣。

Xuan Xue (Dark Learning) 玄学

玄学是中国魏晋时期(220—420年)的哲学思潮,因依托"三玄"(《老子》《庄子》《周易》)来宣扬自己的思想,故称"玄学"。玄学家以老庄思想糅合儒家经义代替两汉经学。其主张一切存在物"有"由"无"产生,以"无"为本,强调"无为而治""无中生有",玄学又泛指一切抽象的理论,亦称"形而上学"。

Yacht Harbour 游艇港

专供游艇停泊或上岸停放、入坞修理等而特别设置之港口。"Yacht House"意为游艇屋,设置于游艇港之俱乐部建筑物。

Yale University Art and Architecture Building 耶鲁大学艺术与建筑系馆

1963 年建成,位于美国康涅狄格州纽哈文市,由当时的耶鲁大学艺术与建筑系的系主任保罗·鲁道夫(Paul Rudolph)设计。米黄色的粗面混凝土外表和耶鲁的旧建筑协调,用于管道和电梯的竖井兼作空间的主要支撑。外观各个垂直井道十分封闭,混凝土外面做成"灯芯绒式"的。地下层以一个大讲堂为主,夹层中布置了系图书馆。在大展览空间上方,三列箱梁式结构支承于井道上,横贯整座建筑。箱梁结构的内部空间作为教室、画室和工作室。它们之间有两道大的空隙,设置了两片斜置的玻璃天窗,阳光直入以下各层。粗糙的表面、竖向井道与挑架其上的玻璃盒子、凹凸奔放的体形、内部空间竖高的大厅,构成了 20 世纪 60 年代鲁道夫独到的手法。

Yale University David S.Ingalls Hockey Rink 耶鲁大学冰球馆

由美国建筑师耶尔·沙里宁设计,1958年建成于康涅狄格州纽哈文市,是大胆运用现代科技成果把建筑造型升华到雕塑艺术的作品。屋顶的正中是一条形如弓背、跨度85 米的钢筋混凝土曲线脊梁。从脊梁向两边拉着悬索屋顶,形成一个跨距 75 米,面积 5 000 平方米的空间,可容纳 3 000 人。主要入口朝南,两侧布置了 6 个较小的出入口。造型奇特新颖,曲线流畅,如同天生地造。建筑室内外环境朴素简洁,悬索结构不加掩饰自然地暴露。为了满足声响效果扩散与漫射的要求,室内悬挂了一些纤维挂件——彩旗,活跃了室内气氛。其设计具有丰富的想象力。

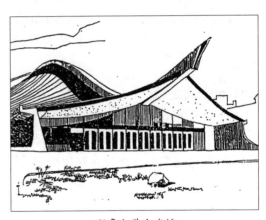

耶鲁大学冰球馆

Yamasaki Minoru 山崎实

山崎实是出生于华盛顿州西雅图的美国人,祖籍是日本,毕业于华盛顿大学和纽约大学,1979 年出版了《建筑中的生命力》。他认为:"美寓于需要之中,美的线条是建筑各方面的完善与经济的结果,马蜂窝是由最方便经济省料的六角形组成的,鸟的骨头和羽毛最轻,有利于飞行。在自然界中天然的事物没有一点儿多余的浪费,在我们的星球上所有的色彩和形式都可以找到使用上的原因。因此我们的建筑艺术要用安排布局的技巧来节约材料,各种高超的处理手法都是节约的,要从结构要素墙体和柱子的词法上去达到美观。"山崎实的代表作品有西雅图的 21 世纪世界博览会、新德里的农业与贸易博览会美国馆、美国明尼阿波里斯的生命保险公司等,其作品深受人们喜爱,有一种华贵之感。

Yamato-e 大和绘

日本风格的绘画源于民间,12 和 13 世纪初在日本占主要地位,具有平安晚期世俗性和装饰性特色,惯用强烈的色彩。其创作构思有日本固有的,也有受中国唐朝装饰壁画和画卷的影响。大和绘线条明快有力,布局严谨,富有装饰性,基本上是一种插画美术。和中国的轴卷画不同,大和绘派的画卷更富有人情味,所展示的主要是人性的全貌。

Yan Lide 阎立德

阎立德,中国唐代建筑工程家和工艺家,字让,雍州万年(今陕西西安)人,出身工程世家,其父阎毗在隋代领作少监,曾主持修筑长城、开凿运河北段等重大工程。阎立德早传家世,得父指授。唐太宗贞观初年,任将作少匠,后受命营建唐高祖山陵,升为将作大匠,又因督造翠微、玉华两宫有功,升任工部尚书。他主持修建的玉华两宫因山而造,除正殿用瓦外,余以茅草为顶,崇尚朴素,在唐代宫殿建筑中别具一格。他晚年主持修筑唐长安城外部和城楼。阎立德对工艺和绘画也造诣很深,当时帝后所用衣冕服饰等物都由他主持设计制作。其弟阎立本为著名画家,其绘画以人物、树石和禽兽见长。

Yangshi Lei 样式雷

样式雷是中国清代宫廷建筑匠师家族。始祖雷发达(1619—1693 年),字明所,原籍江西建昌,清初应募到北京供役内廷,康熙初年参与修建宫殿工程。在太和殿上梁仪式中,爬上构架之巅,运斤弄斧,被敕封为工部营造所长班,有"上有鲁班,下有长班"之说。其子雷金玉继承父职,担任圆明园楠木作样式房掌案。至清末,雷氏共六代后人都在样式房任掌案职务,负责过北京故宫、三海、圆明园、颐和园、静宜园、承德避暑山庄、清东西陵等重要工程的设计。雷氏设计方案按 1/100 或 1/200 比例先做模型小样,用草板纸热压制而成,故名"烫样"。

Yangzhou Shouxi Lake 扬州瘦西湖

瘦西湖最早在《宋书》中有记载,本不是湖而是自然纵横交错的河沟,排洪和水上交通,造园家和工匠充分利用了长河水系。盛期的瘦西湖长达 30 里,园林面积达千亩。瘦西湖园林兼有南秀北雅的风格,湖两岸是人工园林组群,相互因借互为对景,好似水墨淋漓之山水长卷。原有水无山,以堆山取得湖山胜景之妙境。三里许的长河,以桥分割为三段。湖则"十里烟雨,湖空一色",最大湖区由跨水五亭桥、白塔、水中小金山、凫庄、坐岗的水云胜概所环绕,布局高低错落。水面从放到收,以长条状的洲屿将水面纵分,水面形成涧谷,还有许多小水面的细致经营,瀑布、潭、池、沼泽、湖中湖等。因势而筑的宅园有水园、山园、岛园、平地园,还有类型多样的画舫,有文字可考者始于唐代。绿化种植基调统一,柳是主要树种,竹类品种繁多,花木布置分四季,还善用书带草、藤萝及蕨类。

Yard 庭园、堆场

"Yard"与"garden"同义。"Yard of Materials"意为材料堆置场,工程现场专供堆置材料用之空地。

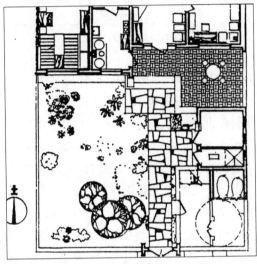

庭园、堆场

Yazilikaya 画窟

画窟是土耳其东部旧赫梯王国首都哈图萨的一处遗址。它有两个石窟形成天然的画廊。一窟西侧所刻大多为男人图形,东侧皆为女性群像。另一窟内一面为战士浮雕,另一面是一个在保护神怀抱中的国王的巨大图像。经研究这一隐蔽的圣所是公元前13世纪由国王图德哈利亚斯四世建成的。

Yemen Highland Tower House 也门高山土楼

也门农村土楼以堆石及土砖结构为特征,土楼宛如挂在云层中的鹰巢,以垂直高大的石墙著称。它大量运用装饰,用石块在墙上组成图案,用白色灰泥突出边框。石墙可达8米高,用砖石、泥砖和夯土建成。建筑为木梁平顶,通常做石板地面。也门北部民居的传统夯土技术可以做出曲线的转角。也门萨那市达尔亚丁哈拉尔可以见到高耸于岩石山崖顶上像鹰巢式的石屋。农村的民居通常下层无窗,小窗的部分为贮存空间及牲畜房。家人都住在楼上。

也门高山土楼

Yemen Ornament Tower 也门花楼

也门传统建筑造型以垂直著称,又高又窄的结构可达100英尺,供多户居住。也门花楼大量采用装饰,具有由复杂的几何图形组织的精美建筑立面,用石块砌筑时用石块构成图案,用土泥砌筑时则用泥和石灰混合的白色"灰泥"作装饰。窗户采用以石膏为主的白色灰泥突出边框,加强了窗口的强度以便于安装木框架或镶嵌玻璃,这种染色的镶嵌玻璃设计十分精致,显得格外美观。变化中的装饰水平既反映社会经济水平,又反映技艺的局限,由于现代装饰工作的成本提高,熟练技工缺乏,使得现代也门花楼装饰粗俗而复杂,甚至把墙面涂上油漆。

也门花楼

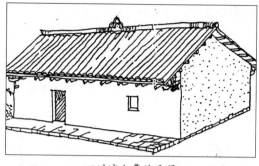

四川凉山彝族民居

Yi Nationality Dwellings 彝族民居

彝族是中国西南地区人口较少的少数民族之一,自称"诺苏"。据 1958 年统计,人口约 326 万,大分散、小聚居是彝族居住建筑分布的主要特点。彝族建筑特征如下。

1. 自然村寨选址在地势险要的高山或斜坡上。2. 平面形式常见为长方形平房(清初称"棚子")。大多数是全家合住一室。3. 建筑构造,贫苦的彝族人居住的房屋,上盖草或树皮、木板,或由篾席卷成棚子,墙以竹篾为主,墙身:跨度在 5 米左右,多采用土筑墙。大跨度的墙身则采取木柱排架承重,以土墙做围护结构,墙基多用块石,考究者用条石。屋面根据不同地区就地取材,常采用木板瓦、山草和土瓦。椽子用 5 厘米左右粗竹竿或树干,也有木片椽子,其上铺篾席或木板。彝族民居外墙上下开窗,极少数开有小方洞。建筑用材大部分是竹、木、砂土、块石、山草等。4. 结构形式:常见的几种结构形式(墙承重系统):(1)梁柱式(简单)桁架,(2)多柱落地式(三柱、五柱排架为主)穿斗木构架,(3)特殊的"拱架"式。5. 建筑装饰:主要大门入口和屋檐是装饰的重点,门楣雕刻有日、月、鸟兽等象征自然界的"神灵",封檐板刻有粗糙的锯齿形和简单的连续图案。

Yicihui Stone Column 义慈惠石柱

义慈惠石柱坐落在河北定兴县城西石柱村西北的小山丘上,又称"北齐石柱",柱身正面刻有"标异乡义慈惠石柱颂"颂文和"大齐大宁二年四月十七日"题记。石柱的兴建起于义葬。北魏末年杜洛周、葛荣等率众起义,定兴地区为战场。起义失败后,人们收拾残骸合葬一处,立木柱纪念,后官府易木为石,并刻"石柱颂"。石柱高 7 米,分柱础、柱身、柱顶小屋三部分。柱础为 2 米见方的整石,施莲座,北朝艺术风格。柱身为不等边八角形,高 4.5 米,刻文 3 000 余字。柱顶为长方形盖板,上置一面宽三间小石屋,刻出地栿、柱子、额枋、椽子、角梁和屋顶。庑殿式顶,正背面当心间各刻尖拱形佛龛一个,龛内刻佛像一尊。

Yin Remain 殷墟

在今河南安阳市西北小屯村,横跨洹河两岸,是商朝盘庚迁殷后至商朝末年(公元前 14—前 11 世纪)的王都所在地,范围总面积 24 平方千米以上。王都布局中心是王宫区,遗址呈带状分布,绵延约 6 千米。西面有一人工壕沟,构成一环形防卫设施。西、南、东面分布众多居民点和铜器、陶器、骨器等手工业作坊,有水井、道路、储物窖穴和地窖洞穴。其用地分区十分明确,宫殿建筑基地有 53 座,台基夯土筑成,有矩形、U

形和长条形的排列成行,天然卵石作柱础,还有圆形铜垫,还发掘出立体石雕如饕餮、石鸟、石兽等,背面有槽,可能是宫殿建筑上的装饰品。

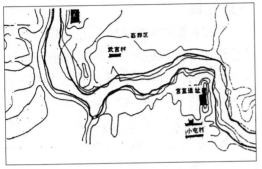

安阳殷墟遗址平面图

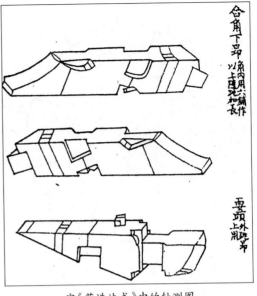

宋《营造法式》中的轴测图

Yingzao Fashi《营造法式》

中国现存时代最早、内容丰富的建筑学著作。北宋绍圣四年(1097年)将作少监李诚奉令编修,元符三年(1100年)成书,崇宁二年(1103年)刊印颁行。内容侧重于建筑设计、施工规范,并有图样。全书34卷,卷一、卷二为"总释",卷三至卷五为"制度",卷十六至卷廿五为"功限",卷十六至卷廿八为"料例",卷廿九至卷三十四为"图样"。各部分均按土作、石作、大木作、小木作、雕作、旋作、锯作、竹作、瓦作、泥作、彩画作、砖作、窑作等13个工种分别记述。《营造法式》较详细地说明了"材份制",古代建筑设计的根本法则,古代完善的模数制。大木作的图样提供了殿堂、厅堂的断面图。

Yinyang Fengshui Site Repair 阴阳风水落位

环境风水落位,因地制宜,坐北朝南,阳光地段,满室阳光,这都是中国传统民居的特点。在中国国画中所描绘的住宅都是依山靠水,崇山野岭之中,讲究在优美的自然环境中落位,选择有利的风土、水文、地理、气候条件。盖房不占良田这个原则虽是浅显的道理,但在工农业生产迅速发展的今天常常不自觉地违背了这个原则。不论在城市还是在乡村,由于建筑师缺乏土地生态学的观点,便去挑选那些最好的地段建造房屋,从而破坏了自然环境。如果继续选择好地段建设,人类必定要丧失更多的好土地,自然环境还会遭到更大的损坏。建筑师必须审慎地对待一座新建筑的落位,用建筑来修补和改善环境,花工夫去改造那些不利于建设的地段,这是环境风水落位的布局原则。

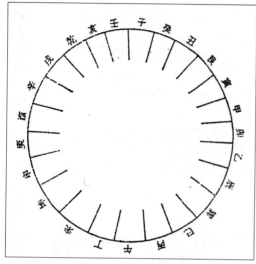

《淮南子·天文训》记载的二十四个方位

Yinyang in Chinese Garden 中国园林中的阴阳

凹陷是为了要保存完整,弯曲是为了保持平直,中空是为了保持充实,缺少就是更多。这些看起来似乎矛盾的名言,是老子于公元前 500 年时所提出来的,阴阳定理并不是矛盾的,而它却是自然本身的定理。阴阳定理在设计的定义上,可简单地说明这些对照的规则。中国园林运用这些原理及技巧来设计,将体会到在黑暗的内部对照着明亮的外部世界;白墙黑瓦对照着明亮的天堂;坚硬不规则的岩石对照着柔软平滑的流水;弯曲的边缘对照着平直线。中国园林扼要地说明了这种神秘,当两个力量朝相反的方向表现时,那就孕育出所有造物的秘密了。

Yixian, Anhui 安徽黟县

皖南黟县始建于秦,距今已有两千二百年历史,黄山余脉自东北向西南贯穿县境,群山连绵。它有"小桃源"之称,文化源远,名人荟萃,除古桥、古碑、古祠堂、古牌坊、古园林、古阁楼等,全县尚存明清古民居建筑三千余幢。石、木、砖雕艺术精湛,誉为"东方文明的缩影"。西递村建于北宋皇祐年间,距今 930 余年,占地 16 公顷,原名"西溪",亦称"西川",尚存明胡文光刺史坊、明清民居 224 幢。

Yoga 瑜伽

印度六派正统哲学体系之一,影响遍及其他许多印度思想派别。它的经典著作是约 5 世纪的《瑜伽经》。瑜伽的理论内容主要依据数论哲学,不同的是,瑜伽承认神的存在,作为精神解脱追求者的楷模。瑜伽修习过程分八个阶段,称八支瑜伽。在最后阶段沉思对象和沉思者合而为一,由此获得解脱。

Yogacara 瑜伽行派

又名"唯织学派",大乘佛教的重要唯心主义学派。瑜伽行派的学说于公元 7 世纪由玄奘传入中国,法相宗于公元 654 年以后传入日本,后分为南北两宗。日本法相宗现保有法隆寺、药师寺和兴福寺,这些重要寺院位于奈良及其附近地区,它们是日本宗教艺术宝库。

Yonghegong Lamasery 雍和宫

位于北京城内东北隅。始建于康熙三十三年(1694 年),初为康熙帝第四个儿子胤禛(后雍正帝)的府邸——雍亲王府,雍正三年(1725 年)改为雍和宫。乾隆九年(1744 年)改建为藏传佛教教寺院,为清政府管理藏传佛教教事务的中心。雍和宫坐北朝南,前有三座排楼,百米甬道,入昭泰门,左右碑亭及钟鼓楼,依次有天王殿、雍和宫、永祐殿、法轮殿、万福阁等建筑,与两侧翼楼组成五重院落。法轮殿前后出抱厦,平面十字形,升起五座小阁,阁顶为小佛塔。万福阁为三层中空建筑,内供高 25 米木雕弥勒佛立像,地面以上 18 米。雍和宫为王

府改建,保留一定王府建筑规制。

Youth Hostel 自助旅舍

自助旅舍为国际性联盟协会,主要为增进青年会员通过旅行而达成对自然的理解及相互间的亲睦为目的。因而提供廉价之住宿及炊事设备,使用者均采用自助方式,故而取名为"自助旅舍"。

Yoyogi Sports Center,Tokyo 东京代代木国立综合体育馆

为举行18届奥林匹克夏季运动会而于1961—1964年而建造的体育馆,位于东京代代木公园内,占地91公顷,包括一幢游泳馆和一幢球类馆。由日本建筑师丹下健三设计,他把新结构形式和建筑功能有机地统一起来,并体现了日本风格。游泳馆用于游泳、滑冰、拳击等比赛,15 000个座位,平面两个相对的新月形长边240米,短边120米。悬索结构,钢筋混凝土桅杆立柱高40.4米,跨度126米。主索两端形式的三角形入口把观众导入馆内。主索间的缝隙设置顶光。球类馆平面为蜗牛形,直径70米,4 000个座位,悬索结构。馆内采光系统和结构系统紧密结合,两馆相映成趣。

Yuanming Garden 圆明园

圆明园遗址在北京西北部,包括长春园和绮春园(万春园)在内,又称"圆明三园",是北京"三山五园"香山静宜园,玉泉山静明园、万寿山清漪园、圆明园、畅春园中规模最大的一座,面积347公顷。咸丰十年(1860年)被英法联军放火烧毁。圆明园始建于康熙四十六年(1709年),雍正扩建为皇帝长期居住的离宫,乾隆九年(1744年)竣工。后辟建长春园,绮春园作附园。乾隆三十七年全部完成构成三位一体的园群。圆明园山水全部人工起造,山水地貌作造景

之骨架。以水为主题,大水面、中水面和众多小水面串连为河湖水系,构成全园的脉络纽带。叠石而成假山,聚土而成岗阜、岛、屿、洲、堤分布于园内。园内有大量建筑、景区共有150多处,如"圆明园40景""绮春园36景",兼有"宫"和"苑"双重功能。圆明园的150多组建筑群各有特色,"西洋楼"是由画师供职内廷的欧籍天主教传教士设计监建的欧式宫苑,六幢巴洛克风格建筑,三组大型喷泉和法式园林小品。

Yuanming Garden General Layout 圆明园规划

圆明园是清王朝鼎盛时期建成的大型皇家园林,由圆明、长春、万春三园组成,各有不同风格。乾隆时有40景,长春、万春园各有30景,景区在100以上,是一个"集锦式"水景园。因此应全面规划、保护整理、分析研究、重点恢复。1.九州清宴景区,包括大宫门、正大光明殿、九州清宴环湖的9个岛屿,如万方安和曲院风荷等景区,为典型格局精华所在。2.安静休憩区,包括濂溪乐处、汇芳书院、坐石临流、水木明瑟、澹泊宁静、文源阁、武陵春色等,曲折有改。3.大型水上活动区。福海景区,湖心有蓬岛瑶台三小岛,取一池三山之意。4.文化活动区,长春园,原淳化轩以藏名家书法碑刻著称。5.万春园景区,以小型水体相连缀的水景园。道路系统形成环路联系各景区,另有水上交通。整理开放长春园,扩大游览范围,疏通三园水系,修筑道路,收集有关历史文物的资料,做好绿化规划,逐步恢复景区景观。

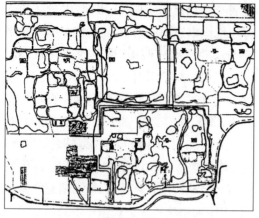

圆明园规划

Yuelu Academy of Classical Learning 岳麓书院

在湖南省长沙市岳麓山下,湖南大学校园中。早在唐末五代,僧人智璇等在此办学,北宋开宝九年(976年)扩建了书院,后为中国著名的四大书院之一。千余年来始终是湖南高等学府所在,屡毁屡兴,基址未变,现建筑面积7000平方米。其以讲堂中心、庭院、天井,传统的组合形式,中轴线上有天门、赫曦台、大门、二门、讲堂、御书楼;前部左右吹香,两亭立于池中,中部左右斋舍各成廊院,后部左侧有湖水校经堂及碑亭等。院左并列文庙,自成院落。原存大部为清代遗物,主体殿堂歇山顶,结构以穿斗为主,不施斗拱,简洁朴实,显示湖南地方民居特色。院内尚存碑刻80多方,嵌于讲堂、碑亭等处,半学斋陈列出千年史料,御书楼仍收藏历史典籍。

Yuelushan Montain, Hunan 湖南岳麓山

岳麓山横贯在长沙市湘江西岸,古人将其列入南岳七十二峰之一,因其为南岳之足,故称之岳麓。总面积8平方千米,最高峰只有海拔290多米,奇山怪石与碧水深渊交相生辉,一座北宋(976年)创建的岳麓书院,屹立于山脚,培养出无数英才,自西汉以来名人雅士在此留下了许多遗迹,有爱晚亭、麓山寺、望湘亭、唐李邕麓山寺碑和宋刻禹王碑等众多古迹,点缀在青山绿水之间。湘江是长沙的一道亮丽的风景,淤积江心有一个长岛形的橘子洲,驻足岳麓山下,左眼读山、右眼阅水。先前曾经建有的水陆寺、拱极楼、江心楼等古迹,虽然已难寻觅,但后来兴建的橘洲亭廊等已与河流浑然一体。

Yu Hao 喻浩

又作预浩、俞皓、喻皓,是中国五代末北宋初建筑工匠,五代时吴越国西府(杭州)人,生年不详,卒于宋太宗端拱二年(989年),擅长造塔。五代末年,建筑杭州梵天寺木塔时,塔身木构架颤动,众工束手,经喻浩指出,把楼板钉在梁架上形成整体后,塔即稳定,说明他对木构架受力情况和加强整体刚度的概念有深刻理解。宋初,他主持修建汴梁(今开封)开宝寺木塔,塔高三十六丈,八角,十一级,先做模型然后动工,历时8年,于989年竣工。相传喻浩曾考虑到汴梁地处平原,多西北风,建造时使塔身略向西北倾斜,以抵抗主要风力。喻浩著有《木经》三卷,在《营造法式》成书前曾被木工奉为圭臬,可惜已失传。

Yugoslavia and Hungary Dwellings 南斯拉夫山区及匈牙利民居

在中欧阿尔卑斯山脉地区的木屋,平面方形,大屋面坡顶,圆木结构,用石料作基础。至今阿尔卑斯山脉山区的冬季滑雪胜地的建筑风格仍继承这种圆木大屋面的乡土形式。南斯拉夫山区及匈牙利民居的屋面造型特色著称。挪威人的木屋、日本

民居、中国式的曲线屋顶都各有鲜明的木结构屋面造型特征。首先是这些屋面形式表现了一定的社会文化意义，其次是这些屋顶形式如实地表现木结构的技巧，说明建筑内部空间形式和使用木材的特性。不同的生活习俗和不同的实践需要生产不同屋顶形式。

Yun Terrace in Juyong Pass 居庸关云台

在北京南口居庸关关城中心，是一座跨大道而建的过街塔座，上面原有三座佛塔，建于元顺帝至正二至五年（1342—1345年）。主要设计人为南加惺机资及其徒弟日亦恰朵儿，并有西藏萨迦派参与其事。塔于元亡时被毁。明代称其座为云台，云台用白色理石砌成，外观有明显收分，卷洞可通行马车，卷顶为三折面的梯形拱，卷面外廊半圆形，遍施雕刻。这些高浮雕，形态雄劲生动，是元代雕刻的优秀作品，梵、藏、蒙、维吾尔、西夏、汉六种文字的《陀罗尼经咒》及《造塔功德记》是研究中国古代各民族文字的重要资料。

居庸关云台

Yungang Grotto 云冈石窟

山西省大同市 16 千米武周山南侧，东西绵延约 1 千米，依山开凿，现存主要洞窟 53 处，洞窟内外造像 51 000 余尊。石窟分三区，东部窟群 1~4 窟和碧霞宫。中央窟群 5~20 窟。西部窟群。云冈诸窟可分为四类。平面椭圆，顶板近于球顶的形式。平面略呈方形，置中心柱，顶板呈水平形式。平面分前后两室。平面方形，三面各有立龛，顶板呈水平形式。石窟中建筑形象丰富，是珍贵的研究材料。如多种塔的形象，木构筑的人字斗拱形交叉使用。各窟顶板有很多使用井口天花结构的，勾片栏杆是后世少见的栏杆式样。云冈石窟与敦煌、龙门并称中国三大石窟。它始建于 1500 年以前的北魏时期，很快地扩展为十万余佛身和大量的彩饰的壁龛，最高的佛身达 17 米，最小的只有 2 厘米。露天大佛是云冈石窟的代表作。

云冈石窟

Yurt 蒙古包

中亚游牧族帐篷式住房，以木棍支撑，

上覆兽皮、毛毡和色彩鲜艳的手织物,内部备有地毯(以红色居多),地毯用几何图案或刻板的动物图案装饰。游牧民族将蒙古包装在马背或小马车上,逐水草转移,找到良好的牧场后就把它搭建起来。

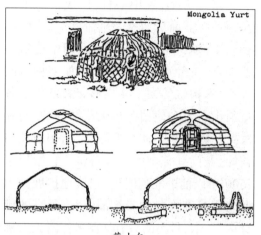

蒙古包

Yuwen Kai 宇文恺

宇文恺(556—612 年)字乐,朔方夏州人,今陕西靖边县境内,后徙居长安,官至工部尚书,中国隋代城市规划和建筑工程专家。他负责规划和主持兴建了隋首都大兴城(唐改称"长安城")和东都洛阳城及其宫殿衙署;还主持修建了隋的宗庙、离宫仁寿宫(即唐九成宫)和隋文帝独孤后陵墓等重大工程。他规划的大兴城吸取了北魏洛阳和曹魏、北齐前后两个邺城的优点,是当时世界上最大的城市。宇文恺的建筑著作《明堂议表》附于《隋书》中流传下来,其他著作《东都图记》《明堂图议》《释疑》已失传。

Yuzhou(Universe)宇宙

中国哲学术语,天地万物的总称,即指广大无限的整个世界。《尸子》:"四方上下曰宇,往古来今曰宙"。张衡《灵宪》:"宇之表无极,宙之端无穷"。宇宙又为天地的别称。《庄子·知北游》:"外不观乎宇宙,内不知乎太初(道的本原)"。

宇宙

Zaha Hadid 扎哈·海迪德

海迪德 1950 年生于伊拉克的巴格达,是在伦敦开业的女性建筑师,1983 年获得香港山顶俱乐部国际设计竞赛一等奖。以她的解构主义的绘画而著名。她的第一座建成的作品是新加坡的季风餐馆,虽然是一座 2 层的小型建筑,其室内设计却表现了抽象的"冰"和"火焰"的创意。海迪德认为面对建筑的结构和功能可以追求无结构与无功能的设计。因此她对要创造一种有强烈对比主题的二次空间。她对墙壁,照明箱、楼梯、桌椅和室内的其他要素作抽象绘画式的自如的运用。这种解构的设计方法使她的作品具有强烈的自由空间的流动感。她认为这才是 20 世纪的设计精神,她作的香港山顶俱乐部运用了分层的解构技巧,从拥挤的九龙盘旋至山顶。她的设计被形容为一座水平式的摩天楼。她设计的西好莱坞公共中心,在发展草图中划分为不同的地域,产生了全新的城市主义的闭合与开敞的空间构图。

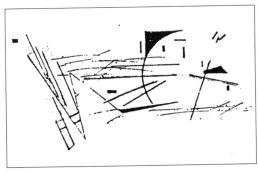

扎哈·海迪德作品

Zebra Line 斑马线

斑马线是汽车道路的人行横道线。世界上首处斑马线于 1951 年出现在离伦敦不远的伯克郡的斯劳城。英国的斑马线与许多国家的不同,它除了在地面上画有明显的黑白相间,带有反光效果的粗线条外,还竖有醒目的黑白标志杆,杆顶上的黄色警示灯昼夜不停地自动闪烁,使司机们很远就能看清,提前进入戒备状态。斑马线的左右两边还各有 10 米多长的白色锯齿线,在此区域中机动车不准停车和超车。斑马线处虽无红绿灯,但任何时候都是行人的"绿灯",而行人就是汽车的红灯。交通规则特别规定,只要行人一踏上斑马线,任何车辆都必须停在斑马线外。人们之所以能够接受并严格遵守斑马线规则,是因为它具有无可争议的合理性。在现代汽车社会,行人已成为公路交通中最易受伤害的对象。

斑马线

Zen 禅宗

禅宗是日本佛教重要宗派,强调通过直觉感悟到自身的佛性,属大乘佛教,兴起于中国。它认为人人有佛性,但因为冥顽而使佛性处于休止状态。唤醒佛性的最佳方法不是学习经教,为好行善、举止仪式或礼拜佛像,而是通过师徒直接传授而达到开悟。据说是印度禅宗第二十八代祖师的菩提达摩于540年将此禅宗传入中国。唐代禅宗产生一些支派,其中两派至今犹存,即临宗和曹洞宗。1191年日本僧人荣西将临济宗传入日本,1227年道元将曹洞宗传入日本,这两支派在日本极为流行。16世纪许多禅师担任外交家和行政官员,并保存文化生活、艺术、文学、茶道和能乐,都是在他们的赞助下发展的。20世纪后半叶北美和欧洲也出现一些禅宗团体。禅宗思想对日本建筑有巨大的影响。

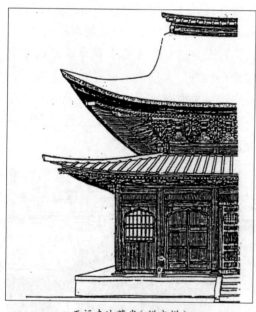

正福寺地藏堂(禅宗样)

Zen View 瞬间的视野

瞬间的视野一词来自日本民居,佛教的僧侣在高山之上,山顶上的庙宇由厚重的围墙包围着,在院子厚厚的墙上开些窄的缝隙,当人们走过庭院的某一点的位置上由缝隙中看出去可以望见大海或山峰。视野景观短暂地瞬时而过却能久远地留刻在记忆之中。瞬间的行进中的景观处理是成功的手法,住在这里的和尚每天经过也仍然觉得有情趣。在建筑中要获取这种瞬间的视野,把天然的风景用这个方法引入室内。现代的建筑师为了追求自然风景会尽量把窗户开大,用不带棂框的大片玻璃窗使居室就像是坐落在大自然之中,但这种基于越是加大玻璃窗越获得广阔视野的玻璃盒观点,逐渐使室外的风景就像墙纸一样在人们的生活中习以为常了。中国传统的处理视野景观的手法是掌握行进中瞬间可见的风景效果,在道路边、在游廊中、在楼梯上、在建筑之间的夹缝中,当人们走过时行动中看到的美景虽一瞬而过,但景色效果必然留有深刻的印象,这就是瞬间视野景观的手法。

Zenith 天顶

天文学名词,指天球上正对地面观测者头顶的一点。与天顶相差180°,正对着观测者脚底下的一点是天底。天文天顶是根据重力,即根据铅垂线确定的;地心天顶是从地球几何中心通过观测者所在位置引出一条直线与天球的交点。

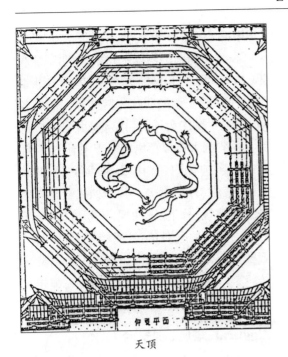

天顶

Zhangjiajie, Hunan 湖南张家界

曾经张家界还是不为人知的僻野,现今这奇丽的山水已名扬海内。张家界位于湘西武陵山脉,大庸县境内,与慈利的索溪峪,桑植的天子山,组成著名的风景区。张家界景区面积约二十万亩,区内群峰突起,最高海拔1 334米,最低200米,形成高岭深谷,由平地拔起的独秀峰围合而成。金鞭溪是一个幽奥空间,全长7.5公里溪水环绕山脚,山水相映。黄狮寨与腰子寨是绝壁上的一块高原,海拔约1 100米,居高临下置身于峰林之中。黄狮寨的游路有三部分,登山线、环山顶游览线、下山线。张家界是青岩山风景区的一部分,它与天子山、索溪峪两处风景区应作统一的规划。

Zhao in Chinese Dwellings 中国民居中的落地罩

中国民居中用窗户分隔室内外之间,分隔室内空间的装修就是落地罩,在现代建筑中起透明隔断作用,罩的本身又是精美的内部装饰。落地罩也是隔扇门的一种最空透的形式,大多以精美的木雕制作,充满细腻的装饰纹样,表现中国式传统的艺术形式。在堂屋三开间或五开间的公共厅堂中,用落地罩式隔断划分空间,透过两边的罩可看见两侧跨间内的陈设,这是一种在大空间内分割不同使用区域为小空间的布局手法。在一个通长的房间中布置家具陈设不易做到和谐优美,要划分为若干个中心分组布置。罩的作用就在于在大空间内便于家具陈设的分段布置,并创造不同空间内的布局风格。罩本身又表现了民间手工工艺技巧,有时配以名人字画,显示家族的豪富与文采。

Zhejiang Dwellings Attics and Outdoor Kitchen, China 中国浙江民居阁楼吊楼和户外厨房

浙江民居为木结构,用材、屋顶、造型具有中国民居的综合代表性。阁楼是以木结构特点充分利用空间的方法。吊楼是利用地势和木结构的特点把上层挑出以争取空间和扩大楼层面积的做法。阁楼和吊楼是中国民居木结构体系所特有的利用空间争取面积的做法。吊楼从上层楼板中伸出,扩大楼层面积并巧妙地把斜屋檐下面的空间利用起来。吊楼下的建筑入口也有了遮阳的前檐。浙江民居的户外厨房舒适美观,田园式厨房独立于住宅之外,或者与住宅连通,既有充足的面积,又有方便多用的内部布置。做饭、农产品存放、家庭用具和农具放置、家庭手工副业的操作等,都在这里进行,有时还考虑方便饲养家禽。厨房中围绕着烹饪中心安排操作的程序,洗池、存贮、厨柜、火炉、燃料、水缸等均相距不远,有足够的台案长度和工作面积。

Zhenjue Temple, Beijing 北京真觉寺

　　真觉寺坐落在北京西直门外白石桥东，北京动物园北隅，五百年的古寺经过历代的大修和变迁，1980 年进行了修整。在明代大殿残址后面是金刚宝座塔，宝座上建有密檐式方塔五座，故该寺俗称五塔寺。金刚宝座高 9.5 米，外表砌石，内砌砖。平面大改正方形，由须弥座到平台石栏板逐渐收进，呈稳定梯形。进南券门，顶为蟠龙藻井。四面须弥座上刻有狮、象、马、孔雀和金翅鸟，七珍八宝图案，刀法圆润流畅，尤以两罗汉刻画生动。宝座立面用小挑檐分割 5 层，每层刻满佛龛，内藏坐佛共 500 余尊。4 隅 4 座为 11 重檐的方形石塔，塔高约 7 米，石宝顶小佛塔状，中塔 13 层，塔高约 8 米。金刚宝座塔是印度菩提伽耶城释迦牟尼修行成佛地方所建之塔，凡仿其形式建造的塔均称为"金刚宝座塔"。与真觉寺相仿的在北京尚有乾隆三年（1748 年）所建的碧云寺金刚宝座塔。

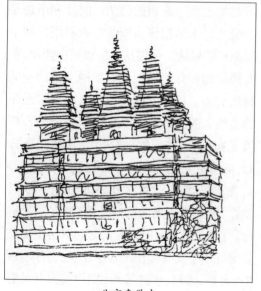

北京真觉寺

Zhihua Temple 智化寺

　　在北京朝阳门内禄米仓东口，明正统八年（1443 年）兴工，明正德年间竣工，是北京市内保存较完整的明代寺院建筑。寺内各殿梁架、斗拱均为原件，内部藻井、经橱、佛座上的彩画大体保存原貌。寺中有山门、钟楼、鼓楼、智化门、智化殿、东西配殿、如来殿、大悲堂、万法堂等。其中如来殿是寺内最大的建筑，分上、下两层，下层五间，上层三间，有围廊、庑殿顶，外檐榜书"万佛阁"。藏殿为智化殿的西配殿，置转轮一座得名，转轮藏八角形，下承汉白玉须弥座，雕工细致。智化寺主要建筑都用黑色琉璃瓦脊。

Ziggurat 塔庙、观景台

　　约公元前 2200—前 500 年古代美索不达米亚地区（今伊拉克）各大城邦中的一种艺术性和宗教性建筑，为阶梯式的金字塔，平面通常为方形或长方形，平均 50 平方米或 40×50 米，砖建而无内室，现存无一完整至原有的高度。由外面的三面阶梯或旋盘坡道登升，各层的平台及斜面上常种植乔木和灌木（巴比伦空中花园即由此而来）。至今保存最好的一座塔庙在乌尔，最大的一座在伊拉姆的绰加萨俾尔，100 米见方，24 米余，估计不及原高的一半。观星台是美索不达米亚古王国特有的砖造层塔，附设于主神殿，供观象或仪式之用。

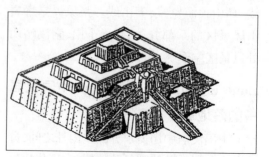

乌尔观象台（公元前 3000 年）

Zigzag 错列法

一种配置法，在一条直线上不做并列配置，而采用左右交错配置。"Zigzag Laying of Built-in Roofing"意为错列式搭接法，指油毛毡等屋顶防水层的施工，采用错列式搭接缝施工而言。

Ziren Yizhi《梓人遗制》

元代的一部关于技艺的著作。元初薛景石著，有中统四年（1263 年）段成已序，明焦竑《经籍志》曾有著录，原书已佚。全书卷数、内容不详，现仅散见于《永乐大典》。据段序："古攻木斗工七：轮、弓、庐、匠、车、梓，今合而为二，而弓不与焉"。可知此书内容包括建筑中的大木作、小木作及其他木工。《永乐大典》卷一万八千二百四十五、十八漾匠式诸书《梓人遗制》一卷，附图共十五，记叙五明坐车子、华机子、泛床子、掉篗子、立机子、罗机子、小布卧机子等七类制造方式。每类各分三部分：首为"记事"，次为"用材"，末为"功限"。前一卷中有格子门、板门两种制造方式。格子门 34 式，板门 2 式以及额、限、立桊、华板等构件图，与宋《营造法式》所述大同小异，可从中辨析两代木制差别。

Zone Control 区域控制

建筑物内依用途、方位等分成数个区域带，并就各区域进行适当空间的控制方式。"Zone of Small Industry"意为小型工业区，在都市土地分区使用中，地域性格接近中小型工业用地，主要为小型家庭式工业与住宅混合使用的地区。"Zoning"意为土地分区管制，与"Zoning Regulation"同义，为实现都市计划之土地合理利用性，而将土地使用依各种类别予以分区，各分区内建筑物之用途、形态、构造、密度、土地之性质变更等均加以规定。"Zoning Map"意为分区管制图，将用途地域、防火地域、空地地域等各地域指定予以明示的城市计划图。

区域控制

Zoo 动物园

饲养及繁殖野生动物供展览、观赏、普及科学知识、进行科学研究的场所。中国古代的囿园与当今动物园有相似之处。中世纪欧洲也有驯兽场。20 世纪初动物园建筑受到重视，如英国皇家动物园、德国柏林动物园等。动物园分类可以按动物分类系统，按地理分布布局和按动物生态习性布局三种方式，也可相互结合。布置形式趋向于"自然化"，模仿动物的生活环境，非洲一些野生动物园把野生动物放在划定的自然环境中，人们需要乘坐保护设施的车辆进去观赏。目前除综合性的动物园外也设专类动物园，如野生动物园、海洋生物动物园、鱼类水族动物园、沙漠动物园。有的动物园还设有动物科学研究中心。

Zoological Garden 动物公园

展览捕获的野生动物和某些驯养动物的地方。有些动物公园则专门展出某些特别类群,如鱼类和海洋哺乳动物则在水族馆中展出。动物公园的研究范围也日益广泛,有的成立了专门的研究所,定期出版杂志和报纸,内容从科普到高度技术性文章。近年来一些动物公园成立了某些濒临灭绝的野生动物的繁殖中心。动物公园收集动物不只是为了展览,还能起到拯救物种的作用。近来新建了一些开放式的动物园,动物散放在围栏内,展出种类虽不多,但动物可以生活在更接近自然的环境。在澳大利亚悉尼动物园中还模拟夜间的环境,观众能看到某些动物夜间的行为状况。营养条件关系着动物的健康,某些动物的食谱设专门的实验室进行研究。现代动物公园设计必须具有动物保护的生态观念。

Zuglakang Monastery 大昭寺

在西藏拉萨旧城八角街中心。始建于7世纪中叶,现存建筑为11世纪以后陆续建成的,寺坐东朝西,总建筑面积约25 000平方米,分前庭、主殿和拉章(活佛公署)三部分。前庭有寺门,千佛廊。主殿面西,2 500余平方米,平面呈方形,4层,1~3层以60余间房间围成庭院,内庭平顶中央大殿,释迦牟尼殿是主殿的中心,通高4层,主殿内,周围廊殿之间的柱子、梁架、殿门等布满雕刻和彩画,两层廊檐下各有成排的彩绘雕塑伏兽。主殿顶屋的4个汉式歇山金顶,屋脊、檐角的吻兽、山花、檐板以及墙身四角的雄狮,都为铜制镏金,其浮雕花纹和佛像大都融合了中国印度、尼泊尔的艺术特点。拉章为达赖喇嘛办事的地方,包括大门,库房等统称"达赖拉章"。中心是"伊昂"大经堂。1950年西藏地方政府迁入罗布林卡,大昭寺仍是西藏的佛教圣地。

Zwinger，Dresdner 德累斯顿萃营阁宫

又称"茨温格宫",德文原意指欧洲中世纪古城堡内外墙之间的通道。在巴洛克时代,常在此举行骑士比武和庆典活动。萃营阁宫为萨克森王宫观礼游乐而建。1711年动工,直到1847—1854年,由德国建筑师森佩尔(Gottfried Semper，1803—1879年)建成为整体,1849年和1944年,均遭破坏,二战后分四个阶段重建。萃营阁宫是德国巴洛克建筑大师珀佩曼(Mathaus Daniel Poppelmann，1662—1736年)的成名之作,也是欧洲巴洛克建筑中极富德意志特色的代表作。它集巴洛克式橙园和春台为一体,由一层的回廊连接二层的楼亭组成,装饰极尽奇特想象之能事。雕刻与建筑浑然一体。砂岩雕刻出自雕刻家佩尔莫泽尔(Barthasar Permoser,1651—1723年)之手。

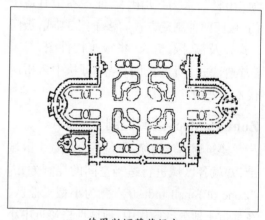

德累斯顿萃营阁宫